Maschinen für das Land

Kieler Werkstücke

Reihe A:
Beiträge zur schleswig-holsteinischen und skandinavischen Geschichte

Herausgegeben von Erich Hoffmann

Band 17

PETER LANG
Frankfurt am Main · Berlin · Bern · New York · Paris · Wien

Olav Vollstedt

Maschinen für das Land

Agrartechnik und produzierendes Gewerbe Schleswig-Holsteins im Umbruch (um 1800-1867)

PETER LANG
Europäischer Verlag der Wissenschaften

Die Deutsche Bibliothek - CIP-Einheitsaufnahme

Vollstedt, Olav:

Maschinen für das Land : Agrartechnik und produzierendes Gewerbe Schleswig-Holsteins im Umbruch (um 1800-1867) / Olav Vollstedt. - Frankfurt am Main ; Berlin ; Bern ; New York ; Paris ; Wien : Lang, 1997
(Kieler Werkstücke. Reihe A: Beiträge zur schleswig-holsteinischen und skandinavischen Geschichte ; Bd. 17)
Zugl.: Kiel, Univ., Diss., 1995
ISBN 3-631-32193-7

Ein Projekt der

D 8
ISSN 0936-4005
ISBN 3-631-32193-7

Printed in Germany 1 2 3 4 6 7

Meiner Frau Karin

Gedruckt mit freundlicher Unterstützung folgender Institutionen/Personen:

SCHLESWIG-HOLSTEINISCHE UNIVERSITÄTS-GESELLSCHAFT
KIEL

SCHLESWIG-HOLSTEINISCHES
FREILICHTMUSEUM
- Der Direktor -

Vorwort

Ohne das Zutun einer ganzen Reihe von Personen und Institutionen wäre diese Studie wohl niemals zustande gekommen. Deshalb möchte ich ihnen an dieser Stelle für ihre vielfältige Unterstützung meinen Dank aussprechen.

Zuvörderst danke ich Herrn Prof. Dr. Erich Hoffmann. Während der Promotionsphase war er mir ein geduldiger und verständnisvoller Doktorvater, der mir zudem die Freiheit ließ, meine Vorstellungen von der Gestaltung dieser Arbeit zu verwirklichen. Mein Korreferent, Herr Prof. Dr. Otto Ulbricht, mit dem ich eng zusammenarbeitete, beeinflußte meine Forschungstätigkeit darüber hinaus durch konstruktive Kritik und Hinweise. Dafür bin ich ihm zutiefst zu Dank verpflichtet.

Hilfsbereitschaft brachten mir bei meiner Arbeit zahlreiche Mitarbeiterinnen und Mitarbeiter der im Quellen- und Literaturverzeichnis aufgeführten Archive, Bibliotheken und Museen sowie auch Einzelpersonen entgegen. Namentlich erwähnen möchte ich aus diesem Kreis Frau Pust, die mir durch ihr unbürokratisches und ungewöhnlich kooperatives Verhalten des öfteren die Nutzung der Kieler Universitätsbibliothek erleichterte.

Herrn Lorenz Bartelsen danke ich für seine wertvollen Hilfestellungen beim Umgang mit der EDV.

Besondere Unterstützung habe ich durch die "Gesellschaft zur Förderung der Forschung auf dem Gebiet der schleswig-holsteinischen und norddeutschen Landesgeschichte sowie der skandinavischen Geschichte an der Christian-Albrechts-Universität zu Kiel e.V." (kurz: "g f f") erfahren, in deren Reihe meine Arbeit nun erscheint. Besonders danke ich hier dem Schriftführer der " g f f", Herrn Dr. Kai Fuhrmann, für die Vorbereitung zur Drucklegung und Herrn Hubertus Prange M.A. für das Lektorat.

Das Land Schleswig-Holstein förderte das Projekt durch die Gewährung eines zweijährigen Stipendiums. Die Drucklegung des Buches wurde durch eine namhafte Spende der Schleswig-Holsteinischen Universitäts-Gesellschaft in die Wege geleitet. Auch der Direktor des Schleswig-Holsteinischen Freilichtmuseums e.V. in Molfsee (bei Kiel) gewährte einen Zuschuß zu den Druckkosten. Ihnen allen gilt meine Dankbarkeit.

Zu besonderem Dank bin ich meiner Mutter, Irene Vollstedt, verpflichtet, die mir mit ihrer großzügigen Unterstützung nicht nur das Studium erleichterte, sondern überhaupt erst die Fertigstellung meiner Dissertation ermöglichte. Auf verschiedene Weise gefördert haben mich darüber hinaus weitere Mitglieder meiner Familie.

Last but not least - ohne das Zutun meiner Frau, Karin Pfaff, wäre das vorliegende Werk vielleicht niemals zum Abschluß gekommen. Sie gab mir während der Promotionsphase durch ihr Vertrauen in mein Tun den Mut zum Vorwärtsschreiten. Auch akzeptierte sie mit einem über das normale Maß hinausgehenden Verständnis und einer nur selten ermüdenden Geduld die vielfältigen Einschränkungen, die sich für uns aus meiner Forschungstätigkeit ergaben. Zudem sah sie das Manuskript mehrfach durch. Für all das möchte ich ihr innigst danken und ihr zugleich dieses Buch widmen.

Kiel, im Sommer 1997

Olav Vollstedt

Inhaltsverzeichnis

Abkürzungsverzeichnis

AfA	Archiv für Agrargeschichte der holsteinischen Elbmarschen
AfS	Archiv für Sozialgeschichte
ANL	Annalen der Niedersächsischen Landwirthschaft
AR	Amtsrechnung
BLSHL	Biographisches Lexikon für Schleswig-Holstein und Lübeck
Chr. Slg	Chronologische Sammlung
Chr. Slg Sl.	Chronologische Sammlung Schleswig
CtM	Mark schleswig-holsteinisch Kurant
DBL	Dansk Biografisk Lexikon
Dithm	Dithmarschen
Fasz.	Faszikel
GKKL	Generaltoldkammer- og Kommercekollegiet
HSÅ	Haderslev-Samfundets Årsskrift
HZ	Historische Zeitschrift
JbAng	Jahrbuch des Heimatvereins der Landschaft Angeln
JbEck	Jahrbuch der Heimatgemeinschaft Eckernförde
JbEut	Jahrbuch für Heimatkunde Eutin
JbOld	Jahrbuch für Heimatkunde Oldenburg
JbPl	Jahrbuch für Heimatkunde im Kreis Plön-Holstein
JbSG	Jahrbuch für die Schleswigsche Geest
JbSto	Jahrbuch für den Kreis Stormarn
KBlV	Kieler Blätter zur Volkskunde
LAÅ	Landsarkivet for de sønderjyske landsdele, Åbenrå
LAS	Landesarchiv Schleswig-Holstein
LbgH	Lauenburgische Heimat
Lft	Landschaft
LH	Landwirthschaftliche Hefte
LHH	Landwirthschaftliche Hefte für die Herzogthümer Schleswig und Holstein
LSHLES	Lexikon der Schleswig-Holstein-Lauenburgischen und Eutinischen Schriftsteller
LWB	Landwirthschaftliches Wochenblatt

LZ	Landwirthschaftliche Zeitung für die Herzogthümer Schleswig, Holstein und Lauenburg
Mk	Mark
MKStG	Mitteilungen der Gesellschaft für Kieler Stadtgeschichte
NAMLG	Neue Annalen der Mecklenburgischen landwirthschaftlichen Gesellschaft
NDB	Neue Deutsche Biographie
N. F.	Neue Folge
NLH	Neue Landwirthschaftliche Hefte
NPB	Neue Schleswig-Holsteinische Provinzialberichte
Nr.	Nummer
Nrn.	Nummern
NStM	Neues Staatsbürgerliches Magazin
PB	Schleswig-Holsteinische Provinzialberichte
Pf.	Pfennig
QuFGSH	Quellen und Forschungen zur Geschichte Schleswig-Holsteins
RAK	Rigsarkivet København
Rbthlr.	Reichsbanktaler
Rdlr.	Rigsdaler
Red.	Redaktion
Rep.	Repertorium
Rthlr.	Reichstaler
Rundbr	Rundbrief des Arbeitskreises für Wirtschafts- und Sozialgeschichte Schleswig-Holsteins
SHBPK	Schleswig-Holsteinische Blätter für Polizei und Kultur
SHC	Schleswig-Holsteinische Chronik
SHLM	Schleswig-Holsteinisches Landesmuseum
SHLPB	Schleswig-Holstein-Lauenburgische Provinzialberichte
St. A. Schl.	Staatsarchiv Schleswig
StM	Staatsbürgerliches Magazin
SøÅ	Sønderjyske Årbøger
SøM	Sønderjysk Månedsskrift
SWSG	Studien zur Wirtschafts- und Sozialgeschichte Schleswig-Holsteins
Syst. Slg	Systematische Sammlung
ß	Schilling
ß R.M.	Schilling Reichsmünze
Thaler Ct.	Kuranttaler

Thaler Pr.	Taler preußisch
Thaler R.M.	Taler Reichsmünze
Thaler S.H.Cour.	Taler schleswig-holsteinisch Kurant
UB	Universitätsbibliothek
udg.	udgiver
VSWG	Vierteljahrschrift für Sozial- und Wirtschaftsgeschichte
ZAA	Zeitschrift für Agrargeschichte und Agrarsoziologie
ZLGA	Zeitschrift des Vereins für Lübeckische Geschichte und Altertumskunde Lübeck
ZSHG	Zeitschrift der Gesellschaft für Schleswig-Holsteinische Landesgeschichte

Die Erläuterung bzw. Auflösung allgemein gebräuchlicher Abkürzungen findet sich in: Der Große DUDEN, Band 1, Rechtschreibung der deutschen Sprache und Fremdwörter.

Währungseinheiten[1]

1776-1/1813	1 Rdlr. = 3 CtM = 6 Mk. dänisch Kurant = 48 ß schleswig-holsteinisch Kurant = 96 ß dänisch Kurant
	1 Thaler S.H.Cour. = 3 CtM = 48 ß schleswig-holsteinisch Kurant = 576 Pf.
1/1813-3/1854	1 Rbthlr. = 30 ß schleswig-holsteinisch Kurant = 96 ß dänisch Kurant
4/1854-3/1864	1 Thaler R.M. = 96 ß R.M. = (inoffiziell) 30 ß schleswig-holsteinisch Kurant
4/1864-8/1867	1 Thaler Pr. = 2 CtM 8 ß schleswig-holsteinisch Kurant = 40 ß schleswig-holsteinisch Kurant
	3 Thaler Pr. = 4 Thaler R.M.

Ungeachtet der seit 1/1813 durchgeführten Währungsreformen hielt die Bevölkerung der Herzogtümer nicht zuletzt aufgrund der einfacheren Rechnungsweise bis zum Ende der gesamtstaatlichen Zeit am schleswig-holsteinischen Kurant fest. "Dieses zähe Festhalten am Althergebrachten war auch aus dem Grunde besonders berechtigt, weil die Herzogtümer mit dem 'Auslande', besonders mit Hamburg und Lübeck, in einem regen Handelsverkehr standen, der noch dazu durch die 1788 eingeführte Speziesmünze gefördert war, und die 'Ausländer' zu dem neuen Münzfuße nicht gezwungen werden konnten".

Trotz der Änderungen des Münzsystems durch die dänische Regierung taucht also nachfolgend in (Be)Rechnungen privater Provenienz immer wieder der schleswig-holsteinische Kurant auf. Zudem führten die Regierungsbestrebungen dazu, "daß ausländische, besser in die Kurantrechnung passende Münzen in immer größerer Menge im Lande Eingang fanden".[2] Besonders beliebt als Zahlungsmittel war aufgrund seiner guten Kompatibilität zum schleswig-holsteinischen Kurant der preußische Taler. Bevor jedoch der auf dem 30-Talerfuß basierende "Vereinstaler" kurze Zeit nach der preußischen Annexion der Herzogtümer durch die Münzverordnung vom 24. August 1867 die offizielle Landeswährung wurde, hatte diese Position ab April 1864 für mehr als drei Jahre nochmals der schleswig-holsteinische Kurant inne.

---

1 Sämtliche Umrechnungen der Währungseinheiten basieren auf Emil WASCHINSKI: Währung, Preisentwicklung und Kaufkraft des Geldes in Schleswig-Holstein (= QuFGSH, 26), Neumünster 1952, insbes. S. 49-60 und DERS.: Die letzte Epoche der schleswig-holsteinischen Münzpolitik von 1863-1868, in: ZSHG, 64 (1936), S. 364-396 sowie Klaus Joachim LORENZEN-SCHMIDT: Kleines Lexikon alter schleswig-holsteinischer Gewichte, Maße und Währungseinheiten. Nach Vorarbeiten von Franz Böttger und Emil Waschinski neu bearbeitet und erweitert, Neumünster 1990.

2 WASCHINSKI, Währung, S. 55-57.

Verzeichnis der Abbildungen, Graphiken und Tabellen

Abbildungen

Graphiken

Tabellen

I. Einleitung

I.1. Thematische Einführung

Bekanntlich beinhaltete die im Verlauf des 19. und 20. Jahrhunderts auch in Deutschland vollzogene "Große Transformation"[1], d.h. der Übergang von der Agrar- zur Industriegesellschaft, eine Vielzahl von grundlegenden und irreversiblen Wandlungen der verschiedensten Art. Zwei davon, nämlich der Prozeß der Mechanisierung/Technisierung der Landarbeit sowie die eng damit verbundene Revolutionierung der Herstellung landwirtschaftlicher Produktionsmittel, stehen im Mittelpunkt der vorliegenden Studie. Das Wesen und die Bedeutung dieser beiden Prozesse sollen nachfolgend exemplarisch anhand einiger ausgewählter Gesichtspunkte verdeutlicht werden.

I.1.1. Der Prozeß der Mechanisierung/Technisierung landwirtschaftlicher Arbeit und die Industrialisierung des Agrarsektors

Sichel, Sichte (Hausense) nebst Mathaken und Sense bestimmten bis weit über die Mitte des 19. Jahrhunderts hinaus nicht nur in Deutschland das Bild bei der Getreidemahd.[2] Mit der Sichel vermochte ein Mann pro Tag eine Fläche von maximal 0,25 ha zu schneiden.[3] Mit dem Haugeschirr, d.h. mit Sichte und Mathaken, konnte ein Hauer in den 1880er Jahren an einem Arbeitstag beispielsweise in den holsteinischen Elbmarschen "täglich fast einen halben ha des sehr stark ins Stroh gewachsenen und gelagerten Getreides"[4] hauen. Eine etwas größere Tagesleistung erreichte gewöhnlich ein geübter Schnitter mit seiner Sense.[5]

Die Mechanisierung der Getreidemahd begann in Schleswig-Holstein 1851.[6] Zwar legte einer der ersten dort eingesetzten Getreidemäher, es handelt sich um ein von der britischen Landmaschinenfabrik Garrett & Son nachgebautes Modell des Amerikaners Obed Hussey, stündlich bis zu 0,5 ha Getreide nieder, doch mußten die Garben nach wie vor manuell zusammengerafft und gebunden werden. Mit der Entwicklung des selbstable-

---

1 Vgl. Karl POLANYI: The great Transformation. Politische und ökonomische Ursprünge von Gesellschaften und Wirtschaftssystemen. Übersetzt von Heinrich Jelinek, Frankfurt a. M. 1978.

2 Zu den schneidenden Erntegeräten vgl. unten, Kap. II.1.2.1., S. 70 ff.

3 Vgl. etwa Rudolf BERTHOLD: Entwicklungstendenzen der spätfeudalen Getreidewirtschaft in Deutschland, in: Bäuerliche Wirtschaft und landwirtschaftliche Produktion in Deutschland und Estland (= Sonderband des Jahrbuchs für Wirtschaftsgeschichte, 1981), S. 7-134, hier 83 und Johann Wilhelm THOMSEN: Vom Ende eines Zeitalters II: Erntearbeiten ohne Trecker, in: Dithmarschen, 16 (1975), 1, S. 16-23, hier 18.

4 F. SCHACHT: Ueber landwirtschaftlich-soziale Zustände in den Holsteiner Marschen, in: Schleswig-Holsteinische Jahrbücher. Zeitschrift für die wirtschaftliche Kultur, die sozialen Bestrebungen und das öffentliche Leben der Gegenwart, Bd. 1 (1884), S. 173-213, hier 181.

5 Vgl. hierzu etwa BERTHOLD, Entwicklungstendenzen, S. 83, THOMSEN, Ende, S. 19 und SCHACHT, Zustände, S. 181.

6 Zur Einführung und Verbreitung von Getreidemähmaschinen in Schleswig-Holstein vgl. unten, Kap. II.2.2.2., S. 127 ff.

genden Getreidemähers und schließlich des Bindemähers wurden jedoch binnen kurzem auch diese Arbeitsschritte mechanisiert. Letzterer vermochte anfangs in der Stunde rund 0,4 ha Getreide zu mähen, abzulegen und zu binden.[7] Bis 1933 - in diesem Jahr wurden 1,3 Millionen Mähmaschinen in Deutschland gezählt - erfuhr der Mähbinder in verschiedenen Bereichen weitere "beachtliche technische Weiterentwicklungen", so daß er - von einem Schlepper gezogen und von diesem über eine Zapfwelle angetrieben - eine Getreidefläche von bis zu 0,8 ha stündlich abzuernten imstande war.[8]

Zu dem Zeitpunkt, als die Mähmaschine ihre technische Reife erreichte, trat in den USA bereits ein neuer Landmaschinentyp, der Mähdrescher, seinen Siegeszug an.[9] In der Bundesrepublik Deutschland verdrängte er den Mähbinder im Verlauf der 1960er Jahre nahezu vollständig. Mit dem selbstfahrenden Mähdrescher ist jedoch nicht nur die Vollmechanisierung der landwirtschaftlichen Arbeitskette Ernten Realität geworden, sondern diese Maschine erledigt zugleich auch das Dreschen und Kornreinigen sowie die Strohaufbereitung vollautomatisch. Zu Beginn der 1980er Jahre erledigten die leistungsfähigsten Mähdrescher, zu deren Bedienung es nur eines Fahrers bedurfte, in der Getreideernte in circa einer Stunde dieselbe Arbeit, zu der um 1900 noch circa 150 Arbeitsstunden anzuschlagen waren.[10]

Ebenso wie in diesem prägnanten Bereich der Außenwirtschaft, der Ernte, vollzog sich im Verlauf des 19. und 20. Jahrhunderts auch in nahezu allen anderen Arbeitsbereichen der Landwirtschaft mehr oder weniger schnell der massenhafte Austausch des tradierten Arbeitsgeräts durch von menschlicher Hand dirigierte Maschinen oder doch zumindest durch leistungsfähige Apparate und Geräte. In der vorliegenden Untersuchung wird diese Entwicklung als Prozeß der Mechanisierung/Technisierung der Landwirtschaft bezeichnet.[11] Dieser grundlegende Wandel der Produktionsweise, bei dem es sich volkswirtschaftlich betrachtet um die Substituierung des Produktionsfaktors Arbeit durch Kapital handelt, zog neben den exemplarisch anhand der Getreideernte dargestellten Veränderungen der landwirtschaftlichen Arbeit - nämlich der Erhöhung der Arbeitsleistung sowie der daraus resultierenden Einsparung von Arbeitskräften, Energie und Zeit - z.B. auch noch eine Erhöhung der Arbeitsqualität und des Arbeitsniveaus nach sich. Hinzu kamen ein Wandel im Arbeitsrhythmus und die gesteigerte Möglichkeit, ja vielfach sogar der Zwang, zur überbetrieblichen Zusammenarbeit. Zudem ist ein vollmechanisierter landwirtschaftlicher Betrieb - mit Ausnahme bestimmter Spezialbetriebe - nicht mehr auf

---

7 Klaus HERRMANN: Die Veränderung landwirtschaftlicher Arbeit durch Einführung neuer Technologien im 20. Jahrhundert, in: AfS, 28 (1988), S. 203-237, hier 211.

8 DERS.: Pflügen, Säen, Ernten. Landarbeit und Landtechnik in der Geschichte, Reinbek 1985, S. 235. - Zur technischen Entwicklung der Mähmaschine während des 20. Jahrhunderts vgl. Walter Gustav BRENNER: Ernte- und Dreschtechnik der Halmfrüchte, in: Günther Franz (Hg.): Die Geschichte der Landtechnik im 20. Jahrhundert, Frankfurt a. M. 1969, S. 306-336, hier insbes. 318-320.

9 Zur Entwicklungsgeschichte des Mähdreschers vgl. BRENNER, Ernte- und Dreschtechnik, S. 325-333.

10 HERRMANN, Pflügen, S. 235 f. und 239.

11 Vgl. Rudolf BERTHOLD: Die Mechanisierung der deutschen Landwirtschaft von 1870 bis 1914 (1. Periode der Mechanisierung), in: Harald Winkel und Klaus Herrmann (Hgg.): Die Entwicklung der Landtechnik im 19. und 20. Jahrhundert, Ostfildern 1984, S. 49-58, hier 49.

Wanderarbeiter angewiesen; er kommt weitgehend mit einigen wenigen - dafür aber höher qualifizierten - Arbeitskräften aus.[12]

Der Preis dafür, daß im Verlauf des 19. und 20. Jahrhunderts "in der Landwirtschaft immer weniger Erwerbstätige vermocht [haben], mit zunehmender Unterstützung der Technik immer größere Ernten zu erzielen und beachtliche Erträge zu erwirtschaften", ist laut Herrmann der Verlust weiterer, bislang erhalten gebliebener traditioneller Merkmale der Landarbeit. "Am Ende" dieser Entwicklung, so prognostiziert er, "steht dann eine weitgehende Angleichung von landwirtschaftlichem und industriellem Arbeitsplatz".[13] Egal, ob man nun zu den Befürwortern[14] oder Gegnern[15] einer industrialisierten Landwirtschaft gehört: die Industrialisierung der Landwirtschaft, d.h. die revolutionäre Umgestaltung nahezu aller landwirtschaftlicher Produktionsbereiche, ist bereits möglich und Wirklichkeit geworden. Ausgehend von den USA[16] hat dieser Prozeß mittlerweile sämtliche Industriestaaten erfaßt.[17] Er läßt sich jedoch ganz gewiß nicht - wie es immer noch von einigen getan wird[18] - allein auf die massenhafte Anwendung agrartechnischer Innovationen reduzieren. Für die Industrialisierung der Landwirtschaft stehen ebenso "die Hybridisation, die Bereitstellung chemischer Produkte für den Pflanzenschutz, veterinärmedizinische Präparate, Hochleistungsfutter, neue Formen der Aufstallung und Haltung von Nutztieren sowie verbesserte Lager- und Transporttechniken".[19]

Die Bedeutung des Prozesses der Mechanisierung/Technisierung landwirtschaftlicher Arbeit für die Industrialisierung des Agrarsektors beurteilt Thiede treffenderweise wie folgt: "Der wissenschaftlich-technische Fortschritt war die wichtigste Triebkraft. Zunächst setzte die Mechanisierung ein, danach die Spezialisierung vieler Betriebe auf wenige oder nur einen Betriebszweig. Die Konzentration der Erzeugung auf große Erntefla-

---

12 Vgl. HERRMANN, Veränderung, passim.

13 Ebda., S. 207 und 237.

14 Vgl. Edgar HARSCHE: Die Landwirtschaft in der Industriegesellschaft, in: Land, Agrarwirtschaft und Gesellschaft, 1 (1984), 1, S. 3-58.

15 Vgl. Ulrich PLANCK: Die Landwirtschaft in der Industriegesellschaft und die Industrialisierung der Landwirtschaft, in: ZAA, 33 (1985), S. 56-77.

16 Vgl. dazu etwa Wayne David RASMUSSEN: The impact of technological change on American agriculture, 1862-1962, in: The Journal of Economic History, 22 (1962), S. 578-591. David Byers DANBOM: The resisted revolution. Urban America and the industrialization of agriculture, 1900-1930, Ames 1979.

17 Vgl. M. J. TROUGHTON: Farming systems in the modern world, in: M. Pacione (Hg.): Progress in agricultural geography, London 1986, S. 93-123.

18 U.a. Friedrich-Wilhelm HENNING: Die Innovationen in der deutschen Landwirtschaft im ausgehenden 18. und im 19. Jahrhundert, in: Otto Neuloh und Walter Rüegg (Hgg.): Innovationsforschung als multidisziplinäre Aufgabe - Beiträge zur Theorie und Wirklichkeit von Innovationen im 19. Jahrhundert (= Studien zum Wandel von Gesellschaft und Bildung im Neunzehnten Jahrhundert, 14), Göttingen 1975, S. 155-168, hier 155. DERS.: Die Industrialisierung in Deutschland 1800 bis 1914 (= Wirtschafts- und Sozialgeschichte, Bd. 2), 7., ergänzte Auflage, Paderborn 1989, S. 193. Siegfried GIEDION: Die Herrschaft der Mechanisierung. Ein Beitrag zur anonymen Geschichte, Frankfurt a. M. 1982, S. 158. Ulrich BENTZIEN: Landbevölkerung und agrartechnischer Fortschritt in Mecklenburg vom Ende des 18. bis zum Anfang des 20. Jahrhunderts. Eine volkskundliche Untersuchung (= Studien zur Geschichte, 1), Berlin (Ost), S. 117 f.

19 Hans-Wilhelm WINDHORST: Industrialisierungsprozesse in der Agrarwirtschaft der Bundesrepublik Deutschland und der Vereinigten Staaten, in: Ders. (Hg.): Industrialisierte Landwirtschaft und Agrarindustrie. Entwicklungen, Strukturen und Probleme (= Vechtaer Arbeiten zur Geographie und Regionalwissenschaft, 8), Vechta 1989, S. 11-32, hier 15.

chen oder große Viehbestände, und damit verbunden die Rationalisierung der Produktionsmethoden, waren der nächste Schritt fortschrittlicher Betriebsleiter".[20] Der massenhafte Einsatz moderner Agrartechnologie war also nicht etwa das auslösende Moment für den tiefgreifenden Wandel, den die landwirtschaftliche Produktion der Industriestaaten durchlaufen hat bzw. durchläuft, sondern nicht mehr - aber auch nicht weniger - als eine seiner Grundvoraussetzungen. Selbst der alternative Landbau kommt heute ohne den Einsatz moderner Agrartechnik nicht aus.

I.1.2. Die Revolutionierung der Herstellung und Distribution landwirtschaftlicher Produktionsmittel im Verlauf der Industrialisierung

Die Revolutionierung der Herstellung landwirtschaftlicher Produktionsmittel im Verlauf der Industrialisierung läßt sich hinsichtlich des Wandels der Betriebs- und der damit eng verbundenen Absatzformen sowie der Produktionstechniken nach dem derzeitigen Forschungsstand in groben Zügen wie folgt charakterisieren.

Am Ausgang der vorindustriellen Zeit wurden in Deutschland nahezu alle landwirtschaftlichen Produktionsmittel dort, wo sie zum Einsatz kamen, auch angefertigt. Regionale Herstellungsschwerpunkte gab es in diesem Bereich also in der Regel nicht. Mit anderen Worten: Die meisten landwirtschaftlichen Produktionsmittel wurden flächendeckend produziert;[21] und zwar sowohl durch bäuerliches Hauswerk als auch durch Hausfleiß und -industrie sowie durch Lohn- und Preiswerk, d.h. Handwerk. Eine Sonderstellung nahm die Herstellung landwirtschaftlicher Schneidewaren nicht nur deshalb ein, weil sie sich in gewissen Regionen konzentrierte - ohne sich dabei allerdings auf diese zu beschränken -, sondern auch weil sich die dort herausgebildete Betriebsform keiner der obigen eindeutig zuordnen läßt;[22] zudem hob sich die in ihr eingesetzte Produktionstechnik aufgrund ihrer Fortschrittlichkeit von derjenigen aller anderen Betriebsformen der damaligen Zeit ab. Wenngleich der Produktionsprozeß in dieser Betriebsform bereits

---

20 Günther THIEDE: Technischer Fortschritt als Motor der landwirtschaftlichen Entwicklung, in: Dieter Jauch und Franz Kromka (Hgg.): Agrarsoziologische Orientierungen. Ulrich Planck zum 65. Geburtstag, Stuttgart 1986, S. 43-55, hier 48. - Vgl. auch Eckart SCHREMMER: Faktoren, die den Fortschritt in der deutschen Landwirtschaft im 19. Jahrhundert bestimmen, in: ZAA, 36 (1988), S. 33-77, hier insbes. Abb. 2 (Faktoren, die zum Fortschritt in der Landwirtschaft im 19. Jahrhundert beitrugen. Eine schematische Darstellung), S. 36 f.

21 Vgl. Klaus HERRMANN: Regionale Schwerpunkte in der Herstellung landwirtschaftlicher Geräte und Maschinen, in: Hans Pohl (Hg.): Gewerbe- und Industrielandschaften vom Spätmittelalter bis ins 20. Jahrhundert (= VSWG Beihefte, 78), Stuttgart 1986, S. 478-497, hier 480.

22 Unzutreffenderweise spricht Rudolf BERTHOLD: Die Entstehung der deutschen Landmaschinen- und Düngemittelindustrie zwischen 1850 und 1870, in: Karl Lärmer (Hg.): Studien zur Geschichte der Produktivkräfte. Deutschland zur Zeit der Industriellen Revolution (= Forschungen zur Wirtschaftsgeschichte, 15), Berlin (Ost) 1979, S. 245-266, hier 262 f., von "fabrikmäßiger Herstellung" der landwirtschaftlichen Schneidewaren. Wenngleich die Einordnung dieser Unternehmen als Manufakturen, wie sie z.B. von Hans-Heinrich MÜLLER: Anfänge der deutschen Landmaschinenindustrie. Beispiele aus den 30er bis 50er Jahren des 19. Jh., in: Jahrbuch für Wirtschaftsgeschichte, 28 (1987), S. 169-194, hier 170, vorgenommen wird, nicht ganz befriedigend ist, so trifft sie deren Wesen noch am ehesten. Vgl. dazu unten, Kap. III.4.1.1., S. 222.

als arbeitsteilig-kooperativ charakterisiert werden kann, d.h. die Herstellung landwirtschaftlicher Schneidewaren in ihr in einzelne Arbeitsschritte zerlegt war, so beruhte die Produktionstechnik doch noch auf Handarbeit. Letztere wurde erst im Industriebetrieb durch von Dampfkraft angetriebene Werkzeugmaschinen ersetzt. Die auf diese Art und Weise erzeugten Sichel- und Häckselladenklingen sowie Sensen- und Sichtenblätter waren bereits standardisierte Massenware, die zum einen billiger und zum anderen auch besser als die handwerklich fabrizierte Ware war. Die Ablösung in diesem Bereich von den bei der Herstellung landwirtschaftlicher Produktionsmittel traditionellen Betriebsformen offenbart sich auch in der Tatsache, daß die Massenproduktion zur Erweiterung des Absatzgebietes zwang. Zwischen Produzent und Konsument schoben sich somit zunehmend Händler, welche die landwirtschaftlichen Schneidewaren sogar auf dem internationalen Markt absetzten. Handwerkliche Arbeit z.B. war dagegen auch im Bereich der landwirtschaftlichen Produktionsmittel fast immer Kundenwerk. Der Produzent verkaufte seine Ware also direkt an den Konsumenten, der ihm zu deren Anfertigung häufig sogar einen direkten Auftrag erteilt hatte. Alles spielte sich hier also in einem engen Absatzgebiet ab. Über den begrenzten regionalen Markt hinaus wurden neben den landwirtschaftlichen Schneidewaren lediglich noch einfache hölzerne Arbeitsgeräte, wie z.B. Heuharken, abgesetzt. Einen allzu weiten Transport vertrugen diese durch Hausindustrie produzierten Produkte aufgrund ihres geringen Wertes - im Verhältnis zu ihrem Gewicht - allerdings nicht.

Im Verlauf der Industrialisierung wurden die Herstellung und die Distribution landwirtschaftlicher Produktionsmittel revolutioniert. Nichts versinnbildlicht diese Entwicklung besser als ein Vergleich der Fertigungstechnik und Betriebsgröße in vor- und frühindustrieller Zeit und im ausgehenden 20. Jahrhundert. Denn ein konstituierendes Element des Industrialisierungsprozesses ist die Technisierung und Konzentration[23] der gewerblichen Produktion. Selbst wenn man die Stereotypen von der Dominanz des erweiterten Meisterbetriebs alter Prägung im städtischen und vom Alleinmeister im ländlichen Handwerk, die noch bis weit ins 19. Jahrhundert hinein die vorherrschenden Betriebsformen in diesem Gewerbezweig waren, heute getrost beiseite schieben kann,[24] so bleiben die Unterschiede dennoch gewaltig: Hier etwa die selten vier oder fünf Arbeitskräfte umfassende Stellmacherei, von der es 1840 in Schleswig-Holstein 1.083 und 1858 in Preußen 19.195 Stück gab,[25] dort etwa der John Deere Konzern, der Ende der 1980er Jahre mit 20 Werken und 22 Vertriebsniederlassungen in vier Kontinenten sowie 37.000 Beschäftigten der größte Landmaschinenhersteller der Welt war.[26] Hier die kleinen Stellmacherwerkstätten mit ihrem zumeist bescheidenen Bestand an tradierten Produktionsmitteln - Antriebs- und Werkzeugmaschinen sucht man in ihnen zum damaligen Zeitpunkt vergebens -, dort die riesigen Fabrikhallen der Zweigwerke des John Deere Konzerns, in denen man vom Heißwind-Kupolofen für den Grau- und Spähroguß über vollautomatische Präzisions-Fräsmaschinen zum Fräsen von Spiral- und Schrägverzahnungen sowie hydrau-

23 Zum Konzentrationsprozeß der Landmaschinenindustrie in Deutschland vgl. HERRMANN, Schwerpunkte.

24 Vgl. Thomas MEIER: Handwerk, Hauswerk, Heimarbeit. Nicht-agrarische Tätigkeiten und Erwerbsformen in einem traditionellen Ackerbaugebiet des 18. Jahrhunderts (Zürcher Unterland), Phil. Diss Zürich 1986, S. 162-174.

25 Vgl. unten, Kap. III.5.2.2., S. 390 f.

26 Laut einer Produktinformation der John Deere Werke Mannheim von 11/1987.

lische Pressen mit einem Druck von 1.000 Tonnen zum Formen von hochwertigen Stahlblechen zu Karosserieteilen bis hin zu elektronisch gesteuerten Transferstraßen zur vollautomatisch laufenden kompletten mechanischen Bearbeitung von Getriebe- und Hydraulikgehäusen u.dgl. alles findet, was an modernster Produktionstechnik gegenwärtig zur Verfügung steht.[27] Ziel und Ergebnis dieser Technisierung sind geringere Stückkosten und gesteigerte Produktivität.

Nicht zuletzt dank seiner überlegenen Produktivität gelang es dem Industriezweig Landmaschinenbau im Verlauf des dramatischen Übergangs von der Agrar- zur Industriegesellschaft auch in Deutschland, den nach 1850 schnell anschwellenden Bedarf an landwirtschaftlichen Geräten und Maschinen mit seinen Produkten abzudecken.[28] Im Gegenzug wurden die Handwerker, wie auch alle anderen traditionell mit dem Bau von Ackergeräten und Landmaschinen befaßten nicht-industriellen Kleinproduzenten, nach und nach aus allen Sektoren dieser Branche herausgedrängt.[29] Während das eine der beiden klassischen Gerätschaftshandwerke, das Stellmacherhandwerk, infolgedessen in der zweiten Hälfte des 20. Jahrhunderts ausstarb, konnte sich das andere, das Grob- und Hufschmiedehandwerk, an die neue Situation anpassen - wenn auch mit einem drastisch reduzierten Beschäftigten- und Betriebsbestand sowie Tätigkeitsfeld.[30] Die anderen mit

---

27 Ebda.

28 Nach wie vor weitgehend unerforscht ist auch die Frühgeschichte der deutschen Landmaschinenindustrie. Wohl nicht zuletzt aufgrund der Quellenlage beschränkte sich die Forschung bisher vornehmlich auf die Darstellung der Entwicklungsgeschichte einiger weniger deutscher Betriebe, die sich zumeist aus kleinen Anfängen zu Unternehmen von Weltgeltung entwickelten. Als Untersuchungsgrundlage dienten ihr hauptsächlich Festschriften sowie Autobiographien der Firmengründer. Vgl. etwa Johannes KRIEGER: Gestaltung, Größe und Standorte der Betriebe der deutschen landwirtschaftlichen Maschinen-Industrie, Staatswissenschaftliche Diss. Berlin 1922 (maschinenschriftlich vervielfältigt), insbes. S. 20-31 oder Rudolf AHRENS: Die deutsche Landmaschinenindustrie, ihre Entwicklung und ihre heutige Lage (= Greifswalder Staatswissenschaftliche Abhandlungen, 25), Staatswissenschaftliche Diss., Greifswald 1926, insbes. S. 22-29. Das Startzeichen zur Schließung dieser Forschungslücke setzte Müller mit seinem 1987 im Jahrbuch für Wirtschaftsgeschichte veröffentlichten Aufsatz "Anfänge der deutschen Landmaschinenindustrie" und einigen Miszellen, wie z.B. "Berlin - ein frühes Zentrum landwirtschaftlicher Geräte- und Maschinenproduktion, in: agrartechnik, 37 (1987), 7, S. 291-294" - ohne allerdings bisher Nachahmer gefunden zu haben. Klar ist nunmehr jedoch, daß es in frühindustrieller Zeit zahlreiche Eisengießereien und Maschinenbauanstalten gab, die sich in variierendem Umfang mit dem Landmaschinenbau befaßten. - Aber auch die weitere Entwicklung der Landmaschinenindustrie Deutschlands liegt noch weitgehend im dunkeln. Hier repräsentiert HERRMANN, Schwerpunkte, den aktuellen Forschungsstand.

29 Zu der zwischen den Extrempositionen "Anpassung" und "Verdrängung" geführten Debatte über die Entwicklung von Handwerk und Kleingewerbe im Verlauf der Industriellen Revolution vgl. z.B. Ulrich WENGENROTH (Hg.): Prekäre Selbständigkeit. Zur Standortbestimmung von Handwerk, Hausindustrie und Kleingewerbe im Industrialisierungspropzeß (= Veröffentlichungen des Instituts für europäische Geschichte Mainz, Abteilung Universalgeschichte, Beiheft 31), Stuttgart 1989.

30 Zur Verdrängung des Stellmachers und der Anpassung des Grob- und Hufschmieds an die im Verlauf der Industrialisierung sich wandelnden Rahmenbedingungen vgl. Michael MENDE: Verschwundene Stellmacher, gewandelte Schmiede. Die Handwerker des ländlichen Fahrzeugbaus zwischen expandierender Landwirtschaft und Motorisierung 1850-1960, in: Ulrich Wengenroth (Hg.): Prekäre Selbständigkeit. Zur Standortbestimmung von Handwerk, Hausindustrie und Kleingewerbe im Industrialisierungsprozeß (= Veröffentlichungen des Instituts für europäische Geschichte Mainz, Abteilung Universalgeschichte, Beiheft 31), Stuttgart 1989, S. 93-129.

der Herstellung landwirtschaftlicher Produktionsmittel befaßten Handwerke verkrafteten den Verlust dieses Teils ihres Tätigkeitsfeldes anscheinend problemlos.

Doch auch heute noch ist der massenhafte Einsatz von Agrartechnik ohne Handwerksarbeit nicht denkbar. Denn nur dank der Wartungs- und Reparaturtätigkeit des 1941 u.a. aus dem Grob- und Hufschmiedehandwerk hervorgegangenen Landmaschinenmechanikerhandwerks kann der Landwirt seine Landmaschinen u.dgl. überhaupt wirtschaftlich nutzen. In der Regel beschränken sich die Betriebe dieses Handwerks jedoch nicht auf die Wartung und Reparatur von Agrartechnik, sondern sind zugleich auch im Landmaschinenhandel tätig, wobei wiederum viele von ihnen Vertragswerkstatt und -händler eines oder mehrerer Landmaschinenproduzenten sind. Unter Verlust der traditionellen Produzentenfunktion - und zumeist auch ein mehr oder weniger großes Stück weit auf Kosten der unternehmerischen Unabhängigkeit - ist es einem Teil des Handwerks also im Bereich Landmaschinenbau durch diese "Symbiose" mit der Industrie gelungen zu überleben.

I.2. Abgrenzung der Arbeit und Fragestellung

Die Komplexität der beiden oben dargestellten Prozesse genauso wie der Umfang des Zeitraums, in dem diese sich bisher vollzogen, gebieten sowohl eine thematische als auch eine räumliche und zeitliche Abgrenzung der Arbeit. Gegenstände der Untersuchung sind die Anfänge der Mechanisierung/Technisierung der Agrarwirtschaft sowie die nicht-industrielle Produktion landwirtschaftlicher Geräte und Maschinen in Schleswig-Holstein von ca. 1800 bis 1867.

Der Untersuchungsraum Schleswig-Holstein umschließt in dieser Studie das Bundesland Schleswig-Holstein und die im 19. Jahrhundert zum Territorium der Herzogtümer Schleswig, Holstein und Lauenburg gehörenden Gebiete. Synonym zu Schleswig-Holstein wird nachfolgend auch der Begriff "Herzogtümer" gebraucht.

Ebenso wie etwa Mecklenburg oder die östlichen Provinzen Preußens war auch Schleswig-Holstein zu Beginn des Untersuchungszeitraumes "betont agrarisch geprägt".[31] 1867 hatte das Land seinen agrarischen Charakter noch nicht verloren.[32] Die Landwirtschaft war demnach im gesamten Untersuchungszeitraum der mit Abstand wichtigste Wirtschaftssektor der Herzogtümer.[33] Aufgrund ihrer äußerst heterogenen Agrarverfassung[34] zeitigten die bereits 1768 eingeleiteten Agrarreformen[35] für die landwirtschaftli-

---

31 Karl-Heinrich KAUFHOLD: Gewerbelandschaften in der frühen Neuzeit (1650-1800), in: Hans Pohl (Hg.): Gewerbe- und Industrielandschaften vom Spätmittelalter bis ins 20. Jahrhundert (= VSWG Beihefte, 78), Stuttgart 1986, S. 112-202, hier 119.

32 Vgl. Urs Justus DIEDERICHS: Eisern in die neue Zeit. Die metallverarbeitende Industrie der Provinz Schleswig-Holstein um 1900 im Spiegel zeitgenössischer Text- und Bildquellen, Kiel 1984, S. 11 und Jürgen BROCKSTEDT: Konjunkturen in der Wirtschaftsentwicklung Schleswig-Holsteins 1864-1913, mit einem Überblick der Periode 1773-1864, in: Ders. (Hg.): Wirtschaftliche Wechsellagen in Schleswig-Holstein vom Mittelalter bis zur Gegenwart (= SWSG, 20), Neumünster 1991, S. 221-263, hier 229.

33 Vgl. DERS.: Frühindustrialisierung in den Herzogtümern Schleswig und Holstein. Ein Überblick, in: Ders. (Hg.): Frühindustrialisierung in Schleswig-Holstein, anderen norddeutschen Ländern und Dänemark (= SWSG, 5), Neumünster 1983, S. 19-77, hier 24-26 sowie DERS.: Grundzüge der gewerblichen Entwicklung in Schleswig-Holstein 1773-1867, in: Ders.: Gewerbliche Entwicklung in Schleswig-Holstein, anderen norddeutschen Ländern und Dänemark von der Mitte des 18. Jahrhunderts bis zum Übergang ins Kaiserreich (= SWSG, 17), Neumünster 1989, S. 13-44, hier 20.

34 Vgl. Max SERING et al.: Erbrecht und Agrarverfassung in Schleswig-Holstein auf geschichtlicher Grundlage (= Die Vererbung des ländlichen Grundbesitzes im Königreich Preussen, VII), Berlin 1908.

35 Zum Verlauf der Agrarreformen in Schleswig-Holstein vgl. etwa Harald BEHREND: Die Aufhebung der Feldgemeinschaften. Die große Agrarreform im Herzogtum Schleswig unter Mitwirkung der Schleswig-Holsteinischen Landkommission 1768-1823 (= QuFGSH, 46), Neumünster 1964, Georg HANSSEN: Die Aufhebung der Leibeigenschaft und die Umgestaltung der gutsherrlich-bäuerlichen Verhältnisse überhaupt in den Herzogtümern Schleswig und Holstein, St. Petersburg 1861 und Wolfgang PRANGE: Die Anfänge der großen Agrarreformen in Schleswig-Holstein bis um 1771 (= QuFGSH, 60), Neumünster 1971. - Einen plastischen Eindruck von den spätfeudalen Rechtsstrukturen und Eigentumsverhältnissen, in denen sich die Bauern bewegten, sowie von ihrem persönlichen Rechtsstatus und den Abgaben und Diensten, die sie zu leisten hatten, gibt Friedrich-Wilhelm HENNING: Deutsche Wirtschafts- und Sozialgeschichte im Mittelal-

chen Produzenten unterschiedliche Folgen. Lorenzen-Schmidt teilt die schleswig-holsteinischen Agrarproduzenten am Vorabend der großen Agrarkrise (1819-1829) unter Vernachlässigung kleinerer Gruppen in fünf Kategorien ein. Sie unterscheiden sich sowohl hinsichtlich ihrer Betriebsgröße und -struktur als auch in bezug auf ihre Produktionsmethoden und -ausrichtung sowie den Grad der Marktanbindung[36] und Monetarisierung zum Teil deutlich voneinander. Siedlungsgeschichtlich bedingt konzentrierten sich die fünf Kategorien weitgehend auf einen der drei Hauptnaturräume, welche aufgrund ihrer stark voneinander abweichenden physiogeographischen Ausstattung bezüglich der Fruchtbarkeit und Nutzungsbreite der Böden beträchtliche Unterschiede aufweisen.[37] Es sind: "1. die Gutsbesitzer adliger oder bürgerlicher Provenienz, 2. die Parzellisten in den Gütern, 3. die Bauern der königlichen Ämter auf der Geest, 4. die Bauern der Fluß- und Seemarschen und 5. die Bauern im gutsfreien Angeln und auf Fehmarn".[38]

Das entscheidende Resultat der Landwirtschaftskrise von 1819 bis 1829 stellt sich für die schleswig-holsteinischen[39] ebenso wie für alle anderen Agrarproduzenten in Deutschland folgendermaßen dar: Sie mußten sich "alle mehr oder weniger bereitwillig, früher oder später dem Zwang zur agrarkapitalistischen Unternehmensführung, zum Verzicht auf reine Subsistenzwirtschaft, zur Erhöhung der Marktquote, mithin internationalen und innerdeutschen kapitalistischen Marktbedingungen und Kommerzialisierungsschüben beugen".[40]

Die Ausdehnung der landwirtschaftlich genutzten Fläche sowie die Intensivierung der Landwirtschaft - an deren Ende, wie oben aufgezeigt, die Industrialisierung dieses Wirtschaftssektors in Deutschland stehen könnte - beschleunigten sich in den Herzogtümern seit den 1830er Jahren also alles andere als zufällig: kurz zuvor war die große Agrarkrise zu Ende gegangen. Zudem waren nahezu zeitgleich die Agrarreformen ausgelaufen. Dieser grundlegende Wandel des institutionellen Rahmens, in dem die Landwirte agierten, war eine der Ursachen aber auch Voraussetzung für die Modernisierung des "traditio-

---

ter und in der frühen Neuzeit (= Handbuch der Wirtschafts- und Sozialgeschichte Deutschlands, Bd. 1), Paderborn 1991, S. 809, Abb. 133. Einen groben Abriß der auch als "Bauernbefreiung" bezeichneten Agrarreformen in Deutschland bietet DERS., Industrialisierung, S. 37-50. Hans-Ulrich WEHLER: Deutsche Gesellschaftsgeschichte, Bd. 1 (= Vom Feudalismus des Alten Reiches bis zur Defensiven Modernisierung der Reformära 1700-1815), München (2)1989, S. 378 f., liefert eine knappe, aber äußerst präzise Charakterisierung des Wesens der deutschen Agrarreformen.

36 Zur Ausfuhr von schleswig-holsteinischen Agrarprodukten in der frühen Neuzeit vgl. etwa Adolf JÜRGENS: Zur schleswig-holsteinischen Handelsgeschichte des 16. und 17. Jahrhunderts (= Abhandlungen zur Verkehrs- und Seegeschichte, VIII), Berlin 1914, passim. und Heinz WIESE: Der Rinderhandel im nordwesteuropäischen Küstengebiet vom 15. Jahrhundert bis zum Beginn des 19. Jahrhunderts (= Quellen und Forschungen zur Agrargeschichte, XIV), Stuttgart 1966.

37 Zur physiogeographischen Ausstattung Schleswig-Holsteins und ihren Auswirkungen auf die Agrarproduktion vgl. Reinhard STEWIG: Landeskunde von Schleswig-Holstein (= Geocolleg, 5), 2., berichtigte Auflage, Stuttgart 1982, passim.

38 Klaus-Joachim LORENZEN-SCHMIDT: Die große Agrarkrise in den Herzogtümern 1819-1829, in: Jürgen Brockstedt (Hg.): Wirtschaftliche Wechsellagen in Schleswig-Holstein vom Mittelalter bis zur Gegenwart (= SWSG, 20), Neumünster 1991, S. 175-197, hier 184 ff.

39 Ebda., S. 195-197.

40 Hans-Ulrich WEHLER: Deutsche Gesellschaftsgeschichte, Bd. 2 (= Von der Reformära bis zur industriellen und politischen "Deutschen Doppelrevolution" 1815-1845/49), München 1987, S. 33 f.

nellen" Sektors, an deren Ende aus den fünf agraren Produzentengruppen eine nahezu homogene Gruppe geworden ist.

Die schleswig-holsteinische Landwirtschaft hat sich auf die neue Situation derart erfolgreich eingestellt, daß bereits die preußische Provinz Schleswig-Holstein während der Kaiserzeit zu den "modernen Agrarlandschaften"[41] Deutschlands zählte. Dabei nahm die Exportorientierung der schleswig-holsteinischen Landwirtschaft im Vergleich zur Zeit vor der großen Agrarkrise[42] noch zu, und zwar insbesondere nachdem in Großbritannien zu Beginn der 1840er Jahre die Kornzölle weggefallen waren. Aber nicht nur für Getreide waren die englischen Konsumenten über mehrere Jahrzehnte hinweg die wichtigsten Kunden der schleswig-holsteinischen Landwirte;[43] auch Veredlungsprodukte, und zwar in erster Linie Schlachtochsen und Butter, gingen von den Herzogtümern aus bevorzugt auf die Britischen Inseln.[44]

Bis zum Beginn der 1870er Jahre erlebte so auch die Agrarwirtschaft der Herzogtümer - mit kleineren Unterbrechungen - ihre "goldenen Jahrzehnte".[45] Geleitet von der Erkenntnis, daß es dem Land nur gutgehen konnte, wenn die Landwirtschaft florierte, hatte in gesamtstaatlicher Zeit die Agrarpolitik in der Verwaltung auf Regierungsebene absolute Priorität. Danach kam die Handels- und Schiffahrtspolitik und erst an dritter und letzter Stelle rangierte die Gewerbepolitik.[46] Brockstedt charakterisiert sie in gesamtstaatlicher Zeit wie folgt: "Der gesamte Zeitraum [...] sollte grundsätzlich unter dem langwährenden Übergang vom Merkantilismus zum Liberalismus gesehen werden. Obwohl das Gedankengut von Adam Smith (1776) über den Wirtschaftsliberalismus schon in den 1780er Jahren von leitenden Beamten des Gesamtstaats nachweislich rezipiert und z.B. in den Zollverordnungen von 1797 und 1803 umgesetzt wird, vermittelt gerade die Entwicklung im Gewerbe den Eindruck, daß hier noch sehr viel länger an alten Anschauungen festgehalten wird. Diese Aussage wird gemildert, wenn [...] auf die Widersprüche im Gewerbesektor zwischen Gesetzesgrundlage und wirtschaftlicher Realität hingewiesen wird. Wir haben es nämlich mit einer Mischung aus Elementen beider wirtschaftspolitischer Richtungen zu tun, die nicht zuletzt durch Kompetenzprobleme und Uneinigkeit über die zu setzenden Schwerpunkte entsteht. [...] Die Liberalisierung der Wirtschaftspolitik im 19. Jahrhundert hat zunächst keine weiteren Auswirkungen auf das Gewerbe. Es wird kaum noch gefördert, unterliegt aber einer schwankenden Gewerbepolitik. [...] Das Interesse des Staates richtet sich beim Gewerbe hauptsächlich auf Steuern und Ab-

---

41 LORENZEN-SCHMIDT, Agrarkrise, S. 197.

42 Zum Export von Agrarprodukten während der frühen Neuzeit vgl. auch Volkmar von ARNIM: Krisen und Konjunkturen der Landwirtschaft in Schleswig-Holstein vom 16. bis zum 18. Jahrhundert (= QuFGSH, 35), Neumünster 1957.

43 Wilhelm ABEL: Agrarkrisen und Agrarkonjunktur. Eine Geschichte der Land- und Ernährungswirtschaft Mitteleuropas seit dem hohen Mittelalter, 3., neubearbeitete und erweiterte Auflage, Hamburg und Berlin 1978, S. 237-240 und 272 ff.

44 Zum Export von Rindvieh bzw. Butter im 19. Jahrhundert von Schleswig-Holstein nach Großbritannien vgl. Peter HAALCK: Die historische Entwicklung der Weidemast in Eiderstedt, Diss. Kiel 1955 und C. BOYSEN: Der Buttermarkt Englands und dessen Bedeutung für die Provinz Schleswig-Holstein, Kiel 1887 sowie Jochen BRACKER: Butterproduktion und Butterexport der Herzogtümer Schleswig und Holstein in der Endphase des dänischen Gesamtstaates, in: ZSHG, 104 (1979), S. 207-229.

45 ABEL, Agrarkrisen, S. 273 ff.

46 BROCKSTEDT, Grundzüge, S. 16 und 18 sowie DERS., Frühindustrialisierung, S. 71.

gaben". Zudem sind Bemühungen um eine Vereinheitlichung der Gewerbeordnung unübersehbar.[47]

Wie sieht es nun mit der Struktur des sekundären Sektors aus? Die Herzogtümer verfügten in der frühen Neuzeit über keine Gewerbelandschaften.[48] Als traditionell von der Landwirtschaft geprägte Region war der Untersuchungsraum mithin nicht an der Vorbereitung der Industriellen Revolution des 19. Jahrhunderts beteiligt und gehörte aufgrund seiner peripheren Lage, seiner Armut an Rohstoffen und Primärenergieträgern sowie dem verhältnismäßig schwachen Bevölkerungswachstum und einer fehlenden aktiven staatlichen Wirtschaftspolitik[49] auch nicht zu den Wehlerschen "Führungsregionen" der Industrialisierung.[50] Die Frühindustrialisierung setzte in Schleswig-Holstein im Verhältnis etwa zu Oberschlesien, Sachsen, Berlin, dem Bergischen oder Märkischen 30 bis 50 Jahre später ein, verlief spürbar langsamer und auf einem niedrigeren Niveau als dort, war kein durchgängiger und flächendeckender Prozeß und konzentrierte sich zudem im wesentlichen auf einige wenige Industriebranchen. Die wichtigste in der Anfangsphase der Industrialisierung des Untersuchungsraumes, die um das Jahr 1830 begann, war die Metallverarbeitung, und zwar in den Zweigen Eisengießerei sowie Maschinen- und Apparatebau. Diesem Umstand kommt in dieser Untersuchung insofern eine sehr große Bedeutung zu, als viele Unternehmen dieser Industriezweige sich auch mit dem Bau von modernen landwirtschaftlichen Produktionsmitteln befaßten und ihre Erzeugnisse - wie die meisten anderen im Inland hergestellten Industriegüter - ganz überwiegend innerhalb Schleswig-Holsteins abgesetzt wurden. Nicht zuletzt auch aufgrund der einheimischen industriellen Konkurrenz verschwanden in den ersten beiden Jahrzehnten des 19. Jahrhunderts die meisten Manufakturen, der Hausfleiß und auch die Hausindustrie; so wurde letztere binnen weniger Jahrzehnte aus der Gewerbelandschaft des Untersuchungsraumes hinausgedrängt. Welchen Aufschwung die Industrie hier in knapp 30 Jahren nahm, belegt die folgende Zahl: Im Gewerbe der Herzogtümer Schleswig und Holstein belief sich der Anteil der in der Industrie Beschäftigten (inklusive der Familienangehörigen ohne Hauptberuf) 1860 auf circa 30%. Dabei expandierte die Industrie in dieser tiefgreifenden Umstrukturierungsphase des Gewerbesektors nicht nur auf Kosten der Betriebsformen Manufaktur, Hausfleiß und Hausindustrie, sondern nahm auch dem Handwerk Marktanteile ab. Diese Entwicklung darf allerdings nicht über die tatsächliche Position der Industrie innerhalb des schleswig-holsteinischen Wirtschaftsgefüges gegen Ende der Frühindustrialisierung hinwegtäuschen: Denn bedenkt man, daß 1867 nur 23 % der Beschäftigten (inklusive der Familienangehörigen ohne Hauptberuf) Schleswig-Holsteins im sekundären Sektor tätig waren, so beläuft sich der Anteil der in der Industrie Beschäftigten (inklusive der Familienangehörigen ohne Hauptberuf) lediglich auf circa 7%![51]

47 Ebda.

48 KAUFHOLD, Gewerbelandschaften, S. 119.

49 BROCKSTEDT, Frühindustrialisierung, S. 76.

50 WEHLER, Gesellschaftsgeschichte (Bd. 2), S. 65.

51 BROCKSTEDT, Frühindustrialisierung, insbes. S. 32, 44 und 74-77, DERS.: Anfänge der Industrialisierung in Agrarregionen Norddeutschlands im 19. Jahrhundert, in: Hubert Kiesewetter und Rainer Fremdling (Hgg.): Staat, Region und Industrialisierung, Ostfildern 1985, S. 163-189, hier insbes. 169-172, DERS., Grundzüge, insbes. S. 28, 38 f. und 41 sowie DERS., Wechsellagen, S. 236.

Welch überragende Stellung das Handwerk um 1800 in den Herzogtümern spielte, belegen die folgenden Zahlen: Während es laut Henning in Deutschland einen Anteil von 49,9% am Gewerbe hatte, belief sich sein Anteil zu dieser Zeit im Untersuchungsraum laut Brockstedt auf mindestens 90 %.[52] Schon von daher können die oben genannten vorindustriellen Betriebsformen des Gewerbes nachfolgend ganz vernachlässigt werden. Unmöglich ist es allerdings, hier auch nur in groben Zügen die Struktur und Entwicklung des schleswig-holsteinischen Handwerks während der beiden ersten Drittel des 19. Jahrhunderts darzustellen, ohne dabei den Rahmen der Einleitung zu sprengen. Daher sei an dieser Stelle auf die Arbeiten von Hähnsen, Kettemann und Asmus/Lorenzen-Schmidt verwiesen.[53]

Nur so viel: Das Handwerk der Herzogtümer unterschied sich nicht sonderlich von dem anderer deutscher Staaten. Seine Umstrukturierung im Rahmen der Industrialisierung vollzog sich in der für eine Agrarregion typischen Weise: sie zog sich sehr in die Länge. Bereits seit längerem hart getroffen durch die Überbesetzung in vielen Professionen hatte sich das Stadthandwerk als der über Jahrhunderte unangefochten dominierende Teil des Handwerks zu Beginn der frühindustriellen Phase weder richtig von den Folgen der vorhergehenden Krisenperiode erholt noch ein Rezept gegen die ihm im Landhandwerk erwachsene Konkurrenz gefunden, als ihm mit der aus- und dann auch mit der inländischen Industrie ein in vielen Produktionsbereichen übermächtiger Konkurrent erwuchs. Diese Entwicklung traf viele Zweige des gesamten Handwerks trotz des langanhaltenden konjunkturellen Aufschwungs deshalb so schwer, weil sich ihr Absatzgebiet aufgrund der außerordentlichen Rückständigkeit ihrer Produktions- und Absatzmethoden nahezu ausschließlich auf den lokalen bzw. regionalen Markt beschränkte; mit Waren von äußerst mäßiger Qualität hätten sie sich in Zeiten, in denen aufgrund der rasanten Entwicklung der Verkehrs- und Transporttechnik der internationale Markt im Entstehen war, auf Dauer weder im Inland, geschweige denn im Ausland, behaupten können. Der in Reaktion darauf auch im Untersuchungsraum abgelaufene Anpassungsprozeß des Handwerks verlief in den bekannten Formen.

Von der positiven konjunkturellen Entwicklung profitierten selbstverständlich auch eine ganze Reihe von Handwerken: im Konsumgüterbereich die Nahrungsmittelhandwerke genauso wie etwa die mit der Herstellung von Einrichtungsgegenständen und Luxuswaren befaßten Professionen und - was für diese Untersuchung von sehr großer Relevanz

52 HENNING, Industrialisierung, S. 73 und BROCKSTEDT, Grundzüge, S. 26.

53 Fritz HÄHNSEN: Geschichte der Kieler Handwerksämter. Ein Beitrag zur Schleswig-Holsteinischen Gewerbegeschichte (= MKStG, 30), Kiel 1920, DERS.: Die Entwicklung des ländlichen Handwerks in Schleswig-Holstein (= QuFGSH, 9), Leipzig 1923, Otto KETTEMANN: Handwerk in Schleswig-Holstein. Geschichte und Dokumentation im Schleswig-Holsteinischen Landesmuseum (= Studien zur Volkskunde und Kulturgeschichte Schleswig-Holsteins, 18), Neumünster 1987 und Walter ASMUS und Klaus-Joachim LORENZEN-SCHMIDT: Zur Entwicklung des Landhandwerks in Schleswig-Holstein im 18. und 19. Jahrhundert, in: Jürgen Brockstedt (Hg.): Gewerbliche Entwicklung in Schleswig-Holstein, anderen norddeutschen Ländern und Dänemark von der Mitte des 18. Jahrhunderts bis zum Übergang ins Kaiserreich (= SWSG, 17), Neumünster 1989, S. 45-72.

ist - im Investitonsgüterbereich u.a. auch die mit der Produktion von landwirtschaftlichen Produktionsmitteln befaßten Handwerke.[54]

Nach diesem kurzen Einblick in die Struktur sowie die Entwicklung von primärem und sekundärem Sektor unter besonderer Berücksichtigung von Konjunkturverlauf und Wirtschaftspolitik wird die Wahl des zeitlichen Rahmens der Untersuchung leicht nachvollziehbar.

Wenngleich vor 1800 in vielen Teilen Deutschlands schon wichtige Vorarbeiten für den Übergang von der "spätfeudalen" zur "rationellen Landwirthschaft" Albrecht Thaers geleistet worden waren,[55] befanden sich um 1800 auch in Schleswig-Holstein nur ganz selten moderne landwirtschaftliche Produktionsmittel im Einsatz. Zu den "modernen" werden in dieser Studie all jene gerechnet, die im Untersuchungsraum bzw. einer anderen Agrarlandschaft nicht zu den "tradierten" landwirtschaftlichen Produktionsmitteln gehörten. Letztere erfuhren um diese Zeit "einen letzten Höhepunkt der Perfektion",[56] ohne dabei in nennenswertem Umfang Elemente der modernen Geräte und Maschinen aufgenommen zu haben. Um 1800 existierte im Untersuchungsraum mithin noch der tradierte, d.h. im Verlauf der Feudalzeit entwickelte Produktionsmittelfundus der Landwirtschaft in "unverfälschter" Form.

Auch die Gewerbestruktur der Herzogtümer war um 1800 noch spätfeudal: das Spektrum der Betriebsformen reichte vom Hausfleiß über die Hausindustrie bis hin zum Verlag, dem Handwerk sowie der Manufaktur. Daneben existierte mit dem Hauswerk noch eine nicht-gewerbliche Betriebsform der Güterproduktion. Gemeinsam ist ihnen allen, daß es vor - oder - wie es im Titel dieser Studie heißt - nicht-industrielle Betriebsformen der Güterproduktion sind. Indem die Untersuchung zwei, drei Jahrzehnte vor der Entstehung von Fabriken und der Etablierung des Industriesystems im Untersuchungsraum einsetzt, ist gewährleistet, daß sie das Ensemble der vorindustriellen Betriebsformen, die in den Herzogtümern mit der Herstellung landwirtschaftlicher Produktionsmittel befaßt waren, in "unverfälschter" Form wiedergibt.

Die oben genannten vorindustriellen Betriebsformen werden - so weit es überhaupt notwendig ist - im Text definiert. Speziell in bezug auf die Abgrenzung von Handwerksbetrieb und Fabrik[57] erscheint es zweifelhaft, ob sie in jedem Fall exakt auseinandergehalten werden können. Gedacht wird hier an jene aus Handwerksbetrieben aufgebauten bescheideneren Unternehmen, die noch nicht unbedingt industriell, mit Sicherheit jedoch

---

54 Die Ausführungen zur Entwicklung des schleswig-holsteinischen Handwerks zwischen 1800 und 1867 sind BROCKSTEDT, Frühindustrialisierung, S. 26 und 71 sowie DERS., Grundzüge, S. 22 und 25-31, entnommen.

55 Vgl. Otto ULBRICHT: Englische Landwirtschaft in Kurhannover in der zweiten Hälfte des 18. Jahrhunderts. Ansätze zu historischer Diffusionsforschung (= Schriften zur Wirtschafts- und Sozialgeschichte, 32), Berlin 1980, S. 372 f.

56 Heinz HAUSHOFER: Die deutsche Landwirtschaft im technischen Zeitalter (= Deutsche Agrargeschichte, 5), Stuttgart 1963, S. 103.

57 In bezug auf die Abgrenzung dieser beiden gewerblichen Betriebsformen in Schleswig-Holstein während der gesamtstaatlichen Zeit vgl. Ulrike ALBRECHT: Das Gewerbe Flensburgs von 1770 bis 1870. Eine wirtschaftsgeschichtliche Untersuchung auf der Grundlage von Fabrikberichten (= SWSG, 24), Neumünster 1993, S. 44-47.

nicht mehr handwerklich produzierten.[58] Als Handwerksbetrieb wird deshalb nachfolgend im Zweifelsfall dasjenige Unternehmen angesehen, welches als solches konzessioniert war.

Das Jahr 1867 wurde aus folgenden Gründen als zeitlicher Endpunkt der Studie gewählt:

1. Unübersehbar für jedermann in Schleswig-Holstein waren die in den beiden vorangegangenen Dritteln des 19. Jahrhunderts vollzogenen Veränderungen im Bereich der Agrartechnik - aufgrund der Einführung von modernen landwirtschaftlichen Geräten und Maschinen hatte sich der agrartechnische Standard grundlegend zu wandeln begonnen.

2. In diesem Jahr lief im Untersuchungsraum die frühindustrielle Phase aus: Mit den Eisengießereien und Maschinenbauanstalten hatte sich im Untersuchungsraum eine neue Betriebsform im Bereich der Herstellung landwirtschaftlicher Produktionsmittel etabliert, die bereits zu diesem Zeitpunkt spürbar auf die tradierten nicht-industriellen Betriebsformen Einfluß nahm.

3. Nur kurze Zeit nach der Inkorporation der drei Herzogtümer durch Preußen wurde in der preußischen Provinz Schleswig-Holstein die Gewerbefreiheit eingeführt und zudem ihr Anschluß an den Zollverein verfügt. Damit stellt das Jahr 1867 sowohl hinsichtlich der Gewerbeordnung als auch bezüglich der wirtschaftsräumlichen Einbindung und Ausrichtung des Untersuchungsraumes eine tiefgreifende Zäsur dar.[59]

Wenden wir uns nun den Leitfragen der Arbeit sowie einer Reihe weiterer eng mit ihnen in Verbindung stehender wichtiger Fragen zu.

1. Wie sah der agrartechnische Standard in Schleswig-Holstein um 1800 aus und wie entwickelte er sich bis 1867 weiter? Ist eine Periodisierung des Prozesses der Mechanisierung/Technisierung der schleswig-holsteinischen Landwirtschaft für diesen Zeitraum möglich und inwieweit lassen sich in ihm räumliche Disparitäten ausmachen? Schließlich: Wer oder was nahm Einfluß auf den Verlauf dieser Entwicklung?

2. Wie verliefen der Transfer und die Diffusion landtechnischer Innovationen? Das heißt insbesondere: Über welche Kommunikationskanäle erfuhren die Landwirte von deren Existenz? Wie und wann wurden welche modernen Ackergeräte und Landmaschinen bis 1867 in den Untersuchungsraum eingeführt und vor allem wer brachte sie dort hin? Wer waren mithin unter den Landwirten die Innovatoren und wer die Frühen Übernehmer, die Frühe Mehrheit, die Späte Mehrheit oder gar die Nachzügler? Lassen sich in den Herzogtümern hinsichtlich der Neuerungsbereit-

---

58 Anne J. MAC LACHLAN: Der Übergang vom Handwerker zum Unternehmer in Mainz 1830-1860, in: Ulrich Engelhardt (Hg.): Handwerker in der Industrialisierung. Lage, Kultur und Politik vom späten 18. bis ins frühe 20. Jahrhundert (= Industrielle Welt, 37), Stuttgart 1984, S. 146-164, insbes. 160.

59 Zur Bedeutung der Einführung der Gewerbefreiheit in Schleswig-Holstein 1867 sowie des Anschlusses der Provinz an den Zollverein vgl. BROCKSTEDT, Anfänge, S. 169, DERS., Grundzüge, S. 15 sowie DERS., Wechsellagen, S. 236-240.

schaft und der Diffusionsgeschwindigkeit Unterschiede erkennen? Des weiteren: Wie verbreiteten sich agrartechnische Innovationen in Schleswig-Holstein?

3. Wer stellte um 1800 für wen welche (tradierten) landwirtschaftlichen Produktionsmittel her und wie entwickelte sich unter dem Einfluß des Prozesses der Mechanisierung/Technisierung der Landwirtschaft sowie der Frühindustrialisierung diesbezüglich das Ensemble der nicht-industriellen Betriebsformen in diesem Bereich der Güterproduktion weiter? Lassen sich für bestimmte nicht-industrielle Betriebsformen oder landwirtschaftliche Produktionsmittel räumliche und/oder zeitliche Schwerpunkte im Untersuchungsraum ausmachen?

4. Welche Rolle spielte das schleswig-holsteinische Handwerk beim Prozeß der Mechanisierung/Technisierung der Landwirtschaft? War es von seiner fachlichen Qualifikation sowie von seiner Produktionsstruktur und Produktionsmittelausstattung her überhaupt in der Lage, die Nachfrage nach moderner Agrartechnik sowohl in qualitativer als auch in quantitativer Hinsicht zu befriedigen? Übte diesbezüglich etwa die zünftige Gewerbeordnung Schleswig-Holsteins einen Einfluß aus?

I.3. Forschungs- und Quellenlage

I.3.1. Forschungslage

Der Ansatz dieser Studie ist in zweierlei Hinsicht gänzlich neu: Zum einen werden die eng miteinander in Verbindung stehenden Untersuchungsgegenstände "Prozeß der Mechanisierung/Technisierung der Landwirtschaft" und "nicht-industrielle Produktion landwirtschaftlicher Geräte und Maschinen" erstmals gemeinsam eingehend in einer Studie untersucht und gleichzeitig zueinander in Beziehung gesetzt. Zum anderen ist niemals zuvor die gesamte nicht-industrielle Produktion landwirtschaftlicher Geräte und Maschinen erfaßt und in ihrer Entwicklung beim Übergang von der spätfeudalen Epoche in das Industriezeitalter betrachtet worden.

Trotzdem sich in den letzten Jahrzehnten das Forschungsinteresse unübersehbar von der Geschichte der Agrarverfassung zur Geschichte der Landwirtschaft hin verlagert hat, besitzt die vor beinahe dreißig Jahren vom Volkskundler Bentzien getroffene Feststellung, die "Geschichte der Landmaschinentechnik [sei in Deutschland] nur äußerst lückenhaft bekannt"[60], nach wie vor Gültigkeit. Dabei ist der Prozeß der Mechanisierung/Technisierung der deutschen Landwirtschaft seit längerem Gegenstand wissenschaftlicher Untersuchungen. Zu Recht bezeichnet Herrmann das 1910 unter Leitung von Gustav Fischer herausgegebene Sammelwerk "Die Entwicklung des landwirtschaftlichen Maschinenwesens in Deutschland" als "relativ unhistorisch".[61] Daß Josef Kulischers 1933 publizierter Aufsatz "Das Aufkommen der landwirtschaftlichen Maschinen [...]" trotz all seiner Unzulänglichkeiten so häufig zitiert wurde, ist ein weiteres Indiz für die lange Zeit desolate Forschungslage.[62] Einen guten Eindruck von ihr gewinnt man bei der Lektüre des 1970 von Treue für den "Gebhardt" verfaßten Artikels "Die Entwicklung der Land- und Forstwirtschaft". Die halbseitige Passage über die Entwicklung der "Landtechnik" in Deutschland zwischen 1789 und 1914 besteht im wesentlichen knapp zur Hälfte aus einem Bericht über die Entwicklung der deutschen Landmaschinenindustrie bis zum Ersten Weltkrieg. Die andere Hälfte setzt sich aus einer zusammenhanglosen Aufzählung einiger moderner landwirtschaftlicher Produktionsmittel - deren Einführung zudem falsch datiert wird - sowie auch aus einem Zitat von H. W. Graf Finck v. Finckenstein zusammen, in dem dieser die Qualität des agrartechnischen Fortschritts während des 19. Jahr-

60 Ulrich BENTZIEN: Landmaschinentechnik in Mecklenburg (1800 bis 1859), in: Jahrbuch für Wirtschaftsgeschichte, 6 (1965), 3, S. 54-81, hier 54.

61 Klaus HERRMANN: Die Einführung von Landmaschinen in Württemberg im 19. Jahrhundert. Ein Beitrag zur Geschichte des landtechnischen Innovationstransfers, in: Scripta Mercaturae, 13 (1979), S. 133-160, hier 133. - Gustav FISCHER et al. (Bearb.): Die Entwicklung des landwirtschaftlichen Maschinenwesens in Deutschland. Festschrift zum 25jährigen Bestehen der Deutschen Landwirtschafts-Gesellschaft (= Arbeiten der DLG, 177), Berlin 1910.

62 Josef KULISCHER: Das Aufkommen der landwirtschaftlichen Maschinen um die Wende des 18. und in der ersten Hälfte des 19. Jahrhunderts, in: Jahrbücher für Nationalökonomie und Statistik, Bd. 139 (1933), S. 321-368.

hunderts krass unterbewertet.[63] Dabei war zu dem Zeitpunkt, als Treue seinen Artikel abfaßte, längst die Wende in der Erforschung der Geschichte der Mechanisierung/Technisierung der deutschen Landwirtschaft eingeleitet worden. Der Impuls dazu ging jedoch nicht von der 1969 von Günther Franz herausgegebenen "Geschichte der Landtechnik im 20. Jahrhundert"[64] aus; denn sie steht ganz in der Tradition des 1910 von Fischer im Auftrag der Deutschen Landwirtschaftsgesellschaft als Festschrift herausgegebenen oben erwähnten Sammelwerkes.

Dem Volkskundler Bentzien kommt das Verdienst zu, die Forschung mit seiner Dissertation von 1961 neu belebt zu haben.[65] Dank seiner regen Forschungstätigkeit, in deren Rahmen er nicht nur volkskundliche, sondern auch technik-, agrar- und sozialgeschichtliche Fragestellungen bearbeitete, ist Mecklenburg gegenwärtig die einzige deutsche Region, für die der Prozeß der Mechanisierung/Technisierung der Landwirtschaft als gut erforscht angesehen werden kann.[66] Denn die im Verlauf der 1970er und frühen 1980er Jahre hin und wieder zu diesem Themenkomplex veröffentlichten Forschungsarbeiten erreichen allein schon aufgrund ihres Umfangs - es sind fast ausnahmslos kleinere Aufsätze - bei weitem nicht die Tiefe und Breite von Bentziens Werk.[67] Eine Ausnahme bildet - ungeachtet aller Schwächen - für Teile des Mechanisierungsprozesses in Franken der 1981 von Konrad Bedal herausgegebene Ausstellungskatalog "Göpel und Dreschmaschine".[68]

Schleierhaft ist insofern, wie die Volkskundlerin Ingeborg Weber-Kellermann behaupten kann, "die einschlägige wirtschafts- und technikgeschichtliche Literatur" gebe über "die Entwicklung des landwirtschaftlichen Maschinenwesens in den einzelnen Regionen" Deutschlands "erschöpfend Auskunft"; mittels der von ihr angeführten Literatur läßt sich diese Behauptung jedenfalls nicht abstützen.[69]

---

63 Wilhelm TREUE: Gesellschaft, Wirtschaft und Technik Deutschlands im 19. Jahrhundert, in: Herbert Grundmann (Hg.): Gebhardt. Handbuch der deutschen Geschichte, Bd. 3 (= Von der Französischen Revolution bis zum Ersten Weltkrieg), 9., neu bearbeitete Auflage, Stuttgart 1970, S. 377-541, hier 103 f.

64 Günther FRANZ (Hg.): Die Geschichte der Landtechnik im 20. Jahrhundert, Frankfurt am Main 1969.

65 Ulrich BENTZIEN: Das Eindringen der Technik in die Lebenswelt der mecklenburgischen Landbevölkerung. Eine volkskundliche Untersuchung, Phil. Diss. Berlin (Ost) 1961 (maschinenschriftlich vervielfältigt).

66 Zuletzt DERS., Landbevölkerung.

67 U.a. Ernst BARTH: Der Einsatz von Landmaschinen im Erzgebirge und Vogtland am Ende des 19. und in der ersten Hälfte des 20. Jahrhunderts. Eine Studie zur Geschichte der Produktivkräfte im Erzgebirge und im Vogtland, in: Jahrbuch für Regionalgeschichte, 5 (1975), S. 173-190, Michael KELLER: Agrartechnik in der Wetterau 1800-1880, in: Wetterauer Geschichtsblätter, 26 (1977), S. 229-247, HERRMANN, Einführung, Harald WINKEL: Zur Anwendung des technischen Fortschritts in der Landwirtschaft im ausgehenden 19. Jahrhundert, in: ZAA, 27 (1979), S. 19-31.

68 Konrad BEDAL (Hg.): Göpel und Dreschmaschine. Zur Mechanisierung der bäuerlichen Arbeit in Franken (= Schriften und Kataloge des Fränkischen Freilandmuseums, 2), München und Bad Windsheim 1981.

69 Ingeborg WEBER-KELLERMANN: Landleben im 19. Jahrhundert, München 1987, S. 360 f.

Trotz der Kritik, die Henning[70] in einer VSWG-Rezension an Klaus Herrmanns 1985 veröffentlichtem Werk "Pflügen, Säen, Ernten. Landarbeit und Landtechnik in der Geschichte"[71] übt, kommt diesem schon allein deshalb große Bedeutung zu, weil es die Ergebnisse der meisten bisher über den Prozeß der Mechanisierung/Technisierung der deutschen Landwirtschaft verfaßten Untersuchungen zusammenfaßt. Hierin aber liegt auch gleichzeitig eine wesentliche Schwäche in Herrmanns Arbeit - bei allen Stärken, die sie aufweist: Aufgrund der nach wie vor unzureichenden Zahl von qualifizierten Regionalstudien vermag sie die räumlichen Disparitäten, die insbesondere in der Anfangsphase des Mechanisierungs-/Technisierungsprozesses mit Sicherheit bestanden haben werden, kaum herauszuarbeiten. Das trifft auch auf Rudolf Bertholds 1984 publizierten Aufsatz "Die Mechanisierung der deutschen Landwirtschaft von 1870 bis 1914 [...]"[72] zu. Bedeutung kommt ihm insofern zu, als hier erstmals ein Periodisierungsmodell der Mechanisierung/Technisierung der deutschen Landwirtschaft geliefert wird - sieht man einmal von Bentziens 1961 entstandenem Modell für die mecklenburgische Entwicklung ab, das durchaus auch auf die nationale Ebene projiziert werden kann.[73] Im selben Tagungsband wie Bertholds ist auch Herrmanns Aufsatz "Tendenzen der landwirtschaftlichen Mechanisierung im Deutschland der Zwischenkriegszeit" erschienen, der in gewisser Weise eine Fortsetzung des Bertholdschen Aufsatzes darstellt. Er bringt zweierlei klar hervor: zum einen die nachhaltige Erhöhung des Mechanisierungs-/Technisierungsgrades der deutschen Landwirtschaft zwischen 1919 und 1939 und zum anderen trotz aller Unterschiede in der Entwicklung den Trend zur Vereinheitlichung des agrartechnischen Standards um 1939 in den deutschen Betrieben.[74]

Wie sieht nun die Forschungslage für den Untersuchungsraum aus? Bisher liegen zur Geschichte der Mechanisierung/Technisierung der schleswig-holsteinischen Landwirtschaft lediglich zwei kleinere Aufsätze von Arnold Lühning, zuletzt Hauptkustos für Volkskunde am Schleswig-Holsteinischen Landesmuseum zu Schloß Gottorf in Schleswig, vor, die sich beide auf den Untersuchungszeitraum dieser Studie beschränken.[75] Diese beiden "Pionierarbeiten" können jedoch nur als eine Aufforderung zur intensiveren Beschäftigung mit dem Themenkomplex verstanden werden, da sie weitaus mehr Fragen aufwerfen als beantworten.

Erhebliche Lücken weist unser Wissen aber auch noch hinsichtlich des agrartechnischen Standards in Deutschland um 1800, also in spätfeudaler Zeit, auf. Die Volkskunde, die die Erforschung der tradierten landwirtschaftlichen Produktionsmittel seit einigen Jahrzehnten als eine ihrer Domänen ansieht, hat bisher nur wenige große Regionalstudien

---

70 VSWG, 73 (1986), S. 551.

71 HERRMANN, Pflügen.

72 BERTHOLD, Mechanisierung.

73 BENTZIEN, Eindringen, S. 63.

74 Klaus HERRMANN: Tendenzen der landwirtschaftlichen Mechanisierung im Deutschland der Zwischenkriegszeit, in: Harald Winkel und Klaus Herrmann (Hgg.): Die Entwicklung der Landtechnik im 19. und 20. Jahrhundert, Ostfildern 1984, S. 78-94.

75 Arnold LÜHNING: "Sonst" und "Jetzt". Landwirtschaftliche Innovationen im Spiegel einer Ehrenurkunde von 1859, in: Utz Jeggle et al. (Hgg.): Volkskultur in der Moderne. Probleme und Perspektiven empirischer Kulturforschung, Hamburg 1986, S. 162-184 und DERS.: Der neue Dreh. Mechanisierung der Landarbeit, dargestellt im Schleswig-Holsteinischen Landesmuseum, in: Schleswig-Holstein Kultur-Journal, 3 (1987), S. 57-61.

dazu hervorgebracht. Leider sind den beiden 1982 erschienenen richtungsweisenden Arbeiten von Siuts und Hansen[76] bisher keine weiteren nachgefolgt. Aber auch an größeren Monographien, die ein einzelnes tradiertes landwirtschaftliches Produktionsmittel innerhalb von Deutschland unter volkskundlichen Fragestellungen zum Forschungsgegenstand erhoben haben, mangelt es. Dafür weisen die Arbeiten von Lühning oder etwa Bentzien[77] ein weit über dem Durchschnitt liegendes Niveau auf.

Das einzige Werk, welches hier kulturhistorisch orientierte Geräteforschung auf nationaler Ebene betreibt, stammt aus dem Jahre 1980.[78] Da Bentzien in ihm zahlreiche Quellen sowie auch nahezu die komplette relevante Forschungsliteratur ausgewertet hat, und natürlich nicht zuletzt auch aufgrund seiner profunden Kenntnisse auf diesem Gebiet, gibt es - mit den nach vierzehn Jahren notwendigen Abstrichen - den gegenwärtigen Forschungsstand wieder. Obwohl es Bentzien immer mal wieder gelingt, insbesondere anhand von Quellen regionale Disparitäten in der Entwicklung der Agrartechnik herauszuarbeiten, leidet seine Untersuchung aufgrund der Forschungslage darunter, daß sie allgemein zu wenig regional differenziert.

Arbeiten, die sich zum agrartechnischen Standard Schleswig-Holsteins in feudaler Zeit eingehender äußern, gibt es lediglich drei. Hans Kriegs "Schleswig-Holsteinische Volkskunde [...]" von 1931 basiert im wesentlichen auf den beinahe 50 Bände umfassenden Schleswig-Holsteinischen Provinzialberichten (1787-1834).[79] Wie das gesamte Werk, so sind auch die Abschnitte über die landwirtschaftlichen Arbeitsabläufe und die dabei eingesetzten Produktionsmittel in der Regel nichts weiter als eine Aneinanderreihung von Zitaten. Eine wissenschaftlichen Ansprüchen genügende Auswertung und Auseinandersetzung mit den Quellen sowie auch weitere erkenntnisfördernde Arbeitsschritte fehlen gänzlich. So kommt Kriegs Werk lediglich als "Quellensammlung" Bedeutung zu. Ganz anders dagegen das 1990 in zweiter, verbesserter Auflage erschienene Werk "Volksleben in Holstein 1550-1800"[80] des Kieler Volkskundlers Karl-Sigismund Kramer. Allerdings beschränkt sich das Unterkapitel "Arbeitsgeräte" zeitlich weitgehend auf das 16. und 17. Jahrhundert. Schließlich gehört noch der Ausstellungsführer der volkskundlichen Geräte-

---

76 Hinrich SIUTS: Bäuerliche und handwerkliche Arbeitsgeräte in Westfalen. Die alten Geräte der Landwirtschaft und des Landhandwerks 1890-1930 (= Schriften der volkskundlichen Kommission für Westfalen, 26), Münster 1982 und Wilhelm HANSEN: Hauswesen und Tagewerk im alten Lippe. Ländliches Leben in vorindustrieller Zeit (= Schriften der volkskundlichen Kommission für Westfalen, 27), Münster 1982.

77 Arnold LÜHNING: Die schneidenden Erntegeräte. Technologie, Entwicklung und Verbreitung unter besonderer Berücksichtigung Nordwestdeutschlands, Phil. Diss. Göttingen 1951 (maschinenschriftlich vervielfältigt) und Ulrich BENTZIEN: Haken und Pflug. Eine volkskundliche Untersuchung zur Geschichte der Produktionsinstrumente im Gebiet zwischen unterer Elbe und Oder (= Deutsche Akademie der Wissenschaft. Veröffentlichungen des Instituts für Deutsche Volkskunde, 50), Berlin (Ost) 1969.

78 Ulrich BENTZIEN: Bauernarbeit im Feudalismus. Landwirtschaftliche Arbeitsgeräte und -verfahren in Deutschland von der Mitte des ersten Jahrtausends u.Z. bis um 1800 (= Veröffentlichungen zur Volkskunde und Kulturgeschichte, 67), Berlin (Ost) 1980.

79 Hans KRIEG: Schleswig-Holsteinische Volkskunde aus dem Anfang des 19. Jahrhunderts in Auszügen aus den Schleswig-Holsteinischen Provinzial-Berichten, T. 1 (= Landschaftliche und wirtschaftliche Grundlagen), Lübeck 1931.

80 Karl-Sigismund KRAMER: Volksleben in Holstein (1550-1800). Eine Volkskunde aufgrund archivalischer Quellen, 2., verbesserte Auflage, Kiel 1990.

sammlung des Schleswig-Holsteinischen Landesmuseums zu Gottorf, Schleswig, in diese Gruppe.[81] Arnold Lühning, der "Schöpfer" von Sammlung und Ausstellung, konzipierte den Führer unter museumspädagogischen/-didaktischen Gesichtspunkten. Da jedoch eine den Werken von Hansen und Siuts auch nur annähernd vergleichbare Studie für den Untersuchungsraum fehlt, erweist auch er sich hin und wieder als hilfreich.

Der Forschungsstand zur nicht-industriellen Herstellung landwirtschaftlicher Produktionsmittel in Deutschland beim Übergang vom Feudalismus ins Industriezeitalter variiert je nach Betriebsform erheblich.

Besonders wenig wissen wir über das bäuerliche Hauswerk[82], aber auch der Zustand und die Entwicklung von Hausfleiß und Hausindustrie zwischen 1800 und 1867 in diesem Bereich der Güterproduktion entzieht sich weitgehend unserer Kenntnis. Zu unbedeutend und alltäglich waren sie in der Regel, um deutliche Spuren in den Quellen zu hinterlassen. Die Literatur beschränkt sich zumeist auf kleinere Aufsätze im heimatkundlichen Schrifttum, die gewöhnlich auf mündlicher Überlieferung basieren. Der zu ihrer Erschließung notwendige Arbeitsaufwand wird vielfach nicht im Verhältnis zu ihrem Informationsgehalt stehen. Deshalb ist es nicht sehr wahrscheinlich, daß unser Wissen über die Herstellung landwirtschaftlicher Produktionsmittel durch eine dieser Betriebsformen auf nationaler Ebene in absehbarer Zeit spürbar bereichert werden wird, zumal zum Aufspüren der dazu erforderlichen Quellen neben einer sehr großen Ausdauer auch eine gehörige Portion Glück notwendig ist. Bezeichnenderweise umfaßt die einzige mir bekannte Monographie über die Herstellung eines tradierten landwirtschaftlichen Produktionsmittels durch Hausindustrie in Deutschland zeitlich die Jahre von 1890 bis 1970, einen Zeitraum also, für den die Quellenlage weitaus besser ist.[83]

Auf einem verhältnismäßig hohen Niveau befindet sich der Forschungsstand bezüglich der Produktion von landwirtschaftlichen Schneidewaren in den monogewerblich verdichteten Gewerbelandschaften, in denen Klein- und Kleinsteisenprodukte für interregionale und internationale Märkte in Massen hergestellt wurden.[84] Ganz anders dagegen stellt sich die Situation für diejenigen Produktionsstätten dar, die außerhalb dieser Zentren lagen. Untersuchungen auf regionaler oder gar nationaler Ebene zu diesem Komplex sucht man vergeblich. Abgesehen von einigen wenigen spektakulären Projekten, die häufig ein Produkt der merkantilen Gewerbepolitik waren und aufgrund ihrer Betriebsform, der Manufaktur, in der Öffentlichkeit Beachtung fanden - und daher auch von der Forschung aufgegriffen werden konnten[85] -, waren die meisten von ihnen zu unbedeutend, um sich in den Quellen niederzuschlagen. Auskunft über sie erhält man für die Herzogtümer am

---

81 Arnold LÜHNING: Die volkskundliche Gerätesammlung des Schleswig-Holsteinischen Landesmuseums in Schleswig, Schloß Gottorf, Schleswig 1972.

82 Zum Forschungsstand im Bereich der Anfertigung landwirtschaftlicher Produktionsmittel durch bäuerliches Hauswerk vgl. unten, Kap. III.1.1., S. 171 ff.

83 Walter STOLLE: Strukturwandel der Landwirtschaft Hessens von 1890-1970 - aufgezeigt am Beispiel von Heuernte und Hausindustrie, Gesellschaftswissenschaftliche Diss. Marburg 1973 (maschinenschriftlich vervielfältigt).

84 Vgl. unten, Kap. III.4.1.1., S. 220 ff.

85 Vgl. etwa Adolf REILE: Geschichte der Sensenfabrik Neuenbürg (= Darstellungen aus der Württembergischen Geschichte, 38), Stuttgart 1953.

ehesten noch durch das heimatkundliche Schrifttum, das häufig auf mündlicher Überlieferung basiert.

Daß im Verlauf der Industrialisierung alle Handwerke, die noch am Ende der vor- und während der frühindustriellen Phase in irgendeiner Weise mit der Herstellung landwirtschaftlicher Produktionsmittel befaßt waren, von der Landmaschinenindustrie aus diesem Sektor der Güterproduktion hinausgedrängt worden sind, ist bekannt.[86] Quer zur gesamten Forschungsrichtung steht dagegen der Versuch dieser Studie, für eine ganze Region etwas über die Betriebsform Handwerk unter den oben formulierten Fragestellungen herauszufinden. Sehr selten nur gehen Historiker auf die Produktpalette der von ihnen untersuchten Handwerke näher ein. Dieses Forschungsfeld wird bisher vornehmlich von Volkskundlern und Kunsthistorikern "beackert".[87] Von ersteren stammen die wenigen Arbeiten, die die Tätigkeitsfelder derjenigen Handwerksprofessionen eingehender untersuchen, die mit der Herstellung landwirtschaftlicher Produktionsmittel befaßt waren. Allerdings nehmen nur die allerwenigsten von ihnen wahr, daß außer den beiden "klassischen" Gerätschaftshandwerkern, d.h. dem Grob- und Hufschmied sowie Stellmacher, auch noch andere Handwerker, wenn auch in weitaus geringerem Umfang, auf diesem Sektor der Güterproduktion tätig waren.[88] Des weiteren beschränken sich die entsprechenden volkskundlichen Arbeiten gewöhnlich auf die Untersuchung eines einzelnen Handwerksbetriebes, denn das ihnen zugrunde liegende Material bleibt im wesentlichen auf Anschreibebücher oder eine andere derartige serielle Quellen begrenzt. Da zumindest die Produktpalette des Grob- und Hufschmieds weitaus mehr Bereiche umfaßte als die Herstellung landwirtschaftlicher Produktionsmittel, steht letztere bei diesem Handwerker nicht im Mittelpunkt der Untersuchung.[89] Und schließlich: Fraglos sind Anschreibebücher u.dgl. überaus hilfreich, ja beinahe unersetzlich bei der Lösung einiger unserer Fragestellungen; unterbleibt jedoch ihre "Einbettung" in weiteres Quellenmaterial, so sollten weitergehende Rückschlüsse besser unterbleiben.[90]

Die wenigen Forschungsbeiträge, die sich mit der Frage nach der Rolle des Handwerks im Prozeß der Mechanisierung/Technisierung der deutschen Landwirtschaft auseinander-

---

86 Vgl. etwa Eginhart KRAUSE: Der Niedergang des Stellmacherhandwerks als Produktionsgewerbe, Bleicherode am Harz 1936. Heinz HEIDELOFF: Wandlung und Struktur der ländlichen Handwerkswirtschaft in Niedersachsen. Ein Beitrag zur Darstellung funktioneller Zusammenhänge zwischen handwerklicher und bäuerlicher Wirtschaft, unter besonderer Berücksichtigung der Betriebsverhältnisse im Schmiedehandwerk, Oldenburg i. O. 1938, Heinz PIEST: Die Technisierung der Landwirtschaft und ihre Auswirkungen auf einzelne Landhandwerke, Stuttgart 1953, Hermann GÖRING: Strukturwandlungen im Huf- und Wagenschmiedehandwerk (= Göttinger handwerkswirtschaftliche Studien, 8), Göttingen 1965 und MENDE, Stellmacher.

87 Vgl. u.a. HANSEN, Hauswesen, SIUTS, Arbeitsgeräte oder Annette-Isabell KRATZ: Altonaer Möbel des Rokoko und Klassizismus. Tischlerhandwerk und "Mobilienfabrikation" im 18. und 19. Jahrhundert, Hamburg 1988.

88 Eine der positiven Ausnahmen: Uwe MEINERS: Die Kornfege in Mitteleuropa. Wort- und sachkundliche Studien zur Geschichte einer frühen landwirtschaftlichen Maschine (= Beiträge zur Volkskultur in Nordwestdeutschland, 28), Münster 1983, S. 246-265.

89 Vgl. z.B. Hans-Jürgen VOGTHERR: Die Schmiede aus Bodenteich. Untersuchungen zur Geschichte des ländlichen Handwerks (= Veröffentlichungen des Landwirtschaftsmuseums Lüneburger Heide, 3), Uelzen 1979.

90 Vgl. unten, insbes. Kap. II.2.1.1., S. 101 ff.

setzen, lassen sich in zwei Gruppen einteilen: Während die eine dieser Frage nahezu keine Bedeutung beimißt, vertritt die andere eine weitaus differenziertere Position.

Lange Zeit ist das Bild vom Handwerk in dieser Sache maßgeblich durch zeitgenössische Berichte, wie den von v. Viebahn, geprägt worden. Im 1858 erschienenen ersten Teil seiner vielbeachteten "Statistik des zollvereinten und nördlichen Deutschlands" heißt es hierzu: "Indessen würden sie [die modernen Landmaschinen] [...] nur sehr langsam Verbreitung gefunden haben, wenn sich nicht geeignete Maschinenbauanstalten an den wichtigeren Centralpunkten entwickelt hätten. Gewöhnliche Schmiede und Schlosser sind zur Ausführung von Reparaturen, wie sie an solchen Maschinen zuweilen vorkommen, meistens nicht im Stande, weite Entsendungen der Maschinen zu deren Reparatur aber zu kostspielig".[91] Genauso negiert Max Eyth in seinen weitverbreiteten Schriften jegliche Teilhabe des Handwerks - aber auch derjenigen Eisengießereien und Maschinenbauanstalten, die nicht auf den Bau von modernen Ackergeräten und Landmaschinen spezialisiert waren - an der Diffusion landtechnischer Innovationen. Für ihn kam das Verdienst daran allein der sich seit den 1850er Jahren formierenden deutschen Landmaschinenindustrie zu, wobei er wiederum die Bedeutung derjenigen Unternehmen hervorhob, die in dieser Industriebranche später Weltgeltung erlangten. Eyths Position spiegelt sich noch 1960 in einem von Karl Friedrich Wernet über den Landmaschinenmechaniker veröffentlichten Artikel wider.[92] Zwar wird neuerdings etwa durch Brockstedt der Anteil der nicht-spezialisierten Eisengießereien und Maschinenbauanstalten an der Diffusion landtechnischer Neuerungen in Agrarregionen wie Schleswig-Holstein oder Oldenburg richtig eingeordnet, doch geht er mit keinem Wort auf die Rolle des Handwerks in diesem Prozeß ein.[93] Sein Schweigen interpretiere ich dahingehend, daß er ihm diesbezüglich keine Bedeutung zumißt. Explizite vertritt auch der Volkskundler Andreas Kuntz diese Position.[94] Zumindest für die spätfeudale Zeit stellt sich mit folgender Begründung auch Bentzien auf diesen Standpunkt: "Rademacher und Schmied waren im spätfeudalen Dorf zugleich landwirtschaftliche Produzenten. Ihre zweifachen Produktionserfahrungen bewirkten im allgemeinen dennoch keinen Zuwachs an schöpferischer Aktivität auf dem Gebiet der Gerätefertigung; im Gegenteil: Neuerungen oder Qualitätssteigerungen, die etwa der wandernde Schmiedegeselle in anderen Territorien kennengelernt haben mochte, wurden im eigenen dörflichen Handwerksbetrieb oft deshalb nicht durchgesetzt, weil die eigene Landwirtschaft des Dorfschmiedes dem bäuerlichen Standard traditionell eng

91 Georg von VIEBAHN (Hg.): Statistik des zollvereinten und nördlichen Deutschlands. Unter Benutzung amtlicher Aufnahmen, T. 1, Berlin 1858, S. 851. Vgl. auch ebda., S. 854.

92 Karl Friedrich WERNET: Der Landmaschinen-Mechaniker, in: Helmut Vocke (Hg.): Geschichte der Handwerksberufe, Bd. 2, Waldshut 1960, S. 419-423, hier 419.

93 Vgl. u.a. BROCKSTEDT, Anfänge, S. 170 und DERS.: Wandel der Landwirtschaft durch Industrialisierung im Herzogtum Oldenburg und seinen drei Teilregionen 1870-1914, in: Jürgen Bergmann et al.: Regionen im historischen Vergleich. Studien zu Deutschland im 19. und 20. Jahrhundert (= Schriften des Zentralinstituts für sozialwissenschaftliche Forschungen der Freien Universität Berlin, 55), Opladen 1989, S. 55-132, hier insbes. 103-106.

94 Andreas KUNTZ: Technikgeschichte und Museologie. Beitrag zu einer Wissenschaftsgeschichte museumspädagogischer Probleme, Frankfurt a. M. 1981, S. 146 f. und DERS.: Innovationen im handwerklichen Arbeitsbereich. Das Beispiel des Schmiedehandwerks, besonders auf dem Lande, in: Konrad Köstlin und Hermann Bausinger (Hgg.): Umgang mit Sachen. Zur Kulturgeschichte des Dinggebrauchs. 23. Deutscher Volkskunde-Kongreß in Regensburg vom 6.-11. Oktober 1981 (= Regensburger Schriften zur Volkskunde, 1), Regensburg 1983, S. 175-189.

verbunden war. Die Bauern ihrerseits vermochten [...] das überlieferte Niveau unter den herrschenden Produktionsverhältnissen nicht oder nicht wesentlich zu steigern". Unter Berufung auf den britischen Technikhistoriker George Edwin Fussel konstatiert er im Verlauf seiner Studie "Landbevölkerung" dann jedoch einen grundlegenden Bedeutungswandel des Handwerks bei der Verbreitung agrartechnischer Innovationen bis zum Eintritt in die hochindustrielle Phase: "Noch zeigt sich agrartechnischer Fortschritt eng gebunden an traditionell bewährte 'Polytechniker' wie Schmied und Stellmacher".[95]

Auf der Basis eigener Studien sprechen auch noch andere Volkskundler dem Handwerk in dieser Sache eine über das Statistendasein hinausreichende Rolle zu. Lühning urteilt beispielsweise, daß "es Anzeichen dafür gibt, daß das Handwerk am allgemeinen Fortschritt nicht nur partizipierte, sondern ihm auch manche Impulse gegeben hat".[96] Diese Position vertreten - im wesentlichen gestützt auf die Anschreibebücher von Landschmieden bzw. einer Landstellmacherei - auch noch Otto Kettemann und Ralf Vogeding.[97]

I.3.2. Quellenlage

Die Quellenlage muß gleich in mehrfacher Weise als schwierig eingestuft werden. Bedingt durch die Zielsetzung der Studie verteilen sich die archivalischen Quellen in unterschiedlicher Quantität und Qualität auf eine Vielzahl von Einzelbeständen der unterschiedlichsten Provenienz in einer ganzen Reihe von Archiven. Selten bezieht sich der jeweilige Akt dabei unmittelbar auf einen der Themenkomplexe der Untersuchung. Allein schon daraus erklärt sich, warum das unter großem Arbeitsaufwand erschlossene ungedruckte Quellenmaterial selbst nach der Kombination mit dem gedruckten selten eine auch nur halbwegs in sich geschlossene Antwort auf eine der oben gestellten Fragen zu geben vermag.

Bedingt durch den räumlichen Rahmen der Arbeit stammt das meiste Archivmaterial staatlicher Herkunft natürlich aus schleswig-holsteinischen Archiven, und zwar vor allem aus dem Landesarchiv Schleswig-Holstein in Schleswig. Von den auswärtigen Archiven steht diesbezüglich erwartungsgemäß das dänische Reichsarchiv in Kopenhagen an erster Stelle. Ungedrucktes Quellenmaterial von nicht-staatlicher Hand konnte - trotz intensiver Bemühungen - so gut wie gar nicht erschlossen werden. Besonders gravierend ist dabei der Mangel an zwei Typen von seriellen Quellen: Es fehlt in Schleswig-Holstein sowohl an Inventarverzeichnissen, die Aufschluß über die langfristige Entwicklung des Produktionsmittelbestandes in den gutsherrlichen und bäuerlichen Betrieben geben könnten, als auch an Anschreibebüchern u.dgl., die nicht nur Informationen über die Rolle des Hand-

---

95 BENTZIEN, Landbevölkerung, S. 27 und 179.

96 LÜHNING, Sonst, S. 181.

97 KETTEMANN, Handwerk, S. 77-96, Ralf VOGEDING: Landhandwerk und Technisierung der Landwirtschaft bis zum Beginn des 20. Jahrhunderts. Eine münsterländische Schmiede im Spiegel ihrer Anschreibebücher, in: Rheinisch-westfälische Zeitschrift für Volkskunde, 30/31 (1985/86), S. 151-165 und DERS.: Die Bedeutung neuer landwirtschaftlicher Maschinen für Bauern, Tagelöhner und Handwerker in der zweiten Hälfte des 19. Jahrhunderts. Dargestellt an Beispielen aus dem norddeutschen Raum, in: Volkskunde in Niedersachsen, 4 (1987), S. 75-86.

werks im Prozeß der Mechanisierung/Technisierung der Landwirtschaft, sondern auch Informationen über dessen Verlauf liefern könnten. Aber auch die Weigerung der Landwirtschaftskammer Schleswig-Holstein, der direkten Nachfolgeorganisation des in den frühen 1830er Jahren gegründeten "Schleswig-Holsteinischen landwirthschaftlichen Generalvereins", Einsichtnahme in ihr Archiv zu gewähren, ist überaus schmerzlich. Sollte tatsächlich, wie mir gegenüber behauptet wurde, kurz vor dem Einmarsch der Briten sämtliches bis 1945 entstandenes Aktenmaterial vernichtet worden sein, so würde hier eine für die Erforschung der schleswig-holsteinischen Agrargeschichte des 19. und 20. Jahrhunderts schwer zu schließende Lücke klaffen. Das wenige Material, das die Landwirtschaftskammer an das Landesarchiv abgeliefert hat, ist jedenfalls kaum der Rede wert. Genausowenig wie sich aus den ungedruckten Quellen geeignetes statistisches Material gewinnen läßt, existieren gedruckte Statistiken, die für die Fragestellungen dieser Studie interpretiert werden könnten. Nur zur Entwicklung des schleswig-holsteinischen Handwerkerbestandes existiert für mehrere Jahrzehnte halbwegs verwertbares statistisches Material.

Unter den gedruckten Quellen erwiesen sich verschiedene Periodika als besonders wertvoll. Als erstes müssen die einheimischen landwirtschaftlichen Zeitungen und Zeitschriften, ausgehend von den 1821 erstmals herausgebrachten "Landwirthschaftlichen Heften" bis hin zum "Landwirthschaftlichen Wochenblatt", das seit 1851 wöchentlich erschien, genannt werden. An auswärtigen sind besonders die "Neuen Annalen der Mecklenburgischen landwirthschaftlichen Gesellschaft" hervorzuheben, da in ihnen immer mal wieder Berichte oder kurze Notizen über die Agrikultur der benachbarten Herzogtümer Lauenburg und Holstein enthalten sind. Darüber hinaus finden sich in den zeitgenössischen landwirtschaftlichen Periodika ebenso wie in einigen Zeitungen, wie etwa dem "Itzehoer Wochenblatt" und dem "Kieler Correspondenzblatt", aber auch in periodisch erscheinenden Schriften mit Aufsätzen historisch-topographisch-statistisch-ökonomischen Inhalts, wie den unter verschiedenen Titeln zwischen 1787 und 1834 erschienenen Provinzialberichten oder Falcks "[Neuem] Staatsbürgerlichen Magazin", hier und da auch Hinweise oder gelegentlich sogar Berichte über die Produzenten der modernen Ackergeräte und Landmaschinen. Damit wird zumindest teilweise das Fehlen einer gewerblich ausgerichteten Zeitung oder Zeitschrift in den Herzogtümern ausgeglichen. Wertvolle Einblicke in das Ensemble der nicht- industriellen Betriebsformen, die mit der Herstellung landwirtschaftlicher Produktionsmittel befaßt waren, liefern zudem eine Reihe von in der "Chronologischen bzw. Systematischen Sammlung" enthaltenen Entscheidungen, Extensionen, Kanzleischreiben, Konstitutionen, Reskripten, Verordnungen, Zirkulare u.dgl., die von den höchsten Regierungs- und Verwaltungsorganen stammen. Zur Identifizierung sowohl einzelner Produzenten moderner Agrartechnik als auch deren Produktpalette sind die schleswig-holsteinischen "Adreßbücher" überaus hilfreich.

Die für diese Studie ausgewerteten Einzelveröffentlichungen sind derart heterogen und umfangreich, daß nachfolgend lediglich die wichtigsten Typen unter ihnen kursorisch aufgezählt werden können. Das Spektrum reicht von zeitgenössischen "Fachbüchern" über die schleswig-holsteinische Landwirtschaft, unter denen Dittmanns Werk "Versuch einer Darstellung [...]" und die in drei verschiedenen Auflagen zwischen 1838 und 1858 erschienene "Vollständige Anweisung [...]" auch hinsichtlich der nicht-industriellen Produktion landwirtschaftlicher Geräte und Maschinen die wichtigsten sind, über Landesbeschreibungen, Stadt- und Ortschroniken, Gutsbeschreibungen sowie Reiseberichte, Jubiläumsschriften von landwirtschaftlichen Vereinen und Gewerbebetrieben bis hin zu Berichten über landwirtschaftliche und gewerbliche Ausstellungen und Konkurrenzen.

I.4. Zur Methodik

Die Studie konzentriert sich auf ein geographisch relativ kleines Untersuchungsgebiet und einen kurzen, aber für den Prozeß der Mechanisierung/Technisierung der Landwirtschaft sowie die nicht-industrielle Produktion landwirtschaftlicher Geräte und Maschinen entscheidenden Zeitraum. Hierdurch, wie auch durch die weitgehende Beschränkung auf die wichtigsten Ackergeräte und Landmaschinen der Getreidekette, soll der Mangel an quantitativ-statistischem Material ausgeglichen und der Studie zudem die zur Erforschung von Diffusionsprozessen notwendige Tiefe verliehen werden. Weiterhin steht zu erwarten, daß dieser Mangel auch durch die enge Verbindung, die zwischen den beiden im Mittelpunkt dieser Arbeit stehenden Themenkomplexen besteht, abgemildert werden kann - läßt doch die Entwicklung in einem von beiden wahrscheinlich Rückschlüsse auf die des jeweils anderen zu.

"Tiefe" soll die vorliegende Dissertation insbesondere auch insofern erhalten, als einige der für den Prozeß der Diffusion moderner Agrartechnik Verantwortlichen sowie die Produzenten der Ackergeräte und Landmaschinen in dieser Arbeit personalisiert werden. Sie versteht sich eben nicht als "Ein Beitrag zur anonymen Geschichte" - so der Untertitel von Siegfried Giedions technikhistorischem Werk "Die Herrschaft der Mechanisierung" -, sondern versucht vielmehr Masse in Individualität zurückzuverwandeln. Deshalb wurde auch bewußt immer wieder Quellenmaterial in den Text eingearbeitet, und zwar unter Wahrung der orthographischen, sprachlichen und stilistischen Eigentümlichkeiten; nur so bleibt dessen Authentizität erhalten. Schließlich sollen die an der Einführung, Verbreitung und Produktion moderner Agrartechnik beteiligten "Akteure", also vornehmlich Landwirte und Handwerker, immer dann, wenn es sinnvoll und möglich erscheint, gemäß der Theorie der Diffusionsforschung klassifiziert werden.

Nicht zuletzt aufgrund ihres personen- bzw. betriebsbezogenen Ansatzes könnte diese Untersuchung Ausgangspunkt für weitere handwerksgeschichtliche Forschungen werden.

Selbstverständlich wird nachfolgend nicht versäumt, soweit möglich, die jeweilige Entwicklung im Untersuchungsraum mit derjenigen der benachbarten Regionen sowie auch mit derjenigen ganz Deutschlands - und zum Teil auch Dänemarks - zu vergleichen und einzuordnen; allerdings wird dies bezüglich des Prozesses der Mechanisierung/Technisierung der Landwirtschaft aufgrund der oben dargelegten Forschungslage nur ganz beschränkt[98] bzw. für die nicht-industrielle Produktion landwirtschaftlicher Geräte und Maschinen kaum möglich sein.

---

98 Von daher ist Walter Achilles' Vorwurf in einer VSWG-Rezension (VSWG, 72 (1985), S. 558 f., hier 559), in Bentziens Werk "Landbevölkerung" vermisse man hinsichtlich des "produktionstechnischen Wandels [...] den Vergleich mit anderen deutschen Agrarlandschaften", zumindest für die Zeit vor 1882, dem Jahr also, in dem erstmals reichsweit in Deutschland bis auf die Kreisebene hinunter der Mechanisierungs-/Technisierungsgrad der Landwirtschaft erfaßt worden ist, nicht haltbar.

II. Das potentielle Produktionsspektrum: Der agrartechnische Standard in Schleswig-Holstein um 1800 und seine Entwicklung bis 1867

II.1. Die Ausgangslage: Der agrartechnische Standard um 1800

Um die Wende vom 18. zum 19. Jahrhundert waren der allgemeinen Entwicklung in ganz Deutschland entsprechend auch in den Herzogtümern - bis auf einige wenige Ausnahmen - kaum moderne, d.h. nicht-tradierte, landwirtschaftliche Geräte und Maschinen im Einsatz. Zudem besaßen nur wenige von ihnen eine historische Perspektive, denn im großen und ganzen waren äußerst wenig echte Neuerungen darunter, und unter diesen befanden sich wiederum kaum solche, die die Bezeichnung "Maschine" verdienten. Unter letzteren muß insbesondere die (Sieb)Windfege hervorgehoben werden. Wenn überhaupt bereits um die Jahrhundertwende Ansätze zur Mechanisierung landwirtschaftlicher Arbeitsketten erkennbar waren, dann auf dem Sektor der Getreidereinigung und -sortierung.[1]

Andererseits war in Übereinstimmung mit dem allgemeinen Trend in Deutschland um 1800 auch im Untersuchungsraum die Entwicklung der tradierten Arbeitsgeräte weitgehend abgeschlossen. Grundlegende Verbesserungen konnten an dem zum Teil viele Jahrhunderte alten fundus instructus ohnehin kaum angebracht werden. So lange er den agrartechnischen Standard noch dominierte, und das war bis ins letzte Drittel des 19. Jahrhunderts der Fall, bedeutete landwirtschaftliche Arbeit ungebrochen Handarbeit.

Innerhalb Schleswig-Holsteins wichen die einzelnen tradierten Produktionsmittel, wie z.B. der Pflug oder der Ackerwagen, hinsichtlich ihrer Form, Konstruktion sowie Konsistenz um 1800 zum Teil erheblich voneinander ab. Eine der Ursachen hierfür waren die stark variierenden naturräumlichen Gegebenheiten. Allerdings unterschieden sie sich hinsichtlich ihrer Leistungskraft untereinander nur minimal. Lediglich insofern bestand also zwischen den tradierten agraren Produktionsmitteln die von Bentzien allgemein konstatierte quantitative und qualitative Egalität.

---

1 Vgl. Ulrich BENTZIEN: Fortschritte und Fortschrittsträger der deutschen Landwirtschaft im Spätfeudalismus, in: Jahrbuch für Volkskunde und Kulturgeschichte N. F., 6 (1978), S. 125-165, hier 129 und DERS., Landbevölkerung, passim.

II.1.1. Bodenbearbeitungsgeräte

II.1.1.1. Pflüge

Seiner Funktion gemäß nimmt der Pflug bis heute unter den Bodenbearbeitungsgeräten die zentrale Position ein. Bis in das letzte Drittel des 19. Jahrhunderts verwendete die Masse der schleswig-holsteinischen Landwirte - wie die meisten ihrer Standesgenossen in Deutschland[2] - den Stellpflug, d.h. einen Pflug mit Radvorgestell.[3]

Die ebenfalls auf ihn zutreffende Bezeichnung "Beet"pflug ergibt sich aus seiner Arbeitsweise: Da "das Streichbrett unbeweglich am Pfluge befestigt [ist], so wirft der Pflug die Erde immer nach der gleichen Seite. Es ist daher nicht möglich, mit einem solchen Pflug unmittelbar neben der ersten Furche wieder hinunter zu pflügen, will man nicht den Acker in Kämme aufwerfen, sondern man muß die zweite Furche etwas von der ersten entfernt ziehen, die dritte dann neben der ersten, die vierte neben der zweiten usw. [...]. Hat man so angefangen, daß die Erde nach der Außenseite des Ackers geworfen wird, so bleibt in der Mitte, wenn das Pflügen beendet ist, eine Furche, die den Acker in zwei Beete teilt ('Auseinanderpflügen'); umgekehrt wird der Acker zu einem einzigen Beet gepflügt, wenn die Erde immer nach der Innenseite geworfen wird ('Zusammenpflügen')".[4]

In den Herzogtümern wurde der Pflug mit Radvorgestell mundartlich allgemein "Stellploog" genannt, weil sein Grindel (Ploogboom) beweglich auf einem Radvorgestell (Stell) lagerte. Die Räder des Radvorgestells waren unterschiedlich groß, denn das größere von beiden, das sog. Furchenrad, lief in der tiefer gelegenen Pflugfurche, während sich das kleinere, das sog. Landrad, auf der höher gelegenen Ackerkrume bewegte. Vermutlich zur besseren Unterscheidung von den modernen Pflügen, die vielfach ausländischen Ursprungs waren, wurde der Stellpflug später auch als "de dütsche Ploog"[5] bezeichnet.

Anhand zeitgenössischer Beschreibungen[6] lassen sich noch weitere grundlegende Charakteristika des schleswig-holsteinischen Stellpfluges für die Zeit um 1800 ausmachen:

---

2 DERS., Bauernarbeit, S. 149.

3 Zur Genese und Typologie des Pfluges immer noch grundlegend ist Paul LESER: Entwicklung und Verbreitung des Pfluges, Münster 1931. Ferner vgl. etwa Ernst KLEIN (Bearb.): Die historischen Pflüge der Hohenheimer Sammlung landwirtschaftlicher Geräte und Maschinen. Ein kritischer Katalog (= Quellen und Forschungen zur Agrargeschichte, XVI), Stuttgart 1967. - Im SHLM befindet sich eine ganze Reihe von tradierten Stellpflügen aus den Herzogtümern.

4 LESER, Entwicklung, S. 7 f. - Speziell zur Technik des Pflügens mit dem Beetpflug in Schleswig-Holstein vgl. MENSING (Bd. 3): plögen, Sp. 1068-1070.

5 MENSING (Bd. 3): Ploog, Sp. 1056-1065, hier 1057. - Dort findet sich auch eine allgemein gehaltene ausführliche Beschreibung der wichtigsten Teile des schleswig-holsteinischen Stellpfluges sowie eine Auflistung seiner mundartlichen Bezeichnungen in den einzelnen Landschaften Schleswig-Holsteins. - Allgemein zur Terminologie der Pflugteile vgl. Alfred DIECK: Terminologie der Pflugteile, älteren Pflugarten und des Pflügens; ein Beitrag zur bäuerlichen Gegenstandskultur; in: ZAA, 5 (1957), S. 160-169.

6 Christian Wilhelm Gottlieb SCHUMACHER: Das gerechte Verhältniß der Viehzucht zum Akkerbau, aus der Mecklenburgischen Wirthschaftsverfassung abgeleitet, Berlin 1774, S. 339. Friedrich Wilhelm OTTE: Oekonomisch-statistische Beschreibung der Insel Fehmern, Schleswig 1796, S. 206-210. Georg Peter PETERSEN: Nahrungszustand und Gewerbsamkeit im Amte

1. Er bestand unverändert größtenteils aus Holz. 2. Sein gerades hölzernes Streichbrett lag in der Regel auf der rechten Seite des Pfluges. 3. Dieser Beetploog war einscharig und 4. mit einem Sech ausgerüstet. 5. Er wurde gewöhnlich nur durch eine Sterze dirigiert. 6. Sohle, Griessäule, Grindel und Sterz, d.h. sein Gerippe, bildeten ein asymmetrisches Viereck, so daß er auch als asymmetrischer Vierseitpflug typisiert werden kann.

Andere Stellpflugtypen fanden im Untersuchungsraum keine nennenswerte Verbreitung. So blieb der um 1790 im Süderdithmarscher Kronprinzenkoog von ostfriesischen Siedlern eingeführte "ostfriesische Pflug" - es handelt sich bei ihm um einen einsterzigen Stellpflug mit verstellbarer Schleifstelze, der auch in anderen Konstruktionsbereichen eine enge Verwandtschaft zum flandrischen Stellpflug aufweist[7] - trotz der großen Aufmerksamkeit, die er in der agrarökonomischen Publizistik und in Reiseberichten erfuhr,[8] im wesentlichen auf den Kronprinzenkoog beschränkt.

Die landschaftlichen Varianten des Stellpfluges in Schleswig-Holstein berührten nicht die aufgeführten grundlegenden Charakteristika. Sie ergaben sich vor allem aus der unterschiedlichen Konsistenz der Böden in den drei Hauptnaturräumen,[9] was zur Folge hatte,

---

Reinfeld, T. 1, in: SHBPK, 5 (1799), S. 1-38, hier 17-19. ANONYMUS: Landwirthschaftliche Nachrichten aus Dithmarschen, in: August Niemann (Hg.): Schleswig-Holsteinische Vaterlandskunde, Stück 2, Hamburg 1802, S. 1-35, hier 1 f. Heinrich Christian Philipp KIESEWETTER: Praktisch ökonomische Bemerkungen auf einer Reise durch Hollstein, Schleßwig, Dithmarsen und einen Theil des Bremer und Hannöverschen Landes an der Elbe, Hof 1807, S. 13 f. und 168 f. Jacob IVERSEN: Beyträge zur Kenntniß der Schleswig-Holsteinischen Landwirthschaft und ihrer jetzigen Verhältnisse, Augustenburg 1819, S. 67-69. Gerhard Wilhelm Amandus LEMPELIUS: Versuch einer Darstellung der Landwirthschaft in Eiderstedt, in: LH, 3 (1822), S. 1-25, hier 6-8. Alexander von LENGERKE: Die Schleswig-Holsteinische Landwirthschaft, Bd. 1, Berlin 1826, S. 40-44 und Bd. 2, S. 196 f. Georg Friedrich DITTMANN: Antwort auf die von der C. A. aufgestellten Fragen die Landwirthschaftskunde und den Obstbau betreffend, in: NLH, 3 (1829), S. 22-50, hier 31 f. A. ANDERSEN: Beantwortung der Fragen über Landwirthschaftskunde, in: NLH, 3 (1829), S. 64-91, hier 79 f. Fr. Joh. NIENBURG: Beantwortung der Fragen, in: NLH, 3 (1829), S. 105-116, hier 114. Hobe SCHRÖDER: Ueber die Marschwirthschaft. Antworten auf die vorstehenden Fragen, in: NHL, 3 (1829), S. 116-128, hier 122. Georg HANSSEN: Die Küstenstrecke von der Breede Aue bis zur Wid Aue (= Statistische Forschungen über das Herzogthum Schleswig mit besonderer Rücksicht auf nationelle Eigenthümlichkeiten, Gemeindewesen, Steuerverhältnisse und den gegenwärtigen Zustand der Bauernwirthschaften, 1), Heidelberg 1832, S. 38 f. DERS.: Das Amt Bordesholm im Herzogthume Holstein. Eine statistische Monographie auf historischer Grundlage, Kiel 1842, S. 84. Georg Friedrich DITTMANN: Vollständige Anweisung zur Kenntniß und zum vortheilhaften Betriebe der Schleswig-Holsteinischen Landwirthschaft, Bd. 1, 2., vermehrte und verbesserte Auflage, Altona 1845, S. 303-312.

7 Bei KLEIN, Pflüge, S. 115 f., finden sich sowohl eine Abbildung als auch eine Typisierung des "ostfriesischen Pfluges".

8 Heinrich WOLF: Dithmarsische Nachrichten. Erste Lieferung: Oekonomische Bemerkungen auf einer Reise nach dem neuen Kronprinzenkoege, in: PB, 5 (1791), 2.6, S. 274-319, hier 305-310. Albrecht Daniel THAER: Landwirthschaftliche Bemerkungen auf einer Reise durch Holstein und Meklenburg, in: ANL, 1 (1799), 1, S. 102-168, hier 153 f. ANONYMUS, Nachrichten, S. 3-5. Christian Ulrich Detlev von EGGERS: Beiträge zur Kenntniß von Holstein, Erste Sammlung, Kopenhagen 1804, S. 42-44. KIESEWETTER, Bemerkungen, S. 200. Wilhelm HIRSCHFELD: Wegweiser durch die Herzogthümer Schleswig und Holstein, für die Mitglieder der XI. Versammlung deutscher Land- und Forstwirthe, Kiel 1847, S. 449.

9 Zur Bodengüte und -art in den Hauptnaturräumen Schleswig-Holsteins sowie zu deren Wertigkeit für die Agrarwirtschaft vgl. Gerd-Uwe MEYER: Die Dynamik der Agrarformationen - dargestellt an ausgewählten Beispielen des östlichen Hügellandes, der Geest und der Marsch Schleswig-Hol-

daß die Pflüge in der Marsch, auf der Geest und im Hügelland hinsichtlich ihrer Proportionen und ihres Gewichts sowie auch hinsichtlich der Anteile der Werkstoffe Holz und Eisen zum Teil erheblich voneinander abwichen. 1819 berichtete beispielsweise Iversen: "Von dem einheimischen Pfluge der östlichen Gegenden ist nichts zu rühmen, als daß er leicht ist und wohlfeil. [...] Der Marschpflug [...] ist sehr stark construiert, nur etwas schwerfällig; man glaubt, ein schwerer Boden erfordere ein solideres Werkzeug. [...] Nach dem Muster dieser Pflüge haben die Geestbewohner an den Marschgränzen sich einen Pflug gebildet, der ebenso construirt, aber weil der Boden hier leichter zu bearbeiten, auch leichter gebaut ist".[10]

Entsprechend heißt es in Berichten über den landwirtschaftlichen Betrieb in den Marschen: "Das hiesige [in der Landschaft Eiderstedt] Arbeitszeug ist ganz dasselbige, was wir auch im Hollsteinischen haben, ausser daß es um soviel stärker und schwerer ist, als die Härte des hiesigen Bodens den dortigen übertrift".[11] Ebenfalls über den in der Landschaft Eiderstedt üblichen Stellpflug führte Pastor Lempelius 1822 mit stolzem Unterton aus: "Der Pflug [...] ist bei weitem größer als einer auf der Geest, und kostet daher auch gegen vierzig Reichsthaler, woraus man sich von seiner Größe, von dem vielen Eisen, womit er beschlagen ist, u. s. w. eine Vorstellung machen kann".[12] Von dem in der Tonderner Marsch gebräuchlichen Beetpflug heißt es, er sei "so schwer, daß er für den Geestboden einen unnützen Kraftaufwand verursacht".[13] Und aus Dithmarschen ist überliefert, "daß mit den etwas kleinern Geestpflügen 2 bis 8 Zoll und mit den grössern und schwerern Marschpflügen 2 bis 12 Zoll tief gepflügt werden kan". Zudem seien diese beiden Größen des in Dithmarschen gebräuchlichen Pflugs "im Ganzen [...] weit stärker mit Eisen befestigt als der holsteinische".[14] Daß sie bereits seit Jahrhunderten existierten, beweist ein 1606 erstelltes Inventarverzeichnis des am Geestrand der Landschaft Süderdithmarschen gelegenen Friedrichshofs; in ihm wurden neben vier "ferdige[n] Ploge mit der Tobehor" auch zwei "Geestploge" aufgeführt.[15]

Während 1823 aus Angeln bzw. 1799 aus dem Amt Reinfeld berichtet wurde, der Stellpflug sei "sehr leicht gebaut"[16] bzw. "klein" und "leicht",[17] bemerkte Otte 1796 aus einem anderen Teil des Hügellandes, und zwar von der Insel Fehmarn, daß der Pflug dort "bey einer ziemlichen Schwere, von 6 und im Frühjahr nicht selten von 8 Pferden gezogen"[18] werde.

---

steins. Von 1950 bis zur Gegenwart (= Göttinger Geographische Abhandlungen, 75), Göttingen 1980. Ferner vgl. STEWIG, Landeskunde, S. 97-99.

10 IVERSEN, Beyträge, S. 67-69.

11 Friedrich Carl VOLCKMAR: Versuch einer Beschreibung von Eiderstädt. In Briefen an einen Freund im Holsteinischen, Garding und Hamburg 1795, S. 230.

12 LEMPELIUS, Versuch, S. 6.

13 HANSSEN, Küstenstrecke, S. 39.

14 ANONYMUS, Nachrichten, S. 2.

15 KRAMER, Volksleben, S. 169 f.

16 ANONYMUS: Die Landwirthschaft in Angeln, insonderheit die Bauernwirthschaften in den Aemtern, wie sie sich allmählig aus ihren örtlichen Verhältnissen gebildet haben, und welche Hindernisse ihrer ferneren Vervollkommnung entgegen stehen, in: StM, 3 (1823), 1, S. 1-46, hier 34.

17 PETERSEN, Nahrungszustand, S. 18.

18 OTTE, Beschreibung, S. 206.

Bis um die Wende vom 18. auf das 19. Jahrhundert wurden in den Herzogtümern am Stellpflug in landschaftlich variierendem Umfang einige mehr oder weniger bedeutende Verbesserungen vorgenommen. Eine der Entwicklungslinien verlief in Richtung Erhöhung seiner Stabilität[19] und Haltbarkeit: In seinem Rückblick auf den agrartechnischen Standard Schleswig-Holsteins um 1700 bemerkte 1826 ein Unbekannter allgemein in bezug auf den Pflug: "Das Acker- und Feld-Geräthe war damals viel einfacher als es jetzt ist; den Eisenbeschlag an den Pflügen, womit wir sie jetzt dauerhafter machen und dem Zugvieh die Arbeit erleichtern, kannte man gar nicht, allein man pflügte in jener Zeit immer mit 4, und zum Buchweitzen mit 6 Pferden. Mit unsern jetzt besser gebaueten, mit Eisen beschlagenen Pflügen, richten wir dasselbe mit 2 Pferden aus".[20]

Weiter verbreitet scheint um 1800 beispielsweise bereits das Beschlagen der Landseite der hölzernen Sohle mit Eisen gewesen zu sein. Es sollte nicht nur ihren schnellen Verschleiß verhindern, sondern auch die Reibung dieses Bodenbearbeitungsteils im Ackerland vermindern.[21] Dagegen dürfte der 1819 von Iversen in Nordschleswig, d.h. in dem Gebiet "von der jütländischen Gränze bis Apenrade", beobachtete Gebrauch von Sohlen, die "ganz von Eisen" waren, und an die "das Streichbrett, die Griessäule und der einfache Sterz [...] festgeschroben"[22] waren, um diese Zeit in anderen Teilen der Herzogtümer noch nicht üblich gewesen sein. Neben der Reduzierung von Verschleiß und Reibung dienten diese Verbesserungen sicher auch der Stabilisierung des Gerippes.

Eine Erhöhung der Haltbarkeit sowie der Stabilität hat wahrscheinlich auch der Einsatz einer eisernen Griessäule in das Gerippe des Dithmarscher Pfluges mit Radvorgestell, so wie es 1802 von einem Unbekannten überliefert ist, zur Folge gehabt - zumal sie durch "eiserne Bolzen", und nicht durch hölzerne Keile, am Grindel fixiert wurde. In erster Linie diente sie jedoch der leichteren Verstellbarkeit dieses Stellpfluges.[23]

Eine Erhöhung der Haltbarkeit, aber auch der Gängigkeit, bewirkte zudem das Aufziehen von eisernen Reifen auf die Radfelgen des Radvorgestells.[24] Wo und wann es in den Herzogtümern in Gebrauch gekommen ist und wie weit es um die Jahrhundertwende schon verbreitet war, bleibt allerdings im dunkeln.

Aufgrund der mangelnden Ausformung der Schar konnte der Ackerboden mit diesem Stellpflug nur in verhältnismäßig geringer Tiefe horizontal zerschnitten werden. Zudem waren die primitive Form seines Streichbrettes sowie dessen schrägwinklige Stellung zur Schar dafür verantwortlich, daß der Ackerboden nicht oder doch nur sehr ungenügend

---

19 Vgl. BENTZIEN, Bauernarbeit, S. 152.

20 ANONYMUS: Ueber den Einfluß des Gewerbszwanges auf das landwirthschaftliche Gewerbe, in: StM, 6 (1826), 3-4, S. 687-702, hier 691. - Rückblickend auf die Verhältnisse in der ersten Hälfte des 18. Jahrhunderts heißt es sinngemäß in zwei kurz nach 1900 verfaßten Berichten über die bäuerlichen Wirtschaften in Angeln bzw. in den Gütern Deutsch-Nienhof und Pohlsee, daß die "Körper" der Pflüge aus Sparsamkeit nicht mit Eisen beschlagen worden seien. Johann Christian FRIEDRICHSEN: Chronik des Kirchspiels Sörup, Süderbrarup 1907 (Reprint 1987), S. 49. Paul von HEDEMANN-HEESPEN: Geschichte der adeligen Güter Deutsch-Nienhof und Pohlsee in Holstein, T. 2 (= 1743-1776), Schleswig 1906, S. 113.

21 Vgl. etwa OTTE, Beschreibung, S. 206, ANONYMUS, Nachrichten, S. 2 oder DITTMANN, Anweisung (Bd. 1, 2. Aufl.), S. 305.

22 IVERSEN, Beyträge, S. 68.

23 ANONYMUS, Nachrichten, S. 2.

24 U.a. OTTE, Beschreibung, S. 206.

gewendet und zerkrümelt wurde.[25] So verlief eine weitere Entwicklungslinie in Richtung Optimierung der Arbeitsweise des Stellpfluges, d.h. es wurde eine "vollständigere Bodenwendung bei gleichzeitiger Leichtzügigkeit des Geräts"[26] angestrebt. Hierbei diente der Pflug von Small[27] - und natürlich die auf seinen Konstruktionsprinzipien aufbauenden modernen Pflüge - als Vorbild. Denn er vermochte es, diese Zielvorgaben insbesondere mittels seines "konkav gewundenem, eisernen Pflugkörper[s], in dem Schar und Streich'brett' zu einer durchgehenden Einheit verschmolzen" waren, "vollendet"[28] zu erfüllen.

Für den Beginn des 19. Jahrhunderts lassen sich allerdings derartige Verbesserungen an der Bodenbearbeitungssektion des in Schleswig-Holstein gebräuchlichen Stellpfluges noch nicht nachweisen. Erstmals berichtete 1819 Iversen in seinem Werk "Beyträge zur Kenntniß der Schleswig-Holsteinischen Landwirthschaft und ihrer jetzigen Verhältnisse" davon, daß das Streichbrett des in Nordschleswig gebräuchlichen Stellpfluges "mit einer eisernen Platte belegt [sei], welche wie auf dem Schmallschen Pfluge gebogen und ausgeschweift"[29] sei.

Seine Bemerkung, dieser Stellpflug verbreite "sich schnell weiter, wo er erst bekannt" sei, weist darauf hin, daß diese bedeutende Verbesserung vermutlich erst kurz zuvor Eingang in die nordschleswigsche Landwirtschaft gefunden hatte. Des weiteren berichtete Iversen an dieser Stelle, daß auch der "Marschpflug [...] recht zweckmäßig construirt [sei]; das Streichbrett [..] [sei] sehr lang, geschweift, mit einer starken Eisenplatte belegt und wendet die Furche gut um".

Bis nach 1800 waren die meisten Verbesserungen an der Bodenbearbeitungssektion des Stellpfluges also marginaler Art. So ist 1802 z.B. für den Dithmarscher Pflug sowohl eine Verbreiterung seiner Schar als auch eine Verlängerung der Scharspitze überliefert.[30] Vom Aufkommen des Beschlagens der hölzernen Sohle mit Eisen bzw. der ausschließlichen Verwendung von Eisen für ihre Herstellung ist gerade schon die Rede gewesen. Des weiteren war es in Teilen des Untersuchungsraumes, wie etwa in den Landschaften Süderdithmarschen und Fehmarn,[31] um die Jahrhundertwende üblich, das hölzerne Streichbrett mit Eisen zu belegen.

1802 berichtete ein Unbekannter, daß in Süderdithmarschen "sowohl auf der Geest als in der Marsch [..] der Pflugbalken zur Erleichterung der Pferde auf 14 bis 18 Zoll kürzer

---

25 Louis von RENARD: Der Holsteinische Landbau. Ein Handbuch für angehende Oeconomen, sowohl belehrend für das Oertliche und Herkömmliche des Landes, als in Bezug auf die Fortschritte der Kunst und deren Anwendung in Zukunft; nebst einer Anleitung zur landwirthschaftlichen Buchführung, Hamburg 1838, S. 12: "Mit dem schlechten Geräthe [...] war der Boden nur sehr oberflächlich und schlecht zu behandeln".

26 BENTZIEN, Bauernarbeit, S. 152. - Zu den Pflugleistungen in deutschen Agrarlandschaften vor 1800 vgl. BERTHOLD, Entwicklungstendenzen, S. 63-66.

27 KLEIN, Pflüge, S. 131, bezeichnet den Pflug des Schotten James Small als "die Grundlage des modernen englischen, ja europäischen und nordamerikanischen Pflugbaues".

28 BENTZIEN, Haken, S. 69.

29 IVERSEN, Beyträge, S. 68. - Zur Biographie von Iversen (1763-1831) vgl. LSHLES (Bd. 1, 1829), S. 288 f.

30 ANONYMUS, Nachrichten, S. 2.

31 Ebda., S. 2 und OTTE, Bechreibung, S. 206.

gemacht"[32] worden sei. Die Verkürzung des Grindels diente mithin ebenfalls der Erhöhung der "Leichtzügigkeit" des Stellpfluges.

Eine dritte Entwicklungslinie verlief schließlich in Richtung Vereinfachung des Verstellmechanismus. Dazu waren am Dithmarscher Stellpflug - im Unterschied zum holsteinischen - offensichtlich bereits vor 1800 zwei wesentliche Verbesserungen angebracht worden. Um tiefer oder flacher pflügen zu können, mußte der Pflüger nun lediglich den "eisernen Grindel [...] entweder vorne oder weiter nach hinten an dem Balken durch eiserne Bolzen"[33] fixieren. Das dazu zuvor notwendige umständliche und schwierige Verkeilen von Grindel und Sterz war damit erheblich leichter geworden - weshalb nun beide auch fester miteinander verbunden werden konnten. Die zweite Verbesserung erleichterte das Einstellen des Sechs, mittels dessen u.a. die Furchenbreite (mit)eingestellt werden konnte, und zwar hatten "einige Landleute [..] über dem Balken, hart am Sech, ein bewegliches gekrümtes Eisen, dessen Enden dik und die Mitte dünn ist, [...] befestigt [...]. Man nennt dieses Eisen wegen seiner Gestalt entweder den halben Mond oder das Keileisen".[34] Je nachdem, welches Ende des Keileisens man nun in den Grindel hineinhämmerte, veränderte sich die Einstellung der Furchenbreite.

Blickt man auf die dargelegten Bereiche der Entwicklung des Stellpfluges in Schleswig-Holstein während der letzten zwei, drei Jahrzehnte vor 1800 zurück, so erscheinen einem Nordschleswig, die Seemarschen und die Insel Fehmarn als seine "Verbesserungszentren". Obwohl die Überlieferungslage sicher das ihrige dazu beiträgt, dürfte sich dieses Ergebnis doch in erster Linie dadurch erklären lassen, daß es sich bei den beiden letzteren um traditionell marktorientiert produzierende Agrarlandschaften handelte, deren Landwirte finanziell dazu in der Lage waren, mehr Kapital in die Produktionsmittel zu investieren, während sich in ersterem der Einfluß der Königlichen Dänischen Landhaushaltungsgesellschaft positiv bemerkbar machte.[35] Inwieweit diese Gebiete um 1800 auch in den anderen Bereichen der Agrartechnik in den Herzogtümern führend waren, wird sich nachfolgend zeigen.

Zuvor soll jedoch noch ein Eindruck davon vermittelt werden, was ein Stellpflug bzw. Teile desselben in Schleswig-Holstein gegen Ende der vorindustriellen Zeit kostete und wieviele von ihm in landwirtschaftlichen Betrieben im Einsatz waren. Um einen zusammenhängenden Überblick über deren Inventare zu erhalten, werden sie bereits an dieser Stelle präsentiert. Da sich für keinen schleswig-holsteinischen Betrieb über Jahrhunderte geführte Inventarverzeichnisse nachweisen lassen, wird der Aussagewert aller nachfolgend aufgeführten Inventare insofern empfindlich geschmälert, als sich auf der Basis dieser Einzelstücke auch für den Untersuchungszeitraum keine exakte Analyse der quantitativen und qualitativen Entwicklung des Bestandes an landwirtschaftlichen Produktionsmitteln erstellen läßt. Deshalb ergibt ein Vergleich der aus verschiedenen landwirtschaft-

---

32 ANONYMUS, Nachrichten, S. 1.

33 Ebda., S. 2.

34 Ebda., S. 2 f.

35 Zur Rolle der Königlichen Dänischen Landhaushaltungsgesellschaft bei der Entwicklung des agrartechnischen Standards im Königreich vgl. Hans HERTEL: Det Kgl. Danske Landhusholdningsselskabs Historie, Bd. 1 (= Selskabets Historie i Tiden fra 1769-1868), København 1920, S. 161-167, 245-249, 366-370 und DERS.: Det Kgl. Danske Landhusholdningsselskabs Historie, Bd. 2 (= Selskabets Historie i Tiden fra 1869-1918), København 1919, S. 119-126.

lichen Betrieben stammenden Inventare nur ein sehr unscharfes Bild vom damaligen agrartechnischen Standard in Schleswig-Holstein.

Ein "vollständiger Pflug" kam 1799 den Landwirt im holsteinischen Amt Reinfeld - "wenn er für Geld gemacht" wurde - "ungefähr 4 Rthlr. zu stehen". Zur selben Zeit kostete auf Fehmarn ein eschener Pflugbaum "3 bis 4 Mark", dessen "Eisenbeschlag [...] 1 Rthlr.; das Pflugmesser 4 Mark; und die Pflugschaar 4 Mark". Dreißig Jahre später mußte er im Schwansener Güterdistrikt für einen "leicht[en]" Stellpflug "7-8 Rthlr." aufbringen, was Dittmann als "nicht theuer" bezeichnete. An anderer Stelle des östlichen Hügellandes, in der Umgegend der Stadt Neustadt, lag 1829 der Preis für einen Stellpflug "mit Eisen" mit 18 bis 20 Mk auf einem etwas höheren Niveau.

Ungleich höher lagen die Preise dagegen in diesem Jahr in den Elbmarschen: In der Seestermüher Marsch mußte der Landwirt für seinen Erwerb, inklusive Radvorgestell, 24 Rthlr. und in der Kremper Marsch sogar 60 Mk investieren.[36] Zum Vergleich: 1765 bemerkte Probst Lüders über die in den Marschen gebräuchlichen Pflüge: Sie "sind sehr stark und kostbar. Der Werth derselben kann auf und über zwanzig Rthlr. geschätzt werden".[37]

Anhand von Wardierungsprotokollen (Konkursmassenverzeichnissen) stellt Lühning fest, daß selbst die großen Fehmaraner Landwirtschaftsbetriebe um 1600 nur einen einzigen Pflug besaßen - wenn auch gewöhnlich mit einem zweiten Paar Pflugeisen, d.h. Schar und Sech, ausgerüstet. Das sah zur selben Zeit auf dem am Geestrand Süderdithmarschens gelegenen Friedrichshof ganz anders aus: Neben vier kompletten Marschpflügen tauchen in seinem Inventar auch noch "2 Geestploge ahne Rade und Isern" auf. Im 18. Jahrhundert lag der Pflugbestand der bäuerlichen Höfe Mittel- und Ostholsteins auf dem Niveau des letzteren. Laut Steinborn entfielen dort auf einen Hof im Durchschnitt drei bis vier Pflüge.[38] Die zu vermutende Aufstockung des Pflugbestandes in Teilen der Herzogtümer dürfte auf eine Intensivierung der Bodenbearbeitung zurückzuführen sein. Allerdings bestätigen die nachfolgenden Auszüge aus Hofinventaren diese Tendenz nicht uneingeschränkt.

---

36 PETERSEN, Nahrungszustand, S. 19. - OTTE, Beschreibung, S. 222. - DITTMANN, Antwort, S. 32. - D. STAMP: Beantwortung der Fragen von D. Stamp in Neustadt, veranlaßt durch Herrn Pastor Olfsen daselbst, nebst Bemerkungen desselben, in: NLH, 3 (1829), S. 128-131. - NIENBURG, Beantwortung, S. 111. - SCHRÖDER, Marschwirthschaft, S. 120.

37 Philipp Ernst LÜDERS: Bedenken über die Frage: Ob das Pflügen in dem Marschboden könne verändert und verbessert, und dadurch sowol die Mühe und Kosten erleichtert, als auch die Fruchtbarkeit gewisser und ansehnlicher gemacht werden?, Flensburg 1765, S. 7.

38 Arnold LÜHNING: Bäuerliches Haus- und Wirtschaftsgerät in Fehmaraner Taxierungsprotokollen um 1600, in: Die Bauerngesellschaft im Ostseeraum und im Norden um 1600 (= Acta Visbyensia, II), Visby 1966, S. 247-257, hier 253. - KRAMER, Volksleben, S. 169. - Hans-Christian STEINBORN: Abgaben und Dienste holsteinischer Bauern im 18. Jahrhundert (= QuFGSH, 79), Neumünster 1982, S. 17.

Am 5. Juni 1816 gehörten zu dem in der Kremper Marsch gelegenen ca. 37 ha großen Hof des Hinrich Kahlcke an landwirtschaftlichen Produktionsmitteln[39]:

		Rthlr.	ß
1	beschlagener Scheibenwagen nebst Zubehör	32	
1	Blockwagen mit Zubehör	12	
1	dito	12	
2	dito	36	
1	Walze mit Zubehör	16	
1	dito alte	6	
2	vollständige Pflüge	25	
1	Mittelrücks-Egge	4	
2	zwey Pferde Eggen	14	
3	vier do.do.	30	
2	drey do.do.	16	
1	paar Wagenleitern	4	
1	Hunger Harcke	1	
4	Pflugtauen a 2 Mk	2	32
3	Ebene Tauen a 2 Mk	2	
2	Schlöpen	4	
2	Latten, 1 Schneider und 1 Schoofeisen	1	32
10	Stck. Heuforcken a 6 ß	1	12
4	Mistforcken a 10 ß		40
2	Kohlstößer	1	
12	Stck. Rapsaatmesser	2	
4	eiserne Röffel	2	
2	Wurfschaufel		32
2	do. alte		16
1	Futterschaufel		32
1	Kornwanne		24
8	Stck. Pflugsehlen	4	
3	Paar Halskoppel	1	24
2	Kreuzleitern mit Trensen	2	
2	Pflugleiter		16
6	Stck. Hintereeg zzk. Vordereeg	3	
6	Hacken		
1	Aufsammeltau	1	32
1	Schneidelade mit Messer	4	32
1	alte do.	1	
6	Stck. Harcken		24
3	Dielharcken		16
2	Pflugketten	1	16
6	Stck. Hacken		40

39 Klaus-Joachim LORENZEN-SCHMIDT: Ein Elskoper Hofinventar aus dem Jahr 1816, in: AfA, 1 (1979), 3, S. 63-75. Dort finden sich auch die Erklärungen für die Begriffe.

(Forts.:)

2	eiserne Harcken mit Rindschaufel		36
2	Flegel		12
1	Paar Wagengeschir mit Zubehör	8	
3	Lehen mit Handfaß	1	
2	Sichel mit do.		32

Daß der Bestand an landwirtschaftlichen Produktionsmitteln auf Kahlckes Hof zu dieser Zeit in der Kremper Marsch keineswegs außergewöhnlich hoch war, belegt die vierzehn Jahre später vom Neuenkirchener Hobe Schröder, Hofbesitzer auf der Wisch, erstellte Schätzung. Danach mußten an "Wagen [..] auf einem solchen Hofe wenigstens 4, nämlich 2 Schienwagen und 2 Blockwagen gehalten werden. Ein Schienwagen kostet jetzt an 50 Rthl., 1 Blockwagen 25 bis 30 Rthl. [...]. Dazu kommt noch das Geschirr, als Sielen, Sattel und Zäume, die einen bedeutenden Werth haben. Eggen müssen gehalten werden: 1) eine 6spännige, die neu 60 Mk, 2) eine 4spännige, die 45 Mk, 3) zwei 3spännige a 30 Mk und zwei 2spännige, die 20 bis 24 Mk kosten; ferner eine Walze, die etwa 40 bis 50 Mk, und eine Staubmühle, die 90 Mk kostet, und endlich zwei Pflüge die ungefähr das Stück auf 60 Mk hinlaufen".[40]

Laut Zeitpachtkontrakt vom 29. April 1815 gehörten zu der im adeligen Gut Deutsch-Nienhof gelegenen Steinkrughufe, die mit 50 Tonnen Ackerland und 15 1/2 Tonnen Ödland ausgestattet war, folgende landwirtschaftliche Geräte zur Hofwehr, die die Ableistung der bäuerlichen Geldrente, des Pachtgeldes, gewährleisten sollte: "2 beschlagene Wagen zu 24, 2 Pflüge zu 3 Rthlr. und Geschirr für 8 Pferde für nur 7 Mk; dann untaxiert nach Stückzahl: 2 Paar Mistflegen, 2 Bindelbäume, je 2 Vorder- und Achterreepen, 5 Eggen, 2 Holzäxte, 2 Buschbeile, je 2 Harken, Garben- und Mistforken, einige Sensen, 1 Mistbahre [...], 2 Kornsiebe, 1 Staubmolge [...], 1 Häcksellade mit Messer".[41]

Mit einem im Vergleich zu denen der Kremper Marschhöfe noch dürftigeren Wirtschaftsinventar ausgerüstet war 1765 bei seiner Verpachtung der im Kirchspiel Sörup, Landschaft Angeln, gelegene Gammelbygaard. Es befanden sich laut Inventarverzeichnis auf dieser Stelle u.a. "1 alter hölzerner Wagen so im schlechten Zustande. 1 halber alter Wagen unbrauchbar. 4 Drachten, 2 Paar lederne und 2 Paar hölzerne Halskoppeln. 2 Paar ordinäre Mistbretter. 2 Heuleiter. 3 Eggen mit 9 eisernen und 3 hölzernen Blöcken. 2 Pflüge im guten Zustande. 1 Lederzeug mit Gebissen, so fast neu ist. 5 Stck. lederne Sehlen, so im brauchbaren Zustande".[42]

Die hier zum Abschluß präsentierten Gutsinventare spiegeln den agrartechnischen Standard der Güter nach weitgehender Auflösung der feudalen Agrarverfassung wider, d.h. vor allem im Stadium der fortgeschrittenen Umwandlung von bäuerlichen Arbeitsleistungen, wie z.B. Hand-, Spann- und Gesindezwangsdiensten sowie auch Naturalleistungen in Geldleistungen. Die gutsherrliche Eigenwirtschaft hatte mithin in Schleswig-Holstein zum Zeitpunkt ihrer Aufnahme bereits den "Teilbetriebscharakter" abgelegt und sich zum vollständigen Eigenbetrieb gewandelt. Ein rasches Eindringen von Innovationen, Neuerungen oder Verbesserungen auf dem Gerätschaftssektor war damit offensichtlich eben-

---

40 SCHRÖDER, Marschwirthschaft, S. 120.
41 HEDEMANN-HEESPEN, Geschichte (T. 3), S. 61.
42 FRIEDRICHSEN, Chronik, S. 54.

sowenig wie in Mecklenburg[43] verbunden. Dennoch lassen auch die nachfolgenden drei Gutsinventarauszüge keine Egalität erkennen. Sie bestand vielmehr zwischen dem Kremper Marschhof und dem adeligen Gut Deutsch-Nienhof auf der einen und den restlichen vier Betrieben auf der anderen Seite.

Im Pachtkontrakt von Stift, einem 354,2 ha großen Meierhof des im Dänischen Wohld gelegenen adeligen Guts Seekamp, wurde 1812 folgendes "Baugeräth" inventarisiert und zum Teil auch taxiert:

		Thaler S.H. Cour.	ß
1	beschlagener Wagen mit Leitern und Ebener	33	16
1	dito.	16	32
1	dito.	15	
1	dito.	12	
1	Kührwagen mit Stuhl, Wagenkorb, Sitzbrett	24	
4	lederne Pferde-Siehlen mit Sattelkissen, 2 Halskoppeln, 4 Zäume und 1 [?]eit	5	
4	lederne Pferde-Siehlen mit Sattelkissen, 2 Halskoppeln, 4 Zäume und 1 [?]eit	3	24
2	alte Pferde Sehlen, 2 Sattelkissen, 2 Paar Halskoppeln und 3 Zäume	2	

Sodann ist ohne Taxation im mittelmäßigen brauchbaren Zustande abgeliefert:
4 Pflüge mit eisern Beschlag und Vorwacht,
10 Eggen mit eisern Haken und Krampen,
3 Holz Aexte, 3 Handbeilen, 3 Escher, 2 hölzerne Schaufeln mit eisern Beschlag, 6 Heuforken, 6 Mistforken, 6 Bohren, 1 Misthaken, 1 Dornschneider, 1 Schneidemesser, 1 Handbeil, 6 Besen, 2 Haarhammer mit Haarpolle, 1 Hackelslade mit Stahl und Messer, 1 Schleifstein, [...] 4 Stück hinter- und vorder-Wagen-Repen, 5 Dreschflegel, 4 Hungerforken [...].[44]

Auf Refsoe, einem 393,78 ha großen Gut im Amt Hadersleben, waren im selben Jahr an "Geräthschaften" u.a. vorhanden: "9 Heugabeln, [...] 3 Paar ordinäre dito [Pferdegeschirr], 6 Paar ordinäre dito mit 2 ziemlich gute Satteln, [...], 1 Kornmaschine mit 4 Schaufeln, 8 St. andere Schaufeln, 8 Spaten, 6 Wagen, 5 hölzerne Wagen, 3 eisenbeschlagene, [...] 1 große Egge zu 4 Pferde, [...] 8 große Kornhacken, 5 Plagen, 4 Wurferdröge, 1 Schleifstein, 8-10 Kornharken mit Krumholz, 3 brauchbare alte Heuharken, 9 dito neue dito, 6 zum Teil alte Mergelkarren, 5 Mistgabeln, 2 hölzerne Mistgabeln [...]".[45]

---

43 Vgl. BENTZIEN, Landbevölkerung, S. 67.

44 Stadtarchiv Kiel Abt. XIX, Nr. 32745. - Zur Geschichte des Guts Stift vgl. Nicolaus DETLEFSEN: Das ehemalige Gut Stift im Dänischen Wohld, in: JbEck, 35 (1977), S. 69-95.

45 Ernst HACKEMANN: Die Entwicklung der Landwirtschaft in Nordschleswig seit dem Ausgang des XVIII. Jahrhunderts, unter besonderer Berücksichtigung der Folgen der Grenzverschiebung, dargestellt an Hand der Betriebsaufzeichnungen des Hofes Refsoe bei Sommerstedt, Kreis Hadersleben (= Hamburger Schriften zur Wirtschafts- und Sozialpolitik, 5), Rostock 1928, S. 27.

Schließlich sei noch ein Auszug aus dem Inventar des im Herzogtum Holstein gelegenen adeligen Guts Deutsch-Nienhof präsentiert: 1818 verfügte der 590,84 ha große Betrieb (davon 335,53 ha Ackerland)[46] u.a. über "10 Leiter- und Mistwagen, 4 Wagenkörbe, 10 Pflüge, 1 große Bothegge, 2 kleine und 6 große eiserne Eggen und 11 von Holz, 1 Walze, 2 große und 6 kleine Hungerharken, [...] 2 Mistschleifen, [...] drei große Schlitten zum Busch- und Düngerfahren, 2 Misthaken, [...] 14 Rapsaatsicheln, [...] 2 Steinschleifen, [...] Geschirre und nur je 7 Vorder- und Achterwagen". Ferner waren auf Deutsch-Nienhof zwei komplette Häckselladen im Einsatz.[47]

II.1.1.2. Eggen

Läßt man die Walze einmal außer acht, so war die Egge um 1850 neben dem Pflug das einzige in der schleswig-holsteinischen Landwirtschaft allgemein gebräuchliche Bodenbearbeitungsgerät.[48] Ein Blick auf die sechs oben präsentierten Auszüge aus Hof- und Gutsinventaren bestätigt das. Zudem zeigt sich, daß in ihnen - ganz im Gegensatz zum Pflug - verschiedene Eggen"typen" aufgeführt sind. Auf dem Kremper Marschhof wurden beispielsweise ebenso vier Eggen"typen" unterschieden wie auf dem Gut Deutsch-Nienhof.

Indes wird sich im folgenden erweisen, daß es um 1800 in Schleswig-Holstein mit dieser "Typen"vielfalt trotz der unterschiedlichen Funktionen, die die Egge zu erfüllen hatte, nicht sehr weit her war. Die Fehmaraner Verhältnisse vor Augen bemerkte z.B. 1796 Otte: "Aus dem vierfachen Zweck des Eggens, nemlich der gehörigen Zerkleinerung des Bodens; der Reinigung desselben vom Unkraute; der genauen Vermischung desselben mit dem Dünger, und der vollständigen Bedeckung der Saat, wird es sehr leicht begreiflich, daß jede dieser verschiedenen Absichten eine ihr entsprechende Einrichtung erfordert. Gleichwohl sieht man aus der [...] Beschreibung der Fehmerschen Egge, daß auch der dortige Landwirth bey der Verfertigung seiner Egge nicht genug auf die Erreichung dieser verschiedenen Zwecke gesehn".

In einer hinsichtlich ihrer Detailfreudigkeit in den Herzogtümern einmaligen Beschreibung überliefert uns Otte von den auf Fehmarn gebräuchlichen tradierten Eggen folgende Daten: "Je nachdem das Land vor oder nach der Saat geegget werden soll, bedient man sich der Egge mit hölzernen oder eisernen Zinnen, welche von einer etwas verschiedenen Einrichtung sind. Jene besteht aus 4 Balken, deren jeder 4 Fuß 4 Zoll lang, 3 Zoll breit, und 1 3/4 Zoll dick ist. Diese Balken sind, in einer Entfernung von 1 Fuß, durch rechtwinklichte Zwischenhölzer mit einander verbunden. In jedem Balken sind 7 hölzerne Zinnen eingelassen, welche 1 Fuß lang sind, und 6 bis 7 Zoll unter demselben frey stehn. Eine solche Egge wird von Einem Pferde gezogen.

---

46 Johannes von SCHRÖDER: Topographie des Herzogthums Holstein, des Fürstenthums Lübeck und der freien und Hanse-Städte Hamburg und Lübeck, Bd. 1, Oldenburg in Holstein 1841, S. 172.

47 HEDEMANN-HEESPEN, Geschichte (T. 3), S. 37.

48 Vgl. unten, Kap. II.2.1., S. 94.

Die mit eisernen Zinnen versehne Egge, hat nur 3 Balken, jeden 5 Fuß lang, 4 Zoll breit, und 2 1/2 Zoll dick. Diese sind in einer Entfernung von 1 Fuß 7 Zoll mit einander verbunden. In jedem Baume befinden sich, 8 Zoll von einander, 7 eiserne Zinnen, gegen 2 Pfund schwer, und 1 Fuß lang, wovon 6 Zoll frey unter dem Baume hervorstehn. [...] Vor diese Egge werden zwey Pferde gespannt".[49]

Beide Eggen sind dem in den norddeutschen Agrarlandschaften allgemein gebräuchlichen "geschlossenen 'Quer'-typ"[50] zuzurechnen, wenngleich die mit eisernen Zinken versehene Egge nur drei, und nicht, wie sonst in weiten Teilen Norddeutschlands anscheinend üblich, vier zinkentragende Balken besaß. Als "geschlossener 'Quer'-typ" wird dieser Eggentyp deshalb bezeichnet, weil die drei oder vier zinkentragenden Eggenbalken und zinkenlosen Eggenscheiden rechtwinkelig zueinander stehen und ein geschlossenes Gerippe bilden, welches zudem starr und verwindungssteif ist.

Dieses Konstruktions- und Funktionsprinzip lag um 1800 auch allen anderen in Schleswig-Holstein gebräuchlichen tradierten Eggen zugrunde. Allerdings konnten sie aufgrund unterschiedlicher Funktion und Bodenart sowohl innerhalb der Betriebe als auch - analog zum Pflug - zwischen den einzelnen Landschaften in puncto Proportionen, Gewicht, Materialbeschaffenheit (Holz oder Eisen) sowie auch Anzahl und Anordnung der Eggenzinken variieren.

Beispielsweise unterschieden sich die in den Inventaren aus der Kremper Marsch von 1816 bzw. 1829 aufgeführten "zwey, drey und vier Pferde Eggen" bzw. "2, 3, 4 und 6spännigen Eggen" lediglich in bezug auf ihre Größe. Denn Hofbesitzer Schröder teilte dazu mit: "Von Eggen bedient man sich einer, die von 4 Balken und eben so viel Scheiden zusammen gesetzt ist, und eiserne Zinken hat, deren Größe so wie auch die Größe der Balken nach einer 6, 4, 3 und 2spannigen bestimmt werden".[51] Dementsprechend berichtete 1829 auch Dittmann über die in der Landschaft Schwansen gebräuchlichsten Eggen, die ganz aus Holz waren: Sie "haben 3 Balken, welche gewöhnlich 6 1/2 Fuß lang, 3 und 3 1/2 Zoll dick und mit 10 Zinken versehen sind. Die Scheiden sind 5 1/4 Fuß lang, 4 Zoll breit und 1 Zoll dick; jedoch findet man sie bald größer, bald kleiner".[52]

Bei den 1765 auf Gammelbygaard, Landschaft Angeln, im Einsatz befindlichen "3 Eggen mit 9 eisernen und 3 hölzernen Blöcken"[53] handelte es sich wahrscheinlich wiederum um Eggen, bei denen drei Balken mit eisernen und einer mit hölzernen Zinken ausgerüstet waren. Bei den "5 kleine[n] Eggen mit zwei Reihen eiserner Zinnen",[54] die 1810 neben "1 eiserne[n] Bothegge" und "12 hölzerne[n] Eggen" im Inventar des adeligen Gutes Muggesfelde auftauchten, waren die Zinken offensichtlich zumindest noch an einem Eggenbalken aus Holz. Dagegen waren die zwei Eggen, die sich 1823 im Hof- und Hausinventar eines Färbers in Schenefeld, Amt Rendsburg, befanden, "jede mit einer Reihe ei-

---

49 OTTE, Beschreibung, S. 213 f.

50 BENTZIEN, Bauernarbeit, S. 155.

51 LORENZEN-SCHMIDT, Hofinventar, S. 64 und SCHRÖDER, Marschwirthschaft, S. 120.

52 DITTMANN, Antwort, S. 33.

53 FRIEDRICHSEN, Chronik, S. 54.

54 BESCHREIBUNG des in dem Herzogthum Holstein belegenen adelichen Guts Muggesfelde cum Pert. nebst den Bedingungen, wonach dieses Gut [...] am 11ten Januar 1810 [...] öffentlich verkauft werden soll, o.O. und o. J., S. 16.

serner und 2 Reihen hölzener Zinken"[55] ausgesattet. Daneben gab es auch Eggen, die nur hölzerne oder eiserne Zinken besaßen.[56]

Volckmar berichtete 1795 über die in der Landschaft Eiderstedt gebräuchlichen Eggen: "Nur die im Hollsteinischen gewöhnlichen kleinen Eggen kennt man hier nicht; die hiesigen sind vielmehr alle so groß, als die dortigen eisernen sogenannten Botheggen. Sie erfordern jedesmal zwey Pferde, da ihre 24 eisernen Zähne, die in vier Reihen nebeneinander stehen, schon allein nicht leicht unter 50, zuweilen wohl 70 Pfund schwer sind. In sehr schwerem Boden legt man auch wohl zween Eggen übereinander".[57] Aus Dithmarschen heißt es wenige Jahre später: "Die Eggen haben die gewöhnliche Einrichtung, und sind nach Verhältnis der Schwere des Bodens von stärkerem schweren Eichenholze und größtentheils mit starken eisernen Zinken versehen".[58] Auch der Einsatz einer "6spännigen Egge" in der Kremper Marsch dokumentiert diesen Sachverhalt nachdrücklich.

Unterschiedlich weit fortgeschritten war in den drei Hauptnaturräumen allem Anschein nach der Austausch der hölzernen durch eiserne Eggenzinken. Diese Verbesserung der Egge kann in den Herzogtümern zumindest bis zur Mitte des 16. Jahrhunderts zurückverfolgt werden: Im Inventar eines herrschaftlichen Wirtschaftshofes tauchen 1553 unter dem Arbeitsgerät auf dem Bauhof "4 egeden mit isern tinden"[59] auf; bezeichnenderweise lag er in den Marschen des Amtes Steinburg. Bentzien weist zu Recht darauf hin, daß der sich über Jahrhunderte hinziehende Austauschprozeß nach heutigen Maßstäben zwar ein "geringfügige[r] Fortschritt" sei, in Anbetracht der insbesondere auch im 18. Jahrhundert stark steigenden Eisenpreise jedoch einiges an Bedeutung gewann.[60]

Weitgehend abgeschlossen war er offensichtlich in den Marschen, denn mit Ausnahme der kurz zuvor zitierten "Landwirthschaftlichen Nachrichten aus Dithmarschen"[61] von 1802 finden sich in keinem anderen Bericht über die "Akker- und Feldgeräthschaften" der Marschen Hinweise auf Eggen mit Holzzinken. Noch nicht abgeschlossen war der Austauschprozeß hingegen auf der Geest[62] und im Hügelland. Dabei lassen sich innerhalb des letzteren deutliche Entwicklungsunterschiede ausmachen: Während sich die Landwirte Schwansens noch 1829 überwiegend der Eggen mit Holzzinken bedienten,[63] hielten sich Eggen mit Holz- bzw. Eisenzinken anscheinend in den Landschaften Fehmarn

---

55 Ernst KARNATH: Hof- und Hausinventar eines Färbers in Schenefeld vor 140 Jahren, in: JbRd, 13 (1963), S. 143-146, hier 143.

56 Vgl. etwa ANONYMUS: Landwirthschaftliche Bemerkungen in der Gegend um Oldesloe gesamlet, in: SHBPK, 1 (1799), 1, S. 37-52, hier 50. PETERSEN, Nahrungszustand, S. 19. HEDEMANN-HEESPEN, Geschichte (T. 3), S. 37. DITTMANN, Antwort, S. 33.

57 VOLCKMAR, Versuch, S. 230 f. Vgl. auch LEMPELIUS, Versuch, S. 8 f.

58 ANONYMUS, Nachrichten, S. 2 f.

59 Karl-Sigismund KRAMER: Die Steinburger Inventare von 1553 und 1606/14, in: Offa, 37 (1980), S. 352-359.

60 BENTZIEN, Bauernarbeit, S. 157.

61 ANONYMUS, Nachrichten, S. 2 f.

62 KARNATH, Hof- und Hausinventar, S. 143.

63 DITTMANN, Antwort, S. 33. Vgl. dazu auch Christian KOCK: Volks- und Landeskunde der Landschaft Schwansen, Heidelberg 1912, S. 244 f.

und Angeln, im Amt Cismar, auf den um Oldesloe gelegenen Gütern sowie auch auf dem adeligen Gut Deutsch-Nienhof mehr oder weniger die Waage.[64]

Eine weitere Verbesserung an der Egge betraf die Stellung der Zinken im Balken. Allein für Dithmarschen liegt für 1802 die Nachricht vor, daß die "Zinken vierkantig, oft auch dreikantig, und diese wie Seche gekrümt [waren], damit sie den festen Boden besser aufreissen und das Unkraut, besonders die Queken, besser herausreissen"[65] konnten. Ob die Fehmaraner Landwirte Ottes Empfehlung befolgten, derartige, d.h. nach vorn gekrümmte, Eisenzinken an ihren Eggen anzubringen, kann nicht geklärt werden.[66] Das trifft auch auf zwei andere Empfehlungen zu: Erstens sollten die Fehmaraner die Eisenzinken "mittelst einer eisernen Schraube auf dem Baume" befestigen, so daß diese "bequem zum Schleifen heraus genommen [..] werden" konnten. Wohl nicht nur auf Fehmarn sondern in ganz Schleswig-Holstein war es bis dahin üblich, die Eisenzinken - den Holzzinken entsprechend - einfach durch vorher gebohrte Löcher in die Rahmenbalken zu treiben. Wurden die Zinken im Laufe der Zeit infolge Abnutzung zu kurz, schlug man einfach ihren oben herausragenden Teil weiter in den Eggenbalken hinein, um darauf die Spitzen der Zinken nachzuschleifen. Und zweitens sollten sie "zur bessern Verhütung des Zurückbeugens der Zinnen durch Steine und dergleichen" am Kopf mit "einem hervortretenden Einschnitte" ausgerüstet werden.[67]

In den Herzogthümern unterteilte man die Eggen bis in die erste Hälfte des 19. Jahrhunderts, "je nachdem sie zum Langziehen oder Rundeggen bestimmt"[68] waren, lediglich in zwei "Typen": Mit den Langeggen wurde das Land vornehmlich "in der Länge", d.h. parallel zur Pflugfurchenrichtung, durchgeeggt. Das Pflügen "in der Quere der Aecker", üblich "bei der ersten Zubereitung des Buchweizenlandes und der Brache", konnte nur geschehen, wenn die Ackerbeete nicht zu hoch waren.[69] Da mit den Langeggen viele der gröberen Eggarbeiten verrichtet wurden, mußten sie "größer, schwerer und stärker gebaut" sein als die Rundeggen. So besaßen sie stets vier Balken und waren selbst in Gegenden mit leichteren Böden nur gelegentlich mit hölzernen Zinken ausgerüstet. Die Balken ihrer "größte[n] und schwerste[n] Art", die der sogenannten Bothegge, waren beispielsweise "mit langen und schweren eisernen Zinken" versehen sowie mit "massiven eisernen Schienen belegt". Sie wurde insbesondere zum "Bothen", d.h. "zum Zerreissen der noch ganzen Furche gebraucht",[70] aber z.B. auch "zur Zerreissung einer sehr filzigen, starkverwachsenen Gras-Narbe oder zur Zertrümmerung eines steifen, widerspenstigen Bodens während des Braachjahres" eingesetzt. Deshalb wurde diese Egge auch

---

64 OTTE, Beschreibung, S. 213. FRIEDRICHSEN, Chronik, S. 54. ANONYMUS, Landwirthschaft, S. 24 und 37. Arend Friedrich NISSEN: Oekonomische Beschreibung des Amtes Cismar, in: SHLPB, 1 (1811), 1, S. 18-53, hier 31 f. ANONYMUS, Bemerkungen, S. 50. HEDEMANN-HEESPEN, Geschichte (T. 3), S. 37.

65 ANONYMUS, Nachrichten, S. 3.

66 OTTE, Beschreibung, S. 215.

67 Ebda., S. 213 und 215 f.

68 Sofern nicht anders vermerkt, stammen die nachfolgenden Ausführungen über die Lang- und Rundegge aus IVERSEN, Beyträge, S. 69-72.

69 HANSSEN, Amt, S. 84.

70 LENGERKE, Landwirthschaft (Bd. 1), S. 44. - Vgl. auch MENSING (Bd. 1): Boot 3 und boten, Sp. 440 f.

Brachegge genannt. Mußten die Botheggen häufig sogar von vier Pferden gezogen werden,[71] benötigte der Landwirt für die ganz leichten Langeggen lediglich ein Pferd.

Die Rundeggen waren stets einspännig, hatten lediglich drei Balken und wurden nur "bey sehr widerspenstigem Grunde" komplett mit eisernen Zinken ausgerüstet. Rundeggen mit hölzernen Zinken scheinen im Hügelland, ihrem vornehmlichen Verbreitungsgebiet, noch bis weit nach 1800 allgemein in Gebrauch gewesen zu sein.[72]

Nachdem beispielsweise der Ackerboden mittels der Bothegge aufgerissen bzw. die zusammenhängende Furche zerteilt worden war, wurden die grob zerstückelten Soden und Erdklöße mittels der Rundegge so lange zertrümmert und zerkleinert, bis schließlich der gesamte Ackerboden pulverisiert war. Für diese feinere Arbeit, das sogenannte Rundeggen, wurde die Rundegge folgendermaßen eingesetzt: Bis zu vier dieser kleinen, leichten Eggen bildeten eine Arbeitseinheit, die von einem Mann dirigiert wurde. "Nur das vordere Pferd wird von dem Egger an der Linie-Zügel geführt, das 2te Pferd ist rechter Hand vom ersten Pferde, am äußersten Ende des Schwengels, mit dem Halfter-Zügel angebunden und geht rechts neben der ersten Egge; das 3te Pferd ist eben so am Schwengel des zweyten befestiget und abermals rechts neben der zweyten Egge. Die Eggen arbeiten im Kreise. Der Kutscher stellt sich in die Mitte des zu beschreibenden Kreises und führt das vordere Pferd in einer Zirkel-Linie herum".[73] Dabei lief das äußerste Pferde im Trab. Denn nur wenn die leichten Rundeggen in höherem Tempo über den Acker gezogen wurden, konnten sie ihre volle Wirkung entfalten; zu langsam gezogene Rundeggen vermochten die bereits grob zerstückelten Soden und Erdklöße nämlich nicht genügend zu zertrümmern und zu zerkleinern.

Wie bereits angedeutet, war das Hauptverbreitungsgebiet der Rundegge das Hügelland, und zwar weil sie "auf den Gütern fast durchgängig im Gebrauch war". Die dortigen Bauern benutzten sie hingegen "weniger", denn sie wollten "ihre Pferde nicht so stark angreifen". Auf der Geest und in der Marsch wurde "am häufigsten" die Langegge eingesetzt. Mit der kleineren Langegge mußten dort demnach auch all diejenigen Arbeiten ausgeführt werden, für die die Güter die Rundegge angeschafft hatten. Daß etwa die leichten Langeggen zum Eineggen der Saat nicht besonders geeignet war, beweist die Kritik eines Unbekannten an dieser um 1800 in Dithmarschen gebräuchlichen Praxis.[74]

Laut Steinborn entfielen während des 18. Jahrhunderts in Mittel- und Ostholstein auf einen bäuerlichen Hof im Durchschnitt drei bis acht Eggen.[75] Die oben präsentierten Auszüge aus Hofinventaren bestätigen diesen Richtwert im großen und ganzen.

Kurz vor 1800 wurde auf Fehmarn die weiter oben beschriebene "Egge mit hölzernen Zinnen [..] gewöhnlich mit 4 Mark bezahlt. [...] Die eisernen Zinnen in der Egge werden,

---

71 Vgl. z.B. ebda., S. 44 sowie ferner DITTMANN, Antwort, S. 33, DERS., Anweisung (Bd. 1, 2. Aufl.), S. 317 f. und IVERSEN, Beyträge, S. 70. - Zweispännige Botheggen wurden dagegen im holsteinischen Amt Bordesholm gebraucht. HANSSEN, Amt, S. 84.

72 Vgl. etwa NISSEN, Beschreibung, S. 32 und HANSSEN, Amt, S. 84.

73 IVERSEN, Beyträge, S. 71. Das Rundeggen ist im Anhang von Friedrich von BUCHWALD: Oeconomische und statistische Reise durch Meklenburg, Pommern, Brandenburg und Holstein, aus dem Dänischen übersetzt von Valentin August Heinze, Kopenhagen 1786, abgebildet.

74 ANONYMUS, Nachrichten, S. 3.

75 STEINBORN, Abgaben, S. 17.

wie jedes andre verarbeitete Eisen der Art, mit 4 Schilling für das Pfund bezahlt".[76] Zur selben Zeit kostete im Amt Reinfeld eine einspännige Bothegge fünf Rthlr. und "eine hölzerne einen Rthlr.".[77] Dreißig Jahre später mußte der Landwirt in einem anderen Teil des holsteinischen Hügellandes, und zwar in der Umgegend der Stadt Neustadt, für "1 Egge mit eisernen Zinken 10 Mk, mit hölzernen 4 Mk 8 ß"[78] bezahlen. Die Preise für Eggen scheinen demnach während dieser drei Jahrzehnte im Hügelland sehr variiert zu haben. Erheblich teurer waren 1829 hingegen die tradierten Eggen in den Elbmarschen. Das zeigt ein Blick auf die Hofinventarauszüge aus der Kremper Marsch. Die Preisdifferenzen zwischen Hügelland und Elbmarschen sind wohl nicht nur durch die unterschiedliche Größe und Materialbeschaffenheit der Eggen bedingt, sondern auch durch die unterschiedlichen Kosten für Handwerksarbeit.[79] Das trifft selbstverständlich genauso auf den zuvor behandelten Pflug, aber auch auf den Wagen zu.

II.1.1.3. Schollenhämmer

Auf lehmigen Böden, wie sie etwa im Amt Cismar oder der Probstei anzutreffen sind,[80] wurden zum Zerkleinern der nach dem Eggen noch übriggebliebenen Erdklöße mundartlich "Klütkühlen"[81] genannte Schollenhämmer eingesetzt. Gemäß Bentzien kam diese primitive Bodenbearbeitungstechnologie im norddeutschen Raum erst in der zweiten Hälfte des 18. Jahrhunderts zeitgleich mit dem Bodenwalzen auf. Die Notwendigkeit einer vollkommeneren Schollenzerkleinerung hätten die Agrarproduzenten zwar erkannt, indes habe ihnen das geeignete Gerät, die Walze, vielfach noch nicht zur Verfügung gestanden. Deshalb hätten sie - entweder angeregt von seiten der Hausväterliteratur oder durch unabhängige "Erfindung" - vorübergehend diese zwar arbeitsintensive, jedoch billige Methode des Schollenzerschlagens von Hand praktiziert. Der Schollenhammer sei demzufolge im Untersuchungsraum kein "archaisches Erbe", sondern eine "Novation".[82] In der Tat spricht einiges dafür: Weder taucht der Schollenhammer in Inventarverzeichnissen auf, noch in Hofdienst- und Tagelöhnerregistern u.dgl. Zudem liegt meines Wissens für die Herzogtümer weder eine zeitgenössische Beschreibung von einem solchen urtümlich wirkenden Holzhammer vor, noch ist aus dem 18. oder 19. Jahrhundert ein Original erhalten geblieben.

---

76 OTTE, Beschreibung, S. 222. - Noch über dreißig Jahre später nahm der Schmied in der Kremper Marsch "für die Zinken a Pfund 4 bis 5 ß". NIENBURG, Beantwortung, S. 111.

77 PETERSEN, Nahrungszustand, S. 19.

78 STAMP, Beantwortung, S. 130.

79 Vgl. unten, Kap. III.5.2.1.1., S. 338.

80 NISSEN, Beschreibung, S. 32 und KRIEG, Volkskunde, S. 47.

81 Georg SCHRÖDER: Zu Urgroßvaters und Großvaters Zeiten, in: Die Heimat, 17 (1907), S. 104-109, hier 106. Vgl. MENSING (Bd. 3): Kül, Sp. 382 f.

82 BENTZIEN, Bauernarbeit, S. 160 f.

II.1.1.4. Walzen

Der Gebrauch der Walze in der deutschen Landwirtschaft läßt sich bis ca. 1500 zurückverfolgen.[83] Die Norddeutsche Tiefebene gehörte allerdings nicht zu den alten Kerngebieten ihrer Verbeitung,[84] und auf die Herzogtümer dehnte sich ihre Anwendung vermutlich nicht vor der zweiten Hälfte des 18. Jahrhunderts aus. Die früheste von mir ermittelte Quelle, die über den Einsatz einer Walze im Untersuchungsraum berichtet, stammt von 1764: In seinem Werk "Kurze Anleitung, wie der Acker-Bau auf der Heide könne verbessert werden. Frag- und Antwortsweise abgefasset" propagierte Probst Philipp Ernst Lüders deren Einsatz auf der Geest unter Hinweis auf die bereits von "Landleute[n] aus hiesiger Gegend" mit der Walze erzielten Erfolge - "die Einnahme an Feld-Früchten [sei] fast gedoppelt ausgefallen".

Lüders beschrieb das seinem fiktiven Gesprächspartner, einem Geestbauern, gänzlich unbekannte Bodenbearbeitungsgerät wie folgt: "Es ist ein rundgemachtes Holz, von Büchen- Eichen- oder Föhren-Holz, das 8 bis 12 Zoll im Durchschnitt hält, und etwa 3 Ellen lang ist. An beiden Enden sind 2 eiserne Zapffen, die in einen 3 Zoll dicken Bogen, der einen halben Mond bey nahe ähnlich ist, einpassen, nachdem beyde Seiten-Bogen mit Latten vereiniget worden. Eine dieser Latten ist dicker, und mit 2 hölzernen Zapffen versehen, die an dem vordern Theile in der Mitte des Bogens laufen. In diesen Latten werden 2 Deichsels von Latten eingefuget, zwischen welchen ein Pferd die rollende Walze fortführet".[85]

In Angeln ist die Einführung der Walze zweifelsohne auf Lüders Initiative zurückzuführen. Das geht aus seinem 1765 veröffentlichten Werk "Abhandlungen und Bedenken über das Acker-Wesen und den Anbau verschiedener Feldfrüchte" hervor, dessen 15. Kapitel den Titel "Von dem rechten Gebrauche der Walze" trägt.[86] Sehr viele Landwirte scheint er in Angeln vom Nutzen der Walze, die u.a. der Zerkleinerung der nach dem Eggen übriggebliebenen Schollen und Erdklöße, der Festigung von Sandböden, der Einwalzung bestimmter Saaten sowie der Einebnung des Bodens diente, allerdings nicht überzeugt zu haben. Denn 1823 wurde von dort berichtet: "Die Walze ist früher nicht sehr häufig im Gebrauche gewesen. Jetzt verbreitet sich die Benutzung derselben immer mehr".[87]

Inwieweit Lüders mittels seiner Schriften diesbezüglich auch als Innovator für das übrige Schleswig-Holstein angesehen werden kann, muß offen bleiben, da die Einführung und Verbreitung der Walze hier im dunkeln liegen. Bis 1800 hat die Walze jedenfalls bei weitem nicht alle Teile der Herzogtümer erreicht. Zwar meinte Kiesewetter 1805 auf seiner Reise durch die Herzogtümer in Erfahrung gebracht zu haben, daß man anfange, die

---

83 Ebda., S. 161 und SIUTS, Arbeitsgeräte, S. 48.

84 BENTZIEN, Bauernarbeit, S. 161 f.

85 Philipp Ernst LÜDERS: Kurze Anleitung, wie der Acker-Bau auf der Heide könne verbessert werden. Frag- und Antwortsweise abgefasset, Flensburg 1764, S. 47 f. - Zur Person und zum Wirken Lüders (1702-1786) vgl. Peter VOLLRATH: Landwirtschaftliches Beratungs- und Bildungswesen in Schleswig-Holstein in der Zeit von 1750 bis 1850 (= QuFGSH, 35), Neumünster 1957, S. 127-156.

86 Philipp Ernst LÜDERS: Abhandlungen und Bedenken über das Acker-Wesen und den Anbau verschiedener Feldfrüchte, Flensburg und Leipzig 1765, S. 294-306.

87 ANONYMUS, Landwirthschaft, S. 37.

Walze zu gebrauchen, jedoch stellte Iversen 1819 fest, daß "ihr Gebrauch noch nicht allgemein eingeführt sei".[88] Das traf auch auf Jütland insgesamt zu, wohingegen ihre Anwendung auf den dänischen Inseln schon längst ganz allgemein geworden war.[89] Entgegengesetzt verhielt es sich wiederum im benachbarten Mecklenburg.[90]

Gänzlich unbekannt war sie noch auf Fehmarn und in den nordfriesischen Marschen.[91] Vereinzelt eingesetzt wurde sie dagegen in der Landschaft Eiderstedt und auf einigen im Umland von Bad Oldesloe gelegenen Gütern.

Der Gebrauch der Stachelwalze darf zumindest für das zum Schwansener Güterdistrikt gehörende adelige Gut Saxtorf angenommen werden.[92] Daß die Walze, wie Bechstedt meinte, tatsächlich um diese Zeit am häufigsten in den "Marschgegenden" gebraucht wurde,[93] erscheint nicht allein aufgrund Hanssens Bericht unwahrscheinlich. Man denke nur an Jochims fehlgeschlagene Versuche, die Stachelwalze in den Marschen einzuführen sowie an die Feststellung eines Landwirts aus der Kremper Marsch von 1829, "eine leichte und eine schwerere Walze [seien] ein wahres Bedürfniß für die Marsch".[94] Es deutet somit alles darauf hin, daß sich ihre Anwendung um die Jahrhundertwende lediglich auf bestimmte Teile der See- und Flußmarschen erstreckte.

Mehr als eine Walze wird sich auf keinem landwirtschaftlichen Betrieb befunden haben. Die einzige Preisangabe für eine Walze, die ermittelt werden konnte, stammt aus der Kremper Marsch: Die betreffende Walze war "ein achteckiges Stück eichenes Holz von etwa 12 Fuß Länge, welches vermittelst zweier an den Enden gemachten Spindeln in Wrangen läuft, die durch 2 Querhölzer an beiden Enden verbunden sind, an deren Einen zwei eiserne Haken sind, woran gewöhnlich 3 Pferde gespannt werden" und kostete 1829 "etwa 40 bis 50 Mk".[95] Dieser Walzentyp "polterte" und zerbrach die Kluten viel besser.

---

88 KIESEWETTER, Bemerkungen, S. 15. IVERSEN, Beyträge, S. 72.

89 Anton CHRISTENSEN: Landbrugets Redskaber og Maskiner, in: K. Hansen (udg.): Det danske Landbrugs Historie, Bd. 4 (= Bygninger, Mejeri, Redskaber), København 1925-1933, S. 421-600, hier 476. Claus BJØRN: 1810-1860, in: Ders. (rd.): Det danske landbrugs historie, Bd. 3 (= 1810-1914), Odense 1988, S. 9-192, hier 52.

90 BENTZIEN, Landbevölkerung, S. 52 und 74.

91 OTTE, Beschreibung, S. 218. Georg HANSSEN: Landwirthschaftliche Zustände früherer Zeiten in nordfriesischen Gegenden, in: Ders.: Agrarhistorische Abhandlungen, Bd. 2, Leipzig 1884, S. 330-499, hier 431.

92 VOLCKMAR, Versuch, S. 231. ANONYMUS, Bemerkungen, S. 50. Peter JOCHIMS: Ueber den gegenwärtigen Zustand der Landwirthschaft in Dänemark, besonders in den Herzogthümern Schleswig und Holstein, und die Mittel, sie in Aufnahme zu bringen, in: PB, 10 (1796), 1.2, S. 201-220, hier 211.

93 Johann Kaspar BECHSTEDT: Oeconomisches Handbuch für den Landmann und Gartenliebhaber, mit besonderer Rücksicht auf die Herzogthümer Schleswig und Holstein, Altona 1802, S. 75.

94 NIENBURG, Beantwortung, S. 114.

95 SCHRÖDER, Marschwirthschaft, S. 120 und 122.

II.1.2. Geräte für Saat, Ernte und Drusch

Im Vergleich zur Bodenbearbeitung machte der agrartechnische Standard in den Bereichen Säen und Pflanzenpflege, Ernte sowie Dreschen noch geringere Fortschritte. All diese Arbeiten wurden um 1800 ungebrochen mittels einfacher, seit Jahrzehnten bzw., wie etwa im Fall der Sichte, sogar seit Jahrhunderten, unverändert gebliebener Geräte bewältigt. Die schleswig-holsteinische Landwirtschaft weicht hierin nicht von der allgemeinen Entwicklung in Deutschland ab.[96]

Gesät wurde in den Herzogtümern beispielsweise per Handaussaat, wobei als Saatgutbehältnis entweder ein Sack oder ein um den Hals getragenes Säetuch verwendet wurde. Davon abweichend gebrauchte man in den Elbmarschen den sogenannten "Saatschepel aus Strohwülsten oder in Form eines Holzrahmens mit eingehängtem Beutel".[97] Solche oder ähnliche Behältnisse benutzten die Landwirte auch in den meisten deutschen Agrarlandschaften.[98] Da auch viele andere Geräte wie "Heugabeln, Misthaken, Sensen" u.s.w. "im Schleswig-Holsteinischen durchaus nichts Abweichendes"[99] hatten, erübrigt sich deren Aufzählung und Beschreibung an dieser Stelle. Nachfolgend sollen deshalb nur drei um 1800 in den genannten Arbeitsbereichen gebräuchliche landwirtschaftliche Produktionsmittel exemplarisch vorgestellt werden.

II.1.2.1. Schneidende Erntegeräte

Einen Überblick über die vielen verschiedenen in Deutschland gebräuchlichen Erntegeräte und -verfahren bietet Lühnings volkskundliche Dissertation "Die schneidenden Erntegeräte" von 1951.[100] In diesem Kapitel kann es nur darum gehen, den in diesem Bereich um 1800 in Schleswig-Holstein herrschenden agrartechnischen Standard grob zu skizzieren.

Wie in weiten Teilen Norddeutschlands prägten auch hier während des 17. und 18. Jahrhunderts Sichel und Sense bzw. Sichte das Bild. Ganz allgemein wurden in den Herzogtümern, wie etwa Volckmar 1795 über die Verhältnisse in der Landschaft Eiderstedt berichtete, die "Sensen [...] zum Mähen des Heues gebraucht".[101] Obgleich kaum ein Beleg dafür ermittelt werden konnte, erscheint es doch sehr wahrscheinlich, daß die Sichel auch

96 BENTZIEN, Bauernarbeit, passim.

97 LÜHNING, Gerätesammlung, S. 16.

98 Vgl. beispielsweise HANSEN, Hauswesen, S. 174 f. oder SIUTS, Arbeitsgeräte, S. 42 f.

99 LENGERKE, Landwirthschaft (Bd. 1), S. 49.

100 LÜHNING, Erntegeräte. - Vgl. auch DERS.: Die Entwicklungsgeschichte der schneidenden Erntegeräte, in: JbSG, 9 (1961), S. 9-39 sowie BERTHOLD, Entwicklungstendenzen, S. 82-84.

101 VOLCKMAR, Versuch, S. 231. LÜHNING, Gerätesammlung, S. 19: "Zur Heuernte diente schon seit dem hohen Mittelalter ausschließlich die Grassense, deren Grundform sich in den einzelnen Landschaften bis heute nicht wesentlich gewandelt hat". Vgl. dazu ferner etwa Christian KOCK: Sense und Sichel in Schwansen, in: Die Heimat, 46 (1936), S. 362-366, hier 362, wo die genannten schneidenden Erntegeräte auch ausführlich beschrieben werden oder THOMSEN, Ende, S. 18.

im Untersuchungsraum von den bäuerlichen Unterschichten allgemein zum Mähen kleinerer Mengen von Gras und Klee sowie anderem Grünfutter für das Kleinvieh, die Ziegen oder die einzige Kuh verwendet wurde.[102]

Ebenso wurde die Ernte des Rapses in den Herzogtümern weitgehend mittels der Sichel bewerkstelligt.[103] Mit einer einzigen Ausnahme geht aus den Quellen allerdings nicht hervor, welche Sicheln beim Rapsschneiden eingesetzt wurden. Lediglich Wolf unterteilte sie für die Landschaft Norderdithmarschen in "Sicheln (Sekeln), womit hier gewöhnlich geschnitten wird" und "Sandsicheln".[104] Aus seiner detaillierten Beschreibung beider Sicheln geht hervor, daß es sich bei ersterer um eine gezähnte Sichel handelte, die gegenüber letzterer, der Sichel mit glatter Schneide, den älteren Sicheltypus präsentierte. Er wurde bis in die zweite Hälfte des 18. Jahrhunderts auch noch in den meisten Landschaften Süddeutschlands und der Mittelgebirge zur Ernte des Getreides benutzt, dann jedoch allmählich von der leistungsfähigeren, wenn auch größeren Körnerverlust verursachenden glatten Sichel verdrängt.[105] Sie trennte die Halme "durch eigentliches Schneiden" und nicht wie die gezähnte Sichel "durch Reissen"[106] ab; dafür garantierte letztere eine größere Körnerausbeute. Dieser Vorteil verlor jedoch in dem Moment an Bedeutung, wo die Ernten wuchsen und die Arbeitskräfte knapper und somit teurer wurden.

Ein weitaus bunteres Bild bietet sich hingegen bei der Untersuchung der schneidenden Geräte, die in Schleswig-Holstein bei der Getreideernte eingesetzt wurden. Treffend bemerkte 1819 Iversen dazu: "Das Verfahren bey der Kornerndte ist sehr verschieden. In einigen Gegenden wird das Getreide gemähet, in andern geschnitten, wieder in andern gehauen". Die Sensenmahd des Getreides war "überhaupt in den östlichen Gegenden der Herzogthümer"[107] üblich, also im Hügelland. Beispielsweise berichtete 1796 Otte über die Landschaft Fehmarn: "Das Getraide wird dort ohne Unterschied, und selbst mit Inbegriff des Weitzens, gemähet, und der Gebrauch der Siechel ist dort ganz unbekannt".[108]

Vom Mittelrücken, der schleswig-holsteinischen Geest, liegt hingegen kein derartiger Bericht vor. Da allein für das Hügelland der ausschließliche Sensengebrauch bei der Ge-

---

102 KOCK, Sense, S. 366. - SIUTS, Arbeitsgeräte, S. 58, weist diesen Sachverhalt für Westfalen nach.

103 Vgl. z.B. LEMPELIUS, Versuch, S. 10 oder Friedrich Wilhelm SCHRADER: Practische Anweisung in der holsteinischen Landwirthschaft für Anfänger dieser Wirthschafts-Methode - vorzüglich für Beamte, die Landwirthschaft treiben müssen, ohne dieselbe practisch erlernt zu haben, Altona 1827, S. 65 und 83. Ferner vgl. etwa Georg Friedrich DITTMANN: Versuch einer Darstellung der Landwirthschaft auf den Gütern in den Herzogthümern Schleswig und Holstein, Altona 1828, S. 91 und RENARD, Landbau, S. 270. - Zum Rapsschnitt mit der Sichel vgl. auch den Filmtext zu Arnold LÜHNING: Mitteleuropa, Holstein - Rapsschnitt mit der Sichel (= Encyclopaedia Cinematographica, Film E 492 (1962)), Göttingen 1964.

104 Heinrich WOLF: Dithmarsische Nachrichten, zweite Lieferung. Oekonomischer Bericht von dem Kirchspiele Weslingbuhren. Nachricht von dem Kuhdensee. Wünsche für die Baumzucht und Waldkultur in Dithmarschen, in: PB, 6 (1792), 1.2, S. 169-202, hier 174-176. Vgl. dazu KRIEG, Volkskunde, S. 48.

105 LÜHNING, Entwicklungsgeschichte, S. 32.

106 WOLF, Nachrichten, S. 175.

107 IVERSEN, Beyträge, S. 100.

108 OTTE, Beschreibung, S. 299. Vgl. etwa auch Peter JOCHIMS: Versuch einer Beschreibung der Heu- und Kornärnte in den Herzogthümern Schleswig und Holstein. (Fortsetzung.), in: PB, 10 (1796), 2.5, S. 209-235, hier 219.

treideernte überliefert ist, kann jedoch davon ausgegangen werden, daß auf der Geest das locker an den Ährenstielen sitzende Brotgetreide, d.h. Roggen und Weizen, noch mit der Sichel geschnitten wurde, wohingegen der fest an den Ährenstielen sitzende Hafer sowie die Gerste bereits mit der Sense gemäht wurden. Dieser Gebrauch der Getreidesense war im 15. Jahrhundert u.a. in den nördlichen Teilen Deutschlands aufgekommen und verbreitete sich bis zum Beginn des 19. Jahrhunderts vor allem im nördlichen Mitteleuropa.[109] Für diese These spricht auch Jochims Bericht von 1796, wonach auf der Geest zum Mähen von Felderbsen und Wicken "gewöhnlich" die Sensen benutzt wurden, "die zu dem Kornmähen nicht wohl brauchbar" waren, "weil sie [die Mäher] bei Erbsen und Wikken stets nahe am Boden weghauen müssen und also nicht verhüten können, die auf dem Akker liegenden Steine zu berühren".[110]

Wiederum anders verlief die Entwicklung in den Marschen. Dort dominierte um 1800 noch die Sichel. Das belegt nicht nur das kurz zuvor präsentierte Zitat aus Wolfs Bericht, sondern auch eine Reihe weiterer zeitgenössischer Quellen.[111] Um die Jahrhundertwende begann allerdings die in ihrer Leistungsfähigkeit beinahe die Sense erreichende Sichte die gezähnten und glatten Sicheln zu verdrängen. Bereits 1796 wußte Jochims zu erzählen, daß man sich "in einigen Gegenden"[112] der Marschen zur Getreideernte der Sichte bediente. Die Sichte oder Hausense, die laut Lühning "als das am höchsten entwickelte Hand-Erntegerät überhauptgelten darf",[113] ist ein aus der Sichte selbst und dem Mathaken bestehendes Doppelgerät zum Abhauen des Getreides. Dabei wird die Sichte, deren Blatt eine lange schmale Form besitzt und insgesamt deutlich kürzer ist als das der Sense, mittels einer ihr genau angepaßten hölzernen Handhabe, die beinahe im rechten Winkel zum Blatt steht, durch die rechte Hand geführt. In der Linken wird der Mathaken gehalten. Er besteht aus einem geschnitzten Griff und einem an seinem Ende mit einer umgebogenen eisernen Spitze versehenen hölzernen Stiel.[114] Das Hauen mit diesem Doppelgerät "erfordert viel Übung und Geschicklichkeit. Mit der Linken rafft der Mäher ein Bündel Halme zusammen, die dann mit der Sichte in der Rechten in kräftigem Schwunge dicht über dem Boden abgehauen werden. Das geschieht vier bis fünf mal, bevor die abgehauenen Halme mit dem Haken zu einer Garbe zusammengerollt werden".[115] Gegenüber der Sense besitzt die Sichte u.a. den Vorteil, daß mit ihr auch durch Wind und/oder Regen niedergeschlagenes Getreide, so wie es in den Marschen häufig vorliegt, geerntet werden kann.

Da sich die Hausense von Westen aus die Nordseeküste entlang nach Norden ausgebreitet hat, wird verständlich, warum ihr Gebrauch in der Getreideernte im Untersuchungs-

---

109 LÜHNING, Entwicklungsgeschichte, S. 30.

110 Peter JOCHIMS: Versuch einer Beschreibung der Heu- und Kornärnte in den Herzogthümern Schleswig und Holstein. (Beschlus.), in: PB, 10 (1796), 2.6, S. 257-270, hier 269 f.

111 JOCHIMS, Versuch, S. 221 (Landschaft Eiderstedt). VOLCKMAR, Versuch, S. 231 (Landschaft Eiderstedt). KIESEWETTER, Bemerkungen, S. 169 (Landschaft Eiderstedt). IVERSEN, Beyträge, S. 101 (Marschen des Herzogtums Schleswig). SCHRÖDER, Marschwirthschaft, S. 125 (Kremper Marsch).

112 JOCHIMS, Versuch, S. 219.

113 LÜHNING, Gerätesammlung, S. 20.

114 Eine zeitgenössische Beschreibung des in den Marschen der Herzogtümer gebräuchlichen Doppelgeräts findet sich bei KRIEG, Volkskunde, S. 48 f.

115 LÜHNING, Entwicklungsgeschichte, S. 32.

raum zuerst in den holsteinischen Elbmarschen aufgekommen ist. So berichtete Iversen 1819, daß "das Hauen mit der Sichte [...] vorzugsweise in den südlichen Marschen Holsteins"[116] betrieben werde. Darauf, daß sie dort von Erntearbeitern aus dem heutigen Niedersachsen eingeführt wurde, deutet Volckmars kurz vor 1800 über die Landwirtschaft der Landschaft Eiderstedt verfaßter Bericht hin. Ihm zufolge wurden die Bohnen mit der Sichte gehauen und "die meisten Tagelöhner, die sich mit dieser Arbeit" befaßten, kamen "aus dem Haderlande, an der andern Seite der Elbe her".[117]

In Dänemark verlief die Entwicklung anders. Hier ging man zumindest bei der Kornernte von der Sichel direkt zur Sense über, und zwar auf den Inseln im Verlauf der zweiten Hälfte des 18. Jahrhunderts und in Jütland seit circa 1800. Gleichwohl blieb die Sichel zum Rapsschneiden zum Teil bis nach 1850 in Gebrauch.[118] Das benachbarte Mecklenburg war hingegen bereits "seit Jahrhunderten eine reine 'Sensenlandschaft'". Deshalb wurde bei der Einführung der neuen Kultur Raps auch nicht auf die Sichel zurückgegriffen, was "technikgeschichtlich eine Regression darstellte".[119]

II.1.2.2. Geräte zum Nachharken der Kornfelder

Von den um 1800 in Schleswig-Holstein bei der Ernte von Getreide und Heu sowie anderer Kulturpflanzen gebräuchlichen Harkentypen werden in diesem Kapitel diejenigen zum "Biharken"[120] der abgeernteten Kornfelder herausgegriffen und vorgestellt. Das Abharken der auf den abgeernteten Kornfeldern noch liegen gebliebenen Halme wurde in den Herzogtümern mittels zwei verschiedener Typen verrichtet.[121]

Der eine Typ war die Hungerharke.[122] Ihre allgemeine Verbreitung um 1800 belegen nicht nur die nachfolgend zitierten zeitgenössischen Quellen, sondern auch die in Kapitel II.1.1.1. aufgeführten Inventare. Die früheste von mir ermittelte Nennung einer Hungerharke wurde auf ca. 1600 datiert und stammt aus der Landschaft Fehmarn. Bis 1867 war sie ungebrochen das zum Biharken am meisten gebrauchte Gerät in Schleswig-Holstein, da die modernen eisernen Pferde-Trommelharken hier erst um 1870 aufkamen.[123]

---

116 IVERSEN, Beyträge, S. 101.

117 VOLCKMAR, Versuch, S. 231 f.

118 CHRISTENSEN, Redskaber, S. 500 f.

119 BENTZIEN, Landbevölkerung, S. 77.

120 MENSING (Bd. 1): biharken, Sp. 347 f. "Die zwischen den Getreidehocken liegenden Halme mit der Hunger-, Grawwel- oder Pferdeharke zusammenharken". - "Naharken" hatte hingegen die Bedeutung "mit der Harke hinter dem Kornwagen hergehen und die losen Halme, die beim Aufladen zurückblieben, zusammenharken". MENSING (Bd. 3): naharken, Sp. 745.

121 Abbildungen der Hungerharke finden sich bei KOCK, Volks- und Landeskunde, zwischen S. 246 und 247 sowie Gustav PETERS: Eine Pferde-Hungerharke. Dazu von Hungerharken überhaupt, in: JbEut, 9 (1975), S. 53-57, hier 53 f. - Hingegen handelt es sich bei den beiden abgebildeten Pferdeharken um "mecklenburgische" und nicht um "holsteinische".

122 Vgl. MENSING (Bd. 2): Hungerharke, Sp. 938.

123 LÜHNING, Haus- und Wirtschaftsgerät, S. 254. - Vgl. etwa Hermann TRAULSEN: Vor 100 Jahren auf Wilhelmsthal bei Eckernförde, in: JbEck, 30 (1972), S. 52-70, hier 52. - PETERS, Pferde-Hungerharke, S. 56 f. - Vgl. ferner unten, Kap. II.2.2.3., S. 136 ff.

Jochims beschrieb die Hungerharke und deren Handhabung 1796 wie folgt: "Sie hat zuweilen nur einen Stiel, worin in der Mitte an der obern Seite ein Zapfen befestigt ist. Der Harker steht an der rechten Seite, fasst diesen Zapfen mit der linken, und den Stiel nach oben zu an, und zieht sie fort. Zuweilen sind 2 Schallen daran, und über denselben ein Querholz befestigt, welches er mit der Brust fortschiebt, und nach der Grösse der Person auf und nieder gelassen werden kan. Will der Harker die Stoppeln reinigen, so mus er nicht immer in gerader Linie, sondern bald in die Quere, bald der Länge nach fortziehen; sonst sezen die Halme sich nicht vor den Zinken der Harke fest, sondern gehen in der Länge zwischen durch. Ist die Harke voll, so zieht er damit nach den Hokken, hebt unten die Harke in die Höhe, und lässt das Zusammengeharkte dort liegen". Die Harker waren in der Regel "Mädchen und Jungen".[124] Das bestätigt auch das Hofdienstregister des adeligen Gutes Schönweide: Am 28. Juli 1798 wurden dort in der Roggenernte vier "Mägde" und vier "Jungs" u.a. zum "Nachharken" eingesetzt.[125]

Die gewöhnlich von einer Person gezogene Hungerharke konnte offensichtlich hinsichtlich ihrer Maße sowohl innerhalb einer Landschaft als auch zwischen den einzelnen Landschaften variieren. Beispielsweise war laut Otte der Baum der auf Fehmarn gängigen Hungerharke siebeneinhalb Fuß lang und ihre in einem Abstand von dreieinhalb Fuß in ihm eingesetzten Zinken waren zehn Zoll lang.[126] Dreißig Jahre später beschrieb Lengerke die schleswig-holsteinische Hungerharke wie folgt: "Ihr Balken hat eine Länge von 8 bis 10 Fuß, worin sich 12-16 hölzerne Zinken in schräger Richtung, gleich weit von einander, befinden".[127] Und 1818 befanden sich auf dem adeligen Gut Deutsch-Nienhof laut Inventarverzeichnis "2 große und 6 kleine Hungerharken".[128] Keine Unterschiede dürften hingegen im Materialbereich bestanden haben. Lediglich von Fehmarn ist überliefert, daß die Hungerharke "mit eisernen, oder hölzernen Zinnen versehen"[129] sein konnte; ansonsten wird sie im allgemeinen wohl ganz aus Holz gefertigt worden sein.

Der andere zum "Biharken" eingesetzte Harkentyp war die "holsteinische Pferdeharke".[130] Erstmals nachweisen konnte ich dieses Gerät in der Amtsrechnung des Amtes Kiel von 1656/57, wo sie als "Schleppharke" geführt ist.[131] Auch sie wurde in den Herzogtümern seit ca. 1870 von der modernen eisernen Pferde-Trommelharke verdrängt. Über die Verbreitung der Pferdeharke um 1800 läßt sich nur sicher sagen, daß sie "in Holstein bekannt und nicht ungewöhnlich"[132] war, und daß sich ihr Gebrauch dort wahrscheinlich auf die größeren Betriebe beschränkte.[133] Inwieweit sie zu diesem Zeitpunkt auch in die schleswigsche Landwirtschaft Eingang gefunden hatte, kann nicht gesagt

---

124 JOCHIMS, Versuch, S. 215 f.

125 Karl-Sigismund KRAMER und Ulrich WILKENS: Volksleben in einem holsteinischen Gutsbezirk. Eine Untersuchung aufgrund archivalischer Quellen (= Studien zur Volkskunde und Kulturgeschichte Schleswig-Holsteins, 4), Neumünster 1979, S. 219.

126 OTTE, Beschreibung, S. 221.

127 LENGERKE, Landwirthschaft (Bd. 2), S. 59.

128 HEDEMANN-HEESPEN, Geschichte (T. 3), S. 37.

129 OTTE, Beschreibung, S. 221.

130 Vgl. MENSING (Bd. 2): Grabbelhark, Sp. 461.

131 KRAMER, Volksleben, S. 173.

132 J. D. MARTENS: Ueber den Unterschied der Holsteinischen und Meklenburgischen Landwirthschaft (Fortsetzung), in: NPB, 1 (1816), 3, S. 245-257, hier S. 252.

133 KOCK, Volks- und Landeskunde, S. 246.

werden. Nur für die Insel Fehmarn, die ihrer geographischen Lage nach allerdings Ostholstein zuzurechnen ist, läßt sich für diese Zeit der Gebrauch der Pferdeharke nachweisen.[134]

Lengerke liefert uns folgende Beschreibung von der Konstruktion und Handhabung der holsteinischen Pferdeharke: Sie "hat einen Balken von 12-14 Fuß Länge, mit 20-24 hölzernen Zinken, die auch etwas schräg stehen. Gleich weit von beiden Enden entfernt sind die beiden Zugbäume, worin das Pferd gespannt wird, oben in den Balken befestigt. An den äußersten Enden der beiden Bäume sind fünf bis sechs Löcher angebracht, vermittelst welcher die Harke, indem man die Bäume verkürzt oder verlängert, flacher oder tiefer gestellt werden kann. Oft wird das Pferd nur vermittelst eines Ringes, welcher sich an der Seite befindet, und der Stecken, die durch den Ring in die Löcher der Bäume gesteckt werden, befestigt; oft befinden sich aber auch auf dem Balken zwei Haken oder Pflöcke, woran die Stränge der Pferde fest gemacht werden, und die Ringe dienen dann nicht zum Ziehen der Harke, sondern blos um die Bäume an dem Pferde zu befestigen, und durch Verlängerung oder Verkürzung derselben die Harke tiefer oder flacher stellen zu können. In der Mitte des Balkens ist oberwärts ein Bügel, gewöhnlich von Weidenholz, womit der Führer die Harke, wenn sie voll ist, aufhebt und das Harksel absetzt".[135]

Wenngleich auch die Pferdeharke hinsichtlich ihrer Maße von Landschaft zu Landschaft Unterschiede aufwies - der Balken der Fehmaraner etwa war im Gegensatz zu der von Lengerke beschriebenen lediglich zehn Fuß und ihre dreißig hölzernen Zinken jeweils zehn Zoll lang[136] -, so ist doch unverkennbar, daß alle Varianten deutlich größer und folglich auch leistungsfähiger waren als die größte Hungerharke.

Die "hier und da in Holstein gebräuchliche meklenburgische Pferdeharke" hatte statt der beiden Zugbäume, mit der die holsteinische ausgerüstet war, zwei Zugseile.[137]

II.1.2.3. Dreschgeräte

Landes- und Reisebeschreibungen sowie vor allem die agrarökonomische Literatur des 18. und 19. Jahrhunderts lassen keinen Zweifel daran: Zur Getreideentkörnung, um die es in diesem Kapitel ausschließlich geht, wurde um 1800 auch in den Herzogtümern fast ausnahmslos der Dreschflegel benutzt. Bis zum Ende des Untersuchungszeitraums blieb er unverändert das Hauptdruschgerät, wenngleich die Dreschmaschine seit der Jahrhundertmitte schnell weitere Verbreitung fand. Erst gegen Ende der 1860er Jahre scheint diese Landmaschine gegenüber dem Dreschflegel allmählich die Oberhand gewonnen zu haben, um ihn dann schließlich bis 1900 weitgehend zu verdrängen. Die bis dahin große Abschnitte der bäuerlichen Jahresarbeitszeit in Anspruch nehmende monotone und ermüdende Tätigkeit des Flegeldrusches konnte nun dank der Dreschmaschine binnen weniger Tage oder Wochen maschinell erledigt werden.

---

134 OTTE, Beschreibung, S. 221.
135 LENGERKE, Landwirthschaft (Bd. 2), S. 60.
136 OTTE, Beschreibung, S. 221.
137 LENGERKE, Landwirthschaft (Bd. 2), S. 60.

Das seit der spätrömischen Zeit (3./4. Jahrh. n. Chr.) in Mitteleuropa bekannte und hier seit dem frühen Mittelalter massenhaft eingesetzte Arbeitsgerät Dreschflegel[138] ist laut Wiegelmann "typologisch gesehen ein entwickeltes Arbeitsgerät [...], am ehesten" vergleichbar mit der Getreidesense. "Denn ähnlich wie diese ist er zweiteilig und verlangt bei der Herstellung bereits ein genaues Einhalten der Maßverhältnisse und der technischen Feinheiten. Zudem erfordert das Dreschen mit dem Flegel eine klar gegliederte Arbeitsorganisation, ähnlich wie das Mähen mit der Getreidesense im Vergleich zum Sichelschnitt".[139] Nichtsdestotrotz wird in diesem Kapitel darauf verzichtet, auf den innerhalb der landwirtschaftlichen Gerätekultur eine zentrale Stellung einnehmenden Dreschflegel ausführlicher einzugehen. Es genügt zu wissen, daß typologisch gesehen zwei verschiedene Dreschflegel in Schleswig-Holstein[140] gebräuchlich waren: Auf Ostholstein begrenzt blieb die mit einer einfachen hölzernen, drehbaren Kappe an der Handhabe versehene Variante des Kappenflegels,[141] dem im deutschen Sprachgebiet dominierenden Flegeltyp.[142]

Der Kappenflegel mit hölzerner Kappe an der Handhabe war im gesamten niederdeutsch geprägten Raum der ehemaligen DDR, also auch im benachbarten Mecklenburg, sowie in Teilen des nordöstlichen Niedersachsens die fast ausschließlich eingesetzte Dreschflegelvariante. Wie diejenige mit lederner Kappe an der Handhabe bestand auch er aus Schlegel, Handhabe (Stiel), Schlegel- und Stielkappe, Mittelband sowie Binderiemen.[143]

Im weitaus größten Teil der Herzogtümer war hingegen der entwicklungsgeschichtlich jüngere Nagelflegel gebräuchlich, der rein äußerlich hinsichtlich der Verbindung zwischen Handhabe und Schlegel keinerlei Ähnlichkeit mit dem in Ostholstein verbreiteten Holzkappenflegel besitzt. Das Verbreitungsgebiet dieses Typs umfaßte nach Norden hin Jütland - exklusive dessen nördlichen Teils, Seeland und Lolland sowie einige kleinere dänische Inseln. Nach Süden hin gehörte das nördliche Niedersachsen zwischen Weser und Elbe dazu.[144] Nagelflegel heißt er deshalb, weil die aus Schweinsleder bestehende drehbare Lederschlaufe mit einem Nagel an der Handhabenspitze befestigt wird. Anstelle des Mittelbandes und der Schlegelkappe besitzt der Nagelflegel eine durch die Leder-

---

138 Günter WIEGELMANN: Erste Ergebnisse der ADV-Umfrage zur alten bäuerlichen Arbeit. Mit 10 Karten und 16 Abbildungen, in: Rheinische Vierteljahrsblätter, 33 (1969), S. 208-262, hier 242. - HERRMANN, Pflügen, S. 84

139 WIEGELMANN, Ergebnisse, S. 242.

140 Beide Dreschflegeltypen werden auch von LENGERKE, Landwirthschaft (Bd. 2), S.96, der einzigen mir bekannten detaillierten zeitgenössischen Beschreibung der in Schleswig-Holstein gebräuchlichen Dreschflegel, deutlich voneinander unterschieden.

141 Erstmals wies Arnold LÜHNING: Handwerk, Haus und Hof. Volkstümliches Arbeitsgerät aus zwei Jahrhunderten (Ausstellungskatalog), Schleswig 1963, S. 20, auf diesen Sachverhalt hin. Dann erst z.B. Rudolf QUIETZSCH: Zur Verbreitung und Geschichte des Dreschflegels. Auf Grund von Material aus den historischen Landschaften der DDR, in: Deutsches Jahrbuch für Volkskunde, 15 (1969), 1, S. 84-115, hier 102.

142 Dag TROTZIG: Slagan och andra tröskredskap. En etnologisk undersökning met utgangspunkt från svenskt material (= Nordiska Museets Handlingar, 17), Stockholm 1943, S. 34 (Karte) und 81 f.

143 OUIETZSCH, Verbreitung, S. 91 und 102; 85 (Abb. 1).

144 Ebda., S. 105 f. Auf S. 106 findet sich zudem eine Abbildung des Nagelflegels. WIEGELMANN, Ergebnisse, S. 240.

schlaufe gezogene Aalhaut- oder Schweinslederbindung, die im Schlegel mit Hilfe zweier Durchbohrungen Halt findet.

Beide Dreschflegeltypen bestehen also weitgehend aus Holz (Handhabe, Schlegel und Handhabenkappe) und etwas Leder (Lederschlaufe, Binderiemen, Bindung und Mittelband). Der Nageltyp ist darüber hinaus noch mit einem kräftigen eisernen Nagel mit sehr breitem Kopf und alternativ zur Schweinsleder- mit einer Aalhautbindung versehen. Bei beiden konnten sowohl die Länge und Form von Handhabe und Schlegel als auch die Holzart variieren. Gemäß Bentzien repräsentiert der Dreschflegel "am vollständigsten das reine 'Holzzeitalter' in einer Ära, die sonst seit langem durch zunehmenden Einsatz eiserner Bestandteile an Arbeitsgeräten charakterisiert ist".[145]

In bezug auf die mundartliche Bezeichnung des Dreschflegels und seiner Einzelteile sowie ferner der einzelnen Arbeitschritte des Dreschens[146] in den Herzogtümern sei hiermit ebenso auf die Literatur bzw. Quellen verwiesen wie hinsichtlich der detaillierten Beschreibung des Dreschprozesses[147] und der Anfertigung eines Dreschflegels.[148]

Da die Leistungsfähigkeit des Dreschflegels schwerlich zu steigern war, bemühte man sich seit dem 18. Jahrhundert verstärkt um eine Alternative zum Hauptproduktionsinstrument der Drescharbeit. Dazu griff man u.a. auf das genetisch alte Dreschen mit Tieren oder Zuggeräten zurück, d.h. auf das Austreten durch Tiere oder das Dreschen mit konischen und/oder zylindrischen Dreschwalzen.[149]

Laut Bentzien war das erstere Verfahren während der zweiten Hälfte des 18. Jahrhunderts "auf jeden Fall aber in Schleswig-Holstein"[150] gebräuchlich. Als Beleg zitiert er aus einem Bericht von Wolf, worin dieser 1791 das Austreten des Korns mit Hilfe von Pfer-

---

145 BENTZIEN, Bauernarbeit, S. 172.

146 Vgl. hierzu MENSING (Bd. 1): döschen, Sp. 819-824 und MENSING (Bd. 2): Flögel, Sp. 161 f.

147 In einer Reihe von zeitgenössischen agrarökonomischen Werken, die in dieser Arbeit ausgewertet werden, befinden sich nicht nur mehr oder weniger ausführliche Beschreibungen des Getreidedrusches, sondern vor allem auch sehr umfassende über den davon abweichenden - und nicht zuletzt deshalb - spektakulären Rapssaatdrusch. Vgl. etwa DITTMANN, Anweisung (Bd. 2, 2. Aufl.), S. 99-105 ("Rapsdrusch") und 378 ("Das Dreschen"). - Ferner sei noch auf folgende Beschreibungen aus dem 20. Jahrhundert verwiesen: Hans FUNCK: Flögel-Döschen, in: LbgH N. F., 20 (1958), S. 30-34. Nis Richard MARCUSSEN: Dat Dörschen, in: ZEW, 4 (1961), S. 72-76. Gustav PETERS: Döschen mit'n Flögel, in: Blätter für Heimatkunde. Beilage des Ostholsteiner Anzeigers, 5 (1959), 12, S. 46-48. DERS.: Döschen mit'n Flögel II, in: Ebda., 5 (1959), 22, S. 86. Hermann STOPPEL: Kornernte in Ostholstein, in: JbEut, 1 (1967), S. 98-111, hier 106-108.

148 FUNCK, Flögel-Döschen, S. 33. Vgl. auch HANSEN, Hauswesen, S. 188 und SIUTS, Arbeitsgeräte, S. 73 f.

149 Vgl. hierzu WIEGELMANN, Ergebnisse, S. 246-248 und Magdalena SIEMENS: Getreidebau im Jeverland. Historische Grundlagen und technologische Entwicklung (= Schloßmuseum Jever, Museums-Materialien Nr. 2/1989), Jever 1989. Ferner vgl. Edith HÖRANDNER: Angaben zur Einführung des "maschinellen Dreschens" auf Gutshöfen des Marchfeldes im frühen 19. Jahrhundert, in: Michael Martischnig (Hg.): Sammeln und Sichten. Beiträge zur Sachvolkskunde. Festschrift für Franz Maresch zum 75. Geburtstag, Wien 1979, S. 231-262, insbes. 259 ff. P. MARTELL: Zur Geschichte der Dreschmaschine, in: Die Technik in der Landwirtschaft, 7 (1926), S. 168-172, hier 170.

150 BENTZIEN, Bauernarbeit, S. 172 f.

den ohne Hufeisen in den ostfriesischen Betrieben des Kronprinzenkooges beschreibt.[151] Tatsächlich ist mir keine weitere Belegstelle bekannt, in der über diese Technik der Getreideentkörnung in den Herzogtümern berichtet wird. Allein beim Rapssaatdreschen scheint sie noch Anwendung gefunden zu haben.[152] Sofern also Wolf Korn nicht mit Raps verwechselt hat, ist folglich davon auszugehen, daß die im Kronprinzenkoog ansässigen Ostfriesen, die bei dessen Aufteilung am Ende des 18. Jahrhunderts ungefähr die Hälfte seines Terrains erworben hatten, das Austreten des Korns um diese Zeit in die Herzogtümer eingeführt haben. Des weiteren ergibt sich daraus auch, daß es von den schleswig-holsteinischen Landwirten nicht oder zumindest nicht über die Koogsgrenzen hinaus nachgeahmt wurde.

Auch das Dreschen mit der durch Pferdekraft gezogenen zylindrischen Dreschwalze[153] könnte von diesen Ostfriesen ins Land eingeführt worden sein. Über ihren Einsatz im Kronprinzenkoog um 1800 liegen mehrere Berichte vor.[154] Daß sie dort noch 1847 benutzt wurde - wenn auch "nicht mehr viel" - wußte Hirschfeld in seinem den Mitgliedern der "XI. Versammlung deutscher Land- und Forstwirte" gewidmeten "Wegweiser durch die Herzogthümer" mitzuteilen.[155] Die Ostfriesen ihrerseits hatten die Dreschwalze von den benachbarten niederländischen Westfriesen übernommen, welche sie spätestens seit 1730 einsetzten.[156] So läßt sich auch erklären, weshalb der Niedersachse Reiche, der sich 1779 in den Herzogtümern niedergelassen und hier bis 1799 verschiedene Güter verwaltet und gepachtet hatte sowie auch Eigentümer des adeligen Guts Rögen (Schwansener Güterdistrikt) geworden war, sich auf dem von ihm gepachteten großen adeligen Gut Rundhof (1. Angler Güterdistrikt) der Dreschwalze bediente.[157] Folglich könnte auch er die Dreschwalze in die Herzogtümer eingeführt haben. Klären lassen wird sich aufgrund der Quellenlage allerdings wohl niemals, ob ihm oder den Ostfriesen dieses Verdienst zukommt oder ob gar beide zeitgleich dieses bis zum letzten Viertel des 18. Jahrhunderts in den Herzogtümern unbekannte Dreschgerät eingeführt haben. Offenbar haben diese beiden frühesten und zugleich einzigen im Lande namentlich bekannten Anwender dieser Druschtechnik Nachahmer gefunden. Denn 1799 bemerkte Thaer im Rahmen seines Berichts über die im Kronprinzenkoog wirtschaftenden ostfriesischen Landwirte, deren "keilförmige Dresch-Walze [...], die unter dem Namen der Klosterbergische [..] bekannt" sei, würde "öfterer in Holstein"[158] anzutreffen sein. Eine Übernahme der Dreschwalze

---

151 WOLF, Nachrichten, S. 311. - Offensichtlich auf Bentzien und Wolf aufbauend behauptet HERRMANN, Pflügen, S. 150, sogar fälschlicherweise, daß man auch in "Schleswig-Holstein vermehrt dazu über[ging], die Körner durch Pferde austreten zu lassen".

152 KRIEG, Volkskunde, S. 54.

153 Zur Konstruktion und Funktion der Dreschwalze vgl. HÖRANDNER, Angaben, passim und als zeitgenössische Quellen WOLF, Nachrichten, S. 310-312 und EGGERS, Beiträge, S. 38-40. - Abbildungen des Dreschens mit der Dreschwalze finden sich u.a. bei HERRMANN, Pflügen, S. 150 (Abb. 51) und CHRISTENSEN, Redskaber, S. 524.

154 WOLF, Nachrichten, S. 310-312. THAER, Bemerkungen, S. 159 f. EGGERS, Beiträge, S. 38-40. KIESEWETTER, Bemerkungen, S. 202.

155 HIRSCHFELD, Wegweiser, S. 450.

156 WIEGELMANN, Ergebnisse, S. 246.

157 Albrecht Daniel THAER: Fortsetzung der landwirthschaftlichen Bemerkungen auf einer Reise durch Holstein und Meklenburg, in: ANL, 1 (1799), 3, S. 150-215, hier 178 und 206 f. Vgl. dazu auch KIESEWETTER, Bemerkungen, S. 134.

158 THAER, Fortsetzung, S. 159.

aus Dänemark, wo sie im nordöstlichen Seeland recht verbreitet gewesen ist,[159] kann hingegen in Anbetracht der Überlieferungslage weitgehend ausgeschlossen werden.

Bleibt festzuhalten: Die Dreschwalze war für die schleswig-holsteinischen Landwirte offenkundig um 1800 ebensowenig eine Alternative zum Dreschflegel wie die erst kurz zuvor erfundene Dreschmaschine. Eine noch geringere Verbreitung als die Dreschwalze hat übrigens der Dreschwagen, den sowohl ein Bewohner des Kronprinzenkooges als auch Reiche auf Rundhof benutzten,[160] in den Herzogtümern gefunden. Er könnte über Schweden, wo er nach 1750 "erfunden" worden war oder über das Übernehmerland Dänemark[161] nach Schleswig-Holstein gelangt sein.

II.1.3. Kornreinigungsgeräte und -maschinen

Zum Säubern des ausgedroschenen Korns von Kaff, Staub, Unkrautsamen und anderen Verunreinigungen sowie zur Größensortierung der Getreidekörner bediente man sich um 1800 auch in den Herzogtümern noch ganz überwiegend einfacher Geräte und Verfahren. Beispielsweise hieß es 1799 aus dem kleinen holsteinischen Amt Reinfeld: "Das Reinmachen geschieht, wie gewöhnlich, durch Würfeln mit der Schaufeln" und drei Jahre später von der Insel Fehmarn: "Das ausgedroschene Getraide wird, wie gewöhnlich, gegen den Wind geworfen, und darauf über ein abschüßig aufgestelltes Drathsieb gelassen, um dasselbe von den Unkrautsaamen zu befreyen. Die zur Saat bestimmten Körner werden zweymal geworfelt, in einer Mulde geschwungen, und darauf gesiebt".[162] In diesem Kapitel wollen wir unser Augenmerk jedoch nicht auf den tradierten agrartechnischen Standard der Kornreinigung in Schleswig-Holstein, d.h. also auf die hölzernen Wurfschaufeln und Mulden, die vielen verschiedenen Handsiebe und das seltenere große Standsieb mit Einschüttkasten sowie auf die damit ausgeführten einfachen manuellen Kornreinigungs- und Sortierverfahren,[163] richten. Vielmehr gilt unser Interesse der Einführung der frühesten Landwirtschaftsmaschine, der Windfege und deren Weiterentwick-

159 CHRISTENSEN, Redskaber, S. 523 f.

160 Ebda., S. 160 und 204-206. - Eine Abbildung des Dreschwagens findet sich bei CHRISTENSEN, Redskaber, S. 523 und eine Beschreibung seiner Konstruktion und Arbeitsweise bei THAER, Fortsetzung, S. 204-206.

161 CHRISTENSEN, Redskaber, S. 522 f.

162 PETERSEN, Nahrungszustand, S. 21. - OTTE, Beschreibung, S. 300 f.

163 Einen umfassenden Überblick über die in Mitteleuropa vor Einführung der Windfege bzw. Siebwindfege gebräuchlichen Kornreinigungs- und Sortiergeräte sowie -verfahren bietet MEINERS, Kornfege, S. 127-151. - Da ich keine detailliertere Beschreibung dieser Arbeiten mittels der hölzernen Wurfschaufel und Handsieben aus Schleswig-Holstein gefunden habe, sei hier diesbezüglich auf MEINERS, Kornfege, S. 127-130 und 140-142 sowie HANSEN, Hauswesen, S. 194 f. und SIUTS, Arbeitsgeräte, S. 80 f., verwiesen. In bezug auf das große Standsieb mit Einschüttkasten, von dem sich eine Abbildung bei LÜHNING, Handwerk, S. 21, befindet, kann auf eine kurze Funktionsbeschreibung bei LENGERKE, Landwirthschaft (Bd. 2), S. 97 f., zurückgegriffen werden.

lung, der Siebwindfege.[164] Beide werden nachfolgend unter den Begriffen Kornfege bzw. Kornreinigungsmaschine zusammengefaßt.

Der älteste mir bekannte Beleg für die Anfertigung von Kornfegen im Untersuchungsraum stammt von 1779 und ist in Gmelins "Abhandlung von den Arten des Unkrauts auf den Aeckern Schwabens [...]"[165] enthalten. Indes dürfte der Handwerker, dessen Kornfegen Gmelins Werk ausführlich beschreibt, seine Maschinen zum Zeitpunkt der Herausgabe des Buches bereits seit einigen Jahren produziert haben. Der erste Beleg über den Gebrauch einer Kornreinigungsmaschine ist in dem 1779 aufgenommenen Inventar einer Reinfelder Mühle enthalten; es weist u.a. eine "Stöbemöhle" (Windfege) aus.[166] Möglicherweise waren es also die Müller, die die Kornfege hier einführten. Somit könnten Parallelen zur Entwicklung in den Niederlanden, einem der frühen mitteleuropäischen Innovationszentren der Kornfege, bestehen; denn dort wurde sie ebenfalls von den Müllern noch vor den Landwirten eingesetzt.[167] Auf Fehmarn bedienten sich übrigens zuerst die Kornhändler der "Kornmühle".[168]

Als zumindest halbwegs gesichert ist also erstens anzusehen, daß der Gebrauch der Kornfege in den Herzogtümern spätestens um 1775 aufkam. Die Datierungen von Lühning und Meiners, die die Anfänge der Teilmechanisierung der Kornreinigung für Schleswig-Holstein auf "vor 1800" bzw. in die zweite Hälfte des 18. Jahrhunderts legen, finden damit eine Bestätigung und Präzisierung zugleich.[169] Zweitens kann man davon ausgehen, daß ihr Gebrauch in den einzelnen Landschaften zu unterschiedlichen Zeitpunkten einsetzte, da die Kornreinigungsmaschine anfangs nur von einigen wenigen, auf handwerklichem und mechanischem Gebiet überdurchschnittlich begabten Handwerkern produziert wurde. Und drittens, daß sich diese Innovatoren vornehmlich aus dem Tischlerhandwerk rekrutierten.

Dazu muß folgendes angemerkt werden: Von den vier bis jetzt aus der Zeit vor 1800 namentlich bekannten schleswig-holsteinischen Kornfegenproduzenten waren drei Tischler und einer Zimmermann.[170] Alle vier Holzhandwerker wurden von den Berichtenden bezüglich ihrer fachlichen Qualifikation mit Attributen wie geschickt, talentvoll oder tüchtig

---

164 Zur Konstruktion und Funktion der Windfege bzw. Siebwindfege sei hier auf MEINERS, Kornfege, S. 21 ff., verwiesen.

165 Johann Friedrich GMELIN: Abhandlung von den Arten des Unkrauts auf den Aeckern in Schwaben und dessen Benutzung in der Haushaltung und Arzeneykunst. Nebst einer Zugabe von der Ausrottung desselben und von einigen Werkzeugen zur Reinigung des Saatkorns, Lübeck 1779, S. 388 ff.

166 Friedrich DRUBE: Mühlen in Schleswig-Holstein, Phil. Diss. Kiel 1935, S. 88.

167 MEINERS, Kornfege, S. 226. Für die südlichen Innovationszentren der Windfege, das sind die Steiermark und Kärnten sowie das Schweizer Mittelland, hält Meiners eine "Innovator-Funktion" der Mühlenbetriebe zumindest für durchaus denkbar.

168 OTTE, Beschreibung, S. 301.

169 LÜHNING, Dreh, S. 58. MEINERS, Kornfege, insbes. S. 197.

170 Johann Georg KRÜNITZ: Korn-Fege, Korn-Reinigungs-Maschine, in: Oekonomisch-technologische Encyklopädie, oder allgemeines System der Stats- Stadt- Haus- und Land-Wirthschaft, und der Kunst-Geschichte, in alphabetischer Ordnung, T. 45, Berlin 1789, S. 156-213, hier 189. Georg Wolfgang Ulrich WEDEL: Nachricht von Friedrich Jasper Diekmanns, Zimmergesellen in Preetz, vortheilhafter Häkkerlingsmühle, in: SHC, 1 (1799), S. 4-8 (= Beilage in SHBPK, 1 (1799)). PETERSEN, Nahrungszustand, S. 21. K. BIELENBERG: Süderau. Ein Beitrag zur Heimatkunde, Krempe 1903, S. 59-61.

bedacht. Demgemäß fiel in ihren Berichten auch das Urteil über die Qualität der von diesen Professionisten hergestellten Kornfegen einhellig positiv aus. Auch vermitteln alle vier den Eindruck, daß diese Maschinen bisher im Lande weder hergestellt noch gebraucht worden waren. Vom Landtischler Claus Butenop, der am Ende des 18. Jahrhunderts in der Gemeinde Süderau (Kremper Marsch) lebte und tätig war, heißt es in der sich vermutlich auf die Familienchronik der Familie Butenop stützenden Gemeindegeschichte sogar ausdrücklich, er habe "die ersten Kornstaubmühlen oder Windfegen"[171] gebaut. Auch im Fall des Bergedorfer Tischlers Dürland läßt sich der Beginn seiner "Staub-Mühlen"produktion genauer eingrenzen, denn Krünitz, der sich auf Gmelins 1779 publiziertes Werk stützte, bemerkte 1789, daß sich Dürland "schon seit einigen Jahren dadurch einen guten Ruf erworben"[172] habe. Die beiden anderen Kornfegenproduzenten waren der Preetzer Zimmermannsgeselle Friedrich Jasper Diekmann und ein Tischler im Amt Reinfeld.[173] Die im oben erwähnten Inventar der Reinfelder Mühle aufgeführte "Stöbemöhle" könnte demnach von letzterem angefertigt worden sein.

Weitere Details über diese vier Handwerker und die von ihnen angefertigten landwirtschaftlichen Produktionsmittel sollen insbesondere in den Kapiteln II.2.4., III.5.2.3.2. und III.5.2.8. präsentiert werden. An dieser Stelle sei in bezug auf die Kornfegen lediglich noch angemerkt, daß es sich bei der von Dürland hergestellten großen Maschine, die Krünitz sehr ausführlich auf sechs Seiten beschrieb, bereits um eine Siebwindfege handelte.[174]

Abschließend wollen wir uns nochmals der Frage nach dem Stand der Diffusion der Windfege bzw. Siebwindfege um 1800 in den Herzogtümern zuwenden. Während es etwa aus dem Amt Reinfeld hieß, "viele bedienen sich aber mit offenbaren Vortheilen einer sogenanten Staubmühle",[175] gab es zu dieser Zeit jedoch auch noch Landschaften, in denen sich noch kein oder kaum ein Landwirt ihrer bediente. Zu den letzteren gehörte beispielsweise die Insel Fehmarn, von der Otte 1796 berichtete, die "Kornmühlen" seien "dort zwar nicht mehr ganz unbekannt, aber gleichwohl unter den Landwirthen noch fast gar nicht eingeführt".[176] Obwohl sich aufgrund der Quellenlage keine weiteren derartigen Landschaften identifizieren lassen, kann in Anbetracht der oben über die vier zeitgenössischen Quellen gemachten Ausführungen davon ausgegangen werden, daß sich solche Landschaften um die Wende vom 18. auf das 19. Jahrhundert in den Herzogtümern bei weitem noch in der Überzahl befanden. Damit verliefen die Anfänge der Diffusion der Kornreinigungsmaschine in den Herzogtümern und im benachbarten Dänemark sowie auf den mecklenburgischen Gütern in etwa zeitgleich; für die mecklenburgischen Bauernwirtschaften sind sie hingegen fünfzig Jahre später anzusetzen.[177] Ordnet man die schleswig-holsteinische Entwicklung in den mitteleuropäischen Kontext[178] ein, so müssen die hiesi-

---

171 BIELENBERG, Süderau, S. 59 f.
172 KRÜNITZ, Korn-Fege, S. 189.
173 WEDEL, Nachricht, S. 5 und PETERSEN, Nahrungszustand, S. 21.
174 KRÜNITZ, Korn-Fege, S. 189-194. - Zur Unterscheidung von Windfege und Siebwindfege vgl. MEINERS, Kornfege, insbes. S. 112 f.
175 PETERSEN, Nahrungszustand, S. 21.
176 OTTE, Beschreibung, S. 301.
177 CHRISTENSEN, Redskaber, S. 535. BENTZIEN, Landbevölkerung, S. 53 und 80.
178 MEINERS, Kornfege, insbes. S. 185-222.

gen Landwirte hinsichtlich ihrer Neuerungsbereitschaft irgendwo zwischen den Frühen Übernehmern und der Frühen Mehrheit eingeordnet werden.

II.1.4. Häckselschneider

Vorweg sei bemerkt: Ein planmäßiger Futterbau war in den tradierten Bodennutzungs- und Viehhaltungs"systemen" nicht integriert.[179] Er wurde um 1800 in Schleswig-Holstein lediglich von einigen wenigen fortschrittlichen Landwirten durch die Anpflanzung neuer Feldfutterpflanzen wie Leguminosen (Hülsenfrüchten), Hackfrüchten (Rüben) und Gräsern in Ansätzen betrieben. Allein Caspar Voght führte auf seinem an die vierzig Jahre von ihm betriebenen Mustergut Flottbek großflächig die Fruchtwechselwirtschaft nach englischem Vorbild ein und bemühte sich auch um deren Verbesserung.[180] Abgesehen davon, daß demnach zu Beginn des Untersuchungszeitraums in den Herzogtümern für bestimmte moderne Futterzubereitungsmaschinen keinerlei Bedarf bestand, sind die meisten von ihnen überhaupt erst nach der Jahrhundertwende entwickelt worden.

Einen umfassenden Einblick in die schleswig-holsteinische Viehhaltung um 1800 bietet Iversen. Danach bestand beispielsweise die Winterstallfütterung für die Rinder und Pferde größtenteils aus nährstoffarmem Stroh und wenig Heu. Eher spärlich fielen auch die Zugaben an Kraftfutter in Form von Getreide aus.[181] Noch in den 1850er Jahren wurden "Kartoffeln, Rüben u.dgl." in den Herzogtümern "wenig gefüttert".[182] In Anbetracht dessen wundert es nicht, daß das Vieh laut Iversen aufgrund der quantitativ und qualitativ unzureichenden Fütterung am Ende der Winteraufstallung häufig derart abgemagert und entkräftet gewesen ist, daß es mittels Schleifen auf die Frühjahrsweide geschafft werden mußte.[183]

Erst am Anfang unseres Jahrhunderts deutete sich an, daß die landläufige Ansicht, kleingeschnittenes Futter sei für den Viehmagen verdaulicher als ungeschnittenes, modifiziert werden mußte; beim bereits angesprochenen Großvieh etwa erwies sich die Häckselverwendung lediglich bei Pferden als sinnvoll.[184] Bis dahin, und auch noch einige Jahrzehnte darüber hinaus, häckselten die Landwirte das knappe Futter für das aufgestallte Großvieh aus Gründen der Sparsamkeit klein. Zum Verfüttern zerschnitten wurde u.a. das Stroh der vier wichtigsten Getreidearten - gleich ob es von Winter- oder Sommerkorn stammte

---

179 Vgl. hierzu Friedrich-Karl RIEMANN: Ackerbau und Viehhaltung im vorindustriellen Deutschland (= Beihefte zum Jahrbuch der Albertus-Universität zu Königsberg/Pr., 3), Kitzingen a. M. 1953.

180 Gerhard AHRENS: Caspar Voght und sein Mustergut Flottbek. Englische Landwirtschaft in Deutschland am Ende des 18. Jahrhunderts (= Beiträge zur Geschichte Hamburgs, 1), 1969, S. 85-92.

181 IVERSEN, Beyträge, S. 104 ff.

182 Georg Friedrich DITTMANN: Vollständige Anweisung zur Kenntniß und zum vortheilhaften Betriebe der schleswigschen und holsteinischen Landwirthschaft, 2 Bde, 3., vermehrte und verbesserte Auflage, Altona 1858, hier Bd. 2, S. 174.

183 IVERSEN, Beyträge, S. 123.

184 HERRMANN, Pflügen, S. 183 f.

- ebenso wie z.B. Erbsen- und Wickenstroh oder Wiesenheu, ungedroschenes Getreide und Grünfutter.[185]

Zum Zerschneiden des Futters bediente man sich auch in Schleswig-Holstein traditionell der Häcksellade, die mundartlich "Hackelslaad"[186] genannt wurde. Dieses für die Futterwirtschaft unentbehrliche Arbeitsgerät harrt nicht nur in den Herzogtümern, sondern in den meisten Teilen des deutschsprachigen Raums unverändert auf seine Erforschung.[187] In Schleswig-Holstein scheint es spätestens im 16. Jahrhundert aufgekommen zu sein, denn in den um 1600 erstellten Fehmaraner Wardierungsprotokollen ist es bereits häufig aufgeführt. Aber auch an anderen Stellen des Landes, wie im Ostholsteinischen oder Stormarnschen, taucht die Häcksellade regelmäßig in Quellen des 17. Jahrhunderts auf.[188] Indiz für ihren allgemeinen Gebrauch in Schleswig-Holstein um 1800 ist zum einen die Tatsache, daß die Häcksellade in beinahe allen in Kapitel II.1.1.1. aufgeführten Inventaren aufgelistet ist - bis hin zu demjenigen der kleinen Landstelle des Schenefelder Färbers Turowsky - und zum anderen, daß sie von Hach 1869 zu denjenigen Inventarteilen gerechnet wurde, die früher zur Bewirtschaftung eines landwirtschaftlichen Betriebes als notwendig erachtet wurden.[189]

Über die Konstruktion der in den Herzogtümern gebräuchlichen Häckselladen liegen vermutlich keine zeitgenössischen Berichte mehr vor. Die bei Mensing[190] beschriebene gleicht in ihren wesentlichen Bauteilen den von Hansen, Siuts und Bomann[191] aber auch der von Christensen[192] für Dänemark dokumentierten Häcksellade ohne Wipprute. Unter den größeren, also denjenigen mit Wipprute, scheint die "Mecklenburger Häcksellade" zumindest in den Güterdistrikten des Untersuchungsraums weit verbreitet gewesen zu sein.[193] Laut Kock soll das offensichtlich aus Mecklenburg stammende Gerät die kleinere, einfachere, aber eben auch leistungsschwächere Häcksellade ohne Wipprute dort sogar völlig verdrängt haben.[194] Wahrscheinlicher scheint jedoch, daß sie dort vornehmlich aus den größeren und kapitalkräftigeren Gütern weitgehend verdrängt wurde, wohingegen sie sich in den kleineren Betrieben gegenüber dem jüngeren Gerät noch weit über die Jahrhundertmitte hinaus zu behaupten vermochte.

Bezüglich ihres Baumaterials sei angemerkt, daß die Häckselladen überwiegend aus Holz bestanden. In Schwansen sollen beispielsweise die Holzteile einer großen Mecklenburger Häcksellade laut Dittmann um 1828 zwischen 9 Mk und 9 Mk 8 ß gekostet haben.[195]

---

185 Vgl. hierzu DITTMANN, Anweisung (Bd. 2, 3. Aufl.), S. 174 f.

186 MENSING (Bd. 2): Hackels, Sp. 545-547, hier 546 f.

187 Erste Ansätze zur Erforschung der Häcksellade finden sich in verschiedenen Regionalstudien, wie z.B. in HANSEN, Hauswesen, S. 224 f., für Lippe, in SIUTS, Arbeitsgeräte, S. 94-96, für Westfalen und für den niedersächsischen Kulturraum in Wilhelm BOMANN: Bäuerliches Hauswesen und Tagewerk im alten Niedersachsen, Weimar (4)1941, S. 157-159.

188 LÜHNING, Haus- und Wirtschaftsgerät, S. 253. - KRAMER, Volksleben, S. 171.

189 Friedrich August HACH: Landwirthschaftliche Geräthe und Maschinen, in: LWB, 19 (1869), Nr. 31 (31.07.1869), S. 245-247, hier 245.

190 MENSING, Hackels, Sp. 546 f.

191 Vgl. Fußnote 187.

192 CHRISTENSEN, Redskaber, S. 545.

193 Vgl. HACH, Geräte, S. 245.

194 KOCK, Volks- und Landeskunde, S. 247.

195 DITTMANN,Versuch, S. 233.

Das größte metallene Teil aller Häckselladen war ihr Messer. Während bei den einfacheren Modellen nicht selten ein ausgedientes Sensen- oder Sichtenblatt als Messer diente, dürften die weiterentwickelten größeren Häckselladen in der Regel mit einer extra angefertigten Schneide ausgerüstet gewesen sein. 1771 bezahlten beispielsweise die Landwirte des lauenburgischen Amtes Ratzeburg in Lübeck, Ratzeburg und Mölln für "die besten Schneide und Futter-Meßer [..] 16 bis höchstens 18 ß";[196] und das der großen Mecklenburger Häckselade kostete 1828 gemäß Dittmann in Schwansen zwischen 4 und 5 Mk. Addiert man noch die 5 bis 6 Mk für ihre Beschläge hinzu, so mußten für eine komplette neue große Mecklenburger Häckselade zwischen 18 Mk und 20 Mk 8 ß ausgegeben werden.[197] Zum Vergleich: Auf 4 Rthlr. 32 ß wurde 1816 eine gebrauchte "Schneidelade mit Messer" im Inventar des Hofes von Hinrich Kahlcke zu Elskop taxiert.[198] Da die beiden Häckselladen preislich dicht beieinander liegen, dürfte es sich bei derjenigen von Kahlcke um eine größenmäßig ungefähr mit der großen Mecklenburger Häckselade vergleichbare gehandelt haben. Das agrartechnische Niveau zumindest dieses großen Bauernhofs der Elbmarschen und vieler Güter war demnach im Futterzubereitungsbereich in etwa gleich.

Ausführliche Beschreibungen der Funktionsweise sowie auch Abbildungen beider Modelle finden sich bei Hansen, Siuts und Bomann, das Foto einer in den Herzogtümern eingesetzten "Mecklenburger Häckselade" bei Kock.[199]

II.1.5. Transportmittel

Wie in beinahe allen Regionen des deutschen Sprachraums, so sind die tradierten landwirtschaftlichen Transportmittel und -verfahren auch in Schleswig-Holstein unverändert ein Desiderat ethnographisch-historischer Forschung.[200] Immerhin hat Mensing dem Wagen in seinem Schleswig-Holsteinischen Wörterbuch einen achtspaltigen Artikel gewidmet.[201] Unter den vielen Wagentypen, die in Schleswig-Holstein "entweder nach besonders auffallenden Teilen oder nach der Art ihrer Verwendung" benannt wurden, soll uns hier nur einer aus der Gruppe der sogenannten "Buwagen" interessieren. Gemäß Mensing faßte man mit dieser Bezeichnung mundartlich "alle im landwirtschaftlichen Betrieb gebrauchten Wagen" zusammen. Der nicht nur in den Herzogtümern, sondern in den meisten Regionen des norddeutschen Raumes gebräuchlichste Typ unter ihnen war der ganz gewöhnliche, in der Länge verstellbare, vierrädrige Ackerwagen. Seiner überragenden Bedeutung wegen wird ihm nachfolgend unsere ganze Aufmerksamkeit zuteil werden. Dabei kann es mit Blick auf die Zielsetzung des Kapitels natürlich nur darum

---

196 LAS Abt. 210, Nr. 2372.

197 DITTMANN, Versuch, S. 231.

198 LORENZEN-SCHMIDT, Hofinventar, S. 66.

199 HANSEN, Hauswesen, S. 244 f. und SIUTS, Arbeitsgeräte, S. 94-96. - KOCK, Volks- und Landeskunde, Figur 38 (nach S. 246).

200 Zur Forschungslage vgl. BENTZIEN, Bauernarbeit, S. 179 und SIUTS, Arbeitsgeräte, S. 128.

201 MENSING (Bd. 5): Wagen, Sp. 503-510. - Sofern nicht anders vermerkt, stammen sämtliche nachfolgenden Informationen und Zitate zum Themenkomplex Wagen von dort.

gehen, seine grundlegenden Charakteristika um 1800 aufzuzeigen sowie die dem Landwirt bei seiner Anschaffung entstandenen Kosten und ferner auch dessen Bedarf an solchen Ackerwagen darzulegen.

Die zwei Bausektionen dieses Ackerwagentyps, dessen niedersächsische, westfälische und lippische Varianten bei Bomann, Siuts bzw. Hansen abgebildet sind,[202] wurden in Schleswig-Holstein Unter- ("Ünner-") und Oberwagen ("Böwerwagen") genannt. Die drei wichtigsten Segmente des Unterwagens sind das Vorder- ("Vör-") und Hintergestell ("Achterstell") sowie der beide verbindende Wagenbaum ("Langwagen"). In bezug auf ihre Konstruktion und Funktion sei auf Mensing verwiesen, der viele ihrer Einzelteile sowie auch deren Zusammenspiel beschreibt. Nur so viel: Je nach Verwendungszweck des Ackerwagens konnte der Unterwagen "kurz" oder "lang" gefahren werden. Dazu mußte der fest am Achtergestell sitzende Langbaum aus seiner Verbindung mit dem Vörstell gelöst werden und in der gewünschten Länge erneut mit dem Vörstell verbunden werden. In ungleich höherem Maße bestimmte dabei natürlich der Verwendungszweck die Konstruktion des Oberwagens. Aufbauend auf dem Unterbrett ("Ünnerbrett, auch Wagen- oder Böhnbrett genannt") konnte der Oberwagen nämlich mittels verschiedener Teile auf- und umgerüstet werden. Sollte mit dem Ackerwagen beispielsweise Mist gefahren werden, so wurde der Unterwagen "kurz" gefahren und der Oberwagen mit schmalen Seitenbrettern ("Fleken") versehen, die von in den Achsschemeln sitzenden Hölzern ("Rungen") gestützt werden. Mußten andere Gegenstände, wie z.B. Kornsäcke, transportiert werden, so nahm man selbstverständlich andere Seitenbretter für den Aufbau des "Flekenwagens". Bei Bedarf konnten seine Seitenwände durch weitere Seitenbretter ("Bibrett", "Opsettels") sogar derart erhöht werden, daß bei gleichzeitigem Verschluß der Enden ("Schotten") des Oberwagens mit kurzen Brettern schließlich ein Kastenwagen ("Kassenwagen") entstand. Er konnte wiederum mit Hilfe eines Aufsatzes, des Ladegestells, für die Ernte eingerichtet werden. Zum Einfahren von Getreidegarben, Heu u.dgl. verwendete man gewöhnlich jedoch den Leiterwagen ("Ledderwagen"). Dazu mußten der Unterwagen zunächst auf die beschriebene Art beinahe auf die doppelte Länge gebracht und die Rungen enger zusammengesteckt werden. War das geschehen, wurde der Oberwagen mit einem schmaleren Unterbrett und anstatt mit Seitenbrettern einfach mit Leitern ("Leddern") ausgerüstet. Der nur mit Unterbrett und "Rungen" versehene Ackerwagen wurde übrigens "Rungenwagen" genannt. Er diente u.a. zum Transport der Trinkwasser- und Güllefässer.

Soviel zur der Variationsbreite des auch in den Herzogtümern gebräuchlichen Ackerwagens.

An detaillierteren zeitgenössischen Beschreibungen dieses Ackerwagentyps ließ sich nur eine einzige ausfindig machen, weshalb die wahrscheinlich auch innerhalb Schleswig-Holsteins bestehenden landschaftlichen Unterschiede nachfolgend nicht herausgearbeitet werden können. Lengerke beispielsweise bemerkt diesbezüglich lediglich, daß die Wagen im Holsteinischen "allgemein weite" und im Schleswigschen "enge Spur" hätten, und des weiteren noch, daß man "im nördlichen Schleswig [...] mitunter die Wagen zum täglichen Gebrauch mit Brettern ausgeschlagen" fände. Zwischen den Zeilen herauslesen muß man

202 BOMANN, Hauswesen, S. 126, SIUTS, Arbeitsgeräte, S. 131 und HANSEN, Hauswesen, S. 139 und 141.

bei ihm hingegen, daß es diesen Ackerwagentyp in den Herzogtümern in unterschiedlichen Größen gab. Lengerke teilt dem Leser nämlich nur mit, daß "die Erntewagen, deren Leitern gewöhnlich eine Länge von 14 bis 20 Fuß" hätten, "am stärksten [...] gebaut" seien.[203] Um solche Wagen könnte es sich z.B. bei denjenigen gehandelt haben, die in den um 1600 erstellten Fehmaraner Wardierungsprotokollen als "groß" eingestuft wurden.[204] Wie dem auch sei, auch danach ist die Unterscheidung in große und kleine Wagen in Schleswig-Holstein offensichtlich gang und gäbe gewesen: so etwa 1673 im ostholsteinischen Neversfelde, in den 1730er und 40er Jahren im lauenburgischen Amt Ratzeburg oder Ende des 18. Jahrhunderts auf dem adeligen Gut Rundhof in Angeln.[205]

Dank Otte sind wir zumindest etwas genauer über den um 1800 auf Fehmarn gebräuchlichen Ackerwagen dieses Typs informiert: Er "hat bey einer Entfernung seiner Leitern auf dem Boden von nicht mehr als 6 Zoll, eine Länge zwischen der vordern und hintern Achse von 8 Fuß, und, beim Einfahren des Getraides, Leitern von 22 bis 24 Fuß lang. [...] Der Halbmesser des Hinterrades beträgt 1 Fuß 9 Zoll, und des Vorderrades 1 Fuß 4 Zoll. Die Radfelge ist 4 Zoll breit, und nicht mit Eisen beschlagen".[206] Da Otte keinerlei Bemerkungen über seine Maße macht, scheinen sie für einen Ackerwagen diesen Typs in Schleswig-Holstein nicht ungewöhnlich gewesen zu sein - mit anderen Worten, auch in den anderen Teilen des Landes dürften Ackerwagen mit ähnlichen Maßen gelaufen sein.

Auch die Verwendung von Blockrädern, d.h. von Wagenrädern, "die keine Eisenreifen, sondern breite klobige Holzfelgen haben und ein Einsinken auf weichem Boden verhindern"[207] sollten, scheint um diese Zeit in den Herzogtümern noch weiter verbreitet gewesen zu sein. 1826 berichtete Lengerke, "die sogenannten Blockwagen", d.h. Wagen mit eben diesen Rädern, würden "nur zu Arbeiten des Binnenfeldes da gebraucht werden, wo keine Steinbrücken, das Holz aber nicht rar ist, auch wohl da, wo es mürbe Wiesen giebt".[208] Neben Fehmarn ist ihr Gebrauch im 19. Jahrhundert sicher etwa auch für die Kremper Marsch mit ihren über weite Strecken des Jahres schwer befahrbaren Wegen, Äckern und Wiesen belegt. Dort mußte laut Hofbesitzer Schröder jeder seiner Standesgenosse wenigstens zwei "Schien-" und zwei "Blockwagen" halten, wenn er seinen Betrieb fachgerecht bewirtschaften wollte.[209] Die "Schienwagen", die andernorts nach den mundartlich Fassen genannten Eisenschienen, mit denen die Radfelgen beschlagen waren, als "Fassenwagen"[210] bezeichnet wurden, sind dagegen für die Fahrt über die Landstraßen bestimmt gewesen. 1829, in dem Jahr also, als Hofbesitzer Schröder seinen Bericht

---

203 LENGERKE, Landwirthschaft (Bd. 1), S. 45 f.

204 LÜHNING, Haus- und Wirtschaftsgerät, S. 254 f. - Vgl. dazu auch KRAMER, Volksleben, S. 173.

205 Karl-Sigismund KRAMER: Ländliches Leben im Amt Ratzeburg (1720-1760), in: KBlV, 5 (1973), S. 5-92, hier 49. - Ulrich WILKENS: Goße und kleine Wagen, in: Konrad Köstlin und Hermann Bausinger (Hgg.): Umgang mit Sachen. Zur Kulturgeschichte des Dinggebrauchs. 23. Deutscher Volkskunde-Kongreß in Regensburg vom 6.-11. Oktober 1981 (= Regensburger Schriften zur Volkskunde, 1), Regensburg 1983, S. 167-173, hier 171.

206 OTTE, Beschreibung, S. 220 f.

207 MENSING, Wagen, Sp. 505.

208 LENGERKE, Landwirthschaft (Bd. 1), S. 45 f.

209 SCHRÖDER, Marschwirthschaft, S. 120. - Blockwagen gab es bis ins 20. Jahrhundert überall in den Marschen Schleswig-Holsteins.

210 MENSING, Wagen, Sp. 506.

abfaßte, sind Ackerwagen, deren Radfelgen mit Eisenringen belegt waren, allerdings bereits seit mindestens 275 Jahren in diesem Teil der Elbmarschen gebräuchlich gewesen.[211] Es werden wohl in erster Linie die hohen Kosten für das Eisen gewesen sein, die eine zügige Verbreitung der mit einer eisernen Schiene belegten Ackerwagenradfelge so lange blockierten.

Die Verwendung von Eisen als Wagenbaumaterial scheint in der ersten Hälfte des 18. Jahrhunderts aufgekommen zu sein: 1826 berichtete ein unbekannter Landwirt rückblickend über die Entwicklung des agrartechnischen Standards seiner Hufe u.a., daß "der erste beschlagene Wagen" dort 1734 angeschafft worden sei; um 1700 habe es hingegen "auf dem Lande keine beschlagene[n] Wagen"[212] gegeben. Darauf, daß die Ausrüstung der Ackerwagen mit eisernen Beschlägen in den Jahrzehnten vor und nach 1800 in den Herzogtümern immer allgemeiner wurde, aber längst noch nicht zur Regel geworden war, deuten die in Kapitel II.1.1.1. aufgeführten Auszüge aus Hof- und Gutsinventaren hin. In den meisten von ihnen wird zwischen "hölzernen" und [eisen]"beschlagenen" differenziert. Ein weiteres Fallbeispiel soll diese These untermauern: 1795 übergab Jacob Lausen seine zum adeligen Gut Rundhof gehörige Hufe seinem Schwiegersohn Peter Henningsen. Laut Inventarverzeichnis waren zu diesem Zeitpunkt u.a. zwei hölzerne (Acker)Wagen in dürftigem Zustand auf dem Hof in Betrieb. Als Henningsen 1832 seinem Sohn die Hufe käuflich überließ, waren die beiden (Acker)Wagen bereits "beschlagen".[213] Diesem Umstand kommt um so mehr Bedeutung zu, als es ansonsten "an neuem Gerät, an erneuerter und fortentwickelter Wirtschaft" auf der Hufe fehlte. Die Ursache für diese Stagnation ist mit Sicherheit in der großen Agrarkrise von 1819 bis 1829 zu finden, die viele bäuerliche Betriebe in den Parzellistengebieten der Güterdistrikte sogar in den Ruin getrieben hat.[214]

Zwei weitere wichtige Teile des Ackerwagens, seine beiden Achsen, sind laut Kock in der Landschaft Schwansen, ebenso wie im Mecklenburgischen, noch um 1850 ganz allgemein aus Holz gefertigt worden.[215] Das bestätigt für die Landschaft Schwansen auch Dittmanns 1828 erstellte "Preis-Angabe der bey einer Landhaushaltung vorkommenden Arbeiten der Tagelöhner und Handwerker, so wie solche bey Mittelpreisen gewöhnlich bezahlt werden". In der Liste der Stellmacherprodukte taucht auch die Wagenachse auf; in derjenigen der Schmiedearbeiten fehlt sie hingegen.[216] In Anbetracht dessen wundert es nicht, daß Wagen mit eisernen Achsen mundartlich mit dem Ausdruck "Assenwagen"[217] belegt wurden, waren sie doch über weite Strecken des 19. Jahrhunderts noch eine Seltenheit.

Gemäß Steinborn entfielen im 18. Jahrhundert auf einen Hof in Ost- und Mittelholstein im Durchschnitt drei bis fünf Ackerwagen.[218] Ein Blick auf die in Kapitel II.1.1.1. prä-

211 KRAMER, Inventare, S. 354.
212 ANONYMUS, Einfluß, S. 690.
213 WILKENS, Wagen, S. 168 f.
214 Vgl. hierzu LORENZEN-SCHMIDT, Agrarkrise, S. 175-197.
215 KOCK, Volks- und Landeskunde, S. 249. - BENTZIEN, Landmaschinentechnik, S. 58.
216 DITTMANN, Versuch, S. 218 ff., hier insbes. 226. Zur "Preis-Angabe" vgl. unten, Tab. 4, Kap. III.5.2.1.1., S. 339 und Tab. 9, Kap. III.5.2.2.1., S. 399.
217 MENSING, Wagen, Sp. 505.
218 STEINBORN, Abgaben, S. 17.

sentierten bäuerlichen Inventare lassen diese Zahl als etwas zu hoch gegriffen erscheinen. Allein die Kremper Marschhöfe konnten so viele vorweisen; die anderen hatten mit ihren ein bis zwei Wagen hingegen deutlich weniger. Auf den Gütern vollzog sich beim Übergang vom Teilbetrieb zum lohn- bzw. deputatgestützten Vollbetrieb offensichtlich zumindest eine Vermehrung des Inventars: so hebt beispielsweise Hedemann-Heespen die Menge der agraren Produktionsmittel, unter denen sich 1818 auch "10 Leiter- und Mistwagen" befanden, gegenüber derjenigen in den Zeiten der Leibeigenschaft hervor.[219]

Abschließend soll noch eine Vorstellung davon vermittelt werden, was ein Ackerwagen bzw. Teile desselben in den Herzogtümern gegen Ende der vorindustriellen Zeit kosteten. Die Ackerwagen sind in den Verzeichnissen der agraren Produktionsmittel die mit Abstand wertvollsten Teile.[220] Ein neuer "Schienwagen" sollte gegen Ende der 1820er Jahre in der Kremper Marsch 50 Rthlr. und ein "Blockwagen" immerhin noch 25 bis 30 Rthlr. kosten. Da ein Hof dort von beiden Wagentypen jeweils zwei Stück benötigte, mußte ein Betriebsinhaber also allein schon für deren Neuanschaffung 150 bis 160 Rthlr. aufbringen.[221] In Schwansen verlangten Stellmacher und Schmied zu dieser Zeit von ihm für einen kompletten "Bauwagen" neu zusammen zwischen 150 und 171 Mk. Auskunft über die Preise für eine Reihe seiner Einzelteile geben die Tabellen 4 und 9.[222] Im südostholsteinischen Amt Reinfeld kostete 1799 "ein Bauerwagen ohne Eisenwerk 16 Rthlr., mit Eisenbeschlag ungefähr 50 Rthlr.".[223] Seine eisernen Beschläge waren mithin doppelt so teuer wie seine hölzernen Teile. "Der Preiß eines Akkerwagens, ohne alles Eisen"[224] belief sich auf Fehmarn dagegen lediglich auf 9 Rthlr.

---

219 HEDEMANN-HEESPEN, Geschichte (T. 3), S. 37.
220 Vgl. oben, Kap. II.1.1.1., S. 57 ff.
221 SCHRÖDER, Marschwirthschaft, S. 120.
222 DITTMANN, Versuch, S. 225 und 230. - Tab. 4, Kap. III.5.2.1.1., S. 339 und Tab. 9, Kap. III.5.2.2.1., S. 399.
223 PETERSEN, Nahrungszustand, S. 19.
224 OTTE, Beschreibung, S. 222.

II.2. Die Entwicklung der Landtechnik bis 1867

Der Untersuchungszeitraum gehörte hinsichtlich der Entwicklung der Landtechnik wahrscheinlich nicht nur in Schleswig-Holstein, sondern wohl in den meisten anderen deutschen Regionen zwei unterschiedlichen Perioden an. Hierbei fallen die Jahrzehnte von ca. 1800 bis 1850 in die vorbereitende Periode der Mechanisierung/Technisierung der Landwirtschaft, während die 1850er und 1860er Jahre bereits zur 1914 endenden ersten Periode der Mechanisierung/Technisierung der Landwirtschaft gerechnet werden müssen. Das dieser Studie zugrunde gelegte Periodisierungsmodell weist demnach für den Untersuchungszeitraum folgende Abweichungen gegenüber demjenigen Bertholds[225] auf: Zum einen setzt es den Beginn der "Vorbereitungsperiode" dreißig Jahre früher an; denn obwohl die Herzogtümer aufgrund der bereits am Ausgang der 1780er Jahre einsetzenden Aktivitäten des Agrarreformers Voght[226] zumindest innerhalb Deutschlands auch auf dem Sektor der Landtechnik eine gewisse Sonderstellung einnahmen, läßt sich der Transfer und Einsatz moderner landwirtschaftlicher Geräte und Maschinen in den Jahrzehnten vor 1830 problemlos auch für andere deutsche Regionen nachweisen.[227] Das übersieht Berthold offensichtlich. Zum anderen setzt dieses Periodisierungsmodell die Trendwende im Prozeß der Mechanisierung/Technisierung der deutschen Landwirtschaft an den Beginn der 1850er und nicht wie Berthold an den Beginn der 1870er Jahre. Die zeitliche Differenz erklärt sich erstens daraus, daß Berthold die Qualität der am Anfang der zweiten Hälfte des 19. Jahrhunderts sprunghaft ansteigenden Nachfrage nach moderner Agrartechnik[228] anscheinend verkennt - oder vielleicht auch einfach nur übersieht. Dabei hat bereits 1856 Hamm diese Entwicklung als "außergewöhnliche[n] Aufschwung"[229] gewertet. Und zweitens resultiert sie daraus, daß Berthold die Anfänge der

---

225 BERTHOLD, Mechanisierung, S. 49 f.

226 Vgl. AHRENS, Voght, passim. - Speziell zum Ankauf, Bau und Einsatz moderner Agrartechnik auf Flottbek vgl. insbes. unten, Kap. II.2.1.1., S. 95 und Kap. III.5.2.1.2., S. 341 ff.

227 Vgl. dazu z.B. die diversen Arbeiten Bentziens über die Entwicklung in Mecklenburg, aber auch HERRMANN, Einführung und Ernst KLEIN: Die Hohenheimer Ackergerätefabrik (1819-1904), in: Zeitschrift für Württembergische Landesgeschichte, 22 (1963), S. 302-376, über die Entwicklung in Württemberg sowie über diejenige in Brandenburg-Preußen Hans-Heinrich MÜLLER: Die Entwicklungstendenzen des Ackerbaues in Brandenburg vor den Reformen des 19. Jahrhunderts. Ein Beitrag zur Entwicklung der Produktivkräfte in der Landwirtschaft unter besonderer Berücksichtigung des Anteils der Bauern am landwirtschaftlichen Fortschritt, Wirtschaftswissenschaftliche Diss. Berlin (Ost) 1962 (maschinenschriftlich vervielfältigt), passim, und DERS.: Christopher Brown - an English Farmer in Brandenburg-Prussia in the Eighteenth Century, in: The Agricultural history review, 17 (1969), S. 120-135. Zur Entwicklung in ganz Deutschland vgl. etwa FISCHER, Entwicklung oder HERRMANN, Pflügen, passim.

228 Auch Bentzien - und zwar erstmals in BENTZIEN, Eindringen, S. 63 - für Mecklenburg sowie HERRMANN, Einführung, S. 140, für Württemberg und auch KELLER, Agrartechnik, S. 246, für die Wetterau, setzen die Trendwende im Prozeß der Mechanisierung/Technisierung der Landwirtschaft an den Anfang der 1850er Jahre.

229 Wilhelm Philipp HAMM: Die landwirthschaftlichen Maschinen und Geräthe Englands. Ein Handbuch der landwirthschaftlichen Mechanik und Maschinenkunde, mit einer Schilderung der britischen Agricultur, 2., gänzlich umgearbeitete und bedeutend vermehrte Auflage, Braunschweig 1856, S. X. - Eine Kurzbiographie von Hamm (1820-1840) bei Sigmund von FRAUENDORFER: Wilhelm Philipp Ritter von Hamm, in: NDB, 7 (1966), S. 587 f.

deutschen Landmaschinenindustrie um mehrere Jahrzehnte zu spät ansetzt.[230] Letztere aber wird allgemein als das Fundament der Mechanisierung/Technisierung der deutschen Landwirtschaft anerkannt; allein auf Importe gestützt wäre dieser Prozeß jedenfalls schwerlich zu bewerkstelligen gewesen.

Die Vorbereitungsperiode läßt sich für Schleswig-Holstein - wie wohl vermutlich für die meisten anderen deutschen Regionen auch - so charakterisieren: Die tradierten agraren Produktionsmittel waren - wenn auch zum Teil in modifizierter Form - noch allerorten im Einsatz. Ihre "Weiterentwicklung" vollzog sich nunmehr vornehmlich in zwei Richtungen. Zum einen wurde durch die Verwendung von mehr und/oder höherwertigem Holz, aber auch durch den Ersatz dieses Werkstoffes durch Eisen und Stahl, eine Erhöhung der Haltbarkeit und Stabilität der Geräte angestrebt; und zum anderen flossen, wie z.B. beim Pflugbau, Konstruktionselemente etc. der modernen Agrikulturtechnik als Verbesserungen in den tradierten Formenschatz ein.[231] Wenngleich diese beiden Entwicklungstrends bis 1850 in den Herzogtümern nur langsam an Boden gewannen, so waren sie für die Landwirtschaft doch unvergleichlich wirkungsvoller als die Einführung moderner Agrartechnik. Beide Trends sollten sich in den ersten zwei, drei Jahrzehnten der 1. Periode der Mechanisierung/Technisierung der Landwirtschaft noch verstärken, verloren dann jedoch infolge der massenhaften Anwendung moderner Agrartechnik rapide an Bedeutung.

Konsequent angewandt wurde die rationelle, d.h. die englische, Landwirtschaft in der ersten Hälfte des 19. Jahrhunderts in Schleswig-Holstein wohl nur auf drei Mustergütern, von denen allerdings bisher lediglich das bereits unter Zeitgenossen berühmte Flottbek eingehender untersucht worden ist. Allein in diesen Betrieben wurde ein mehr oder weniger kompletter Satz moderner landwirtschaftlicher Geräte und Maschinen eingesetzt. Daneben existierte in den Herzogtümern eine ungleich größere Zahl von größeren Betrieben, d.h. vornehmlich Gütern, deren Eigentümer oder Pächter nur ein Gerät und/oder eine Maschine bzw. sogar mehrere verschiedene von ihnen einsetzten. Dauerhaft Eingang fanden jedoch nur sehr wenige von ihnen; die meisten landeten zumeist aufgrund ihrer fehlerhaften Konstruktion oder falscher Bedienung nach kurzer Zeit in der "Rumpelkammer". Zu ersteren gehörten unter den Geräten hauptsächlich solche für die Bodenbearbeitung, während unter den Maschinen einzig die Windfege bzw. deren Weiterentwicklung, die Siebwindfege, zu nennen ist. Sie stieß auch bei vielen Bauern auf Akzeptanz. Die Masse der schleswig-holsteinischen Betriebe blieb dagegen unberührt von moderner Agrartechnik. Dieses "seltsame[.] Nebeneinander von neuer und alter Technik"[232] in der Landwirtschaft sollte noch weit über das Jahr 1851 bestehen bleiben.

---

230 Die ersten Impulse zur Erforschung der Frühgeschichte der deutschen Landmaschinenindustrie in den 1830er bis 1850er Jahren gingen von Hans-Heinrich MÜLLER, Anfänge, DERS., Berlin und DERS.: Die Produktion landwirtschaftlicher Geräte und Maschinen in Berlin während der industriellen Revolution, in: Jahrbuch für Wirtschaftsgeschichte, 29 (1988), 1, S. 67-81, aus.

231 Laut HAUSHOFER, Landwirtschaft, S. 103, bringt diese Periode sogar "in Zusammenarbeit von Landwirtschaft und Handwerk einen letzten Höhepunkt der Perfektion aller [..] Geräte und Arbeitshilfsmittel".

232 Hans-Jürgen TEUTEBERG: Die deutsche Landwirtschaft beim Eintritt in die Phase der Hochindustrialisierung - Typische Strukturmerkmale ihrer Leistungssteigerung im Spiegel der zeitgenössischen Statistik Georg von Viebahns um 1860 (= Kölner Vorträge und Abhandlungen zur Sozial- und Wirtschaftsgeschichte, 18), Köln 1977, S. 62.

Der Transfer moderner Agrartechnik scheint erst gegen Ende der Vorbereitungsperiode angestiegen zu sein, ohne daß er freilich dadurch ein bedeutenderes Volumen erreicht hätte. Davor sind anscheinend nur unregelmäßig Neuerungen, die fast ausnahmslos in England oder Schottland ersonnen worden waren, von Landwirten oder Fabrikanten ins Land eingeführt worden. Nachgebaut wurden in erster Linie Geräte, weniger die komplizierteren Maschinen. Nennenswerte Verbesserungen erfuhren sie dabei von seiten der einheimischen Produzenten nicht; so ist es nicht verwunderlich, daß in den Herzogtümern während dieser Periode auch keine agrartechnischen Erfindungen hervorgebracht wurden. Dennoch sind die experimentier- und neuerungsfreudigen Landwirte und gewerblichen Produzenten sehr wichtige Wegbereiter für die Mechanisierung/Technisierung der Landwirtschaft gewesen. Denn ungeachtet dessen, daß ihren Aktivitäten häufig der Erfolg versagt blieb, trugen sie nämlich einerseits dazu bei, unter den Landwirten das Wissen um die Existenz der modernen landwirtschaftlichen Geräte und Maschinen zu verbreiten, und andererseits erhöhten diese frühen Übernehmer unter ihren Standeskollegen die Akzeptanz für die moderne Technik, indem sie diese mit dem Gedanken vertraut machten, daß die tradierten Produktionsmittel und Arbeitsverfahren nicht unbedingt das "Nonplusultra" waren.

Neben diesen informellen interpersonalen Kommunikationskanälen, die in der Diffusionsforschung als wirksamstes Mittel "beim Formen und Verändern von Einstellungen gegenüber neuen Ideen" gelten, trugen vornehmlich die im "Schaffen von Wissen" effizientesten Kommunikationskanäle, nämlich die "unpersönlichen, institutionalisierten Massenmedien",[233] dazu bei, der in der 1. Periode der Mechanisierung/Technisierung schnell anschwellenden Diffusion moderner Agrartechnik günstige Startbedingungen zu schaffen. Das Wissen um deren Existenz hatte bereits kurz vor 1800 im Zuge von Thaers Wirken Eingang in das Bewußtsein der Öffentlichkeit Schleswig-Holsteins gefunden.[234] Eine öffentliche Diskussion über die Vor- und Nachteile der neuen Maschinen war damit allerdings nicht verbunden. Sie kam ansatzweise erst im Zuge der massenhaften Einführung der Dreschmaschine zu Beginn der 1. Periode auf.

Berichte über die moderne Agrartechnik mehrten sich in schleswig-holsteinischen Massenmedien erst seit der Herausgabe der "Landwirthschaftlichen Hefte" 1821 durch die "Central-Administration der Schleswig-Holsteinischen patriotischen Gesellschaft". Initiiert wurde ihr Erscheinen, wie auch das der "Neuen Landwirthschaftlichen Hefte", durch die landwirtschaftliche Sektion der Gesellschaft, in der sich den Ideen Thaers aufgeschlossene Personen zusammengefunden hatten. Die danach bis zum Ende der 1840er Jahre erschienenen landwirtschaftlichen Periodika der Herzogtümer wurden bereits unter der Ägide verschiedener landwirtschaftlicher Vereine, deren erste 1828 gegründet wurden, herausgebracht. Ihr Mitgliederbestand überschnitt sich mit demjenigen der landwirtschaftlichen Sektion der Gesellschaft. Das deutliche Übergewicht der Gutseigentümer, -pächter und -inspektoren unter den Vereinsmitgliedern ist übrigens erst in den 1840er

---

233 ULBRICHT, Landwirtschaft, S. 23.
234 Ebda., S. 167.

Jahren durch die Gründung von bäuerlich geprägten Landwirtschaftsvereinen allmählich abgebaut worden.[235]

Viele der Landwirte innerhalb der genannten agrarreformerischen Personenkreise begnügten sich nun - beinahe schon erwartungsgemäß - keineswegs damit, die neuen landwirtschaftlichen Produktionsmittel z.B. auf publizistischem Wege in den Herzogtümern bekannt zu machen, sondern schafften sich auch das eine oder andere Gerät bzw. die eine oder andere Maschine selbst an. Die in den Sitzungsprotokollen der landwirtschaftlichen Vereine enthaltenen Erfahrungsberichte tun davon kund. Den Protokollen kann man des weiteren entnehmen, daß sich in den Vereinen Ausschüsse für das landwirtschaftliche Geräte- und Maschinenwesen konstituierten, die zuweilen sogar auf Vereinskosten moderne Agrartechnik ankauften, um sie auf Vereinssitzungen und Landwirtschaftsausstellungen vorzustellen und dann meistbietend zu verkaufen oder auch gegen eine gewisse Gebühr auszuleihen. Darüber hinaus organisierten diese Ausschüsse auch Wettpflügen.

Nachdem nun die wichtigsten Aspekte zum Verlauf des Technologietransfers bzw. der Diffusion moderner Agrartechnik in den/im Untersuchungsraum während der Vorbereitungsperiode grob abgehandelt worden sind und auch ein bedeutender Teil der Frühen Übernehmer agrartechnischer Innovationen identifiziert werden konnte, sei abschließend nochmals betont, daß sich der Transfer und die Diffusion moderner Landtechnik bis 1850 in den Herzogtümern in einem ganz bescheidenen Rahmen abspielten. Gleichzeitig sei aber auch nochmals ausdrücklich auf die überaus wichtige Funktion hingewiesen, die all diese Neuerungsbereiten mit ihren Aktivitäten im Transfer- und Diffusionsprozeß ausübten.

Die beiden Anfangsjahrzehnte der 1. Periode brachten gleich in mehrfacher Hinsicht gegenüber der Vorbereitungsperiode Zäsuren in der Entwicklung der Mechanisierung/Technisierung der Landwirtschaft mit sich. Zunächst einmal ist für die Herzogtümer zu konstatieren, daß die Zahl der eingesetzten modernen landwirtschaftlichen Geräte und Maschinen direkt nach der Erhebungszeit merklich anzuwachsen begann, wobei sich die Bestände der vielen verschiedenen Geräte- und Maschinenarten natürlich höchst unterschiedlich entwickelten. Ebenso verhielt es sich mit der Typenvielfalt. So kann beispielsweise davon ausgegangen werden, daß in dieser Zeit in den Herzogtümern mehr Dreschmaschinentypen verbreitet waren als es insgesamt Mähmaschinen gab. Alles in allem machten moderne landwirtschaftliche Produktionsmittel am Ende der 1860er Jahre jedoch in den meisten Betrieben erst einen geringen Prozentsatz am Inventar aus. Des weiteren wurden in diesen Jahrzehnten einige bis dahin im Untersuchungsraum noch nicht benutzte Geräte und Maschinen eingeführt. Mit der Einführung der Dampfmaschine in den landwirtschaftlichen Betrieb begann in der ersten Hälfte der 1850er Jahre zudem auch in Schleswig-Holstein die Ära der betriebsfremden Energien in der Landwirtschaft.[236] Allerdings vermochte die Dampfkraft hier vorerst keine größere Rolle zu

---

235 Zur landwirtschaftlichen Sektion der Schleswig-Holsteinischen patriotischen Gesellschaft und dem landwirtschaftlichen Vereinswesen der Herzogtümer vgl. VOLLRATH, Beratungs- und Bildungswesen, S. 162 ff. und 189-191 sowie Thyge THYSSEN: Bauer und Standesvertretung. Werden und Wirken des Bauerntums in Schleswig-Holstein seit der Agrarreform (= QuFGSH, 37), Neumünster 1958, S. 20 ff.

236 Vgl. HAUSHOFER, Landwirtschaft, S. 103.

spielen. Dagegen trat der altbekannte, bis dahin aber wenig gebrauchte Göpel in den 1850er Jahren seinen Siegeszug auch in der Agrikultur der Herzogtümer an.[237]

Ferner wandelte sich nun die Herkunft der modernen Agrartechnik. Seit der Ersten Weltausstellung 1851 in London, der auch die Mechanisierung/Technisierung der schleswig-holsteinischen Landwirtschaft wichtige Entwicklungsimpulse verdankte, wurden zwar jährlich deutlich mehr neue landwirtschaftliche Geräte und Maschinen eingeführt, doch wuchs gleichzeitig die Zahl der im Inland angefertigten Kopien derartig an, daß sie diejenige der importierten Originale bei weitem überstieg. Import und Nachbau sind vor allem auf die Aktivitäten der Eisengießerei- und Maschinenfabrikbesitzer zurückzuführen; sie hatten sich teilweise schon seit den 1830er Jahren mit der Ackergeräte- und Landmaschinenproduktion befaßt. Für einige Jahrzehnte übernahmen sie nun sogar von den immer zahlreicher werdenden Landwirtschaftsvereinen und anderen agrarreformerischen Kreisen die Vorreiterrolle bei der Einführung und Verbreitung moderner Agrartechnik in den Herzogtümern. Denn obgleich der "Schleswig-Holsteinische landwirthschaftliche Generalverein" als Dachorganisation der Landwirtschaftsvereine Schleswig-Holsteins über das "Landwirthschaftliche Wochenblatt" und die "Landesausstellungen" sowie auch seine einzelnen Vereine über zahlreiche regionale Ausstellungen u.dgl. zweifelsohne starken Einfluß auf die Diffusion der landtechnischen Innovationen nahmen, waren es in den allermeisten Fällen die Fabrikanten, die neue Geräte und Maschinen im Ausland erwarben und in die Herzogtümer einführten. Ganz abgesehen davon produzierten sie diese und stellten sie auch den Vereinen zu Ausstellungszwecken zur Verfügung.

Schließlich wandelte sich in den beiden Jahrzehnten nach der Jahrhundertmitte auch die Struktur des Anwenderkreises. Entgegen dem weitläufigen Vorurteil zeigten sich in Schleswig-Holstein nämlich auch Teile der Bauernschaft, und zwar in erster Linie ihre marktorientiert produzierenden, recht früh der neuen Technik gegenüber aufgeschlossen. Auf der anderen Seite erwiesen sich diesbezüglich zahlreiche Gutseigentümer und -pächter wider Erwarten als wenig neuerungsbereit. Die Gleichsetzung von Großbetrieb mit agrartechnischem Fortschritt bzw. von bäuerlichem Betrieb und agrartechnischer Rückständigkeit trifft demnach nicht auf die schleswig-holsteinischen Verhältnisse zu.

---

237 Wilhelm TREUE: Die Technik in Wirtschaft und Gesellschaft 1800-1970, in: Wolfgang Zorn (Hg.): Das 19. und 20. Jahrhundert (= Handbuch der deutschen Wirtschafts- und Sozialgeschichte, 2), Stuttgart 1976, S. 55, spricht zu Recht vom "Zeitalter des Göpels".

II.2.1. Bodenbearbeitungsgeräte

Noch in den 1830er Jahren, so berichtete 1869 der Sekretär des "Schleswig-Holsteinischen landwirthschaftlichen Generalvereins" in einem Leitartikel des "Landwirthschaftlichen Wochenblattes" rückblickend, "bestand das ganze Inventarium an Geräthen zur Bearbeitung des Bodens aus der nöthigen Anzahl gewöhnlicher Pflüge, der entsprechenden Menge einfacher Eggen mit hölzernen, resp. eisernen Zinken, allenfalls noch einer ganz großen Egge [...] und dann einer Baumwalze". Darüber, welche Geräte und Maschinen der Landwirt dagegen zum damaligen Zeitpunkt benötigte, "um eine Wirthschaft vollständig und rationell"[238] zu betreiben, ließ Friedrich August Hach die Leser des Wochenblattes selbstverständlich nicht im unklaren: unter denjenigen für die Bodenbearbeitung befanden sich z.B. verschiedene Pflüge, Eggen und Walzen sowie ein Brachreißer.

Inwieweit sich in diesem Fall Anspruch und Wirklichkeit deckten, mithin wie sich der agrartechnische Standard in den Herzogtümern auf dem Sektor der Bodenbearbeitungsgeräte zwischen 1800 und 1867 tatsächlich entwickelt hat, soll nachfolgend untersucht werden. Dabei gilt es zu berücksichtigen, daß die Agrartechnik wohl auf keinem anderen Sektor ein derartig vielfältiges Sortiment an Produktionsmitteln hervorgebracht hat wie auf dem der Bodenbearbeitung. Um sich davon zu überzeugen, genügt bereits ein Blick in das Inhaltsverzeichnis der zweiten Auflage von Hamms weit verbreitetem Werk "Die landwirthschaftlichen Maschinen und Geräthe Englands" von 1856 oder in Puchners über fünfzig Jahre später in der "Festschrift zum 25jährigen Bestehen der Deutschen Landwirtschafts-Gesellschaft" erschienenen Artikel über die Bodenbearbeitungsgeräte.[239] Letzterer erklärt diese Vielfältigkeit wie folgt: "Wir erkennen hier den unmittelbaren Zusammenhang mit der Tatsache, daß auch kein andrer Zweig der großen landwirtschaftlichen Gesamtarbeit so reichhaltige Unterschiede in der Richtung des jeweils beabsichtigten Einzelzwecks aufweist, wie jene Tätigkeit, durch welche der Mensch den von Natur aus noch nicht dazu geeigneten Boden in den zur Hervorbringung befriedigender Ernten von Kulturpflanzen passendsten mechanischen Zustand zu versetzen strebt".[240]

---

238 HACH, Geräthe, S. 245-247. - Eine Kurzbiographie von Friedrich August Hach (1810-1882) in: LSHLES (Bd. 1, 1885), S. 231 f. Ferner vgl. dazu THYSSEN, Bauer, insbes. S. 26-39.

239 HAMM, Maschinen, S. XIV-XVI. - Heinrich PUCHNER: Bodenbearbeitungsgeräte, in: Gustav Fischer et al. (Bearb.): Die Entwicklung des landwirtschaftlichen Maschinenwesens in Deutschland. Festschrift zum 25jährigen Bestehen der Deutschen Landwirtschafts-Gesellschaft (= Arbeiten der DLG, 177), Berlin 1910, S. 22-70.

240 PUCHNER, Bodenbearbeitungsgeräte, S. 22.

II.2.1.1. Pflüge

Die modernen Pflugtypen tauchten in Schleswig-Holstein bereits im Verlauf der zweiten Hälfte des 18. Jahrhunderts auf. So schaffte Hans Rantzau (1693-1769) im Zuge der Einführung der "Englischen Landwirthschaft" auf seinem Gut Ascheberg irgendwann nach 1735 auch einen "kleinen englischen Pflug" an.[241] Die nächste nachweisbare Station auf dem Wege ihrer Verbreitung waren das holsteinische Mustergut Flottbek, für das Voght zwischen 1793 und 1795 englische und schottische Ackerbaugeräte und Landmaschinen im Gesamtwert von 2.000 Pfund Sterling kaufte.[242] 1797 wurden dort der "Streichpflug (Skimplough)", der "leichte Norfolksche Pflug", der "Smallsche Patentpflug", ein "Saatpflug", ein "Pflug zum Ab- und Aufpflügen zwischen den Zeilen" sowie ein "Pflug mit dem doppelten Streichbrett"[243] eingesetzt. Weitere Stationen waren das im Dänischwohlder Güterdistrikt gelegene adelige Gut Knoop des Grafen Baudissin, wo 1798 "mit einem englischen einspännigen Pfluge, oder Kartoffelnhacke"[244] gearbeitet wurde und ein Hof in Arrild bei Kappeln bzw. das bei Kappeln gelegene Gut Toestorf, auf denen sich der damalige Landinspektor und Englandreisende Friedrich Wilhelm Otte u.a. eines vor 1796 vom "Herrn Grafen Reventlow auf Brahetrolleburg in Fyhnen" bezogenen "englischen Pfluges ohne Räder" bediente.[245] Als letzte Station der frühen Diffusion moderner Pflüge in den Herzogtümern sei noch das am südlichen Ufer der Großen Breite der Schlei gelegene Louisenlund, welches Prinz Carl zu Hessen gehörte, genannt. 1801/1802 ließ der Statthalter von der um 1797 auf dem Frederiksværk (Seeland) gegründeten Landmaschinenfabrik und Eisengießerei eine ganze Reihe von englischen bzw. schottischen Ackergeräten und Landmaschinen auf dieses zum Schwansener Güterdistrikt gehörende adelige Gut kommen und auch ausstellen. Dabei handelte der Prinz sicher nicht ganz uneigennützig, denn von 1792 bis 1804 war er der Eigentümer des Frederiksværks. Für die Leitung der Fabrik hatte er mit dem Schotten John Wilson einen tüchtigen Konstrukteur und Unternehmer gewinnen können, der im Laufe seiner Tätigkeit viele Gutsbesitzer und Bauern im Königreich für seine Produkte zu gewinnen ver-

---

241 PRANGE, Anfänge, S. 216.

242 AHRENS, Voght, S. 79.

243 Caspar VOGHT: Neue englische Ackergeräthe des Herrn Voght in Flottbeck, in: Verhandlungen und Schriften der Hamburgischen Gesellschaft zur Beförderung der Künste und nützlichen Gewerbe, Bd. 6 (= Verhandlungen von den Jahren 1797, 1798, und 1799), Hamburg 1801, S. 47-56, hier 49-53. - Vgl. dazu auch unten, Kap. III.5.2.1.2., S. 341 ff.

244 Albrecht Daniel THAER: Fortsetzung der landwirthschaftlichen Bemerkungen auf einer Reise durch Holstein und Mecklenburg, in: ANL, 2 (1800), 1, S. 1-63, hier 19.

245 Lars N. HENNINGSEN: Friedrich Wilhelm Otte, in: BLSHL, 9 (1991), S. 265-268, hier 266. - OTTE, Beschreibung, S. 211. - THAER, Fortsetzung, S. 210. - Lehnsgraf Johan Ludvig Reventlow (1751-1801) gehörte zu denjenigen adeligen Gutsbesitzern in Dänemark, die in Verwaltung und Politik maßgeblich an der Gestaltung der Agrarreformen beteiligt waren. Hans JENSEN: Johan Ludvig Reventlow, in: DBL, 19 (1940), S. 457-459. DERS.: Dansk Jordpolitik 1757-1919, 1: Udviklingen af Statsregulering og Bondebeskyttelse indtil 1810, København 1936, passim. - Die Vermutung von ULBRICHT, Landwirtschaft, S. 353, Otte habe seine englischen Ackergeräte von Voght bezogen, ist folglich hinfällig.

mochte. Unter diesen befand sich z.B. auch ein Smallscher Pflug,[246] d.h. ein räderloser Schwingpflug mit zwei Sterzen.

"Der Pflug von James Small bildet die Grundlage des modernen englischen, ja europäischen und nordamerikanischen Pflugbaues".[247] Kraß standen dieser Beetpflug und die anderen modernen Pfugtypen bei ihrer Einführung zunächst auch in Schleswig-Holstein dem tradierten Stellpflug[248] gegenüber. So war am Smallschen Pflug um 1800 beispielsweise bereits der gesamte Pflugkorpus, d.h. Sohle, Schar, Streichblech (ursprgl. Streichbrett), Griessäule und Molterbrett, aus Eisen bzw. Stahl.[249]

Insbesondere in der bereits beschriebenen unterschiedlichen Konstruktion der Bodenbearbeitungsteile von Stellpflug und modernen Pflugtypen ist die Ursache für die zwischen ihnen bestehende deutliche Leistungsdiskrepanz zu sehen. Der Einsatz letzterer reduzierte nicht nur die Zugkraft erheblich, sondern erhöhte vor allem auch spürbar die Bodenproduktivität.

Indes wurde der Stellpflug normalerweise nicht einfach von einem der modernen Pflugtypen verdrängt. Vielmehr wurden an ihm nach 1800 nach und nach auch Verbesserungen, die den modernen Pflugtypen abgesehen waren, angebracht. Beispielsweise befestigte man anfangs einen mehr oder weniger gewundenen Eisenbeschlag am Streichbrett des Stellpfluges, um so die Form des modernen Streichblechs zu imitieren.[250] Auch bestand das Bemühen, Schar und Streichbrett nahtlos und harmonisch ineinander übergehen zu lassen, so daß sie leichtgängiger wurden. Schließlich wurde sogar der gesamte eiserne Pflugkorpus eines Schwingpfluges übernommen, "indem sie denselben Pflug [Schwingpflug] auf ein Vordergestell" legten und ihn damit "zu einem Räderpflug verkehrt[en]".[251] All diese Verbesserungen erhöhten zwar fraglos die Leistungskraft des

---

246 CHRISTENSEN, Redskaber, S. 562. HERTEL, Historie, S. 164 f. und J. O. Bro JØRGENSEN: Tiden 1730-1820 (= Industriens historie i Danmark, II), København 1943, S. 196. ANONYMUS: Land- und hauswirthschaftliche Maschinen und Werkzeuge, welche jetzt auf Louisenlund zu sehen sind, in: August Niemann (Hg.): Schleswig-Holsteinische Vaterlandskunde, Stück 2, Hamburg 1802, S. 235. Friedrich Wilhelm OTTE: Etwas über die ökonomischen Werkzeuge auf Louisenlund, in: Ebda., Stück 3, Hamburg 1803, S. 1-16, hier 13 f.

247 KLEIN, Pflüge, S. 131.

248 Eine ausführliche Beschreibung des um 1800 in Schleswig-Holstein gebräuchlichen Stellpfluges findet sich in Kap. II.1.1.1., S. 52 ff.

249 KLEIN, Pflüge, S. 131.

250 Vgl. dazu oben, Kap. II.1.1.1., S. 56 f. - Bereits 1819 stellte IVERSEN, Beyträge, S. 67 f., für den im Osten der Herzogtümer gebräuchlichen Pflug die Forderung auf: "Dieser Pflug muß am Streichbrett (Rüsterbrett), ein krumm ausgeschweiftes Eisen haben, was die Furche umlegt; wo dies fehlt, wird sie blos weggeschoben, eine Einrichtung die noch fehlerhafter und schlechter ist". - Später häufen sich die Hinweise zu dieser Entwicklung. So nahm z.B. am Wettpflügen auf dem adeligen Gut Tüschenbek (Herzogtum Lauenburg) vom 11. November 1833 u.a. ein Herr Möller aus Bussau mit einem "Holstein. Pflug mit eisernem Streichbrette" teil. Joachim Christoph JEBENS: Notizen über das Wettpflügen zu Tüschenbeck, am 11. November 1833. (Für die Teilnehmer gedruckt.), in: Kieler Correspondenzblatt, Nr. 5/6 (18.01.1834), S. 25 f., hier 26 und Nr. 7 (22.01.1834), S. 31. Aus der Kremper Marsch berichtete 1829 der Neuenkirchener Hofbesitzer SCHRÖDER, Marschwirthschaft. S. 122: "Die allhier am meisten gebrauchten Pflüge bestehen aus einem Gestell mit 2 Rädern [...], aus einem hölzernen mit Eisen belegten Pflughaupt, einem mit Eisen beschlagenen Streichbrette, und einer Scharte".

251 ANONYMUS: Der Pflug, in: LWB, 14 (1864), 23 (04.06.1864), S. 177-179, hier 178. Kritik an dieser Entwicklung etwa bei Johann Andreas SCHULTZE: Der bestmöglichste Pflug, in: Mittheil-

Stellpfluges, doch blieb das alte plumpe Gerippe samt Radvorgestell unverändert sein konstruktives Grundelement.[252] Seiner Leistungssteigerung waren damit enge Grenzen gesetzt.

Eine Sonderentwicklung läßt sich hingegen in den Fluß- und Seemarschen Holsteins sowie auch in der Landschaft Eiderstedt beobachten. Dort wurde dem tradierten Stellpflug vermutlich seit den 1820er Jahren ernsthaft durch den sogenannten "preußischen Pflug" Konkurrenz gemacht.[253] Wer diesen einsterzigen Stellpflug mit Radvorgestell, welches mit einer Höhenverstelleinrichtung für den Pflugbaum ausgestattet war und dessen weitgehend aus Eisen und Stahl bestehender Pflugkörper sich in seiner Form stark derjenigen

---

lungen des Schleswig-Holsteinischen landwirthschaftlichen Generalvereins, Kiel 1850, S. 98-102, hier 98 f. Eine Kurzbiographie von Schultze (?-1865) in: LSHLES (Bd. 2, 1867), S. 373. - Eine Abbildung eines derartig verbesserten Pfluges, es handelt sich um den "gewöhnliche[n] holsteinische[n] Geestpflug", findet sich in Abb. 1, S. 469.

252 Vgl. dazu etwa Heinrich Christopher von HOLSTEIN: Vorschläge für die verbundenen landwirthschaftlichen Vereine in Schleswig-Holstein, um auf die vermehrte Production und einen größeren Reinertrag des Landbaues auf die richtige Art einzuwirken, in: LHH, 3 (1832), 1, S. 93-114, hier 98-100. Eine Kurzbiographie von v. Holstein (1786-1842) in: LSHLES (Bd. 1, 1867), S. 371. - Ferner vgl. Johann Andreas SCHULTZE: Einige Bemerkungen, betr. den Smalschen Pflug, in: LHH, 1 (1830), 1, S. 111-115, hier 111-113. - Und RENARD, Landbau, S. 446, kritisierte diese Entwicklung 1838 rückblickend wie folgt: "Unsere Pflüge [...] als die eigentlichen Hauptwerkzeuge unseres Ackerbaues, sind zwar durch die Länge der Zeit immer etwas gebessert, und leisten, mit Rücksicht auf die bis jetzt übliche Behandlung des Bodens, dem keine tiefe Bearbeitung zu Theil wird, so ziemlich was man verlangt [...]. Dennoch ist nicht zu leugnen, daß die Construction desselben auf Ersparung der Pferdekraft durchaus nicht berechnet ist, da die Stellung des Pfluges mit dem langen Sickbaum und den niedrigen Rädern, gleichsam auf den Gedanken führt, als habe man die Absicht gehabt, gerade die Wirkung der Zugkraft zu brechen, um da zwei Pferde anwenden zu müssen, wo eines hinlänglich wäre".

253 Aus der Seestermüher Marsch berichtete z.B. 1829 der Schadendorfer Hofbesitzer NIENBURG, Beantwortung, S. 114: "Der gewöhnlichste Pflug, der hier gebraucht wird, ist der deutsche [...]. Jedoch geben viele hiesige Landwirthe dem preußischen darum den Vorzug, weil der Schaar und die Streichschiene nur ein Stück Eisen ausmachen, sich also an selbigem der Winkel nicht findet, welcher bei dem deutschen, Schaar und das Streichbrett trennet, und der sowohl bei Trockniß als bei Nässe diesen Pflug schwerer durchs Land gehen macht". - Knapp anderthalb Jahrzehnte teilte ein ANONYMUS: Einiges über einen Marschhof und dessen Bewirthschaftung, in: LZ, 2 (1843), 16, S. 120-124, hier 123, den Lesern der "Landwirthschaftlichen Zeitung" diesbezüglich aus Dithmarschen mit: "Der preussische Pflug ist ohne Sick oder Pflugmesser, und seine Schaar nähert sich mehr dem rechten Winkel, als es bei dem in Holstein meist gebräuchlichen der Fall ist. Jener ist hier [Dithmarschen] noch nicht sehr lange in Anwendung, aber sehr für den Boden passend, da er diesen durch das polterige Umwerfen seiner Furche gut locker macht" - Und wenige Jahre später berichteten Ernst Graf von REVENTLOW-FARVE und Hans Adolph von WARNSTEDT: Festschrift für die Mitglieder der eilften Versammlung Deutscher Land- und Forstwirthe. Beiträge zur land- und forstwirthschaftlichen Statistik der Herzogthümer Schleswig und Holstein, Altona 1847, S. 82 bzw. 220, über das Ackergerät der Landschaft Eiderstedt bzw. der Landschaften Norder- und Süderdithmarschen: "Der alte Eiderstedter Pflug (Schlufschoh) wird gewöhnlich gebraucht, doch auch der etwas abgeänderte Preußische Pflug, hier Finstermest genannt. [...] Der sogenannte preußische Pflug, welcher die Scholle hoch aufwirft und am besten lockert, hat bei allen Brachfurchen fast den alten dithmarsischen Pflug verdrängt". - Vermutlich aufgrund dieser Eigenschaften ordnete HIRSCHFELD, Wegweiser, S. 452, den "preußischen Pflug" als "verbesserter Ruchaldo mit eisernem Streichbrett" ein.

der modernen Pflugtypen näherte,[254] in Schleswig-Holstein eingeführt hat, ist unbekannt. Aber auch sein Name läßt im Grunde genommen nur ganz bedingt Rückschlüsse auf seine Herkunft zu. Als gesichert kann dagegen angesehen werden, daß die Eisengießerei und Maschinenfabrik Carlshütte[255] in Büdelsdorf bei Rendsburg maßgeblich zu seiner Verbreitung beigetragen hat, indem sie spätestens seit April 1831 gußeiserne Pflugköpfe und -schare für den "preußischen Pflug" produzierte und in die Marschen verkaufte. Bereits im September 1832 teilte die Carlshütte dem Flottbeker Baumschulbesitzer James Booth in einem Geschäftsbrief mit, daß sie die obigen Pflugteile des "preußischen Pfluges" "mit Erfolg in mehreren besonders Marschdistricten eingeführt"[256] habe. 1848 bemerkte Hirschfeld, daß man sich "fast überall in der Marsch" dieses Pfluges bediene. Innerhalb von anderthalb Jahrzehnten hatte der "preußische Pflug" demnach in den Marschen des Untersuchungsgebietes viele Anhänger unter den Landwirten gefunden.[257]

Ohne allzu detailliert auf den Verlauf des Transfers und der Diffusion moderner Pflugtypen in Schleswig-Holstein im behandelten Zeitraum einzugehen, sollen nachfolgend vornehmlich mit Hilfe einiger zeitgenössischer Berichte, die sowohl von einheimischen als auch auswärtigen Kennern der schleswig-holsteinischen Landwirtschaft stammen, schlaglichtartig Einblicke in deren jeweiligen Entwicklungsstand zwischen 1800 und 1867 eröffnet werden.

Auf seiner Reise durch Holstein hatte Thaer 1798 auch die Gelegenheit, die Feldbestellung in der süderdithmarscher Marsch zu beobachten. Darüber berichtete er in seinen "Landwirthschaftlichen Bemerkungen" u.a.: "Der gewöhnliche Pflug ist nur ein plumpes, unproportionirtes Werkzeug, welches immer vier Pferde mit einem Treiber, und oft sechs erfordert. Die Ditmarser glauben, es müsse so schwerfällig seyn, weil ein schwächerer in ihrem Boden nicht halten würde. Wäre er aber nur nach richtigen Verhältnissen gebauet, so würde ein leichterer Pflug ungleich dauerhafter, wie jener schwere seyn".[258] Wie ein solcher seiner Meinung nach aussehen mußte, hatte Thaer dem landwirtschaftlich interessierten Publikum Deutschlands bereits ein Jahr zuvor im ersten Band seiner "Einleitung zur Kenntniß der englischen Landwirthschaft" mitgeteilt: In ihm waren die englischen landtechnischen Innovationen den Lesern als vorbildlich vorgestellt worden. In Reaktion darauf erreichten Thaer viele Bitten aus dem Reich um Übersendung von Modellen oder Nachbauten in Originalgröße. Deren Herstellung wurde 1800 in Hannover aufgenommen. Geschickt nutzte er in den folgenden Jahren die "Annalen" als Medium für eine "Informationskampagne" zur weiteren Verbreitung der Kenntnis um die Vorzüge der neuen Ackergeräte und Landmaschinen. Ihren Höhepunkt bildete die Publikation der "Beschreibung der nutzbarsten neuen Ackergeräthe" in drei Heften von 1803 bis 1806.

---

254 Eine Abbildung des "preußischen Pfluges" enthält Abb. 2, S. 470. - Die zeitgenössischen Beschreibungen und Abb. 2 lassen keinen Zweifel daran, daß sich MENSING, Ploog, Sp. 1058, irrt, wenn er den "preußischen Pflug" für einen Schwingpflug hält.

255 Zur Entstehung und Frühgeschichte der Carlshütte vgl. Peter WULF: Marcus Hartwig Holler und die Anfänge der Carlshütte, in: Jürgen Brockstedt (Hg.): Frühindustrialisierung in Schleswig-Holstein, anderen norddeutschen Ländern und Dänemark (= SWSG, 5), Neumünster 1983, S. 227-275. Ferner vgl. Iven KRUSE: Jahrhundertbuch der Hollerschen Carlshütte bei Rendsburg, insbesondere ein Lebensbild des Gründers M. H. Holler, Rendsburg 1927.

256 LAS Abt. 410, Nrn. 34 und 35.

257 HIRSCHFELD, Wegweiser, S. 452.

258 THAER, Bemerkungen, S. 145.

Speziell für die Verbreitung des Smallschen Pfluges setzte sich Thaer, nachdem er ihn 1799 bei Voght kennengelernt und danach auch selbst getestet hatte, seit 1801 energisch ein. Ab 1804 propagierte er dann allerdings den Einsatz eines anderen, vermeintlich besseren Schwingpflugs, und zwar den des Baileyschen.[259]

So wundert es also nicht, wenn Thaer, dem Ulbricht das Verdienst zuschreibt, "die Diffusion [der landtechnischen Innovationen in Deutschland] im großen Maßstabe organisiert zu haben"[260], die Dithmarscher Version des schleswig-holsteinischen Stellploogs derart harsch kritisierte, zumal sie zu diesem Zeitpunkt auch noch keinerlei Formelemente der modernen Pflugtypen aufgenommen hatte. Ganz im Geiste des Begründers der rationellen Landwirtschaft tadelten dann in der ersten Hälfte des 19. Jahrhunderts allerdings auch zahlreiche reformgesinnte Autoren bei ihrer Suche nach dem "bestmöglichen Pflug"[261] stereotyp die tradierten Pflugtypen. Dieses Motiv darf bei der Bewertung der nachfolgend präsentierten Quellen nicht außer acht gelassen werden.

Die wenigen Male, bei denen Thaer auf seiner Fahrt durch Schleswig und Holstein Kenntnis vom Einsatz moderner Pflugtypen erlangte, beweisen sicher, daß sie in den beiden Herzogtümern mehrere Jahrzehnte nach ihrem ersten Transfer noch keine größere Verbreitung erfahren hatten und der von ihm so gescholtene Stellploog mithin hier um 1800 noch unangefochten seine führende Position behauptete. Das bestätigt ferner etwa das noch vor dem Beginn von Thaers Wirken gefällte nüchterne Urteil des aus der Landschaft Süderdithmarschen stammenden Landkommissars und späteren Etatsrats Peter Jochims: "Wir pflügen und eggen jeden Boden auf eine und dieselbe Art, und mit denselben Instrumenten, ohne eben zu wissen, daß dieser mehr aufgelokkert, hingegen der andere mehr verschlossen gehalten werden mus, ohne es sich einfallen zu lassen, daß es schon weit bessere und vollkomnere Instrumente in der Welt giebt, und noch bessere erfunden werden können".[262] Zweifelsohne charakterisierte Jochims damit zugleich den Zustand des Ackerbaus und der Ackerbaugeräte in ganz Deutschland um die Wende vom 18. zum 19. Jahrhundert.[263]

Wie entwickelte sich nun die Diffusion dieser landtechnischen Innovationen weiter, nachdem auch in den Herzogtümern eine breitere Öffentlichkeit über Thaer und seit 1821 auch über einheimische landwirtschaftliche Periodika, Nachricht von ihrer Existenz erhalten hatte? Weder in Iversens 1819 geschriebenem Werk "Beyträge zur Kenntniß der Schleswig-Holsteinischen Landwirthschaft und ihrer jetzigen Verhältnisse" noch in Lengerkes "Schleswig-Holsteinischer Landwirthschaft" von 1826 finden sich Hinweise auf ihr weiteres Voranschreiten.[264] Bis 1838 hat sich daran offensichtlich nichts grundlegend

---

259 Die Ausführungen über Thaers Einfluß auf die frühe Diffusion landtechnischer Neuerungen und Verbesserungen in Deutschland sind ULBRICHT, Landwirtschaft, S. 334-354, entnommen.

260 Ebda., S. 354.

261 Vgl. hierzu etwa HAUSHOFER, Landwirtschaft, S. 105.

262 JOCHIMS, Zustand, S. 211. - Eine Kurzbiographie von Jochims (1762-1844) in: LSHLES (Bd. 1, 1867), S. 415. - Vgl. auch Georg Friedrich DITTMANN: Unser vaterländischer Ackerbau seit Anfang dieses Jahrhunderts, in: Karl Leonhard Biernatzki (Hg.): Volksbuch für das Jahr 1844, mit besonderer Rücksicht auf die Herzogthümer Schleswig, Holstein und Lauenburg, Kiel 1843, S. 197-210, hier 198.

263 Vgl. z.B. BENTZIEN, Fortschritte, S. 127 ff.

264 IVERSEN, Beyträge, insbes. S. 67-69 und LENGERKE, Landwirthschaft (Bd. 1), insbes. S. 40-49.

geändert, denn ansonsten hätte Dittmann in diesem Jahr sicher nicht bemerkt: "Fremde Pflüge, wie der Bailey'sche Schwingpflug, der schottische Pflug, - der Brabanter Stelzenpflug u.dgl., sind hier wenig im Gebrauch".[265]

Ein knappes Jahrzehnt später tagte im September 1847 die "XI. Versammlung deutscher Land- und Forstwirthe"[266] in Kiel. Wie auf den zehn zuvor seit 1837 jährlich abgehaltenen und den 17 weiteren noch bis 1872 stattfindenden Versammlungen traf sich hier die gesamte deutsche "Landwirtschaft in einer unparteilichen, überregionalen Vereinigung zur Diskussion und Verbreitung der neuesten Erkenntnisse".[267] Obgleich die dabei regelmäßig veranstaltete Geräte- und Maschinenausstellung erst vom Ausrichter der 20. Versammlung 1858 in Braunschweig aus ihrer Bedeutungslosigkeit gerissen wurde,[268] war diejenige in Kiel mit 62 im Katalog verzeichneten Ackergeräten und Landmaschinen zumindest die bis dahin weitaus größte ihrer Art in den Herzogtümern.[269] Bezeichnenderweise befanden sich unter ihnen lediglich vier Exponate aus den Herzogtümern. Während den drei Pflügen, von denen einer sogar noch ein modifizierter tradierter "holsteinischer Pflug mit hohen Rädern" war, keinerlei Beachtung geschenkt wurde, erregte "eine Underdrains-Maschine, um thönerne Wasserröhren zu fabriciren [...], durch Güte und Raschheit ihrer Leistung allgemeine Verwunderung". Deshalb empfahl die "Commission über die Prüfung der Ackergeräthe und Maschienen" die aus dem Besitz von Hirschfeld auf Groß-Nordsee stammende, "in Kiel gemachte Preßmaschine" jedem Landwirt "dringend" zur Anschaffung. Rasch desillusioniert wird man allerdings, wenn man aufmerksam Hirschfelds für die Mitglieder der XI. Versammlung verfaßten "Wegweiser durch die Herzogthümer"[270] studiert. Aus ihm geht hervor, daß bis 1847 erst fünf einheimische Gutsbesitzer "Underdrains-Maschinen" benutzten. Vier von diesen waren direkt aus Großbritannien importiert worden, während die fünfte, nämlich die von Hirschfeld, eine in der Kieler Eisengießerei und Maschinenfabrik Schweffel & Howaldt gefertigte Kopie eines englischen Originals war. Die Diffusion moderner Agrartechnik sowie die Kompetenz der Hersteller landwirtschaftlicher Produktionsmittel waren demnach 1847 in Schleswig-Holstein kaum vorangeschritten.

---

265 Georg Friedrich DITTMANN: Vollständige Anweisung zur Kenntniß und zum vortheilhaften Betriebe der Schleswig-Holsteinischen Landwirthschaft, Bd. 1, Altona 1838, S. 253 f. - Dementsprechend bemerkte der Brite Carr 1840 hinsichtlich der in den Herzogtümern gebräuchlichen landwirtschaftlichen Produktionsmittel kurz, aber unmißverständlich: "The agricultural implements of the duchies are quite as primitive as those in the neighbouring countries". John Stanley CARR: Rural Economy of Schlesvig, Holstein and Lauenburg, in: Journal of the Royal Agricultural Society of England (New Edition), 1 (1840), p. 371-387, hier 374. - Zur Person Carrs vgl. insbes. unten, Kap. III.5.2.1.2., S. 347 ff.

266 Vgl. Wilhelm HIRSCHFELD und Heinrich CARSTENS (Red.): Amtlicher Bericht über die XI. Versammlung deutscher Land- und Forstwirthe zu Kiel, herausgegeben von dem Vorstande der Versammlung, Altona 1848. Ferner vgl. auch die Berichte über die Versammlung in der LZ des Jahres 1847.

267 Martin HAUSHOFER: Die Versammlungen deutscher Land- und Forstwirte (VLF) 1837-1872, Diss. Stuttgart-Hohenheim 1969, S. 141.

268 Ebda., S. 65.

269 Vgl. HIRSCHFELD/CARSTENS, Bericht, S. 194-196, 594-599 und 889-894.

270 HIRSCHFELD, Wegweiser, S. 357. - Eine Biographie Hirschfelds (1795-1874) liefert Hans-R. HIRSCHFELD: Wilhelm Hirschfeld, in: BLSHL, 5 (1979), S. 131-133. H.-R. Hirschfeld bezeichnet Friedrich August Hach irrtümlich als "H. F. Hach". Zur Person Hachs vgl. oben, Fußnote 238, S. 95. Des weiteren vgl. zum Wirken Hirschfelds THYSSEN, Bauer, insbes. S. 26-39.

Genauso verhielt es sich auch mit dem "Waldpflug", der der "Auflockerung des Waldbodens in den Besaamungsschlägen" diente. Ein mündlicher Bericht über seine Entwicklung, Arbeitsweise und Leistung - nebst einer Zeichnung von ihm - wurde der "Section für Forstwirthschaft" auf ihrer dritten Sitzung von dem im Amt Bordesholm tätigen Hegereiter Ohrt geliefert.[271] 1818 - so berichtete Ohrt - hatte er "im zweiten Kronenburger Hegereiterdistrict auf Seeland einen Pflug" vorgefunden, der obiger Aufgabe diente. Indes war ihm dessen "Construction dem Zweck nicht genügend" erschienen, weshalb er diese "nach und nach" verbessert hatte. Das Endprodukt seiner Bemühungen war besagter Waldpflug. Laut Ohrt war sein Einsatz - entgegen der bis dahin von vielen Forstwirten geäußerten Ansicht, eine derartige Bearbeitung des Waldbodens sei "unausführbar" - problemlos und auch lohnend; in Dänemark habe man dank seiner beispielsweise bei der Nachzucht von Buchen auf ca. 600 Tonnen Waldboden "die schönsten Bestände" ziehen können.

Inwieweit Ohrt den Waldpflug nun tatsächlich merklich verbesserte, ist allerdings nicht zu verifizieren: er hat die Konstruktionsänderungen nämlich nicht beschrieben. Bedeutend können sie nicht gewesen sein. Schon ein flüchtiger Blick auf die im "Amtlichen Bericht" enthaltene Zeichnung desselben genügt, um zu sehen, daß das Gerippe und die meisten Bodenbearbeitungsteile des Waldpflugs im wesentlichen dem tradierten Stellpflug entliehen waren. Nur die mit dem Sech verbundene Schar stammte von einem modernen Pflugtyp, dem Kartoffelpflug. Allein in dieser Kombination der Formelemente beider Pflugtypen lag nun seine Besonderheit. Sie war aber - wie Ohrt selbst mitteilte - bereits gegeben, als er seine Aktivitäten zur Verbesserung desselben in Dänemark aufnahm.

Skepsis gegenüber Ohrts Angaben empfiehlt sich auch insofern, als er allem Anschein nach die Versammlung mit der Absicht aufgesucht hat, diese für die kommerzielle Verwertung seiner "Erfindung" zu nutzen. Darauf deutet zum einen hin, daß es Ohrt gewesen ist, der die Diskussion in der betreffenden Sitzung auf den Waldpflug lenkte und zum anderen, daß er auf die Anfrage eines Versammlungsteilnehmers, "wo man solche Modelle bekommen könnte?", ohne Zögern auf sich selbst als Lieferanten verwies. Allein schon aus diesem Blickwinkel ist es nur zu gut verständlich, warum er ein solch starkes Interesse daran hatte, seinen Anteil an der Entwicklung des Waldpfluges sowie auch dessen Effektivität hervorzuheben: Potentiellen Käufern - sei es unter den Mitgliedern der Versammlung oder unter der Leserschaft des "Amtlichen Berichts" - wollte er dadurch unmißverständlich klarmachen, daß sie den "bestmöglichen" Waldpflug nur bei ihm kaufen konnten.

Entsprechend der "Underdrains-Maschine" hatte auch der Waldpflug bis zur Versammlung im Untersuchungsgebiet nur eine äußerst geringe Verbreitung gefunden. Lediglich von der Bearbeitung von "140 bis 150 Tonnen Land in Besaamungsschlägen" in den Herzogtümern bis 1847 ist die Rede. Während jedoch erstere hier im Land in den folgenden Jahrzehnten eine starke Verbreitung fand, schweigen sich die Quellen - mit der im nächsten Absatz benannten Ausnahme - diesbezüglich über den Waldpflug aus. Es kann in seinem Fall also vom Gegenteil ausgegangen werden.

---

271 HIRSCHFELD/CARSTENS, Bericht, S. 364-367. - Vgl. Abb. 3, S. 471.

Wenn nun an dieser Stelle trotzdem über den Orthschen Waldpflug so ausführlich berichtet wird, dann nur deshalb, weil Kettemann in den Anschreibebüchern der Stellmacherei Kröger in Dätgen die Lieferung von vier derartigen Waldpflügen in den 1850er Jahren an den Hegereiter Ohrt nachweisen konnte[272] und daraus u.a. schlußfolgert, "daß der Stellmacherei ein wesentlicher Anteil an der Modernisierung der Landwirtschaft im Gerätesektor zukommt".[273] Wie gerade dargelegt, handelt es sich beim Waldpflug jedoch weder um einen Pflugtyp, der 1847 "den neuesten Stand der Technik" verkörperte, noch um einen solchen, der in den Herzogtümern jemals eine größere Verbreitung fand - ganz abgesehen davon, daß er für die Entwicklung des Ackerbaus des Landes bedeutungslos war. Mit der Widerlegung dieser Prämisse muß Kettemanns These auch insgesamt als hinfällig betrachtet werden, da es sich bei fast allen darauf aufbauenden Gliedern seiner Argumentationskette um nicht belegbare Vermutungen handelt. Welche Rolle das Handwerk nun tatsächlich im Prozeß der Mechanisierung/Technisierung der schleswig-holsteinischen Landwirtschaft gespielt hat, bleibt damit vorerst weiterhin offen.[274]

Ein fundiertes Urteil über die Qualität der auf der "XI. Versammlung deutscher Land- und Forstwirthe" abgehaltenen Maschinen- und Geräteausstellung wie auch über den Stand der Verbreitung moderner Agrartechnik in den Herzogtümern - und in Deutschland insgesamt - liefert ein auswärtiger Teilnehmer dieser Versammlung. Es bestätigt die oben geäußerten diesbezüglichen Einschätzungen in vollem Umfang. Unter anderem berichtete der polytechnisch und agrarwissenschaftlich ausgebildete Däne Bendt Søborg Jørgensen 1848 im Verlautbarungsorgan der "Königlichen Dänischen Landhaushaltungsgesellschaft", der "Tidsskrift for Landoekonomie", der er selbst von 1853 bis 1866 als Redakteur vorstehen sollte: "Mindre tilfredstillede Samlingen af Agerdyrkningsredskaberne mig; den var forholdsviis temmelig lille, og de bedste Instrumenter vare engelske, der vare mig tidligere bekjendte; af de tydske havde Weiße i Dresden leveret det meste; fra Hertugdømmerne selv var kun lidet. Overhovedet ere Agerdyrkningsredskaber den holsteenske Agerdyrknings svageste Side, og man maa forundres over, at et Land, der dog i andre Henseender frembyder Landmanden saa interessante Ting, lader saa Meget tilbage at ønske i denne; dette gjælder om Tydskland i det hele, hvor den Fremmede kun finder saa Agerdyrkningsredskaber, der indbyde til Efterligning".[275]

Während nun in den folgenden 1850er und 1860er Jahren moderne Agrartechnik in größerem Umfang Eingang in noch zu benennende Bereiche der schleswig-holsteinischen Landwirtschaft fand, hinkte die Diffusion moderner Pflugtechnologie in den Herzogtü-

272 Zuerst KETTEMANN, Handwerk, S. 77-96. Zuletzt DERS.: Landhandwerk und Modernisierung der Landwirtschaft auf dem Gerätesektor, am Beispiel einer Stellmacherei, in: Jürgen Brockstedt (Hg.): Gewerbliche Entwicklung in Schleswig-Holstein, anderen norddeutschen Ländern und Dänemark von der Mitte des 18. Jahrhunderts bis zum Übergang ins Kaiserreich (= SWSG, 17), Neumünster 1989, S. 73-93.

273 KETTEMANN, Handwerk, S. 96.

274 Vgl. dazu unten, Kap. III.5.2., S. 334 ff.

275 Bendt Søborg JØRGENSEN: Den ellevte Forsamling af tydske Landmænd i Kiel i September 1847, in: Tidsskrift for Landoekonomie (Ny Række), Bd. 10 (1848), S. 21-43, hier 40 f. Zur Person von Jørgensen (1815-1888) vgl. Hans HERTEL: Bendt Søborg Jørgensen, in: DBL, 9 (1895), S. 23-25. - Zum Stand der Diffusion moderner Pflugtypen um 1850 in den Herzogtümern vgl. auch ANONYMUS: Ueber Benutzung verbesserter Ackerwerkzeuge in bäuerlichen Wirthschaften, in: LWB, 1 (1851), Nr. 4 (25.01.1851), S. 29 f. und CHRISTENSEN, Redskaber, S. 459.

mern hinter dieser Entwicklung offensichtlich her. So urteilte 1860 ein fortschrittlicher "dansk Angelbo" über die Bodenbearbeitungsgeräte seiner deutschen Nachbarn in der Landschaft Angeln u.a.: "Man falder i den største Forundring, naar man kommer til det høitpriste Angel og iblandt Andet seer, at man endnu overalt bruger Hjulploven, dette usalige, dyrplagende Redskab, der staaer for os Andre som en dunkel Drøm fra Barndommes Tid".[276]

Daß seine Beobachtung bedenkenlos auf die Verhältnisse in weiten Teilen Schleswig-Holsteins übertragen werden kann, beweisen die beiden nachfolgenden von Einheimischen verfaßten Berichte. Der eine erschien im Juni 1864 im "Landwirthschaftlichen Wochenblatt" als Leitartikel und dürfte von Hach verfaßt worden sein. Darin heißt es zunächst: "In Bezug auf den Pflug [...] trat nach der Erkenntniß der Unvollkommenheit unsers Räderpfluges sofort die Theorie hervor mit dem Schwungpflug, und deducirte, daß das allein die richtige Verbesserung sei, weil der Schwungpflug zu jeder Pflugarbeit zweckmäßig, jedenfalls die geringste Zugkraft erfordere. Er ward demnach vielfach eingeführt und wenn auch die großen Schwungpflüge [...] sich nicht gehalten haben, so bürgerte sich doch ein kleinerer, unter dem Namen Arnemannscher Pflug vielfach im Lande bekannter Pflug ziemlich ein". Wenige Zeilen später wird allerdings bereits eingeräumt, daß den Schwingpflug "an manchen Stellen [...] die Praxis [...] wieder bei Seite geschoben" habe, und mehrere Absätze weiter wird schließlich eingestanden, der Schwingpflug habe sich bis 1864 in den Herzogtümern "nicht weiter und allgemeiner verbreitet".[277]

Der andere wurde von Hach im Auftrag der "ausführenden Direction des Schleswig-Holsteinischen landwirthschaftlichen Generalvereins" verfaßt und vermittelt uns folgendes Bild vom Entwicklungsstand der Diffusion moderner Ackerbautechnologie am Ende des Untersuchungszeitraums: "Weniger rasch als mit der Verbreitung landwirthschaftlicher Maschinen geht es im Ganzen mit der Verbesserung unserer gewöhnlichen Ackerwerkzeuge [...] und der Einführung verbesserter oder neuer. [...] Bei den Pflügen sieht man noch keine allgemeine durchgreifende Verbesserung, vielmehr vielfach noch den alten langen hölzernen Pflug mit Vordergestell, an dem höchstens und auch das noch nicht überall, ein eisernes Streichbrett angebracht ist".[278]

Im Jahresbericht des "Generalvereins" für 1873 klagte dessen Direktion zwar unverändert, daß "grade die Pflüge überall die schwächste Seite unserer Ackergeräthe sein"; insbesondere "in den Geestwirthschaften [..] tappt man noch in dieser Beziehung arg herum, Schwungpflüge werden wieder auf Vordergestell gesetzt, selbst die alten hölzernen Pflüge mit langem Sickbaum und Vordergestell sieht man noch vielfach in Gebrauch". Jedoch konnte sie dem für die Landwirtschaft zuständigen preußischen Minister zumindest einen Teilerfolg melden, denn in der Marsch war "der früher dort gebräuchliche schwere hölzerne Pflug [..] jetzt recht allgemein dem eisernen gewichen und diese werden

---

276 ANONYMUS: Angel og Angelboerne. Af en dansk Angelbo, in: Fr. Knudsen (udg.): Slesvigske Provindsialefterretninger, Bd. 1, Flensborg 1860, S. 327-364, hier 348.

277 HACH, Pflug, 178.

278 Friedrich August HACH: Jahresbericht über die landwirthschaftlichen Verhältnisse Schleswig-Holsteins, erstattet im December 1868 an den Königlichen Minister für landwirthschaftliche Angelegenheiten von Selchow, von der ausführenden Direction des Schleswig-Holsteinischen landwirthschaftlichen Generalvereins, Kiel 1869, S. 72 f.

durchweg aus Einem Ursprungsorte, einer Pflugfabrik in Heide bezogen".[279] Bestätigt wird dieser Bericht durch eine am 15. Februar 1867 auf der Versammlung des "Landwirthschaftlichen Vereins zu Brunsbüttel" ausgesprochene Empfehlung: Auf die Frage des Vorstandes, "Welche Maschinen und Geräthe haben sich in der Landwirthschaft am besten bewährt", wurden unter anderem "die eisernen Pflüge [...] von der Fabrik von Voss in Heide besonders empfohlen".[280]

Die (holsteinischen) Marschen waren also nicht nur derjenige Teil der Herzogtümer, dessen Landwirte führend in puncto Einführung von Verbesserungen am tradierten Beetpflug waren,[281] und in dem letzterer zuerst ganz allgemein durch einen leistungsfähigeren Stellpflugtyp ausgetauscht wurde, sondern sie waren auch derjenige Landesteil, in dem sich die modernen Pflugtypen zuerst flächendeckend durchzusetzen vermochten. Derartig verbesserungs- und innovationsfreudig sind auf dem Sektor der Pflugtechnologie in Schleswig-Holstein allenfalls noch die dänischsprachigen und -gesinnten Bewohner Nordschleswigs gewesen.[282] Eindeutig als besonders verbesserungs- und innovationsfeindlich können anhand des Jahresberichts für 1873 diesbezüglich dahingegen die Landwirte der Geestdistrikte identifiziert werden, und das um so mehr, wenn man weiß, daß beispielsweise der Heider Landmaschinenfabrikant Joachim Martin Voß, der zuvor viele Jahre in Wilster als Grob- und Hufschmiedemeister tätig gewesen war, eiserne Schwingpflüge "in schwächerer Form" für die Geestböden spätestens seit 1862 anbot.[283] Da das östliche Hügelland in dem Jahresbericht für 1873 nicht erwähnt wird, dürfte es in seiner Entwicklung am Ende des Untersuchungszeitraums irgendwo zwischen den beiden anderen Hauptnaturräumen gelegen haben.

Indes umfaßte das gesamte Marschengebiet nur ca. 14 Prozent der Gesamtfläche Schleswig-Holsteins. Deshalb muß der Untersuchungsraum insgesamt betrachtet wohl zusammen mit Mecklenburg,[284] den preußischen Ostseeprovinzen oder den westlichen preußischen Provinzen zu jenen Regionen Deutschlands gezählt werden, in denen die Diffusion moderner Pflugtechnologie bis 1867 noch nicht nennenswert vorwärts gekommen war. Große Fortschritte hatte sie bis dahin dagegen etwa in den preußischen Zen-

---

279 JAHRESBERICHT des Schleswig-Holsteinischen landwirthschaftlichen Generalvereins für 1873, Kiel 1874, S. 88 f.

280 Landwirtschaftsmuseum Meldorf, Landwirthschaftlicher Verein zu Brunsbüttel, Versammlungsprotokollbuch (Bd. 1).

281 Vgl. oben, Kap. II.1.1.1., S. 56 f.

282 Vgl. unten, Kap. III.5.1.3., S. 301 f.

283 ANONYMUS: Die Ausstellung von Zuchtthieren, landw. Maschinen und Geräthen, so wie Gegenständen der inländischen Industrie und des ländlichen häuslichen Fleißes, abgehalten am 15. und 16. Juli in Itzehoe, in: LWB, 12 (1862), Nr. 30 (26.07.1862), S. 205-207, hier 206. - Vgl. auch ITZEHOER NACHRICHTEN, 46 (1862), Nr. 58 (19.07.1862), Sp. 1731 f.

284 BENTZIEN, Eindringen, insbes. S. 23 ff. und DERS., Haken, S. 176-180.

tralprovinzen oder Teilen Braunschweigs[285] und in Württemberg,[286] aber auch in Dänemark,[287] gemacht.

Bleibt noch anzumerken, daß in Schleswig-Holstein noch über das Jahr 1867 hinaus zum Pflügen ausschließlich tierische Zugkraft eingesetzt wurde. Erstmals in unmittelbarer Nachbarschaft der Herzogtümer kam ein Dampfpflug im Rahmen der vom 14. bis 20. Juli 1863 in Hamburg abgehaltenen bedeutenden "Internationalen landwirthschaftlichen Ausstellung"[288] zum Einsatz. Wenige Tage vor deren Eröffnung, und zwar am 10. Juli, kam es "auf den Sievekingschen Ländereien im Hammerbrook"[289] zu einem Wettpflügen zwischen einigen später auf der Ausstellung präsentierten Dampfpflügen. Dampfpflüge in ihrem Ausstellungsprogramm hatten die britischen Firmen John Fowler, Garrett & Son, J. & F. Howard, Ransomes & Sims sowie Richardson & Darley.[290]

Bis zum ersten Einsatz eines Dampfpfluges auf schleswig-holsteinischem Boden sollten allerdings noch zehn Jahre vergehen. Von Ende Juni bis in die zweite Woche des Juli 1873 ließ der Pächter des im oldenburgischen Landesteil Lübeck gelegenen Gutes Benz einen nach dem Ein-Maschinen-System arbeitenden Dampfpflug[291] der englischen Firma Chelmsford, Eddington, mietsweise auf seinen Feldern laufen. Täglich wurden "ca. 9 Tonnen Land bei ca. 13 Zoll Tiefe" gepflügt und dann mit dem Kultivator bearbeitet. Die zwölf PS starke Lokomobile sollte 2.500 Thlr. und der komplette Dampfpflugsatz 8.000 Thlr. kosten. Obgleich seine Arbeit positiv beurteilt worden war, wurde er aus Rentabilitätsgründen nicht zur Anschaffung oder Miete empfohlen.[292]

---

285 Einen Überblick über den Stand des Transfers und der Diffusion moderner Agrartechnik innerhalb einzelner Regionen des norddeutschen Zollvereins um 1860 liefert VIEBAHN, Statistik (T. 1), S. 850-857. Vgl. dazu TEUTEBERG, Landwirtschaft, S. 60-62.

286 KLEIN, Ackergerätefabrik. Vgl. auch VIEBAHN, Statistik (T. 1), S. 853.

287 CHRISTENSEN, Redskaber, S. 425-464. Ferner BJØRN, 1810-1860, S. 51 f., 159-162 und 171-173. Jørgen DIECKMANN RASMUSSEN et al.: 1860-1914, in: Claus Bjørn (rd.): Det danske landbrugs historie, Bd. 3 (= 1810-1914), Odense 1988, S. 193-431, hier 266-275.

288 Vgl. RUNKEL: Internationale landwirthschaftliche Ausstellung in Hamburg, in: Hamburgischer Correspondent, Nr. 165 (15.07.1863), Nr. 166 (16.07.1863), Nr. 167 (17.07.1863), Nr. 169 (20.07.1863), Nr. 171 (22.07.1863) und Nr. 173 (24.07.1863) sowie ANONYMUS: Internationale landwirthschaftliche Ausstellung V.-VII., in: Hamburger Nachrichten, Nr. 169 (20.07.1863), Nr. 171 (22.07.1863) und Nr. 172 (23.07.1863).

289 RUNKEL, Ausstellung, Nr. 165 (15.07.1863).

290 CATALOG der Pferde, Rindvieh, Schafe, Schweine, Federvieh, der Geräthe und Maschinen, so wie der landwirthschaftlichen Erzeugnisse jeder Art, angemeldet für die Internationale landwirthschaftliche Ausstellung, unter technischer Mitwirkung der Deutschen Ackerbau-Gesellschaft, abgehalten auf dem Heiligen Geistfelde in Hamburg, den 14. 15. 16. 17. 18. 19. und 20. Juli 1863, Hamburg o. J., S. XLVII.

291 Vgl. hierzu Andreas KUNTZ: Der Dampfpflug - Bilder und Geschichte der Mechanisierung und Industrialisierung von Ackerbau und Landleben im 19. Jahrhundert, Marburg 1979, S. 23-26 und Hermann KAISER: Dampfmaschinen gegen Moore und Heide - Ödlandkultivierung zwischen Weser und Ems (= Materialien zur Volkskultur nordwestliches Niedersachsen, 8), Cloppenburg (2)1984, S. 22-36.

292 J.A.W. CARSTENN und W. MAU: Bericht des Herrn Carstenn zu Testorff und Herrn Mau auf Bungsberghof über das Dampfpflügen, in: LWB, 23 (1873), Nr. 42 (17.10.1873), S. 460 f. und Friedrich August HACH: Kiel, d. 1. Juli 1873, in: LWB, 23 (1873), Nr. 27 (04.07.1873), S. 293 f., hier 294.

Durch Dampfkraft gezogene Bodenbearbeitungsgeräte wurden im Herzogtum Schleswig zum erstenmal 1876 eingesetzt. Am 9. September 1876 wurde ein nach dem Zwei-Maschinen-System arbeitender Dampfgrubber auf dem nördlich von Hadersleben gelegenen Stendetgård in Betrieb gesetzt. Sein Eigentümer war der aus 14 grundbesitzenden bzw. gewerbetreibenden Mitgliedern bestehende "Dampf-Bodenkultur-Verein zu Hadersleben". Erworben hatte er den u.a. mit zwei acht PS starken Straßenlokomotiven ausgerüsteten Dampfgrubbersatz für 35.000 Mk beim Magdeburger Agenten der britischen Firma John Fowler.[293]

Nur knapp zwei Jahre nachdem die Dampfkraft erstmals im Herzogtum Schleswig zur Bodenbearbeitung eingesetzt worden war, wurde sie dazu schließlich auch im Herzogtum Holstein verwendet. Anläßlich des "Internationalen Marktes für landwirthschaftliche Maschinen zu Hamburg" waren zwei nach dem Zwei-Maschinen-System arbeitende Dampfpflugsätze von Fowler mehr als einen Monat in der Tangstedter Heide auf dem Kanzleigut Tangstedt im Einsatz. In dieser Zeit brachen sie dort 130 bis 140 Hektar des stellenweise mit einer mehr oder weniger starken Ortsteinschicht unterlagerten Heidebodens um und bereiteten ihn auch mit dem Grubber für die Aufforstung vor. Je Hektar verlangte Fowler 100 Mk.[294]

Die Kultivierung von Heide- und Moorflächen sollte sich zum Hauptbetätigungsfeld des Dampfpfluges bzw. -grubbers in Schleswig-Holstein entwickeln. In der Landwirtschaft hat er hier jedenfalls, ganz im Gegensatz etwa zum benachbarten Mecklenburg oder der preußischen Provinz Sachsen,[295] niemals eine nennenswerte Rolle gespielt.

II.2.1.2. Eggen

Hachs eingangs des Kapitels II.2.1. wiedergegebener Bericht über den Entwicklungsstand der Bodenbearbeitungsgeräte in Schleswig-Holstein während der Vorbereitungsphase der Mechanisierung/Technisierung wird durch Dittmann auch in bezug auf die Egge bestätigt. Unverändert hieß es in der 1845 erschienenen zweiten, vermehrten und verbesserten Auflage seiner "Vollständigen Anweisung zur Kenntniß und zum vortheilhaften Betriebe der Schleswig-Holsteinischen Landwirthschaft" im Abschnitt "Von der Beackerung" diesbezüglich: "Obgleich mehrere verschiedene Arten derselben hier im

---

293 ANONYMUS: Die Dampf-Bodenkultur in Schleswig-Holstein I.-IV., in: Der Norddeutsche Landwirth, 1/2 (1876/77), 1, S. 143-145, 161-165 und 171-173 sowie ebda.: 2 (1877), 2, S. 3f. Ferner ANONYMUS: Ueber die Arbeit des Dampfgrubbers im nördlichen Schleswig, in: LWB, 26 (1876), Nr. 40 (06.10.1876), S. 398 f. - Vgl. hierzu auch LAS Abt. 309, Nr. 11489 und AMTSBLATT der Königlichen Regierung zu Schleswig, 1876, Stück 47 (06.10.1876), Nr. 1388 (28.09.1876), S. 364 f.

294 SCH.: John Fowler's Dampfpflug zum ersten Mal in Holstein, in: Der Norddeutsche Landwirth, 3 (1878), 3, S. 240-242. Ferner DITHMARSCHER BOTE, 1878, Nr. 50 (22.06.1878) sowie BELLOT: Bericht über den internationalen Markt für landw. Maschinen zu Hamburg 1878. I. Maschinen und Geräthe zur Bodenbearbeitung, zur Bestellung und zur Pflege der Pflanzen, in: LWB, 28 (1878), Nr. 29 (19.07.1878), S. 278-281.

295 Vgl. BENTZIEN, Landbevölkerung, S. 127-130 und KAISER, Dampfmaschinen, S. 38.

Gebrauch sind, so werden doch am meisten die simpelen, ganz von Holz verfertigten und darnächst ähnliche, mit eisernen Zinken versehene, angewandt". Erstere beschrieb er wie folgt: Sie "haben 3 Balken von circa 6 1/2' Länge und 3 und 3 1/2" Dicke; 3 Scheiden von 5' 3" Länge, 4" Breite und 1" Dicke, und 30 grade stehende Zinken, die 1' lang, 1" dick und nach unten verjüngt sind; jedoch findet man sie bald größer, bald kleiner, je nachdem der Boden beschaffen ist". Und letztere waren laut Dittmann "ähnlich wie die hölzernen construirt", hatten "aber gewöhnlich nur 24 Zinken".[296]

Die in Kapitel II.1.1.2. ausführlich beschriebenen tradierten Eggen vermochten demnach gegenüber den modernen während der gesamten ersten Hälfte des 19. Jahrhunderts souverän "das Feld zu behaupten". Wie weit bei den alten Formen der bereits vor 1800 in Gang befindliche Austausch von hölzernen durch eiserne Eggenzinken im Untersuchungsraum bis um 1850 vorangeschritten war, läßt sich aus Dittmanns Bericht jedoch nicht ersehen. Folgt man ihm, so müßten die mit hölzernen Zinken ausgestatteten Eggen zu dieser Zeit im Untersuchungsraum ungebrochen "am meisten [...] angewandt" worden sein. Für das im östlichen Hügelland Holsteins gelegene Amt Bordesholm etwa dürfte dies zutreffen, denn dort benutzten die Landwirte am Ende der Vorbereitungsperiode für die meisten Eggarbeiten unverändert "die kleineren Eggen [...] mit hölzernen Zinken".[297]

Für die holsteinischen Marschen, in denen der Austauschprozeß schon um 1800 sehr weit fortgeschritten war, traf das selbstverständlich nicht zu. So benutzten beispielsweise die Landwirte in den Marschen der Landschaften Norder- und Süderdithmarschen in den 1840er Jahren nur noch mit eisernen Zinken ausgestattete Eggen.[298] Um sich über die hier innerhalb Schleswig-Holsteins offensichtlich bestehenden deutlichen Entwicklungsunterschiede ein exaktes Urteil bilden zu können, fehlt es indes bisher an genügend aussagekräftigem Material.

Auch über den Prozeß der Verdrängung der Bothegge lassen sich deshalb keine weitergehenden Aussagen treffen. Zwar berichtet Dittmann, daß sie während der Vorbereitungsperiode in den Herzogtümern "fast gänzlich aus dem Gebrauch"[299] gekommen sei, doch ist sie kurz vor und nach der Jahrhundertmitte zumindest noch in den im östlichen Hügelland gelegenen holsteinischen Ämtern Bordesholm und Reinfeld allgemein eingesetzt worden.[300] Wo die Bothegge nun tatsächlich in Schleswig-Holstein bis 1850 verschwand, und vor allem, durch welchen Eggentyp sie an diesen Stellen ersetzt wurde, muß also offen bleiben. Wahrscheinlich ist die Bothegge vornehmlich dort, "wo der Boden steif und zähe ist", von den Landwirten durch zweispännige eiserne Eggen ersetzt worden. Diese waren "entweder von derselben Form, wie die hölzernen, und bloß größer, oder sie haben gebrochene Balken, in welchem Falle die Egge in zwei Theile zerschnitten" war, gehabt. Verbunden wurden beide "mit Gehängen", weshalb sie "Gewinde- oder Krüppeleggen" genannt wurden.[301] Die letztere Entwicklung führt uns be-

---

296 DITTMANN, Anweisung (Bd. 1, 2. Aufl.), S. 315 f.
297 HANSSEN, Bordesholm, S. 84.
298 REVENTLOW/WARNSTEDT, Festgabe, S. 220 und ANONYMUS, Marschhof, S. 123.
299 DITTMANN, Anweisung (Bd. 1, 2. Aufl.), S. 317 f.
300 HANSSEN, Bordesholm, S. 85 und Franz Heinrich ALBERS: Das Amt Reinfeld im Herzogthume Holstein, Oldesloe 1852, S. 72.
301 DITTMANN, Anweisung (Bd. 1, 2. Aufl.), S. 316.

reits aus dem Bereich der Verbesserung des tradierten Eggenfundus in denjenigen der agrartechnischen Neuerungen hinüber.

In den ersten beiden Jahrzehnten der 1. Periode der Mechanisierung/Technisierung der Landwirtschaft, d.h. in den 1850er und 1860er Jahren, fanden zwei moderne Eggentypen schnell weitere Verbreitung in den Herzogtümern. Ihrem Transfer sowie ihrer Diffusion gilt daher nachfolgend das ausschließliche Interesse.

Wie auf vielen anderen Sektoren der modernen Landtechnik, so war Voghts Mustergut Flottbek auch in bezug auf die Egge die erste Station neuer Typen auf deren Weg in die Herzogtümer. Die hier zunächst interessierende sogenannte "schottische Egge" ist wahrscheinlich von Voght zwischen 1793 und 1795 zusammen mit den meisten anderen Akkergeräten und Landmaschinen, mittels derer er Flottbek bis zum Ende der 1820er Jahre in eigener Regie bewirtschaftet hat, in England oder Schottland gekauft worden.[302] Jedenfalls befand sie sich um 1803, als Kiesewetter Flottbek besuchte, bereits im Inventar des Mustergutes. In seinem Reisebericht zählte er die "schottische Egge" sogar zu denjenigen Ackergeräten Flottbeks, "die mit dem besten Erfolg eingeführt wurden und gegenwärtig noch im Gange sind".[303] Ihre Wirkungsweise und ihr Einsatzgebiet beschrieb Kiesewetter wie folgt: "Eine Egge in tiefem Boden, welche von zwey und vier Pferden gezogen wird, je nachdem sie angewendet werden soll. Mit 2 Pferden wird sie gebraucht, wenn schon etwas mürbes und nicht ganz verquecktes Land damit überfahren werden soll; mit 4 Pferden, wenn tief wurzelndes Unkraut ausgerissen und die großen Erd-Schollen oder aufgebrochenes Grasland zerrissen werden soll. Sie geht sehr tief im Boden, reißt das Unkraut gut heraus und bringt es an die Oberfläche. Sie thut, indem sie nicht schleppt, sondern springt, vortreffliche Wirkung, und hebt mit ihren starken, unten in einen stumpfen Winkel gegen vorne zu gebogenen Zinken die Quecken aus dem Grunde heraus".[304]

Dazu sei ergänzend angemerkt[305]: Das in Abbildung 4 dargestellte zweifeldrige Eggengestell ist die unveränderliche Grundeinheit der "schottischen Egge", "nur daß es nach Maaßgabe des Bodens leichter oder schwerer angefertigt und mit schwächeren oder stärkeren Zinken versehen" wurde. Ob ein Ein-, Zwei- oder Dreipferdevorspann zum Betrieb der "schottischen Egge" gebraucht wurde, richtete sich also nach der Größe und dem Gewicht ihres Eggengestells und ihrer Zinken. Aber auch die Form ihrer Zinken, die den entscheidenden Einfluß auf die Wirkungsweise einer jeden Egge ausübt, bestimmte darüber natürlich mit. Abbildung 4 gibt nun alle vier bekannten Eggenzinkenformen wieder, mit denen das abgebildete zweifeldrige Eggengestell ausgerüstet werden konnte. Aber nur unter denjenigen Eggen, die mit einer der in Abbildung 4 mit C und D bezeichneten Zinkenform bestückt waren, verstand man in den Herzogtümern im engeren Sinne eine "schottische Egge". Das mit der Zinkenform A ausgestattete Eggengestell nebst Vor-

---

302 Vgl. AHRENS, Voght, S. 79.

303 KIESEWETTER, Bemerkungen, S. 27-55, hier 44.

304 Ebda., S. 48 f.

305 Sofern nicht anders vermerkt, stammen sämtliche nachfolgenden Informationen und Zitate über die "schottische Egge" von Joachim Christoph JEBENS: Ueber Reißpflüge, schottische Eggen, Feldbestellung und Fruchtwechsel, in: NAMLG, 20 (1836), 2. Hälfte, S. 560-592, hier 569 und 573-577. - Eine Kurzbiographie von Joachim Christoph Jebens (1801-1862) in: LSHLES (Bd. 1, 1867), S. 396 f. - Abb. 4, S. 472.

spann wurde hingegen der messerförmigen Zinken wegen gewöhnlich "schottische Messeregge" genannt und das mit der Zinkenform B "Quekegge", da diese Form zur Beseitigung des tieferwurzelnden Unkrautes, wie der Quecke, bestimmt war. Diese im Untersuchungsraum gebräuchliche Typisierung soll fortan auch für diese Arbeit gelten. Allerdings darf nicht unerwähnt bleiben, daß alle drei Eggentypen in Schleswig-Holstein häufig aufgrund ihrer Gemeinsamkeit, dem zweifeldrigen Eggengestell, auch undifferenziert als "schottische Eggen" zusammengefaßt wurden.

Der oben zitierte Bericht Kiesewetters über den Gebrauch der "schottischen Egge" auf Flottbek kurz nach 1800 deutet bereits auf deren große Einsatzbreite hin. Laut Joachim Christoph Jebens wurden die "schottischen Eggen" mit ihren "graden oder auch etwas schräg gestellten Zinken" in den 1830er Jahren in den Herzogtümern auf "theils sehr wirksame[.] Weise als Booteggen, theils, aber leichter angefertigt, als Ersatz der kleinen einspännigen Eggen zur Klarmachung des Ackers gebraucht. Einige bedienen sich dieser letztern auch zum Eineggen der Saat". Auch in Mecklenburg diente die "schottische Egge" um diese Zeit dazu, "die Schollen des gepflügten Ackers zu zerkleinern, die Furchen einzuebnen und das Unkraut herauszureißen".[306] Neben der hohen Effizienz der "schottischen Egge" dürfte vor allem ihre vielseitige Verwendbarkeit dafür gesorgt haben, daß sie - wie sich im weiteren Verlauf des Kapitels noch erweisen wird - bis zum Ende der 1860er Jahre in Schleswig-Holstein ebenso wie z.B. in Mecklenburg weite Verbreitung fand. Das kann man von der "schottischen Messeregge", die u.a. "im Frühjahre" zum Zerschneiden und Zerstückeln der "flachgegebenen Dreeschfurche", mithin zur Bearbeitung der Brache, eingesetzt wurde, ebensowenig sagen wie von der "Quekegge". 1845 bemerkte etwa Dittmann, daß "Messereggen, Queckeggen und dergleichen [...] Instrumente" in den Herzogtümern "wenig" vorkämen.[307] Und am Ende der 1850er Jahre empfahl Hach den Mitgliedern des "Landwirthschaftlichen Vereins am Schleswig-Holsteinischen Canal" auf die Frage, "Welches sind die allgemein bewährtesten Ackerinstrumente und deren Vorzüge, außer der gewöhnlichen Egge und Pflug?", die "mit Unrecht etwas in Verruf und in Vergessenheit gerathene Messeregge".[308]

Wenden wir uns nun wieder Flottbek und den Anfängen der Diffusion der "schottischen Egge" zu. Ein Vierteljahrhundert nach ihrer dortigen Einführung zählte sie auf dem Mustergut unverändert zu den gebräuchlichen Eggen. Unter den acht verschiedenen auf Flottbek eingesetzten Typen befand sich nämlich auch "die große gegliederte zweispännige Schottsche Egge mit geraden und mit gekrümmten eisernen Zinken, letztere besonders auf quekigtem Felde brauchbar".[309]

Dank ihrer oben dargelegten Vorzüge folgten offensichtlich recht früh einige schleswigholsteinische Landwirte dem Beispiel ihres Innovators Voght, und nahmen die "schottische Egge" in ihr Ackergeräteinventar auf. Denn wie Jebens den Lesern des "Itzehoer Wochenblattes" 1838 mitteilte, waren die "schottischen Eggen" zu diesem Zeitpunkt be-

306 WOSSIDLO/TEUCHERT (Bd. 1): Äg, Sp. 219-225, hier 222.
307 DITTMANN, Anweisung (Bd. 1, 2. Auflage), S. 318.
308 A. WILMSEN: Protocoll der am 4. Juni d. J. zu Flemhude abgehaltenen "landwirthschaftlichen Versammlung am Canal", in: LWB, 8 (1858), Nr. 26 (26.06.1858), S. 204-207, hier 206.
309 Caspar VOGHT: Flotbeck und dessen diesjährige Bestellung mit Hinsicht auf die durch dieselbe beabsichtigten Erfahrungen: ein Wegweiser für die landwirthschaftlichen Besucher desselben, in: LH, 6 (1822), S. 1-80, hier 74.

reits "seit vielen Jahren" zum Verkauf "von dem geschickten Schmied Wilde zu Flottbeck auf Veranlassung des verdienstvollen Freiherrn von Voght verfertigt"[310] worden. Namentlich ist lediglich einer der Käufer von Wildes "schottischen Eggen" bekannt: Jebens selbst war einer ihrer Frühen Übernehmer; und zwar setzte er sie zuerst von 1826 bis 1830 während seiner Tätigkeit als Verwalter des in Nienstedten bei Flottbek gelegenen Köhnkeschen Instituts nach dem Vorbild von Voght ein und ließ sie später auch immer gleich dort, wo er Anstellung fand, anfertigen und "mit so großem Nutzen" einsetzen, "daß sie allgemeinen Beifall fanden". Jebens sprach sich also in aller Öffentlichkeit das Verdienst zu, durch sein Beispiel weitere Landwirte zum Gebrauch der "schottischen Egge" angeregt zu haben. Einer von ihnen war "Herr Dühring zu Crumesse bei Lübeck", auf den noch später eingegangen werden soll.[311] Offenkundig verlief die Diffusion der "schottischen Egge" in den Herzogtümern anfangs über informelle interpersonale Kanäle.

Dennoch war die Diffusion dieser Innovation um 1825, d.h. am Ende von Vogths Wirken auf Flottbek, allem Anschein nach noch nicht sehr weit fortgeschritten. Laut Lengerke waren die "Gliedereggen", mittels derer seiner Meinung nach "überhaupt das ganze Geschäft des Eggens weit besser vollführt" wurde, in dieser Zeit nämlich in Schleswig-Holstein "nur einzeln gebräuchlich".[312] "Gliederegge" oder auch "schottische Gelenkegge"[313] wurde die "schottische Egge" gelegentlich in Anspielung auf ihr zweigliedriges Eggengestell und die zwei Gelenke, die die beiden "Glieder" miteinander verbanden, genannt. Darüber hinaus rühren aber auch die 1845 von Dittmann gebrauchten Bezeichnungen "Gewinde- oder Krüppelegge" daher. Folgt man Dittmanns oben präsentierten Bericht,[314] so hatte die "schottische Egge" in Schleswig-Holstein binnen zwanzig Jahren auf bestimmten Böden auf Kosten der Bothegge bereits eine größere Verbreitung gefunden.

Das dürfte in erster Linie das Verdienst des "Königl. Gros-Brittannischen Pensionair-Capitain[s] John Stanley Carr" gewesen sein, der 1828 das im Herzogtum Lauenburg gelegene adelige Gericht Tüschenbeck erworben hatte und es wahrscheinlich noch bis zu dessen Verkauf 1849 in eigener Regie als Mustergut nach englischem Vorbild bewirtschaftete.[315] Wie Voght auf Flottbek, so begnügte sich auch Carr - aus welchen Motiven nun auch immer - nicht mit dem Einsatz moderner landwirtschaftlicher Geräte und Maschinen englischen und schottischen Ursprungs auf seinem Gut, sondern stellte sie ebenfalls für Ausstellungen in und außerhalb der Herzogtümer zur Verfügung und ließ sie

---

310 Joachim Christoph JEBENS: Verspätete Antwort, in: Itzehoer Wochenblatt, 22 (1838), Nr. 9 (02. 03.1838), Sp. 231 f., hier 231. - Zur Produktion und zum Vertrieb von modernen Ackergeräten und Landmaschinen durch Voght sowie den Flottbeker Schmied Wilde vgl. unten, Kap. III.5.2.1.2., S. 341 ff.

311 DERS., Reißpflüge, S. 569 und 592 sowie DERS., Antwort, Sp. 231. - Zu Dühring vgl. unten, Kap. III.5.2.1.2., S. 351 f.

312 LENGERKE, Landwirthschaft (Bd. 1), S. 44.

313 JEBENS, Reißpflüge, S. 569.

314 Vgl. oben, S. 108.

315 LAS Abt. 210, Nr. 3654 und H. LINSEN (Bearb.): Statistisches Hand- und allgemeines Adreßbuch für das Herzogthum Lauenburg, mit Einschluß der Lübeck'schen, Mecklenburg-Strelitz'schen und Hamburg'schen Enclaven. Nach officiellen und authentischen Quellen, unter Mitwirkung landeskundiger Männer, Ratzeburg 1872, S. 424.

darüber hinaus auch zum Verkauf nachbauen.[316] 1836 berichtete Jebens in den "Neuen Annalen der Mecklenburgischen Landwirthschaftlichen Gesellschaft", daß die "schottische Egge" in Schleswig-Holstein im Vergleich zu Voghts Aktivitäten "vielfältiger noch [...] durch das rühmliche Beispiel des Herrn Hauptmanns Carr zu Tüschenbeck und die Bemühungen des Herrn von Bülow zu Trenthorst Aufmerksamkeit erregt und Anerkennung und Anwendung gefunden" habe; und ferner, daß Carr "schottische Eggen" "schon seit längerer Zeit" in einer eigenen Werkstatt auf Bestellung habe anfertigen sowie prompt liefern lassen und dieses auch zukünftig so halten werde.[317]

Da das adelige Gut Trenthorst lediglich ca. zwölf Kilometer Luftlinie von Tüschenbeck entfernt liegt, dürfte dessen Eigentümer, v. Bülow, erst durch das Vorbild des Briten Carr zum Einsatz moderner Geräte wie etwa der "schottischen Egge" oder des schottischen Pfluges von Morton[318] angeregt worden sein; wahrscheinlich bezog er einige davon sogar von ihm. Mit Sicherheit trifft das auf Hach zu, denn laut eigener Aussage kaufte er um 1833/34 von Carr eine "schottische Egge".[319] Hach bestätigt auch die Vermutung, daß Carr bei der Verbreitung der "schottischen Egge" im Untersuchungsraum die entscheidende Rolle gespielt hat, wenn er berichtet, diesem gebühre "überall großes Verdienst [..] um Einführung verbesserter Ackerinstrumente in Mecklenburg und Holstein".[320]

Ihren Siegeszug dürfte die "schottische Egge" in den Herzogtümern von Tüschenbeck aus spätestens 1833 angetreten haben. Für dieses Jahr läßt sich dort nämlich erstmals die Produktion von modernen landwirtschaftlichen Geräten und Maschinen nachweisen. Gestützt wird diese Datierung durch Hachs Angabe, er habe die von Carr bezogene "schottische Egge" um 1833/34 "zuerst hier im Lande eingeführt".[321] Womöglich ist Hach - wie andere innovationsfreudige Landwirte damals auch - durch einen Bericht in den "Landwirthschaftlichen Heften für die Herzogthümer Schleswig und Holstein" vom Oktober 1832 auf die Vorzüge der "schottischen Egge" aufmerksam gemacht worden.[322] Da dessen Autor, v. Holstein auf Waterneverstorf, die Konstruktion und Funktionsweise der "schottischen Egge" recht detailliert beschreibt, dürfte er selbst einer ihrer Frühen Übernehmer gewesen sein.

Man sieht, die ersten Landwirte, die von Carr die "schottische Egge" übernahmen, waren ausnahmslos den Ideen der rationellen Landwirtschaft anhängende Gutsbesitzer, die zudem zumeist noch in den wenigen landwirtschaftlichen Vereinen des Landes organisiert waren. Dabei trugen die persönlichen Bekanntschaften und die unpersönlichen Massenmedien nahezu zeitgleich zur Verbreitung der Innovation "schottische Egge" in dieser Gruppe bei. Beide Kommunikationskanäle blieben den Bauern dagegen versperrt, so daß dieses Ackergerät selbst in die bäuerlichen Betriebe in der Umgegend Tüschenbecks und Trenthorsts, im Lauenburgischen und Stormarnschen, erst später Eingang fand als im weit entfernten adeligen Gut Waterneverstorf. So wußte Hach den Lesern des "Land-

316 Vgl. hierzu Kap. III.5.2.1.2., S. 347 ff.
317 JEBENS, Reißpflüge, S. 569 f. und 592.
318 Vgl. LAS Abt. 406.10, Nr. 37.
319 Vgl. unten, Kap. III.5.2.1.2., S. 351 und HACH, Geräthe, S. 245.
320 DERS., Pflug, S. 177.
321 DERS., Geräthe, S. 245.
322 HOLSTEIN, Vorschläge, S. 102.

wirthschaftlichen Wochenblattes" im Januar 1851 zu berichten, daß die "schottische Egge" kaum in den "größeren, [...] sorgfältig geführte[n] Wirthschaften" der Herzogtümer fehle, wohingegen sie in den "bäuerlichen Wirthschaften [...] jetzt schon"[323] zu sehen wären. Nicht zuletzt durch die Empfehlung[324] der landwirtschaftlichen Vereine verbreitete sich die "schottische Egge" bis 1864 in den bäuerlichen Betrieben schließlich derart, daß Hach feststellen konnte, jetzt glaube "kaum ein Bauer [..] ohne solche fertig werden zu können".[325]

Am Ende der 1860er Jahre, so kann man z.B. einem Jahresbericht des "Schleswig-Holsteinischen landwirthschaftlichen Generalvereins" entnehmen, waren die modernen Eggentypen, d.h. vor allem die "schottischen Eggen", allgemein neben die tradierten getreten oder hatten diese sogar bereits völlig aus den Inventaren verdrängt.[326] Folglich taucht eine "schottische Egge" auch im Inventar des bei Eckernförde gelegenen ca. 81 ha großen Hofes Wilhelmsthal auf. Am 9. Oktober 1872 waren dort u.a. an landwirtschaftlichen Produktionsmitteln "4 Bauwagen, 3 Pflüge, 1 Reißpflug mit Dreiwacht, 1 schottische Egge, 6 Eggen mit eisernen Zinken, 1 Pferdeharke, 2 Hand-Hungerharken, 1 Walze [...], sowie [...] 8 Dreschflegel"[327] vorhanden. Daß sich dieses moderne Ackergerät in nicht einmal einem Vierteljahrhundert derart in Schleswig-Holstein, aber auch Mecklenburg,[328] durchzusetzen vermochte, verdankte sie bemerkenswerterweise jedoch nicht nur ihrer großen Überlegenheit gegenüber den tradierten Eggentypen, sondern insbesondere auch der Tatsache, daß sie im Vergleich zu anderen landtechnischen Innovationen relativ leicht angefertigt werden konnte.

Zum Schluß noch einige Bemerkungen zur Bezeichnung "schottisch". Nach den obigen Ausführungen muß man eigentlich zu dem Schluß kommen, daß sie sich auf das Herkunftsland dieses Eggentyps bezieht. Nur so erklärt sich etwa auch, warum sie 1832 von v. Holstein auf Waterneverstorf irrtümlich als "englische" Egge[329] bezeichnet wurde. Ihre in Schleswig-Holstein bzw. Mecklenburg gebräuchlichen mundartlichen Bezeichnungen "schottsche" Eg und "Schott"eg bzw. "schottsche" Äg und "Schott"-äg[330] leiten sich mithin von "schottisch", und nicht, wie Bentzien in Anlehnung an Wossidlo/Teuchert vermutet, vom mundartlichen Verb "schotten", d.h. "zusammenschließen", ab.[331] Dementsprechend hatten "schottschen" und "schöttschen" in den Herzogtümern die mundartliche Bedeutung "mit der Schotteg arbeiten".[332]

---

323 Friedrich August HACH: Ueber Benutzung verbesserter Ackerwerkzeuge in bäuerlichen Wirthschaften, in: LWB, 1 (1851), Nr. 4 (25.01.1851), S. 29-31, hier 30.

324 Vgl. etwa GENERALVERSAMMLUNG des landwirthschaftlichen Vereins an der Stör den 11. Juni 1857 im Hause des Herrn Thewes in Kollinghusen, in: LWB, 7 (1857), Nr. 42 (17.10.1857), S. 335 f., hier 335 und WILMSEN, Protocoll, S. 206.

325 HACH, Pflug, S. 177.

326 DERS., Jahresbericht, S. 73. - Vgl. auch P. ROSACKER: Protocoll der vierten ordentlichen Jahresversammlung des Bordesholmer landwirthschaftlichen Vereins am 18. December 1866, in: LWB, 17 (1867), Nr. 8 (23.02.1867), S. 72-74, hier 73.

327 TRAULSEN, Wilhelmsthal, S. 52.

328 Vgl. BENTZIEN, Landbevölkerung, S. 51 und WOSSIDLO/TEUCHERT, Äg, Sp. 222.

329 HOLSTEIN, Vorschläge, S. 102.

330 MENSING, Eg, Sp. 1007 und WOSSIDLO/TEUCHERT, Äg, S. 220 f.

331 BENTZIEN, Landbevölkerung, S. 51.

332 MENSING (Bd. 4): schottsch, Sp. 381.

Der zweite moderne Eggentyp, der zwischen 1850 und dem Ende der 1860er Jahre weitere Verbreitung in Schleswig-Holstein fand, war die in Abbildung 5 enthaltene "schwedische Egge". Von Schweden wurde sie 1839 nach Dänemark gebracht, wo sie binnen weniger Jahre u.a. auch die "schottische Egge" verdrängte, die dort bis dahin vereinzelt auf Gütern und in denjenigen Betrieben, deren Eigentümer nicht dem Bauernstand angehörten, eingesetzt worden war. Bereits kurz nach der Jahrhundertmitte fand sich in Dänemark kaum noch ein landwirtschaftlicher Betrieb, der die "schwedische Egge" nicht einsetzte.[333]

Wann und wo die "schwedische Egge" erstmals in den Herzogtümern eingesetzt wurde, läßt sich zwar nicht feststellen, doch erscheint es in Anbetracht ihrer schnellen Verbreitung in Dänemark sehr wahrscheinlich, daß sie noch vor der Jahrhundertmitte Eingang in die Landwirtschaft Nordschleswigs fand.[334] Die früheste aus dem Untersuchungsgebiet stammende Nachricht, die über sie ermittelt werden konnte, bestätigt dies: 1853 teilte ein Anonymus unter der Rubrik "Volkswirthschaftliche Mittheilungen" den Lesern des "Itzehoer Wochenblattes" mit, daß die von ihm in den höchsten Tönen gelobte "schwedische Egge" bereits "im nördlichen Schleswig Anwendung gefunden" habe und daß "auch nach Holstein [..] bereits mehrere Exemplare gekommen [seien] und zweckmäßig befunden" worden wären. Im südwestlichen Holstein, in Voßloch bei Barmstedt, so berichtet ihr unbekannter Anhänger weiter, seien sogar schon ein Schmied und ein Rademacher "in Stand gesetzt, solche Eggen für 2 Pferde, richtig gebaut, für 7 Thaler Cour. zu liefern".[335]

In den darauffolgenden Jahren bis zum Ende des Untersuchungszeitraums blieb es allerdings wider Erwarten sehr still um die "schwedische Egge" in der agrarökonomischen Literatur und den Periodika Schleswig-Holsteins. Allein im "Landwirthschaftlichen Wochenblatt" von 1858 findet sich eine kurze Notiz über ihre Vorzüge.[336] Erst ein knappes Jahrzehnt später begannen sich die Nachrichten über diesen neuen Eggentyp wieder zu häufen. Sie vermitteln allesamt den Eindruck, daß die "schwedische Egge" seit etwa der Mitte der 1860er Jahre zunehmend Verbreitung in den Herzogtümern gefunden hat.[337] Besonders weit fortgeschritten war ihre Diffusion um 1867 allerdings nur "im südlichen Holstein und im nördlichen Schleswig",[338] also in denjenigen Gebieten, in die sie zuerst Eingang gefunden hatte. Zwar holten die anderen Landesteile diesen Rückstand bis zur Mitte der 1870er Jahre ein ganzes Stück weit auf, doch vermochte die "schwedische Egge" diesen Bereich der Bodenbearbeitung im Untersuchungsraum niemals auch nur annäherungsweise derartig zu dominieren wie in Dänemark. Vielmehr blieb sie in den Her-

---

333 CHRISTENSEN, Redskaber, S. 471. - Abb. 5, S. 473 und Abb. 6, S. 474.

334 Mithin ist Lühnings Behauptung, die "schwedische Egge" sei seit Beginn des 19. Jahrhunderts in Schleswig-Holstein in Gebrauch, falsch. Vgl. LÜHNING, Gerätesammlung, S. 15.

335 ANONYMUS: Die Schwedische Egge, in: Itzehoer Wochenblatt, 37 (1853), Nr. 77 (24.09.1853), Sp. 1786. - Zu den Handwerkern vgl. auch unten, Kap. III.5.2.1.2., S. 353.

336 Vgl. WILMSEN, Protocoll, S. 206. - Eine genauere Beschreibung der Vorteile der schwedischen Egge findet sich auch bei BJØRN, 1810-1860, S. 160.

337 Vgl. etwa ROSACKER, Protocoll, S. 73, HACH, Geräthe, S. 247 und JAHRESBERICHT (für 1873), Generalverein, S. 89.

338 HJUL: Protocoll der General-Versammlung des Hohenwestedter Landwirthschaftlichen Vereins am 21. Novbr. 1866, in: LWB, 17 (1867), Nr. 2 (12.01.1867), S. 22 f., hier 22.

zogtümern in ihrer Bedeutung immer recht deutlich hinter der "schottischen Egge" zurück.

Fragt man nach den Ursachen hierfür, so ist wohl hauptsächlich die im Vergleich zu Dänemark circa 15 Jahre später erfolgte Einführung der "schwedischen Egge" in Schleswig-Holstein verantwortlich zu machen. Denn während dieser anderthalb Jahrzehnte hatte der Diffusionsprozeß der "schottischen Egge" im Lande bereits eine solch große Dynamik entwickelt, daß es die in einigen Anwendungsbereichen mit ihr konkurrierende "schwedische Egge" äußerst schwer hatte, sich gegen sie durchzusetzen. Deshalb wurde letztere in den Herzogtümern gewöhnlich auch nicht als Alternative zu ersterer betrachtet, sondern allenfalls als deren Ergänzung; und zwar wurde die "schwedische Egge" hier hauptsächlich auf den schwereren Böden zum tiefen Aufbrechen und Mürbemachen der harten Brache, "in der Stoppel und im Dresch zum Aufreißen" sowie zur Bekämpfung des tiefersitzenden Unkrauts eingesetzt.[339]

II.2.1.3. Grubber

Grubber, Exstirpator, Häufelpflug, Kultivator, Reihenschaufler oder auch Skarifikator sind nicht einheitlich definierte Sammelbegriffe[340] für eine ganze Reihe von verschiedenartigen Geräten, die seit dem ausgehenden 18. Jahrhundert in der Landwirtschaft zur Bodenbearbeitung eingesetzt wurden bzw. werden. Ersonnen wurden die meisten von ihnen - wie so viele andere moderne landwirtschaftliche Geräte und Maschinen auch - bis 1867 in England und Schottland,[341] aber auch in den USA. Einige davon fanden auf dem europäischen Festland zeitweilig eine große Verbreitung, die allermeisten vermochten sich hier jedoch nicht durchzusetzen und gerieten schnell wieder in Vergessenheit. So verhielt es sich auch in Schleswig-Holstein. Bis 1867 wurde für die Bearbeitung der Böden allerdings erst eines dieser neuen landwirtschaftlichen Geräte in nennenswertem Umfang eingesetzt. Daher konzentriert sich dieses Kapitel auf den in Abbildung 6 dargestellten sogenannten "Reißpflug", ein grubberartiges Ackergerät, das auch kurz "Reißer" genannt wurde.[342]

Das Wort Grubber kommt aus dem Englischen, wo es Graben oder Wühlen bedeutet. Genaugenommen versteht man unter Grubberarbeit die "Bodenlockerung ohne Wen-

---

339 Vgl. Friedr. WEGENER: Protocoll des landw. Vereins zu Wandsbeck, in: LWB, 17 (1867), Nr. 13 (30.03.1867), S. 120 f. sowie HJUL. Protocoll, S. 22 und MENSING, Eg, Sp. 1007.

340 Albrecht Daniel THAER: Beschreibung der nutzbarsten neuen Ackergeräthe, H. 1, Hannover 1803, S. 77, bemerkt diesbezüglich: "Bey der unendlichen Mannigfaltigkeit von Werkzeugen [zur Bodenbearbeitung], die die Engländer haben, verwechseln sie häufig die Namen, und verstehen auch unter demselben Namen bald das eine, bald das andere, indem sie das daraus entstehende Missverständniss oft dadurch heben, daß sie den Namen des Erfinders hinzusetzen".

341 HAMM, Geräthe, S. XV f., gibt einen ausgezeichneten Eindruck von der verwirrenden Vielfalt an Produktionsmitteln auf diesen Sektoren der Bodenbearbeitung um die Mitte der 1850er Jahre auf den britischen Inseln.

342 Abb. 7, S. 475.

dung".[343] Das Einsatzgebiet des "Reißpfluges" in der schleswig-holsteinischen Landwirtschaft um die Mitte der 1830er Jahre beschreibt Jebens detailliert.[344]

Seit wann der "Reißpflug" in den Herzogtümern in Gebrauch war, läßt sich nicht ermitteln. Voght hat ihn offenbar nicht auf Flottbek eingesetzt, denn ansonsten hätte der über mehrere Jahre in unmittelbarer Nähe dieses Mustergutes arbeitende Jebens sicherlich Kenntnis davon erhalten und es später in einem seiner Artikel über den "Reißpflug" berichtet. Bekannt gewesen ist er hier allerdings schon seit 1803 zumindest den Lesern von Thaers "Beschreibung der nutzbarsten neuen Ackergeräthe". Dem "Reißpflug" hat ihr Autor nämlich unter dem Namen "Exstirpator" ein ganzes Kapitel gewidmet, und zwar weil er "unter allen neueren Werkzeugen in England den allgemeinsten und ungetheiltesten Beyfall erhalten"[345] hatte.

Aufgrund seiner guten Eigenschaften fand der "Reißpflug" bereits 1804 Eingang in die Landwirtschaft Dänemarks. Unter der späteren Bezeichnung "Grubber" wurde er dort insbesondere auf vielen gößeren Gütern Lollands und Falsters eingesetzt.[346] Wie sich bereits mehrfach gezeigt hat und sich auch noch wiederholt zeigen wird, sind im Untersuchungszeitraum neue Geräte und Maschinen vor allem über Dänemark in die Herzogtümer eingeführt worden, so daß auf diesem Weg auch der eine oder andere "Reißpflug" hierher gelangt sein dürfte. Eine größere Verbreitung hat er bis zum Anfang der 1830er Jahre allem Anschein nach jedoch nicht gefunden, denn sonst hätte v. Holstein auf Waterneverstorf sicher nicht in Hinblick auf die schleswig-holsteinische Landwirtschaft berichtet, daß "die verschiedenen Cultivators oder Scarificators (Reisser genannt) [...] bei uns gar nicht in Gebrauch"[347] sind.

Indes setzte in Schleswig-Holstein die Wende im Reißpfluggebrauch vermutlich just in dieser Zeit ein. Vielleicht angeregt durch eine 1828 vom englischen General Beatson publizierte Abhandlung über ein Ackerbausystem, welches zur Bodenbearbeitung lediglich "Reißpflug" und Egge vorsah, mithin auf den Pflug verzichtete, setzte ihn der Pächter Dühring zu Krummesse vermutlich zu Beginn der 1830er Jahre als erster im Norden Lauenburgs ein.[348] Wahrscheinlich ermutigt durch die Erfolge, die Dühring in seinem landwirtschaftlichen Betrieb mit dem "Reißpflug" erzielte, folgten binnen weniger Jahre zahlreiche Landwirte der näheren und weiteren Umgebung seinem Beispiel nach. 1838 wußte Jebens zu berichten, daß "Reißpflüge" "in der Umgegend von Lübeck [...] bereits fast allgemein gebräuchlich" geworden waren, und um die Jahrhundertmitte gehörten sie auch im benachbarten holsteinischen Amt Reinfeld zum gängigen Ackergerät.[349] Zur raschen Verbreitung des Reißpfluges im Südosten des Untersuchungsraums trug Dühring

343 PUCHNER, Bodenbearbeitungsgeräte, S. 52.
344 JEBENS, Reißpflüge, S. 565-571.
345 THAER, Beschreibung (H. 1), S. 77-82, hier 77 und Tafel 9.
346 CHRISTENSEN, Redskaber, S. 469.
347 HOLSTEIN, Vorschläge, 102.
348 Sofern nicht anders vermerkt, sind sämtliche Ausführungen über den Gebrauch und die Produktion des "Reißpfluges" durch Pächter Dühring im lauenburgischen Krummesse JEBENS, Reißpflüge, S. 564 und 592 sowie DERS., Antwort, Sp. 231 f., entnommen. Zur Produktion vgl. auch unten, Kap. III. 5.2.1.2., S. 351 f.
349 ALBERS, Amt, S. 72.

übrigens auch insofern bei, als er vor und nach 1836 "vielen seiner Freunde für den möglichst billigen Preis von 32 Mk vollständige Reißpflüge" lieferte.

Von Krummesse ausgehend wurde der "Reißpflug" binnen anderthalb bis zwei Jahrzehnten nach Pflug, Egge und Walze zum gebräuchlichsten Bodenbearbeitungsgerät in den Herzogtümern. Allerdings dürfte sich sein Gebrauch zu dieser Zeit auf die Güter und wenige größere bäuerliche Betriebe beschränkt haben.[350] Wie er sich in den beiden darauffolgenden Jahrzehnten weiterentwickelte, läßt sich nicht sicher beurteilen. Allem Anschein nach haben die schleswig-holsteinischen Landwirte den Reißpflug bis zum Ende der 1860er Jahre zugunsten der "schwedischen Egge" wieder beiseite gelegt.[351] Gleichzeitig begannen sich jedoch neue Modelle aus den eingangs dieses Kapitels genannten Gruppen von Bodenbearbeitungsgeräten ihren Weg in die Landwirtschaft der Herzogtümer zu bahnen.[352]

II.2.1.4. Walzen

Nach 1800 beschleunigte sich in Schleswig-Holstein unübersehbar die Diffusion der Walze. Immer häufiger taucht sie nun in den Inventaren auf; so etwa in denjenigen des "adelichen Guts Muggesfelde" (1810), des "Kanzeleyguts Neutolckschuby" (1814) oder des adeligen Gutes Deutsch-Nienhof (1818), aber auch in denen der bäuerlichen Betriebe, wie z.B. in dem eines Kremper Marschhofes (1816).[353]

Bei der Masse der in Schleswig-Holstein eingesetzten Walzen wird es sich anfangs um "einfache Schlichtwalzen mit glatter Oberfläche, [..] aus Holz in Form eines Baumstamms [...] hergestellt",[354] gehandelt haben. Lengerke beschrieb sie 1826 wie folgt: Sie "ist in der Regel rund, ohngefähr 12-14 Fuß lang und an beiden Enden mit eisernen Ringen beschlagen. Vorn und hinten befinden sich zwei leichte Balken oder Bäume, und an beiden Enden die Krümmel, worin erstere befestigt sind, und worin die Walze um zwei in den Enden sitzende, eiserne Zapfen rundläuft. An dem vordersten Balken ist der Deichsel mit seinen beiden Armen eingelassen". Im Schleswig-Holsteinischen "nicht sehr gebräuchlich" waren folglich die achteckigen hölzernen Walzen, deren Gebrauch in der Kremper Marsch gegen Ende der 1820er Jahre bereits nachgewiesen worden ist.[355] Dagegen erfreute sich die Stachelwalze laut Lengerke um diese Zeit im Herzogtum Holstein einer gewissen Beliebtheit. Sie beschrieb er folgendermaßen: Die Stachelwalze "besteht aus einem zwei Fuß dicken und acht Fuß langen Eichbaumstamme, welcher an seiner

---

350 Vgl. DITTMANN, Anweisung (Bd. 1, 2. Aufl.), S. 312 und HACH, Benutzung, S. 30.

351 HACH, Geräthe, S. 246 und ANONYMUS: Untergrundreißer, in: LWB, 19 (1869), Nr. 30 (24.07.1869), S. 240.

352 Vgl. etwa HACH, Jahresbericht, S. 73.

353 BESCHREIBUNG, Muggesfelde, S. 17, BESCHREIBUNG des Kanzeleyguts Neutolckschuby, auch Catharinenhoff genannt, o. O. 1814, S. 13, HEDEMANN-HEESPEN, Geschichte (T. 3), S. 37 und LORENZEN-SCHMIDT, Hofinventar, S. 64.

354 PUCHNER, Bodenbearbeitungsgeräte, S. 62. - HACH, Geräthe, S. 245 und 247.

355 Vgl. oben, Kapitel II.1.1.4., S. 69.

ganzen äußern krummen Oberfläche mit 6 bis 7zölligen eisernen, vier Zoll aus der Walze hervorragenden Bolzen mit starken, scharfen Köpfen versehen ist".[356]

Neben diesen primitiveren Walzentypen spielten die modernen in der Vorbereitungsphase der Mechanisierung/Technisierung der Landwirtschaft kaum eine Rolle. Nur ganz selten läßt sich ihr Einsatz zu dieser Zeit in den Herzogtümern nachweisen: 1838 führte z.B. Ernst Christian Graf von Reventlow[357] auf einer Versammlung des "Wagrischen landwirthschaftlichen Vereins" eine "doppelte englische Walze" vor, die er auch 1847 noch auf seinem ostholsteinischen adeligen Gut Farve einsetzte. Und im Frühjahr 1831 fertigte die Carlshütte für das ostholsteinische adelige Gut Hasselburg, welches Major v. Ernst gehörte, der Mitglied des "Wagrischen landwirthschaftlichen Vereins" war, eine eiserne Glattwalze an.[358]

Kurz vor der Mitte des 19. Jahrhunderts war die Diffusion der Walze in den Herzogtümern bereits derart fortgeschritten, daß Dittmann vermelden konnte: "Wir bedienen uns bei der Beackerung hier hauptsächlich des Pfluges, der Egge und der Walze".[359] Aufgrund dieser Aussage und der wenigen weiteren Quellen auch nur eine annähernde Schätzung darüber abzugeben, wieviel Prozent der schleswig-holsteinischen Landwirtschaftsbetriebe die Walze zu diesem Zeitpunkt bei der Bodenbearbeitung einsetzten, ist allerdings nicht möglich. Sicher ist indes, daß sich die Walze im Untersuchungsraum unterschiedlich schnell verbreitete. Während etwa 1852 im holsteinischen Amt Reinfeld "fast auf jeder Hufe [..] eine Walze" war, "deren Grösse und Schwere nach der Beschaffenheit des Bodens verschieden" ausfiel, wurde sie 1829 in Angeln, Schwansen und dem Dänischen Wohld zwar "vielfältig, jedoch nicht allgemein" und 1847 in der Landschaft Eiderstedt nur "hin und wieder einzeln" gebraucht. Auf der Inseln Fehmarn war die Walze 1826 sogar noch "gänzlich unbekannt".[360]

Über den weiteren Verlauf der Diffusion der Walze in den beiden ersten Jahrzehnten nach der Jahrhundertmitte lassen sich aufgrund der spärlich fließenden Quellen nur sehr vage Angaben machen. Eingang dürfte die Walze nun auch in diejenigen Gebiete Schleswig-Holsteins gefunden haben, in denen sie bis dahin kaum gebraucht worden war; in den anderen Gebieten dürfte ihr Gebrauch noch allgemeiner geworden sein. Insbesondere die kleineren Wirtschaften werden sich die primitive Baumwalze angeschafft haben, denn die 40 bis 50 Mk, die sie z.B. für eine leistungsfähigere Bodenwalze bezahlen mußten, vermochten sie kaum aufzubringen.[361] Inwieweit die mittleren und größeren Betriebe, die gewöhnlich über mehr Kapital verfügten, nun dazu übergingen, hölzerne Trommelwalzen oder sogar einen der modernen Walzentypen einzusetzen, läßt sich nur schwer abschätzen. Eine schwere dreiteilige eiserne Walze in verschiedenen Größen konnte der schleswig-holsteinische Landwirt jedenfalls 1853 ebenso wie "Crosskill's Erd-

---

356 LENGERKE, Landwirthschaft (Bd. 1), S. 45.

357 Eine Kurzbiographie von v. Reventlow liefert Dieter LOHMEIER: Ernst Christian Graf von Reventlow, in: BLSHL, 7 (1985), S. 218-221.

358 LAS Abt. 422.5, Nr. 1 und REVENTLOW/WARNSTEDT, Festgabe, S. 299 sowie LAS Abt. 406.10, Nr. 34.

359 DITTMMANN, Anweisung (Bd. 1, 2. Aufl.), S. 303.

360 ALBERS, Amt, S. 72, DITTMANN, Antwort, S. 33, REVENTLOW/WARNSTEDT, Festgabe, S. 82 und LENGERKE, Landwirthschaft (Bd. 2), S. 198.

361 Vgl. HACH, Benutzung, S. 30.

kloßbrecher", eine Rauhwalze, von der Carlshütte beziehen.[362] Für die erstere Walze mußte der Käufer bei der hamburgischen Firma Westphal & Co. 1858 - je nach Größe und Gewicht - zwischen "93 Thlr 32 Schl. bis 133 Thlr. 32 Schl. R.M." und für die letztere zwischen "93 Thlr. 32 Schl. und 160 Thlr. R.M." bezahlen. Darüber hinaus bot diese Firma zum gleichen Preis wie für die Stachelwalze noch "Cambridge's Selbstreinigungswalze", eine Rauhwalze, an.[363]

Darauf, daß die Landwirte in den Herzogtümern die primitive Baumwalze bis ca. 1870 bereits vielfach zugunsten der modernen Walzentypen beiseite gelegt hatten, wiesen Kenner der schleswig-holsteinischen Landwirtschaft in ihren Berichten über den Stand der Mechanisierung/Technisierung regelmäßig hin.[364] Dabei nannten sie an erster Stelle fast immer die Ringwalze. Im Vereinsbezirk des "Mittelholsteinischen landwirthschaftlichen Vereins zu Neumünster" beispielsweise war ihre Diffusion dank der Bemühungen des Vereins 1870 derart fortgeschritten, daß dessen Mitglieder beschlossen, anstatt ihrer andere Geräte auf Vereinskosten anzuschaffen und bekanntzumachen.[365]

Im Vergleich zu Dänemark und Mecklenburg nahmen die Herzogtümer hinsichtlich der Verbreitung der Walze am Ende der 1860er Jahre eine Mittelposition ein: Auf den dänischen Inseln war dieses Bodenbearbeitungsgerät bereits in den 1830er Jahren ganz allgemein in Gebrauch, während es sich vor allem an der Westküste Jütlands nur recht zögerlich durchzusetzen vermochte. Um 1850 benutzten jedoch die Güter und die meisten bäuerlichen Betriebe Dänemarks bereits die Walze. Anders hingegen die Situation in der mecklenburgischen Landwirtschaft: Zwar hatten sich nach jahrzehntelanger Vernachlässigung einfachere Walzentypen bis zur Jahrhundertmitte auf den Gütern endgültig einbürgern können, doch gehörten sie bis dahin noch nicht einmal zum agrartechnischen Standard der großbäuerlichen Betriebe. Erst in den beiden darauffolgenden Jahrzehnten holten letztere diesen Rückstand so weit auf, daß laut Bentzien die Hälfte von ihnen eine einfache Walze in Gebrauch hatte.[366]

---

362 Abb. 8, S. 476 und Abb. 9, S. 477.

363 DITTMANN, Anweisung (Bd. 2, 3. Aufl.), S. 320-322. Eine ausführliche Beschreibung der genannten modernen Walzentypen findet sich auch bei HAMM, Geräthe, S. 398-400, 403-405 und 408-412. - Abb. 10, S. 478.

364 Vgl. z.B. HACH, Benutzung, S. 30, WEGENER, Protocoll, S. 121, HACH, Geräthe, S. 247 und DERS., Jahresbericht, S. 73 sowie JAHRESBERICHT der ausführenden Direction des Schleswig-Holsteinischen landwirthschaftlichen Generalvereins pro 1870, in: LWB, 21 (1871), Nr. 6 (11.02.1871), S. 45-49, hier 46, BONSMANN: Jahresbericht, erstattet von dem landw. Wanderlehrer Herrn Bonsmann an die Direction des Schleswig-Holsteinischen landw. Generalvereins (Fortsetzung), in: LWB, 23 (1873), Nr. 4 (25.01.1873), S. 33-39, hier 37 und schließlich JAHRESBERICHT (für 1873), Generalverein, S. 89.

365 64. VERSAMMLUNG des mittelholsteinischen landw. Vereins zu Neumünster, den 25. Juni 1870, in: LWB, 20 (1870), Nr. 33 (13.08.1870), S. 308 f., hier 308.

366 CHRISTENSEN, Redskaber, S. 475-479, BJØRN, 1810-1860, S. 52 und BENTZIEN, S. 52 und 74.

II.2.1.5. Schlußbetrachtung

Für Hach war ein landwirtschaftlicher Betrieb am Ende der 1860er Jahre auf dem Sektor der Bodenbearbeitungsgeräte nur dann "vollständig und rationell"[367] ausgerüstet, wenn er mindestens über verschiedene moderne Pflüge, die "schottische" und die "schwedische Egge", ferner über einen Grubber sowie auch einen der modernen Walzentypen verfügte. Obwohl seine Ansprüche an die schleswig-holsteinischen Betriebe in Anbetracht des gewaltigen Aufschwungs, den die Agrartechnik bis dahin auch auf diesem Gebiet bereits genommen hatte, eher bescheiden ausfielen, dürften sie von der Masse nicht erfüllt worden sein. Insbesondere auf dem Felde des Pflugbaus bestanden noch erhebliche Defizite. Und dennoch, vergleicht man den um 1800 auf dem Sektor der Bodenbearbeitungsgeräte herrschenden technischen Standard mit demjenigen um 1867, so sind bedeutende Fortschritte zu erkennen. Eine Zäsur im Entwicklungsverlauf stellt dabei die Jahrhundertmitte insofern dar, als es von hier an mit dem Einsatz moderner Bodenbearbeitungsgeräte steil bergauf ging. Wie wir nachfolgend sehen werden, trifft das auch auf andere Sektoren der Agrartechnik zu.

II.2.2. Maschinen für Saat, Ernte und Drusch

Zur Bewältigung der auf diesen Sektoren anfallenden Arbeiten wurden ganz neue Verfahren entwickelt. Wenngleich mit der Erfindung des jeweiligen Maschinentypus zumeist der Name einer einzigen Person verknüpft wird, so waren doch sowohl an dessen Entwicklung bis zur Funktionsreife als auch an dessen späteren Verbesserungen viele Personen beteiligt. Dabei wurden das grundlegende Funktionsprinzip des jeweiligen Maschinentypus und auf ihm basierende einsatzfähige Modelle in der Regel bereits vor 1800 ersonnen. Inwieweit die schleswig-holsteinischen Landwirte im Untersuchungszeitraum von diesem Angebot Gebrauch machten, soll nachfolgend geklärt werden. Jedenfalls führte der massenhafte Ersatz von Hand- durch Maschinenarbeit, d.h. die Mechanisierung/Technisierung, auf diesen wie auch auf den später behandelten Sektoren letztendlich dazu, daß die landwirtschaftliche Arbeit auch im Untersuchungsraum ein völlig neues Gesicht erhielt.[368]

---

367 Vgl. oben, Kap. II.2.1., S. 94.

368 Zum Wandel der Landarbeit infolge Einführung neuer Maschinen und Geräte bis zum Ende des 20. Jahrhunderts vgl. HERRMANN, Veränderung.

II.2.2.1. Sämaschinen

Vorweg sei erstens angemerkt, daß in diesem Kapitel ausschließlich der Transfer und die Diffusion von denjenigen Sämaschinen behandelt wird, die für die Aussaat von Getreide bestimmt waren und zweitens, daß diese Maschinen in zwei unterschiedliche Typen untergliedert werden müssen.

Der ältere und kompliziertere Typ von beiden ist die Reihensä- oder Drillmaschine. Ihr liegen zwei Erkenntnisse zugrunde, und zwar zum einen, daß sich das Getreide dann am besten entwickelt, wenn sich die einzelnen Pflanzen beim Wachstum nicht gegenseitig behindern und zum anderen, daß die Saat nur dann gleichzeitig aufgeht - und folglich auch gleichzeitig reift -, wenn sie in gleicher Tiefe gesät wird. Diese beiden Voraussetzungen für ein optimales Gedeihen der Getreidepflanzen waren beim Handsäen der Körner selbstverständlich nicht zu erfüllen. So wurden z.B. früh die Beobachtungen gemacht, daß die Körner bei der manuellen Aussaat unwillkürlich zu dicht gesät wurden und des weiteren, daß es dem Zufall überlassen blieb, ob und wie tief ein auf der Ackeroberfläche liegendes Saatkorn beim Eineggen ins Erdreich gelangte. Hinter den vielleicht schon im 16. Jahrhundert einsetzenden Versuchen,[369] eine Maschine zu konstruieren, die die Saat in gleichmäßigen Abständen und gleichmäßiger Tiefe in den Ackerboden zu bringen, d.h. zu drillen, vermochte, steckten also primär die Bestrebungen, Saatgut zu sparen und zugleich die Erträge zu steigern. Zudem dürfte auch das Bemühen um Einsparung von Arbeitskräften damit verbunden gewesen sein. Schließlich sollte sich später herausstellen, daß ein gleichmäßiger Wuchs des Getreides den Einsatz von Mähmaschinen wesentlich erleichterte.

Die Konstruktion der ersten voll funktionstüchtigen Drillmaschine glückte um 1785 dem englischen Pfarrer James Cooke aus Heaton Norris in Lancashire. Mit seiner "Erfindung", auf deren konstruktiven Grundprinzipen alle später gebauten Drillmaschinen basierten, erregte er aufgrund ihrer Einfachheit und Leistungsfähigkeit ein beachtliches Aufsehen in der Öffentlichkeit. "Cooke hatte auf einen zweirädrigen Karren einen Saatkasten gesetzt, der in den eigentlichen Vorratsraum sowie anschließende Schöpfräume gegliedert war. Dabei konnte der Zugang des Saatguts aus dem Vorratsraum in die Schöpfräume durch Schieber reguliert werden. In den Schöpfräumen wurden die Körner sodann über eine mit Löffeln versehene, rotierende Walze zu den Saatleitungen transportiert, durch deren am unteren Ende scharähnliche Öffnung sie endlich in das Erdreich fielen".[370] Nachdem es schließlich 1790 zwei weiteren Engländern, nämlich Henry Baldwin und Samuel Well, gelungen war, die scharähnlichen Öffnungen der Saatleitungen derart verstellbar zu machen, daß der Bediener der Drillmaschine per Hebel die Saattiefe variie-

---

369 Zur Technikhistorie der Reihensämaschine vgl. u.a. HAMM, Geräthe, S. 577-635, Gustav FISCHER: Geräte für Saat und Pflege, in: Ders. et al. (Bearb.): Die Entwicklung des landwirtschaftlichen Maschinenwesens in Deutschland. Festschrift zum 25jährigen Bestehen der Deutschen Landwirtschafts-Gesellschaft (= Arbeiten der DLG, 177), Berlin 1910, S. 72-92, KULISCHER, Aufkommen, S. 338-342 sowie Max HUPFAUER: Die Sämaschine und ihre Entwicklung, in: Bayrisches landwirtschaftliches Jahrbuch, 49 (1972), S. 207-217 und HERRMANN, Pflügen, S. 127-130 und 178.

370 HERRMANN, Pflügen, S. 128.

ren konnte, war das Problem der maschinellen Reihensaat nahezu gelöst.[371] Bereits die verbesserte Cookesche Maschine vermochte drei Operationen auszuführen: Sie zog in einer bestimmten Tiefe eine Furche, ließ dann in diese eine bestimmte Menge an Saatgut rieseln und bedeckte die Furche sofort wieder mit Erde.

Noch bevor Thaer mit seinen Bemühungen um die Einführung des Innovationsbündels Drillmaschine/Pferdehacke in die deutsche Landwirtschaft[372] einsetzte, wurde es in den Herzogtümern bereits in mindestens zwei verschiedenen landwirtschaftlichen Betrieben gebraucht. Der eine war das Voghtsche Mustergut Flottbek.[373] Vermutlich hat Voght seine Cookesche Drillmaschine zwischen 1793 und 1795 zusammen mit den meisten anderen modernen Ackergeräten und Landmaschinen aus Großbritannien bezogen. Wie viele von ihnen, so wurde auch diese Reihensämaschine auf Flottbek nachgebaut und zum Kauf angeboten.[374] Ob sie in den Herzogtümern Abnehmer gefunden hat, und falls ja, wieviele, läßt sich allerdings nicht sagen. Der andere Betrieb war das adelige Gut Lehmkuhl. Es gehörte dem Thaer-Freund Gerhard Friedrich Otto v. Hinüber, der im Kurhannoverschen zugleich Hofrat und Klosteramtmann in Marienwerder war. Laut Thaer soll v. Hinüber, dessen Vater Jobst Anton bereits 1763 auf dem familieneigenen Gut Marienwerder Versuche mit einem englischen "Säepflug" angestellt hatte, 1793 auf Marienwerder und Lehmkuhl als erster in Deutschland die Cookesche Drillmaschine eingesetzt haben. Aufgrund der unbefriedigenden Quellenlage kann jedoch nicht mit Bestimmtheit gesagt werden, ob nun Voght oder v. Hinüber dieses Verdienst zuzusprechen ist.[375]

Nicht mit letzter Sicherheit läßt sich nachweisen, daß der aus England stammende Baron Charles August Selby auf Rantzaufelde, einem Meierhof des adeligen Guts Güldenstein, den er zwischen 1812 und 1823 ganz auf "englische Weise" bewirtschaftete, die Getreidesaat drillen ließ.[376] Während wir von seinem seeländischen Gut Bækkeskov zumindest wissen, daß dort lediglich Erbsen und Rübensamen mit einer englischen Reihensämaschine gedrillt wurden,[377] bleibt in den Berichten über dieses Mustergut offen, welche Saaten dort mit welchem Modell gedrillt wurden.

Bezeichnenderweise stammt die letzte Nachricht über das Drillen von Getreidesaaten vor 1850 ebenfalls von einem Mustergut, und zwar vom adeligen Gericht Tüschenbeck des Briten Carr. Auf Tüschenbeck wurde nicht nur "der größte Theil des ausgesäeten Korns"

---

371 Ebda., S. 128 f. und KULISCHER, S. 340.

372 Vgl. ULBRICHT, Landwirtschaft, S. 339 ff. - Die Drillkultur machte die Behackung der Zwischenräume mit der Pferdehacke zwecks besserer Bodenbearbeitung und Unkrautbekämpfung möglich und nötig.

373 VOGHT, Ackergeräthe, S. 55 f., THAER, Bemerkungen, S. 117 und KIESEWETTER, Bemerkungen, S. 45 und 52. - Vgl. auch AHRENS, Voght, S. 80.

374 Vgl. unten, Kap. III.5.2.1.2., S. 345.

375 Vgl. ULBRICHT, Landwirtschaft, S. 334-341 und KIESEWETTER, Bemerkungen, S. 107.

376 Zur Biographie Selbys vgl. ANONYMUS: Charles, Baron von Selby, in: SHLPB, 13 (1824), 2, S. 113 f. und C. E. A. SCHØLLER: Selby, Charles August, in: DBL, 15 (1901), S. 535-537. - Zur Geschichte des Mustergutes Rantzaufelde vgl. Georg Peter PETERSEN: Rantzaufeld und seine Cultur, in: SHLPB, 9 (1820), 5, S. 486-507 und 10 (1821), 1, S. 17-48. Ferner vgl. auch Werner LEMKE: Rantzaufelde als Versuchs- und Mustergut 1812-1823, in: JbOld, 7 (1963), S. 123-139.

377 CHRISTENSEN, Redskaber, S. 484.

regelmäßig gedrillt, sondern beispielsweise auch die Bohnen und der Raps.[378] Nachahmer scheinen diese drei oder vier Innovatoren in den Herzogtümern nicht gefunden zu haben. Zumindest ist nichts dergleichen überliefert. Fragt man nach dem Warum, so erfährt man etwa 1828 von Lengerke, "Säemaschinen" seien deshalb in Schleswig-Holstein "gar nicht gebräuchlich", weil man allgemein "zweifelt, daß es dem menschlichen Erfindungsgeiste gelingen dürfte, ein Instrument zu schaffen, welches nicht allein den Auswurf der Saat eben so gut, wie die Hand eines geschickten Säers, sondern welches auch das Säegeschäft mit nicht höherm Zeit- und Kostenaufwande verrichten würde".[379] Diese unter den schleswig-holsteinischen Landwirten offenkundig weit verbreitete ablehnende Haltung Sämaschinen gegenüber reichte zumindest in bezug auf die Drillmaschine sogar bis in die Reihen der Anhänger der rationellen Landwirtschaft hinein: So kamen die Mitglieder des aus Gutseigentümern, -pächtern und -inspektoren bestehenden renommierten "Landwirthschaftlichen Vereins am Schleswig-Holsteinischen Canal" auf einer Versammlung im Juni 1835 hinsichtlich des Drillens der "Rappscultur" anhand von Versuchen u.a. zu dem Ergebnis, daß das hiesige "unbeständige [..] Clima durchaus nicht für die höhere Drillcultur passe".[380]

Treffend analysiert Ulbricht die Ursachen dafür, weshalb die Drillmaschine in den Herzogtümern - wie in den meisten anderen Teilen Deutschlands auch[381] - während des gesamten Untersuchungszeitraums keinen nennenswerten Eingang in die Landwirtschaft fand: Sie war eine "Basisinnovation", deren Einsatz "einen Bruch mit einem über Jahrtausende geübten Verfahren" verlangte, während ihre oben dargelegten Vorteile der Handaussaat gegenüber damals "nur sehr bedingt beobachtbar" waren.[382] Des weiteren war die Drillmaschine "für damalige Verhältnisse höchst kompliziert", erfüllte mithin die von den konservativen Kreisen der Agrarbewegung aufgestellte Forderung, daß alle Landmaschinen den "höchst möglichen Grad der Einfachheit" aufweisen sollten, nicht. Schließlich war ihr Einsatz mit hohen Anschaffungskosten[383] verbunden, zumal die Drillma-

---

378 BERKHOLZ: Reisebemerkungen, in: NAMLG, 22 (1838), 2, S. 660-671, hier 666 und POGGE: Thierschau und Pferderennen zu Güstrow 1840, in: NAMLG, 25 (1841), 1, S. 125-179, hier 129.

379 LENGERKE, Landwirthschaft (Bd. 1), S. 248.

380 EXTRACT aus dem, in der am 11ten Juni 1835 gehaltenen Versammlung der Mitglieder des landwirthschaftlichen Vereins am Schleswig-Holsteinischen Canal, aufgenommenen Protocolle, in: LHH, 6 (1835), 2, S. 34-42, hier 42. - Auf der Mitgliederversammlung vom 20. März 1840 des anderen damals in den Herzogtümern hoch angesehenen landwirtschaftlichen Vereins, auf der des "Wagrischen landwirthschaftlichen Vereins", äußerte Johann Andreas Schultze in seinem Vortrag über Sämaschinen ebenfalls die Ansicht, daß "das Reihensäen wegen vielerlei Ursachen nicht allgemein werden könne". LAS Abt. 422.5, Nr. 1.

381 Vgl. C. J. EISBEIN: Die Drillcultur. Ihre Vorzüge, ihre Rentabilität und ihre volkswirthschaftliche Bedeutung. Nebst einer speciellen Anleitung zur Stellung und Behandlung des Drills und Pferdehacken, Leipzig 1863, S. 8.

382 So kamen die auf der Vereinsversammlung vom 18. März 1858 anwesenden Mitglieder des "Landwirthschaftlichen Vereins für Bordesholm" in bezug auf die Frage "Ist die Anschaffung und Benutzung von Säemaschinen für den kleinen Landwirth vortheilhaft?" zu folgendem Ergebnis: "Es ließe sich vielleicht an Aussaat sparen; hier habe man diese Maschinen aber bis jetzt nicht für nöthig gehalten, namentlich für denjenigen nicht, der gut säen könne". FIEDLER: Protocoll. Geschehen, Bordesholm, in der landw. Versammlung 18. März 1858, in: LWB, 8 (1858), Nr. 42 (16.10.1858), S. 329-331, hier 330.

383 Um die Bedenken der Landwirte hinsichtlich der hohen Anschaffungskosten, die für eineDrillmaschine aufgewendet werden mußten, zu zerstreuen, präsentierte die Redaktion des "Landwirth-

schine nach damaligem Verständnis nur in Verbindung mit der Pferdehacke zu gebrauchen war.[384] Vergessen werden darf aber auch nicht, daß die Felder zur damaligen Zeit noch nicht hinreichend planiert und drainiert[385] waren, d.h. Hochäcker bzw. Ackerbeete sowie die sie durchziehenden Wasserfurchen behinderten den Einsatz der Drillmaschine erheblich. In den Marschen traten als weiteres Hindernis noch die Abzugsgräben hinzu.

Zwar hieß es im Jahresbericht des "Schleswig-Holsteinischen landwirthschaftlichen Generalvereins" für 1868 "Drillmaschinen sind noch wenig in Gebrauch, obgleich das Interesse für die Drillcultur sich zu regen beginnt";[386] doch war dieses Interesse zumeist durch den Generalverein und eine Reihe lokaler landwirtschaftlicher Vereine künstlich erzeugt worden, indem z.B. der Wanderlehrer des Generalvereins oder Vereinsmitglieder auf Vereinsversammlungen über diesen Themenkomplex referierten.[387] Die Landwirte hatten also in der Regel nicht von sich aus das Bedürfnis bekundet, über das Drillen informiert zu werden. Dementsprechend war auch ihre Resonanz auf diese Aktivitäten äußerst schwach. Allein die Landwirte im westlichen Holstein, und zwar vor allem die in den Seemarschen Süderdithmarschens, scheinen frühzeitig, d.h. am Ende der 1860er Jahre, zum Drillen der Getreidesaaten übergegangen zu sein.[388] Im Getreidebau begann die Drillkultur ihren Siegeszug in Schleswig-Holstein dagegen erst im 20. Jahrhundert, wobei es immer noch genügend Skeptiker unter den Landwirten zu überzeugen gab.[389]

Einfacher konstruiert als die Drillmaschine ist der andere Sämaschinentyp, die Breitsä- oder Vollsaatmaschine. Sie wurde wesentlich später, und zwar im 18. Jahrhundert, erstmals erwähnt und seit 1817 in Schottland eingeführt.[390] Ihr Funktionsprinzip ähnelt in gewisser Weise dem der manuellen Aussaat, denn es beschränkt sich darauf, die Saat

---

schaftlichen Wochenblattes" Ende der 1860er Jahre mehrfach Rentabilitätsrechnungen: So sollte eine "Wirthschaft von circa 400 Tonnen an" den "Preis einer guten Säemaschine schon in einem Jahre durch die Saatersparniß" wieder hereingeholt haben. HACH, Geräthe, S. 256. Bei kleineren Wirtschaften sollte sich der Kauf einer Drillmaschine ebenfalls bereits im ersten Jahr amortisiert haben, wenn sich fünf zu einer Genossenschaft zusammenschließen würden und jede mindestens 30 Tonnen Ackerland drillen würde. Friedrich August HACH: Genossenschaftswesen in der Landwirthschaft, in: LWB, 18 (1868), Nr. 14 (04.04.1868), S. 105-108, hier 107.

384 ULBRICHT, Landwirtschaft, S. 343 f.

385 Vgl. etwa FIEDLER, Protocoll, S. 330.

386 HACH, Jahresbericht, S. 72. - Vgl. etwa auch JAHRESBERICHT (für 1873), Generalverein, S. 89 f.

387 Vgl. z.B. JENSEN: Protocoll der Generalversammlung des landw. Vereins an der Schlei am 25. Octbr. 1866 zu Süderbrarup, in: LWB, 17 (1867), Nr. 12 (23.03.1867), S. 107-109, hier 108. HACH, Genossenschaftswesen, S. 107, DERS., Geräthe, S. 256 f., 57. VERSAMMLUNG des Angler landw. Vereins zu Lutzhöft, den 21. Mai 1869, in: LWB, 19 (1869), Nr. 43 (23.10.1869), S. 345 f. und Kirchspielsarchiv Husby, Protokoll des Angler landwirthschaftlichen Vereins (1851-1881), hier Sitzungen vom 06.06.1868, 21.10.1868, IHM.: Drillmaschine, in: LWB, 19 (1869), Nr. 48 (28.11.1869), S. 384 f., Kirchspielsarchiv Grundhof, Protocoll des Ostangler landwirthschaftlichen Vereins, hier Sitzung vom 14.01.1870 und 19. VERSAMMLUNG des Norderdithmarscher landw. Vereins in Heide den 7. März 1871, in: LWB, 21 (1871), Nr. 12 (25.03.1871), S. 102-104, hier 102 f.

388 ANONYMUS: Einiges über Maschinen, in: LWB, 20 (1870), Nr. 38 (17.09.1870), S. 345 f., hier 345.

389 Vgl. etwa Kirchspielsarchiv Husby, Protokollbuch Angler landw. Verein (1881-1900), hier Sitzung vom 05.03.1890 und WOLCKENHAAX: Zum Drillmaschinen-Mahnwort des Herrn Behr, in: LWB, 65 (1915), Nr. 16 (16.04.1915), S. 305.

390 Zur Technikhistorie der Breitsämaschine vgl. die Literaturhinweise in Fußnote 369, S. 120.

über ein Verteilbrett "breitwürfig und möglichst gleichförmig auf dem Acker auszustreuen".[391] Die Bedeckung der Getreidesamen erfolgte dann in einem zweiten Arbeitsgang. Als einer der "Erfinder" der Breitsämaschine gilt der Mecklenburger Dr. Ernst Alban, der 1830 ein Modell herausbrachte, welches mit Hilfe "von Walzen und Bürsten eine über die Breite des gesamten Saatkastens angelegte maschinelle Aussaat"[392] bewirkt. Albans System ist, wie sich nachfolgend wiederholt zeigen wird, auch in den Herzogtümern oft im Original ebenso wie in Form einer "Weiterentwicklung", die zumeist nur eine Kopie war, eingesetzt worden. Eine ähnlich große Verbreitung wie in Mecklenburg hat es hier allerdings nicht erfahren.[393]

In Schleswig-Holstein, ebenso wie in Mecklenburg und anderen Teilen Deutschlands wahrscheinlich auch, wurden Breitsämaschinen verschiedener Konstruktion aufgrund ihres simplen Funktionsprinzips bis 1867 weitaus häufiger von den Landwirten eingesetzt als Drillmaschinen. Erstere, und nicht letztere, markiert deshalb "den Beginn der Anwendung von Arbeitsmaschinen im Feldbau".[394] Allerdings blieb die Handaussaat in dieser Zeitspanne in den Herzogtümern eher die Regel, wenngleich die Ausbringung der Saat mit der Breitsämaschine nach 1850 schnell den Nimbus des Besonderen verlor. Dominierend wurde die Getreideaussaat mit dieser Landmaschine erst in den darauffolgenden Jahrzehnten. Als sich jedoch gegen Ende des 19. Jahrhunderts sicher belegen ließ, daß mit Hilfe der Breitsämaschine im Vergleich zur Handaussaat weder in nennenswertem Umfang Saatkorn gespart, noch auch eine größere Menge Geteide geerntet werden konnte, waren ihre Tage nach einer kurzen Blüte bereits wieder gezählt. An ihre Stelle trat nun nach und nach die Drillmaschine.

Vermutlich erlebte die Getreideaussaat mit der Breitsämaschine 1839 - also mehr als 45 Jahre nachdem in Schleswig-Holstein erstmals Getreidesaat gedrillt worden war - in den Herzogtümern ihre Premiere: Der Oberinspektor des im Ostholsteinischen gelegenen adeligen Guts Kuhhof, Lentz, bezog im Herbst 1839 aus der Güstrower Fabrik des Dr. Alban für "55 Rthl. 27 Schill. Cour." eine Breitsämaschine und ließ von da ab zumindest bis zum Frühjahr 1845 "alles Getreide" und "kleine Sämereien, als Klee- und Rappsaamen" mit dieser Landmaschine aussäen. In Wagrien wurde die Albansche Breitsämaschine während dieser Jahre außerdem noch auf dem Gut Nienrade gebraucht.[395] Auch in Dänemark scheint sie in der ersten Hälfte der 1840er Jahre nur in wenigen Exemplaren in

---

391 KULISCHER, Aufkommen, S. 341.

392 HERRMANN, Pflügen, S. 178. - Eine Biographie von Alban liefert Conrad MATSCHOSS: Dr. Ernst Alban, in: Deutsches Museum. - Abhandlungen und Berichte, 12 (1940), 6, S. 175-209.

393 BENTZIEN, Landbevölkerung, S. 76.

394 Ebda., S. 75 f.

395 PROTOCOLL des Wagrischen landwirthschaftlichen Vereins. Lensahn, den 20sten November 1839, in: LHH, 10 (1839), 3, S. 37 und E. W. LENTZ: Die Säemaschine, in: LZ, 4 (1845), Nr. 10 (07.03.1845), S. 73 f. - Bereits ein halbes Jahr vor Lentz hatte sich ein Mitglied des "Landwirthschaftlichen Vereins am Schleswig-Holsteinischen Canal" beim Schlosser Daniels in Eckernförde "eine Säemaschine zum Rapps- und Kleesäen machen lassen, wofür er 25 Rthl. Cour. bezahlt" hatte. "Korn damit zu säen", so heißt es allerdings in dem Bericht, "würde nicht thunlich seyn". PROTOCOLL-EXTRACTE der Abtheilungen des landwirthschaftlichen Vereins am Schleswig-Holsteinischen Canal. A. Auszug aus dem Protocoll der landwirthschaftlichen Sections-Versammlung in Eckernförde, den 29ten Mai 1839, in: LHH, 10 (1839), 1, S. 17-20, hier 19. - Zum Schlosser Daniels vgl. unten, Kap. III.5.2.4.2., S. 433 f.

Gebrauch gewesen zu sein, fand jedoch nach 1850 durch die Landmaschinenfabrik M. P. Allerup, Odense, in etwas modifizierter Form weitere Verbreitung im Königreich.[396]

Ermuntert durch die Vorführung der Albanschen Breitsämaschine auf der Novemberversammlung des "Wagrischen landwirthschaftlichen Vereins" im Jahre 1839 brachte eines seiner Mitglieder, der Oldenburger Senator Schultze,[397] im Winter 1839/40 einen "schon längere Zeit" genährten "Gedanken zur Reife [...], nämlich eine, für unsere Verhältnisse brauchbare und dauerhafte, Säemaschine herzustellen". Dazu modifizierte er eine "Coock'sche Drillmaschine" derart, "daß sie breitwürfig und gleichförmig säet, und daß jeder, auch der schmalste Streifen Landes damit besäet werden kann [...] und [...] daß sie jede unserer jetzt gebräuchlichen Saamenarten in jeder wünschenswerthen Qualität auf eine bestimmte Landfläche gleichförmig ausstreut". Darüber hinaus sollte sie sich durch eine hohe "Dauerhaftigkeit" auszeichnen. Angefertigt worden war die in der Vereinsversammlung präsentierte Breitsämaschine durch den "Mechanikus Saxesen in Oldenburg", der sich auch bereiterklärt hatte, auf Bestellung weitere solcher Landmaschinen herzustellen.[398] Tatsächlich ist in den folgenden Jahren eine unbekannte Zahl von Schultzeschen Breitsämaschinen - es kann sich nicht um mehr als 20 bis 30 Exemplare gehandelt haben - von Saxesen oder der Carlshütte in Büdelsdorf bei Rendsburg, die sie seit dem Frühjahr 1841 nachbaute,[399] hergestellt worden. Ihr Kundenkreis rekrutierte sich dabei vornehmlich aus dem Kreis der Mitglieder der wenigen in den Herzogtümern bestehenden landwirtschaftlichen Vereine.[400] Ungeachtet einiger Erfolge, die diese Breitsämaschine ihren Eigentümern bescherte, kam sie bei der Getreideaussaat schnell wieder außer Gebrauch. So berichtete Lentz, daß im Frühjahr 1845 in Wagrien "noch einige, jedoch nicht viele Exemplare [...] vorhanden" seien "und besonders zu Klee und Rapps benutzt" würden. Diese Entwicklung war seiner Meinung nach weniger einigen ihr innewohnenden geringfügigen konstruktiven Mängeln zuzuschreiben, als vielmehr "ein Beweis" dafür, "wie gar schwer es hält, auch der besten der nützlichsten Sache Eingang zu verschaffen".[401]

---

396 Vgl. C. F. LINDE: Beretning om den semte danske Landmands-Forsamling, afholdt i Flensborg fra d. 29. Mai til d. 2. Juni 1854, København 1855, S. 41 und CHRISTENSEN, Redskaber, 487 f.

397 Eine Kurzbiographie von Schultze (17??-1865) in LSHLES (Bd. 2, 1867), S. 373.

398 Johann Andreas SCHULTZE: Einige Bemerkungen über Säemaschinen in Bezug auf eine in der Versammlung des wagrischen landwirthschaftlichen Vereins am 20ten März 1840 zur Ansicht gestellte Säemaschine, in: LHH, 11 (1840), 1, S. 23-29, hier 24 f. und 28 f. Vgl. auch DERS.: Beschreibung einer sehr vervollkommneten Säemaschine und deren richtiger Gebrauch, Oldenburg 1862, insbes. S. 2 ff. Eine ausführliche Beschreibung der Schultzeschen Breitsämaschine findet sich in E. LÜTKENS, E. W. LENTZ und Friedrich August HACH: Bericht über die auf der Plöner Thierschau am heutigen Tage vorgezeigten und probirten zwei Säemaschinen, in: LHH, 11 (1840), 1, S. 55-59, hier 56 ff. - Zur Person und dem Wirken des Oldenburger Mechanikers Saxesen vgl. unten, Kap. III.5.1.4.1., S. 309 f. und Kap. III.5.2.6., S. 447 f.

399 PROTOCOLL-EXTRACTE der Abtheilungen des landwirthschaftlichen Vereins am Schleswig-Holsteinischen Canal, in: LHH, 12 (1841), 2, S. 13-28, hier 24.

400 Vgl. etwa EXTRACT aus dem Protocolle des landwirthschaftlichen Vereins am Schleswig-Holsteinischen Canal vom 12ten Juni 1840, in: LHH, 11 (1840), 1, S. 59-62, hier 61, PROTOCOLL-EXTRACTE, Abtheilungen, S. 23 f. und PROTOCOLL der Dänischenhagener Abtheilung des landwirthschaftlichen Vereins am Schleswig-Holsteinischen Canal vom 20sten Februar 1842, in: LHH, 13 (1842), 1, S. 60-67, hier 60-65 sowie LENTZ, Säemaschine, S. 73.

401 LENTZ, Säemaschine, S. 73.

Wohl nicht zufällig ging um 1840 die Initiative zur Einführung einer weiteren Breitsämaschine von einem Mitglied eines der beiden ältesten landwirtschaftlichen Vereine der Herzogtümer aus: Möglicherweise angeregt durch ein Schreiben der "Mecklenburgischen Landwirthschaftlichen-Gesellschaft" über Sämaschinen, welches in der Versammlung des "Landwirthschaftlichen Vereins am Schleswig-Holsteinischen Canal" vom 3. Oktober 1838 verlesen worden war,[402] gab ein unbekanntes Mitglied dieses Vereins im Frühjahr 1839 beim Schlosser Daniels in Eckernförde den Bau einer Breitsämaschine für Raps- und Kleesaat in Auftrag.[403] Vielleicht ermutigt durch die Resonanz, die Daniels auf diese Eigenkonstruktion erhielt, entwickelte er wahrscheinlich bis zum Frühjahr 1841 eine weitere Breitsämaschine, die zur Aussaat von Getreide bestimmt war. Am 10. März 1842 stellte er sie unter viel Beifall auf einer Versammlung des "Landwirthschaftlichen Vereins am Schleswig-Holsteinischen Canal" vor und erhielt auch sogleich mehrere Bestellungen auf diese 40 Rthlr. teure Landmaschine.[404] Blicken wir auf die drei hier vorgestellten frühen Fallbeispiele zurück, so ist erstens bemerkenswert, daß die Innovatoren dieser landtechnischen Neuerung allesamt einem der landwirtschaftlichen Vereine Schleswig-Holsteins angehörten, mithin Anhänger der rationellen Landwirtschaft waren und zweitens, daß zwei der drei vorgestellten Breitsämaschinen im Inland entwickelt worden sind, und zwar noch bevor bzw. unmittelbar nachdem das erste Modell dieser landtechnischen Neuerung aus Mecklenburg eingeführt worden war.

Von der Mitte der 1840er Jahre bis 1867 hat die Breitsämaschine kaum noch Beachtung in der landwirtschaftlichen Publizistik der Herzogtümer gefunden. Daraus sollte man jedoch nicht schließen, daß von ihr in diesen Jahrzehnten im Untersuchungsraum kein nennenswerter Gebrauch gemacht worden sei. Im Jahresbericht der "ausführenden Direction des Schleswig-Holsteinischen landwirthschaftlichen Generalvereins" für 1868 wird sie beispielsweise unter denjenigen Landmaschinen aufgeführt, die "sehr allgemein"[405] geworden seien. Als ein sicherer Beweis dafür, daß die Direktion mit ihrer Einschätzung richtig lag, kann zum einen die im Februar 1857 vom bereits erwähnten Oldenburger Senator Schultze gemachte Äußerung betrachtet werden, die Albansche Breitsämaschine sei in Wagrien "sehr verbreitet". Denn Schultze war nicht nur durch seine langjährige Mitgliedschaft im "Wagrischen landwirthschaftlichen Verein" bestens über den Stand der Agrartechnik in Wagrien informiert, sondern auch durch seine seit dem Winter 1839/40 mit Unterbrechungen laufende Entwicklungsarbeit an Breitsämaschinen. Zum damaligen Zeitpunkt hatte er gerade eine von ihm persönlich verbesserte und für den Verkauf bestimmte Albansche Breitsämaschine herausgebracht.[406] Nach dem Mißerfolg mit seiner ersten Breitsämaschine hätte er sich sicher nicht noch einmal mit dem Breitsämaschinenbau befaßt, wenn er sich für dieses Produkt nicht realistische Absatzchancen ausgerechnet hätte. Auch die Tatsache, daß (Breit)Sämaschinen in den 1850er und 1860er Jahren von einer Reihe von Handelsfirmen, Handwerksbetrieben und Maschinenfabriken ange-

---

402 Henning OLDEKOP: Denkschrift in Veranlassung der 75jährigen Jubelfeier zu Eckernförde am 20.Oktober 1903 des Schleswig-Holsteinischen landwirtschaftlichen Vereins am Kanal. Gegründet zu Gettorf am 20. Oktober 1828, Kiel 1903, S. 11.

403 Vgl. oben, Fußnote 395, S. 124.

404 PROTOCOLL-EXTRACT, Canal (10.03.1842), S. 28.

405 HACH, Jahresbericht, S. 72.

406 LAS Abt. 422.5, Nr. 3.

boten wurden, kann als sicherer Beweis für das Fortschreiten ihrer Verbreitung in den Herzogtümern gelten. Dazu nachfolgend einige Beispiele.

In ihrem Hamburger Lager hielt die Firma R. Westphal & Co. 1858 u.a. eine "Säemaschine nach Alban'schem System" für 93 Thaler R.M. 32 ß R.M. zum Verkauf bereit. An Handwerksbetrieben seien vier aus der Probstei vorgestellt: 1853 wurde der in Brodersdorf ansässige Schmied Jochim Arp auf der "Kieler Thierschau" für seine "Korn-Säe-Maschine" ausgezeichnet. Auch 1860 hatte er diese Landmaschine noch unverändert in seinem Sortiment. Des weiteren fertigten 1860 auch der Tischler Peter Göttsch und der Schlosser Claus Hinrich Göttsch, beide in Schönberg ansässig, ebenso wie der Tischler Hans Heinrich Ernst Clasen aus Laboe "Säemaschinen" an. Unter den Fabriken sei als erste die Carlshütte genannt. Sie bot 1853 in ihrem "Preis-Courant" für 150 Mk eine Sämaschine an und in dem von 1863 führte sie eine "Säemaschine, 12 Fuss breit nach Alban, für 1 Pferd zu allen Kornarten passend" zum Preis von 70 Thaler R.M. auf. Auch Schweffel & Howaldt verzeichneten in einem vermutlich am Ende der 1850er Jahre herausgebrachten "Preis-Courant über landwirthschaftliche Maschinen u. Geräthe" eine "breitwürfige Kornsäemaschine" für 80 Thaler R.M. Vermutlich ist dieses Modell identisch mit dem im "Preis-Courant" von 1869: dort würde eine "grosse breitwürfige Maschine, für alle Kornarten passend, 12 Fuss breit, nach Alban" für 150 CtM angeboten. Weitere Maschinenfabriken, die Sämaschinen anboten, waren z.B. die von Wolfgang Petersen (1860) in Hadersleben oder das Flensburger Unternehmen "N. Jepsen's Sohn". Letzteres hatte 1869 eine "Breitsäemaschine Thorner Construction" für 86 Thaler Pr. im Programm.[407]

II.2.2.2. Mähmaschinen

"Fast keine andere Maschine hat die gleiche Bedeutung für die Landwirthschaft, wie die Mähemaschine. Die Ernte ist das Ziel des ganzen Betriebs; sie muß die Mühen eines Jahres krönen, und kann dies nur, wenn sie gut und sicher beendigt wird. [...] Die Mähemaschine [...] besiegt die Schwierigkeiten des Mangels an Zeit und an Arbeitern, und macht den Landwirth unabhängiger, als jede andere Maschine dies vermag".[408]

Vor dem Hintergrund dieser 1856 von Hamm veröffentlichten grundsätzlichen Ausführungen zur Bedeutung der Mähmaschine für die Landwirtschaft wird nur allzu leicht verständlich, warum diese Landmaschine fünf Jahre zuvor auf der ersten Weltausstellung in London so viel Furore gemacht hatte und warum das Jahr 1851 in ihrer Geschichte den entscheidenden Wendepunkt bedeutete: Die anläßlich der Weltausstellung abgehaltene

---

407 Abb. 11, S. 479. - ANONYMUS: Thierschau. (Schluß.), in: LWB, 3 (1853), Nr. 43 (22.10.1853), S. 333-339, hier 334; J. A. und Heinrich PETERSEN: Adreßbuch der Herzogthümer Schleswig, Holstein, Lauenburg, zum Gebrauch am Comptoir und auf Reisen, Rendsburg 1860, S. 100 und Anhang. - PETERSEN, Adreßbuch (1860), S. 99 f. - LAS Abt. 406.10, Nr. 452 und 454. - Stadtarchiv Kiel, Sig. 6572/2 4/0 (Nr. 13). Vgl. dazu BELLSCHAU: Die Säemaschine aus der Maschinenfabrik von Schweffel & Howaldt in Kiel, in: LWB, 7 (1857), Nr. 7 (14.02.1853), S. 53. - PETERSEN, Adreßbuch (1860), Anhang. - HACH, Geräthe, S. 256.

408 HAMM, Geräthe, S. 841.

Mähmaschinenkonkurrenz hatte nicht nur "den unwiderlegbaren Beweis für die praktische Brauchbarkeit der Mähmaschine erbracht", sondern auch viele "Landwirte von den offensichtlichen Vorzügen der Maschinenarbeit vor der Handarbeit überzeugt".[409] Folglich überrascht es nicht, daß das "Landwirthschaftliche Wochenblatt" zu "den wichtigsten Folgen der großen englischen Ausstellung in landw. Beziehung [...] die [...] der Mähmaschine gewidmete Aufmerksamkeit" zählte und die Londoner Times in dieser Landmaschine den "wertvollsten Beitrag zur Weltausstellung überhaupt" sah.[410]

Allerdings mußte Hamm bereits wenige Zeilen nach seinem zu Beginn des Kapitels zitierten Loblied auf die Mähmaschine einräumen, daß sie wider Erwarten bisher keinen nennenswerten Eingang in die Landwirtschaft Deutschlands, wie der meisten anderen europäischen Länder auch, gefunden hatte; Ausnahmen bildeten neben Großbritannien lediglich Ungarn und Frankreich. Das von Hamm zuvörderst dafür verantwortlich gemachte "Mißtrauen gegen das Neue"[411] bietet kaum eine hinreichende Begründung für diese negative Entwicklung, da dieses Mißtrauen von den Landwirten gewiß zunächst auch allen anderen landtechnischen Neuerungen entgegen gebracht wurde.

Nachfolgend soll nun für Schleswig-Holstein sowohl die Geschichte des Transfers und der Diffusion der Getreidemähmaschine während des Untersuchungszeitraums nachgezeichnet werden als auch anhand dieses Fallbeispiels den Ursachen dafür nachgegangen werden, weshalb die Getreidemähmaschine erst seit dem Ende der 1860er Jahre größeren Zuspruch von den deutschen Agrarproduzenten erfuhr. Der geringen Bedeutung dieses Mähmaschinentyps in der Landwirtschaft der Herzogtümer bis 1867 entsprechend wird sich die Darstellung beider Themenkomplexe auf das Wesentliche beschränken und die Technikgeschichte dieser Landmaschine weitgehend ausgeblendet lassen.[412]

Während in den USA Getreidemäher von William Manning, Obed Hussey und Cyrus Hall McCormick - um nur die bekanntesten und bedeutendsten frühen nordamerikani-

---

409 Georg KÜHNE: Erntemaschine, in: Gustav Fischer et al. (Bearb.): Die Entwicklung des landwirtschaftlichen Maschinenwesens in Deutschland. Festschrift zum 25jährigen Bestehen der Deutschen Landwirtschafts-Gesellschaft (= Arbeiten der DLG, 177), Berlin 1910, S. 132-183, hier 139 f.

410 ANONYMUS: Kritik der gegenwärtigen Mähmaschinen, in: LWB, 5 (1855), Nr. 42 (20.10. 1855), S. 330-332, hier 330 und Graeme QUICK und Wesley BUCHELE: The Grain Harvesters, St. Joseph/Michigan 1978, S. 37; zitiert nach HERRMANN, Pflügen, S. 196. - Zur Bedeutung der ersten Weltausstellung in London für die Verbreitung der Mähmaschine auf dem europäischen Festland vgl. auch HAMM, Geräthe, S. 846 und 854, KULISCHER, Aufkommen, S. 347 sowie HERRMANN, Pflügen, S. 196. - Zur Bedeutung der ersten drei Weltausstellungen (London 1851, Paris 1855 und London 1862) für die Entwicklung der Mechanisierung/Technisierung der europäischen Landwirtschaft vgl. Jan KUUSE: Mechanisation, Commercialisation and the Protectionist Movement in Swedish Agriculture, 1860-1890, in: The Scandinavian Economic History Review, 19 (1971), Nos. 1/2, S. 23-44, hier 31. - Zur allgemeinen Bedeutung der ersten Londoner Ausstellung vgl. Evelyn KROKER: Die Weltausstellungen im 19. Jahrhundert. Industrieller Leistungsnachweis, Konkurrenzverhalten und Kommunikationsfunktion unter Berücksichtigung der Montanindustrie des Ruhrgebietes zwischen 1851 und 1880, Göttingen 1975, S. 58 ff.

411 HAMM, Geräthe, S. 841.

412 Zur Technikgeschichte der Getreidemähmaschine vgl. HAMM, Geräthe, S. 839-867, KÜHNE, Erntemaschinen, S. 132-151, KULISCHER, Aufkommen, S. 342-351 und HERRMANN, Pflügen, S. 191-199. - Die drei ersten Werke enthalten eine ganze Reihe von Quellen- und Literaturhinweisen zur technischen Entwicklung der Mähmaschine.

schen "Erfinder" und Produzenten dieser Landmaschine zu nennen - in den 1840er Jahren bereits zu Tausenden eingesetzt wurden, nahm man in den Herzogtümern anscheinend noch keinerlei Notiz von der Möglichkeit, die Getreidemahd maschinell zu bewältigen. Vermutlich lag sie für die Masse der schleswig-holsteinischen Landwirte außerhalb ihrer Vorstellungs- und Finanzkraft, wohingegen die Getreidemähmaschine für die wenigen fachlich versierten Landwirte im Lande nicht viel mehr als eine technische Spielerei gewesen sein dürfte. So wird verständlich, weshalb überhaupt erst für 1851 eine inländische Quelle ermittelt werden konnte, die das Thema Getreidemähmaschine zum Gegenstand hat: Dem "Landwirthschaftlichen Wochenblatt" war im Juni 1851 ein bereits in der Nummer 3.544 (26.10.1850) der Preußischen Handlungs-Zeitung erschienener Artikel über den "mit bestem Erfolge" abgelaufenen Einsatz einer McCormickschen Getreidemähmaschine "auf dem Gute Alt-Prezau des Ritters Gustav v. Zanthner"[413] in Böhmen zugesandt worden. Der von der Redaktion des Wochenblattes nachgedruckte Artikel war also nicht einmal schleswig-holsteinischer Provenienz. Zugeschickt und abgedruckt worden ist er wahrscheinlich in Reaktion auf die Präsentation von Getreidemähmaschinen auf der ersten Londoner Weltausstellung. Dort dürften Schleswig-Holsteiner vermutlich auch zum ersten Mal Getreidemähmaschinen im Einsatz erlebt haben. Einer von ihnen war Meinsen, der Inspektor des wenige Kilometer nordwestlich von Oldesloe gelegenen adeligen Guts Nütschau. Er soll sich dahingehend geäußert haben, "daß sie sehr complicirt und nur dort wohl mit Vortheil anzuwenden sey, wo es sehr an Händen zur Erndtezeit mangele".[414] Andere schleswig-holsteinische Landwirte wurden hingegen durch die von den Ausstellungsmaschinen gezeigten Leistungen dazu ermutigt, noch "während der Erntezeit 1851 in Eile [...] eine kleine Anzahl" von Versuchen mit einem Getreidemäher in den Herzogtümern zu machen; sie erwiesen jedoch wider Erwarten "das Unzureichende dieser Maschine". Der Ersteinsatz dieser Landmaschine im Untersuchungsraum datiert mithin auf den Juli oder August 1851. Wer wo welches Modell zum Einsatz brachte, ist jedoch nicht zu ermitteln.[415]

Ein anderer Besucher dieser Weltausstellung war Hudemann, der technische Direktor der Carlshütte. Holler hatte seinen Neffen 1851 u.a. mit der Maßgabe nach London geschickt, sich über die neuesten landwirtschaftlichen Geräte und Maschinen zu informieren und auch einige davon für die Carlshütte zu ordern. Für den Ankauf eines Getreidemähers hatte er Hudemann jedoch keine Anweisung gegeben. Ganz offensichtlich hat erst Hudemanns Bericht Hollers Interesse an dieser Maschine geweckt. Im Dezember 1851 bekundete er gegenüber einem schottischen Geschäftspartner den Wunsch, eine "amerikanische Mähmaschine oder Erndtemaschine" von McCormick ankaufen zu wollen; und zwar nicht so sehr, weil sie in London die große goldene Medaille gewonnen hatte, sondern vielmehr, weil Holler von ihr annahm, daß sie - im Gegensatz zu den anderen Modellen - bereits in der Lage wäre, die Getreidehalme sechs Zoll niedrig abzuschneiden. Für Modelle, die höhere Stoppeln hinterließen, sah er in Schleswig-Holstein hingegen keine Erfolgsaussichten: dazu war das Stroh seiner Meinung nach den Landwirten zu

413 ANONYMUS: Mähmaschine, in: LWB, 1 (1851), Nr. 26 (28.06.1851), S. 201 f., hier 201.
414 LAS Abt. 422.5, Nr. 3.
415 ANONYMUS, Kritik, S. 330.

kostbar.[416] Man sieht, Holler machte sich ernsthaft Gedanken darüber, welche Getreidemähmaschine im Untersuchungsraum die besten Erfolgsaussichten besaß.

Tatsächlich bestellte Holler auf Empfehlung eines britischen Agenten Mitte Juni 1852 eine von der britischen Landmaschinenfabrik Garrett & Son nachgebaute Husseysche Getreidemähmaschine. Außer "dem guten und schnellen Mähen" erwartete Holler von ihr, daß sie "Stroh, Klee und Gras möglichst kurz und auf etwas unebenem weniger gut bestellten oder hügeligem Lande schneidet". Sie traf im August "noch eben zeitig genug" auf der Carlshütte ein, um damit auf einer firmeneigenen Haferkoppel ein Probemähen durchführen zu können. Es ist der erste näher bekannte Einsatz einer Getreidemähmaschine auf schleswig-holsteinischem Boden. Ende August arbeitete der Husseysche Getreidemäher bereits "auf einigen benachbarten Gütern"; eines von ihnen war das von Paap bewirtschaftete adelige Gut Grünhorst. Da Holler erwartete, "daß nach dem man sich an der Behandlung der Maschine mehr gewöhnt haben wird, dieselbe an mehreren Stellen Eingang finden dürfte", ließ er im Winter 1852/53 mehrere Exemplare davon anfertigen. Die ersten mit diesem Getreidemäher gemachten Versuche hatten Holler also ermutigt, seinen Nachbau aufzunehmen.[417]

Im "Preis-Courant" der Carlshütte von 1853 wurde die Husseysche Mähmaschine für 350 Mk angeboten.[418] Gebaut und verkauft wurden von ihr in diesem Jahr anscheinend nicht mehr als vier Exemplare, die die Carlshütte mit kleineren Verbesserungen versehen hatte: ihre Käufer waren Destinon (adeliges Gut Groenwohld), Potent (Segeberg), Radbruch (adeliges Gut Mettenhof) und Carstens (Güstorf). Getestet wurde sie zudem noch von Hirschfeldt (adeliges Gut Groß Nordsee).[419] In der Praxis erbrachte dieses Modell allerdings nur eine sehr ungenügende Leistung, so daß Holler im August und September 1854 seinem britischen Agenten mit einiger Bitterkeit berichtete, es habe "nach den hier damit gemachten Versuchen bei weitem nicht den nach der Beschreibung davon gehegten Erwartungen" entsprochen, weshalb die "Landleute" von ihm "völlig abgeschreckt worden" seien und es "daher unbenutzt" liege.[420] Daß der Husseysche Getreidemäher zu dieser Zeit keineswegs technisch ausgereift war, ist Holler offensichtlich klar gewesen, noch bevor er von dessen Käufern negative Rückmeldungen erhielt. Denn schon im Juni 1853, also noch vor der Getreideernte, war man auf der Carlshütte "mit einem Versuch beschäftigt die Vortheile der Bellschen und der Husseyschen reaping Maschine bei der Construction einer neuen Maschine [...] zu verbinden".[421] Ihm war kein Erfolg beschieden.

Auch danach blieb die Carlshütte allem Anschein nach glücklos bei der Entwicklung von Getreidemähern, und zwar vor allem, weil sie als deren Ausgangsbasis viel zu lange den Husseyschen wählte. Ungeachtet der sehr guten Schneidearbeit, die dieses Modell lie-

416 LAS Abt. 406.10, Nr. 55.
417 LAS Abt. 406.10, Nr. 56. - Abb. 12, S. 480.
418 LAS Abt. 406.10, Nr. 452.
419 LAS Abt. 406.10, Nr. 57.
420 LAS Abt. 406.10, Nr. 58 - Ein detaillierter Einsatzbericht liegt von Carstens (Güstorf) vor. Er endet mit dem Satz: "Das Resultat meines Versuches mit der Mähmaschine war also durchaus nicht meinen Erwartungen entsprechend und ist dieselbe also einstweilen in die Rumpelkammer gestellt". C. A. CARSTENS: Anlage II., in: LWB, 8 (1858), Nr. 34 (21.08.1858), S. 269.
421 LAS Abt. 406.10, Nr. 57.

ferte, litt es nämlich unter einer Unzulänglichkeit, die letztlich dazu führte, daß es ganz vom Markt gedrängt wurde: Im Gegensatz zu den anderen führenden Getreidemähern mußte das abgeschnittene Getreide bei ihm durch einen mitfahrenden Abharker direkt hinter dem Mähapparat abgelegt werden. Bevor nun mit dem nächsten Schnitt begonnen werden konnte, mußten die losen Getreidehalme zuerst von einer vielköpfigen Arbeiterzahl beiseite geschafft werden. Von Arbeitskräfteeinsparung konnte hier also nicht die Rede sein.[422] So wurde 1862 dem Getreidemäher der Carlshütte - es war laut "Preis-Courant" von 1863 einer "nach Kemp, Murray & Nicholson mit den neuesten Verbesserungen zum Gras- und Getreidemähen" für "250 Thlr. Reichsmünze" - zwar von Mitgliedern des "Vereins für Landwirthschaft und Gewerbe in Preetz" bescheinigt, daß er "gute Arbeit liefere", doch tadelten sie gleichzeitig "die Nothwendigkeit des sofortigen Aufbindens des Korns" an ihm. Im darauffolgenden Jahr konnte die Carlshütte zwar nach Aufforderung des Komitees der "Thierschau in Plön" ihren Getreidemäher einem größeren Publikum vorführen, eine Prämie erhielt sie für ihre Maschine bezeichnenderweise jedoch nicht.[423]

Erst um die Mitte der 1860er Jahre, zu einem Zeitpunkt also, als bereits funktionstüchtige Selbstableger auf dem Markt waren, befaßte man sich auf der Carlshütte überhaupt mit der Konstruktion einer "Mähemaschine [...] mit einem Ablegebrett".[424] Nach dem oben Gesagten liegt auf der Hand, warum die Mähmaschinenproduktion auf der Carlshütte niemals in Gang gekommen ist.

Spätestens im November 1852 nahmen Schweffel & Howaldt die Produktion von Getreidemähern auf. Allem Anschein nach wurde einer davon im Sommer 1854 in Wagrien eingesetzt. Die "Aeußerungen mehrerer Mitglieder" des dortigen landwirtschaftlichen Vereins fielen allerdings "sehr zum Nachtheil der Maschine aus". Auch 1855 hatten Schweffel & Howaldt mit ihr keine Fortüne: Oberinspektor Lenz attestierte dieser Maschine, daß sie auf den im Wagrischen gelegenen adeligen Gütern Kuhof und Lübbersdorf "zwar sehr schön, aber nicht genug" abgemäht habe, und das Vereinsmitglied "Kosegarten bemerkte, daß bei dieser Maschine das Rad zu schwer sei, die Maschine sich leicht festarbeitete und mit derselben nicht gut über Tiefen zu gehen sei".[425] Da keine weiteren Nachrichten über den Bau oder Vertrieb von Getreidemähern durch diesen in den Herzogtümern während der Frühzeit der Mechanisierung/Technisierung der Landwirtschaft bedeutenden Landmaschinenproduzenten vorliegen und auch nach 1855 nichts mehr über den Einsatz von Getreidemähern aus dieser Fabrik in Erfahrung zu bringen ist, kann davon ausgegangen werden, daß Schweffel & Howaldt nach diesen erfolglosen Versuche, ihren Getreidemäher auf dem Markt zu etablieren, Entwicklung und Bau dieses Produkts ganz aufgegeben haben. Dafür spricht auch, daß der von ihnen am

---

422 Vgl. HAMM, Geräthe, S. 853.

423 LAS Abt. 406.10, Nr. 454. - Andr. VÖLCKERS: Protocoll der 3ten ordentlichen Jahresversammlung des Vereins für Landwirthschaft und Gewerbe in Preetz am 22. October 1862, in: LWB, 12 (1862), Nr. 14 (04.04.1862), S. 93-95, hier 93 f. - Amtlicher BERICHT über die Thierschau in Ploen am 29. Mai 1863, in: Wagrisch-Fehmarnsche Blätter, 36 (1863), Nr. 48 (16.06.1863).

424 LAS Abt. 406.10, Nr. 189.

425 Friedrich August HACH: Protocoll der dritten Jahresversammlung des holsteinischen landw. Vereins am Canal, gehalten zu Dorfgaarden den 25. Septbr. 1854, in: LWB, 4 (1854), Nr. 40 (07.10.1854), S. 305-307, hier 306. LAS Abt. 422.5, Nr. 3.

Ende der 1850er Jahre herausgebrachte "Preis-Courant über landwirthschaftliche Maschinen u. Geräthe" keine Getreidemäher enthält.

Das Scheitern der Bemühungen Schweffel & Howaldts und der Carlshütte in den Jahren 1854/55 um die Einführung ihrer Getreidemähmaschinen auf dem schleswig-holsteinischen Markt zog für mehrere Jahre den weitgehenden Stopp der Diffusion dieser Landmaschine in den Herzogtümern nach sich. Denn zum einen hatte sich bis dahin noch keine andere Fabrik oder Handlungsfirma auf diesem Sektor nennenswert engagiert und zum anderen wurden sie durch diese Mißerfolge natürlich auch nicht dazu animiert. Darüber hinaus wurden dadurch die Landwirte vom Kauf einer Getreidemähmaschine abgeschreckt.

Worin sind nun die Ursachen für den "Fehlstart" der Getreidemähmaschine in den Herzogtümern zu suchen? Zunächst einmal haben Holler bzw. Schweffel & Howaldt, denen unbestritten das Verdienst zukommt, diese Landmaschine im Untersuchungsraum eingeführt zu haben, ebenso wie ihre Kunden, die zumeist Mitglieder renommierter landwirtschaftlicher Vereine waren oder mit diesen in Verbindung standen, die Einsatzmöglichkeiten und Leistungsfähigkeiten der auf der ersten Londoner Weltausstellung gezeigten Getreidemähergeneration überschätzt. Wenn Hamm 1856 bemerkte, für den Einsatz der Getreidemähmaschine bedürfe es einer "Stufe der Cultur, welche noch nicht überall erreicht, aber Aufgabe des rationellen Landwirths"[426] sei, so beschrieb er damit ganz und gar auch die Situation in den Herzogtümern. Die ersten hier in Betrieb gesetzten Mäher arbeiteten vermutlich fast ausschließlich auf Feldern, die weder gedrillt noch drainiert, geschweige denn gewalzt oder von größeren Steinen befreit worden waren. Zu der Einsicht, daß ein Mäher auf derartigen Feldern nicht die von ihm erwarteten Leistungen bringen konnte, mußte binnen kurzem - wie gezeigt - auch Holler kommen. Anfang September 1854 machte er dahingehend folgende Äußerung: "Allerdings mag der hier zum Theil unebene, oder hügelige oder mit vielen Gräben versehene, fast noch gar nicht drainirte Boden ein Haupthinderniß für die Anwendung" der Husseyschen Mähmaschine sein.[427]

Insbesondere das Fehlen einer Drainage wurde immer wieder als schweres Hemmnis für den Einsatz des Getreidemähers bezeichnet.[428] Um nämlich den Abfluß der Niederschläge zu bewerkstelligen, pflügte man in weiten Teilen der Herzogtümer die Felder traditionell in steil gewölbte Ackerbeete, die durch tiefe Beetfurchen voneinander getrennt wurden; von letzteren floß das Wasser dann in ein weitmaschiges Netz von Abzugsgräben. Da es in den Marschen weitaus dichter sein mußte, war die Anwendung der Mähmaschine dort vor der Verlegung einer Drainage noch gänzlich ausgeschlossen.[429]

Auch unter den schleswig-holsteinischen Landwirten gingen in den beiden Jahrzehnten nach 1850 die Meinungen über die Leistungsfähigkeit der Getreidemähmaschinen weit

---

426 HAMM, Geräthe, S. 842.

427 LAS Abt. 406.10, Nr. 58. - Noch 1868 hielt es Friedrich August HACH: Mähmaschinen, in: LWB, 18 (1868), Nr. 13 (28.03.1868), S. 100-102, hier 101, für angebracht, das "Selbstverständliche" zu erwähnen: "Es ist selbstverständlich, daß dieselben nur da anwendbar sind, wo keine Gräben oder sonstige Terrainhindernisse das Rundumfahren behindern".

428 Vgl. etwa LAS Abt. 422.5, Nr. 3 oder F. C.: Ueber Mähmaschinen, in: LWB, 22 (1872), Nr. 12 (23.03.1872), S. 152 f., hier 152.

429 ANONYMUS, Maschinen, S. 345.

auseinander. Realistisch wurde sie dabei nur von wenigen eingeschätzt. Den meisten Landwirten waren Mähmaschinen wahrscheinlich "nur dem Namen nach oder von Ausstellungen her bekannt [..], wo man an ihnen als an einem ungelösten Probleme, einer Art Verirrung des menschlichen Geistes gleichgültig vorüberging".[430] Für ein "ungelöstes Problem" wurden sie dort von ihnen auch deshalb gehalten, weil die Mähmaschine anfangs auf den Ausstellungen das Publikum häufig nicht zu überzeugen vermochte.[431] Die ihr gegenüber gehegten Vorurteile verhärteten sich dadurch natürlich noch stärker. Andererseits setzte die durch erfolgreiche Vorführungen[432] oder sonstige Informationskanäle zum Kauf einer Mähmaschine ermutigte, anfangs kleine Schar von Landwirten zumeist zu hohe Erwartungen in die Leistungsfähigkeit der Getreidemähmaschine, die in den 1850er Jahren noch weit davon entfernt war, konstruktiv ausgereift zu sein. Entstanden war diese Erwartungshaltung nicht zuletzt, weil "die Leistungen der bekannten Mähmaschinen, wie die von Bell, Corwick und Hussey [..], sehr übertrieben"[433] worden waren. Auf der anderen Seite wurden von den Landwirten an die "Mähmaschine mehr Anforderungen gestellt, als an jede andere landwirthschaftliche Maschine".[434] Mahnend erhob deshalb noch 1868 Lüdemann, der seit der Ernte 1865 zwei Getreidemäher von McCormick auf dem von ihm gepachteten Haupthof Hohenfelde bei Schönberg erfolgreich einsetzte, im "Landwirthschaftlichen Wochenblatt" gegenüber seinen Standesgenossen das Wort: Sie sollten von ihrer völlig überzogenen Forderung, die Mähmaschine "soll mit einem mal Alles leisten",[435] abrücken und ihre Einsatzmöglichkeiten und ihre Leistungsfähigkeit realistischer einschätzen. Zu diesem Zeitpunkt hatten sie jedoch bereits viele Landwirte enttäuscht beiseite gelegt und sich in den Chor ihrer Kritiker eingereiht. Da es ja gewöhnlich zuerst die innovationsfreudigeren Landwirte waren, die sich eine solche Landmaschine anschafften, wog das Urteil dieser "Meinungsbildner" besonders schwer.

Mit Fortschreiten der technischen Vervollkommnung der Getreidemähmaschine wie auch des Wissens um ihre Einsatzmöglichkeiten und Leistungsfähigkeit regten sich gegen Ende der 1850er Jahre wieder die Stimmen ihrer Befürworter. So empfahl Hirschfeld dem "Landwirthschaftlichen Generalverein des Herzogthums Holstein" 1858 auf "der Versammlung der holsteinischen Land- und Forstwirthe in Neumünster", er möge auf der nächsten "Landesthierschau dem landwirthschaftlichen Publicum Gelegenheit [..] geben, durch Aufstellung einer" Getreidemähmaschine "sich über die Anwendbarkeit und etwa-

430 ANONYMUS: Die Mähmaschine, in: LWB, 16 (1866), Nr. 31 (04.08.1866), S. 252-255, hier 252.

431 Vgl. z.B. LAS Abt. 406.10, Nr. 58 sowie LAS Abt. 422.5, Nrn. 3 und 4.

432 Vgl. z.B. C. A. CARSTENS: Ueber Mähmaschinen, in: LWB, 8 (1858), Nr. 49 (04.12.1858), S. 387 f., hier 387 und PROTOCOLL der 2ten ordentlichen Jahresversammlung des Vereins für Landwirthschaft und Gewerbe in Preetz, den 9. Juli 1862, in: LWB, 12 (1862), Nr. 50 (13.12. 1862), S. 349-352, hier 350 sowie LAS Abt. 422.5, Nr. 3.

433 ANONYMUS, Kritik, S. 330.

434 HAMM, Geräthe, S. 841. Hier findet sich auch ein Katalog mit dreizehn "unerläßlichen Eigenschaften", die eine gute Getreidemähmaschine besitzen sollte.

435 LÜDEMANN: Die MacCormigk Mähmaschine, in: LWB, 18 (1868), Nr. 43 (24.10.1868), S. 338-340, hier 338.

ige mögliche Verbesserungen einer solchen sich selbst ein Urtheil zu bilden".[436] Ein Jahr später räumte ein Unbekannter im "Landwirthschaftlichen Wochenblatt" zwar unumwunden ein, daß "ueber die Mähemaschine [..] bisher wenig Rühmliches zu sagen" gewesen sei, doch verkündete er gleich darauf, daß "in neuester Zeit [...] ein so bedeutender Fortschritt in der Construction dieser Maschine gemacht [worden sei], daß derselbe über die Brauchbarkeit für immer entschieden"[437] habe. Diesen Eindruck vermittelte den Lesern des Wochenblattes auch ein zwei Ausgaben später veröffentlichter Bericht des "Landwirthschaftlichen Vereins an der Trave" über einen von ihm ausgeführten ausgiebigen Test mit einer "in Mecklenburg sehr in Aufnahme gekommenen Mähmaschine", die englischen Ursprungs war und vom Güstrower Maschinenfabrikanten Bröckelmann für 266 Thaler 4 ß R.M. angeboten wurde.[438]

Dennoch sollten nochmals acht Jahre vergehen, bevor der Getreidemähmaschine der endgültige Durchbruch in den Herzogtümern gelang. Dazu hat wohl "N. Jepsen's Sohn" maßgeblich beigetragen. Seit wann sich dieses Unternehmen mit dem Getreidemäherbau beschäftigte, läßt sich nicht sicher sagen. Die erste Nachricht darüber stammt aus dem Jahre 1866: Im Februar oder März kaufte der "Angler landwirthschaftliche Verein" für 612 Mk eine von "N. Jepsen's Sohn" nachgebaute "Victoria-Mähmaschine" der englischen Fabrik Samuelson & Co. in Banbury, um sie gegen eine geringe Gebühr sowohl an Vereinsmitglieder als auch an Außenstehende zu verleihen. Sie muß zur vollen Zufriedenheit ihrer Benutzer gearbeitet haben, denn ansonsten hätte sie der Verein auf seiner Generalversammlung im Dezember 1866 sicher nicht unter denjenigen Maschinen aufgeführt, die sich seiner Meinung nach "in neurer Zeit in den Herzogthümern als erprobt und empfehlenswert [...] erwiesen" hatten[439]; und im Oktober desselben Jahres erwog man bereits ihre Anschaffung im benachbarten "Landwirthschaftlichen Verein an der Schlei".[440]

Die "Victoria-Mähmaschine" nahm als erste Getreidemähmaschine die vom Melbourner Thomas Robinson entwickelten konstruktiven Elemente auf, welche über viele Jahrzehnte die Grundform des Selbstablegers bestimmten: Bei diesem Maschinentyp wurde "das Getreide mittels vier oder fünf Rechen, die um eine etwas geneigt stehende Achse immer im gleichen Drehsinn umlaufen, dem Schneideapparate zugeführt und von dem Sammeltische, welcher ungefähr die Form eines Viertelkreisausschnitts hat, als Garbe abgelegt". Die selbstablegende Getreidemähmaschine nach Robinson-Samuelson besaß "im Vergleich zu den frühern einen solchen Grad der Vollkommenheit, daß sie in vielen Tausend Exemplaren Verbreitung finden konnte und in großer Anzahl auch nach Deutschland kam".[441] Stammten die meisten von ihr in Deutschland eingesetzten zu-

---

436 PROTOCOLL. Geschehen in der zweiten Wanderversammlung holsteinischer Land- und Forstwirthe zu Neumünster, den 16. Juni 1858, in: LWB, 8 (1858), Nr. 34 (21.08.1858), S. 265-269, hier 268.

437 SCH.: Landwirthschaftliches Maschinenwesen, in: LWB, 9 (1859), Nr. 52 (24.12.1859), S. 409 f., hier 410.

438 C. A. CARSTENS und L. JOHANSSEN: Aus dem Traveverein: Bericht über eine Mähmaschine, in: LWB, 10 (1860), Nr. 1 (07.01.1860), S. 4 f.

439 Kirchspielsarchiv Husby, Protokoll des Angler landwirthschaftlichen Vereins (1851-1881), hier Sitzungen vom 30.01.1866, 23.03.1866 und 14.12.1866.

440 JENSEN, Protocoll, S. 108.

441 KÜHNE, Erntemaschinen, S. 141 f.

nächst noch von Samuelson & Co. selbst, so fanden sich hier doch schnell Fabriken, die sie erfolgreich nachbauten. Eine von ihnen war "N. Jepsen's Sohn".

Bereits im Jahresbericht des "Schleswig-Holsteinischen landwirthschaftlichen Generalvereins" für 1868 findet sich die Notiz: "Die Mähmaschinen fangen an, sich Eingang zu erobern, wozu die Bemühungen der Fabrik Jebsen Sohn in Flensburg sehr viel beitragen".[442] Sie wird durch zahlreiche Hinweise aus diesem und den nachfolgenden Jahren bestätigt.[443]

Starke Impulse dürfte die Diffusion der "Victoria-Mähmaschine" von "N. Jepsen's Sohn" in den Herzogtümern durch ihr gutes Abschneiden sowohl auf der anläßlich der ersten "Berliner Mähmaschinen-Ausstellung" im Juli 1868 abgehaltenen Mähmaschinenkonkurrenz[444] als auch auf der im Juli und August 1869 vom "Verein für Landwirthschaft und Gewerbe in Preetz" auf Wilhelminenhof bei Preetz[445] organisierten Veranstaltung erhalten haben. Auf dieser erhielt die "Victoria-Mähmaschine" den Vorzug vor dem McCormickschen Selbstableger, der nach ihr und dem Original von Samuelson & Co. Ende der 1860er und zu Beginn der 1870er Jahre am häufigsten von den schleswig-holsteinischen Landwirten eingesetzt wurde.[446] Erworben haben dürften ihn die meisten bei der Hamburger Firma James McDonald & Co.

Wenngleich auch in den vier oder fünf Jahresberichten des "Schleswig-Holsteinischen landwirthschaftlichen Generalvereins" stereotyp zu lesen ist, die Mähmaschinen hätten im Untersuchungsraum "bedeutenden Eingang gefunden",[447] und es in dem für 1875 sogar heißt, sie hätten "sich ungemein verbreitet [..], auch in bäuerliche Wirthschaften hinein",[448] so darf das nicht darüber hinwegtäuschen, daß die Getreidemähmaschine am Ende des Untersuchungszeitraums, also 1867, und auch in den darauffolgenden Jahren, noch weit davon entfernt war, zum agrartechnischen Standard der Güter zu gehören. In bäuerlichen Betrieben dürfte sie in dieser Zeit, wenn auch nur vereinzelt, am ehesten noch in den marktorientiert produzierenden Gebieten der Herzogtümer wie etwa den

---

442 HACH, Jahresbericht, S. 72.

443 Vgl. etwa DERS., Mähmaschinen, S. 100-102, DERS.: O. T., in: LWB, 18 (1868), Nr. 34 (22.08. 1868), S. 270, ANONYMUS: Von der Trave. Ende November, in: LWB, 18 (1868), Nr. 49 (05.12.1868), S. 391 f., hier 391, ANONYMUS: Von der Trave. Ende April, in: LWB, 19 (1869), Nr. 18 (01.05.1869), S. 145 f., hier 146 und 71. VERSAMMLUNG des Norderdithmarscher landw. Vereins in Heide, am 21. Nov. 1871, in: LWB, 21 (1871), Nr. 48 (02.12.1871), S. 441 f., hier 442.

444 Vgl. hierzu Carl FILLY: Amtlicher Bericht über die internationale Mähemaschinen-Concurrenz, welche vom landwirthschaftlichen Provinzial-Verein für die Mark Brandenburg und Niederlausitz vom 8. bis 11. Juli 1868 bei Berlin veranstaltet worden ist, Berlin 1869 und ANONYMUS: Mähmaschinen-Concurrenz, in: LWB, 18 (1868), Nr. 32 (08.08.1868), S. 252.

445 Vgl. H. GÄDE: Bericht über die Resultate einer Mähmaschinen-Concurrenz, veranstaltet auf dem Hofe Wilhelminenhof bei Preetz, am 9. und 30. Juli und am 17. August 1869, in: LWB, 19 (1869), Nr. 36 (04.09.1869), S. 286-289.

446 Zur Samuelsonschen Mähmaschine vgl. Friedrich August HACH: Ueber Prüfung von Mähmaschinen und in Spec. die Mähmaschinen-Concurrenz in Breslau, in: LWB, 22 (1872), Nr. 41 (12. 10.1872), S. 502-504, hier 504 und zum McCormickschen Selbstableger vgl. u.a. LÜDEMANN, Mac Cormigk Mähmaschine.

447 JAHRESBERICHT (für 1873), Generalverein, S. 87.

448 JAHRES-BERICHT der ausführenden Direction des Schleswig-Holsteinischen landw. Generalvereins für das Jahr 1875, Kiel 1876, S. 25.

Marschen oder der Landschaft Angeln anzutreffen gewesen sein.[449] In ersteren allerdings auch nur dort, wo die Felder bereits drainiert worden waren.

Nahezu zeitgleich setzte in Mecklenburg die Mechanisierung der Getreidemahd im großen Stil ein: Bentzien benennt als Startjahr 1871 und sieht zu Recht im Angebot von konstruktiv ausgereifteren Selbstablegern das auslösende Moment für diese Entwicklung.[450] Auch im benachbarten Dänemark datiert sie auf den Beginn der 1870er Jahre, wobei im Königreich anfangs wie in den Herzogtümern der Selbstableger von Samuelson & Co. sowie dänische Nachbauten von ihm die meistgekauften Getreidemäher waren.[451]

II.2.2.3. Geräte zum Nachharken der Kornfelder

Nur sehr wenige - und dazu noch spärliche - Informationen liegen uns über den Transfer und die Diffusion der modernen eisernen Pferde-Trommelharke im Untersuchungsraum bis 1867 vor.[452] Die erste Nachricht darüber stammt vom Dezember 1851: Damals erkundigte sich die Carlshütte bei ihrem Glasgower Geschäftspartner Robinow & Marjoribanks u.a. nach "Ziehharken (rakes)", und zwar mit der Bemerkung, "Preismedaillen werden W Williams zu Bedford u Richard Coleman zu Chelmsford für selbige erhalten haben".[453] Ob es sich bei der im "Preis-Courant der Carls-Hütte" von 1853 angebotenen Pferde-Trommelharke um eines dieser beiden Modelle handelte, läßt sich nicht feststellen.[454] Eine verbesserte Version dieses Geräts bot 1858 die Hamburger Firma R. Westphal & Co. an. Laut Katalog wurde sie benutzt, "um die Stoppeln nach der Ernte zu überharken, ebenfalls für Heu, Klee etc. und zum Zusammenharken von Quecken und Unkraut nach dem Gebrauch des Grubbers (Dreschreissers) und der Egge". Als Vorteile "dieses leichten und wirksamen Geräthes vor dem gewöhnlichen Pferde-Schlepprechen" gab sie an, "daß es leicht von seiner Last befreit werden kann, während es arbeitet und zwar ohne daß die Pferde halten, indem man einfach den Hebelgriff umwendet, der sogleich die Zähne aufhebt; ferner, daß man die Einrichtung getroffen hat, jeden Zahn einzeln von der gemeinschaftlichen Achse unabhängig zu machen, wodurch alle sich nach den Unebenheiten des Bodens leichter richten werden".[455] Man sieht, die moderne eiserne Pferde-Trommelharke war nicht nur vielseitiger einsetzbar als die "holsteinische Pferdeharke", sondern auch weitaus leistungsfähiger. Trotzdem hielten die schleswig-holsteinischen Landwirte auch in den darauffolgenden Jahren unbeirrt an dem tradierten Gerät fest. So finden sich bis 1867 lediglich zwei Hinweise auf die eiserne Pferde-Trommelharke: Im "Preis-Courant" der Carlshütte von 1863 ist ein "Rechen [...] für 1 Pferd mit 50

---

449 Vgl. z.B. ANONYMUS: Concurrenzmähen in Angeln, in: LWB, 23 (1873), Nr. 36 (05.09.1873), S. 400-402 und W.: Die Mähmaschine, in: Dithmarscher Bote 1873, Nr. 62 (02.08.1873).

450 BENTZIEN, Landbevölkerung, S. 135.

451 CHRISTENSEN, Redskaber, S. 502-512, insbes. 507 f. und DIECKMANN RASMUSSEN, 1860-1914, S. 266 f.

452 Zur Technikgeschichte der Pferde-Trommelharke vgl. HAMM, Geräthe, S. 528-538.

453 LAS Abt. 406.10, Nr. 55.

454 LAS Abt. 406.10, Nr. 454.

455 DITTMANN, Anweisung (Bd. 2, 3. Aufl.), S. 322. - Abb. 13, S. 481.

Zinken" zum Preis von 50 Thaler R.M.[456] enthalten und zwei Jahre später ist laut Protokoll des "Wagrischen landwirthschaftlichen Vereins" im Vereinsgebiet von v. Reventlow "die erste Hungerharke auf Rädern"[457] eingesetzt worden.

Der auf 1865 datierende Ersteinsatz einer Pferde-Trommelharke im Wagrischen markiert wahrscheinlich zugleich den Beginn des massenhaften Einsatzes dieses modernen Erntegrätes in den Herzogtümern. Denn v. Reventlow und seine Vereinskameraden gehörten auch auf dem Sektor der Agrartechnik zu den fortschrittlichsten Landwirten des Landes. Tatsächlich empfahl Hach bereits 1869 den Lesern des "Landwirthschaftlichen Wochenblattes" in seiner Aufsatzreihe über "Landwirthschaftliche Geräthe und Maschinen" die "eiserne Kornharke mit beweglichen Zinken" mit dem Hinweis, daß diese "als ein vortreffliches Instrument für die Erndte [...] in vielen Hofwirthschaften bereits eingeführt sind und von manchen Landschmieden angefertigt werden". Allerdings mußte er einräumen, daß "sie auch bedeutend theurer, als die frühern hölzernen" waren. Beispielsweise notierte "N. Jepsen's Sohn" für eine zehn Fuß breite Pferde-Trommelharke 56 Thaler Pr.[458]

Für die daraufolgenden Jahre stößt man wiederholt auf Notizen im "Landwirthschaftlichen Wochenblatt", die belegen, daß die Pferde-Trommelharke während der 1870er Jahre von immer mehr schleswig-holsteinischen Landwirten eingesetzt wurde. So gehörte sie etwa laut Jahresbericht des "Schleswig-Holsteinischen landwirthschaftlichen Generalvereins" 1873 zu denjenigen landwirtschaftlichen Produktionsmitteln, "die rasche und allgemeine Einführung" im Lande erfahren hatten. Entsprechendes kann man auch dem "Landwirthschaftlichen Wochenblatt" von 1877 entnehmen.[459] Folglich taucht sie in dieser Zeit auch regelmäßig in Inventar- und Ausstellungsverzeichnissen, Betriebsbeschreibungen und dergleichen mehr auf.[460] In den 1870er Jahren scheint die Pferde-Trommelharke auch in die dänischen Betriebe verstärkt Eingang gefunden zu haben.[461]

Nur wenige Jahre nachdem die "erste Hungerharke auf Rädern" in Wagrien eingeführt worden war, kamen dort auch solche "mit Sitz" auf. Als erster benutzte Feddersen, ein Mitglied des "Wagrischen landwirthschaftlichen Vereins", ein solches Gerät - es war "ein amerikanisches Modell, das er sehr" empfahl. Seit 1876 wurden solche Pferde-Trommelharken beispielsweise von der Eutiner Wagen- und Maschinenfabrik Heinrich Westphal produziert.[462]

---

456 LAS Abt. 406.10, Nr. 454.

457 Wilhelm KAUFMANN: Der Wagrische landwirtschaftliche Verein und seine Mitglieder seit der Gründung zu Lensahn am 20. Juni 1828. Denkschrift zur Erinnerung an die 80jährige Jubelfeier im Jahre 1908, Eutin 1909, S. 135.

458 HACH, Geräthe, S. 257.

459 JAHRESBERICHT (für 1873), Generalverein, S. 89 und ANONYMUS: Monatsbericht für den Juni. (Schluß), in: LWB, 27 (1877), Nr. 29 (20.07.1877), S. 270-273, hier 271.

460 HEDEMANN-HEESPEN, Geschichte (T.3), S. 99, Stadtarchiv Neumünster Sig. 2948 (Verzeichniß der zur Thierschau für den Kreis Kiel, abgehalten am 12. Juni 1876 in Neumünster, angemeldeten Thiere, Maschinen und Geräthe, nebst Verzeichniss der diesjährigen Preisrichter, Neumünster 1876.). H. M.: O. T., in: LWB, 24 (1874), Nr. 8 (20.02.1874), S. 77 f., hier 78 und W.: Aus dem Hohenwestedter Vereins-Bezirk, in: LWB, 24 (1874), Nr. 1 (02.01.1874), S. 7 f., hier 7 sowie PETERS, Pferde-Hungerharke, S. 56.

461 CHRISTENSEN, Redskaber, S. 514.

462 PETERS, Pferde-Hungerharke, S. 56.

II.2.2.4. Dreschmaschinen

1866 bemerkte ein unbekanntes Redaktionsmitglied des "Landwirthschaftlichen Wochenblattes" hinsichtlich des Verlaufs der Mechanisierung in Deutschland etwas verwundert: "Bei Betrachtung derjenigen Maschinen, welche die deutsche Landwirthschaft bereits mehr oder weniger umfänglich in Gebrauch genommen hat, tritt die eigenthümliche Erscheinung zu Tage, daß am allgemeinsten eine Maschine verbreitet ist, deren Arbeit zum Theil wenigstens während des, Ueberfluß an Handarbeitern gewährenden Winters in solchen ausgeführt werden könnte, die Dreschmaschine nämlich, während Maschinen zur Abkürzung der am meisten gehäuften und drängenden Erntearbeiten, darunter namentlich die Mähemaschine oft nur dem Namen nach oder von Ausstellungen her bekannt sind".[463] Daran, daß dieser Redakteur bei seiner "Betrachtung" insbesondere auch die Entwicklung in den Herzogtümern vor Augen gehabt hat, besteht nach der Lektüre des Kapitels über die Mähmaschine und aufgrund der Feststellung im Jahresbericht des "Schleswig-Holsteinischen landwirthschaftlichen Generalvereins" von 1873, "Dreschmaschinen" seien "schon sehr allgemein geworden",[464] wohl kaum ein Zweifel. In Anbetracht der tiefgreifenden Veränderungen, die die massenhafte Einführung dieser Landmaschine bis dahin auch in den Herzogtümern u.a. in der ländlichen Arbeitsverfassung und Landarbeit, in der Wirtschaftsführung vieler landwirtschaftlicher Betriebe, aber auch im Lohngefüge und der gesellschaftlichen Stellung der Landarbeiter herbeigeführt hatte, kann Bentziens Feststellung, die Dreschmaschine sei "die Arbeitsmaschine der frühen kapitalistischen Landwirtschaft", nur beigepflichtet werden.[465] Dieses Kapitel wird sich allerdings darauf beschränken, den Transfer und die Diffusion der Dreschmaschine in Schleswig-Holstein bis 1867 in groben Zügen nachzuzeichnen.

Nicht einmal zehn Jahre, nachdem der Schotte Andrew Meikle aus Tyningham um 1786 mit der Erfindung der Schlagleisten-Dreschmaschine das Problem des maschinellen Dreschens gelöst hatte,[466] war bereits eine nach diesem Funktionsprinzip arbeitende Dreschmaschine in den Herzogtümern in Betrieb: Irgendwann zwischen 1793 und 1795[467] dürfte Voght sie zusammen mit der Masse der von da ab auf seinem Mustergut Flottbek eingesetzten englischen und schottischen landwirtschaftlichen Geräte und Maschinen erworben haben. Es ist aller Wahrscheinlichkeit nach die erste Schlagleisten-Dreschmaschine in den Herzogtümern und zumindest eine der ersten auf dem europäischen Festland gewesen.[468]

---

463 ANONYMUS, Die Mähmaschine, S. 252.
464 JAHRESBERICHT (für 1873), Generalverein, S. 89
465 BENTZIEN, Landbevölkerung, 79.
466 Zur Technikgeschichte der Dreschmaschine vgl. HAMM, Geräthe, S. 646-712, Erich MEYER: Dreschmaschinen und Pressen, in: Gustav Fischer et al. (Bearb.): Die Entwicklung des landwirtschaftlichen Maschinenwesens in Deutschland. Festschrift zum 25jährigen Bestehen der Deutschen Landwirtschafts-Gesellschaft (= Arbeiten der DLG, 177), Berlin 1910, S. 235-284, hier 235-264, BEDAL, Göpel, S. 39-43 und Hans-Heinrich MÜLLER: Die Revolutionierung des Getreidedrusches, in: agrartechnik, 37 (1987), 4, S. 177-180.
467 AHRENS, Voght, S. 79.
468 Ebda., S. 80.

Laut Voght stand diese schottische Dreschmaschine[469] "im Catalog der Herren Lees Cottam und Hollen, Winsley-Street opposite the Pantheon, mit 200 Pfund Sterling". Zu ihrem Antrieb waren sechs Pferde und zu ihrer Bedienung vier Männer, fünf Frauen sowie ein Junge notwendig; sie vermochten mit der Maschine binnen neun Stunden beispielsweise "60 bis 80 Stiege Winterkorn"[470] zu dreschen. "Eine Schwierigkeit" sah Voght für ihren Einsatz nur in denjenigen Betrieben gegeben, "wo man seine Tagelöhner im Winter nicht unbeschäftigt lassen kann und will".[471] Mit Hinsicht darauf, daß Voght die meisten Zeitlöhne in seinem Betrieb spätestens um 1795 durch die zu dieser Zeit weitgehend unüblichen Akkordlöhne ersetzte,[472] mag sein Verständnis für die wirtschaftlichen Belange der Tagelöhner, die tatsächlich später durch die Einführung der Dreschmaschine große Einkommenseinbußen hinnehmen mußten,[473] überraschen. De facto lag aber das Lohnniveau auf Flottbeck über dem Landesdurchschnitt und zudem gewährte Voght der während seines Wirkens auf dem Gutsareal stark anwachsenden Bevölkerung eine umfassende Fürsorge, die ihm unter den Gutsbewohnern eine patriarchalische Stellung verlieh.[474]

Die frühe Einführung der agartechnischen Innovation Dreschmaschine durch Voght auf Flottbek gab nach dem derzeitigen Kenntnisstand keine direkten Impulse zu ihrer Übernahme durch andere Landwirte in den Herzogtümern. Es sollte sogar noch mehr als ein halbes Jahrhundert vergehen, bis die Zahl ihrer Anwender im Untersuchungsraum spürbar anzusteigen begann. Bis dahin dürften hier - großzügig geschätzt - insgesamt nicht mehr als 20, vielleicht auch 25 Dreschmaschinen in Betrieb gewesen sein. Namentlich bekannt sind uns immerhin zehn ihrer Besitzer. Es waren ausnahmlos Gutseigentümer und -pächter, die der "englischen Landwirthschaft" bzw. den Lehren Thaers anhingen und in mehreren Fällen landwirtschaftlichen Vereinen angehörten oder doch zumindest mit ihnen in Verbindung standen. In allen zehn Fällen handelte es sich höchstwahrscheinlich um ausländische Maschinen, und da auch ansonsten keine sicheren Nachrichten darüber vorliegen, daß bis 1850 Dreschmaschinen in den Herzogtümern angefertigt worden sind,[475] dürften auch die anderen Maschinen von ihren Eigentümern importiert worden

---

469 Eine Beschreibung der schottischen Dreschmaschine von Meikle liefert bspw. HAMM, Geräthe, S. 662 f.

470 VOGHT, Flottbeck, S. 67 und 69. - Eine Beschreibung der Maschine findet sich u.a. in AUSZUG aus dem Verzeichniß der fünften Ausstellung von Kunstwerken, Modellen und Werkzeugen, 1797, in: Verhandlungen und Schriften der Hamburgischen Gesellschaft zur Beförderung der Künste und nützlichen Gewerbe, Bd. 6 (= Verhandlungen von den Jahren 1797, 1798 und 1799), Hamburg 1801, S. 40-57, hier 45 f., THAER, Bemerkungen, S. 104-106 und KIESEWETTER, Bemerkungen, S. 52-54. Vgl. dazu auch AHRENS, Voght, S. 79.

471 VOGHT, Flottbeck, S. 68. - Voght nahm also die Befürchtung der Dreschmaschinengegner, die Einführung dieser Landmaschine werde unter den Dreschern eine Massenarbeitslosigkeit verursachen ("Dreschmaschinen machen Bettler und Diebe"), durchaus ernst. Vgl. dazu Otto ULBRICHT: Rationalisierung und Arbeitslosigkeit in der Diskussion um die Einführung der Dreschmaschine um die Wende zum 19. Jahrhunder, in: VSWG, 68 (1981), S. 153-190.

472 Vgl. AHRENS, Voght, S. 93.

473 Vgl. BENTZIEN, Landbevölkerung, S. 95-116.

474 Vgl. AHRENS, Voght, S. 93 f.

475 Zwar ist in J. A. PETERSEN: Mercantilisches Adressbuch der Herzogthümer Schleswig, Holstein und Lauenburg, Rendsburg 1838, S. 203, folgende Anzeige enthalten: "H. Brandt zu Steindamm bei Ahrensboeck verfertigt Maschinen zum Haus- und Landwirthschaftlichen Gebrauche, als: Dresch-, Schwing-, Buttermaschinen, Staubmühlen, Roßwerke zum Ziehen und Treten [...]";

sein. Freilich deutet alles darauf hin, daß - im Gegensatz zur Voghtschen Dreschmaschine - in den zwei, drei ersten Jahrzehnten des 19. Jahrhunderts kaum eine von ihnen über längere Zeit in Betrieb gewesen ist. Vielmehr scheinen die meisten von ihnen nach einer mehr oder weniger erfolglosen Erprobungsphase wieder außer Betrieb gesetzt worden und danach in der "Rumpelkammer" in Vergessenheit geraten zu sein.[476] Das sollte sich erst gegen Ende der 1830er Jahre mit zunehmender technischer Reife der Dreschmaschine ändern. Nichtsdestotrotz fühlten sich dadurch anscheinend bis 1850 nur sehr wenige schleswig-holsteinische Landwirte ermutigt, sich ebenfalls eine solche Maschine anzuschaffen.[477]

Ebenso hielten bis zur Mitte des vorigen Jahrhunderts ihre Standesgenossen in den anderen Teilen Deutschlands zäh an den tradierten Dreschtechniken fest. Etwas aufgeschlossener zeigten sich dagegen die Landwirte auf den dänischen Inseln: 1799 waren im Königreich 25 große Dreschmaschinen vorhanden, wobei die meisten davon auf Seeland standen; 1803 wurde ihre Zahl dort bereits mit 30 bis 40 angegeben. Wenngleich die Dreschmaschine in den darauffolgenden Jahrzehnten gelegentlich sogar von großbäuerlichen Betrieben übernommen wurde, blieb ihre Anwendung doch im wesentlich auf einen geringen Prozentsatz der dänischen Güter beschränkt. In Jütland glich der Verlauf der Diffusion der Dreschmaschine dahingegen demjenigen in den Herzogtümern.[478]

---

doch finden sich in den wenigen Fabrikberichten, die aus dieser Zeit für das Amt Ahrensbök überliefert sind, keine sicheren Hinweise darauf, daß der Ahrensböker Kratzenfabrikant Brandt tatsächlich auch Dreschmaschinen hergestellt hat. Beispielsweise hat Brandt im Fabrikbericht für 1842 unter der Rubrik "Menge des Fabrikats" u.a. angegeben: "14 Maschinen zum Kornreinmachen sowie sonstige Maschinen". RAK Generaltoldkammer og Kommercekollegiet (1816-1848), Industri og Fabrik Kontoret (Industritabeller for Holsten), Nr. 497. Vgl. auch Nr. 498. - Das in der STATISTIK des Handels, der Schifffahrt und der Industrie der Herzogthümer Schleswig und Holstein, nebst Bemerkungen, Berechnungen und Vorschlägen über dahin gehörende Nachrichten ausgearbeitet von einigen Männern vom Fache, Schleswig 1835, S. 46 f., enthaltene umfassende Verzeichnis der "landwirthschaftlichen Gegenstände" enthält keineswegs die tatsächlich zu dieser Zeit auf der Carlshütte gebauten landwirtschaftlichen Geräte und Maschinen. Für viele dieser "Gegenstände" liegt nicht einmal ein Nachweis darüber vor, ob sie zumindest als Modell auf der Carlshütte vorhanden waren. Dementsprechend wurde bereits in der STATISTIK, Schifffahrt, S. 45, eingeräumt, "daß die Modelle zu dem beiweiten größeren Theile der angeführten Gegenstände wirklich vorhanden" seien. WULF, Holler, insbes. S. 260, hält hingegen irrtümlich dieses, wie auch weitere dort aufgeführte Verzeichnisse aus anderen Warensparten für das um 1835 von der Carlhütte produzierte "Warensortiment". Speziell mit Hinblick auf die Produktion von Gegenständen des landwirtschaftlichen Gebrauchs schlußfolgert er deshalb fälschlicherweise: "Für eine Vielzahl dieser Gegenstände waren auf der Hütte Modelle vorhanden, so daß mit einer größeren Nachfrage und auch einem größeren Absatz durchaus gerechnet werden kann". Tatsächlich beschreibt Wulf damit die am Ende des Jahres 1851 einsetzende Entwicklung. Aus dem folgenden Jahr stammt übrigens die erste sichere Nachricht über den Bau einer Dreschmaschine auf der Carlshütte.

476 Vgl. etwa LENGERKE, Landwirthschaft (Bd. 2), S. 95: "Was das Dreschen des Getreides mit Maschinen anbetrifft: so sind wir hierin nicht besonders fortgeschritten. Nur auf sehr wenigen unserer Güter trifft man jene an, und diejenigen, welche sie angeschafft, scheinen auch nur selten Gebrauch davon zu machen".

477 "Dreschmaschinen haben wir freilich mehrere im Lande und sie haben sich nicht sehr verbreitet". Wilhelm HIRSCHFELD und Friedrich August HACH: Gutachten über Rückerstattung des Einfuhrzolls für zwei landwirthschaftliche Maschinen, in: Mittheilungen des Schleswig-Holsteinischen landwirthschaftlichen Generalvereins, Kiel 1850, S. 17-19.

478 CHRISTENSEN, Redskaber, S. 525-532.

Eine Zäsur in der Entwicklung bildet in Schleswig-Holstein - wie wohl in Deutschland und vielen anderen europäischen Ländern auch - das Jahr 1851 mit der ersten Londoner Weltausstellung. So bemerkte Hamm 1856: "Deutschland hat erst in den letzten fünf Jahren den Nutzen und die Nothwendigkeit dieser Maschine eingesehen. Vor zwanzig Jahren unternahm man noch gern eine große Reise, um eine solche aufgestellt zu sehen; heutzutage braucht man deshalb nicht mehr weit zu gehen. Norddeutschland ist übrigens [...] in dieser Hinsicht dem Süden weit voraus".[479] Entsprechend heißt es Ende 1855 auch aus den Herzogtümern: "Während vor wenigen Jahren kaum einzelne Dreschmaschinen im Lande waren, so ist jetzt fast kein größerer Hof ohne eine solche".[480] Ungeachtet dessen, daß der Bericht den Stand der Diffusion der Dreschmaschine am Ende des Jahres 1855 in Schleswig-Holstein zweifellos zu optimistisch beurteilt, bringt er doch die seit 1851 sprunghaft ansteigende Bereitschaft der Landwirte, die agrartechnische Innovation Dreschmaschine einzusetzen, klar hervor. Der radikale Wandel ihrer Neuerungsbereitschaft, dessen Ursachen in dieser Untersuchung nicht analysiert werden sollen, war allerdings nur eine der beiden Grundvoraussetzungen für die rasche Verbreitung dieser Landmaschine seit 1851 im Untersuchungsraum.

Die andere Grundvoraussetzung war die Existenz inländischer Bezugsquellen für die Dreschmaschine, da nur die wenigsten Landwirte über Kontakte zu auswärtigen Landmaschinenproduzenten oder -händlern verfügten; zudem kamen den Landwirt importierte Geräte und Maschinen infolge des bei ihrer Einfuhr anfallenden Zolls und der Transportkosten in der Regel im Durchschnitt zehn bis zwanzig Prozent[481] teurer zu stehen als einheimische. Da bis weit in die 1860er Jahre hinein in Schleswig-Holstein kein selbständiger, d.h. von der Landmaschinenindustrie unabhängiger Landmaschinenhandel existierte, müssen also die inländischen Produzenten die Bezugsquelle der Landwirte gewesen sein.

Es besteht kein Zweifel daran, daß der Dreschmaschinenbau im Untersuchungsraum von Anfang an eine Domäne der Eisengießereien und Maschinenfabriken war,[482] und zwar aus den folgenden Gründen: Erstens verfügten die bisher mit der Herstellung von landwirtschaftlichen Produktionsmitteln befaßten Handwerker gewöhnlich weder über das fachliche Wissen und die Fertigkeiten noch über die zur Anfertigung von Dreschmaschinen notwendigen Produktionsmittel. Sehr richtig hat Lühning darauf hingewiesen, daß "alle arbeitenden Teile" der Dreschmaschine, "die hohen Belastungen ausgesetzt waren,

---

479 HAMM, Geräthe, S. 655. - Die wenigen räumlich begrenzten Untersuchungen über die Frühgeschichte der Mechanisierung/Technisierung der deutschen Landwirtschaft bestätigen allem Anschein nach Hamms Beobachtung, die Dreschmaschine habe sich in der ersten Hälfte der 1850er Jahre im Norden Deutschlands schneller verbreitet als im Süden. Vgl. BEDAL, Göpel, S. 23 ff., BENTZIEN, Landbevölkerung, passim, HERRMANN, Einführung, passim u. KELLER, Agrartechnik, S. 238. - BENTZIEN, Landbevölkerung, S. 80, fixiert diese Zäsur für die mecklenburgischen Junkerwirtschaften auf "kurz vor 1850".

480 ANONYMUS: Zum Jahresschluß, in: LWB, 5 (1855), Nr. 52 (29.12.1855), S. 409-415, hier 411. Vgl. auch Z.: Betrachtungen über die Dreschmaschinen, in: LWB, 5 (1855), Nr. 51 (22.12.1855), S. 407 f., hier 407: "Von allen Maschinen die in letzteren Jahren, wenn auch nicht gradezu erst erfunden, so doch vervollkommnet und bekannt geworden sind, hat wol keine sich in der Landwirthschaft so ausgebreitet, als die Dreschmaschine".

481 Vgl. etwa LAS Abt. 406.10, Nr. 203-204 und L.: Breitdreschmaschine von N. Duvoir, (Liancourt (Dep. de l'Oise) und Paris.), in: LWB, 8 (1858), Nr. 8 (20.02.1858), S. 57-59, hier 59.

482 In Übereinstimmung damit LÜHNING, Dreh, S. 60.

[..] in Guß- oder Schmiedeeisen gefertigt werden"[483] mußten. Der Eisenguß war aber nur den Eisengießereien möglich. Zweitens überforderte der Bau dieser komplizierten Landmaschine hinsichtlich des Arbeitsaufwandes die meisten Handwerksbetriebe. Drittens und letztens vermochten die nicht-industriellen Produzenten in der Regel weder im Preis noch in der Qualität mit den Fabriken zu konkurrieren.[484]

Im folgenden soll nun anhand der Carlshütte exemplarisch die Entwicklung des industriellen Dreschmaschinenbaus sowie die Rolle dieser Unternehmen bei der Diffusion dieses Landmaschinentyps kurz vorgeführt werden. Die Carlshütte war die älteste und größte Eisengießerei und Maschinenfabrik der Herzogtümer während der frühindustriellen Zeit, die zudem noch als erstes Unternehmen dieser Sparte die Produktion landwirtschaftlicher Geräte und Maschinen aufgenommen hatte und höchstwahrscheinlich bis 1867 auch deren größter Produzent im Lande gewesen ist.

Im Besitz einer großen transportablen Dreschmaschine war die Carlshütte spätestens seit Oktober 1840.[485] Nachbauten dieses Originals sind auf der Hütte anscheinend nicht hergestellt worden. Wie bereits mehrfach dargelegt, brachte erst die Londoner Weltausstellung von 1851 hinsichtlich der Verbreitung von Dreschmaschinen im Untersuchungsraum eine Wende. Nachdem sich der technische Direktor der Carlshütte in der britischen Hauptstadt u.a. von der Leistungsfähigkeit der neuen Generation dieser Landmaschine überzeugt hatte, und sich zudem in den Herzogtümern die Nachfrage nach ihnen zu regen begann, orderte das Unternehmen in den darauffolgenden Jahren nach und nach eine Reihe von Dreschmaschinen bis schließlich den Kunden ein breites Sortiment angeboten werden konnte. Einige von ihnen sollen nachfolgend vorgestellt werden.

Die erste Maschine, die die Carlshütte zum Preis von 321 Mk 7 ß (davon entfielen 33 Mk 5 ß auf Verpackung, Transportkosten (ab London), Zoll u.dgl.) im Mai 1852 aus Großbritannien kommen ließ, war eine Handdreschmaschine der Firma Barrett, Exall & Andrews.[486] Im "Preis-Courant" von 1853, wo sie für 280 Mk angeboten wurde, wird sie wie folgt beschrieben: "Dieselbe für 3 Mann zum Drehen eingerichtet. [...] Die Vorzüglichkeit dieser Maschinen ist anerkannt; u. leisten dieselben mit einem kleinen Göpel für 1 Pferd verbunden für kleine Landbesitze ganz vorzügliche Dienste, indem denn mit 3 bis 4 Menschen bedient wozu allenfalls Mädchen oder Kinder verwandt werden können in kurzer Zeit ein bedeutendes Quantum abgedroschen werden kann. In Verbindung mit diesem Göpel kostet diese Maschine 460 Mk".[487] Wider Erwarten bewährte sich diese Handdreschmaschine nicht und wurde infolgedessen bereits im Juli 1853 nicht mehr von der Carlshütte angeboten.[488] Zu dieser Zeit zog Holler allerdings bereits Erkundigungen über die Handdreschmaschine der englischen Firma W. Hensman & Son zu Castle Works

---

483 Ebda., S. 60.

484 Vgl. hierzu MÜLLER, Anfänge, S. 172.

485 LAS Abt. 406.10, Nr. 44.

486 LAS Abt. 406.10, Nr. 203. - Laut HAMM, Geräthe, S. 711, war diese Handdreschmaschine von der gleichen Konstruktion "wie die zweipferdige Göpeldreschmaschine von Barrett, Exall & Andrews".

487 LAS Abt. 406.10, Nr. 452. - Abb. 14, S. 482.

488 LAS Abt. 406.10, Nr. 57: "Eine kleinere Sorte [Dreschmaschinen] die wir früher führten, ist ganz ausser Gebrauch gekommen, u. können wir diese nicht empfehlen".

in Woburn, Bedfordshire,[489] ein. Laut Hamm, der sie um die Mitte der 1850er Jahre "unstreitig" für "die vorzüglichste unter allen Handdreschmaschinen" hielt, gab es "in der Welt keine verbreitetere landwirthschaftliche Maschine"; denn die Hensmansche Handdreschmaschine wurde nicht nur von ihrem Erfinder in Tausenden von Exemplaren hergestellt, sondern auch "auf dem Continent von so Vielen nachgebaut wie keine andere". Dort war sie in Deutschland am verbreitetsten.[490]

Nahezu zeitgleich mit der Handdreschmaschine von Barrett, Exall & Andrews erwarb die Carlshütte von dieser Firma auch eine Göpeldreschmaschine, die durch einen von zwei Pferden gezogenen Zylindergöpel angetrieben wurde und auf einem zweirädrigen Karren transportiert werden konnte.[491] Letzteres ist insofern von Bedeutung, als das Vorhandensein von transportablen Dreschmaschinen die Entstehung der ersten Lohndreschereien[492] im Lande zu Beginn der 1850er Jahre begünstigte. Hamm bezeichnete die 1849 konstruierte Maschine als "eine der bekanntesten und interessantesten", die "bedeutendes Aufsehen gemacht und viele Anerkennungen erhalten" habe. In Deutschland, ihrem Hauptverbreitungsgebiet, würden sich seit 1851 "zahlreiche größere und kleinere Werkstätten [...] mit ihrer Anfertigung" beschäftigen, so daß "ihre Nachbildungen einen größeren Absatz gefunden [hätten], als irgend andere Dreschmaschinen". Neben ihrer guten Leistung führte Hamm ihren Siegeszug auch auf ihren kompakten Bau sowie "ihre bequeme Aufstellung und Regulirung" zurück.[493] Im "Preis-Courant" der Carlshütte von 1853 wurde diese Dreschmaschine wie folgt beschrieben: "Für größere Betriebe ist die für zwei Pferde construirte mehr zu empfehlen. Selbige sind immer mehr verbessert u können in 12 Stunden 60 Tonnen bis 72 Tonnen Sommerkorn [oder] 30 Tonnen bis 36 Tonnen Winterkorn damit gedroschen werden".[494] Die Maschine kostete im September 1853 "ohne Reisekarre 525 CtM mit derselben 652 CtM".[495]

Im Frühjahr des Jahres 1854 verkündete Holler gegenüber seinem Rostocker Geschäftspartner Jeppe mit einer gewissen Befriedigung, daß die Carlshütte "nach dem System von Barrett das ganze Modelsortiment von 1, 2, 3, 4 u 6 Pf. Kraft Dreschmaschinen" besitze.[496] Im "Preis-Courant" des Unternehmens sind die drei letzten Maschinen in einem

---

489 LAS Abt. 406.10, Nr. 57.

490 HAMM, Geräthe, S. 706 f. - Vgl. auch den vom LWB, 3 (1853), Nr. 4 (22.01.1853), S. 29-31, aus den "Annalen der Landwirthschaft in den k. pr. Staaten" übernommenen Artikel des W. NATHUSIUS über die "Hensmann'sche Handdreschmaschine".

491 LAS Abt. 406.10, Nr. 56. - Abb. 15, S. 483.

492 Zur Geschichte der Lohndreschereien in Schleswig-Holstein wurden zuletzt folgende Arbeiten veröffentlicht: Jürgen SCHEFFLER: "Dampfdöscher", "Dagglöhner" und "Monarchen". Technischer Wandel, Arbeitsmarkt und Arbeiterschaft in der Landwirtschaft Schleswig-Holsteins 1870-1914, in: Rainer Paetau und Holger Rüdel (Hgg.): Arbeiter und Arbeiterbewegung in Schleswig-Holstein im 19. und 20. Jahrhundert (= SWSG, 13), Neumünster 1987, S. 179-215. DERS.: Landwirtschaftliche Gelegenheitsarbeiter und ländliche Gesellschaft in Dithmarschen, in: Dithmarschen, 28 (1987), 1, S. 1-6 und Nis Rudolf NISSEN (Hg.): Menschen, Monarchen, Maschinen. Landarbeiter in Dithmarschen (= Dithmarscher Schriftenreihe zur Landeskunde), Heide i. H. 1988. Ferner vgl. Ralf VOGEDING: Lohndreschbetriebe und Maschinendrusch. Eine volkskundliche Untersuchung zur Mechanisierung einer landwirtschaftlichen Arbeit in Westfalen 1850-1970 (= Beiträge zur Volkskultur in Nordwestdeutschland, 63), Münster 1989.

493 HAMM, Geräthe, S. 669.

494 LAS Abt. 406.10, Nr. 452.

495 LAS Abt. 406.10, Nr. 58.

496 LAS Abt. 406.10, Nr. 57.

Nachtrag mit 680, 850 und 1000 Mk notiert und die dazugehörigen drei Göpel mit 300, 330 und 400 Mk.[497] Die größte Dreschmaschine, zu deren Antrieb ein von sechs Pferden gezogener Göpel oder eine sechs PS starke Dampfmaschine gebraucht wurde, war bereits eine sog. kombinierte transportable Breitdreschmaschine;[498] d.h. ihr auf einem vierrädrigen Fahrgestell ruhender Dreschkasten enthielt neben der Dreschtrommel und dem dazugehörigen Korb auch eine Reinigungsvorrichtung sowie einen Strohschüttler. Die Bezeichnung Breitdreschmaschine erhielt sie, weil die Getreidegarben nicht der Länge nach, sondern parallel zu ihrer Dreschtrommel eingelegt wurden. Gegenüber der Längsdreschmaschine hatte dieser Typ u.a. den Vorteil, daß er das Stroh nahezu unversehrt ließ.

Ende April 1852 erhielt die Carlshütte zum Preis von 3819 CtM 11 ß eine sechs PS starke transportable Dampfmaschine oder Lokomobile der englischen Firma Tuxford & Son, die in den 1850er Jahren die besten Maschinen dieser Art in Großbritannien herstellte. Ende Dezember war man auf der Hütte bereits damit beschäftigt, einen zweiten Nachbau von ihr anzufertigen.[499] Diese beiden waren sehr wahrscheinlich nicht nur die ersten im Gesamtstaat gebauten Lokomobilen,[500] sondern mit ihnen wurde hier allem Anschein nach auch im Sommer 1854 das erste Mal dampfgedroschen. Dabei dienten sie zum Antrieb der großen sechsspännigen transportablen kombinierten Breitdreschmaschine der Carlshütte.[501] Bis 1868 wurden Dampfdreschmaschinen allerdings nur vereinzelt in den Herzogtümern eingesetzt.[502]

Ein sicheres Indiz für den starken Konkurrenzdruck auf dem Sektor des Dreschmaschinenbaues in Schleswig-Holstein um die Mitte der 1850er Jahre ist die Tatsache, daß die Carlshütte nur ein halbes Jahr nachdem sie ihr Dreschmaschinensortiment komplettiert hatte, bereits neue Modelle aus Großbritannien bezog. Eine zweispännige transportable Längsdreschmaschine nebst dazugehörigem Göpel und Transportkarre der britischen Firma Croskill, die aufgrund ihrer "Einfachheit und Solidität der Construction sehr beliebt und verbreitet"[503] war, kaufte das Unternehmen Ende Oktober 1854 beispielsweise, weil an das entsprechende Modell von Barrett, Exall & Andrews kein Strohschüttler, der u.a. das ausgedroschene Korn und das Stroh voneinander trennte, angebracht werden konn-

497 LAS Abt. 406.10, Nr. 452.

498 LAS Abt. 406.10, Nr. 58. - Zur Technikgeschichte der sog. kombinierten transportablen Breitdreschmaschinen vgl. MEYER, Dreschmaschinen, S. 244 f.

499 LAS Abt. 406.10, Nr. 56 und 203. - HAMM, Geräthe, S. 745-747. - Abb. 16, S. 484 und Abb. 17, S. 485.

500 Vgl. ANONYMUS: Auszug aus dem Berichte der Beurtheilungs-Committee der Industrieausstellung in Kopenhagen 1852, in: Rendsburger Wochen-Blatt, 47 (1854), Nr. 4 (14.01.1854).

501 Vgl. etwa LAS Abt. 406.10, Nr. 58. - Aus CHRISTENSEN, Redskaber, S. 531, geht nicht eindeutig hervor, wann erstmals im Königreich dampfgedroschen worden ist. Im Zusammenhang mit einem Bericht von 1849, demzufolge das Dampfdreschen in England aufkomme, heißt es lediglich: "Faa Aar efter, 1856, blev der tærsket ved Dampkraft paa Dragsholm".

502 HACH, Jahresbericht, S. 71: "Der Dampf freilich ist in den Betrieb unserer Wirthschaften noch wenig eingeführt; indessen arbeiten doch bereits einzelne Dampfdreschmaschine und werden namentlich miethweise benutzt zum Ausdreschen des Rapses und der Diemen im Felde". - Zur Verbreitung der Dampfdreschmaschinen in Schleswig-Holstein vgl. Arnold LÜHNING: Inbetriebnahme einer fahrbaren Dresch-Lokomobile (Baujahr 1911) (= Encyclopaedia Cinematographica, Film E 1856|1973), Göttingen 1973, S. 3 f.

503 HAMM, Geräthe, S. 666.

te.[504] Die vierspännige transportable Längsdreschmaschine von Barrett, Exall & Andrews wurde hingegen bis zum Sommer 1855 durch eine Ende November 1854 bezogene vierspännige transportable kombinierte Breitdreschmaschine der britischen Firma Garrett & Son ersetzt, die laut Hamm "als tüchtig anerkannt und sehr verbreitet" war.[505]

Einen nicht zu unterschätzenden Beitrag zur raschen Verbreitung der Dreschmaschine in Schleswig-Holstein hat die zu Beginn der 1850er Jahre stark anwachsende Zahl der landwirtschaftlichen Ausstellungen geleistet. Die wichtigste von ihnen war zweifellos die vom "Landwirthschaftlichen Generalverein für das Herzogthum Holstein" regelmäßig im Juli organisierte "Landesthierschau". An diese anfangs in Kiel abgehaltene Veranstaltung war nämlich eine "Producten-, Maschinen- und Geräthe-Ausstellung" geknüpft. Auf der "Landesthierschau" des Jahres 1855 errang beispielsweise die Carlshütte mit einem Nachbau der vierspännigen transportablen kombinierten Breitdreschmaschine von Garrett & Son den ersten Preis in Höhe von 80 Thaler R.M.[506] Ihr schärfster Konkurrent auf den frühen Ausstellungen war auch auf dem Sektor des Dreschmaschinenbaues Schweffel & Howaldt.[507] Nahezu zeitgleich mit diesen beiden Unternehmen nahm auch "N. Jepsen's Sohn" die Produktion von landwirtschaftlichen Geräten und Maschinen im allgemeinen, wie auch von Dreschmaschinen im besonderen auf.[508] Nahezu ohne nähere Angaben oder Quellennachweise zu liefern, wird nachfolgend eine alphabetisch geordnete Liste der Namen (nebst Standort) weiterer wichtiger "industrieller" Dreschmaschinenhersteller präsentiert, die ihre Produktion zumeist nach den drei oben genannten Fabriken aufgenommen haben: Bergedorfer Eisenwerke (Bergedorf), Christiansen & Möller (Husum), Claussen (Kappeln), Dittmann & Jensen (Flensburg),[509] H. F. Hansen (Neumünster), Gebrüder Klemm (Eckernförde), P. Petersen (Sonderburg), W. Petersen (Hadersleben), Stallknecht (Apenrade) und Voss (Rickelshof b. Heide). Diese Aufzählung untermauert die überragende Bedeutung dieser Produzentengruppe im Dreschmaschinenbau sowie deren wichtige Rolle im Prozeß der Diffusion dieser Landmaschine in den Herzogtümern. Die Carlshütte behauptete allerdings ungeachtet der beträchtlich angewachsenen Konkurrenz ihre führende Position im Dreschmaschinenbau in den Herzogtümern zumindest noch bis zur Mitte der 1860er Jahre.[510] Eigene Konstruktionen vermochte sie zu dieser Zeit - ebenso wie wahrscheinlich ihre inländische Konkurrenz - jedoch immer noch nicht zu entwickeln.

---

504 LAS Abt. 406.10, Nr. 58 und Nr. 204.

505 LAS Abt. 406.10, Nr. 59 und Nr. 204. - HAMM, Geräthe, S. 667. - Abb. 18, S. 486.

506 Vgl. ANONYMUS: Kieler allgemeine Landesthierschau, Producten-, Maschinen- und Geräthe-Ausstellung, in: Correspondenzblatt und Kieler Wochenblatt, 1855, Nr. 84 (20.07.1855) und ANONYMUS: Landesthierschau zu Kiel I. und IV., in: LWB, 5 (1855), Nr. 30 (28.07.1855), S. 233-238 und Nr. 35 (01.09.1855), S. 273-275.

507 Vgl. auch das in den beiden "Preis-Couranten" von Schweffel & Howaldt enthaltene reichhaltige Sortiment an Dreschmaschinen. Stadtarchiv Kiel Sig. 6572/2 4/0 (Nr.13).

508 Zur Frühgeschichte der Flensburger Eisengießerei und Maschinenfabrik "N. Jepsen's Sohn" vgl. u.a. Gerd VAAGT: Die Anfänge einer Eisenindustrie in Flensburg, in: Jürgen Brockstedt (Hg.): Frühindustrialisierung in Schleswig- Holstein, anderen norddeutschen Ländern und Dänemark (= SWSG, 5), Neumünster 1983, S. 179-201, hier 184 ff.

509 ALBRECHT, Gewerbe, S. 285 f., konnte anhand der Fabrikberichte folgende Produktionszahlen für Dittmann & Jensen ermitteln: 1853: 16 Dreschmaschinen, 1854: 13 Dreschmaschinen und 1856: 27 Dreschmaschinen.

510 Vgl. LAS Abt. 406.10, Nrn. 189 und 454, S. 5-8.

Dem geringen Anteil des Handwerks an der Produktion und der Verbreitung der Dreschmaschine entsprechend fließen auch die Quellen über ihren handwerklichen Bau äußerst spärlich. Aus dem wenigen Bekannten läßt sich hierzu kein zusammenhängendes Bild rekonstruieren. Auffällig ist allerdings, daß der Dreschmaschinenbau von allen wichtigen Handwerken betrieben wurde, die traditionell mit der Herstellung landwirtschaftlicher Produktionsmittel befaßt waren und daß bis auf einen alle nachfolgend aufgeführten Handwerker ihre Profession auf dem flachen Land ausübten.[511]

Bezeichnenderweise setzen die ersten Nachrichten über den handwerklichen Dreschmaschinenbau verhältnismäßig spät ein. 1857 wurde beispielsweise das Gesuch des Schmieds Wilhelm Danker aus Stelle, Landschaft Norderdithmarschen, auf "Verleihung eines Patents [...] auf die ausschließliche Anfertigung von Dreschmaschinen für die Herzogthümer Holstein und Lbg."[512] abschlägig beschieden. Näheres über Danker und seine Dreschmaschine liegt leider nicht vor. Etwas besser sind wir dagegen über den Landtischler Friedrich Petersen aus Steinfeld, Angeln, informiert, der auf den Mühlenbau und die Herstellung landwirtschaftlicher Maschinen spezialisiert war. Bis zum März 1859 hat er u.a. mindestens zwei Dreschmaschinen unbekannter Konstruktion angefertigt.[513] Genau umgekehrt verhält es sich im Fall des im wagrischen Dorf Lütjenbrode ansässigen Bauernvogts und Hufenpächters Peter Mess, der zuvor in Heiligenhafen die Zimmerei zünftig erlernt hatte: Ob er mehr als eine Dreschmaschine von der Konstruktion angefertigt hat, für die er sich im Dezember 1861 vergeblich um ein Patent bemühte, wissen wir zwar nicht, doch dafür sind uns wenigstens deren Funktionsprinzip und Äußeres[514] bekannt. Mess selbst bezeichnete sie als eine "verbesserte Amerikanische Dreschmaschiene", wohingegen die Polytechnische Lehranstalt in Kopenhagen in ihr lediglich eine Kopie der bereits um 1855 auf Seeland eingeführten Stiftendreschmaschine des Amerikaners Moffit[515] sah, bei der Stifte auf der Trommel und am Korb die Schlagleisten ersetzen.[516] Da es die erste Erwähnung einer derartigen Dreschmaschine in den Herzogtümern ist, waren folglich spätestens 1861 alle drei Dreschmaschinentypen, d.h. die mit einer Schlagleistentrommel versehenen Längs- und Breitdreschmaschinen sowie die Stiftendreschmaschine, im Untersuchungsraum im Einsatz.

In der Stadt Wilster fertigte der Schmiedemeister Claus Meifort zufolge einer Anzeige im schleswig-holsteinischen "Adreßbuch" von 1863 u.a. Dreschmaschinen an.[517]

Friedrich Dürr,[518] der sich 1862 nach einer zünftigen Schlosserlehre und mehrjähriger Wanderschaft in Großenaspe als konzessionierter Landschlosser niederließ, fertigte in

---

511 Vgl. hierzu unten, Kap. III.5.2.1.3., S. 359 ff.

512 LAS Abt. 80, Nr. 1131 I.

513 RAK Ministeriet for Hertugdömmet Slesvig, II. Departement B, Nr. 396. Zu Petersen vgl. auch unten, Kap. II.5.1.4.3., S. 326 f. und Kap. III.5.2.3.2., S. 421 f.

514 Vgl. Abb. 19, S. 487.

515 Zur Technikgeschichte der Stiftendreschmaschine vgl. MEYER, Dreschmaschine, S. 243 f., HERRMANN, Pflügen, S. 202 f. und MÜLLER, Revolutionierung, S. 178.

516 LAS Abt. 80, Nr. 1131 I.

517 J. A. und Heinrich PETERSEN: Adreßbuch der Herzogthümer Schleswig, Holstein, Lauenburg, zum Gebrauch am Comptoir und auf Reisen, Rendsburg 1863, S. 214.

518 Elisabeth PETRUCK: Die Schlosserei Dürr, in: Gemeinde Großenaspe (Hg.): Großenasper Dorfchronik, T. I, Bd. II, Großenaspe 1985, S. 378-381, hier 379. Zu Dürr vgl. auch unten, Kap. III.5.2.4.2., S. 436.

seinem Heimatdorf in den 1860er Jahren nicht als einziger Landhandwerker Dreschmaschinen an. 1866 meinte auf der Novemberversammlung des "Hohenwestedter Landwirthschaftlichen Vereins" ein Vereinsmitglied anläßlich einer Diskussion über die beste Dreschmaschine "der kleinen zweispännigen Maschine, obgleich sie Krummstroh liefere, den Vorzug geben zu müssen, weil man weniger Arbeitskraft bedürfe. [...] Lobend" berichtete es "über eine zweispännige Dreschmaschine, welche vom Rademacher Hennings in Großenaspe verfertigt werde und 5-600 Mk koste".[519] Während wir im Fall von Hennings aufgrund des Hinweises, seine Maschine liefere Krummstroh, lediglich vermuten können, daß er Stiftendreschmaschinen produzierte, wissen wir es vom Schmiedemeister Asmussen aus Munkbrarup, Amt Flensburg, sicher. Seine einspännige "kleine Zapfendreschmaschine", die laut Empfehlung des "Angler landwirthschaftlichen Vereins" für "ganz kleine Wirthschaften [...] manches Gute" hatte, benötigte eine Bedienungsmannschaft von vier Arbeitern und einem Pferdetreiber, um täglich maximal "reichlich 20 Drag Winterkorn und 36 Drag Sommerkorn" ausdreschen zu können. Inklusive Schüttelwerk kostete dieser 1865 "in Angeln an verschiedenen Stellen" aufgekommene kleine Stiftendrescher 240 Mk. Asmussen war zwar nur einer von mehreren seiner Produzenten "im nördlichen Angeln", doch hatte er dort bis 1867 von ihm "die meisten Exemplare [...] angefertigt".[520]

Auch in der Probstei verstanden sich mehrere Landhandwerker auf die Herstellung von Dreschmaschinen. Seit wann der Landtischler P. Göttsch (Schönberg), der Landschlosser C. H. Göttsch (Schönberg), der Landschmied Arp (Brodersdorf) und der Landtischler Clasen (Probsteierhagen, ab ca. 1857 Laboe) Dreschmaschinen anfertigten, ist unbekannt.[521] Für die drei erstgenannten, die sich allesamt im Laufe der 1850er Jahre auf den Landmaschinenbau spezialisierten, ist erstmals für 1860 bezeugt, daß sie Dreschmaschinen produzierten,[522] während im Fall Clasens die erste Nachricht darüber aus dem Jahr 1870 stammt.[523] Es besteht allerdings kein Grund, daran zu zweifeln, daß sich Clasen bereits vor der Gründung einer kleinen Landmaschinenfabrik und Eisengießerei im Jahre 1866 in seinem Handwerksbetrieb mit dem Dreschmaschinenbau befaßte. Für die Zeit vor 1867 liegt uns kaum eine Information über die Konstruktion der von diesen vier Probsteier Landhandwerkern angefertigten Maschinen vor; allein von Arp ist überliefert, daß er eine zweispännige für 550 Mk anfertigte.[524]

Wie bereits angemerkt, dürften die wenigsten der in den 1850er und 1860er Jahren in Schleswig-Holstein eingesetzten Dreschmaschinen Importe gewesen sein. Dennoch soll nachfolgend auch dieser Transfer- und Diffusionsweg beleuchtet werden. Beispielsweise arbeitete auf dem adeligen Gut Höltenklinken bei Oldesloe seit September 1857 eine aus Paris eingeführte dreispännige Breitdreschmaschine des Franzosen N. Duvoir, die auf der

519 HJUL, Protocoll, S. 22 f.

520 PETERSEN: O. T. in: LWB, 17 (1867), Nr. 1 (05.01.1867), S. 7 f., hier 8. Zu Asmussen vgl. auch unten, Kap. III.5.2.1.2., S. 355.

521 Zu P. Göttsch vgl. auch unten, Kap. III.5.1.4.3., S. 325 und Kap. III.5.2.3.2., S. 422 ff.; zu C. H. Göttsch vgl. auch unten, Kap. III.5.1.4.3., S. 325 und Kap. III.5.2.4.2., S. 434 f.; zu Arp vgl. auch unten, Kap. III.5.1.4.3., S. 324 f. und Kap. III.5.2.1.2., S. 353 f.; zu Clasen vgl. auch unten, Kap. III.5.1.4.3., S. 323 ff. und Kap. III.5.2.3.2., S. 424 ff.

522 PETERSEN, Adreßbuch (1860), S. 99 f.

523 Abb. 20, S. 489.

524 ROSACKER, Protocoll, S. 73.

Pariser Weltausstellung 1856 durch einen ersten Preis ausgezeichnet worden war. Die mit einer circa 70 Zoll breiten Dreschtrommel, einem Schüttelwerk sowie einer "Putzmühle" ausgerüstete Maschine drosch z.B. an einem Tag durchschnittlich 22 bis 25 Tonnen Weizen oder 42 bis 60 Tonnen Hafer. Inklusive Zoll, Verpackungs- und Transportkosten kostete sie ihren Eigentümer rund 750 Thaler R.M.[525]

Ende 1859 führte C. Brockmüller, der Pächter des zum adeligen Gut Pronstorf gehörenden Meierhofes Rösing, aus Mecklenburg zusammen mit zwei Sämaschinen auch eine Dreschmaschine ein.[526] Drei Jahre später führte der Pächter "G. Callies zu Meilsdorf" ebenso eine Dreschmaschine ein wie Wehber, der Eigentümer des adeligen Guts Grabau. Und im Sommer 1863 kauften sich der Hofbesitzer Jean Berg zu Tillerup und der Hufner E. Harms auf der "Internationalen landwirthschaftlichen Ausstellung" in Hamburg jeweils eine derartige Landmaschine.[527] Es waren also beileibe nicht nur Gutsbesitzer und -pächter, die von außerhalb der Herzogtümer Dreschmaschinen orderten.

Wahrscheinlich als erster schleswig-holsteinischer Landwirt importierte v. Reventlow eine Dampfdreschmaschine: Den aus einer acht PS starken Lokomobile und einer u.a. mit einem "Korn-Elevator" ausgerüsteten Breitdreschmaschine bestehenden Dreschsatz der englischen Firma Ruston, Proctor & Co., Lincoln, dürfte er erstmals auf der im September 1861 in Schwerin abgehaltenen "22. Versammlung deutscher Land- und Forstwirthe" gesehen haben. Sein dortiges gutes Abschneiden anläßlich einer Prüfung - er erhielt "eine silberne Medaille" - hat von Reventlow wohl dazu veranlaßt, ihn umgehend auf der Versammlung oder wenige Tage später beim Agenten der Firma Ruston, Proctor & Co. in Hamburg, Julius Goldstein, zu kaufen.[528]

Allein gestützt auf Berichte wie etwa den von 1868, demzufolge "Dreschmaschinen mit Göpelwerk" bereits "sehr allgemein"[529] seien, läßt sich allerdings schwerlich die Entwicklung des Dreschmaschinenbestandes in den Herzogtümern während der 1850er und 1860er Jahre in irgendeiner Form quantitativ fassen. Wenngleich die wenigen nachfolgend präsentierten Produktionszahlen schleswig-holsteinischer Maschinenfabriken kaum dazu geeignet sind, fehlende statistische Angaben zu ersetzen, so liefern sie diesbezüglich doch zumindest einige aufschlußreiche Anhaltspunkte.

Für Schweffel & Howaldt liegen aus der ersten Hälfte der 1850er Jahre folgende Produktionszahlen vor: 1851 fertigte das Unternehmen 4, 1852 10, 1854 24 und 1855 29 Dreschmaschinen an.[530] Rechnet man noch 15 Stück für 1853 hinzu - was sicherlich nicht zu hoch gegriffen ist - so stellte allein diese Kieler Fabrik bis einschließlich 1855 82

---

525 L., Breitdreschmaschine, S. 57-59.

526 LAS Abt. 80, Nr. 1140 II.

527 LAS Abt. 80, Nrn. 1140 III und 1140 IV.

528 LAS Abt. 80, Nr. 1140 IV und Abt. 151.1, Nr. 41. - Zur "22. Versammlung deutscher Land- und Forstwirthe zu Schwerin" vgl. O. ZICKERMANN (Hg.): Amtlicher Bericht über die 22. Versammlung deutscher Land- und Forstwirthe zu Schwerin in Mecklenburg vom 11. bis 18. September 1861, Schwerin 1862, Nr. 1835 des Mitgliederverzeichnisses und S. 328-334. - Zu Julius Goldstein vgl. Abb. 21, S. 490.

529 HACH, Jahresbericht, S. 71 f.

530 LAS Abt. 80, Nr. 1110 und 1111 I; Stadtarchiv Kiel Nr. 482. - 1857 produzierten Schweffel & Howaldt übrigens 21 zwei- bis vierspännige Dreschmaschinen. ANONYMUS: Rückblick auf das Jahr 1857, in: LWB, 8 (1858), Nr. 1 (02.01.1858), S. 1-5, hier 5.

Dreschmaschinen her. Daß nahezu alle von ihnen von Kunden in den Herzogtümern gekauft wurden, ergibt sich aus den Angaben der Geschäftsleitung in den Fabrikberichten, denen zufolge das von der Fabrik Produzierte fast vollständig im Inland abgesetzt worden war. So sollen beispielsweise im September 1854 zehn der "größeren Landbesitzer" Schwansens bei Schweffel & Howaldt Dreschmaschinen geordert haben.[531] Im Herbst 1860 hatte die Fabrik "über ein Dutzend Bestellungen auf Dreschmaschinen für Fehmarn" erhalten; darunter befand sich auch ein Auftrag für eine Dampfdreschmaschine.[532]

Ungleich schlechter sind wir über die Entwicklung des Dreschmaschinenbaus auf der Carlshütte informiert, da deren Geschäftsleitung in den Fabrikberichten generell keine genaueren Angaben über die Art und Menge der erzeugten Produkte machte. Lediglich für 1852, also für das Jahr, in dem das Unternehmen die Herstellung dieser Landmaschine aufnahm, liegt eine Zahl vor: Laut Holler hatte das Unternehmen 1852 "wenigstens" 30 zweispännige Dreschmaschinen angefertigt, von denen die meisten höchst wahrscheinlich im Inland abgesetzt worden waren.[533] Berücksichtigt man nun, daß die Carlshütte auch einspännige Dreschmaschinen im Programm hatte und veranschlagt man des weiteren deren Produktionsvolumen für 1852 auf lediglich fünfzehn Stück, so dürfte das Unternehmen in diesem Jahr insgesamt ca. 45 Maschinen hergestellt haben. Im Vergleich zu Schweffel & Howaldt dürfte die Carlshütte damit 1852 die viereinhalbfache Menge an Dreschmaschinen angefertigt haben. Nimmt man nun ferner für die folgenden drei Jahre eine jährliche Produktion von 60 Stück an - das ist ein Wert, der in Anbetracht der Steigerungsraten der Dreschmaschinenproduktion bei Schweffel & Howaldt in dieser Zeit sehr wahrscheinlich eher zu niedrig angesetzt ist, und der ohne weiteres durch die Briefkopierbücher der Carlshütte abgedeckt wird - so kommt man auf ein Produktionsvolumen von 225 Dreschmaschinen in den Jahren von 1852 bis 1855. Zusammen mit ihrem Kieler Konkurrenten dürfte die Carlshütte demnach bis einschließlich 1855 etwas mehr als 300 Stück angefertigt haben. Geht man von einer - vermutlich zu hoch gegriffenen - Exportquote von zehn Prozent aus, so haben beide Unternehmen bis einschließlich 1855 vermutlich rund 275 Dreschmaschinen in den Herzogtümern abgesetzt. Addiert man schließlich noch die Zahl der bereits vor 1851 im Untersuchungsraum arbeitenden Maschinen sowie die Zahl der importierten und der im Inland durch andere Produzenten hergestellten hinzu - deren Summe hier lediglich auf 100 Stück veranschlagt wird - so kommt man auf einen Wert von 375 Dreschmaschinen, die 1855 auf schleswig-holsteinischen Höfen arbeiteten. Mithin ist die weiter oben als zu optimistisch eingestufte Aussage eines Unbekannten vom Ende des Jahres 1855, nämlich daß zu diesem Zeitpunkt "fast kein größerer Hof ohne eine"[534] Dreschmaschine sei, keineswegs gänzlich aus der Luft gegriffen. Zum Vergleich: Im benachbarten Mecklenburg arbeiteten in der zweiten Hälfte des Jahres 1856 230 Maschinen, so daß im Durchschnitt auf jedem fünften mecklenburgischen Gut eine Dreschmaschine stand.[535]

Untrügliche Indizien dafür, daß die Diffusion der Dreschmaschine in Schleswig-Holstein in den 1860er Jahren ungebrochen rasch voranschritt, sind zum einen die Produktions-

---

531 S.: Aus Schwansen, vom 11. Sept., in: Altonaer Mercur, 1854, Nr. 216 (14.09.1854).
532 Friedrich August HACH: O. T., in: LWB, 10 (1860), Nr. 40 (06.10.1860), S. 308, 309, 315.
533 LAS Abt. 406.10, Nr. 57.
534 ANONYMUS, Jahresschluß, S. 411.
535 BENTZIEN, Landbevölkerung, S. 97.

zahlen von einer der über zwölf zu diesem Zeitpunkt mit dem Dreschmaschinenbau befaßten inländischen Eisengießereien und Maschinenfabriken. Die um 1860 gegründete Fabrik von Hans Friedrich Hansen, Neumünster, fertigte 1863 20, 1864 36 und 1865 30 Dreschmaschinen an.[536] Zum anderen weisen zwei Berichte von Hans Peter Holler, dem Sohn und Nachfolger von Markus Hartwig Holler, die er in seinem "Tagebuch der Carlshütte (1862-1870)" niedergeschrieben hat, auf die rasche Ausbreitung des Maschinendrusches in Schleswig-Holstein hin. Ende 1864 vermerkte er, daß sich sein Unternehmen in diesem Jahr in Anbetracht der Kriegswirren noch "eines ziemlich günstigen Absatzes ihrer Fabrikate" habe erfreuen dürfen; und weiter: "War die Frage nach landwirthschaftlichen Gegenständen, als namentlich nach Dreschmaschinen auch nicht so groß wie im Jahre vorher, so übertraf er doch dasselbe im Absatz von Öfen und insbesondere von Ofenröhren". Fünf Jahre später hielt er schließlich in dem "Tagebuch" fest: "Die Folgen der diesjährigen durchschnittlich guten Erndte zeigten sich Anfangs Septb bereits in einer gesteigerten Nachfrage nach Dreschmaschinen und Göpel. Der ganze Vorrath wenigstens der kleineren 2 [..] Pferde Maschinen wurde im Laufe von 14 Tagen abgesetzt. In der Woche vom 6-12 Septb hatte sich die Nachfrage nach Dreschmaschinen so gesteigert, daß selbst die größeren - mit Ausnahme einer einzigen größeren 8 Pferdigen [...] - geräumt worden".[537]

Als H. P. Holler obige Zeilen 1869 niederschrieb, kam der Gebrauch der Dreschmaschine gerade in den kleineren landwirtschaftlichen Betrieben auf. Wir erinnern uns: 1867 empfahl der "Angler landwirthschaftliche Verein" die einspännige kleine Stiftendreschmaschine des Schmiedemeisters Asmussen aus Munkbrarup, da sie "für ganz kleine Wirthschaften [...] manches Gute" habe. Im darauffolgenden Jahr diskutierte man auf einer Versammlung des "Landwirthschaftlichen Vereins an der Trave" sehr kontrovers die Frage "Wie ist es bei Einführung von Dreschmaschinen in kleinen Wirthschaften mit dem bisherigen Dreschen zu verhalten?".[538] Über 15 Jahre nachdem die Dreschmaschine in den Herzogtümern damit begonnen hatte, im großen Stil sowohl in die adeligen Güter und deren Meierhöfe als auch beispielsweise auf Fehmarn oder in weiten Teilen der holsteinischen See- und Flußmarschen in die großen und mittleren bäuerlichen Betriebe einzudringen, erreichte sie also auch die kleineren bäuerlichen Betriebe. Spätestens um 1875 dürfte der maschinelle Drusch demnach in der Mehrzahl der landwirtschaftlichen Betriebe zur Regel und der manuelle zur Ausnahme geworden sein. Die Masse des Getreides ist vermutlich jedoch schon um 1870 in Schleswig-Holstein mit der Maschine ausgedroschen worden. Allerdings hieß es noch 1885 im "Landwirthschaftlichen Wochenblatt" über den Stand der landwirtschaftlichen Arbeiten in Schleswig-Holstein: "Das Dreschen hat in vielen Gegenden die landwirthschaftlichen Arbeitskräfte auch während des März-

---

536 LAS Abt. 80, Nr. 1114 und Abt. 105, Nr. 713. - Zur Geschichte der Eisengießerei und Maschinenfabrik Hansen in Neumünster vgl. Werner BLUNCK: Die Entwicklung der Industrie in Neumünster bis zum Anschluß Schleswig-Holsteins an den Deutschen Zollverein (QuFGSH, 13), Neumünster 1921, S. 56 ff. und Klaus TIDOW: Die Entwicklung der Neumünsteraner Industrie zwischen 1850 und 1910, in: Alfred Heggen und Klaus Tidow (Hgg.): Industriekultur in Neumünster. Das "Manchester Holsteins" im 19. Jahrhundert, Neumünster 1988, S. 43-54, hier 52 f.

537 LAS Abt. 406.10, Nr. 189.

538 ANONYMUS: 5. Versammlung des landw. Vereins an der Trave zu Gnissauer Heckkathen am 8. April 1868, in: LWB, 18 (1868), Nr. 31 (01.08.1868), S. 242 f.

Monats noch tüchtig in Anspruch genommen".[539] Zu den "Gegenden", in denen die Dreschmaschine sehr spät Fuß faßte, gehörte beispielsweise das Vereinsgebiet des "Nordfriesischen landwirthschaftlichen Vereins".[540]

II.2.3. Kornreinigungsmaschinen

Im Gegensatz etwa zur Mäh- oder Dreschmaschine verlief die Diffusion der Kornreinigungsmaschine in den Herzogtümern nahezu unbeachtet von der Öffentlichkeit. Bereits kurz nach 1800 berichtete Kiesewetter nach einer Reise durch Schleswig-Holstein über die dortigen Formen der Getreidereinigung: "Das Getreide wird durch das Wurfen mit der Schaufel und mit dem Sieb gereiniget. Viele bedienen sich jedoch mit offenbarem Vortheil der sogenannten Staub- oder Putzmühlen".[541] Zehn Jahre später hieß es dann diesbezüglich sogar: "Die Reinigung des ausgedroschenen Getreides wird mehrentheils durch Maschienen bewirkt, und solche sogenannte Staubmühlen sind sehr gemein".[542] Daß das Korn zu dieser Zeit in den Herzogtümen vielerorts unverändert auf die tradierte Art gereinigt worden sein muß, belegt jedoch ein 1826 von Lengerke verfaßter Bericht.[543] Allerdings läßt er auch keinen Zweifel darüber aufkommen, daß die Kornreinigungsmaschine um die Mitte der Vorbereitungsperiode der Mechanisierung/Technisierung der Landwirtschaft von vielen schleswig-holsteinischen Landwirten eingesetzt wurde.

Entsprechend der Entwicklung im benachbarten Mecklenburg[544] dürfte die Kornreinigungsmaschine im frühen 19. Jahrhundert auch in den Gutswirtschaften der Herzogtümer bereits zum agrartechnischen Standard gehört haben. So berichtete 1828 Dittmann in seinem Werk "Versuch einer Darstellung der Landwirthschaft auf den Gütern in den Herzogthümern": "Auf die Reinigung des Getraides wird von guten Wirthen große Sorgfalt verwandt, und theils durch werfen, meistens aber durch Staubmühlen, Weher und Siebe der Unkrautsame und die schwachen Körner daraus entfernt".[545] Folglich findet sich diese Landmaschine früh in Gutsinventaren: adeliges Gut Muggesfelde (1810), Gut Refsoe (1812), Kanzleigut Neutolckschuby (1814) und adeliges Gut Deutsch-Nienhof (1818).[546] Aber auch von einigen der bäuerlich geprägten Gebiete wissen wir, daß sich in ihnen der Gebrauch der Kornreinigungsmaschine frühzeitig einbürgerte: zu ihnen gehörten beispielsweise die an der schleswigschen Ostküste gelegene Halbinsel Alsen, der

539 ANONYMUS: Landwirthschaftlicher Monatsbericht für März, in: LWB, 35 (1885), Nr. 17 (24.04.1885), S. 254 f., hier 254.

540 ANONYMUS: Monatsbericht für den Januar 1878, in: LWB, 28 (1878), Nr. 6 (08.02.1878), S. 49-52, hier 49: "Das Dreschen [...] ist sehr gefördert und nur da noch zurück, wo es noch fast gänzlich mit Handarbeit geschieht, wie z.B. im Bezirke des Nordfriesischen Vereins".

541 KIESEWETTER, Bemerkungen, S. 26.

542 IVERSEN, Beyträge, S. 103.

543 LENGERKE, Landwirthschaft (Bd. 1), S. 97-99.

544 BENTZIEN, Landbevölkerung, S. 80.

545 DITTMANN, Versuch, S. 163.

546 BESCHREIBUNG, Muggesfelde, S. 17, HACKEMANN, Entwicklung, S. 27, BESCHREIBUNG, Neutolckschuby, S. 15 und HEDEMANN-HEESPEN, Geschichte (T. 3), S. 37.

in der nordfriesischen Bökingharde gelegene Christian-Albrechts-Koog, die Landschaft Eiderstedt, der Norderdithmarscher Karolinenkoog sowie der Süderdithmarscher Kronprinzenkoog, die Wilster Marsch und ferner das Amt Reinfeld.[547]

Andererseits gab es Ende der 1820er Jahre immer noch einige Gebiete, in denen die Kornreinigungsmaschine noch nicht Fuß gefaßt hatte. Dazu gehörten unverändert die Landschaft Fehmarn sowie die Umgegend der Stadt Neustadt.[548] In den beiden darauffolgenden Jahrzehnten drang diese Landmaschine jedoch ohne Zweifel auch dorthin vor; gleichzeitig begannen die mittleren und kleineren bäuerlichen Betriebe im großen Umfang ihr Getreide maschinell zu reinigen. Demzufolge berichtete 1845 Dittmann: "Auf die Reinigung des Getreides wird von guten Wirthen große Sorgfalt verwendet. Gewöhnlich bedient man sich zu diesem Zweck zuerst der Staubmühlen; das Werfen ist jetzt wenig mehr im Gebrauch. Nachdem wird die vollständige Reinigung durch Wehmühlen und Siebe bewerkstelligt".[549] Die Kornreinigungsmaschine war damit um die Mitte des 19. Jahrhunderts in Schleswig-Holstein nicht nur die älteste Landmaschine, sondern auch die mit Abstand gebräuchlichste. Das untermauert auch eine Bemerkung Dittmanns von 1858, die er in der dritten Auflage seines Werkes über die schleswig-holsteinische Landwirtschaft machte; und zwar bemerkte er im Anhang, der "Verbesserte Ackergeräthe und landwirthschaftliche Maschinen" zum Thema hat, über die Kornreinigungsmaschine, daß sie im Untersuchungsraum "in der gewöhnlichen Form sehr bekannt" sei.[550] Daran sollte sich bis zum Ende der 1860er Jahre trotz des Aufkommens von Dreschmaschinen mit eingebauter Reinigung und Zylindersieben nichts ändern.[551]

Wie bereits in Kapitel II.1.3. kurz vermerkt, werden unter dem Begriff Kornreinigungsmaschine oder Kornfege die Windfege und deren Weiterentwicklung, die Siebwindfege, zusammengefaßt. Die im 19. Jahrhundert in den Herzogtümern gebräuchlichen Windfegen werden zum "Holsteinisch-ostfriesischen Typ" gezählt, der sich direkt aus einem der ältesten Windfegentypen des norddeutschen Raumes entwickelt hat, dem "Kastenförmigen Typ".[552] "Gemessen an der äußeren Gehäusestruktur handelt es sich um kleine kompakte Windfegen mit versenkter Trichtervorrichtung" und einem schrägen Windkanal mit eingebauter Schüttrinne. Unter dem umfangreichen Kornfegenbestand der Volkskundlichen Gerätesammlung des Schleswig-Holsteinischen Landesmuseums in Schleswig befinden sich auch einige dem "Holsteinisch-ostfriesischen Typ" zugehörige Windfegen. Eine von ihnen wurde 1859 von dem in Seestermühe, Seestermüher Marsch, ansässigen

---

547 ANDERSEN, Beantwortung, S. 84, Georg HANSSEN: Statistische Mittheilungen über nordfriesische Districte, in: NStM, 3 (1835), 2, S. 439-498, hier 457, LAS Abt. 65.2, Nr. 2468, KRAMER, Volksleben, S. 175, HANSSEN, Mittheilungen, S. 457, SCHRÖDER, Marschwirthschaft, S. 126 und PETERSEN, Nahrungszustand, S. 21.

548 STAMP, Beantwortung, S. 131: "Das Korn wird beim Reinmachen übergeworfen und gesiebt". LENGERKE, Landwirthschaft (Bd. 2), S. 215: "Die Reinigung des Getreides geschieht wie gewöhnlich durch Worfeln und Sieben".

549 DITTMANN, Anweisung (Bd. 2, 2. Aufl.). Später heißt es sogar: "Auf allen Höfen [werden] verschiedene Kornreinigungsmaschinen [...] angewendet". Ebda. (Bd. 3, 2. Aufl.), S. 234.

550 DERS., Anweisung (Bd. 2, 3. Aufl.), S. 330.

551 Vgl. z.B. HACH, Jahresbericht, S. 72. - Zum Aufkommen von Dreschmaschinen mit Reinigung und Zylindersieben vgl. MEYER, Dreschmaschinen, S. 238 ff.

552 Soweit nicht anders vermerkt, sind die nachfolgenden Ausführungen und Zitate über den "Holsteinisch-ostfriesischen Windfegentyp" MEINERS, Kornfege, S. 52 ff., entnommen.

Stellmachermeister Diedrich Peeck angefertigt und von einem Hofbesitzer in den Marschen zur Saatkorngewinnung verwendet.[553]

Zu dem Zeitpunkt, als Peeck diese Windfege hergestellt hat, war allerdings längst die leistungsfähigere Siebwindfege in den Herzogtümern - wie überhaupt in ganz Norddeutschland - zur gebräuchlichsten Kornreinigungsmaschine geworden.[554] Wann genau dieser Verdrängungsprozeß hier im Lande einsetzte und wie er ablief, entzieht sich zwar unserer Kenntnis, doch besitzen wir darüber zumindest einige spärliche Hinweise. Würde man Lengerkes Bericht[555] von 1826 folgen, so wären um die Mitte der 1820er Jahre in schleswig-holsteinischen Betrieben nur noch verschieden weit entwickelte Siebwindfegen im Einsatz gewesen. In Anbetracht der oben skizzierten Diffusion der Kornreinigungsmaschine in den Herzogtümern erscheint eine derart rasante Verbreitung jedoch unwahrscheinlich. Glaubhaft ist dagegen Dittmanns oben zitierter Bericht von 1828, demzufolge zu dieser Zeit sowohl Windfegen als auch Siebwindfegen, aber auch noch Hand- und Standsiebe, auf den schleswig-holsteinischen Gütern zur Kornreinigung gebraucht wurden. Bis zur Mitte der 1840er hat sich dann jedoch zufolge des anderen oben zitierten Berichts von Dittmann die Siebwindfege gegen die anderen Kornreinigungsgeräte und -maschinen eindeutig durchzusetzen vermocht. Wie man seinem Bericht von 1845 des weiteren entnehmen kann, bedeutete diese Entwicklung zunächst keineswegs das Aus für die Windfege, da sie nun vielfach zur "vollständigen Reinigung" des Getreides herangezogen wurde, d.h. die alten Windfegen dienten der Nachreinigung des Getreides. Dieses kombinierte Reinigungssystem war laut Meiners im Untersuchungszeitraum in Schleswig-Holstein vor allem auf den Gütern und vereinzelt auch auf den größeren Bauernhöfen gebräuchlich und darüber hinaus auch in den Marschen nicht ungewöhnlich. Außerhalb der Herzogtümer hat sich dieses sehr effiziente System in Ostpreußen und Schlesien sowie mit Abstrichen auch in Mecklenburg und Brandenburg durchgesetzt - also in jenen deutschen Landschaften, die zum Hauptverbreitungsgebiet des "Holländischen Windfegentyps" zählten.[556] Zumindest ein weiterer Verwendungszweck ist für den Untersuchungsraum belegt. Wir erinnern uns: Die von Stellmachermeister Peeck 1859 gefertigte Windfege wurde auf einem Marschenhof zur Saatkorngewinnung herangezogen. Des weiteren kann davon ausgegangen werden, daß die Windfege infolge fehlenden Kapitals in vielen der kleinen und auch einigen mittleren bäuerlichen Betriebe noch gegen Ende der 1860er Jahre zum agrartechnischen Standard gehörte.

Spätestens um 1775 ist die Siebwindfege in Schleswig-Holstein eingeführt worden. Laut Gmelin produzierte der Bergedorfer Tischler Dürland 1779 "schon seit einigen Jahren" u.a. für 3 1/2 Louisdor eine verbesserte Version des vom Franzosen Duhamel um 1750 konstruierten "Wind-Siebs", welches die Vorteile von Windfege und Kornrolle zweckmäßig miteinander verbinden sollte.[557] Maßgeblich beeinflußt worden ist der Siebwind-

553 Abb. 22, S. 491.
554 MEINERS, Kornfege, S. 216.
555 LENGERKE, Landwirthschaft (Bd. 2), S. 98.
556 MEINERS, Kornfege, S. 125 und 213 f.
557 GMELIN, Abhandlung, S. 388. - Duhamels Siebwindfege war bereits mit einem Zahnradgetriebe und dem um 1700 in Flandern entwickelten Rüttelmechanismus, der den Trichterboden mit daran ansetzendem Sieb hin- und herbewegte, ausgestattet. Zudem war in die diagonale Schüttrinne ein festes Bodensieb integriert. MEINERS, Kornfege, S. 198-200. Eine Biographie Henri-Louis Duhamels du Monceau findet sich bei J. S. ERSCH und J. G. GRUBER (Hgg.): Allgemeine

fegenbau in den Herzogtümern jedoch allem Anschein nach aus einer anderen Ecke. Anhand eines typologischen Vergleichs charakteristischer Siebwindfegen kommt Meiners zu dem Ergebnis, daß diese Landmaschine in den Niederlanden, Flandern und Schleswig-Holstein "im Bereich der arbeitenden Geräteteile", und zwar vor allem "hinsichtlich der Anordnung ihrer Trichtervorrichtungen", "große Übereinstimmungen" aufweisen. Diese "Verwandtschaft" geht seiner Meinung nach auf "kulturelle Zusammenhänge" zurück.[558] Als Verbindungsglied zwischen den Niederlanden und Flandern einerseits und den Herzogtümern andererseits hat Meiners - zu Recht - Ostfriesland benannt. Da sich die Ostfriesen im Kornreinigungsmaschinenbau "zunächst" an den Niederländern orientierten, so argumentiert er, seien "spätestens" mit den um 1790 im Süderdithmarscher Kronprinzenkoog siedelnden ostfriesischen Landwirten "Weiher", ebenso wie etwa der ostfriesische Pflug oder die konische Dreschwalze, "in die westlichen Marschengebiete" gelangt.[559] Den Beweis für den Transfer ostfriesischer Windfegen nach Süderdithmarschen bleibt er allerdings schuldig. Ihn liefert ein Bericht von 1835 über den neuen Christian-Albrechts-Koog in Nordfriesland. Laut Hanssen hatten die Ostfriesen "die Kornreinigungsmaschine, mit 7 Sieben, die nach den verschiedenen Fruchtgattungen verschieden dicht" waren und "die 35 Rthlr. kostete",[560] aus dem Kronprinzenkoog mit dorthin gebracht.

Die frühen Produzenten von Kornreinigungsmaschinen in den Herzogtümern, wie etwa der in der Kremper Marsch bzw. an deren Rande ansässige Tischler Butenop,[561] werden sich also aller Wahrscheinlichkeit nach bei der Aufnahme ihrer Tätigkeit u.a. an den leistungsfähigen ostfriesischen Windfegen bzw. Siebwindfegen orientiert haben. Im Laufe der Zeit haben sie sich dann aber zunehmend von den "Ur"modellen, zu denen beispielsweise auch eine 1826 von Lengerke beschriebene einfache Siebwindfege gerechnet werden muß,[562] gelöst und schließlich sogar einen eigenen "Schleswig-Holsteinischen Siebwindfegentyp" hervorgebracht. Diesen Typ präsentiert laut Meiners geradezu mustergültig eine um die Mitte des 19. Jahrhunderts von Heinrich Bornholdt gebaute Siebwindfege.[563]

Zeitgleich setzte jedoch mit dem Eindringen "moderner" in- und ausländischer Kornreinigungs- und -sortiermaschinen bereits die Auflösung der über Jahrzehnte gewachsenen schleswig-holsteinischen Kornfegenlandschaft ein. Bestes Beispiel hierfür ist der Holzar-

---

Encyklopädie der Wissenschaften und Künste in alphabetischer Folge, Section 1, Teil 28, Leipzig 1836, S. 228 f. - Zu Dürland und seiner Siebwindfege vgl. unten, Kap. III.5.2.3.2., S. 413 ff.

558 MEINERS, Kornfege, S. 88.

559 Ebda., S. 194 und 197.

560 HANSSEN, Mittheilungen, S. 457. - Möglicherweise hatte LENGERKE, Landwirthschaft (Bd. 2), S. 98 f., eine solche Siebwindfege vor Augen, als er 1826 berichtete: "Man hat sie [die Staubmühlen] aber auch noch viel komplizirter und zum Theil sehr sinnreich dergestalt eingerichtet, daß sie die Reinigung des Getreides auf's vollkommenste bewirken. Dies geschieht hauptsächlich durch Einrichtungen, welche auf Vermehrung und Verstärkung des Windes wirken, durch Anbringung mehrerer Siebe von verschiedener Art und deren Bewegung während des Stäubens, wodurch nicht nur die Reinigung des Getreides u.s.w. von allem möglichen Unrathe, sondern auch die Sonderung der unvollkommenen, kleinen und schrumpfligen Körner von den guten und vollkommenen dermaßen bewerkstelligt wird, daß in dieser Hinsicht fast nichts zu wünschen übrig bleibt".

561 Zu Butenop vgl. insbes. unten, Kap. III.5.2.3.2., S. 415 ff.

562 LENGERKE, Landwirthschaft (Bd. 2), S. 98.

563 MEINERS, Kornfege, S. 87 f. - Zu Bornholdt vgl. unten, Kap. III.5.2.5., S. 442 f.

beiter und Mühlenbauer Jochen Bornholdt: Auf der "Landesthierschau" des "Landwirthschaftlichen Generalvereins des Herzogthums Holstein" von 1856 wurde unter den ausgestellten Kornreinigungsmaschinen Bornholdts "englischer Weher mit beweglichen Sieben" lobend für seine ausgezeichnete Arbeit hervorgehoben. Zehn Jahre später nannten die Mitglieder des "Angler landwirthschaftlichen Vereins" auf die Frage des Generalvereins "Welche Maschienen und Ackergeräthe haben sich in neurer Zeit in den Herzogthümern als erprobt und empfehlenswerth, besonders für kleinere Grundbesitzer erwiesen?" u.a. die "Saatkornreinigungsmaschiene oder das Trommelsieb von Bornholdt in Hohenfelde Preis 90 Mk".[564] So verwundert es nicht, daß das Schleswig-Holsteinische Landesmuseum eine große Saatgutsortiermaschine mit Trommelsieb aus Angeln besitzt, bezeichnet mit "Bornholdt/Hohenfelde" (Inv.-Nr. 1983/112). Auch der "Landwirthschaftliche Verein zu Wandsbeck" empfahl auf diese Frage hin "eine Kornsichtmaschine als Cylindersieb, wo Radel und kleines Korn gänzlich entfernt" werde. Das von "Säger, John & Co. in Hamburg" angefertigte Sieb liefere "sehr egales Korn".[565] Von derartigen Maschinen lassen sich in den Herzogtümern um die Mitte des 19. Jahrhunderts noch mehr nachweisen. Zum Beispiel baute der Stellmacher Thomas Hinrich Jebe (1826-1906) aus Busdorf bei Schleswig die "Getreidereinigungsmaschine" des Franzosen Vachon nach und soll mit dieser im Schleswig-Holsteinischen Landesmuseum befindlichen Kombination aus Windfege und Zylindersieb im Lohnbetrieb über die Bauerndörfer gezogen sein.[566] Und auf der "Landesthierschau" von 1854 erhielt "Joh. Friedr. Tielmann ein Ehrendiplom für seine Cylinder-Kornreinigungs-Maschine (Kaufpreis 42 2/3 Thaler R.M.)".[567]

Sehr schlecht unterrichtet sind wir über die Herkunft und die Konstruktion der von den schleswig-holsteinischen Maschinenfabriken und Eisengießereien hergestellten Kornreinigungsmaschinen. Von der Carlshütte wissen wir zumindest, daß sie seit den frühen 1830er Jahren auf Bestellung sowohl komplette Maschinen als auch deren gußeiserne Getriebeteile wie Zahnräder, Wellen und Kurbeln lieferte. Letztere wurden von Handwerkern für den Bau ihrer Kornfegen nachgefragt.[568] Dazu bemerkte die Geschäftsleitung der Carlshütte am 20. Februar 1834 gegenüber ihrem Rostocker Kommissionär: "Wir verfertigen hier viele Staubmühlenbeschläge, bestehend aus Rädern usw. für die

---

564 ANONYMUS: Rückblick auf das Jahr 1856, in: LWB, 7 (1857), Nr. 1 (03.01.1857), S. 1-8, hier 5. - Kirchspielsarchiv Husby, Protokoll des Angler landwirthschaftlichen Vereins (1851-1881), hier Sitzung vom 14.12.1866. Im "Landwirthschaftlichen Wochenblatt" wird zu dieser Maschine noch bemerkt: "Beim Reinigen des Saatkorns (besonders von Baade aus Heger) ist diese Maschine ganz besonders zu empfehlen. Die Arbeit mit derselben ist eine sehr leichte und läßt sich durch Frauen oder Kinder (2 Personen) ausführen. Ueber 30 Tonnen Saatkorn lassen sich mit Leichtigkeit auf solche Weise an einem Tage reinigen. Zugleich für das Reinigen der Oelsaaten ist dieses Trommelsieb sehr zu empfehlen". PETERSEN, O. T., S. 8. - 1866 könnte bereits Heinrich Bornholdt, ein 1843 geborener Sohn von Jochen Bornholdt, der Produzent der besagten "Saatkornreinigungsmaschiene" gewesen sein.

565 WEGENER, Protocoll, S. 120.

566 Arnold LÜHNING: Der Beitrag des Handwerks für Mechanisierung ländlicher Arbeit in Schleswig-Holstein im 19. Jahrhundert (ungedrucktes Manuskript eines 1985 vor der Stiftung Volkswagen gehaltenen Vortrags), S. 19 f.

567 ANONYMUS: Thierschau in Kiel. (Schluß), in: LWB, 4 (1854), Nr. 32 (12.08.1854), S. 241-244, hier 243.

568 Vgl. etwa LAS Abt. 406.10, Nr. 37. - Zur Lieferung von gußeisernen Getriebeteilen für Kornfegen durch die Carlshütte an schleswig-holsteinische Handwerker vgl. unten, Kap. III.5.2.3.2., S. 418 f.

kleineren Engl Kornmühlen auf Speichern usw an. Wahrscheinlich finden solche auch dort [in Rostock] guten Absatz".[569] Für eine komplette "Staubmühle" verlangte die Carlshütte am Ende der 1830er Jahre 60 Mk.[570] Inwieweit sie mit der zum gleichen Preis im "Preis-Courant" von 1853 angebotenen "Staubmühle" mit Sieben identisch war, muß offen bleiben. Drei Jahre später hatte die Carlshütte "Vachon's Saatkorn-Reinigungsmaschine" zu 80 Thaler R.M. im Programm und in ihrem "Preis-Courant" von 1863 kleine und große "Kornreinigungsmaschinen (Staubmühlen) von Holz mit Windfege und Sieb" zu 32 bzw. 50 Thaler R.M.[571]

Tab. 1: Entwicklung der Produktion von Kornreinigungsmaschinen bei Schweffel & Howaldt von 1839 bis 1855

Jahr	Stückzahl
1839	50 [a]
1840	35 [a]
1841	50 [a]
1842	30 [a]
1843	55 [a]
1844	60 [a]
1845	36 [a]
1846	30 [a]
1847	30 [b]
1848	30 [b]
1849	15 [a]
1850	25 [a]
1851	35 [c]
1852	20 [d]
1853	?
1854	40 [c]
1855	40 [e]
Summe	581

Quellen: [a] Stadtarchiv Kiel Nr. 481;[b] LAS Abt. 30, Nr. 638; [c] Stadtarchiv Kiel Nr. 482; [d] LAS Abt. 80, Nr. 1110 II; [e] LAS Abt. 80, Nr. 1111 I.

Welchen Anteil die einheimische Landmaschinenindustrie in ihrer Frühphase an der Produktion von Kornreinigungsmaschinen in Schleswig-Holstein hatte, lassen die in Tabelle 1 enthaltenen Produktionszahlen von Schweffel & Howaldt aus den Jahren 1839 bis 1855 erahnen. Dazu muß allerdings gesagt werden, daß Schweffel & Howaldt in den Herzogtümern sicher unter den Eisengießereien und Maschinenfabriken einen Spitzenplatz in der Herstellung dieser Landmaschine einnahmen und andere Fabriken aus dieser Branche überhaupt keine Kornreinigungsmaschinen anfertigten. Um welchen Typ bzw.

569 LAS Abt. 406.10, Nr. 37.
570 LAS Abt. 406.10, Nr. 43.
571 LAS Abt. 406.10, Nr. 452. - LAS Abt. 406.10, Nr. 60. - LAS Abt. 406.10, Nr. 454.

um welche Typen es sich bei den 581[572] Kornreinigungsmaschinen handelt, ist unbekannt. Den "Preis-Couranten" vom Ende der 1850er und 1860er Jahre kann man immerhin entnehmen, daß Schweffel & Howaldt zu dieser Zeit sowohl eine Maschine nach dem "Prinzip von Hornsby mit Sieben" als auch eine "Staubmühle" mit drei Sieben im Programm hatten. Die der Kornreinigungsmaschine des Engländers Hornsby nachempfundene Maschine kostete übrigens zweieinhalb Mal soviel wie die letztere.[573]

Eine weitere Gruppe, über die ausländische Kornreinigungsmaschinen in die Herzogtümer gelangten, waren die einheimischen Landwirte. Das Wenige, was wir über diesen Transferweg wissen, deutet allerdings darauf hin, daß über ihn nur ganz vereinzelt neue, leistungsfähigere Typen in den Untersuchungsraum gelangten. Eine gewichtige Ursache hierfür war sehr wahrscheinlich das hinreichende Angebot an brauchbaren Siebwindfegen im Inland.

Zwei Fallbeispiele sollen nachfolgend die Einführung von ausländischen Kornreinigungsmaschinen durch einheimische Landwirte dokumentieren.

Auf der Versammlung des "Wagrischen landwirthschaftlichen Vereins" vom 15. März 1845 führte das Vereinsmitglied Schwerdtfeger auf Löhnstorf "eine früher aus England gekommene Kornreinigungsmaschiene" vor, "welche vorzüglich brauchbar war, um das grosse und kleine Korn von einander zu trennen". Schwerdtfeger beschrieb diese Maschine wie folgt: Sie "besteht aus einem etwa 6 Fuß langen, fast horizontal liegenden, runden Siebe von etwa 1 Fuß im Durchmesser, in dessen inwendige Seite das Korn läuft, dann umgedreht wird und das kleine Korn und sonstiges kleine Gesäme durchfallen läßt. Die Arbeit geht schnell und der Erfolg entspricht völlig der Absicht". Es handelte sich also um ein Zylindersieb, wie wir es bereits oben in Kombination mit einer Windfege kennengelernt haben. Schwerdtfeger hat es offensichtlich primär zur Saatkorngewinnung und weniger zur Reinigung der Getreidekörner genutzt. Die höherentwickelten Siebwindfegen verfügten zwar bereits über Sortierfächer, doch vermochten sie diese Aufgabe nicht so perfekt zu lösen wie ein Zylindersieb, das zudem auch die Unkrautsamen besser aussortierte. Erstere werden deshalb auf Löhrstorf lediglich zur groben Reinigung und Vorsortierung des Korns eingesetzt worden sein. Schwerdtfeger war übrigens derart von der Überlegenheit des Zylindersiebes überzeugt, daß er schon vor der bewußten Vereinsversammlung einen "tüchtigen hiesigen Handwerker" mit dessen Nachbau beauftragt hatte. Dieser sollte zur nächsten Versammlung den Vereinsmitgliedern eine "etwas vervollständigte Maschine [...] für etwa 20 Thaler" zum Kauf anbieten.[574] Unsere Quelle eröffnet uns mithin nicht nur einen Einblick in den Transfer einer agrartechnischen Innovation in die Herzogtümer, sondern zudem auch einen solchen darüber, wie deren Diffusion "funktionierte".

572 Nimmt man für das Jahr 1853, für welches Schweffel & Howaldt ihren Fabrikbericht nicht detailliert aufgeschlüsselt haben, eine Produktion von lediglich 20 Maschinen an, so belief sich die Anzahl der von diesem Unternehmen zwischen 1839 und 1855 hergestellten Kornreinigungsmaschinen sogar auf rund 600 Stück.

573 Stadtarchiv Kiel Sig. 6572/2 4/0 (Nr. 13). - Zur technischen Entwicklung der "Hornsbyschen Kornreinigungsmaschine" bis 1856 vgl. HAMM, Geräthe, S. 762-764.

574 LAS Abt. 422.5, Nr. 2.

Auch im zweiten Fallbeispiel treten uns Mitglieder eines landwirtschaftlichen Vereins als Innovatoren einer agrartechnischen Neuerung entgegen. Und zwar nannten Mitglieder des "Landwirthschaftlichen Vereins zu Wandsbeck" auf der Vereinsversammlung vom 19. November 1866 auf die Frage "Welche Maschinen und Ackergeräthe haben sich in neuerer Zeit in den Herzogthümern als erprobt und empfehlenswerth, besonders für kleinere Grundbesitzer erwiesen?" eine in Dessow, Mecklenburg, produzierte Kornreinigungsmaschine, die mit 17 verschiedenen Sieben bestückt werden konnte; sie gebe, so hieß es zur Begründung, "in einem Male reines Korn".[575]

Abschließen sollen dieses Kapitel ein paar Betrachtungen zur Entwicklung des Produzentenkreises der Kornreinigungsmaschine in Schleswig-Holstein. Die von Meiners aufgestellte These, die Mühlenbauer seien ihre "Urproduzenten",[576] konnte in Kapitel II.1.3. nicht bestätigt werden. Das mag daran liegen, daß die Kornreinigungsmaschine hier allem Anschein nach erst im letzten Viertel des 18. Jahrhunderts eingeführt wurde - zu einem Zeitpunkt also, als auch andere (Holz)Handwerkergruppen bereits über das Wissen um und die Fertigkeiten für ihre Anfertigung verfügten. Wie dem auch sei, solange uns keine Nachrichten über ihre Herstellung in Schleswig-Holstein durch Mühlenbauer vor 1775 vorliegen, muß davon ausgegangen werden, daß es sich bei den ersten Handwerkern, die hier Kornreinigungsmaschinen produzierten, vornehmlich um auf handwerklichem und mechanischem Gebiet überdurchschnittlich begabte ländliche Tischler handelte.

Sofern diese das notwendige "Know-how" nicht von einem in den Herzogtümern tätigen auswärtigen Spezialisten erworben haben,[577] dürften sie es sich wohl in der Regel als Gesellen auf der Wanderschaft angeeignet haben. Ein späterer Fall soll das veranschaulichen. Nachdem Jochim F. H. Picker im Amt Ahrensböck das Stellmacherhandwerk bei einem der Kieler Zunft angehörenden Meister zünftig erlernt hatte, wanderte er zwischen 1836 und 1841 als Geselle, "und zwar 4 Jahre im Auslande, namentlich in Deutschland, Italien, in der Schweiz und Frankreich". Dabei ließ er sich "insbesondere während eines längeren Arbeitsaufenthalts in Genf, Lion und Paris als Mechaniker" ausbilden. Infolgedessen verfügte er bei seiner Rückkehr nach Holstein u.a. über die Fertigkeit "Staubmühlen" anzufertigen, aber er hatte sich dort auch "in der Weberei von Drahtsieben aus Eisen und Messing, namentlich in so fern sie zu Staubmühlen" gehörten, sowie im Reißen von hölzernen Siebrändern, welche bis dahin im Ausland bezogen werden mußten, unterrichten lassen.[578]

Nach und nach eigneten sich immer mehr zumeist aus einem Holzhandwerk stammende Professionisten das Wissen und die Fertigkeit des Kornfegenbaus an, so daß die Älterleute des Elmshorner Tischleramtes am 25. Juli 1845 bezüglich der Herstellung und Reparatur von Kornreinigungsmaschinen schließlich berichteten: "Fast jeder concessionirte Tischler und der Zimmermann auf dem Lande, und viele der Amtsmeister in den hiesigen Flecken" würden sich damit befassen, "und gehöre dazu so wenig geschick, daß alle Tischler, mindestens, die ihr Handwerk nur einigermaaßen erlernt hätten, solche Arbeiten

575 WEGENER, Protocoll, S. 121.
576 MEINERS, Kornfege, S. 246 f.
577 Vgl. hierzu ebda., S. 247 f.
578 LAS Abt. 49.30, Nr. 102. - Zu Picker vgl. auch unten, Kap. III.5.1.4.2., S. 320 und Kap. III.5.2.6., S. 444.

ohne Weiteres zur Zufriedenheit ausführen könnten".[579] Der Bericht der Älterleute deckt sich mit dem des unzünftigen Zimmermanns Casper Hinrich Pehmöller zu Niendorf, Amt Traventhal, der 1837 für das Herzogtum Holstein eine Konzession als Mühlen- und Maschinenbauer erhalten hatte. Er begründete seinen Antrag vom 22. Mai 1850 auf Herabsetzung der damals auf 30 Mk festgelegten jährlichen Rekognition nämlich damit, "daß die Concurrenz bei der Verfertigung von Staubmühlen, Flachsbrechern und Schwing Maschinen, mit deren Anfertigung [...] [er] sich seit 30 Jahren immer hauptsächlich beschäftigt" hatte, "außerordentlich zugenommen" habe und sein momentaner Verdienst infolgedessen "die Einnahmen eines Tagelöhners nicht" übersteigen würde.[580]

Und dennoch: Diejenigen unter den auf die Produktion von Kornreinigungsmaschinen spezialisierten Professionisten, die es verstanden, Maschinen mit einem überdurchschnittlichen Leistungsvermögen herzustellen, vermochten auch über die 1820er Jahre hinaus mit ihrer Tätigkeit in den Herzogtümern ein ausreichendes Einkommen zu finden. Insbesondere in Kapitel III.5.2.3.2. werden uns noch einige von ihnen begegnen. Im Wettbewerb mit Maschinenfabriken wie Schweffel & Howaldt konnten sie sich wohl u.a. deshalb erfolgreich behaupten, weil sich viele Landwirte die angebotenen industriell gefertigten Nachbauten ausländischer Fabrikate nicht leisten konnten. Zur Erinnerung: Für die Hornsbysche Maschine verlangten Schweffel & Howaldt zweieinhalbmal soviel wie für eine herkömmliche Siebwindfege. Erst nach 1870 begannen sich durch das Eindringen billiger Kornreinigungsmaschinen auswärtiger Landmaschinenfabriken in den schleswig-holsteinischen Markt die Produktionsstrukturen spürbar zu wandeln, und zwar zuungunsten aller einheimischen Hersteller.

Fassen wir zusammen: Die Produktion von Kornreinigungsmaschinen konzentrierte sich nach ihrer Einführung in die Herzogtümer um 1775 zunächst für mehrere Jahrzehnte auf einige wenige vornehmlich dem Holzhandwerk angehörende Professionisten. Nach 1800 vergrößerte sich der nicht-industrielle Produzentenkreis dann allmählich derartig, daß mit der Herstellung von Kornreinigungsmaschinen um 1850 schließlich jeder durchschnittlich talentierte Tischler und Zimmermann auf dem flachen Lande vertraut war. Allerdings vermochte dieser Produzentenkreis qualitativ nicht mit den wenigen auf den Kornfegenbau spezialisierten Professionisten mitzuhalten. Ihr fachliches Können sicherte diesen Spezialisten dann auch ihre Existenz im Konkurrenzkampf mit der in den 1830er Jahren entstehenden einheimischen Landmaschinenindustrie. Marktanteile verloren haben dabei hingegen allem Anschein nach alle anderen Holzhandwerker, weil die Landwirte aufgrund der zeitgleich einsetzenden langanhaltenden günstigen Agrarkonjunktur bevorzugt leistungsfähigere Maschinen nachfragten. Kaum ins Gewicht fielen dahingegen bis 1867 auf dem schleswig-holsteinischen Markt von außerhalb eingeführte Kornreinigungsmaschinen. Damit ergibt sich ein weiterer Widerspruch zu Meiners, der in seiner 1983 veröffentlichten Dissertation "Die Kornfege in Mitteleuropa" zu dem Ergebnis kommt, "industriell gefertigte Dresch- und Reinigungsmaschinen" seien in Deutschland "noch bis in die achtziger Jahre überwiegend aus englischen oder amerikanischen Fabriken bezogen"[581] worden. Wie hier jedoch exemplarisch anhand der Produktionszahlen von Schweffel & Howaldt für Schleswig-Holstein nachgewiesen werden konnte und Mül-

579 LAS Abt. 49.30, Nr. 102.
580 Ebda.
581 MEINERS, Kornfege, S. 260.

ler[582] für Preußen zu belegen vermochte, gab es bereits seit den 1830er Jahren Landmaschinenfabriken, die Kornreinigungsmaschinen in größeren Stückzahlen herstellten.

II.2.4. Häckselmaschinen

Welchen Arbeitsaufwand das Schneiden des Häcksels oder Häckerlings, wie dieser wichtige Bestandteil des Futters des Großviehs noch im 19. Jahrhundert genannt wurde, mit dem tradierten Gerät Häcksellade während des Winters erforderte, läßt der Bericht eines süderdithmarscher Hofbesitzers erahnen, den dieser auf einer der ersten Versammlungen des "Landwirthschaftlichen Vereins zu Brunsbüttel" im Jahre 1844 vorgetragen hat: Demzufolge war in seinem Betrieb täglich ein Großknecht ausschließlich damit beschäftigt, für die elf Pferde, unter denen sich neun Arbeitstiere befanden, Häcksel zu schneiden.[583] Um wieviel größer der Arbeitsaufwand auf den Gütern mit ihrem beträchtlichen Spann- und Milchviehbestand war, läßt sich in Anbetracht dessen problemlos vorstellen. So verwundert es auch nicht, daß sich die Mitglieder des "Wagrischen landwirthschaftlichen Vereins", die allesamt Gutseigentümer, -pächter oder -inspektoren waren, auf der Versammlung vom 14. März 1844 mehrheitlich gegen die Anschaffung einer Dreschmaschine auf Kosten des Vereins aussprachen, da von ihr "kein großer Nutzen zu erwarten stehe, daß aber eine gute Häckselmaschine dringendes Bedürfnis sei".[584]

Mit den Landwirten teilten allem Anschein nach auch die Landarbeiter, die die mühsame und monotone Arbeit des Häckselschneidens verrichten mußten, den Wunsch nach einer Maschine, die leistungsfähiger war als die Häcksellade. Jedenfalls ist kein Fall überliefert, bei dem sie - offen oder versteckt - Widerstand gegen deren Einführung geleistet haben. Das mag auch daran gelegen haben, daß der gängigste moderne Häckselmaschinentyp in der Konstruktion und Arbeitsweise teilweise der alten Häcksellade ähnelte.[585]

Nur wenige Jahre nachdem die zwei wichtigsten Häckselmaschinentypen, die Scheibenrad- und die Trommelhäckselmaschine, in England erfunden worden waren,[586] tauchten bereits vereinzelt Maschinen des ersten Typs, der auch in Deutschland der weitaus gebräuchlichste war, in Schleswig-Holstein[587] auf. 1799 fertigte beispielsweise der Zimmergeselle Diekmann aus Preetz auf Anregung des Herrn "Sager auf Rosenhof" anhand von "mündliche[n] Beschreibungen, eine[r] Zeichnung in des Grafen von Borke Stargardschen Wirthschaft, und [..] [der] Ansicht von ein Par unvollkomnen und wenig

---

582 MÜLLER, Anfänge, S. 185.

583 Landwirtschaftsmuseum Meldorf, Landwirthschaftlicher Verein zu Brunsbüttel, Versammlungsprotokollbuch (Bd. 1). - 1803 bemerkte OTTE, Werkzeuge, über die Häckselmaschine: Sie "würde mit Nuzen auch in einer mittelmässigen oder kleinen Wirthschaft zu gebrauchen sein, woselbst das Häkkerlingschneiden auf die gewöhnliche Weise zu viele Zeit erfordern würde".

584 LAS Abt. 422.5, Nr. 2.

585 Vgl. BENTZIEN, Landbevölkerung, S. 80 f.

586 Zur Technikgeschichte und Funktionsweise der beiden Häckselmaschinentypen vgl. HAMM, Geräthe, S. 798-824 und PUCHNER, Futterzubereitungsmaschinen, S. 207-213.

587 Zur Diffusion der Häckselmaschine in Schleswig-Holstein vgl. LÜHNING, "Sonst", S. 172-174 und DERS., Dreh, S. 60.

brauchbaren Häkkerlingsmaschinen"[588] eine Häckselmaschine an. Sie war "12 Fus lang, 1 1/2 Fus hoch und 1 Fus weit" und besaß "fünf mit eisernen Linealen versehene Walzen, von denen 2 unten und 3 oben angebracht" waren. Das Schwungrad verfügte an seiner "Peripherie" über "drei grosse eigends dazu verfertigte Messer" und wurde "durch das Drehen eines mit einer Kurbel versehenen ziemlich schweren Kammrades in steter Bewegung und Arbeit erhalten". Ihre Bedienung erforderte "vier Personen, nämlich einen zum Zubringen und Einlegen des Strohs, einen zum gehörigen Anlegen des Strohs unter die Walzen, und zwei zum Drehen des Schwungrades. [...] Bei gehöriger Behandlung" vermochte sie pro Minute "einen gehäuften Scheffel Häkkerling von 1/3 Zoll Länge, mithin in einer Stunde über 15 Tonnen feinen Häkkerling" zu liefern. Der Preis der Maschine belief sich auf mindestens 400 Rthlr., wobei allein die drei vom Schmied angefertigten Messer 100 Mk kosteten. "Ihre Stärke und Dauerhaftigkeit" schien dem Berichterstatter "unzweifelhaft", so daß er sie aufgrund ihrer Leistungsfähgkeit als "zum ökonomischen Gebrauch grosser Haushaltungen vorzüglich empfehlungswürdig" bezeichnete. Allerdings hielt er die Häckselmaschine Diekmanns in einigen Punkten für noch verbesserungsfähig; vor allem sah er es als ein leichtes an, die Speisevorrichtung derart zu vervollkommnen, daß mittels ihrer die Länge des Häcksels reguliert werden konnte. Wieviele Häckselmaschinen dieses Modells von Diekmann oder anderen hergestellt worden sind, entzieht sich unserer Kenntnis.

In zwei Größen wurde 1802 eine englische Scheibenradhäckselmaschine auf dem adeligen Gut Louisenlund zum Kauf angeboten. Die größere der beiden auf dem ca. 50 km nordwestlich von Kopenhagen gelegenen Frederiksværk angefertigten Maschinen kostete 115 und die kleinere 100 Rthlr. Über die Konstruktion und Bedienung der ersteren ist nur bekannt, daß sie drei Schneidemesser besaß, über keine regulierbare Speisevorrichtung verfügte und von zwei Arbeitern bedient werden mußte, wobei der eine das Schwungrad zu drehen und der andere in die Maschine das Stroh einzulegen hatte. 1803 arbeiteten Häckselmaschinen dieses Modells auf Louisenlund und auf dem adeligen Gut Toestorf, Angeln.[589] 1804 ließ der "Mecklenburgische patriotische Verein" aus England eine Lestersche Häckselmaschine kommen und durch einen Rostocker Schmied nachbauen.[590] Dank der regen Öffentlichkeitsarbeit des Vereins soll diese Neuerung bereits um 1820 "auf vielen Höfen in Mecklenburg in Gebrauch"[591] gewesen sein. Aber auch nach Holstein gelangten einige ihrer Exemplare.[592] Auf der Basis dieses Modells entwikkelte schließlich seit Ende der 1820er Jahre der mecklenburgische Maschinenbauer Dr.

---

588 WEDEL, Nachricht, S. 5 ff.

589 ANONYMUS, Maschinen, S. 235 und OTTE, Werkzeuge, S. 8 f. - Zur Verbindung von Frederiksværk und Louisenlund vgl. oben, Kap. II.2.1.1., S. 95 f.

590 H. L. J. KARSTEN: Der mecklenburgische patriotische Verein. Eine historische Skizze seit seiner Stiftung im Jahre 1798, in: Landwirthschaftliche Annalen des Mecklenburgischen patriotischen Vereins, N.F., 3 (1848), 2, S. 275-334, hier 287 f. - Eine Beschreibung der Häckselmaschine des Engländers Lester liefert HAMM, Geräthe, S. 806-809.

591 Zitiert nach BENTZIEN, Landmaschinentechnik, S. 59. - 1823 schrieb ein Gutsbesitzer an die Redaktion der "Neuen Annalen der Mecklenburgischen Landwirthschaftsgesellschaft" bezeichnenderweise: "Wenn die Landwirthschafts-Gesellschaft auch gar kein andres Verdienst hätte als die Bekanntmachung und Verbreitung dieser einzigen Maschine, so müßte derselben allein für diese Wohlthat der Dank des ökonomischen Publikums zu Theil werden". Zitiert nach BENTZIEN, Landbevölkerung, S. 80.

592 KARSTEN, Verein, S. 288.

Alban leistungsfähige Häckselmaschinen,[593] von denen die eine oder andere auch in die Herzogtümer gelangt sein dürfte. Zu Beginn der 1830er Jahre erhielt er übrigens eine Zeitlang die gußeisernen Zahn- und Schwungräder für seine Häckselmaschinen von der Carlshütte.[594]

Zu Beginn des 19. Jahrhunderts war die agrartechnische Innovation Häckselmaschine also bereits an mehreren Stellen des Untersuchungsraums eingeführt. Auch läßt sich für die folgenden Jahrzehnte in Schleswig-Holstein hier und da ihre Produktion nachweisen. So berichtete z.B. 1822 Voght über die Flottbeker Schmiede: "Bei dem Schmidt Wilde stehen gewöhnlich von den trefflichen, von ihm verfertigten Hechsel-Schneidemaschinen, die ihren großen Ruf sehr zu verdienen scheinen".[595] Dennoch hat sich die Häckselmaschine bis 1830 offensichtlich noch nicht in nennenswertem Umfang im Untersuchungsraum gegen die tradierten Häckselschneidegeräte durchzusetzen vermocht. Diese Einschätzung stützt sich nicht allein auf die Tatsache, daß sich zwischen 1800 und 1840 nur sehr wenige Spuren von ihrem Einsatz finden lassen, sondern auch auf ein Schreiben Hollers an einen Geschäftspartner in Rostock vom 4. Juli 1831, in dem er u.a. berichtete: "Diese Maschinen [sind] in den Herzogthümern Schleswig und Holstein bisher wenig oder gar nicht gekannt".[596] Bestätigt wird Hollers Beurteilung durch einen Bericht Dittmanns von 1829, demzufolge die Häckselmaschine im Schwansener Güterdistrikt nur "hin und wieder"[597] benutzt wurde. Bei allen Exemplaren dürfte es sich um kleinere, d.h. für den Handbetrieb eingerichtete, gehandelt haben, da laut Holler "das Häckerlingsschneiden durch Pferdekraft" zu dieser Zeit in den Herzogtümern "nicht üblich"[598] gewesen sein soll.

Ursachen dafür zu finden, warum sich die Häckselmaschine in den ersten Jahrzehnten der Vorbereitungsperiode der Mechanisierung der Landwirtschaft in Schleswig-Holstein und Jütland weitaus zögerlicher verbreitete als im benachbarten Mecklenburg und auf den dänischen Inseln,[599] ist äußerst schwierig. Möglicherweise gab hier die Masse der kapitalkräftigen Landwirte der gleichzeitig eingeführten Mecklenburger Häcksellade den Vorzug - was in Anbetracht der geringen Leistungskraft der frühen Modelle der Häckselmaschine nicht weiter verwunderlich wäre. In Dänemark und Schweden hat die Mecklenburger Häcksellade in den 1830er Jahren sogar bereits in Gebrauch befindliche Häck-

---

593 Vgl. Ernst ALBAN: Einige Worte über zweckmäßige Behandlung von Maschinen, vorzüglich landwirschaftlicher Maschinen, in: NAMLG, 16 (1829), Hälfte 2, S. 527-543, hier 527 f. sowie H. L. J. KARSTEN: Kurzer Bericht über die erste, am 19. März dieses Jahres stattgehabte, Ausstellung landwirthschaftlicher Maschinen zu Klein-Wehnendorf, in: NAMLG, 22 (1838), Hälfte 1, S. 370-381, hier 374-376.

594 LAS Abt. 406.10, Nr. 34.

595 VOGHT, Flotbeck, S. 76 f. Hinsichtlich der Wildeschen Häckselmaschine vgl. unten, Kap. III.5.2.1.2., S. 345.

596 LAS Abt. 406.10, Nr. 34.

597 DITTMANN, Antwort, S. 34.

598 LAS Abt. 406.10, Nr. 35.

599 BENTZIEN, Landbevölkerung, S. 80 f. und DERS., Landmaschinentechnik, S. 59; CHRISTENSEN, Redskaber, S. 546-548.

selmaschinen verdrängen können, da auf ihr "blos mit den Händen mehr ausgerichtet" wurde "als früher auf der Maschine".[600]

Die treibende Kraft bei der Einführung und Verbreitung leistungsfähiger Häckselmaschinen in Schleswig-Holstein waren anfänglich wiederum die einheimischen Eisengießereien und Maschinenfabriken, wobei an erster Stelle die Carlshütte genannt werden muß. Wiederholt bemühte sich ihre Leitung in den 1830er Jahren darum, leistungsfähige Häckselmaschinen von außerhalb zu erhalten. Vergeblich versuchte sie u.a. ein Modell - oder doch zumindest eine Zeichnung - von einer der kleineren Albanschen Maschinen anzukaufen; eine englische Maschine - es handelte sich um "Weier's chaffcutter" - ließ sie 1833 aufgrund ihrer Unbrauchbarkeit sogar "mit Protest" nach England zurückgehen.[601] Woher die Carlshütte letztendlich die englische Häckselmaschine der Firma Richmond & Chandler[602] erhalten hat, die sie spätestens seit dem Juli 1839 im Produktionsprogramm führte, ist unklar.[603] Möglicherweise hat sie Hudemann von seiner mehrmonatigen Reise mitgebracht, die ihn Anfang 1836 über die preußische Rheinprovinz, Belgien und Frankreich nach England geführt hatte. Zwar hatte er in erster Linie Informationen über das "Eisenhüttenwesen" gesammelt, des weiteren jedoch auch "mit besonderer Rücksicht auf zweckmäßige Ackergeräthe" reisen sollen. In letzterer Angelegenheit hatte Holler im März 1836 von Hudemann schriftlich "sehr interessante Nachrichten" erhalten.[604]

Diese englische Häckselmaschine, die die Carlshütte ab 1839 bis mindestens 1863 baute und anfangs zum Preis von 180 Mk verkaufte, war eine Scheibenradmaschine für Handbetrieb, die auch durch Pferdekraft angetrieben werden konnte. Da sie über keine regulierbare Speisevorrichtung verfügte, waren ihr mehrere "lose Räder", d.h. Getriebe-Zahnräder, beigefügt, die je nach gewünschter Länge des Häcksels montiert werden mußten. Auf diese Weise vermochte die anfangs mit vier Schneidemessern ausgerüstete Maschine Häcksel in den Längen "fein, mittel und grob" hervorzubringen. Drei Arbeiter konnten mit ihr in einer Stunde 200 Pfund feinen Häcksel von 3/8 Zoll Länge schneiden. Von zwei Pferden getrieben schnitt sie stündlich 150 Tonnen groben Häcksel von zwei Zoll Länge. Dort, wo sie "in Anwendung gekommen" war, so Holler 1842, soll sie "vielen Beifall gefunden" haben.[605] Im Juni 1852 wurde diese Häckselmaschine auf einer großen landwirtschaftlichen Ausstellung in Güstrow, Mecklenburg, aufgrund ihrer soliden Konstruktion und ihres sehr leichten Ganges mit einer silbernen Medaille ausgezeichnet.[606]

---

600 Amtlicher BERICHT über die siebente Versammlung deutscher Land- und Forstwirthe zu Altenburg im September 1843, Altenburg 1844, S. 346.

601 LAS Abt. 406.10, Nrn. 34-36.

602 Zur Häckselmaschine der englischen Firma Richmond & Chandler vgl. HAMM, Geräthe, S. 815-817. Bereits LÜHNING, "Sonst", S. 174, hat die 1853 im "Preis-Courant" der Carlshütte (LAS Abt. 406.10, Nr. 452) auf Seite 9 unter Nummer 2 abgebildete Häckselmaschine als ein Modell dieser Firma identifiziert. - Vgl. Abb. 23, S. 493.

603 LAS Abt. 406.10, Nr. 43.

604 LAS Abt. 406.10, Nr. 39.

605 LAS Abt. 406.10, Nr. 43-45, Nr. 49 und Nr. 454.

606 Amtliche BERICHTE über die Maschinenausstellung, den Actienverein für landwirthschaftl. Maschinen und die Gewerbe-Ausstellung bei der Jubelfeier des Mecklenburgischen Patriotischen Vereins zu Güstrow im Juni 1852, Rostock 1853, S. 32 und 85. Vgl. auch LAS Abt. 406.10, Nr. 56.

Nur aus der ersten Hälfte der 1840er Jahre sind Namen einiger ihrer Käufer überliefert, die ausschließlich Gutseigentümer und -pächter waren. Da die Häckselmaschine von Richmond & Chandler in dieser Zeit u.a. über die Niederlage der Carlshütte in Meldorf vertrieben worden ist, müßten sich jedoch auch Bauern unter ihren Käufern befunden haben. Der Bau und Vertrieb dieses Modells durch die Carlshütte seit 1839 dokumentiert die zaghaften Anfänge der massenhaften Einführung der Häckselmaschine in Schleswig-Holstein zu Beginn der 1850er Jahre.

Ende 1851 begann die Carlshütte ihr Sortiment an Häckselmaschinen aufzustocken. Etwa anderthalb Jahre später führte sie bereits neun Modelle unterschiedlicher Größe für Hand- und Göpelbetrieb, von denen die meisten vermutlich englischer Herkunft waren. So waren z.B. die zwei ersten Modelle, die das Unternehmen zu dem von Richmond & Chandler hinzukaufte, von Barret, Exall & Andrews bzw. von dem Londoner Unternehmen W. Dray & Co.[607] Ob es sich bei einem dieser Modelle um eine der beiden Trommelhäckselmaschinen gehandelt hat, die im "Preis-Courant" von 1853 als Häckselmaschinen Nummer 5 und 8 aufgeführt sind, konnte nicht ermittelt werden.[608] Einen Hinweis auf den von Holler erwarteten Absatz dieser Modelle liefert seine Bestellung von 100 Schneidemessern für dasjenige von W. Dray & Co. im Dezember 1851.[609] Im "Preis-Courant" von 1863 sind immerhin noch fünf Modelle unterschiedlicher Größe für Hand- und Göpelbetrieb aufgeführt. Die teuerste Maschine war ein Trommelhäcksler mit vier Messern für Pferdebetrieb zum Preis von 96 Thalern R.M..[610]

Diejenigen schleswig-holsteinischen Eisengießereien und Maschinenfabriken, die bis zum Jahr 1867 landwirtschaftliche Produktionsmittel hergestellt haben, hatten in der Regel auch Häckselmaschinen im Programm. Eine der ersten Fabriken, die ihre Anfertigung nach der Carlshütte aufnahm, war Schweffel & Howaldt. Zwischen 1841 und 1849 finden sich gelegentlich in ihren Fabrikberichten Häckselmaschinen, ab 1850 tauchen sie dann regelmäßig darin auf - ohne allerdings die Zahl der produzierten Dresch- oder gar Kornreinigungsmaschinen auch nur annähernd zu erreichen.[611] Als weitere Fabriken, die Häckselmaschinen herstellten, seien Dittmann & Jensen in Flensburg, die 1853 50, 1854 52, 1856 32 und 1857 26 Stück produzierte[612] und W. Petersen in Hadersleben genannt.[613]

Im Gegensatz zum Dreschmaschinenbau war die Herstellung von Häckselmaschinen vor 1867 keineswegs "eine Domäne der damals aufkommenden Eisenindustrie".[614] Nach der Kornreinigungsmaschine wurde vermutlich keine andere Landmaschine bis 1867 so oft von Handwerkern gebaut wie sie. Auch wurde von seiten der Handwerker für keine an-

---

607 LAS Abt. 406.10, Nr. 55 und Nr. 203.
608 LAS Abt. 406.10, Nr. 452. - Abb. 24, S. 494.
609 LAS Abt. 406.10, Nr. 55.
610 LAS Abt. 406.10, Nr. 454.
611 Stadtarchiv Kiel Nr. 481 und 482; LAS Abt. 30.2, Nr. 638, LAS Abt. 80, Nr. 1110 II und Nr. 1111 I.
612 RAK Ministeriet for Hertugdömmet Slesvig, II. Departement B, Nr. 401a und ALBRECHT, Gewerbe, S. 285 f.; vgl. auch RAK Ministeriet for Hertugdömmet Slesvig, II. Departement B, Nr. 389, die den - abgelehnten - Patentantrag der Eisengießerei und Maschinenfabrik Dittmann & Jensen vom 10. Oktober 1851 für ihre "neu construirte Häckerlingschneidmaschine" enthält.
613 Vgl. Abb. 25, S. 495.
614 Vgl. LÜHNING, "Sonst", S. 173 f. und DERS., Dreh, S. 60.

dere so oft ein Erfindungspatent beantragt wie für diese Landmaschine.[615] Lühning ist offensichtlich nicht bekannt, daß es nicht nur eine Reihe von Handwerkern im Untersuchungsraum gab, die sich mit dem Häckselmaschinenbau befaßten, sondern daß sich auch einige von ihnen darauf spezialisierten. Mehrere dieser nicht-industriellen Produzenten, deren Produkte hinsichtlich ihrer Qualität durchaus mit denen der größeren Konkurrenten mithalten konnten,[616] werden in Kap. III. noch vorgestellt.

Häckselmaschinen vermochten die meisten aus dieser Produzentengruppe allerdings nur herzustellen, wenn sie die gußeisernen - und zumeist wohl auch die schmiedeeisernen - Teile ihrer Maschinen von den einheimischen Eisengießereien und Maschinenfabriken beziehen konnten. Diese "Symbiose" hat bereits Lühning erkannt. Einer der Handwerker, der von ihr profitierte, war der Landtischler Kühl aus dem in der Nähe des Eiderkanals gelegenen Bovenau. Auf der Versammlung des "Landwirthschaftlichen Vereins am Schleswig-Holsteinischen Canal" vom 24. Juli 1845 wurde seine Maschine vorgeführt und erhielt "großen Beifall"; weiter heißt es im Protokoll: "Das Schneiden von 50 Pfd. Roggenstroh erfordert auf der Mecklenburger Lade bei großer Anstrengung des Arbeiters 30 Minuten Zeit, auf einer ältern vom Gutshofe Gr.-Nordsee 25 Minuten, der Kühlschen ohne Anstrengung der Leute 17 Minuten; durch ein Pferd getrieben, schneidet sie 100 Pfd. Roggenstroh zu Pferdehäcksel in 6, Kuhhäcksel in 2 Minuten. Bestellungen dieser Maschine war die Folge, für Handbetrieb 125 Mark Courant, mit Göpel 400 Mark Courant".[617] Die gußeisernen Teile dieser Maschine stammten aller Wahrscheinlichkeit nach von der Carlshütte. Im Dezember 1847 schrieb deren Geschäftsleitung H. Lafrenz, dem Betreiber ihrer Niederlage in Heide, daß sie zwar "bisher nicht in direktem Kontakt zu Kühl/Bovenau stehe", ihm jedoch "über einen Dritten die gußeisernen Sachen für seine Häckselmaschine" liefere.

Lafrenz teilte offensichtlich das Urteil einiger Mitglieder des "Landwirthschaftlichen Vereins am Schleswig-Holsteinischen Canal" hinsichtlich der Qualität der Kühlschen Maschine, da er diese im Dezember in seinem Heider Geschäft vertrieb.[618] 1867 wurde Kühl in einem Bericht des "Schleswig-Holsteinischen landwirthschaftlichen Generalvereins" über die Landmaschinen produzierenden Maschinenfabriken zu denjenigen "kleineren Fabriken [...] auf dem flachen Lande" gezählt, "von denen eine jede in einzelnen Zweigen der landwirthschaftlichen Maschinen [...] in ihrer Art gute Leistungen aufzuweisen hat, die einzelnen Gußtheile ihrer Fabrikate aber aus einer der [..] Eisengießerein" bezieht. Laut Generalverein war Kühl, dessen Betrieb den handwerklichen Rahmen niemals gesprengt hat, für seine Häckselmaschinen bekannt;[619] er dürfte demnach auf deren Bau spezialisiert gewesen sein.

Ebenso wie das allmähliche Ansteigen der industriellen und handwerklichen Produktion der Häckselmaschine signalisiert auch ihr in den 1840er Jahren ansteigender Import durch Landwirte den Start ihres massenhaften Gebrauchs in den Herzogtümern. 1840 führte z.B. der Eigentümer des adeligen Guts Depenau, G. E. Böhme, eine Häckselma-

---

615 Vgl. LAS Abt. 80, Nr. 1131 und RAK Ministeriet for Hertugdömmet Slesvig, II. Departement B, Nr. 396.

616 Vgl. unten, Kap. III.5.2.3.2., S. 419 ff.

617 OLDEKOP, Denkschrift, S. 12.

618 LAS Abt. 406.10, Nr. 53.

619 HACH, Nachtrag, S. 114.

schine unbekannter Konstruktion ein, und 1845 der Pächter der Schulenburger Höfländereien, Bruno von der Hellen, eine solche, die gemäß Gutachten der "Königlichen Dänischen Landhaushaltungsgesellschaft" ein "neuer Versuch, eine solche in jeder Rücksicht befriedigend herzustellen" war und es deshalb verdiente, "im Interesse der Landwirthschaft bekannt zu werden".[620]

Bis zur Mitte der 1850er Jahre war die Diffusion der Häckselmaschine in Schleswig-Holstein derart fortgeschritten, daß es in einem Rückblick auf 1855 im "Landwirthschaftlichen Wochenblatt" diesbezüglich hieß: "Die Heckselmaschinen haben ebenfalls sehr starke Verbreitung gefunden, und die alte Hecksellade findet sich nur noch in kleineren Wirthschaften".[621] Freilich gab es immer noch Landesteile, in denen sie bis dahin kaum zum Einsatz gekommen war: zu ihnen gehörten beispielsweise die Kremper Marsch und die im Herzogtum Schleswig gelegene Tonderner Marsch.[622] Wenn es allerdings 1854 bezüglich der Kremper Marsch über den dortigen agrartechnischen Standard im allgemeinen und zur Verbreitung der Häckselmaschine im besonderen hieß, der Landwirt sei "überhaupt [...] etwas langsam damit [..], Neuerungen einzuführen, so daß es [..] sogar wenig Häckselmaschinen" gäbe, dann weist dies umgekehrt auch darauf hin, daß diese Landmaschine zu diesem Zeitpunkt in anderen Landesteilen bereits weiter verbreitet war. In Dänemark setzte der massenhafte Gebrauch der Häckselmaschine übrigens ebenfalls zu Beginn der 1850er Jahre ein.[623]

In den folgenden Jahren muß die Verbreitung der agrartechnischen Neuerung Häckselmaschine in rasantem Tempo weitergelaufen sein, denn dem "Landwirthschaftlichen Wochenblatt" von 1859 kann man hinsichtlich ihrer Diffusion folgenden Bericht entnehmen: "Am meisten verbreitet sind wohl die Handhäckselmaschinen, die in den letzten Jahren in mannigfachen Formen in größern und kleinern Wirthschaften Eingang gefunden haben. Weniger hört man dies von den größern Häckselmaschinen, die durch Pferdekraft getrieben werden".[624] Der Gebrauch der Häckselmaschine in Form von kleineren Modellen für den Handbetrieb hatte sich demnach am Ende der 1850er Jahre in Schleswig-Holstein selbst in den "kleinern" landwirtschaftlichen Betrieben eingebürgert. So wundert es nicht, daß die Häckselmaschine am Ende der frühindustriellen Phase gemeinsam mit der Kornreinigungsmaschine die gebräuchlichste Landmaschine im Untersuchungsraum war.[625] Entsprechend der Entwicklung in ganz Deutschland wurden also auch in den Herzogtümern mittels kleinerer Maschinen zunächst einige Arbeiten der Innenwirtschaft ziemlich reibungslos partiell mechanisiert, wohingegen wichtige große und teure Landmaschinen

---

620 LAS Abt. 49.29, Nr. 65 und 104.

621 ANONYMUS, Jahresschluß, S. 411.

622 ANONYMUS: Aus der Krempermarsch, Anfang October, in: Altonaer Wochenblatt, Nr. 83 (18.10.1854) und ANONYMUS: Aus der Tondernschen Marsch, den 15ten Septbr., in: Itzehoer Wochenblatt, 39 (1855), Nr. 76 (22.09.1855), Sp. 1990 f. Vgl. auch unten, Kap. III.5.2.2.2., S. 402.

623 CHRISTENSEN, Redskaber, S. 548 f.

624 E., Maschinenwesen, S. 410. - Dementsprechend bemerkte auch DITTMANN, Anweisung (Bd. 2, 3. Aufl.), S. 327, 1858 über den Stand der Diffusion der Häckselmaschine: "Von allen eigentlichen landwirthschaftlichen Maschinen verdient die Häckselschneidemaschine zuerst als die verbreitetste genannt zu werden, und zwar unter den sehr verschiedenen Arten ist die [...] für Handbetriebe die gewöhnlichste und beste".

625 Vgl. HACH, Jahresbericht, S. 72.

für die Außenwirtschaft, wie z.B. die Getreidemähmaschine, über deren Vor- und Nachteile zudem in der Fachpresse ausführlich diskutiert wurde, am Ende der 1860er noch keine größere Verbreitung gefunden hatten.[626]

626 Vgl. HERRMANN, Pflügen, S. 183 und BERTHOLD, Mechanisierung, S. 49.

III. Die nicht-industriellen Betriebsformen

III.1. Die Anfertigung landwirtschaftlicher Produktionsmittel durch bäuerliches Hauswerk

Dieser Abschnitt der Studie ist in drei größere Teile gegliedert. Der erste Teil legt einleitend Problemstellung und Forschungslage dar. Gegenstand des zweiten ist der eigentliche Anfertigungsprozeß, während der letzte Teil die Entwicklung der Herstellung landwirtschaftlicher Produktionsmittel durch bäuerliches Hauswerk in Schleswig-Holstein im Verlauf des 19. Jahrhunderts analysiert. Dabei wird "Hauswerk" hier gemäß Bücher wie folgt definiert: "Hauswerk ist gewerbliche Arbeit im Hause für das Haus aus selbsterzeugten Rohstoffen. Der Ausdruck Haus ist hier im weitesten Sinne zu verstehen als der Mittelpunkt jeder wirtschaftenden Gemeinschaft und diese Gemeinschaft selbst".[1]

III.1.1. Problemstellung und Forschungslage

Sowohl die Eisenteile der tradierten landwirtschaftlichen Haus-, Hof- und Feldgeräte als auch deren Speichenräder wurden stets durch spezialisierte Handwerker angefertigt.[2] Daher erstreckt sich diese Untersuchung lediglich auf die Vielzahl der verbleibenden Holzarbeiten, die der Bauer oder ein anderes Mitglied des bäuerlichen Betriebes bei der Gerätschaftsproduktion ausführten.

Selbstverständlich variierten die Art und vor allen Dingen der Umfang des bäuerlichen Hauswerks auch in Schleswig-Holstein zu allen Zeiten.[3] Wenn also im folgenden Wendungen wie "Bauer" oder "bäuerlicher Betrieb" benutzt werden, so sind dies natürlich Abstraktionen, die die Betriebsgröße sowie die allgemeinen Einflußfaktoren des Agrarraums[4] außer acht lassen. Da die Bauern jedoch in der Regel Art und Umfang ihres Hauswerks nicht schriftlich festhielten, mithin die Fragen nach dem Ob und Wie sowie dem Wieviel und Wielange des bäuerlichen Hauswerks gar nicht oder doch nur sehr lük-

---

1 Karl BÜCHER: Gewerbe, in: Handwörterbuch der Staatswissenschaft, Bd. 4, 4., gänzlich umgearbeitete Auflage, Jena 1927, S. 966-999, hier S. 970. - Einen Eindruck vom Standard der tradierten landwirtschaftlichen Produktionsmittel in Schleswig-Holstein gibt Kap. II.1., S. 51 ff. Vgl. auch LÜHNING, Gerätesammlung.

2 Zur Rolle von Grob- und Hufschmied sowie Stellmacher bei der Anfertigung von tradierten landwirtschaftlichen Produktionsmitteln vgl. unten, Kap. III.5.2.1.1., S. 336 ff. und Kap. III.5.2.2.1., S. 391 ff.

3 Eine Übersicht über die Entwicklung des bäuerlichen Hauswerks in Schleswig-Holstein während des 19. Jahrhunderts bei Fritz HÄHNSEN: Die Entwicklung des ländlichen Handwerks in Schleswig-Holstein (= QuFGSH, 9), Leipzig 1923, S. 105-141 sowie KRIEG, Volkskunde, S. 68-77. Auf Hähnsens Arbeit basieren in wesentlichen Passagen die Ausführungen von August SKALWEIT: Das Dorfhandwerk vor Aufhebung des Städtezwangs (= Abhandlungen des Europäischen Handwerks-Instituts Frankfurt a. M., 1), Frankfurt a. M. (1942), S. 16, 26 ff., zur Entwicklung des bäuerlichen Hauswerks in Deutschland.

4 Zum Begriff "allgemeine Einflußfaktoren des Agrarraums" vgl. Adolf ARNOLD: Agrargeographie, Paderborn 1985, S. 31-123.

kenhaft beantwortet werden können, werden sich diese Verallgemeinerungen im Laufe der Untersuchung leider nicht auflösen lassen.

Aufgrund der schlechten Quellenlage besteht in den wenigen im deutschsprachigen Raum bisher zum Thema publizierten Forschungsarbeiten[5] lediglich in zweierlei Hinsicht Übereinstimmung: Zum einen ist man sich einig, daß in nahezu jedem bäuerlichen Betrieb Deutschlands bis weit in das 19. Jahrhundert hinein die unterschiedlichsten nicht-agrarischen Arbeiten verrichtet wurden, die der Eigenversorgung dienten. Zum anderen wird das vorige Jahrhundert von allen als die Phase des Niedergangs des bäuerlichen Hauswerks in Deutschland angesehen. Infolgedessen geht man auch davon aus, daß der Anteil des bäuerlichen Hauswerks auf dem Sektor der Gerätschaftsproduktion zusehends absank - bis schließlich nur noch handwerklich bzw. industriell gefertigtes Haus-, Hof- und Feldgerät in den bäuerlichen Betrieben eingesetzt wurde. Umstritten ist hingegen der Verlauf des Niedergangs, wobei insbesondere die exakte zeitliche Fixierung des Übergangs vom bäuerlichen Hauswerk zu einer der höheren Produktionsstufen in der Forschungsliteratur zum Teil nicht unbedeutend differiert. Dabei ist die Ursache für die Widersprüche innerhalb der Forschung schnell ausgemacht: Kaum ein Autor erkennt, daß der Niedergang des bäuerlichen Hauswerks in Deutschland auf dem Gerätschaftssektor - wie auch auf den anderen Sektoren - häufig nicht nur von Region zu Region, sondern zum Teil auch innerhalb der einzelnen Regionen unterschiedlich verlief. In ihren räumlich und zeitlich zu weit gefaßten Untersuchungen lassen sie sich deshalb zu vorschnellen Verallgemeinerungen verleiten. Das Resultat sind tatsächliche Fehlurteile einerseits und eine Verwischung der Grenzen zwischen verifizierbarer Aussage und simpler Behauptung andererseits.

Während etwa Bentzien in seiner vorzüglichen Studie über die Geschichte der tradierten Bodenbearbeitungsgeräte Pflug und Haken im Gebiet zwischen unterer Elbe und Oder räumliche Disparitäten in der Entwicklung der bäuerlichen Gerätschaftsproduktion ausmacht und dementsprechend berücksichtigt,[6] bezieht Jacobeit dessen Forschungsergebnisse - gemäß dem methodischen Prinzip des "pars pro toto" - bei der Beantwortung der Frage nach dem Gerätschaftsproduzenten fälschlich verallgemeinernd auf die Verhältnisse in ganz Deutschland.[7] In einer späteren Arbeit stellt allerdings auch Bentzien Mutmaßungen - wenn auch mit aller Vorsicht - über den Verlauf der Anfertigung landwirtschaftlicher Produktionsinstrumente in "Nord- und Süddeutschland" an.[8] Ebenso vermißt

---

5 Lange Zeit die einzigen Arbeiten, die die Anfertigung landwirtschaftlicher Produktionsmittel durch bäuerliches Hauswerk in Schleswig-Holstein während des 19. Jahrhunderts thematisierten: HÄHNSEN, Entwicklung, S. 105 f. und 137-141 sowie KRIEG, Volkskunde, S. 75. Neuerdings auch KETTEMANN, Handwerk, S. 79 ff. sowie DERS., Landhandwerk, S. 77 ff. Nach wie vor die einzige bedeutendere Untersuchung im deutschsprachigen Raum: BENTZIEN, Haken, S. 239 ff. Verkürzt wiedergegeben bei Wolfgang JACOBEIT: Arbeit und Arbeitswerkzeug, in: Jürgen Kuczynski: Geschichte des Alltags des deutschen Volkes: 1600 bis 1945, Bd. 1, Köln 1980, S. 342-373, hier 357-360. Symptomatisch für die Forschungslage: Sowohl LÜHNING, Gerätesammlung, als auch andere Arbeiten aus dem Bereich der volkskundlichen Ergologie, die tradierte landwirtschaftliche Produktionsmittel thematisieren, wie etwa HANSEN, Hauswesen und SIUTS, Arbeitsgeräte, geben kaum Auskunft über die Produzenten.

6 BENTZIEN, Haken, S. 239 ff.

7 JACOBEIT, Arbeit, S. 357.

8 BENTZIEN, Fortschritte, S. 133.

man in der äußerst knappen, wenig ergiebigen Abhandlung Sombarts eine weitergehende räumliche Differenzierung.[9] Wiegelmann weist hingegen überzeugend regionale Unterschiede in der bäuerlichen Gerätschaftsherstellung in Deutschland um 1900/10 zumindest am Beispiel der Anfertigung hölzerner Rechen (Harken) nach.[10] Hähnsen gelingt es in seiner Regionalstudie, die "den Umfang der bäuerlichen Eigenproduktion im Gewerbe" in den Herzogtümern während des 19. Jahrhunderts darstellt, sogar, die kleinräumigen Unterschiede ihrer Entwicklung - auch in bezug auf den Sektor der landwirtschaftlichen Produktionsmittel - im Ansatz nachzuzeichnen.[11] Für ihn sind die 1840er Jahre zwar eine Zeit, in der das bäuerliche Hauswerk in Schleswig-Holstein noch überall in Blüte stand, doch betont er gleichzeitig, daß ein genauer Zeitpunkt für dessen beginnenden Niedergang nicht festgelegt werden könne, da dieser räumlich und zeitlich sowie sachlich sehr unterschiedlich einsetzte. Konsequent vermeidet Hähnsen daher auch eine Übertragung seiner Untersuchungsergebnisse auf andere Regionen Deutschlands. Allerdings bleibt seine Arbeit insofern unscharf, als sie wiederholt die Entwicklung von bäuerlichem Hauswerk und ländlichem Hausfleiß auf dem Gerätschaftssektor gemeinsam darlegt, so daß die Grenzen zwischen beiden des öfteren verschwimmen und beide dadurch für den Leser nicht mehr exakt auseinanderzuhalten sind. Zudem stützt sie sich gelegentlich unkritisch auf nicht belegte Berichte in der Literatur.

Es ist darauf zu achten, daß Hähnsen den Terminus "Hausfleiß" synonym für die erste und zweite Stufe des von Bücher definierten Hauswerks benutzt, während hier unter "Hausfleiß" lediglich die zweite Stufe verstanden wird. Die Herstellung gewerblicher Produkte tritt in diesem produktionswirtschaftlichen "Betriebssystem" insofern stärker hervor, als für den Haushalt die Eigenversorgung bei der Ausübung der nicht-agrarischen Tätigkeit nicht mehr im Vordergrund stehen muß. Vielmehr können gezielt Überschüsse erzeugt werden, die für den Absatz auf dem Markt bestimmt sind. Je stärker für den ländlichen Haushalt die Befriedigung der fremden Nachfrage nach gewerblichen Produkten in den Vordergrund rückt, desto stärker strebt er der Sphäre der Hausindustrie zu. Von "Hausindustrie" soll jedoch erst dann gesprochen werden, wenn zum einen die nicht-agrarische Tätigkeit für den ländlichen Haushalt zum Haupterwerb wird und es zum anderen zur Genese einer monogewerblich verdichteten Produktionsgegend mit Massenproduktion für überregionale oder sogar internationale Märkte kommt.[12]

Unverständlicherweise greift Kettemann Hähnsens Ansatz nicht auf.[13] Vielmehr versucht er, mittels einer einzigen Quelle - es handelt sich um die Anschreibebücher der bereits in Kapitel II.2.1.1. erwähnten Landstellmacherei - die Entwicklung der Gerätschaftsproduktion durch bäuerliches Hauswerk in ganz Schleswig-Holstein während des vorigen Jahrhunderts nachzuzeichnen. Dabei kommt er zu dem Ergebnis, daß der Stellmacher "zumindest seit den 1820er Jahren derjenige Handwerker" war, "der die Herstellung und Instandhaltung der größeren bäuerlichen Produktionsinstrumente wahrnahm" und daß

9 Werner SOMBART: Der moderne Kapitalismus. Historisch-Systematische Darstellung des gesamteuropäischen Wirtschaftslebens von seinen Anfängen bis zur Gegenwart, Bd. 2.2, München und Leipzig (6)1924, S. 663 ff.

10 WIEGELMANN, Ergebnisse, S. 249-258.

11 HÄHNSEN, Entwicklung, S. 105 f. und 138-141.

12 Vgl. BÜCHER, Gewerbe, S. 970 ff.

13 KETTEMANN, Handwerk und DERS., Landhandwerk.

sich "die Ablösung [...] bei kleineren Gerätschaften offensichtlich schon in der Mitte des 19. Jahrhunderts" vollzog.[14] Daß dies nicht zutrifft, hat jedoch bereits vor ihm Hähnsen unter Auswertung einer Reihe von zeitgenössischen Reiseberichten und Landesbeschreibungen schlüssig nachgewiesen. Da diese seiner Hypothese widersprechen, stellt Kettemann ihre Aussagekraft - völlig zu Unrecht - in Frage. Auch interpretiert er diese Quellengattung falsch, indem er ihren tatsächlichen zeitlichen und räumlichen Bezugsrahmen nicht wahrnimmt.[15]

Der Überblick über die Forschungslage verdeutlicht, daß über die Anfertigung landwirtschaftlicher Produktionsmittel durch bäuerliches Hauswerk während des 19. Jahrhunderts im deutschsprachigen Raum im allgemeinen, sowie in Schleswig-Holstein im besonderen wenig bekannt ist.

III.1.2. Der Anfertigungsprozeß

Was könnte den Bauern nun dazu veranlaßt haben, die hölzernen Bestandteile der landwirtschaftlichen Produktionsmittel - ebenso wie die meisten anderen alltäglichen Gebrauchsgegenstände und Grundnahrungsmittel - im "ganzen Haus"[16] herzustellen? Konnte der Bauer etwa den Rade- oder Stellmacher nicht in Anspruch nehmen, da dieser entweder ganz am Ort fehlte oder nur in einer weit entfernten Stadt oder Flecken zur Verfügung stand, so war diese Fertigkeit für ihn natürlich eine wichtige Voraussetzung des erfolgreichen Wirtschaftens. Anderenfalls drohten empfindliche Störungen seines landwirtschaftlichen Betriebs.[17] In jedem Fall vermochte er jedoch auf diesem Weg die fixen Produktionskosten konstant niedrig zu halten.[18] Aber selbst wenn der Bauer darauf verzichtete, Teile von Wagen, Pflug und Egge sowie die vielen kleineren Geräte selbst anzufertigten, bewahrte er sich doch mit dieser Fertigkeit theoretisch eine gewisse Unabhängigkeit vom Gerätschaftsproduzenten. Anderenfalls konnte es zu folgender Klage eines unbekannten "Landmanns" kommen, die allerdings unverkennbar das Ziel verfolgte, mehr Handwerker auf dem Land zugelassen zu bekommen und deshalb nur unter Vorbehalt herangezogen werden kann: "Der Hauptwunsch des Landmanns geht also nur dahin,

---

14 DERS., Landhandwerk, S. 81.

15 So behauptet KETTEMANN, Landhandwerk, S. 79, u.a.: "Für Schleswig-Holstein schrieb Georg Peter Petersen 1799: 'Ein jeder Knecht macht sich seinen Pflug selbst' ". Tatsächlich bezieht sich Petersens Bericht ausschließlich auf die Situation im Amt Reinfeld um 1800. Vgl. PETERSEN, Nahrungszustand, S. 19.

16 Geprägt wurde der Begriff "ganzes Haus" von Otto BRUNNER: Das "ganze Haus" und die alteuropäische "Ökonomik" (1950), in: Ders.: Neue Wege der Verfassungs- und Sozialgeschichte, 3., unveränderte Auflage, Göttingen 1980, S. 103-127. Weiterführend MEIER, Handwerk, S. 24.

17 So berichtete die "Pinneberger Landdrostei" in einem Schreiben vom 21.7.1829 dem "Hohen Departement der Statthalterschaft" auf Gottorf, daß "Akkergeräthschaft und Fuhrwerk [der Landbebauer] von der geringen Anzahl der concessionirten Rademacher nicht in Ordnung gehalten werden kann, so daß sie oft diese nothwendigen Bedürfnisse in weit entlegenen Städten und Flecken zu befriedigen gezwungen sind". LAS Abt. 65.2, Nr. 808 II.

18 LAS Abt. 65.2, Nr. 808 II. - Vgl. ANONYMUS, Landwirthschaft, S. 34. Ferner vgl. RENARD, Landbau, S. 286.

daß seinem Bedürfnisse an Landhandwerkern, in dem Maaße abgeholfen werden möge, daß er in Hinsicht seiner unentbehrlichsten Bedürfnisse weder von den Zünften in den benachbarten Städten, noch von den Landhandwerkern, in dem Maaße abhängig gemacht werde, daß er die Arbeiten, die er durchaus von einem der vorgedachten Handwerke machen lassen muß, theurer bezahlen muß, als wenn jener Zunftzwang nicht Statt fände".[19]

Auch in anderer Hinsicht konnte sich der Bauer so eine gewisse Unabhängigkeit vom Gerätschaftshandwerker erhalten: Ausgestattet mit den tradierten Kenntnissen vom Rohstoff, von der Bearbeitung des Rohstoffs, von der Form des Geräts sowie von der Bezeichnung des Werkzeugs, vieler Arbeitsvorgänge und der Bezeichnung des Produkts in allen seinen Stufen, vermochte eine beträchtliche Anzahl von Bauern zahlreiche Teile der landwirtschaftlichen Produktionsmittel mehr oder weniger nach eigenen Vorstellungen anzufertigen. Da jeder Bauer zudem über eine individuelle Handfertigkeit und Geschicklichkeit verfügte, ging aus dem bäuerlichen Hauswerk ein großer Reichtum an immer neuen Formen und Varianten hervor. Im Gegensatz dazu produzierten die Professionisten in der Regel in Form und Beschaffenheit standardisierte landwirtschaftliche Produktionsmittel.[20]

Eine weitere Ursache ist in den im jahreszeitlichen Ablauf des landwirtschaftlichen Produktionsprozesses regelmäßig auftretenden größeren arbeitsfreien Zeiten zu sehen. Aus einem ökonomischen Kalkül heraus war der Bauer darum bemüht, diese periodische Unterbeschäftigung seines Gesindes durch gewerbliche Arbeit für den Betrieb auszufüllen. Noch Jahrzehnte nach dem Niedergang des bäuerlichen Hauswerks haben es die älteren Landbewohner folglich als einen "großen Übelstand" empfunden, "daß an den langen Winterabenden so viele Arbeitskräfte vollständig brach" lagen. Daher haben sie es auch als einen "Segen fürs Volk" gewertet, "wenn es gelänge, eine passende Arbeitsgelegenheit zu schaffen, um diese Zeit in nutzbringender Weise auszufüllen".[21]

Übrigens handelte der sich mit landwirtschaftlichen Produktionsmitteln selbst versorgende Bauer ganz gemäß den Empfehlungen einiger im ausgehenden 18. Jahrhundert häufig nur noch der Form nach als Vertreter der Hausväter-Literatur zu bezeichnenden Autoren: Im Geiste der Aufklärung und der Reform vertraten sie nun eine Wirtschaftsgesinnung, deren Ideal eine möglichst umfassende Eigenversorgung der Bauern- und Gutswirtschaft war. So regte z.B. Lüders die Anlegung von Knicks und Weidenhölzungen mit der Bemerkung an: "Alles, was zur Vermehrung des Brennholzes dienet, das ist dem Beförderer der Weidenzucht nothwendig. Kann er es zu Geräthschaften in seiner Haushaltung anwenden, so sparet er dadurch Geld; und wenn er den Ueberfluß an Andere, die es nöthig haben, überlassen kann, so vermehrt er sein Vermögen".[22] Ebenso hat

---

19 ANONYMUS, Einfluß, S. 699.

20 Die vorhergehenden volkskundlichen Ausführungen zur Anfertigung landwirtschaftlicher Produktionsmittel beruhen ausschließlich auf Reinhard PEESCH: Holzgerät in seinen Urformen (= Veröffentlichungen des Instituts für Deutsche Volkskunde, 42), Berlin (Ost) 1966, S. 85-87. Zum Begriff "Professionist" vgl. MEIER, Handwerk, S. 23-26.

21 FRIEDRICHSEN, Chronik, S. 49. Einen detaillierten Einblick in das Ensemble der gewerblichen Tätigkeiten, die die Knechte in ihrer "Freizeit" auszuüben hatten, gibt Johan Arndt DYSSEL: Forsøg til en Indenlands Reise. Forfattet i Aaret 1763, København 1774, S. 72. Vgl. unten, Kap. III.1.3, S. 183.

22 Philipp Ernst LÜDERS: Der Hecken- und Weiden-Bau, Schleswig 1784, S. 66 f. - Zum Quellenwert der "klassischen" Hausväter-Literatur vgl. Gertrud SCHRÖDER-LEMBKE: Die Hausväterli-

bereits vorher die kameralistische Publizistik den Nutzen des bäuerlichen Hauswerks betont.[23]

Auch in Schleswig-Holstein bestanden die durch bäuerliches Hauswerk gefertigten Geräte für die Hof- und Feldarbeit im Gegensatz zur modernen Agrartechnik ganz oder größtenteils aus Holz. Denn außer diesem relativ leicht zu bearbeitenden Werkstoff stand den Bauern - mit Ausnahme des teureren und schwereren Eisens, welches auch nicht überall zu bekommen war - gar kein anderes geeignetes Material zur Verfügung. "Wohlfeil"[24] war Holz jedoch bereits im 18. Jahrhundert lediglich für denjenigen, der über eigene Hölzungen verfügte; die anderen mußten es hingegen teuer bezahlen.[25]

Bis zur Auseinandersetzung mit dem Forstamt[26] wurde denjenigen Hufnern und Kätnern, die keine eigene Hölzung besaßen, "in den Aemtern sonst allgemein, jetzt nur in einzelnen und in geringerer Quantität, das sogenannte Pflug- und Radeholz"[27] aus den Feste-

---

teratur als agrargeschichtliche Quelle, in: ZAA, 1 (1953), S. 109-119. - Zur Einordnung der "späten" Hausväter-Literatur und zum agrarwirtschaftlichen Gedankengut der Kameralisten vgl. Sigmund von FRAUENDORFER: Ideengeschichte der Agrarwirtschaft und Agrarpolitik im deutschen Sprachgebiet, Bd. 1, München 1957, S. 116 ff. und 126 ff.

23 Vgl. BENTZIEN, Haken, S. 239-241. So eindeutig die Intention beider landwirtschaftlichen Literaturgattungen auch sein mag, so schwierig, wenn nicht gar unmöglich, ist es, im propagierten Ziel Wunsch oder Wirklichkeitauszumachen. Aus diesem Grund sind die Ausführungen von KETTEMANN, Landhandwerk, S. 78 f., nicht haltbar.

24 Aus Angeln ist überliefert, daß infolge der größten Sparsamkeit, die man um 1800 gewöhnlich walten ließ, überall dort, wo Holz hinreichte, Eisen nicht Verwendung fand. "Es gab Hufner, die in ihrem Besitz fast keine Geräte von Eisen hatten als ihre Pflugschar". W. MARTENSEN: Veränderungen im 18. Jahrhundert, in: Ders. und J. Henningsen: Angeln. Geschichtlich und topographisch beschrieben von H. N. A. Jensen, 1844. Neu bearbeitet und bis auf die Gegenwart fortgeführt, Schleswig 1922, S. 247-270, hier 253.

25 Eine zeitgenössische Quelle, die Aufschluß über Holzknappheit und Holzpreise in den Herzogtümern im ersten Viertel des 19. Jahrhunderts gibt, ist Christian ANDRESEN: Ist für das Herzogthum Schlewig ein Holz- und Torfmangel zu befürchten? und wie ist, in diesem Fall, demselben durch Holzanbau entgegen zu arbeiten? Ein Volksbuch zur Beherzigung für Geest- und Marschbewohner, Friedrichstadt 1818.

26 Zur Organisation der Forstverwaltung in den Herzogtümern in gesamtstaatlicher Zeit vgl. Walter HASE: Beitrag zur Geschichte der Forstverwaltung in Schleswig-Holstein, Kiel 1981, S. 13-79.

27 August NIEMANN: Forststatistik der dänischen Staaten, mit drei statistischen Tafeln, Altona 1809, S. 350. Zur Ausweisung des Pflug- und Radeholzes im Herzogtum Schleswig und deren Abfindung vgl. Friedrich MAGER: Entwicklungsgeschichte der Kulturlandschaft des Herzogtums Schleswig in historischer Zeit, Bd. 1 (= Entwicklungsgeschichte der Kulturlandschaft auf der Geest und im östlichen Hügelland des Herzogtums Schleswig bis zur Verkoppelungszeit; = Veröffentlichungen der Schleswig-Holsteinischen Universitätsgesellschaft, 25, I), Breslau 1930, S. 193-195 und Bd. 2 (= Entwicklungsgeschichte der Kulturlandschaft auf der Geest und im östlichen Hügelland des Herzogtums Schleswig seit der Verkoppelungszeit; = Veröffentlichungen der Schleswig-Holsteinischen Universitätsgesellschaft, 25, II), Kiel 1937, S. 191-194. Zum Entzug der Rohstoffquelle Wald in Schleswig-Holstein durch landesherrliche Forstordnungen vgl. auch Hubertus HILLER: Untertanen und obrigkeitliche Jagd. Zu einem konfliktträchtigen Verhältnis in Schleswig-Holstein zwischen 1600 und 1848 (= Studien zur Volkskunde und Kulturgeschichte Schleswig-Holsteins, 27), Neumünster 1992. - Aufschluß über die Bedeutung des Pflug- und Radeholzes für die betreffenden Feste gibt z.B. die "Allerunterthänigste Vorstellung und Bitte abseiten der sämtlichen Amts-Unterthanen der Großfürstl. Ämter Kiel und Bordesholm die Beibehaltung des Nutz- und Rade-Holtzes s.w.d. anbetrefend" vom Mai 1759. Ausgelöst wurde die "Vorstellung" durch den entschädigungslosen Entzug des Nutz- und Radeholzes durch die großfürstliche "Rente-Cammer". LAS Abt. 8.2., Nr. 259.

hölzungen angewiesen. Im Amt Rendsburg etwa erfolgte sie mit den Bauern der Walddörfer bereits 1780 - "vorher konnte jeder Busch, Pfähle und Pathen zum Bedarf ohne Bestimmung fordern". Als Abfindung erhielt dort "jede Hufe 4 Tonnen Holzgrund zum Holzwachs. Daß das Land dazu gebraucht werden sollte, ist den Landeignern [..] zu verstehen gegeben. [...] Sie erhielten das Land frei von Abgaben". Gleichzeitig traten diese Bauern aus der Holzrolle aus. Dagegen bezogen die Bauern der Raumdörfer des Amtes Rendsburg ihr Pflug- und Radeholz auch um 1840 noch aus den landesherrlichen Forsten.[28] Im Gegensatz zu denen des Amtes Rendsburg erhielten die Inhaber der Festehufen in den anderen holsteinischen Ämtern jedoch gewöhnlich das unentgeltliche Pflug- und Radeholz lediglich in Form eines fest bemessenen jährlichen Holzquantums alle drei Jahre vom Forstamt zugeteilt. Aber auch für Bondenhufner und "andere Eingesessene" bestand die Möglichkeit, "Bau- und Nußholz [...] zu einem mäßigen Preise taxirt" aus den landesherrlichen Hölzungen zu beziehen.[29]

Auf den Gütern ist die Lieferung von Pflug- und Radeholz an die Bauern meistens schon lange vor 1800 entschädigungslos eingestellt worden.[30] Da die Gutsherrschaft die Hufner und Insten in der Regel in den Pachtkontrakten gezielt von der lukrativen wirtschaftlichen Ausnutzung der Wälder und Hölzungen des Gutes ausschloß,[31] blieben ihnen im 19. Jahrhundert zur legalen Befriedigung ihres gesamten Nutzholzbedarfs häufig als Bezugsquelle nur noch die Knicks[32] - falls sie nicht gleichzeitig durch ihre Pachtkontrakte dazu verpflichtet worden waren, zur Deckung des Pflug- und Radeholzbedarfs Eschen-, Weiden- oder Pappelsetzlinge anzupflanzen.[33] Wurden die Setzlinge gut gepflegt und nicht übermäßig gehauen, konnte aus ihnen immerhin das für die Anfertigung der kleineren landwirtschaftlichen Produktionsmittel benötigte Material gewonnen werden. Auf diesem Wege dürften sowohl die Bauern in der als holzarm eingestuften Probstei als auch viele andere Bauern im gesamten Hügelland, der Hohen Geest und der Vorgeest, die ebenfalls über keine eigenen Hölzungen verfügten, zumindest einen Teil ihres Nutzholzbedarfs gedeckt haben. Zuweilen umgaben die Bauern ihre Höfe, wie etwa in Angeln, zur Gewinnung von Pflug- und Radeholz aus eigenem Antrieb mit Hölzungen.[34]

Am schlechtesten gestellt waren diesbezüglich jedoch seit eh und je die Bauern in den Fluß- und Seemarschen an der Westküste Schleswig-Holsteins. Weder über bedeutendere Forste oder Hölzungen, noch über Knicks verfügend, mußten sie nahezu ihr gesam-

---

28 UB Kiel, Handschriftenabteilung: Nachlaß Franz Heinrich Julius GEERZ, Fasz. 37 (Ms.): "Statistisch-topographische Beschreibung des Amtes Rendsburg (etwa 1840)". Vgl. auch BENTZIEN, Haken, S. 240.

29 NIEMANN, Forststatistik, S. 394 f.

30 Zur herrschaftlichen Lieferung von Pflug- und Radeholz an die Bauern im adeligen Gut Schönweide im 18. Jahrhundert vgl. KRAMER/WILKENS, Volksleben, S. 63.

31 Vgl. dazu Peter WULF: "Adeliges Gut und Conto Courant". Landwirtschaft und Konjunktur 1820-1832 am Beispiel des Gutes Salzau/Ostholstein, in: Jürgen Brockstedt (Hg.): Wirtschaftliche Wechsellagen in Schleswig-Holstein vom Mittelalter bis zur Gegenwart (= SWSG, 20), Neumünster 1991, S. 199-220, hier 206.

32 Vgl. KRIEG, Volkskunde, S. 75.

33 NIEMANN, Forststatistik, S. 337 und 350 f.

34 Ebda., S. 353.

tes Nutzholz von auswärts einführen.[35] Das trieb dort selbstverständlich die Holzpreise in die Höhe. So heißt es 1796 von der ebenfalls weitgehend entwaldeten Insel Fehmarn: "Bey dem hohen Preise des Nuz- und Brennholzes auf der Insel [...] wird sowohl die erste Anschaffung, als die jährliche Unterhaltung des, aus Holz und Eisen bestehenden, Ackergeräthes, ziemlich vertheuert".[36]

Weitverbreitet war in den Herzogtümern zur Beschaffung des für die Herstellung der landwirtschaftlichen Produktionsmittel erforderlichen Holzes anscheinend auch der Holzdiebstahl.[37] Allgemein akzeptiert soll dagegen in Ostholstein die Entnahme von Holzwerk aus fremden Knicks gewesen sein.[38]

Die Auswahl des Materials erfolgte unter zwei Gesichtspunkten: Da jede Holzart ganz bestimmte Eigenschaften besitzt und zudem jeder Baum und Busch durch den natürlichen Wuchs eine unterschiedliche Gestalt erlangt, mußte für die Herstellung des jeweiligen Gerätes ein der Beschaffenheit und Form nach geeignetes Stück Holz gefunden und geschlagen werden. Fanden sich die für die Anfertigung landwirtschaftlicher Produktionsmittel besonders geeigneten Hölzer nicht in ausreichender Menge, so wurden sie gezielt angepflanzt.[39] Häufig verfolgte man auch - zum Teil über Jahre hinweg - aufmerksam den Wuchs ausgewählter Bäume oder man manipulierte ihn durch Abbinden und dergleichen mehr, um die gewünschte Form zu erhalten.[40]

Über welch bemerkenswerten Wissensstand in der ersten Hälfte des 19. Jahrhunderts die bäuerliche Bevölkerung in den Herzogtümern dabei verfügte, veranschaulichen folgende Berichte: Im oldenburgischen Fürstentum Lübeck wurden bei der Herstellung einer Hungerharke gewöhnlich drei verschiedene Hölzer verwendet. Für den Harkenbaum (Harkenhöft) nahm man nach Möglichkeit hartes Holz, für den Gabelstiel (Gaffelstöl) Weidenholz und für die Harkenzinken (Harkentinn) Feldahorn oder Weißbuche.[41] Und auf den schleswig-holsteinischen Gütern wurde bereits beim Holzhauen "das in jeder Wirthschaft erforderliche Nutzholz aus den besten Bäumen ausgelesen und aus Buchenholz geformt, was zu nachstehenden Dingen, als: Wagenaxen, Schemelhölzern, Drehschemeln, Felgen zu Rädern, Pflugköpfen, Suhlen, Streichbrettern, Zungen, Schaufeln, Spatthölzern und Mulden nöthig ist. [...] Ist an Eichenholz etwas vorhanden, so wird dieses zugerichtet zu Sickbäumen, Leitern, Deichseln, Armen, Eggbalken, Ebnern und Schwen-

---

35 Ebda., S. 193: "Für den Forstmann sind die Marschen mehr wegen ihres Mangels als durch ihren Ueberfluß merkwürdig. Sie sind im Ganzen ohne Holz [...]". Vgl. auch HANSSEN, Zustände, S. 436. Ferner vgl. VOLCKMAR, Versuch, S. 272-274.

36 OTTE, Beschreibung, S. 221 f.

37 NIEMANN, Forststatistik, S. 350 f. Vgl. auch Eduard MIELCK: Die Natur des Holzdiebstahls und die daraus abgeleiteten Mittel zu seiner Beseitigung. Ein Wort zunächst für die Herzogthümer Schleswig und Holstein, in: Hermann Biernatzki (Hg.): Schleswig-Holstein-Lauenburgische Landesberichte, 1 (1846), 4, S. 233-245; vgl. des weiteren MAGER, Entwicklungsgeschichte (Bd. 1), S. 222 ff.

38 PETERS, Pferde-Hungerharke, S. 54.

39 Georg HANSSEN: Landwirthschaftliche Zustände früherer Zeiten auf der Halbinsel Sundewitt (Neu), in: Ders.: Agrarhistorische Abhandlungen, Bd. 2, Leipzig 1884, S. 500-534, hier 521.

40 Vgl. Torsten GEBHARD: Einführung: Vom Holz zum Gerät, in: Gertrud Benker: Altes bäuerliches Holzgerät, München 1976, S. 7 ff., hier 7 und 9 sowie BENTZIEN, Haken, S. 240.

41 PETERS, Pferde-Hungerharke, S. 53 f. - Über die beim Pflugbau in den Herzogtümern verwendeten Holzarten berichten MENSING, Ploog, Sp. 1059-1061 sowie KOCK, Volks- und Landeskunde, S. 240-244. - Zur Anfertigung eines Sensenstiels vgl. DERS., Sense, S. 363 f.

geln, Eggschwengeln, Radspeichen, Naben, Krummhölzern und Eggzinken, wobei nicht vergessen werden darf, daß an Böttcherholz täglich manches erforderlich ist".[42]

Der jährliche Verbrauch einer Hufe an "Pflug- und Radeholz" wurde laut Niemann im östlichen Hügelland kurz nach 1800 "von einigen höher auf zwei bis drei Faden, von andern niedriger zu einem halben Faden an Eichen und einem halben an Buchenholz geschätzt. Es kommt darauf an, was zu Böttcherholz, zu Harken, Forken, Schaufeln, Stekkern, Beilen und anderm kleinen Geräthe aus etwa vorhandenen kleinen Buschkoppeln von Erlen und Hainbuchen; was zu Faßreifen von Haseln und Weiden aus Knicken gewonnen, oder was durch bessere Unterhaltung geschont und erspart werden kann. Bedeutender ist begreiflich der Verbrauch auf großen Gütern. Bei einer Wirthschaft von hundert Kühen rechnet man zu Ackergeräthe aller Art gewöhnlich drei Faden Eichen- und eben so viel Buchenholz".[43]

In der Schleswigschen Marsch veranschlagte man 1818 für 40 bis 50 Demat Pflugland zwei Pflüge, drei oder vier Eggen sowie drei Arbeitswagen, die allesamt "groß und stark, also von gutem Holze seyn, und dennoch nach wenigen Jahren durch neue ersetzt werden" mußten. Bei circa 73.200 Demat Marschpflugland ergab das einen Gerätebestand von 3.500 Pflügen und 5.500 Eggen sowie ebenso vielen Arbeitswagen - die vielen kleineren Arbeitsgeräte nicht mit eingerechnet. Die Schleswigsche Geest benötigte gemäß dieser Berechnung, entsprechend der Fläche ihres Pfluglandes, sogar circa sechs- bis siebenmal so viele große "Landwirthschaftsinstrumente" wie die Marsch des Herzogtums.[44]

Wie bereits oben angedeutet, wurden die Kenntnisse von den einheimischen Holzarten, von deren Bearbeitung, von der Form des Geräts sowie vielerlei mehr in der ländlichen Bevölkerung von Generation zu Generation weitergegeben und vermehrt.[45] Die Verarbeitung des Werkstoffes Holz zu Haus-, Hof- und Feldgerät sowie deren Instandhaltung war reine Männerarbeit.[46] So unterrichtete etwa der Vater den Sohn, der Bauer seine Knechte oder der handwerklich besonders begabte Knecht die anderen männlichen Mitglieder des bäuerlichen Betriebes und leitete sie auch praktisch an.

Eine besondere Form der Unterweisung in Schleswig-Holstein war die "Klüterschule".[47] Seit dem ausgehenden 18. und in der ersten Hälfte des 19. Jahrhunderts wurde ihre Ein-

---

42 RENARD, Landbau, S. 282.

43 NIEMANN, Forststatistik, S. 351.

44 ANDRESEN, Herzogthum, S. 87 f.

45 Vgl. oben, S. 179, Anm. 19. Ferner vgl. GEBHARD, Einführung, passim, sowie BENTZIEN, Haken, S. 239 f.

46 In den Quellen findet sich kein Hinweis darauf, daß in Schleswig-Holstein im bäuerlichen Betrieb auch Frauen Holzarbeiten ausführten. Vgl. J. P. FILSKOW: Bäuerliche Gewerbtätigkeit in der Jugend unserer Großeltern. Ein Kulturbild aus der Geest- und Heidegegend im Schleswigschen, in: Niedersachsen. Niederdeutsche Zeitschrift für Volkstum und Heimatschutz in Wort und Bild, 26 (1920/21), 6, S. 112-115, hier 114 f. Vgl. etwa auch Reinhard PEESCH: Holzgerät in seinen Urformen (= Veröffentlichungen des Instituts für Deutsche Volkskunde, 42), Berlin (Ost) 1966, S. 78.

47 MENSING (Bd. 3): klütern, Sp. 194, definiert "klütern" wie folgt: " 'basteln', 'kleine behelfsmäßige Arbeiten ausführen', bes. von der Arbeit eines Nichtfachmanns; 'allerlei (meist hölzernes) Gerät zum täglichen Gebrauch in Haus und Wirtschaft anfertigen', 'zerbrochenes Geschirr wiederherstellen'; mnd. kluteren 'kleine Tischler- oder Zimmermannsarbeit machen' ". Und Heinr. CARSTENS: klütern, in: Korrespondensblatt des Vereins für niederdeutsche Sprachforschung,

führung eifrig von der industrieschulpädagogischen Bewegung propagiert, um die "Industriosität" insbesondere der Kinder der "niederen Stände" zu wecken. In der Allgemeinen Schulordnung des Herzogtums Schleswig von 1814 wurde ihre Einführung schließlich unter dem Einfluß der Industrieschulbewegung sogar ausdrücklich empfohlen, wenn auch nicht gefordert. Im Rahmen der mit wechselndem Erfolg von privater und staatlicher Hand betriebenen Arbeits- und Industrieschulen ist es dann auch des öfteren zur Organisation eines "Klüterunterrichtes" sowohl für Knaben als auch für ältere Jungen gekommen.[48]

Ungeachtet dessen scheint die Klüterschule auf dem Lande traditionell eine autochthone Form der Vermittlung von Wissen und Fertigkeiten auf dem Sektor der Gerätschaftsproduktion gewesen zu sein. Aus dem Kieler Raum liegt dazu der Bericht einer Gewährsperson vor: "Ein biederer Handwerksmeister sammelte Mittwochs- und Sonnabends nachmittags um sich erwachsene Knaben des Dorfs, die er im Klütern unterwies. Da wurden denn Zinken in Harken eingesetzt, Stiele auf Spaten, Schaufel und Forken gesetzt, [...] Schiebkarren, Leitern usw. usw. ausgebessert".[49] Er ist als authentisch einzustufen, da für die Landschaft Süderdithmarschen spätestens seit circa 1800, wahrscheinlich jedoch erheblich früher, die Existenz von Klüterschulen nachgewiesen werden kann.[50]

Geklütert wurde im allgemeinen in einem speziell dazu eingerichteten Raum, der sog. "Klüterkamer",[51] die z.B. beim Probsteier Bauernhaus an der Seite neben dem Kuhstall und beim Angler neben dem Backhaus lag.[52] Auf den größeren Gütern befand sich die Werkstatt in der Nähe der Scheunen, da der gutseigene Klüterer im Winter zugleich Scheunenvogt war.[53]

In eine gut ausgestattete Küterkamer gehörten neben der nahezu unentbehrlichen Zug- oder Schneidebank (Schniebank) ein Schraubstock, eine Bohrwinde (Druuvbohr), diverse Bohrer sowie eine ganze Reihe kleinerer Werkzeuge wie Äxte, Beile, Sägen, Stecheisen und Zugmesser.[54] Zudem lagerte in der Klüterkamer das Rohmaterial sowie gewöhnlich auch ein kleiner Vorrat an Ersatzteilen.[55]

XXX (1909), 1, S. 13, führt dazu aus: "klütern ist in angegebener Bedeutung [...] wohl in ganz Schleswig-Holstein bekannt. [...] Der Bauer klütert, wenn er kaputt gegangenes Gerät wieder in Ordnung bringt, oder wenn er einfache Geräte vollständig neu anfertigt. Und einer, der das tut, ist ein Klüterer".

48 Zur Klüterei im Rahmen der Arbeits- und Industrieschulen vgl. unten, Kap. III.1.3., S. 187 f.

49 CARSTENS, klütern, S. 13.

50 LAS Abt. 102 (Lft. Süderdithmarschen), Nr. VI-114. Vgl. unten, Kap. III.2., S. 205.

51 MENSING, klütern, Sp. 194: "Klüterkamer f. 'Arbeitsraum für den Klüterer'". Ferner CARSTENS, klütern, S. 13: "Eine Kammer, worin allerlei Sachen zum Klütern aufbewahrt werden und worin geklütert wird, heißt Klüterkamer".

52 MENSING, klütern, Sp. 194 sowie J. J. CALLSEN: Das alte Angler Bauernhaus, in: Die Heimat, 13 (1903), 3, S. 56-60, hier 59 f.

53 RENARD, Landbau, S. 286.

54 LÜHNING, Gerätesammlung, S. 60 f. CALLSEN, Bauernhaus, S. 59 f. KOCK, Sense, 363 f. Ralf VOGEDING: Die Häuser ländlicher Handwerker in Stapelholm, in: KBlV, 21 (1989), S. 121-159, hier 132. Vgl. auch PEESCH, Holzgerät, S. 79-83 und GEBHARD, Einführung, S. 109 f. Bei Walter ACHILLES: Vermögensverhältnisse braunschweigischer Bauernhöfe im 17. und 18. Jahrhundert (= Quellen und Forschungen zur Agrargeschichte, XIII), Stuttgart 1965,

Wie groß der Anteil von Bauer und Knecht am Fertigungsprozeß zu Beginn des 19. Jahrhunderts war und wie er sich in dessen Verlauf entwickelt hat, läßt sich aus den Quellen nicht ersehen. Im östlichen Teil des Herzogtums Schleswig, dem Hügelland, übten nachweislich beide diese Tätigkeit aus - auch gemeinschaftlich. So ist in einem Bericht über die Angeliter Landwirtschaft vermerkt: "Fast jeder Bauer und jeder gute Knecht macht sich seinen Hinterpflug selbst".[56] Ebenso geht aus zwei Topographien des Sundewitts hervor, "daß der Bauer oft selbst desgleichen verrichtet" bzw. "daß jeder Bauer [...] mit seinen Leuten hölzerne Geräthschaften für den Haushalt und Garten, hölzerne Bestandtheile von Ackerwerkzeugen" anfertigte.[57] Ein gleichlautender Bericht von 1823 liegt etwa auch für die Umgegend der Stadt Schleswig vor.[58] Möglicherweise herrschten identische Verhältnisse auch in weiten Teilen der Schleswigschen Geest.[59]

Relativ wenig wissen wir über die Situation im Herzogtum Holstein, da lediglich zwei entsprechende Berichte aus dem Amt Reinfeld überliefert sind. In beiden werden übereinstimmend die Knechte als die Gerätschaftsproduzenten bezeichnet.[60] Umso genauer sind wir dafür über die Verhältnisse auf den Gütern in den Herzogtümern unterrichtet. Dort war bis in die 1840er Jahre hinein in der Regel der sogenannte Klüterer - und nicht der Stellmacher - für die Anfertigung der meisten landwirtschaftlichen Produktionsmittel zuständig.[61]

S. 45, ist das Inventar einer derartigen bäuerlichen Werkstatt aus dem Braunschweigischen aufgeführt.

55 A. ASMUSSEN: Das alte Angler Bauernhaus und seine Bewohner; nach den Aufzeichnungen eines alten Angler Bauern, in: W. Martensen und J. Henningsen: Angeln. Geschichtlich und topographisch beschrieben von H. N. A. Jensen, 1844. Neu bearbeitet und bis auf die Gegenwart fortgeführt, Schleswig 1922, S. 416-433, hier 426: "Für ein Meisterstück eines Knechtes galt es, wenn er in der Mittagsstunde einen Pflug machen konnte. Hiermit hatte es folgende Bewandtnis: Der alte Angler Pflug bestand aus Holz. Ein Teil des hinteren Holzwerkes, der sogenannte Pflugkopf, der Suhl oder Gries-Säule, mit dem Strichbrett, nutzte sich von Zeit zu Zeit ab und zerbrach dann oft unerwartet. Dieser wichtigste Teil des Pfluges mußte daher vorrätig sein und so hergestellt und angepaßt werden, daß der Pflug gut ging". BENTZIEN, Haken, S. 240, konnte mehrfach den "plochbohm", ein in bezug auf die Form besonders schwierig herzustellendes Gerippeteil des Pflugs, in den Fehmarneraner Wardierungsprotokollen (um 1600) - sowie Inventarverzeichnissen - nachweisen.

56 ANONYMUS, Landwirthschaft, S. 34.

57 Claus DUUS: Topographisch-historische Darstellung der Halbinsel Sundewitt. Ein Versuch, Schleswig 1836, S. 30. HANSSEN, Sundewitt, S. 521.

58 LAS Abt. 65.2, Nr. 810 II.

59 FILSKOW, Gewerbtätigkeit, S. 115.

60 PETERSEN, Nahrungszustand, S. 19 und ALBERS, Reinfeld, S. 72.

61 RENARD, Landbau, S. 286. - In einem Artikel über die Entwicklung der landwirtschaftlichen Geräte und Maschinen in Schleswig-Holstein im "Landwirthschaftlichen Wochenblatt" von 1869 wird sogar vermerkt, daß "früher" bis auf die Kornreinigungsmaschine "der ganze Apparat, mit welchem die Wirthschaft geführt" wurde, "auf den größern Höfen von den eigenen Leuten - Klüterer - hergestellt und im Stande gehalten ward". ANONYMUS: Landwirthschaftliche Geräthe und Maschinen, in: LWB, 19 (1869), Nr. 31 (31.07.1869), S. 245-247, hier 245. Folglich führt DITTMANN, Anweisung (Bd. 3, 1. Aufl.), S. 181, unter den elf bis zwölf das ganze Jahr über fest angestellten männlichen Arbeitskräften eines Gutes von 400 Tonnen neben dem Böttcher als weiteren Gerätschaftshandwerker lediglich den "Klüterer oder dgl." auf. - Für das "zollvereinte und nördliche Deutschland" bemerkt VIEBAHN, Statistik (T. 3), S. 646: "Größere Gutsbesitzer halten mitunter ihren eigenen Stellmacher, welcher zugleich die Aufsicht und ununterbrochene Instandhaltung des in Gebrauch befindlichen Geschirrs zu besorgen hat und deshalb auch wohl

Nun besaßen zwar die landwirtschaftlichen Arbeiten im bäuerlichen Betrieb aufgrund der Abhängigkeit des landwirtschaftlichen Produktionsprozesses von den Jahreszeiten und dem Wetter absolute Priorität, weshalb gewöhnlich nur abends, sonn- und feiertags oder bei schlechtem Wetter geklütert wurde, also immer dann, wenn die landwirtschaftlichen Arbeiten ruhten. Auch wurde die Klüterkammer ansonsten tagsüber nur im Spätherbst, nach Beendigung der Feldarbeiten sowie am Ende des Winters, nach dem Dreschen und vor dem Beginn der Frühjahrsbestellung aufgesucht.[62] Doch weist die Bereitstellung eines mit geeignetem Werkzeug versehenen Raumes eindeutig darauf hin, daß die Anfertigung und Reparatur von landwirtschaftlichen Produktionsmitteln alles andere als eine unbedeutende Nebentätigkeit im bäuerlichen Betrieb war. Vielmehr blieb das Klütern solange ein nicht zu unterschätzender und selbstverständlicher Bestandteil des Arbeitsalltags im bäuerlichen Betrieb, wie sich innerhalb der ländlichen Gesellschaft die Arbeitsteilung noch nicht konsequent durchgesetzt hatte.

Auch die landesherrlichen Bauern-, Gesinde- und Polizeiordnungen Lauenburgs, Brandenburgs, Mecklenburgs und Vorpommerns belegen die Bedeutung dieser Tätigkeit im bäuerlichen Betrieb. Nach einem "vorhandwerklichen" Frühstadium, in dem allem Anschein nach die Bauern die Holzarbeiten noch weitgehend selbst ausführten, wurde in ihnen erstmals kurz vor 1600 (Lauenburger Polizeiordnung von 1590) von den ausgelernten Knechten der Bauern- und Gutswirtschaften gefordert, daß sie u.a. "was zu Wagen und Pflug gehörig" anfertigen können müßten. In denjenigen von Brandenburg (1644), Mecklenburg (1646 bzw. 1654) sowie Vorpommern (1663) heißt es entsprechend, daß sie "Pflüge und allerlei Wagenwerk bzw. das Wagen-, Pflug- und Haken-Zeug" anzufertigen imstande sein müßten.[63]

Obgleich sich dergleichen für die Herzogtümer Schleswig und Holstein nicht belegen läßt, deutet doch einiges darauf hin, daß die entsprechende Qualifikation dort in einigen Gebieten bis ins 19. Jahrhundert hinein zumindest eine unausgesprochene Voraussetzung für die Anstellung als Knecht war. So wurde 1818 in Angeln (Kirchspiel Steinberg) der Wunsch geäußert, "daß die Abendstunden im Winter von den Knechten durch Verfertigung mancher nützlichen Haus- und Feldgeräthe, noch allgemeiner als bereits geschieht, nützlich angewandt werden mögten". 1823 wird von dort sogar berichtet: "Fast [...] jeder gute Knecht macht sich seinen Hinterpflug selbst".[64] Übereinstimmend heißt es 1836 aus dem Sundewitt, "daß bis jetzt die bessern Dienstknechte das Klüttern verstanden".[65] Aus

Schirrvogt genannt wird [...]. In neuerer Zeit finden es aber die meisten Gutsbesitzer wirthschaftlicher, mit einem Dorfstellmacher zu kontrahiren".

62 Georg HANSSEN: Das Amt Hadersleben, in: Ders.: Statistische Forschungen über das Herzogthum Schleswig mit besonderer Rücksicht auf nationelle Eigenthümlichkeiten, Gemeindewesen, Steuerverhältnisse und den gegenwärtigen Zustand der Bauernwirthschaften, H. 2, Altona 1833, S. 34. RENARD, Landbau, S. 286. CALLSEN, Bauernhaus, S. 59 f. FILSKOW, Gewerbtätigkeit, S. 114 f. FRIEDRICHSEN, Chronik, S. 49. PEESCH, Holzgerät, S. 78.

63 Brigitte HEMPEL: Der Entwurf einer Polizeiordnung für das Herzogtum Sachsen-Lauenburg aus dem Jahre 1591 (= Rechtshistorische Reihe, 11), Frankfurt a. M., Bern und Cirencester 1980, S. 163-165 und BENTZIEN, Haken, S. 239-241. Vgl. auch DERS., Fortschritte, S. 133.

64 BERICHT und dadurch veranlaßte Vorschläge und Gutachten über das Armenwesen in den Herzogthümern Schleswig und Holstein (= Schriften der Schleswig-Holsteinischen patriotischen Gesellschaft, 1), Altona 1818, Tafel XIII, Nr. 16 (Kirchspiel Steinberg). - ANONYMUS, Landwirthschaft, S. 34.

65 DUUS, Sundewitt, S. 30.

Schwansen ist überliefert: "Um 1800 nahm mancher Hofbesitzer [...] keinen Knecht in Arbeit, der nicht einen Pflug machen konnte".[66] Und auf Fehmarn mußte der Knecht sogar, "um Meisterknecht [...] und vullbefohren zu werden, [...] den Pflug (bis auf die Schar) machen können".[67]

Damit endet die Untersuchung des Anfertigungsprozesses. Wie erwartet, konnten viele Fragen überhaupt nicht oder nur sehr unvollständig gelöst werden. Zu anderen hingegen fanden sich durchaus Antworten, die tiefergehende Einblicke in den Prozeß der Gerätschaftsproduktion durch bäuerliches Hauswerk eröffnen; insbesondere konnten dabei auch kleinräumige Unterschiede in den Herzogtümern während des 19. Jahrhunderts aufgedeckt werden.

III.1.3. Die Herstellung landwirtschaftlicher Produktionsmittel durch bäuerliches Hauswerk in Schleswig-Holstein

Unterschiede wies das bäuerliche Hauswerk in den Herzogtümern während des vorigen Jahrhunderts aber auch hinsichtlich seines Umfangs, seiner Differenzierung, Dichte sowie seiner Verteilung auf. Darauf ist bereits eingangs aufmerksam gemacht worden. Hähnsens polarisierende Einteilung des Landes - Nordschleswig war für ihn der "eigentliche Herrschaftsbereich des Hausfleißes", das Herzogtum Holstein dagegen "hausfleißärmer"[68] - bedarf in bezug auf das Hauswerk allerdings einer Präzisierung: Während nämlich noch 1763 die bäuerliche Selbstversorgung mit gewerblichen Produkten im gesamten Norden Schleswigs lobend hervorgehoben wurde,[69] hatten sich die Verhältnisse bis 1830 derart gewandelt, daß etwa für den aus dem Sundewitt stammenden Schullehrer Duus nur dort "der Geist wahrer Industrie auf dem Lande und in den Dörfern" herrschte, "wenn er sich kund giebt wie im nordöstlichen Theile des Herzogthums Schleswig", wo "sich Manches dieses bedeutenden Zweiges einer ländlichen Betriebsamkeit, im ganzen genommen ein solcher häußlicher Fleiß noch immerfort in jenen Gegenden von Angeln, Sundewitt, Alsen, Apenrade und Hadersleben erhalten" hat.[70] Auch in seiner wenige Jahre später veröffentlichten "Topographisch-historischen Darstellung der Halbinsel Sundewitt" lobte Duus den Zustand des bäuerlichen Hauswerks im Nordosten Schleswigs, indem er feststellte, daß "längst im Allgemeinen bekannt, so wie auch anerkannt" sei,

---

66 KOCK, Volks- und Landeskunde, S. 240.

67 MENSING, Ploog, Sp. 1057.

68 HÄHNSEN, Entwicklung, S. 137 f.

69 DYSSEL, Forsøg, S. 72: "I det Slesvigske derimod, saasnart det mørknes og Lampen tændes, sætter hver Tienestekarl sig til et vist Arbeid. De snoer Siimer eller Halmreeb for tilstundne Tækketid; de hugger og snitter smaat Træearbeide, Rivehoveder, Spadeskafte, Vognkieppe, Stavertræer til Hestetøiet, og fletter Puder af Siv til Krandsene, som legges under Hestedrættet; [...] Videre snoer de af Svinebørster, Heste- og Koehaar alle de Reeb, som bruges til at tydre i, samt Hestetømmer og Haarsvøber; dette og meget mere, er virkelig i alle Huse deres Aftenarbeide om Vinteren".

70 Claus DUUS: Wann herrscht der Geist wahrer Industrie auf dem Lande und in den Dörfern?, in: Schleswig-Holstein-Lauenburgischer Gewerbefreund, 3 (1830/31), 27 (16.9.1830), Sp. 417-422, hier 417 f. Eine Kurzbiographie von Duus in: LSHLES (Bd. 1, 1867), S. 177.

"daß hier ein industriöses Wesen einheimisch ist, welches anderswo nachgeahmt [...] zu werden verdient".[71]

Eine Reihe weiterer Berichte aus verschiedenen Ämtern Nordostschleswigs dokumentiert zumindest die starke Ausprägung des bäuerlichen Hauswerks in diesem Landesteil.[72]

In Anbetracht dessen überrascht es nicht zu erfahren, daß in den bäuerlichen Betrieben Nordostschleswigs ungebrochen bis weit in das vorige Jahrhundert hinein auch landwirtschaftliche Produktionsmittel selbst angefertigt wurden. 1830 heißt es etwa: "Bekanntlich [pflegt] im dänischen Theil des Herzogthums Schleswig, jeder Dienstknecht auf dem Lande, eine Fertigkeit in Holzarbeiten zu haben [..], welche sich die Bauern [...] zu Nutze machen und dem Rademacher um so viel weniger zu bezahlen haben".[73] Gemäß des Berichts eines "reisenden Forstmanns" von 1820, der ganz allgemein dem "jütischen Bauern" viel "Kunstfleis" attestierte, fertigten diese "ihre kleinen Wagen und anderes Akkergeschirr [...], bis auf die Räder, die zu künstlich sind",[74] selbst an. Zu diesem Zweck, so wußte Duus in seinem bereits zitierten Artikel von 1830 zu erzählen, fand man "in jedem guten Bauernhause" in Nordostschleswig [...] "eine sogenannte Hau- oder Klütterkammer (eine Werkstätte im Kleinen)".[75] Der Rademacher fungierte hier also noch in seiner ursprünglichen Funktion, d.h. er war ausschließlich mit der Anfertigung von Rädern für Pflug und Wagen befaßt. Als reiner Teilproduzent bot ihm seine Profession keinen ausreichenden Lebensunterhalt, weshalb er wohl in der Regel der Eigentümer oder Pächter einer kleinen Landstelle gewesen ist.

Gleichlautende Berichte aus derselben Zeit liegen auch von Ærø (1823), aus Angeln (1809; 1823; 1884), dem Amt Gottorf (1823), dem Amt Hadersleben (1840) sowie dessen östlichem Teil, der Hadersleber- und Thystrupharde (1833) und dem Sundewitt (1830; 1836; 1884) sowie Alsen (1829) vor.[76]

---

71 DERS., Sundewitt, S. 30.

72 Zum bäuerlichen Hauswerk in Angeln: ASMUSSEN, Bauernhaus, S. 424 f.; BERICHT, Armenwesen, Tafel XIII, Nr. 16 (Kirchspiel Steinberg); BRIX: Lebensweise und Sitten. Erinnerungen eines Achtzigjährigen, in: W. Martensen und J. Henningsen: Angeln. Geschichtlich und topographisch beschrieben von H. N. A. Jensen, 1844. Neu bearbeitet und bis auf die Gegenwart fortgeführt, Schleswig 1922, S. 405-416, hier 407 f.; CALLSEN, Bauernhaus, passim; ferner FRIEDRICHSEN, Chronik, S. 49. Zum Amt Hadersleben: Iwar NISSEN: Haderslev Amt. En statistisk-topographisk Fremstilling, Haderslev 1840, S. 13-16; Zur Hadersleber- und Thystrupharde (östlicher Teil des Amtes Hadersleben): HANSSEN, Hadersleben, S. 34. Zum Sundewitt: HANSSEN, Sundewitt, S. 521 und 535.

73 Aus dem Gutachten des "Holsteinisch-Lauenburgischen Obergerichts" vom 03.06.1830 an die "Schleswig-Holstein-Lauenburgische Kanzelei", "betreffend die Frage, ob und in wie weit den concessionirten Rademachern ein Gehülfe zuzugestehen sey". LAS Abt. 65.2, Nr. 808 II.

74 ANONYMUS: Einiges über die Bau- und Lebensart in Jütland (Aus dem Tagebuch eines reisenden Forstmanns), in: August Niemann (Hg.): Vaterländische Waldberichte nebst Blikken in die allgemeine Wälderkunde und in die Geschichte und Litteratur der Forstwirthschaft, Stück 3, Altona 1820, S. 500-505, hier 505.

75 DUUS, Industrie, Sp. 419.

76 Ærø: LAS Abt. 65.2, Nr. 810 II. Angeln: NIEMANN, Forststatistik, S. 353; BERICHT, Armenwesen, Tafel XIII, Nr. 16 (Kirchspiel Steinberg); ANONYMUS, Landwirthschaft, S. 34; HANSSEN, Sundewitt, S. 521. Amt Gottorf: LAS Abt. 65.2, Nr. 810 II. Amt Hadersleben: NISSEN, Haderslev, S. 15. Hadersleber- und Thystrupharde: HANSSEN, Hadersleben, S. 34. Sundewitt: DUUS, Sundewitt, S. 30; DERS.: Die Halbinsel Sundewitt, topographisch-historisch beschrieben.

Verhältnismäßig gut unterrichtet sind wir auch noch über die Situation auf den schleswig-holsteinischen Gütern. Wie bereits oben ausgeführt, war dort gewöhnlich der Klüterer für die Instandhaltung und Neuanfertigung der landwirtschaftlichen Gerätschaften zuständig. Lediglich diejenigen Geräte, die "dieser Angestellte im Laufe dieser Zeit nicht macht oder zu veranstalten kein Geschick hat, [werden] von dem Rademacher angefertigt".[77] Dementsprechend wurde den Gutsbesitzern 1828 anempfohlen: "Wer sich dagegen auf den Höfen das erforderliche Nutzholz selbst ausarbeiten läßt, und dabey einen geschickten Klüterer hat, der kömmt noch viel wohlfeiler davon",[78] als wenn er damit einen Stellmacher in der Stadt oder auf dem Lande beauftragt. Ähnlich verhielt es sich - nach Berichten aus dem Wossidlo-Archiv - noch um die Mitte des vorigen Jahrhunderts zuweilen auf den mecklenburgischen Gütern: Dort sparte die Gutsherrschaft den Stellmacher ein, indem sie die Häker und Gutstagelöhner dazu anhielt, ihr Arbeitsgerät selbst anzufertigen.[79]

Darüber hinaus dokumentieren aber allein noch Berichte aus den holsteinischen Ämtern Bordesholm (1842) und Reinfeld (1799; 1852), der Probstei (1809) und dem Dänischwohlder Güterdistrikt (1795) sowie von der Insel Fehmarn (1796), die wie der Dänischwohlder Güterdistrikt zum Herzogtum Schleswig gehörte, daß die Bauern in den Herzogtümern in der ersten Hälfte des vorigen Jahrhunderts landwirtschaftliche Produktionsmittel durch Hauswerk herstellten.[80] Filskows Schilderung, "in jedem Gehöft" auf der Schleswigschen Geest habe es eine Klüterkammer gegeben, ist hingegen mit Vorsicht aufzunehmen, weil er den nötigen Nachweis dazu schuldig bleibt.[81] So muß für den weitaus größten Teil des Landes die Frage nach dem Ob zunächst als nicht lösbar zurückgestellt werden. Hier werden erst die nachfolgenden Kapitel, die die Gerätschaftsproduktion durch Hausfleiß und Handwerk zum Gegenstand haben, für etwas mehr Klarheit sorgen.

Aber auch bezüglich der Beantwortung eines anderen Fragenkomplexes darf die vielfach schwache Quellenbasis nicht zu sehr strapaziert werden. Wieviel im bäuerlichen Betrieb von welchem Haus-, Hof- und Feldgerät angefertigt wurde und wie der Niedergang dieses Sektors des bäuerlichen Hauswerks verlief, kann gar nicht oder kaum in schwachen

---

Ein Versuch, in: NStM, 2 (1834), 1, S. 61-141, hier 74; HANSSEN, Sundewitt, S. 521. Alsen: ANDERSEN, Beantwortung, S. 72.

77 RENARD, Landbau, S. 286.

78 DITTMANN, Versuch, S. 227 und DERS., Anweisung (Bd. 3, 2. Aufl.), S. 255. In der 3., vermehrten und verbesserten Auflage seiner "Anweisung" von 1858 fehlt diese Empfehlung bezeichnenderweise bereits. - Eine DITTMANN, Versuch, S. 225-227, entnommene Liste mit den gängigsten Stellmacher (Klüterer) arbeiten in den Herzogtümern ist in Kap. III.5.2.2.1., Tab. 9, S. 399, abgedruckt.

79 BENTZIEN, Haken, S. 241.

80 Amt Bordesholm: HANSSEN, Bordesholm, S. 84. Amt Reinfeld: PETERSEN, Nahrungszustand, S. 19; ALBERS, Reinfeld, S. 72. Probstei: NIEMANN, Forststatistik, S. 353 f. Dänischwohlder Güterdistrikt: Claus RIXEN: Sollte nicht jede Dorfschule eine praktische Schule der Landwirthschaft, und jeder Dorfschullehrer Lehrer der Landwirthschaft sein?, T. 2, in: PB, 9 (1795), 1, S. 1-19 und ebda., 2, S. 148-169, hier 163. Fehmarn: OTTE, Beschreibung, S. 212.

81 FILSKOW, Gewerbtätigkeit, S. 114 f. HÄHNSEN, Entwicklung, S. 138 f., übernimmt hingegen paraphrasierend Filskows Bericht, ohne ihn zuvor verifiziert zu haben. - Laut Auskunft von Arnold Lühning, ehemals SHLM, lassen sich in der Landschaft Stapelholm (Herzogtum Schleswig) keine ausgeprägten Klüterkammern nachweisen.

Umrissen nachgezeichnet werden. Einige wenige Sachverhalte, Thesen und Tendenzen lassen sich dennoch festhalten.

Über die Herstellung des Pfluges auf Fehmarn - wie auch in den Herzogtümern insgesamt - berichtete Otte, ein exzellenter Kenner der schleswig-holsteinischen Landwirtschaft, 1796 folgendes: "Daß der bisher gebräuchliche Fehmersche Pflug, mit Ausnahme der, von Eisen daran befindlichen Theile, der Regel nach, von den Knechten verfertigt zu werden pflegt, kann nach der, in diesem Stücke in andern Gegenden unsers Landes so ziemlich allgemein geltenden, Gewohnheit nicht befremden".[82] Mit den "andern Gegenden unsers Landes" könnte Otte etwa das Amt Reinfeld (1799), den Schwansener (um 1800) oder Dänischwohlder (1795) Güterdistrikt gemeint haben.[83] Überdies ist gut ein Vierteljahrhundert später aus Angeln und dann nochmals 1830 für den gesamten Nordosten Schleswigs sowie Alsen überliefert, daß der Pflug sowie die anderen größeren landwirtschaftlichen Produktionsmittel sehr wohl noch im bäuerlichen Betrieb angefertigt wurden;[84] bis in die 1840er Jahre hinein läßt sich dies sogar in den schleswig-holsteinischen Gütern verfolgen.[85] Andererseits läßt Ottes Bericht darauf schließen, daß bereits kurz vor 1800, möglicherweise jedoch schon Jahrzehnte früher, die Herstellung des Pfluges in anderen Teilen der Herzogtümer von Professionisten ausgeführt wurde. Ansonsten hätte er wohl kaum auf die diesbezügliche Übereinstimmung zwischen Fehmarn und "andern Gegenden" hingewiesen.

Da über das Amt Reinfeld 1852 erneut ein Bericht über den "Nahrungszustand und die Gewerbsamkeit" abgefaßt wurde, kann zumindest in einem Fall ansatzweise die Entwicklung der Pflugherstellung rekonstruiert werden. Zu diesem Zeitpunkt beschränkte sich das bäuerliche Hauswerk dort mittlerweile auf die "kleineren Ackergeräthe, als Harken, hölzerne Heu- und Strohgabeln, Schaufeln u.s.w.".[86] Die Produktion des Pfluges war mithin bereits irgendwann zwischen 1799 und 1852 ganz in den Arbeitsbereich eines Professionisten übergegangen. Im Amt Reinfeld zeigt sich ein allmähliches Nachlassen der Gerätschaftsproduktion, wie es in den Herzogtümern ganz allgemein zu beobachten ist: Die Herstellung und danach auch die Instandhaltung von Wagen, Pflug und Egge löste sich dabei früher aus der Sphäre der bäuerlichen Selbstverfertigung heraus als die der kleineren landwirtschaftlichen Gerätschaften.[87]

Dieser Prozeß verlief jedoch keineswegs immer so regelhaft und geradlinig. Aus dem Amt Bordesholm etwa heißt es 1842: "In der Verfertigung und Reparatur von Acker- und Hausgeräthen sind die Leute auf den Hufen hier nicht so gewandt, wie z.B. im nördlichen Schleswig. Doch findet man gut ausgestattete Klüterkammern jetzt häufiger im Amte als früher, und alle kleineren Geräthe [...] werden von den Leuten selber ge-

---

82 OTTE, Fehmern, S. 212. Zur Person Ottes vgl. neben HENNINGSEN, Otte, des weiteren P. LAURIDSEN: Friedrich Wilhelm Otte, in: DBL, 12 (1898), S. 467 und Hans BEYER: Friedrich Wilhelm Otte. Landinspektor, Revolutionsfreund, Publizist, in: JbAng, 20 (1956), S. 154-173.

83 PETERSEN, Nahrungszustand, S. 19. KOCK, Volks- und Landeskunde, S. 240. RIXEN, Dorfschule, S. 163.

84 ANONYMUS, Landwirthschaft, S. 34, DUUS, Industrie, Sp. 419 und ANDERSEN, Beantwortung, S. 72.

85 DITTMANN, Anweisung (Bd. 3, 3. Aufl.), S. 255.

86 ALBERS, Reinfeld, S. 72.

87 Vgl. KETTEMANN, Landhandwerk, S. 81-83.

macht".[88] Nicht genannt werden leider die Ursachen für diese gegenläufige Entwicklung. Beeinflußt haben könnten sie Persönlichkeiten wie der "tief in der Aufklärung des 18. Jahrhunderts und ihren volkspädagogischen, praktischen Reformbestrebungen" verwurzelte Schullehrer Rixen[89] oder die bereits erwähnte Industrieschulbewegung.

Während seiner über fünfzigjährigen Tätigkeit als Lehrer in Klausdorf auf dem adeligen Gut Knoop strebte Rixen "beständig dahin [..], aus seiner Schule eine Erwerb- und Bildungsschule zu machen".[90] Er betrachtete jede Dorfschule nämlich zugleich als praktische Landwirtschaftsschule, in der jeder Lehrer auch Lehrer der Landwirtschaft sein sollte und vermittelte den Schülern deshalb - neben dem Lehrstoff - auch kontinuierlich theoretische und praktische Kenntnisse im Landbau und anderen Zweigen des "Industriewesens". So leitete er die künftigen Hufner, Käthner und Insten u.a. zur Anpflanzung der wichtigsten Baumarten an, "deren Holz er täglich in seiner Wirthschaft zu Leitern, Stielen, Deichseln, Schaufeln, und überhaupt zu Nutzholz gebraucht".[91] Auch hielt er die "Mechanik" in dem Fall für wichtig, "wenn sie so gelehret wird, daß er [der angehende Landwirt] davon Anwendung auf die bessere Einrichtung seiner Werkzeuge [d.h. der landwirtschaftlichen Produktionsmittel] machen" könne.[92] Neben Rixen agierten selbstverständlich noch andere Gleichgesinnte.

Fließend sind demnach die Übergänge zu den Zielen und Aktivitäten der Vertreter der industrieschulpädagogischen Bewegung.[93] Der Katechet Möller etwa dachte Rixens Ansatz konsequent weiter, indem er 1830 forderte, von den Schullehrerseminaren der Herzogtümer müsse "ein Geist für Betriebsamkeit und Industrie übers Volk kommen". Dazu sollten die Seminaristen auch "mancherlei Gewerbe und Betriebe des Volkes practisch kennen [..] lernen und [..] üben". Ohne dabei zwar unbedingt zu vollendeten Professionisten zu werden, sollten sie doch z.B. auf dem Gebiet der Holzverarbeitung eine derartige Geschicklichkeit besitzen und vermitteln können, "als jeder Landmann, für Verfertigung und Ausbesserung mancher seiner Geräthschaften [...] haben müßte".[94] Möllers Forderung ist allerdings niemals realisiert worden.[95] Auch blieb den Bemühungen, die Arbeits- und Industrieschule über ganz Schleswig-Holstein zu verbreiten, weitgehend der Erfolg versagt - und das, obwohl industrieschulpädagogische Forderungen noch bis in die 1830er Jahre in die Schulgesetzgebung der Herzogtümer einflossen.[96]

Auf dem Lande fand die Arbeits- und Industrieschule vor allem in Angeln und Ostholstein stärkere Verbreitung. Von diesen beiden Zentren gingen sogar Impulse zur Grün-

---

88 HANSSEN, Bordesholm, S. 84; vgl. auch ebda., S. 115.

89 Dieter LOHMEIER: Claus Rixen, in: BLSHL, 8 (1987), S. 298-300, hier 300.

90 Claus RIXEN: Erwerbschulen als Bildungsanstalten, in: Zeitschrift für das Volksschulwesen, 3 (1829/30), 1, S. 57-68, hier 57 f.

91 RIXEN, Dorfschule, S. 12.

92 Ebda., S. 159.

93 Zur Geschichte der Industrieschule und Industrieschulbewegung in Schleswig-Holstein vgl. Wilhelm ANDACHT: Die schleswig-holsteinische Industrieschule (= QuFGSH, 24), Neumünster 1939.

94 Johann Christoph MÖLLER: Ueber Bildungsmethoden in Volksschulen, mit besonderer Rücksicht auf Weckung und Belebung eines industriösen Sinnes bei der Volksjugend, in: SHLPB, 12 (1823), 3, S. 1-31, passim.

95 DUUS, Industrie, Sp. 420.

96 ANDACHT, Industrieschule, S. 108.

dung weiterer Schulen in anderen Teilen der Herzogtümer aus. Im Rahmen des 1797 in Esgrus, einem Dorf in Angeln, aufgenommenen Arbeitsunterricht wurden die Knaben regelmäßig, wie in anderen Arbeits- und Industrieschulen auch, im Klütern unterrichtet. Dabei fertigten sie besonders Pflugsterze, Pflugräder, Schiebkarren, Harkenstiele und Milchtrachten an.[97] Weitgehend auf der Privatinitiative des Oldenburger Herzogs Peter Friedrich Ludwig beruhte die Einrichtung der meisten Schulen im Ostholsteinischen.[98] Von 1797 bis 1839 wurden insgesamt sechzehn von ihnen in den Herzoglichen Fideikommißgütern gegründet. Während jedoch die Schüler in den Arbeitsschulen des ostholsteinischen adeligen Gutes Neuhaus, die seit 1816 recht erfolgreich betrieben wurden, auch klüterten, sperrte sich der herzogliche Schulpatron gegen die Übernahme dieses Unterrichtsteils in die Unterrichtspläne seiner Schulen. Nach seinem Tode kam es schließlich doch noch zur Gründung von Klüterschulen z.B. in Riepsdorf und Schwienkuhl (1837), Sagau (1838) oder Kasseedorf (1890). In der Sagauer Klüterschule wurden die Jungen sogar von einem Stellmacher unterrichtet. Angefertigt wurden dort allerdings nur "geringere landwirthschaftliche und Hausgeräth, incl. Wurfschaufeln, Moljen, Pantoffeln und was mehr dahin zu rechnen, jedoch nicht [...] Wagen u.dgl.".

Einen nicht unbedeutenden Einfluß auf die Entwicklung des bäuerlichen Hauswerks in Schleswig-Holstein scheint der Verlauf der Agrarkonjunkturen gehabt zu haben. Ungeachtet allen Lobes für den "rühmlichen Erwerbfleiß" der Bevölkerung Nordostschleswigs vermerkte der aufmerksame Beobachter Duus zu Beginn der 1830er Jahre nämlich mit einem stark moralisierenden Unterton auch: "Freilich wurden in den sogenannten guten Jahren [..] mehrere Familien vom Strudel der Ueppigkeit ergriffen und - verschlungen. Mancher junge Mensch dünkt sich aufgeklärter in vielen Sachen, als seine Voreltern waren, fängt an sich zu schämen oder für zu gut zu halten, dasjenige mit seiner Hände Arbeit zum Wohle des Landes und der Familie beizutragen, was sein Großvater und Vater gethan [...]. Noch Andere, und ihre Zahl soll nicht klein seyn, legen sich auf die Faulbank".[99]

Mit den "guten Jahren" dürfte Duus die der großen Agrarkrise (1819-1829) unmittelbar vorausgegangene Periode gemeint haben, in der - trotz starker Wechsellagen - zumeist sehr hohe Agrarproduktenpreise vorherrschten. Erst nach einem spürbaren Rückgang der Produktion bzw. der Einlagerung eines Teils der Ernte zogen die Preise erstmals 1826 nicht zuletzt auch aufgrund der steigenden Nachfrage wieder spürbar an.[100] Da sich dieser positive Trend in den folgenden beiden Jahrzehnten insgesamt gesehen fortsetzte, müßte - gemäß meiner These - das bäuerliche Hauswerk selbst in seinem "eigentlichen Herrschaftsbereich" weiter zurückgedrängt worden sein. Tatsächlich forderte Duus in den 1830er Jahren wiederholt nachdrücklich dazu auf, die alten Zustände zu erhalten.

---

97 Ebda., S. 69.

98 Die Ausführungen über die Arbeits- und Industrieschulen in den Herzoglichen Fideikommißgütern beruhen, wenn nicht anders vermerkt, auf Hermann MICHAELSEN: Die Arbeits- oder Industrieschulen des Herzogs Peter, in: JbOld, 28 (1984), S. 135-165. Vgl. auch ANDACHT, Industrieschule, S. 71-79.

99 DUUS, Industrie, Sp. 418. Vgl. auch DERS., Halbinsel, S. 73 f.

100 Vgl. Rolf GEHRMANN: Handelskonjunkturen in Schleswig-Holstein zur Zeit der Kontinentalsperre, 1807-1813, in: Jürgen Brockstedt (Hg.): Wirtschaftliche Wechsellagen in Schleswig-Holstein vom Mittelalter bis zur Gegenwart (= SWSG, 20), Neumünster 1991, S. 145-173 sowie LORENZEN-SCHMIDT, Agrarkrise.

Daß der Niedergang des bäuerlichen Hauswerks kein linearer Prozeß war, sich also zumindest bis dahin ein Stück weit synchron mit dem Auf und Ab der Agrarkonjunkturen und -krisen bewegt hatte, beweist nicht nur Duus' Prognose zur weiteren Entwicklung des bäuerlichen Hauswerks im Nordosten Schleswigs, in der er mit einer gewissen Genugtuung vorhersagte: "Wenn aber dann das Rad der nahrungslosen Zeiten den Druck daher kreiset, so kehrt auch in dieser Rücksicht das Landvolk dort wie anderswo zur alten [...] Ordnung zurück. Die Erfahrung hats gelehrt".[101] Genauso nachdrücklich dokumentiert der Bericht eines Marschbewohners aus den frühen 1820er Jahren diese Entwicklung. Infolge der niedrigen Getreidepreise waren dort sowohl die traditionell marktorientiert produzierenden bäuerlichen Betriebe als auch die Tagelöhnerhaushalte wieder dazu übergegangen, Leinwand mittels Hauswerk herzustellen. Dementsprechend sah auch dieser Berichterstatter in den "herrschenden Conjuncturen" durchaus "einige wohlthätige Folgen" für die Bevölkerung der Marschen, da sie "den Sinn für Indüstrie" unter diesen angeregt hätten.[102]

Weitgehend ausgenommen vom einsetzenden Niedergang des bäuerlichen Hauswerks im nordöstlichen Schleswig blieb jedoch in den 1830er Jahren einstweilen noch die Anfertigung landwirtschaftlicher Produktionsmittel. Das konnte bereits weiter oben nachgewiesen werden. Im Gegensatz dazu befand sich die Möbelherstellung als der andere bedeutende Bereich der bäuerlichen Holzverarbeitung bereits in den Händen eines Professionisten, nämlich des Möbeltischlers.[103] Wann und wie sich die Gerätschaftsproduktion dort aus der Sphäre des bäuerlichen Hauswerks löste, bleibt wiederum unklar.

Fassen wir kurz zusammen: Aus dem wenigen zeitlich und räumlich nicht zusammenhängenden Quellenmaterial läßt sich die Entwicklung der bäuerlichen Gerätschaftsproduktion, insbesondere auch der Prozeß ihrer Ablösung aus dem Bereich des bäuerlichen Hauswerks, in Schleswig-Holstein während des 19. Jahrhunderts nur sehr vage oder gar nicht rekonstruieren.[104] So bleibt etwa der quantitative Aspekt gänzlich unbearbeitet. Allein für den Nordosten Schleswigs ist die Überlieferung dichter, liegen mehr als nur Momentaufnahmen vor. Als wichtigstes Resultat bleibt vorläufig festzuhalten: Die Anfertigung zumindest der hölzernen Teile der größeren landwirtschaftlichen Produktionsmittel lag schon vor 1800 in momentan nicht näher zu ermittelnden Teilen der Herzogtümer in den Händen von Professionisten. Hingegen wurden im Nordosten des Herzogtums Schleswig nachweislich bis in die ausgehenden 1830er Jahre und auf den Gütern sogar noch im darauffolgenden Jahrzehnt, mit Ausnahme der Räder und Eisenteile sowohl die kleineren als auch die größeren Gerätschaften durch Hauswerk hergestellt. Im

---

101 DUUS, Halbinsel, S. 74 f., DERS., Sundewitt, S. 30 und DERS., Industrie, Sp. 418. Vgl. auch ANONYMUS: Nachträgliche Zugaben zu dem Aufsatze über Industrie auf den Dörfern - in Nr. 131. - "Die Erfahrung hats gelehrt", in: Schleswig-Holstein-Lauenburgischer Gewerbefreund, 3 (1830/31), 32 (21.10.1830), Sp. 499-502.

102 ANONYMUS: Zeit und Geist, in: SHLPB, 13 (1824), 1, S. 159-162. - Fehlenden "Gewerbefleiß" attestiert den Landbewohnern Dithmarschens auch ANONYMUS: Einiges über den jetzigen Zustand der Marsch in Ditmarschen. Geschrieben im Januar 1826, in: SHLPB, 15 (1826), S. 519-540, hier 538 ff.

103 Zur Möbelherstellung DUUS, Halbinsel, S. 73. Vgl. auch HÄHNSEN, Entwicklung, S. 106 und 137 f.

104 In krassem Widerspruch dazu KETTEMANN, Handwerk, passim, und DERS., Landhandwerk, passim.

Gegensatz zu Mecklenburg, für dessen bäuerliche Gebiete Bentzien den Beginn der Ablösung der Gerätschaftsproduktion aus dem bäuerlichen Hauswerk in die 1840er Jahre datiert, vollzog sich diese Produktionsverlagerung demnach im Untersuchungsgebiet partiell mindestens ein halbes Jahrhundert früher.[105] Übereinstimmungen konnten in der Entwicklung auf den Gütern beider Regionen nachgewiesen werden.

Ein Vergleich der Entwicklung in Schleswig-Holstein mit der in anderen Regionen Deutschlands verbietet sich dagegen in Anbetracht der einleitend konstatierten Forschungslage. Auch die 1868 von v. Viebahn im "zollvereinten und nördlichen Deutschland" gemachte Beobachtung, die "Selbstverfertigung derselben [der landwirtschaftlichen Produktionsmittel] durch Landwirthe, gewöhnliche Knechte und Tagelöhner [habe] sehr abgenommen",[106] läßt sich nicht einmal als grober Vergleichswert in bezug auf die Datierung des Niedergangs heranziehen, da sie mit Sicherheit die im Bezugsraum bestehenden Entwicklungsunterschiede verwischt. Überdies liegen, wie bereits festgestellt, für die Herzogtümer kaum Quellen vor, mittels derer der Niedergang der Gerätschaftsproduktion durch bäuerliches Hauswerk rekonstruiert werden könnte. Mit Sicherheit hörte das gesamte bäuerliche Hauswerk hier jedoch gegen Ende der 1880er Jahre weitgehend auf zu existieren.[107] Rudimente der bäuerlichen Gerätschaftsproduktion lassen sich allerdings noch um die Jahrhundertwende in Schleswig-Holstein nachweisen: Dabei decken sich die in der ADV-Umfrage von 1965/66 ermittelten Schwerpunkte der Herstellung hölzerner Heu-Rechen (-Harken) durch bäuerliches Hauswerk mit den in dieser Untersuchung ermittelten Zentren der bäuerlichen Selbstverfertigung landwirtschaftlicher Produktionsmittel.[108] Zum einen dokumentiert diese Konvergenz das Beharrungsvermögen der alten Produktionsstrukturen im ländlichen Raum und zum anderen stützt sie die Ergebnisse der ADV-Umfrage.

Für Dänemark legt Christensen den Beginn der Ablösung in die 1830er Jahre,[109] so daß man Parallelen zur Entwicklung in Nordostschleswig vermuten könnte. Doch verlief der Niedergang der Gerätschaftsproduktion durch bäuerliches Hauswerk auch in Dänemark nicht einheitlich - das belegt nachdrücklich ein Bericht von 1845: "In vielen Gegenden machen sie [die Landleute] selbst einen großen Theil ihrer Haus- und Ackergeräthe. Jedoch ist der Hausfleiß auf dem Lande bei weitem nicht gleich groß in allen Provinzen oder in allen Gegenden derselben Provinz. Am geringsten ist er in der Nähe größerer Städte und in den wohlhabenderen Gegenden. Dieselbe Handarbeit kann auch nicht überall gleich gut und gleich leicht vorgenommen werden, denn während z.B. in den holzreicheren Gegenden jeder Bauer Geräthschaften wie Beil [...] u.s.w. gut zu handhaben versteht, und viele Acker- und simple Hausgeräthe selber [...] fertigt, können diese Arbeiten

---

105 BENTZIEN, Haken, S. 253 f.

106 VIEBAHN, Statistik (T. 3), S. 646.

107 Vgl. Jahresbericht der GEWERBEKAMMER für die Provinz Schleswig-Holstein für das Jahr 1888, Kiel 1889, S. 75 f. und für das Jahr 1889, Kiel 1890, S. 62 f.

108 WIEGELMANN, ADV-Umfrage, S. 250 f. und Karte 10. Wiegelmann übersieht allerdings, daß es im "östlichen Teil" Schleswig-Holsteins nicht nur Großbetriebe gab. Seine Interpretation der räumlichen Verteilungsmuster der Herstellung hölzerner Heu-Rechen (-Harken) in den verschiedenen "Betriebssystemen" ist deshalb nur partiell zutreffend.

109 Otto CHRISTENSEN et al.: De landøkonomiske Forhold, in: K. Hansen (udg.): Det danske Landbrugs Historie, Bd. 5 (= Danske Landboforholds Historie), København 1934-1945, S. 254-336, hier 321.

in den holzarmen Gegenden nur von Leuten beschafft werden, die daraus ein besonderes Gewerbe machen".[110]

Leider liegt uns für Schleswig-Holstein keine derartige Quelle vor. Sichere Antworten auf die Frage, warum die Ablösung der Gerätschaftsproduktion aus der Sphäre des bäuerlichen Hauswerks in Teilen des Landes offensichtlich schon gegen Ende des 18. Jahrhunderts weitestgehend abgeschlossen war, während sie in anderen erst im Laufe des darauffolgenden Jahrhunderts vollzogen wurde, sind daher kaum zu erhalten. Allerdings werden die Ergebnisse dieses Kapitels in Verbindung mit denjenigen der Kapitel III.2., III.3. und III.5., die die Anfertigung landwirtschaftlicher Produktionsmittel durch die verschiedenen Formen der professionellen Gerätschaftsproduktion in vor- und frühindustrieller Zeit zum Gegenstand haben, eine andere Qualität gewinnen. Allerdings können bereits zu diesem Zeitpunkt einige denkbare Einflußfaktoren als Ursachen ausgeschlossen werden.

Ohne erkennbaren Einfluß auf die Entwicklung des gesamten bäuerlichen Hauswerks in den Herzogtümern war mit Sicherheit die Gewerbegesetzgebung. Die Eigenversorgung mit gewerblichen Produkten aus selbsterzeugten Rohstoffen konnte auch in Schleswig-Holstein zu allen Zeiten von jedermann - sowohl in der Stadt als auch auf dem Lande - ungehindert betrieben werden. Denn solange die Grenzen der Eigenversorgung nicht überschritten wurden, kam es keinem Landesherrn jemals in den Sinn, das für die Lebenshaltung der ländlichen Bevölkerung nahezu unabdingbare Hauswerk zu verbieten. So ist bereits in der königlichen "Constitution wegen Abstellung bürgerlicher Nahrung und Handthierung auf dem Lande" vom 2. August 1686 ausdrücklich vermerkt: "jedoch bleibt einem jeden Hausmann unverboten, selbsten, so viel er zu seinem und der Seinigen Unterhalt bedarf, zu brauen [...], auch, was er entweder selbst, oder auch durch seine Dienstleute, von allerhand Handthierung und Gewerbe zu seinem eigenen Dienst verrichten kann, verfertigen zu lassen".[111] Und noch 1836 wird in einem "Regierungsschreiben, betr. die Befugniß der Landbewohner zur eignen Verfertigung von Schmiedearbeiten für ihren Bedarf" festgestellt, daß es dazu "in gewerbpolizeilicher Rücksicht einer besonderen Erlaubniß nicht bedürfe, vielmehr jedem Landbewohner unbenommen sey, die zum eigenen Bedarf erforderlichen Schmiedearbeiten selbst oder durch einen in Kost und Lohn stehenden Knecht verfertigen zu lassen".[112]

Kein relevanter Einflußfaktor war offensichtlich auch die geographische Lage, denn im Gegensatz etwa zu denjenigen in marktfernen, entlegenen Gebirgsregionen waren z.B. die Bauern im Nordosten Schleswigs aufgrund der dichteren Besiedlung, d.h. ihrer weitaus größeren Marktnähe, nicht zu dieser autarken Wirtschaftsweise gezwungen.

---

110 August von BAGGESEN: Der dänische Staat, oder das Königreich Dänemark mit dessen Nebenländern und den Herzogthümern Schleswig, Holstein und Lauenburg, geographisch und statistisch dargestellt, Bd. 1, Kopenhagen 1845, S. 198.

111 CONSTITUTION wegen Abstellung bürgerlicher Nahrung und Handthierung auf dem Lande, in: Syst. Slg, Bd. 6, Kiel 1833, S. 135 f., Nr. 1 (02.08.1686). Ferner vgl. etwa: Auszug aus einem KANZELEISCHREIBEN an den Magistrat in -----, betr. die Befugniß städtischer Eingesessenen, durch ihre Dienstboten Handwerksarbeit verrichten zu lassen, in: Syst. Slg, Bd. 6, Kiel 1833, S. 5 f., Nr. 3 (20.07.1830). - Vgl. auch SKALWEIT, Dorfhandwerk, S. 16 f.

112 REGIERUNGSSCHREIBEN, betr. die Befugniß der Landbewohner zur eignen Verfertigung von Schmiedearbeiten für ihren Bedarf, in: Chr. Slg, 1836, Nr. 25 (17.03.1836), Kiel 1837, S. 47.

Des weiteren scheint zumindest die Waldarmut kein allzu gewichtiger Einflußfaktor gewesen zu sein, da bäuerliche Gerätschaftsproduktion z.B. auch in der als holzarm geltenden Probstei und auf Fehmarn festgestellt wurde.

1978 wies Joan Thirsk in einer Monographie über die Entstehung der Konsumgesellschaft im frühneuzeitlichen England stringent nach, daß das bäuerliche Hauswerk zuerst in den Agrarregionen, in denen im Verlauf der Zeit zunehmend marktorientiert produziert wurde, spürbar von den Bauern eingeschränkt wurde, da diese nun ihrerseits begannen, gewerbliche Waren über den Markt zu erwerben.[113]

Nun läßt sich dieses Verhalten bei den in Teilen des nordöstlichen Schleswigs schon seit Jahrhunderten an Marktchancen orientierten Agrarproduzenten[114] nicht nachweisen; sie fertigten - wie gezeigt - nicht nur bis weit ins 19. Jahrhundert hinein ungebrochen ihre landwirtschaftlichen Produktionsmittel weitgehend selbst an, sondern zeichneten sich darüber hinaus im Untersuchungszeitraum auch noch durch ihr "industriöses Wesen" gegenüber allen anderen Schleswig-Holsteinern aus. Auf den Gütern führte die frühe Marktorientierung ebenfalls nicht dazu, daß die Anfertigung der für den landwirtschaftlichen Produktionsprozeß benötigten Geräte außerhalb des "ganzen Hauses" erfolgte.[115] Das war ebenfalls auf Fehmarn zumindest noch um 1800 so.

Doch wie verhielten sich diesbezüglich die Bauern der See- und Flußmarschen beider Herzogtümer, die sich ebenfalls traditionell an Marktchancen orientierten? Über die Gerätschaftsproduktion auf den Marschhöfen liegt nur eine kurze Nachricht aus dem südlichen Teil der holsteinischen Elbmarschen für 1829 vor. Darin heißt es: "Es giebt hier wenige Landleute die ihre Geräthschaften selbst verfertigen, die meisten werden von Handwerkern gemacht".[116] Da dort jedoch schon um 1800 kaum noch andere gewerbliche Produkte in den bäuerlichen Betrieben selbst angefertigt wurden,[117] erscheint auch ein früher Niedergang der bäuerlichen Gerätschaftsproduktion in den Marschen der Herzogtümer wahrscheinlich.

Ebenso liegt umgekehrt selbstverständlich die Vermutung nahe, daß im überwiegenden Teil der landwirtschaftlichen Betriebe auf der Schleswigschen und Holsteinischen Vorgeest und Hohen Geest, die u.a. aufgrund ihrer ungünstigen Verkehrslage bis weit in das vorige Jahrhundert hinein noch dicht an der Subsistenzwirtschaft lebten, mithin über keine entwickelten Ware-Geld-Beziehungen verfügten, das Hauswerk ungebrochen intakt

---

113 Joan THIRSK: Economic Policy and Projects. The Development of a Consumer Society in Early Modern England, Oxford 1978, passim. - Helga SCHULTZ: Landhandwerk im Übergang vom Feudalismus zum Kapitalismus. Vergleichender Überblick und Fallstudie Mecklenburg-Schwerin (= Forschungen zur Wirtschaftsgeschichte, 21), Berlin (Ost) 1984, S. 73, kommt für ihr Untersuchungsgebiet zum gleichen Ergebnis.

114 Vgl. etwa JÜRGENS, Handelsgeschichte, passim.

115 Zur Marktorientierung der schleswig-holsteinischen Güter in der Frühen Neuzeit vgl. Jens JESSEN: Die Entstehung und Entwicklung der Gutswirtschaft in Schleswig-Holstein bis zum Beginn der Agrarreformen, in: ZSHG, 51 (1922), S. 1-206, hier 126-168.

116 NIENBURG, Beantwortung, S. 111.

117 Vgl. HÄHNSEN, Entwicklung, passim. Ferner Paul von HEDEMANN-HEESPEN: Ein Gang durch das Gewerbe unser Vergangenheit, in: ZSHG, 48 (1918), S. 1-201, hier 39 f. und 46-48. BROCKSTEDT, Grundzüge, S. 32.

geblieben ist.[118] Hier müßte demnach der Bauer seine landwirtschaftlichen Produktionsmittel verhältnismäßig lange selbst angefertigt haben. Klarheit über diese sowie die vorher gestellten Fragen und aufgeworfenen Thesen soll - soweit das überhaupt möglich ist - nachfolgend geschaffen werden.

118 Zur Verkehrsstruktur Schleswig-Holsteins im 19. Jahrhundert sowie deren Einfluß auf die wirtschaftliche Entwicklung des Landes vgl. Walter ASMUS: Die verkehrs- und wirtschaftsräumliche Entwicklung Schleswig-Holsteins 1840-1914. Ein Beitrag zur Industrialisierung agrarischer Räume, in: Ingwer E. Momsen (Hg.): Schleswig-Holsteins Weg in die Moderne. Zehn Jahre Arbeitskreis für Wirtschafts- und Sozialgeschichte Schleswig-Holsteins (= SWSG, 15), Neumünster 1988, S. 43-63; sowie DERS.: Probleme der Verkehrsstruktur und Verkehrsentwicklung in Schleswig-Holstein und ihr Einfluß auf die gewerbliche Entwicklung 1800-1867, in: Jürgen Brockstedt (Hg.): Gewerbliche Entwicklung in Schleswig-Holstein, anderen norddeutschen Ländern und Dänemark von der Mitte des 18. Jahrhunderts bis zum Übergang ins Kaiserreich (= SWSG, 17), Neumünster 1989, S. 183-206.

III.2. Die "Klüterei" - eine traditionelle nicht-agrarische Form der Einkommenssicherung der ländlichen Bevölkerung in den Herzogtümern

Aus der "Extension des Höckerreglements von 1775, auf die vorhin großfürstlichen Districte des Herzogthums Holstein" geht hervor, daß bereits zwanzig Jahre zuvor für das Herzogtum Schleswig, den königlichen Anteil des Herzogtums Holstein sowie die Herrschaft Pinneberg, die Grafschaft Rantzau und die Stadt Altona ein "Reglement wegen Feilbietung der Höckerwaaren auf dem Lande" erlassen worden war, das es den "Landhöckern" erlaubte, "diejenigen Waaren, deren der Landmann zu seiner täglichen Nahrung, auch Haus- und Feldarbeit benöthiget ist, zu verkaufen". Unter diesen Waren, die die "mit Concessionen versehenen Landhöcker" den Bauern in kleinen Mengen anbieten durften, befanden sich bemerkenswerterweise auch "Wagenleitern, Rungen, Drachtebener, Schwingen, und was sonsten zu Reparirung der Wagen, Pflüge und Eggen erforderlich, Heuharken, Dröschklappers, Korn- und Mistschaufeln, Spaten".[119]

Freilich ist uns über den Umfang des Absatzes dieser Artikel durch Landhöcker in den Herzogtümern nichts weiter bekannt, doch belegen die Höckerreglements von 1755/75 und auch das von 1826[120] zweierlei nachdrücklich: Zum einen konnte der Landmann sowohl Ersatzteile für eine Reihe von landwirtschaftlichen Produktionsmitteln beim Landhöker kaufen als auch einige von diesen komplett bei ihm beziehen. Zum anderen sind in Schleswig-Holstein mindestens seit der Mitte des 18. Jahrhunderts, vermutlich jedoch schon früher landwirtschaftliche Produktionsmittel - sofern nicht komplett von außerhalb eingeführt - auch auf dem flachen Land gewerblich hergestellt worden. Denn laut Patent vom 14. November 1826 gehörten sie zu denjenigen Warenartikeln, die auch "in den Landdistricten verfertigt" wurden und "von den Landhöckern auch bei den Landleuten gekauft werden" durften. Da mit den "Landleuten" nicht unbedingt die Landhandwerker gemeint waren und es zudem unwahrscheinlich erscheint, daß die Höker die landwirtschaftlichen Produktionsmittel selbst anfertigten, gilt es zu klären, wo und von wem sie in erster Linie produziert wurden - und natürlich wieviel von welchem Gerät überhaupt erzeugt wurde. Ferner sollten die Absatzgebiete und Käufer ausfindig gemacht werden. Allein in Anbetracht der äußerst dürftigen Quellenlage werden auch in diesem Kapitel leider mehr Fragen offen bleiben als beantwortet werden.

In seiner 1809 verfaßten "Forststatistik der dänischen Staaten" liefert uns Niemann glücklicherweise auch folgenden Überblick über die gewerbliche Verarbeitung des Nutzholzes auf dem Lande zu Haus-, Hof- und Feldgerät sowie auch über dessen Absatz in den Herzogtümern: "Eine Menge kleiner Holzwaaren und Geräthe führt in den östlichen Häfen der Schwede mit seinen Holzladungen ein; aber den größern Theil verfertigt im

---

119 EXTENSION des Höckerreglements von 1775, auf die vorhin großfürstlichen Districte des Herzogthums Holstein, in: Chr. Slg, 1775, Nr. 72 (23.12.1775), Kiel 1779, S. 143-145.

120 Auch im PATENT wegen Aufhebung des Hökerreglements vom 6ten Jun. 1755 und Erlassung eines neuen Hökerreglements, für die Herzogthümer Schleswig und Holstein, in: Chr. Slg, 1826, Nr. 112 (14.11.1826), Kiel 1827, S. 189-191, ist eine nahezu identische Liste mit landwirtschaftlichen Produktionsmitteln enthalten.

Schleswigschen besonders der Angler, in Holstein der Dithmarscher und der Probsteier. Der Angler wohnt mit kleinen Holzkoppeln umgeben; aber Dithmarscher und Probsteier sind Bewohner der holzärmeren Gegenden. Beide stehen allgemein in dem Rufe der sparsamsten Holzwirthe im Lande. Jeden Holzabfall und jeden Span halten sie zu Rathe und wissen ihn nutzbar zu machen. Der wohlhabende Probsteier arbeitet meistens nur für seinen eignen Hausbedarf. Aber in Dithmarschen ist die Verfertigung der Holzwaaren mehr Gewerbe und Handelssache. Hier spalten, schnitzen und drehen die kleinen Leute ohne Landbesitz zu ihrem Erwerbe eine Menge Holzarbeiten und versorgen damit die begüterten Marschbewohner und ihre Nachbaren. Sie liefern Harken und Schaufeln, Flegel und Leitern [...] und mancherlei andre große und kleine Sachen. Keine Lode und kein Zweig, woraus sie nicht irgend etwas Verkäufliches zu machen wüßten".[121]

Der Import kleinerer Holzwaren und Geräte aus Schweden über die Ostseehäfen in die Herzogtümer überrascht insofern nicht, als Schweden ebenso wie Norwegen und Finnland,[122] waldreich ist. Das nahezu ubiquitär verfügbare und zudem billige Nadelholz ermöglichte dort offensichtlich die Entstehung eines hölzerne Geräte produzierenden Hausfleißes oder möglicherweise sogar die einer Hausindustrie.[123] Ein aufnahmefähiges Absatzgebiet für ihre auf lokaler Ebene nicht absetzbaren Warenquantitäten war offensichtlich Schleswig-Holstein. Über die schwedischen Produzenten läßt sich allerdings ebensowenig etwas sagen wie über die Art der Ware oder das Handelsvolumen. Auch über die Vertriebsstrukturen und die Käufer sind wir nicht unterrichtet. Vielleicht gelangten die kleineren Holzwaren und Geräte über einen Verleger als Vermittler zwischen Produktions- und Absatzgebiet zu den Landhökern und von diesen letztlich zu den Bauern. Ein anderer denkbarer Vertriebsweg könnte jedoch auch derjenige über die Hausierer gewesen sein. Zwar war das Verbot "des Hausirens außerhalb der Jahrmärkte" 1837 auf "sämmtliche Districte und Orte der Herzogthümer" ausgedehnt worden, doch blieben davon weiterhin die "Holz- und anderen Arbeiten, welche zufolge der Verfügung vom 8ten März 1825 auf dem Lande ohne Concession verfertigt" werden durften, ausgenommen.[124]

---

121 NIEMANN, Forststatistik, S. 353 f.

122 Durch die Einfuhr von sogenanntem "Finnischen Zeug", d.h. von Holzwaren aus Finnland, unter denen Bütten, Balgen und Kufen wohl den größten Posten ausmachten, wurde im 18. Jahrhundert der Zunftzwang im Kieler Böttchergewerbe durchbrochen. Bis 1786 erhöhte sich die jährliche Zahl der den Kieler Hafen mit derartiger Fracht anlaufenden finnischen Schiffe von zwei auf sechs und mehr. Ihr Verkauf wurde von Kieler Kaufleuten als Handel mit Kleinigkeiten deklariert. HÄHNSEN, Geschichte, S. 396.

123 Josef GUINCHARD: Schweden. Historisch-statistisches Handbuch, Bd. 2 (Gewerbe), Stockholm (2)1913, S. 448: "In vielen Gegenden des Landes ist die Hausindustrie recht entwickelt, und auf jedem Hofe findet sich gewöhnlich jemand, der wenigstens gröbere Tischlerarbeiten und notwendige Reparaturen an den landwirtschaftlichen Geräten ausführen kann. In einigen Provinzen war es früher gewöhnlich, dass die männliche Bevölkerung die langen Winterabende, an denen keine Feldarbeit getan werden konnte, zu dieser und jener Handarbeit, wie Herstellung von landwirtschaftlichen Geräten [...] benützte [...]. Erleichtert wurden diese Tischlerarbeiten durch den reichlichen Vorrat an billigem Nutzholz".

124 VERORDNUNG, betr. das Hausiren außerhalb der Jahrmärkte, in: Chr. Slg, 1837, Nr. 167 (24.10.1837), Kiel 1838, S. 257-267, hier 257-259. - Zur Entwicklung der Hausiergesetzgebung in den Herzogtümern vgl. unten, Kap. III.4.2.5., S. 272 f.

Aber auch innerhalb der Herzogtümer lassen sich dank Niemann Produktions- und Absatzgebiete differenzieren. Erstere waren im Schleswigschen Angeln und im Holsteinischen Dithmarschen.

Die Benennung Angelns als eines der Gebiete mit gewerblichen Holzwarenverfertigern kann kaum überraschen, ist doch der Nordosten des Herzogtums Schleswig bereits oben als das Zentrum der Anfertigung landwirtschaftlicher Produktionsmittel durch bäuerliches Hauswerk in Schleswig-Holstein identifiziert worden. Offenbar hat sich hier eine auch in anderen ländlichen Räumen mit einem stark ausgeprägten "industriösen Wesen" der Bevölkerung des öfteren zu beobachtende Entwicklung vollzogen: Ein bestimmter Bereich der routinemäßig zur Eigenversorgung (autarkeia)[125] des ruralen "ganzen Hauses" ausgeführten Holzarbeiten wechselte im Laufe der Zeit mehr oder weniger stark in die Sphäre des Hausfleißes hinüber. In unserem Fall hat sich die Herstellung landwirtschaftlicher Produktionsmittel zu einer traditionellen nicht-agrarischen Form der Einkommenssicherung der ländlichen Bevölkerung entwickelt. Welchen Umfang die Ausfuhr dieser Holzarbeiten aus Angeln im letzten Viertel des 18. Jahrhunderts gehabt hat, läßt eine Beschwerde des Husumer Magistrats von 1787 erahnen. In einem Bericht über die Lage des Handwerks der Stadt erklärte er den Rückgang der Stellmacher wie folgt: "Diese Profession leidet durch die große Menge Arbeit, welche in Angeln auf einen Kauf gemacht wird und in das Herzogthum verfahren wird".[126]

Begünstigt durch die Rohstofflage im relativ waldreichen Nordosten Schleswigs haben sich dort noch weitere Produktionsgebiete entwickelt. So heißt es aus dem Sundewitt: "Darüber hinaus machen in dem einen und anderen Dorfe die Bauern Wagengestelle und dgl. zurecht, die nach Tondern abgesetzt werden. Ausserdem sind aber auch viele Insten mit Anfertigung von allerlei Holzwaaren und von Tischlerarbeiten beschäftigt, die gleichfalls nach dem Westen des Landes abgehen. (Dieselbe Industrie wie im östlichen Angeln)".[127] Wie in Angeln beschränkte sich die Anfertigung landwirtschaftlicher Gerätschaften durch Hausfleiß auch im Amt Hadersleben auf den östlichen Teil - und zwar hier auf die Hadersleber- und Thystrupharde. Die ortsansässigen Bauern hausierten "mit den Produkten [u.a. 'Holzwaaren'] des hiesigen Hausfleißes überall herum".[128] Ein weiterer Produktionsstandort im Hügelland war Alsen.[129]

Auf der Geest des Herzogtums Schleswig kann als Produktionsgebiet zumindest der sich östlich an den Ockholmer Koog anschließende Teil der Bredstedt-Husumer Geest lokalisiert werden. 1821 wurde von dort berichtet: "Arbeitsleute aus Jütland oder dem benachbarten Amte Tondern besorgen größtentheils das Dreschen und Reinigen des Korns [im

125 Leonhard BAUER und Herbert MATIS: Geburt der Neuzeit. Vom Feudalsystem zur Marktgesellschaft, München 1988, S. 45: "Das ökonomische Ziel des 'Hauses' ist das der wirtschaftlichen Selbstgenügsamkeit und Eigenversorgung (autarkeia). Alles, was für die Erhaltung der Gemeinschaft notwendig ist, soll aus eigenem geschaffen werden; Autarkie ist die Fähigkeit, ein Auskommen ohne Abhängigkeit von äußeren Ressourcen zu führen".

126 Stadtarchiv Husum Nr. 1600, S. 313-338; zitiert nach Ingwer Ernst MOMSEN: Die Bevölkerung der Stadt Husum von 1769 bis 1860. Versuch einer historischen Sozialgeographie (= Schriften des Geographischen Instituts der Universität Kiel, 31), Kiel 1969, S. 129.

127 HANSSEN, Sundewitt, S. 521. - Zur Bestandsentwicklung des Waldes im Herzogtum Schleswig vgl. MAGER, Entwicklungsgeschichte (Bd. 1), S. 44 ff., (Bd. 2), S. 188 ff.

128 DERS., Hadersleben, S. 34.

129 DERS., Gegenden, S. 436.

Ockholmer Koog], und erwerben nicht nur ihren Unterhalt, während dieser zum Arbeiten unbequemen Jahrszeit, sondern auch etwas baares Geld, welches wenigstens die dortigen einheimischen Arbeitsleut gut verdienen könnten, und benöthigt wären. Auf der Geest dahingegen schämt man sich gleichsam dieser Winterarbeiten nicht; es werden vielmehr auch mancherlei Nebenarbeiten, als Körbeflechten, Besenbinden, Verfertigung kleiner Holzwaaren und dergleichen vorgenommen".[130]

Im Herzogtum Holstein lassen sich im Hügelland zumindest die Ämter Bordesholm (1842) und Reinfeld (1852) als Gebiete identifizieren, in denen landwirtschaftliche Produktionsmittel durch Hausfleiß produziert wurden. In ersterem ernährten sich "manche arme Familien vom Pantoffelmachen, Reparatur von Töpfen (Topfbinden), Verfertigung kleiner hölzerner Geräthschaften, einige noch [...] vom Bürstenbinden u.s.w." und in letzterem wurden "die kleineren Ackergeräthe" auch "von den kleinen Leuten in den Dörfern angefertigt".[131]

Weiter verbreitet war die gewerbliche "Klüterei" im Holsteinischen aber vor allem auf der Heide-Itzehoer Geest. Das bestätigen mehrere gleichlautende Berichte unabhängig von dem Niemanns. 1802 vermeldete etwa ein Unbekannter in seinen "Landwirthschaftlichen Nachrichten aus Dithmarschen" ganz im Geiste der Hausväter-Literatur: "So wie der hiesige Bauer in Hinsicht jener Handarbeiten wenig indüstriös ist, eben so wenig beschäftigt er sich mit der Verfertigung der ihm nöthigen Akkergeräthschaften. Diese lässt er alle, ohne Ausnahme, entweder von den einheimischen Tischlern und Stellmachern verfertigen, oder er kauft sie auch. Selbst Schaufeln, Rechen, Wagen, Leitern und dergleichen kleine landwirthschaftliche Geräthe werden von den benachbarten fleissigern Holsteinern gekauft".[132] Ein Umschlagsplatz für die hölzernen Gerätschaften war der Markt des Fleckens Heide, der "alle Sonnabend gegen Mittag mit Menschen, Wagen und Pferden angefüllt" war. Ihn frequentierten "nicht blos die Einwohner von Norderdithmarschen", sondern auch die "aus dem Südertheile, aus Eiderstedt, aus der Wilstermarsch etc". "Jede Ware hat[te] hier ihren angewiesenen gewissen Platz", so auch das "Holzwerk": "Alles Holzgeräthe, das der Landmann gebraucht, kan er hier fertig vorfinden, z.B. Thore, Thorsäulen, Pfähle aller Art, Zaunflechten zur Verschliessung der Dammstellen bei den Aekkern, Leitern, Räder, Schiebkarren, Schweinetröge [...]".[133] Daran hatte sich auch über ein halbes Jahrhundert später noch nichts in der Landschaft Norderdithmarschen geändert: "Alle Holzwaaren muß die Marsch kaufen, daher tragen die ihr zunächst liegenden Märkte auf der Geest ein eigenthümliches Gepräge durch die aufgehäuften Massen von Besen und Harken, von Forken und Schaufeln, Eggen und Pflugbalken, Wagenleitern und Thorhecken, genug, von allen erdenklichen dahin gehörigen Artikeln".[134] Ein weiterer Umschlagsplatz für durch Hausfleiß produzierte hölzerne Gerätschaften könnte Marne gewesen sein. Ohne eine genauere Zeitangabe vermerkte Kinze

---

130 Christian LEVSEN: Nachrichten über das Amt Bredstedt, abgedruckt aus den Schriften der patriotischen Gesellschaft, Altona 1821, S. 219.

131 HANSSEN, Bordesholm, S. 122 f. und ALBERS, Reinfeld, S. 72.

132 ANONYMUS, Nachrichten, S. 30. - Vgl. auch Heinrich WOLF: Auch ein Wort über Indüstrieschulen mit besonderer Rücksicht auf Dithmarschen, in: PB, 6 (1792), 2.5, S. 157-173, hier 166.

133 DERS.: Ueber das Gewerbe und Verkehr im Flekken Heide in Norderdithmarschen, in: PB, 6 (1792), 2.1, S. 37-53, hier 39 f. und 42 f.

134 REVENTLOW-FARVE/WARNSTEDT, Festgabe, S. 220.

1939, daß früher auf dem sonntäglichen Marner "Menschenmarkt" die "Holtenschüffelmaker" einfaches Arbeitsgerät verkauft hätten.[135]

Rekapitulieren wir: In Schleswig-Holstein scheint sich die Herstellung landwirtschaftlicher Produktionsmittel durch Hausfleiß an zwei Standorten konzentriert zu haben, nämlich zum einen in Teilen Nordostschleswigs und zum anderen entlang weiter Strecken der an die Marschen grenzenden Hohen Geest beider Herzogtümer. Wie weit sich diese Form des Hausfleißes jeweils von den Geesträndern ins Landesinnere hinein erstreckte, kann allerdings nicht ausgemacht werden. So berichtete 1795 etwa auch Volckmar lediglich, daß die "benachbarten Geestämter" die bäuerlichen Betriebe in Eiderstedt "mit fertig gemachten Harken, Schaufeln, Schiebkarren, Beilstielen" etc. versorgen würden.[136]

Weitgehend anonym bleiben die Produzenten selbst. Aus dem Sundewitt erfahren wir immerhin, daß es "in dem einen und anderen Dorfe die Bauern" sowie auch "viele Insten" waren, die gewerblich landwirtschaftliche Produktionsmittel anfertigten. Ob dort jedoch alle Bauern oder etwa ausschließlich die Kleinbauern der betreffenden Dörfer dieser nicht-agrarischen Beschäftigung nachgingen, bleibt genauso im dunkeln wie in den nachfolgenden Fällen. Im östlichen Teil des Amtes Hadersleben hausierten die Bauern mit den Erzeugnissen "des hiesigen Hausfleißes überall herum" und in Angeln beteiligten sich die Bauern zumindest an der Allokation, vielleicht sogar an der Distribution. Denn zum einen ist bereits nachgewiesen worden, daß sie sich in Angeln an der hauswerklichen Herstellung der Gerätschaften beteiligt haben; warum sollten sie sich dann also nicht auch mit der gewerblichen Holzverarbeitung befaßt haben? Zum anderen sprach Niemann - ebenso wie Jensen[137] 1844 in seiner Beschreibung Angelns - ganz allgemein vom "Angler". In bezug auf die Bredstedt-Husumer Geest darf vermutet werden, daß die Tagelöhner im Nebenerwerb klüterten.

Im Gegensatz dazu waren es im Herzogtum Holstein gewöhnlich "manche arme Familien" (Amt Bordesholm) oder die "kleinen Leute in den Dörfern" (Amt Reinfeld) bzw. die "kleinen Leute ohne Landbesitz" (Dithmarschen), die die landwirtschaftlichen Produktionsmittel durch Hausfleiß herstellten. Der "wohlhabende Probsteier" hingegen klüterte "meistens nur für seinen eignen Hausbedarf". Ansonsten ist lediglich noch einmal von den "benachbarten fleißigern Holsteinern" die Rede.

Die eindeutige Zuordnung dieser Tätigkeit in den Arbeitsbereich der unterbäuerlichen Schichten ist im Holsteinischen bereits bei der Untersuchung der Anfertigung der Gerätschaften durch Hauswerk festgestellt worden. Während sich also der holsteinische Bauer in der Regel nicht mehr aktiv mit Holzarbeiten befaßte, ist es im Schleswigschen in der ersten Hälfte des 19. Jahrhunderts durchaus noch üblich gewesen, daß der Bauer diese Arbeiten sowohl zur Eigenversorgung des Betriebes mit hölzernen Geräten für die Haus-, Hof- und Feldwirtschaft als auch im Hausfleiß verrichtete.

---

135 Ida KINZE: Marner Menschenmarkt, in: Die Heimat, 49 (1939), S. 213 f., hier 214.

136 VOLCKMAR, Versuch, S. 274. - Die von VOLCKMAR, WOLF und REVENTLOW-FARVE/WARNSTEDT aufgezählten landwirtschaftlichen Holzwaren finden sich auch bei DITTMANN, Versuch, S. 225, in einer Liste derjenigen "Holzarbeit", die auf den schleswig-holsteinischen Gütern von den Tagelöhnern gegen ein bestimmtes Entgelt hergestellt wurden, wieder.

137 Hans Nicolai Andreas JENSEN: Angeln. Zunächst für die Angler historisch beschrieben, Flensburg 1844, S. 304: "In Holzarbeiten haben viele [Angeliter] sich ausgezeichnet".

Der Untersuchung vorausgreifend ist die gewerbliche Gerätschaftsproduktion in Schleswig-Holstein wiederholt als "Hausfleiß" bezeichnet worden.[138] Tatsächlich läßt sich nicht ohne weiteres sagen, welchen Anteil der aus dieser nicht-agrarischen Beschäftigung erzielte Gewinn am Einkommen der ländlichen Bevölkerung gehabt hat. Eines ist allerdings sicher: Im Herzogtum Schleswig handelte es sich lediglich um einen, wenn auch vielleicht einträglichen Nebenerwerb, eben um Hausfleiß, der das aus der Landwirtschaft bezogene Einkommen der Produzenten ergänzte. Diese waren in erster Linie Bauer, Kätner oder Inste. Zudem zielte dieser Teil ihrer Arbeitstätigkeit allenfalls auf die Deckung des regionalen Bedarfs an hölzernen landwirtschaftlichen Produktionsmitteln und nicht auf die Befriedigung der Nachfrage überregionaler Märkte ab.

Etwas anders gelagert waren die Verhältnisse im Herzogtum Holstein, wie sich gerade gezeigt hat und sich nachfolgend nochmals anhand einer Untersuchung auf der Mikroebene nachweisen läßt. Mit Hilfe einiger konkreter Fallbeispiele aus der Landschaft Süderdithmarschen können hier die Produzenten aus ihrer Anonymität herausgeholt und ihre Einkommens- und Vermögensverhältnisse beleuchtet werden, so daß letztlich auch ihre Stellung innerhalb des ländlichen sozioökonomischen Gefüges genauer bestimmbar wird. In diesem Zusammenhang kann dann auch der Anteil des Hausfleißes an ihrem Gesamteinkommen ein wenig exakter gefaßt werden.

In den Landschaften Norder- und Süderdithmarschen bestand de facto bereits seit Jahrhunderten weitgehend Gewerbefreiheit, bevor dieselbe in preußischer Zeit 1867/69 in ganz Schleswig-Holstein offiziell eingeführt wurde.[139] Trotzdem bemühte sich die landesherrliche Gewerbepolitik bis zur formellen Anerkennung der Gewerbefreiheit beider Landschaften[140] am 28. August 1824 wiederholt darum, auch in Dithmarschen die gewerblichen Verhältnisse auf dem flachen Land neu zu gestalten. So sollte gemäß des 1805 in den Landdistrikten eingeführten Konzessionssystems "überhaupt in den Landdistricten niemand, ohne mit einer Königl. Concession versehen zu seyn, ein Handwerk oder bürgerliches Gewerbe treiben".[141] Zum Erwerb und Erhalt der landesherrlichen Konzession sollten die betreffenden fortan eine "jährliche Recognition" entrichten.[142]

Vorläufig ausgenommen von dieser Verfügung waren zunächst noch u.a. die beiden Landschaften Norder- und Süderdithmarschen. Das sollte sich allerdings 1819 ändern.[143]

---

138 Die Definition von Hausfleiß befindet sich oben, Kap. III.1.1., S. 173.

139 Zur allgemeinen Entwicklung des Gewerberechts auf dem flachen Land der Herzogtümer während des 18. und 19. Jahrhunderts vgl. HÄHNSEN, Entwicklung, passim. Speziell zur Entwicklung desselben in den Landschaften Norder- und Süderdithmarschen vgl. ebda., S. 41-50.

140 STATTHALTER-VERFÜGUNG an den Landvogt in Süderdithmarschen, betr. die Gewerbefreiheit in dieser Landschaft (Eine Verfügung gleichen Inhalts wegen der Gewerbefreiheit in der Landschaft Norderdithmarschen ist unter demselben Datum an den dortigen Landvogt erlassen), in: Syst. Slg, Bd. 6, Kiel 1833, S. 234, Nr. 22 (28.08.1824). Vgl. auch Fritz HÄHNSEN: Die Gewerbefreiheit Dithmarschens, in: Nordelbingen, 1 (1923), S. 104-111.

141 CIRCULARVERFÜGUNG, daß überhaupt in den Landdistricten niemand, ohne mit einer Königl. Concession versehen zu seyn, ein Handwerk oder bürgerliches Gewerbe treiben dürfe, in: Syst. Slg, Bd. 6, Kiel 1833, S. 154, Nr. 11 (05.06.1805).

142 KANZELEYSCHREIBEN an das Königl. Commerzcollegium, betr. die Anwendung der von Handwerkern auf dem Lande zu erlegenden Recognition auf Fabrik- und Industrieanlagen auf dem Lande, in: Chr. Slg, 1812, Nr. 23 (22.02.1812), Kiel 1814, S. 21.

143 RESCRIPT an den Statthalter, betr. die Abstellung des bürgerlichen Gewerbes auf dem Lande, in: Syst. Slg, Bd. 6, Kiel 1833, S. 155-157, Nr. 13 (07.09.1819).

In diesem Jahr entschloß sich die Deutsche Kanzlei dazu, das Konzessionssystem auf einige der bisher "begünstigten Districte" auszudehnen. Zwar ist im Falle Dithmarschens, wie bereits gesagt, von diesem Vorhaben wenige Jahre später wieder Abstand genommen worden, doch wurde als unmittelbarer Reflex auf das Rescript von 1819 auch in Süderdithmarschen zunächst "eine Flut von Konzessionsgesuchen"[144] ausgelöst, die keineswegs nur von Landhandwerkern, sondern auch von anderen in diesem Landdistrikt ein bürgerliches Gewerbe Treibenden stammten. Dementsprechend befanden sich unter den dreiundachtzig "Supplicanten", die im Spätsommer 1820 beim Kirchspielvogt des Süderdithmarscher Kirchspiels Albersdorf um eine Konzession nachsuchten, neben den neun Gerätschaftshandwerkern der alten Gewerke Schmied (5) und Rademacher (4) auch ebenso viele, die um "eine allerhöchste Concession zur Treibung der sogenannten Klüterei" nachsuchten (siehe dazu Tab. 2).

Die in den Anträgen gemachten Angaben erfahren durch die Stellungnahme des Kirchspielvogts eine Bestätigung, sind mithin als wahrheitsgetreu einzustufen.

Tab. 2 zeigt, daß es ihre Einkommens- und Vermögensverhältnisse fünfen der gewerblichen Klüterer im Süderdithmarscher Kirchspiel Albersdorf nicht erlaubten, die verlangte Expeditionsgebühr, geschweige denn die jährliche Recognition zu entrichten.[145] Das verwundert insofern nicht, als der Kirchspielvogt 1820 in seinem Bericht an den Süderdithmarscher Landvogt vermerkte, "daß grade die ärmste Classe der hiesigen Kirchspielsbewohner, den größten Theil der Nahrungstreibenden und Handwerker ausmacht". Auch seien "die Gewerbe der mehresten Supplicanten von so geringer Bedeutung, daß selbige wol den Verdienst eines ganzen Jahres hingeben müßten, um die Gebühren der Concession zu entrichten".[146] So war ein Antragsteller (Nr. 6) "mit seiner Frau nackt und bloß zusammen gekommen", also mittellos, weshalb sein Antrag als Armensache behandelt wurde. Die Vermögensumstände der vier anderen (Nr. 1, 2, 8, 9) waren "schwach" oder "zerrüttet".

144 HÄHNSEN, Entwicklung, S. 91.

145 Die Expeditionsgebühr ist eine einmalig vom Antragsteller für die Ausfertigung und Beförderung seiner Konzession zu entrichtende Gebühr. Die Recognition ist eine vom Konzessionsinhaber jährlich für die Verlängerung (in der Amtssprache: Anerkennung) seiner Konzession zu entrichtende Gebühr.

146 LAS Abt. 102 (Lft Süderdithmarschen), Nr. VI-114. Die nachfolgenden Zitate stammen ausnahmslos aus diesem Aktenband.

Tab. 2: Einkommens- und Vermögensverhältnisse der gewerblichen Klüterer im Kirchspiel Albersdorf (Lft Süderdithmarschen) 1820

Nr	Name, Vorname	Wohnort	Alter und Familienstand	Familienangehörige	beruflicher Werdegang	Vermögens- und Einkommensverhältnisse	Stellungnahme des Kirchspielvogts
1	Anthony, Claus	Röst	(?) verheiratet	Frau (?)	in Jugend Klüterei erlernt; 10jähriger Militärdienst; Bauer	seit mehreren Jahren kleine Bauernstelle; Klüterei nur gering, aber essentiell für Ernährung des Haushalts	bestätigt und befürwortet Antrag; wg. schwacher Vermögensumstände Befreiung von Recognition etc.
2	Anthony, Jacob	Albersdorf	(?) verheiratet	Frau, 3 Kinder, Eltern	in Jugend Pflugmacherei u. Klüterei beim Vater erlernt; 8jähriger Militärdienst; Bauer	ca. 1815 vom Vater kl. Bauernstelle und Pflugmacherei/Klüterei übernommen; letztere haben wesentl. Anteil am Einkommen	dito
3	Claussen, Hans	Albersdorf	(?) verheiratet	zahlreiche Familie	Bauer; seit 1795 Handel mit Bau- und Brennholz sowie Klüterer	kl. Landstelle; Haupterwerbszweig Holzhandel und Klüterei	bestätigt und befürwortet Antrag; da Umstände ziemlich gut, jährl. Recognition von 2 Rbthlr. und mäßige Expeditionsgebühr
4	Göttsch, Ehlert	Glantzenbeck	(?) ledig	-	ehemaliger Soldat; Krugwirt; Klüterer; Bauer	kl. Landstelle, die bei weitem nicht zur Subsistenz hinreicht; nebenbei Krugwft./ Klüterei	bestätigt und befürwortet Antrag; wg. mißlicher Vermögensumstände Befreiung von Expeditionsgebühr

Forts. Tab. 2

Nr	Name, Vorname	Wohnort	Alter und Familienstand	Familienangehörige	beruflicher Werdegang	Vermögens- und Einkommensverhältnisse	Stellungnahme des Kirchspielvogts
5	Mumm, Christian	Albersdorf	(?) verheiratet	Frau (?)	Bauer; seit 1807 kl. Handel mit Brenn- u. Bauholz sowie Klüterer	kl. Landbesitz; Haupterwerbszweig jedoch Holzhandel u. Klüterei	bestätigt und befürwortet Antrag; mäßige Vermögensumstände erlauben geringe Expeditionsgebühr und jährl. Recognitionsgebühr
6	Thedens, Claus	Bunsoh	jung verheiratet	Frau	Klüterer	mittellos; Haupterwerbszweig Klüterei; Ehefrau webt	bestätigt und befürwortet Antrag; Befreiung von Expeditionsgebühr und Recognition
7	Thedens, Peter	Röst	(?) ledig	-	Bauer; Klüterer; Veredlung von rauhem Honig und Wachs	kl. Landstelle, die bei weitem nicht zur Subsistenz hinreicht; nebenbei Klüterer/Veredlung	bestätigt und befürwortet Antrag; mittelmäßige Vermögensumstände erlauben ermäßigte Expeditionsgebühr u. jährl. Recognition von 1 Rbthlr.
8	Tiessen, Hans	Schaafstedt	(?) verheiratet	Frau, 4 Kinder	in Jugend Klüterei erlernt; bis 1819 Müller in Schaafstedt; Bauer	bis 1819 Eigentümer einer Mühle; kl. Gewese mit sehr wenig Land; Aufgabe der Klüterei würde Familie an den Bettelstab bringen	bestätigt u. befürwortet Antrag; durch Unglücksfälle um d. ganze Vermögen gekommen; durch fehlerhaften Körperbau schwere Feldarbeit unmöglich; wg.

Forts. Tab. 2

Nr	Name, Vorname	Wohnort	Alter und Familienstand	Familienangehörige	beruflicher Werdegang	Vermögens- und Einkommensverhältnisse	Stellungnahme des Kirchspielvogts
8	fortges.						trüber Vermögensumstände Befreiung von Expeditionsgebühr und Recognition
9	Wagener, Matthies	Albersdorf	(?) verheiratet	Frau, 3 Kinder, Mutter	v. Jugend an Zimmerhandwerk und Klüterei gewöhnt	sehr wenig Landbesitz; mittlerweile zu schwach für schwere Feldarbeit; Landbesitz vermag Familie nicht zu ernähren; seit vielen Jahren Zimmerei/Klüterei essentiell für Ernährung d. Haushalts	bestätigt u. befürwortet Antrag; Zimmerei und Klüterei Haupterwerbszweige; wg. Vermögensumstände Befreiung von Expeditionsgebühr u. Recognition

Quelle: LAS Abt. 102 (Lft Süderdithmarschen), Nr. VI-114.

Auf der anderen Seite wurden die Vermögensverhältnisse von drei weiteren (Nr. 3, 7, 5) als "ziemlich gut", "mittelmäßig" und "mäßig" eingestuft, so daß zwei von ihnen (Nr. 3, 5) immerhin für solvent genug gehalten wurden, jährlich eine Recognition in Höhe von 2 Rbthlr. zu zahlen. Sie entsprach zwar derjenigen, die ein Böttcher, Drechsler, Maurer, Schneider, Schuster oder Mehlhändler zu entrichten hatte,[147] war jedoch lediglich die niedrigste in der vierstufigen Skala, die von acht Rbthlr. als Höchstsatz ausgehend, in Zweierschritten abwärts bis zu zwei Rbthlr. ging und insgesamt sechzehn verschiedene Handwerksarten auf dem Lande erfaßte.

Eine Korrektur muß Niemanns Behauptung erfahren, in Dithmarschen hätten nur "die kleinen Leute ohne Landbesitz" geklütert. Immerhin sechs Antragsteller besaßen nämlich eine kleine Bauern- bzw. Landstelle (Nr. 1-5, 7), während zwei (Nr. 8, 9) zumindest über "äußerst wenig Landbesitz" verfügten. Allerdings gehörten erstere als Kätner nicht zur

147 Vgl. CIRCULAR, betr. die Bestimmung, nach welchen die Recognitionen in den Gewerbconcessionen werden festgesetzt werden, so wie darüber, welche Angaben in den Berichtserstattungen über Gesuche um Concession zur Treibung eines Handwerks oder andern städtischen Gewerbes auf dem Lande enthalten seyn sollen, in: Syst. Slg, Bd. 6, Kiel 1833, S. 159-161, Nr. 15 (21.06. 1823).

Bauernschaft, die in Dithmarschen auf der Geest bis ins letzte Drittel des 19. Jahrhunderts hinein den geschlossenen Kreis der "Meenthaber" gebildet hat und dessen Mitglieder vormals die alleinigen Allmendeberechtigten gewesen waren.[148] Vielmehr sind diese über keine ausreichende Ackernahrung verfügenden Kleinstellenbesitzer, die in der Verkoppelungsbewegung stark benachteiligt worden waren, bestenfalls der kleinbäuerlichen Schicht zuzuordnen, während die beiden letzteren sowie der landlose Antragsteller (Nr. 6) eindeutig den unterbäuerlichen Schichten zugerechnet werden müssen. Zumindest ein Teil der Charakterisierung Niemanns ist also durchaus zutreffend: Es waren in Dithmarschen die "kleinen Leute", die klüterten.

Ein möglicher Weg zur notwendigen Ergänzung ihres Einkommens war für sie die saisonale Verdingung als Tagelöhner oder Häuerling in der Landwirtschaft. Waren sie jedoch - durch welche Behinderungen auch immer - körperlich zu schwerer Feldarbeit nicht fähig (Nr. 8, 9), so blieb als einziger "Neben"erwerb neben dem Kleinhandel (Nr. 3, 5) noch die Klüterei. In drei weiteren Fällen (Nr. 3, 5, 6) hatten die Antragsteller diese - zum Teil in Verbindung mit einer weiteren gewerblichen Tätigkeit - sogar zu ihrem "Haupterwerbszweig" erhoben. Hier besserte die nicht-agrarische Tätigkeit das aus der Landwirtschaft gezogene Einkommen nicht nur auf, sondern übertraf es offensichtlich sogar deutlich.

Allen Antragstellern gemeinsam war aber immer, daß der Klüterei eine für die Ernährung ihrer Familie essentielle Bedeutung zukam. Ihr Wegfall hätte diese "an den Bettelstab" gebracht. Über die Motive ihres Handelns besteht folglich kein Zweifel: Nicht so sehr die günstigen Verdienstchancen, als vielmehr der Zwang veranlaßte sie zur Aufnahme einer gewerblichen Tätigkeit. Diese wurde deshalb selbst in Zeiten sinkender Reallöhne, wie gegen Ende des 18. Jahrhunderts, ausgeübt, und zwar obwohl die Vielzahl der Bewerber den aus dem Hausfleiß gezogenen Verdienst zumeist empfindlich geschmälert hat.[149] Die ländliche Sozialstruktur kristallisiert sich damit keineswegs überraschend als eine Ursache aus dem Geflecht der nur schwer ihrer Gewichtung nach zu ordnenden Einflüsse heraus, die die Ausformung der ländlichen Gewerbelandschaft im Bereich des Hausfleißes und der Hausindustrie prägten.[150]

Der Notlage der schnell anwachsenden klein- und unterbäuerlichen Schichten Rechnung tragend, hat der Gesetzgeber 1825 als ein Mittel gegen den in Schleswig-Holstein grassierenden Pauperismus auch "den Landbewohnern" derjenigen Landdistrikte, in denen das Konzessionssystem galt, die Möglichkeit eingeräumt, sich mit der Anfertigung von "hölzernen Toffeln [...], so wie überhaupt alle[n] Holzarbeiten, auf welche sich der zunftmäßige Betrieb der Tischler, Zimmerleute, Rademacher, Drechsler und Böttcher nicht erstreckt, [...] ohne desfalls bewirkte Concession zu ernähren" und ihre Waren sogar "in

148 SERING, Erbrecht, S. 235.

149 Vgl. Friedrich-Wilhelm HENNING: Die Betriebsgrößenstruktur der mitteleuropäischen Landwirtschaft im 18. Jahrhundert und ihr Einfluß auf die ländlichen Einkommensverhältnisse, in: ZAA, 17 (1969), S. 171-193, hier 192 f.

150 Grundsätzliche Ausführungen zum Komplex "Bevölkerungsdruck und Ausweitung nicht-agrarischer Tätigkeiten auf dem flachen Land" finden sich in Kap. III.5.1.1., S. 278 ff.

den Städten und zunftberechtigten Flecken" feilzubieten.[151] Zu keinem der genannten holzverarbeitenden zünftigen Gewerke gehörte die Anfertigung der kleineren landwirtschaftlichen Produktionsmittel.

Halten wir also fest: Im Holsteinischen war im Kirchspiel Albersdorf, wie vermutlich in anderen Gebieten der Heide-Itzehoer Geest auch und vielleicht ja sogar noch in den an sie angrenzenden Naturräumen, die Klüterei eine traditionelle nicht-agrarische Form der Einkommenssicherung der klein- und unterbäuerlichen Schichten der Bevölkerung. Das trifft wahrscheinlich auch auf die Ämter Bordesholm und Reinfeld zu. Über zehn Prozent der dreiundachtzig Antragsteller betrieben im Kirchspiel die Klüterei, womit sie für ca. 3,5 % der 262 Familien, die laut Volkszählung 1803 im Kirchspiel Albersdorf wohnten,[152] Haupt-, Neben- oder Zuerwerb war. Die Mehrzahl der Klüterer hatte dieses Gewerbe wahrscheinlich bereits in der Jugend erlernt. Ein "Supplicant" setzte sogar das von seinem "jetzt sehr bejahrten Vater seit vielen Jahren getriebene Gewerbe" fort. Da uns jedoch kein weiteres Quellenmaterial vorliegt, läßt sich weder das Verbreitungsgebiet dieser Form des Hausfleißes enger eingrenzen, noch lassen sich die Fragen beantworten, wieviele Personen sich damit beschäftigt haben oder seit wann bzw. für wielange die Klüterei dort gewerblich betrieben wurde. Sicher zurückverfolgen läßt sie sich in unserem Untersuchungsgebiet laut der obigen Aussage eines der Antragsteller zumindest bis in die 1760er Jahre.

Von Einfluß auf die Entstehung dieses ländlichen Nebengewerbes an diesem Standort war zweifellos auch das Rohstoffvorkommen, da im Geestkirchspiel Albersdorf die besten Hölzungen Dithmarschens lagen. Aus der Marsch Dithmarschens heißt es 1826 hingegen: "Der arbeitenden Classe in der Marsch Abend- oder Nebenbeschäfftigungen zu verschaffen, würde auch noch eine andere Aufgabe seyn, als für dieselbe auf der Geest das zu thun. Auf der Geest giebt es allerlei Arbeiten in Holz und dieses entbehrt die Marsch gänzlich. Hier muß man sich schon auf Arbeiten von Stroh, oder vielleicht von Wolle, beschränken".[153]

Zur Entwicklung einer landwirtschaftliche Produktionsmittel anfertigenden Hausindustrie ist es jedoch auf der Geest um Albersdorf, wie überhaupt in ganz Schleswig-Holstein, nicht gekommen, weil die natürlichen Ressourcen dazu nicht ausreichten. Denn die für den überregionalen oder gar internationalen Markt produzierende holzverarbeitende Hausindustrie benötigte von den wenigen Holzarten, die sich besonders für die Herstellung ihrer Waren eigneten, immer sehr große Mengen. Diese fanden sich nur in den Waldgebirgen Deutschlands, so daß das Rohstoffvorkommen eine conditio sine qua non für die Entstehung der bedeutenden hausindustriellen Holzverarbeitung[154] im südlichen

151 KANZELEISCHREIBEN an den Herrn Statthalter, daß die Holzarbeiten u.s.w. zu den an die Städte und zunftberechtigten Flecken gebundenen Gewerben nicht zu zählen sind, in: Syst. Slg, Bd. 6, Kiel 1833, S. 191 f., Nr. 14 (08.03.1825). Vgl. HÄHNSEN, Entwicklung, S. 93.

152 Jacob HANSSEN und Heinrich WOLF: Chronik des Landes Dithmarschen, Hamburg 1833, S. 147.

153 ANONYMUS, Zustand, S. 539. - Johannes von SCHRÖDER und Hermann BIERNATZKI: Topographie der Herzogthümer Holstein und Lauenburg, des Fürstenthums Lübeck und des Gebiets der freien und Hanse-Städte Hamburg und Lübeck, 2., neu bearbeitete und vermehrte Auflage, Bd. 1, Oldenburg in Holstein 1855, S. 71.

154 Vgl. PEESCH, Holzgerät, S. 76.

Schwarzwald und Berchtesgadener Land oder für die der weiter nördlich im Knüll und Vogelsberg sowie in der Rhön, gelegenen Rechenmacherzentren gewesen ist.[155] Während man in diesen Fällen zu Recht von monogewerblich verdichteten ländlichen Produktionsgegenden mit Massenproduktion für den überregionalen Absatz sprechen kann, ist die gewerbliche Holzverarbeitung im Kirchspiel Albersdorf lediglich als Hausfleiß und nicht als Hausindustrie zu bezeichnen. Gleichwohl zogen einige Klüterer den größeren Teil ihres Einkommens aus dieser nicht-landwirtschaftlichen Tätigkeit. Damit hatten sie sich faktisch vom Gelegenheits-Fachmann zum "professionellen" Holzhandwerker entwickelt.

Das Spektrum der durch Hausfleiß im Geestkirchspiel angefertigten landwirtschaftlichen Produktionsmittel reichte von Hacken, Hecken und Kornharken über Pflugräder, Schlagbäume sowie Schubkarren bis hin zu Wagenleitern "und dergleichen dem Landmann nothwendigen Ackergeräthschaften", deren "Verfertigung" aber von "keinem eigentlichen Handwerke" betrieben wurde. Ergänzt man diese Liste noch um diejenigen Produktionsmittel, die in den weiter oben aufgeführten Berichten über die Dithmarscher Gegebenheiten enthalten sind, so kommt man zu folgendem Ergebnis: In der ersten Hälfte des vorigen Jahrhunderts war es in besonders hohem Maße unter den Bauern in den holsteinischen Seemarschen - nachweislich aber auch unter denen der Geestgebiete Dithmarschens - üblich, nahezu sämtliche landwirtschaftlichen Produktionsmittel auf den Geestmärkten zu kaufen.

Daraus ergibt sich zum einen, daß die Ausübung des Hausfleißes auf dem Lande nicht nur eine Bedarfs-, sondern auch eine Absatzfrage war - oder mit anderen Worten: In unserem Fallbeispiel war die gewichtigste Ursache für die Entstehung der gewerblichen Klüterei die Nachfrage der Bauern aus den benachbarten Marschen. Daß letztere landwirtschaftliche Gerätschaften rege nachgefragt haben müssen, belegt die Empfehlung des Marner Pastors an die Armenverwaltung des Fleckens, den "Müssiggang" der örtlichen Armen durch deren Anregung zur Ausübung von "nützlichen Beschäftigungen", wie z.B. der Herstellung von "Haus- und Ackergeräthe[n]", zu bekämpfen. Derartige Beschäftigungen seien in Anbetracht "der Leichtigkeit des Absatzes" der Waren recht erfolgversprechende Mittel, um die Armenkasse zu entlasten.[156]

Zum anderen bestätigt diese Erkenntnis die im Kapitel III.1.3. aufgestellte Vermutung, daß die Anfertigung landwirtschaftlicher Gerätschaften in den bäuerlichen Betrieben der holsteinischen Seemarschen weitaus früher, und zwar ca. fünfzig Jahre, aufgegeben wurde als in denen Nordostschleswigs. Auch die Berichte aus dem Schleswigschen legen für die dortigen Marschen denselben Schluß nahe. Bedauerlicherweise fehlen uns diesbezüglich Informationen aus den Elbmarschen, so daß sich eine entsprechende Entwicklung aufgrund des dort ebenfalls relativ früh einsetzenden Niedergangs des gesamten Haus-

---

155 Vgl. Heinrich BERNHEIM: Die Hausindustrien des südlichen Schwarzwaldes, in: Hausindustrie und Heimarbeit in Deutschland und Österreich, Bd. 1 (= Schriften des Vereins für Socialpolitik, LXXXIV), Leipzig 1899, S. 357-440, hier 359-384. Vgl. ferner Max Graf von ARMANSPERG: Das Berchtesgadener Holzhandwerk als Hausindustrie, in: Die deutsche Hausindustrie, Bd. 3 (= Schriften des Vereins für Socialpolitik, XLI), Leipzig 1889, S. 1-34. Zu den Rechenmacherzentren im Knüll und Vogelsberg sowie der Rhön vgl. WIEGELMANN, ADV-Umfrage, S. 252 ff. und Karte 10 sowie STOLLE, Strukturwandel, S. 127 ff.

156 BERICHT, Armenwesen, S. 54.

werks nur vermuten läßt. Da auch Bewohner der Wilstermarsch den Heider Markt als "Käufer und Verkäufer"[157] aufsuchten, ist es durchaus denkbar, daß sie einen Teil ihrer landwirtschaftlichen Produktionsmittel von dort bezogen.

Der Konnex in den Hauptabsatzgebieten dieses Hausfleißes, den Marschen, zwischen hoher Bodengüte und günstigen Transportverhältnissen auf der einen Seite und früher Marktorientierung, früh ausgebildeter monetarischer Umgangsformen sowie relativer Wohlhabenheit und gesteigerter Konsumtion auf der anderen Seite - in Verbindung mit den daraus resultierenden hohen Löhnen für Gesinde, Tagelöhner und Heuerlinge - macht die beschriebene Entwicklung plausibel. Warum sich nicht zur selben Zeit in anderen durchmonetarisierten Agrarformationen der Herzogtümer eine identische Entwicklung vollzog, bleibt jedoch unklar.

Nicht zum letztenmal revidiert werden muß hingegen eine andere im Kapitel III.1.3. geäußerte Hypothese: Zumindest in den Geestdistrikten der Landschaften Norder- und Süderdithmarschens löste sich die Anfertigung landwirtschaftlicher Produktionsmittel - entgegen der erwarteten Entwicklung - anscheinend relativ früh aus dem Bereich des bäuerlichen Hausfleißes. Dieser Sachverhalt läßt sich mit der geographischen Lage erklären. Die Nachbarschaft zu den Marschen, mit denen diese Geestgebiete seit langem in regem wirtschaftlichen Austausch standen, hat in ihnen ebenfalls relativ früh zur Verdrängung der Subsistenz- durch die Geldwirtschaft geführt. Infolgedessen entwickelten sich auch in der dortigen Landbevölkerung Nachfragekapazitäten nach gewerblich produzierten Gütern wie landwirtschaftlichen Gerätschaften.

Da aber kein weiteres Quellenmaterial über die Anfertigung landwirtschaftlicher Produktionsmittel durch Hausfleiß in Schleswig-Holstein vorliegt, können auch keine weiteren Rückschlüsse auf den Entwicklungsstand des diesbezüglichen bäuerlichen Hauswerks auf der Hohen Geest und Vorgeest gezogen werden. Wie so oft zuvor bleibt deshalb auch für diesen Fragenkomplex lediglich die lapidare Floskel "nicht beantwortbar".

---

157 WOLF, Gewerbe, S. 42 f. Vgl. oben, S. 197.

III.3. Der "Pflugmacher" - eine schleswig-holsteinische Sonderform des ländlichen Professionismus?

Unter den neun gewerblichen Klüterern des Süderdithmarscher Kirchspiels Albersdorf, die im Spätsommer 1820 einen Antrag auf Konzessionierung ihres Gewerbes stellten, hob sich Jacob Anthony (Nr. 2) insofern heraus, als er unabhängig von der Klüterei noch eine weitere Profession betrieb, die die Anfertigung landwirtschaftlicher Produktionsmittel zum Gegenstand hatte: Er übte auch das von seinem "jetzt sehr bejahrten Vater seit vielen Jahren getriebene Gewerbe der Pflugmacherei" aus.[158] Neben der Herstellung der verschiedenartigen kleineren Gerätschaften für die Haus-, Hof- und Feldwirtschaft, die er als "Nebenholzarbeiten" bezeichnete, hatte sich Anthony also offensichtlich, wie vor ihm sein Vater, auf die Produktion einer der größeren und komplizierteren Gerätschaften spezialisiert, und zwar auf die des Pfluges, oder doch zumindest auf die von Teilen desselben.

Nachfolgend soll - trotz der äußerst dürftigen Quellenlage - versucht werden nachzuweisen, daß uns mit dem Pflugmacher, über den bisher so gut wie nichts bekannt gewesen ist,[159] eine in Teilen der Herzogtümer traditionelle Erscheinung im ländlichen Professionistengefüge entgegen tritt, die zudem eine schleswig-holsteinische Sonderform im ländlichen Professionismus des neuzeitlichen Deutschland zu sein scheint.

Im Zuge der Einführung des Konzessionssystems ab 1805 in der Landschaft Eiderstedt[160] stellten der 44 Jahre alte Stellmacher Boje Claus Ohlfs, der Frau und vier Kinder zu versorgen hatte[161] sowie der Grob- und Hufschmied Daniel Moll, beide im Kirchspiel Tating wohnhaft und auch dort im Juli 1806 konzessioniert, im März 1807 unabhängig voneinander folgenden Antrag: Ihnen möge "durch eine ähnliche Koncession Erlaubniß zum Pflugmachen ertheilt werden".[162] Ersterer hatte zwar schon in seinem Antrag von

---

158 LAS Abt. 102 (Lft Süderdithmarschen), Nr. VI-114. - Vgl. oben, Kap. III.2., Tab. 2, S. 201.

159 So überrascht es nicht, daß die Pflugmacherei z.B. weder vom LEXIKON des alten Handwerks: vom Spätmittelalter bis ins 20. Jahrhundert, herausgegeben von Reinhold Reith, München 1990 noch von KETTEMANN, Handwerk oder Märta Åsdahl HOLMBERG: Studien zu den niederdeutschen Handwerkerbezeichnungen des Mittelalters. Leder- und Holzhandwerker (= Lunder Germanistische Forschungen, 24), Lund und Kopenhagen 1950, erfaßt wird. Die Pflugmacherei paßt eben nicht in die Rubrik "Altes Handwerk". - Zu dieser Begriffsschöpfung vgl. Michael STÜRMER (Hg.): Herbst des Alten Handwerks. Meister, Gesellen und Obrigkeit im 18. Jahrhundert, München 1986, S. 13 ff. - Allein HÄHNSEN, Entwicklung, S. 93, erwähnt, lediglich gestützt auf das KANZELEYSCHREIBEN, daß das Pflugmachen nicht zu den Gewerben gehöre, derentwegen es einer Concession bedarf und wofür Recognition bezahlt wird, in: Chr. Slg, 1806/07, Nr. 46 (02.05.1807), S. 107, ganz kurz die Pflugmacherei als eines der auf dem Lande vom Konzessionssystem ausgenommenen Gewerbe, bei dem "es sich [...] nicht um die Ausübung eines selbständigen Handwerks i. e. S." handle, "sondern [..] eines ihm angegliederten Nebenbetriebes". Das Pflugmachen, so Hähnsen weiter, sei vom Schmied oder Rademacher im Nebenbetrieb ausgeübt worden.

160 Zur Entwicklung des Gewerberechts in der Landschaft Eiderstedt vgl. HÄHNSEN, Entwicklung, S. 50-55.

161 LAS Abt. 412, Nr. 77.

162 LAS Abt. 65.2, Nr. 2469 II. Die nachfolgenden Zitate zum Thema Pflugmacher in der Landschaft Eiderstedt stammen, wenn nicht anders vermerkt, ausnahmslos aus diesem Aktenband.

1806 auch die Pflugmacherei, die er bereits seit 1792 im Kirchspiel Tating betrieb, zur Konzessionierung angemeldet, war indessen jedoch nur als Stellmacher zugelassen worden. Letzterer hingegen begründete seinen Antrag folgendermaßen: "Der hiesige Pflugmacher [...] zieht auf März von hier und ich möchte mit meinem Schmiede Handwerk das Pflugmachen, wie es bey den mehrsten Schmieden in der hiesigen Landschaft der Fall ist, [..] verbinden".

In Reaktion auf die beiden Anträge entschied die Deutsche Kanzlei in einem "Kanzeleyschreiben" vom 2. Mai 1807[163] schließlich, "daß das Pflugmachen den hieselbst angenommenen Grundsätzen nach nicht zu den Gewerben zu rechnen sey, derentwegen Concession bewirkt und Recognition erlegt werden dürfen".

Mehrere Details aus dem oben Gesagten verdienen es, herausgehoben und eingehender interpretiert zu werden: Grob- und Hufschmied Moll und der Stellmacher Ohlfs waren keineswegs die einzigen in der Landschaft Eiderstedt, die "das Pflugmacher Handwerk" ausübten. Denn, so Moll, die "mehrsten" Grob- und Hufschmiede in der Landschaft waren zugleich auch Pflugmacher. Ob und inwieweit das auch auf die Rademacher im Eiderstedtschen zutraf, ist dem Antrag von Ohlfs nicht zu entnehmen. Des weiteren scheint jede Dorfschaft oder zumindest doch jedes Kirchspiel einen eigenen, eben einen "hiesigen", Pflugmacher gehabt zu haben. Der Pflugmacher dürfte demnach eine feste Institution im Professionistengefüge der Landschaft Eiderstedt gewesen sein. Sicher zurückverfolgen läßt sich seine Existenz in Eiderstedt allerdings lediglich bis 1792.

Ein Faktum ist darüber hinaus, daß beide Supplikanten schon ein "Altes Handwerk" ausübten, welches ihnen offenbar allein keinen ausreichenden Lebensunterhalt bot. Ansonsten hätten sie es wohl kaum mit der Pflugmacherei verbunden. Es bleibt allerdings unklar, wie groß der Anteil letzterer am Gesamteinkommen dieser Professionistenhaushalte war. Unbedeutend kann er allerdings nicht gewesen sein, denn um 1820 stellten viele der ländlichen Grob- und Hufschmiede der Landschaft Eiderstedt regelmäßig "zur Saatzeit mehrere Gesellen" ein, die etwas vom "Pflugmachen" verstanden.[164] Hähnsens Hypothese, die Pflugmacherei sei im "Nebenbetrieb" ausgeübt worden, muß folglich in bezug auf die eiderstedtschen Pflugmacher zugestimmt werden.[165] Für sie spricht des weiteren, daß der Stellmacher Ohlfs in den Volkszählungslisten von 1803 u.a. auch als "Kätner ohne Land" geführt wurde.[166]

Eine ganz zentrale Frage ist natürlich, was denn die "Pflug"macher eigentlich herstellten. Zweifellos fertigten die Stellmacher[167] auch in der Landschaft Eiderstedt die Räder für das Radvorgestell des Pfluges an. Da die Produktion der übrigen hölzernen Teile des Pfluges nicht in das Arbeitsgebiet eines der anderen holzverarbeitenden Gewerke fiel[168] bzw. gar keinem Gewerk zugeordnet war, spricht also von der rechtlichen Seite nichts dagegen, daß der Stellmacher Ohlfs alle hölzernen Teile des in der Landschaft Eiderstedt

---

163 KANZELEYSCHREIBEN, Pflugmachen, S. 107.

164 LAS Abt. 65.2, Nr. 2468. - Zur Verteilung der arbeitsintensiven und -armen Phasen im Arbeitsjahr eines ländlichen Grob- und Hufschmiedes vgl. unten, Kap. III.5.2.1.3., S. 364 ff.

165 HÄHNSEN, Entwicklung, S. 93.

166 LAS Abt. 412, Nr. 77.

167 Zum tradierten Tätigkeitsfeld des Stellmachers vgl. unten, Kap. III.5.2.2.1., S. 391 ff.

168 Eine Übersicht über die Arbeitsgebiete der holzverarbeitenden Gewerke in Schleswig-Holstein findet sich bei KETTEMANN, Handwerk, S. 112-166.

gebräuchlichen schweren Pfluges angefertigt hat - zumal dort zu dieser Zeit die Herstellung von landwirtschaftlichen Gerätschaften durch bäuerliches Hauswerk wahrscheinlich bereits nahezu unüblich war. Aber warum, so fragt man sich unwillkürlich, hat er dann überhaupt eine Konzession als Pflugmacher beantragt, wenn er doch ohnehin sämtliche hölzernen Teile des Pfluges produzieren durfte? Die einzige schlüssige Antwort darauf kann nur sein, daß Ohlfs auch die eisernen Teile des Pfluges, wie Schar und Sech, hergestellt hat. Demzufolge wird sich umgekehrt auch der Grob- und Hufschmied Moll nicht auf die Anfertigung der eisernen Bestandteile beschränkt haben, denn für diese Betätigung auf dem ureigensten Arbeitsgebiet seiner Profession hätte er sich um keine zweite Konzession bemühen müssen.

Für die Vermutung, daß die Anfertigung des ganzen Pfluges in der Landschaft Eiderstedt in den Händen eines einzigen Professionisten liegen konnte, spricht auch folgender Bericht von 1822: "Der unsrige [Pflug] ist bei weitem größer als einer auf der Geest, und kostet daher auch gegen vierzig Reichsthaler, woraus man sich von seiner Größe, von dem vielen Eisen, womit er beschlagen ist, u.s.w. eine Vorstellung machen kann. Es wird hier für keine kleine Geschicklichkeit gehalten, einen solchen Pflug zu machen; alles muß an demselben mit der größten Genauigkeit gearbeitet seyn [...]. Kurz ein guter Pflug ist zwar eben keine Seltenheit, aber man hat doch viele Sorgfalt anzuwenden, um einen solchen zu bekommen."[169] Die Bodenverhältnisse der überwiegend von Marschen bedeckten Halbinsel Eiderstedt könnten also nicht nur einen derartig konstruierten Beetpflug hervorgebracht haben, sondern letztendlich auch dazu geführt haben, daß sich seine Produktion durch die Hand eines einzelnen Professionisten anbot. Besonders geschickt scheinen die ländlichen Grob- und Hufschmiede der Landschaft darin gewesen zu sein, wurde doch "mehreren" von ihnen um 1820 attestiert, daß sie "eine weit größere Geschicklichkeit" besaßen, "einen Pflug gehörig zu machen"[170] als ihre Kollegen in der Stadt.

Weiter erhärtet wird diese These durch eine Grundsatzentscheidung der Schleswig-Holstein-Lauenburgischen Kanzlei vom 21. Juni 1836. In ihr teilte sie der Schleswig-Holsteinischen Regierung mit, "daß das Kanzeleischreiben vom 2ten Mai 1807, wonach das Pflugmachen nicht zu den Gewerben zu rechnen, derentwegen Concessionen bewirkt, und Recognitionen erlegt werden dürfen, nicht allein auf die Holzarbeiten an den Pflügen anzuwenden, sondern auf die Verfertigung dieser Geräthe überhaupt, mithin auch auf die dazu erforderl Schmiedearbeiten zu beziehen sein wird".[171]

Ausgelöst wurde der Vorgang durch ein Gesuch "pro concessione zum Pflugmachen" des 1/4 Hufners Friedrich Ruff aus dem Dorf Westerrönfeld, Amt Rendsburg. Darin bat Ruff, der am 18. April 1816 in Westerrönfeld als Grob- und Hufschmied konzessioniert worden war,[172] seine Konzession jedoch 1819 "kränklichkeitshalber" zur Kassation eingereicht hatte, "um Erlaubniß, gegen Entrichtung einer jährlichen Recognition von 2 Rbthlr. die früher von ihm gemachten Pflüge reparieren und neue verfertigen zu dürfen".

---

169 LEMPELIUS, Versuch, S. 6.

170 LAS Abt. 65.2, Nr. 2468.

171 LAS Abt. 65.2, Nr. 816 I. Die nachfolgenden Zitate, die sich auf den genannten Vorgang beziehen, stammen - soweit nicht anders vermerkt - ausnahmslos aus diesem Aktenband.

172 LAS Abt. 104, Nr. 331 I.

Das Antwortschreiben der Schleswig-Holstein-Lauenburgischen Kanzlei läßt nur den Schluß zu, daß Ruff sowohl die eisernen als auch die hölzernen Teile der Pflüge anfertigte.

Da man nun in der Schleswig-Holsteinischen Regierung geteilter Meinung über die Interpretation des "Kanzeleischreibens" von 1807 betreffend das Pflugmachen war, wurde die Schleswig-Holstein-Lauenburgische Kanzlei um eine Entscheidung nachgesucht. Die Standpunkte der sich in der Schleswig-Holsteinischen Regierung gegenüberstehenden beiden Parteien stellen sich uns wie folgt dar: Die erstere vertrat die Ansicht, daß das "Kanzeleischreiben" lediglich die Anwendung einer am Ende der "Verordnung wider das im Schwange gehende bürgerliche Gewerbe auf dem Lande"[173] vom 20. Oktober 1773 enthaltenen Bestimmung auf einen speziellen Fall sei. Diese legte fest, daß "die zum Verkauf bestimmten Handarbeiten und andere Erwerbungsmittel, die den Handwerken und Professionen in den Städten und überhaupt der diesen vorbehaltenen bürgerlichen Nahrung keinen Eintrag thun, und daher bis hiezu auf dem Lande erlaubt gewesen sind, daselbst fernerhin unverboten"[174] bleiben sollten. Mithin gehörte für diese Partei "das Pflugmachen nur insoweit zu den erlaubten Beschäftigungen auf dem Lande [...], als dazu nicht besondere Fertigkeiten, wie hinsichtlich der dazu gehörigen Schmiedearbeiten der Fall ist, erfordert werden".

Für die zweite Partei zählte hingegen "das Pflugmachen seinem ganzen Umfange nach zu den freien Beschäftigungen der Landleute", da die am Ende der Verordnung enthaltene Bestimmung nicht nur auf solche Beschäftigungen zuträfe, "hinsichtlich deren es keiner besondern Fertigkeiten bedarf, sondern auch vorzugsweise die Verfertigung solcher Gegenstände, welche ausschließlich zur Landwirthschaft gebraucht werden, und hinsichtlich deren es eine unbillige Belästigung des Landmannes involviren würde, falls demselben deren Anschaffung zu Gunsten der Städte erschwert würde". Bestätigung finde diese Ansicht u.a. in "dem Höckerreglement vom 14ten Nov. 1826",[175] weil "die daselbst sub passu 1 aufgeführten Waarenartikel, und darunter namentlich alles zur Reparirung der Wagen, Pflüge und Eggen Erforderliche [...] in den Landdistricten verfertigt" und "von den Landhöckern auch bei den Landleuten eingekauft werden" dürfe. Dabei seien mit den "Landleuten" keinesfalls die "concessionirten Landhandwerker" gemeint.

Der Streit um den zur Entscheidung anstehenden, eher als unbedeutend einzustufenden Sachverhalt, ist hier keinesfalls nur deshalb etwas eingehender dargelegt worden, weil er die These erhärtet, daß auch Berufskollegen des Pflugmachers Ruff in den Herzogtümern vollständige Pflüge angefertigt haben - obwohl das eine bemerkenswerte Erkenntnis ist, auf die gleich noch eingegangen wird. Vielmehr ist der Konflikt signifikant für die Uneinigkeit innerhalb der Schleswig-Holsteinischen Regierung auf Schloß Gottorf über den allgemein in der Gewerbe- bzw. Handwerkspolitik einzuschlagenden Weg.[176] Seit dem letzten Drittel des 18. Jahrhunderts vollzog sich in der Wirtschaftspolitik des dänischen

---

173 VERORDNUNG wider das im Schwange gehende bürgerliche Gewerbe auf dem Lande, in: Syst. Slg, Bd. 6, Kiel 1833, S. 146-152, Nr. 9 (20.10.1773). Demzufolge war etwa auch das KANZELEISCHREIBEN, Holzarbeiten, für die erste Partei nur die Anwendung der genannten Verordnung auf einen speziellen Fall. Vgl. oben, Kap. III.2., S. 204 f.

174 VERORDNUNG, Schwange, S. 152.

175 Zum "Höckerreglement" vgl. oben, Kap. III.2., S. 194 f.

176 BROCKSTEDT, Grundzüge, S. 16-20.

Gesamtstaates sukzessive der Übergang vom Merkantilismus zum Liberalismus. Insbesondere auf dem Gewerbesektor leisteten dabei jedoch die Anhänger der "alten Ordnung" unter den leitenden Beamten, deren ökonomisches Denken noch weitgehend von der Lehre von der Wesensverschiedenheit der Wirtschaft in Stadt und Land bestimmt wurde, in Gesetzgebung und Verwaltungspraxis hinhaltenden Widerstand gegen jegliche Liberalisierung des Wirtschaftssystems.

Daß sie "die Zuweisung des Gewerbes an die Stadt, der Landwirtschaft an das Land und den wechselseitigen Austausch der Produkte als eine der Grundlagen einer geordneten Wirtschaft"[177] ansahen, belegt nachdrücklich die Bewertung der Folgen einer völligen Freigabe der Pflugmacherei auf die wirtschaftliche Lage der Landschmiede durch die erste Partei. Da "die zum Pflugmachen gehörige Schmiedearbeit eben einen hauptsächlichen und neben dem Beschlagen der Pferde und dem Beschlag der Wagen den einzigen Bestandtheil der den concessionirten Landschmieden zugewiesenen Arbeit" ausmachten, "diese mithin dadurch wesentlich in ihren Gerechtsamen beeinträchtigt würden", müsse die Freigabe der Schmiedearbeiten abgelehnt werden. Dies um so mehr, als "die Verfertigung der Schmiedearbeit an Pflügen einen vollständigen Schmiedeapparat voraussetze, und folgeweise durch völlige Freigebung derselben jede Controlle über sonstige Eingriffe in die Gerechtsame der concessionirten Schmiede erschwert, wenn nicht beinahe unmöglich gemacht werden würde".[178]

Mit ihrem beharrlichen Bemühen um Aufrechterhaltung der alten gewerbepolitischen Ordnungsprinzipien, das in diesem Fall über die weitestgehende Ausschaltung der Pflugmacher die Sicherung der "gerechten Nahrung" der Landschmiede zum Ziel hatte, stand sie in krassem Widerspruch zu den Interessen der Landwirtschaft. Denn mit der sich kontinuierlich intensivierenden Bewirtschaftung der Betriebe stieg auch deren Bedarf an Produktionsmitteln. Er ließ sich letztendlich aber nur über die Zulassung weiterer Gerätschaftsproduzenten auf dem flachen Land befriedigen. Die letztere Partei trug mit ihrem Votum nicht nur dieser Entwicklung konsequent Rechnung, sondern war auch ansonsten darum bemüht, die Gewerbegesetzgebung in Richtung Gewerbefreiheit zu modifizieren.

Fraglos relativieren sich die oben aufgezeigten Tendenzen insofern, als die Struktur des ländlichen Professionismus zum Teil erheblich von der in den betreffenden Verfügungen, Verordnungen und Gesetzen gewünschten abwich; man denke nur an die von Hähnsen z.B. im Bereich der quantitativen Entwicklung des schleswig-holsteinischen Landhandwerks aufgedeckten Widersprüche. Doch wird sich im Laufe der Untersuchung noch wiederholt zeigen, daß die wirtschaftspolitisch konservativ denkenden Beamten in der Schleswig-Holsteinischen Regierung und der Ministerialbürokratie durchaus in der Lage waren, über die Gewerbegesetzgebung eine optimale Versorgung der Agrikultur mit mo-

---

177 Karl-Heinrich KAUFHOLD: Wandlungen in den Stadt-Land-Beziehungen des Handwerks und des Heimgewerbes in Deutschland 1750-1850, in: Gerhard Kaufmann (Hg.): Stadt-Land-Beziehungen. Verhandlungen des 19. Deutschen Volkskundekongresses in Hamburg vom 1. bis 7. Oktober 1973, Göttingen 1975, S. 171-193, hier 171.

178 In Einklang mit den restriktiven Prinzipien der "alten Ordnung" stand hingegen die zur selben Zeit von der Schleswig-Holsteinischen Regierung gewährte Freigabe der Ausführung von Schmiedearbeiten für den Eigenbedarf der Landbewohner. Vgl. oben, Kap. III.1.3., S. 191.

dernen Produktionsmitteln zu konterkarieren.[179] Aber wenden wir uns nach diesem Exkurs nun wieder der Pflugmacherei zu.

Die obigen Ausführungen lassen nur den Schluß zu, daß uns mit dem Pflugmacher zumindest in der Landschaft Eiderstedt und dem Amt Rendsburg in der ersten Hälfte des 19. Jahrhunderts ein Professionist entgegen tritt, der nicht nur, wie es etwa Bentzien für die mecklenburgischen Gerätschaftshandwerker dieser Periode nachweist, bloßer "Teil- oder Mit-Produzent",[180] sondern vielmehr Vollproduzent des Pfluges war. Des weiteren tritt uns der Pflugmacher als Vollproduzent des wichtigsten Bodenbearbeitungsgeräts noch 1846 in den "Friesischen Districten" des Herzogtums Schleswig entgegen. In seinen grundsätzlichen Ausführungen "Ueber Verbesserung des Pfluges" erwähnt ein von dort stammender "junger gebildeter Landmann" bemerkenswerterweise lediglich den "Pflugmacher" als dessen Produzenten.[181]

Vollproduzent ist er jedoch allem Anschein nach nicht überall in Schleswig-Holstein gewesen. Denn wie sich noch zeigen wird, lassen die meisten Quellen nicht eindeutig erkennen, welche Teile des Pfluges Pflugmacher in anderen Teilen der Herzogtümer anfertigten. Möglicherweise stellten die betreffenden dort ausschließlich dessen hölzerne Bestandteile her.

Die Pflugmacherei wurde nicht nur mit der Landwirtschaft[182] oder einem Handwerk[183] (Stellmacher; Schmied) verbunden, sondern auch gemeinsam mit anderen gewerblichen Tätigkeiten wie dem Klütern,[184] der Produktion von Kornreinigungsmaschinen[185] und dem Holzhandel[186] betrieben. Welche gewerbliche Tätigkeit Haupt- und welche Zu- bzw. Nebenerwerb war, kann hier ebensowenig entschieden werden wie in den meisten zuvor präsentierten Fällen. Allein im Fall Butenops kann mit einiger Sicherheit davon ausgegangen werden, daß die Produktion von Kornreinigungsmaschinen den Haupterwerbszweig bildete.

In der Schwierigkeit, die von einer Person ausgeübten Tätigkeiten einer dieser drei Kategorien zuzuordnen, dürfte wohl auch eine Ursache dafür liegen, daß die Pflugmacherei nicht im "Statistischen Tabellenwerk"[187] aufgeführt ist. Stark verkürzt gesagt, wurde in

---

179 HÄHNSEN, Entwicklung, insbes. S. 99. - Vgl. dazu insbes. unten, Kap. III.5.1.3., S. 289 ff. und Kap. III.5.1.4.1.-4., S. 302 ff.

180 BENTZIEN, Haken, S. 243 ff.

181 P.: Ueber Verbesserung des Pfluges, in: Beilage zum Itzehoer Wochenblatt. Landwirthschaftlichen und gemeinnützigen Inhalts, 1846, Nr. 23, Sp. 185 f.

182 LAS Abt. 102 (Lft Süderdithmarschen), Nr. VI-114, LAS Abt. 65.2, Nr. 816 I und LAS Abt. 412, Nrn. 61 u. 77.

183 LAS Abt. 102 (Lft Süderdithmarschen), Nr. VI-114, LAS Abt. 65.2, Nrn. 809 II und 816 I.

184 LAS Abt. 102 (Lft Süderdithmarschen), Nr. VI-114.

185 In einem Schreiben vom 5. September 1839 an ihren Kommissionär in Itzehoe bezeichnete die Carlshütte den für seine Siebwindfegen in den Herzogtümern bekannten Butenop als "Pflug- und Staubmühlenmacher". LAS Abt. 406.10, Nr. 43. - Zu Butenop vgl. insbes. unten, Kap. III.5.2.3.2., S. 415 ff.

186 LAS Abt. 163, Nr. 1672. Seit 1772 betrieb Ingwer Jensen aus Wittbeck, Kirchspiel Ostenfeld, den Holzhandel; zusätzlich übte er seit dem 20.11.1773 die Pflugmacherei aus.

187 Zum "Statistischen Tabellenwerk" und den Volkszählungen vgl. Ingwer Ernst MOMSEN: Die allgemeinen Volkszählungen in Schleswig-Holstein in dänischer Zeit 1769-1860 (= QuFGSH, 66), Neumünster 1974 sowie Klaus GREVE: Volkszählungen und Landgewerbelisten in Schles-

die Berufsstatistiken dieser Tabellen, die auf den Ergebnissen der Volkszählungen der Jahre 1835 bis 1860 basieren, nur der für die "Subsistenz" einer jeden gezählten berufstätigen Person wichtigste "Nahrungszweig" aufgenommen, etwaige andere "Nahrungszweige" mithin unterschlagen.[188] Für dementsprechend fragwürdig hält Momsen deshalb den diesbezüglichen Quellenwert des "Statistischen Tabellenwerks".[189] Dessen Erfassungskriterien bestätigen andererseits jedoch im Rückschluß die These, daß das Pflugmachen in Schleswig-Holstein gewöhnlich nicht als Haupterwerbszeig betrieben wurde. Lediglich in sechs z.T. noch vorzustellenden Quellen wird unmißverständlich "Pflugmacher" als einzige Berufsbezeichnung verwendet.

Zurückverfolgen läßt sich die Profession des Pflugmachens in den Herzogtümern bis ins letzte Drittel des 17. Jahrhunderts. Unter dem Rechnungsjahr 1673/74 findet sich in der Amtsrechnung des Amtes Schwabstedt folgende Eintragung über gezahltes Bruchgeld: "Schwabstedt: Marx Boye, Hanß Harder, der Pflugmacher und Johan Holste von Fresendelffe, daß sie unter der Predigt gezecht a 1 R - 4 Rtlr.".[190] Hundert Jahre später lassen sich im "Flecken Schwabstedt" insgesamt drei "Rade- und Pflug-Macher" nachweisen,[191] und auch 1830 waren hier noch unverändert "Pflugmacher" ansässig.[192] Ein "Pflugmacher" - nebst einem Familienangehörigen und einem weiblichen Dienstboten - war 1769 in Husum ebenso wie 1840 in Rödemis, einem in unmittelbarer Nähe der Stadt gelegenen Dorf, wohnhaft.[193] 1846 ist letztmalig vom "Pflugmacher" in den Herzogtümern die Rede.

Aus dem "Schreiben des Herrn Agenten Holler an die verbundenen landwirthschaftl. Vereine"[194] vom 30. September 1832 und in einem Aufsatz "Ueber die Verbesserung

---

wig-Holstein in dänischer Zeit - Quellenmaterial zur Berufsstatistik?, in: Ingwer E. Momsen (Hg.): Schleswig-Holsteins Weg in die Moderne. Zehn Jahre Arbeitskreis für Wirtschafts- und Sozialgeschichte Schleswig-Holsteins (= SWSG, 15), Neumünster 1988, S. 363-378.

188 Im Gegensatz zu den Zählungen von 1835 bis 1860 existierte diese Regelung bei der Volkszählung von 1803 noch nicht. Deshalb sollte man vermuten, daß in ihren nahezu komplett erhaltenen Zähllisten durchgängig sämtliche "Nahrungszweige" einer Person aufgeführt sind. Anhand der stichprobenartig gesichteten Zähllisten der Kirchspiele Tating (Lft Eiderstedt; LAS Abt. 412, Nr. 77) und Ostenfeld (Amt Husum; LAS Abt. 412, Nr. 61) hat sich jedoch gezeigt, daß die örtlichen Zählorgane keineswegs immer "eines jeden Titel, Amt, Gewerbe, Handwerk, oder wovon er sonst lebt" vollständig erfaßt haben. Denn während Ohlfs in den Zähllisten des Kirchspiels Tating lediglich als "Kätner ohne Land und Rademacher" aufgeführt ist, taucht in denjenigen des Kirchspiels Ostenfeld mit dem zweiundfünfzigjährigen Lorenz Bonsen zumindest eine erwerbstätige Person auf, die als "Inste mit Land und Pflug- und Rademacher" bezeichnet wurde. Eine in bezug auf die gewerbliche Klüterei im Süderdithmarscher Kirchspiel Albersdorf (LAS Abt. 412, Nr. 249) vorgenomme Stichprobe fiel ebenfalls negativ aus. Es muß also davon ausgegangen werden, daß die neben- und zugewerblich betriebenen Professionen in den Herzogtümern in spätdänischer Zeit mittels der Volkszählungslisten nicht exakt erfaßt werden können. Auch GREVE, Volkszählungen, S, 378, kommt zu dem Ergebnis, daß sie "zur Analyse komplexer wirtschaftlicher und gesellschaftlicher Strukturen [...] wenig geeignet" sind.

189 MOMSEN, Volkszählungen, S. 180.

190 LAS Abt. 162, AR Schwabstedt.

191 LAS Abt. 65.2, Nr. 809 II.

192 KANZELEISCHREIBEN an die Rentekammer, betr. das Gewerbewesen im Kirchdorfe Schwabstedt, in: Syst. Slg, Bd. 6, Kiel 1833, S. 229-230, Nr. 17 (09.11.1830).

193 MOMSEN, Bevölkerung, S. 388 und 395.

194 Marcus Hartwig HOLLER: Schreiben des Herrn Agenten Holler an die verbundenen landwirthschaftl. Vereine, in: LHH, 3 (1832), 1, S. 136-142, hier 138.

des Pfluges"[195] des Hofbesitzers Franz Hell aus der Seestermüher Marsch vom 10. März 1846 geht unzweideutig hervor, daß die Pflugmacherei auch in der Umgegend Büdelsdorfs bzw. in einem Teil der holsteinischen Elbmarschen eine traditionelle gewerbliche Tätigkeit war, der Pflugmacher dort also eine feste Größe unter den Gerätschaftshandwerkern war. So kündigte Holler die Aufnahme der Produktion von landwirtschaftlichen Geräten und Maschinen auf der Carlshütte für den bevorstehenden Winter mit dem Hinweis an, daß er mehrere noch einzustellende "Pflug- und Rademacher, in Gemeinschaft mit [den] schon vorhandenen Schmieden, Schlössern und Drechslern", für dieses Projekt vorgesehen habe.

Ein Problem bereitet allerdings die Deutung der von Holler gebrauchten Berufsbezeichnung "Pflug- und Rademacher", wie sie ebenfalls in der "Tabelle aus denen von dem Amte Husum, nebst Schwabstedt, Rödemis und Siemonsberg, wegen der Handwerker und Nahrung treibenden pro 1773 exhibirten Listen" Verwendung findet (siehe dazu Tab. 3). Denn im Gegensatz zum Verzeichniß der "Menge und Mannichfaltigkeit der Nahrungswege unter den [..] Einwohnern" des Fleckens Heide von 1792, in dem neben fünf "Rade- und Stellmachern" auch zwei "Pflugmacher" erscheinen, oder der "Chronik des Dorfes und Kirchspiels Leck und der Karrharde", in der 1834 für Leck an Gewerbetreibenden nicht nur ein Rademacher sondern auch ein Pflugmacher aufgeführt ist,[196] bleibt es in dieser Tabelle und dem Schreiben Hollers offen, ob dort Pflugmacher und Rademacher lediglich aufgrund ihrer Zugehörigkeit zur selben Berufsgruppe gemeinsam aufgeführt werden oder ob in diesen Fällen beide Professionen von ein und derselben Person ausgeübt wurden. Träfe ersteres zu, dann erführe die Profession des Pflugmachens insofern eine Aufwertung, als es anscheinend sehr wohl möglich war, sie als Haupterwerb zu betreiben. Wäre hingegen letzteres zutreffend, so könnte damit immerhin der Einstieg des Rademachers in den Pflugbau in Schleswig-Holstein erheblich weiter zurückdatiert werden, als das bisher möglich war.[197] Daß die Kombination dieser beiden Professionen in den Herzogtümern durchaus üblich war, konnte ja bereits am Beispiel des Rade- und Pflugmachers Ohlfs aus dem eiderstedtschen Kirchspiel Tating und dem des "Insten mit Land und Pflug- und Rademacher" Bonsen aus Ostenfeld, Amt Husum, nachgewiesen werden.

---

195 Franz HELL: Ueber die Verbesserung des Pfluges, in: Bericht über die Verhandlungen der zweiten Generalversammlung des landwirthschaftlichen Vereins im südwestlichen Holstein (10.03. 1846) zu Elmshorn; abgedruckt in: Beilage zum Itzehoer Wochenblatt. Landwirthschaftlichen und gemeinnützigen Inhalts, 1846, Nr. 11, Sp. 81-89, hier 85: "Da aber gewiß jeder Landmann den Wunsch hegt, einen zweckmäßigen Pflug zu erlangen, so erlaube ich mir, folgende Vorschläge über die Herstellung eines geregelten Pfluges anzugeben. Es muß nämlich ein Modell für den Stell- oder Pflugmacher und den Schmiedemeister entworfen werden. [...] Wenn dann unser Land mit tüchtigen Meistern versehen wäre, die nach einem Modelle die Arbeit verrichten könnten, so wären alle Mängel auf einmal gehoben".

196 WOLF, Gewerbe, S. 43-45. H. C. CARSTENSEN: Chronik des Dorfes und Kirchspiels Leck und der Karrharde, Altona 1899, S. 28. - Unmißverständlich führt auch HELL, Verbesserung, Sp. 85, den "Stell- oder Pflugmacher" alternativ als Teilproduzenten auf.

197 Vgl. KETTEMANN, Landhandwerk, S. 80.

Tab. 3: Verbreitung der "Rade- und Pflug-Macher" im Amt Husum 1773

Kirchspiel	Dorf	Anzahl der Rade- und Pflug-Macher
Ostenfeld	Ostenfeld	3
	Winnert	1
	Wittbek	2
Schwesing	Schwesing	1
	Ahrenviöl	2
Mildstedt	Rödemis	1
Flecken Schwabstedt		3
Summe		13

Quelle: LAS Abt. 65.2, Nr. 809 II.

Allerdings muß davon ausgegangen werden, daß sich das Arbeitsgebiet des "Rade- und Pflug-Machers" in diesen Teilen der Herzogtümer auf die Anfertigung der hölzernen Teile des Pfluges beschränkte. Darauf weisen etwa die Schreiben von Holler und Hell hin. Beide nennen sowohl "Stell- oder Pflugmacher" als auch "Schmiedemeister" als potentielle Mitproduzenten des Pfluges.[198]

Überblickt man die Standorte, an denen Pflugmacher nachgewiesen werden können, dann fällt auf, daß sich ihr Vorkommen zum einen weitgehend auf das flache Land und zum anderen auf den Westen des Landes konzentrierte; und zwar im Südwesten des Herzogtums Schleswig auf die Landschaft Eiderstedt, die Stadt Husum, die Süder-Gosharde (Amt Husum), Leck (Karrharde), auf Schwabstedt (Vogtei Schwabstedt) sowie ferner Rödemis (Vogtei Rödemis) und im Nordwesten des Herzogtums Holstein auf den Dithmarscher Teil der Heide-Itzehoer Geest. Es ist also ein relativ geschlossenes Verbreitungsgebiet gewesen. Etwas isoliert davon erscheinen dagegen die Standorte Büdelsdorf (Amt Rendsburg, später Amt Hütten) nördlich von Rendsburg und Westerrönfeld (Amt Rendsburg), wenige Kilometer südwestlich von Rendsburg sowie die Seestermüher Marsch im Südwesten Holsteins.

Wurden die Landschaft Eiderstedt und die Dithmarscher Geestdistrikte bereits als Agrarformationen identifiziert, in denen die Anfertigung landwirtschaftlicher Produktionsmittel relativ früh aus dem bäuerlichen Hauswerk ausschied und in den Tätigkeitsbereich von Professionisten überging, so kommen jetzt mit den genannten Teilen der Ämter Husum und Rendsburg - zumindest in bezug auf den Pflugbau - weitere derartige Agrarformationen hinzu. Wenn man des weiteren davon ausgeht, daß die Pflugmacherei auch in der Seestermüher Marsch Tradition gehabt hat, deutet sich diese Entwicklung - gemäß der bereits im vorigen Kapitel geäußerten Vermutung - auch bezüglich der holsteinischen Elbmarschen an.[199]

Mit der "Entdeckung" der bis dahin in Schleswig-Holstein unbekannten Profession des Pflugmachers, so läßt sich zusammenfassend sagen, erfährt unser Wissen über das Gefüge der ländlichen Gerätschaftsproduzenten im Untersuchungsraum eine wesentliche

198 HELL, Verbesserung, Sp. 85.
199 Vgl. oben, Kap. III.2., S. 206 f.

Erweiterung. Da zudem im neuzeitlichen Deutschland zu dieser hier im Lande traditionellen Profession kein vergleichbares Pendant nachgewiesen werden konnte, dürfte es sich bei ihr um eine schleswig-holsteinische Sonderform des ländlichen Gerätschaftsproduzenten handeln; deshalb ist sie in dieser Arbeit auch nicht zusammen mit den "alten" Gerätschaftshandwerken abgehandelt worden. Überdies ist ihre Existenz ein weiteres Indiz für die Vielfalt der diesbezüglichen Produktionsverhältnisse auf dem flachen Land einer Region wie Schleswig-Holstein. Mit anderen Worten: Die Thematik "Anfertigung landwirtschaftlicher Produktionsmittel" während des Untersuchungszeitraums ist weitaus komplexer als sie etwa Kettemann wahrnimmt und darstellt.[200]

Unerwähnt bleiben darf allerdings nicht, daß zum einen in zwei Weistümern, die im Spätmittelalter von zwei am Rande der Oberrheinischen Tiefebene gelegenen pfälzischen Dorfschaften niedergeschrieben wurden, neben den Wagnern, d.h. den Rade- oder Stellmachern, auch "pflüger" aufgeführt sind. Zum anderen taucht in der ersten Hälfte des 14. Jahrhunderts im Bürgerregister Lübecks neben einem "rademeker" auch ein "pluchmeker" auf; "pflüger" und "pluchmeker" - und nicht die Rade- oder Stellmacher - waren in diesen Fällen folglich mit der Herstellung der hölzernen Teile des Pfluges befaßt.[201] Der schleswig-holsteinische Pflugmacher hat demnach mittelalterliche Vorläufer sowohl im Untersuchungsraum als auch im deutschsprachigen Raum. Da jedoch keine weiteren Nachrichten über die Profession des "pflügers" bzw. des "pluchmekers" überliefert sind, und zudem ein Pflugmacher in Schleswig-Holstein erst wieder 1673/74 erwähnt wird, bleibt die an sich logische Schlußfolgerung, die beiden Professionen seien in der frühen Neuzeit vorübergehend ausgestorben, ebenso hypothetisch wie etwa diejenige, der schleswig-holsteinische Pflugmacher besitze im Untersuchungsraum spätmittelalterliche Wurzeln.

---

200 Vgl. KETTEMANN, Landhandwerk, insbes. S. 80-83 und 92 f.

201 Jacob GRIMM: Weisthümer, T. 1, Göttingen 1840, S. 767 und 785 sowie Wilhelm MANTELS: Ueber die beiden ältesten Lübeckischen Bürgermatrikeln, in: Ders.: Beiträge zur Lübisch-Hansischen Geschichte. Ausgewählte historische Arbeiten, Jena 1881, S. 55-100, hier 91. - Mit dem "ploughwright", einem traditionellen Professionisten auf dem flachen Land Englands, besitzen sowohl die mittelalterlichen "pflüger" als auch die schleswig-holsteinischen Pflugmacher zumindest ein vergleichbares Pendant in Europa. Vgl. David GRACE: The agricultural engineering industry, in: Gordon Edmund Mingay (Editor): 1750-1850 (= The agrarian history of England and Wales, 6), Cambridge 1989, S. 520-544, hier 521.

III.4. Sensenschmiede und -hämmer, Schleifmühlen, Kesselhändler und Westfälinger: Aspekte der Produktion und Distribution von Sensen und anderem schneidenden landwirtschaftlichem Gerät in einer Agrarregion in vor- und frühindustrieller Zeit

Die Herstellung von Sensen-, Sichten- und Sichelblättern[202] sowie Klingen für Häckselladen, fortan mit den Begriffen "Sensenblätter u.dgl." und "landwirtschaftliche Schneidewaren" zusammengefaßt, hob sich in vor- und frühindustrieller Zeit durch eine Reihe von "Besonderheiten" deutlich von der anderer landwirtschaftlicher Produktionsmittel ab. Um diese Besonderheiten in der Agrarregion Schleswig-Holstein nachzeichnen zu können, müssen sie allerdings in den übergeordneten Kontext gesetzt werden. Da die Besonderheiten der Produktion ihrerseits solche in der Distribution von Sensenblättern u.dgl. verursachten bzw. ermöglichten, liegt es nahe, diese in einem Exkurs ebenfalls darzustellen. Auch im zweiten großen Abschnitt dieses Kapitel ist es jedoch unumgänglich, Untersuchungszeit und -gebiet zu erweitern.

III.4.1. Die Produktion

III.4.1.1. Allgemeine Entwicklung der Produktion

Die Blätter der Sensen, Sichten und Sicheln - allesamt die essentiellen Teile der schneidenden Erntegeräte - sowie die Klingen der Häckselladen bestanden völlig aus Eisen und/oder Stahl.[203] Deshalb sind sie im Gegensatz zur Masse der tradierten landwirtschaftlichen Produktionsmittel, die zumeist ganz oder überwiegend aus Holz waren, von Anfang an nicht im bäuerlichen "ganzen Haus" durch Hauswerk, sondern von einem Professionisten hergestellt worden.[204]

---

202 Grundlegend zur Geschichte der Entwicklung und Verbreitung schneidender Erntegeräte - nicht nur in Nordwestdeutschland - ist immer noch die Arbeit von LÜHNING, Erntegeräte.

203 Einen Überblick über die bei der Herstellung von Sensenblättern u.dgl. verwendeten Materialien geben Friedrich August Alexander EVERSMANN: Die Eisen- und Stahl-Erzeugung auf Waßerwerken zwischen Lahn und Lippe und in den vorliegenden französischen Departements, Dortmund 1804, S. 254 f. und 260; Ludwig BECK: Die Geschichte des Eisens in technischer und kulturgeschichtlicher Beziehung, Abt. 2 (= Das XVI. und XVII. Jahrhundert), Braunschweig 1893-1895, S. 422 f.; Abt. 3 (= Das XVIII. Jahrhundert), Braunschweig 1897, S. 475, 950-952; Abt. 4 (= Das XIX. Jahrhundert von 1801 bis 1860), Braunschweig 1899, S. 898; Josef ZEITLINGER: Sensen, Sensenschmiede und ihre Technik, in: Jahrbuch des Vereines für Landeskunde und Heimatpflege im Gau Oberdonau (früher Jahrbuch des Oberösterreichischen Musealvereins), 91 (1944), S. 13-178, hier 81-91.

204 Zur Herstellung tradierter landwirtschaftlicher Produktionsmittel in vor- und frühindustrieller Zeit durch bäuerliches Hauswerk vgl. oben, Kap. III.1., S. 171 ff.

Fraglos fertigte ursprünglich der Eisenschmied die zunächst handwerklich einfach gehaltenen Sichel- und Sensenblätter an;[205] darüber hinaus führte er noch all jene Arbeiten aus, die außerhalb des Tätigkeitsfeldes des Waffenschmieds, dem anderen Urzweig des eisenverarbeitenden Schmiedehandwerks, lagen.[206] Im Zuge der fortschreitenden Arbeitsteilung des städtischen Handwerks, die genaugenommen eine Berufsteilung war, begann sich dann irgendwann seit dem Hochmittelalter aus dem erstgenannten Urzweig - möglicherweise zusammen mit den Berufen des Messer- und Klingenschmieds - auch der des zünftigen Sensenschmieds herauszulösen;[207] dagegen fertigte auf dem flachen Land der nichtspezialisierte Grob- und Hufschmied Sensenblätter u.dgl. an.

Der Prozeß der Berufsteilung, der sich gewöhnlich aus der Notwendigkeit der exakten Abgrenzung des Herstellungsprogramms innerhalb der verschiedenen eisenverarbeitenden Gewerbe einer Stadt ergab, vollzog sich jedoch nicht überall. Obwohl z.B. in Braunschweig die Eisenverarbeitung in den Händen einer Vielzahl von Handwerken lag, läßt sich die Existenz einer Sensenschmiedezunft in der Stadt nicht nachweisen. Die Erzeugung von Sensenblättern u.dgl. blieb hier vielmehr bis ins 17. Jahrhundert hinein anscheinend den Grobschmieden vorbehalten.[208] Auch lief dieser Prozeß in den betreffenden Städten nicht zeitgleich ab. Im deutschsprachigen Raum des Reiches lassen sich die Sensenschmiede zuerst in der späteren Reichsstadt Isny nachweisen: als "Segenser" sind sie in den Zinslisten von 1250 des dortigen Klosters aufgeführt.[209] In den Handwerkerlisten der Reichsstädte Frankfurt am Main und Nürnberg erscheinen sie erstmals 1290 bzw. 1298[210] und 1383 ist ihre Existenz auch in der Reichsstadt Gmünd nachweisbar.[211] In

---

205 Mit Ausnahme einiger aus dem 11. Jahrhundert stammender Fragmente sind keine Originalstücke mittelalterlicher Provenienz erhalten. Rückschlüsse auf die Konsistenz von Sichel- und Sensenblättern aus dieser Zeit können folglich nicht gezogen werden. Auch die aus Abbildungen ableitbare Entwicklung ihrer Form bietet keine Informationen in diese Richtung. Vgl. ZEITLINGER, Sensen, S. 32-45.

206 Zur Frühgeschichte des Schmiedehandwerks vgl. Karlhans Martin GRÜNINGER: Das ältere deutsche Schmiedehandwerk auf dem Lande, Freiburg i. B. 1924, S. 11-23; Karl Friedrich WERNET: Der Schmied, in: Helmut Vocke (Hg.): Geschichte der Handwerksberufe, Bd. 2, Waldshut 1960, S. 624-632; Arthur FLAIG: Das mittelalterliche Schmiedehandwerk Kölns - mit Ausschluß der Waffenschmiede - unter besonderer Berücksichtigung von Material, Technik und Arbeitsteilung, Phil. Diss. Freiburg i. B. 1926, S. 11-13 und 43 f. Ferner Hermann Alexander von BERLEPSCH (Bearb.): Chronik der Feuerarbeiter. Namentlich der Huf-, Waffen-, Klingen- und Messerschmiede, der Schlosser und Maschinenbauer. Mit besonderer Rücksicht der im Mittelalter bestandenen, nunmehr aber eingegangenen Gewerke der Plattner, Harnischmacher, Hauben- und Helmschmiede, Salwirthe und Bogner (= Chronik der Gewerke, 7), St. Gallen 1852, S. 9-20.

207 Zur Entwicklung der Arbeitsteilung des städtischen Schmiedehandwerks vgl. unten, Kap. III.5.2.1., S. 334 f.

208 Franz FUHSE: Schmiede und verwandte Gewerke in der Stadt Braunschweig. Ein Beitrag zur Geschichte des Handwerks und zur Familienkunde (= Werkstücke aus Museum, Archiv und Bibliothek der Stadt Braunschweig, 5), Braunschweig 1930, S. 15 und 95.

209 Guntram PHILIPP: Eisengewinnung und Eisenverarbeitung im südwestdeutschen Raum von 1500 bis 1650, in: Hermann Kellenbenz (Hg.): Schwerpunkte der Eisengewinnung und Eisenverarbeitung in Europa 1500-1650 (= Kölner Kolloquien zur internationalen Sozial- und Wirtschaftsgeschichte, 2), Köln 1974, S. 204-232, hier 217.

210 Zu Frankfurt a. M.: Karl BÜCHER: Die Berufe der Stadt Frankfurt a. M. im Mittelalter (= Abhandlungen der königl. sächsischen Gesellschaft der Wissenschaften: Philologisch-historische Klasse, XXX, 3), Leipzig 1914, S. 113. - Zu Nürnberg: Rainer STAHLSCHMIDT: Die Geschichte des eisenverarbeitenden Gewerbes in Nürnberg von den 1. Nachrichten im 12.-13. Jahrhundert

den österreichischen Erblanden läßt sich ihr Wirken bis zur Mitte des 15. Jahrhunderts zurückverfolgen.[212] Zwar können sie im bergisch-märkischen Raum erst 1600 sicher nachgewiesen werden, da in diesem Jahr vom Landesherrn für die Sensenschmiede sowie Sensen- und Stabschleifer der bergischen Ämter Beynenburg, Bornefeld, Burg und Elberfeld eine gemeinsame Zunftordnung erlassen[213] wurde, doch sollen "Kronenberger weiße Sensen und Futterklingen" schon 1240 ein wichtiger Handelsartikel der Hanse gewesen sein.[214] Im norddeutschen Raum treten uns Sensenschmiede z.B. nach 1300 in Friesoythe oder 1459 in Bremen entgegen.[215]

Die originäre Fertigungstechnik der zünftig arbeitenden Sensenschmiede - wie auch der nichtspezialisierten Landschmiede - war elementar und einfach. Das Ausschmieden des Ausgangsmaterials zu Sensenblättern u.dgl. wurde ausschließlich durch mühevolle Faustarbeit verrichtet, und zwar genau so, wie es ein mit Versen von Hans Sachs versehener Holzschnitt aus Jost Ammans "Eygentlicher Beschreibung Aller Stände auff Erden [...]" von 1568 darstellt.[216]

Im Verlauf des 16. Jahrhunderts erfuhr die Organisationsform der Produktion jedoch einen grundlegenden Wandel. Er soll nachfolgend stark verkürzt exemplarisch anhand der Entwicklung des österreichischen Sensengewerbes, die richtungsweisend für dieses Handwerk gewesen ist, nachgezeichnet werden.[217]

Schon vor 1500 zerfiel die zünftig betriebene Produktion in Österreich in mehrere räumlich getrennte Abschnitte. Die von den Sensenschmieden in den Städten zur Erzeugung

---

bis 1630 (= Nürnberger Werkstücke zur Stadt- und Landesgeschichte, 4), Nürnberg 1970, S. 4. BERLEPSCH, Chronik, S. 19 und 211 f.

211 PHILIPP, Eisengewinnung, S. 211 f.

212 ZEITLINGER, Sensen, S. 38 ff.; Franz FISCHER: Die blauen Sensen. Sozial- und Wirtschaftsgeschichte der Sensenschmiedezunft zu Kirchdorf-Micheldorf bis zur Mitte des 18. Jahrhunderts (= Forschungen zur Geschichte Oberösterreichs, 9), Graz und Köln 1966, S. 2 f.

213 BECK, Geschichte (Abt. 2), S. 1196.

214 Ebda., S. 420. Vgl. Margarete ASBECK: Die Sensenindustrie an der Enneperstraße (wirtschaftsgeschichtlich dargestellt), Rechts- u. Staatswissenschaftliche Diss. Hamburg 1922 (maschinenschriftlich vervielfältigt), S. 10. - 1252 sind in der Zollrolle von Damme bei Brügge Sensen aus Westfalen aufgeführt. Aloys MEISTER: Handel, Gewerbe, Industrie und Bergwesen bis zu Beginn des 19. Jahrhunderts, in: Ders. (Hg.): Die Grafschaft Mark. Festschrift zum Gedächtnis der 300jährigen Vereinigung mit Brandenburg-Preußen, Bd. 1, Dortmund 1909, S. 399-462, hier 423 f.

215 Johannes GÖKEN: Friesoythe im Mittelalter, in: Oldenburger Jahrbuch, 36 (1932), S. 40-44, hier 42 f.; Hermann FATTHAUER: Die bremischen Metallgewerbe vom 16. bis zur Mitte des 19. Jahrhunderts (= Veröffentlichungen aus dem Staatsarchiv der freien Hansestadt Bremen, 13), Bremen 1936, S. 108.

216 Jost AMMAN: Das Ständebuch. 133 Holzschnitte mit Versen von Hans Sachs und Hartmann Schopper, hg. von Manfred Lemmer, Leipzig 1934, 1975, S.70. Eine Kommentierung des Holzschnittes liefert LÜHNING, Erntegeräte, S. 145. - Den Arbeitsvorgang bei der Sensenerzeugung bis ins 16. Jahrhundert beschreiben ZEITLINGER, Sensen, S.40 f. und Edmund FRIESZ: Geschichte der Hammer- und Sensengewerke in Waidhofen a. d. Ybbs bis zur Mitte des 17. Jahrhunderts, in: Jahrbuch für Landeskunde von Niederösterreich N. F., 10 (1912), S. 144-180, hier S. 176 f.

217 Die nachfolgenden Ausführungen über die Umbrüche in der Organisationsform der Sensenproduktion während des 16. und 17. Jahrhunderts in Österreich basieren, wenn nicht anders vermerkt, ausnahmslos auf ZEITLINGER, Sensen, S. 39 ff. und FISCHER, Sensen, S. 1-16.

von Sensenblättern benutzten rohen Vorformen, die sog. Sensenknüttel (Zaine) - das sind flache Stäbe, die aus verfeinerten, d.h. gegerbten Eisen- und Stahlsorten bestehen - wurden in den Bergtälern auf durch Wasserkraft bewegten kleinen, leichten und rasch gehenden Zainhämmern (Streckhämmern) hergestellt und bündelweise von den Hammermeistern an die Sensenschmiede abgegeben; auch die ländlichen Grob- und Hufschmiede dürften Sensenzaine von ihnen bezogen haben. Den dritten und letzten Produktionsabschnitt bildete das Schleifen der ausgeschmiedeten Sensenblätter. Damit beauftragten die zünftigen Sensenschmiede die Schleifer.

Da die österreichischen Hammerwerke noch während des ersten Viertels des 16. Jahrhunderts weit mehr Sensenzaine erzeugten als die inländischen Sensenschmiede nachfragten, wurde der größere Teil dieses begehrten Halbfabrikats zur Weiterverarbeitung an Sensenschmiede in Böhmen, Sachsen, Bayern und Schwaben verhandelt. Wichtige Abnehmer waren dort diejenigen in Nürnberg und dem sächsischen Freiberg, aber die weitaus meisten Sensenknüttel dürften wohl an die auch in Süddeutschland überall verstreut auf dem flachen Land arbeitenden Grob- und Hufschmiede geliefert worden sein.

Der um diese Zeit einsetzende und in direkter Verbindung mit der günstigen Agrarkonjunktur stehende Siegeszug der Sense - dieses arbeitssparende schneidende Erntegerät vermochte sich in weiten Teilen Europas während des 16. Jahrhunderts immer häufiger in der Getreideernte gegen die Sichel durchzusetzen[218] - führte jedoch dazu, daß in Reaktion auf die steigende Nachfrage nach Sensenblättern eine schnell wachsende Zahl österreichischer Sensenschmieden von den einheimischen Streckhämmern nicht mehr ausreichend mit Sensenknütteln beliefert wurde. Dieser Engpaß wurde behoben, indem einerseits seit circa 1530 unternehmende Sensenschmiede derartige Hämmer in eigener Regie zu errichten und zu führen begannen und andererseits der Export von Sensenknütteln durch ein Ausfuhrverbot erschwert wurde.

Hatten sich diese Sensenschmiede zusätzlich noch durch die Verlagerung ihrer Werkstätten aus den Städten auf das flache Land, zu den Streckhämmern hin, und durch die Durchführung der Schleifarbeiten im eigenen Betrieb deutliche Wettbewerbsvorteile gegenüber ihren in den Städten verbliebenen Kollegen verschaffen können, so wurden sie dank zweier Ereignisse seit dem letzten Viertel des 16. Jahrhunderts dieser Konkurrenten vollends entledigt: Da seit 1583 nur noch auf ihren Streckhämmern Sensenzaine hergestellt werden durften, wurde die Masse der städtischen Sensenschmieden fortan nicht mehr ausreichend oder gar nicht mehr mit Sensenknütteln beliefert. Ohne dieses Halbfabrikat konnten sie jedoch schwerlich Sensenblätter herstellen. Bestand die Sensenschmiedezunft beispielsweise in Steyr 1450 aus zehn Meistern und über hundert Gesellen, so schrumpfte sie bis 1695 auf einen allein und mit dem Fausthammer arbeitenden Meister zusammen.[219] Ebenso dürften diejenigen unter den vielen auf dem flachen Land Österreichs tätigen Huf- und Grobschmiede, die sich auf das Sensenmachen verstanden haben, durch diese Entwicklung dazu genötigt worden sein, die Sensenproduktion stark einzuschränken oder ganz einzustellen.

---

218 LÜHNING, Erntegeräte, S. 366-382 und 393 f.; FISCHER, Sensen, S. 12-16; HERRMANN, Pflügen, S. 108.

219 FISCHER, Sensen, S. 2 und 7.

Das andere Ereignis war eine den Herstellungsprozeß revolutionierende technische Neuerung: Vermutlich 1585 wurde erstmals das Ausschmieden der Knüttel zu Sensenblättern mittels des durch Wasserkraft getriebenen sog. Breithammers (Sensenhammers) erfolgreich praktiziert. Von da ab konnte die bisher nur von einer ganzen Anzahl von Gesellen oder "Schlagbuben" zu bewältigende mühevolle Arbeit des Sensenbreitens problemlos von einer Person, dem sog. Eßmeister, bewältigt werden. Es folgten sehr schnell andere diesem Vorbild und errichteten ebenfalls - z.T. unter massivem Einsatz von stehendem Kapital - Streck- und Breithämmer sowie Schleifen in den Bergtälern; die Sensenproduktion war in diesen Werksanlagen wieder an einem Standort vereint. In manchen von ihnen "fand das gesamte technische Wissen der Frühneuzeit Eingang. Die Sensenherstellung war [...] zur Spitzentechnologie geworden".[220]

Gegenüber den nach alter Art hergestellten Sensenblättern zeichneten sich die dort in beträchtlichen Quantitäten fabrizierten Produkte sowohl durch eine bessere Qualität aus - läßt sich doch allein schon mit dem gleichmäßigen, starken Schlag des mechanischen Hammers ein homogeneres Sensenblatt herstellen als mit dem des Fausthammers - als auch durch einen niedrigeren Preis.

Die Revolutionierung dieser Teilarbeit zog automatisch weitere Wandlungen im Herstellungsprozeß nach sich. Je stärker die Sensenherstellung dabei in Einzelsegmente zerlegt wurde, desto stärker schritt auch die Spezialisierung der an ihr beteiligten Arbeitskräfte voran.[221] So organisierte sich das zünftige Sensenschmiedehandwerk im 17. Jahrhundert zunehmend in einer eigentümlichen - d.h. weder kleinbetrieblich-handwerklichen noch im Ansatz recht eigentlich großgewerblichen - Form. Zeitlinger bezeichnet diese Betriebsform als "Großhandwerk".[222] In ihm herrschte bei strenger Arbeitsteilung ein deutlicher Kontrast zwischen kapital- und arbeitsintensiven Fertigungsabschnitten. Im krassen Gegensatz dazu mußten die wenigen Sensenblätter u.dgl. produzierenden ländlichen Grob- und Hufschmiede bis zum endgültigen Ausscheiden dieser Arbeit aus ihrem Tätigkeitsfeld während der zweiten Hälfte des 19. Jahrhunderts notgedrungen an der althergebrachten Fertigungstechnik festhalten.

In Deutschland wich die Entwicklung außerhalb des vom österreichischen Sensenknüttelausfuhrverbot betroffenen Gebiets insofern ab, als die Umbrüche im Sensengewerbe hier nicht durch die Einstellung bzw. Einschränkung der Sensenzainenlieferungen eingeleitet und mitverursacht wurden, sondern einzig und allein durch produktionstechnische Wandlungen. Das hatte zur Folge, daß sich der Niedergang der traditionellen Produzentengruppen nicht so abrupt vollzog. Das langsame Dahinsiechen der bergischen Sensenschmiedewerkstätten dokumentiert dies hinreichend. Nichtsdestotrotz verschwanden selbstverständlich auch im betreffenden Teil Deutschlands die nach alter Art fertigenden zünftigen Sensenschmiede spätestens in der ersten Hälfte des 18. Jahrhunderts nahezu vollständig aus dem gewerblichen Gefüge ihres bevorzugten Standorts, der Städte und

---

220 HERRMANN, Pflügen, S. 110. Eine Beschreibung der österreichischen Werksanlagen und Siedlungen im 18. Jahrhundert bei ZEITLINGER, Sensen, S. 66-81.

221 Zur Arbeitszerlegung der Sensenproduktion in Österreich und zur Spezialisierung der in ihr beschäftigten Handwerkskräfte am Ende des 18. und in der ersten Hälfte des 19. Jahrhunderts vgl. ZEITLINGER, Sensen, S. 91-111 und FISCHER, Sensen, S. 137-140. Desgleichen vgl. in bezug auf die Enneperstraße ASBECK, Sensenindustrie, S. 59 und 70-91.

222 ZEITLINGER, Sensen, S. 50.

Marktflecken.[223] Ebenso stellten die meisten ländlichen Grob- und Hufschmiede die Erzeugung von Sensenblättern u.dgl. wahrscheinlich ganz ein. Diesen Schluß legen jedenfalls die schleswig-holsteinischen Verhältnisse während des 18. und 19. Jahrhunderts nahe. Des weiteren konzentrierte sich die Sensenherstellung nun auch in Deutschland zusehends in den sich seit der Wende vom Mittelalter zur Neuzeit in Europa formierenden monogewerblich verdichteten Gewerbelandschaften, in denen Klein- und Kleinsteisenprodukte für interregionale und internationale Märkte in Massen hergestellt wurden. Solche Regionen, in denen sich über die Protoindustrialisierung[224] der frühneuzeitliche Kapitalismus auf dem flachen Land voll entfaltete,[225] befanden sich in Deutschland in Westfalen und den Rheinlanden[226] und in Österreich vornehmlich zwischen dem Eisenerzer Erzberg und der Donau, aber auch in Kärnten.[227]

Die Verdichtung der Eisenverarbeitung in derartigen Gewerbelandschaften beruhte erstens auf deren außerordentlich großem Bedarf an Wasserkraft und Holzkohle, die in den benötigten Kapazitäten nur in den Tälern der Alpen und Mittelgebirge zur Verfügung standen. So entwickelten sich etwa im Märkischen Sauerland spätestens seit dem 15. Jahrhundert in den Tälern der Volme und Ennepe, im mittleren Lennetal und ihren Seitentälern, der Iserlohner Kalkmulde sowie in den gefällereichen Nebentälern ("Industriegassen") zahlreiche Betriebe der verschiedensten Branchen der Klein- und Kleinsteisen-

---

223 Vgl. ZEITLINGER, Sensen, S. 43 und PHILIPP, Eisengewinnung, S. 215. - Bei Johann Wilhelm David KORTH: Oekonomisch-technologische Encyklopaedie, T. 153, Berlin 1830, S. 257, heißt es dazu: "Sensenschmid, Sichelschmid, war ehemals eines der größten Handwerke [...]; allein durch die Fabriken ist dieses Handwerk ganz eingegangen".

224 Die Begriffe "Protoindustrialisierung" und "protoindustriell" werden in dieser Arbeit im Sinne von Wolfgang MAGER: Protoindustrialisierung und Protoindustrie. Vom Nutzen und Nachteil zweier Konzepte, in: Geschichte und Gesellschaft, 14 (1988), S. 275-303, insbesondere 282-284, benutzt.

225 SOMBART, Kapitalismus (Bd. 2.2), S. 803 und 806, spricht hingegen von einer "Rustikalisierung der Industrie, also ihre Verlegung aufs Land", wobei gleichzeitig auch "eine (partielle) Zusammenziehung oder Zentralisation der Industrie an einzelnen Stellen des Landes" beobachtet werden könne. Sie sei ein Resultat "fortschreitende[r] Spezialisation der Industrie nach territorialen Produktionsgebieten, die einerseits an die Stelle der Ubiquitäten, andererseits an die Stelle der Spezialisation nach Städten tritt".

226 Vgl. Hans POHL: Das Eisengewerbe in der Eifel und im Hunsrück, in: Hermann Kellenbenz (Hg.): Schwerpunkte der Eisengewinnung und Eisenverarbeitung in Europa 1500-1650 (= Kölner Kolloquien zur internationalen Sozial- und Wirtschaftsgeschichte, 2), Köln 1974, S. 147-171; Franz KRINS: Das Eisengewerbe im Süderland von 1500-1650, in: Ebda., S. 172-187; Fritz GEISTHARDT: Frühes Eisengewerbe an Sieg, Dill und Lahn, in: Ebda., S. 188-203. Vgl. darüber hinaus BECK, Geschichte (Abt. 3), S. 936-990. Ferner vgl. Bruno KUSKE: Wirtschaftsgeschichte Westfalens in Leistung und Verflechtung mit den Nachbarländern bis zum 18. Jahrhundert (= Veröffentlichungen des Provinzialinstituts für westfälische Landes- und Volkskunde, R. I, 4), Münster (2)1949, S. 118-131.

227 Vgl. Ferdinand TREMEL: Das Eisenwesen in der Steiermark und in Tirol 1500-1600, in: Hermann Kellenbenz (Hg.): Schwerpunkte der Eisengewinnung und Verarbeitung in Europa 1500-1650 (= Kölner Kolloquien zur internationalen Sozial- und Wirtschaftsgeschichte, 2), Köln 1974, S. 285-308; Karl DINKLAGE: Technischer Fortschritt und wirtschaftlicher Aufschwung des Kärntner Eisenwesens namentlich in der frühen Neuzeit, in: Ebda., S. 309-337. Vgl. ferner Othmar PICKL: Die Steiermark als Gewerbe- und Industrielandschaft vom Spätmittelalter bis zur Gegenwart. Zur Entstehung moderner Industriereviere in alten Fortschrittsregionen, in: Hans Pohl (Hg.): Gewerbe- und Industrielandschaften vom Spätmittelalter bis ins 20. Jahrhundert (= VSWG Beihefte, 78), Stuttgart 1986, S. 16-38.

industrie.[228] Nach 1650 führte eine beschleunigte wirtschaftliche Entwicklung der Region zu ihrer inneren Differenzierung, indem sich an bestimmten Standorten die Herstellung eines Produkts zu konzentrieren begann. Um 1840 standen beispielsweise an der Enneperstraße u.a. 110 Hammerwerke, die auf die Fertigung von Sensen, Pflugscharen und Sägen spezialisiert waren.[229]

Zweitens beruhte diese Verdichtung der Eisenverarbeitung auf den in der Nähe befindlichen reichen und sehr hochwertigen Eisenerzvorkommen und der darauf aufbauenden Eisen- und Stahl- sowie Halbzeugproduktion, wobei sich innerhalb der großen Eisenregionen eine weitreichende Arbeitsteilung ausprägen konnte. Im Rheinischen Schiefergebirge beispielsweise deckte die Klein- und Kleinsteisenindustrie der Grafschaft Mark ihren Bedarf bis ins 17. Jahrhundert zwar noch weitgehend selbst, doch wurde sie später z.B. aus dem nahegelegenen nassauischen Siegerland mit manganhaltigem Eisen bzw. von den dortigen Hammerwerken mit manganhaltigem Stahl oder etwa auch aus den Grafschaften Sayn-Hachenburg sowie Sayn-Altenkirchen mit Roheisen beliefert. Das österreichische Eisengewerbe wurde größtenteils vom steiermärkischen Erzberg, dem größten und reichsten Eisenerzvorkommen Mitteleuropas, mit aus phosphorfreien Erzen erzeugtem Stahl versorgt.[230] Dies war die Basis für die Qualität aller dort erzeugten Halb- und Fertigfabrikate.

Kaufholds knappe Analyse der Genese des märkischen Metallgewerbes, die sich uneingeschränkt etwa auch auf die des österreichischen übertragen läßt, lautet deshalb zu Recht: Was es "ökonomisch darstellte, war es weitgehend aus eigener Kraft geworden und bewahrte es auch aus eigener Kraft".[231]

Überzogen erscheint in diesem Zusammenhang hingegen - zumindest in Hinblick auf die Entwicklung des Sensengewerbes - Kaufholds nicht ausschließlich auf die Mark gemünzte negative Wertung der staatlichen Handwerks- und Gewerbe- sowie Zoll- und Handelspolitik.[232] So trug insbesondere diejenige der Habsburger und Hohenzollern, in deren Territorien lange Zeit die bedeutendsten europäischen Produktionsstätten für Sensenblätter u.dgl. standen, während der Frühen Neuzeit, und zum Teil auch noch nach Über-

---

228 Alois MAYR: Die Wirtschaftsräume Westfalens im Überblick, in: Wilhelm Kohl (Hg.): Westfälische Geschichte, Bd. 3 (= Veröffentlichungen der Historischen Kommission für Westfalen im Provinzialinstitut für Westfälische Landes- und Volksforschung des Landschaftsverbandes Westfalen-Lippe, XLIII), Düsseldorf (1)1984, S. 1-39, hier 29. Vgl. auch Giesela LANGE: Das ländliche Gewerbe in der Grafschaft Mark am Vorabend der Industrialisierung (= Schriften zur Rheinisch-Westfälischen Wirtschaftsgeschichte, 29), Köln 1976, S. 69 f. und Karl Heinrich KAUFHOLD: Das Metallgewerbe der Grafschaft Mark im 18. und frühen 19. Jahrhundert (= Vortragsreihe der Gesellschaft für Westfälische Wirtschaftsgeschichte, 20), Dortmund 1976, S. 50-54.

229 Ludwig BEUTIN: Geschichte der Südwestfälischen Industrie- und Handelskammer zu Hagen und ihrer Wirtschaftslandschaft, Hagen 1956, S. 15. - Zur Produktion von Pflugscharen vgl. Walter JÜSTEN: Die Pflugscharindustrie an der Enneperstraße als Typ des Nebeneinanderbestehens von Klein- und Großbetrieb, Phil. Diss. Leipzig 1924 (maschinenschriftlich vervielfältigt).

230 KRINS, Eisengewerbe, S. 180. ASBECK, Sensenindustrie, S. 6 f. LANGE, Gewerbe, S. 133. TREMEL, Eisenwesen, S. 286. ZEITLINGER, Sensen, S. 81-85.

231 KAUFHOLD, Metallgewerbe, S.70 f.

232 Ebda., S. 68-71. - Ein differenzierteres Bild von der Wirkung der staatlichen Einflußnahme auf die Entwicklung des Gewerbes in der Grafschaft zeichnet dagegen auch LANGE, Gewerbe, S. 83 f.

windung des Merkantilsystems, durchaus spürbar zur Prosperität des heimischen Sensengewerbes bei.[233]

Das unangefochtene Zentrum der österreichischen Sensenproduktion waren die beiden oberösterreichischen Ortschaften Kirchdorf und Micheldorf a. d. Krems. Aber auch an anderen Stellen Ober- (Freistadt, Mattighofen) wie auch Niederösterreichs (Hainfeld, Waidhofen a. d. Y.), der Steiermark (Übelbach, Kindberg, Rottenmann, Judenburg) und Kärntens (Himmelberg) arbeitete eine beträchtliche Zahl von Sensenschmieden, die ebenfalls in Innungen organisiert waren.[234]

Da sie alle bei der Produktion von Sensenblättern u.dgl. vornehmlich Stahl aus der Steiermark verwendeten,[235] wurden diese fälschlicherweise häufig "steirische" Sensen genannt. Die zweite gängige Bezeichnung, "blaue" Sensen, kam folgendermaßen zustande: Die österreichischen Sensenblätter u.dgl. sind ursprünglich die einzigen gewesen, die ganz aus Stahl bestanden. Die Rohlinge wurden im Gegensatz zu allen anderen Sensenfabrikaten nicht geschliffen, sondern lediglich geplattet, gekratzt und dann abschließend geblaut. Das Blauanlassen des zuvor gleichmäßig erhitzten Sensenblattes geschah durch Hin- und Herziehen in Sand auf einer erhitzten Eisenplatte.[236]

Zeitlinger schätzt, daß das jährliche Produktionsvolumen an Sensenblättern und Strohmessern in Österreich zwischen 1650 und 1750 von zwei auf vier Millionen Stück anstieg.[237] Dabei fertigten allein die 36 Sensenschmiedemeister im Kirchdorf-Micheldorfer Bereich 1671 800.000 Stück Sensenblätter an.[238] Nach Proklamierung der Gewerbefreiheit 1859, die in den darauffolgenden Jahrzehnten einerseits den Niedergang der handwerklichen Produktion in den Gebirgstälern und andererseits den Aufstieg der fabrikmäßigen herbeiführte, erreichte die Sensenfabrikation des Landes ihren Höhenpunkt: In günstigen Jahren stieg sie auf bis zu zehn Millionen Stück Sensenblätter, wovon sieben bis acht Millionen exportiert wurden. Danach führte das Aufblühen von Sensenfabriken im Ausland sowie der Siegeszug der Mähmaschine zum schnellen Niedergang dieses traditionsreichen Zweigs der österreichischen Kleineisenindustrie.[239]

In Deutschland ist ein solches Produktionszentrum zunächst die im Bergischen gelegene Stadt Cronenberg mit den sie umgebenden Ämtern gewesen.[240] Vornehmlich aus nas-

---

233 Zur Förderung des österreichischen Sensengewerbes vgl. ZEITLINGER, Sensen, passim; Gustav BRACHMANN: Die oberösterreichischen Sensen-Schmieden im Kampfe um ihre Marken und Märkte, Wien 1964, passim; FISCHER, Sensen, passim; Ferdinand TREMEL: Steirische Sensen, in: Blätter für Heimatkunde, hg. vom Historischen Verein für Steiermark, 27 (1953), S. 37-56, hier passim. sowie DERS.: Das eisenverarbeitende Gewerbe mit besonderer Berücksichtigung der Sensenschmiede (Das steirische Handwerk, X), Graz 1970, passim. - Desgleichen in der brandenburg-preußischen Grafschaft Mark vgl. ASBECK, Sensenindustrie, S. 19-28.

234 Vgl. ZEITLINGER, Sensen, passim. Ferner vgl. FISCHER, Sensen, passim., TREMEL, Gewerbe, passim. und BECK, Geschichte (Abt. 2), S. 423 f.

235 FISCHER, Sensen, S. 119.

236 BECK, Geschichte (Abt. 2), S. 423; DERS., Geschichte (Abt. 3), S. 951; ZEITLINGER, Sensen, S. 43.

237 ZEITLINGER, Sensen, S. 60.

238 FISCHER, Sensen, S. 151.

239 ZEITLINGER, Sensen, S. 65 f.

240 Sofern nicht anders vermerkt, sind sämtliche Informationen zur Sensenproduktion im Herzogtum Berg EVERSMANN, Eisen- und Stahl-Erzeugung, S. 392-394, entnommen.

sauischem (Siegerland) und kölnischem (Sauerland) Stabeisen wurden hier die bekannten "Cronenberger weißen Sensen", aber auch Sicheln, Sichten und Klingen für Häcksella-den, hergestellt. Während in Österreich "Stahlstäbe verschiedener Härtegrade in größerer Anzahl aufeinandergeschweißt und dann aus zwei so zusammengesetzten Stücken die Sense verfertigt" wurden, bestand die alte Cronenberger Herstellungsmethode darin, "daß man einen Eisenstab der Länge nach aufspaltete und einen schwächeren Stab harten Stahles in die entstandene Rinne einschweißte. Die Sense wurde dann so ausgeschmiedet, daß der harte Stahl zur Schneide kam, wo derselbe zuletzt noch durch Abschleifen des äußeren Eisens vollends freigelegt wurde".[241] Beim Schleifen - die Rohlinge wurden gegen den Umlauf des Schleifsteins geschliffen - erhielten die Cronenberger Fabrikate ihre charakteristische weiße Farbe.[242]

Das zähe Festhalten der Cronenberger Sensenschmiedezunft an der alten Produktionstechnik sowie daraus resultierende Streitigkeiten innerhalb der Zunft am Ende des 17. und in der ersten Hälfte des 18. Jahrhunderts führten zur wiederholten Auswanderung von Meistern in die benachbarte Grafschaft Mark, so daß die Fabrikation von weißen geschliffenen Sensen im Herzogtum allmählich in die Bedeutungslosigkeit sank.[243]

Eine Renaissance erlebte das Sensengewerbe im Bergischen 1772 mit der Aufnahme der Fabrikation von geschmiedeten blauen "steierischen" Sensen, die im Verlauf des 18. Jahrhunderts immer stärker nachgefragt wurden. Neben der in Müngsten entstanden bis 1800 noch drei weitere große zusammenhängende Sensenfabriken,[244] nämlich in Remscheid, an der Wupper und in Ehringshausen. Zusammen setzten sie 200.000 Stück Sensenblätter ab, was etwa dreimal soviel war, wie die märkische Fabrik produzierte.[245] Bis 1868 traten noch "einige Fabrikanlagen" hinzu, die von Anfang an "mit Maschinenbetrieb" arbeiteten.[246] Der Übergang zur großbetrieblichen, d.h. industriellen Sensenproduktion, war zu diesem Zeitpunkt im Bergischen mithin weit fortgeschritten.

In der seit 1609 zu Brandenburg-Preußen gehörenden Grafschaft Mark[247] konnte die Plettenberger Sensenfabrik (Kreis Altena) auf eine besonders lange Tradition zurück-

241 ZEITLINGER, Sense, S. 44.

242 Vgl. auch BECK, Geschichte (Abt. 2), S. 424.

243 Vgl. auch BECK, Geschichte (Abt. 2), S. 1196 und 1198; ASBECK, Sensenindustrie, S. 19-23; Wilfried REININGHAUS: Zünfte, Städte und Staat in der Grafschaft Mark. Einleitung und Regesten von Texten des 14. bis 19. Jahrhunderts (= Veröffentlichungen der Historischen Kommission für Westfalen, XXII A; Geschichtliche Arbeiten zur Westfälischen Landesforschung, Wirtschafts- und sozialgeschichtliche Gruppe, 7), Münster 1989, S. 16.

244 Hinter dem Begriff "Fabrik" verbirgt sich keineswegs, wie sein heutiger Inhalt nahelegt, eine großgewerbliche Betriebstätte, also eine Manufaktur oder gar eine Fabrik im modernen Sinne. Darunter muß "vielmehr die Gesamtheit der in einer bestimmten Produktion an einem bestimmten Ort (oder in einem bestimmten, kleineren Gebiet) tätigen Gewerbetreibenden, die zumeist eine die gemeinsamen Probleme regelnde Rechtsnorm (Gildesatzung, Statut, Ordnung oder ähnliches) miteinander verband", verstanden werden. KAUFHOLD, Metallgewerbe, S. 50.

245 Vgl. auch BECK, Geschichte (Abt. 3), S. 968.

246 VIEBAHN, Statistik (T. 3), S. 968. - Zum Übergang des Eisengewerbes im südlichen Teil der Mark von Wasser- auf Dampfkraft BEUTIN, Geschichte, S. 33 f.

247 Sofern nicht anders vermerkt, sind sämtliche Informationen zur Sensenproduktion in der Grafschaft Mark Ernst VOYE (Bearb.): Geschichte der Industrie im Märkischen Sauerlande, Bd. 1 (Kreis Hagen), Hagen 1908, S. 38 ff., 56-60, 170-199, 282 f.; Bd. 2 (Kreis Altena), Hagen 1910,

blicken. Die weißen Plettenberger Sensen unterschieden sich von den märkischen und bergischen hauptsächlich durch das Schleifverfahren, welches ihnen eine bessere und haltbarere Schneide verlieh. Deshalb waren die Plettenberger Schneidewaren schon im 16. Jahrhundert gesucht, allerdings durch das Ausschmieden bei Holzkohle auch bedeutend teurer.[248] Der erste Sensenhammer wurde vermutlich 1656 errichtet.[249] Bis 1754 erhöhte sich die Zahl der Sensenhämmer auf vier und 1780 waren es neun.[250] Um 1840 bildete das Sensenschmieden zwar noch den Kern des Plettenberger Gewerbes, kaum zwanzig Jahre später mußte jedoch der letzte Hammer stillgelegt werden,[251] da die veralteten Produktionsanlagen nicht mehr rentabel waren. Zudem fanden die verstählten und geschliffenen weißen Sensen kaum noch Abnehmer.

An der im Hochgericht Schwelm und im Gericht Hagen gelegenen Enneperstraße, dem zeitweiligen Produktionszentrum im 18. und frühen 19. Jahrhundert, soll der erste Sensenhammer 1635 errichtet worden und ein zweiter um 1650 hinzugekommen sein.[252] Einen ungeheuren Aufschwung erlebte die weiße Sensenfabrik der Enneperstraße ab 1687 mit den besagten Einwanderungen von Sensenschmieden aus dem Herzogtum Berg, die auch in Gevelsberg, Haspe, Westerbauer, Hagen und Eilpe Werkstätten einrichteten. Den Ausschlag für ihr Kommen gaben neben den günstigen natürlichen Standortbedingungen - Wasserkraft, Kohle und Eisen waren reichlich vorhanden und billig - sowie den niedrigen Arbeitslöhnen und Lebenshaltungskosten[253] zweifelsohne auch die ihnen von der brandenburg-preußischen Administration zugesagten Privilegien und sonstigen Vergünstigungen.[254] Insbesondere durch ihre unbehinderte Niederlassung auf dem flachen Land - ländliche Schmiede wurden in der Grafschaft ausdrücklich geduldet[255] - sowie durch ihre weitgehende Befreiung vom Zunftzwang war es den Bergischen möglich, Produktionsstätten einzurichten, die technisch auf der Höhe der Zeit standen. Außerdem unterlagen sie hier keinerlei Produktionsbeschränkungen, konnten also größere Aufträge annehmen und ausführen.

S. 310-313; Bd. 4 (Kreis Schwelm), Hagen 1913, S. 125-128 sowie EVERSMANN, Eisen- und Stahl-Erzeugung, S. 253-263, entnommen.

248 Vgl. auch BECK, Geschichte (Abt. 2), S. 424 f. und 818. Ferner DERS., Geschichte (Abt. 3), S. 950 f.

249 Aloys MEISTER: Eine Sensenschmiede bei Plettenberg nach dem 30jährigen Kriege, in: Zeitschrift für vaterländische Geschichte und Altertumskunde, 64 (1906), S. 251-253. - Die Miszelle enthält einige sachliche Fehler.

250 Ernst VOYE: Die Industrie im südlichen Teile der Grafschaft Mark, in: Aloys Meister (Hg.): Die Grafschaft Mark. Festschrift zum Gedächtnis der 300jährigen Vereinigung mit Brandenburg-Preußen, Bd. 1, Dortmund 1909, S. 463-534, hier 482 f.

251 BEUTIN, Geschichte, S. 26. VOYE, Industrie, S. 518.

252 ASBECK, Sensenindustrie, S. 17 f.

253 BECK, Geschichte (Abt. 2), S. 1198 und LANGE, Gewerbe, S. 68-73 und 79.

254 Vgl. dazu auch BECK, Geschichte (Abt. 2), S. 1198. ASBECK, Sensenindustrie, S.20-26 und REININGHAUS, Zünfte, S. 16 f. - Bis um 1750 obsiegte in diesem Wettstreit um die gewerblichen Kräfte aber oft auch Berg durch seine im allgemeinen freiheitlichere Gesetzgebung und Verwaltungspraxis. BEUTIN, Geschichte, S. 13. Vgl. auch LANGE, Gewerbe, S. 77 ff.

255 LANGE, Gewerbe, S. 82. - Von den in der Grafschaft am Vorabend der Industrialisierung in der Sensenfabrikation Beschäftigten waren ca. 97% auf dem flachen Land tätig. Ebda., S. 56 f. Hier auch eine Tabelle der "Standorte von Sensen- und Stahlhämmern auf dem Lande der Grafschaft Mark 1754 nach der Feueranzahl".

Um 1800 umfaßte die weiße Sensenfabrik der Enneperstraße 34 Hämmer mit 85 Feuern; zu jedem Sensenhammer gehörte ein Schleifwerk. Vor jedem Feuer war ein Meister nebst einem Meisterknecht und einem Lehrjungen tätig. Sie konnten pro Tag bis zu zwölf Sensenblätter oder 15 bis 16 Strohmesser erzeugen. Das mittlere jährliche Produktionsvolumen eines Feuers betrug 300 Bund, das Bund zu zwölf oder dreizehn Stück. Einige Meister brachten es sogar auf bis zu 500 Bund. An Sensen- und Sichelblättern sowie Strohmessern wurden hier um 1800 26.000 Bund mit einem Gesamtwert von 130.000 Rthlr. hergestellt.[256] Zu diesem Zeitpunkt hatte diese Sensenfabrik den Höhepunkt ihrer Entwicklung allerdings bereits hinter sich, denn zwischen 1752 und 1790 war die Zahl der Sensenhämmer zwischen Gevelsberg und Wehringhausen an den Gefällen der Ennepe und der Nachbarbäche um 14 auf 38, und diejenige der Feuer um ein Viertel gesunken. In Reaktion darauf gründeten die Sensen- und Futterklingenschmiede 1791 einen Stapel, die "Sensenfabrique der Eneperstrasse", der zunftähnliche Züge trug. 1846 schlossen sich die Kleinbetriebe gegen die übermächtig werdende Konkurrenz der aufkommenden Fabriken, "die mit Dampfbetrieb nach steyrischer Art eingerichtet" waren,[257] im "Verein der Sensenfabrikanten der Ennerperstraße" zusammen; aus ihm ging ein Jahr später ein Kartell hervor.[258] Einer dieser Industriebetriebe war der am Ausgang des Ennepetals, in Gevelsberg, gelegene von Kuhlmann & Co. 1868 fabrizierte das hundert Jahre alte Unternehmen auf 15 durch Dampfkraft angetriebenen Hämmern, sechs Schleifsteinen und mit einem Polierwerk Sensen, Sicheln und Strohmesser.[259] Zu Beginn des 20. Jahrhunderts hatte die Sensen-, Sichel- und Strohmesserindustrie der Grafschaft ihren Hauptsitz unverändert an der Enneperstraße. Die Zahl der Sensenhämmer war zu diesem Zeitpunkt infolge der in- und ausländischen Konkurrenz allerdings schon unter 15 gerutscht. An Stelle der nur noch schwer verkäuflichen geschliffenen weißen Sensen, die lediglich verstählt waren, wurden nun solche aus Martinstahl bzw. Tiegelgußstahl geschmiedet.[260]

Die dritte und jüngste der in der Grafschaft Mark gelegenen Sensenfabriken war die Blaue. Nach der Gründung des ersten Unternehmens 1763 kamen bis um 1800 zwei weitere hinzu, die die immer stärker nachgefragten "steirischen" Sensenblätter produzierten. Die meisten blauen Sensen, und zwar 30.000 Stück, wurden in dieser Zeit auf dem Öyer Werk der Gebrüder Elbers bei Hagen angefertigt. Die beiden anderen beschäftigten damals zusammen 162 Schmiede und 43 Schleifer.[261] Diese Unternehmen stellten ihre innere Produktionsstruktur im Verlauf des 19. Jahrhunderts auf Fabrikbetrieb um.

Während weiter Strecken des 17., 18. und auch noch in der ersten Hälfte des 19. Jahrhunderts dominierten die obigen österreichischen und deutschen Produktionszentren mit ihren Sensen-, Sichten- und Sichelblättern sowie Klingen für Häckselladen bzw. -maschinen nicht nur den inländischen, sondern beinahe den gesamten europäischen Markt. Eine knappe Übersicht über die Entwicklung ihrer Absatzgebiete und -strukturen wird am

256 Vgl. auch BECK, Geschichte (Abt. 3), S. 950 f. und LANGE, Gewerbe, S. 138.
257 VIEBAHN, Statistik (T. 3), S. 969. - Zur Einführung der Dampfkraft in die märkische Kleineisenindustrie vgl. VOYE, Industrie, S. 509 f.
258 Vgl. dazu auch ASBECK, Sensenindustrie, S. 33 ff., 59-62, 114 ff. sowie BEUTIN, Geschichte, S. 15 und REININGHAUS, Zünfte, S. 92 f.
259 VIEBAHN, Statistik (T. 3), S. 969.
260 VOYE, Industrie, S. 518 f.
261 Vgl. auch BECK, Geschichte (Abt. 3), S. 475 und 951 f.

Ende des Kapitels im Exkurs über die Distribution dieser Schneidewaren geboten.[262] In diesem Zusammenhang muß jedoch das weitverbreitete Vorurteil ausgeräumt werden, außerhalb dieser Zentren hätten keine Produktionsstätten bestanden, die Sensenblätter u.dgl. in großen Stückzahlen herstellten.[263] Tatsächlich sind während dieser Phase von staatlicher wie privater Seite aus auch in Deutschland immer wieder Sensenhämmer, "-fabriquen" und "-manufacturen" errichtet worden. Allerdings taten sie sich im direkten Wettbewerb mit den österreichischen und bergisch-märkischen Konkurrenten recht schwer, weshalb ihre Erzeugnisse gewöhnlich nur auf regionaler Ebene Absatz fanden. Häufig reichte ihr Standortvorteil, d.h. ihre Nähe zum Konsumenten, jedoch nicht hin, um sie auf Dauer gegen die auswärtigen Anbieter überlebensfähig zu machen. Selbst staatliche Protektion konnte ihren Niedergang bestenfalls verzögern, keineswegs jedoch verhindern. Erst mit der Loslösung der Produktion aus der Abhängigkeit der Standortfaktoren Wasserkraft und Holzkohle sowie mit der Revolutionierung des Transportwesens entstanden außerhalb der traditionellen Zentren wettbewerbsfähige Sensenfabriken, die beträchtliche Marktanteile an sich zu ziehen vermochten. Bevor wir uns den Verhältnissen in den Herzogtümern zuwenden, soll das Gesagte anhand von Beispielen konkretisiert werden.

Im Alten Reich war der Harz eines der traditionellen großen Eisenreviere.[264] Metallhalbzeuge und Fertigfabrikate des eisenverarbeitenden Harzer Gewerbes wurden in weiten Teilen Norddeutschlands abgesetzt.[265] Seit 1714 lag der Vertrieb seiner Erzeugnisse - auch derjenigen von Privatunternehmern - im Kurfürstentum in den Händen der "Landesherrlichen Berghandlung", die über zu ihren Gunsten sehr niedrig gehaltene Vorkaufspreise bis zur französischen Okkupation 1803 der Staatskasse beträchtliche Gewinne erwirtschaftete. 1769 teilte ihre Administration beispielsweise der kurhannoverschen "Rent-Cammer" mit, sie verfüge über einen Vorrat von 18.462 Sensen und 10.516 Futtermessern; genug, um den inländischen Bedarf zu decken. Diese Schneidewaren hatte sie von den "Fabriquen" zu Liebenau und Herzberg bezogen.[266]

---

262 Vgl. unten, Kap. III.4.2., S. 255 ff.

263 Diesen Eindruck erweckt beispielsweise Wilfried REININGHAUS: Gewerbe in der frühen Neuzeit, München 1990, S. 102, wenn er behauptet, es habe "in den großen landwirtschaftlichen Gebieten Nordwest- und Nordostdeutschlands [...] keine Zentren [gegeben], die die große Nachfrage in den Agrarregionen nach [...] Sensen hätten befriedigen können".

264 Vgl. dazu BECK, Geschichte (Abt. 2), S. 760-816 und 1105-1174; DERS., Geschichte (Abt. 3), S. 861-896; DERS., Geschichte (Abt. 4), S. 359-365, 716-722, 997; Herbert DENNERT: Das Eisengewerbe im Bereich des Harzes von 1500 bis 1650, in: Hermann Kellenbenz (Hg.): Schwerpunkte der Eisengewinnung und Eisenverarbeitung in Europa 1500-1650 (= Kölner Kolloquien zur internationalen Sozial- und Wirtschaftsgeschichte, 2), Köln 1974, S. 233-240; Ekkehard HENSCHKE: Landesherrschaft und Bergbau. Zur Wirtschafts- und Verwaltungsgeschichte des Oberharzer Bergbaugebietes im 16. und 17. Jahrhundert (= Schriften zur Wirtschafts- und Sozialgeschichte, 23), Berlin 1974; Eckhard OELKE: Die regionale Entwicklung der Eisenindustrie im östlichen Harz (bis zum Jahre 1945), in: Jahrbuch für Wirtschaftsgeschichte, 15 (1974), S. 319-344; Reinhard OBERSCHELP: Niedersachsen 1760-1820. Wirtschaft, Gesellschaft, Kultur im Land Hannover und Nachbargebieten (= Veröffentlichungen der Historischen Kommission für Niedersachsen und Bremen, XXXV), Bd. 1, Hildesheim 1982, S. 168-173.

265 Vgl. etwa Ed. JACOBS: Das Handwerk der Stahlschmiede zu Stolberg. 1455, in: Zeitschrift des Harz-Vereins für Geschichte und Altertumskunde,18 (1885), S. 333-337.

266 OBERSCHELP, Niedersachsen, S. 169 und 171.

Die Sensenfabrikation in und um Liebenau, einer in der Grafschaft Hoya gelegenen Landstadt, hatte Tradition. Vermutlich wurde sie schon vor 1600 betrieben.[267] Auf maximal elf durch Wasserkraft angetriebenen Sensenhämmern wurden hier die wegen ihrer guten Qualität über die Landesgrenzen hinaus bekannten "Liebenauer Sensen" hergestellt. 1678 waren damit 47 Schmiedemeister und 4 Schmiedeknechte befaßt. Ab 1709 wurden die Liebenauer Sensenschmiede dazu angehalten, anstatt des rheinisch-westfälischen nur noch inländisches Eisen zu verwenden. 1738 bemerkte die Berghandlungs-Administration etwa, die Liebenauer landwirtschaftlichen Schneidewaren wären "auß dem besten Hartzer Eisen", welches aus der landesherrlichen "Königs-Hütte auff dem Hartz" stammte. Winkel macht in erster Linie die Abkehr vom Importeisen für den Niedergang dieses Gewerbezweigs in Liebenau verantwortlich.[268] Tatsächlich dürfte hauptsächlich das bergisch-märkische Sensengewerbe, gegen das sich in erster Linie die im Verlauf des 18. Jahrhunderts wiederholt in den Welfenlanden erlassenen Einfuhrverbote für auswärtige landwirtschaftliche Schneidewaren richteten, die Ursache dafür gewesen sein.[269] Zu Beginn der 1860er waren in dem Flecken jedenfalls nur noch acht Sensenschmiede tätig, die gemeinschaftlich einen wassergetriebenen Sensenhammer sowie eine Schleifmühle nutzten.

Die Stahlfabrik in Herzberg, am Südrand des Oberharzes, wurde dagegen erst Ende der 1760er Jahre errichtet.[270]

Nach den Befreiungskriegen mußte das gesamte hannoversche Metallgewerbe immer weitere Anteile auf dem Inlandsmarkt der englischen, schwedischen und preußischen Konkurrenz preisgeben.[271] Über den Import beträchtlicher Mengen Stahlwaren gegen Ende der 1820er ins Königreich berichtete von Gülich u.a.: "Dieselben, hauptsächlich in Messern, Scheeren, Lichtscheeren, Säbeln, Degen, Sensen, Schneidemessern, Beilen u.s.w. bestehend, werden uns meist aus England und dem preußischen Westphalen; einige wenige, besonders die Sensen und Schneidemesser auch wohl aus Steiermark zugeführt".[272]

Den Übergang zur fabrikmäßigen Herstellung schaffte im Hannoverschen der Produktionsstandort Sulingen.[273] Der in der Grafschaft Hoya gelegene Marktflecken war im 18.

---

267 Wenn nicht anders vermerkt, stammen die nachfolgenden Ausführungen zur Sensenfabrikation in Liebenau aus Heinrich GADE: Geschichte des Fleckens Liebenau an der Weser, in: Zeitschrift des historischen Vereins für Niedersachsen, 1863, S. 289-355, hier 324 f., 333-335 und 354. Vgl. dazu auch DERS.: Historisch-geographisch-statistische Beschreibung der Grafschaften Hoya und Diepholz, Bd. 1, Nienburg 1901, S. 578.

268 LAS Abt. 210, Nr. 2372. - Wilhelm WINKEL: Industrie in einem Celleschen Landesteile. Liebenauer Sensenfabrikation, in: Der Sachsenspiegel (25.05.1963). Blätter für Geschichts- und Heimatpflege. Beilage zur Celleschen Zeitung.

269 Vgl. unten, Kap. III.4.2.4.2., S. 266 ff.

270 OBERSCHELP, Niedersachsen, S. 171.

271 Gustav von GÜLICH: Ueber den Handel und die übrigen Zweige der Industrie im Königreiche Hannover, besonders über den Zustand derselben seit dem Jahre 1826, Hannover 1831, S. 20-22, 51, 84 f. Vgl. dazu auch OBERSCHELP, Niedersachsen, S. 172.

272 GÜLICH, Handel, S. 51.

273 Sofern nicht anders vermerkt, sind die nachfolgenden Ausführungen zur Produktion von Sensen in Sulingen Wilhelm KLEEBERG: Hollandgänger und Heringsfänger. Ein Stück niedersächsischer Wirtschaftsgeschichte, in: Neues Archiv für Landes- und Volkskunde von Niedersachsen, 2 (1948), S. 193-232, hier 212-214, entnommen.

und in der ersten Hälfte des darauffolgenden Jahrhunderts einer der Sammelpunkte der sog. Hollandgänger. Zur Heuernte nahmen diese aus Sulingen teilweise nicht nur für den Eigenbedarf, sondern dazu noch zwei bis drei Stück Sensenblätter für den Verkauf mit in die Niederlande. Um 1750 soll es dort acht Sensenschmieden gegeben haben. Kurz vor 1800 setzte das Sulinger Sensengewerbe jährlich 1.200 Stück Sensenblätter direkt nach auswärts ab,[274] und zwar nach Bremen, in die Unterwesergegend, Oldenburg und Ostfriesland. Bis in die 1870er Jahre wurden die Sensenblätter u.dgl. anscheinend noch ausschließlich in Handarbeit hergestellt. 1878 existierten hingegen bereits vier Sensenfabriken "mit Ruf" am Ort, die in dieser Zeit jährlich 70-80.000 Stück Sensenblätter absetzen konnten. Zwei von ihnen arbeiteten mit Dampf- und zwei mit Pferdebetrieb.[275] Um 1900 bestanden noch drei von ihnen. Sie stellten jährlich etwa 40.000 Stück Sensenblätter u.dgl. her.

Ein weiterer Produktionsstandort in Norddeutschland lag im Herzogtum Mecklenburg-Schwerin. Eine halbe Meile südlich von Neustadt, an einem in die Elde fließenden Bach, unweit des Forsthofs Wabel, gründete Herzog Friedrich Wilhelm 1703 eine Sensenmühle mit zwei Hämmern und einem Polierwerk.[276] Ausschlaggebend für die Standortwahl war mithin der Standortfaktor Wasserkraft sowie die in unmittelbarer Nähe befindliche Eisengießerei.[277] Diese beiden Staatsbetriebe, die wohl aus volkswirtschaftlich-staatsmännischen Erwägungen, die weite Bereiche der merkantilistischen Politik bestimmten,[278] aufgebaut worden sein dürften, wurden bereits 1717 wieder stillgelegt.

Auch im Königreich Dänemark bemühten sich die Landesherren seit Christian IV. im 17. und 18. Jahrhundert wiederholt darum, die Produktion von landwirtschaftlichen Schneidewaren im großen aufzuziehen, sei es durch die Gründung von staatlichen Betrieben oder sei es durch die großzügige Förderung von Privatunternehmen.[279] Dabei war es von Beginn an ganz allgemein das erklärte Ziel der dänischen merkantilistischen Wirtschafts- und Gewerbepolitik, den heimischen Markt aus eigener Kraft mit Fertigfabrikaten versorgen zu können, somit also die Erlangung der Autarkie von ausländischen Produzenten und Händlern. Nielsen charakterisiert den dänischen Merkantilismus deshalb

---

274 Christian Ludwig Albrecht PATJE: Kurzer Abriß des Fabriken-, Gewerbe- und Handlungs-Zustandes in den Chur-Braunschweig-Lüneburgischen Landen, Göttingen 1796, S. 82. Vgl. auch OBERSCHELP, Niedersachsen, S. 172.

275 GADE, Beschreibung (Bd. 2), S. 297.

276 Wilhelm RAABE: Mecklenburgische Vaterlandskunde, 2. Auflage, gänzlich umgearbeitet und bis zur Gegenwart verbessert und vervollständigt von Gustav Quade, Bd. 1, Wismar 1894, S. 706 und Fr. POREPP: Die Stadt Neustadt i. Meckl., ihre Entstehung, Entwicklung und historische Bedeutung, Neustadt i. Meckl. 1893, S. 12-15.

277 1544 wird ein durch Wasserkraft angetriebener landesherrlicher Eisenhammer in Neustadt an der Elde erstmals erwähnt. Charlotte MILLIES: Die Anfänge einer staatlichen Wirtschaftspolitik in Mecklenburg im 15./16. Jahrhundert, in: Mecklenburgische Jahrbücher, 101 (1937), S. 1-84, hier 27.

278 Vgl. SOMBART, Kapitalismus (Bd. 2.2), S. 849.

279 Zur dänischen Wirtschafts-, Gewerbe-, Handels- und Zollpolitik im Merkantilismus vgl. Axel NIELSEN: Dänische Wirtschaftsgeschichte, Jena 1933, passim. - In bezug auf deren Einfluß auf die Produktion von Sensenblättern u.dgl. sowie allgemein zu deren Herstellung in Dänemark bis ins 19. Jahrhundert hinein vgl. ebda., S. 231 f. und 238. Ferner vgl. dazu Aksel E. CHRISTENSEN: Tiden indtil c. 1730 (= Industriens historie i Danmark, I), København 1943, S. 47, 76, 91 f., 149 f., 162 f. und 200. Des weiteren vgl. auch JØRGENSEN, Tiden, S. 102-108 und 197 f.

zu Recht als defensiv. Diese ehrgeizige Vorgabe konnte in bezug auf die Fabrikation von Sensenblättern u.dgl. jedoch ebensowenig realisiert werden wie in anderen Gewerbezweigen. So wurde neu eingerichteten Sensenmanufakturen zwar wiederholt ein umfassender Schutz gegen in- und ausländische Konkurrenten gewährt, indem ihnen Herstellungs- und Verkaufsmonopole, sog. Privilegia exclusiva oder privativa, verliehen und darüber hinaus sogar gelegentlich Einfuhrverbote bzw. Prohibitivzölle erlassen wurden, doch mußte diese Protektion auf bestimmte Teile Dänemarks begrenzt werden, da die betreffenden Unternehmen nicht imstande waren, das Land flächendeckend mit Schneidezeug zu versorgen. Auch war ihr Schutz auf diese Weise nur höchst unvollkommen zu gewährleisten, da die z.T. bedeutend billigeren und besseren fremden (Industrie)Waren[280] immer wieder durch Schmuggel oder andere Formen des Unterschleifs Eingang nach Dänemark fanden.

Erst im Zuge des Übergangs vom Merkantilismus zum Liberalismus am Ende des 18. Jahrhunderts fielen in Dänemark, nicht zuletzt aufgrund zahlreicher Beschwerden von seiten der Landwirtschaft sowie des Handwerks, die die Produktion und den Handel mit Schneidewaren lenkenden, wettbewerbsverzerrenden Gesetze; beide unterlagen seit 1794 keiner besonderen gesetzlichen Regelung mehr.[281]

Vermutlich blühte erst danach in den an Nordschleswig angrenzenden dänischen Ämtern auf dem flachen Land die Herstellung von landwirtschaftlichen Schneidewaren auf. Die guten Verdienstmöglichkeiten dürften beispielsweise im Amt Ribe, besonders in der Gjørding-, Malt- und Øster-Herred, neben den ländlichen Grob- und Hufschmieden sogar "Gaardmænd" dazu bewegt haben, die Produktion von "Høeleer", "Skjære"- oder "Hakkelseknive" aufzunehmen, und zwar von "fortrinlig Godhed".[282] Das Material wurde teilweise auf zwei Ambossen gleichzeitig mit dem Fausthammer ausgeschmiedet. Weitere Nachrichten über dieses im Ansatz verdichtete ländliche Gewerbe lokalen Zuschnitts - abgesetzt wurden die Ribener Sensen und Schneidemesser im Amt Ribe selbst und im Amt Ringkøbing - liegen bislang zwar leider nicht vor, doch werden zumindest Erklärungshilfen für seine Entstehung bei der Untersuchung des benachbarten Nordschleswiger Sensengewerbes geboten werden.[283]

Wenden wir uns nun wieder den deutschen Produktionsstätten zu. In Oberschlesien stellte 1809 ein "Strohmesser- und Sensenwerk 150.000 Ctr. Strohmesser und Sensen" her.[284] Möglicherweise handelte es sich bei ihm um die alte Eisen- und Stahlwarenfabrik zu Königshuld bei Oppeln, in der 1864 nicht nur 187.000 Stück Sensenblätter sowie 27.000 Stück Strohmesser, sondern darüber hinaus auch 40.000 Stück Schaufeln, 800 Draingeräte, 4.000 Sägen sowie 4.500 Pflugschare und -streichbretter produziert wur-

280 Vgl. C. OLUFSEN: Beiträge zu einer Uebersicht der National-Industrie in Dänemark, übersetzt und mit Anmerkungen versehen von Theodor Gliemann, Altona 1820, S. 196-198.

281 Trotzdem zählte OLUFSEN, Beiträge, S. 196, noch 1820 in Dänemark zu "den gänzlich fehlenden, oder doch äußerst unzureichenden Fabrikationen" auch diejenige von Sensen. Landwirtschaftliche Schneidewaren müssen demnach zu dieser Zeit noch in großen Stückzahlen ins Königreich eingeführt worden sein. - Zum Import von Sensenblättern u.dgl. nach Dänemark vgl. unten, Kap III.4.2.4.2., S. 266.

282 Carl Frederik Isaac DALGAS: Ribe Amt. Beskrevet, efter Opfordring fra det Kongelige Landhuusholdningsselskab, København 1830, S. 214.

283 Vgl. unten, Kap. III.4.1.2., S. 240 ff.

284 BECK, Geschichte (Abt. 4), S. 180 f.

den. Allerdings wurde ihr "die Konkurrenz mit Westfalen [...] schwer".[285] Die Fabrik zu Königshuld scheint am Ende unseres Untersuchungszeitraums nicht die einzige im oberschlesischen Industriegebiet gewesen zu sein, die landwirtschaftliche Schneidewaren erzeugte.

In der preußischen Provinz Westfalen fertigten außerhalb des großen Produktionszentrums 1865 mehrere Hämmer bei Schmallenberg und im sauerländischen Bigge "5.800 Dtzd. Sensen, Strohmesser, Aexte, Beile und 210 Ctr. Stahlschaare im Werth von 29.650 Thlr." an.[286]

In Württemberg wurde 1727 vom Staat in Enzklösterle unter Leitung eines Sensenschmieds aus Hagen in Westfalen eine Sensenmanufaktur errichtet, die neben Sensenblättern auch Sicheln, Strohmesser, Schaufeln und anderes mehr erzeugte. Sie ging bereits 1730 wieder ein.[287] Bis in die 1950er Jahre hinein arbeiteten dagegen zwei zu Beginn des 19. Jahrhunderts gegründete Sensenfabriken konkurrenzlos in Württemberg. Die eine wurde auf Initiative des Herzogs, Kurfürsten und späteren Königs Friedrich errichtet, der generell um die Hebung des eisenerzeugenden und -verarbeitenden Gewerbes seines Landes bemüht war. Im staatlichen Hüttenwerk St. Christophs bei Freudenstadt im Schwarzwald begann 1802 der neuerrichtete "Friedrichshammer" Sensenblätter zu schmieden. Daraus ging 1808 das selbständige staatliche Werk Friedrichstal hervor. Neben Sensenblättern u.dgl. erzeugte es auch Stahl. "1815 bis 1822 lieferte es bereits jährlich 30.000 blaue (steirische) Sensen, 10.000 Schnabelsensen (tiroler), 25.000 Sicheln, 10.000 Strohmesserblätter, 4.000 ganze Strohmesser"[288] sowie Schaufeln und Sägen in größeren Mengen. Die zweite wurde 1803 von dreizehn Gesellschaftern am Nordrand des Schwarzwaldes in Neuenbürg errichtet, bis 1852 jedoch in ein reines Familienunternehmen umgewandelt. Anfangs arbeiteten einige österreichische Sensenschmiede in der Fabrik. Nach anfänglichen innerbetrieblichen Schwierigkeiten und der entscheidenden Umstellung auf "steirischen Stahl", wozu die württembergische Regierung 1826 eine bedeutende Zollerleichterung gewährte, konnte die Produktion in den darauffolgenden Jahren kontinuierlich gesteigert werden: wurden 1830 70.000 Stück Sensenblätter u.dgl. fabriziert, so stieg ihre Zahl innerhalb von zwanzig Jahren auf 150.000, und 1865 wurden sogar 575.000 hergestellt. Zu diesem Zeitpunkt war die Sensenfabrik Neuenbürg "das bedeutendste derartige Etablissement nicht allein im Zollverein, sondern in ganz Deutschland, Österreich mit eingeschlossen".[289]

Im Großherzogtum Baden produzierten 1854 Jakob Kade & Söhne Sensenblätter "steirischer Facon" fabrikmäßig.[290]

Diese Auflistung ist sicherlich unvollständig. Sie dokumentiert jedoch zur Genüge, daß sich die Massenproduktion von landwirtschaftlichen Schneidewaren im 18. und 19. Jahrhundert keineswegs auf die österreichischen und bergisch-märkischen Produktionszen-

---

285 VIEBAHN, Statistik (T. 3), S. 969.

286 Ebda. - MÜLLER, Anfänge, S. 171.

287 Sofern nicht anders vermerkt, sind sämtliche Informationen über die Sensenfabriken Württembergs REILE, Geschichte, insbes. S. 76 ff. und 95 f., entnommen.

288 BECK, Geschichte (Abt. 4), S. 365.

289 REILE, Geschichte, S. 81.

290 BRACHMANN, Sensen-Schmieden, S. 57.

tren beschränkte. Über die Entwicklung der Produktionsstruktur im vor- und frühindustriellen Schleswig-Holstein, einer an montanen Rohstoffen armen Agrarregion,[291] soll nachfolgend berichtet werden.

III.4.1.2. Die Herstellung landwirtschaftlicher Schneidewaren in Schleswig-Holstein

In den Herzogtümern läßt sich zumindest das zünftig betriebene Handwerk des Sensenschmieds nicht nachweisen. So war diese Profession z.B. in Lübeck, der Stadt mit der breitesten Auffächerung der handwerklichen Arbeit in Schleswig-Holstein - trotzdem sich die Metallverarbeitung in der Hansestadt bis 1384 in insgesamt 31 verschiedene Handwerke aufgegliedert hatte - nicht vertreten.[292] Ob die erstmalig 1599 auf dem Lübschen Areal bezeugte Schleif- oder Poliermühle außer von den Harnischmachern und Plattenschlägern etwa auch von Messer- und Klingenschmieden oder Vertretern anderer Zweige des eisenverarbeitenden Handwerks zur Herstellung von Sensenblättern u.dgl. gebraucht wurde, läßt sich ebensowenig klären wie die Frage nach dem Verwendungszweck der Schleifmühlen in Hamburg, Rendsburg und Schleswig um die Mitte des 15. Jahrhunderts.[293]

Da es im Rahmen der Forschungsarbeit auch von anderer Seite nicht gelungen ist, in nennenswertem Umfang Quellenmaterial über die Anfertigung von Sensen-, Sichten- und Sichelblättern in den zunftberechtigten Flecken und Städten Schleswig-Holsteins zu erschließen, muß die Frage nach den dortigen Produktionsverhältnissen bis auf weiteres als nicht sicher beantwortbar zurückgestellt werden.

Folgende Annonce aus dem "Ditmarser und Eiderstedter Boten" vom 29. Juni 1837 ist aufgrund intensiver Suche ermittelt worden: "Unterzeichneter empfiehlt sich einem geehrten Publico mit guten und dauerhaften selbstverfertigten Sicheln, Lehen (Sensen) und Sichten zu den billigsten Preisen. Andreas Haase in Friedrichstadt".[294] Über den 29 Jahre alten Inserenten Haase, der 1837 unmittelbar vor und zu Beginn der Getreideernte den Landleuten in den Landschaften Norderdithmarschen und Eiderstedt über den Boten "Schneidezeug" offerierte, entnimmt man den Volkszählungslisten lediglich, daß er "Schmidt"[295] in Friedrichstadt war. Da in den betreffenden Listen gewöhnlich nur die selteneren Zweige des Schmiedehandwerks, wie z.B. der Kleinschmied, mit ihrer genau-

---

291 STEWIG, Landeskunde, S. 132 f.

292 Jakob HÖHLER: Die Anfänge des Handwerks in Lübeck, in: Archiv für Kultur-Geschichte, 1 (1903), S. 129-194, hier S. 130-132; Herbert SCHULT: Das Meisterwerden der Lübecker Schmiede bis zum Jahre 1866, T. I und II, in: ZLGA, 44 (1964), S. 35-58 und ZLGA, 45 (1965), S. 5-40.

293 Rolf ROSENBOHM: Schleifmühlen in Schleswig-Holstein, in: Die Heimat, 65 (1958), S. 189 f., hier 189.

294 DITMARSER UND EIDERSTEDTER BOTE: 36 (1837), Reise 26 (29.06.1837), Sp. 424. Wiederholt in Reise 27 (06.07.1837), Sp. 439 und Reise 29 (20.07.1837), Sp. 472.

295 LAS Abt. 415, Nr. 5421.

en Berufsbezeichnung aufgeführt wurden, kann davon ausgegangen werden, daß Haase den Beruf des Grob- und Hufschmieds ausübte.

Geht man davon aus, daß in den Herzogtümern die Produktion von "Sicheln, Lehen (Sensen) und Sichten" durch städtische Grob- und Hufschmiede gang und gäbe gewesen ist und die Landleute sie von ihnen mehr oder weniger regelmäßig bezogen haben, so wäre das Erscheinen dieser Anzeige bemerkenswert: Für ganz gewöhnliche Handwerksware mußte in dieser Form kaum geworben werden. Deshalb sucht man wohl auch vergebens nach weiteren derartigen Annoncen. Überdies erschiene dann auch die Beifügung des Attributs "selbstverfertigt" überflüssig. Legt man jedoch den entgegengesetzten Fall zugrunde, so rückt der Sachverhalt in ein anderes Licht. Der Schmiedemeister Haase war demnach einer der wenigen städtischen Grob- und Hufschmiede in Schleswig-Holstein, die sich auf derlei Arbeit verstanden bzw. die sich damit befaßten.

Aus dem Norderdithmarscher Flecken Wesselburen liegt von 1791 folgender Bericht vor: "Weil alles Korn auf einmal reif geworden war, fehlte es besonders an Sicheln (Sekeln), womit hier gewöhnlich geschnitten wird. Nicht jeder Schmid besizt zu Verfertigung derselben die Geschiklichkeit, oder er hat doch nicht Zutrauen genug. Ein Arbeiter, dem beides zu Theil wurde, arbeitet jezt Tag und Nacht daran. Die Sicheln sind von zweierlei Art. Die sogenanten Sandsicheln haben eine Schneide, wie die Sensen und sind weich; die andern sind hart und haben an drittehalbhundert sehr feine Zähne. Die gezähnten kosten hier neu das Stük 10 Schilling. Ein Par tüchtige Arbeiter können deren dreißig an einem Tage verfertigen. [...] Die gezähnten Sicheln müssen von einem Schmid aufgezähnet werden, da das Haren hingegen von dem Arbeiter mittelst eines Hammers und Ambosses selbst verrichtet werden kan. [...] Das Aufzähnen einer Sichel kostet zwei Schillinge. Einer meiner Nachbarn, der in dieser Arbeit eine große Geschiklichkeit besizt, verbesserte einst an einem Tage achtzig Stück, welches ihm ohne sonderliche Auslagen zehn Mark bares Geld einbrachte. [...] Die Sichel ist da, wo die Zähne sind, mit Stahl belegt. Diese stehen so fest, daß sie [...] eine ganze Aernte von sechs bis acht wochen dauern können. [...] Die mehreste Arbeit von dieser Art geschiehet insgemein am Sontage, weil an diesem Tage die Arbeiter für eine Woche gedungen werden".[296]

Abgesehen von mehreren kulturgeschichtlich interessanten Informationen über die Dauer des Arbeitstages und den Verlauf der Arbeitswoche eines Schmieds bzw. einer landwirtschaftliche Schneidewaren produzierenden Arbeitskraft in der Erntezeit - während der "hilden Tid" wurde offensichtlich z.B. die Sonntagsheiligung in der Marsch um und in Wesselburen selbst regelmäßig von ihnen mißachtet - sowie solchen über ihr Tätigkeitsfeld, ihre Arbeitsleistung, den für eine bestimmte Arbeit zu entrichtenden Preis und schließlich ihre Verdienstmöglichkeiten, ist für uns an diesem Bericht in erster Linie die Tatsache von Bedeutung, daß nicht jeder Grob- und Hufschmied die Sand- und gezähnten Sicheln im Kirchspiel anzufertigen vermochte. Das spricht zum einen für die handwerklichen Fertigkeiten des erwähnten Arbeiters, vermittelt zum anderen vor allem aber auch einen Eindruck von der fachlichen Qualifikation der meisten Grob- und Hufschmie-

---

296 WOLF, Nachrichten, S. 174-176. - Zur Ergologie der genannten Sicheltypen vgl. LÜHNING, Erntegeräte, S. 81 f., 102-107, 244-246. - Zur Verbreitung der beiden Sicheltypen in den Marschen der Herzogtümer sowie zu deren Handhabung vgl. auch LENGERKE, Landwirthschaft (Bd. 2), S. 66 f.

de in der Landschaft Norderdithmarschen. Da sie allem Anschein nach außerstande waren, während der auftragsärmeren Monate zwischen Dezember und Februar Sicheln auf Vorrat herzustellen, oder welche in der Zeit der stärksten Nachfrage vor und während der Ernte zu produzieren, fragten die Bauern und Landarbeiter sie 1791 infolge des außergewöhnlichen Witterungsverlaufs bei diesem Arbeiter derart stark nach, daß er "Tag und Nacht daran" arbeitete.

Wie in der Landschaft Norderdithmarschen verstanden sich anscheinend auch auf der Schleswiger Vorgeest nur die wenigsten Grob- und Hufschmiede auf die Anfertigung von schneidendem Erntegerät - diesen Schluß legt zumindest der nachfolgende Fall nahe. 1841 kaufte sich der aus dem Dorfe Lürschau stammende Friedrich Matthiesen (1802-1887) in Linnau eine Heidekate, um darin eine Schmiede einzurichten.[297] Er scheint der erste im Ort gewesen zu sein, der dieses Handwerk selbständig, d.h. nicht als vertraglich gebundener Gemeindeschmied, ausübte.[298] Da Matthiesen zudem in den Volkszählungslisten von 1845 als "Schmidt" eingetragen wurde, besteht kaum ein Zweifel daran, daß er - wie der Friedrichstädter Haase - Grob- und Hufschmied war. Bereits vier Jahre nach Gründung des Betriebs beschäftigte Matthiesen je einen "Schmiedegesell" und "Tagelöhner",[299] womit er weit über der durchschnittlichen Betriebsgröße von 1,6 Beschäftigten pro ländlicher Grob- und Hufsschmiede im Herzogtum Schleswig des Jahres 1840 lag.[300] Daß Matthiesen in seinem Beruf gefragt war, geht aus dem nachfolgenden Bericht hervor.

"Aus der Matthiesenschen Schmiede sind lange Jahre die berühmten Linnauer Sensen, Spaten und Schaufeln hervorgegangen, die zwar schwer, aber stark und unverwüstlich waren. Weit herum waren sie gefragt und begehrt, obwohl man keine Reklame machte und keine Hausierer geschickt wurden. Man konnte nicht folgen, die Aufträge zu erledigen, auch nicht, als die beiden Söhne Claus und Siegfried das vom Vater begonnene Sensenschmieden fortsetzten. Schon von Jugend auf waren sie in die schwere Arbeit eingespannt worden, oft bis tief in die Nacht hinein und bis an die Grenze ihrer Kräfte, besonders dann, wenn der Vater oben auf den Bodenbrettern auf seinem Bauche liegend mit seinem Körpergewicht die Sense gegen den Schleifstein preßte, den die beiden Jungen drehen mußten. Schließlich erwarb Matthiesen ein riesiges Rad, das Triebrad einer Grützmühle, das mit mehreren Metern Durchmesser fast den ganzen Raum der Schmiede ausfüllte. Es wurde mit dem Schleifstein verbunden und von der Zeit ab ein Ochse als Triebkraft vorgespannt".

Ob Matthiesen sofort nach der Eröffnung seines Betriebs die Produktion von Sensenblättern aufnahm und wie lange sie in dieser Schmiede genau angefertigt wurden, bleibt in der vorstehenden Passage des Berichtes genauso unklar wie die Entwicklung des Pro-

---

297 Die nachfolgenden Informationen und Zitate über die "Sensenschmiede" zu Linnau stammen, falls nicht weiter gekennzeichnet, ausnahmslos aus Otto FRIIS: Eine alte Sensenschmiede in Linnau, in: JbSG, 10 (1962), S. 76 f.

298 Zur Herauslösung des ländlichen Grob- und Hufschmieds aus seiner öffentlich-rechtlichen Stellung innerhalb der Dorfgemeinschaft hin zum selbständigen Handwerker in Schleswig-Holstein vgl. HÄHNSEN, Entwicklung, S. 204-224. - Allgemein zum Übergang vom "Lohn-" zum "Handwerk i.e.S. (Preiswerk)" vgl. BÜCHER, Gewerbe, S. 980-983.

299 LAS Abt. 415, Nr. 5452.

300 Vgl. unten, Kap. III.5.2.1.4., Tabelle 7, S. 383.

duktionsvolumens. Doch spricht allein schon die tätige Mitarbeit der beiden Söhne, die "von Jugend auf [...] in die schwere Arbeit eingespannt" wurden, und zwar "oft bis tief in die Nacht hinein und bis an die Grenze ihrer Kräfte", dafür, daß das Produktionsvolumen über Jahre hinweg beträchtlich gewesen ist. Darauf deutet auch das Verbreitungsgebiet der "Linnauer Sensen" hin: sie waren sogar noch "in der Gegend von Tondern" bekannt. Selbst wenn man nun den außerordentlich großen Zuspruch, den der "Sensen"schmied Matthiesen von Seiten der Kunden erfuhr, ein Stück weit auf die Qualität seiner Produkte - sie waren "zwar schwer, aber stark und unverwüstlich" - zurückführt, so ist es doch augenscheinlich, daß der Grob- und Hufschmied Matthiesen eine Ausnahmeerscheinung unter seinen Berufskollegen war. Hätte sich auch nur eine etwas größere Zahl von Huf- und Grobschmieden auf dem flachen Land mit der Herstellung von Sensenblättern u.dgl. befaßt, so hätten die von Matthiesen angefertigten Produkte gewiß nicht einen solch reißenden Absatz gefunden. Es wäre sicherlich auch nicht die Rede davon gewesen, daß seine Söhne "das vom Vater begonnene Sensenschmieden" übernahmen. Weitere Fallbeispiele sollen das Gesagte untermauern.

Auf der Lecker Geest erwarb Paul Andresen vermutlich irgendwann in den 1840er Jahren in Ellhöft eine Schmiede, die er jedoch 1856 abreißen ließ.[301] Stattdessen errichtete er noch im selben Jahr eine neue auf dem Schwalbenhof, Süderlügumfeld. Über die Ausbildung des aus Stedesand, Karrharde, stammenden Paul Andresen liegen keine Informationen vor. Obwohl er als "ein tüchtiger Huf- und Sensenschmied" sowie "geschickter Zahnzieher [und] Büchsenmacher" charakterisiert wurde, besteht wohl kaum ein Zweifel daran, daß er eine Lehre zum Grob- und Hufschmied durchlaufen hatte. Sein Sohn Matthias, der die Sensenschmiederei fortsetzte, und sein Enkel Paul erlernten übrigens ebenfalls dieses Handwerk. Paul Andresen betätigte sich allerdings "in erster Linie" mit der Herstellung von Sensen und nur gelegentlich mit der von Sicheln. Wo und wann er diese Fertigkeit erworben hat, bleibt zwar im dunkeln, doch ist es sehr gut möglich, daß er sie - wie wohl vermutlich die meisten anderen in diesem Kapitel vorgestellten schleswig-holsteinischen Schmiede auch - auf der Wanderschaft als Geselle erworben hat. Darauf deutet auch seine nachfolgend beschriebene Produktionstechnik hin.

Paul Andresen fertigte seine Sensen aus drei verschiedenen Materialien an: "aus Schmalkalder Stahl, Gußstahl und Schmiedeeisen. [...] Zunächst wurden nach ganz bestimmtem Verhältnis die Materialmengen abgewogen und zusammengeschweißt. Das zugespitzte Rohblatt kam dann zur Härtung in einen eisernen, gebogenen Trog, der unten offen war und mit Torfkohle geheizt wurde. Vorher war noch mit einem Kehlhammer der Rücken herausgeklopft worden. Ein zweiter Trog war mit kochendem Talg gefüllt, und in diesen wurde das Blatt ölgehärtet. Dann wurde es noch einmal in dem ersten Trog ausgeglüht, bis es die gewünschte Bläuung erhielt. Danach mußte es gerichtet werden. Damit es nicht riß und entzweisprang, wurde es zuletzt mit Decken bis zur langsamen Abkühlung zugedeckt". Zuletzt wurden die Sensenblätter in der Apenrader Schleifmühle geschliffen, wozu Paul Andresen "einmal oder auch mehrmals im Jahr [...] mit etwa 200 Sensenblättern" dort für "gewöhnlich" drei Tage hinfuhr. Das jährliche Produktionsvolumen dieser

301 Die nachfolgenden Ausführungen über die Sensenschmiede Paul und Matthias Andresen in Ellhöft bzw. Süderlügumfeld sind ausnahmslos Walter CHRISTIANSEN: Sensenschmied, Zahnzieher, Büchsenmacher. Waffen im Kriege 1848/52 aus der Ellhöfter Sensenschmiede, in: Südtondern-Tageblatt, 1956, Nr. 202 (29.08.1956), entnommen.

Sensenschmiede dürfte sich mithin zwischen 200 und 600 Stück bewegt haben. Die aus ihr stammenden Sensenblätter waren zwar "in Form und Größe [...] etwas verschieden. Aber sie trugen alle das Gütezeichen der Ellhöfter Schmiede: 'PA' mit einem kleinen Stern darunter".

Paul Andresen beschäftigte mit "zwei gelernten Gesellen [...] und einer ungelernten Kraft" sogar noch eine Arbeitskraft mehr als der Linnauer Schmied Matthiesen.

Viele der von Andresen produzierten landwirtschaftlichen Schneidewaren waren Auftragsarbeit. Den Rest seiner Handwerksware setzte er vor allem über die Gastwirtschaften der Karr- und Wiedingharde ab. Einer der Gastwirte, bei denen die dortigen Landwirte und Tagelöhner seine Sensenblätter für 2 Thaler R.M. beziehen konnten, war Hemsen in Neukirchen. Andresen lieferte seine Erzeugnisse sogar bis nach Sylt.

In einer Beschreibung des Kirchspiels Nortorf von 1800 wurde unter den Professionisten, die in dem circa sechs Kilometer westlich von Nortorf gelegenen Dorf Oldenhütten tätig waren, u.a. ein Grob- und Hufschmied aufgeführt, "der auch sogenanntes Scharfzeug, als Beile, Barten, Lehen (Sensen) und dergleichen"[302] machte. Wäre die Herstellung von landwirtschaftlicher Schneideware durch den ländlichen Grob- und Hufschmied eine Alltäglichkeit gewesen, so wäre sicherlich nicht in dieser "Chorographie" erwähnt worden, daß ein Grob- und Hufschmied in Oldenbüttel dazu fähig war.

Daß sich die ländlichen Grob- und Hufschmiede in Schleswig-Holstein - wie vermutlich in weiten Teilen Deutschlands auch - nicht mit ihr befaßten, erstaunt in dem Moment nicht weiter, wenn man sich daran erinnert, daß zur Herstellung von qualitativ anspruchsvollem schneidendem Erntegerät hochwertiges Material benötigt wird, ganz abgesehen davon, daß es dazu auch einer hochentwickelten Schmiedetechnik bedarf.[303] Über letztere verfügten jedoch - im Gegensatz etwa zu Peter Petersen aus Unewatt im 18. Jahrhundert in Angeln - nur die wenigsten Landmeister. Petersen, der zum Schleifen seiner Sensenblätter sogar über eine wassergetriebene Schleifmühle verfügte, soll nur deshalb über die Grenzen Angelns hinaus als Produzent ausgezeichneter landwirtschaftlicher Schneideware bekannt gewesen sein, weil ihm "ein fremder Schmiedegeselle [...] aus Dankbarkeit [...] ein Geheimverfahren zum Härten" mitgeteilt haben soll.[304] Die anderen ländlichen Grob- und Hufschmiede erfüllten - im Gegensatz etwa zu Matthiesen oder Andresen - gewöhnlich sogar die an sie als Grob- und Hufschmied gestellten Anforderungen nur mehr schlecht als recht, so daß es mit ihren Qualitäten als Gelegenheits-Kleinschmied, -Zeugschmied oder -Blankschmied zumeist nicht sehr weit her war. Folglich sind in der Liste "der bey einer Landhaushaltung" 1828 in Schleswig-Holstein "vorkommenden Schmiedearbeit" zwar die Anfertigung von "Holzaxt-", "Böttcher-" und

---

302 DOMEYER: Chorographie des Kirchspiels Nortorf, in: August Niemann (Hg.): Miscellaneen historischen, statistischen und ökonomischen Inhalts zur Kunde des deutschen und angränzenden Nordens besonders der Herzogthümer Schleswig und Holstein, Bd. 2.1, Altona und Leipzig 1800, S. 119-162, hier 131 f.

303 Ein knapper Abriß der Sensen- und Sichelschmiedetechnik und ihrer Geschichte findet sich bei LÜHNING, Erntegeräte, S. 137-147. Ferner vgl. oben, Kap. III.4.1.1., S. 220 ff.

304 Gottfried PÖGE: Die Wind- und Wassermühlen des Kreises und der Stadt Flensburg, Schleswig 1980, S. 65.

"Buschbeilklingen" sowie "Rapsaatsicheln" enthalten, doch fehlt die von Sensen- und Sichtenblättern.[305]

Einer der wenigen ländlichen Grob- und Hufschmiede, die sich auf die Herstellung von Sensenblättern u.dgl. verstanden, war außerhalb der Herzogtümer z.B. auch Georg Utecht aus Bodenteich, einem am südöstlichen Rand der Lüneburger Heide gelegenen Dorf. Das von Utecht in den Jahren 1850 bis 1855 geführte Anschreibebuch der Schmiede hat Vogtherr ausgewertet. In seiner Untersuchung weist er überzeugend nach, daß diese über mehrere Generationen von der Familie Utecht betriebene Landschmiede aufgrund der weit überdurchschnittlichen Qualifikation ihrer Meister eine Bevorzugung nicht nur durch die Bodenteicher erfuhr, sondern darüber hinaus auch durch die Bevölkerung der umliegenden Dörfer, in denen es durchaus Schmiede gab. Utecht war sogar in der Lage, Reparaturen an Waffen auszuführen. Er betätigte sich mithin auch als Büchsenmacher.[306]

Hingegen geht aus den Aufzeichnungen des Borsflether Schmieds Peter Thormählen - es handelt sich vermutlich um seine jährlichen Abrechnungen aus den Jahren von 1795 bis 1799 mit denjenigen Kunden, denen er die Rechnungsbeträge über das Wirtschaftsjahr hin gestundet hatte - eindeutig hervor, daß die Anfertigung von "Schneidezeug" außerhalb seines Arbeitsbereichs lag.[307]

Auch zwei Gemeindeschmiedeverträge aus dem Nordosten Schleswigs lassen keinen anderen Schluß zu, als daß diese Tätigkeit nicht in das vertraglich definierte Aufgabengebiet der beiden Gemeindeschmiede fiel. So heißt es in demjenigen aus Østerby auf Kegnæs, Alsen, vom 18. Februar 1768 unmißverständlich: "Zum zweiten, so soll der Schmied uns unsere Arbeit machen, was wir verlangen bei ihm unverzüglich, ausgenommen Sensen und Schneidemesser und Schlösser, aber selbst sollen wir Kohlen und Eisen herbeischaffen".[308] Allerdings wurde von dem Schmied aus Tråsbøl im Sundewitt immerhin erwartet, Sensenblätter u.dgl. instand zu halten; in dem entsprechenden Passus des Gemeindeschmiedevertrages vom 31. Juli 1812 wurde nämlich festgelegt: "Dagegen ist der Schmidt Jens Andrehsen verpflichtet, alle und jede Schmiedearbeit der gedachten Hufner zu verrichten, doch mit Ausnahme der Kleinschmidt-Arbeit und der Arbeit, wel-

305 DITTMANN, Versuch, S. 218 und 230-232. - Die Liste ist vollständig in Kap. III.5.2.1.1., Tab. 4, S. 339, abgedruckt. - Die fachliche Qualifikation und das tradierte Arbeitsfeld eines gewöhnlichen ländlichen Grob- und Hufschmieds werden in Kap. III.5.1.3., S. 289 ff. und Kap. III.5.2.1.1., S. 336 ff., näher untersucht.

306 VOGTHERR, Schmiede.

307 Klaus-Joachim LORENZEN-SCHMIDT: Was das Rechnungsbuch des Borsflether Schmieds Peter Thormählen aus den Jahren 1795-1799 erzählt, in: AfA, 2 (1980), 5, S. 109-115. Das Kirchdorf Borsfleth liegt in der Kremper Marsch, und zwar an der Einmündung der Kremper Au in die Stör.

308 Zitiert nach HÄHNSEN, Entwicklung, S. 206; entnommen aus: St. A. Schl. C III 1, Nr. 143 (jetzt LAÅ). HÄHNSEN, Entwicklung, S. 155 und 209, mißversteht die oben zitierten Vertragspassagen völlig, wenn er mutmaßt, die exkludierten Schmiedearbeiten wären von den betreffenden Schmieden durchaus ausgeführt worden - nur eben nicht als Lohn-, sondern vielmehr als Preiswerk. Hierin habe, so behauptet Hähnsen mithin irrtümlich, "die Hauptmöglichkeit eines Nebenverdienstes an Geld" für sie gelegen.

che dem Schleifen zu unterwerfen, indeß soll er die geschliffene Arbeit reparieren".[309] Sogar ausdrücklich verboten war es dem Grebiner Schmied Hinrich Büning gemäß § 5 seines 1781 mit der Gutsherrschaft von Schönweide abgeschlossenen Erbpachtkontrakts, im Rahmen des ihm im Gutsdistrikt zustehenden "Kram und Handel" mit allerlei Waren, "Sensen, Hackels-Messer, Kupfer und Messing sowie Kesselwaren" zu verkaufen. Zum einen beweist dieser Vertragspassus, daß Büning landwirtschaftliches Schneidezeug dieser Art nicht herstellte; zum anderen legt er nahe, daß deren Handel im Gutsdistrikt an einen Dritten verpachtet gewesen ist.[310]

Halten wir also fest: Die schleswig-holsteinischen Verhältnisse bestätigen das oben gewonnene Ergebnis, der gewöhnliche Landschmied habe in weiten Teilen Deutschlands im 18. und 19. Jahrhundert im allgemeinen kein "Schneidezeug" hergestellt. Diesen Schluß werden im übrigen auch die nachfolgenden Abschnitte über die Produktion von Sensenblättern u.dgl. auf Sensenhämmern sowie über deren Distribution in den Herzogtümern vermitteln.[311] Kuntz und Schlee - aber auch eine Reihe anderer - sind folglich mit ihrer gegenteiligen Behauptung als widerlegt zu betrachten.[312]

Gänzlich anders gelagert waren die Verhältnisse in den Herzogtümern allein auf dem Mittelrücken und in Teilen des Hügellandes Nordschleswigs: Dort fertigten Landschmiede sogar über den örtlichen Bedarf hinaus in größeren Stückzahlen "Schneidezeug" an.[313] Bedauerlicherweise ergibt sich auch hier aus dem Bekannten schwerlich ein geschlossenes Bild. Wieviele Landschmiede sich damit befaßten und vor allem wieviel sie

---

309 Zitiert nach ebda., S. 207; entnommen aus: Kopie des Originals, das sich um 1920 noch "im Dorfe" Tråsbøl befand. Zur Instandhaltung der Sensen-, Sichten- und Sichelblätter vgl. auch H. GÖTTSCH: "Häuer-Contract", in: Die Heimat, 57 (1950), S. 180 f.

310 KRAMER/WILKENS, Volksleben, S. 123 f.

311 In Übereinstimmung mit meiner These, allerdings ohne Belegstellen nachzuweisen, befindet sich LÜHNING, Gerätesammlung, S. 20: "Die Klingen von gezähnten und glattschneidigen Sicheln, Sichen [sic!] und Mathaken und Sensen kamen zum größten Teil aus den westfälischen Sensenschmieden durch "Westfälinger" im Hausierhandel ins Land". - Zwar vermutet KOCK, Sense, S. 362, daß "in alten Zeiten die Dorfschmiede" die Sensenblätter angefertigt haben, doch gesteht er im Nachsatz relativierend ein: "Ich fand bisher für Schwansen aber keine dies bestätigende Unterlagen. Dagegen scheinen schon seit Jahrhunderten die Sensenblätter aus dem rheinisch-westfälischen Industriegebiet zu uns gekommen zu sein". Vgl. des weiteren DERS.: Der Einfluß des früheren Hausierhandels auf die Sachgüter des Bauernhauses, in: Die Heimat, 47 (1937), S. 50-54, hier 52. - Und für das Gebiet des "zollvereinten und nördlichen Deutschlands" stellt VIEBAHN, Statistik (T. 3), S. 691, am Ende unseres Untersuchungszeitraums fest: "Die überaus zahlreich gebrauchten Sensen [..] [werden] vorzugsweise in Sensenhämmern erzeugt". - BENTZIEN, Landbevölkerung, S. 77, bemerkt in Hinsicht auf die Verhältnisse in Mecklenburg um 1850: "Es wurde wie seit eh und je mit der Sense gemäht, wobei die im Lande hergestellten Schmiedesensen ('Smäd'-seissen') immer seltener wurden und die meisten Tagelöhner jetzt wohl ausschließlich mit 'Kätelseissen' oder 'Fabrikseissen' arbeiteten". - Zur Distribution von Sensenblättern u.dgl. in und außerhalb Schleswig-Holsteins vgl. unten, Kap. III.4.2., S. 255 ff.

312 Andreas KUNTZ: Hufschmied, in: Reinhold Reith (Hg.): Lexikon des alten Handwerks. Vom Spätmittelalter bis ins 20. Jahrhundert, München 1990, S. 113-117, hier 113. Ernst SCHLEE: Zu den Notizen des Schmiedes Thormählen, Borsfleth, in: AfA, 2 (1980), 5, S. 115-119, hier 116. Sich widersprechend bezeichnet DERS.: Altes Schmiedewerk in Schleswig-Holstein, Heide i. H. 1979, S. 8, Sensenblätter jedoch als "Spezialprodukte" des Schmiedes.

313 Lediglich HÄHNSEN, Entwicklung, S. 154-156 und 209, hat sich bisher zur ländlichen, handwerksmäßigen Produktion von Sensenblättern u.dgl. in Nordostschleswig während des 18. und 19. Jahrhunderts geäußert.

von welchem schneidenden Erntegerät zu welchen Produktionskosten herstellten sowie zu welchen Preisen absetzten, ist ebensowenig zu ermitteln, wie etwa der Verlauf der Produktion im Untersuchungsgebiet. Dennoch ermöglicht das Quellenmaterial einige Einblicke in die Entstehung und Entwicklung einer im ländlichen Raum der Herzogtümer kaum anzutreffenden Profession: der des auf die Herstellung von Sensen spezialisierten gewöhnlichen Grob- und Hufschmieds. Den Gewerbefleiß der "Haandverker" Nordostschleswigs demjenigen der dänischen als nachahmenswertes Beispiel gegenüberstellend, wußte Dyssel 1763 in seiner "Indenlands Reise" speziell über das rege Treiben der Schleswiger Landschmiede zu berichten: "Det har sig og saa med de Haandverker, der drives paa Landet hos os, anderledes end i de Danske Provincer; thi her arbeides uden Ophold. En Smed for Exempel arbeider uafladelig. Hans Esse er aldrig kold. Han bier ikke til Bonden kommer for at bestille Arbeide. Han smedder Dag og Nat. Om ikke andet, da alle Slags Søm i tusinde Tal. Han veed sin Kjøbmand. Han smedder Tørvespader, store og smaae; disse ere her, ved den store Tørveskiær, altid afsættelige. Han smedder Lyngleer, Skiæreknive, og sligt mere, som altid gaaer fra Haanden".[314]

Warum beschränkte sich nun dieses Schneidewarengewerbe in den Herzogtümern auf den ländlichen Raum Nordostschleswigs? In erster Linie ist das Vorhandensein von Torfmooren, mit denen dieser Landstrich reichlich versehen war sowie sein energiereiches Georelief, dafür verantwortlich zu machen. Auch in den mit identischen naturräumlichen Gegebenheiten versehenen benachbarten dänischen Ämtern waren diese Standortfaktoren die Basis für dessen dortige Entstehung.

Die Torfgewinnung und die Torfkohlenbrennerei, d.h. die Verkohlung des Torfes in Meilern,[315] sowie der Handel[316] mit Torf und Torfkohlen waren sowohl in diesem Landstrich als auch in anderen Teilen des Herzogtums Schleswig sowie auf dem Heiderücken Mitteljütlands traditionell bedeutende ländliche Nebentätigkeiten, denn Steinkohle blieb

---

314 DYSSEL, Forsøg, S. 69 f.

315 Allgemein zur Gewinnung, Nutzung und zum Handel mit Torf in Schleswig-Holstein vgl. Jan CARSTENSEN: Torf. Gewinnung, Geschichte und Bedeutung in Schleswig-Holstein, Osnabrück 1985, S. 19-79. Carstensen ist jedoch die Nutzung der Torfkohle zum Schmieden von Schneidezeug in Nordschleswig und den angrenzenden dänischen Ämtern entgangen. Speziell zur Torfverwertung zu Brennzwecken im Herzogtum Schleswig bis ins erste Drittel des 19. Jahrhunderts vgl. auch MAGER, Entwicklungsgeschichte (Bd. 1), S. 327-329. Eine Beschreibung der Meilerverkohlung des Torfes im Tørning Lehn (Amt Hadersleben) findet sich bei Knud AAGAARD: Beskrivelse over Tørning Lehn. Et Bidrag til Kundskab om Hertugdømmet Slesvig, København 1815, S. 162 f. HANSSEN, Hadersleben, S. 54 f., paraphrasiert Aagaard lediglich. Über die Technik der Meilerverkohlung des Torfes im dänischen Amt Ribe berichtet Gregers Otto Bruun BEGTRUP: Nørre Jylland, Første Deel (= Beskrivelse over Agerdyrkningens Tilstand i Danmark, 5), København 1808, S. 123 f. Dagegen wurde der Torf im Herzogtum Holstein in Gruben verkohlt: vgl. dazu ANONYMUS: O. T., in: PB, 8 (1794), S. 402- 406.

316 Zum Brenntorfhandel im Herzogtum Schleswig bis gegen Ende des 18. Jahrhunderts vgl. MAGER, Entwicklungsgeschichte (Bd. 1), S. 333-335. MAGER, Entwicklungsgeschichte (Bd. 1), S. 327, irrt jedoch mit seiner Vermutung, die Torfverkohlung habe im Herzogtum Schleswig "nie eine größere Rolle gespielt". Zum Handel mit Torfkohlen im Tørning Lehn vgl. AAGAARD, Tørning Lehn, S. 162 f.; desgleichen im Amt Ribe vgl. BEGTRUP, Nørre Jylland, S. 123 f.; ferner DALGAS: Ribe Amt. S. 214; desgleichen im Herzogtum Holstein vgl. ANONYMUS: Köhlerei im Amte Bordesholm, in: SHC, 1 (1799), S. 185-187.

hier bis weit ins 19. Jahrhundert hinein aufgrund der Transportkosten teuer.[317] Das Amt Ribe etwa soll seinen Bedarf an Kohle noch um 1830 weitgehend aus der eigenen Torfkohlenproduktion gedeckt haben[318] und während der Napoleonischen Kriege dehnten sich infolge des Ausbleibens der englischen Steinkohle Herstellung und Verbrauch der Torfkohle in den Herzogtümern und Dänemark kurzfristig sogar derart aus,[319] daß sie aus dem Tørning Lehn über die Häfen Apenrades und Haderslebens auf die dänischen Inseln ausgeführt wurde.[320] Insbesondere in den entlegeneren Gegenden des ohnehin dünn besiedelten Landesteils Schleswig, von wo aus sich der Verkauf der Torfkohle in die Städte aufgrund der hohen Transportkosten nicht mehr rentierte, wurde diese von den Bauern jedoch an die örtlichen Grob- und Hufschmiede zu einem äußerst niedrigen Preis verkauft.[321] Erst die Möglichkeit, anstatt der teuren Stein- oder Holzkohle zur Beheizung des Schmiedefeuers billige Torfkohle benutzen zu können, versetzte die ländlichen Grob- und Hufschmiede in die Lage, nicht nur auf dem lokalen Markt erfolgreich mit den auswärtigen protoindustriell strukturierten Produktionszentren um den lukrativen Absatz von Schneidewaren zu konkurrieren. Aagaard bemerkte 1815 diesbezüglich: "Kulbrænderiet forskaffer Smedene her i Egnen den Fordeel, at de til lettere Priser kunne levere deres Arbeide. Derfor smedes og her en Mængde Høleer og Hakkelseknive, som sælges andre Steder".[322]

Die Energie des Georeliefs war nicht nur in diesem Teil des östlichen Hügellandes, das als kuppige Jungmoränenlandschaft ohnehin der am stärksten reliefierte Teilraum des schleswig-holsteinischen Geosystems ist, ausreichend, um durch Wasserkraft angetriebene Schleifmühlen anzulegen, sondern langte auch noch im während der Warthe-Eiszeit partiell stärker eingeebneten Relief des Altmoränengebietes, d.h. auf der Hohen Geest Nordschleswigs, dazu hin, das Gefälle von Bächen für derartige Zwecke nutzbar zu machen. Auf den Schleifmühlen konnten mühelos größere Mengen Schneidezeug geschliffen werden. Wie mühevoll die Bewältigung dieses Produktionsabschnitts anderenfalls war, dokumentiert nachdrücklich der Bericht über die Matthiesensche Sensenschmiede zu Linnau.

Die früheste Mitteilung über die Existenz einer derartigen Schleifanlage stammt von 1750: Bei dem wenige Kilometer nordöstlich von Apenrade, in unmittelbarer Nähe des 92 m hohen Trendbjergs gelegenen Dorf Stolling (Amt Apenrade; kleiner Teil zum Amt Hadersleben gehörig) "bestand [..] eine Schleifmühle für Sensen, Pacht 2 Kronen, wegen

---

317 Axel NIELSEN: Tiden 1820-1870 (= Industriens historie i Danmark, III.1: Industriens forhold i almindelighed), København 1944, S. 406.

318 DALGAS, Ribe Amt, S. 214.

319 Bendt Søborg JØRGENSEN: Om Tørveforkullingen. Med specielt Hensyn til Danmark, København 1845, S. 6 f.

320 DALGAS, Ribe Amt, S. 214. AAGAARD, Tørning Lehn, S. 163.

321 NISSEN, Haderslev Amt, S. 15. BEGTRUP, Nørre Jylland, S. 123 f.

322 AAGAARD, Tørning Lehn, S. 163. Ole Jørgen RAWERT: Binæringer paa Landet i Danmark, in: Tidsskrift for Landoekonomie (Ny Række), Bd. 11 (1849), S. 1-69, hier 22, bemerkt über "Ribe Amt": "Hvor Tørven dertil er passende, brændes den til kul, hvilket har givet Anledning til Fabrikation af Høleer og Skjæreknive i Gjordning, Malt og Øster Herreder".

des geringen Verdienstes war der Müller im Nebenamt Holzaufseher".[323] Weiterhin gab es im Amt Apenrade eine Schleifmühle bei Østerløgum,[324] die vermutlich vor 1800 errichtet worden war sowie auf dem 91 m hohen Knivsbjerg unweit des ca. zehn Kilometer nördlich von Apenrade gelegenen Dorfes Genner eine Korn- und Schleifmühle, die zu den Gravensteiner Besitzungen gehörte und 1879 noch in Betrieb war. Sie bezog ihr Wasser aus der reichhaltigen Quelle des Gennerhole.[325] In der Süderrangstrupharde, Amt Apenrade, lag an der Arnå, östlich des Dorfes Arndrup die königliche Arndruper-Erbpachtswassermühle. Der Komplex bestand zeitweise aus einer Korn-, einer Stampf- und einer Schleifmühle. Seit wann die Schleifmühle an der Arnå neben der erstmals 1266 urkundlich erwähnten Kornwassermühle in Betrieb war, läßt sich nicht ermitteln. Da sie weder im Inventar der Mühle von 1704 noch auch im Erbpachtvertrag der Mühle von 1730 aufgeführt ist, dürfte sie erst nach 1730 errichtet worden sein. 1789 wurde sie jedenfalls in einem Fabrikbericht aufgeführt. 1852 ist sie abgerissen worden.[326] Für die Felsbeker Wassermühle ("Lachsmühle"), die 1725 zusammen mit dem Gut Årup zu den Gravensteiner Gütern des Herzogs von Augustenburg geschlagen worden war, beantragte ihr damaliger Erbpächter, Hans Lautrup, 1827 neben der Konzessionierung eines Mehlganges auch, "ein bei der Mühle befindliches Schleifwerk" wiederherstellen zu dürfen, "um den benachbarten Schmieden lange Wege mit ihren Sensen und Schneidemessern zur nächsten Schleifmühle zu ersparen. Sein Antrag wurde abgelehnt".[327]

Allein über eine westlich von Hadersleben gelegene Schleifmühle sind wir etwas besser unterrichtet. 1772 legte der Major von Blekenburg in Christiansdal eine Blechfabrik nebst Blechhammermühle an, die er "Gothaab" nannte.[328] Indes ging das Unternehmen bereits wenige Jahre später ein. Bemerkenswerterweise empfahl der Flensburger Advokat und Eigentümer des größten Industrieunternehmens im Herzogtum, der Krusauer Kupfermühle, J. Thor Straten, in seinem Anfang 1776 im Auftrag des Commerz-Collegiums angefertigten Gutachten u.a., "at Fabrikationen ogsaa bliver anlagt paa Varer, der er særlig salgbare som Søm, Leer og Hakkelseknive o.s.v.".[329] Diese Empfehlung kam zwar in der weiteren, recht wechselhaften Geschichte Christiansdals niemals zur Ausführung,

---

323 DRUBE, Mühlen, S. 123; entnommen aus: St. A. Schl. C II 1, Nr. 256 a (jetzt LAÅ). Da sie nicht in Johannes von SCHRÖDER: Topographie des Herzogthums Schleswig, T. 2, Schleswig 1837, S. 325, verzeichnet ist, dürfte sie vor 1837 eingegangen sein.

324 JØRGENSEN, Tiden 1730-1820, S. 198. Da sie nicht in SCHRÖDER, Schleswig (T. 2; 1837), S. 38 f., verzeichnet ist, dürfte sie vor 1837 eingegangen sein.

325 Vgl. Wilhelm LESSER: Topographie des Herzogthums Schleswig, Bd. 1, Kiel 1853, S. 164. Henning OLDEKOP: Topographie des Herzogtums Schleswig, Kiel 1906, S. 175. ROSENBOHM, Schleifmühlen, S. 189 f.

326 Hans PETERSEN: Geschichte der Mühlen zwischen Eider und Königsau, Neumünster 1988, S. 129. Auf S. 128 befindet sich eine Zeichnung des gesamten Komplexes von nach 1730 und von vor 1817. JØRGENSEN, Tiden 1730-1820, S. 197. SCHRÖDER, Schleswig (T. 1; 1837), S. 60. 1854 ist die Schleifmühle noch irrtümlich in DERS.: Topographie des Herzogthums Schleswig, 2., neu bearbeitete Auflage, Oldenburg in Holstein 1854, S. 20 f., verzeichnet.

327 PETERSEN, Geschichte, S. 138 f.

328 Zur Geschichte der Blechfabrik Gothaab vgl. Jørgen SWANE: Blik Fabriken "Gothaab", in: SøÅ, Række 3, 1939, S. 44-76. Ferner vgl. Bjørn SVENSSON: Industrieventyret i Kristiansdal, in: SøM, 47 (1971), S. 332-343, hier 332-335. Vgl. auch Johannes Chr. NIELSEN: Christiansdal-Fabriker 1771-1868, in: HSÅ, 25 (1958), S. 27-36, hier 27-30. - Zur Herstellung von Blechen auf Blechhammermühlen vgl. Otto JOHANNSEN: Geschichte des Eisens, Düsseldorf 1925, S. 43.

329 SWANE, Blik Fabriken, S. 67.

doch erfahren wir aus einem 1802 veröffentlichten Bericht über "Vier neue Fabriken auf Christiansthal bei Hadersleben" folgendes: "Christiansthal hat vier Fabriken, nämlich eine Oelmühle, eine Stampfmühle, eine Borkmühle und ein Schleifwerk, welche alle von einem und demselben Wasser durch zwei Wasserräder getrieben werden".[330] Errichtet worden sind die vier "Fabriken" anstelle des Blechhammers in der Mühle der ehemaligen Blechfabrik Gothaab irgendwann zwischen 1799 und 1801/02 von Hans Lautrup, dem Müller der bei Apenrade gelegenen Laksmühle. Er verkaufte den gesamten Komplex bereits acht Jahre später an seinen Sohn Jes Lautrup, der 1835 damit in Konkurs ging.

Über die Schleifmühle erfährt man in dem Bericht von 1802 des weiteren: "Die Schleifmühle hat zwei Schleifsteine. So viel ich weis, findet sich hier in dieser Gegend keine andere, und daher ist sie bereits von benachbarten Schmieden, welche Sensen und andere Schneide- und Hauinstrumente schleifen lassen, besucht worden. Eine Sense kostet zu schleifen 4 ß, ein Hekkerlingmesser 3 ß u.s.w. Die Mühle ist noch zu kurze Zeit im Gange, um vollkommen von den Fortgange derselben urtheilen zu können. Der Anfang aber scheint zu zeigen, daß sie grossen Vortheil abwerfen werde. An Wasser, welches diese Mühle treibt, wird es nie mangeln können. Es kan noch weit mehrere treiben, denn es läuft zehnmal so viel Wasser weg, als verbraucht wird".[331]

Das letzte, was wir von den vier "Fabriken" in Christiansdal hören, stammt aus 1854: Demnach gehörten die "Oel-, Walk-, Bork- und Schleifmühle [...] einer Interessentenschaft, die alle Werke sehr verbessert"[332] hatte. Diese Nachricht steht allerdings im Widerspruch zu Nielsens Bericht, Christiansdal samt der alten, unbrauchbaren Ölmühle sei 1851 an das Handelshaus Theobald Weber & Co. verkauft worden, das dort eine Spiegelfabrik aufgebaut habe.[333] Ob die Schleifmühle in Christiansdal zu Beginn der 1850er Jahre noch existierte und arbeitete, ist also nicht eindeutig zu klären.

Da im Norden Schleswigs noch eine ganze Reihe weiterer Wassermühlen standen, ist es durchaus möglich, daß in ihnen - sofern deren Mühlenwerke die technischen Voraussetzungen dazu boten - bei Bedarf auch ein Schleifwerk für Schneidewaren eingerichtet worden ist. Beispiele dafür sind jedenfalls oben geliefert worden.

Seine Entwicklung maßgeblich gefördert hat ohne Zweifel auch die starke Nachfrage der dänischen Landleute nach Schneidewaren bzw. das Unvermögen des dänischen Kleineisengewerbes, diese zu befriedigen. Einer kurzen Notiz in den Fabrikberichten des Amtes Apenrade/Løgumkloster von 1774 und 1775 entnimmt man: "Es werden auch in den Stunden, in welchen sie für den Unterthan nichts zu thun haben, von den Bauernschmieden Senßen und Hackelsmesser verfertigt, welche sie in Fühnen und Jütland mit gutem

330 ANONYMUS: Vier neue Fabriken auf Christiansthal bei Hadersleben, in: August Niemann (Hg.): Schleswig-Holsteinische Vaterlandskunde, Stück 2, Hamburg 1802, S. 163-166, hier 163. - Zur Entwicklung der diversen Industrieunternehmen in Christiansdal vgl. SVENSSON, Industrieventyret, passim u. NIELSEN, Christiansdal-Fabriker, passim.

331 ANONYMUS, Fabriken, S. 166.

332 SCHRÖDER, Schleswig (1854), S. 93.

333 NIELSEN, Christiansdal-Fabriker, S. 32 ff.

Vortheil abzusetzen Gelegenheit haben".[334] Die 1815 von Aagaard mit "andre Steder" bezeichneten Absatzgebiete waren also Mitteljütland und Fünen.

Hähnsens These, für das Aufblühen dieses Gewerbes auf dem flachen Land Nordostschleswigs sei vor allem die in diesem Teil der Herzogtümer "noch durchweg erhaltene rechtliche Stellung des Schmiedes zur Dorfgenossenschaft als Gemeindebeamter" verantwortlich gewesen, weil der Landmeister "nur durch die stärkere Aufnahme der Kleinschmiederei im Preiswerk"[335] Bargeld habe erwerben können, erscheint in Anbetracht dessen hingegen als kaum überzeugend.

Abschließend sei noch auf eine durch Windkraft getriebene Schleifmühle auf Alsen hingewiesen, von der Dyssel 1763 in seiner Reisebeschreibung berichtete: "Jeg maatte beundre en Maskine, som jeg første Gang saae i en af Byerne i mit Sogn. Paa en frie Plads uden for Smeden var af Træ opreist et fiirkantet Steillads med fire smaae Vinger paa den ene Side; som paa en Veirmølle; jeg kunde ikke giette dens Brug, indtil mig blev sagt, og jeg siden saae, at Smeden brugte den til at drive en stor Slibesteen, hvorpaa han, naar en gød Vind blæste, slibede sit forarbeidede Forraad af Leer og Skiæreknive. Maskinen var simpel, og uden stor Mekanike".[336] Ihre Errichtung weist deutlich darauf hin, daß der betreffende Schmied sich auf die Produktion von "Schneidezeug" spezialisiert hatte, denn das Schleifen kleinerer Mengen von Sensenblättern u.dgl. hätte sicher weder der Zuhilfenahme einer derartigen Einrichtung bedurft noch gelohnt. Mit ihm haben wir ebenfalls einen frühen Vertreter der im Nordosten Schleswigs bedeutend zahlreicher und zeitiger als in den anderen Teilen der Herzogtümer auftretenden Schmiede vor uns, die sich vom "Bauernschmied", d.h. vom ländlichen Grob- und Hufschmied, hin zum "Sensen"schmied entwickelten. Anzutreffen waren sie bei uns auf dem Lande bis ins letzte Drittel des vorigen Jahrhunderts.[337]

Daß die gewerbliche Produktion in vorindustrieller Zeit in heute kaum mehr nachvollziehbarem Umfang von der Natur abhängig war, ist anhand des österreichischen und bergisch-märkischen landwirtschaftlichen Schneidewarengewerbes hinreichend dokumentiert worden. Das schwach entwickelte Transportsystem tat das Seinige dazu, ihre Standorte eng an die Rohstoffe Eisenerz und Holz sowie die Energiequelle Wasser zu binden. Im Norden Schleswigs fehlte es - wie in ganz Schleswig-Holstein und in der norddeutschen Tiefebene - insbesondere an Eisenerzlagern, aber auch schnellfließende Gewässer mit ausreichendem Gefälle waren nicht in genügender Zahl vorhanden, um etwa die Produktion von Sensenblättern u.dgl. im größeren Stile aufziehen zu können. Zudem verfügten die betreffenden Bauernschmieden im Schleswigschen nicht über das zur Errichtung von Sensenhämmern nötige Kapital, vom Know-how ganz zu schweigen. So blieben ihrer Arbeit aus produktionstechnischen Gründen immer enge Grenzen gesetzt - auch wenn sie das Schleifen der Rohlinge in Schleifmühlen durchzuführen vermochten -, denn ihre Fertigungstechnik glich in einem wesentlichen Punkt derjenigen der bis zum Ausgang des 17. Jahrhunderts in einer Reihe von Städten arbeitenden zünftigen Sensenschmiede: zum

---

334 Zitiert nach HÄHNSEN, Entwicklung, S. 155; entnommen aus: St. A. Schl. C II 1, Nr. 167 (jetzt LAÅ).
335 HÄHNSEN, Entwicklung, S. 155.
336 DYSSEL, Forsøg, S. 70.
337 Vgl. unten, Kap. III.4.2.5., S. 275.

Ausschmieden des Materials setzten auch sie den Fausthammer ein, also ihre eigene Muskelkraft.

Lediglich im Süden Schleswig-Holsteins, im Stormarnschen und im Sachsenwald, läßt sich die Existenz eines Sensenhammers sicher nachweisen, während sich diejenige zweier weiterer nicht definitv klären läßt. Die relativ guten Transportwege und der ursprüngliche Reichtum an Holz sowie auch die ausreichend vorhandene Wasserkraft hatten dort, mitten zwischen Lübeck und Hamburg, seit dem ausgehenden Mittelalter zunächst auf Initiative des einheimischen Adels hauptsächlich Kupfermühlen, gelegentlich auch solche zur Eisenverarbeitung, entstehen lassen.[338] Dabei fungierten die beiden Hansestädte sowohl als Einfuhrhäfen für die Rohmaterialien bzw. Halbfabrikate als auch als Absatz- und Exportplätze für die Halb- und Fertigprodukte. Zudem traten oft auch Bürger beider Städte als Pächter der Mühlen auf.[339]

Am 18. April 1754 warb der "Fürstliche Braunschweigische Ober-Hütten-Inspector"[340] Johann Arnold Bartram beim Reichsgrafen Rochus Friedrich zu Lynar, dem königlichen Statthalter in Oldenburg und Delmenhorst, mit einer Denkschrift für die Förderung seines Projektes, der Anlage einer "Eisen- und Stahl-Fabrique" an der Trave, kurz unterhalb der Stadt Oldesloe.[341] Aus ihr geht hervor, daß Bartram via Hamburg und Lübeck aus Schweden und Rußland Stabeisen importieren und "nach kleiner Verarbeitung" über diese beiden Handelsstädte, des weiteren auch über Altona, wiederum exportieren wollte - exklusive dem, "was das Land selbst consumiret".[342] Präziser wird er erst bei der Dar-

---

338 Zur Entwicklung der Kupfermühlen im Stormarnschen und Lauenburgischen vgl. Arthur M. BAALK: Die Stormarner Kupfermühlen, in: Die Heimat, 44 (1934), S. 81-88 und Gerhart PAAPE: Industriewerke an der Süderbeste, in: Die Heimat, 47 (1937), S. 338-342 sowie DERS.: Kupferhämmer und Mühlenwerke in Stormarn, in: Constantin Bock von Wülfingen und Walter Frahm (Hgg.): Stormarn. Der Lebensraum zwischen Hamburg und Lübeck. Eine Landes- und Volkskunde, Hamburg 1938, S. 386-395. Ferner vgl. dazu auch Johannes WARNCKE: Die Tremser Mühle. Aus der Geschichte eines Lübecker Gewerbebetriebes, in: ZLGA, 31 (1949), S. 207-222, Alfred SCHLAK: Industriegebiet an der Au, in: Fritz W. Hasenclever et al.: Aumühle im Sachsenwald, Schwarzenbek 1976, S. 65-72, hier 65, Wolfgang LANGE: Der Glinder Kupferhammer. Zur Geschichte und Technik eines Kupferhammers in Stormarn, in: JbSto, 3 (1985), S. 50-61 und Beatrix PIEZONKA und Klaus SCHLOTTAU: Die Hamburger Mühlen und ihr Einfluß auf den Wirtschaftsraum der Stadt, in: Beiträge zur deutschen Volks- und Altertumskunde, 24 (1985), S. 49-91, insbes. 70-76. - Zur Entwicklung der Eisenverarbeitung auf Mühlen im Südosten Holsteins vgl. Theodor HACH: Eisenhammer oder Eisengießerei in Seerez bei Lübeck, in: Mittheilungen des Vereins für Lübeckische Geschichte und Alterthumskunde, 3 (1887/88), S. 197-199.

339 Vgl. dazu Nicolai HAASE: Das Aufkommen des gewerblichen Großbetriebes in Schleswig-Holstein bis zum Jahre 1845 (= QuFGSH, 11), Kiel 1925, S. 90-92.

340 Die im wichtigsten eisen- und stahlerzeugenden und -verarbeitenden Revier Norddeutschlands, dem Harz, tätigen Beamten galten als tüchtig und zeichneten sich überdies durch ihre "wissenschaftliche Bildung" aus. BECK, Geschichte (Abt. 3), S. 861-864. Bartram dürfte also die nötige Qualifikation zur Gründung und Leitung eines solchen Unternehmens besessen haben.

341 Sofern nicht anders vermerkt, stammen die nachfolgenden Ausführungen und Zitate über die 1754 bei Oldesloe projektierte "Eisen- und Stahl-Fabrique" aus dem Faszikel LAS Abt. 110.3, Nr. 137. Vgl. dazu auch HAASE, Aufkommen, S. 14 und 32.

342 Zum Import von Eisen aus Schweden während des 16. und 17. Jahrhunderts vgl. JÜRGENS, Handelsgeschichte, S. 30 ff. und 247. - Zum Import von russischem Eisen via Lübeck in die Herzogtümer vgl. Elisabeth HARDER: Seehandel zwischen Lübeck und Rußland im 18. Jahrhundert (T. 1), in: ZLGA, 41 (1961), S. 43-114, hier 90 f.

legung des zweiten Teils seines Planes, in dem er ankündigte, daß sich, "sobald eine oder andere machine zum Bestande gebracht sind, [..] besonders eine Anzahl Hand-Schmiede die allerhand Kaufmans Waare machen, aus dem Herzogthum Bergen, daselbsten als einem darzu bequemen Orte"[343] niederlassen würden "und mit Hamburg Lübeck und andern Handels-Städten und im Königl. Dänischen, in Specie mit Sensen und Futter-Klingen die Handlung vor eigne Rechnung zu treiben veranlassen, und dahin bringen werde".

Das Projekt scheiterte allerdings. Der Oldesloer Magistrat brachte u.a. dagegen vor, daß sich sämtliche Grundstücke in diesem Abschnitt der Trave in privater Hand befänden. Der Erwerb einer geeigneten Liegenschaft war demnach zu diesem Zeitpunkt nicht mehr ohne weiteres in Norddeutschland zu realisieren, hatte Bartram doch bereits zuvor vergeblich in den Grafschaften Oldenburg und Delmenhorst danach gesucht. Weiter führten die Oldesloer an, durch die Errichtung von Wassermühlen im Strom würde die Freiheit der Schiffahrt und Fischerei auf der Trave stark eingeschränkt und überdies der Betrieb der Kupfermühle in Oldesloe und des benachbarten Salzwerks unvorteilhaft berührt werden.[344] Die ablehnende Haltung des Magistrats war wohl maßgeblich durch die Befürchtung motiviert - da "zu diesem Werck eine ziemliche Feurung gebraucht" werde -, daß sich die Versorgung der Stadt mit Holz dann noch weiter zum Negativen wenden könnte.[345]

Von besonderem Interesse ist hier jedoch folgender Einwand der Oldesloer: "dergl. Sensen und Futter-Klingen, [werden] auf einer benachbarten Mühle in zieml. quantität verfertiget, ist also folgl. daran kein Mangel, wiewol der Absatz der von dem Entrepreneur verfertigenden zu seiner eigenen Besorgung stehen würde". Es muß demnach um die Mitte des 18. Jahrhunderts in unmittelbarer Nachbarschaft der Stadt ein Sensenhammer in Betrieb gewesen sein. Welchen der Magistrat im Auge hatte, ist allerdings nicht zu klären, kommen doch theoretisch gleich zwei Sensenhämmer in Betracht.

Der eine könnte sich im adeligen Gut Rolfshagen befunden haben. Diese Vermutung stützt sich darauf, daß dem "Peter Hultzberg, Lehe-Schmidt auff Rolffhagen", am 11. September 1736 vom Landesherrn der "Contract" bestätigt wurde, den er zuvor mit dem herzoglichen "Oberforst- und Jäger-Meister Peehl über die anlegung einer Lehe-Mühle an der Beste wie auch Erbauung eines Wohnhauses gegen Entrichtung einer jährlichen Grund-Häuer" geschlossen hatte.[346] Ob der Sensenschmied Hultzberg sein Vorhaben tatsächlich realisieren konnte, und falls ja, wie lange diese "Lehe-Mühle" im adeligen Gut Rolfshagen bestand, bleibt jedoch im dunkeln.

Die Existenz des zweiten Sensenhammers kann dagegen als gesichert betrachtet werden. Er lag nur ein paar Kilometer westlich vom potentiellen Standort des ersten und gehörte zu einem ganzen Komplex verschiedener Mühlen, die seit dem ausgehenden 16. Jahrhun-

---

343 Bei den betreffenden "Hand-Schmieden" handelte es sich aller Wahrscheinlichkeit nach um Sensenschmiede aus dem pfalz-neuburgischen Herzogtum Berg, die in den 1750ern infolge des weitgehenden Niedergangs ihres Handwerks - märkische Sensenblätter u.dgl. setzten sich zu dieser Zeit auch im Bergischen durch - auswanderten. Vgl. ASBECK, Sensenindustrie, S. 22-24.

344 Zum Oldesloer Salzwerk vgl. Friedrich BANGERT: Geschichte der Stadt und des Kirchspiels Oldesloe, Bad Oldesloe 1925, passim.

345 Vgl. BAALK, Kupfermühlen, S. 85 f.

346 LAS Abt. 8.1, Nr. 855.

dert bis 1874 an der Süderbeste auf dem Areal des adeligen Guts Höltenklinken, ca. fünf Kilometer südwestlich von Oldesloe, in Betrieb gewesen sind.[347] Bedauerlicherweise fehlen auch in diesem Fall weiterführende Informationen. Ob bereits das schwedische Osemundeisen, auch "Stockholmisch Gut" genannt, welches in den Jahrzehnten vor und nach 1600 an die Mühlen auf Höltenklinken geliefert wurde, der Herstellung von Sensenblättern u.dgl. diente, kann deshalb nicht gesagt werden. Durchaus denkbar wäre es z.B. aber auch, daß erst die Lübecker Familie Küsel, die im 17. und 18. Jahrhundert eine ganze Reihe von Kupfer-, Messing- und Sensenmühlen im Holsteinischen, Lauen- und Mecklenburgischen in Pacht gehabt hat, während ihrer Pachtung der Höltenklinkener Mühlen (um 1734) den Sensenhammer eingerichtet hat.[348] Sicher bestand er jedoch 1841 nicht mehr, da in Schröders "Topographie des Herzogthums Holstein" auf Höltenklinken für dieses Jahr nur noch eine Erbpachtstelle "Sensenmühle" vermerkt ist.[349]

1754 wurden laut Magistratsbericht auf dem Höltenklinkener Sensenhammer bzw. auf dem des Gutes Rolfshagen "dergl. Sensen und Futter-Klingen [...] in zieml. quantität" produziert. Falls beide Produktionsanlagen zu diesem Zeitpunkt eine durchschnittliche Größe besaßen und technisch nicht völlig veraltet waren, könnte ihre maximale tägliche Arbeitsleistung irgendwo zwischen 130 und 200 Stück Sensenblätter gelegen haben, wenn man die Produktivität der österreichischen Sensenhämmer im 18. Jahrhundert zugrunde legt.[350] Das gilt selbstverständlich auch für die im lauenburgischen Aumühle gelegene Anlage. Da jedoch nicht klar ist, an wievielen Tagen im Jahr die Mühlen tatsächlich in Betrieb waren - so bereitete z.B. die Wasserführung der Süderbeste den Mühlenbesitzern Schwierigkeiten[351] - und inwieweit sie während dieser Zeit überhaupt ausgelastet waren, macht eine Hochrechnung ihrer möglichen Jahresproduktion wenig Sinn. Das gilt auch für die dritte Produktionsstätte.

1758 wurde die gegen Ende des 16. Jahrhunderts im Herzogtum Lauenburg, Amt Schwarzenbek, gegründete Papiermühle an der Aue stillgelegt.[352] Das im Mühlenteich der Papiermühle gestaute Wasser blieb jedoch nicht lange ungenutzt. Noch im selben Jahr erwarben die Brüder Peter Engelbert (1707-1779) und Johann Daniel Wuppermann (1714-1789)[353] vom Landesherrn für das Areal nebst den darauf befindlichen Gebäuden den Erbzinsbrief und errichteten dort eine Eisenfabrik.[354]

---

347 BAALK, Kupfermühlen, S. 83 f. und 87. PAAPE, Industriewerke, S. 340 f.

348 WARNCKE, Tremser Mühle, S. 211-219.

349 SCHRÖDER, Holstein (1841), S. 311 f.

350 TREMEL, Sensen, S. 45.

351 BAALK, Kupfermühlen, S. 81.

352 Zur Geschichte der Papiermühle an der Aue vgl. SCHLAK, Industriegebiet, S. 65-70. Vgl. auch Ernst STADE: Die Papiermühle an der Au im Sachsenwald, in: LbgH (N.F.), 17 (1957), S. 13-18.

353 Sofern nicht anders vermerkt, stammen sämtliche Informationen über die Familie Wuppermann aus Walter DIETZ: Chronik der Familie Wuppermann, herausgegeben vom Familienverband der Familie Wuppermann, Bd. 1 (= Bauern, Bleicher und Kaufherren), Leverkusen-Schlebusch 1960, S. 56-59, 69-77, 84-86, 335-342, 346-355, 362-380 und 384-410 sowie Bd. 3 (= Anmerkungen, Erläuterungen und Quellen. Register), Leverkusen-Schlebusch 1967, S. 16-19, 21 f., 47-51, 67-72 und 75-80.

354 Sofern nicht anders vermerkt, stammen die nachfolgenden Informationen über die Eisenfabrik an der Aue aus PATJE, Abriß, S. 83-85. Urban Friedrich Christoph MANECKE: Topographisch-historische Beschreibung der Städte, Aemter und adelichen Gerichte des Herzogthums Lauenburg,

Ihr Vater, Peter Wuppermann (1667-1717), entstammte einer in und um Barmen, im Bergischen, alteingesessenen großbäuerlichen Familie. Wie die meisten seiner Vorfahren hatte auch er sich zugleich erfolgreich als Garnkaufmann und Bleicher betätigt. Bei seinem Tode hinterließ er seiner Frau Catharina (geb. Bemberg; 1674-1734) und seinen vier Kindern das Gut Schüren, ein florierendes Unternehmen sowie einiges Bargeld.

Die Nachfolge in der Geschäftsführung des Unternehmens trat nach Erlangung der Großjährigkeit zunächst der älteste seiner drei Söhne, Heinrich Julius (um 1700-nach 1734), an. Nachdem jedoch dessen kaufmännisches Versagen erhebliche Verluste zur Folge gehabt hatte, übertrug seine Mutter die Verantwortung dem Zweitältesten, Peter Engelbert. Wie seine beiden Brüder kaufmännisch ausgebildet, leitete es Peter Engelbert mit viel Geschick und Umsicht und fügte ihm nicht nur eine Garnfärberei sowie einen Steinbruch hinzu, sondern handelte als rühriger Kaufmann außer mit eigenen auch mit fremden Erzeugnissen, sofern sie nur Gewinn versprachen. Dabei kam der weit über Barmen hinaus bekannten Firma mit Sicherheit die Verwandtschaft der Wuppermanns mit einer Reihe von rheinischen und westfälischen Familien, in denen ebenfalls Kaufleute und Fabrikanten vorherrschten, sehr zugute. Für Peter Engelberts unternehmerische Vielseitigkeit spricht auch seine Beteiligung an der Eisenfabrik seines jüngeren Bruders Johann Daniel im Sachsenwald.

Johann Daniel Wuppermann kam erst zu Beginn der 1730er Jahre durch seinen ältesten Bruder in die Hansestadt. Neben der Leitung des Familienunternehmens betrieb dieser in Hamburg auf eigene Rechnung wahrscheinlich den Handel mit Eisen und Eisenartikeln. Darauf deuten jedenfalls Heinrich Julius rege Geschäftsverbindungen in die alte Thüringer Eisenstadt Schmalkalden sowie seine Hochzeit (1727) mit einer Tochter eines angesehenen Schmalkaldener Kaufmanns und Stadtkämmerers hin. Am 8. Dezember 1724 erwarb er schließlich das Hamburger Bürgerrecht. Allem Anschein nach war Heinrich Julius jedoch auch in der Hansestadt, in deren Akten er als Kaufmann oder Landkramer geführt wird, geschäftlich nicht sehr erfolgreich; denn bereits 1731 zog er von ihr fort. Danach verliert sich seine Spur und die seiner Familie.

Ganz anders dagegen der Werdegang Johann Daniels: In der Heimat ohne berufliche Perspektive, dürfte er nach seiner Lehre in Celle seinem ältesten Bruder bereitwillig nach Hamburg nachgefolgt sein. Hier trat er in dessen Fußstapfen, indem er sich, wenn auch weitaus erfolgreicher, im Eisenhandel betätigte. Das belegen die Ehe mit der Tochter eines wohlhabenden einheimischen Samtmachermeisters sowie die verhältnismäßig hohen Gebühren für den Erwerb des Hamburger Bürgerrechts 1737. Obschon er zunächst als

---

des Fürstenthums Ratzeburg und des Landes Hadeln, in: W. DÜHRSEN: U. F. C. Manecke's Topographisch-historische Beschreibung der Städte, Aemter und adelichen Gerichte des Herzogthums Lauenburgs, Fürstenthums Ratzeburg und des Landes Hadeln. Herausgegeben und mit einem Anhange nebst Zusätzen versehen von W. Dührsen, Mölln 1884, S. 1-283, hier 127 f. DÜHRSEN, Beschreibung, S. 358 f. Ferner Alfred KORN: Der Sachsenwald. Geschichte und Erlebnis, Bielefeld und Leipzig 1923, S. 35 f. Konrad HAASE: Industrie des Sachsenwaldes in alter Zeit, in: Lauenburgische Heimatblätter. Wöchentliche Beilage der Lauenburgischen Zeitung-Ratzeburger Anzeiger, Nr. 36 (01.09.1928) sowie SCHLAK, Industriegebiet, S. 70-72 und Hansjörg ZIMMERMANN: Überblick über das Gewerbe in Lauenburg unter industriellen Aspekten 1800 bis 1870, in: Jürgen Brockstedt (Hg.): Frühindustrialisierung in Schleswig-Holstein, anderen norddeutschen Ländern und Dänemark (= SWSG, 5), Neumünster 1983, S. 153-178, hier 163 f., paraphrasieren lediglich PATJE, Abriß, S. 83-85.

"Kramer" mit verschiedenen Artikeln handelte, machte ihn doch erst seine um 1745 am Rödingsmarkt eröffnete Eisenhandlung in Hamburg bekannt. Unter den wenigen in der Stadt war sie mit ihren internationalen Kontakten zweifellos die größte. Um 1750 gründete Johann Daniel auf dem Großen Graßbrook sogar eine Eisengießerei, die später durch einen Schmiedebetrieb ergänzt wurde. Aber damit nicht genug. Wenige Jahre danach wandelte er, wie berichtet, die Papiermühle an der Aue zusammen mit Peter Engelbert Wuppermann in eine Eisenfabrik um. Dietz bezeichnet Johann Daniel wohl zu Recht als ersten Eisenfabrikanten Hamburgs. 1763 kaufte Johann Daniel seinem Bruder dessen Anteil an dem Werk im Sachsenwald ab. Zwar übertrug er dessen Leitung wenige Jahre später seinem ältesten Sohn Johann Daniel II (1747-1820), doch blieb er bis zu seinem Tode 1789 der alleinige Inhaber. Johann Daniel II, seit frühester Jugend zum Kaufmann ausgebildet, bewies bei der Werksführung keine glückliche Hand. Als auch noch das nach 1789 beim Werk eingerichtete Eisen- oder Stahlbad, ein Heilbad auf der Basis der Bismarckschen Quelle, infolge Entzugs der Schankkonzession wieder einging, mußte Johann Daniel II die Eisenfabrik 1798 - vermutlich an Senator Heinrich Petersen aus Hannover - für 2.500 Thaler Ct. verkaufen.

Laut Dührsen war die Eisenfabrik, deren Blütezeit die Jahre von 1760 bis 1790 gewesen sind, noch bis 1812 in Betrieb.[355] Spätestens 1816, nach mehr als einem halben Jahrhundert, wurde dann an ihrer Stelle entweder von Petersen oder vom Hamburger Kaufmann Andreas Friedrich Spalding, letzterer erwarb 1816 den Erbzinsbrief von der Landesherrschaft, eine Tuchfabrik eingerichtet.[356]

Die Biographien der Wuppermanns lassen erahnen, daß sich Teile dieser über Generationen hinweg auf dem gewerblich-kaufmännischen Sektor tätigen Familie mit ihren zahlreichen, zum Teil kaum in privat und geschäftlich trennbaren Verbindungen im In- und Ausland auch mit der Herstellung und dem Handel von landwirtschaftlichen Schneidewaren auf internationaler Ebene befaßten. Ideal könnten sich die Brüder Peter Engelbert und Johann Daniel Wuppermann ergänzt haben, indem der Barmener[357] seinem u.a. als Eisenwarenhändler in Hamburg tätigen jüngeren Brüder beispielsweise Kontakte zu einem der im Bergischen ansässigen Kommissionshäuser, die mit Erzeugnissen der Metallwarenindustrie handelten, vermittelte oder gar selbst als sein Geschäftspartner fungierte. Denn gemeinsam mit Kaufleuten aus Köln und den Niederlanden organisierten die bergischen und hamburgischen bis weit in die zweite Hälfte des 18. Jahrhunderts hinein den Absatz der bergisch-märkischen landwirtschaftlichen Schneidewaren. Erst in den 1770er Jahren vermochten Kaufleute aus der Grafschaft Mark in diese Domäne der Fremden einzudringen.[358] Vielleicht bezog Johann Daniel Sensenblätter u.dgl. aber auch direkt von seinem Vetter Johann Engelbert Wuppermann (1717-1807), einem Kaufmann, Fabrikanten und Landwirt, der 1737 von Barmen in die Nähe des märkischen Schwelm

---

355 DÜHRSEN, Beschreibung, S. 358.

356 LAS Abt. 210, Nr. 2197a. Vgl. dazu auch ZIMMERMANN, Überblick, S. 164.

357 Zur Entwicklung von Gewerbe- und Handelswesen in Barmen vgl. Johann Friedrich KNAPP: Geschichte, Statistik und Topographie der Städte Elberfeld und Barmen im Wupperthale. Mit Bezugnahme auf die Stadt Solingen und einige Städte des Kreises Lennep, Iserlohn und Barmen 1835, S. 232-235.

358 EVERSMANN, Eisen- und Stahl-Erzeugung, S. 193. - Zur Distribution von Sensenblättern u.dgl. vgl. unten, Kap. III.4.2., S. 255 ff.

verzogen war und durch seine dort beheimatete Frau sowie einen Schwager über beste Kontakte zu Kaufleuten und Fabrikanten in der Grafschaft Mark verfügte. Nach 1788, mit dem Erwerb des an der Ennepe gelegenen Guts Rochholz, verfügte er auch über mehrere dort befindliche Sensenhämmer.[359]

Daß Johann Daniel Wuppermann mit Sensenblättern u.dgl. handelte, belegt folgende Begebenheit: 1773/74 setzte die Firma Joh. Daniel Wuppermann & Co, Hamburg, gemeinsam mit der Firma Fr. Heinr. Siedmann aus Lübeck in einem Schreiben die oberösterreichische Kirchdorf-Micheldorfer-Sensenschmiedezunft davon in Kenntnis, daß die wenige Jahre zuvor im Herzogtum Berg errichteten "Fabriquen ihre und alle nach Frankreich und Spanien gehenden Sorten Sensen sowohl nach den Zeichen, als auch Güte und Facon der Ware nachmachen" und daß "in einer Gegend im bergischen Lande jetzo alle Sorten und Zeichen von Sensen nachgemacht werden".[360] Johann Daniel kaufte offensichtlich "steirische" Sensen in Kirchdorf-Micheldorf und führte sie über den Hamburger Hafen nach Frankreich und Spanien aus, zwei traditionellen Absatzmärkten des österreichischen Sensengewerbes. Über die Geschäftspraktiken der neuen Fabriken im Bergischen, die ihre blauen Sensen durch unlauteres Kopieren der oberösterreichischen Sensenmarken als "steirische" ausgaben und die anscheinend sein Geschäft empfindlich störten, könnten ihn auch Verwandte oder Bekannte aus dem Herzogtum Berg in Kenntnis gesetzt haben.

Johann Daniel begnügte sich jedoch keineswegs mit dem Handel von landwirtschaftlichen Schneidewaren, sondern betätigte sich auch als Produzent derselben. Das wird die Untersuchung der inneren Entwicklung der Eisenfabrik an der Aue zutage fördern.

Unmittelbar vor 1796 war sie laut Patje mit "einem Rohen-Eisen-Hammer, einer Schleifmühle, einem Dreh- und Schrauben-Werke, einer Säge-Schmiede, einem Band- und Breithammer und einer großen Anker-Schmiede mit 2 Feuern" ausgestattet. Beschäftigung fanden dort zu diesem Zeitpunkt "7 Meister, 10 Gesellen, 3 Tagelöhner und 2 Kohlenbrenner. Die obgedachten Meister und Gesellen sind teils Ausländer, teils Landes Kinder, indessen werden die letztern immer mehr und mehr angelernt".

Das Roheisen wurde hauptsächlich aus England und Schweden bezogen und über die Hansestädte von Bergedorfer und Schwarzenbeker Fuhrleuten zur Fabrik transportiert. Diese beförderten auch die Holzkohle, die teils von den Werksköhlern, teils von den umliegenden Bauern aus dem Holz des Sachsenwaldes gebrannt wurde, sowie die gelegentlich verwendete englische Importsteinkohle. Anfang 1762 wurde der Antrag abgelehnt, billigere Holzkohle zollfrei aus Mecklenburg einführen zu dürfen. Obwohl angeblich ein Hammer wegen Kohlemangels stillgelegt werden mußte, arbeitete die Fabrik noch ein halbes Jahrhundert weiter.[361] Die Halb- und Fertigfabrikate wurden von den betreffenden Fuhrleuten in die beiden Hansestädte und nach Altona gefahren. Sowohl bei der Ein-

---

359 Vgl. dazu auch Hendrik REURIK: Rocholz und Wuppermann. Aus der Geschichte eines Rittergutes und einer Bürgerfamilie an der Ennepestraße, in: Westfalenland. Heimatbeilage zum Westfälischen Tageblatt, 1927, Nr. 11, S. 161-167. Ferner vgl. VOYE, Geschichte (Bd.1), S. 282 f.

360 Karl ZEITLINGER: Denkschrift über die Fälschung der österreichischen Sensenmarken in Deutschland, Linz 1888, S. 5 ff. - Zur Produktion von blauen Sensen im Herzogtum Berg vgl. oben, Kap. III.4.1.1., S. 226.

361 SCHLAK, Industriegebiet, S. 70.

fuhr der Rohstoffe als auch bei der Ausfuhr der im Werk erzeugten Waren genossen die Fabrikbetreiber Zollfreiheit.[362]

Zwei Jahre bevor Johann Daniel II Wuppermann die Eisenfabrik verkaufte, wurden dort laut Patje "runde Schiffs Bolten, Band-Eisen, Modell-Eisen, Anker, Ambösse, alle zu Schleusen und Mühlen erforderliche schwere Eisen, Fenster-Rahmen und Pfeiler zu Kirchen und Brücken, Walzen, Schrauben zu Tobacks- und andern Fabriken, Wagebalken, Sägen, Schaufeln usw. verfertigt, auch ist vor einigen Jahren die Bohr-Axe zu der Stück Gießerey in Hannover allhier gemacht". Hinter "usw." dürften sich auch Sensenblätter verbergen, denn aus dem Erbzinsbrief für den Hamburger Senator Heinrich Petersen vom 29. April 1800 geht hervor, daß im Betrieb auch zukünftig einer der Produktionsschwerpunkte auf die Sensenherstellung gelegt werden sollte. Überdies durften nach wie vor "alle sonstigen Eisen-Waaren"[363] hergestellt werden. Ausgenommen davon war lediglich die Erzeugung von Nägeln und "schneidigen Werkzeugen" - exklusive Sensen.

Für die Hypothese, das Unternehmen habe auch Sensenblätter u.dgl. fabriziert, sprechen noch weitere Indizien. Erstens war die Eisenfabrik an der Aue mit den für die zur Sensenherstellung notwendigen Produktionsmitteln wie Breithammer und Schleifmühle ausgestattet. Zweitens handelte Johann Daniel Wuppermann im Großen mit Sensenblättern u.dgl. Drittens enthält der Erbzinsbrief folgenden, den Absatz der im Werk erzeugten landwirtschaftlichen Schneidewaren detailliert regelnden Passus: "Gleich wie dann auch Sensen, da dergleichen in Unsern teutschen Landen gemacht werden, von dem Fabrikanten, in jetzt besagten Unsern Landen keiner Orten als nur allein im Herzogthum Lauenburg bey vorbenanter Strafe verkauft und debitiret werden dürfen. Auch wird in eben besagten Herzogthum Lauenburg der Sensen Handel ihm gar nicht privative zugestanden, sondern Unsere Unterthanen behalten die Freyheit, auch im Lauenburgischen mit Sensen welche nicht auf des Imploranten Fabrick gemacht sind zu handeln und zu wandeln".[364]

Es spricht also einiges dafür, daß sich die Betreiber der Eisenfabrik an der Aue dieses - zumindest zeitweise - recht einträgliche und sogar risikolose Geschäft nicht haben entgehen lassen. Daß es ein solches war, belegt beispielsweise die Stellungnahme des Segeberger Amtmanns zum Projekt Bartrams. Am 16. November 1754 argumentierte er gegenüber der Rente-Kammer gemäß der merkantilistischen Wirtschaftstheorie: "Ueberhaupt hielte ich sonsten dafür, daß eine solche Eisen- und Stahl- Fabrique dem Lande sonderl. wegen Verfertigung der Sensen und Futter-Klingen sehr vortheilhaft seyn würde, weil daran ungemein viele verbraucht werden, und also der entrepreneur, ungeachtet nicht weit von Oldeslohe eine Mühle ist, wo man dergleichen verfertiget, dennoch davon einen guten Absatz hoffen, das Geld aber, so sonsten dafür weggehet, im Lande bleiben könte".[365] Gleichwohl dieser Amtmann gewiß ein vitales Interesse daran gehabt haben dürfte, die Gewerbestruktur seines Verwaltungsdistrikts um ein derartiges Unternehmen zu bereichern, konnte er sich andererseits gewiß kein krasses Fehlurteil über dessen Erfolgsaussichten erlauben. Entsprechend argumentierte 1776 auch ein Beamter der Vogtei

362 LAS Abt. 210, Nr. 2197a.
363 Ebda.
364 Ebda.
365 LAS Abt. 210, Nr. 2372. Entsprechend positiv wertet z.B. auch REILE, Geschichte, S. 5, die Verdienstmöglichkeiten bei der Erzeugung von landwirtschaftlichen Schneidewaren. Vgl. dazu auch unten, Kap. III.4.2.2., S. 258 f.

Ulsnis: "Ein Hamerwerk worauf Sensen Leehen und allerhandt Schneidezeug verfertiget werden könnte wäre nöthig, weil die Hausierende Ausländer für diese Necessaria viel Geld aus dem Lande bringen".[366] Während letzterer unausgesprochen davon ausging, daß sich die Anlage eines Sensenhammers in Angeln lohnen würde, äußerte sich Aagaard rund vierzig Jahre später in seiner "Beskrivelse over Tørning Lehn" diesbezüglich unmißverständlich wie der Segeberger Amtmann: "Dette kunde drives videre, dersom ordentlig Smedefabrik anlagtes".[367]

Bestätigt wird durch obige Quellen zusätzlich die These, daß die Produktion von schneidendem Erntegerät in den Herzogtümern - wie in weiten Teilen Deutschlands auch - gewöhnlich nicht im Tätigkeitsbereich der ländlichen Grob- und Hufschmiede lag. Denn zum einen geht aus ihnen unzweideutig hervor, daß Sensenblätter u.dgl. durch Fremde von außerhalb in die Herzogtümer eingeführt und verkauft wurden, zum anderen wird in ihnen mit keinem Wort etwas über ihre Anfertigung durch die einheimischen Landmeister gesagt, geschweige denn auch nur die Möglichkeit in Erwägung gezogen, dergleichen landwirtschaftliches Schneidezeug bei diesen herstellen zu lassen. Dementsprechend bemerkte 1778 ein Gutsbesitzer gegenüber der Holsteinischen Landesregierung zu Glückstadt in seiner Stellungnahme zum Vorhaben des General-, Landes-Oeconomie- und Commerz-Collegiums, jeglichen "Verkehr und Gewerbe auswärtiger Hausierer in den [..] Herzogthümern" zu unterbinden: "Bekanntlich gebraucht der Landmann noch viele unentbehrliche Waaren, die entweder gar nicht, oder doch nicht in so großer Menge, daß der Landmann damit hinlänglich versorgt werden kann, im Lande verfertiget werden, als Keßel, Sensen, Schneidemeßer, Gläser pp. die er von den Hausirern theils auf Credit kauft, theils gegen andere Sachen eintauschet".[368]

III.4.1.3. Zusammenfassung

Im Zuge der fortschreitenden beruflichen Arbeitsteilung des eisenverarbeitenden städtischen Zunfthandwerks bildete sich seit dem Hochmittelalter auch dasjenige des Sensenschmieds heraus. In einigen wenigen Städten traten Sensenschmiede verstärkt auf. Sie fertigten ihre Produkte sogar für die internationalen Märkte an, ohne daß allerdings auch nur grob deren Zahl geschätzt oder gesagt werden werden könnte, wie groß deren Anteil an der Gesamtproduktion war. Letzteres trifft auch auf diejenigen gewöhnlichen Landschmiede zu, die neben diesen hochspezialisierten Handwerkern Sensenblätter u.dgl. produzierten. Sie versorgten in der Regel nur örtliche Kunden. Seit dem ausgehenden 16.

---

366 LAS Abt. 169, Nr. 174.

367 AAGAARD, Tørning Lehn, S. 163. - Entsprechend argumentierte 1833 auch ANONYMUS: Ueber die Ausstellung von Kunst- und Industrie-Arbeiten in Kiel. (Beschluß.), in: Kieler Correspondenzblatt, 1833, Nr. 14 (16.02.1833), S. 62 f.: "Hätten wir im Lande Fabriken [...], die uns mit Leder aller Art, mit Schmiedewaaren [z.B. Sicheln u.dgl.], mit Papier [...] und einigen andern solchen Artikeln versorgten, und durch Wohlfeilheit und Güte ihres Products mit dem Auslande zu concurriren wüßten, so möchten wir künstlichere Fabricationen fürs Erste, gern dem Auslande überlassen".

368 LAS Abt. 65.2, Nr. 811 III.

Jahrhundert konzentrierte sich die Erzeugung schneidender Erntegeräte zunehmend an bestimmten Standorten auf dem flachen Land innerhalb der eisenerzeugenden und -verarbeitenden protoindustriellen Regionen Mitteleuropas. Ein kleinerer Teil der landwirtschaftlichen Schneidewaren wurde daneben in den sowohl auf private als auch staatliche Initiative hin gegründeten, disloziert im ländlichen Raum liegenden Produktionsanlagen hergestellt. Sie deckten zumeist nur den regionalen Bedarf. Der Aufstieg der teils zünftig (Herzogtum Berg; Österreich), teils unzünftig (Grafschaft Mark) organisierten, hochgradig spezialisierten ländlichen Produzenten zog automatisch den Niedergang ihrer traditionell zünftig-kleingewerblich arbeitenden Kollegen in den Städten nach sich. Gegen Ende des 17. Jahrhunderts war diese städtische Profession weitgehend ausgestorben. Aber auch die Schneidewarenproduktion der gewöhnlichen Landschmiede schrumpfte allem Anschein nach auf ein unbedeutendes Quantum zusammen. Erst im Verlauf des 19. Jahrhunderts, mit Einführung der Dampfkraft und dem Aufbau eines leistungsfähigen Transportsystems, kehrte sich dieser Konzentrationsprozeß um, da moderne Sensenfabriken nun auch verstärkt außerhalb der alten Zentren entstanden.

Die Herstellung von Sensen-, Sichten- und Sichelblättern sowie von Klingen für Häckselladen wies in vor- und frühindustrieller Zeit insbesondere nachfolgende Besonderheiten auf: Nicht der Gerätschaftshandwerker vor Ort, sondern ein fremder, weit entfernt lebender Professionist, der hochspezialisierte Sensenschmied in den protoindustriellen ländlichen Kleineisengebieten, fertigte die qualitativ hochwertigen landwirtschaftlichen Schneidewaren in beachtlichen Mengen an. Ihre Erzeugung lag also im Gegensatz zu derjenigen der meisten anderen landwirtschaftlichen Produktionsmittel in den Händen weniger. Weitere Massenartikel des ländlichen Metallgewerbes waren beispielsweise Spaten- und Schaufelblätter, Axt- und Beilklingen sowie Geschirre und Beschläge.[369] Produziert wurde seit dem ausgehenden 16. Jahrhundert unter Einsatz erheblichen Kapitals und Know-hows auf wasserkraftgetriebenen Sensenhämmern, um die sich ganze Werksanlagen nebst Siedlungen gruppieren konnten. Die Standorte der Werkstätten waren jedoch nicht nur an die kleineren Wasserläufe gebunden, sondern orientierten sich zudem auch an den Fund- und Verhüttungsorten des Eisenerzes sowie den Herstellungsorten der Holzkohle. Der Anfertigungsprozeß vollzog sich in einer ganzen Reihe von Produktionsschritten bei relativ ausgeprägter Arbeitsteilung innerhalb der "Belegschaft" eines Sensenhammers. Sie umfaßte z.B. 1728 in den 43 Sensenschmieden der Kirchdorf-Micheldorfer Zunft zwischen 13 und 15 Beschäftigte.[370] Seine Organisationsform läßt sich nur schwer charakterisieren. Zeitlinger umschreibt diejenige der österreichischen Sensenschmiedebetriebe des 17. bis 19. Jahrhunderts mit "Großhandwerk", während sie nach Fischer "in halb handwerklicher und halb industrieller Form betrieben wurde".[371] Bei den "Fabriken" im Märkischen handelte es sich in jener Zeit immer um eine größere Anzahl kleinerer "Handwerks"betriebe, deren Produktion und weltweiter Absatz über den Kauf- bzw. Lohnverlag organisiert wurden.[372] Des weiteren wurden - außerhalb der großen Produktionszentren - landwirtschaftliche Schneidewaren auch in Manufakturen

369 Vgl. dazu etwa VIEBAHN, Statistik (T. 3), S. 967-971.
370 FISCHER, Sensen, S. 68-70.
371 ZEITLINGER, Sensen, S. 50. FISCHER, Sensen, S. 137.
372 KAUFHOLD, Metallgewerbe, S. 53.

hergestellt. Der Übergang zur Fabrik war am Ende unseres Untersuchungszeitraums bereits in vollem Gange.

All das wich doch erheblich von den traditionellen Organisationsformen der Herstellung der meisten anderen tradierten landwirtschaftlichen Produktionsmittel ab. Schroff standen sich hierin die protoindustriellen Kleineisengebiete und die reinen Agrarregionen gegenüber.

III.4.2. Exkurs 1: Die Distribution

Dank ihres im Verhältnis zum Gewicht hohen Wertes war es möglich, die landwirtschaftlichen Schneidewaren aus den österreichischen und rechtsrheinisch-westwestfälischen Kleineisengebieten über sehr weite Strecken zu transportieren. Ohnehin waren sie aufgrund ihrer hohen Qualität auf den internationalen Märkten begehrt. Über einen Absatzradius von mehr als tausend Kilometern verfügte in vor- und frühindustrieller Zeit allerdings kaum ein landwirtschaftliches Produktionsmittel. Diese und andere Besonderheiten der Distribution von landwirtschaftlichen Schneidewaren sollen im zweiten Hauptteil dieses Kapitels dargelegt werden. Dazu wird ihr Weg exemplarisch von den oben genannten Produktionszentren bis in die Herzogtümer verfolgt, also von den Erzeugern bis zu den Endverbrauchern in einem weit entfernten Absatzgebiet. Wo notwendig und sinnvoll, wird das Untersuchungsgebiet selbstverständlich vergrößert werden.

III.4.2.1. Die Handelsrouten und -träger der österreichischen landwirtschaftlichen Schneidewaren bis Hamburg und Lübeck

Der Hamburger Hafen war nachweislich schon mehr als anderthalb Jahrhunderte Umschlagplatz für österreichische landwirtschaftliche Schneidewaren gewesen, bevor Mitglieder der Familie Wuppermann damit in der zweiten Hälfte des 18. Jahrhunderts von der Hansestadt aus Handel trieben. So exportierte beispielsweise die Augsburger Firma "Hanns Oesterreicher selig Erben" während des ersten Jahrzehnts des 17. Jahrhunderts über Hamburg mehr als 100.000 Stück "steyrische Messer", darunter sind Sichel- und Sensenblätter ebensogut wie etwa Ahlen und Bohrer zu verstehen, auf die Iberische Halbinsel nach Lissabon und Sevilla.[373] Obgleich sich in Schleswig-Holstein - im Gegensatz zum Königreich Hannover um 1830[374] - der Handel und/oder Gebrauch von

---

373 Hermann KELLENBENZ: Unternehmerkräfte im Hamburger Portugal- und Spanienhandel 1590-1625 (= Veröffentlichungen der Wirtschaftsgeschichtlichen Forschungsstelle e. V., 10), Hamburg 1954, S. 169. Vgl. dazu auch Hans POHL: Die Beziehungen Hamburgs zu Spanien und dem spanischen Amerika in der Zeit von 1740 bis 1806 (= VSWG Beihefte, 45), Wiesbaden 1963, S. 154. - Zur Geschichte des Hamburger Zweigs der Familie Wuppermann vgl. oben, Kap. III.4.1.2., S. 248 ff.

374 GÜLICH, Handel, S. 51.

österreichischen Sensenblättern u.dgl. nicht belegen läßt, erscheint beides gut möglich. Es ist jedenfalls kein plausibler Grund erkennbar, warum Hamburger Fernkaufleute, wie beispielsweise die Wuppermanns mit ihren Handelsverbindungen zu Kirchdorf-Micheldorfer Zunftmeistern und ihren gewerblichen Aktivitäten im Lauenburgischen, nicht auch diesen aufnahmefähigen, und zudem unmittelbar vor ihrer Haustür liegenden Markt mit derartigen Schneidewaren beliefert haben sollten.

Sensenschmiedemeister der Kirchdorf-Micheldorfer Zunft standen darüber hinaus offensichtlich auch mit Lübecker Firmen in direktem Geschäftsverkehr.[375] Eines dieser Großhandelshäuser in der Hansestadt war 1773/74 das von Fr. Heinr. Siedmann.[376] Da Lübecker Bürger einen vermutlich nicht unbedeutenden Teil des Transports und der Distribution von Sensenblättern u.dgl. nach bzw. innerhalb von Schleswig-Holstein organisierten,[377] liegt auch hier die obige Vermutung nahe.

Wie gelangten sie nun aus den Werkstätten ober- und niederösterreichischer oder gar steirischer Sensenschmiede bis in die Elbherzogtümer? Gemäß der im Spätmittelalter durch landesfürstliche Ordnungen ausgebildeten Organisationsform des steirischen Montan- und Eisenwesens umfaßte der Verschleißbezirk (Verkaufsbezirk) des Innerberger Eisens auch den Norden des Reiches.[378] Obwohl Ausnahmeregelungen dieses Absatzsystem in einem gewissen Umfang außer Kraft zu setzen vermochten, ist hierin doch eine Ursache für die engen Handelsbeziehungen zwischen Kirchdorf-Micheldorf im oberösterreichischen Kremstal als dem führenden Sensenschmiede-Revier im Bereich des gesamten steirischen Erzberges einerseits und den genannten Hansestädten andererseits zu sehen.

Gehandelt wurden die für Norddeutschland bestimmten Sensenblätter u.dgl. anfangs hauptsächlich über internationale Messen und Märkte, über die auch der Export in viele andere Länder des europäischen Kontinents lief.[379] Bis um 1650 waren der Linzer Oster- und Bartholomäimarkt (24. August) die weitaus wichtigsten. Das zeigt sich auch daran, daß selbst Meister aus der Steiermark, also aus dem Vordernberger Verschleißbezirk, zu den Marktzeiten Linz aufsuchten. Daneben spielten der Kremser Simonimarkt (28. Oktober) und der Freistädter Paulimarkt (25. Januar) eine beachtenswerte Rolle. Laut ihrer Handwerksordnung von 1604 war es den Mitgliedern der Kirchdorf-Micheldorfer Meisterschaft erlaubt, diese Messen aufzusuchen, um ihre Produkte abzusetzen. Verkauft wurden sie an ausländische Fernkaufleute.

Der Export der österreichischen landwirtschaftlichen Schneidewaren nach Norddeutschland wie auch in weite Teile des Reiches lief über Linz und die Mautstelle Aschach a. D. stromaufwärts nach Regensburg und von dort über Land nach Nürnberg. Diese Abschnitte der Transportroute wurden von Regensburger Frächtern beherrscht. Weitere

---

375 ZEITLINGER, Sensen, S. 61 und FISCHER, Sensen, S. 180.
376 ZEITLINGER, Denkschrift, S. 5 f.
377 Vgl. unten, Kap. III.4.2.3., S. 261 ff.
378 Vgl. dazu PICKL, Steiermark, S. 16 ff. Ferner TREMEL, Eisenwesen, S. 294 ff.
379 Die nachfolgenden Ausführungen über die Distribution der Kirchdorf-Micheldorfer Sensenblätter u.dgl. sind - sofern nicht anders vermerkt - FISCHER, Sensen, S. 158-190, Edmund FRIESZ: Zum Ferntransporte nieder- und oberösterreichischer Sensenwaren vor der Zollordnung von 1775, in: Jahrbuch für Landeskunde von Niederösterreich (N. F.), 26 (1936), S. 162-168 sowie TREMEL, Eisenwesen, S. 295 f., entnommen.

wichtige Stationen auf ihrem Weg nach Norden waren Leipzig und Magdeburg, von wo aus sie elbaufwärts in die Seehäfen gelangten. So wundert es auch nicht, daß bis in die erste Hälfte des 18. Jahrhunderts hinein Regensburger und Nürnberger Fernkaufleute ihre bedeutendsten Exporteure ins Reich waren. An sie verkauften die Meister auf den Messen vorzugsweise ihre Sensenblätter u.dgl. Daß diese Städte nur als Zwischenhandelsorte für den Weitertransport dieser Schneidewaren ins Reich dienten, läßt sich an den überaus großen Mengen ablesen, die von ihnen dorthin vermittelt wurden. Sie konnten unmöglich in der unmittelbaren Umgebung Regensburgs und Nürnbergs abgesetzt werden.

Deutliches Zeichen für den Wandel der Absatzorganisation ins Ausland ist das Vordringen des Knechthandels. Lag diese Domäne ursprünglich im Inland, so verlegten sich einige Sensenschmiedeknechte der Kirchdorf-Micheldorfer Zunft - proforma unter dem Namen eines Meisters - ab etwa 1700 auf die Ausfuhr ins Ausland. Hierin sind die Wurzeln einiger bedeutender österreichischer Sensenhandlungshäuser zu sehen: Die Knechte kauften die Sensen direkt an ihrem Produktionsort und setzten sie dann über die beschriebenen Fernhandelswege auch ins Reich ab. Fremde waren hier am Export also nicht unmittelbar beteiligt.

Vollends entwertet wurden die Messen dann bis 1750 durch den bereits fünfzig Jahre zuvor einsetzenden Trend der direkten Kontaktaufnahme der Großhandelshäuser aus den westlichen Verbrauchergebieten zu den Sensenschmiedewerkstätten.[380] Den österreichischen Mautlisten von 1750 können wir entnehmen, daß ein gewisser Johann Philippi aus Hamburg über Aschach 20.800 Sensenblätter sowie 4.800 Strohmesser aus dem Innerberger Verarbeitungsbezirk ins Reich einführte. Dieses Vorbild machte Schule und mit einer zeitlichen Verzögerung von 20 bis 30 Jahren suchten sogar russische Händler Österreich persönlich auf, um unmittelbare Geschäftsverbindungen mit den Sensenschmiedemeistern aufzubauen. Daraus resultierte allerdings zwangsläufig eine Zurückdrängung der Regensburger und Nürnberger Zwischenhändler.

Benötigten also nach 1750 beispielsweise die Hamburger Wuppermanns österreichische landwirtschaftliche Schneidewaren, so konnten sie diese problemlos schriftlich bei ihren Geschäftspartnern, zu denen auch Meister der Kirchdorf-Micheldorfer Sensenschmiedezunft zählten, ordern. Diese lieferten die gewünschten Marken und Mengen dann über den bereits beschriebenen Transportweg in die Hansestadt. Verfügte ein Kaufmann der Hansestadt nicht über derartige Geschäftsbeziehungen, so dürfte er sich mit seiner Bestellung entweder an eine Frankfurter, Regensburger oder Nürnberger Firma bzw. an eine der sehr wahrscheinlich am Ort befindlichen Faktoreien eines der österreichischen Sensenhandelshäuser gewandt haben. Die Existenz solcher Faktoreien in Hamburg liegt deshalb nahe, weil die Stadt der Endpunkt einer der drei über den zentralen Umschlagplatz Regensburg laufenden Haupttransportrouten der österreichischen Sensenwaren Richtung Norden war. Zudem wurden sie, wie gezeigt, über den Hamburger Hafen sogar bis auf die Iberische Halbinsel verschifft.

---

380 Auszüge aus dem Reisetagebuch des Frankfurter Eisengroßhändlers Philipp Christian Zickwolff über seinen Besuch der Sensenschmieden in Kirchdorf- Micheldorf 1784 bei Alexander DIETZ: Frankfurter Handelsgeschichte, Bd. 4 (T. 1), Frankfurt a. M. 1925, S. 261.

Wesentlich erleichtert wurde der schriftliche Geschäftsverkehr im internationalen Sensenhandel durch die bis ins 16. Jahrhundert zurückverfolgbare Herausbildung zahlreicher Sensenformen in Europa.[381] Als Ursachen hierfür sind u.a. die Verschiedenheit der Geländeform, der Bodenbeschaffenheit, der Art der zu mähenden Pflanzen und des Sensenwurfes sowie der Haltung des Arbeiters beim Mähen auf dem Kontinent anzuführen. Für den Laien scheint zwar am Ende dieser Entwicklung im 19. Jahrhundert eine unübersehbare Mannigfaltigkeit an Formen vorgelegen zu haben, doch kann sie der Fachmann problemlos in Haupt- und Nebengruppen klassifizieren. Um die Wünsche der Verbraucher optimal befriedigen zu können, spezialisierten sich die Sensenschmiede notgedrungen auf die Herstellung einer beschränkten Zahl von Sensentypen aus diesem Wust von Formen. Mithin belieferte jede Werkstätte ganz bestimmte, geschlossene Absatzgebiete mit Sensenblättern u.dgl. Die Sensenschmiedemeister fertigten demnach standardisierte Fernhandelsgüter in großen Massen an. Ihre Kunden brauchten ihnen deshalb bei Bestellungen in der Regel auch keine Muster von der gewünschten Ware mitzuschicken oder detaillierte Angaben über deren Form und Konsistenz zu machen. Es genügte vielmehr die Benennung des Sensentyps sowie dessen Länge.

III.4.2.2. Die Handelsrouten und -träger der bergisch-märkischen Sensenblätter u.dgl. bis Hamburg und Lübeck

Einer dieser Standardtypen war im 17. Jahrhundert allem Anschein nach die in der Grafschaft Mark hergestellte "Lübesche Sense".[382] Nachrichten über den Handel mit und den Gebrauch von landwirtschaftlichen Schneidewaren aus den bergisch-märkischen Produktionszentren in Schleswig-Holstein fließen hier reichlicher als aus Österreich. So entnimmt man einer Beschwerde märkischer Sensenschmiede von 1671, daß "Einige Einwohner des Hertzogthumbs Bergk durch einen Kaufman nahmens Engel, welcher zur solchen ende das bürger Recht zur Lübeck angenommen wegen des Sensen-Handels mit der Cron-Dennemarck einen solchen Vergleich getroffen, das durch geschehene aufrichtung eines gewißen Zolles, die unterthanen unser Grafschaft Marck, alwo doch die sensen am häufigsten Verfertigt werden, gezwungen seyen, ihre Sensen, den gedachten Kaufman und deßen Consorten umb einen liederlichen preiß hinzugeben, welcher hernach nach gefallen damit walthet".[383] Ganz offensichtlich war es dem Kaufmann Engel und seinen bergischen Geschäftspartnern mit Hilfe eines von König Christian V. - vermutlich durch Zahlung einer erheblichen Summe Geldes - erworbenen Einfuhrmonopols gelungen, den Import von Sensenblättern u.dgl. nach Dänemark ganz in ihre Hände zu bekommen. Das bekamen auch die märkischen Sensenschmiede, die bis dahin ihre Erzeugnisse ungehindert ins Königreich eingeführt hatten, schmerzlich zu spüren. Wollten sie auch weiterhin diesen Markt beliefern, so mußten sie empfindliche Ertragseinbußen

---

381 Vgl. dazu LÜHNING, Erntegeräte, passim. Ferner ZEITLINGER, Sensen, S. 124-135 und FISCHER, S. 141 f.

382 ASBECK, Sensenindustrie, S. 97.

383 Zitiert nach ebda., Anlage I., S. 1 f., hier 1; entnommen aus: Geheimes Staatsarchiv PK, Rep. 34, Nr. 1422.

hinnehmen, da sie "durch geschehene aufrichtung eines gewißen Zolles" dazu gezwungen wurden, ihre Sensenblätter u.dgl. an die Bergischen "umb einen liederlichen preiß hinzugeben". Wie groß die Gewinnspanne zu dieser Zeit im Sensenhandel war, verdeutlicht ein Vergleich des Einkaufspreises eines Bundes "Lübescher Sensen" in der Grafschaft Mark, der 2 1/2 Rthlr. betrug, mit ihrem Verkaufspreis im Absatzgebiet, der bei 10 1/2 bis 11 Rthlr. lag.[384]

Der Konflikt vermittelt bei näherem Hinsehen sogar grundlegende Einsichten in die Produktion und die Distribution von landwirtschaftlichen Schneidewaren.

Erstens beweist er, daß die im Rahmen der unter Christian IV. eingeleiteten Manufakturpolitik errichteten dänischen Sensenwerke nach wie vor nicht in der Lage waren, den inländischen Bedarf vollständig zu decken.[385] Mit dieser Importregelung versuchte der Staat offenbar den unverzichtbaren Einfuhrstrom zumindest zu kanalisieren - und so leicht kontrollierbar zu halten. Auch kam er auf diese Art und Weise bequem an dringend benötigte Einnahmen.

Zweitens zeigt er Lübeck[386] als einen wichtigen Umschlagsplatz für die nach Nordeuropa gehenden märkischen Sensenblätter u.dgl. und darüber hinaus weist er Dänemark als eines ihrer dortigen Absatzgebiete aus. Weitere bedeutende Transportrouten nach Dänemark und Schweden, aber auch nach Hamburg, liefen von der Grafschaft Mark aus über Land nordostwärts bis zur Weser und von dort per Schiff weiter oder per Achse bis Köln, Düsseldorf oder Mühlheim a. R. und von dort über den Rhein per Schiff weiter zu den Bestimmungshäfen an der Nord- und Ostsee.[387] Daran, daß das Königreich vom ausgehenden 17. bis zum frühen 19. Jahrhundert derartige Schneidewaren aus der Mark bezog, besteht kein Zweifel.[388] Wie sich dieser Import entwickelte läßt sich allerdings genauso wenig klären, wie der Anteil des über Lübeck laufenden Transitwarenverkehrs an ihm näher bestimmbar ist. Unbedeutend dürfte er gerade nicht gewesen sein, darauf deuten die Typenbezeichnung "Lübesche Sense" hin sowie die Einrichtung einer Handelsniederlassung in der Hansestadt durch bergische Kaufleute, die von dem "Neulübecker" Engel geleitet wurde.

Drittens gewährt der Konflikt einen Einblick in die Organisation des Absatzes. Die große Menge der märkischen Klein- und Kleinsteisenprodukte wurde bis weit nach 1800 in - nach heutigen Maßstäben - Kleinbetrieben auf handwerkliche Weise hergestellt.[389] Je-

---

384 Ebda., S. 97.

385 Zur Produktion von Sensenblättern u.dgl. in Dänemark vgl. oben, Kap. III.4.1.1., S. 231 ff.

386 EVERSMANN, Eisen- und Stahl-Erzeugung, S. 8: Auf der rechten Seite des Rheins "ziehen die Waaren zu Lande nach Bremen, Hamburg, Lübeck, Hannover, Braunschweig, Magdeburg, Leipzig und Frankfurt am Mayn. [...] Dieser große innere und äußere Verkehr beschäftigt eine Menge Fuhrleute, die mit ein- bis vierspännigen zweyrädrigen Karren in allen Ländern [...] umher fahren".

387 ASBECK, Sensenindustrie, S. 30 und 34.

388 Vgl. dazu EVERSMANN, Eisen- und Stahl-Erzeugung, S. 262. Ferner vgl. Caspar Friedrich Wilibald LIEBE-HARKORT: Festschrift zum 250jährigen Geschäfts-Jubiläum der Firma Johann Caspar Harkort GmbH Harkorten bei Haspe i. Westfalen (1674-1924), Dortmund 1924, S. 10. Vgl. auch LANGE, Gewerbe, S. 152 f.

389 Die nachfolgenden Ausführungen zur Organisation des Absatzes der märkischen Klein- und Kleinsteisenwaren in vor- und frühindustrieller Zeit basieren - sofern nicht anders vermerkt - auf KAUFHOLD, Metallgewerbe, S. 52 f. Vgl. dazu etwa auch VOYE, Industrie, S. 485 f.

doch setzte kaum einer dieser Kleinproduzenten seine Waren direkt beim Endverbraucher ab. Vielmehr lag ihr Vertrieb in den Händen von Kaufleuten. Im Vordergrund standen die großen Kommissionshäuser, unter denen die Iserlohner - seit ca. 1750 auch die Hagener[390] - eine herausragende Position inne hatten. Nur über ihre umfassenden, zum Teil globalen Handelsbeziehungen und Marktkenntnisse sowie ihr Vermarktungstalent vermochte das auf Export ausgerichtete märkische Metallwarengewerbe mit seiner kleinbetrieblich-handwerklichen Produktionsstruktur seine Erzeugnisse abzusetzen. Diese Kaufleute organisierten jedoch vielfach nicht nur den Absatz, sondern auch die Rohstoffbeschaffung. Sie erteilten den Schmieden darüber hinaus häufig auch noch die Aufträge, verlegten mithin auch die Produzenten. Es bestätigt sich hierin die Regel, daß in vor- und frühindustrieller Zeit mit dem Auseinandertreten von Rohstoffbasis und Erzeugungsort, also mit zunehmenden Transportkosten, sowie wachsender Entfernung zwischen Produzenten und Konsumenten der Einfluß der Großkaufleute wuchs.[391]

Auch Herstellung und Absatz der märkischen Sensen waren zu einem beträchtlichen Teil im Verlag, und zwar hauptsächlich in den Formen des Kauf- und Lohnverlags, organisiert.[392] Erst im letzten Drittel des 19. Jahrhunderts sollte es den Sensenschmiedebetrieben der Grafschaft gelingen, sich vollends aus dieser Bevormundung zu befreien. Allerdings kann nicht unbedingt davon ausgegangen werden, daß es sich um ein Verlagsverhältnis im konventionellen Sinne gehandelt hat. Denn der Verleger konnte gleichzeitig Reidemeister[393] sein, d.h. Erzeuger und Verarbeiter bestimmter Metallsorten und -waren. Bestes Beispiel für eine solche Kombination gibt die Firma Harkort, auf deren Aktivitäten gleich etwas näher eingegangen wird.

Der Konflikt von 1671 zwischen Kaufleuten aus dem Herzogtum Berg und den Sensenschmieden aus der Grafschaft Mark ist also nur einer von vielen im Wettbewerb in diesem Teil des rechtsrheinisch-westwestfälischen Eisenfertigwarenreviers zwischen Produzenten und "Kommissionären", wie die Kaufleute auch genannt wurden, weil sie "Kommissionen" (Bestellungen) auf Messen und Märkten sowie direkt beim Kunden im In- und Ausland für ihren Eigenhandel suchten. Denn auch bergische Kommissionshäuser betätigten sich als Verleger landwirtschaftlicher Schneidewaren aus der Grafschaft. Wie bereits vermerkt, dominierten sie deren Absatz sogar - zusammen mit niederländischen, kölnischen und hamburgischen Kaufleuten - bis in die 1770er Jahre. Erst danach gelang es den märkischen, hier die führende Position zu erobern.[394]

Sicher rekonstruieren lassen sich derartige durch Kommissionäre in die beiden Hansestädte geleitete Warenströme anhand der Geschäftsbücher der Firma Harkort. Die Unternehmerdynastie der Harkorts aus Harkorten bei Haspe im märkischen Sauerland, deren Eigenerzeugung zur Deckung des eigenen Handelsbedarfs nicht ausreichte, regte deshalb auch Sensen- und Messerschmiede in ihrer Nachbarschaft dazu an, sich auf die

---

390 VOYE, Geschichte (Bd. 1), S. 68-82 und DERS., Geschichte (Bd. 3.), S. 87 ff.

391 Vgl. dazu KAUFHOLD, Gewerbelandschaften, S. 195 ff.

392 ASBECK, Sensenindustrie, S. 61-66, 92 ff. und 114 ff.

393 Zu Begriff und Erscheinungsformen des Reidemeisters in der Graftschaft Mark vgl. KAUFHOLD, Metallgewerbe, S. 54-56.

394 Vgl. auch VOYE, Geschichte (Bd. 3), S. 89. - Eine Liste der wichtigsten Kommissionsfirmen, die im 18. und 19. Jahrhundert märkische Sensenblätter u.dgl. verlegten, findet sich bei ASBECK, Sensenindustrie, S. 96.

Erzeugung von Sensenblättern und Messerklingen für diejenigen Regionen im Nord- und Ostseeraum zu spezialisieren, in denen die Harkorts Handelspartner besaßen. Als Stapelplatz seiner nach Norddeutschland gehenden Klein- und Kleinsteisenwaren wählte der Firmengründer, Johann Caspar Harkort (1648-1714), "in erster Linie Lübeck". Sein Bruder Diedrich (1641-1704) nahm dort seine Interessen mit wahr. Der nächste Firmeninhaber, Johann Caspar (1677-1742), der älteste Sohn des Gründers, setzte allein im Geschäftsjahr 1729/30 an die lübsche Firma Tobias Hornemann gewöhnlich pro Monat drei bis vier, im Januar 1730 fünf und im September 1731 sogar sechs Fuhren mit Waren ab. Laut Firmenverzeichnis von 1743 bestand das "Haupt-Negotium" (Haupt-Handel) dieses "Kauff- und Handelsmanns [..] in Bedienung von Commissionen, sonsten sind auch diverse Teutsche Waaren bey ihm zu haben". Hauptsächlich kaufte bzw. verkaufte Hornemann also im Auftrag für Kunden Güter bei/an Dritte(n), war folglich im klassischen Sinne Kommissionär. Darüber hinaus saßen wichtige Geschäftspartner der Harkorts in Hamburg. In Schleswig-Holstein befanden sich solche noch in Kiel und Lauenburg.[395]

Weitere bedeutende Kommissionäre in und um Hagen, die Geschäftspartner in den Hansestädten hatten, waren 1822: Johann Heinrich Elbers jr. (Hagen), auf dessen fünf Sensenhämmern vor 1806 "jährlich ca. 70 bis 80.000 Stück blaue steiersche Sensen verfertigt wurden". Johann Diedr. Post (Wehringhausen), der u.a. auch nach Dänemark lieferte. Ferner Johann Caspar Post & Sohn (Eilpe).[396]

III.4.2.3. Die Hansestädte: Einfallstore fremder Schneidewaren in die Herzogtümer

Die Hansestädte Hamburg und Lübeck waren - das ist bereits angedeutet worden - jedoch nicht nur wichtige Etappen dieser Kleineisenwaren aus Österreich und dem Bergisch-Märkischen auf ihren beschriebenen Handelsrouten zu den Konsumenten in Nordeuropa, Spanien und Portugal oder gar Übersee,[397] sondern allem Anschein nach auch deren wichtigste Umschlagplätze für den schleswig-holsteinischen Absatzmarkt. Man denke nur an die weitreichenden Geschäftsbeziehungen der im Sensenhandel tätigen Mitglieder der Familie Wuppermann in Hamburg oder an die Lübecker Firmen "Wessels Wittwe & Küsel" in der Breiten Straße, die "verschiedene Kupfer- Messing- und Sensen-Mühlen, und dabey das Privilegium [besaß], daß gantz Mecklenburg gehalten ist, von [..] [ihr] zu kauffen".[398] Ferner sei auf die Firma "J. Küsel & Compagnon" hingewiesen, die von 1757 bis 1764 über das privilegium exklusivum verfügte, "in Schleswig-Holstein mit

---

395 LIEBE-HARKORT, Festschrift, S. 6 und 9 f. Vgl. auch REININGHAUS, Zünfte, S. 271. - HASE, Firmen, S. 151.

396 VOYE, Geschichte, S. 69 f.

397 Vgl. POHL, Beziehungen, S. 154.

398 Johann Samuel HEINSIUS: Jetztlebende Kauffmannschafft In und außer Deutschland, Erster Versuch, Leipzig 1743, S. 84 ff.; abgedruckt in: P. Hase: Lübecker Firmen im Jahre 1743, in: Mitteilungen des Vereins für Lübeckische Geschichte und Altertumskunde, H. 12 (1905), S. 145-161, hier 159.

Kupfer-, Messing- und Schneidemessern und Sensen alleine [..] handeln"[399] zu dürfen. Ausgeschlossen erscheint jedoch, daß die beiden letzten Unternehmen Mecklenburg bzw. die Herzogtümer ausschließlich mit Schneidewaren, welche auf dortigen Sensenhämmern fabriziert worden waren, versorgt haben könnten. "Fabriquen" mit solchen Produktionskapazitäten hätten mit Sicherheit nicht derart im stillen, d.h. unbeachtet von der Öffentlichkeit, arbeiten können. Vielmehr wird deren größerer Teil aus österreichischer bzw. bergisch-märkischer Fabrikation gestammt haben.

Wie gelangten nun die Sensenblätter u.dgl. aus den Magazinen dieser Engroshändler und Kommissionäre in Lübeck und den anderen Städten zu den Endverbrauchern? Falls kein Direktverkauf stattfand - was, wie uns der Fall der lübschen Firma Hornemann zeigt, eher die Ausnahme gewesen sein wird - könnte die nächste Station in der Verteilerkette zum einen der örtliche Eisenkrämer gewesen sein. Diesem Endetailhändler könnte Hornemann Sensenblätter u.dgl. beispielsweise von der Firma Harkort vermittelt haben. Von den Bauern des Herzogtums Lauenburg wissen wir jedenfalls, daß sie vor 1773 ihre Sensen, Sicheln und Futtermesser "von den Örtern wo sie selbige am wohlfeilsten und besten finden, zu nehmen" pflegten, und zwar vornehmlich aus den "ihnen zum Vertrieb ihrer Producten unentbehrlichen Städte Hamburg Bergerdorff und Lübeck". Aber auch aus Ratzeburg und Mölln bezogen zumindest die Bauern des lauenburgischen Amtes Ratzeburg diese Schneidewaren. Ebenso waren es die "Ackersleüte" aus den benachbarten mecklenburgischen Territorien gewohnt, ihr "Schneidezeug" aus diesen Städten zu holen. Unklar bleibt, ob die Ratzeburger und Möllner sowie die 1738 in Lauenburg wohnhaften Kaufleute Johann Friedrich Keckersin, Joh. Dieterich Scharnweber, Martin Georg Rehders und Joh. Christian Thun, von denen ersterer "bißher den meisten Handel [...] mit Sensen, Schneide-Meßern etc."[400] gehabt hatte, ihre Waren gewöhnlich von lübschen bzw. Hamburger Großhändlern bezogen oder ob sie diese direkt in deren Produktionszentren orderten. Das trifft auch auf die Eisenkrämer der Flecken und Städte in den Herzogtümern Schleswig und Holstein zu. Möglich erscheint beides. So kann man dem Geschäftsbuch Johann Caspar Harkorts (1648-1714) entnehmen, daß die Firma Harkort am 17. April 1684 "durch Elbert Falkenrodt oder deßen Knecht Hilbrandt an Johan Löder" in Mölln "15 Dosin seyßen [Sensen] gezeichnet zehn dosin mit der beil und fünff Dosin mit der wagge jede dosin 10 1/2 Mk machet 157 Mk 8 ß, darauf ist dem fuhrmann ordinirt an fracht 15 Rthlr. machet 45 Mk, nach abzug bleibet 112 Mk 8 ß"[401] lieferte.

Natürlich konnten auch die örtlichen Kesselhändler[402] die letzte Station der Sensenblätter u.dgl. auf ihrem Weg von den Engroshändlern bzw. Kommissionären in den beiden Hansestädten zu den Endverbrauchern auf dem flachen Land sein: Bereits vor 1769 war der "privative Kupfer-Messing-Sensen-Lehen- und Schneide-Messer-Handel" in den großfürstlichen Ämtern Oldenburg und Cismar an den Oldenburger Bürger Cornelius von der Voort verpachtet gewesen, als einige in ihnen befindliche Güter gemäß der Zes-

---

399 HAASE, Aufkommen, S. 21. - Zur Geschichte der Firma "J. Küsel & Compagnon" vgl. WARNCKE, Tremser Mühle, S. 216-219.

400 LAS Abt. 210, Nr. 2372.

401 LIEBE-HARKORT, Festschrift, S. 8.

402 Zum traditionsreichen (Wander)Gewerbe der Kesslerei vgl. Friedrich HORNSCHUCH: Aufbau und Geschichte der internationalen Kesslerkreise in Deutschland (= VSWG Beihefte, 17), Stuttgart 1930. Ferner vgl. dazu MEIER, Handwerk, S. 389 f.

sionsakte den "Herzoglich Schleswig-Holsteinischen Fideicommiß-Gütern"[403] der jüngeren Linie des Holstein-Gottorfschen Fürstenhauses zugeschlagen wurden.[404] 1772 verlängerte die Güteradministration zwar Cornelius von der Voort den Vertrag um fünf Jahre, doch nachdem sich herausgestellt hatte, daß er nur ein "Bedienter oder [...] Mandatarius" des in Lübeck ansässigen Kesselhändlers Matthias Stöten war, erfolgte im Februar 1774 eine Vertragsumschreibung auf dessen Namen. 1777 übernahm dann für 33 Jahre der Oldenburger Bürger Matthias Bruhns, der mit "Matthias Stöten in Lübeck in Compagnie" handelte, den Vertrag. Die Sensenblätter u.dgl. wurden in diesem Fall also über die legale Hausiererei, auf Jahrmärkten oder im Verkauf von Haus zu Haus, abgesetzt.

Woher bezogen aber Händler wie der Oldenburger Bruhns ihre Ware? Da er einer "der zur catholischen Religion sich bekennende[n] Kessel-Händler" im Lande war, die den Markt untereinander aufgeteilt hatten, ist es durchaus denkbar, daß diese Gruppe ihre landwirtschaftlichen Schneidewaren bei einem Kommissionshaus gemeinschaftlich bestellte. So belieferte z.B. die Firma Harkort auch Wanderhändler im Nord- und Ostseeraum direkt.

III.4.2.4. Distributionshemmnisse

III.4.2.4.1. Privilegium exclusivum: Die Verpachtung des Handels

Wiederholt ist nun schon von Monopolen, die die freie Distribution von landwirtschaftlichen Schneidewaren in den Herzogtümern unterbanden, die Rede gewesen.[405] Diese sogenannten privilegia exclusiva - hier befristete Verpachtungen des Alleinrechts auf den Absatz von Sensenblättern u.dgl. innerhalb größerer Gebiete an Privatpersonen - lassen sich im Lande jedoch nicht nur für die großfürstlichen Ämter Oldenburg und Cismar (vor 1769), einen nicht näher bestimmbaren Teil des Herzogtums Holstein (1757-1764) und das Areal der "Herzoglich Schleswig-Holsteinischen Fideicommiß-Güter" (1738-1820) nachweisen.[406] Darüber hinaus kann die Verpachtung "des einseitigen Keßell- Lehen-

---

403 Zur Geschichte der sog. "Herzoglich Schleswig-Holsteinischen Fideicommiß-Güter" vgl. Johann Friedrich BÖRM: Historisch-statistische Nachrichten von den Herzogl. Schleswig-Holsteinischen Fideicommiß-Gütern, in: StM, 5 (1826), S. 384-440 und 576-666 sowie Hermann MICHAELSEN: Der großherzoglich-oldenburgische Güterdistrikt im Kreis Oldenburg, in: JbOld, 31 (1987), S. 36-49.

404 Sofern nicht anders vermerkt, stammen die Zitate und Ausführungen zur Verpachtung des Handels mit Sensenblättern u.dgl. in den sog. "Herzoglich Schleswig-Holsteinischen Fideicommiß-Gütern" im ausgehenden 18. und frühen 19. Jahrhundert aus Hartmut GRÜNEWALD: Privilegierte Gewerbe in den Schleswig-Holstein-Gottorpischen Fideicommiß-Gütern, in: JbOld, 35 (1991), S. 83-92.

405 Zur Vergabe von privilegia exclusiva in den Herzogtümern bis 1845 vgl. HAASE, Aufkommen, S. 18-22.

406 BÖRM, Nachrichten, S. 634. GRÜNEWALD, Gewerbe, S. 87-90. Im Fall der "Herzoglich Schleswig-Holsteinischen Fideicommiß-Güter" erstreckte sich das privilegium exclusivum ab

und Schneide-Meßer Handels" nämlich auch im königlichen Amt Segeberg im Jahrzehnt von 1743 bis 1753 sicher belegt werden.[407] Sie war dort jedoch wahrscheinlich schon zuvor vergeben. Des weiteren war der "privative Kupfer- Meßing- Sensen- Lehen- und Schneide-Meßer Handel" von 1749 bis 1778 in den großfürstlichen Ämtern Kiel, Bordesholm und Neumünster[408] verpachtet; ferner auch im zu Kurhannover gehörenden Herzogtum Lauenburg von 1706 an über einen nicht eindeutig zu definierenden Zeitraum.[409]

Derartige privilegia exclusiva sind in den Herzogtümern also vornehmlich im 18. Jahrhundert vergeben worden, in dem die Herrscher das Land absolut regierten. Dabei zielten die Motive der Landesherrn bei der Vergabe nicht so sehr auf die optimale Versorgung der ländlichen Bevölkerung mit diesen für die Ernte unentbehrlichen Schneidewaren, als vielmehr auf die Erschließung einer neuen bequemen Einnahmequelle in Form von Pachtgeldern für die Staatskasse ab, denn ihr Bezug verpflichtete den Staat zu keinerlei besonderen Gegenleistungen. Ein Beispiel mag das veranschaulichen: Bei der 1738 anstehenden Verlängerung des Pachtkontraktes über den "privativen Keßel Handel" in den herzoglichen Ämtern Neumünster und Bordesholm, welcher sich bereits seit über dreißig Jahren in den Händen der im Flecken Neumünster ansässigen Familie Wilms befunden hatte, schlug der Amtsverwalter in Neumünster, der Kanzleirat Caspar von Saldern, auf die Anfrage der Oberbehörde, ob und gegebenenfalls wie man die Pacht erhöhen könne, folgendes vor: "Wolten aber Ewr Königl. Hoheit die Höchste Gnade vor Ihm [Johann Wilms sen.] haben, ihm den freyen Handel der Sensen, Häcksel Meßer und Sägen dabey zu gestatten, könnte er an statt der 12 als dann davor 14 Rthlr Dän. Cronen jährl. [...] bezahlen".[410] Auch die öffentliche Versteigerung der Pachtkonzession scheint ein probates Mittel gewesen zu sein, die Pachtsumme in die Höhe zu treiben.[411]

Daneben versuchten die Behörden mit den Verpachtungen häufig auch die Entfaltungsmöglichkeiten der auswärtigen ambulanten Sensenhändler weitgehend einzuschränken. Denn mit Inkrafttreten einer Reihe von Pachtverträgen wurde - zumindest theoretisch - lediglich allen Fremden, also auch einem Teil der vagierenden und ohnehin als unehrlich verschrienen Hausierer automatisch der wandergewerbliche Verkauf von Sensenblättern u.dgl. im Pachtgebiet ganz verboten. Erlaubt blieb ihnen allein der Besuch der periodisch stattfindenden Märkte, auf denen sie leicht kontrolliert werden konnten.[412] So argumentierte z.B. v. Saldern, dem "Herrschaftl. interesse" würde durch die Verpachtung des Handels mit landwirtschaftlichen Schneidewaren kein Nachteil entstehen, da "dieses Privilegium [...] ledigl. die frembden angienge und solche excludirte".[413]

1810 nur noch auf die sog. "jüngeren Güter". Gustav PETERS: Geschichte von Eutin, Neumünster 1958, S. 104. - HAASE, Aufkommen, S. 21.

407 GÖTTSCH, Häuer-Contract, S. 180 f., enthält einen Abdruck des vollständigen Vertragstextes.

408 LAS Abt. 8.2, Nr. 707.

409 LAS Abt. 210, Nr. 2372 und LAS Abt. 234, Nr. 1020. - 1738 war der "Keßell, Sensen- und Schneide-Meßer Handel" im Herzogtum Lauenburg zwar wieder frei, doch wurde er von 1809 bis 1812 erneut "förmlich von der Kammer verpachtet".

410 LAS Abt. 8.2, Nr. 707. Vgl. auch GRÜNEWALD, Gewerbe, S. 89. Zur Person v. Salderns vgl. Eckhard HÜBNER: Caspar von Saldern, in: BLSHL, 9 (1991), S. 329-334.

411 LAS Abt. 8.2, Nr. 707.

412 Vgl. etwa GÖTTSCH, Häuer-Contract, S. 180.

413 LAS Abt. 8.2, Nr. 707.

Um dem illegalen Verkauf bzw. Kauf entgegenzuwirken, enthielten die Verträge regelmäßig folgenden Passus: "Da Jemand, so von Conductor nicht bestellet worden mit Kupfer oder Meßings-Waaren, item Sensen, Lehen und Schneide-Meßern, um solche in bemeldten Aemtern abzusetzen, sich betreten laßen wurde; sollen deßen Waaren sofort vom Amte confisciret, und die eine Helfte dem Denuncianten, die andere Helfte aber dem Fisco heim gefallen seyn".[414] Daß diese Strafandrohung, die übrigens neben der Verleihung der Pacht die einzige Leistung der Behörden für die Pächter war, kaum einen wirksamen Schutz gegen Übertretungen des Pachtvertrages von seiten Dritter darstellte, läßt sich denken und wird später auch belegt werden.

Die Durchsetzung ihrer Rechtstitel bereitete den weitgehend allein auf sich gestellten Pächtern aber auch aufgrund eines weiteren Schlupfloches in ihren Handels"monopolen" große Mühe: Als z.B. der Oldenburger Matthias Bruhns bei einem der Oberinspektoren der "Herzogl. Schleswig-Holsteinischen Fideicommiß-Güter" Beschwerde darüber führte, daß einer der Gutsbewohner auf dem Oldenburger Margarethen-Markt eine Sense gekauft habe, wurde er von diesem mit der Begründung abgewiesen, das Verbot habe nur innerhalb des Güterdistrikts Gültigkeit.[415]

Wenn sich trotzdem im 18. Jahrhundert immer wieder - insbesondere unter den Kesselhändlern,[416] die diese beiden wandergewerblichen Professionen problemlos gemeinsam auszuüben vermochten - Interessenten fanden, die sich neben der Zahlung des Pachtgeldes auch noch dazu bereitfanden, die Verpflichtung einzugehen, "mit guten untadelhaften Wahren nicht allein jederzeit sich zu versehen sondern auch dieselbe um einen billigen Preiß, wie andere es laßen, zu verkaufen",[417] so muß über die Pachtung doch ein gewisser Profit zu erzielen gewesen sein. Indes fehlen uns leider jegliche Informationen, die zur Beurteilung dieser über hundert Jahre lang auf dem flachen Land Schleswig-Holsteins auftretenden nicht-agrarischen Erwerbsform notwendig sind. Deshalb lassen sich auch über die Ursachen ihres Verschwindens nur Mutmaßungen anstellen. Vermutlich ist das Ausbleiben von Pächtern "des privativen Kupfer- Meßing- Sensen- Lehen- u. Schneide-Meßer-Handels" seit dem letzten Drittel des 18. Jahrhunderts[418] ein Indiz für dessen nachlassende Rentabilität, die wiederum in erster Linie in den sich stetig ausweitenden legalen wie illegalen Aktivitäten der fremden ambulanten Sensenhändler begründet zu sein scheint. Zudem änderte sich auch die Beurteilung derartiger Privilegien durch die Administrationen allmählich, indem diese in deren Vergabe nicht mehr bloß eine willkommene Einnahmequelle sahen, sondern auch deren negative Folgen für die ländliche Bevölkerung bei ihrer Entscheidungsfindung zunehmend berücksichtigten. So heißt es etwa 1764 in einem Gutachten einer Unterbehörde im Herzogtum Holstein: "Man findet

---

414 LAS Abt. 8.2, Nr. 707. Vgl. dazu auch GRÜNEWALD, Gewerbe, S. 89 oder GÖTTSCH, Häuer-Contract, S. 180.

415 GRÜNEWALD, Gewerbe, S. 89.

416 Auch für das Zürcher Unterland, einem traditionellen Ackerbaugebiet des 18. Jahrhunderts, stellt MEIER, Handwerk, S. 390, fest, daß die savoyischen Kessler allgemein mit Metallprodukten handelten.

417 LAS Abt. 8.2, Nr. 707.

418 LAS Abt. 8.2, Nr. 707. GRÜNEWALD, Gewerbe, S. 88.

bekandlich von Zeit zu Zeit immer mehr und mehr, wie verderblich dergleichen monopolia dem Unterthan und dem freyen Handel und Wandel im Lande sind".[419]

III.4.2.4.2. Importverbot und Konzessionierung

Weit entfernt von dieser Einsicht sind offensichtlich die kurhannoverschen Geheimen Räte gewesen, als sie im Frühjahr 1771 die "Verordnung wegen Stempelung der bey den Unterthanen sich vorfindenden Sensen und Futter-Messer" vom 12. März 1771 und das "Edict daß keine fremde Sensen, Sicheln und Schneidemesser in hiesige Lande zu bringen" vom 15. April 1768 auf das mit dem Kurfürstentum verbundene Herzogtum Lauenburg ausweiteten und dadurch sowohl deren freien Handel dort unterbanden als auch der dortigen Bevölkerung weitere finanzielle Belastungen sowie anderweitige Nachteile aufbürdeten.[420] Vor diesem Hintergrund wird im übrigen auch der im Erbzinsbrief der Wuppermanns enthaltene Vertragspassus verständlich, der den Absatz der in der Eisenfabrik an der Aue gefertigten Sensenblätter u.dgl. detailliert regelte.[421]

Zur Vorgeschichte: Um den einheimischen Produzenten von landwirtschaftlichen Schneidewaren den inländischen Markt zu sichern, war den Einwohnern des Kurfürstentums bereits 1710, 1720 und 1733 der Kauf von ausländischen, d.h. vornehmlich bergisch-märkischen, Sensen, Sichten und Sicheln sowie Klingen für Häckselladen verboten worden.[422] Dieses keineswegs nur im Merkantilismus zur Abschirmung des Binnenmarktes gegenüber der ausländischen Konkurrenz allgemein angewendete Handelshemmnis läßt sich in bezug auf den Handel mit Sensenblättern u.dgl. etwa auch für das Königreich Dänemark (17. und 18. Jahrhundert), die Grafschaft Mark (1680er Jahre), das Herzogtum Berg (1739) sowie das Kurfürstentum Bayern (1662) nachweisen.[423] Besonders wirkungsvoll dürften all diese Verbote jedoch nicht gewesen sein. Dem Edikt von 1768 entnimmt man beispielsweise, daß "solchem Verbot zuwieder, dergleichen ausländische Waaren sowol auf öffentlichen Jahrmärckten, als außerhalb denselben, häufig wieder eingeführet" worden waren, weshalb es nun erneuert und zugleich verschärft worden sei: Nur "wenn die im Lande verfertigte Sensen, Sicheln und Futter-Messer zu den Bedürfnissen der Unter-

---

419 Zitiert nach HAASE, Aufkommen, S. 21; entnommen aus St.A.Schl. B.III. Vgl. hierzu auch ebda., S. 18-22 und GRÜNEWALD, Gewerbe, S. 90. - Auf Beschwerde der Landschaft wurde im Herzogtum Württemberg von der Regierung das "Monopol des Simplicius Volmar von Urach zum Handel mit Sensen, Sicheln und Strohmessern für das ganze Land" (1604) wieder aufgehoben. REILE, Geschichte, S. 160.

420 Sofern nicht anders vermerkt, stammen die nachfolgenden Ausführungen und Zitate zum Sensenhandel in Kurhannover sowie dem Herzogtum Lauenburg ausnahmslos aus LAS Abt. 210, Nr. 2372 und LAS Abt. 234, Nr. 953. - Zu den Vorgängen im Kurfürstentum Hannover vgl. auch WINKEL, Industrie.

421 Vgl. oben, Kap. III.4.1.2., S. 252.

422 OBERSCHELP, Niedersachsen, S. 171. - Zur Produktion von landwirtschaftlichen Schneidewaren im Kurfürstentum Hannover vgl. oben, Kap. III.4.1.1., S. 229 ff.

423 NIELSEN, Wirtschaftsgeschichte, S. 231. ASBECK, Sensenindustrie, S. 20 f. Fritz SCHULTE: Die Entwicklung der gewerblichen Wirtschaft in Rheinland-Westfalen im 18. Jahrhundert. Eine wirtschaftsgeschichtliche Untersuchung (= Schriften zur Rheinisch-Westfälischen Wirtschaftsgeschichte, 1), Köln 1959, S. 69. FISCHER, Sensen, S. 175. LANGE, Gewerbe, S. 152.

thanen nicht hinreichend seyn sollten", war die "Landesherrliche Berghandlung", in deren Händen die Distribution aller inländischen Bergbau- und Metallindustrie-Erzeugnisse gelegt worden war, dazu befugt, "die dero Behuef etwa fehlende Anzahl, von gehöriger Güte und Beschaffenheit auswärts zu verschreiben". Verkauft werden sollten die Sensenblätter u.dgl. fortan "sowohl durch die Kaufleute in denen größern Städten, als auch durch die Kesselhändler im Lande". Letztere sollten "sowol für sich als für ihre in Dienst habende Knechte" Pässe bei der Rente-Kammer einlösen und ständig bei sich führen. Allein auf "öffentlichen Jahrmärckten" sollten "auch fremde Eysenhändler dergleichen Waaren zu Marckte bringen dürfen". Selbstverständlich war auch ihnen nur das Feilbieten einheimischer Fabrikate erlaubt, die in jedem Fall "mit einen allgemeinen authorisirten Herrschaftlichen Stempel" versehen sein mußten. Derart gekennzeichnet werden sollten ferner auch die noch im Lande befindlichen unverkauften ausländischen landwirtschaftlichen Schneidewaren. Bei Verstoß gegen das Edikt hatten die Händler die Konfiskation der Konterbande zu gewärtigen und die Schmuggler "für jedes Stück zwey Rthlr. an Strafe" zu zahlen, wovon gegebenenfalls den Denunzianten die Hälfte zufallen sollte. Der Landbevölkerung wurde hingegen die Konfiskation sowie - "nach Befinden der Umstände" - eine weitere Bestrafung angedroht.

Indes ist auf das Edikt von 1768 bereits drei Jahre später erneut nachdrücklich hingewiesen worden, und zwar weil "von denen Land-Leuten vielfältig entgegen gehandelt" worden war. Gleichzeitig wurde in der Verordnung vom 12. März 1771 angeordnet, da "dieselben desfals nicht füglich bestrafet werden können, weil sie vorgegeben, das bey ihnen angetroffene-ohngestempelte Schneide-Zeug, ehe und bevor Unsere gedachte Verordnung publiciret worden, erhandelt zu haben", [...] "daß alle bey denen Unterthanen im Gebrauch seyende Futter-Messer, Sensen, Sichten, oder Segeten" gestempelt werden sollten.

Vor Inkrafttreten von Edikt und Verordnung unternahm das kurstaatliche Geheimratskollegium im Herzogtum lediglich 1738 einen Versuch, die in der Liebenauer Stahlfabrik "auß dem besten Hartzer Eisen verfertigten [...] Sensen, Sicheln und Schneide-Meßer" auf freiwilliger Basis im Lauenburgischen einzuführen. Es fand sich allerdings kaum einer der Kaufleute und Eisenkrämer in Ratzeburg und Lauenburg dazu bereit, "eine Quantität gegen eine billige Provision vor [ihre] Mühe anzunehmen, und den Debit zu versuchen und mit denen Manufacturiers sich halbjährlich zu berechnen". Der uns bereits bekannte Kaufmann Keckersin meinte z.B., er könne "die Libenauer Sensen nicht [..] loßwerden", weil sie u.a. "nicht schneidig vom Stahl" seien und zudem "eine Spanne kürtzer wären als die Cronburger Sensen", weshalb "die Haußleute erstere nicht gerne kaufften". Des weiteren bemängelte Keckersin: "Anstatt, daß in andern Bunden 12 Stück Sensen wären, hielten die Libenauer nur 10 Stück. Wären [...] auch theuerer als die Cronburger".

Das Scheitern dieses Vorhabens wird die Verantwortlichen in Hannover über die Wettbewerbsfähigkeit der einheimischen landwirtschaftlichen Schneidewaren im Herzogtum wohl restlos ernüchtert haben. Es dürfte ihnen klar geworden sein, daß die fest auf dem lauenburgischen Markt etablierten bergisch-märkischen Sensenblätter u.dgl. nur über rigorose Handelsbeschränkungen von dort verdrängt werden konnten. So erscheinen das im Frühjahr 1771 im Herzogtum verhängte Importverbot sowie die damit verbundene Stempelungspflicht als unwillkürlicher Reflex der im merkantilistischen Wirtschaftsgeist wurzelnden Beamten auf die unliebsame Konkurrenz von außerhalb.

Die Stellungnahme der Lauenburgischen Regierung zu Ratzeburg sowie die Eingaben und Beschwerden der Einwohner des Herzogtums lassen - auch wenn beide Parteien aus verständlichen Gründen ein starkes Interesse an der Rücknahme bzw. Abänderung des Edikts von 1768 und der Verordnung von 1771 hatten - deutlich die negativen Seiten dieses Teils des merkantilistischen Marktschutzes für die Betroffenen erkennen.

Die möglichen Beschwernisse für jene voraussehend, hatte sich die Regierung unverzüglich mit mehreren praktischen Anregungen an die Berghandlungs-Administration gewandt: Erstens bat sie darum, "daß denen Sensen-Händlern eine Taxe [...] gesetzt" und zweitens, "daß gewiße Niederlagen von Sensen hier und dort im Herzogtum eingerichtet werden mögen". Beide Vorschläge wurden jedoch von dieser mit den Begründungen abgelehnt, "denen Verkäufern eine Vorschrift des Preises zu geben sey [...] unnatürlich, maßen der Handel ohnbeschränkt seyn müße", auch sei die Einrichtung von Niederlagen "zu weitläufig". Die Befürchtung der Regierungsbeamten, die allein im Herzogtum zum Handel mit Sensenblättern u.dgl. auf dem flachen Land berechtigten Kesselträger könnten ihre Stellung zur Forderung überhöhter Preise mißbrauchen, war jedoch ebensowenig aus der Luft gegriffen wie diejenige, bei der Versorgung der Bauern mit Schneidewaren könnte es ohne die Errichtung von Niederlagen zu Störungen kommen. Aus einer Petition von 37 Bauernvögten aus dem Lauenburgischen vom 29. April 1771 geht hervor, daß die Bauern anstatt der 16 bis 20 ß, die sie bis dahin für "die besten Sensen" gegeben hatten, nun für gestempelte bei den Kesselträgern 28 bis 32 ß zahlen mußten - das entspricht einer Verteuerung von bis zu einhundert Prozent. Die Händler bezahlten hingegen für 100 Stück ab Fabrik lediglich 40 Rthlr.[424] Für "die besten Schneide und Futter-Meßer" hatten sie bisher 16 bis 18 ß gegeben, jetzt wurden ihnen 26 bis 28 ß dafür abverlangt. Der Händler bezog die großen Schneidemesser aus Liebenau hingegen das Stück für 15 ß und die kleinen für 11 ß. Auch wurde den Bauern nicht mehr - "wenn die Sensen beym Mähen nicht tügtig befunden" worden waren - das ihnen zuvor immer gewährte Rückgaberecht eingeräumt.

Folglich baten die Bauernvögte um die Festsetzung einer Taxe, die Einräumung einer Wandlungsgarantie sowie auch um die Errichtung von Niederlagen "in jedem Dorfe beym Schultzen". Da ihrer Eingabe nicht entsprochen wurde, kauften die Bauern im Lauenburgischen verbotenerweise unvermindert ausländisches, d.h. ungestempeltes, Schneidezeug von "umherstreifende[n] und nicht blos durchreisende[n] Sensen- und Kesselhändler[n], welche nicht mit Original-Pässen" versehen waren. In Reaktion darauf wurden das Edikt von 1768 sowie die Verordnung von 1771 nicht nur wiederholt zur Einschärfung öffentlich bekanntgemacht, sondern seit 1775 "jährlich um Johannis (24.6.) eine Visitation angestellet [..], ob die Unterthanen mit richtig gestempelten Sensen, Sicheln und Futtermessern versehen sind". 1791 sah sich die Berghandlungs-Administration in Anbetracht des fortgesetzten Gebrauchs ausländischer Erzeugnisse dazu genötigt, die Preise neu festzusetzen,[425] um schließlich 1814 - in Anerkenntnis des Scheiterns ihrer Politik - das Einfuhrverbot endlich aufzuheben und auch den Handel mit landwirtschaftlichen Schneidewaren wieder freizugeben.

---

424 Vgl. OBERSCHELP, Niedersachsen, S. 171.
425 Ebda., S. 171 f.

Bemerkenswerterweise äußerte die Lauenburgische Regierung gegenüber den Geheimen Räten wiederholt unverhohlen Verständnis für das Verhalten der Bauern. Am 12. Januar 1773 bemerkte sie etwa, daß jene "durch dergleichen eingeschränkte Freyheiten [...] in vergrößerter Maße als andere gedrückt" würden. Bereits zwei Jahre zuvor hatte sie in einem Schreiben nach Hannover das angeordnete Absatzsystem als "Zwangverkauf" bezeichnet - ganz im Gegensatz zur landesherrlichen Berghandlungs-Administration, die es als "ohnbeschränkt" ansah. Ferner wies sie darauf hin, daß die Städte des Herzogtums "einen nicht unbeträglichen Schaden in ihrem Handlungsbetrieb" erlitten, da die Landleute aus den umliegenden fremden Territorien ihre Sensenblätter u.dgl. woanders kaufen würden. Wundern täte es in Anbetracht dessen nicht, wenn die Regierung, wie auch die ihr untergeordneten Behörden des Herzogtums, nur halbherzig an die Verfolgung und Ahndung von Übertretung gegangen wären.

III.4.2.5. Ambulante fremde Sensenhändler: Die Westfälinger

Wie vielgestaltig der überörtliche Absatz von Klein- und Kleinsteisenartikeln aus den protoindustriellen Metallverarbeitungsregionen auf dem flachen Land in der Vormoderne sein konnte, einer Zeit ohne flächendeckende Versorgung durch stationäre "Gemischtwarenhandlungen" oder "Branchengeschäfte",[426] dokumentiert eindrucksvoll der Handel mit landwirtschaftlichen Schneidewaren aus der Grafschaft Mark. Auf dem Binnenmarkt schlugen hier nämlich neben Großkaufleuten, Kommissionären, Eisenkrämern oder anderen Kleinhändlern, wie z.B. den Kesselhändlern, insbesondere Hausierer die Brücke zwischen Erzeugern und Verbrauchern: Jeder einzelne von ihnen war zwar für sich genommen unbedeutend, doch bildeten sie zusammen durch ihre große Anzahl de facto einen bedeutenden Träger des Handels mit märkischen Sensenblättern u.dgl. Die Distribution der Waren lag also "in den Händen von Personen sehr unterschiedlicher ökonomischer Funktion und Potenz".[427]

Woher kamen nun diese ambulanten fremden Hausierer, die während des 18. und 19. Jahrhunderts einen beträchtlichen Teil des Sensenhandels in Schleswig-Holstein organisierten? Viel wissen wir nicht über diese nicht-agrarische Erwerbsform im ländlichen Raum unseres Untersuchungsgebiets. In Anbetracht der noch vorzustellenden Arbeitsweise und -bedingungen dieser Sensenhändler ist das auch nicht weiter verwunderlich. Spuren, die ihre Anwesenheit und Tätigkeit belegen, finden sich deshalb häufig nur in solchen Edikten und Verordnungen, wie sie oben ausführlich vorgestellt worden sind, oder in Berichten Einheimischer. Deren Denken war jedoch ebenfalls in der Regel noch ganz von der traditionalistisch-statischen Wirtschaftsgesinnung der vorkapitalistischen Epoche geprägt. Sie betrachteten die Hausiererei von Fremden deshalb u.a. als ein die bürgerliche Nahrung der einheimischen Händler, Krämer und Höker schmälerndes Element, das es zu verbieten galt. Dementsprechend negativ gefärbt sind die von ihnen überlieferten Nachrichten.

---

426 Zur Terminologie beider Begriffe vgl. SOMBART, Kapitalismus (Bd. 2.1), S. 454-460.
427 KAUFHOLD, Gewerbelandschaften, S. 196.

Die im gesamten Norden Deutschlands für die ambulanten fremden Sensenhändler allgemein gebräuchliche Bezeichnung "Westfälinger" weist unmißverständlich auf ihr Herkunftsgebiet Westfalen hin. Der von Eversmann kurz nach 1800 verfaßte und nachfolgend präsentierte Bericht ist einer der wenigen, der ein halbwegs objektives und anschauliches Bild von ihnen und ihren Aktivitäten zeichnet. Auf ihn und einen weiteren, sich unmittelbar daran anschließenden Bericht aus der Mitte der 1830er Jahre wird die Darstellung aufbauen.

"Der mehreste Handel ist aber in den Händen der Fabrikanten selbst, und der Winterberger Handelsleute. Dies ist eine eigene Gattung merkantilischer Menschen; wie die Juden zum Handel geboren, ist ihnen kein Land zu weit, keine Unternehmung zu groß, keine Gelegenheit zu schlecht. Sie durchstreifen ganz Europa, versteigen sich auch in andere Welttheile, haben ihre wandelnde Magazine, und ziehen auf allen Märkten umher in allerley Erscheinungen, durchstreichen die Bauerhöfe und wissen ihre Waare auf eine Art und Weise an den Mann zu bringen, die öfters mit possirlichen Zügen ihrer Schlauheit begleitet ist. Ihre Heimath ist eine Stadt im Herzogthum Westfalen, Winterberg, die wohl die höchste und ödeste Lage von allen Oertern im nördlichen Deutschland haben mag, und ganz geeignet ist, ihre Kinder zu zwingen, auswärts ihr Brod und Verdienst zu suchen".[428] So weit Eversmann, der offensichtlich eine gewisse Hochachtung vor der Rührigkeit und Geschäftstüchtigkeit der "Winterberger" besaß.

Ganz im Gegensatz dazu ist der Tenor des nachfolgenden, von einem Schleswig-Holsteiner verfaßten Berichts ablehnend, ja fast feindselig. Für ihn, wie für viele andere Einheimische auch, [429] überliefen die hausierenden Ausländer "mit ihren Producten und Fabrikaten" die Herzogtümer und fügten "dem einheimischen Fabrikanten sowohl, als Kaufmanne bedeutenden Schaden" zu. Deshalb sollte ihnen "zu allererst der Eingang in unser Land [...] verwehrt werden". Sei es doch "nicht zu verlangen, daß man den Fremden einen Verdienst überlasse, nach welchem so viele Landsleute sehnlichst aussehen, die darauf einen gerechtern Anspruch haben". Speziell zu den "westphälischen Sensenträgern" bemerkte der anonyme Verfasser: Sie "hausiren zu bestimmten Jahreszeiten hier im Lande [...]; sie bringen einen Vorrath nach Hamburg mit, welcher daselbst zum Theil im Lager bleibt, nehmen eine Tracht von ihrer Waare, verzollen selbige bei irgend einer Gränzzollstätte, erhalten einen Zollschein und durchwandern das Land, bis der Vorrath verkauft ist. Darauf retourniren sie nach Hamburg um neue Waaren zu holen, bewahren den alten Zollschein auf, und es kann ihnen nicht schwer fallen, wieder in das Land zu kommen, ohne eine Gränzzollstätte zu berühren; sobald sie diese nur passirt sind, geht die neu eingeführte Waare für diejenige, welche früher verzollt worden, und auf diese Art wird gehandelt, bis das Lager in Hamburg aufgeräumt ist, wo denn diese Handelsleute einstweilen zu Hause gehen. Diese Leute führen nicht blos Sensen, sondern von allem

---

428 EVERSMANN, Eisen- und Stahl-Erzeugung, S. 257 f.

429 Vgl. etwa Jürgen BUHMANN: Ein Wort über Handels- und Erwerbfreiheit - wie, über die Schädlichkeit des, in einigen Gegenden Dithmarschens so sehr eingerissenen Hausirens, in: SHLPB, 16 (1827), S. 254-269. Ferner vgl. dazu auch die Debatte in den Stände-Zeitungen der schleswigschen und holsteinischen Ständeversammlungen am Ende der 1830er und zu Beginn der 1840er Jahre. - Vgl. allgemein dazu auch SOMBART, Kapitalismus (Bd. 2.1), S. 448-452.

Eisengeschirr, zahlen, wie gesagt, weniger Zoll, haben hier keine Staatslasten zu tragen und genießen als Fremde, wie gewöhnlich, größeres Zutrauen".[430]

Die meisten "Westfälinger" stammten aus Winterberg und Umgegend, weshalb sie, wie es Eversmann beispielsweise tat, häufig auch "Winterberger" genannt wurden.[431] Eine weitere gängige Bezeichnung für sie war "Solinger" - in Anspielung auf die von ihnen verkauften Eisen- und Stahlwaren aus Solingen. Eversmanns Bericht weist ferner auf ihre Beweggründe für die Aufnahme einer Hausiertätigkeit hin: Die Unfruchtbarkeit der Böden dieses Teils des Sauerlandes zwang vornehmlich die kleineren Bauern sowie Teile der unterbäuerlichen Klasse dazu, wobei ihre aus diesem nicht-agrarischen Nebenerwerb erzielten Einkommensbestandteile diejenigen aus landwirtschaftlicher Tätigkeit gewonnenen gar nicht so selten deutlich überstiegen haben werden. Des weiteren dürfte ganz allgemein der Mangel an ländlichen Nebentätigkeiten, dem in diesem abgeschiedenen Winkel des Hochsauerlandes die gesamte dem agrarischen Sektor zugehörende Bevölkerung ausgesetzt war, ein gewichtiges Motiv gewesen sein. Üblich war während des 19. Jahrhunderts allerdings die Beschäftigung von einem oder gar mehreren Knechten. Stammten sie aus der eigenen Familie, so wurden sie gewöhnlich auf diesem Wege angelernt, um später Gewerbe und Absatzrevier übernehmen zu können, denn beides wurde häufig vom Vater auf den Sohn "vererbt". Aber auch familienfremde Knechte machten sich nicht selten nach einer gewissen Zeit selbständig.[432]

Bis zum Bau der Ruhrtalbahn, die 1848 Hagen erreichte, trafen sich Fabrikanten und Westfälinger einmal im Jahr zu einem festgelegten Termin in dieser Stadt, um Bestellungen entgegenzunehmen bzw. aufzugeben und um miteinander abzurechnen. Beim Ankauf vermochten die Westfälinger den Sensenschmieden aufgrund ihrer bedeutenden Stellung im Handel mit märkischen Sensen regelmäßig die Preise zu diktieren. Die Abhängigkeit der Produzenten vergrößerte sich zusätzlich noch durch die schlechten Verkaufskonditionen. Die Gewährung von halbjährlichen und oft sogar noch darüber hinaus gehenden Zahlungsfristen waren genauso gang und gäbe wie diejenige des Wandlungsrechts.[433] Der Fabrikant verkaufte seine Sensenblätter nur in Packen, den sogenannten Hagensbunden, die ein Dutzend, im Verlauf des 19. Jahrhunderts schließlich sogar dreizehn Stück enthielten, an den Westfälinger. Wir erinnern uns, der Lauenburger Sensenhändler Keckersin monierte bereits 1738 an den von der kurhannoverschen Berghandlungs-Administration aus der Liebenauer Manufaktur gelieferten Sensen, daß sie nur zu zehn, anstatt wie üblich zu zwölf Stück das Bund, geliefert wurden.

Waren die landwirtschaftlichen Schneidewaren auf den uns bekannten Transportwegen dann erst einmal in die Lager vor Ort gelangt, konnten die Westfälinger sich daranma-

430 STATISTIK, Schifffahrt, S. 42 f.

431 Allgemein zur Hausiererei von Sauerländern vgl. W. SCHWARZE: Der sauerländische Hausierhandel, in: Untersuchungen über die Lage des Hausiergewerbes in Deutschland, Bd. 1 (= Schriften des Vereins für Socialpolitik, LXXVII), Leipzig 1898, S. 193-206. - Speziell zum Hausierhandel der "Winterberger" mit Sensenblättern u.dgl. vgl. auch M. GERSTEIN: Die deutsche Sensenindustrie und der Sensenhandel der Sauerländer Hausierer, Hagen i. W. 1906, insbesondere S. 5-10. Ferner vgl. ASBECK, Sensenindustrie, S. 99- 113.

432 ASBECK, Sensenindustrie, S. 103; SCHWARZE, Hausierhandel, S. 195 f. und GERSTEIN, Sensenindustrie, S. 6 f.

433 ASBECK, Sensenindustrie, insbes. S. 107 ff. Ferner GERSTEIN, Sensenindustrie, passim sowie VOYE, Industrie, S. 483 und BEUTIN, Geschichte, S. 15 f., 60.

chen, sie an den Mann zu bringen. Welch bedeutende Rolle Hamburg als Ausgangsbasis für ihre Aktivitäten in den Herzogtümern während des Untersuchungszeitraums spielte und welcher Tricks sie sich beim Import ihrer Waren bedienten, schildert hinlänglich der oben zitierte schleswig-holsteinische Anonymus. Die von ihnen dabei begangenen Zollkontraventionen dürften allerdings auch von anderen Hausierern verübt worden sein.

Seit dem 24. Oktober 1837 war Ausländern in ganz Schleswig-Holstein "das Hausiren oder Feilbieten der Waaren von Haus zu Haus und das Umherziehen mit Waaren zu diesem Zweck"[434] außerhalb der Jahrmärkte verboten. Ausgenommen von dieser Verordnung waren nur ganz wenige Produkte, zu denen landwirtschaftliche Schneidewaren jedoch nicht zählten. Damit bewegten sich die ambulanten fremden Sensenhändler im Lande zumeist jenseits der Legalität. Denn selbst wenn die Jahrmärke ihre lukrativsten Verkaufstermine waren, so hieß das natürlich noch lange nicht, daß sie in der übrigen Zeit, etwa während sie von einem Markt zum anderen zogen, untätig geblieben wären. Im lauenburgischen Amt Steinhorst beispielsweise waren die "häufig, wider Verbot und unberechtigt umherziehenden Westphälischen Sensenhändler"[435] ungebrochen auch Ende 1866 noch aktiv.

Ebensowenig war wohl der erntende Bauer, der nicht beim örtlichen Landhöker, welcher seit dem 14. November 1826 auch "Streicher zu Häckerlingmessern und Sensen"[436] führen durfte, kaufen wollte oder konnte, kaum dazu zu bewegen, den weiten Weg in die nächste Stadt oder Flecken anzutreten, um sein zerbrochenes Schneidegerät zu ersetzen, wenn er neues zu Hause vom ambulanten fremden Sensenhändler erwerben konnte. Es ist also davon auszugehen, daß das durch institutionelle Distributionsschranken oder mangelnde Bezugsmöglichkeiten erzeugte Angebotsvakuum auf dem flachen Land vermutlich von beiden Seiten durch den illegalen Verkauf bzw. Kauf von landwirtschaftlichen Schneidewaren ausgefüllt wurde.

Im allgemeinen hielt auch die neue Hausierordnung von 1837 kaum einen fremden Hausierer ernstlich davon ab, seine Waren auf dem flachen Land Schleswig-Holsteins weiterhin - nun überall illegal- zu vertreiben. Das wird u.a. aus dem wenige Jahre nach Erlaß der neuen Hausierordnung vom Ober- und Landgerichtsadvocaten Tiedemann der fünften Holsteinischen Ständeversammlung vorgetragenen Bericht ersichtlich. Ihm zufolge war es 1844 "eine über das ganze Herzogthum [Holstein] verbreitete Klage [...], daß mit der größten Dreistigkeit dagegen gehandelt"[437] werde. Eine effiziente Gewerbepoli-

---

434 VERORDNUNG, Hausiren, S. 257-259. - Einen knappen Überblick über die Entwicklung der gesetzlichen Hausierbestimmungen in den Herzogtümern im 18. und 19. Jahrhundert bieten Hinrich ASMUS: Das Hausiergewerbe im westlichen Eiderstedt, in: Untersuchungen über die Lage des Hausiergewerbes in Deutschland, Bd. 1 (= Schriften des Vereins für Socialpolitik, LXXVII), Leipzig 1898, S. 69-82, hier 70 f. und Ulrich LANGE: Krämer, Höker und Hausierer. Die Anfänge des Massenkonsums in Schleswig-Holstein, in: Werner Paravicini (Hg.): Mare Balticum. Beiträge zur Geschichte des Ostseeraums in Mittelalter und Neuzeit. Festschrift zum 65. Geburtstag von Erich Hoffmann (= Kieler Historische Studien, 36), Sigmaringen 1992, S. 315-327, hier 324 f.

435 LAS Abt. 234, Nr. 1020.

436 PATENT, Aufhebung, S. 190.

437 TIEDEMANN: Die "Petition des Vorstehercollegiums des Kirchspiels Heide, betreffend die Verfügung einer geschärften Controle über die Aufrechterhaltung der Hausierverordnung", unter-

zei,[438] die die illegale Hausiertätigkeit auf dem flachen Land hätte verhindern können, fehlte bis weit ins 19. Jahrhundert allerdings nicht nur in den Elbherzogtümern, sondern in ganz Deutschland. Wenn es in Kurhannover und dem mit ihm verbundenen Herzogtum Lauenburg über Jahrzehnte hinweg trotz des Importverbots für landwirtschaftliches Schneidezeug sowie eines generellen Hausierverbots für unautorisierte "Sensen- und Kesselhändler" nicht gelungen war, ihrer Herr zu werden, wie sollten da die schleswig-holsteinischen Behörden Marktfahrer und illegale Hausierer auseinanderhalten? Waren doch beide zumeist identisch und taten doch häufig das Erlaubte, ohne das Unerlaubte zu unterlassen. So konnte auch die Verwarnung, "daß sie dergleichen verbothene Waare bey Vermeidung der bestimmten Strafe nicht ankaufen", die "Unterthanen"[439] kaum davor zurückschrecken, das Verbotene zu tun. Auch die Aufforderung, die illegalen Hausierer zu denunzieren, konnte sie höchst selten dazu bewegen, jene "ans Amt" zu liefern.[440] Wohl deshalb ist kaum ein entsprechender Vorgang bekannt.[441]

Gegen 1700 dürften die ambulanten fremden Sensenhändler auch nach Schleswig-Holstein vorgedrungen sein und es allmählich als Absatzgebiet erschlossen haben. Auf erste Spuren ihrer Tätigkeit hier im Lande deuten, wie bereits vermerkt, u.a. diejenigen Vertragspassagen in den Pachtverträgen (privilegia exklusiva) der konzessionierten Kessel- und/oder Sensenhändler hin, die ausdrücklich die wandergewerbliche Tätigkeit der "frembden" im Pachtgebiet verboten. Eine solche Bestimmung enthielt bereits der Vertrag von Mathies Verdung, der ab Mai 1706 den "Keßell, Sensen- und Schneide-Meßer Handel" im Herzogtum Lauenburg auf drei Jahre gepachtet hatte.[442]

Regelmäßig "zu bestimmten Jahreszeiten", so wie es auch unser unbekannter Schleswig-Holsteiner 1835 beobachtet hat, tauchten die Westfälinger an bestimmten Punkten in ihrem "Revier" auf, um ihre landwirtschaftlichen Schneidewaren entweder hausierend auf dem flachen Land oder durch Feilbietung auf den offiziellen Märkten der autorisierten Städte und Marktflecken abzusetzen.[443] Obwohl die Bauern im Spätherbst und Winter an und für sich keinen Bedarf an Schneidezeug hatten, traten die Westfälinger ihre Handelsreise im allgemeinen zu dieser Zeit an und blieben, je nachdem, wie weit ihr Absatzgebiet vom Heimatort entfernt war und wie sich die Verkehrsverbindungen zwischen bei-

---

stützender Vortrag, in: Holsteinische Stände-Zeitung, Nr. 23 (12.11.1844), Sp. 360-366, hier 360.

438 So kam der Abgeordnete der fünften Holsteinischen Ständeversammlung Tiedemann aus Glückstadt 1844 zu einem wenig schmeichelhaften Urteil über die Effizienz der lokalen Polizeiorgane in den Herzogtümern: "Manches Kirchspiel hat nur einen einzigen, viele haben gar keinen, und, wenn ich auch einräumen will, daß manche Polizeidiener tüchtig und rechtschaffen sind, so wissen wir doch, wie es mit den meisten von ihnen steht. Die Mehrzahl dürfte aus abgelebten oder doch nicht mehr rüstigen Leuten bestehen, welche auf die Empfehlung ihrer Regimentschefs ihren Posten erhalten, aus dem Militair entfernt und zu dem Letzteren befördert sind, weil sie betagt waren, Familie hatten und man aus Mitleiden ihnen ein bleibendes Auskommen verschaffen wollte. Da der unerlaubte Hausirhandel für Einige ein sehr gewinnreiches Gewerbe ist, [...] so wird überdies von dem, welcher es verhindern soll, eine Unbestechlichkeit erfordert, die vielleicht manche unserer Polizeidiener nicht haben". TIDEMANN, Petition, Sp. 361 f.

439 LAS Abt. 210, Nr. 2372.

440 TIEDEMANN, Petition, Sp. 362 und 363 f.

441 GRÜNEWALD, Gewerbe, S. 89.

442 LAS Abt. 210, Nr. 2372.

443 KOCK, Sense, S. 362 und DERS., Einfluß, S. 52.

den gestalteten, bis zu einem dreiviertel Jahr, gelegentlich sogar noch länger, von zu Hause fort.[444] Es ist nicht auszuschließen, daß sie neben ihrem Hauptlager in Hamburg "wandelnde Magazine" in den Herzogtümern unterhielten, von denen Eversmann ganz allgemein berichtet. Gern genutzt wurden dazu offenbar Landgastwirtschaften und -schenken.[445]

Konkret greifbar werden die "frembden" Händler in den Herzogtümern erstmals mit der Person des "Karrners" Christoph Loerwald, der auf dem Kieler Umschlag[446] am 4. Februar 1764 dem Eigentümer des im Schwansener Güterdistrikt gelegenen adeligen Guts Saxtorf, Johann Rudolph v. Ahlefeldt, u.a. zwölf Sensen zu je 20 ß verkaufte. Zuvor hatte Loerwald an v. Ahlefeldt bereits auf dessen Gut diverse Eisen- und Stahlwaren im Gegenwert einer guten Kuh abgesetzt.[447] Karrner wurden Loerwald und seine Kollegen laut Kock deshalb genannt, "weil sie ihre Waren in großen, von drei in einer Zeile gehenden, starken Pferden gezogenen Karren mit sich führten".[448] Üblich war im 19. Jahrhundert jedoch eher die Detailhausiererei zu Fuß. Dabei trugen die Westfälinger ihre anfangs zentnerschwere Ware zusammengeschnürt zu einem Bündel, an einem Lederriemen hängend, über der Schulter. In dem Bündel, das von einem regenabweisenden länglichen Wachstuch umhüllt war, steckten einzeln in Stroh gewickelte Sensenblätter u.dgl.[449]

Abgesehen von den Nachrichten über den "Karrner" Loerwald, der Ende Januar in Schwansen und Anfang Februar 1764 auf dem Krammarkt des Kieler Umschlags tätig war, ist uns leider nur sehr wenig über das Treiben bestimmter ambulanter fremder Sensenhändler in den Herzogtümern bekannt. In Anbetracht ihrer Tätigkeit und der Gesetzeslage wundert das jedoch kaum. Viel mehr als der Name ist deshalb etwa auch von dem gegen Ende des vorigen und zu Beginn dieses Jahrhunderts in Schwansen tätigen Westfälinger Kleemann nicht bekannt.[450] Der aus Westfalen stammende Stahlschmidt läßt sich auch in der Kollmar Marsch nachweisen. Über den dort mit dem für derartige Händler gebräuchlichen Spitznamen "Solinger" titulierten Stahlschmidt berichtet der Hofbesitzer Robert Rave, Moorhusen, daß er "länger als irgend ein anderer" Hausierer die Kollmar Marsch mit Stahlwaren bereist habe. Stahlschmidts Ware sei zwar teurer als die der örtlichen Geschäfte gewesen, doch dafür "auch immer von ausgezeichneter Qualität", so daß "gern" bei ihm gekauft worden sei. Auch Stahlschmidts Sohn, und danach dessen Schwiegersohn, bereisten zweimal jährlich die Kollmar Marsch.[451] Und trotzdem

---

444 ASBECK, Sensenindustrie, 103 ff. und GERSTEIN, Sensenindustrie, S. 7 f.

445 LAS Abt. 210, Nr. 2372.

446 Bis auf den Umschlag und den Johannismarkt, an dem den fremden Schmieden ein Tag zum Verkauf freigegeben wurde, sollte laut Kieler Schmiedeamtsrolle von 1696 der Handel mit fremdem Eisenwerk und Schmiedezeug gänzlich in Kiel verboten sein. HÄHNSEN, Geschichte, S. 294, bemerkt dazu allerdings, daß derartige Privilegien den verbotenen Handel mit solchen Handwerkswaren durch Krämer und Hausierer niemals ganz unterbinden konnten. - In Bremen hausierten Fremde mit "Seyssen, Lehen" und anderen Kleineisenprodukten bereits 1640 verbotenerweise umher. FATTHAUER, Metallgewerbe, S. 89.

447 KOCK, Sense, S. 362 und Ders., Einfluß, S. 52.

448 DERS., Einfluß, S. 52.

449 DERS., Sense, S. 362.

450 DERS., Einfluß, S. 52.

451 Robert RAVE: Das Leben auf einem Bauernhof in der Kollmar-Marsch um die Jahrhundertwende, Moorhusen 1966, S. 99. - Den Hinweis auf diesen Bericht verdanke ich Herrn Arnold Lühning, Schleswig.

ist das wenige, was wir über Kleemann, Stahlschmidt und dessen Nachfolger wissen, schon viel; bleibt doch die Masse ihrer Kollegen gänzlich in der Anonymität.

Überliefert ist auch, daß auf der schleswigschen Geest im letzten Drittel des 19. Jahrhunderts "Jernkrämmer" (Eisenkrämer) der in der Grafschaft Mark ansässigen Firma Casper Lange & Bölling sehr aktiv waren. Diese Unternehmer waren nicht nur als Kommissionäre hauptsächlich von Kleineisenwaren tätig, sondern besaßen auch Hämmer und Schleifkotten zur Produktion von Halbfabrikaten und stellten darüber hinaus auch selbst Waren zum Verkauf her.[452] Obgleich ihre Angestellten, wie es deren Berufsbezeichnung zum Ausdruck bringt, für sie mit allerlei Eisen- und Stahlwaren hausierten, waren sie auf der schleswigschen Geest insbesondere aufgrund einer Spezialität die bekanntesten unter den Jernkrämmern, und zwar wegen ihrer "Casper-Lange-Sensen". Da sie viel leichter waren und überdies kaum halb soviel kosteten wie etwa diejenigen der uns bekannten Sensenschmiede Matthiesen aus Linnau, konnten sie sich bald durchsetzen. Vermutlich irgendwann in den 1870er Jahren mußten die Matthiesenschen Söhne die vom Vater übernommene, über mehrere Jahrzehnte so lukrative Sensenschmiederei sogar ganz aufgeben. 1884 hielt auch die Sensenschmiede der Familie Andresen in Süderlügumfeld dem Konkurrenzdruck dieser "Westfälinger" nicht mehr stand und gab auf.[453] Das gleiche Schicksal ereilte zu dieser Zeit wohl die meisten Sensenschmieden in den Herzogtümern, die besonders im Landesteil Nordschleswig auf eine gewisse Tradition zurückblicken konnten.[454]

Käufer und Verkäufer waren, da letztere gewöhnlich regelmäßig ein festumrissenes Gebiet bereisten, häufig schon über Jahre hinweg miteinander bekannt. Die Westfälinger waren mithin für die Einheimischen zumeist keine Fremden, wie in dem Bericht des schleswig-holsteinischen Anonymus von 1835 behauptet wird. Das war auch eine Grundvoraussetzung ihres Erfolgs, denn beim Kauf eines Sensenblattes mußte der Kunde ganz den Versprechungen des Westfälingers vertrauen, wurde ihm selbiges doch in der Regel erst Monate später geliefert bzw. von ihm eingesetzt; beim Kauf bekam er jedenfalls normalerweise nur ein Muster zu Gesicht. Sensenblätter von minderer Qualität hätte der ambulante fremde Sensenhändler seinen Kunden nur ein einziges Mal verkaufen können, danach wäre er unweigerlich seiner Reputation verlustig gegangen. Da die Schnittfähigkeit einer Sense oder Sichte maßgeblich die Arbeitsleistung eines Mähers bestimmte, und damit natürlich z.B. auch die Höhe des Verdienstes einer in Akkord arbeitenden landwirtschaftlichen Arbeitskraft, legte die ländliche Bevölkerung immer großen Wert darauf, daß ihr schneidendes Erntegerät eine gute Qualität besaß. Mußte das Mähen allzuoft unterbrochen werden, um die Sense mit dem Wetzstein nachzuschleifen oder sogar zu dengeln, d.h. die Schneide mit einem Handhammer auf einem kleinen Amboß nachzuschlagen, um Scharten und Unebenheiten, die beim Mähen entstanden waren, zu besei-

---

452 Franz KRINS: Ein Geschäftsbuch (1821-34) des Schmiedes Friedrich W. Dornbach bei Halver, in: Der Märker, 18 (1969), S. 103-105, hier 104 und VOYE, Geschichte (Bd. 1), S. 192 ff.

453 FRIIS, Sensenschmiede, S. 77 und CHRISTIANSEN, Sensenschmied. - Zur Geschichte dieser beiden einheimischen Sensenschmieden vgl. oben, Kap. III.4.1.2., S. 236 ff.

454 Vgl. dazu HÄHNSEN, Entwicklung, S. 156. - Zur Sensenschmiederei in Nordschleswig vgl. oben, Kap. III.4.1.2., S. 240 ff.

tigen, die Schneide scharf auszuziehen und sie zugleich zu härten,[455] so konnte die Arbeitsleistung, und damit automatisch auch der Verdienst, weit hinter dem Möglichen zurückbleiben.

Eine besondere Rolle spielten beim Kauf die den Sensenblättern u.dgl. aufgeschlagenen Meister- oder Firmenzeichen, da sie Aufschluß über deren Hersteller gaben und von den Bauern und Landarbeitern deshalb als Qualitätssiegel betrachtet wurden. War die Kundschaft an ein bestimmtes Fabrikat gewöhnt, so fragte sie dieses immer wieder nach und war auch nur schwer dazu zu bewegen, es zu wechseln. So blieb es auch nicht aus, daß insbesondere die österreichischen Sensenmarken aufgrund der allseits bekannten sehr guten Qualität der landwirtschaftlichen Schneidewaren aus Österreich häufig mißbräuchlich von deutschen Sensenschmieden benutzt wurden. Eversmann berichtet z.B. kritiklos über die "blaue Sensenfabrik" in der Grafschaft Mark, daß sie "gemeiniglich Steyersche Zeichen" verwenden würden.[456]

Aus dem Bestreben der Kundschaft heraus, möglichst gutes Schneidezeug zu erhalten, konnte sich der Hausierhandel mit Sensenblättern u.dgl. bis nach 1900 auch in Schleswig-Holstein halten, während z.B. Spaten, Hacken oder Heu- und Mistgabeln schon längst im lokalen Gemischtwaren- oder städtischen Eisenfachgeschäft bzw. über den Landhandel bezogen wurden. Dabei gab für diesen langanhaltenden geschäftlichen Erfolg der Westfälinger ein ganz eigenartiger, allein von ihnen gepflegter Handelsbrauch, im wesentlichen den Ausschlag: der Garantiehandel, d.h. der Verkauf der Sensen auf Probe. Dies ging folgendermaßen vonstatten. Gewöhnlich im November, nach Beendigung von Ernte und Feldarbeiten, trat der Westfälinger seine Verkaufstour an, um den Bauern die von ihnen im kommenden Frühjahr oder Sommer benötigten Schneidewaren zu verkaufen. Kam ein Handelsgeschäft zustande, so bestätigte der Käufer durch die Unterzeichnung des sogenannten Empfangsscheins den Erwerb der Ware und verpflichtete sich ferner dazu, den vollen Kaufpreis beim zweiten Besuch des Sensenhausierers - wenn ihm dieser die Sense lieferte - zu zahlen. Gefiel dem Kunden das erworbene Sensenblatt wider Erwarten nicht, so konnte er diese nach der Ernte zurückgeben und dafür eine andere verlangen. Daß der Garantiehandel von beiden Seiten mißbraucht wurde, versteht sich beinahe von selbst. Einen derartigen Service konnten z.B. die Kieler Ladengeschäfte - "Sensen und Sicheln" als "moderne, billige Fabrikware" gelangten über die Eisenbahn seit den 1840er und 1850er Jahren in die Stadt[457] - natürlich nicht anbieten.

Welch große Bedeutung die Bauern der Möglichkeit der Wandlung beimaßen, geht aus der Petition "sämtliche[r] Amts Bauer-Voigte" des lauenburgischen Amtes Ratzeburg vom 29. April 1771 hervor, in der sie den Wegfall derselben nach Verpachtung des Sensenhandels im Amt als einen der drei wesentlichen Mißstände darstellten. Kauften sie

---

455 Eine recht anschauliche Beschreibung des Schleifens der schneidenden Erntegräte findet sich bei LÜHNING, Erntegeräte, S. 147 ff. Des weiteren vgl. dazu Peter HUBER: Von der Sense zum Mäher, in: JbSG, 9 (1961), S. 40-47, hier 40 f. und THOMSEN, Ende, S. 20.

456 EVERSMANN, Eisen- und Stahl-Erzeugung, S. 261. - Zur Geschichte der Meister- und Firmenzeichen im Sensengewerbe sowie zu deren Fälschung vgl. etwa BRACHMANN, Sensen-Schmieden, insbes. 38-90. Ferner vgl. dazu FISCHER, Sensen, S. 153-157 und ZEITLINGER, Sensen, S. 58 f. und 137-153.

457 Ulrich LANGE: Mit Eisen, Kohle und Kattun - Kiels Aufbruch in die Moderne, in: ZSHG, 117 (1992), S. 149-161, hier 156.

jetzt beim konzessionierten Kesselhändler oder einem seiner Angestellten Sensenblätter u.dgl., "so ginge der gleich davon, und denn entstünde ihnen daher die Verlegenheit, daß wenn die Sense [...] nicht nutzte, sie solche nicht wandeln könten, und im Jahr darauf käme denn ein anderer Knecht, der davon gar nicht wüste, und sich auf das Wandeln gar nicht einlaßen wollte". Vorher, so führten sie weiterhin an, sei ihnen dagegen "bedungen [worden], daß wenn die Sensen beym Mähen nicht tügtig befunden würden sie solche zurück liefern und eine bessere dagegen gewärtigen könten".[458]

Nachdem der Westfälinger von allen Käufern sein Geld erhalten hatte, kehrte er in seine Heimat zurück. Erst dann beglich er auch die noch offenstehende Rechnung mit seinem Lieferanten. Im Endeffekt war demnach letzterer der Leidtragende bei dieser Art der Kreditierung.[459]

Halten wir fest: Für die Versorgung der schleswig-holsteinischen Landbevölkerung mit schneidenden Erntegeräten waren die Westfälinger in vor- und frühindustrieller Zeit trotz aller Verbote eine feste Größe, da die auf dem Lande seßhaften Grob- und Hufschmiede diese - wie nachgewiesen - nicht herstellten. Vor diesem Hintergrund wird es nur zu gut verständlich, daß die ambulanten fremden Sensenhändler landwirtschaftliche Schneidewaren auch an die Landschmiede lieferten, welche diese dann wiederum an den Endverbraucher weiterverkauften.[460] So findet sich am Ende des Anschreibebuches der Schmiede Utecht in Bodenteich aus den 1850er Jahren ein "Sensenverzeichnis", welches mit dem Vermerk versehen ist: "16 Korns. u. 14 Grassensen habe ich erhalten".[461]

Aber auch in preußischer Zeit konnten sich die Westfälinger nach Aufhebung des Hausierverbots aufgrund ihrer außergewöhnlichen Geschäftskonditionen noch bis nach 1900 im Sensenhandel auf dem flachen Land behaupten.

Mit der Präsentation des Hausierhandels mit schneidenden Erntegeräten durch Westfälinger in den Herzogtümern schließt der Exkurs über die Distribution dieser landwirtschaftlichen Produktionsmittel in vor- und frühindustrieller Zeit.

---

458 LAS Abt. 210, Nr. 2372.

459 ASBECK, Sensenindustrie, S. 104-110 und GERSTEIN, Sensenindustrie, S. 7 f.

460 ASBECK, Sensenindustrie, S. 103 und BENTZIEN, Fortschritte, S. 133.

461 VOGTHERR, Schmiede, S. 40. - Zur Schmiede Utecht in Bodenteich vgl. auch oben, Kap. III.4.1.2., S. 239.

III.5. Die handwerkliche Produktion landwirtschaftlicher Geräte und Maschinen in Schleswig-Holstein in vor- und frühindustrieller Zeit

III.5.1. Der Einfluß von Gewerbeordnung und -politik auf die Entwicklung des Handwerks

III.5.1.1. Zum Prozeß der "Territorialisierung des Gewerbes" in den Herzogtümern

Spätestens Skalweits 1942 publiziertes Werk "Das Dorfhandwerk vor Aufhebung des Städtezwangs"[462] nötigte die Historiographie dazu, sich von der insbesondere von Bücher, aber auch noch von seinem schärfsten Kritiker, v. Below,[463] geprägten Vorstellung zu verabschieden, die im hohen Mittelalter entstandene prinzipielle wirtschaftliche Arbeitsteilung zwischen Stadt und Land habe bis zum Vorabend der "Großen Transformation" der traditionellen Agrargesellschaft Bestand gehabt.[464]

Dennoch vergingen in Deutschland[465] nochmals annähernd drei Jahrzehnte, bevor Skalweits Werk aufgegriffen und die Erforschung der Entwicklung des nicht für den Export produzierenden Handwerks sowie diejenige der Stadt-Land-Beziehungen des Handwerks[466] vorangetrieben wurde. In den beiden letzten Jahrzehnten gelang es Kaufhold,

---

462 SKALWEIT, Dorfhandwerk. - Eine Übersicht über Verlauf und Stand der Forschung zur Entwicklung der Stadt-Land-Beziehungen des Handwerks und zur Entwicklung des nicht für den Export arbeitenden ländlichen Handwerks im deutschsprachigen Raum bei SCHULTZ, Landhandwerk, S. 15-19, MEIER, Handwerk, S. 17 f. und REININGHAUS, Gewerbe, insbes. S. 64 ff.

463 Karl BÜCHER: Die Entstehung der Volkswirtschaft. Vorträge und Aufsätze, Sammlung 1, Tübingen (17)1926, insbes. S. 122-126. Georg von BELOW: Die mittelalterliche Stadtwirtschaft, in: Ders.: Vom Mittelalter zur Neuzeit. Bilder aus der deutschen Verfassungs- und Wirtschaftsgeschichte (= Wissenschaft und Bildung, 189), Leipzig 1924, S. 71-82, insbes. 72; DERS.: Probleme der Wirtschaftsgeschichte. Eine Einführung in das Studium der Wirtschaftsgeschichte, Tübingen 1920, insbes. S. 143 ff., 501 ff. u. 615 ff.

464 Eckart SCHREMMER: Standortausweitung der Warenproduktion im langfristigen Wirtschaftswachstum. Zur Stadt-Land-Arbeitsteilung im Gewerbe des 18. Jahrhunderts, in: VSWG, 59 (1972), S. 1-40, hier 4, charakterisiert diese Arbeitsteilung wie folgt: "Das Land erzeugte Agrarprodukte, die Stadt handwerkliche Waren. Der Austausch erfolgte auf eigens dafür vorgesehenen Plätzen mit Marktrecht. Es existierte Marktzwang. Städtische Bürger hatten zwar auch einige Äcker, und auf den Dörfern gab es einige Gewerbearten, doch verhinderte das nicht die Herausbildung der prinzipiellen Arbeitsteilung".

465 Im Gegensatz dazu erhob man in der Schweiz das nicht für den Export arbeitende Landhandwerk bereits in den 1950er Jahren zum Forschungsgegenstand, so daß "im deutschen Sprachraum [...] das Gebiet der Alten Eidgenossenschaft insgesamt als am besten erforscht gelten" kann. REININGHAUS, Gewerbe, S. 65.

466 "Wir verstehen dann unter Handwerk dasjenige gewerbliche Betriebssystem, bei welchem der Produzent als Eigentümer sämtlicher Betriebsmittel Tauschwerte für nicht seinem Haushalt angehörende Konsumenten erzeugt". Nicht berücksichtigt wird hier das dem "Preiswerk" entgegenstehende "Lohnwerk", da zumindest im Untersuchungszeitraum landwirtschaftliche Produktionsmittel gewöhnlich nicht durch diese Form des Handwerks hergestellt wurden. "Das Lohnwerk ist

Schremmer, Harnisch, Habicht und Schultz[467] - um nur die wichtigsten zu nennen -, wesentliche Bereiche des Prozesses der im Spätmittelalter zögerlich einsetzenden, "schubweise" und mit unterschiedlicher Intensität bis in die frühindustrielle Zeit hinein laufenden Umwälzungen im Landhandwerk - sowie in den Stadt-Land-Beziehungen des Handwerks - transparenter zu machen. Sie belegen fernerhin sicher, daß diese Umwälzungen in Deutschland zeitlich, räumlich, in Hinsicht auf die Branche sowie der Art und Weise nach und vom Umfang her recht unterschiedlich verliefen.

Des weiteren lassen diese Untersuchungen ganz allgemein erkennen: Der Prozeß der "Territorialisierung des Gewerbes", d.h. "die zunehmende Durchdringung des flachen Landes mit kleinen Produktionsstätten für die Erzeugung von Sachgütern", mithin "die Standortausweitung der Warenproduktion von der Stadt auf das flache Land",[468] hatte letztlich nicht nur einen Wandel der gewerblichen Produktionsstruktur sowie einen begrenzten[469] Ausgleich der Unterschiede in Umfang und Niveau zwischen städtischem und ländlichem Handwerk zur Folge. Vielmehr gab dieser Prozeß auch einen spürbaren Impuls zur Durchsetzung der Ware-Geld-Beziehung, d.h. der Arbeitsteilung in der ländlichen Gesellschaft. Solchermaßen half er einerseits, den Weg zur Aufnahme von Industriewaren auf dem flachen Land zu ebnen. Andererseits erhöhte er dort aber auch den Anteil der aus der Landwirtschaft losgelösten, d.h. gewerblich arbeitenden Bevölkerung, die ein Arbeitskräftereservoir für den aufkommenden Fabrikbetrieb bildete, beträchtlich.[470] Somit trieb die "Territorialisierung des Gewerbes" die Differenzierung der Struktur der ländlichen Gesellschaft voran.

Entstehung und Verbreitung des Landhandwerks sind unter den genannten Aspekten durchaus "Teile des Prozesses der Durchsetzung des Kapitalismus auch in der ländlichen Gesellschaft".[471] Sofern sich die für die Selbstversorgung des flachen Landes arbeitenden

---

gewerbliche Berufsarbeit, bei welcher der Rohstoff dem Kunden, das Werkzeug dem Arbeiter gehört". BÜCHER, Gewerbe, S. 974 und 981.

467 KAUFHOLD, Wandlungen; DERS.: Umfang und Gliederung des deutschen Handwerks um 1800, in: Wilhelm Abel (Hg.): Handwerksgeschichte in neuer Sicht (= Göttinger Beiträge zur Wirtschafts- und Sozialgeschichte, 1), Göttingen (2)1978, S. 65-120; DERS.: Gewerbe und ländliche Nebentätigkeiten im Gebiet des heutigen Niedersachsen um 1800, in: AfS, 23 (1983), S. 163-218; SCHREMMER, Standortausweitung; Hartmut HARNISCH: Kapitalistische Agrarreformen und Industrielle Revolution. Agrarhistorische Untersuchungen über das ostelbische Preußen zwischen Spätfeudalismus und bürgerlich-demokratischer Revolution von 1848/49 unter besonderer Berücksichtigung der Provinz Brandenburg (= Veröffentlichungen des Staatsarchivs Potsdam, 19), Weimar 1984, S. 329-342; DERS.: Produktivkräfte und Produktionsverhältnisse in der Landwirtschaft der Magdeburger Börde von der Mitte des 18. Jh. bis zum Beginn des Zuckerrübenanbaus in der Mitte der dreißiger Jahre des 19. Jahrhunderts, in: Hans-Jürgen Rach und Bernhard Weissel (Hgg.): Landwirtschaft und Kapitalismus. Zur Entwicklung der ökonomischen und sozialen Verhältnisse in der Magdeburger Börde vom Ausgang des 18. Jahrhunderts bis zum Ende des ersten Weltkrieges, Halbbd. 1 (= Veröffentlichungen zur Volkskunde und Kulturgeschichte, 66.1), Berlin (Ost) 1978, S. 67-173, insbes. 124-136; Bernd HABICHT: Stadt- und Landhandwerk im südlichen Niedersachsen im 18. Jahrhundert. Ein wirtschaftsgeschichtlicher Beitrag unter Berücksichtigung von Bedingungen des Zugangs zum Markt (= Göttinger Beiträge zur Wirtschafts- und Sozialgeschichte, 10), Göttingen 1983; SCHULTZ, Landhandwerk.

468 SCHREMMER, Standortausweitung, S. 1.

469 KAUFHOLD, Wandlungen, S. 180.

470 SCHULTZ, Landhandwerk, S. 76 f.

471 ASMUS/LORENZEN-SCHMIDT, Entwicklung, S. 72.

und die für den überregionalen Markt produzierenden verlegten Landhandwerker voneinander unterscheiden lassen, kann der Entwicklungsstand des Landhandwerks, d.h. in erster Linie die Dichte der Landhandwerker im Verhältnis zur gesamten Landbevölkerung sowie auch die tatsächliche Ausbreitung der unterschiedlichen Handwerksbranchen über das flache Land, als Indikator für den Entwicklungsgrad der traditionellen Agrargesellschaft im Prozeß der "Großen Transformation" herangezogen werden. Er läßt aber auch Rückschlüsse auf die Leistungskraft und Marktverflechtung der Landwirtschaft eines Untersuchungsgebietes zu.[472]

Eine Vielzahl von Einzelfaktoren rief den Prozeß "der Territorialisierung des Gewerbes" hervor. Laut Schremmer sind deren gewichtigste "1. das Wachstum der Bevölkerung, 2. sozialökonomische Bedingungen; dazu gehören a) die grund-, gerichts- und landesherrliche Wirtschafts- und Gesellschaftsordnung, b) das Kosten-, Preis- und Einkommensgefüge, c) die Verhaltensweisen der Personen und Personengruppen innerhalb der gegebenen Ordnung und das Ziel-Mittel-Verhältnis 'ihrer Politik', sowie 3. das angewandte technische und organisatorische Wissen; zu nennen ist vor allem die Verbreitung des Verlags und der Manufaktur, sowie die Veränderungen im Bereich Transport und Verkehr".[473]

Auch in Schleswig-Holstein dürften insbesondere zwei dieser Determinanten den langfristigen Prozeß "der Territorialisierung des Gewerbes" ausgelöst und entscheidend vorangetrieben haben: Erstens die natürliche Bevölkerungsbewegung und zweitens Umfang und Intensität der Agrarproduktion. Diese Vermutung liegt nahe, da auch in den Herzogtümern ein besonders starkes Wachstum des Landhandwerkerbestandes während der "drei Phasen des langfristigen konjunkturellen Aufschwungs der Landwirtschaft in Mitteleuropa",[474] die gleichzeitig auch Phasen starken Bevölkerungswachstums waren, beobachtet werden kann.[475]

---

472 HARNISCH, Agrarreformen, S. 341 f.; DERS., Produktivkräfte, S. 124; SCHULTZ, Landhandwerk, passim. - Kritik an SCHULTZ, Landhandwerk, bei REININGHAUS, Gewerbe, S. 66 f.

473 SCHREMMER, Standortausweitung, S. 5 f. Vgl. auch KAUFHOLD, Wandlungen, S. 185-187.

474 SCHREMMER, Standortausweitung, S. 5. Im Widerspruch dazu SCHULTZ, Landhandwerk, S. 18.

475 So kommt BROCKSTEDT, Konjunkturen, S. 260, zu dem Ergebnis: "Langfristig ist die Nachfrage der ständig steigenden Bevölkerung in Schleswig-Holstein und im Ausland vor allem nach Nahrungsmitteln von entscheidender Bedeutung für den ungebrochenen Aufwärtstrend der Agrarproduktion". Auch ASMUS/LORENZEN-SCHMIDT, Entwicklung, S. 49 f., stellen übereinstimmend fest: "Unabhängig von den obrigkeitlichen Eingriffen war die Entwicklung des Landhandwerks vor allem von zwei Elementen abhängig: zum einen von einer seit dem Ende des Mittelalters anhaltenden, durch Kriege und epidemische Krankheiten nur geringfügig abgeschwächten Überproduktion von Menschen. [...] Auf der anderen Seite wurde die Entwicklung des Landhandwerks von einer prosperierenden Bauernklasse in Zeiten agrarischer Hochkonjunktur gefördert". HÄHNSEN, Entwicklung, insbes. S. 102-105, sah diese Interdependenzen nicht, obgleich sie sich aus seinen Ausführungen indirekt ergeben. Vielmehr sah er im Rückgang des bäuerlichen Hauswerks oder "positiv ausgedrückt", in der "steigende[n] Zuwendung der bäuerlichen Bevölkerung zum Betriebe der Landwirtschaft als fast ausschließlichem Hauptberuf", die Ursache für das Anwachsen des Landhandwerkerbestandes. Rolf GEHRMANN: Demographischer und wirtschaftlicher Wandel im ländlichen Schleswig-Holstein des 18. und 19. Jahrhunderts, in: Ingwer E. Momsen (Hg.): Schleswig-Holsteins Weg in die Moderne. Zehn Jahre Arbeitskreis für Wirtschafts- und Sozialgeschichte Schleswig-Holsteins (= SWSG, 15), Neumünster 1988, S. 91-104, negiert hingegen, obgleich sehr vorsichtig, für die Herzogtümer "eine eigen-

Folgendes Wirkungsgeflecht läßt sich im Hinblick auf die Landhandwerksentwicklung während der letzten der drei Phasen rekonstruieren: Infolge der Bodensperre und Bevorzugung der Landeigentümer bzw. -besitzer bei der Verteilung des Landes während der Verkoppelung mündete das natürliche Wachstum der Bevölkerung auf dem flachen Land im 19. Jahrhundert in eine relative Überbevölkerung. Immer mehr Angehörige der stetig wachsenden unterbäuerlichen Schichten fanden - da sie landarm bzw. landlos geblieben waren und es auch bleiben mußten - am Heimatort nur noch in der Aufnahme einer nichtagrarischen Tätigkeit wie dem Handwerk eine Existenzmöglichkeit.[476]

Obgleich ein Mehr an Bevölkerung zweifelsohne auch ein Mehr an Verbrauchern gewerblicher Produkte bedeutet, wurde dieser Vorgang primär vor allem durch eine über Jahrzehnte anhaltende günstige Agrarkonjunktur (ca. 1750 bis 1818) gefördert, wenn nicht sogar überhaupt erst hervorgerufen und gesteuert. Die Bauern machten vornehmlich in den marktorientiert produzierenden Agrarformationen z.T. erhebliche Gewinne, mittels derer sie dann - unter Einschränkung ihres Hauswerks - sowohl gewerblich produzierte Investitions- als auch Konsumgüter verstärkt nachfragten. Deshalb wirkten Phasen agrarischer Hochkonjunktur gewöhnlich besonders stimulierend auf das Wachstum des Landhandwerks, während der Landhandwerkerbestand umgekehrt in Phasen wie der großen Agrarkrise (1819-1829) - trotz unverminderten Wachstums der Bevölkerung - schnell zu stagnieren begann, um sich schließlich in einem langwierigen Schrumpfungsprozeß auf ein dem tatsächlichen Bedarf entsprechenden Niveau wieder einzupendeln.[477]

Läßt sich beispielsweise das - langfristig gesehen als beträchtlich zu bezeichnende - Wachstum der Handwerksbranchen Textil/Schuhe/Bekleidung (z.B. Weber, Schuhmacher, Schneider) oder Nahrungsmittel (z.B. Bäcker, Schlachter) auf dem flachen Land Schleswig-Holsteins[478] problemlos auf die Vermehrung der Bevölkerung, die Einschränkung des Hauswerks und den Anstieg des bäuerlichen Lebensstandards zurückführen, so ist dieses in bezug auf die Handwerksbranche Ausrüstung (z.B. Schmied, Stellmacher, Sattler) nicht ohne weiteres möglich. Die in den Tabellen 6 und 7 exemplarisch für die gesamte Branche nachgezeichnete Bestandsentwicklung eines der beiden klassischen Gerätschaftshandwerke, die des Grob- und Hufschmieds,[479] findet vielmehr vor allem anderen in der Intensivierung der Landwirtschaft ihre Erklärung.[480] Ihr Verlauf korrelierte wiederum lange Zeit mit der Entwicklung auf dem Agrarmarkt, bevor sie schließlich im Zuge der Agrarreformen erheblich an Beständigkeit gewann.

Selbstverständlich wurde etwa das Wachstum des Bestandes an ländlichen Grob- und Hufschmieden auch in den Herzogtümern noch durch andere Prozesse angeregt, wie

---

ständige Wechselbeziehung zwischen Bevölkerungsdichte und Umfang und Intensität der landwirtschaftlichen Produktion". Nur im "überregionalen Rahmen" konnten "demographische Impulse" in diesem Zusammenhang wirksam werden, und zwar indem sie sich "über die Marktbeziehungen auch in Schleswig-Holstein auswirkten".

476 Vgl. HÄHNSEN, Entwicklung, passim. Allgemein vgl. hierzu vor allem SCHULTZ, Landhandwerk, S. 60-67.

477 HÄHNSEN, Entwicklung, passim. BROCKSTEDT, Grundzüge, S. 22 f. DERS., Wechsellagen, S. 232. Ferner ASMUS/LORENZEN-SCHMIDT, Entwicklung, passim.

478 Vgl. HÄHNSEN, Entwicklung, passim und ASMUS/LORENZEN-SCHMIDT, Entwicklung, passim.

479 Vgl. unten, Kap. III.5.2.1.4., Tab. 6, S. 382 und Tab. 7, S. 383.

480 ASMUS/LORENZEN-SCHMIDT, Entwicklung, S. 61 und SCHULTZ, Landhandwerk, S. 87.

etwa den Wandel im Hausbau, der einen erhöhten Bedarf an Baubeschlägen nach sich zog. Dennoch reicht ein kurzer Blick auf ihr tradiertes Tätigkeitsfeld, um zu sehen, daß die Landwirtschaft ihr bei weitem größter Auftraggeber war.[481]

Welcher Art die Impulse waren, die die ländlichen Grob- und Hufschmiede bis in die zweite Hälfte des 19. Jahrhunderts hauptsächlich durch die Intensivierung der landwirtschaftlichen Betriebe erhielten, schilderte 1826 anschaulich in einem Rückblick der bereits wiederholt zitierte einfache "Landmann": "Das landwirthschaftliche Gewerbe erfordert jetzt viel mehr Schmiedearbeit als vor 125 Jahren. [...] Damals kannte man auf dem Lande keine beschlagene Wagen [...]; man half sich vorher mit hölzernen Blockwagen, und hatte hölzerne Sticken, wo wir jetzt eiserne Bolzen haben. Die Pferde der Bauern wurden blos, während Dünger gefahren wurde, vorne beschlagen, sonst mußten sie baarfuß gehen. Die Aussaat in jener Zeit gegen jetzt, betrug kaum den vierten Theil. Das Akker- und Feld-Geräthe war damals viel einfacher als es jetzt ist; den Eisenbeschlag an den Pflügen, womit wir sie jetzt dauerhafter machen und dem Zugvieh die Arbeit erleichtern, kannte man gar nicht, allein man pflügte in jener Zeit immer mit 4, und zum Buchweitzen mit 6 Pferden. Mit unsern jetzt besser gebaueten, mit Eisen beschlagenen Pflügen, richten wir dasselbe mit 2 Pferden aus. Damals kannte man nur eine Art Eggen, die größtentheils nur hölzerne Zinken hatten, jetzt haben wir mehrere Arten von Eggen [...] und größtentheils mit eisernen Zinken. Ueberdem bedient der gebildete Landwirth sich mehrerer Arten Ackergeräthe, die man vormals nicht kannte".[482]

Demzufolge brachte die langfristige Aufstockung des Bestandes an tradierten landwirtschaftlichen Produktionsmitteln in den bäuerlichen Betrieben, ferner deren erhöhter Bedarf an Zugleistung sowie deren Nachfrage nach qualitativ hochwertigeren bzw. gänzlich neuen Wagen, Pfügen, Eggen etc. sowohl den ländlichen Grob- und Hufschmieden als auch anderen Gerätschaftshandwerkern ein Mehr an Arbeit.

Nur mit der steigenden Nachfrage der Landwirtschaft nach Landhandwerksarbeit läßt sich daher z.B. das sechshundertprozentige Wachstum des Grob- und Hufschmiedebestandes im Süderdithmarscher Kirchspiel Marne von 3 (1673) auf 21 (1864) hinreichend erklären.[483] Andererseits ist die starke Vermehrung der ländlichen Gerätschaftsproduzenten aber auch ein untrügliches Indiz dafür, daß sie es waren, die die Masse der tradierten landwirtschaftlichen Produktionsmittel herstellten.

---

481 Das tradierte Tätigkeitsfeld des ländlichen Grob- und Hufschmieds wird unten, Kap. III.5.2.1.1., S. 336 ff., vorgestellt.

482 ANONYMUS, Einfluß, S. 690 f. Da dieser Landmann darum bemüht war, nachzuweisen, daß "der Schmidt [..] der unentbehrlichste von allen" Handwerkern für den "Landbetrieb" sei und darüber hinaus generell eine kräftige Vermehrung des Bestandes einer Reihe von Handwerken auf dem flachen Land forderte, überrascht es kaum, daß einige seiner Angaben einer Überprüfung nicht standhalten. So gab er beispielsweise an, daß "auf jede 32 Pferde [..] ein Schmidt erforderlich" sei; ebda., S. 692. Demgegenüber berichteten im Juli 1860 die Älterleute der "Schmiede- und Schlösserzunft" Eutins, daß "auf den drei Schmieden in Stendorf, Lensahn und Sierhagen je 200 [...] Pferde beschlagen werden". Niedersächsisches Staatsarchiv in Oldenburg Bestand 30-16, Nr. 18-159. KETTEMANN, Handwerk, S. 167, übernimmt hingegen kritiklos den Richtwert des Anonymus.

483 Vgl. unten, Kap. III.5.2.1.4., Tab. 6, S. 382.

III.5.1.2. Gewerbeordnung und -politik und die Bestandsentwicklung des schleswig-holsteinischen Landhandwerks

Hähnsen mit seiner 1923 verfaßten Arbeit "Die Entwicklung des ländlichen Handwerks in Schleswig-Holstein" - und nicht Skalweit - gebührt das Verdienst, anhand eines umfassenden, vornehmlich aus dem 18. und 19. Jahrhundert stammenden Quellenmaterials die Diskrepanz zwischen dem gemäß der Gewerbegesetze und -verordnungen erlaubten Soll-Bestand des Landhandwerks und dem tatsächlichen Ist-Bestand aufgedeckt zu haben. So kommt er im ersten Teil seiner Untersuchung, der "die gewerberechtliche Entwicklung des ländlichen Handwerks unter der landesherrlichen Gewerbepolitik bis zur Einführung der Gewerbefreiheit" zum Gegenstand hat, zu folgendem Ergebnis: "Ein Rückblick [...] lehrt hier, daß für die Gestaltung des gewerblichen Zustandes auf dem platten Lande zum mindesten zwei Jahrhunderte vor der allgemeinen Einführung der Gewerbefreiheit in Schleswig-Holstein das geltende Gewerberecht fast ohne Einfluß war".[484]

Warum vermochten nun aber die Gewerbegesetze und -verordnungen in den Herzogtümern den Prozeß der "Territorialisierung des Gewerbes", der der Landwirtschaft die dringend benötigten Gerätschaftshandwerker bereitstellte, nicht spürbar zu bremsen? Und wie ist es zu erklären, daß das Gewerberecht seit dem ausgehenden 18. Jahrhundert zusehends in Widerspruch zur Gewerbepolitik geriet? Zur Beantwortung dieser Fragen muß zunächst die Entwicklung des Gewerberechts seit der Einführung des allgemeinen Konzessionssystems zu Beginn des 19. Jahrhunderts kurz nachgezeichnet werden.

Das in weiten Teilen der Herzogtümer gültige Konzessionssystem, das de facto - keineswegs jedoch de jure - den Übergang zur Gewerbefreiheit markiert und während des gesamten Untersuchungszeitraums Gültigkeit besaß, ist aus dem Bannmeilenrecht der Städte erwachsen. Dabei war - zumindest offiziell - die Intention der 1773 eingeführten königlichen "Verordnung wider das im Schwange gehende bürgerliche Gewerbe auf dem Lande",[485] die das Konzessionssystem begründete, nicht die Einschränkung des Bannmeilenrechts, sondern gerade umgekehrt der Schutz desselben, indem illegalen Landhandwerkern in Ausnahmefällen eine Konzession erteilt werden sollte. Tatsächlich wurde die Verordnung in der Praxis aber in dieser "irrigen" ersteren Weise genutzt. Hähnsen vermerkt dazu, daß "die neue Gewerbepolitik, wie sie in der Praxis geübt werden sollte", ganz deutlich in einem Rundschreiben des Statthalters vom 25. Januar 1783 an die Oberbeamten zum Ausdruck komme. Darin wurde nämlich festgelegt, daß zukünftig die "Beurteilung der Zulässigkeit oder Unzulässigkeit eines Landhandwerkers [...] lediglich an Concessionen zu binden seyn werden".[486] Eine Circularverfügung der Statthalter-

---

484 HÄHNSEN, Entwicklung, S.99. Sofern nicht anders vermerkt, beruhen die Ausführungen zur Entwicklung von Gewerberecht und -politik in Schleswig-Holstein auf HÄHNSEN, Entwicklung. - BROCKSTEDT, Grundzüge, 19 f. und ASMUS/LORENZEN-SCHMIDT, Entwicklung, S. 45 ff., schließen sich Hähnsens Urteil an. - In bezug auf den Entwicklungsstand des dänischen Landhandwerks bei Einführung der Gewerbefreiheit 1857 kommt Sven HENNINGSEN: Studier over den økonomiske Liberalismes Gennembrud i Danmark, Phil. Diss. Gøteborg 1944, S. 317, mit der Feststellung: "Undersøgelsen har imidlertid vist, at den økonomiske udvikling forlængst havde skabt de tilstande indenfor landhaandværket, som loven af 1857 stadfæstede", zum gleichen Ergebnis wie Hähnsen für den des schleswig-holsteinischen in dieser Periode.

485 VERORDNUNG, Schwange, S. 146-152.

486 HÄHNSEN, Entwicklung, S. 88.

schaft vom 5. Juni 1805 führte dann das allgemeine Konzessionssystem auf dem flachen Land ein. Fortan durfte - ohne Rücksicht darauf, ob legal oder illegal betrieben - "in den Landdistricten niemand, ohne mit einer Königl. Concession versehen zu seyn, ein Handwerk oder bürgerliches Gewerbe treiben".[487] Bereits sie sah die Entrichtung einer "jährlichen Recognition" für die "Professionisten und bürgerliches Gewerbe treibenden [...] in den Landdistricten" vor.[488] Diese wurde tatsächlich seit 1812 erhoben und war ab 1823 - dem Einkommen der ländlichen Gewerbetreibenden entsprechend - in vier Rekognitionsstufen untergliedert.[489] Da das Gewerbe von seiten des Staates in dieser Zeit ansonsten keine weitere Förderung erfuhr, veranlaßt die Erhebungung dieser Art von Gewerbesteuer Brockstedt zu der Bemerkung: "Das Interesse des Staates richtet sich beim Gewerbe hauptsächlich auf Steuern und Abgaben".[490]

Am 27. April 1848 übertrug schließlich die Schleswig-Holsteinische Regierung das Recht der Konzessionserteilung auf die Lokalbehörden. Daran änderte sich auch in den letzten Jahren der dänischen Herrschaft nichts mehr, so daß von da ab de facto bis zur Neuordnung der Gewerbeverfassung durch die Preußen 1867 ganz offen "auf jede einheitlich durch die Gesetzgebung geregelte Einwirkung auf die Gestaltung der wirtschaftlichen Entwicklung des ländlichen Handwerks verzichtet" und "der bisherige, 'anarchische Zustand' anerkannt"[491] wurde.

Die Lokalbehörden nahmen jedoch keineswegs erst seit 1848 Einfluß auf die Bestandsentwicklung des Landhandwerks. Schon seit dem 17. Jahrhundert mußte die Regierung immer wieder die bittere Erfahrung machen, gegen den Willen der die Durchführung der Gesetze und Verordnungen letztlich leitenden und überwachenden Lokalbehörden nichts bewirken zu können. Schadete deren Meinung nach eine/s von ihnen der Wirtschaft ihres teilweise mit einem hohen Maß an Autonomie ausgestatteten Verwaltungsbezirks, so wurde es/sie mehr oder weniger offen sabotiert. Das hat zuerst Hähnsen hinreichend dokumentiert.[492] Die Beweggründe ihres so folgenschweren Handelns werden wir gleich näher beleuchten.

---

487 CIRCULARVERFÜGUNG, Handwerk, S. 154. - Zur Praxis der Konzessionsvergabe vgl. Ulrich LANGE: Ordnung und Freiheit - Zur Diskussion über die Einführung der Gewerbefreiheit in Schleswig-Holstein in den 1830er und 1840er Jahren, in: Ingwer E. Momsen (Hg.): Schleswig-Holsteins Weg in die Moderne. Zehn Jahre Arbeitskreis für Wirtschafts- und Sozialgeschichte Schleswig-Holsteins (= SWSG, 15), Neumünster 1988, S. 29-42, hier 31-33.

488 HÄHNSEN, Entwicklung, S. 90, irrt also, wenn er behauptet, die Besteuerungsmöglichkeit der Gewerbetreibenden auf dem flachen Land Schleswig-Holsteins in Form einer jährlichen Recognition sei erstmals in einem Kanzleischreiben von 1812 vorgesehen gewesen.

489 CIRCULAR, Bestimmung.

490 BOCKSTEDT, Grundzüge, S. 18.

491 HÄHNSEN, Entwicklung, S. 97. - Genauso scharf kritisiert Carl BAURMEISTER: Schleswig Holstein, in: Ständige Deputation des volkswirthschaftlichen Congresses (Hg.): Gewerbegesetzgebungen Deutscher Staaten. Für eine zweite Versammlung deutscher Volkswirthe, Bremen 1859, S. 45-54, hier 45, die Gewerbeordnung und das Versagen der verantwortlichen Politiker in Schleswig-Holstein: "Wohl in keinem andern deutschen Lande liegt das Gewerbewesen so im Argen, wie in den Herzogthümern Schleswig und Holstein. An einer eigentlichen Gewerbegesetzgebung fehlt es im Grunde hier gänzlich. Alles beruht auf Herkommen, Willkür, Gutdünken, Zufall."

492 HÄHNSEN, Entwicklung, passim. Vgl. dazu auch BROCKSTEDT, Grundzüge, S. 18 f.

Aber nicht nur zwischen den Lokal- und den Regierungsbeamten schwelte ein Konflikt bezüglich der einzuschlagenden gewerbepolitischen Linie. Das belegt der Zickzackkurs in der Gewerbegesetzgebung insofern, als das eine Mal durch Verordnungen und dergleichen auf die Wesensverschiedenheit der Wirtschaft von Stadt und flachem Land gepocht und das andere Mal durch Verordnungen und dergleichen die freie Entfaltung des Landhandwerks vorantrieben wurde. Dieser ständige Wechsel läßt sich nur mit Kompetenzstreitigkeiten und Uneinigkeit innerhalb der Regierung in dieser Sache hinreichend erklären. Bereits in Kapitel III.3. ist auf die diesbezügliche Spaltung der leitenden Beamtenschaft in Kopenhagen und auf Gottorf in zwei Parteien sowie auch auf deren Folgen hingewiesen worden.[493] Im weiteren Verlauf dieses Kapitels wird sich nun zeigen, daß - je nach Konjunkturverlauf - mal die eine und mal die andere der widerstreitenden Parteien das Ruder in die Hand bekam. Auch wenn die Liberalen im Verlauf des Untersuchungszeitraums mehr und mehr an Boden gewannen, gänzlich von der Brücke drängen konnten sie die Anhänger der "alten Ordnung" in dieser Auseinandersetzung bis 1863 nicht. Ein gewichtiger Grund hierfür waren sicher die nationalen Spannungen. Sie blockierten eine grundlegende Reform der Gewerbeordnung vor und nach 1848/51.[494]

Des weiteren bietet die äußerst angespannte Haushaltslage des Staates eine Erklärung für die Widersprüche zwischen der staatlichen Gewerbegesetzgebung und -politik. Sie ließ allen Regierungsbeamten Rekognitionen als willkommene Einnahmequelle erscheinen.

Besonders hervorgehoben werden sollen diesbezüglich jedoch die beiden folgenden Aspekte: Zum einen ist die Regierungsbürokratie auch in Schleswig-Holstein durch das kräftige Wachstum der Bevölkerung ab der Mitte des 18. Jahrhunderts (1735: 524.000 Einwohner; 1803: 631.000 Einwohner; 1850: 925.900 Einwohner; 1867: 1.028.800 Einwohner)[495] allmählich unter Zugzwang geraten, zog es doch - wie bereits vermerkt - eine beträchtliche Vergrößerung der unterbäuerlichen Schichten nach sich. Da die gewerbepolitisch konservativ gesinnten Mitglieder in der Regierung über keine alternativen Beschäftigungskonzepte für diese Gruppe auf dem ländlichen Arbeitsmarkt verfügten, mußten sie deren Unterkommen im Landhandwerk oder einer anderen gewerblichen Profession wohl oder übel tolerieren. Aus diesem Blickwinkel wird auch die Duldung des ländlichen Hausfleißes, wie z.B. in der Form des Klüterns oder Pflugmachens und der Hausindustrie von seiten der Regierung verständlich.[496]

---

493 Vgl. oben, Kap. III.3., S. 211 ff.

494 Vgl. dazu LANGE, Ordnung, passim.

495 STATISTISCHES LANDESAMT Schleswig-Holstein (Hg.): Beiträge zur historischen Statistik Schleswig-Holsteins, Kiel 1967, S. 9 f. (1735, 1803, 1850: Gebiet der Herzogtümer Schleswig, Holstein und Lauenburg vor 1867; 1867: Gebiet der preußischen Provinz Schleswig-Holstein in in den Grenzen von 1876-1920).

496 Zum gewerblichen Klütern und Pflugmachen vgl. oben, Kap. III.2. und III.3. - Eine Auflistung derjenigen Gewerbe in den Herzogtümern, die "entweder in den Städten dem Zunftzwange entzogen sind, oder auf dem Lande ohne Concession betrieben werden dürfen", findet sich in Systematische SAMMLUNG der für die Herzogthümer Schleswig und Holstein erlassenen, annoch gültigen, Königlichen, Fürstlichen, Großfürstlichen und gemeinschaftlichen Verordnungen und Verfügungen, Bd. 6, Kiel 1833, S. 181-202. Ab 1833 finden sich entsprechende Bestimmungen in den Chronologischen SAMMLUNGEN. - Während es für LANGE, Ordnung, S. 36, nahe liegt, daß die Bewilligungspraxis auch von einem sozialpolitischen Motiv geleitet wurde, sehen

Unter anderem aus sozialpolitischen Motiven deckten ebenfalls die Mittel- und Unterbehörden in der Regel den "Prozeß der Territorialisierung des Gewerbes" ab. Denn diese mit den sozioökonomischen Verhältnissen unmittelbar vor Ort bestens vertrauten Verwaltungsinstanzen hatten für den Fall, daß sie die offiziellen gewerbepolitischen Richtlinien tatsächlich durchsetzten, ganz konkret die Gefahr eines Anschwellens der Landarmut und damit der Armenkosten, in ihren jeweiligen Verwaltungsdistrikten vor Augen.

Zum anderen befand sich die Regierung in dem unlösbaren Dilemma, im Rahmen der alten Gewerbeordnung die optimale Versorgung der bäuerlichen Betriebe mit landwirtschaftlichen Produktionsmitteln wie überhaupt mit allen Erzeugnissen des täglichen Bedarfs gewährleisten zu müssen, ohne dabei der bürgerlichen Nahrung der Städte, die einen unverhältnismäßig großen Anteil an Steuern zu erbringen hatten, einen merklichen Schaden zuzufügen.

Die Landwirtschaft war während des Untersuchungszeitraums - wenn auch mit abnehmendem Gewicht - ungebrochen der eindeutig dominierende Wirtschaftssektor des Landes.[497] In ihr, so schätzt Ahlf, sind um 1800 ca. 80% der Berufstätigen beschäftigt gewesen; 1867 waren es immerhin noch 50%.[498] Zudem machten agrare Roh- und Veredelungsprodukte traditionell den Löwenanteil des schleswig-holsteinischen Exports aus. Die Ausfuhr von gewerblichen Waren war hingegen eher die Ausnahme.[499] Das (Land-) Handwerk blieb mithin lange Zeit auf die Bedarfsdeckung des örtlichen, bestenfalls regionalen Marktes beschränkt, wobei hier wiederum die Landwirtschaft Hauptkonsument seiner Erzeugnisse war. Prosperierte die stark von den Wechsellagen auf dem europäischen Agrarmarkt abhängige Landwirtschaft, ging es dem gesamten Gewerbe des Landes gut. Es ist also verständlich, wenn die Förderung der Landwirtschaft über weite Strecken der Landesgeschichte ganz unwillkürlich im Vordergrund des staatlichen Wirtschaftsinteresses stand.

Im Gegensatz zur Regierung, die sich aufgrund ihrer Neutralitätspflicht ernsthaft um einen Ausgleich zwischen Stadt und flachem Land bemühen mußte, fühlten sich die Lokalbeamten auf dem flachen Land selbstredend zu keinerlei Rücksichtnahme gegenüber den Städtern verpflichtet. Verantwortlich wähnten sie sich vielmehr einzig und allein für die Wohlfahrt ihres Verwaltungsdistrikts, für die neben den naturräumlichen Gegebenheiten hauptsächlich der Entwicklungsstand der dortigen landwirtschaftlichen Betriebe, deren Marktanbindung sowie die Agrarkonjunktur ausschlaggebend waren. Zur Nichtbeachtung der Bannmeile muß sie deshalb noch stärker als das sozialpolitische Motiv die Förderung der Agrikultur bewegt haben. Und das um so mehr, als sie erstens als Gutsbesitzer bzw. -pächter oder Bauer selbst von der Landwirtschaft lebten, sich zweitens die Höhe ihrer Dienstbezüge - sofern sie welche erhielten - nicht unwesentlich nach der wirtschaftlichen Leistungskraft ihres Verwaltungsdistrikts richtete und es drittens durch die strikte Anwendung des Bannmeilensystems im Endeffekt zu einer Abwande-

---

ASMUS/LORENZEN-SCHMIDT, Entwicklung, S. 48 und BROCKSTEDT, Grundzüge, S. 18, dieses Motiv als gegeben an. Freilich erbringen sie nicht den Beweis dafür.

497 BROCKSTEDT, Grundzüge, S. 18.

498 Heinrich Detlef AHLF: Das schleswig-holsteinische Stadthandwerk in seiner Entwicklung zur Gewerbefreiheit, Rechts- und Staatswissenschaftliche Diss. Kiel 1926 (maschinenschriftlich vervielfältigt), S. 82 und BROCKSTEDT, Grundzüge, S. 21.

499 GEHRMANN, Handelskonjunkturen, S. 147 und BROCKSTEDT, Grundzüge, S. 20.

rung von Teilen der unterbäuerlichen Schichten gekommen wäre, die unentbehrliche Erntearbeitskräfte waren. Dadurch ermöglichten und förderten die mittlere und untere Verwaltungsebene zweifelsohne den Prozeß der "Territorialisierung des Gewerbes" ein ganzes Stück weit.[500] Haase berichtet beispielsweise über die Lehns- und Kirchspielsvögte sowie Gevollmächtigten der friesischen Harden: "Die Interessen der ländlichen Bevölkerung erforderten nach ihrer Ansicht die Anwesenheit von Handwerkern auf dem Lande. Trotz der Drohung Kopenhagens mit den schärfsten Strafen ließen sie sich davon nicht abbringen, sondern unterstützten vielmehr das Landhandwerk bei jeder Gelegenheit in einer Eingabe nach der andern, worin sie die Unmöglichkeit der Durchführung der Verordnungen der Zentralverwaltung und worin sie die schädlichen Folgen für die Landwirtschaft nachwiesen".[501]

Eine Möglichkeit, die Versorgung der landwirtschaftlichen Betriebe mit gewerblichen Produkten sicherzustellen, sahen die Oberbeamten darin, die Grenzen der Eigenversorgung mit Produkten des bäuerlichen Hauswerks möglichst großzügig abzustecken. So fand sich 1836 in der Beamtenschaft der Schleswig-Holsteinischen Regierung eine Mehrheit dafür, es "jedem Landbewohner" zu erlauben, "die zum eigenen Bedarf erforderlichen Schmiedearbeiten selbst oder durch einen in Kost und Lohn stehenden Knecht verfertigen zu lassen".[502] Abschlägig beschieden hatte hingegen zuvor die Schleswig-Holstein-Lauenburgische Kanzlei die 1833 vom Pferdehändler Olde aus Neuenbrock, Amt Steinburg, an sie gerichtete Anfrage, "ob es ihm [...] frei stehe, eine Schmiede in seinem eigenen Hause, lediglich zu seinem eigenen Bedarf anzulegen und einen der Schmiedeprofession kundigen Menschen anzunehmen". In diesem Fall, so hatte sie ihre Entscheidung begründet, würde nicht mehr für den Bedarf "in seinem eigenen Haushalte" gearbeitet, sondern vielmehr würden dann "Fabricate, mit denen ein Handel getrieben wird, oder die zur Beförderung eines Handelsbetriebes dienen sollen", produziert werden. Folglich bedürfe der "Supplicant" einer "Concession". Diese hatte sie ihm sogar schon ausgestellt, und zwar gegen eine jährliche "Recognition" von 8 Rbthlr. und mit der Auflage, nur die "bei seinem Handel mit Pferden erforderlichen Schmiedearbeiten" in seiner Grobschmiede ausführen zu lassen.[503] Die Kanzlei mühte sich hier zwar noch darum, den Anschein zu erwecken, gemäß der alten Gewerbeverfassung zu handeln. Doch de facto hob sie - wohl nicht zuletzt aus fiskalischen Motiven - die von ihr gezogene klare Trennlinie zwischen Hauswerk und "bürgerlicher Nahrung und Handthierung auf dem Lande" sofort wieder auf, indem sie dem Pferdehändler Olde bereitwillig die von ihm gewünschte Befugnis - wenn auch mittels einer Konzession - erteilte.

Eine andere Möglichkeit sah die Kanzlei in der Freistellung eines Gewerbes vom Konzessionszwang. Ebenfalls 1836 vermochten etwa die Liberalen in der Beamtenschaft der Schleswig-Holstein-Lauenburgischen Kanzlei durchzusetzen, daß auch die beim Pflug-

---

500 Vgl. HABICHT, Stadt- und Landhandwerk, S. 87-93 und KAUFHOLD, Gewerbe, S. 177.

501 Nicolai HAASE: Das Handwerk, in: L. C. Peters (Hg.): Nordfriesland. Heimatbuch für die Kreise Husum und Südtondern, Husum 1929, S. 300-312, hier 308. - Vgl. hierzu auch HÄHNSEN, Entwicklung, S. 35-85.

502 REGIERUNGSSCHREIBEN, Schmiedearbeiten, S.47.

503 STATTHALTER-RESCRIPT, enthaltend eine Auslegung der Constitution vom 2ten August 1686, in: Chr. Slg, 1834, Nr. 4 (11.01.1834), Kiel 1835, S. 3 f. - LAS Abt. 65.2, Nr. 822 II.

machen anfallenden Schmiedearbeiten zu denjenigen Beschäftigungen auf dem flachen Land gezählt wurden, die alle Landleute ohne Konzession ausüben durften.[504]

Dauerhaft war die Versorgung der Landwirtschaft mit Gewerbeprodukten letztlich jedoch nur über eine Bestandsaufstockung des Landhandwerks zu gewährleisten. Es scheint daher gar nicht so abwegig zu sein, daß die Befürworter der Gewerbefreiheit unter den Beamten der Regierung im Bewußtsein dessen den Widerstand der Lokalbeamten als Deckmantel nutzten, um nicht wirksame Schritte gegen die Vermehrung der Landhandwerker einleiten zu müssen. Unlösbar bleibt dabei allerdings die Frage, inwieweit die Lokalbeamten tatsächlich zur Durchführung der Gewerbegesetze und -verordnungen hätten gezwungen werden können. Wie dem auch sei, während einer Periode agrarischer Hochkonjunktur in Schleswig-Holstein, die nach 1750 zaghaft anlief und 1819 in die große Agrarkrise mündete,[505] vermochten sich die progressiven Regierungsbeamten entscheidend durchzusetzen. Laut Hähnsen waren sie in einer folgenschweren "Unbekümmertheit"[506] der Ansicht, das gewerberechtliche Grundgesetz der Herzogtümer, das Bannmeilenrecht, zugunsten des Landhandwerks einschränken zu können, und zwar ohne das Stadthandwerk nachhaltig zu schädigen. Den Höhe- und gleichsam Schlußpunkt dieser die alten Rechtsgrundsätze über Bord werfenden Phase bildete 1805 die Einführung des oben vorgestellten allgemeinen Konzessionssystems. Die Regierung legalisierte auf diese Weise sowohl den bereits bestehenden Zustand als auch die weitere Bestandsentwicklung des Landhandwerks: Sie verschob folglich, wie schon vermerkt, de facto die Gewerbeordnung dadurch unumkehrbar in Richtung Gewerbefreiheit. Wenngleich also in der darauffolgenden großen Agrarkrise, während derer die Städte spürbar an ökonomischer Leistungs- und Steuerkraft verloren, mehrfach die Konservativen unter den Beamten den Erlaß von Verordnungen durchzusetzen vermochten, die allesamt die Restauration der alten gewerbepolitischen Prinzipien, d.h. insbesondere des Bannmeilenrechts, zum Ziel hatten, war eine Entfernung der vielen bereits konzessionierten Handwerker vom flachen Land gar nicht mehr möglich. Auch änderten diese Verordnungen nichts an der bis dahin geübten Praxis der Konzessionsvergabe für Landhandwerker. Es blieb alles beim alten.

Wie widersprüchlich die Gewerbepolitik der Regierung diesbezüglich unvermindert auch zu Beginn der drei sogenannten "goldenen Jahrzehnte" (1840-1870) der kontinentalen Landwirtschaft[507] war, dokumentiert nachdrücklich folgender Vorgang: 1843 lehnte die Schleswig-Holstein-Lauenburgische-Kanzlei zwar letztmalig das Gesuch der Landschaft Eiderstedt auf Wiedereinführung der Gewerbefreiheit ab, andererseits wies sie die Landschaft in ihrem Antwortschreiben jedoch darauf hin, daß bei der "Bewilligung von Gewerbeconcessionen die Bedürfnisse des Schleusenbaues u der Landwirthschaft, wie seither, so auch künftig ihre Berücksichtigung finden werden".[508]

Wenngleich die Regierung mit ihrer Gewerbepolitik die Bestandsentwicklung des Landhandwerks weder spürbar zu bremsen noch anzuregen vermochte, wirkte sich ihre Un-

---

504 Vgl. dazu oben, Kap. III.3., S. 211 ff.
505 BROCKSTEDT, Grundzüge, S. 20 und 29. DERS., Konjunkturen, S. 232 f.
506 HÄHNSEN, Entwicklung, S. 89.
507 ABEL, Agrarkrisen, S. 273-275.
508 LAS Abt. 65.2, Nr. 2468.

fähigkeit, die Gewerbeordnung in Richtung Gewerbefreiheit zu liberalisieren, doch auf andere Weise negativ auf den Verlauf der Ausbreitung moderner Agrartechnik in den Herzogtümern aus. Den Beweis hierfür soll das nachfolgende Kapitel liefern.

III.5.1.3. Zur fachlichen Qualifikation der ländlichen Gerätschaftshandwerker

Über die durchschnittliche fachliche Qualifikation des Landhandwerks im deutschsprachigen Raum ist nach wie vor wenig bekannt. Bis vor kurzem dominierte allerdings in der Forschungsliteratur noch die bereits im Ancien Regime "zumindest in städtisch-zünftischen Kreisen zum immer wieder vorgetragenen Repertoire an Standardstereotypen" gehörende "Ansicht von der Minderwertigkeit der Arbeit ländlicher Professionisten".[509] Kaufhold äußerte dagegen vor zwei Jahrzehnten die Vermutung, die "durchschnittliche Leistungsfähigkeit" des Landhandwerks habe im deutschsprachigen Raum im 18. und 19. Jahrhundert regional variiert.[510]

Mittlerweile haben beispielsweise Meiers Dissertation, die für das Landhandwerk des Zürcher Unterlandes im 18. Jahrhundert zu dem Ergebnis kommt, daß es sich "hinsichtlich Ausbildungsstand und Qualität der Arbeit vom städtischen Gewerbe weit weniger unterschied, als dies gemeinhin angenommen wird"[511] oder eine Untersuchung von Kaufhold selbst, in der er um 1800 im Herzogtum Braunschweig ein leistungsfähigeres ländliches Handwerk nachweist als in der preußischen Provinz Ostfriesland,[512] diese These weiter zu erhärten vermocht. Zwar bedarf es noch erheblich mehr Untersuchungen, um ein sicheres Urteil über die Entwicklung des Leistungsniveaus des deutschen Landhandwerks in vor- und frühindustrieller Zeit fällen zu können, doch sollte man in zukünftigen Arbeiten dem obigen Sachverhalt Rechnung tragen und die Qualität des Landhandwerks nicht mehr automatisch im Verhältnis zu der des Stadthandwerks als weit niedriger stehend einstufen.

Dem schleswig-holsteinischen Land- wie Stadthandwerk stellt Brockstedt für den Untersuchungszeitraum insgesamt ein schlechtes Zeugnis aus. Von "technischen Fortschritten" etwa könne in dieser Phase im Landhandwerk "nur in Ausnahmefällen gesprochen werden".[513] Verantwortlich dafür macht Brockstedt zum einen die "fast ausschließliche Orientierung [des Stadt- und Landhandwerks] auf den örtlichen bzw. regionalen Markt und

---

509 MEIER, Handwerk, S. 215. - So bemerkt etwa Gustav SCHMOLLER: Zur Geschichte der deutschen Kleingewerbe im 19. Jahrhundert. Statistische und nationalökonomische Untersuchungen, Halle 1870, S. 263, die Leistungen der meisten ländlichen Handwerker seien "technisch gering" gewesen. Schmoller paraphrasierend - freilich ohne Beweise vorzulegen - kommt Otto NÜBEL: Das Landhandwerk des Münsterlandes um die Wende des 19.Jahrhunderts, Staatswissenschaftliche Diss. Münster i. W. 1913, S. 57, zu dem Urteil, die Leistungen der Handwerker auf dem flachen Land des Münsterlandes seien "technisch nicht so auf der Höhe" gewesen "wie in den Städten".

510 KAUFHOLD, Wandlungen, S. 174.

511 MEIER, Handwerk, S. 220.

512 KAUFHOLD, Gewerbe, S. 177 f.

513 BROCKSTEDT, Grundzüge, S. 25-29.

die Vernachlässigung des Exports von [gewerblichen] Produkten" und zum anderen die Wirtschaftspolitik, "in deren Rahmen einige Städte wie die Hauptstadt besondere Privilegien erhalten und in der Handel und Schiffahrt viel größere Beachtung als das Gewerbe finden". Erst mit dem wirtschaftlichen Aufschwung nach 1830 und infolge der Lockerung der Gewerbeordnung habe sich das Landhandwerk "in den umliegenden Städten auf regionale Märkte oder auf den Export" richten können. Für letzteren habe nun auch das Stadthandwerk stärker gearbeitet.[514] Folglich dürften auch die ländlichen Gerätschaftshandwerker der Herzogtümer im Durchschnitt über keine besonders hohe fachliche Qualifikation verfügt haben. Dies erscheint umso wahrscheinlicher, als man berücksichtigen muß, daß die tradierten landwirtschaftlichen Produktionsmittel - bis auf die in Kapitel III.4. vorgestellten Ausnahmen - ausschließlich für den lokalen Markt angefertigt wurden.

Wie hoch die durchschnittliche fachliche Qualifikation der ländlichen Gerätschaftshandwerker in Schleswig-Holstein während des Untersuchungszeitraums nun tatsächlich anzusetzen ist und insonderheit welchen Anteil die staatliche Wirtschafts- und Gewerbepolitik daran hatte, wird nachfolgend untersucht werden. Dazu soll auf die in Kap. II.2.1.1. dargelegte Entwicklung der Diffusion moderner Pflüge in den Herzogtümern zurückgegriffen werden; denn zum einen ist der Pflug bis heute das wichtigste landwirtschaftliche Bodenbearbeitungsgerät und zum anderen kam während der Agrarrevolution auf dem Gebiet der Agrartechnik in Deutschland bis nach 1850 keiner Innovation eine solche Bedeutung zu wie derjenigen auf dem Sektor der Pflugtechnologie. Vor allem aber war der Pflugbau auch in den Herzogtümern bis über die Jahrhundertmitte hinaus eine Domäne des Landhandwerks. Sein Entwicklungsstand ist demnach auch ein Gradmesser für dessen Leistungskraft.

Bemerkenswert ist, daß in fast allen Quellen ein Faktor als vorrangige Barriere für eine zügige flächendeckende Diffusion landtechnischer Innovationen in Schleswig-Holstein herausgehoben wird: nämlich die mangelnde Qualifikation der ländlichen Gerätschaftshandwerker, und unter diesen insbesondere die der Landschmiede. Nachfolgend sollen in chronologischer Reihenfolge exemplarisch einige wenige der vielen zeitgenössischen Stimmen gehört werden, die sich speziell über die Ausbreitung moderner Pflugtypen in den Herzogtümern äußern.

V. Holstein bemerkte in seinem Schreiben von 1832 an die "verbundenen landwirthschaftlichen Vereine in Schleswig-Holstein" anläßlich der Frage, "in wie ferne die landwirthschaftlichen Vereine die Einführung besserer Ackergeräthe am richtigsten begünstigen" könnten, wenig schmeichelhaft für die ländlichen Gerätschaftshandwerker: "Versuche, bei unseren Handwerkern diese Ackergeräthe machen zu lassen, werden nicht gelingen, die Instrumente werden fehlerhaft construirt seyn, schlechte Arbeit liefern, bei Seite gesetzt werden, und alle Kosten verschwendet seyn".[515]

Verständlicherweise verband daher der Hofbesitzer Hell in seinem 1846 erschienenen Aufsatz "Ueber die Verbesserung des Pfluges" seinen Vorschlag, das Modell eines für die Marschen geeigneten modernen Pfluges auf Vereinskosten anzuschaffen, mit folgenden Wünschen: "Wenn dann unser Land mit tüchtigen Meistern versehen wäre, die nach

514 Ebda., S. 26.
515 HOLSTEIN, Vorschläge, S. 105.

einem Modelle die Arbeit verrichten könnten, so wären alle Mängel auf einmal gehoben. Wenn nur jede Zunft dahin strebte, daß sie solche Meister bildete, die nach einem Modelle die Arbeit verfertigen könnten, so könnte der Landmann bei jedem Handwerksmeister das ihm an dem Pfluge fehlende Stück, es sei von Eisen oder Holz, erhalten, und brauchte sich nicht erst an eine Fabrik zu wenden".[516] Und auf der Sitzung des "Landwirthschaftlichen Vereins der Aemter Bordesholm, Kiel und Kronshagen" vom 22. Juni 1852 äußerte sich dessen Direktor Hach in einem mündlichen Bericht über "einen Räderpflug, den er von der Magdeburger Ausstellung erhalten" und der dort "die erste Prämie bekommen hatte" u.a. wie folgt: Es sei "sehr zu bedauern [...], das wir in der landw. Technik so weit zurück [..] [sind], da doch gutes Geräth sehr wichtig bei der Landwirthschaft" sei. Der Grund liege "namentlich darin, daß wir nur wenig gute Handwerker"[517] hätten. Auch noch zwölf Jahre später kam Hach im "Landwirthschaftlichen Wochenblatt" vom 4. Juni 1864 unverändert zu dem Ergebnis, daß "die Einführung des Schwungpfluges ihre Hauptschwierigkeit in der Mangelhaftigkeit unserer Handwerker [finde], der Schmiede zumal". So seien die schleswig-holsteinischen Bauern "oftmals aus Aerger über die Ungeschicklichkeit der Schmiede versucht gewesen, wieder zum Räderpflug zu greifen".[518] Letzteres bekräftigte Hach nochmals im "Jahresbericht über die landwirthschaftlichen Verhältnisse Schleswig-Holsteins" für 1868. Darin heißt es u.a.: "Recht viel Schuld haben daran auch die Landhandwerker, namentlich die Schmiede, welche durch ihre ungeschickte Arbeit den Landwirthen die bessern Pflüge verleiden; deshalb verbreiten sich solche Geräthe viel leichter, bei denen keine besondere Stellung vorkommt und zu verderben ist".[519] Konsequenterweise forderte er deshalb die Bauern am 31. Juli 1869 im "Landwirthschaftlichen Wochenblatt" dazu auf, die Verfertigung der Pflüge "jedenfalls nicht mehr den eigenen Landhandwerkern" zu überlassen, "sondern auch hierfür den Fabriken und Eisengießereien tributair"[520] zu werden. Der sich hierin widerspiegelnde Verdrängungsvorgang von (Land-)Stellmachereien und (Land-)Schmieden nach 1850 aus ihren angestammten Tätigkeitsbereichen durch den Fabrikbetrieb wird auch gut in der Entwicklung der Produktionszahlen der Landstellmacherei Kröger in Dätgen, Amt Bordesholm, sichtbar.[521]

Legion zählen die aus den ersten beiden Dritteln des 19. Jahrhunderts überlieferten Klagen über die mangelnde fachliche Qualifikation der ländlichen Gerätschaftshandwerker indes auch außerhalb Schleswig-Holsteins. In sie reihen sich beispielsweise so bekannte Persönlichkeiten wie der Herzog Friedrich von Schleswig-Holstein-Sonderburg-Beck (1803), Alban (1829, 1835, 1844) und Heinrich v. Thünen (1839) genauso ein wie Hamm (1856) und v. Viebahn.[522] Vorschnell wäre es jedoch, aufgrund dieser Be-

---

516 HELL, Verbesserung, Sp. 85.

517 PROTOKOLL des landw. Vereins der Aemter Bordesholm, Kiel und Kronshagen vom 17. Juni 1852, in: LWB, 2 (1852), Nr. 26 (03.07.1852), S. 201- 205, hier 204.

518 ANONYMUS, Pflug, S. 178.

519 HACH, Jahresbericht, S. 73.

520 DERS., Geräthe, S. 245.

521 KETTEMANN, Handwerk, S. 90 (Grafik 2). Vgl. dazu auch MENDE, Stellmacher.

522 Ein dritter Brief des Herzogs Friedrich von HOLSTEIN BECK an den Staatsrat Dr. A. D. Thaer vom Jahre 1803, in: Jahrbuch der Gesellschaft für Geschichte und Literatur der Landwirtschaft, 18 (1919), S. 41-44, hier 41 f. Zur Person des Herzogs (1757-1816), der u.a. wegen seines Interesses an Verbesserungen der Landwirtschaft 1812 zum ersten Präsidenten der Schleswig-Holsteinischen patriotischen Gesellschaft gewählt wurde, vgl. Konrad FEILCHENFELDT: Friedrich

schwerden alle ländlichen Gerätschaftshandwerker Deutschlands derart niedrig einzustufen. Meiers Warnung[523] findet dann auch in der "Nachweisung über den Stand des landwirthschaftlichen Maschinenwesens im Preußischen Staate 1854-55"[524] insoweit eine Relativierung, als die "Ausbildung und Leistungen der Schmiede, Stellmacher und Reparatoren" in ihr regional differenziert bewertet wurde. Das Spektrum reicht von "stehen im Ganzen noch auf der niedrigsten Stufe und genügen kaum den bescheidensten Ansprüchen" ("Central-Verein Gumbinnen, Provinz Preußen") bis hin zu "In den meisten Landschaften, nicht nur bei gewöhnlichen Geräthen als den Bedürfnissen der Landwirthschaft entsprechend zu nennen" ("Central-Verein Merseburg, Provinz Sachsen"). Aber: Positive Beurteilungen, wie sie der landwirtschaftliche "Central-Verein Merseburg" über die Gerätschaftshandwerker der Provinz Sachsen abgab, haben Seltenheitswert.

Bereits in den 1830er und 1840er Jahren war im Rahmen der in den Ständeversammlungen der Herzogtümer Schleswig und Holstein über die Einführung der Gewerbefreiheit rege geführten Diskussion des öfteren als Ursache für den schlechten Ausbildungsstand des Landhandwerks die Gewerbeordnung, und in ihr insbesondere die Praxis der Konzessionsvergabe, verantwortlich gemacht worden.[525] Die fachliche Qualifikation des zu konzessionierenden Landhandwerkers spielte nämlich in den für die Bewilligung aufgestellten allgemeinen Richtlinien - sofern diese überhaupt als Entscheidungskriterium bei der Konzessionierung herangezogen wurden - nur "in geringem Maße" eine Rolle.[526] Demzufolge wurde im Entwurf der neuen Gewerbeordnung das Recht auf die Niederlassung als Landhandwerker u.a. "an einen zunftunabhängigen Befähigungsnachweis"[527] gebunden.

Als gegen Ende der 1850er Jahre der schnell wachsende Kreis der Neuerungsbereiten in der Landwirtschaft das Fehlen eines hinreichend fachlich qualifizierten ländlichen Gerätschaftshandwerks immer schmerzhafter zu spüren bekam, liest sich deren Kritik an der Gewerbeordnung und dem Landhandwerk im "Landwirthschaftlichen Wochenblatt" wie folgt: "Auf dem Lande ist der Handwerker nur ein geduldeter [...]. Was ist die Folge davon? Ein tüchtiger Handwerker wird sich hier nicht niederlassen [...]. Auch bedenke man, daß ein solcher Handwerker, dem nie ein fremder Geselle die Verbesserungen in seinem

---

Carl Ludwig, Herzog von Schleswig-Holstein-Sonderburg-Beck, in: BLSHL, 8 (1987), S. 125-129. Ferner vgl. dazu auch ULBRICHT, Landwirtschaft, passim. - ALBAN, Behandlung, S. 539. Vgl. dazu BENTZIEN, Landbevölkerung, S. 81. - Heinrich von THÜNEN: Reflexionen, veranlaßt durch die am 23. u. 24. Mai 1839 zu Güstrow stattgefundene Prüfung landwirthschaftl. Maschinen u. Instrumente, in: NAMLG, 23 (1839), S. 699-711, hier 709 f. Zur Bedeutung von Thünens (1783-1850) aus Sicht der Agrargeschichte vgl. Günther FRANZ und Heinz HAUSHOFER (Hgg.): Große Landwirte, Frankfurt a. M. 1970, S. 132-144. - HAMM, Geräthe, S. 75 und öfter. - VIEBAHN, Statistik (T. 1), S. 851.

523 Vgl. oben, S. 289.

524 ANONYMUS: Ueber den Stand des landwirthschaftlichen Maschinenwesens im Preußischen Staate und die Mittel zu dessen Hebung, in: Annalen der Landwirthschaft in den Königlich Preußischen Staaten, 14 (1856), Bd. 28, S. 42-53, hier 46-53.

525 Bei LANGE, Ordnung, S. 36 f., finden sich einige dieser von Mitgliedern beider Ständeversammlungen geäußerten kritischen Stellungnahmen zur Praxis der Konzessionsvergabe an Landhandwerker.

526 HÄHNSEN, Entwicklung, S. 94.

527 LANGE, Ordnung, S. 38. Vgl. auch HÄHNSEN, Geschichte, S. 402 f.

Fache, wie man sie anderswo eingeführt hat, zubringt und mittheilt, endlich versimpelt und hinter den Anforderungen der Zeit zurückbleibt. [...] Der Landbau ist in der Gegenwart ein so großartiger Industriezweig, der fast alle übrigen Gewerbe in Thätigkeit setzt, der eine Anzahl von Instrumenten, Apparaten nothwendig, theilweise unentbehrlich macht. [...] Da nun die bestehenden Verhältnisse des Gewerbewesens weder den Consumenten, zumal den Landbewohnern, vortheilhaft und dienlich sind, noch ein tüchtiger Handwerkerstand, durch Fortschritt und Energie sich auszeichnend, hieraus [aus dem alten Zunft- und Gewerbewesen] hervorgegangen ist, so geht das Gutachten des Ausschusses dahin: Die [..] Versammlung möge beschließen, daß der Generalverein die nöthigen Schritte veranlasse, damit jeder Gewerbezwang aufhöre und eine zweckmäßige Gewerbefreiheit an dessen Stelle trete". Bezüglich der Anhebung des Leistungsvermögens des Landhandwerks machte der Ausschuß "über anzustrebende Verbesserungen im Gewerbewesen" des alten und renommierten "Landwirthschaftlichen Vereins am Schleswig-Holsteinischen Canal"[528] abschließend auf seiner Sitzung vom 11. März 1858 folgenden Vorschlag: "Will man den Pfuscher zu seinem und der uebrigen Besten fern halten, so ordne man Prüfungen an [...]. Man wähle als Examinatoren unbescholtene, unpartheiische Männer, die einmal im Jahre die Prüfung vornehmen. Man schreibe vor, was die fortgeschrittene Zeit von den resp. Handwerkern fordern muß. Diese Examina werden vernünftiger und zweckmäßiger sich einrichten lassen, als die Prüfungen der Amtsmeister jetzt sind. Wer die Prüfung nicht besteht, darf dann auch selbständig das Gewerbe nicht betreiben".[529]

Die Meinung dieses Ausschusses dürfte repräsentativ für die Stimmungslage innerhalb der oben benannten Kreise der Landwirtschaft gewesen sein. So sprachen sich etwa auf der Sitzung des "Vereins für Landwirthschaft und Gewerbe in Preetz" vom 7. Dezember 1859 die meisten Vereinsmitglieder dafür aus, eine gleichlautende Empfehlung "dem landwirthschaftlichen Generalverein zur weiteren Beförderung mitzutheilen".[530]

Obwohl der Einfluß der Regierung auf die Bestandsentwicklung des schleswig-holsteinischen Landhandwerks marginal blieb und auch den von der Regierung zu dessen Überwachung erlassenen Verwaltungsanordnungen, die sich hauptsächlich auf die Begrenzung des Betriebes der Landhandwerker konzentrierten,[531] nur ein mäßiger Erfolg beschieden war,[532] trug die Gewerbepolitik der Regierung diesbezüglich zumindest in einer Hinsicht Folgen: Durch ihr zähes Festhalten an der "alten Ordnung" blieb die unterschiedliche Ausbildung des Handwerkernachwuchses in Stadt und Land bis 1867 erhalten.

---

528 Zur Vereinsgeschichte vgl. Wilhelm HIRSCHFELD: Geschichtliche Darstellung der landwirthschaftlichen Vereine und ihres Nutzens in Schleswig-Holstein, Kiel 1868, S. 8 ff. Ferner Henning OLDEKOP, Denkschrift. Vgl. auch THYSSEN, Bauer, S. 22 ff.

529 BERICHT des unterzeichneten Ausschusses über anzustrebende Verbesserungen im Gewerbewesen (Beilage zum Protokoll des Vereins am Canal in Nr. 14), in: LWB, 8 (1858), Nr. 15 (10.04. 1858), S. 117-119.

530 PROTOCOLL der vierten ordentlichen Jahres-Versammlung des Vereins für Landwirthschaft und Gewerbe in Preetz vom 7. December 1859, in: LWB, 10 (1860), Nr. 10 (03.03.1860), S. 68-70, hier 68.

531 Vgl. HÄHNSEN, Entwicklung, S. 93 f.

532 Vgl. dazu beispielsweise BAURMEISTER, Schleswig Holstein, S. 50 f.

Ländliche Grob- und Hufschmiede vom Schlage des Angeliters Hans Hansen aus Wackerade gelangten deshalb zwangsläufig zu einer weit über die Grenzen des Kirchspiels hinausreichenden Bekanntheit. Hansen wurde 1817 wie folgt charakterisiert: "Wir fanden an ihm zwar nur einen empirischen Arbeiter, der aber seine und Anderer Erfahrungen, durch gesunden Verstand, treflich zu nutzen weiß, der mit Leichtigkeit eine mechanische oder technische Aufgabe auffaßt, und nach Bedürfniß nutzt. Hierzu kommt noch sein anhaltender Fleiß, seine Wißbegierde, die Kenntniß seines Faches zu erweitern, ohne sich mit unnützen Nebendingen zu befassen; die Genauigkeit, womit er seine Arbeiten vollendet". Hansen arbeitete mit zwei Gesellen "vor einer großen und einer gewöhnlichen Schmiede-Esse, die durch Prahmen so correspondiren, daß die beiden Ambose sowohl vor der einen als der andern Esse von jedem Feuer benutzt werden können, mit einer Drechselbank, die auf das Allereinfachste eingerichtet ist, die er zum Abdrehen mit 6 bis 8 Zoll starken [eisernen] Walzen benutzt". Mit diesen für eine ländliche Grob- und Hufschmied bereits ungewöhnlichen Produktionsmitteln vermochte Hansen sogar "Ambose von mehreren hundert Pfunden, und Walzen" zu schmieden, zu verstahlen und abzudrehen sowie zu härten und zu polieren. Auch goß "er in Formen oder Sand [bunt-]metallene Büchsen, Unterlagen, Zapfenpfannen, Schrauben und Schraubenmütter" bohrte und drehte "sie fleißig und sauber ab" und setzte diese zusammen.[533]

Die sich aus der zünftigen Dreiteilung der Ämter in Meister, Gesellen und Lehrlinge ergebenden Ausbildungsetappen Lehrzeit, Wanderpflicht und Meisterstück hielten in den Herzogtümern das durchschnittliche Leistungsniveau des Stadthandwerks gegenüber dem des unzünftigen Landhandwerks vermutlich bis in das 19. Jahrhundert hinein auf einer höheren Stufe, ebenso wie die Überwachung der städtischen Handwerksarbeit durch institutionalisierte Qualitätskontrollen.[534] Dazu trugen aber auch der permanente Kontakt der Stadthandwerker untereinander, die zwischen ihnen bestehende direkte Konkurrenz sowie die höheren Ansprüche des städtischen Kunden bei.

Erst die sich in den Aufschwungphasen der Agrarkonjunktur seit dem letzten Drittel des 18. Jahrhunderts vornehmlich in den marktorientiert produzierenden Teilen der Herzogtümer steigernde bäuerliche Lebenshaltung zog sowohl einen spürbaren Anstieg der durchschnittlichen Qualifikation einiger typischer Landhandwerke als auch eine größere Verbreitung einiger bisher kaum auf dem flachen Land anzutreffenden Handwerksprofessionen nach sich.[535] Diese Entwicklung ist vermutlich zum einen auf die verstärkte Ab-

---

533 ANONYMI: Nachricht von einer in dem Herzogthum Schleswig befindlichen, Aufmerksamkeit verdienenden, Schmiede-Anstalt, in: SHLPB, 7 (1817), 2, S. 225-227, hier 226.

534 Allgemein zur Ausbildung der Dreiteilung des "Alten Handwerks" sowie zur Entwicklung seines Ausbildungswesens in Deutschland vgl. Rudolf WISSEL: Des alten Handwerks Recht und Gewohnheit, Bd. 1, 2., erweiterte und bearbeitete Ausgabe herausgegeben von Ernst Schraepler, Berlin 1971, S. 274-358 (Lehrzeit und Wanderpflicht); Bd. 2, Berlin 1974, S. 1-33 (Das Meisterwerden). Speziell zu Schleswig-Holstein vgl. etwa HÄHNSEN, Geschichte, passim. Hartmut KOLZ: Die Verfassung der Lütjenburger Handwerksämter um 1700, Rechts- u. Staatswissenschaftliche Diss. Kiel, München 1974 (maschinenschriftlich vervielfältigt), S. 41-71 und Irmtraud und Herbert ENGLING: Altes Handwerk im Kreis Plön. Von den ersten schriftlichen Überlieferungen bis zum Jahr 1867, Neumünster 1990, passim. - Zu den Qualitätskontrollen vgl. WISSEL, Recht (Bd. 2), S. 258-270. In bezug auf Schleswig-Holstein HÄHNSEN, Geschichte, S. 40 ff. und KOLZ, Verfassung, S. 76 f.

535 HÄHNSEN, Entwicklung, S. 102 ff. - Für Dänemark weist HENNINGSEN, Studier, S. 187-192 und 322, einen zeitgleichen Anstieg der durchschnittlichen fachlichen Qualifikation des Land-

wanderung städtischer Handwerker auf das flache Land zurückzuführen. Als gewichtigstes Movens hierfür kann wohl auch im Falle der Herzogtümer die Überbesetzung des Stadthandwerks angenommen werden.[536] Darauf, daß beispielsweise zünftige Meister in nicht unbeträchtlichem Umfang auf das flache Land abwanderten, deutet u.a. die "Bekanntmachung, betr. die Niederlassung zünftiger Handwerker auf dem Lande"[537] vom 21. März 1832 hin: Siedelte sich ein Amtsmeister auf dem flachen Land in einem der verbotenen Distrikte an, so hörte er demnach sofort auf, Mitglied seines Amtes zu sein. Folglich muß der um 1835 im adeligen Gut Depenau (Preetzer Güterdistrikt) tätige Stellmachermeister, der zuvor dem Kieler Rade- und Stellmacheramt angehört hatte, nach seinem Umzug seines Amtstitels verlustig gegangen sein.[538] Zünftige Gesellen gingen unter Überschreitung des Zunftzwangs nicht nur auf dem flachen Land selbständig ihrer Profession nach, sondern wurden von konzessionierten Landmeistern sogar verbotenermaßen als "Gehülfen" beschäftigt.[539]

Zum anderen strebten vermutlich immer mehr Landbewohner eine ordentliche Handwerkslehre, eine Anstellung als Geselle oder einen Meistertitel in der Stadt an, um sich auf diesem Weg bestmöglich für ihre spätere Tätigkeit auf dem flachen Land zu qualifizieren.[540] Obgleich es aufgrund der Quellenlage unmöglich ist, auch nur ansatzweise abzuschätzen, wie sich die Anteile der zünftig Gelernten und der durch Anlehre oder Autodidaktentum Ausgebildeten im Landhandwerk bis 1867 entwickelten, weisen einige Indizien darauf hin, daß sich derjenige zünftig Ausgebildeter vergrößerte. So bemühte sich die Regierung beispielsweise in den 1820er und 1830er Jahren mittels mehrerer Verfügungen und Verordnungen darum, den angelernten Gehilfen und den Landmeistern den Zutritt zu den Ämtern zu erschweren bzw. zu verwehren. Um den Fortbestand der Trennung in zünftiges Stadt- und unzünftiges Landhandwerk sicherzustellen, band die Regierung des weiteren jedwede Einschreibung von Landhandwerkern in ein Amt an ihre Zustimmung.[541]

Um 1830 scheint die Aufnahme einer zweiten, verkürzten Lehrzeit der Gehilfen bei Stadtmeistern durch ihre Einschreibung bei diesen als Lehrling im sogenannten Verbund jedenfalls noch gang und gäbe gewesen zu sein. Zum Beispiel nutzten alle vier Landstellmacher des zum Itzehoer Güterdistrikt gehörenden adeligen Gutes Borstel, das ca. elfeinhalb Kilometer westlich von Bad Oldesloe liegt, damals "die Assistenz ihrer erwachsenen Söhne, denen sie durch eigene Unterweisung die erforderlichen Kenntnisse

---

handwerks nach. Allerdings vermag er regionale Unterschiede in dessen Niveau vor und nach 1800 nachzuweisen.

536 Vgl. SKALWEIT, Dorfhandwerk, S. 57-70.

537 BEKANNTMACHUNG, betr. die Niederlassung zünftiger Handwerker auf dem Lande, in: Chr. Slg, 1832, Nr. 34 (21.03.1832), Kiel 1833, S. 46.

538 LAS Abt. 49.30, Nr. 102.

539 BAURMEISTER, Schleswig Holstein, S. 51 und LAS Abt. 80, Nr. 860. - Zur Niederlassung von arbeitslosen zünftigen Gesellen in der Bannmeile der Stadt Kiel vgl. HÄHNSEN, Geschichte, S. 393 f. - Die Definition von "Gehülfe" findet sich im KANZELEISCHREIBEN, betr. die Gesellen und Lehrlinge unzünftiger Landhandwerker und Erläuterung des in den Concessionen vorkommenden Ausdrucks "Gehülfen", vom 6ten Aug. 1808, in: Syst. Slg, Bd. 6, Kiel 1833, S. 171 f., Nr. 21 (06.08.1808). Ferner vgl. das KANZELEISCHREIBEN, betr. die Gehülfen der Landhandwerker, in: Syst. Slg, Bd. 6, Kiel 1833, S. 172 f., Nr. 22 (26.09.1829).

540 Vgl. etwa MEIER, Handwerk, S. 204-215.

541 HÄHNSEN, Geschichte, S. 401-406.

zuvor beigebracht" hatten. Ganz selbstverständlich berichtete nun einer von ihnen, Johann Conrad Feldmann, im Februar 1829 in seiner Bittschrift "um Allerhöchste Concession zur Haltung eines Gesellen" davon, daß er seinen ältesten Stiefsohn nicht länger "durch den eigenen Gebrauch von der zunftmäßigen Erlernung des Handwerks [...] zurückhalten"[542] könne. Auch der 1833 in Kleinmeinsdorf bei Plön geborene Johann Friedrich Krützfeldt wurde zunächst von seinem Vater, dem Stellmacher des Dorfes, angelernt und als Handlanger eingesetzt, bevor er nach seiner Konfirmation von 1848 bis 1852 das Handwerk beim Eutiner Rademacheramt zünftig erlernen durfte. Danach kehrte Krützfeldt allerdings nicht gleich aufs flache Land zurück, sondern wanderte erst noch vorschriftsmäßig vier Jahre durch Deutschland und die Schweiz. 1856 übernahm er dann die väterliche Landstellmacherei. Bereits zwei Jahre später konnte der talentierte und ehrgeizige Krützfeldt dank der finanziellen Unterstützung seines Schwiegervaters eine Stellmacherei in Plön erwerben, die er binnen weniger Jahre zu einer Wagenmanufaktur auszubauen vermochte.[543]

Das wenige über die Rekrutierung und Ausbildung des Landhandwerks in Schleswig-Holstein Ausgeführte reicht hin, um sich darüber klar zu werden, daß sich die durchschnittliche fachliche Qualifikation auch der ländlichen Gerätschaftshandwerker bis zum Ende des Untersuchungszeitraums durch die zunehmende Fluktuation von Professionisten zwischen Stadt und flachem Land merklich gehoben haben muß. So bemerkte 1833 ein Unbekannter ganz allgemein im Itzehoer Wochenblatt über die Entwicklung des Ausbildungsstandes von Stadt- und Landhandwerk in den Herzogtümern: "Von Fuschern und Fuscherei kann nicht die Rede seyn, da sich in späteren Zeiten die Landhandwerker in dieser Hinsicht fast überall denen in den Städten und Flecken gleich gestellt haben, und, wenn von Fuschern einmal die Rede seyn soll, man gestehen muß, daß diese unter den Stadt- und Landhandwerkern in gleicher Anzahl zu finden sind".[544]

Gewiß: Die durchschnittliche fachliche Qualifikation der ländlichen Gerätschaftshandwerker hatte sich bis 1867 z.B. weit gegenüber derjenigen des Grob- und Hufschmieds Mattias Schüemann aus Groß Wittensee verbessert, über den die lokale Obrigkeit 1714 urteilte, er sei "ein gantz schlechter Mann", oder gegenüber den Fähigkeiten des Groß Wittenseer Rademachers Hans Kuhr, über den sie 1714 diesbezüglich berichtete, "hat es aber nicht recht gelernet, machet auch wenig neue Arbeit",[545] gehoben. Aber: Im Verlauf dieses Kapitels konnte auch nachgewiesen werden, daß die durchschnittliche fachliche Qualifikation der ländlichen Gerätschaftshandwerker am Ende der 1860er noch nicht zur Produktion moderner Pflüge in akzeptabler Qualität und ausreichender Quantität hinreichte. In bezug auf diese Professionisten muß Brockstedts eingangs des Kapitels III.5.1.3. dargelegter Einschätzung der durchschnittlichen fachlichen Qualifikation des schleswig-holsteinischen Landhandwerks also zugestimmt werden.

Folglich sah der bereits vorgestellte Entwurf der neuen Gewerbeordnung sowie der "Bericht des [..] Ausschusses über anzustrebende Verbesserungen im Gewerbewesen" als

---

542 LAS Abt. 65.2, Nr. 808 II. - Näheres dazu in Kap. III.5.2.2.3., S. 408 f.

543 Johann-Friedrich KREUTZFELDT: Die Plöner Wagenfabrik, in: JbPl, 16 (1986), S. 157-171, hier 157-159.

544 ANONYMUS: Der Krieg der Handwerker, in: Itzehoer Wochenblatt, 17 (1833), Nr. 25 (22.06. 1833), Sp. 615-618, hier 616. Vgl. KAUFHOLD, Wandlungen, S. 180.

545 LAS Abt. 168, Nr. 1625.

Bewilligungsgrundlage für die Konzessionierung eines Handwerkers u.a. zunftunabhängige Befähigungsnachweise vor - was darauf hinweist, daß es auch mit dem Leistungsniveau des städtischen Handwerks in den Herzogtümern nicht zum Besten bestellt war. So urteilte z.B. der Gründer der Itzehoer Maschinenfabrik und Eisengießerei Meifort, Claus Meifort (1836-1924), der das Grob- und Hufschmiedehandwerk zünftig in Wilster erlernt (1853-1857) und dort auch nach seiner Wanderschaft den Meistertitel (1864) erworben hatte, in seinen Erinnerungen hart über einige seiner Mitmeister: "Daß durch ein Meisterstück machen nicht erwiesen daß derjenige im Fach tüchtig ist, habe ich erfahren. Mehrere solcher waren z.B. im Schmiedehandwerk die allergrößten Fuscher".[546]

Der schlechte Ausbildungsstand der Stadt- und Landhandwerker kann - neben den von Brockstedt aufgezeigten Ursachen - ein gutes Stück auf die stiefmütterliche Behandlung des gesamten sekundären Sektors durch die Regierungsbürokratie zurückgeführt werden. So war ihre Gewerbepolitik "kaum auf direkte Förderung des Gewerbes, sondern mehr auf Abbau von Privilegien und Vereinheitlichungen der Gewerbeordnung ausgerichtet".[547] Nach einer Modernisierungsstrategie für das Gewerbe der agrarwirtschaftlich strukturierten Herzogtümer im allgemeinen, wie auch nach einem Konzept zum Aufbau eines die praktische und fachtheoretische Kompetenz des gesamten Handwerks hebenden Bildungssystems im besonderen sucht man deshalb in der staatlichen Gewerbepolitik vergebens.[548] Die Ausbildung des städtischen Handwerkernachwuchses oblag in Schleswig-Holstein folglich bis 1867 ausschließlich den Ämtern, die dem technischen Fortschritt gegenüber gewöhnlich nicht übermäßig aufgeschlossen waren.[549] Die Ausbildung des ländlichen Handwerks hielt die Regierung hingegen nicht einmal für regelungs-, geschweige denn förderungswürdig.

Unbestritten stand sie mit dieser Handwerks- und Gewerbepolitik im Deutschen Bund nicht allein da. Ebenso unbestritten erreichte die staatliche gewerbliche Berufsbildungsförderung beispielsweise in den Königreichen Preußen und Hannover oder den Großherzogtümern Baden und Hessen die meisten Kleingewerbetreibenden nicht.[550] Deren

---

546 Firmenarchiv Cl. Meifort Söhne GmbH, Erinnerungen von Cl. Meifort, S. 33. - Noch kritischer äußerte sich ANONYMUS: Gewerbszwang; Gewerbsfreiheit, in: Kieler Correspondenzblatt, 1833, Nr. 46 (08.06.1833), S. 217-219, hier 218: "Möge die Stadtqualität aufhören, was liegt daran, wenn diese Qualität nur eine Qual ist?".

547 BROCKSTEDT, Frühindustrialisierung, S. 71. - "Von Gewerbeförderung" staatlicherseits, so konstatiert Brockstedt auch am Beispiel des vor- und frühindustriellen Kiel, "kann hier also nicht die Rede sein". Jürgen BROCKSTEDT: Gewerbeförderung in Kiel in vor- und frühindustrieller Zeit - öffentliche und private Maßnahmen, in: Die Heimat, 85 (1978), S. 57-66, hier 61.

548 Andreas Peter SÖNKSEN: Geographie der Herzogthümer Schleswig-Holstein. Mit besonderer Berücksichtigung der innern Verhältnisse, Schleswig 1865, S. 32: "Eine höhere Bauernschule zu Woltersmühle ist eine Privatschule; an Realschulen fehlt es gänzlich; eben so an allen Arten Fachschulen, z.B. polytechnischen Anstalten, landwirthschaftlichen Schulen, Seemannsschulen, Handelsschulen, Cadettenanstalten, Thierarzneischulen". Vgl. dazu auch Gunner LIND: Byerhvervenes udvikling i hertugdømmerne Slesvig og Holsten i tiden mellem de slesvigske krige, 3 Bde, København 1980, S. 137 und BROCKSTEDT, Frühindustrialisierung, S. 73.

549 Vgl. WISSEL, Recht (Bd. 2), S. 312-322.

550 Zur staatlichen Gewerbeförderung im allgemeinen und der staatlich geförderten Handwerkerausbildung im besonderen im Königreich Preußen vgl. Ilja MIECK: Preußische Gewerbepolitik in Berlin 1806-1844. Staatshilfe und Privatinitiative zwischen Merkantilismus und Liberalismus (= Veröffentlichungender Historischen Kommission zu Berlin beim Friedrich-Meinecke-Institut der Freien Universität Berlin, 20), Berlin 1965, insbes. S. 29 ff. und 61 ff. Ferner Peter LUND-

Masse, das eigentliche Handwerk, blieb mithin in Deutschland "bis ins letzte Drittel des 19. Jahrhunderts von vertieftem fachtheoretischem Wissen völlig ausgeschlossen".[551]

Daß speziell die Diffusionsgeschwindigkeit moderner Agrartechnik auch ohne ein effizientes und flächendeckendes berufsqualifizierendes Bildungssystem mit relativ geringem Aufwand erhöht werden konnte, zeigt das Beispiel Dänemarks. Auch das dänische Handwerk genoß - was technische und fachliche Belange betraf - zu Beginn des 19. Jahrhunderts keinen guten Ruf.[552] Im Gegensatz zu den Herzogtümern waren im Königreich allerdings schon seit 1800 private Bestrebungen zur Abstellung dieses Mißstandes in Gang. Entscheidenden Auftrieb erhielt der technische Unterricht dann 1829 durch die Eröffnung der staatlichen Polytechnischen Lehranstalt in Kopenhagen. Ungeachtet dessen blieb die Gründung und Leitung Technischer Schulen noch mehrere Jahrzehnte in den Händen von nichtstaatlichen Trägergemeinschaften: So entstanden alle 23 zwischen 1853 und 1862 in Dänemark neu gegründeten berufsbildenden Einrichtungen auf Initiative lokaler Bürger- und Handwerkervereine. Ab 1862 trug der Staat immerhin schon die Hälfte der Kosten, die zur Einrichtung und Unterhaltung dieser Berufsschulen notwendig waren.[553]

Die Bemühungen trugen Früchte. In der "Beretning om flere Agerbrugets Fremskridt betingende Forhold i Kongeriget i Aaret 1853"[554] wurden nicht nur die vielen neugegründeten Maschinenfabriken und Eisengießereien für die schnelle Ausbreitung moderner Ackergeräte und Landmaschinen in Dänemark verantwortlich gemacht, sondern es hieß darin auch: "Ligeledes findes der nu omkring paa Landet ikke faa duelige Landhaandværkere, saasom Smede og Hjulmænd, der beskjæftige sig med Fabrikationen af Agerdyrkningsredskaber".

GREEN: Techniker in Preußen während der frühen Industrialisierung. Ausbildung und Berufsfeld einer entstehenden sozialen Gruppe (= Einzelveröffentlichungen der Historischen Kommission zu Berlin, 16), Berlin 1975, passim. Gerhard DETER: Handwerkerbildung im Zeitalter der beginnenden Gewerbefreiheit, in: Hans-Jürgen Teuteberg (Hg.): Westfalens Wirtschaft am Beginn des "Maschinenzeitalters" (= Untersuchungen zur Wirtschafts-, Sozial- und Technikgeschichte, 6), Dortmund 1988, S. 95-127. - Im Königreich Hannover: Jörg JESCHKE: Gewerberecht und Handwerkswirtschaft des Königreichs Hannover im Übergang 1815-1866. Eine Quellenstudie (= Göttinger Beiträge zur Wirtschafts- und Sozialgeschichte, 3), Göttingen 1977, S. 170-177. - Im Großherzogtum Baden: Wolfram FISCHER: Theorie und Praxis der Gewerbeförderung, in: Karl Erich Born (Hg.): Moderne deutsche Wirtschaftsgeschichte (= Neue wissenschaftliche Bibliothek Geschichte, 12), Köln und Berlin 1966, S. 86-113, hier 110-113. - Im Großherzogtum Hessen: Georg EMIG: Die Berufserziehung bei den Handwerkerzünften in der Landgrafschaft Hessen-Darmstadt und im Großherzogtum Hessen vom Beginn des 18. Jahrhunderts bis zur Einführung der Gewerbefreiheit 1866, Wirtschafts- und sozialwissenschaftliche Diss. Frankfurt a. M. 1967, insbes. S. 425 ff.

551 DETER, Handwerkerbildung, S. 125.

552 Kritische Stellungnahmen zum Leistungsvermögen des dänischen Handwerks bei OLUFSEN, Beiträge, passim. Ferner vgl. HENNINGSEN, Studier, S. 187-192 und Henrik FODE: Die gesellschaftliche Stellung des dänischen Handwerks in Grundzügen (ca. 1770-1870), in: Jürgen Brockstedt (Hg.): Gewerbliche Entwicklung in Schleswig-Holstein, anderen norddeutschen Ländern und Dänemark von der Mitte des 18. Jahrhunderts bis zum Übergang ins Kaiserreich (= SWSG, 17), Neumünster 1989, S. 207-250, hier 237-240.

553 FODE, Stellung, S. 237-239.

554 BERETNING om flere Agerbrugets Fremskridt betingende Forhold i Kongeriget i Aaret 1853, in: Meddelelser fra det Statistiske Bureau, Samling 2, København 1855, S. 199-280, hier 232 f. - Vgl. hierzu BJØRN, landbrug, S. 160.

Das Hauptverdienst an dieser Entwicklung kommt jedoch nicht der Polytechnischen Lehranstalt oder den Technischen Schulen zu, sondern fraglos dem Wirken der Königlichen Dänischen Landhaushaltungsgesellschaft. Bereits bei ihrer Gründung 1769 hatte sie die Verbreitung von Schwingpflügen zu einem ihrer wichtigsten Ziele erhoben[555] - was sie nicht davon abhielt, sich auch um die Einführung und Verbreitung anderer landtechnischer Innovationen in Dänemark zu bemühen. Wir wollen uns allerdings auch im Falle Dänemarks auf die Diffusion moderner Pflugtypen konzentrieren. Um sie vorwärts zu bringen, organisierte die Königliche Dänische Landhaushaltungsgesellschaft beispielsweise - vielfach in Zusammenarbeit mit den regionalen und lokalen landwirtschaftlichen Vereinen - Wettpflügen, Prüfungen und Ausstellungen. Des weiteren ließ die Landhaushaltungsgesellschaft Landwirtschaftslehrlinge an Schwingpflügen unterweisen und verlieh sie auch kostenlos an Bauern oder verschenkte bzw. verkaufte sie preisreduziert an jene. Ferner zahlte sie z.B. Prämien an Personen, die sich um die Verbreitung von Schwingpflügen verdient gemacht hatten, und publizierte auch Informationsbroschüren über und Konstruktionspläne von Schwingpflügen. Vor allem aber unterstützte die Landhaushaltungsgesellschaft die Produzenten - die (Land)Handwerker genauso wie die Maschinenfabrikanten und Eisengießereibesitzer - auf vielfältige Weise.[556]

Diese nach und nach das ganze Königreich erfassenden, über viele Jahrzehnte laufenden zielgerichteten Aktivitäten der Landhaushaltungsgesellschaft führten in den 1830er Jahren binnen kurzem zu einem radikalen Umbruch in der dänischen Pfluglandschaft. Bis zum Beginn der 1850er Jahre hatte der Schwingpflug den alten Stellpflug auf den dänischen Inseln sowie im Osten Jütlands völlig verdrängt und im Nordwesten und Westen der jütischen Halbinsel gelang ihm dies im Verlauf der 1860er Jahre.[557] Dieser Prozeß blieb in den Herzogtümern natürlich nicht unbemerkt, ohne daß er - wie bereits nachgewiesen - hier zunächst weitergehende Nachahmung gefunden hat. Lütkens etwa, der Pächter von Bundhorst, einem zum Preetzer Güterdistrikt gehörenden adeligen Gut, das auf halber Strecke zwischen Preetz und Bornhöved liegt, hatte bereits "viele verschiedenartige Pflüge [...], worunter auch die gangbarsten aus Seeland, Fühnen, Falster [waren] [...], in Gebrauch gehabt", als er 1844 verwundert feststellen mußte: "Eigenthümlich bleibt es doch, daß in Dänemark, wo bis unlängst die Landwirthschaft hinter derjenigen der Herzogthümer geblieben war, namentlich auf den Inseln, der Schwungpflug allgemein in Gebrauch gekommen, als hier kaum daran gedacht wurde".[558]

Wie gestaltete sich nun die Unterstützung des (Land)Handwerks durch die Königliche Dänische Landhaushaltungsgesellschaft? Bereits vor 1830 half sie Landschmieden und -stellmachern, die sich auf die Herstellung von Schwingpflügen verstanden, finanziell bei der Gründung von "Werkstätten". Im Gegenzug sollten sie einen qualifizierten Handwerkernachwuchs heranbilden. In den 1830er Jahren zog die Königliche Dänische Landhaus-

---

555 CHRISTENSEN, Redskaber, S. 446.

556 CHRISTENSEN, Redskaber, S. 440-464. HERTEL, Historie, S. 161-167, 245-249 und 366-370. BJØRN, 1810, S. 51 f. und 159-162. DIECKMANN RASMUSSEN, 1860, S. 269 f.

557 Ebda.

558 E. LÜTKENS: Verschiedenes mit Bezugnahme auf den in Nr. 51 d. Z. mitgetheilten Protocoll-Extract des Wagrischen Vereins, in: LZ, 3 (1844), Nr. 5 (30.01.1844), S. 33-36, hier 33. - Und 1854 berichtete ANONYMUS: O. T., in: Flensburger Zeitung, 14 (1854), Nr. 125 (31.05.1854): "In Dänemark ist der alte, plumpe Räderpflug von dieser besseren Art [eiserner Schwingpflug] schon größtentheils verdrängt".

haltungsgesellschaft dann die Schulung der beiden wichtigsten ländlichen Gerätschaftshandwerker unmittelbar an sich. So schickte sie z.B. qualifizierte Grob- und Hufschmiede in alle Teile des Landes, die ihren Kollegen vor Ort die zur Anfertigung, Wartung und Reparatur der Schwingpflüge notwendigen Kenntnisse und Fertigkeiten vermittelten und ihnen darüber hinaus einheimische Eisengießereien als Bezugsquellen für die benötigten gußeisernen Teile nannten. Des weiteren sorgte sie durch ihr Votum dafür, daß die Dänische Kanzlei am 17. November 1825 den Landhandwerkern den Verkauf von Ackergerätschaften auf den Märkten der "Kjøbstæder" erlaubte.[559]

Zur selben Zeit wurden auch in der 1819 von der "Königlich Württembergischen Lehranstalt für Land- und Forstwirthschaft zu Hohenheim" gegründeten Hohenheimer Ackergerätefabrik nicht nur die Zöglinge der Lehranstalt, sondern jeder inländische Handwerker, der einen entsprechenden Antrag an deren Direktion stellte, in der Herstellung moderner Pflugtypen unterwiesen. Ihre Funktion als "Berufsschule" für Gerätschaftshandwerker behielt die "Fabrik" anscheinend bis 1861. So stammten die zahlreichen bis dahin in der württembergischen Landwirtschaft eingesetzten Schwerzischen und anderen Schwingpflüge sowohl aus der Hohenheimer Ackergerätefabrik als auch von dort ausgebildeten Handwerksmeistern. Darüber hinaus wagten sich bereits zu Anfang der 1840er Jahre in Reaktion auf die steigende Nachfrage nach dem Hohenheimer und anderen modernen Pflugtypen aber auch immer mehr Dorfhandwerker ohne die entsprechende Unterweisung an deren Herstellung.[560] Die von der Lehranstaltsleitung unter den Gerätschaftshandwerkern angestrebte Initialzündung war offensichtlich erfolgt.

Es zeigt sich: Die Verantwortlichen dieser beiden vom Staat getragenen Institutionen, die der Königlichen Dänischen Landhaushaltungsgesellschaft und der württembergischen Lehranstalt, hatten frühzeitig erkannt, daß über den Erfolg ihrer Bemühungen um die Einführung und Verbreitung moderner Agrartechnik die fachliche Qualifikation der Landstellmacher und ländlichen Grob- und Hufschmiede maßgeblich mitentschied. Auch ohne ein effizientes und flächendeckendes berufsqualifizierendes Berufsbildungssystem verstanden sie es mit relativ bescheidenem Aufwand, den Ausbildungsstand des Landhandwerks zu heben. Freilich mußte dazu in der Regierungsbürokratie mehr als nur die Einsicht in die Notwendigkeit einer hinreichenden finanziellen Förderung der Agrikultur und der Produzenten von Ackergeräten und Landmaschinen vorhanden sein. Blieb sie - wie etwa in Schleswig-Holstein[561] - aus, behielt der gewerbliche Entwicklungsstand des

---

559 HERTEL, Historie, S. 249 und 368 und HENNINGSEN, Studier, S. 125-127.

560 KLEIN, Ackergerätefabrik, S. 302-327.

561 Versteckt wurde in spätdänischer Zeit von den führenden Persönlichkeiten der landwirtschaftlichen Vereine - als der damals treibenden Kraft bei der Entwicklung der Landwirtschaft der Herzogtümer - Kritik an der staatlichen Landwirtschaftspolitik geübt, indem sie der Regierung, die sie nur völlig ungenügend finanziell unterstützte, beispielsweise die weitaus besseren Arbeitsbedingungen der landwirtschaftlichen Vereine Preußens vor Augen führten. Vgl. LAS Abt. 422.5, Nr. 2 (Rede von Graf Ernst von Reventlow-Frave vom 17.03.1843 anläßlich seiner Wahl zum Direktor des Wagrischen landwirthschaftlichen Vereins) und LAS Abt. 422.5, Nr. 11 (Memorandum von Friedrich August Hach vom April 1846 u.a. über die Reorganisation des Schleswig-Holsteinischen landwirthschaftlichen Generalvereins). DITTMANN, Anweisung (Bd. 3, 3. Aufl.), S. 273 f. Ferner LAS Abt. 400.5, Nr. 803 ("Errichtung einer Centralstelle für Landescultur" (01.03.1852). Von Hans Adolph von Warnstedt). Eine Art Generalabrechnung der landwirtschaftlichen Vereine Schleswig-Holsteins nach 1864 mit der von den Verantwortlichen in Kopenhagen in den Herzogtümern seit Beginn der Agrarreformen betriebenen Landwirtschaftspolitik ist

Übernehmerlandes als Rahmenfaktor für die Diffusion landtechnischer Innovationen unvermindert seine Bedeutung. Ihm entsprechend verlief - wie nachgewiesen - auch die Einführung moderner Pflugtypen in den Herzogtümern schleppend; abgesehen vielleicht von Teilen Nordschleswigs und der Marschen. In Nordschleswig scheinen die von der Königlichen Dänischen Landhaushaltungsgesellschaft in den benachbarten dänischen Ämtern angeregten Verbesserungen und Neuerungen im Pflugbau die Bauern zur Nachahmung bewegt zu haben. Schon 1819 wußte nämlich Iversen zu berichten: "Im nördlichen Theile des Herzogthums Schleswig, von der jütländischen Gränze bis Apenrade, hat man eiserne Hinterpflüge. Das Pflughaupt ist ganz von Eisen, das Streichbrett, die Griessäule und der einfache Sterz sind daran festgeschroben. Das Streichbrett ist mit einer eisernen Platte belegt, welche wie auf dem Schmallschen Pfluge gebogen und ausgeschweift ist. [...] Auch verbreitet er sich schnell weiter, wo er erst bekannt ist".[562]

Bei der frühzeitigen allgemeinen Übernahme von Formelementen der modernen auf die tradierten Pflugtypen ist es dort nicht geblieben. Um 1830 bediente sich der Doppelhufner Gramm in seinem Betrieb "neben dem landüblichen Pfluge zweier englischer Schwingpflüge; den einen hat er sich selbst machen lassen, nachdem er vorher einen solchen Pflug bei Hrn. Feddersen in Mögeltondern gesehen hatte, und einen zweiten schickte ihm die Copenhagener Landeshaushaltungsgesellschaft".[563] Auch die "Nordslesvigske Landboforening" erhielt 1847 - auf einen Antrag hin - von ihr zwei Schwingpflüge und eine schwedische Egge gestiftet.[564] Nochmals sicher nachweisen läßt sich das Wirken der erwähnten Königlichen Dänischen Landhaushaltungsgesellschaft in Nordschleswig in den 1850er Jahren: Zwischen 1851 und 1855 erhielten einige - wahrscheinlich ebenfalls dänisch gesinnte - landwirtschaftliche Vereine von ihr Ackergeräte und Landmaschinen gestellt und das letzte staatlich unterstützte Wettpflügen wurde 1859 von der "Mellemslesvigske Landboforening" abgehalten.[565] Es ist folglich gar nicht so abwegig zu vermuten, daß moderne Pflugtechnologie dank der Aktivitäten der Königlichen Dänischen Landhaushaltungsgesellschaft zumindest in den mehrheitlich von Dänen besiedelten Teilen Nordschleswigs früher und stärker Fuß zu fassen vermochte als im restlichen Schleswig-Holstein. So heißt es beispielsweise 1864 aus der Haderslebener Harde: "Den almindelige Svingplov bruges ikke saa sjelden, man har ikke kunnet fortrænge den gamle Hjulplov". In diesem Zusammenhang sei auch nochmals ausdrücklich an die kritische Stellungnahme des unbekannten "dansk Angelbo" erinnert.[566]

Aufklärung hierüber oder über die Frage, ob die Königliche Dänische Landhaushaltungsgesellschaft auch die ländlichen Grob- und Hufschmiede sowie die Landstellmacher Nordschleswigs in ihre Aus- und Fortbildungsmaßnahmen einbezogen hat - und falls ja, inwieweit sie deren durchschnittliche fachliche Qualifikation damit zu heben vermochte,

---

folgender Artikel im "Landwirthschaftlichen Wochenblatt": ANONYMUS: Ueber die Errichtung einer Centralstelle für Ackerbau und Meliorationen!, in: LWB, 14 (1864), Nr. 24 (11.06.1864), S. 185-187. Vgl. auch LAS Abt. 62.1, Nr. 38.

562 IVERSEN, Beyträge, S. 68.

563 HANSSEN, Küstenstrecke, S. 41-44.

564 Hans HANSEN: Den Nordslesvigske Landboforening. I storm og magsvejr gennem hundrede aar, Haderslev 1946, S. 35.

565 HERTEL, Historie, S. 367 und 370.

566 Jens Peter TRAP: Statistik-topographisk Beskrivelse af Hertugdømmet Slesvig, 2 Bde, København 1864, hier Bd. 1, S. 22. - Vgl. oben, Kap. II.2.1.1., S. 103.

werden wahrscheinlich erst diesbezügliche Auswertungen der einschlägigen Archive geben können.

III.5.1.4. Zünftige Gewerbeordnung und (Land)Maschinenbau

Das starre Festhalten der für Schleswig-Holstein zuständigen Ministerialbeamten an der zünftigen Gewerbeordnung war nicht nur der Entwicklung der handwerklichen Produktion moderner (Land)Maschinen - um es vorsichtig zu formulieren - alles andere als förderlich. Dieser Sachverhalt soll nachfolgend dokumentiert werden.

III.5.1.4.1. Die gewerberechtlichen Bedingungen des handwerklichen (Land)Maschinenbaus in den Städten und zunftberechtigten Flecken

Indem prinzipiell nur die Bürger der Stadt im Stadtgebiet erwerbsberechtigt waren, der freie gewerbliche Wettbewerb mit Fremden also weitgehend aus dem Wirtschaftsleben der Stadt verbannt war, wurde das Territorium der Stadt zu einem nahezu geschlossenen, autonomen Wirtschaftskörper.[567] Diese Wirtschaftsstufe wird allgemein als "Stadtwirtschaft" bezeichnet. Durch obrigkeitliche Anerkennung wurde nun im Verlauf des Spätmittelalters und der frühen Neuzeit in einem zweiten Schritt im Stadtgebiet einzelnen korporativen Genossenschaften, den Zünften - oder Ämtern, wie sie in Schleswig-Holstein gewöhnlich hießen - unter allen mit dem Recht auf gewerbliche Betätigung versehenen Bürgern ein exklusives "Recht auf die Anfertigung aller dem der Zunft zugewiesenen Arbeitsgebiete angehörigen Einzelproducte"[568] verliehen. Auch wenn die 1912 von v. Below in seinem Aufsatz über "Die Motive der Zunftbildung im deutschen Mittelalter" aufgestellte These, "daß der Zunftzwang nicht bloß zum Wesen der Zunft gehört, sondern sogar die erste Voraussetzung und den ersten Anfang jeder Zunft bildet", widerlegt worden ist,[569] so ist die Herausbildung des Ausschließlichkeitsanspruchs der Zünfte doch zweifelsohne die wichtigste Folge ihrer Errichtung gewesen.[570] Dementsprechend richtete sich die Kritik der Gegner der zünftigen Gewerbeverfassung insbesondere gegen den Zunftzwang.

---

567 Georg von BELOW: Zünfte, in: Ludwig Elster (Hg.): Wörterbuch der Volkswirtschaft, 3., völlig umgearbeitete Auflage, Bd. 2, Jena 1911, S. 1484-1495, hier 1486.

568 Gustav SCHÖNBERG: Zur wirthschaftlichen Bedeutung des deutschen Zunftwesens im Mittelalter, in: Jahrbücher für Nationalökonomie und Statistik, Bd. 9 (1867), S. 1-72 und 97-169, hier 22 f.

569 Georg von BELOW: Die Motive der Zunftbildung im deutschen Mittelalter, in: HZ, 109 (1912), S. 23-48, hier 27. - WISSEL, Recht (Bd. 1), S. 46 f., widerlegt v. Below.

570 Folglich verlieh die Regierung im Zuge der vorsichtigen Liberalisierung der Gewerbeordnung den nach 1830 neu in den Herzogtümern errichteten Ämtern keine Prohibitivrechte mehr. HÄHNSEN, Geschichte, S. 373.

Neben der Sicherung des Arbeitsgebietes der Amtsmitglieder durch den Beitrittszwang - niemand durfte, ohne Mitglied des Amtes zu sein, das Gewerbe im Stadtgebiet ausüben - beinhaltete der Zunftzwang als zweite unabdingbare Komponente ein Bannrecht in Form einer Abwehrbefugnis des Amtes.[571] Sie sicherte das Absatzgebiet. Diese beiden Abwehrinstrumente der Ämter gegen Ungenossen treten z.B. deutlich im Artikel 18 des Flensburger "Schmiede und Schlösseramtes" in Erscheinung. Darin heißt es: "Es soll kein Schmidt außerhalb Amtes und die Stadt herum und in der Nachbarschaft wohnen und bei Verlust der Waare, welche ihm die Aelterleute abnehmen mögen von Schmiedenarbeit außerhalb denen Jahrmärkten allhier etwas verkaufen, wofern die Schmiede hier in der Stadt solch Werkzeug machen können. Wie denn auch denen Bürgern verboten sein soll, bei Jemanden außerhalb Amtes solche Arbeiten zu bestellen und machen zu lassen, wenn die Arbeit allhier von den Meistern selbst untadelhaft verfertigt werden kann und sie damit gebührlich befürdert werden".[572]

Da nun bei der Herstellung einer modernen (Land)Maschine Arbeiten anfielen, die in das Tätigkeitsfeld verschiedener Ämter gehörten, wie dem Schmiede-, Schlosser-, Tischler-, Drechsler- oder Sattleramt, war ein Amtsmeister - wenn er nicht gegen die Gerechtsame gleich mehrerer der genannten Ämter verstoßen wollte - also zwingend daran gebunden, mit den Meistern dieser Ämter zusammenzuarbeiten. Genauso verboten es diesem Meister die traditionellen Schranken zünftiger Arbeitsorganisation in der Regel auch, dazu Gesellen dieser fremden Ämter oder gar unzünftige "Gehülfen", d.h. un- oder angelernte Handlanger, in Arbeit zu nehmen. Selbstverständlich durfte er sich nicht einmal "bei der Ausführung einer in den Bereich seiner Zunft einschlagenden Arbeit der Gesellen einer anderen Zunft" bedienen. Noch im Dezember 1856 empfand das Ministerium für das Herzogtum Schleswig diese Praxis als "dem Geiste des Zunftwesens widersprechend".[573] Ausgelöst wurde die Entscheidung durch einen Tischlermeister, der einen Zimmergesellen beschäftigt hatte.

Um nicht gegen den Zunftzwang zu verstoßen, beschäftigten z.B. der Grob- und Hufschmiedemeister Voß und sein Vetter und Nachfolger, Meifort, in ihrer Schmiedewerkstatt in Wilster für die bei der Herstellung von landwirtschaftlichen Maschinen anfallende "Holzarbeit" von der Mitte der 1850er Jahre bis zur Einführung der Gewerbefreiheit "regelmäßig ein[en] Tischler, auf dem Boden".[574] Wollte ein Amtsmeister jedoch den beim (Land)Maschinenbau zu erzielenden Gewinn nicht mit Meistern anderer Ämter teilen, indem er für alle dabei anfallenden Handwerksarbeiten, welche außerhalb des Tätigkeitsfeldes seines Amtes lagen, entweder Gesellen aus den betreffenden Ämtern anstellte oder diese "Handthierungen" selbst ausführte, so war eine Kollision mit den Ämtern, gegen deren Amtsartikel er verstieß, nahezu vorprogrammiert. Die Tatsache, daß nur sehr wenige derartige gewerberechtliche Konflikte überliefert sind, ist wahrscheinlich vor al-

571 Vgl. HÄHNSEN, Geschichte, S. 47 f. und KOLZ, Verfassung, S. 79.

572 Stadtarchiv Flensburg Akte 422, Fasz. 2. Vgl. etwa auch § 9 der Amtsrolle der Oldenburger Schmiede von 1431 in KOLZ, Verfassung, S. 99.

573 ENTSCHEIDUNG des Ministeriums für das Herzogthum Schleswig, betr. die Frage, ob ein Zunftmeister sich bei der Ausführung einer in den Bereich seiner Zunft einschlagenden Arbeit der Gesellen einer anderen Zunft bedienen dürfe, in: Chr. Slg Sl., 1856, Nr. 197 (18.12.1856), Schleswig 1857, S. 385 f., hier 386. Vgl. dazu LIND, udvikling, S. 46.

574 Firmenarchiv Cl. Meifort Söhne GmbH, Erinnerungen von Cl. Meifort, S. 30.

lem darauf zurückzuführen, daß auch in Schleswig-Holstein die allermeisten Amtsmeister zu sehr in ihrem Denken und Handeln vom Zunftgeist erfüllt waren, um auf die Idee zu kommen, die auf ihm beruhenden traditionellen Schranken handwerklicher Arbeitsorganisation zu durchbrechen - oder sich das aufgrund der von seiten ihrer Mitmeister zu erwartenden Sanktionen schlichtweg nicht trauten.

Die Mehrzahl derjenigen Amtsmeister, die das dem "Alten Handwerk" inhärente Nahrungsideal nicht mehr akzeptierten und sich mit dem Erwerbsprinzip eine kapitalistische Wirtschaftsgesinnung zu eigen gemacht hatten, durchbrachen den Zunftzwang an dieser Stelle hingegen gewiß bedenkenlos. Sie wandelten sich infolgedessen von Handwerksmeistern zu Unternehmern,[575] deren Werkstätten sich gewöhnlich zu Großbetrieben, d.h. zu Manufakturen und Fabriken entwickelten. Mangels Fallbeispielen aus dem modernen (Land)Maschinenbau sollen an dieser Stelle solche aus anderen Gewerbebranchen herangezogen werden. Zu denken ist da etwa an den Altonaer Tischlermeister Joh. Jacob Köster, der 1787 zusammen mit seinem Bruder gegen den erbitterten Widerstand des örtlichen Tischleramtes das Privileg erhielt, "die zu Verfertigung der Mobilien erforderlichen Arbeiter und Künstler nach Gutfinden und ohne an die Tischler Zunft gebunden zu seyn",[576] auswählen zu dürfen. Ihr Betrieb entwickelte sich in der Folgezeit rasch zu einer Möbel"fabrik".[577] Sehr früh wurde von unternehmenden Handwerksmeistern auch die Möglichkeit gesehen, Wagen, d.h. Chaisen, Kutschen usw., "fabrikmäßig" zu produzieren. Eine Vorreiterrolle spielten hierin der Schleswiger Schmiedemeister Hammerich (1826), der Sattlermeister Lorenz Höpfner aus Kiel (1833) und der Neustädter Schmiedemeister Wedder (1840), die ihre Handwerksbetriebe nach der offiziellen Befreiung vom Zunftzwang zu Wagenmanufakturen ausbauten.[578]

Weit gefehlt wäre es aber anzunehmen, die zur Errichtung einer Wagenmanufaktur notwendige Exemtion vom Zunftzwang sei von da ab automatisch jedem geeignet erscheinenden Handwerksmeister auf Antrag erteilt worden. Daß die Regierung diesbezüglich unberechenbar blieb, zeigt der folgende Fall: Dem seit November 1858 als Stellmachermeister in Plön tätigen Johann Friedrich Krützfeldt wurde zu Anfang der 1860er Jahre untersagt, zum Ausbau seines Betriebes zu einer Wagenmanufaktur eine Schmiede zu errichten. Dazu bedurfte es der "Einstellung eines bewährten Schmiedemeisters". Unter diesen vom Gewerberecht eingeengten Produktionsbedingungen rentierte es sich für Krützfeldt allerdings nicht, den Bau einer Sattlerei und einer Lackiererwerkstatt in Angriff zu nehmen. Erst nachdem mit der Einführung der Gewerbefreiheit 1867 der Errichtung von gewerblichen Großbetrieben in den Herzogtümern von dieser Seite nichts mehr im Wege stand, verwirklichte Krützfeldt sein Projekt. Zu diesem Zeitpunkt beschäftigte

575 Zum Übergang vom Handwerker zum Unternehmer vgl. Jürgen KOCKA: Unternehmer in der deutschen Industrialisierung, Göttingen 1975, S. 47-50 und MAC LACHLAN, Übergang, S. 146-164.

576 LAS Abt. 65.2, Nr. 3840.

577 Vgl. KRATZ, Möbel, S. 28-55 und HAASE, Aufkommen, S. 50 und 225-227.

578 Ebda., S. 51, 108, 137 und 227 f. sowie LAS Abt. 49.30, Nr. 153. - Zur Entstehung von Wagenmanufakturen im Königreich Hannover vgl. JESCHKE, Gewerberecht, S. 19 f. und MENDE, Stellmacher, passim.

er zwölf Handwerker[579] - das waren erheblich mehr, als schleswig-holsteinische Handwerksmeister durchschnittlich beschäftigten.[580]

Dennoch zeigt sich anhand dieser Konzessionsvergaben im Möbel- und Wagenbau wie die dem Wirtschaftsliberalismus anhängenden Kreise in den Regierungskollegien vorgingen, um die Gewerbeordnung ihren Vorstellungen entsprechend umzugestalten: Sie lokkerten mittels dieser Konzessionen den Zunftzwang nach und nach, ohne ihn jedoch dadurch beseitigen zu können. Ein Blick auf den Neumünsteraner Maschinenbau verdeutlicht das.

Nachdem es im Flecken Neumünster "verschiedenen größeren Fabrikentrepreneuren gestattet worden [war], durch von ihnen selbst angenommene Arbeiter sowohl neue Maschinen als Reparaturen für den Bedarf ihrer Fabriken ohne Zunftzwang ausführen zu lassen",[581] wurden seit Mai 1847 auch die mit der Herstellung und Reparatur von Textilmaschinen und -apparaten befaßten Handwerksmeister Neumünsters vom Zunftzwang befreit. Als erster erhielt der Neumünsteraner Tischlermeister Jörgen Otto Hagen, "welcher sich mit der Anfertigung von Spinn- und Kratzmaschinen für Tuchfabrikanten" befaßte, auf seinen Antrag hin, "zur Anfertigung der eisernen Bestandtheile dieser Maschinen eine eigene Schmiedewerkstelle" anlegen zu dürfen, "und Grob- und Kleinschmiedegesellen halten zu dürfen",[582] dieses Privileg. Hagen begründete seinen Antrag im September 1846 damit, "daß ihm die Beziehung dieser Gegenstände von Schmieden zu kostspielig werde, er selbige zuweilen nicht einmal von den Kleinschmieden habe bekommen können, und sich deshalb an die Grobschmiede habe wenden müssen".

Während es kaum überrascht, daß sich zusammen mit dem örtlichen Schmiedeamt auch der Neumünsteraner Amtsverwalter und der Amtmann des Amtes Neumünster vehement gegen diese Bewilligung aussprachen, verwundert es zumindest ein wenig, daß sich auch die Schleswig-Holsteinische Regierung auf Gottorf der Position des Schmiedeamtes anschloß, wohingegen die Schleswig-Holstein-Lauenburgische Kanzlei in Kopenhagen die Entscheidung darüber dem Generalzollkammer und Commerz-Collegium mit der Bemerkung überließ, "daß ähnliche Dispensationen vom Zunftzwange unter geeigneten Umständen auch für andere Handwerker durch die Kanzelei bewirkt sind". Es wird sich noch zeigen, daß offenbar allein in diesem Collegium eine breite Mehrheit der Beamtenschaft

579 KREUTZFELDT, Wagenfabrik, S. 159.

580 Zur Entwicklung der Betriebsgröße der schleswig-holsteinischen Handwerksbetriebe vgl. KETTEMANN, Handwerk, S. 72-75.

581 RAK GKKL, Kommercekollegiets Arkiv II.B.1., Bd. 2, S. 320 ff. Vgl. dazu LAS Abt. 65.2, Nr. 822 II. Einer dieser "Fabrikentrepreneure" war Hans Lorenz Renck, der Eigentümer der größten Tuchfabrik in den Herzogtümern. Vgl. ANONYMUS: Die Tuchfabrikation in Neumünster, in: Schleswig-Holstein-Lauenburgischer Gewerbefreund, 5 (1832), 31 (02.08.1832), Sp. 485-489, hier 485 ff. - Allgemein zur Entstehung und Entwicklung des Maschinenbaus in Neumünster vgl. TIDOW, Entwicklung, S. 52 f. - Speziell zum Bau von Textilmaschinen und -apparaten in Neumünster vgl. BLUNCK, Entwicklung, S. 67 f. - Zur Entwicklung der Textilindustrie in Neumünster Klaus TIDOW: Der technische Wandel im Textilgewerbe Neumünsters zwischen 1765 und 1875, in: Jürgen Brockstedt (Hg.): Gewerbliche Entwicklung in Schleswig-Holstein, anderen norddeutschen Ländern und Dänemark von der Mitte des 18. Jahrhunderts bis zum Übergang ins Kaiserreich (=SWSG, 17), Neumünster 1989, S. 123-164.

582 Sofern nicht anders vermerkt, sind alle nachfolgenden Informationen zum Antrag des Neumünsteraner Tischlermeisters Jörgen Otto Hagen auf Befreiung vom Zunftzwang RAK GKKL, Kommercekollegiets Arkiv II.B.1., Bd. 2, S. 320 ff., entnommen.

erkannt hatte, welch zentrale Rolle der Maschinenbau nicht allein für das Fortkommen der Textilindustrie, sondern für den gesamten Industrialisierungsprozeß des Landes spielte - wie auch für die Entwicklung der einheimischen Landwirtschaft. Folglich sprach man sich - nachdem auf eine Anfrage hin die Tuchmacherzunft in Neumünster erklärt hatte, "daß es für sie nicht unwichtig sei, daß rücksichtlich der zu den Maschinen erforderlichen eisernen Bestandtheile eine vermehrte Concurrenz eintrete, und die Zunft daher wünschen müsse, daß dem Hagen die erbetene Erlaubniß ertheilt werden möge" - in einer Vorstellung vom 18. Mai 1847 beim König für die Gewährung des Antrags aus. Es erscheine "wünschenswerth", so führte das Collegium speziell in Hinblick auf die Situation der Textilindustrie Neumünsters an, "den kleineren Fabrikanten bei der Anschaffung und Unterhaltung der erforderlichen Maschinen, eine ähnliche Erleichterung zu gewähren in dem man die Errichtung von Maschinenwerkstätten durch die nachgesuchte Begünstigung befördert".[583]

Leider liegt von seiten eines moderne Landmaschinen produzierenden schleswig-holsteinischen Amtsmeisters kein solches Gesuch vor. Die Haltung der verantwortlichen Regierungs- und Verwaltungsstellen im Interessenkonflikt Zunftzwang contra Landmaschinenbau wird daher nachfolgend nur anhand etwas anders gelagerter Streitfälle aufgezeigt werden können.

Äußerst energisch gingen die Älterleute natürlich auch gegen jeden Ungenossen vor, der ihrer Meinung nach beim (Land)Maschinenbau die Prohibitivrechte ihres Amtes verletzte bzw. verletzen wollte. Das dokumentiert nachdrücklich die Auseinandersetzung zwischen dem Elmshorner Tischleramt und dem "Mechaniker" Martin Stockfleth von 1845/46.[584]

Zur Vorgeschichte: Der 1802 im Dorf Seester geborene Stockfleth hatte eine ordentliche Tischlerlehre bei dem Elmshorner Amtsmeister Christian Bockelmann durchlaufen und war auch vom dortigen Amt zum Gesellen ausgeschrieben worden. Danach absolvierte er - gemäß eigenen Angaben - die sechsjährige Wanderzeit vorschriftsmäßig. In die Heimat zurückgekehrt, erwarb er dann eine Konzession als Tischler im Kirchspiel Seester, wodurch er laut Aussage des Elmshorner Tischleramtes "sein gutes Brod gehabt habe". Nachdem Stockfleth jedoch 1840/41 eine zum Flecken gehörige Wohnstelle in Spiekerhörn, welches circa fünf Kilometer südwestlich vom Flecken entfernt liegt, erworben hatte, wurde er vom Amt aufgefordert, die zur Gewinnung des Meisterrechtes erforderlichen Bedingungen zu erfüllen. Als Geselle war er nämlich kein Mitglied des Amtes und somit auch nicht zur selbständigen Ausführung von Tischlerarbeiten im Fleckensareal autorisiert. Da Stockfleth den Beweis nicht erbringen konnte, dem Zunftrecht entsprechend auf der Walz gewesen zu sein, wurde ihm das Meisterrecht - und damit die Aufnahme ins Amt - verwehrt. Gleichzeitig wurde ihm die Ausübung seiner Profession in seiner Wohnstelle in Spiekerhörn untersagt.

Im darauffolgenden Jahr verlegte sich Stockfleth allerdings "ausschließlich" auf "die Verfertigung mechanischer Arbeiten", weil er darin - wie er berichtete - "schon früher [...] Uebung erworben hatte". Nach und nach erhielt er nun - laut eigener Angaben, "nachdem man sich von der Güte meiner Fabrikate überzeugt hatte, so viele Bestellungen, theils zur

---

583 Vgl. auch LAS Abt. 65.2, Nr. 822 I.

584 Sofern nicht anders vermerkt, stammen sämtliche Ausführungen zum Konflikt Elmshorner Tischleramt contra Stockfleth aus LAS Abt. 49.30, Nr. 102.

Verfertigung von neuen Gegenständen, an Kornhandmühlen, Sicht- Staub- Hechsel- Brach- und Schwing-Maschinen etc., theils zur verbesserten Einrichtung älterer Stücke dieser Art, daß ich der Arbeit allein nicht mehr gewachsen war, und mich deshalb genöthigt fand, jenachdem selbige pressirte, mich bald eines, bald mehrerer Professionisten zu bedienen, um nach meiner Anweisung aus dem Rohen zu arbeiten". Bisher habe er sich "immer an die Meister in den benachbarten Zünften wenden müssen, welches bei meiner, eine Meile und mehr betragenden Entfernung von den nächsten Flecken und Städten, durch die mit diesen Bestellungen verbundenen Versäumnisse, Verzögerungen, Kosten, auch mitunter Ungeschick der mir überwiesenen Gehülfen, dem ungestörten Fortgang meines Geschäfts wesentlich Abbruch thut". Zur Überwindung dieser Hemmnisse beantragte Stockfleth, daß es ihm "bewilligt werden möge, je nachdem die bei mir einlaufenden Bestellungen zur Verfertigung mechanischer Geräthe es nöthig machen, einen oder mehrere Tischler- oder, nach Bedarf, anderer Professionen Gesellen nach eigener Auswahl, und ohne vorgängige Dazwischenkunft der Elmshorner oder anderer Orten Zunftgenossenschaften, auf beliebige Zeit annehmen und als Gehülfen bei der Anfertigung einzelner Theile besagter mechanischer Geräthe gebrauchen zu dürfen". An der Rechtmäßigkeit seines Antrags, meinte Stockfleth, könne kein Zweifel bestehen, weil er erstens Eigentümer einer zum Flecken Elmshorn gehörenden Wohnstelle sei - mithin prinzipiell im Fleckensgebiet ein bürgerliches Gewerbe treiben dürfe - und zweitens "ein zur bürgerlichen Nahrung berechtigtes, keinem Zunftzwange unterworfenes Geschäft, fabrikmäßig betreibe".

Ganz anders beurteilten die Älterleute des Elmshorner Tischleramtes die Aktivitäten und den Antrag Stockfleths. Dabei machten sich wie im Fall Hagens auch hier die unteren Verwaltungsinstanzen, d.h. die Elmshorner Kirchspielsvogtei und die Administratur zu Rantzau, deren Standpunkt zu eigen. "Förmlich lächerlich erscheine es ihnen", so führten die Amtsmeister Warncke und Niebuhr aus, "daß der Supplicant nur es wagen möge, sich einen Mechaniker zu nennen. Mit der Anfertigung und Ausbesserung der Gegenstände und sogenannter Maschienen, die im Gesuche aufgeführt wären, befasse sich fast jeder concessionirte Tischler und der Zimmermann auf dem Lande, und viele der Amtsmeister in den hiesigen Flecken, und gehöre dazu so wenig Geschick, daß alle Tischler, mindestens, die ihr Handwerk nur einigermaaßen erlernt hätten, solche Arbeiten ohne Weiteres zur Zufriedenheit ausführen könnten, und wohl Niemand auf die Idee verfallen wäre, sich mit Rücksicht darauf den Titel eines Mechanikers beizulegen". Kurzum, es könne kein Zweifel daran bestehen: Stockfleth wolle "auf einem krummen Wege [...] zu den gerechtsamen des hiesigen Tischleramtes gelangen"; wenn er sich "seine Zeit nur gehörig vertheile", würde er "keine[r] Hülfe bedürfe[n]".

Anscheinend rechnete sich Stockfleth aufgrund des Widerstandes von Tischleramt und Unterbehörden wenig Chancen aus, einen positiven Bescheid auf seinen Antrag von seiten der letztlich ausschlaggebenden Schleswig-Holstein-Lauenburgischen Kanzlei zu erhalten. Denn ansonsten wäre Stockfleth wohl kaum ohne deren Entscheidung abzuwarten, im Mai 1846 aus Spiekerhörn in den Landdistrikt des Klosters Ütersen verzogen, wo sich seine Spur zunächst verliert. Regierung und Kanzlei betrachteten den Vorgang daraufhin als erledigt und legten ihn ad acta.

Zur Beurteilung dieser beiden konträren Rechtspositionen sollen die drei von Stockfleth vorgetragenen Argumente näher untersucht werden. Unumstritten war allein sein erstes, in dem er anführte, als Eigentümer einer auf Elmshorner Territorium gelegenen Wohnstelle auch das Bürgerrecht des Fleckens zu besitzen. Dazu muß man wissen, daß der Besitz des Bürgerrechts grundlegende Voraussetzung zur Errichtung einer Fabrik oder Manufaktur in einer Stadt oder einem zunftberechtigten Flecken war. In einem Kanzleischreiben vom 29. Januar 1820 heißt es etwa, "daß die Bürger in den Städten und zunftberechtigten Flecken zur Einrichtung von Fabriken und Manufacturen an diesen Orten, wenn sie auf keine besondere Begünstigung für solche Anlagen Anspruch machten, vermöge ihres Bürgerrechts und ohne desfallsige Concession oder Privilegien, befugt wären".[585]

Damit enden dann allerdings bereits ihre Übereinstimmungen. Während sich Stockfleth in seinem zweiten Argument als "Mechaniker" bezeichnete, sprach ihm nämlich das Elmshorner Tischleramt diesen Titel sinngemäß mit dem Hinweis ab, daß die von ihm verrichteten Tätigkeiten Allerweltsarbeiten seien, die jeder halbwegs geübte Tischler ausführen könne, Stockfleth also den Titel "Mechaniker" völlig zu Unrecht angenommen habe. Dazu muß man wiederum wissen, daß die Mechanikerprofession[586] auch in Schleswig-Holstein ein - wie Stockfleth zu recht bemerkte - "keinem Zunftzwange unterworfenes Geschäft" war. Zünftig ist sie nicht gewesen, weil die Profession in dieser Form jung war, auch hätte sie allein schon aufgrund der außerordentlichen Vielseitigkeit ihres Tätigkeitsfeldes nicht in das Zunftsystem gepaßt. Bedauerlicherweise ist weder viel über die Konstruktion der Stockflethschen Landmaschinen bekannt, noch wissen wir auch nur annäherungsweise, wieviele von ihnen verkauft wurden. Immerhin läßt sich folgendes berichten: Gegen Ende der 1850er Jahre war Stockfleth laut Lühning in Seesteraudeich als Stellmacher tätig, also nur wenige Kilometer von seinem Geburtsort Seester entfernt. Ein im Schleswig-Holsteinischen Landesmuseum befindliches sogenanntes "Bohnenseef" (unter Inv. Nr. 1957/1073), "ein großes mechanisiertes Langsieb, das mit Handkurbel, Zahnradgetriebe, Exzenterwelle und großem hölzernen Schwungrad in Rüttelbewegung versetzt wird, um Bohnen und Erbsen - welche in den Elbmarschen als Mengfutter angebaut wurden, voneinander zu trennen", trägt auf dem Rückbrett die Bezeichnung "Martin Stockfleth, Seesteraudeich 1859, Nr. 11". Lühning ordnet diese in keinem landwirtschaftlichen Handbuch verzeichnete Spezialmaschine als "handwerkliche Konstruktion" ein und hält es des weiteren für möglich, "daß Stockfleth auch der Erfinder des mechanisierten Bohnensiebs gewesen ist".[587]

Die Quellenlage macht es allerdings unmöglich zu entscheiden, welche der beiden Positionen der Wahrheit entsprach bzw. ihr näher kam - ob sich also Stockfleth zu Recht oder zu Unrecht den Titel eines "Mechanikers" zugelegt hatte; geübt wurde diese Praxis in seiner Generation durchaus noch von Autodidakten, die sich mit mechanischen Arbeiten befaßten, die über die Sphäre eines gemeinen Handwerkers hinausgingen.

Die Untersuchung von Stockfleths drittem Argument, er betreibe sein "Geschäft [..] fabrikmäßig", soll vorläufig zurückgestellt werden. Sie erfolgt in Kürze.

---

585 KANZELEISCHREIBEN an den Herrn Statthalter, betr. die Befugniß der Einwohner in Städten und zunftberechtigten Flecken zur Anlegung von Fabriken und Manufacturen, in: Chr. Slg, 1820, Nr. 9 (29.01.1820), S. 14 f., hier 14. Vgl. auch LIND, udvikling, S. 40 und 42 f.

586 Zur Rolle der Mechanikerin den Herzogtümern bei der handwerklichen Produktion landwirtschaftlicher Maschinen in vor- und frühindustrieller Zeit vgl. unten, Kap. III.5.2.6., S. 444 ff.

587 LÜHNING, Beitrag, S. 20 f.

Überdeutlich kommt anhand dieses Konflikts in Hinblick auf den Maschinenbau ein weiteres Manko der schleswig-holsteinischen Gewerbeordnung zum Vorschein: Weil es die Regierungsbürokratie bis zuletzt versäumte, die Stellung des Mechanikers gewerberechtlich genauer zu fixieren, herrschte insbesondere auch für diejenigen Mitglieder dieser Profession, die sich auf neue Tätigkeitsfelder wie den Maschinenbau vorwagten, eine ihr Wirken permanent bedrohende Rechtsunsicherheit. Dieses Versäumnis ist allerdings auch den Regierungen von anderen Staaten mit restriktiver Gewerbeordnung unterlaufen. Wie dem auch sei, engagierte und talentierte Mechaniker - egal, ob sie das Mechanikerhandwerk erlernt hatten oder Autodidakten waren - dürften diese Arbeitsbedingungen gewiß kaum animiert haben, den Maschinenbau in einem dieser Staaten aufzunehmen. Und die bereits im Maschinenbau tätigen Mechaniker hemmte sie bei ihrer Arbeit, da sie ohne entsprechendes Privileg relativ schutzlos den Angriffen der Ämter ausgesetzt waren. Eine Fallstudie aus den Herzogtümern soll das veranschaulichen.

Anfang April 1841 bat der "Bürger und Mechanicus" Georg Hannibal Ulrich Saxesen darum, "daß ihm eine Concession dahin ertheilt werde, accurat und gut gearbeitete Schmiede- Schloßer- und Büchsenmacherarbeit zu verfertigen und sich dabey so wie auch bey den mechanischen Arbeiten, namentlich dem Maschinenbaue, der Hülfe zünftiger Gesellen aller dazu erforderlichen Gewerke und der Anwendung jeder andern Aushülfe ohne Einsprache der hiesigen Zünfte zu bedienen".[588] Veranlaßt worden war Saxesen zu diesem Schritt vom Magistrat der Stadt Oldenburg, der auf diesem Weg hoffte, die Streitigkeiten zwischen ihm und dem Schmiede- und Schlosseramt Oldenburgs[589] ein für allemal ausräumen zu können. Saxesen, der sich "seit einer Reihe von Jahren" in der Stadt "durch mechanische Arbeiten zu ernähren gesucht hatte", war nämlich "in der letzteren Zeit [..] besonders auch im Fache des Maschinenbaus" tätig gewesen - genau genommen fertigte er Sämaschinen an. Dazu hatte er "einen Schloßergesellen als Gehülfen" angenommen, was nun wiederum das Schmiede- und Schlosseramt als einen Eingriff in ihre Gerechtsame betrachtete und dazu veranlaßte, ihn auf Unterlassung zu verklagen.

Der "Mechanicus" begründete seinen Antrag erstens damit, "daß nach der Staatspraxis der Mechaniker, welcher als Künstler das Urproduct auf einen höhern Grad von Vollendung erhebt und dabey frey arbeitet, ohne in eine Innung eingezwängt zu seyn, wesentlich von dem eigentlichen Handwerker verschieden ist, der [...] nur für die Nothwendigkeiten und Bequemlichkeiten des gewöhnlichen Lebens arbeitet, und daß daher in der That schon deshalb der Zunftzwang gegen den Mechaniker als Künstler gar nicht angewandt werden kann". Zweitens, "daß die mechanischen und feineren Schmiedearbeiten [...] von den hiesigen Zünften gar nicht angefertigt werden können". Endlich drittens, "daß überall in Deutschland dem Mechaniker und namentlich Maschinenbauer, verstattet wird, sich zur Hülfe bey seinen Arbeiten der benöthigten Gesellen aus den betreffenden Gewerben zu bedienen".

---

588 Alle Ausführungen zum Fall des Mechanicus Saxesen sind - sofern nicht anders vermerkt - den Faszikeln LAS Abt. 49.30, Nr. 157 und LAS Abt. 65.2, Nr. 4320 II entnommen. - Zu Saxesen vgl. auch unten, Kap. III.5.2.6., S. 447 f.

589 Zur Geschichte des Oldenburger Schmiede- und Schlosseramtes vgl. Klaus ZACHARIAE: Aus der Geschichte des Handwerks in der Stadt Oldenburg, in: Stadt Oldenburg (Hg.): 750 Jahre Stadtrecht Oldenburg in Holstein, Oldenburg in Holstein 1985, S. 345-350, hier 346.

In diesem Streitfall machten sich sowohl der Oldenburger Magistrat als auch die Schleswig-Holsteinische Regierung auf Gottorf und die Schleswig-Holstein-Lauenburgische Kanzlei in Kopenhagen den Standpunkt des Antragstellers zu eigen. Dabei schlossen sich Regierung und Kanzlei im wesentlichen der Argumentation des Magistrats an, der in Hinblick auf Saxesen unter anderem ausführte: "Wenn Talent und Tüchtigkeit in einer Person sich einigen, und die Leistungen des gewöhnlichen Handwerkers überschreiten, wenn die Werke dieses industriellen Fleißes, der bürgerlichen Gesellschaft von unverkennbarem Nutzen sind, so kann der Staat nur die Hemmnisse beseitigen, welche sich aus formalen Staatseinrichtungen der höhern industriellen Entwicklung und Thätigkeit entgegen stellen". Wie weit der Magistrat Oldenburgs - im Gegensatz zu den kommunalen Organen Neumünsters und Elmshorns, aber auch zu den meisten anderen der Herzogtümer, die aus naheliegenden Gründen die Interessen der Ämter vertraten[590] - bereits die Prinzipien des Wirtschaftsliberalismus internalisiert hatte, zeigt auch seine abschließende Bemerkung: Der "Zunftgeist" könne zwar mit den Hemmnissen leben, die die Zunftverfassung der Entwicklung des (Land)Maschinenbaus entgegenstelle, indes "die vom höhern Standpuncte aus wirkende Gesetzgebung [..] solches nie billigen".

Saxesen erhielt folglich sehr zügig am 31. Juli 1841 das von ihm nachgesuchte Privileg und konnte fortan - allein oder unter Zuhilfenahme eines oder mehrerer zünftiger Gesellen aus den benötigten Ämtern - ungestört seine Profession ausüben.

Am 7. November 1837 wurde auch dem Mechaniker August Ferdinand Howaldt, der bereits im folgenden Jahr zusammen mit Johannes Schweffel die Eisengießerei und Maschinenbaufabrik Schweffel & Howaldt gründen sollte, gegen den Widerstand insbesondere des Kieler Schlosseramtes "behuf der Anlegung einer Maschinenbauanstalt in Kiel" das Privileg verliehen, "zur Ausführung der beim Maschinenbau erforderlichen Handwerksarbeiten von allen einschlagenden Gewerken Gesellen und Gehilfen zu halten".[591]

In seinem Antrag wies Saxesen darauf hin, daß aufgrund seines dem Mechaniker sehr ähnlichen - und zum Teil sogar identischen - Tätigkeitsfeldes auch der Maschinenbauer[592] "überall in Deutschland" zunftungebunden sei. Tatsächlich konnten jedoch unter den Staaten des Deutschen Bundes, die zu diesem Zeitpunkt noch eine zünftige Gewerbeverfassung besaßen, nur die Königreiche Sachsen und Hannover[593] als solche identifiziert werden, in denen der Maschinenbau ausdrücklich Zunftfreiheit genoß. In den anhaltinischen Fürstentümern war sie hingegen nicht gegeben.[594] Für die meisten Staaten mit restriktiver Gewerbeordnung ist der gewerberechtliche Status des Maschinenbauers also

---

590 Vgl. HÄHNSEN, Geschichte, insbes. S. 425-429 und LIND, udvikling, S. 47 f. sowie BROCKSTEDT, Frühindustrialisierung, S. 72.

591 LAS Abt. 65.2, Nr. 4266.

592 Zur Rolle der Maschinenbauer in den Herzogtümern bei der handwerklichen Produktion landwirtschaftlicher Maschinen in vor- und frühindustrieller Zeit vgl. unten, Kap. III.5.2.6., S. 449 ff.

593 Alfred SCHRÖTER: Die Entstehung der deutschen Maschinenbauindustrie in der ersten Hälfte des 19. Jahrhunderts, in: Ders. und Walter Becker: Die deutsche Maschinenbauindustrie in der industriellen Revolution (= Veröffentlichungen des Instituts für Wirtschaftsgeschichte an der Hochschule für Ökonomie Berlin-Karlshorst, 2), Berlin (Ost) 1962, S. 15-133, hier 50. JESCHKE, Gewerberecht, S. 109.

594 Ernst HÖHNE: Die Entwicklung der anhaltinischen Maschinen-Industrie. Eine wirtschaftsgeschichtliche Monographie, Rechts- u. wirtschaftswissenschaftliche Diss. Rostock 1927, Köthen in Anhalt 1928, S. 35 f.

nicht näher bestimmbar. Wahrscheinlich existierte in ihnen - genauso wie in den Elbherzogtümern - überhaupt keine diesbezügliche gewerberechtliche Regelung. Hier im Lande arbeitete der Maschinenbauer jedenfalls in einer von der Gewerbeordnung nicht geregelten Grauzone, und wie der Mechaniker permanent bedroht von seiten der Ämter.

Andererseits war es auch in seinem Fall niemandem verboten, sich den Titel eines Maschinenbauers zuzulegen. So klagte Alban - genauso wie das Elmshorner Tischleramt in bezug auf den "Mechaniker" Stockfleth - entrüstet: "Der Name Maschinenbauer sinkt zu einer völligen Alltäglichkeit, zu einer wahren Unwürdigkeit herab und bedeutet kaum mehr als der eines gewöhnlichen Handwerkers, weil jeder Ansprüche darauf macht und sich damit schmückt, der nur eine Feile oder einen Drehstahl oder Hobel und Säge in der Hand gehabt, an ein paar Maschinen herumklimpert und sie verdorben oder gar nur einige Dutzend davon gesehen hat".[595]

Darüber darf allerdings nicht vergessen werden, daß zur selben Zeit der Beruf des Maschinenbauers, der sich im 19. Jahrhundert zusehends zum Metallhandwerker wandelte, in den Maschinenfabriken immer mehr an Profil gewann. Aus der großen Anzahl der metallverarbeitenden Berufe, die dort in verschiedenen Abteilungen an der Produktion von Maschinen beteiligt waren, ging als Maschinenbauer im engeren Sinne der Maschinenschlosser hervor. In der "Maschinenwerkstatt" der Carlshütte in Büdelsdorf bei Rendsburg waren beispielsweise von den 49 dort Beschäftigten 34 Gesellen und 13 Lehrlinge, und nur zwei wurden bezeichnenderweise in den Lohnlisten als Hilfsarbeiter/Tagelöhner geführt.[596] Im Zuge der technischen Entwicklung spalteten sich von ihm dann nach und nach eine ganze Reihe von Spezialberufen des handwerklichen Maschinenbaues ab.

Eine fünfjährige Lehre als Maschinenbauer bei der Eisengießerei und Maschinenfabrik Dittmann & Jensen in Flensburg durchlief Johann Anthon (geb. 1840), bevor er sechs Jahre später zusammen mit seinem Vater, dem Flensburger Drechslermeister Friedrich Wilhelm, der sich auf Metallarbeiten für Goldschmiede, Optiker und Mechaniker spezialisiert hatte, sowie seinen Brüdern Heinrich (geb. 1839), einem gelernten Dreher, und dem ebenfalls bei Dittmann & Jensen ausgebildeten Former Hans Friedrich (geb. 1842) am 1. April 1865 die "Mechanische Werkstätte Anthon und Söhne" gründete.[597] Bereits zwei Jahre später konnte die Werkstatt zu einer Eisengießerei und Maschinenfabrik ausgebaut werden. Die Gründung der noch handwerklich geprägten "Mechanischen Werkstätte" wird ohne Behinderungen von seiten der Flensburger Ämter vonstatten gegangen sein, denn die preußische Regierung steuerte schon vor der Inkorporierung der Herzogtümer auf dem Gewerbesektor einen liberalen Kurs. Zudem führten Friedrich Wilhelm Anthon und seine drei Söhne alle Arbeiten selbst aus. Lediglich zum Drehen des Schwungrades, das ihre Leitspindeldrehbank antrieb, beschäftigten sie stundenweise einen Hilfsarbeiter.

---

595 Das Zitat ist MATSCHOSS, Alban, S. 203, entnommen.

596 Jens-Uwe LEMBURG: Arbeit auf der Hütte. Zur wirtschaftlichen und sozialen Entwicklung Rendsburgs 1850-1914 unter besonderer Berücksichtigung der Arbeiterschaft der Carlshütte (= SWSG, 18), Neumünster 1990, S. 145.

597 Die Angaben zur Familie Anthon und ihren Unternehmen, der "Mechanischen Werkstätte" und der Maschinenfabrik und Eisengießerei, sind ANTHON & SÖHNE. Die Geschichte eines Werkes und seiner Familie 1865-1965, Flensburg 1965, insbes. S. 7-16, entnommen. Vgl. auch VAAGT, Anfänge, S. 186 f. - Zur Geschichte der Eisengießerei Dittmann & Jensen vgl. ebda., passim.

Nur vier Jahre früher sah das für einen Maschinenbauer noch anders aus. Anfang 1861 suchte der Haderslebener "Maskinbygger" Peter Jacobsen "om Tilladelse til at holde laugslorte Snedker-, Smede- og Möllebyggersvende"[598] nach. 1854 war Jacobsen aus dem dänischen Maltbæk, Amt Ripen, nach Hadersleben gekommen. Drei Jahre arbeitete er dort in der Eisengießerei und Maschinenfabrik von Petersen & Bonnichsen,[599] anfangs als "Troarbeider", später dann als "Vorkförer for Fabrikationen af Agerdyrkningsredskaber". 1857 erlangte er als "Möllebygger og Maskinbygger" das Bürgerrecht der Stadt, wobei das Schwergewicht seiner Tätigkeit auf dem Maschinenbau lag. Er fertigte "alle Slags til Landbruget henhörende Maskiner" an. Da seine Landmaschinen offensichtlich eine überdurchschnittliche Qualität besaßen - im Jahr seiner Antragstellung errang er für eine Buttermaschine auf den Landwirteversammlungen von Horsens und Malmö jeweils eine Medaille - scheint sich seine Auftragslage so positiv entwickelt zu haben, daß er die einlaufenden Aufträge ohne die Mitarbeit von "laugslorte Snedker-, Smede- og Möllebygger" nicht mehr auszuführen vermochte. Anscheinend ist seinem Antrag stattgegeben worden, denn Jacobsens Betrieb existierte noch bis in die 1880er Jahre fort, "wenn auch einige Jahre als kleiner Betrieb mit drei Beschäftigten".[600]

An dieser Stelle soll Stockfleths drittes Argument, er produziere "fabrikmäßig", wieder aufgegriffen werden.[601] Das Elmshorner Tischleramt bestritt dieses, indem es seine Tätigkeit als ganz gewöhnliche Handwerksarbeit und seinen Betrieb als ganz ordinären Handwerksbetrieb einstufte.

Tatsächlich war die gewerberechtliche Klassifizierung dieser kleineren, moderne (Land) Maschinen produzierenden Unternehmen damals umstritten. Nach heutigen Kriterien würden die Unternehmen des Tischlermeisters Hagen, des Landtischlers Stockfleth, der Anthons oder des zuletzt genannten Maschinenbauers Peter Jacobsen ihrer Betriebsform nach unzweifelhaft in die Kategorie Handwerksbetrieb fallen. Damals schieden diese Unternehmen jedoch nach ihrer Konzessionierung aufgrund der in der alten berufsteiligen zünftigen Gewerbeordnung enthaltenen Richtlinien aus dieser Kategorie aus, da in ihnen ein gewerbliches Produkt entweder über Arbeitsvereinigung oder aber über Arbeitsteiligkeit hergestellt wurde. Im ersteren Fall wurden sämtliche gewerblichen Tätigkeiten zur Herstellung einer modernen (Land)maschine von ein und derselben Person ausgeführt, wohingegen ihre Herstellung im letzteren Fall von mehreren Personen - eben arbeitsteilig - verrichtet wurde. In beiden Fällen wurde jedoch unzweifelhaft zunftübergreifend gearbeitet, denn die beim modernen (Land)Maschinenbau anfallenden Arbeiten fielen größtenteils in die Gerechtsame irgendeines Handwerksamtes. Vor deren Konzessionierung behaupteten die Ämter hingegen entweder, für diese kleineren Unternehmen bestünde nicht die Notwendigkeit, vom Zunftzwang befreit zu werden, da sie mit den Amtsmei-

---

598 Die nachfolgenden Ausführungen über den Maschinenbauer Peter Jacobsen aus Hadersleben stammen ausnahmslos aus RAK Ministeriet for Hertugdömmet Slesvig, II. Departement B, Nr. 397 und 398.

599 Zur Eisengießerei und Maschinenfabrik von Petersen & Bonnichsen in Hadersleben vgl. Lars N. HENNINGSEN: Eisengießereien und Maschinenfabriken in Nordschleswig 1840-1920, in: Jürgen Brockstedt (Hg.): Frühindustrialisierung in Schleswig-Holstein, anderen norddeutschen Ländern und Dänemark (= SWSG, 5), Neumünster 1983, S. 105-133, hier 105 ff.

600 Ebda., S. 109.

601 Vgl. oben, S. 344.

stern kooperieren könnten, oder sie bestritten schlichtweg, daß dort "fabrikmäßig" produziert werde.

Bereits "fabrikmäßig", also nicht-handwerklich, meinte Stockfleth in seinem Betrieb zu produzieren. So hätte das wohl auch Dyssel gesehen, der als Professor der Technologie und Mechanik sowohl an der Militärhochschule als auch an der Polytechnischen Lehranstalt in Kopenhagen unterrichtete.[602] Vom Generalzollkammer- und Commerz-Collegium 1834 nach einer Definition gefragt, mit deren Hilfe "Fabriken und Handwerker gehörig [..] unterschieden" werden könnten, erklärte Dyssel nämlich, "daß man unter Fabrik und Manufactur alles dasjenige verstehen müsse, was nicht zu einer der bestehenden Zünfte gehört, oder deren Producte, obgleich sie auch handwerksmäßig angefertigt werden können, nach einer Arbeitsmethode dargestellt werden, welche wesentlich von dem handwerksmäßigen Betriebe verschieden ist".

Nur auf den ersten Blick ganz und gar auf Stockfleths Unternehmen zutreffend war hingegen die Definition des Begriffs Fabrik, die der Statthalter, Landgraf Carl zu Hessen, 1833 abgab: "Das wesentliche Merkmal der bestehenden Fabriken und Manufacturen", so führte er aus, "dürfte in der möglichsten Theilung und dadurch herbeigeführten Vereinfachung und Vervolkomnung der einzelnen einen gemeinsamen Zweck erfolgenden Arbeiten, mögen diese nun Menschenhänden oder Maschinen zugewiesen werden, zu suchen sein". Im Nachsatz bemerkte er dann allerdings, daß "mehr oder minder [..] fast jeder Gegenstand der Industrie eine fabrikmäßige Behandlung der Arbeit" zulasse. An dieser entscheidenden Stelle schwenkte der Statthalter also in die Argumentationslinie des Elmshorner Tischleramtes ein. Folglich "dürfte jedenfalls zu besondern Begünstigungen von Anlagen dieser Art nur in so fern Veranlassung sein, als denselben durch das Zusammenwirken verschiedener Handwerke eine von diesen abweichende Einrichtung oder ein über den gewöhnlichen Handwerksbetrieb hinausgehender Umfang und eine damit meistens in Verbindung stehende größeren Vollkommenheit der Arbeit gegeben wird".

Die im 19. Jahrhundert geführte Diskussion darüber, wie Manufaktur und Fabrik zu definieren und somit vom Handwerksbetrieb zu unterscheiden seien, stand selbstverständlich in unmittelbarem Zusammenhang mit der Frage, welchen wirtschaftspolitischen Kurs man in den Herzogtümern steuern sollte. Übereinstimmend stellten die Anhänger der "alten" zünftigen Gewerbeordnung wie auch deren Opponenten in den Regierungs- und Verwaltungsstellen zu Beginn der 1830er Jahre zwar fest, daß eine exakte Trennlinie zwischen beiden nicht gezogen werden könne. Doch ergaben sich daraus für beide Parteien ganz unterschiedliche Konsequenzen. Der Statthalter als Vertreter der Zünfte zog beispielsweise daraus den Schluß, daß "die Befreiung vom Zunftzwange hinsichtlich der in Fabriken und Manufacturen vorkommenden Arbeiten, wie bisher gewöhnlich, an desfalls auf näheres Ansuchen zu ertheilende Concessionen zu binden, damit in jedem einzelnen Falle näher in Erwägung gezogen werden könne, ob die Anlage dem Gegenstande und Umfange des Betriebes wie den sonst in Betracht kommenden Verhältnissen nach eine Hinwegräumung der aus dem Zunftzwange hervorgehenden Hindernisse würklich verdiene". Das Generalzollkammer- und Commerz-Collegium als Befürworter der Gewerbefreiheit machte hingegen den Vorschlag, "nach und nach einzelne Industrie-Zweige

---

602 Zur Biographie von Dyssel vgl. Povl VINDING: Johan Arndt Dyssel, in: DBL, 6 (1935), S. 164-166.

von den Zünften unabhängig zu erklären". Bereits zu diesem Zeitpunkt würden sich dazu einige "Gruppen der Industrie-Anlagen" eignen; nur bei jenen, die "noch nicht gehörig in zünftige und unzünftige gesondert werden könnten, müßte bis dies möglich wird, bei der beikommenden Behörde um eine Concession [...] nachgesucht werden".[603] Unübersehbar ist die Intention dieser beiden Konzepte: Während der Statthalter mit der Beibehaltung des alten Konzessionierungsverfahrens die Liberalisierung der Gewerbeordnung zu bremsen hoffte, hätte das vom Collegium vorgeschlagene Verfahren sie spürbar beschleunigt.

All jene unter den Amtsmeistern, aber auch unter den Mechanikern und Maschinenbauern in den Städten und zunftberechtigten Flecken Schleswig-Holsteins, die moderne (Land)Maschinen ungehindert bauen wollten, d.h. ohne Beschränkungen durch den Zunftzwang, waren demnach bis zum Ende der dänischen Zeit letztlich vom Wohlwollen der verantwortlichen Regierungsstellen in Kopenhagen abhängig. Ein Rechtsanspruch des Antragstellers auf den Erhalt des entsprechenden Privilegs nebst Konzession existierte nämlich nicht. Der Nachweis triftiger Gründe allein, die einen Unternehmer dazu zwangen, darum nachzusuchen, war somit noch lange kein Erfolgsgarant für den Erhalt derselben. Obwohl die Exemtion vom Zunftzwang und die Konzession seit den 1830er Jahren gegen den Widerstand der Ämter und vieler Magistrate anderer Verwaltungs- und Regierungsinstanzen in der Regel gewährt wurde, stellte der undefinierte Ermessensspielraum, über den die Beamten verfügten, für den Antragsteller einen bedrohlichen Unsicherheitsfaktor dar. Treffend bemerkt Haase dazu: "Es stand im absoluten Staate der Obrigkeit zu, die gewerbliche Tätigkeit zu gestatten oder zu verbieten".[604] Im benachbarten Mecklenburg scheint die rechtliche Lage ähnlich gewesen zu sein, was Bentzien wie folgt kommentiert: "Derartige Schwierigkeiten schon bei der Herstellung einfachster Maschinen bremsten den technischen Fortschritt vor Einführung der Gewerbefreiheit sicherlich nicht nur in Einzelfällen".[605] Erst einmal privilegiert und konzessioniert, schieden diese Unternehmen - sofern ihre Inhaber Amtsmeister waren - in den Herzogtümern in der Regel aus dem Kreis der zünftigen Handwerksbetriebe aus. Dem Neumünsteraner Tischlermeister Hagen beispielsweise wurde auf sein Gesuch hin die "Concession [...] zur Betreibung einer Maschinenfabrik daselbst"[606] erteilt.

Wieviel sicherer planen und ungestörter arbeiten konnten da moderne (Land)Maschinen produzierende Professionisten in Staaten mit Gewerbefreiheit. Zu diesen Staaten gehört auch Dänemark. Von Anbeginn an wurden im Königreich etwa die unzünftigen Mechaniker und Maschinenbauer auf ihren Antrag hin bereitwillig vom Zunftzwang befreit und mit einer Konzession zur Betreibung einer Maschinenbauwerkstatt versehen. Einzige Voraussetzung war ein hinreichender Qualifikationsnachweis.[607]

---

603 LAS Abt. 65.2, Nr. 822 II.

604 HAASE, Aufkommen, S. 12. - In Bremen räumte der Rat der Stadt den Widerstand der betroffenen Ämter aus, indem sie den Mechanikern das Privileg der Freimeisterschaft verlieh. FATTHAUER, Metallgewerbe, S. 116 f.

605 BENTZIEN, Landbevölkerung, S. 81.

606 RAK GKKL, Kommercekollegiets Arkiv II.B.1., Bd. 2, S. 320 ff.

607 NIELSEN, Tiden 1820-1870, S. 75 f.

III.5.1.4.2. Exkurs 2: Der Einfluß des Zunftzwangs auf die Bestandsentwicklung der städtischen Maschinenfabriken

Es liegt auf der Hand, daß die den handwerklichen Rahmen deutlich überschreitenden Maschinenbauunternehmen die im Circular vom 21. November 1809 definierten Kriterien einer "Fabrik" klar erfüllten.[608] Insbesondere die mittleren und größeren unter ihnen, die fast ausnahmslos mit einer Eisengießerei kombiniert waren, gingen in Schleswig-Holstein gewöhnlich nicht aus Handwerksbetrieben hervor, sondern waren Neugründungen in den Städten und zunftberechtigten Flecken. Maschinenfabriken mit Standort auf dem flachen Land waren hingegen selten, da sich im Verlauf der ersten Hälfte des 19. Jahrhunderts der gewerberechtliche Grundsatz verfestigt hatte, daß der "industrielle Betrieb" den Städten vorbehalten sein sollte.[609] Aufgrund der bereits im vorigen Kapitel dargelegten Gründe benötigten sie zur Aufnahme des "fabrikmäßigen" Baus moderner (Land)Maschinen das Privileg, zunftübergreifend arbeiten zu dürfen. Wie die Betreiber der kleineren (land)maschinenbauenden Gewerbebetriebe hingen auch die Inhaber dieser "Industrieanlagen" - wie sie im obigen Circular genannt wurden - dabei in hohem Maße vom Wohlwollen der Verwaltungs- und Regierungsstellen ab. Denn erstens war es gemäß der Verordnung vom 29. Januar 1820 nur dann allen Bürgern kraft ihres Bürgerrechts freigestellt, eine Fabrik oder Manufaktur zu gründen, "wenn sie auf keine besondere Begünstigung für solche Anlagen Anspruch machten",[610] zweitens hatten sie weder einen Rechtsanspruch auf die Konzessionierung noch auf die Privilegierung und drittens versuchten die betroffenen Handwerksämter, ihre Rechtsansprüche zu wahren.

Ziel dieses Kapitels ist es nun herauszufinden, ob - und falls ja, inwieweit - die verantwortlichen Regierungsstellen mit ihrer Erteilung bzw. Verwehrung von Dispensationen vom Zunftzwang die Bestandsentwicklung der Maschinenfabriken, die Brockstedt zusammen mit den Eisengießereien als wichtigsten Wirtschaftszweig "für die Anfänge des

---

608 CIRCULAR, betr. die Einsendung tabellarischer Nachrichten über die in einem jeden District vorhandenen Fabriken, Manufacturen oder andere Anlagen so wie über die vorhandenen Mühlen, in: Syst. Slg, Bd. 6, Kiel 1833, S. 251-255, Nr. 5 (21.11.1809), hier S. 252. - Einen Überblick über die Entstehung und Entwicklung der schleswig-holsteinischen Eisengießereien und Maschinenbaufabriken bis 1867 bietet BROCKSTEDT, Frühindustrialisierung, S. 32-44. Ferner enthält DIEDERICHS, Zeit, S. 54 ff., eine Firmenliste.

609 HAASE, Aufkommen, S. 17. - Ihren Standort auf dem flachen Land hatten z.B. die 1827 in Büdelsdorf bei Rendsburg gegründete Carlshütte und die 1842 in Ottensen errichtete Eisengießerei und Maschinenbaufabrik des Altonaer Bürgers Steffen Bolten. Die zur Konzessionierung des letzteren Unternehmens führenden "besonderen Umstände" können LAS Abt. 65.2, Nr. 822 I, entnommen werden. Ebenfalls auf dem flachen Land, und zwar in Sande, Amt Reinbek, gründeten im Februar 1864 Wilhelm H. J. Bergner aus Geesthacht und Wilhelm Chr. T. Nordenberg aus Schleswig das Bergedorfer Eisenwerk, dessen Produktionsschwerpunkte Meierei- und Landwirtschaftsmaschinen waren. LAS Abt. 80, Nr. 1122 II. Zur Firmengeschichte vgl. Hansjörg ZIMMERMANN: Stormarn-Lauenburg: Industrie im Agrarbezirk, in: Urs. J. Diederichs (Hg.): Schleswig-Holsteins Weg ins Industriezeitalter, Hamburg 1986, S. 141-156, hier 153 f.

610 KANZELEISCHREIBEN, Befugniß.

Industrialisierungsprozesses in den Herzogtümern"[611] bezeichnet, in den Städten und zunftberechtigten Flecken beeinflußt haben.

Vorweg sei noch angemerkt, daß der Einfluß des Zunftzwangs auf die Entwicklung des modernen Maschinenbaus in Deutschland von der Forschung konträr beurteilt wird. Landes beispielsweise kommt in Hinblick auf weite Teile Kontinentaleuropas zu dem Ergebnis, daß dort aufgrund "des fortdauernden Einflusses der Gildeorganisationen und der strikten Durchführung der merkantilistischen Politik durch die Regierungen die Technik [...] in einer muffigen Atmosphäre zu ersticken drohte". Für Henning hingegen ist der moderne Maschinenbau in Deutschland zumindest nicht durch den Zunftzwang daran gehindert worden, eine ebenso erfolgreiche Entwicklung wie in Großbritannien zu nehmen, und zwar weil es sich bei ihm um eine Produktionsrichtung gehandelt habe, "die nicht oder kaum mit Zunftbereichen identisch" war.[612] Blickt man nun auf die gewerberechtlichen Produktionsbedingungen bzw. auf die Privilegierungspraktiken zurück, denen das moderne (Land)Maschinen bauende Handwerk in Schleswig-Holstein unterworfen war, so liegt Landes Charakterisierung recht nahe an der Realität, während Henning den gewerberechtlichen Status dieser Produzentengruppe verkennt.

Das erste derartige Unternehmen, das im vorigen Jahrhundert vom Zunftzwang befreit wurde, war die bei ihrer Gründung 1827 mit weitreichenden Privilegien ausgestattete Carlshütte.[613] Auch die Eigentümer der meisten anderen bis zum 1. Dezember 1846 gegründeten Maschinenfabriken dürften derartig privilegiert worden sein. Überliefert ist das von Schweffel & Howaldt (gegr. 1838), wobei in diesem speziellen Fall das knapp drei Jahre zuvor dem Mechaniker Howaldt erteilte Privileg am 28. Oktober 1840 lediglich auf den Kaufmann Schweffel ausgedehnt wurde. Ferner wurde es 1841 in Hadersleben Petersen & Bonnichsen und 1842 in Ottensen dem Altonaer Bürger Steffen Bolten für ihre Eisengießereien und Maschinenfabriken verliehen. "Behufs der Anlegung einer Maschinenfabrik in Kiel" erhielt am 22. Juni 1844 auch der "Mechanikus Rudolph Ohrtmann aus Hamburg [...] ein Privilegium [...], daß es ihm gestattet sein soll, zur Ausführung der beim Maschienenbau erforderlichen Handwerksarbeiten von allen einschlagenden Gewerken Gesellen und Gehülfen zu halten".[614]

Erwartungsgemäß sprachen sich die Ämter in allen vier Fällen unter Berufung auf die ihnen in den Amtsartikeln zugesprochenen Prohibitivrechte gegen die Erteilung eines sol-

---

611 BROCKSTEDT, Frühindustrialisierung, S. 32. - Zur Rolle des Maschinenbaus bei der industriellen Entwicklung Deutschlands vgl. SCHRÖTER, Entstehung, S. 106-111 und Hubert KIESEWETTER: Industrielle Revolution in Deutschland 1815-1914, Frankfurt a. M. 1989, S. 210-215.

612 David Saul LANDES: Der entfesselte Prometheus. Technologischer Wandel und industrielle Entwicklung in Westeuropa von 1750 bis zur Gegenwart. Aus dem Englischen übersetzt von Franz Becker, Köln 1973, S. 70; vgl. auch ebda., S. 130 f. Wilhelm TREUE: Wirtschaftsgeschichte der Neuzeit, Bd. 1 (= 18. und 19. Jahrhundert), 3., stark erweiterte Auflage, Stuttgart 1973, S. 381-384, schließt sich Landes an. - HENNING, Wirtschafts- und Sozialgeschichte (Bd. 1), S. 839.

613 LAS Abt. 406.10, Nr. 62.2 (08.05.1827). - Ferner WULF, Holler, S. 227 und 270-274 und KRUSE, Jahrhundertbuch, S. 41 f.

614 Zu Schweffel & Howaldt: LAS Abt. 65.2, Nr. 4266. Zur Firmengeschichte vgl. Hermann J. HELD: 100 Jahre Howaldt, herausgegeben vom Vorstand der Howaldtswerke A. G. Kiel-Hamburg, Hamburg 1938, S. 3-62. - Zu Petersen & Bonnichsen: LAS Abt. 49.30, Nr. 153. Zur Firmengeschichte vgl. HENNINGSEN, Eisengießereien, S. 105 ff. - Zu Bolten: LAS Abt. 65.2, Nr. 822 I. - Zu Ohrtmann: LAS Abt. 49.30, Nr. 102 und LAS Abt. 65.2, Nr. 4266.

chen Privilegs aus. Wie bereits im vorigen Kapitel angedeutet, hatte sich die Gewerbepolitik der Regierungskollegien jedoch seit dem Ende der 1820er Jahre auch auf dem Sektor des Zunftwesens in gewissen Punkten spürbar zu liberalisieren begonnen.[615] Da ihr langfristiges Hauptziel hier nun in der Beseitigung aller partikularen Rechte - oder positiv ausgedrückt, in der Schaffung der Gewerbefreiheit - lag, richteten sich ihre Aktivitäten hier naturgemäß in erster Linie gegen den Zunftzwang. Anstatt ihn aber mit einem Gesetzesakt zu beseitigen, begnügten sich die verantwortlichen Regierungsstellen beispielsweise damit, neu gegründete Ämter nicht mehr mit den üblichen Prohibitivrechten auszustatten, wodurch die Gewerbeverfassung jedoch nur noch unübersichtlicher wurde.[616] Auch wurde das Zunftsystem zwar u.a. durch die Freigabe des Umfangs des Handwerksbetriebs aufgelockert, doch blieben die bereits konfirmierten Prohibitivrechte unangetastet, indem die Obrigkeit scharf darauf achtete, daß die den einzelnen Ämtern zugesprochenen Arbeitsgebiete nicht über Dispensationen von kleingewerbetreibenden Ungenossen okkupiert wurden.[617] Hier sei z.B. an die oben zitierte "Entscheidung" des Ministeriums für das Herzogtum Schleswig vom 18. Dezember 1856 erinnert. Dispensationen vom Zunftzwang wurden Mechanikern, Maschinenbauern und dergleichen Professionisten also nur deshalb erteilt, weil deren Erzeugnisse kaum in der Produktpalette des "Alten Handwerks" enthalten waren.

Sofern es sich nicht "offenbar nur um eine Umgehung der zünftigen Aufnahmebedingungen, besonders des Meisterstücks handelte",[618] genehmigten die verantwortlichen Regierungsstellen im Zuge dieser gewerbepolitischen Umorientierung hingegen immer öfter die Betreibung selbst solcher "Großbetriebe", die dem "Alten Handwerk" vorbehaltene Produkte herstellen wollten.

Da sich die Verantwortlichen in der Regierung - wie bereits ausgeführt - lange Zeit scheuten, die vielen auf dem Gewerbesektor bestehenden Sonderrechte anzutasten, und da des weiteren die Einführung einer neuen Gewerbeordnung durch die politische Entwicklung nach 1846 blockiert war, kann es allerdings kaum überraschen, daß der Vorschlag des Generalzollkammer- und Commerz-Collegiums vom 28. August 1834, "nach und nach einzelne Industrie-Zweige von den Zünften unabhängig zu erklären",[619] niemals in die Realität umgesetzt worden ist. Als das Collegium beispielsweise am 12. November 1846 anläßlich des schon ausführlich dargelegten Gesuchs des Neumünsteraner Tischlermeisters Hagen an die Kanzlei die Vorfrage richtete, ob Maschinenfabriken zukünftig nicht generell vom Zunftzwang befreit werden sollten,[620] gab letztere am 1. Dezember 1846 zurück, "da das fragliche Verhältniß durch die entworfene neue Gewerbeordnung geordnet werden wird, so scheine eine allgemeine Regulirung desselben zur Zeit kein Bedürfniß zu sein".[621]

---

615 Vgl. auch HÄHNSEN, Geschichte, S. 368 ff. und AHLF, Stadthandwerk, S. 62 ff.
616 BROCKSTEDT, Grundzüge, S. 18.
617 LIND, udvikling, S. 46.
618 HÄHNSEN, Geschichte, S. 384.
619 LAS Abt. 65.2, Nr. 822 II.
620 LAS Abt. 65.2, Nr. 822 I.
621 RAK GKKL, Kommercekollegiets Arkiv II.B.1., Bd. 2, S. 320 ff.

Anhand dieses Vorgangs wird nochmals deutlich, daß es sich bei der "Regierung" in Kopenhagen eben nicht, wie es die Forschungsliteratur bis hin zu Brockstedts Aufsätzen[622] suggeriert, um einen homogenen Korpus handelte. Selbst innerhalb der einzelnen Kollegien bestanden über den einzuschlagenden wirtschaftspolitischen Kurs zum Teil erhebliche Differenzen. Nun ist es nicht das Ziel dieser Studie, diese Forschungslücke zu schließen. Hier soll lediglich exemplarisch das Generalzollkammer- und Commerz-Collegium herausgegriffen werden, da es sich offensichtlich bereits in den frühen 1830er Jahren den Ideen des Wirtschaftsliberalismus zu öffnen begann, mithin eine relativ eindeutige Position in dieser Hinsicht einnahm. Zur Begründung seiner obigen Vorfrage vom 12. November 1846 an die Kanzlei führte es u.a. an: "Da es für die verschiedenen Gewerbetreibenden von großer Wichtigkeit ist, daß sie die erforderlichen Arbeitsmaschinen möglichst wohlfeil und leicht im Inlande selbst erhalten können, und da die Erfahrung überall gezeigt hat, daß eine Beschränkung des Maschinenbauers gewisse Theile der von ihm gelieferten Maschinen nicht selbst sondern nur bei Zunftmeistern verfertigen lassen zu dürfen, in hohem Grade stöhrend einwirkt, mußte das Collegium von seinem Standpunkte aus es für sehr wünschenswerth halten, daß dem Supplicanten die nachgesuchte Bewilligung ertheilt werde".[623]

Im Gegensatz zur Schleswig-Holstein-Lauenburgischen hatte sich die Dänische Kanzlei kurz zuvor diesen Standpunkt des Collegiums zu eigen gemacht, so daß im Königreich bereits mehr als zehn Jahre vor der Einführung der Gewerbefreiheit die Maschinenfabriken vom Zunftzwang befreit waren.[624] Auch auf dem Feld des Maschinenbaus - egal ob handwerklich oder fabrikmäßig ausgeführt - offenbaren sich in gesamtstaatlicher Zeit also zwischen den Herzogtümern und Dänemark deutliche Diskrepanzen in der Gewerbepolitik; ganz abgesehen davon wurde in letzterem schon seit dem letzten Viertel des 18. Jahrhunderts die Entwicklung des Maschinenbaus auf die verschiedenste Art und Weise vom Staat gefördert.[625]

Aufgrund einer Fehlinterpretation des oben zitierten Antwortschreibens der Kanzlei an das Collegium vom 1. Dezember 1846 erhob nun Haase die irrige Behauptung, "alle Maschinenfabriken" seien am 1. Dezember 1846 in den Herzogtümern vom Zunftzwang befreit worden.[626] Folglich ist auch die sich auf Haase stützende Behauptung Brockstedts, in "einer Periode starken wirtschaftlichen Aufschwungs fiel dann eine erste wichtige Entscheidung in der Auseinandersetzung zwischen Regierung und Zünften, als am 1.12.1846 die Maschinenbauanstalten vom Zunftzwang befreit wurden",[627] falsch. Tatsächlich ist in

---

622 Beispielsweise BROCKSTEDT, Frühindustrialisierung, S. 69-74 oder DERS., Grundzüge, S. 16-20.

623 RAK GKKL, Kommercekollegiets Arkiv II.B.1., Bd. 2, S. 320 ff.

624 LAS Abt. 65.2, Nr. 822 I.

625 Vgl. Ole Jørgen RAWERT: Kongeriget Danmarks industrielle Forhold fra de ældste Tider indtil Begyndelsen af 1848, København 1850, S. 159-171.

626 HAASE, Aufkommen, S. 51. - Auch die von BLUNCK, Entwicklung, S. 68, aufgestellte Behauptung, nach der Privilegierung Hagens hätten sich für die "Maschinenfabriken" Neumünsters diesbezüglich keine Schwierigkeiten mehr ergeben, ist mithin widerlegt.

627 BROCKSTEDT, Frühindustrialisierung, S. 70 f. - Sich auf Brockstedt beziehend, stellt beispielsweise auch Peter DANKER-CARSTENSEN: "Industriöser Flecken" oder "Freundlicher Ort". Die Wirtschaftsstruktur Elmshorns 1835-1864, in: Stadt Elmshorn (Hg.): Beiträge zur Elmshorner

Schleswig-Holstein bis zur Einführung der Gewerbefreiheit 1867 kein einziger "Industrie-Zweig" vom Zunftzwang befreit worden.[628]

Demgemäß stellten Eisengießerei- und Maschinenfabrikbesitzer auch nach dem 1. Dezember 1846 Anträge auf Erteilung eines Privilegs zum zunftübergreifenden Arbeiten und zur Beschäftigung von Gesellen und Gehilfen aus allen "einschlagenden Gewerken". Allein für das darauffolgende Jahr lassen sich drei nachweisen: am 29. Januar 1847 wurde es dem Haderslebener Goldschmied Wolfgang Petersen für seinen Betrieb erteilt; am 9. September wurde auch die bereits fünf Jahre zuvor gegründete Eisengießerei und Maschinenfabrik des Flensburger Bürgers und Fabrikanten Nicolaus Jepsen in Flensburg derartig privilegiert; und als Dritter erhielt am 15. Dezember schließlich noch der Neustädter Bürger und Schiffer Johann Christoph Johannsen für sein Unternehmen eine Dispensation vom Zunftzwang. Durch eine königliche Resolution vom 7. Juni 1854 war es auch den Betreibern der Haderslebener "Frederiks Gießerei", einer aus sechs Personen bestehenden Interessenschaft, erlaubt, "at holde det til Vorkets Drift fornöden Antal Svende og Medhjelpere uden i saa Henseende at vore undergivet nogen Laugstvang". Letztmalig läßt sich die Erteilung eines solchen Privilegiums zehn Jahre später nachweisen. Am 23. Februar 1864 bekamen es Wilhelm H. J. Bergner und Wilhelm Chr. T. Nordenberg für ihre in Sande, Amt Reinbek, im Aufbau begriffene Eisengießerei und Maschinenfabrik verliehen, die späteren Bergedorfer Eisenwerke.[629]

Die Kriterien, anhand derer die verantwortlichen Regierungsstellen die Gesuche prüften, können z.B. einem Schreiben der Schleswig-Holsteinischen Regierung entnommen werden. Am 11. September 1847 wollte sie vom Magistrat der Stadt Neustadt bezüglich des Privilegierungsgesuchs des Neustädter Bürgers und Schiffers Johannsen wissen, "ob der Supplicant hinlängliche Mittel und die erforderliche Qualification besitze, um eine Fabrikanlage der hier in Rede stehenden Art im entsprechenden Umfange, gehörig und mit Nutzen für das Publicum zu betreiben? inwieweit die dortigen Meister der Schmiede- und Tischlerzunft im Stande sein würden, die bei einer solchen Fabrik vorfallenden Arbeiten selbst zu übernehmen und in gehöriger Weise auszuführen? sowie endlich, in wieweit es etwa im Interesse der dortigen arbeitenden Classe liegen mögte, dem Supplicanten zum

---

Geschichte, Bd. 1, Elmshorn 1987, S. 77-93, hier 83 f., diese irrige Behauptung in bezug auf Elmshorn auf.

628 HAASE, Aufkommen, S. 51, bemerkt diesbezüglich treffend: "So wurde man der neuen Zeit in Einzelverordnungen gerecht, bevor eine allgemeine Regelung dieser Angelegenheit stattfand".

629 Zu Wolfgang Petersen: LAS Abt. 49.30, Nr. 153. Zur Firmengeschichte vgl. HENNINGSEN, Eisengießereien, S. 106-109 und 123. - Zu Nicolaus Jepsen: Stadtarchiv Flensburg Akte 422, Fasz. 2. LAS Abt. 49.30, Nr. 153. Zur Firmengeschichte vgl. VAAGT, Anfänge, passim und DERS.: Die frühe Industrialisierung im Herzogtum Schleswig, in: Stadt Flensburg (Hg.): Flensburg 700 Jahre Stadt - eine Festschrift, Bd. 1 (= Flensburg in der Geschichte; = Schriften der Gesellschaft für Flensburger Stadtgeschichte, Nr. 36, Bd. 1), Flensburg 1984, S. 297-320, hier 300 ff. - Zu Johann Christoph Johannsen: Stadtarchiv Neustadt i. H. Acta VIII, Nr. 16. LAS Abt. 49.30, Nr. 153 und Abt. 65.2, Nr. 4356 III. - Zur Interessenschaft: RAK Ministeriet for Hertugdömmet Slesvig, I. Departement A-B, Abt. 79.3, 2, Nr. 61 b und II. Departement B, Nr. 390. Zur Firmengeschichte: HENNINGSEN, Eisengießereien, S. 108 f. und 122. - Zu Wilhelm H. J. Bergner und Wilhelm Chr. T. Nordenberg: LAS Abt. 80, Nr. 1122 II.

Behufe des intendirten Fabrikbetriebes die Haltung von Gesellen und Gehülfen der einschlagenden Gewerke zu gestatten".[630]

Am Rande bemerkt: Den Nachweis, im Besitz des Bürgerrechts zu sein, scheint Johannsen bereits in seinem Antragsschreiben erbracht zu haben. Denn fehlte dieser, so durfte der Antragsteller gemäß der Verordnung vom 29. Januar 1820 nicht als Fabrikinhaber konzessioniert oder gar privilegiert werden. Als beispielsweise Jochim F. H. Picker seine "Militairpflichtigkeit" noch nicht erfüllt hatte, war er am 10. September 1841 bei der Stellung des Gesuchs um "Ertheilung eines Privilegii oder einer Concession zur Errichtung einer Fabrikanlage als Mechanikus" in Plön auch noch nicht im Besitz des Bürgerrechts der Stadt gewesen. Prompt wurde er deshalb von der Schleswig-Holsteinischen Regierung abschlägig beschieden. Erst nachdem Picker das Bürgerrecht Plöns erworben hatte, wurde ihm am 14. Juni 1842 eröffnet, daß "ihm die fabrikmäßige Ausübung des angegebenen Gewerbezweiges unbenommen sei" - allerdings sollte er zuvor noch um ein Privileg zur Befreiung vom Zunftzwang nachsuchen. Ob sich Picker tatsächlich noch darum bemüht hat, war nicht mehr zu ermitteln. Obwohl der Stellmachergeselle Picker während seiner vierjährigen Wanderzeit nicht nur ein qualifizierter Mechaniker geworden war, sondern sich auch "die bis jetzt hier im Lande noch gar nicht geübte Kunstfertigkeit das Holz zu Siebrändern zu reißen angeeignet" hatte, wendeten die zuständigen Beamten also das Gewerberecht in diesem Punkt buchstabengetreu an, statt auf unbürokratische Weise den Maschinenbau und die Einführung eines in den Herzogtümern bis dahin nicht ausgeübten Gewerbes zu fördern.[631]

Anders wurden wiederum die vier Prüfungskriterien gehandhabt. So ist nur vom Kieler Bürger Nicolaus J. L. Esrom, der das Schlosserhandwerk in Rendsburg zünftig erlernt hatte, bevor er 1844 das Gesuch stellte, eine "Ofen- und Maschienenfabrik" in Kiel errichten zu dürfen und bei deren Betrieb nicht an den Zunftzwang gebunden zu sein, bekannt, daß er mit der Begründung abschlägig beschieden wurde, er verfüge nicht über "ausreichende Geldmittel".[632] In keinem einzigen Fall wurde ein Antragsteller mit der Begründung abgewiesen, er sei nicht ausreichend fachlich qualifiziert. Da es in diesen Jahrzehnten darüber hinaus kaum an arbeitssuchenden Handwerksgesellen und ungelernten Arbeitern mangelte, stand allein das dritte Kriterium der Gewährung des Gesuchs entgegen, da die Magistrate nicht umhin kamen, dem zünftigen Handwerk zu attestieren, zumindest Teile der "bei einer solchen Fabrik vorfallenden Arbeiten [...] in gehöriger Weise" ausführen zu können. In den letzten Jahrzehnten der gesamtstaatlichen Zeit überwog jedoch auf allen Regierungsebenen das Interesse, neue Fabriken im Lande anzusiedeln, den Willen zum Schutz der zunftwirtschaftlichen Mechanismen, die über Jahrhunderte hinweg die "Nahrung" der Meister und ihrer Familien gesichert hatten. Deshalb schoben schon die meisten Magistrate diesen Sachverhalt - stets unter Hinweis auf die Bedeutung dieser "Großunternehmen" für die Wirtschaft und den Arbeitsmarkt ihrer Stadt - einfach mit der Bemerkung beiseite, daß die fabrikmäßige Herstellung moderner (Land)Maschinen prinzipiell nicht mit dem Zunftsystem vereinbar sei.

---

630 Stadtarchiv Neustadt i. H. Acta VIII, Nr. 16.

631 LAS Abt. 49.30, Nr. 102. - Vgl. oben, Kap. II.2.3., S. 158.

632 LAS Abt. 65.2, Nr. 4266 und Abt. 49.30, Nr. 153.

In Übereinstimmung mit Henningsen kann also festgehalten werden, daß die verantwortlichen Regierungsstellen den Eigentümern der Eisengießereien und Maschinenfabriken die Dispensation vom Zunftzwang "in aller Regel ohne Umstände erteilt"[633] haben. Trotzdem hat das schleswig-holsteinische Privilegierungs- und Konzessionierungssystem die Bestandsentwicklung dieser Fabriktypen negativ beeinflußt: die Bereitschaft eines Unternehmers während der Frühindustrialisierung eine Maschinenfabrik zu gründen, also ein beträchtliches unternehmerisches Risiko einzugehen, dürfte in Staaten mit einer relativ sicheren gewerberechtlichen Grundlage höher gewesen sein als in solchen mit einer unsichereren. Zur letzteren Kategorie gehörten zweifelsohne die Herzogtümer.

So verwundert es nicht, daß eine Eisengießerei und Maschinenfabrik selbst noch nach dem Erhalt von Privileg und Konzession unversehens wieder vom Wohlwollen der verantwortlichen Verwaltungs- und Regierungsstellen abhängig werden konnte. Das war u.a. der Fall, wenn ihr Eigentümer verstarb oder wechselte; denn das Privileg zum zunftübergreifenden Arbeiten wurde nicht für das Unternehmen, sondern allein für den antragstellenden Unternehmer ausgestellt. Es erlosch folglich bei dessen Tod oder anderweitigem Ausscheiden aus dem Unternehmen. Beispielsweise wurde nach dem Tod von Heinrich Jepsen, dem Eigentümer der zweitgrößten Eisengießerei und Maschinenfabrik Flensburgs in frühindustrieller Zeit, das ihm sieben Jahre zuvor erteilte Privileg am 30. Dezember 1854 zunächst auf seine Witwe und dann - nach erfolgter Erbteilung - am 30. November 1856 auf seinen Sohn Heinrich übertragen.[634]

War die Übertragung des Privilegs auf andere Mitglieder der Familie Jepsen wahrscheinlich kaum viel mehr als eine Formsache, so ist dies 1853 beim Antrag Hollers auf Verlängerung seines sieben Jahre zuvor ausgelaufenen Privilegs ganz anders gewesen. Hier liegt eine weitere Konstellation vor, in welcher der Eigentümer einer Eisengießerei und Maschinenbaufabrik wieder in Abhängigkeit von der Obrigkeit geraten konnte. Zur Vorgeschichte: Als Holler im September 1853 das Gesuch stellte, das Ministerium für das Herzogtum Schleswig möge ihm sein am 6. September 1846 ausgelaufenes Privileg für die Carlshütte verlängern, wurde ihm dieses mit dem Hinweis auf seine dänenfeindliche Haltung während der Erhebungszeit verwehrt. Gleichzeitig gab ihm das Hüttener Amthaus auf, "alle Gewerks- und Handwerksmeister, Gesellen und Gehülfen in seinem Eisenwerke zu entlassen". Die sofortige Betriebsstillegung der Carlshütte konnte Holler zwar abwenden, doch ist der Bestand des Unternehmens erst durch seine Reise nach Kopenhagen im Oktober 1853 gesichert worden. Freilich mußte er von da ab für die fortlaufende Verlängerung des Privilegs "eine jährliche Recognition von 1000 Reichsthalern" entrichten.[635] Die Frage, inwieweit nach 1850/51 die Nichterteilung oder -verlängerung dieses äußerst wichtigen Privilegs als Mittel zur Bestrafung und Disziplinierung auch anderer politisch mißliebiger Fabrikinhaber von den Ministerien für das Herzogtum Schleswig und die Herzogtümer Holstein und Lauenburg angewandt wurde, kann aufgrund der dürftigen Quellenlage nicht sicher beantwortet werden. In diesem Kontext würde jedoch z.B. das "Gesuch des [..] Bürgers und Eisengießerei-Besitzers Joh. Christian Johannsen um Con-

633 HENNINGSEN, Eisengießereien, S. 116.
634 RAK Ministeriet for Hertugdömmet Slesvig, I. Departement A-B, Abt. 79.3, 2, Nr. 61 b.
635 RAK Ministeriet for Hertugdömmet Slesvig, II. Departement A, Nr. 171. KRUSE, Jahrhundertbuch, S. 147 f., geht irrigerweise davon aus, daß der Hardesvogt der Hohner Harde Holler zur Antragstellung genötigt hat.

firmation der ihm unterm 15 Dec 1847 zur Haltung von Gesellen u Gehülfen verschiedener Gewerbe in seiner Eisengießerei" erteilten "Concession" verständlich werden. Warum sonst sollte Johannsen im Frühjahr 1853 um die "Confirmation", d.h. Bestätigung, seines ihm knapp sechs Jahre zuvor ohne zeitliche Begrenzung gewährten Privilegs nachgesucht haben?[636]

Der Obrigkeit bot das auf der zünftigen Gewerbeordnung basierende Privilegierungsrecht also einige Möglichkeiten, einem Unternehmer bei Bedarf auch nach seiner Privilegierung Schwierigkeiten zu bereiten. Dies sowie beispielsweise das Faktum, daß jegliche aus betriebstechnischen oder sonstigen Gründen notwendige Erweiterung oder Abänderung eines Privilegs ebenfalls vom Wohlwollen der höheren Behördenstellen abhing, ist für einen Investitionswilligen ebenfalls kaum Anreiz gewesen, sein Kapital in die Errichtung einer städtischen Eisengießerei und Maschinenfabrik zu stecken. Nur leider lassen sich die negativen Folgen der gewerberechtlichen und -politischen Rahmenbedingungen auf ihre Bestandsentwicklung unmöglich in irgendeiner Form exakt messen. Daran, daß die gewerberechtlichen und -politischen Rahmenbedingungen die Etablierung des kapitalistischen Industriesystems in den Herzogtümern spürbar bremsten, ließ auch ein Anonymus in seinem Bericht über eine 1833 in Kiel abgehaltene "Ausstellung von Kunst- und Industrie-Arbeiten" keinen Zweifel. "So lange diese Verhältnisse bestehen, und es steht vielleicht nicht in der Willkühr der Regierung, sie schnell zu beseitigen, werden Fabriken bei uns nur ausnahmsweise gedeihen".[637]

III.5.1.4.3. Das Konzessionssystem und der handwerkliche Bau von (Land)Maschinen auf dem flachen Land

Auf dem flachen Land wurde die handwerkliche Herstellung moderner (Land)Maschinen bis zum Ende der dänischen Zeit spürbar durch das Konzessionssystem[638] behindert. Während nämlich den Mechanikern, Maschinenbauern und anderen (land)maschinenbauenden Handwerkern in den Städten und zunftberechtigten Flecken auf ihren Antrag hin das Privileg zum zunftübergreifenden Arbeiten und zur Beschäftigung von Gesellen und Gehilfen aus allen dabei "einschlagenden Gewerken" gewöhnlich erteilt wurde, sind nur sehr wenige derartige Anträge von Landhandwerkern - gleich welcher Profession - gestellt, und noch weniger bewilligt worden.

Gewiß, obwohl die verantwortlichen Regierungskollegien bis zuletzt - zumindest nach außen hin - an dem Modell der prinzipiellen Arbeitsteilung zwischen Stadt und flachem Land festhielten, war unübersehbar, daß es im Verlauf des Prozesses der Territorialisierung des Gewerbes weitgehend zu einer leeren Hülse verkommen war. Einige der wesentlichen Grundprinzipien der zünftigen Gewerbeordnung blieben jedoch sehr wohl bis zum Ende des Gesamtstaates wirksam. Eines davon war das - durch keine Verordnung

---

636 Stadtarchiv Neustadt i. H. Acta VIII, Nr. 16

637 ANONYMUS: Ueber die Ausstellung von Kunst- und Industrie-Arbeiten in Kiel, in: Kieler Correspondenzblatt, 1833, Nr. 13 (13.02.1833), S. 57-59, hier 57 f.

638 Zum Konzessionssystem vgl. insbes. HÄHNSEN, Entwicklung, passim.

oder dergleichen festgeschriebene - Verbot, gewerbliche Handwerksarbeiten auszuführen, die in das Tätigkeitsfeld eines der wenigen anderen auf dem flachen Land zugelassenen Handwerke fielen; es war das Gegenstück zum aus dem Zunftzwang abgeleiteten Verbot des zunftübergreifenden Arbeitens in den Städten und zunftberechtigten Flecken. Festgeschrieben werden mußte es nicht, denn ein Landhandwerker wurde durch seine Konzession allein dazu berechtigt, z.B. als Grob- und Hufschmied, Stellmacher, Tischler oder Böttcher zu arbeiten. Landhandwerker, die moderne (Land)Maschinen bauen wollten, waren also dem Gewerberecht nach in jedem Fall an die Zusammenarbeit mit anderen konzessionierten Landhandwerkern oder Stadthandwerkern aus einer oder mehreren anderen Professionen gebunden; Beispiele sollen das veranschaulichen.

Wir erinnern uns: Wenn auch nicht reibungslos, so arbeitete der im Kirchspiel Seester als Landtischler konzessionierte Stockfleth doch mehrere Jahre lang beim Bau von Landmaschinen mit den Meistern der Zünfte aus den benachbarten Städten und Flecken zusammen.[639] Und der 1862 als Schlosser in Großenaspe konzessionierte Friedrich Dürr, der u.a. Dresch- und Häckselmaschinen sowie Göpelwerke anfertigte, beauftragte mit den Tischlerarbeiten einen Tischler namens Hansen.[640]

Ganz allgemein klagte im Oktober 1858 der "Hufner und Maschinenbauer" Christian Hinrich Kühl aus Gettorf, adeliges Gut Groß-Königsförde, in seinem Patentantrag für mehrere von ihm wesentlich verbesserte Landmaschinen darüber, daß sie ohne den Patentschutz weiterhin ungehindert von Konkurrenten nachgebaut würden, wodurch ihm große Ertragseinbußen entstünden. So könne beispielsweise "irgend ein beliebiger befähigter Schmied auf dem Lande die Schmiedearbeiten selbst machen, während er die Holzarbeiten bei einem Tischler ausführen" lasse.[641] Kühl selbst führte dagegen seit 1852, dem Jahr, in dem er in Gettorf eine halbe Hufe erworben und auf deren Gelände ein "Fabrikgebäude" errichtet hatte, die anfallenden Schmiedearbeiten in seinem eigenen Betrieb aus. Die zweieinhalb Jahrzehnte zuvor, in denen er sowohl Pächter einer vier Tonnen großen Landstelle als auch konzessionierter Landtischler in Bovenau, adeliges Gut Osterrade, gewesen war, wird er die eisernen Bestandteile seiner Landmaschinen sicher nicht selbst hergestellt haben. Wie bereits in Kap. II.2.4. festgestellt, war für die Handwerker eine ihrer Bezugsquellen in den Herzogtümern die Carlshütte.

Ohne im Besitz einer Konzession zu sein, hatte der Tischlergeselle Clasen unverzüglich nach Erhalt eines fünfjährigen Patents "auf die ausschließliche Anfertigung einer von ihm erfundenen Häckselmaschine mit aufrechtstehenden Walzen"[642] Anfang Dezember 1856 damit begonnen, dieselbe nach Kundenaufträgen in der Werkstatt seines als Landtischler in Probsteierhagen konzessionierten Vaters anzufertigen. Daran ist nun an und für sich nichts Spektakuläres, mußten doch die meisten Landhandwerker erst dazu angehalten werden, eine Konzession zu erwerben.[643] Clasen allerdings hatte "sogar die dazu erforderlichen Schmiedearbeiten selbst vorzunehmen" gewagt, weshalb er prompt von einem Schmied angezeigt worden war - in dieser Hinsicht bestanden also auf dem flachen Land

---

639 Vgl. oben, Kap. III.5.1.4.1., S. 306 ff.

640 PETRUCK, Schlosserei, S. 379. Zu Dürr vgl. insbes. unten, Kap. III.5.2.4.2., S. 436.

641 RAK Ministeriet for Hertugdömmet Slesvig, II. Departement B, Nr. 396.

642 Klosterarchiv Preetz Abt. G XII B, Nr. 3 b4. Zu Clasen vgl. unten, Kap. III.5.2.3.2., S. 424 ff.

643 HÄHNSEN, Entwicklung, S. 91.

durchaus funktionierende Kontrollmechanismen. In Reaktion darauf wurde ihm von der "Klösterlich-Preetzer Obrigkeit" Anfang Januar die Fortführung seines Handwerksbetriebs verboten.[644] In seinem Antrag vom 16. Mai 1857 auf Erteilung einer "Concession zur fabrikmäßigen Anfertigung landwirthschaftlicher Maschienen" oder zumindest auf Erteilung einer solchen, die es ihm erlaube, "diese bestimmte Maschine fabrikmäßig" anzufertigen, "mithin die zu derselben erforderlichen Schmiedearbeiten in meiner eigenen Werkstätte von einem zu diesem Zweck engagirten eigenen Schmiedegesellen anfertigen zu lassen", hieß es: "Wenn ich jedoch nicht in den Stand gesetzt werde, die erforderlichen Schmiedearbeiten in meiner eigenen Werkstätte anfertigen zu lassen, so bin ich in einer solchen Weise von den Schmieden anhängig, daß ich meinen Abnehmern weder mit Rücksicht auf Güte und Genauigkeit noch ganz besonders auf die Schnelligkeit der Anfertigung meiner Maschienen irgend welche Garantie bieten kann".[645] Dieser, wie alle anderen danach von ihm gestellten Anträge, wurde vom Ministerium für die Herzogtümer Holstein und Lauenburg abschlägig beschieden. Wenig später erhielt Clasen eine Konzession als Landtischler in Laboe. Auch dort fertigte er zwar bis 1866 landwirtschaftliche Maschinen an, doch ganz offensichtlich lediglich in der laut Gewerbeordnung zulässigen Form, indem er nur diejenigen Teile dieser Maschinen selbst herstellte, die in sein Arbeitsgebiet als konzessionierter Landtischler fielen.[646] Ihre eisernen Teile wird er folglich von (Land)Schmieden, (Land)Schlossern oder Eisengießereien und Maschinenbaufabriken bezogen haben.

Hätte nun Clasen die Konzession zur Beschäftigung eines Schmiedegesellen, mithin zum zunftübergreifenden Arbeiten, erhalten, so wäre sein Betrieb gewerberechtlich gesehen nicht nur aus der Masse der ländlichen, sondern auch aus der der städtischen Handwerksbetriebe herausgehoben worden; denn - wir erinnern uns - nur eine verschwindend geringe Zahl von Stadthandwerkern wurde derartig privilegiert. Damit wäre jedoch gegen ein wesentliches Grundprinzip der zünftigen Gewerbeordnung verstoßen worden, welches dem Stadt- gegenüber dem Landhandwerk eine privilegierte Stellung einräumte. Gemäß dem Modell der prinzipiellen Arbeitsteilung stand die bürgerliche Nahrung nämlich ursprünglich ausschließlich den Städtern zu; die "in den Landdistricten [...] für den Landbau nothwendigsten Handwerker"[647] waren hingegen erst später zugelassen worden - allerdings unter bewußter Zurücksetzung ihres Handwerksbetriebs gegenüber demjenigen der Stadthandwerker.[648]

Folglich konnte ein Landhandwerker auch nicht ohne weiteres als (Land)Maschinenbauer konzessioniert werden. Dementsprechend erhielt der Grob- und Hufschmied Arp aus Brodersdorf, dessen "Geschicklichkeit" die "Klösterliche Obrigkeit zu Preetz" sogar noch höher einstufte als diejenige Clasens,[649] auf sein Gesuch "um die Erlaubniß zur Haltung von Gesellen Behufs Verfertigung landwirthschaftlicher Geräthschaften" am 16. Juli 1856 erneut folgenden abschlägigen Bescheid vom Ministerium für die Herzogtümer Holstein und Lauenburg: Arp solle endlich zur Kenntnis nehmen, "daß [...] die betriebs-

644 Klosterarchiv Preetz Abt. G XII B, Nr. 2 aa und 3 b5.
645 LAS Abt. 80, Nr. 1119 II.
646 Klosterarchiv Preetz Abt. G XII B, Nr. 3 b5.
647 LAS Abt. 80, Nr. 1109.
648 Vgl. HÄHNSEN, Entwicklung, S. 91-93.
649 LAS Abt. 80, Nr. 1119 II.

mäßige Anfertigung landwirthschaftlicher Geräthschaften, abgesehen von dem 2ten Mai 1807 einer Concession nicht bedarf, auf dem Lande ohne eine desfalls impetrirte besondere Concession nicht für zulässig angesehen werden kann, und [ihm] daher [...] die Ausübung eines derartigen Betriebes nicht ferner zu gestatten ist".[650]

Clasen und Arp waren jedoch nur zwei von einem guten halben Dutzend Landhandwerkern im Herzogtum Holstein in den 1850er und 1860er Jahren, über die das "Landwirthschaftliche Wochenblatt" anläßlich der vom 16. bis 19. Juli 1854 abgehaltenen "Kieler allgemeinen Landesthierschau, Producten-, Maschinen- und Geräthe-Ausstellung" vermerkte: "Erfreulich auch war es zu sehen, wie sich Schmiede, Tischler und andere Handwerker, insbesondere in Kiel und dessen Umgegend, bemüht hatten, tüchtige landw. Werkzeuge und Maschinen zu liefern, die von rationeller Auffassung und sorgfältiger Arbeit ehrenvolle Beweise lieferten, deren Aufzählung aber leider der beschränkte Raum nicht erlaubt".[651] Zu ihnen gehörten zweifelsohne auch der Landschlosser Hans Stoltenberg sowie die im April bzw. Juli 1856 als Landschlosser bzw. Landtischler konzessionierten Claus Hinrich und Peter Göttsch. Alle drei waren in dem zum Kloster Preetz gehörigen Kirchspiel Schönberg wohnhaft und tätig. Des weiteren muß auch der im Mai 1860 als Landtischler für den "zum Kloster Preetz gehörigen Theile des Kirchspiels Barkau" konzessionierte Hinrich Einfeldt aus Warnau dazugerechnet werden. Auch diese vier haben - zum Teil mehrfach - erfolglos beim Ministerium für die Herzogtümer Holstein und Lauenburg "um Verleihung einer Concession zur Verfertigung landwirthschaftlicher Maschienen" nachgesucht;[652] alle vier wurden mit der auch dem Landschmied Arp erteilten Begründung vom Ministerium abgewiesen.

Das Konzessionssystem behinderte im Holsteinischen auf dem flachen Land jedoch nicht nur die handwerkliche Produktion moderner (Land)Maschinen, sondern verhinderte insbesondere auch, daß sich aus diesen Handwerksbetrieben frühzeitig kleinere Eisengießereien und Maschinenbaufabriken entwickeln konnten. Mit der Einverleibung Schleswig-Holsteins durch Preußen und der damit einhergehenden Eingliederung in den Wirtschaftsraum des Norddeutschen Bundes bzw. des Deutschen Reiches wurden diese Betriebe dann zwar ihrer alten gewerberechtlichen Fesseln ledig. Doch wurde ihre Entwicklung zu größeren Unternehmen zu diesem Zeitpunkt nicht zuletzt aufgrund der Konkurrenz von seiten der nun im Lande verstärkt operierenden auswärtigen Landmaschinenbaufabriken blockiert.

Unschwer lassen sich daraus auch die negativen Folgen für den Verlauf der Mechanisierung der holsteinischen Landwirtschaft ableiten: Da beispielsweise die kleinbäuerlichen Betriebe aller Wahrscheinlichkeit nach ihre meisten modernen Agrargeräte und -maschi-

---

650 Klosterarchiv Preetz Abt. G XII B, Nr. 3 b4. - Zu Arp vgl. oben, Kap. II.2.2.4., S. 147 und unten, Kap. III.5.2.1.2., S. 353 f. - Am 2. Mai 1807 hatte die Deutsche Kanzlei entschieden, daß das "Pflugmachen" nicht zu den Gewerben gehöre, für deren Ausübung eine Konzession notwendig sei. Zum "Pflugmachen" vgl. auch oben, Kap. III.3., S. 208 ff.

651 ANONYMUS: Thierschau in Kiel (Fortsetzung), in: LWB, 4 (1854), Nr. 31 (05.08.1854), S. 231-236, hier 234.

652 Klosterarchiv Preetz Abt. G XII B, Nr. 3 a4b, 3 b3b, 3 b4. - Zu Claus Hinrich Göttsch und Stoltenberg vgl. unten, Kap. III.5.2.4.2., S. 434 f. und zu Peter Göttsch sowie Einfeldt vgl. unten, Kap. III.5.2.3.2., S. 422 ff. und 426.

nen von den Landhandwerkern und kleineren Landmaschinenfabriken bezogen,[653] dürften sie die Hauptleidtragenden dieser Entwicklungen gewesen sein. Auch korrelierte die Diffusionsgeschwindigkeit moderner Agrartechnologie in der Frühphase der Mechanisierung der Landwirtschaft spürbar mit dem Wachstum der Reparaturkapazitäten des flachen Landes. Da in den ersten Jahrzehnten vor Ort jedoch nur Landhandwerker vom Schlage eines Clasen und Arp oder die kleineren Landeisengießereien und -maschinenfabriken die modernen Landmaschinen zu reparieren vermochten, bremsten die Verantwortlichen durch ihr starres Festhalten an der alten Gewerbeordnung unwillkürlich auch den Prozeß der Mechanisierung der Landwirtschaft.

Eine liberalere Gewerbepolitik verfolgte auf diesem Gebiet hingegen das Ministerium für das Herzogtum Schleswig. Landhandwerkern, die moderne Landmaschinen "fabrikmäßig" produzieren wollten, wurde ihr Vorhaben entweder durch eine großzügige Interpretation des Begriffs "Fabrikbetrieb" oder dadurch ermöglicht, daß es deren Betrieb zumindest nicht als Handwerksbetrieb einstufte. Zwei Beispiele sollen das veranschaulichen.

Am 16. März 1855 bat "Johann Hansen in Winnemark, adel. Guts Carlsburg [...]: Ein Hohes Königl. Ministerium für das Herzogthum Schleswig wolle gnädigst geruhen, demselben ein Privilegium auf die alleinige Anfertigung von Butter- und Häckerlingsmaschinen in Schwansen, Angeln und Cappeln zu ertheilen".[654] Genaugenommen wollte Hansen auf die von ihm entwickelten Modelle dieser beiden Landmaschinentypen ein Erfindungspatent, das ihn zukünftig vor Konkurrenten schützen sollte. Da er jedoch trotz Vorlage von detaillierten Konstruktionsplänen und Beschreibungen nicht nachweisen konnte, was das Neue an seinen "Erfindungen" war, wurde sein Gesuch abgewiesen. Gleichzeitig wies das Ministerium Hansen an, um eine Konzession "zur Verfertigung landwirthschaftlicher Maschienen" beim "Commissariat für den Schwansener adl. Güter District" nachzusuchen, da seine Gutsobrigkeit nicht dazu befugt sei, "Concessionen zu fabrikähnlichen Betrieben, wozu die Verfertigung von Maschienen wie den von dem Supplicanten angefertigten am füglichsten zu rechnen sein werden", zu erteilen. Des weiteren wurde ihm mitgeteilt, daß er auch für Kappeln konzessioniert werde, da das Fleckensprivileg den Landbewohnern lediglich den Verkauf von Handwerksprodukten, nicht aber denjenigen von Waren aus "Fabrikbetrieben" im Fleckensareal verbiete.

Im Mai 1860 suchte der konzessionierte Landtischler Friedrich Petersen aus Steinfeld, einem in der Schlies- und Füsing-Harde gelegenen Dorf, beim Ministerium "um Ertheilung einer, das Herzogthum Schleswig, eventualiter die südliche Hälfte desselben umfassenden Concession zum Mühlenbau, so wie zur Anfertigung landwirthschaftlicher Maschienen, als Roßmühlen, Butter- Dresch- und Hedselmaschienen s.w.d.a., mit Gehülfen" nach.[655] In bezug auf den zweiten Teil von Petersens Gesuch entschied das Ministerium,

---

653 Vgl. ANONYMUS, Thierschau. (Schluß.), S. 333 und RAK Ministeriet for Hertugdömmet Slesvig, II. Departement B, Nr. 396. Vgl. dazu auch BENTZIEN, Eindringen, S. 70 f. und BEDAL, Göpel, S. 120-125.

654 Die nachfolgenden Ausführungen zur Konzessionierung des Johann Hansen aus Winnemark stammen ausnahmslos aus RAK Ministeriet for Hertugdömmet Slesvig, I. Departement A-B, Abt. 79.3, 2, Nr. 231 und II. Departement B, Nr. 391.

655 Die nachfolgenden Ausführungen zur Konzessionierung des Landtischlers Petersen aus Steinfeld stammen ausnahmslos aus RAK Ministeriet for Hertugdömmet Slesvig, II. Departement B, Nr. 396. - Zu Petersen vgl. unten, Kap. III.5.2.3.2., S. 421 ff.

daß die Anfertigung von landwirtschaftlichen Maschinen "et frit Erhverv" sei, "formentlig snarere end til Haandvaerksdrift maatte henregnes til Fabrikdrift", weshalb es Petersen weder als Landhandwerker konzessionierte, noch ihm eine Konzession "zur Anlegung und Betreibung einer Fabrik" ausstellte. Vielmehr durfte er laut seiner Konzession im Amt Gottorf "landwirthschaftliche Maschinen mit oder ohne Gesellen und Gehülfen anfertigen, auch solche Maschinen an Alle und Jede in beliebiger Quantität verkaufen und absetzen".

Standen im Schleswigschen auch unterhalb der Ministerialebene alle an diesen beiden Konzessionierungen mitwirkenden Behördeninstanzen den Gesuchen von Hansen und Petersen aufgeschlossen und wohlwollend gegenüber, so scheint dieses im Holsteinischen - wie sich nachfolgend zeigen wird - nicht unbedingt die Regel gewesen zu sein. Das Konzessionssystem konnte auch aus einem anderen als dem oben genannten Grund bremsend auf die Entwicklung der handwerklichen Produktion moderner (Land)Maschinen und des Mechanisierungsprozesses in der Landwirtschaft wirken: Dem moderne Landmaschinen bauenden Einfeldt etwa gelang es erst im vierten Anlauf, eine Konzession als einfacher Landtischler zu erhalten. In dem Bericht des Klostervogts Behr in Preetz vom 27. Februar 1860 "an die Hohe Klösterl. Obrigkeit zu Preetz [...] über ein ferneres Gesuch des Tischlers Hinrich Einfeldt in Warnau um Ertheilung einer Concession zur Betreibung des Tischlerhandwerks im Walddistrict des Klosters Preetz eventl. in Warnau" heißt es unmißverständlich: "Schon zu zweien Malen habe ich früher über ähnliche Gesuche des Supplicanten berichtet. In dem vorliegenden Gesuche hat er nichts Neues vorgebracht und sind die Verhältnisse noch dieselben wie früher. Dem Supplicanten nach seinem Gesuche eine Concession für den Walddistrict zu ertheilen, kann ich einer Hohen Obrigkeit nicht empfehlen, da in demselben, obgleich Preetz in der Mitte des Districts belegen, schon 12 concessionirte Tischler vorhanden sind. Ich muß daher bitten, daß der Supplicant mit seinem Gesuche ab- und zur Ruhe verwiesen werde".[656]

Der im Landmaschinenbau talentierte Schlossergeselle Claus Hinrich Göttsch wurde innerhalb von anderthalb Jahren nicht weniger als fünfmal abgewiesen, bevor ihm im April 1856 eine Konzession ausgestellt wurde. Weil er bereits zweimal mit der Begründung, "die Zahl der Concessionirten [solle] nicht vermehrt werden", abgewiesen worden war, bewog Göttsch im dritten Versuch sogar den Landschlosser Hinrich Dehmke dazu, seine Konzession mit der Bitte zur Kassation einzusenden, dieselbe möge auf ihn übertragen werden.[657] Ähnlich erging es auch den meisten anderen hier genannten Handwerkern aus den Landdistrikten des Klosters Preetz.

Dem "Königl. Kommissariat für das Kloster Preetz und die umliegenden Güter" sowie der "Klösterl. Obrigkeit zu Preetz" und den Klostervögten kam also überhaupt nicht die Idee, zugunsten einer aktiven Förderung von Landmaschinenbau und Landwirtschaft Abstriche beim Konzessionssystem zu machen. Stur konzessionierte das Kommissariat immer nur so viele Landhandwerker, wie es meinte, damit im Sinne der Grundsätze des

---

656 Klosterarchiv Preetz Abt. G XII B, Nr. 3 a4b. - Zum Handwerkerbestand in der Probstei vgl. auch Andreas August POSSELT: Ueber die rechtlichen und communalen Verhältnisse der klösterlich Preetzer Probstei, in: Nicolaus Falck (Hg.): Archiv für Geschichte, Statistik, Kunde der Verwaltung und Landesrechte der Herzogthümer Schleswig, Holstein und Lauenburg, 1 (1842), S. 51-78.

657 Klosterarchiv Preetz Abt. G XII B, Nr. 3 b4.

Konzessionssystems, die eine Beschränkung des Landhandwerks zum Vorteil des städtischen Gewerbebetriebs zum Ziel hatten, zu handeln. In diesem Fall kann also weder davon die Rede sein, daß sich das Kommissariat als die für die Konzessionserteilung zuständige Distriktsobrigkeit bei der Beaufsichtigung des Landhandwerks "nur noch auf die rein finanzielle Seite der Eintreibung der Gewerberecognitionen" beschränkte, noch davon, daß schon vor 1867 im Landdistrikt des Klosters Preetz ein der Gewerbefreiheit nahekommender gewerberechtlicher Zustand herrschte.[658] Hähnsen ist jedoch insofern uneingeschränkt zuzustimmen, als durch die Übertragung des Konzessionierungsrechts an die schleswig-holsteinischen Distriktsobrigkeiten im April 1848 tatsächlich "endgültig auf jede einheitlich durch die Gesetzgebung geregelte Einwirkung auf die Gestaltung der wirtschaftlichen Entwicklung des ländlichen Handwerks verzichtet" wurde und dadurch "der bisherige, 'anarchische Zustand' anerkannt"[659] wurde. Diese Tatsache gilt es bei der Betrachtung der Entwicklung der handwerklichen Produktion moderner (Land)Maschinen in den Herzogtümern zukünftig immer zu beachten.

III.5.1.4.4. Exkurs 3: Der Einfluß der zünftigen Gewerbeordnung auf die Bestandsentwicklung der Landmaschinenfabriken auf dem flachen Land

Wie bereits in Kapitel III.5.1.4.2. einleitend konstatiert, hatten in Schleswig-Holstein aufgrund des gewerberechtlichen Grundsatzes, daß der "industrielle Betrieb den Städten" vorbehalten sein sollte, nur wenige (Land)Maschinenfabriken ihren Standort auf dem flachen Land. Folglich bemerkte Falck auch in Hinblick auf diese Fabriken: "Da nach den bestehenden Vorschriften überall auf dem Lande keine Fabriken [...] ohne besonderes Privilegium angelegt werden dürfen, so kann schon die Ertheilung jedes Privilegiums zu einer Fabrik oder zu einer Manufactur als eine Maßregel zur Beförderung der inländischen Gewerbe angesehen werden".[660] Falck empfand also, wie Haase zu Recht bemerkt, "die bloße Genehmigung zur Anlegung von Großbetrieben auf dem Lande schon als eine Begünstigung";[661] sie wurde vermutlich nur Holler für die Carlshütte und sehr wahrscheinlich Kühl für seine 1852/53 in Gettorf errichtete kleine Landmaschinenfabrik zuteil.

Sonderfälle sind hingegen die in Ottensen und Sande bei Bergedorf erbauten Eisengießereien und Maschinenfabriken. Die Errichtung ersterer hing eng mit der 1854 verfügten Aufhebung des Altonaer Privilegs zusammen, zollfrei Waren nach Dänemark und in die Herzogtümer ausführen zu dürfen: Die mit Abstand größte Stadt der Herzogtümer trennte von da ab für mehr als ein Jahrzehnt eine Zollinie von Ottensen und ihrem Hinterland im Holsteinischen, weshalb aus dem zolltechnisch mit der Hansestadt verbundenen

658 HÄHNSEN, Entwicklung, S. 97 f. - In Übereinstimmung mit LIND, udvikling, S. 56.
659 HÄHNSEN, Entwicklung, S. 97.
660 Nicolaus FALCK: Handbuch des Schleswig-Holsteinischen Privatrechts, Bd. 2, Altona 1831, S. 483.
661 HAASE, Aufkommen, S. 17.

Altona viele Gewerbebetriebe u.a. nach Ottensen abwanderten.[662] Diese Entwicklung wurde vom Ministerium für die Herzogtümer Holstein und Lauenburg zumindest toleriert. Die Errichtung der letzteren, des späteren Bergedorfer Eisenwerks, wurde hingegen im Februar 1864 von der "Herzoglichen Landesregierung zu Kiel", die einen liberalen wirtschaftspolitischen Kurs steuerte, genehmigt.

Allein die geringe Zahl von Landmaschinenfabriken mit Standort auf dem flachen Land ist schon ein untrügliches Indiz dafür, daß der obige gewerberechtliche Grundsatz ihre dortige Niederlassung wirkungsvoll unterband. Daß tatsächlich er es in erster Linie war, der das Anwachsen des Bestandes der Landmaschinenfabriken auf dem flachen Land Schleswig-Holsteins blockierte, und nicht andere der in den drei vorherigen Kapiteln aufgezeigten gewerberechtlichen Hindernisse, soll im folgenden nachgewiesen werden.

Am 15. Mai 1859 ging beim Ministerium für die Herzogtümer Holstein und Lauenburg die "unterthänigste Wiederholung eines Gesuchs des Maschinenbauers Joh. Carl Ernst Lange, geb. aus Hamburg, domicilirt in Woldenhorn, um Verleihung einer Concession zur Begründung einer Maschinenfabrik im Gute Ahrensburg" ein.[663]

Über die Person Langes entnimmt man den Akten folgendes: Der 1834 in Hamburg geborene Lange hatte um 1851 in seiner Vaterstadt eine dreijährige zünftige Lehre im "mechanischen Fach" angetreten und diese um 1854 mit dem Erwerb eines Lehrbriefs erfolgreich abgeschlossen. Daraufhin war er ca. anderthalb Jahre in seinem Beruf tätig, und zwar v.a. "beim Maschinenbau und Anlage der Gasleitung auf dem Hamburger-Berliner Bahnhof", bevor er dann für zwei Jahre, vermutlich zwischen Anfang 1856 und Anfang 1858, die Polytechnische Schule in Hannover besuchte. Laut Zeugnis hatte er sich dort "vorzugsweise der Construction landwirthschaftlicher Maschinen" gewidmet. Direkt im Anschluß daran war er noch für ungefähr ein halbes Jahr nach England gegangen, "um dort die verschiedenen neueren landwirthschaftlichen Maschinen kennen zu lernen". Lange hatte sich also mit viel Weitblick und Engagement zu einem für damalige Verhältnisse hochqualifizierten Maschinenbauer ausgebildet, dessen Spezialgebiet die Konstruktion und Anfertigung moderner Landmaschinen war.

Sein Projekt beschrieb Lange wie folgt: "Es ist gegen mich noch in jüngster Zeit", so führte er einleitend ganz allgemein aus, "von vielen Gutsbesitzern und Landleuten der hiesigen Gegend, der Wunsch ausgesprochen mit meiner Fabrik baldmöglichst zu beginnen, um in Beziehung auf ihre Maschinen nicht vom Auslande abhängig zu sein; weil grade jetzt sich das Bedürfniß nach praktischen Maschinen mehr und mehr fühlbar macht, da durch den Gebrauch derselben sich eine große Ersparniß, in jeder Beziehung, ergiebt. Diese Maschinen lassen sich im Inlande ebenso billig anfertigen und gewährt eine Fabrik in Mitten des landwirthschaftlichen Betriebs den Landleuten noch den großen Vortheil, daß sie sich durch Augenschein und durch Versuche an Ort und Stelle, von der Zweckdienlichkeit derselben überzeugen können. Ferner gewährt aber auch eine derar-

---

662 Hans-Kai MÖLLER: Altona-Ottensen: Rauchende Schlote, blauer Dunst und rote Fahnen, in: Urs J. Diederichs (Hg.): Schleswig-Holsteins Weg ins Industriezeitalter, Hamburg 1986, S. 25-40, hier 25 f.

663 Sofern nicht anders vermerkt, sind sämtliche Informationen zu den Konzessionsgesuchen des Maschinenbauers Johann C. E. Lange von 1858/59 dem Fasz. LAS Abt. 80, Nr. 1120 II, entnommen.

tige Fabrik vielen der kleinen Handwerker[664] Beschäftigung und Verdienst. Grade die Lage von Ahrensburg erscheint mir zur Anlage einer Fabrik, hauptsächlich für landwirthschaftliche Maschinen, als sehr günstig, da es an einer der bedeutendsten Straßen liegt, auch wie das Gutachten des land- und forstwirthschaftlichen Vereins [...] bescheinigt, der Mangel eines solchen Etablissements im südöstlichen Theile von Holstein und Lauenburg, sich sehr fühlbar macht, also ein ungefährer Centralpunkt und zwar in Mitten des landwirthschaftlichen Betriebs am vortheilhaftesten sein würde".

Auch bei der Wahl des Standortes seiner Fabrik war Lange also ganz offensichtlich - im Gegensatz zu den meisten Gründern von frühen Landmaschinenfabriken in Deutschland[665] - mit Weitblick vorgegangen, indem er sich von Grundsätzen der ökonomischen Standortlehre leiten ließ; das beweist auch sein Hinweis auf die damals bereits in Planung befindliche Eisenbahnstrecke Hamburg-Berlin, die nur wenige Kilometer von seiner projektierten Fabrik entfernt entlanglaufen sollte.

Lange plante, den Fabrikbetrieb in einem zur Vermietung angebotenen "Gebäude mit Feueresse und Pfannendach in Woldenhorn" aufzunehmen, welches zuvor noch mit den "nöthigen baulichen Einrichtungen" versehen werden sollte. Anfangs sollte dort nur die "Anfertigung kleinerer Maschinen aller Art, z.B. Pumpen, Häckselschneide-, Säe-, Mäh- und Dreschmaschinen, u.a.m." ausgeführt werden. Für später war jedoch geplant, die Produktion "auch auf andere den Umständen und Anforderungen entsprechende Unternehmungen" auszudehnen. Dabei wollte Lange immer "nur die mechanischen Theile selbst, alle anderen Arbeiten aber durch hiesige kleine Handwerker verfertigen lassen und daher Schlosser, Schmiede, Rademacher, Tischler und Sattler" einstellen - weshalb er auch um das Privileg nachsuchte, in seinem Unternehmen beim Landmaschinenbau zunftübergreifend arbeiten zu dürfen.

Inwieweit erfüllte nun Lange mit seinem Vorhaben die von den verantwortlichen Regierungsstellen bei der Beurteilung eines solchen Projekts mit Sitz in der Stadt zugrunde gelegten Prüfungskriterien?[666] An der fachlichen Kompetenz des unternehmenden ledigen jungen Mannes konnte genauso wenig Zweifel bestehen wie daran, daß die benachbarten Stadt- wie auch ortsansässigen Landhandwerker die "mechanischen Arbeiten" nicht auszuführen vermochten. Ob Lange über "hinlängliche Mittel" zur Errichtung einer Landmaschinenfabrik verfügte, ist allerdings nicht bekannt. Es ist nur überliefert, daß er unmittelbar nach seiner Niederlassung im Dorf Woldenhorn eine Schmiedewerkstatt nebst Wohnung gemietet hatte. Da von seiten der Behörden in dieser Richtung keinerlei Bedenken erhoben wurde, scheint es eher wahrscheinlich, daß er über das notwendige Kapital verfügt hat. Die Frage schließlich, ob die Errichtung dieses Fabrikbetriebes "im Interesse der dortigen arbeitenden Classe" lag, wird dagegen in dem Moment, wo zu ihr die vielen den unterbäuerlichen Schichten angehörenden Landhandwerker hinzugerechnet wurden, unstreitig bejaht worden sein. Da Lange des weiteren sowohl einen Militärfrei- wie auch ei-

---

664 SCHRÖDER/BIERNATZKI, Topographie (Bd. 1), S. 611: "[..] und da das Gut [Ahrensburg] seither als außerhalb der städtischen Bannmeile belegen angesehen wurde, [hat sich dort] eine ziemliche Anzahl verschiedener Handwerker [niedergelassen]. Jetzt wird jedoch eine Regelung der Gewerbeverhältnisse von Seiten der Regierung beabsichtigt und das Gut als in der Bannmeile belegen angesehen werden".

665 Vgl. KRIEGER, Gestaltung. Ferner vgl. HERRMANN, Schwerpunkte, S. 482 ff.

666 Vgl. dazu oben, Kap. III.5.1.4.2., S. 319 ff.

nen Heimatschein besaß, erfüllte er mit seinem Projekt also die für eine Konzessionierung notwendigen Bedingungen.

So sahen das auch die dem Ministerium untergeordneten Behörden, die "Obrigkeit des adeligen Guts Ahrensburg" und das ihr übergeordnete "Commissariat für die adeligen Güter Ahrensburg, Blumendorf, Borstel u.s.w.". Sich Langes Argumentation zu eigen machend, sprachen sich beide gegenüber dem Ministerium wärmstens für die Annahme des Gesuchs aus.

Die Gutsobrigkeit vermerkte beispielsweise ausdrücklich: "Die Mehrzahl der hiesiegen Landleute, hauptsächlich solche die einen größeren Betrieb haben, wünschen sehnlichst eine solche Werkstätte in ihrer Nähe und haben dringend gebeten das Gesuch zu befürworten. Diejenigen welche schon Maschinen besitzen, um im Fall diese reparaturbedürftig sind, sie ohne großen Zeitverlust und Kostenaufwand wieder herstellen lassen zu können und diejenigen welche noch keine besitzen, um sich leichter von dem landwirthschaftlichen Nutzen derselben zu überzeugen. Das Geschäft des Supplicanten hängt überdies ganz mit der Landwirthschaft zusammen, hebt diese und wird durch sie gehoben, scheint daher grade inmitten des landwirthschaftlichen Betriebes zu passen".

Sich hauptsächlich auf dieses letzte Argument stützend, befürwortete auch die Vertretung der hiesigen Gutsbesitzer, "der Vorstand des land- und forstwirthschaftlichen Vereins in Holstein", in ihrem Gutachten das Gesuch Langes. Sein Erster Vorsitzender war der Eigentümer des Gutes Ahrensburg, der einflußreiche Graf Ernst von Schimmelmann.

Nichtsdestotrotz teilte das Ministerium am 23. Mai 1859 Lange auch auf dieses zweite Gesuch hin lediglich mit, "daß diese Bitte nicht bewilligt werden könne". Gründe wurden wieder nicht genannt. Mutmaßen muß man indes nicht darüber, weshalb Lange erneut einen abschlägigen Bescheid erhielt. In ihrem Bericht an das Commissariat wies die Gutsobrigkeit nämlich auch auf ein dem Projekt entgegenstehendes Hindernis hin: Es sei "hauptsächlich in Betracht zu ziehen, daß es der Wille der Königlichen Regierung ist, Fabrikanlagen hauptsächlich in Städten und Flecken und nur mit seltener Ausnahme auf dem Lande zu gestatten". Daß das Ministerium tatsächlich aufgrund dieses gewerberechtlichen Grundsatzes die Realisierung von derartigen erfolgversprechenden Vorhaben blockierte, beweist auch der nachfolgende Fall.

Am 15. Februar 1861 ersuchte Gustav Karck, "der Besitzer des Geweses 'Oelmühle' genannt, zu Hinschenfelde, adel Guts Wandsbeck, Königl Antheils [..] um Concession zu einer Mechanischen Fabrik",[667] die landwirtschaftliche Maschinen herstellen sollte. Über die Person Karcks ist nichts weiter in den Akten vermerkt. Über sein Projekt entnimmt man ihnen zumindest, daß es sich bei der "Oelmühle" um eine an der Wanse gelegene Wassermühle handelte, deren Wasserkraft auch noch zur Betreibung der "Mechanischen Fabrik" hinreichte. Untergebracht werden sollte sie in einigen bei dieser Wassermühle gelegenen "Baulichkeiten". Für die Konzessionierung seines projektierten Unternehmens führte Karck die gleichen Argumente wie Lange ins Feld.

Parallelen zum ersteren Fall fallen hier auch insofern auf, als die dem Ministerium Bericht erstattenden Unterbehörden, die "Wandsbeker Intendantur" und das ihr untergeordnete

667 Sämtliche Informationen über das Konzessionsgesuch Karcks vom Februar 1861 sind dem Aktenband LAS Abt. 80, Nr. 1121 II, entnommen.

"Wandsbeker Inspectorat", sich wiederum den Ausführungen des Antragstellers anschlossen und sein Gesuch uneingeschränkt befürworteten. Beide meinten sogar, keinerlei "Bedenken" ausmachen zu können, die der Erteilung der erbetenen Konzession entgegenstehen könnten. Das sah das Ministerium für die Herzogtümer Holstein und Lauenburg allerdings ganz anders. Am 12. März 1861 erwiderte es der Intendantur, daß "es hat Bedenken tragen müssen, dem Supplikanten die Ausübung eines Betriebes, welcher bei der großen Unbestimmtheit u. Unbeschränktheit seines Umfangs über die Grenzen des auf dem Lande gestatteten Gewerbebetriebes hinausgeht, beantragtermaaßen zu gestatten".

Unmöglich abschätzen läßt sich aufgrund der schlechten Quellenlage, wieviele derartige Anträge vom Ministerium für die Herzogtümer Holstein und Lauenburg insgesamt abgewiesen worden sind. Eine Randbemerkung in den Langes Gesuch betreffenden Akten des Ministeriums beweist allerdings, daß neben den beiden präsentierten mindestens noch ein weiteres durch die rigorose Anwendung des gewerberechtlichen Grundsatzes, den "industrielle[n] Betrieb den Städten" vorzubehalten, nicht bewilligt worden war: "Vgl. ein ähnliches Gesuch des Eingesessenen Baas in Heiligenstedten u den ihm darauf ertheilten abschlä Bescheid".[668] Das Wissen darum wird zudem Unternehmer in den Herzogtümern Holstein und Lauenburg davon abgehalten haben, um eine Konzession für eine Landmaschinenfabrik mit Sitz auf dem flachen Land nachzusuchen.

Moderater handhabte offensichtlich das Ministerium für das Herzogtum Schleswig diesen gewerberechtlichen Grundsatz. So erhielt der bereits mehrfach erwähnte Kühl im März 1854 eine Konzession zur Betreibung einer Landmaschinenfabrik im zum adeligen Gut Groß-Königsförde (Dänischwohlder Güterdistrikt) gehörenden Dorf Gettorf. Seit November 1855 durfte er dazu maximal sechs zünftige Gesellen beschäftigen.[669] In Anbetracht dessen muß die eingangs des Kapitels aufgestellte These dahingehend präzisiert werden, daß dieser gewerberechtliche Grundsatz vornehmlich die Gründung von Landmaschinenfabriken auf dem flachen Land zwischen Eider und Elbe blockierte. Um das Gesagte stärker abzusichern, wäre es allerdings notwendig, die Bestands- und Standortentwicklung weiterer "Industrie"branchen, deren Standorte nicht produktionsmittelbestimmt waren, daraufhin zu untersuchen. Lediglich mutmaßen läßt sich bis auf weiteres, warum die Konzessionierungspraxis der beiden Ministerien in dieser Hinsicht divergierte: Möglicherweise hatten die leitenden Beamten des Ministeriums für das Herzogtum Schleswig die Weisung, sich an der Wirtschafts- und Gewerbepolitik des Königreichs zu orientieren. Wenn dem so wäre, dann müßte das wohl in das Bemühen der "Dänen" eingeordnet werden, das Herzogtum enger an das Königreich zu binden.

---

668 Ebda.
669 LAS Abt. 189, Nr. 99 II.

III.5.1.4.5. Zusammenfassung

Daß die zünftige Gewerbeordnung in den Herzogtümern im Untersuchungszeitraum nicht nur der Entwicklung der handwerklichen Produktion moderner (Land)Maschinen hinderlich gewesen ist, konnte im Verlauf des vorangegangenen Kapitels mittels zahlreicher Fallbeispiele hinreichend belegt werden.

Als die beiden wichtigsten Gründe hierfür sind erstens die Unvereinbarkeit der durch die zünftige Gewerbeordnung festgeschriebenen und beim Bau moderner (Land)Maschinen erforderlichen Form der Arbeitsorganisation sowie zweitens die durch die zünftige Gewerbeordnung determinierte prinzipielle Arbeitsteilung zwischen Stadt und flachem Land identifiziert worden. Zu ihrer Beseitigung hätte der Maschinenbau vom Zunftzwang befreit bzw. aus dem Konzessionssystem herausgelöst sowie auch den maschinenbauenden Professionisten bzw. Fabrikanten das uneingeschränkte Niederlassungsrecht für das flache Land erteilt werden müssen. Für derart tiefgreifende Einschnitte in die alte Gewerbeordnung fanden sich allerdings in den Regierungskollegien in Kopenhagen - außer im Generalzollkammer- und Commerz-Collegium - genauso wenig jemals Mehrheiten wie für eine grundlegende Reform der Gewerbeverfassung oder die Entwicklung einer langfristig angelegten aktiven Industrialisierungspolitik. Deshalb hält man nach einer staatlichen Förderung des schleswig-holsteinischen (Land)Maschinenbaus - ganz im Gegensatz zum Königreich - vergebens Ausschau.

Schuld an dieser Entwicklung hatten selbstverständlich auch die nationalen Gegensätze, die vor allem nach der Erhebung nicht nur zu einer Vernachlässigung des Gewerbesektors der Herzogtümer führten. Bezüglich der gewerberechtlichen Produktionsbedingungen sowie der staatlichen Förderung des (Land)Maschinenbaus bestanden zwischen diesen beiden Teilen des Gesamtstaates jedoch bereits vor 1848 deutliche Diskrepanzen.

Die wirtschafts- und gewerbepolitisch liberal gesinnten Teile der Ministerialbürokratie konnten zwar - wie bereits bemerkt - ihre Maximalforderungen auch in Hinsicht auf den (Land)Maschinenbau nicht durchsetzen, doch erreichten sie, daß denjenigen Antragstellern, die ein Unternehmen aus der (Land)Maschinenbaubranche auf städtischem Terrain gründen wollten, gewöhnlich ein positiver Bescheid erteilt wurde. Einen Rechtsanspruch darauf hatten diese allerdings nicht, denn die Konzessionen und Privilegen wurden ja ohne jegliche Verordnungs- oder gar Gesetzesgrundlage erteilt, weshalb sie ihrem Inhaber auch wieder entzogen werden konnten. In der Regel abgewiesen wurden hingegen diejenigen Antragsteller, die ein (Land)Maschinenbauunternehmen auf dem flachen Land gründen wollten. Eine davon abweichende Konzessionierungs- und Privilegierungspolitik praktizierte das Ministerium für das Herzogtum Schleswig.

Unterschiedlich starken Einfluß also nahm die zünftige Gewerbeordnung Schleswig-Holsteins im 19. Jahrhundert auf die Entwicklung des handwerklichen und fabrikmäßigen Baus moderner (Land)Maschinen erstens in den Städten und zunftberechtigten Flecken auf der einen und auf dem flachen Land auf der anderen Seite, und zweitens nach 1851 auf dem flachen Land des Herzogtums Schleswig einerseits und auf dem der Herzogtümer Holstein und Lauenburg andererseits. Immer aber war er negativ.[670] Damit bremste die zünftige Gewerbeordnung letztendlich aber auch unwillkürlich die Diffusionsgeschwindigkeit moderner Agrartechnik in den Herzogtümern.

III.5.2. Die Produzenten

Wenden wir uns nun der Reihe nach den im Untersuchungszeitraum in Schleswig-Holstein mit der Herstellung landwirtschaftlicher Geräte und Maschinen befaßten Handwerkszweigen zu. Es liegt nahe, zunächst die schon vor 1800 auf diesem Gebiet Tätigen vorzustellen, und erst danach die in frühindustrieller Zeit hinzukommenden handwerklichen Produzentengruppen.

Trotz des sprunghaft ansteigenden Imports moderner Agrartechnologie zu Beginn der 1850er Jahre und der Aufnahme ihrer Erzeugung durch einige schleswig-holsteinische Maschinenfabriken und Eisengießereien im großen wie auch durch handwerklich arbeitende Mechaniker und Maschinenbauer im kleinen Maßstab blieben Landschmiede und -stellmacher in den darauffolgenden Jahrzehnten auch in den Herzogtümern unverändert die mit Abstand bedeutendste gewerbliche Produzentengruppe[671] für viele landwirtschaftliche Produktionsmittel. Da sie zudem über das Ende des Untersuchungszeitraums hinaus die Masse der Wartungs- und Reparaturarbeiten an diesen ausführten, waren sie für den reibungslosen Ablauf der landwirtschaftlichen Produktion des Landes während des gesamten 19. Jahrhunderts unverzichtbar.[672] Dies sollte man ungeachtet der an den ländlichen Grob- und Hufschmieden bereits geübten Kritik bei der Lektüre der nachfolgenden Ausführungen immer im Gedächtnis behalten.

III. 5.2.1. Der Grob- und Hufschmied

Bis in das 8. Jahrhundert hinein werden in den Quellen nur Eisenschmiede (fabri ferrarii) erwähnt. Erst danach wurde zwischen Waffenschmieden und Grob- und Hufschmieden unterschieden. Diese zwei sind also aller Wahrscheinlichkeit nach die beiden ältesten Zweige des Schmiedehandwerks.[673] Aus ihnen gingen dann im Laufe der Zeit im Rah-

---

670 Im Gegensatz dazu hält BROCKSTEDT, Grundzüge, S. 19 f., die zünftige Gewerbeordnung in bezug auf die Entwicklung des Gewerbes für ziemlich unbedeutend.

671 Exakte Zahlen über den Bestand der 1860 in den Herzogtümern Schleswig, Holstein und Lauenburg tätigen Gerätschaftshandwerker enthält STATISTISCHES BUREAU (Hg.): Statistisches Tabellenwerk, 3. R., 1. Bd., über die Volksmenge im Königreich Dänemark, im Herzogthum Schleswig, im Herzogthum Holstein und im Herzogthum Lauenburg, nach Alter, Geschlecht, unverheirathetem oder verheirathetem Stand, sowie nach Nahrungszweigen und Stellung, den 1sten Februar 1860, Kopenhagen 1863, S. 244 ff.

672 Vgl. MÜLLER, Anfänge, S. 170.

673 BERLEPSCH, Chronik, S. 23; FLAIG, Schmiedehandwerk, S. 44-46; FATTHAUER, Metallgewerbe, S. 90 und WERNET, Schmied, S. 625.

men der fortschreitenden städtischen Arbeitsteilung, die auf Berufszerlegung und Betriebsvermehrung, also Spezialisierung hinauslief, noch viele weitere Schmiedeprofessionen hervor, so daß es schließlich in nicht wenigen deutschen Städten bis zum Ende des Mittelalters zu einer Differenzierung des Schmiedehandwerks in dreißig und mehr verschiedene Zweige kam.[674]

Die Bezeichnung "Grob-" und "Hufschmied" kam allerdings erst im 14. Jahrhundert mit dem verstärkten Auftreten der Kleinschmiede auf, und zwar vor allem mit dem des Schlossers. Sie dürfte an die Stelle der Bezeichnung "Schmied" getreten sein.[675] Auch war sie in dieser Form kaum gebräuchlich, vielmehr wurden die Termini Grobschmied und Hufschmied entweder synonym füreinander gebraucht, wie das etwa in Kiel, Oldenburg i. H., Braunschweig, Bremen, Danzig, Magdeburg, Münster und Oldenburg i. O. geschah;[676] oder aber es kam im Zuge der Auseinanderdifferenzierung der eisenverarbeitenden Handwerke - so geschehen beispielsweise in Köln - zur vollständigen Ausgliederung der Hufeisenanfertigung und Beschlagkunst aus dem Arbeitsgebiet des "Schmieds", so daß sich der "faber equorum" (Pferdeschmied), der später auch als Hufschmied bezeichnet wurde, tatsächlich allein mit diesen Tätigkeiten befaßte.[677]

Anders verlief die Entwicklung auf dem flachen Land. Da die Arbeitsteilung dort bekanntlich nicht so weit fortschritt wie in der Stadt, erreichte das Land- im Verhältnis zum Stadthandwerk einen wesentlich niedrigeren Spezialisierungsgrad. In Schleswig-Holstein finden wir deshalb im Untersuchungszeitraum auf dem flachen Land neben dem Grob- und Hufschmied an eisenverarbeitenden Professionisten in nennenswertem Umfang lediglich noch den Kleinschmied und Uhrmacher.[678] Der hier im Mittelpunkt des Interesses stehende Grob- und Hufschmied wurde in den Herzogtümern im Untersuchungszeitraum auf dem flachen Land gemeinhin als Grobschmied oder auch schlicht als Schmied bezeichnet.

Zukünftig wird der Grob- und Hufschmied in dieser Untersuchung in der Regel mit dem Begriff Schmied bezeichnet - es sei denn, daß zur klaren Unterscheidung von in der Stadt und auf dem flachen Land tätigen Schmieden eine ausdrückliche Differenzierung erfolgt (Stadtschmied, ländlicher Schmied o.ä.).

---

674 Vgl. FATTHAUER, Metallgewerbe, passim; FLAIG, Schmiedehandwerk, passim. Ebda., S. 42-54, enthält darüber hinaus eine anschauliche Chronologie der Arbeitsteilung im Kölner Schmiedehandwerk; FUHSE, Schmiede, passim; HÖHLER, Anfänge, passim; STAHLSCHMIDT, Geschichte, passim.

675 FLAIG, Schmiedehandwerk, S. 46 und KUNTZ, Hufschmied.

676 HÄHNSEN, Geschichte, S. 35; KOLZ, Verfassung, S. 97-100 und FATTHAUER, Metallgewerbe, S. 90.

677 FLAIG, Schmiedehandwerk, S. 48.

678 Vgl. dazu KETTEMANN, Handwerk, S. 49 ff. und STATISTISCHES BUREAU, Statistisches Tabellenwerk (3. R., 1. Bd.), passim.

III.5.2.1.1. Das tradierte Tätigkeitsfeld

Aufschluß darüber, welche Arbeiten in das tradierte Tätigkeitsfeld des Stadtschmieds in Schleswig-Holstein fielen, geben zumeist die Amtsrollen. In ihnen ist des öfteren nämlich nicht nur das geforderte Meisterstück aufgeführt, sondern es werden zur exakten Abgrenzung der Arbeitsbefugnisse von Grob- und Hufschmied einer- und Kleinschmied andererseits auch deren Tätigkeitsfelder genau definiert - was übrigens ein untrügliches Indiz dafür ist, daß es aufgrund von Überschneidungen ihrer Tätigkeitsfelder zu Streitigkeiten um die Aufteilung der Schmiedearbeiten zwischen ihnen gekommen sein muß.[679]

Die Amtsrolle der Lütjenburger Schmiede von 1431 etwa bestimmt als Meisterstück in § 7 "eine Boel Axte, ein Mißfork und eine paar Hufeisen etc.", um dann wenige Zeilen weiter festzulegen: "den grob Schmieden kömbt an Arbeit bei, waß an Wagen und Pflug vor Arbeit gehört, also auch Axen und Beile, auch Rade Zeug, wie auch dem Pferde Beschlag, die Ankern, Klammer und große Bänder und alles, was nach Pfund Arbeit gemachet wird, Brandtraden und große Bolten [...]. Daß unter Beschlag gehöre den Grob Schmied zu machen; waß an großen Hacken, Hengen, Trallen, wie auch Feuerschauffeln zu machen ist, dazu gehören sie alle beide, also Grobschmiede und klein Schmiede".[680] In Kiel mußte der Bewerber um den Meistertitel "eine Axt, ein Huf- und ein Pflugeisen" anfertigen. Ferner wurde in der Amtsrolle von 1696 festgelegt, daß bei Neubauten und Renovierungen von Gebäuden "nur besondere Arten feinerer Hausarbeiten, wie kleine Krückhänge, große und kleine Hänge" den Kleinschmieden allein vorbehalten bleiben sollten. An Schiffsschmiedearbeiten wurde den Grob- und Hufschmieden die Anfertigung von Ankern, Fastenbänden, Ruderschmieden und -haken, großen Pützen und Bolzen zugesprochen. Weiterhin war es den Kleinschmieden verboten, Schmiedearbeiten an neuen und alten Wagen - mit Ausnahme der Beschläge an Fättgen und Bänken - auszuführen.[681]

Obgleich sich das tradierte Tätigkeitsfeld des Stadtschmieds auch in den Herzogtümern Hand in Hand mit der Verkehrstechnik entwickelte, war es also auch hier keineswegs auf die Herstellung von Hufeisen, den Hufbeschlag oder den Wagenbau beschränkt. Vielmehr konnte der Stadtschmied genauso beim Bau von Ackergeräten, Häusern und Schiffen involviert sein. Ebenso konnte er sich mit der Anfertigung von Arbeitsgerät für Handwerker wie den Zimmermann oder Maurer befassen bzw. mit der Herstellung von Handgerät, wie z.B. Spaten-, Schaufel- und Hackenblättern sowie überhaupt mit derjenigen von grobem Eisenzeug beauftragt werden.

Da die gesellschaftliche Arbeitsteilung auf dem flachen Land nur sehr schwach ausgeprägt war, erwartete man vom Landschmied als häufig einzigem eisenverarbeitenden

---

679 Vgl. HÄHNSEN, Geschichte, S. 311 f. - Die Rolle des Lübecker Schmiedeamtes von 1400 legte dagegen fest, daß die Meister der verschiedenen in diesem Amt zusammengefaßten Schmiedeprofessionen jede anfallende Schmiedearbeit ausführen durften. C. WEHRMANN: Die älteren Lübeckischen Zunftrollen, Lübeck 1864, S. 434.

680 LAS Abt. 80, Nr. 860. Vgl. dazu auch KOLZ, Verfassung, S. 9 f.

681 HÄHNSEN, Geschichte, S. 35 und 311 f. - Das Tätigkeitsfeld der Eutiner Grob- und Hufschmiede um 1860 kann dem Faszikel Niedersächsisches Staatsarchiv in Oldenburg, Bestand 30-16, Nr. 18-159, entnommen werden. Dasjenige der Bremer beschreibt FATTHAUER, Metallgewerbe, S. 90.

Handwerker im Dorf, daß er eine Reihe von Schmiedearbeiten beherrschte, die in der Stadt in die Tätigkeitsfelder verschiedener Schmiedeprofessionen fielen.[682] So bestimmte der Gemeindeschmiedevertrag, der 1768 in Østerby auf Kegnæs (Als) zwischen den elf Bohlsleuten und dem Schmied Jens Christiansen geschlossen wurde, daß letzterer - abgesehen von Sensen, Schneidemessern und Schlössern - alle von ihm verlangten Schmiedearbeiten unverzüglich auszuführen habe.[683]

Inwieweit Christiansen und seine Berufsgenossen dieser Forderung gerecht wurden, hing natürlich von ihrer fachlichen Qualifikation ab. Bestes Beispiel dafür, daß es solche Landschmiede gab, ist der bereits genannte Georg Utecht, der um die Mitte des vorigen Jahrhunderts mit großem Geschick "eigentlich in allen Bereichen, die in Bodenteich und Umgebung gefordert" wurden, arbeitete.[684] Sein Tätigkeitsfeld war also tatsächlich wesentlich größer als dasjenige eines städtischen Schmieds. Indes stellte er - wie die Untersuchung der durchschnittlichen fachlichen Qualifikation der Landschmiede ergeben hat - einen Ausnahmefall unter den ländlichen Schmieden dar.[685] Überdies darf nicht vergessen werden, warum das Schmiedehandwerk auf dem flachen Land so schwach ausdifferenziert war: Für eine weitergehende Arbeitsteilung war die Nachfrage nach Schmiedearbeiten von seiten der Landbevölkerung einfach nicht groß genug.

Die Auswertung von Anschreibebüchern sowie einzelnen Rechnungen der Schmiede aus der frühen Neuzeit ergibt deshalb beinahe erwartungsgemäß: Das tradierte Tätigkeitsfeld der Masse der Landschmiede - inner- wie außerhalb der Herzogtümer - war zwar vielfältiger als das der städtischen Schmiede, konzentrierte sich jedoch zumeist auf die Hufeisenverfertigung nebst Hufbeschlag, die Eisenarbeiten am Wagen (insbesondere am Rad), an den Ackergeräten (vor allem am Pflug) sowie auch auf die Verfertigung der wichtigsten Werkzeuge und Arbeitsgeräte, wobei Reparatur- und Wartungsarbeiten die Regel und Neuanfertigungen die Ausnahme waren.[686]

Beginnend mit dem Schmied wird nun im weiteren Verlauf des Kapitels III.5.2. auch für den Stellmacher, den Tischler sowie den Schlosser eine Tabelle mit denjenigen Arbeiten aus ihrem tradierten Tätigkeitsfeld präsentiert werden, die sie gewöhnlich 1828 in den Herzogtümern für den landwirtschaftlichen Betrieb ausführten. Über die technische Aus-

---

682 Vgl. VOGTHERR, Schmiede, S. 48 und GRÜNINGER, Schmiedehandwerk, S. 24.

683 HÄHNSEN, Entwicklung, S. 206.

684 VOGTHERR, Schmiede, S. 39. - Zu Schmied Georg Utecht vgl. auch oben, Kap. III.4.1.2., S. 239.

685 Vgl. oben, Kap. III.5.1.3., S. 289 ff.

686 Vgl. hierzu Stefan BAUMEIER: Historische Handwerksbetriebe. Die Töpferei Hehemann, die Wassermühle Heller und die Schmiede Pollmann, in: Ders. und Kurt Dröge (Hgg.): Beiträge zur Volkskunde und Hausforschung, 1 (= Schriften des Westfälischen Freilichtmuseums Detmold - Landesmuseum für Volkskunde, Beiträge 1), Detmold 1986, S. 9-44, hier 37 f. BENTZIEN, Haken, S. 243-248. Horst LÖBERT: Buchführung einer Schmiede, in: Der Holznagel. Mitteilungsblatt für Mitglieder der Interessengemeinschaft Bauernhaus (Kreis Grafschaft Hoya) e. V., 1/1977. LORENZEN-SCHMIDT, Rechnungsbuch, passim. Günther REIMERS: Abnutzen, flikken und wiederverwenden in der Alltagskultur auf dem Lande. Sonderausstellung 1986 (= Landwirtschaftsmuseum Lüneburger Heide. Materialien zum Museumsbesuch, 4), Suderburg 1986, S. 5 f. VOGTHERR, Schmiede, S 42 ff. Tabelle 4, unten S. 339. - Anschreibe- bzw. Rechnungsbücher von Stadtschmieden enthalten z.B. Eduard SCHNEIDER-DAVIDS: Aus dem Rechnungsbuch eines Schmiedes, in: Siegerland, 54 (1977), S. 48-51 und Paula LUTUM: Die alte Schmiede in Heerdt (= Düsseldorfer Handwerk heute, 2), Düsseldorf 1981.

stattung der Werkstätten, in denen sie diese Arbeiten zur Ausführung brachten, gibt Kettemanns Monographie "Handwerk in Schleswig-Holstein" erschöpfend Aufschluß.[687] Sie enthält darüber hinaus eine große Auswahl der älteren fachkundlichen Literatur, der man Informationen über die technologischen Anforderungen entnehmen kann,die die Herstellung der einzelnen Produkte den Handwerkern abverlangte.

Die Tabellen stammen aus einer in Dittmanns Werk "Versuch einer Darstellung der Landwirthschaft auf den Gütern in den Herzogthümern Schleswig und Holstein" enthaltenen "Preis-Angabe der bey einer Landhaushaltung vorkommenden Arbeiten der Tagelöhner und Handwerker, so wie solche bey Mittelpreisen gewöhnlich bezahlt werden". Sie sind nahezu unverändert auch in der ersten und zweiten, vermehrten und verbesserten Auflage seines Nachfolgewerkes "Vollständige Anweisung zur Kenntniß und zum vortheilhaften Betriebe der Schleswig-Holsteinischen Landwirthschaft" von 1838 bzw. 1845 abgedruckt.[688] Die Preise, die auch Auskunft darüber geben, was ein Landmann in vor- und frühindustrieller Zeit beim Kauf sowie für die Wartung oder Reparatur von landwirtschaftlichen Produktionsmitteln bzw. von Teilen derselben ausgeben mußte, sind laut Dittmann "Mittelpreise", wie sie gewöhnlich in der Umgegend von Sønderbyehof, dem von ihm gepachteten Meierhof des adeligen Guts Büstorf (Schwansener Güterdistrikt), um 1828 gezahlt wurden.[689] Ein Vergleich dieser "Mittelpreise" mit den zehn Jahre zuvor in der Landschaft Eiderstedt[690] für Schmiedearbeiten verlangten Preisen bestätigt sowohl Dittmanns Hinweis, daß die von ihm "angegebenen Arbeitspreise nicht allenthalben als zutreffend befunden werden", als auch denjenigen, daß sie in Schleswig-Holstein um bis zu hundert Prozent voneinander abweichen würden.[691]

Vergebens sucht man allerdings in der 1858 erschienenen dritten, vermehrten und verbesserten Auflage der "Vollständigen Anweisung" nach der "Preis-Angabe". An ihre Stelle hat Dittmann eine dreiundzwanzigseitige, mit zahlreichen Abbildungen versehene Beschreibung der "Verbesserten Ackergeräthe und landwirthschaftlichen Maschinen" gesetzt.[692] Die darin aufgeführten modernen landwirtschaftlichen Produktionsmittel, die vom Schwingpflug bis hin zur transportablen, durch eine Lokomobile angetriebenen Dreschmaschine reichen, sind fast ausnahmslos englischen Ursprungs und konnten laut Dittmann von Interessenten problemlos vom Lager der "Herren R. Westphal u. Comp. in Hamburg, kleine Bäckerstraße 25",[693] bezogen werden.

---

687 KETTEMANN, Handwerk, passim.

688 DITTMANN, Versuch, S. 225-227 und 230-233. DERS., Anweisung (Bd. 3, 1. Aufl.), S. 214 f. und 219-223. DERS., Anweisung (Bd. 3, 2. Aufl.), S. 254 ff.

689 DERS., Anweisung (Bd. 3, 1. Aufl.), S. 224.

690 Vgl. dazu die Tab. 5, Kap. III.5.2.1.3., S. 365 ff.

691 DITTMANN, Anweisung (Bd. 3, 1. Aufl.), S. 225.

692 DERS., Anweisung (Bd. 2, 3. Aufl.), S. 317-340.

693 Die Hamburger Firma Westphal & Co. scheint in der zweiten Hälfte der 1850er Jahre in den Herzogtümern rege geschäftliche Aktivitäten entfaltet zu haben. Darauf weisen ihre Beteiligungen an Ausstellungen schleswig-holsteinischer Landwirtschaftsvereine hin. So wurde eine ihrer Häckselmaschinen auf der im Mai 1856 in Mölln abgehaltenen "Thierschau, Geräthe- und Industrie-Ausstellung" des "Landwirthschaftlichen Vereins für das Herzogthum Lauenburg" mit einem Ehrendiplom ausgezeichnet (Kreisarchiv Kreis Herzogtum Lauenburg, Regierung zu Ratzeburg, Nr. 960) und auf der im Juli desselben Jahres in Kiel abgehaltenen "Landesthierschau", organisiert vom "Landwirthschaftlichen Generalverein für das Herzogthum Holstein", wurde eine

Tab. 4: "Preis-Angabe der bey einer Landhaushaltung vorkommenden [...] Schmiedearbeit, so wie solche bey Mittelpreisen gewöhnlich bezahlt" wird (1828 in Schwansen)

	Mk	ß		Mk	ß
Für einen neuen Bauwagen(a) zu beschlagen	90		-	105	
Für eine zweyräderige Sturzkarre					
(mit beschlagenen Rädern)	36		-	40	
Für einen neuen Pflug	16		-	17	
Die jährliche Unterhaltung desselben beim Schmid	6		-	7	
Ein Pferd neu zu beschlagen	1	4	-	1	8
Ein Baupferd in Jahrbedung zu beschlagen	6		-	7	
Ein Pferd die Eisen im Winter mit Stahl					
zu schärfen, jeder Haken		2			
Ein Paar Wagenleitern neu zu beschlagen		3	-	4	
Ein Ebener(b) oder eine Vorwacht(c) desgl.	2	8	-	3	
Vier Platenlünzen(d)	4		-	4	8
Für einen alten Ring auf ein Wagenrad zu schlagen	1		-	1	4
Für eine Kuhkette, im Kuhhause	1	14	-	2	2
Für einen neuen Spaden, mit dem Holz	2	6	-	2	12
denselben vorzulegen	1				
Für ein hölzernes Schaufelblatt zu beschlagen		14	-	1	
Für eine Holzaxt	3		-	4	
Für ein Böttgerbeil	3		-	3	8
Für ein Buschbeil	1	4	-	1	12
Für eine Rapsaatsichel	1		-	1	4
Für eine große Mecklenburger Häcksellade					
zu beschlagen	5		-	6	
Für ein Messer dazu	4		-	5	
selbiges vorzulegen(e)	2	8	-	3	
Für eine Heuforke		14	-	1	
Für eine Mistforke	1	2	-	1	4
Für einen Misthaken		12	-		14
Für eine Radehacke(f)	3		-	3	8
Für eine große Mergelhacke	5		-	5	8
Eine Pflugschaar vorzulegen		12	-	1	4
Das simpele Schärfen derselben		2			
Das Schärfen mit Verbesserung der Spitze		6			

ihrer Rübenschneidemaschinen, die übrigens die erste ihrer Art auf dieser Ausstellung war, zur Verlosung angekauft (ANONYMUS, Rückblick, S. 5). Im Februar 1857 stellte die Firma dem "Landwirthschaftlichen Verein zu Brunsbüttel" eine ihrer Häckselmaschinen probeweise zur Verfügung (Landwirtschaftsmuseum Meldorf, Landwirthschaftlicher Verein zu Brunsbüttel, Versammlungsprotokollbuch (Bd. 1), 13.01.1857). Vgl. auch die am 5. Dezember 1857 im Meldorfer Wochenblatt veröffentlichte Werbeanzeige der Firma (Nis R. NISSEN: Landwirtschaft im Wandel. Natur und Technik einst und jetzt (= Kleine Schleswig-Holstein-Bücher, 39), Heide i. H. 1989, S. 23).

Forts. Tab. 4

	Mk	ß		Mk	ß
Ein Langeisen (Sieck) vorzulegen		12	-	1	
Das Schärfen desselben		1			
Eine neue Hauptsohle(g) oder Rösterschiene(h)		6			
Eine neue Schaarkrampe		2			
Neue Ringe auf Wagenräder; eiserne Zinken in Eggen u.dgl. grobe Arbeiten werden gewogen und a Pfund bezahlt mit		4	-		5

Quelle: DITTMANN, Versuch, S. 230-232.

Erläuterungen zu Tab. 4:
(a) Zusammenfassende Bezeichnung für alle im landwirtschaftlichen Betrieb gebrauchten Wagen - **(b)** Querholz an der Deichsel - **(c)** vordere Wage, die bei einem Viergespann für die vorderen Pferde an der Deichsel vorn mittels eines Ringes über einen Eisenknopf befestigt wird - **(d)** eiserner Bolzen mit Kappe, der vor das Rad in die Achse gesteckt wird, um das Ablaufen zu verhindern; die Kappe soll die Achse vor Schmutz schützen - **(e)** eine Stahlschicht aufschweißen - **(f)** Hacke zum Roden - **(g)** die waagerecht unter dem Pflugkopf befestigte Eisenplatte, auf der der Pflug wie auf einem Schlittschuh über den Boden gleitet - **(h)** Streichbrett - **(a)-(h)** entnommen aus: MENSING, Wörterbuch (Bd. 1-5).

Eingangs der Beschreibung bemerkte Dittmann: "Die gewöhnlichen Ackergeräthe, als Pflug, Egge und Walze, und außerdem einige neuere, werden gegenwärtig nicht ausschließlich in den Werkstätten der Handwerker, sondern in Fabriken angefertigt, welche neben großer Schmiede, auch Gießerei und eine Maschinenwerkstätte enthalten. Daher besteht die Verbesserung nicht sowohl in der Construction, als vielmehr in der richtigen Anwendung von Guß- und Schmiedeeisen bei den Theilen, die bisher aus Holz gemacht wurden. Vorzugsweise werden in Folgendem daher die Sachen aus Eisen behandelt, obwohl auch Holz in den Fabriken zur billigern Herstellung durchaus nicht verschmäht wird".

Hand in Hand mit der Vergrößerung des Produzentenkreises und des Spektrums der landwirtschaftichen Produktionsmittel ging am Ende des Untersuchungszeitraums also auch ein Wandel des Tätigkeitsfeldes der ursprünglich mit der Herstellung der tradierten Geräte und Maschinen befaßten Handwerkergruppen einher, wobei sich zuerst das der beiden klassischen Gerätschaftshandwerker Schmied und Stellmacher merklich zu verändern begann. Ihr tradiertes Tätigkeitsfeld erfuhr dabei im Gegenzug nicht nur durch die Nachfrage nach verbesserten oder völlig neuen landwirtschaftlichen Produktionsmitteln wie auch deren Wartung oder Reparatur, sondern auch durch die Konkurrenz der neuen Produzentengruppen eine schrittweise Reduzierung. 1860 klagten beispielsweise die Älterleute "der Schmiede- und Schlösserzunft in Eutin" wie folgt: "Durch die Eisengießereien und Fabriken, welche in den letzten Jahren immer mehr aufgekommen sind, ist das Handwerk der Schmiede und Schlösser ganz bedeutend geschmälert. Ein großer Theil des Ackergeräths, der früher in den Schmieden angefertigt wurde, wird jetzt aus den Fabriken bezogen. Ferner die Handgeräthe der Tagelöhner an Spaten u.s.w., ferner das Geräth der Zimmer- und Mauerleute wird jetzt in den Kaufläden genommen, während es früher beim Schmiede bestellt wurde. Dasselbe gilt von den Hängen, Beschlägen u.s.w. [...]. Kurz, es nicht zu leugnende Thatsache, daß durch auswärtige Fabrikarbeiten die Bestellungen bei den hiesigen Meistern in den letzten Jahren in einer bedrohlichen Weise vermindert sind".[694]

Kaum Unterschiede gegenüber denen in Tab. 4 (von 1828) aufgeführten Schmiedearbeiten weisen frühneuzeitliche Schmiedetaxen auf; als Beispiele seien hier bayrische Dorf- resp. Hofmarksrechte und Tiroler Gerichtsordnungen des 16. und 17. Jahrhunderts sowie die 1646 für das Herzogtum Braunschweig-Lüneburg und 1655 für die Grafschaft Lippe erlassenen Schmiedetaxen angeführt.[695] Dagegen wich das Tätigkeitsfeld der schleswig-holsteinischen Schmiede am Ende des Untersuchungszeitraums bereits zum Teil erheblich von dem in Tabelle 4 enthaltenen ab. Bis 1900 war ihr Aufgabengebiet dann bereits in weiten Bereichen verändert. Ausgangspunkt dieses Prozesses waren die 1850er Jahre. Zu bedenken ist dabei natürlich, daß die Technisierung der agraren Produktion in den einzelnen Agrarformationen unterschiedlich schnell vorwärtsschritt, sich das Tätigkeitsfeld der Schmiede im Untersuchungsraum mithin unterschiedlich schnell wandelte.

III.5.2.1.2. Die Produktion moderner Agrartechnik

In den nachfolgenden Ausführungen - ob sie sich nun mit dem Schmied oder anderen Handwerkern als Erzeuger moderner landwirtschaftlicher Produktionsmittel befassen - werden die Fragen nach ihrer Herkunft und ihrer beruflichen Qualifikation sowie derjenigen ihrer Mitarbeiter kaum beantwortet werden können. Ebenso werden Probleme wie die Größe ihrer Betriebe, deren Ausstattung mit Produktionsmitteln, dem Spektrum ihrer Erzeugnisse und deren Konstruktion sowie der bei deren Bau verwendeten Materialien und schließlich viele weitere betriebswirtschaftlich relevante Fragen offen bleiben müssen. Dennoch erscheint die Vermittlung der wenigen bekannten Fakten sinnvoll; rücken sie doch den Anteil der (Land)Handwerker an der Anfertigung moderner landwirtschaftlicher Produktionsmittel am Ende der vor- und während der frühindustriellen Zeit in der Agrarregion Schleswig-Holstein ins rechte Licht. Darüber hinaus legt die Dokumentation, die sowohl für den Schmiedeberuf als auch für die später präsentierten Handwerke die einzelnen Produzenten in chronologischer Reihenfolge abhandelt, einen Grundstock, auf dem spätere Forschungsarbeiten aufbauen können. Nicht in ihr enthalten sind hingegen in der Regel diejenigen Handwerker, deren Betriebe im Laufe der Zeit zu größeren, d.h. den handwerklichen Rahmen sprengenden Unternehmen wurden.

Der bereits mehrfach genannte Voght[696] begnügte sich keineswegs damit, die uns durch eine Reihe von Listen und Beschreibungen hinlänglich bekannten landwirtschaftlichen Gerätschaften und Maschinen englischen und schottischen Ursprungs, von denen er einige bereits 1786, die meisten jedoch erst zwischen 1793 und 1795 importierte, auf sei-

694 Niedersächsisches Staatsarchiv in Oldenburg Bestand 30-16, Nr. 18-159.

695 Hermann DUNCKER: Das mittelalterliche Dorfgewerbe (nach Ausschluß der Nahrungsmittel-Industrie) nach den Weistumsüberlieferungen, Phil. Diss. Leipzig 1903, S. 40-48. Die Schmiedetaxe des Herzogtums Braunschweig-Lüneburg von 1646 ist in Auszügen bei WERNET, Schmied, S. 627 und die der Grafschaft Lippe von 1655 bei HANSEN, Hauswesen, S. 458 f.

696 Vgl. oben, Kap. II.2., S. 95 ff.

nem Mustergut Flottbek einzusetzen. Gestützt auf eine ausführliche Annonce in der Nummer 103 des Altonaischen Mercurius vom 30. Juni 1800 vermutet Ahrens, daß Voght "und sein schottischer Verwalter Alexander Rogers um die Jahrhundertwende einen regelrechten Handel mit englischen Werkzeugen betrieben".[697]

Besser dokumentieren lassen sich dagegen die Aktivitäten des Flottbeker Schmieds Christian Wilde. Es ist wohl davon auszugehen, daß Voght die Grobschmiede 1797 mit dem Vorsatz errichten ließ, dort moderne landwirtschaftliche Produktionsmittel herstellen zu lassen. Denn obgleich sich der Beginn - ebenso wie das Ende - ihrer dortigen Herstellung durch Wilde nicht ermitteln läßt, finden sich sehr früh Spuren von ihr. Nur ein Jahr nach der Gründung der Schmiede reichte die "Hamburgische Gesellschaft zur Beförderung der Künste und nützlichen Gewerbe" einen ihr von Voght geschenkten "englische[n] sogenannte[n] Patentpflug" an den "Pastor Ludwig zu Quickborn, eine[n] der thätigsten Landwirthe" in der Umgegend Hamburgs, weiter.[698] Fünf Jahre später wußte Thaer zu berichten, der Smallsche Pflug sei "fast nach allen Gegenden Deutschlands [...], sowohl von Flotbeck als Hannover aus, versandt worden".[699] Weiter erhärtet wird die These durch eine Mitteilung Jebens von 1838: "Die Schottischen Eggen [seien] [...] seit vielen Jahren von dem geschickten Schmied Wilde zu Flottbeck auf Veranlassung des verdienstvollen Freiherrn von Voght verfertigt"[700] worden.

Die letzte Spur von den Aktivitäten der Flottbeker Schmiede findet sich ebenfalls in einer Mitteilung von Jebens. 1846 teilte er den Lesern der "Beilage zum Itzehoer Wochenblatt. Landwirthschaftlichen und gemeinnützigen Inhalts" mit, daß es ihm "endlich gelungen ist, ein richtig gearbeitetes Exemplar (des Schattelpflugs) in Flottbeck für einen billigen Preis zu bekommen".[701] Daß es noch von Peter Christian Wilde, dem ersten Schmied der Flottbeker Schmiede, angefertigt worden ist, erscheint allerdings unwahrscheinlich, da er zu diesem Zeitpunkt um die 73 Jahre gewesen wäre. So dürfte es sich auch bei dem Schmied Wilde, der 1842 in Flottbek einen Voghtschen Saatdecker für den "landwirthschaftlichen Verein am Schleswig-Holsteinischen Canal" herstellte, nicht mehr um Peter

697 AHRENS, Voght, S. 81.

698 Friedrich Johann Lorenz MEYER: Vortrag in der halbjährigen öffentlichen Versammlung, am 15ten November 1798, in: Verhandlungen und Schriften der Hamburgischen Gesellschaft zur Beförderung der Künste und nützlichen Gewerbe, Bd. 6 (= Verhandlungen von den Jahren 1797, 1798, und 1799), Hamburg 1801, S. 84-114, hier 97. - Bei dem Pflug handelte es sich aller Wahrscheinlichkeit nach um einen Smallschen Pflug, den Voght 1797 als "Smallsche[n] Patentpflug" bezeichnet hat. VOGHT, Ackergeräthe, S. 50. - Frühe Abbildungen des Smallschen Pfluges enthält THAER, Beschreibung, Tafel 1-5.

699 THAER, Beschreibung, S. 36.

700 JEBENS, Antwort, Sp. 231. - Zur "schottischen Egge" vgl. oben, Kap. II.2.1.2., S. 108 ff.

701 DERS.: Mein Schattelpflug, in: Beilage zum Itzehoer Wochenblatt. Landwirthschaftlichen und gemeinnützigen Inhalts, 1846, Nr. 18, Sp. 145-147, hier 146. - Eine Beschreibung der Grundkonstruktion, Funktionsweise und des Einsatzgebietes dieses Schattelpfluges, der nicht identisch ist mit dem von VOGHT, Flotbeck, S. 71 f., beschriebenen, sondern bei dem es sich vielmehr um den "Flottbeker Grubber" oder Exstirpator handelt, bei DERS.: Ueber die Vortheile des flachen Eineggens der Saat. Aus einem Briefe an den verstorbenen Professor Karsten in Rostock, Hamburg 1831, S. 37-39 sowie DERS., Flotbeck, S. 72 f. und JEBENS, Reißpflüge, S. 577-579. Vgl. auch Abb. 26, S. 496.

Christian, sondern vielleicht um einen Sohn von ihm gehandelt haben. 1803 hatten Peter Christian und seine Frau Sophie Elisabeth jedoch noch keine Kinder gehabt.[702]

Daß Wilde nicht im Auftrag, sondern nur "auf Veranlassung" Voghts - also weitgehend selbständig - produzierte, legen nicht nur die beiden Hauerkontrakte nahe, die Voght 1797 und dann am 22. September 1815 für eine jährliche Pachtsumme von 225 CtM oder 120 Rbthlr. auf zwanzig Jahre mit Wilde abschloß.[703] Auch das mehrfach von Voght über Wildes unternehmerische Fähigkeiten gefällte Urteil, Wilde sei ein "industrieöse[r] Mann",[704] läßt dies vermuten.

Es versteht sich beinahe von selbst: Entsprechend den Anforderungen - es wurde vom Bewerber die Fähigkeit verlangt, völlig neuartige, im Verhältnis zu den tradierten landwirtschaftlichen Produktionsmitteln schwierig herzustellende Geräte und Maschinen englischer oder schottischer Provenienz anfertigen zu können - muß für Voght die fachliche Qualifikation des zukünftigen Flottbeker Schmieds das wichtigste Kriterium bei dessen Auswahl gewesen sein. Über Wildes beruflichen Werdegang ist zwar nichts weiter bekannt, doch wird er wiederholt als "geschickt"[705] bezeichnet. Für Wildes großes Können spricht auch die Tatsache, daß er offensichtlich auch an der Entwicklung neuer Ackergeräte beteiligt war.[706] Im Jahr 1803 beschäftigte Wilde einen Gesellen. Ob auch der in diesem Jahr zu seinem Haushalt gehörende 19jährige Vetter Johann in der Schmiede beschäftigt war ist nicht sicher, aber sehr wohl denkbar.[707]

Durch Voghts Schriften, Aufsätze und Korrespondenz über Fragen der Landwirtschaft sowie durch Berichte Dritter über Flottbek sind die Aktivitäten Wildes mit Sicherheit zumindest vielen Anhängern der "rationellen Landwirtschaft" zur Kenntnis gelangt. 1830 teilte z.B. der Oldenburger Senator Schultze, ein Mitglied des "Wagrischen landwirthschaftlichen Vereins", den Lesern der Landwirthschaftlichen Hefte für die Herzogthümer Schleswig und Holstein auf die von just diesem Verein gestellte Frage, "wo werden in Holstein Pflüge ohne Räder, namentlich der Englische Schmalsche Pflug gemacht",[708] mit: "So viel ich weiß, werden Englische Pflüge in Kl. Flottbeck von dem dortigen Schmidt Wilde angefertigt".[709] Wie Thaers oben zitierter Bericht belegt, war das bereits kurz nach der Jahrhundertwende schon in ganz Deutschland bekannt.

---

702 LAS Abt. 412, Nr. 297.

703 AHRENS, Voght, S. 81.

704 Vgl. etwa VOGHT, Flotbeck, S. 77.

705 Vgl. etwa VOGHT, Flotbeck, S. 72. Joachim Christoph JEBENS: Versuch einer Darstellung der vorzüglichsten landwirthschaftlichen Verbesserungen, welche durch das Beispiel des Freiherrn von Voght in der Nachbarschaft von Flottbeck zu Stande gekommen; daher auch an andern Orten unfehlbar nützlich anzuwenden sind. Nebst einigen gelegentlichen Beilagen. Zum Besten der verarmten Bewohner der schleswigschen Marschen, Kiel 1831, S. 47. DERS., Antwort, Sp. 231.

706 Caspar von VOGHT: Ueber die Vortheile des flachen Eineggens der Saat, in: NAMLG, 16 (1829), 1. Hälfte, S. 145-167. AHRENS, Voght, S. 82.

707 LAS Abt. 412, Nr. 297.

708 E. W. LENTZ: Beantwortung der von dem Wagrischen landwirthschaftlichen Vereine aufgeworfenen Frage: wo werden in Holstein Pflüge ohne Räder, namentlich der Englische Schmalsche Pflug gemacht, wie theuer ist ein solcher Pflug und welche Vortheile hat er vor unserem gemeinen Pfluge ?, in: LHH, 1 (1830), 1, S. 108-110, hier 108.

709 SCHULTZE, Bemerkungen, S. 111.

Sicher belegen läßt sich die überregionale Diffusion der von Wilde angefertigten modernen landwirtschaftlichen Geräte und Maschinen zumindest für den Smallschen Pflug[710] sowie den "Flottbeker Kartoffelpflug".[711] Über die Verbreitung des ersteren in den Herzogtümern liegen ebenfalls Nachrichten vor. In seinen "praktisch ökonomische[n] Bemerkungen" über eine um 1807 von ihm durchgeführte "Reise durch Hollstein, Schleßwig, Dithmarsen" und andere norddeutsche Territorien berichtete Kiesewetter u.a. in bezug auf die Herzogtümer: "Aber auch der Bauer fängt hie und da an, mit 2 Pferden zu pflügen und sich bessere Ackergeräthe anzuschaffen. So ist z.B. der englisch Smollsche Pflug bey den bessern Wirthen anzutreffen".[712] Daß diese ihn auch von der Flottbeker Schmiede bezogen haben, deutet der an anderer Stelle der "Bemerkungen" enthaltene Bericht über den im Süderdithmarscher Kronprinzenkoog siedelnden Hans Hansen an. Er benutzte einen von Wilde gefertigten "Schottischen Pflug" auf seinen Äckern.[713] Und Jebens setzte von 1826 bis 1830 als Verwalter des in Nienstedten bei Flottbek gelegenen Köhnkeschen Instituts einen in Flottbek gefertigten Schattelpflug sowie eine dort hergestellte "schottische Gelenkegge" ein.[714] Auch auf seinem 1837 erworbenen landwirtschaftlichen Betrieb, welcher im zum Gut Hanerau gehörenden Dorf Thaden lag, bediente er sich eines in Flottbek produzierten Schattelpflugs.[715]

Wilde bot Fremden allerdings weitaus mehr moderne landwirtschaftliche Produktionsmittel zum Kauf an als oben aufgeführt. Welche und wieviele davon die "Flotbecker Fabrik",[716] wie seine Schmiedewerkstatt 1831 etwas hochtrabend von Voght tituliert wurde, tatsächlich hergestellt und abgesetzt hat, bleibt weitgehend im dunkeln.

Beginnen wir mit den Maschinen. Auf seine in Schottland für 200 Pfund Sterling erworbene eiserne "Dröschmaschine" soll Voght laut Theodor von Schöns Tagebuch-Manuskript besonders stolz gewesen sein.[717] Sie erregte bei der interessierten Öffentlichkeit vermutlich aus zwei Gründen besondere Aufmerksamkeit.[718] Zum einen handelte es sich bei ihr - im Gegensatz zu den zahlreichen zuvor auch in Deutschland erprobten unausgereiften Konstruktionen - um eine relativ gut funktionierende Maschine auf der Basis des

---

710 THAER, Beschreibung (H. 1), S. 36.

711 AHRENS, Voght, S. 82.

712 KIESEWETTER, Bemerkungen, S. 14.

713 Ebda., S. 200. - Bei diesem Pflug handelt es sich sehr wahrscheinlich um einen Smallschen Pflug. Den von HAMM, Maschinen, S. 215 f., beschriebenen schottischen Pflug, der "auch amerikanischer, im Auslande vorzugsweise englischer Pflug genannt" wurde, kann Voght frühestens acht Jahre nach Kiesewetters Reise vom "Herrn Mechanikus Wienstrup in Kopenhagen" (VOGHT, Flotbeck, S. 72) erhalten haben. Vgl. CHRISTENSEN, Redskaber, S. 449 und 564-569.

714 JEBENS, Reißpflüge, S. 569. DERS., Schattelpflug, Sp. 145. - Zur "schottischen Egge" vgl. oben, Kap. II.2.1.2., S. 108 ff.

715 DERS., Schattelpflug, Sp. 146. - LSHLES (Bd. 1, 1867), S. 396.

716 VOGHT, Vortheile (1831), S. IV.

717 AHRENS, Voght, S. 80 f. Zur Voghtschen Dreschmaschine vgl. auch oben, Kap. II.2.2.4., S. 138 f.

718 Am ausführlichsten besprochen wird die Flottbeker Dreschmaschine durch ANONYMUS: Aus der Modellsammlung des Herrn Voght zu Flottbeck, in: Verhandlungen und Schriften der Hamburgischen Gesellschaft zur Beförderung der Künste und nützlichen Gewerbe, Bd. 6 (= Verhandlungen von den Jahren 1797, 1798, und 1799), Hamburg 1801, S. 45 f. sowie KIESEWETTER, Bemerkungen, S. 52-54 und VOGHT, Flotbeck, S. 67-69. Vgl. dazu auch AHRENS, Voght, S. 80 f.

Prinzips von Andrew Meikle. Zum anderen wurde mit ihr in Norddeutschland - vielleicht sogar in ganz Deutschland - "in der Landwirtschaft zum ersten Mal das Problem einer Massenarbeitslosigkeit von Handarbeitern durch Maschineneinsatz"[719] akut. Laut Voght würde "der Flotbecker Schmidt Wilde [..] eine solche Maschine für 1000 Thaler liefern können".[720]

Ebenfalls von Voght stammt folgende Mitteilung: "Bei dem Schmidt Wilde stehen gewöhnlich von den trefflichen, von ihm verfertigten Hechsel-Schneidemaschinen, die ihren großen Ruf sehr zu verdienen scheinen. Ich habe nicht Vieh genug, um sie zu benutzen. - Dieser indüstrieöse Mann wird binnen kurzer Zeit eine verbesserte Häckerlingsmaschine fertig haben, die mit 4 Messern schneidet und 2 mal so viel Häckerling liefern wird, ohne mehr Kraft-Aufwand wie jene zu erfordern. Sie ist bis auf den Kasten, von geschlagenem Eisen".[721] Wilde fertigte demnach bereits vor 1822 von ihm selbst verbesserte Häckselschneidemaschinen mit zwei, und von da ab sogar solche mit vier Schneidemessern an. Da sich offensichtlich herumgesprochen hatte, daß sie den bis über die Jahrhundertmitte hinaus in den Herzogtümern dominierenden Häckselladen von der Leistungskraft her weit überlegen war, fand sie unter den Landwirten durchaus ihre Abnehmer, und das obwohl sie vermutlich erheblich mehr kostete als eine Häcksellade, denn schließlich war sie bis auf den Kasten ganz "von geschlagenem Eisen". Diese Häckselschneidemaschine wurde von Jebens 1831 besonders hervorgehoben, indem er zunächst auf die "großen Verdienste" hinwies, die sich Voght durch "die Einführung nützlicher Acker- und landwirthschaftlicher Werkzeuge" in die Herzogtümer erworben habe, "wozu namentlich noch eine sehr brauchbare Heckerlingsmaschine mit einem Messer im Schwungrade zu zählen ist, die der schon genannte Schmidt Wilde sehr gut und dauerhaft verfertiget".[722]

Die "Cooksche Drillmaschine, mit der alles von der Rapsaat an bis zu den Bohnen auf 9, 12, 15, 18 und 21 Zoll gesäet [...] werden" konnte und die in "Lees Catalogus" für 18 Pfund Sterling und 18 Schilling notiert wurde, baute Wilde laut Voght um 1822 für 400 Mk nach.[723] Als einziges Indiz für ihren Nachbau konnte folgendes am 26. März 1803 im "Schleswig-Holsteinischen Intelligenzblatt für Industrie, Landwirthschaft und Handlung" veröffentlichtes Inserat ermittelt werden: "Die vor kurzen in England neu erfundene, sehr nützliche Corsische [Cookesche] Sae-Maschine ist für 390 Mk. abzustehen. Man meldet sich in der Expedition des Altonaer Merkurs".[724] Für die Annahme, daß die angebotene "Cookesche" Sämaschine von Wilde stammte, sprechen die nahezu identischen Preise sowie die angegebene Kontaktadresse. Bereits knapp drei Jahre zuvor hatten Voght und sein schottischer Verwalter Rogers eine Verkaufsanzeige in dieser Zeitung veröffentlicht.

Von den Ackergeräten sollen zunächst die bereits erwähnten besprochen werden. Das von Wilde angefertigte Modell des Smallschen Pfluges - es wurde in "Lees Catalog" für

719 ULBRICHT, Rationalisierung, S. 155.
720 VOGHT, Flotbeck, S. 69.
721 Ebda., S. 77.
722 JEBENS, Versuch, S. 58 f.
723 VOGHT, Flotbeck, S. 76. - Zum Einsatz der Cookeschen Drillmaschine auf Flottbek vgl. oben, Kap. II.2.2.1., S. 121.
724 SCHLESWIG-HOLSTEINISCHES INTELLIGENZBLATT für Industrie, Landwirthschaft und Handlung, 1803, Stück 2 (26.03.1803), S. 217.

4 Pfund Sterling und 10 Schilling angeboten - war "theils von Eisen gegossene[n], theils von geschlagenem Eisen gehammert[..]" und auch mit einem eisernen Pflugbaum ausgestattet. Der Pflug kostete mehr als 35 Thaler, was Voght zu der Bemerkung veranlaßte: "Schade, daß er theuer ist".[725] Zum Schattelpflug, bei dem es sich tatsächlich um den "Flottbeker Grubber" handelte, bemerkte Voght 1822 ebenfalls: "Schade, daß es (dieses äusserst nützliche Instrument) theuer ist, - unter 90 Mk kann der Schmidt Wilde es nicht liefern".[726] Neun Jahre später bemerkte Jebens jedoch, er werde "von dem geschickten Schmidt Wilde in Flottbeck, nach Maßgabe der verlangten Größe und Stärke für 40 bis 60 Mk angefertigt".[727] Über die Produktion der "schottischen Egge" gibt lediglich die bereits zitierte Mitteilung von Jebens Aufschluß. Sie seien - so bemerkte er 1838 rückblickend - "seit vielen Jahren"[728] von Wilde angefertigt worden.

Von den zahlreichen anderen landwirtschaftlichen Geräten, die Voght ankaufte und auf seinem Flottbeker Mustergut einsetzte, ist der kommerzielle Nachbau durch Schmied Wilde nur noch für den Voghtschen Saatdecker[729] überliefert. Auf der Sitzung des Landwirthschaftlichen Vereins am Schleswig-Holsteinischen Canal vom 23. Juni 1841 beantragte das Vereinsmitglied Hirschfeld, "es werde aus der Vereinscasse ein Voght'scher Saatdecker angeschafft, der gewiß am besten durch den Schmied Wilde zu Flottbeck zu beziehen"[730] sei. Der Antrag wurde auf der Vereinssitzung vom 27. Oktober angenommen,[731] und auf der Sitzung des Vereins vom 10. März 1842 berichtete Hirschfeld auf Anfrage des Vereinsdirektors, "daß ein Voight'scher Saatdecker in Arbeit, aber noch nicht abgeliefert sei".[732] Abermals drängt sich der Eindruck auf, daß der Flottbeker Schmied Wilde im Laufe der Zeit in den Herzogtümern in puncto Lieferung moderner landwirtschaftlicher Produktionsmittel zu einer Institution geworden war. Ob er neben den oben aufgeführten Geräten und Maschinen, denen zumeist Voghts Wirken zu einiger Publizität verhalf, andere anfertigte, wird sich wohl kaum jemals klären lassen. Von seiner fachlichen Qualifikation her gesehen war Wilde dazu zweifelsohne imstande.

1830 teilte der Verwalter des in Ostholstein gelegenen adeligen Guts Kremsdorf, Lentz, der auch Mitglied des Wagrischen landwirthschaftlichen Vereins war, den Lesern der Landwirthschaftlichen Hefte auf die von eben diesem Verein gestellte Frage, "wo werden in Holstein Pflüge ohne Räder, namentlich der Englische Schmalsche Pflug gemacht", u.a. mit, er habe sich "im Herbste 1825 einen Schmalschen Pflug beim Schmidt Schwarz in Harmsdorf Guts Güldenstein machen [lassen], und [..] dafür incl. des Holzes 22 Rthlr. 24 ß [bezahlt] wozu der Schmidt das nicht von ihm verfertigt werden könnende Eisen, (aus einer Fabrik erhalten hatte). Ich fand diesen Preis sehr hoch und halte mich über-

---

725 VOGHT, Flotbeck, S. 71.
726 Ebda., S. 73.
727 JEBENS, Versuch, S. 47.
728 DERS., Antwort, Sp. 231.
729 Eine Beschreibung der Grundkonstruktion, Funktionsweise und des Einsatzgebietes des Voghtschen Saatdeckers bei VOGHT, Vortheile (1831), S. 35-37. Vgl. auch Abb. 27, S. 497.
730 EXTRACT aus dem Protocolle des landwirthschaftlichen Vereins am Schleswig-Holsteinischen Canal vom 23sten Juni 1841, in: LHH, 12 (1841), 1, S. 38-44, hier 38.
731 EXTRACT aus dem Protocolle des landwirthschaftlichen Vereins am Schleswig-Holsteinischen Canal vom 27sten October 1841, in: LHH, 12 (1841), 2, S. 29-35, hier 29 f.
732 PROTOCOLL-EXTRACT des landwirthschaftlichen Vereins am Schleswig-Holsteinischen Canal vom 10ten März 1842, in: LHH, 13 (1842), 1, S. 27- 29, hier 28.

zeugt, daß der Pflug um mindestens 1/3 wohlfeiler zu haben ist, allein der Schmidt benutzte es wohl, daß es eine neue Arbeit war, die nur er aus der Erfahrung kannte, und war ich froh einen vorzüglich gut gearbeiteten Pflug zu bekommen".[733]

Schwarz war offensichtlich Mitte der 1820er Jahre im Ostholsteinischen der einzige Schmied, der sich auf die Anfertigung des Smallschen Pflugs verstand, da er ohne diese Monopolstellung wohl kaum einen derart überzogenen Preis für diese "neue Arbeit" hätte fordern und auch bekommen können. Darauf, daß der Harmsdorfer Schmied bereits vorher "vorzüglich gut gearbeitete" Smallsche Pflüge auf Bestellung an externe, d.h. außerhalb des Guts Güldenstein wohnende Kunden geliefert hat, deutet neben dem Hinweis, daß nur Schwarz den Nachbau dieses Pfluges "aus der Erfahrung kannte", auch sein Kontakt zu einer "Fabrik" hin, die ihm "das nicht von ihm verfertigt werden könnende Eisen" lieferte. Vermutlich hat ihn das ca. 50 km nordwestlich von Kopenhagen gelegene Frederiksværk mit dem Streichbrett versorgt, das laut Thaer unter den gegossenen Teilen des Smallschen Plugs der "schwierigste Theil"[734] war. Falls nicht, dann könnte er es beispielsweise auch von Eisenhütten "auf dem Harze" oder von "den gräflich von Einsiedelschen Eisenhütten in Sachsen" bezogen haben, welche laut Thaer seit circa 1802 das zum Smallschen Pflug "erforderliche gegossene Eisen"[735] herstellten. Für die erstere Vermutung spricht allerdings die Person eines Eigentümers von Güldenstein. Zur Erinnerung:[736] Der 1823 verstorbene, viele Jahre im dänischen Staatsdienst stehende englische Baron v. Selby hatte schon auf seinen Gütern auf Seeland bzw. Falster die "Englische Landwirthschaft" mit Erfolg betrieben, bevor er durch Heirat bzw. Erbschaft in den Besitz des adeligen Guts Güldenstein gelangte. Auf Rantzaufeld, einem der drei Meierhöfe des Guts, wurde mit der Umstellung des landwirtschaftlichen Betriebs nach englischem Vorbild ab 1812 auch der Smallsche Pflug eingeführt. Über diesen Weg dürfte Schmied Schwarz mit der modernen Pflugtechnologie in Kontakt gekommen sein. Durchaus möglich erscheint dabei, daß ihn die Gutsverwaltung nicht nur zu ihrer Wartung und Reparatur anhielt, sondern ihn auch zu ihrem Nachbau ermunterte.

Sehr wahrscheinlich erwarb auch der dritte Schmied erst während seiner Tätigkeit auf einem Mustergut, und zwar auf dem im Herzogtum Lauenburg gelegenen adeligen Gericht Tüschenbeck,[737] das Wissen und die Fertigkeiten, moderne landwirtschaftliche Produktionsmittel zu warten, zu reparieren und sogar herzustellen. Wo sonst, wenn nicht auf Flottbek, Güldenstein oder Tüschenbeck, sollte schließlich ein Schmied in Schleswig-Holstein in der Frühphase der Technisierung des Agrarsektors intensiv mit ihnen in Berührung kommen.

Über den Tüschenbecker Schmied und seine Werkstatt liegen keine Informationen vor. Anders als der Flottbeker Schmied Wilde scheint er unselbständig, d.h. auf Anweisung des Gutsbesitzers Carr, gearbeitet zu haben, denn in den Quellen taucht in Zusammenhang mit der Produktion moderner Ackergeräte auf Tüschenbeck stets nur der Name des letzteren auf. Da in den Volkszählungslisten von 1845 - es sind für Tüschenbeck die ein-

---

733 LENTZ, Beantwortung, S. 108 f.
734 THAER, Beschreibung, S. 50.
735 Ebda., S. 36.
736 Vgl. oben, Kap. II.2.2.1., S. 121.
737 Vgl. insbes. oben, Kap. II.2.1.2., S. 110 f. und II.2.2.1., S. 121 f.

zig erhaltenen, die aus der Zeit stammen, als Carr Eigentümer war - für den Gutshof kein Schmied verzeichnet ist, liegt die Vermutung nahe, der einzige 1845 im Gutsdistrikt arbeitende Schmied, der 29jährige gebürtige Lübecker Heinr. Stallbaum aus Groß Sarau, habe für den Briten auch die Schmiedearbeiten an dem für den Verkauf bestimmten Ackergerät ausgeführt. Stallbaum beschäftigte einen Schmiedegesellen sowie einen Lehrburschen.[738] Ihre Beschäftigung in dieser Landschmiede war im Herzogtum Lauenburg nicht weiter ungewöhnlich, da sich dort seit einer Reihe von Jahren die Landschmiede in eine der Zünfte der drei lauenburgischen Städte einschreiben mußten.[739] Neben der Zahl der Beschäftigten deutet auch das laut Volkszählung von 1845 zum Haushalt von Stallbaum gehörende Dienstmädchen darauf hin, daß die Schmiede florierte - vielleicht ja infolge von Carrs Aufträgen. Doch begeben wir uns nun wieder auf gesichertes Terrain.

Erste Hinweise darauf, daß Carr auf Tüschenbeck modernes Ackergerät für den Verkauf herstellen ließ, finden sich in der Geschäftskorrespondenz der Carlshütte. In seinem Bemühen, moderne landwirtschaftliche Geräte und Maschinen in das Produktionsprogramm der Carlshütte einzufügen, nahm Holler im ersten Quartal des Jahres 1832 Kontakt zu Carr auf und überredete ihn, seiner Fabrik zwecks Modellanfertigung kurzfristig einige von den auf Tüschenbeck arbeitenden englischen und schottischen Ackergeräten zu überlassen; unter ihnen befanden sich beispielsweise ein "Schottischer Original Pflug" - besser bekannt als Mortonscher Pflug - sowie ein "Brachreisser", ein "Paar [englische] Saat Eggen" und eine Walze. In Anbetracht dessen, daß Carr diese Ackergeräte wahrscheinlich schon vordem vornehmlich an Gutsbesitzer in den Herzogtümern verkauft hatte, handelte er hier also durchaus gemeinnützig. Da Carr Ende 1832 Pflüge von der Carlshütte bezog, hatte er bis dahin anscheinend noch kein Ackergerät auf Tüschenbeck zum Verkauf anfertigen lassen. Bei den bis dahin von ihm vertriebenen Ackergeräten dürfte es sich mithin um aus England oder Schottland importierte Originale gehandelt haben, mit denen er auch sein Gut bewirtschaftete.

Die für Holler so hoffnungsvoll beginnende "Zusammenarbeit" mit Carr erfüllte jedoch nicht die Erwartungen des Fabrikanten. Ansonsten hätte er sich wohl kaum bereits wenige Monate nach Carrs Besichtigung der Carlshütte Mitte Juli intensiv darum bemüht, u.a. über Geschäftspartner in Großbritannien in den Besitz von englischen und schottischen Originalen zu gelangen. Für Carr, der sicher über glänzende Kontakte dorthin verfügte, wäre es jedenfalls ein leichtes gewesen, Holler diesbezüglich weiterzuhelfen. Der letzte datierbare Kontakt zwischen beiden ist ein Brief Hollers an Carr vom 3. Januar 1833. In ihm wurde Carr dazu aufgefordert, neu ins Produktionsprogramm der Carlshütte aufgenommene Pflüge zu bestellen.

Darauf, daß es Carr war, der die Verbindung beendete, deutet auch ein Schreiben Hollers vom 20. Februar 1833 an Prinz Friedrich Emil August von Schleswig-Holstein-Glücksburg-Augustenburg hin. Darin berichtete er dem Prinzen u.a.: "Hauptmann Carr wünschte als eine Satisfaction für früher erlittene Unbill die er bei der Einführung besserer Ackergeräthe so wie eines besseren Betriebes in seiner Gegend erduldet, daß ich dem neuen Ackergeräth [...] wenn ich damit völlig in Ordnung wäre, seinen namen gäbe, gern bin ich dazu jetzt bereit u würde Ew Durchl wenn Sie ihn sprechen geruhen wollen nähere

---

738 LAS Abt. 415, Nr. 5528.

739 Vgl. LAS Abt. 232, Nr. 1035 und LAS Abt. 234, Nr. 961.

Rücksprache über diesen Gegenstand mit ihm zu nehmen, so werde ich in dem gewünschten Sinne eine öffentliche Anzeige von diesen Geräthen machen". Carr hatte sich demnach durch den Fabrikanten Holler, der seinen Anteil an der Einführung moderner Agrartechnik in der Öffentlichkeit der Herzogtümer geschickt hervorzuheben wußte, zurückgesetzt gefühlt. Auch dürfte er sich von Holler ausgenutzt gefühlt haben, weil dieser sich nicht an den Anschaffungskosten der neuen Ackergeräte und Landmaschinen beteiligte. Ein weiteres Motiv könnte fernerhin sein Entschluß gewesen sein, in eigener Regie Ackergeräte nachbauen zu lassen. In diesem Fall verbot sich die Unterstützung des Konkurrenten Holler beinahe automatisch.[740]

Seit wann Carr auf Tüschenbeck Ackergeräte für den Verkauf anfertigen ließ, kann nicht exakt datiert werden. Wie oben dargelegt, dürfte er damit frühestens 1833 begonnen haben. Ein Indiz dafür enthält Hollers Schreiben vom 28. Dezember 1833 an den Prinzen. Darin heißt es: "Gern mögte ich gelegentlich den genauen Preis der Saat u Messereggen [...] wissen, wie sie vom Hauptmann Carr zu Tüschenbeck jetzt notiert werden, so wie den der Erdwalze, welche Ew Durchl. besitzt"[741]. Danach verliert sich Carrs Spur für mehr als zwei Jahre. 1836 taucht sie jedoch wieder auf und läßt sich von da ab ein Jahrzehnt lang deutlich verfolgen. In der Nachschrift seines Artikels "Ueber Reißpflüge, schottische Eggen, Feldbestellung und Fruchtwechsel" bemerkte Jebens u.a.: "Für eine eigene Werkstatt und für prompte Lieferung von schottischen Eggen und andern englischen Ackergeräthschaften hat schon seit längerer Zeit der, für landwirthschaftliche Verbesserungen äußerst thätige Herr Hauptmann Carr auf Tüschenbeck rühmlichst Sorge getragen, und ich zweifle nicht, daß fernere Bestellungen bereitwillig von ihm angenommen und auf sehr zuvorkommende Weise werden befriedigt werden".[742]

Welche "andern englischen Ackergeräthschaften" das waren, kann man den Berichten über die seit 1835 alljährlich in Güstrow i. M. abgehaltenen "Prüfung[en] landwirthschaftl. Maschinen und Instrumente" entnehmen, an denen sich Carr zwischen 1839 und 1845 insgesamt sechsmal beteiligte.[743] Ihr Veranstalter war die "Mecklenburgische Landwirthschaftliche-Gesellschaft", eine Unterorganisation des "Mecklenburgischen Patriotischen Vereins". Im Juni 1841 etwa stellte Carr in Güstrow i. M. sechs moderne

740 LAS Abt. 406.10, Nrn. 34-36.

741 LAS Abt. 406.10, Nr. 37.

742 JEBENS, Reißpflüge, S. 592.

743 Johann Heinrich von THÜNEN: Bericht über die am 23. und 24. Mai stattgefundene Prüfung landwirthschaftl. Maschinen und Instrumente, in: NAMLG, 23 (1839), S. 687-698. DERS., Reflexionen, S. 699 und 710 f. POGGE: Thierschau und Pferderennen zu Güstrow. 1839, in: NAMLG, 24 (1840), 1. Hälfte, S. 43-79, hier 43-45. DERS., Thierschau, S. 127 f. E. D. H. BECKER: Bericht über die am 11. und 12. Juni stattgefundene Prüfung landwirthschaftl. Maschinen u. Instrumente, in: NAMLG, 25 (1841), 1. Hälfte, S. 180-194, hier 182-185. I. F. BOBSIN: Bericht über die am 18. Mai stattgefundene Prüfung landwirthschaftl. Instrumente und Maschinen, in: NAMLG, 26 (1842), 2. Hälfte, S. 668-674. E. D. H. BECKER: Bericht über die am 7. und 8. Juni 1843 zu Güstrow stattgefundene Ausstellung und Prüfung von Ackerwerkzeugen und landwirthschaftlichen Maschinen, sowie über ein bei dieser Gelegenheit veranstaltetes Wettpflügen, in: NAMLG, 27 (1843), 2. Hälfte, S. 592-621, hier 593 und 607. KABISCH: Verzeichniß derjenigen landwirthschaftlichen Geräthe und Maschinen, welche während der zu Güstrow am 30sten und 31sten October stattgefundenen allgemeinen Bauern-Versammlung von dem patriotischen Verein und von Privatpersonen auf dem Wallplatze aufgestellt gewesen, in: NAMLG, 29 (1845), 1. Hälfte, S. 162-164.

Ackergeräte aus, und zwar 1. einen "eiserne[n] schottische[n] Pflug", 2. "schottische Rhomboidialeggen", 3. eine "schottische Saategge", 4. einen "schottischen Doppelpflug von Ransome", 5. "Finlisens Grubber" und 6. eine "schottische Winkelegge". Becker vermerkte dazu im Ausstellungsbericht: "Ein besonderes Interesse erregten auch in diesem Jahr die vom Herrn Hauptmann Carr auf Tüschenbeck gestellten [...] Werkzeuge, sowohl wegen ihrer ausgezeichneten Leistungen, als wegen ihrer dauerhaften und genauen Construction".[744]

Bereits 1839 hatte Carr diese modernen Ackergeräte in Güstrow i. M. nicht nur auf eigene Kosten präsentiert, sondern auch "dem patriotischen Verein für die bloße Wiedererstattung der Kosten des Materials, und dadurch zu einem Preise, wofür sie hier nicht hergestellt werden können, überlassen - und zwar unter der Bedingung: daß sie in Güstrow als Modelle verbleiben". Da er zudem "auch seinen Wirthschafter und seinen Vorpflüger mit nach Güstrow gebracht" hatte, war ihm von der "Haupt-Versammlung des patriotischen Vereins [...], zum Zeichen der Anerkennung seiner Verdienste, die goldne Medaille ertheilt worden". Auch hatte Carr der Versammlung in Aussicht gestellt, "in jedem Jahr zur Zeit der Thierschau die neuesten in England erfundenen Instrumente nach Güstrow [zu] bringen".[745] Wie kurz zuvor bemerkt, hielt Carr Wort, indem er sich noch bis 1845 einschließlich regelmäßig an den Ausstellungen beteiligte.

Neben seinem "Streben", wie es von Thünen 1839 formulierte, "mit Aufopferung des eignen Interesses Andern nützlich zu werden, und das Gute in einem weiten Kreise zu verbreiten",[746] dürften Carr allerdings auch handfeste wirtschaftliche Interessen zu diesem Engagement bewegt haben. Es hob ja nicht bloß sein Image als Autorität in Fragen der "höhere[n] landwirthschaftliche[n] Industrie"[747] - was allein schon verkaufsfördernd war -, sondern machte seine Tüschenbecker "Ackergeräthbauanstalt"[748] und deren Produkte überhaupt erst einem breiteren landwirtschaftlich interessierten Publikum in Mecklenburg bekannt. Wurde beispielsweise 1839 über die von Carr erfundene Messeregge, die Rhomboidialegge und die schottische Egge berichtet, sie hätten "sich von Tüschenbeck aus bereits mit allgemeinem Beifall über einen Theil des westlichen Mecklenburgs verbreitet",[749] hieß es bereits zwei Jahre später in Hinblick auf die Carrschen Ackergeräte: "Von verschiedenen Landwirthen sind neuerdings noch mehr Bestellungen auf dergleichen verbesserte Acker-Instrumente, die schon auf einigen Gütern in Mecklenburg angewendet werden, gemacht worden".[750] Folglich tauchten im selben Jahr im "Verzeichniß derjenigen Ackerwerkzeuge, Maschinen, Geräthschaften und Modelle, welche während der Dauer der fünften Versammlung deutscher Land- und Forstwirthe in Doberan zur Ansicht, eventualiter zur Prüfung aufgestellt sein werden" unter der Rubrik "II. In Mecklenburg später eingeführte, theilweise aber schon vielfältig benutzte Werk-

---

744 BECKER, Bericht, S. 180 und 182 f.
745 THÜNEN, Bericht, S. 691 f.
746 Ebda., S. 692.
747 POGGE, Thierschau, S. 128.
748 KABISCH, Verzeichniß, S. 164.
749 THÜNEN, Bericht (1839), S. 690.
750 POGGE, Thierschau, S. 127.

zeuge" auch mehrere von Carrs Ackergeräten auf.[751] Bleibt noch anzumerken, daß deren Käufer überwiegend Gutsbesitzer gewesen sein dürften.

Maßgeblich gefördert wurde die schnelle Diffusion des Tüschenbecker landwirtschaftlichen Geräts im Mecklenburgischen durch die vom dortigen Patriotischen Verein initiierten jährlichen Prüfungen. Sie erfreuten sich immer eines regen Zuspruchs von seiten der mecklenburgischen Landwirte, und es wurde auch regelmäßig in den "Neuen Annalen der Mecklenburgischen Landwirthschaftlichen-Gesellschaft" ausführlich über sie berichtet. Zu seinem Kauf bewog die Landwirte neben der Person Carrs hauptsächlich, "daß solche Instrumente schon auf seinem, bei Lübeck belegenen Gute Tüschenbeck geprüft und für den hiesigen landwirthschaftlichen Betrieb, und den im vergleich gegen England noch weit zurückstehenden Culturstand unserer Felder passend erkannt sind".[752]

Vergleichbare Aktivitäten Carrs während dieses Jahrzehnts lassen sich für die Herzogtümer hingegen nicht nachweisen. Vermutlich fehlte hier im Lande eine dem "Mecklenburgischen Patriotischen Verein" vergleichbare Organisation. Der "Schleswig-Holsteinische landwirthschaftliche Generalverein" und seine Mitglieder, die einzelnen landwirtschaftlichen Vereine der Herzogtümer, waren dazu anscheinend nicht bereit und/oder in der Regel finanziell auch gar nicht in der Lage. Dennoch blieb Carrs Wirken auch in den Herzogtümern nicht ohne Folgen. Retrospektiv bemerkte 1864 Hach im Landwirthschaftlichen Wochenblatt über den Verlauf der Einführung moderner Ackergeräte während der zurückliegenden Jahrzehnte in Schleswig-Holstein, daß keines von ihnen "ein Resultat geliefert, welches allgemeine Nachahmung gefunden und sich ganz eingebürgert hätte. Am ehesten kann man dies noch sagen von den Eggen und namentlich der sogenannten Schottischen Egge, welche der Schreiber dieses vor reichlich 30 Jahren nach dem Vorbilde des Hauptmanns Carr auf Tüschenbeck, dem überall großes Verdienst gebührt um Einführung verbesserter Ackerinstrumente in Mecklenburg und Holstein, bei sich einführte und welche seitdem sich so verbreitet haben, daß jetzt kaum ein Bauer glaubt ohne solche fertig werden zu können".[753]

Von den Frühen Übernehmern der "schottischen Egge" werden mit Sicherheit einige ihr Exemplar bei Carr gekauft haben und auch aus der Frühen Mehrheit wird gewiß noch der eine oder andere dies getan haben. Die Masse der "schottischen Eggen" ist jedoch im Zuge ihrer weiteren Verbreitung in Schleswig-Holstein mit Sicherheit von Schmieden und Stellmachern angefertigt worden. Aber auch im "Preis-Courant von Hartwig Holler & Co, über landwirthschaftliche Maschinen und Geräthe der Carlshütte bei Rendsburg" von 1863 findet sich auf Seite acht der Artikel "zwei gekuppelte schottische [Eggen] von Holz, mit 32 schmiedeeisernen Zinken" zum Preis von 24 Thaler R.M.[754]

In unmittelbarer Nachbarschaft zum adeligen Gericht Tüschenbeck, im lauenburgischen Dorf Krummesse, führte vermutlich zu Beginn der 1830er Jahre der Pächter Dühring, der auch am ersten Wettpflügen zu Tüschenbeck im November 1833 mit einem Seeländi-

---

751 Alexander von LENGERKE (Hg.): Amtlicher Bericht über die Versammlung deutscher Land- und Forstwirthe zu Doberan im September 1841, Güstrow 1842, S. 192.
752 POGGE, Thierschau, S. 128.
753 HACH, Pflug, S. 177.
754 LAS Abt. 406.10, Nr. 454.

schen Schwingpflug teilnahm,[755] den Reißpflug ein.[756] Es handelte sich bei ihm um eine Weiterentwicklung des "Beatsonschen" Modells. 1838 war er "in der Umgegend von Lübeck [...] bereits fast allgemein gebräuchlich geworden".[757] Das dürfte auch aus einem anderen Grund das Verdienst Dührings gewesen sein. Bereits zwei Jahre zuvor hatte Jebens, der zu dieser Zeit Verwalter des benachbarten lauenburgischen adeligen Gerichts Rondeshagen war, nämlich berichtet: "Unser verdienstvoller Begründer des Reißpflug-Gebrauchs in hiesiger Gegend, Herr Dühring zu Crumesse bei Lübeck, [hat] schon vielen seiner Freunde für den möglichst billigen Preis von 32 Mk vollständige Reißpflüge geliefert [..], und immer sich geneigt beweiset, noch mehrere, mit manchen zweckdienlichen Vervollkommnungen, anfertigen zu lassen, wenn er darum ersucht wird".[758] Und 1838 wies Jebens die Leser des Itzehoer Wochenblattes darauf hin, daß Dühring "stark und vollkommen gearbeitet[e]" Reißpflüge für 10 Thaler anfertige.[759] Bei welchem Schmied er dessen eiserne Teile anfertigen ließ, ist allerdings ebensowenig bekannt wie die Zahl der von ihm in Auftrag gegebenen Reißpflüge. Durchaus denk-, aber nicht beweisbar ist, daß sich Dühring dazu von Carrs Aktivitäten hat inspirieren lassen.

Wenngleich nichts über die Konstruktion des Pfluges bekannt ist, den der konzessionierte Schmiedemeister Andreas Henningsen aus Flatzby in Angeln 1832 anfertigte, so findet er hier dennoch Erwähnung, weil er "im ganzen von purem geschmiedeten Eisen und Stahl"[760] war. In einer Zeit, als die Pflüge größtenteils aus Holz bestanden, war dies revolutionär. Erst Ende der 1850er Jahre sollten solche Pflüge langsam Eingang in die schleswig-holsteinische Landwirtschaft finden. Henningsen wollte damit "etwas sowohl Neues als Nützliches [..] erfinden". Das ist ihm auch insofern gelungen, als er von 1832 bis 1835 "keine Kosten verursacht[e], als daß die beiden Eisen ausgebessert werden mußten". Während dieser Jahre wurde der Pflug von "Claus Breckenfeld im Kirchspiel Sörup in Barg" benutzt, den Henningsen als "bewährten Landmann" bezeichnete. Aber nicht nur Breckenfeld stellte dem 168 Pfund schweren Pflug "das beste Zeugnis" aus. Die siebente Nummer des Itzehoer Wochenblattes von 1835 enthält darüber hinaus auch ein solches vom Landmann Thomsen aus Schwensby. Es lautet: "Den [...] eisernen Pflug habe ich zum Dreschpflügen zweispännig benutzt und bin mit seinen Leistungen zufrieden. Er schneidet eine reine Furche und legt sie gut, ist auch dauerhaft und gut konstruiert und gearbeitet".

Aus der ersten Hälfte des 19. Jahrhunderts liegen ansonsten keine weiteren Nachrichten über die Herstellung moderner Agrartechnik in Schleswig-Holstein durch Schmiede vor. Das scheint jedoch nicht so sehr auf die Quellenlage, als vielmehr auf den Verlauf der Diffusion landtechnischer Innovationen in den Herzogtümern zurückführbar.[761] Zwar waren bis in die 1830er Jahre hinein insbesondere auf dem Sektor der Bodenbearbei-

---

755 JEBENS, Notizen, S. 25 f. und 31.

756 DERS., Reißpflüge, S. 564 und 592. DERS., Antwort, Sp. 231 f. - Zum Reißpflug vgl. oben, Kap. II.2.1.3., S. 114 ff.

757 DERS., Antwort, Sp. 231.

758 DERS., Reißpflüge, S. 592.

759 DERS., Antwort, Sp. 231 f.

760 Die nachfolgenden Ausführungen über den Schmied Andreas Henningsen und den von ihm angefertigten Pflug sind ausnahmslos FRIEDRICHSEN, Chronik, S. 50, entnommen.

761 Zu Transfer und Diffusion landtechnischer Innovationen in den Herzogtümern während der ersten beiden Drittel des 19. Jahrhunderts vgl. oben, Kap. II.2., S. 89 ff.

tungsgeräte, einer traditionellen Domäne der Schmiede, viele wichtige Verbesserungen und Erfindungen eingeführt worden, doch fand - bis auf die Schottische Egge - keine von ihnen eine größere Verbreitung im Lande. Außerdem wurden keine weiteren Musterwirtschaften à la Voght, Selby und Carr, die sich alle drei mehr oder weniger großer Beachtung durch die Öffentlichkeit erfreut hatten, in Schleswig-Holstein errichtet. Erst seit Beginn der 1850er Jahre, als sich auf allen Gebieten der Landtechnik Verbesserungen und Erfindungen im Untersuchungsraum Bahn zu brechen begannen, lassen sich wieder moderne Agrartechnik produzierende Schmiede nachweisen.

Am 14. Oktober 1852 wurde dem Schmied Fr. Hansen Tiedemann aus Raubjerg, Amt Apenrade, für das Herzogtum Schleswig und am 19. Mai 1853 für das Herzogtum Holstein ein fünfjähriges Patent auf einen von ihm erfundenen Pflug, "hvis Eiendommelighed bestaaer deels i at bevogeligt Muldfjeld, deels i den Omstondighed at de baade kunne bruges som Svingplouge og som Hjulplouge",[762] erteilt. Zwar bemerkte der Gutachter der Polytechnischen Lehranstalt in Kopenhagen, "at denne [...] Ploug vel ikke frembyde alle de Fordele, sam de eije engelske Plouge af samme Art; men at de ikke destomindre efter de locale Forhold maa ansees som meget hensigtsmossig og deres Udbredelse som önskelig". Da zudem bisher kein Pflug dieser Art im Herzogtum von einem Dritten hergestellt bzw. verbreitet worden sei, bestünden von seiner Seite keine Bedenken gegen dessen Patentierung.

Tiedemann hatte seinen Pflug, der bis auf die gußeisernen Radnaben des Radvorgestells und die hölzernen Griffe der Sterze ganz aus Schmiedeeisen gefertigt war, bis März 1852 mindestens zwölfmal an Bauern im Amt Apenrade verkauft. Sie und vier weitere, die ihn zumindest ausprobiert hatten, bestätigten vorbehaltlos das Zeugnis des Apenrader Tierarztes und Bonden Jacobsen. Dieser lobte den Pflug nicht nur aufgrund seiner vielseitigen Anwendbarkeit sowie seines leichten Ganges und seiner vorzüglichen Leistung, sondern hob insbesondere auch seine Haltbarkeit hervor. Sollte wider Erwarten doch etwas an ihm entzwei gehen, könne er von jedem tüchtigen Schmied repariert werden. Einzig der hohe Preis, so Jacobsen, würde bisher seiner weiteren Verbreitung im Wege stehen.

1853 konnten die Leser des Itzehoer Wochenblattes in der Rubrik "Volkswirthschaftliche Mittheilungen" einem Artikel über "Die Schwedische Egge" entnehmen, daß der Schmied Mohr und der Rademacher Pohlmann - beide waren in Voßloch bei Barmstedt wohnhaft - solche Eggen, für zwei Pferde "richtig gebaut", für sieben Thaler Ct. liefern würden.[763]

Der Landschmied Arp aus Brodersdorf in der Probstei tritt erstmals 1853 in Erscheinung. Auf der "Kieler landwirthschaftl. Thierschau, Maschinen-, Geräthe- und Producten-Ausstellung", organisiert vom "Schleswig-Holsteinischen landwirthschaftlichen Generalverein", erhielt er für eine "Korn-Säe-Maschine" ein Ehrendiplom.[764] Nur drei Jahre später wurde es ihm auf der gleichen Austellung auch für eine "Raapsaatsäemaschine" verliehen.[765] Wohl nicht zuletzt deshalb führte ihn 1867 die Direktion des "Schleswig-holstei-

---

762 Alle Ausführungen zur Patentierung des Pfluges von Fr. Hansen Tiedemann aus Raubjerg, Amts Apenrade, von 1852/53 sind dem Faszikel RAK Ministeriet for Hertugdömmet Slesvig, II. Departement B, Nr. 390, entnommen. Vgl. Abb. 28, S. 498.

763 ANONYMUS, Egge, Sp. 1786. - Zur "schwedischen Egge" vgl. oben, Kap. II.2.1.2., S. 113 f.

764 ANONYMUS, Thierschau, S. 334.

765 ANONYMUS, Rückblick, S. 4.

nischen landwirthschaftlichen Vereins" in jener Kategorie der "kleineren Fabriken" auf, "von denen eine jede in einzelnen Zweigen der landwirthschaftlichen Maschinen [...] gute Leistungen aufzuweisen hat, die einzelnen Gußtheile ihrer Fabrikate aber aus einer [...] Eisengießerei" bezieht. Als Arps "Zweig" führte sie den Bau von Säemaschinen an.[766] Tatsächlich baute dieser Probsteier ländliche Grob- und Hufschmied auch andere landwirtschaftliche Maschinen. Das belegen beispielsweise seine Teilnahme an der ersten Tierschau in der Probstei - am 31. Mai 1855 erhielt Arp in Schönberg für eine Häckselschneidemaschine, "welche sich durch solide und accurate Arbeit" auszeichnete, "eine anerkennende Belohnung"[767] - wie auch die Kaufempfehlung eines Mitglieds des "Bordesholmer landwirthschaftlichen Vereins" vom Dezember 1866 für eine seiner zweispännigen Dreschmaschinen zum Preis von 550 Mk.[768] Insbesondere dokumentiert das aber eine Verkaufsanzeige im "Adreßbuch der Herzogthümer [...], zum Gebrauch am Comptoir und auf Reisen" von 1860.[769] Arp war demnach einer der ganz wenigen Schmiede im Untersuchungsgebiet, die sich auf die Produktion mehrerer Landmaschinenarten verstanden. Eine sogar im Vergleich zu den anderen bekannten Landmaschinen bauenden Handwerkern der Probstei deutlich größere "Geschicklichkeit" attestierte ihm im Juli 1857 die "Klösterliche Obrigkeit zu Preetz".[770] Daß er sein mechanisches Talent aufgrund des bis 1864 in den Herzogtümern gefahrenen gewerbepolitischen Kurses nicht zum Aufbau einer Landmaschinenbauanstalt zu nutzen vermochte, ist bereits dargelegt worden.[771] Im "Adressbuch der Kaufleute, Fabrikanten und Gewerbsleute" von 1872 wird Arp ohne Berufsbezeichnung mit der Eintragung "landwirthschaftl. Ackergeräthe u. Maschinen" geführt.[772] Neben Landmaschinen produzierte er demnach auch noch Ackergeräte.

1855 suchte der Möllner Schmied Landau "um die Verleihung eines 5jährigen Patents für die Herzogthümer Holstein und Lauenburg auf die Verfertigung einer von ihm erfundenen Schrotmühle" nach. Da "die Methode der Construction derselben" laut Polytechnischer Lehranstalt in Kopenhagen "bekannt und bei Gegenständen ähnlicher Art bereits früher zur Anwendung gebracht" worden war, wurde Landaus Gesuch vom Ministerium für die Herzogtümer Holstein und Lauenburg abschlägig beschieden.[773] An der im Mai 1856 vom "Landwirthschaftlichen Verein für das Herzogthum Lauenburg" abgehaltenen Ausstellung beteiligte sich Landau mit einer "schottischen Egge" sowie Feld- und Gartenhacken.[774]

---

766 ANONYMUS: Nachtrag zum Jahresbericht der Direction des schleswig-holsteinischen landwirthschaftlichen Generalvereins pro 1866, in: LWB, 17 (1867), Nr. 13 (30.03.1867), S. 113-118, hier 114.

767 ANONYMUS: Schönberger Thierschau, in: LWB, 5 (1855), Nr. 28 (14.07.1855), S. 221 f., hier 222.

768 ROSACKER, Protocoll, S. 73.

769 PETERSEN, Adreßbuch (1860), Anhang. - Vgl. Abb. 29, S. 499.

770 LAS Abt. 80, Nr. 1119 II.

771 Vgl. oben, Kap. III.5.1.4.3., S. 324 f.

772 ADRESSBUCH der Kaufleute, Fabrikanten und Gewerbsleute sowie der Hof- und Gutsbesitzer von Schleswig-Holstein und Lauenburg, Bd. 13. Zugleich Handelsgeographie, Produkten- und Fabrikanten-Bezugsangabe, Nürnberg 1872, S. 42.

773 Stadtarchiv Mölln Nr. 2614.

774 Kreisarchiv Ratzeburg Regierung zu Ratzeburg, Nr. 960.

Aus unbekanntem Grund abgewiesen wurde 1857 auch das Gesuch des Schmieds Wilhelm Danker aus Stelle, Landschaft Norderdithmarschen, um "die Verleihung eines Patents [...] auf die ausschließliche Anfertigung von Dreschmaschinen für die Herzogthümer Holstein und Lbg.".[775]

Dem Gesuch des Schmieds Diedrich Asmussen aus Munkbrarup und des Hufners Hans Franzen aus Unewatt, Landschaft Angeln, "um Verleihung eines Patents auf die Anfertigung und Verhandlung von Häckselmaschinen nach der von ihnen erfundenen Construction" entsprach das Ministerium für das Herzogtum Schleswig am 17. Februar 1859.[776] Dreieinhalb Jahre später wurde diese Maschine auf der in Glücksburg vom "Angler landwirthschaftlichen Verein" abgehaltenen "Thierschau" prämiert.[777]

Das "Adreßbuch der Herzogthümer [...], zum Gebrauch am Comptoir und auf Reisen" von 1860 führte für Meldorf u.a. den Schmiedemeister Chr. Jürgensen mit einer "Wagen- und Häckselmaschinenfabrik" in der Chausseestraße auf.[778] Im Adreßbuch von 1863 fehlte der Hinweis auf die "Häckselmaschinenfabrik" jedoch bereits wieder.[779]

Auf der Sitzung des "Landwirthschaftlichen Vereins an der Trave" vom 13. März 1860 stellte das "Comite' für die Einführung neuer Maschinen" eine "rotirende Egge" des Schmieds Burmeister aus Horst zum Preis von 20 Thaler R.M. zur Versteigerung bereit. Diese Egge war schon im Herbst des Vorjahres "auf einem ziemlich nassen und sehr verqueckten Stück Land probirt. Obgleich nach dem Urtheil der Anwesenden auf diesem Stück Feld unter den damaligen Verhältnissen keine andere Egge eine längere Strecke hätte fortbewegt oder mit Erfolg gebraucht werden können, so gelang dennoch der rotirenden Egge beides. Weder durch die Nässe noch durch die Menge der Quecken setzte sich die Egge voll, sondern reinigte sich immer selber durch die kreisförmige Bewegung".[780]

Am 17. September 1860 stellte der Schmied Hinrich Wolf aus Kotzenbüll, Landschaft Eiderstedt, das Gesuch, ihn "mit einem Patent auf 10 oder 20 Jahre für das Herzogthum Schleswig, auf ausschließliche Berechtigung zur Verfertigung von Häckselmaschienen nach der von [..] [ihm] erfundenen Construction zu beglücken".[781] Seine ebenfalls 1860 vom "Eiderstedter landwirthschaftlichen Vereine" auf einer "Thierschau" prämierte Häckselmaschine, so führte Wolf aus, unterscheide "sich durch eine eigenthümliche Construction, namentlich durch eine große Einfachheit des Mechanismus, durch besondere Präcision ihrer Wirksamkeit und durch eine durchaus entsprechende Leistungsfähigkeit, von andern Maschienen der Art wesentlich". Da Wolf die vom Ministerium für das Her-

---

775 LAS Abt. 80, Nr. 1131 I.

776 LAS Abt. 80, Nr. 1131 II und RAK Ministeriet for Hertugdömmet Slesvig, II. Departement B, Nr. 393.

777 Kirchspielsarchiv Husby Protokoll des Angler landwirthschaftlichen Vereins (1851-1881). - Zur Dreschmaschinenproduktion Asmussens vgl. oben, Kap. II.2.2.4., S. 147.

778 PETERSEN, Adreßbuch (1860), S. 219.

779 DIES., Adreßbuch.

780 ANONYMUS: Aus dem Verhandlungs-Protocolle des landwirthschaftlichen Vereins an der Trave. Sitzung den 13. März 1860, in: LWB, 10 (1860), Nr. 16 (21.04.1860), S. 122-125, hier 122 f.

781 Alle Ausführungen zum Patentantrag des Kotzenbüller Schmieds Wolf von 1860 sind dem Faszikel RAK Ministeriet for Hertugdömmet Slesvig, II. Departement B, Nr. 396, entnommen.

zogtum Schleswig angeforderte "genauere Beschreibung nebst Zeichnung" seiner Häckselmaschine nicht nachreichte, wurde sein Gesuch nicht weiter bearbeitet. Offensichtlich war Wolf auch ein versierter Pflugbauer, denn auf einer im selben Jahr in der Landschaft abgehaltenen landwirtschaftlichen Ausstellung wurde ihm eine Prämie in Höhe von 15 Thalern "für eine Verbesserung am Pfluge"[782] zuteil.

Nur zweieinhalb Wochen nach Wolf reichte der Schmied Hinrich Möller (1833-1917) aus Hodorf, einem in der Kremper Marsch gelegenen Dorf, beim Ministerium für die Herzogtümer Holstein und Lauenburg ein Gesuch um Patentierung eines von ihm erfundenen, ganz aus Schmiedeeisen bestehenden Doppelpfluges ein. Angefertigt hatte Möller den Pflug sehr wahrscheinlich in der Schmiede seines Vaters Johann (1803-1873). Neben Hinrich hatten auch noch zwei seiner jüngeren Brüder das Handwerk des Vaters erlernt, nämlich Johann (1835-1892), der 1873 die väterliche Schmiede übernehmen sollte und Claus (1843-1919), der Schmiedemeister in Neuenbrook wurde. Ein dritter Bruder, nämlich Peter (1847-1918), wurde "Schleusenwärter und Maschinenmeister in Borsflether Wischdeich". Da Hinrichs Groß- und Urgroßvater anscheinend ebenfalls Schmiede gewesen waren, stammte Möller also aus einer eng mit dem Schmiedehandwerk verbunden Familie. Daß er darüber hinaus auch über ein erhebliches mechanisches Talent verfügte, wird sich noch zeigen.

Am 28. März 1861 wurde Hinrich aufgrund eines Gutachtens der Polytechnischen Lehranstalt in Kopenhagen ein fünfjähriges Patent "auf die ausschließliche Anfertigung von Doppelpflügen nach der von ihm näher angegebenen Construction in den Herzogthümern Holstein und Lauenburg" erteilt. Die Direktion der Lehranstalt bemerkte zwar, daß "die Anwendung von Doppelpflügen" in den Herzogtümern "schon mehrfach versucht" worden sei, ohne daß diese dadurch Verbreitung gefunden hätten, doch sei Möllers Erfindung "als eine neue anzusehen", die zudem "vor den bisherigen Erfindungen gleicher Art Vortheile zu bieten" scheine. Denn erstens könne das linke Glied dieses Doppelpfluges abgenommen werden, so daß er "als ein einzelner Pflug benutzt werden könne", und zweitens sei er mit einem Stellapparat versehen, "durch welchen die Pflugglieder so [..] gestellt werden können, daß sie gleiche Tiefe erhalten". Möller hingegen sah den "Nutzen" seines Doppelpfluges zum einen in der "größere[n] Sicherheit im Gange" und zum anderen in der "Ersparung von Arbeitskraft, indem die Leistung dieses Pfluges gleich ist der zweier anderer, von entsprechender Größe, dabei aber 2 Arbeiter erspart werden". Bis auf einige wenige Versuche, die "sachkundige Landleute" mit ihm angestellt hatten, wobei diese zu dem Urteil gekommen waren, daß er "in keiner Beziehung etwas zu wünschen übrig lassen" würde, hatte Möllers Doppelpflug jedoch noch keine weitere Anwendung gefunden. Es sollte noch gut hundert Jahre dauern, bis in Schleswig-Holstein der einscharige Gespannpflug allmählich durch die mehrscharigen Schlepper-Anbaupflüge - sei es in der Form von Aufsattel-, Voll- oder Winkeldrehpflug - verdrängt wurde. Heute werden maximale Arbeitsbreiten von fünfzehn Metern erreicht.[783]

---

782 FRIEDRICHSTÄDTER INTELLIGENZBLATT, Nr. 37 (12.09.1860).

783 Sämtliche Ausführungen zur Biographie und Familie Möllers sind Johannes GRAVERT: Die Bauernhöfe zwischen Elbe, Stör und Krückau mit den Familien ihrer Besitzer, Glückstadt 1929, S. 368 und 453, entnommen; diejenigen über die Patentierung von Möllers Doppelpflug 1860/61 sind ausnahmslos dem Faszikel LAS Abt. 80, Nr. 1131 II, entnommen. - Vgl. Abb. 30, S. 500. - Zu Möller vgl. auch unten, S. 358 f.

In seinem Antrag vom 26. Mai 1860 auf Erteilung von im ganzen Gesamtstaat geltenden Patenten auf verschiedene von ihm erfundene bzw. verbesserte Ackergeräte berichtete der Schmied Lorenz Michelsen aus Bovrup, Amt Apenrade, daß er schon seit mehreren Jahren an der Verbesserung insbesondere von Pflug und Egge arbeite.[784] Alle seine Ackergeräte seien aus Schmiedeeisen und Stahl und von ihm persönlich auf seinen Äckern getestet worden.

Unter den vier zur Patentierung angemeldeten Geräten befanden sich ein Untergrundpflug und eine "rundtlöbende Harve" - beide von unbekannter Konstruktion - sowie eine mit einer Egge kombinierte Walze[785] und eine Rundegge.[786] Da die beiden ersteren bereits im Lande in Anwendung waren, erteilten das dänische Innenministerium sowie die Ministerien für das Herzogtum Schleswig bzw. die Herzogtümer Holstein und Lauenburg Michelsen nur für die beiden letzteren Ackergeräte fünfjährige Patente. Von Bedeutung war laut Gutachten der Polytechnischen Lehranstalt in Kopenhagen allerdings lediglich die Rundegge, "der endog er ret original og maaskee frembyder nogle Fortrin fremfor den almindelige svenske Harve". Dementsprechend erhielt sie auf den landwirtschaftlichen Ausstellungen in Hadersleben und Visby unter den präsentierten Eggen den ersten Preis.

Die Patentierung einer von Michelsen erfundenen "Raps-Torskemaskiner" meinte die Polytechnische Lehranstalt im Februar 1861 nicht empfehlen zu können, "da det kun bestaaer af 2 Tromler bag hinanden, som et Par Karle trokker frem und tilbage over de adspredte törrede Rapsplanter for at bringe Fröet ud af Skulperne".

Die regelmäßige Teilnahme von Schmieden an landwirtschaftlichen Ausstellungen während der 1860er Jahre ist ein sicherer Beleg dafür, daß sich nun immer breitere Kreise dieser Handwerksgruppe der Herstellung moderner landwirtschaftlicher Produktionsmittel zuwandten. Dabei konzentrierten sich ihre Aktivitäten zusehends auf die Anfertigung von Bodenbearbeitungsgeräten; das beweist ein Blick auf die dort von ihnen ausgestellten Exponate. Der anhand der obigen Fallbeispiele erkennbare Trend verstärkte sich also weiter. Bei den allerwenigsten dieser Schaustücke handelte es sich noch um eigene Erfindungen. Vielmehr dominierten nun Nachbauten von bereits bewährten Modellen, die die Schmiede allenfalls mit "Verbesserungen" versehen hatten. Die nach 1850 sprunghaft ansteigende Einfuhr von Erzeugnissen der ausländischen Landmaschinenindustrie nach Deutschland, aber auch die auf einigen Sektoren stark expandierende junge einheimische Landmaschinenindustrie bereiteten der Phase des handwerklichen Experimentierens und Tüftelns ein Ende. Dementsprechend ging die Zahl der von Handwerkern gestellten Anträge auf Patentierung von landwirtschaftlichen Produktionsmitteln schon zu Beginn der 1860er Jahre leicht zurück. Die von den Schmieden Th. J. Roloff aus Tating, Landschaft Eiderstedt und J. D. Kühl, Kollmarer Marsch, auf der "Internationalen landwirthschaftlichen Ausstellung" 1863 in Hamburg präsentierten eisernen Pflüge[787] waren mithin eben-

---

784 Alle Informationen über den Schmied Michelsen aus Bovrup, Amt Apenrade und die von ihm zur Patentierung angemeldeten Ackergeräte sind dem Faszikel RAK Ministeriet for Hertugdömmet Slesvig, II. Departement B, Nr. 398, entnommen.

785 Vgl. Abb. 31, S. 501.

786 Vgl. Abb. 32, S. 502.

787 CATALOG, Pferde, S. 4.

sowenig eigene Konstruktionen wie die "Schwingpflüge ohne Vordergestell" des Landschmieds Andresen aus Sandbek, Landschaft Angeln.[788]

Einen - wenn auch nur vagen - Eindruck davon, wie groß am Ende des Untersuchungszeitraums der Anteil der Landmaschinen bauenden Schmiede, von denen oben einige vorgestellt werden konnten, an der Gesamtzahl der Schmiede gewesen ist, gibt ein Bericht des lauenburgischen Amtes Steinhorst vom 20. September 1866. Auf die Anfrage des Ministeriums für das Herzogtum Lauenburg in Berlin, "ob und welche Schmiede im dortigen Amte sich mit der Anfertigung landwirthschaftlicher oder sonstiger Maschienen beschäftigen", teilte es mit, daß im Amt "nur der Schmied Oldenburg in Steinhorst mit der Anfertigung landwirthschaftlicher Maschinen u. zwar solcher, welche ohne Anwendung von Dampfkraft betrieben werden", befaßt sei.[789] 1868 gab es 22 Schmiedestellen im Amt Steinhorst.[790]

Zweifellos befaßten sich auch noch nach 1867 Schmiede mit dem Landmaschinenbau. Der bereits vorgestellte Schmied Hinrich Möller aus Hodorf beispielsweise wurde nach dem Kauf der Grevenkoper Schmiede[791] in der Kremper Marsch für seine "einfachen und kombinierten Breitdreschmaschinen"[792] bekannt. Dementsprechend trug er auch die Berufsbezeichnung Maschinenbauer. Anfang März 1877 hieß es über ihn und seine Maschinen im "Landwirthschaftlichen Wochenblatt": "In der Kremper Marsch verbreiten sich die Dreschmaschinen mehr, namentlich die von Möller in Grevenkop bei Krempe, welche auch bei der Versammlung des l. Vereins für das südwestliche Holstein in Neuenbrock am 26. Februar d. J. gegenüber einer Dreschmaschine des Bergedorfer Eisenwerkes arbeitete und sich Anerkennung erwarb".[793]

Da Hinrich Möller offensichtlich nur eine Schmiedelehre durchlaufen hatte, wird er sein mechanisches Talent vermutlich autodidaktisch - u.a. wohl auch mit Hilfe von Fachbüchern, die z.B. seit Mitte der 1850er Jahre des öfteren im "Landwirthschaftlichen Wochenblatt"[794] angeboten wurden - geschult und vergrößert haben. War das unter den we-

---

788 H. C. TRAULSEN: Protocoll der Versammlung des landwirthschaftlichen Vereins an der Schlei zu Cappeln am 19. Januar 1867, in: LWB, 17 (1867), Nr. 9 (02.03.1867), S. 80 f., hier 80.

789 LAS Abt. 234, Nr. 961.

790 LINSEN, Adreßbuch, S. 333.

791 Vgl. oben, S. 356 f.

792 F. SCHACHT: Ueber landwirtschaftlich-soziale Zustände in den Holsteiner Marschen, in: Schleswig-Holsteinische Jahrbücher. Zeitschrift für die wirtschaftliche Kultur, die sozialen Bestrebungen und das öffentliche Leben der Gegenwart, Bd. 1 (1884), S. 173-213, hier 185. - Eine kombinierte Dreschmaschine ist mit einer Reinigungsvorrichtung versehen.

793 ANONYMUS: Monatsbericht für den Februar, in: LWB, 27 (1877), Nr. 10 (09.03.1877), S. 84-91, hier 88. - Vgl. dazu Otto NEUMANN und Klaus-Joachim LORENZEN-SCHMIDT: Die "Chronik der Gegenwart" des Grevenkoper Hufners Heinrich Wieckhorst über die Jahre 1860-1911, in: AfA, 9 (1987), 2, S. 57-118, hier 83. - Vgl. auch Der Norddeutsche Landwirth, 2 (1877), 2, S. 193 und 444.

794 Im LWB, 9 (1859), Nr. 17 (23.04.1859), S. 136, forderte in einer Annonce z.B. die Kieler Buchhandlung Carl Schröder & Co. zum Kauf der monatlich zweimal erscheinenden Zeitschrift "Der landwirthschaftliche Maschinenbauer" auf. - Der zur selben Zeit in der Kremper Marsch tätige Schmied Peter Brunkhorst, Dukermühle, bediente sich offenbar Emil Perels' zweibändigem "Handbuch zur Anlage und Konstruktion landwirthschaftlicher Geräthe für Maschinenfabrikanten, Konstrukteure, für Studierende der Technik, polytechnischen Schulen, zu Vorträgen und für

nigen Schmieden seiner Generation, die sich mit dem Landmaschinenbau befaßten, der eher übliche Weg, so hatte es die nachfolgende Generation diesbezüglich leichter. Von den vier der fünf Söhne des Hinrich Möller, die das Schmiedehandwerk erlernten, übernahm 1905 der jüngste, nämlich Rudolf (1878-19??), den väterlichen Betrieb. Auch er war "Maschinenbauer".[795] Entweder hatte er das Maschinenbauen bei seinem Vater erlernt oder aber eine Lehre als Maschinenbauer durchlaufen.

Abschließend sei noch darauf hingewiesen, daß bis auf einen alle in diesem Kapitel vorgestellten Schmiede Landschmiede waren. Die im nachfolgenden Kapitel aufgestellte These, es seien auch in Schleswig-Holstein die Landschmiede gewesen, die in vor- und frühindustrieller Zeit die Masse der an den tradierten landwirtschaftlichen Produktionsmitteln auszuführenden Schmiedearbeiten verrichteten, wird durch diesen Sachverhalt zumindest indirekt bestätigt.

III.5.2.1.3. Der Konkurrenzkampf zwischen Stadt- und Landhandwerk am Beispiel der Grob- und Hufschmiede

Über die zur Be- und Verarbeitung von Eisen und Stahl notwendigen Kenntnisse und Fertigkeiten dürfte niemals ein größerer Personenkreis verfügt haben. Das Schmiedehandwerk ist deshalb eines der ältesten, auf dem flachen Land vermutlich sogar das älteste Handwerk überhaupt. Hier nahm der Schmied zudem lange Zeit insofern eine Sonderstellung ein, als er aufgrund der geringen Arbeitsteilung innerhalb der ländlichen Gesellschaft in der Regel im Dorf der einzige Professionist war, der Eisen und Stahl handwerksgerecht zu verarbeiten vermochte.

Zusammen mit dem Handwerk des Stellmachers fällt das des Schmieds in die Kategorie der sogenannten landwirtschaftlichen Bedarfsgewerbe, die - mit Ausnahme des Müllers - vorwiegend mit der Herstellung, Wartung und Reparatur aller wichtigen landwirtschaftlichen Produktionsmittel befaßt waren. Da die Berufe des Schmieds und des Müllers für die ackerbäuerliche Landwirtschaft zweifelsohne unentbehrliche Handwerke waren, werden sie auch als ländliche Grundbedarfsgewerbe bezeichnet.[796] Dem Rechnung tragend, war der Schmied auf dem flachen Land immer und überall ein geduldeter Handwerker. In der für den königlichen Anteil des Herzogtums Holstein erlassenen "Constitution wegen Abstellung bürgerlicher Nahrung und Handthierung auf dem Lande" vom 2. August 1686,[797] der frühesten Regelung des Bannmeilenrechts der Städte in Schleswig-Holstein

---

gebildete Landwirthe", Jena 1866. Klaus-Joachim LORENZEN-SCHMIDT: Archiv der ehemaligen Schmiede in Dükermühle, in: AfA, 4 (1982), 4, S. 138-141, hier 139.

795 GRAVERT, Bauernhöfe, S. 453.

796 Vgl. MEIER, Handwerk, S. 106 ff.

797 CONSTITUTION, Abstellung. - Vgl. HÄHNSEN, Entwicklung, S. 16. SKALWEIT, Dorfhandwerk, S. 41-43, stellt entsprechende Regulative für Preußen und eine Reihe weiterer deutscher Territorien vor. Vgl. dazu auch HABICHT, Stadt- und Landhandwerk, S. 172 f. sowie HANSEN, Hauswesen, S. 336, Ludwig Friedrich GABCKE: Grundsätze des Dorf- und Bauernrechts, Halle 1780, S. 44 und Carl von TYSZKA: Handwerk und Handwerker in Bayern im 18. Jahrhundert, München 1908, S. 87 f.

überhaupt, wird er als erster der fünf Handwerker aufgeführt, die ihre Tätigkeit fortsetzen durften.

Wie im Zürcher Unterland[798] werden die Schmieden aufgrund ihrer Unentbehrlichkeit auch in den Herzogtümern ursprünglich regelmäßig über das flache Land verteilt gewesen sein. Dies legt zum einen die für beide Herzogtümer am 8. April 1711 verkündete "Gemeinschaftliche Verordnung wegen Abstellung der bürgerlichen Nahrung auf dem Lande"[799] nahe, die zumindest einen Schmied "zu eines jeden Kirchspiels oder adelichen Guts Eingesessenen selbst eigener Arbeit und Nothdurft" zuließ. Zum anderen beweisen das die noch in der ersten Hälfte des 19. Jahrhunderts außerhalb der Marschen weit verbreiteten Institutionen des Gemeindeschmieds - er war seiner öffentlich-rechtlichen Stellung nach ein "Beamter" der Dorfgemeinschaft - und des Gutsschmieds, mittels derer sich die Dorfgemeinde bzw. die Gutsherrschaft die ständige Anwesenheit eines Schmieds in ihrer unmittelbaren Nähe sicherten.[800]

Beinahe zwingend ergibt sich daraus, daß ein nicht näher bestimmbarer Teil der auf dem flachen Land anfallenden Schmiedearbeiten schon immer von dort ansässigen und tätigen Schmieden ausgeführt worden ist - mithin eine strenge Arbeitsteilung zwischen Stadt und flachem Land auf diesem Sektor niemals existiert hat. Daß die Landschmiede im Zuge des "Prozesses der Territorialisierung des Gewerbes" spätestens seit dem ausgehenden 18. Jahrhundert sogar die Masse der an den tradierten landwirtschaftlichen Produktionsmitteln auszuführenden Schmiedearbeiten verrichteten, sollen die nachfolgenden Ausführungen belegen. Mit gewissen Modifikationen läßt sich dieser Sachverhalt selbstverständlich auch auf die anderen ländlichen Erzeuger landwirtschaftlicher Produktionsmittel übertragen. Des weiteren verfolgt dieses Kapitel auch das Ziel, anhand des Schmieds exemplarisch die Motive aufzuzeigen, die die Landwirte dazu bewogen haben, die an den landwirtschaftlichen Geräten und Maschinen anfallenden Arbeiten an Landhandwerker zu vergeben.

Letztlich immer wieder vergeblich versuchte sich das städtische Schmiedehandwerk gegen diese nicht nur ihre Nahrung "auf eine gar merkliche Art"[801] schmälernde, sondern auch ihren Gerechtsamen zuwiderlaufende Entwicklung zu wehren. Denn wie bereits dargelegt, waren Landesherr und -regierung im Untersuchungszeitraum aus verschiedenen Gründen nicht mehr willens oder aber auch fähig, die ökonomischen Interessen des schleswig-holsteinischen Stadthandwerks gegenüber dem schnell anwachsenden Land-

---

798 MEIER, Handwerk, S. 106-108.

799 Gemeinschaftliche VERORDNUNG wegen Abstellung der bürgerlichen Nahrung auf dem Lande, in: Syst. Slg, Bd. 6, Kiel 1833, S. 137 f., Nr. 2 (08.04.1711). Vgl. HÄHNSEN, Entwicklung, S. 18.

800 Zur rechtlichen und sozioökonomischen Stellung der Gemeinde- und Gutsschmiede in den Herzogtümern sowie deren Entwicklung hin zu im freien Preiswerk arbeitenden Handwerkern vgl. HÄHNSEN, Entwicklung, S. 204-231. Ferner vgl. hierzu GRÜNINGER, Schmiedehandwerk, S. 35-41, der DUNCKER, Dorfgewerbe, S. 40-53, korrigiert.

801 Das Schmiedeamt der Stadt Ratzeburg am 1.November 1781 in einem Schreiben an den Rat der Stadt, das darauf abzielte, die Errichtung einer Schmiede im benachbarten Pogeez zu verhindern. Die Amtsgenossen fürchteten, daß ihnen die neue Landschmiede die Kundschaft aus Pogeez und den benachbarten Dörfern, den einzigen Bezirken der Umgegend, aus denen sie noch einige Aufträge erhielten, entziehen würde. Irmgard KELLER: Die alte Schmiede in Pogeez und ihre Grobschmiede Rabe und Dähn, in: LbgH (N. F.), H. 93 (1978), S. 1-17, hier 2.

handwerk wirksam zu schützen.[802] Die Klagen der Stadtschmiede spiegeln die Geschehnisse auf eindrucksvolle Weise wider.

Bereits um 1686 schickten Rat und Bürgermeister der Stadt Lütjenburg ein Memorial an ihren Landesherrn. In ihm baten sie darum, daß der weit über das Erlaubte ausgedehnte Bestand an Landhandwerkern, die auf den innerhalb einer Meile um die Stadt liegenden adeligen Gütern arbeiteten, auf das gesetzliche Maß zurückgeschraubt werden möge. Über das im adeligen Gut Futterkamp gelegene Blekendorf ist im Memorial u.a. vermerkt: "1 Grobschmied, holt sein Eisen aus Lübeck, arbeitet nicht allein auf dem Hof, sondern auch für die Untertanen und Fremde".[803]

Ungeachtet aller Klagen der Lütjenburger wuchs die Zahl der Landschmieden, die innerhalb eines Umkreises von einer Meile um die Stadt auf Gutsland standen, jedoch unaufhaltsam weiter, und zwar von zwölf 1686 auf siebenundvierzig 1864.[804] Anläßlich der Herausgabe neuer Zunftartikel für das Lütjenburger Schmiedeamt im Jahre 1854 sprach sich der Magistrat gegenüber dem Ministerium für die Herzogtümer Holstein und Lauenburg in Anbetracht dessen, daß es bisher eine geschlossene Zunft gewesen sei, mit folgender Argumentation für die Beibehaltung der Höchstzahl von vier Schlossern und drei Schmieden aus: Die drei Schmiede hätten bisher schon in Lütjenburg, einer Stadt mit nur circa 2.000 Einwohnern und einem kleinen Stadtfeld von circa 1.000 Tonnnen, "an dem Verschleiß des Ackergeräths und Fuhrwerks [...] kaum soviel Arbeit [gehabt], um sich nothdürftig hinhalten zu können". "Denn für den umliegenden Landdistrict wird eigentlich gar keine Schmiedearbeit in der Stadt verfertigt, was seinen Grund in dem Umstande hat, weil Lütjenburg von adeligen Gütern umgeben ist, wo die Gutsherrschaften ihre eigenen Schmiedestellen zu möglichst hohen Preisen verpachten, und um dies zu erreichen, strenge darauf halten, daß alle Gutsuntergehörigen und Pächter bei den Gutsschmiedepächtern arbeiten lassen, zu welchem Ende eine desfällige Bedingung meistens in die Pachtcontracte aufgenommen wird. Daher kommt es, daß die Gutsschmiede der Umgegend in der Regel mit 3 bis 4 Gehülfen arbeiten, während die hiesigen Grobschmiede zuweilen nicht einen einzigen Gesellen halten. Die Gutsschmiede sollen denn auch öfters zünftige Gesellen halten, und wenn solches auch unerlaubt und auf desfällige Klage mit Brüchen bestraft ist, so kann doch von solchen Strafen ein Erfolg nicht erwartet werden, so lange die Brüchen in die Gutskassen, d.h. an den Gutsherrn bezahlt werden, dessen Interesse mit demjenigen des Gutsschmiedes zusammenfällt, und der es daher in der Hand hat, die in solchen Brüchen bestehende Calamität des Gutsschmiedes durch Remission in der Pacht wieder gut zu machen".[805] Mit diesem Problem stand Lütjenburg bekanntermaßen nicht allein in den Herzogtümern da. Allgemein setzten sich Ritterschaft und Prälaten sowie die Herzöge von Sonderburg-Augustenburg im eigenen wie auch im Interesse der Einwohnerschaft ihrer zumeist im östlichen Hügelland gelegenen Güter weitgehend ungestraft über das Bannmeilenrecht hinweg.[806]

---

802 Vgl. oben, Kap. III.5.1.2., S. 283 ff.
803 Zitiert nach ENGLING, Handwerk, S. 172; entnommen aus: Stadtarchiv Lütjenburg.
804 Vgl. unten, Kap. III.5.2.1.4., Tab. 6, S. 382.
805 LAS Abt. 80, Nr. 860.
806 Vgl. HÄHNSEN, Entwicklung, S. 75-85.

So wurde 1706 auch in einer "unterthänigste[n] anzeige und bitte [...] derer Elter Leute und gesambten ambts Meistern des Schmiedeambtes im Kiehl" u.a. darüber Klage geführt, daß entgegen des in ihrer Amtsrolle festgeschriebenen Zunftzwangs mittlerweile "fast bey die 20 Schmiede" in der Bannmeile Kiels arbeiteten, "welche dan fast alle Nahrung an sich ziehen, [...] worüber dan geschiehet, daß wir izt fast müßig sein und gar keine arbeit haben". Auch würden "die bürger und Einwohner hiesiger Stadt, alß nemblich Kauffleute, Kramer und andere mehr [...] Wagen und dergleichen andere arbeit ausser der Stadt, und bey vorgedachten frembden verfertigen" lassen. Deshalb sollten die besagten Dorfschmiede "weck geschaffet"[807] werden und die Kaufleute und Kramer Kiels dazu angehalten werden, bei ihnen zu kaufen.

Der letzte Versuch des Kieler Schmiedeamtes sich der Konkurrenz der Dorfschmiede und ortsansässigen Krämer, die sie nach den Fabrikanten zu dieser Zeit auf dem innerstädtischen Markt verbotenerweise am stärksten bedrängten, zumindest in ihrer ureigenen Wirtschaftssphäre zu entledigen, schlug 1826 fehl. Erstmals versagte ihnen bei dieser Gelegenheit sogar der Kieler Magistrat seine Unterstützung.[808]

Auch der "unterthänigste[n] Recurseinführung" der Älterleute der "Schmiede- und Schlösserzunft" Eutins vom Juli 1860 beim Oldenburger Großherzog, die die Wiedereinrichtung einer kurz zuvor eingegangenen vierten Schmiedewerkstätte in der Stadt verhindern sollte, blieb der Erfolg versagt. Als Argument für die Amtsschließung brachten sie u.a. vor: "Es ist nämlich Thatsache, daß in den umliegenden Dörfern eine größere Zahl Schmiede entstanden, die einen Theil der eutiner Arbeit an sich gezogen haben".[809]

Derartige Klagen von seiten der Stadtschmiede lassen sich selbstverständlich auch aus anderen deutschen Territorien und Reichsstädten nachweisen. Laut Bericht der Hufschmied- und Wagnerzunft der im Kurfürstentum Bayern gelegenen Stadt Erding waren die umliegenden Dörfer bis 1799 derart mit Hufschmieden und Wagnerwerkstätten besetzt, "dass man bei den beiden Handwerken nichts als Klagen über Mangel und Abgang an Nahrungsverdienst hören muss. Es giebt Meister genug, die aus Mangel an Arbeit und Verdienst sich selbst nicht ehrlich ernähren können".[810] Entsprechend klagte beinahe zeitgleich auch das Schmiedeamt Bremens in seinem Schreiben an den Rat der Hansestadt darüber, daß zwar noch um 1785 zehn der "Mitmeister ausschließlich von der Arbeit auf dem Lande" gelebt hätten, "vom Ackergeräth, dem Beschlag der Acker- und Frachtwagen. Die Fabrikate wurden bey mangelnder Nähe von Dorfschmieden weit versandt".[811] Nun sei die Zahl der Landschmiede jedoch derart angewachsen, daß die betreffenden städtischen Schmiedemeister im Laufe der Jahre nicht allein ihre Kundschaft im bremischen Landgebiet verloren hätten, sondern durch deren Tätigkeit für den Stadtbedarf mittlerweile gänzlich arbeitslos geworden wären.[812]

---

807 LAS Abt. 7, Nr. 5792.

808 HÄHNSEN, Geschichte, S. 396. Ein analoger Fall ereignete sich 1818 in Osnabrück. Vgl. dazu JESCHKE, Gewerberecht, S. 413-415.

809 Niedersächsisches Staatsarchiv in Oldenburg Bestd. 30-16, Nr. 18-159.

810 Zitiert nach TYSZKA, Handwerk, S. 95; entnommen aus: K. bayrisches Ministerium der Finanzen.

811 Zitiert nach FATTHAUER, Metallgewerbe, S. 87; entnommen aus: Zunftakten des bremischen Staatsarchivs S. 13. u. 10. c. 6. Schmiedeamt an Rat, 24. November 1803.

812 Ebda., S. 87 f.

Zwar verlieren die oben zitierten Klagen der Schmiedeämter(-zünfte) etwas an Glaubwürdigkeit, da für ihren wirtschaftlichen Niedergang auch viele andere städtische Handwerke als eine Ursache stereotyp den angeblichen Mangel an Verdienst und Nahrung infolge zunehmenden Konkurrenzdrucks von seiten des Landhandwerks anführten,[813] doch besteht kein Anlaß, die obigen Berichte grundsätzlich anzuzweifeln. Insbesondere in Zeiten, in denen sich die Nachfrage nach städtischen Schmiedeerzeugnissen ohnehin abschwächte, konnten die den städtischen Schmiedebetrieben zusätzlich durch die ländlichen Konkurrenten zugefügten Einkommenseinbußen vermutlich ohne weiteres sogar existenzbedrohend werden.

Die Berichte verdeutlichen aber nicht nur - wie eingangs des Kapitels konstatiert -, daß eine prinzipielle Arbeitsteilung zwischen Stadt und Land niemals existierte, sondern auch, daß sich beide auf diesem handwerklichen Tätigkeitsfeld keineswegs als "in der Hauptsache selbst genügende Wirtschaftsbereiche" gegenüberstanden.[814] Die Realität liegt vermutlich irgendwo dazwischen - wenn auch deutlich näher am letzteren Modell. Der Bestand der gewöhnlichen Landschmiede vergrößerte sich auf dem flachen Land also de facto zwar auch ein Stück weit auf Kosten der Stadtschmiede. Doch in erster Linie war der Bestandszuwachs ersterer ein Reflex auf die steigende Nachfrage der ruralen Bevölkerung nach Schmiedearbeit, die in der Regel eben nicht erst über den Umweg Stadtschmied gedeckt wurde, sondern von Beginn an direkt vor Ort, d.h. beim Landschmied.

Weshalb erfreuten sich nun die Landschmiede - und mit ihnen auch die anderen ländlichen Gerätschaftshandwerker - eines solch großen Zuspruchs von seiten der "Landleute"? War es tatsächlich, wie es ein unbekannter Kritiker der Bestandsentwicklung des Landhandwerks in den Herzogtümern 1827 behauptete, weitgehend "nur der Bequemlichkeit [...] wegen"[815] oder schob er dieses Argument lediglich vor, weil diese ganze Entwicklung seinem von den alten Vorstellungen eines geordneten Wirtschaftslebens geprägten Verständnis zuwiderlief?

Selbstverständlich kam auch dieser anonyme Gegner einer Liberalisierung des Konzessionssystems nicht umhin, dem gewöhnlichen Schmiedehandwerk den Status eines ländlichen Grundbedarfsgewerbes zuzusprechen. Doch bezog er dessen Unentbehrlichkeit für den landwirtschaftlichen Betrieb allein auf die dem "Landmann [...] nöthige augenblickliche Hülfe, oder die Verfertigung von geringern Arbeiten", worunter für ihn z.B. die "Ausbesserung und Wiederherstellung" von beschädigtem "Acker- und Baugeräthe" ebenso fiel wie der Hufbeschlag, für den "der Landmann nicht [...] erst ferne Hülfe su-

---

813 Für die Herzogtümer vgl. dazu HÄHNSEN, Entwicklung, insbes. S. 34 ff. und LIND, udvikling, S. 49 f.

814 SKALWEIT, Dorfhandwerk, S. 9. Skalweit folgend, sehen etwa auch Arno STEINKAMP: Stadt- und Landhandwerk in Schaumburg-Lippe im 18. und beginnenden 19. Jahrhundert (= Schaumburger Studien, 27), Rinteln 1970, insbes. S. 88 ff. oder SCHULTZ, Landhandwerk, S. 40, grundsätzlich die Arbeitsbereiche zwischen städtischem und ländlichem Handwerker derart abgegrenzt, daß zwischen ihnen nur recht geringe Konkurrenz herrschte. Dagegen decken sich meine Ausführungen z.B. mit NÜBEL, Landhandwerk, S. 25, TYSZKA, Handwerk, S. 91 ff., JESCHKE, Gewerberecht, S. 317 und Uwe PUSCHNER: Handwerk zwischen Tradition und Wandel. Das Münchener Handwerk an der Wende vom 18. zum 19. Jahrhundert (= Göttinger Beiträge zur Wirtschafts- und Sozialgeschichte, 13), Göttingen 1988, S. 158 ff., ebenso, wie speziell auf die Herzogtümer bezogen mit HÄHNSEN, Geschichte, S. 381 und LIND, udvikling, S. 55.

815 ANONYMUS: Ueber den Gewerbszwang, in: StM, 7 (1827), S. 351-364, hier 362.

chen" könne. Die Grenze zur "Bequemlichkeit" hin ziehend stellte er fest, daß es "keineswegs unentbehrlich" für den Landmann sei, "alle und jede Schmiede- und Rademacherarbeit bei solchen in seiner Nähe wohnenden Landhandwerkern verfertigt [zu] erhalte[n]. [...] Kann doch den Landmann nichts abhalten, sein Acker- und Baugeräthe vorher, und ehe es gebraucht werden soll, in Stand setzen zu lassen, und verursacht es ihm doch gar keine Kosten, wenn er, der doch wöchentlich oder zu Zeiten um seines Betriebes willen zur Stadt kommt, dahin das Beschädigte mitnimmt, um es bei dortigen Handwerkern ausbessern zu lassen, oder sich neues anzuschaffen, wobei für ihn gar keine Gefahr des Verzuges ist".[816]

Gleich zwei stichhaltige Einwände gegen die Argumentationslinie des Kritikers führen zwingend zu dem Schluß, daß die von ihm angeregte Arbeitsteilung zwischen Stadt- und Landschmieden eine seinem Wunschdenken entsprungene Fiktion war.

Zunächst einmal ist zu konstatieren, daß von der Landesherrschaft in den die Zulassung und Tätigkeit des Landschmieds regelnden schleswig-holsteinischen Verordnungen niemals ein Passus eingesetzt worden war, der eine Beschränkung seiner "Handthierungen" in diese Richtung beinhaltet hätte. Noch zum geringsten Teil dürfte sie dazu die Erkenntnis bewogen haben, diese gegen die Interessen aller Landbewohner gerichtete Restriktion nicht durchsetzen zu können.

Vor allem jedoch unterschätzte der dem Gewerbszwang das Wort redende Anonymus in eklatanter Weise Art und Umfang der Schmiedearbeiten, deren ein landwirtschaftlicher Betrieb im Verlauf eines Wirtschaftsjahres bedurfte. Bereits ein flüchtiger Blick auf Tabelle 5 - sie enthält die Jahresrechnung (Martini 1818 - Martini 1819) des in Tetenbüll, Landschaft Eiderstedt, ansässigen Schmieds Dierksen Tralau für den Hofbesitzer Hans Joh. Hems - läßt dies erkennen (graphisch umgesetzt wird diese Jahresrechnung in der Kurve a der Graphiken 1 und 2). Für diejenigen Arbeiten, die den Landschmieden gemäß der Regelung des Unbekannten erlaubt sein sollten, also unter anderem die "Ausbesserung und Wiederherstellung" von beschädigtem "Acker- und Baugeräthe" und der Hufbeschlag, bezahlte Hems an Tralau 164 Mk 8 ß. Das entspricht einem Anteil von 81,9% an der in der Jahresrechnung aufgeführten Endsumme von 201 Mk 2 ß. Dabei mußte Hems für die ersteren Arbeiten 121 Mk 5 ß (60,4%) und für die letzteren 43 Mk 3 ß (21,5%) aufbringen. Beide zusammen machten 75,9% der in der Jahresrechnung aufgeführten einzelnen Rechnungsposten aus. Dabei wurde Tralau von Hems 120 mal (60,6%) mit den Arbeiten der ersteren Kategorie und 31 mal (15,3%) mit denen der letzteren beauftragt.

Die Graphiken 1 und 2 vermitteln einerseits ein recht anschauliches Bild von der Verteilung der arbeitsintensiven und -armen Monate im Arbeitsjahr von Schmied und Bauer. Andererseits ergibt ein Vergleich der Kurven a und b u.a., daß die in Tabelle 5 aufgeführte Jahresrechnung durchaus repräsentativ ist; denn trotz der zwischen beiden auftretenden Abweichungen dominieren unübersehbar ihre Gemeinsamkeiten. Kurz besprochen werden soll lediglich exemplarisch die Kurve a der Graphik 1, da sie den Verlauf des Jahresgesamtumsatzes der in Tabelle 5 enthaltenen Jahresrechnung graphisch darstellt: Die in den Monaten März bis September 1819 vom Hofbesitzer Hems an den Tetenbüller

816 ANONYMUS, Gewerbszwang, S. 360 f.

Schmied Tralau vergebenen Schmiedearbeiten beliefen sich auf 177 Mk 9 ß, wobei er allein schon für die von März bis Juni 1819 vergebenen 135 Mk 8 ß zahlen mußte: das sind 88,3% bzw. 67,4% vom Jahresumsatz. Der an Schmiedearbeiten kostenreichste Monate war für Hems der April 1819. In ihm mußte er an Tralau für ausgeführte Schmiedearbeiten 44 Mk 7 ß zahlen: das sind 22,1% vom Jahresumsatz.

Tab. 5: Jahresabrechnung des Tetenbüller (Lft. Eiderstedt) Schmieds Dierksen Tralau für den Hofbesitzer Hans Joh. Hems von Martini 1818 auf Martini 1819

		Mk	ß	Pf.
17.11.1818	ein Wasser Eimer, ein Neu ober band aufmacht den		4	
	grep(1), 2 Enden verb(2), 2 Neu öhren(3)	2	4	
20.11.1818	für 1 ß nagels		1	
	ein Neu Hak(4), an Belantz(5) zu waag Schahl(6) mit nedt(7)		4	
26.11.1818	2 Neu Hoffeisen(8)	1		
30.11.1818	ein Hakels Mest(9) schliept(10)		2	
	ein Hakels Mest an fus verb(11)		2	
08.12.1818	für 1 ß Pfenning Nagels(12)		1	
11.12.1818	ein Dreyfus(13) zurecht macht(14)		6	
21.12.1818	ein Hakels Mest schliept		2	
02.01.1819	2 Neu schenen(15), ein Neu bos(16), zu kohren Machin(17)		14	
03.02.1819	ein Neu Strigel	1	8	
	2 Neu Hoffeisen, 2 Verlegt(18)	1	6	
13.02.1819	2 Neu Hoffeisen, 4 verlegt	1	12	
	ein Neu kinnkette(19)		10	
16.02.1819	ein Winkel zu Hakelslad(20) verb.(11)	1		
	ein Hakelsmest in fus verb(11)		5	
	für 2 ß Nagels		2	
	5 Stück Neu Hoffeisen, 5 verlegt	3	7	
01.03.1819	ein Neu Holl.(21) fas(22) zu Ex(23) schleift		6	
	2 neu Pflatten(24), auf Hals Jük(25), den Warbel(26) verb(7)		7	
04.03.1819	ein neu splint zu Hakelslade		2	
05.03.1819	ein Hakels Mest neu Angel(27) an, schleift		10	
09.03.1819	für 1 ß Nagels		1	
	ein gros Neu Schehn(28), mit federn auf Rüffel(29) schleift		15	
12.03.1819	4 Stück Neu Hoffeisen	2		
	6 Stück krampfen(30) a 1 ß		6	
14.03.1819	8 Neu Hoffeisen	4		
	3 Stück kniepfer Ketten(31), 2 neu kneffels(32) ein neu lenk(33), 3 enden überschw(34)		12	
	ein Hinter Mest(35), ein für Mest(36) scherft		8	

		Mk	ß	Pf.
	ein Propf(37) auf macht, ein Pflug Eisen(38) auf macht, ein bold(39) in stärd bret(40) macht	1	5	
17.03.1819	ein Hinter Mest scherft		6	
18.03.1819	ein Neu Dracht(41) beschlagen, mit Neu beschlag	4	14	
23.03.1819	ein Neu grep in kessel		10	
	ein Pflug bold verb(11), ein Neu splint		11	
	ein band von mir auf Pflug-Radt(42), ein Gros Haken, um Pflug halb neu macht	1	1	
29.03.1819	2 Neu Hoffeisen	1		
31.03.1819	8 Stück nageln a 1 ß 8 Stück nageln a 6 Pf.			
	4 Stück krampfen a 1 ß	1		
	ein neu Wagen Rad beschlagen 2 Neu Spekenbender(43) a 14 ß	1	12	
	ein neu Hinterband(44), ein Neu Halsband(45)	1	6	
	ein alte for band(46) auf macht		5	
	2 Stück Neu bossen(47)	2	12	
31.03.1819	6 Stück alte faßen(48) aufbrent(49) a 4 ß	1	8	
	72 Stück Neu Radnageln a 6 Pf.	2	4	
	ein Hammerstück(50), ein Neu Raadeband auf macht, ein Neu 4 einen [.]- band(51), ein neu Tap(52)	1	14	
01.04.1819	ein Hammerstück, 2 feder Hengen verb(11) auf macht		10	
03.04.1819	ein Neu ohrt(53) auf Hinter Mest scherft	1	12	
	ein Hinter Mest scherft	6		
	4 Stück Nageln a 1 ß 4 Stück a 6 Pf.	6		
05.04.1819	ein alte Steg zu Hek(54), neu stehrt(55) anmacht, ein neu splint und scheibe		14	
	ein bold zu Hintermest neu Kopf auf, 50 Stück Pfenning nageln		9	
	100 Stück Nageln 7 [.] 10 Stück Dreyling(56) nageln	1		6
07.04.1819	2 Stück Eggen scherft a Stück 1 Mk 8 ß	3		
	2 Stück große Krampfen verb(11)	1		
10.04.1819	ein Neu Stiehl auf Dreyfork(57) mit ned(58)		5	
14.04.1819	2 Eggen scherft	3		
	ein Nagel zu 1 ß		1	
15.04.1819	Dracht, ein Neu federkrampf ein neu unterschlag, 2 neu braken(59)	2	5	
	ein Neu brak auf Zwingel(60) ein Neu Nod ring(61), ein alte		15	
17.04.1819	2 Hinter Mesten scherft		12	
	ein Egge scherft	1	8	
	ein gros Krampf verb(11)		7	
	ein Halb neu schehn(15), über die Egge, ein Krampf	1	2	
	ein Hinter Mest scherft		6	
	2 Stück Pferde, 8 füße aus werkt(62)		4	

Forts. Tab. 5		Mk	ß	Pf.
21.04.1819	Pferde 30 füße aus werkt		15	
22.04.1819	2 Neu Hoffeisen, 2 verlegt	1	6	
	6 Stück neu Ringen, 6 Stück Krampfen,	1	2	
	ein Pflug bold verb(11)		7	
28.04.1819	ein Hinter Mest scherft		6	
	ein Paar Stangen Halskoppels(63) 6 enden verb.(2), 2 neu öhren	1	4	
	ein Drey fork neu Tinnen(64) macht		6	
	ein Wis Haken(65) Zurecht macht(66)		2	
	ein Neu band mit ned		4	
29.04.1819	2 Neu Hoffeisen, 2 verlegt	1	6	
	ein Pflug 2 Messer Anlegt	7	8	
	ein Neu Siedelsahl(67)	3		
	ein stehrt(68) Stück verb(11)		10	
	den sticken(69) zu Pflugbauhm verb, ein neu Ring		9	
	ein Pflugkeihl verdikt		7	
	ein bold, neu Kopf auf macht		5	
	ein Pflug stell(70), den bold verb.(11) ein neu splint		10	
	ein grosse bos in stell(71) macht, 2 bossen in die Räder	1	2	
	ein neu stik(72)		2	
	ein neu band um Rad, dto ein neu band um große Rad		10	
05.05.1819	2 Neu braken auf dracht ein Neu unterschlag, ein auf macht	1	8	
	ein brak verb.(11) nod ring, Neu feder krampf	1	7	
06.05.1819	ein Dracht 2 neu unterschlegen, 3 braken überschweißt, 2 neu Nod ringen, 2 krampfen und 2 ringen in macht	1	10	
08.05.1819	ein Hinter Mest scherft		6	
11.05.1819	ein Hinter Mest scherft		6	
	50 Nagels 6 [.], 50 Nageln 7 [.]		15	
	ein ß Krampf		1	
	2 Neu Hoffeisen	1		
12.05.1819	ein Hinter Mest scherft		6	
13.05.1819	2 Neu Hoffeisen	1		
14.05.1819	ein Dreyfork neu stehrt anmacht ein Neu ned eine neu Tin(64) und band		14	
18.05.1819	ein Dracht, ein Neu federkramp, mit neu Ring	1	3	
	ein Stiehl auf Dreyfork, ein Neu band, mit Ned		6	
	ein Angel(73) an Saage(74)		6	
	2 Dreyfork, 2 neden inmacht		2	
19.05.1819	ein Pflug den Hinter Mest anlegt(75), forn mit Stahlohrt	5		
	ein für mest anlegt	3		

		Mk	ß	Pf.
	ein Neu Siedel Sahl(67)	3		
	ein Keihl verdikt		6	
	ein Neu schraube		6	
	ein schlüssel verb		4	
24.05.1819	200 Nagels 7 [.]	1	12	
	6 Stück Nagels a 6 Pf.		3	
25.05.1819	100 Nagels 7 [.]		14	
27.05.1819	100 Nagels 6 [.] 100 Nagels 7 [.]	1	14	
	4 Stück große Nagels zu Hek Drümpfel(76) a 5 ß	1	4	
	ein Hinter Mest scherft		6	
28.05.1819	ein Steg verb.(11) zu Hek		11	
	6 Stück nagels a 6 Pf.		3	
	ein Hammerstück zu Hek, ein neu Raadeband, um macht, ein alte 4 [.]- band auf macht	1	6	
29.05.1819	ein Hinter Mest scherft		6	
02.06.1819	ein für Stell(77) Zuewagen Die unterschehnen, 4 Stellen auf lepfelt(78) a 12 ß	3		
	ein neu lütz(79) band		4	
	2 alte Dracht bender auf macht		6	
	ein Drek Pflat(80) von mir, ein alte auf macht		14	
	ein Lüntz(81) verb(11)		3	
	ein Neu unterband um Waschballig(82)	2	4	
07.06.1819	3 Stück schenen von mir Zu Taubenschlag mit 40 Stück neu Spitzen,	3	12	
	100 Nagels 7 [.]		14	
09.06.1819	ein Hinter Mest scherft		6	
10.06.1819	ein Hinter Mest scherft		6	
11.06.1819	ein Hinter Mest scherft		6	
12.06.1819	2 neu Hoffeisen, 2 verlegt	1	6	
15.06.1819	ein Hinter Mest scherft		6	
	ein lenk(83) auf Pflug Kette überschweißt		1	
17.06.1819	ein Hinter Mest scherft		6	
19.06.1819	ein Hinter Mest scherft		6	
21.06.1819	ein Pflat(84) auf Pflug Zunge(85)		10	
24.06.1819	ein Hinter Mest, ein für Mest scherft		8	
	ein Pflugstell, ein Neu Zunge inmacht oben ein Pfalt von mir, ein Crell(86) Den ober bügel verb.(11)	2		
	ein Neu brak auf Zwingel, ein alte Nodring inmacht		10	
25.06.1819	2 Neu Hoffeisen, 2 verlegt	1	6	
	ein Wagen Neu distel baum(87) in macht, ein Neu auf Halter, ein Pflat auf macht	1	10	
	2 neu bender auf Kinning(88), ein alte band	1		
	ein alte bold durch distel bauhm ein Neu splint,			

		Mk	ß	Pf.
	ein alte stiken in macht, ein Neu Krampf ein alte Pflat auf macht		6	
30.06.1819	für 5 ß Pfenning nageln		5	
05.07.1819	2 Neu Schloder bet Zaumen(89)	1	8	
	ein alte band verb.(11) auf Eimer		5	
	für 2 ß Nagels		2	
08.07.1819	2 Neu baumleders(90), 4 Neu bender mit Pleten(91) an a 5 ß	1	4	
	ein Neu bold mit splint		15	
	Den Stüd(92) Neu Doll(93) anmacht		9	
	ein Spitz unter den stüd, mit federn an band		8	
	ein Wagen den Hinterschamel(94), 2 Stück schilling Nagels in macht, 3 Stück nagels a 6 Pf.		3	6
	ein Rungen Pflat(95) von mir, ein Drek Pflat(96), auf macht		8	
14.07.1819	2 Neu Hoffeisen, 2 verlegt	1	6	
15.07.1819	6 Hoffeisen verlegt	1	2	
	2 Hoffeisen verlegt, ein Hinter Mest scherft		12	
17.07.1819	für 2 ß Pfenning Nagels		2	
19.07.1819	ein Neu schehn über schüffel(97)		7	
	ein Leh(98) neu Angel(99) anmacht		12	
21.07.1819	2 Neu mittel stück(100) in Zaum(101), 2 Hinter Mest scherft	1	12	
29.07.1819	ein Neu Dracht beschlagen, 2 neu braken, ein Neu unter schlag ein alte	1	7	
	ein alte for schlag ein dracht, ein alte feder Krampt, 2 neu Nod Ringen		15	
	2 alte Zwingel braken verb.(11)		5	
04.08.1819	ein Hinter Mest, Neu ohrt an macht, scherft	2		
	ein Hinter Mest scherft		6	
	ein Tinn an Saat fork		7	
05.08.1819	2 Neu Hoffeisen	1		
18.08.1819	ein Har Hammer(102) für Stahlt(103), den bahn auf Zweißt ein neu stiehl		9	
21.08.1819	6 Stück Hoffeisen verlegt	1	2	
23.08.1819	ein Hinter Mest scherft		6	
	ein Ring auf macht		10	
	ein bold verb.(11)		10	
	ein Neu bos, ein alte in macht Zu Rad ein bos in stell macht		8	
25.08.1819	ein Hinter Mest scherft		6	
	ein neu Kopf auf bold, ein Pflug Hammer(104) Zu Recht macht, ein neu stiehl		8	
26.08.1819	14 Hoffeisen verlegt, 4 füße aus werkt	2	12	

Forts. Tab. 5		Mk	ß	Pf.
02.09.1819	2 Hinter Mesten scherft		12	
03.09.1819	ein Hinter Mest, ein Neu ohrt an macht scherft	1	8	
	ein Hinter Mest scherft		6	
	Den bold verb.(11) neu Kopf auf		5	
13.09.1819	4 Hoffeisen verlegt 4 füße aus werkt		14	
14.09.1819	Zu die Pferde 10 Stück alte Hoffeisen verl	1	14	
	10 Stück Hoffeisen von mir,	1	4	
	für beschlagen	1	14	
	20 füße aus werkt		10	
15.09.1819	ein Hinter Mest scherft		6	
17.09.1819	ein Hak in Hals Jük		2	
23.09.1819	ein Hinter Mest scherft		6	
26.09.1819	2 neu Hoffeisen, 2 verlegt	1	6	
28.09.1819	ein Hinter Mest scherft		6	
29.09.1819	4 Neu Hoffeisen ein Hinter Mest scherft	2	6	
30.09.1819	2 Hinter Mesten scherft		12	
	ein bold verb.(11) Zu Hinter Mest		5	
02.10.1819	ein Hinter mest scherft		6	
04.10.1819	ein Hoffeisen verlegt		3	
08.10.1819	ein Neu Stehl(105) auf Rüffel ein Neu Krük(106) schliept		10	
17.10.1819	ein Hinter Mest scherft		6	
23.10.1819	2 Stück füße Zu ein Offen(107) a 12 ß	1	8	
	2 Stück Tapfen(52) auf stange macht		4	
	2 Stück Krampfen a 1 ß		2	
26.10.1819	2 Neu Hoffeisen, 2 verlegt	1	6	
01.11.1819	2 Neu Hoffeisen	1		
08.11.1819	2 Neu Hoffeisen, 4 Stück krampfen	1	4	
10.11.1819	2 Stück Heufork, bede neu Zinnen(108) an macht, 2 Neden	1		
	Summa	201 Mk 2ß		

Quelle: LAS Abt. 65.2, Nr. 2468

Erläuterungen zu Tab. 5:
Soweit die nachfolgenden Erläuterungen auf MENSING, Wörterbuch (Bd. 1-5), basieren, sind Band (I-V), Spalte (Sp.) und Titel des Artikels angegeben. - Nicht zu ermittelnde oder nicht sicher zu ermittelnde Begriffe sind mit einem Fragezeichen gekennzeichnet.

(1) Griff ? - **(2)** verbunden ? - **(3)** "Öhr [...] 'Griff, Henkel, Ohr an Gefäßen', bes. an Eimern, Grapen, Töpfen, Krügen, Tassen" (III, Sp. 915 f., hier 915, Öhr) - **(4)** Haken ? - **(5)** Balance - **(6)** Waagschale - **(7)** Niete - **(8)** Hufeisen - **(9)** "Hackelsmest [...] 'Häckselmesser', breites Messer mit dickem Rücken und dünner Scheide" (II, Sp. 545-547, hier 547, Hackels) - **(10)** geschliffen - **(11)** verbessert ? - **(12)** Nägel - **(13)** " 'Dreifuß' dreibeiniges eisernes Gestell auf offenen Feuerherden zum Aufstellen der Töpfe" (I, Sp. 844 f., hier 844, Dree-foot) - **(14)** heilmachen - **(15)** Schienen. "Schen [...] plur. Schenen u. Schens" (IV, Sp. 313, Schen) - **(16)** "Boss [...], plur. B-en, [..] 'Buchse', 'Hülse', der in die Nabe des Wagenrades eingelassene Ring, in dem die Achse läuft" (I, Sp. 592 f., Buss) - **(17)** Windfege, Staubmühle ? - **(18)** an der Pferdehufe angebracht; beschlagen - **(19)** "Kinnkette am Pferdegeschirr" (III, Sp. 120, Kinn(1)) - **(20)**

Häcksellade - **(21)** ? - **(22)** "Faas [...] 'Eisenschiene auf den Felgen der Wagenräder', dicht mit Nägeln besetzt, die einen großen vorstehenden Kopf haben. [...] Fast nur im Plur. Fasen" (II, Sp. 1 f., hier 2, Faas). Die Fasen ersetzten also die Eisenringe - **(23)** Axt (I, Sp. 1074, Ex) - **(24)** Platten ? - **(25)** Schultertrage mit Kette und Wirbel - **(26)** Wirbel ? - **(27)** metallenes Teil, das den hölzernen Handgriff mit der eigentlichen Klinge (des Häckselmessers) verbindet - **(28)** vgl. 15 - **(29)** "Rüffel [...] 'Spaten' ", mit eisernem Blatt (IV, Sp. 227 f., hier 227, Rüffel(1)) - **(30)** Krampen ? " 'Krampe', U-förmig gebogener Drahtstift" (III, Sp. 299, Kramp(1)) - **(31)** " 'Kette, die beim vierspännigen Pflügen den Hinterpferden um den Hals gelegt wurde' " (III. Sp. 217, Knipperked) - **(32)** Knebel - **(33)** " 'Gelenk', 'Kettenglied' " (III, Sp. 453, Lenk) - **(34)** überschweißt - **(35)** Pflugschar - **(36)** das schwertförmige Langeisen am Pflug, das den Boden zur Furche durchschneidet und der Pflugschar vorarbeitet - **(37)** Pfropfen ? - **(38)** Pflugschar - **(39)** Bolzen (I, Sp. 419 f., Bolten) - **(40)** Teil vom Pflugsterz ? - **(41)** " 'der Hebelbaum am Wagen oder Pflug', an dem die Pferde angeschirrt werden, durch einen Haken oder Nagel [...] an der Deichsel befestigt" (I, Sp. 831 f., hier 831, Dracht) - **(42)** Pflugrad - **(43)** "Spekenband [...] 'Ring um die Radnabe' " (IV, Sp. 734, Speek) - **(44) (45) (46)** "Band [...] 'Reifen eines Behälters' [...], 'Ring' [am Wagenrad]" (I, Sp. 223 f, hier 224, Band). Zusammensetzungen: Hinter-, Hals- und for band - **(47)** vgl. 16 - **(48)** vgl. 22 - **(49)** heiß aufgezogen - **(50)** "Bei dem mit je einem Pfosten an jedem Ende versehenen Heck [..] heißen beide Pfosten Hamerstück" (II, Sp. 595 f, hier 596, Hamer) ? - **(51)** ? - **(52)** Zapfen (V, Sp. 12 f., Tapp) - **(53)** stählerne Spitze der Pflugschar (III, Sp. 903-905, Ort) - **(54)** "Das Wort dient meist zur Bezeichnung des Tors, das den Eingang [...] zu einer Koppel oder Weide verschließt" (II, Sp. 690-693, hier 690, Heck) - **(55)** ? - **(56)** Münze im Wert von drei Pfennig - **(57)** Forke mit drei stählernen Zinken - **(58)** vgl. 7 - **(59)** "Brack [...] 'der Eisenbeschlag am Ebener [...], um den Ring für den Schwengel zu halten' " (I, Sp. 498, Brack) - **(60)** " 'Schwengel' [...], das [schwingende] Querholz am Emer [...], an dem die Zugstränge für das Pferd befestigt werden' (IV, Sp. 992, Schwengel) - **(61)** " 'Ring an den Eisenbeschlägen des Emer [...], in dem die Schwengel sitzen' " (III, Sp. 807 f., hier 808, Nood) - **(62)** " 'auswirken', 'den Huf des Pferdes ausschneiden' (wenn es beschlagen werden soll)" (V, Sp. 299 f, hier 300, utwaien) - **(63)** Teil des Pferdegeschirrs (II, Sp. 588, Halskoppel) - **(64)** Zinken - **(65)** ? - **(66)** reparieren - **(67)** ? - **(68)** Pflugsterz ? - **(69)** " [...] 'spitzer Stab von Eisen zum Durchstekken' " (IV, Sp. 844 f., hier 844, Sticken). Mittels des Stickens ließ sich der Pflugbaum am Galgen [des Vordergestells] hoch und niedrig stellen (III, Sp. 1056-1065, hier 1061, Ploog) - **(70) (71)** "'Wagengestell vor dem Stellpflug'" (III, Sp. 1056-1065, hier 1067, Ploog) - **(72)** vgl. 69 - **(73)** "An der Stegsäge [...] der Teil, der die Griffe mit dem Sägeblatt verbindet" (I, Sp. 123 f., hier 123, Angel) - **(74)** Säge - **(75)** umfaßt sowohl die Produktion eines Pflugeisens als auch seine Betriebsfertig-Machung. "Die Pflugschar wurde also geschmiedet, verstahlt und dann sogleich mittels Krampe und Stock dem Gerät aufgesetzt" (BENTZIEN, Haken, S. 245) - **(76)** " [...] das unter dem Erdboden angebrachte Verbindungsholz zwischen 2 Heckpfählen am Tor zur Fenne" (I, Sp. 884, Drümpel) - **(77)** Teil des Unterbaus (Ünnerwagen oder Stell) vom Ackerwagen. Es werden das "Achterstell [mit dem Langbaum] und Vörstell [mit der Deichsel] unterschieden (IV, Sp. 831, Stell) - **(78)** ? - **(79)** klein(es) ? - **(80)** " 'Dreckplatte am Wagen' " (IV, Sp. 341-344, hier 343, Schiet-acker) - **(81)** "eiserner Bolzen mit Kappe, der vor das Rad in die Achse gesteckt wird, um das Ablaufen zu verhindern; die Kappe soll die Achse vor Schmutz schützen" (III, Sp. 550, Lüns) - **(82)** "Bütte mit 3 Beinen" (V, Sp. 535 f., hier 535, Waschbalje) - **(83)** vgl. 33 - **(84)** Platte - **(85)** Das Vordergestell des Pfluges "wird an der Zunge, einem in den Block eingelassenen Brett gezogen" (III, Sp. 1056-1065, hier 1061, Ploog) - **(86)** " 'eiserner Bügel, der [...] die Verbindung zwischen dem Pflugbaum [..] und dem Vordergestell [..] herstellte' " (III, Sp. 314 f., hier 315, Krell) - **(87)** " 'Deichsel am Wagen' " (I, Sp. 735, Diessel) - **(88)** "die durch das Vordergestell des Wagens führenden Holzarme, zwischen denen durch 2 Eisenbolzen die Deichsel befestigt ist" (III, Sp. 120, Kinn(2)) - **(89)** ? - **(90)** Die Leitern des "Böwerwagen" bestehen u.a. "aus den beiden Ledderbalken [...] oder Ledderböm" (V, Sp. 503-510, hier 505, Wagen) - **(91)** Platten - **(92)** " 'Stütze', [...] am alten Ziehbrunnen (Sood) der aufrecht stehende Balken, in dessen Gabelung der Querbalken ruht" (IV, Sp. 926 f., hier 926, Stütt) ? - **(93)** Dolle ? - **(94)** " 'Querholz am Wagen' in dem die Rungen befestigt sind" (I, Sp. 35 f., hier 35, Achterschamel) - **(95)** eiserner Beschlag für Runge ? "Rung [...], plur. R-en, [...] f. 'Runge', 'Wagenstrebe', Leiterstütze" (IV, Sp. 203, Rung) - **(96)** vgl. 80 - **(97)** Schaufel - **(98)** Sensenmesser - **(99)** Tülle am Sensenmesser, in der der Sensenbaum befestigt wurde - **(100)** Teile des Zaums ? - **(101)** " 'Zaum', der Teil des Pferdegeschirrs, in dem der Kopf des Pferdes steckt" (V, Sp. 111, Toom(1)) - **(102)** "Hammer zum Dengeln (haaren) der Sense" (II, Sp. 525, Haarhamer) - **(103)** verstahlt - **(104)** " 'Hammer zum Stellen der Keile am Pflug' " (III, Sp. 1065-1068, hier 1066, Ploogbalken) - **(105)** Stiel ? - **(106)** Griff des Spaten (III, Sp. 348 f., Krück) ? - **(107)** Ofen ? - **(108)** Zinken

Die Masse der in einem landwirtschaftlichen Betrieb anfallenden Arbeiten bestand mithin nicht nur aus keinen Aufschub duldenden Hufbeschlags- sowie Reparatur- und Wartungsarbeiten an den Ackergeräten, sondern konzentrierte sich zudem auch noch auf diejenigen Monate im Jahr, in die die Vorbereitungen auf die Frühjahrs- und Herbstbestellung sowie die Ernte fielen. An die zeitraubende Beauftragung eines städtischen Schmieds war folglich gar nicht zu denken.

Das durch ihre starke Beanspruchung bei den Pflugarbeiten häufig notwendige Schärfen und Verstahlen der Pflugeisen beispielsweise - beide Schmiedearbeiten tauchen dementsprechend häufig in Tabelle 5 auf - ließen die Bauern aufgrund der Dringlichkeit dieser Arbeiten "Morgens, Mittags oder Abends, während die Pferde gefüttert wurden",[817] vom Schmied ausführen. Häufig hatten die Bauern deshalb Ersatzschare beim Schmied vorrätig. Auch berichteten 1820 Bauern des in der Landschaft Eiderstedt gelegenen Kirchspiels Koldenbüttel, daß infolge "der Beschaffenheit des Marschbodens [...] besonders die Pflüge sehr oft Schaden leiden und zerbrochen werden; in der Saatzeit vergeht bei den Landleuten wol selten ein Tag, an welchem die Hülfe des Schmids nicht gesucht werden muß [...]. [...] Die Mehrzahl der Landbewohner ist aber über zwei Stunden von der Stadt entfernt; schon dadurch würde also eine sehr nachtheilige Zögerung entstehen, welche noch besonders zur Herbstzeit vermehrt wird, wenn die Wege so schlecht sind, daß kaum mit vier Pferden durchzukommen ist".[818]

Bleibt festzuhalten: Nur aus Bequemlichkeit wandten sich die Bauern gewiß nicht an den Landschmied. Vielmehr war "die Nähe" der Landschmiede zu ihrer Kundschaft und die daraus resultierende "leichtere Communication"[819] zwischen beiden für einen ungestörten Ablauf des landwirtschaftlichen Betriebs unerläßlich. Alles weitere ergab sich daraus automatisch. Nur verursachten die Neuanfertigungen, die die Bauern problemlos auch in der Stadt hätten nachfragen können, in einem normalen Wirtschaftsjahr weit weniger als ein Fünftel der jährlich anfallenden Schmiedekosten. Daß daneben jedoch auch noch andere gewichtige Motive die Bauern dazu bewegten, sich an die Dorfschmiede zu wenden, wird das nachfolgende Fallbeispiel verdeutlichen.

---

817 ANONYMUS, Einfluß, S. 690. Vgl. dazu BENTZIEN, Haken, S. 245.

818 LAS Abt. 65.2, Nr. 2468.

819 Schreiben der Älterleute der "Schmiede- u. Schlösserzunft" vom Juli 1860 an den Oldenburger Großherzog. Niedersächsisches Staatsarchiv in Oldenburg Bestd. 30-16, Nr. 18-159.

Graphik 1: Relativer Anteil des monatlichen Umsatzes am Jahresgesamtumsatz in Jahresrechnungen (Martini 1818 - Martini 1819) von Grob- und Hufschmieden für Hofbesitzer in der Lft Eiderstedt

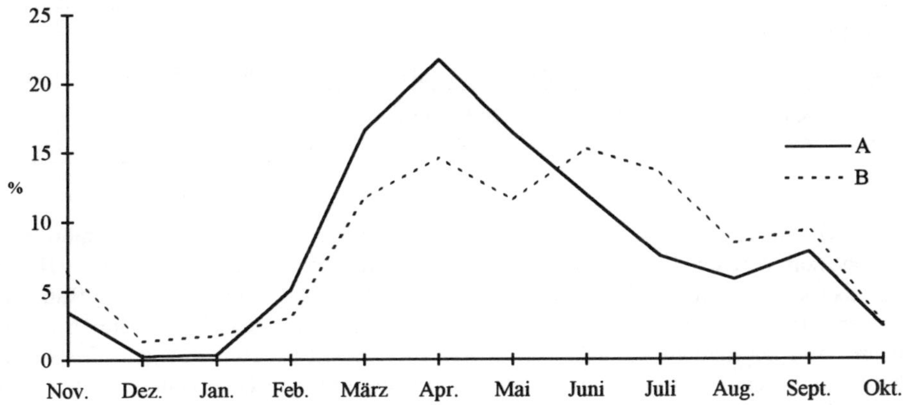

Graphik 2: Relativer Anteil der monatlichen Rechnungsposten an der Gesamtzahl der Rechnungsposten, aus der sich die von Grob- und Hufschmieden für Hofbesitzer in der Lft Eiderstedt ausgestellten Jahresrechnungen (Martini 1818 - Martini 1819) zusammensetzen

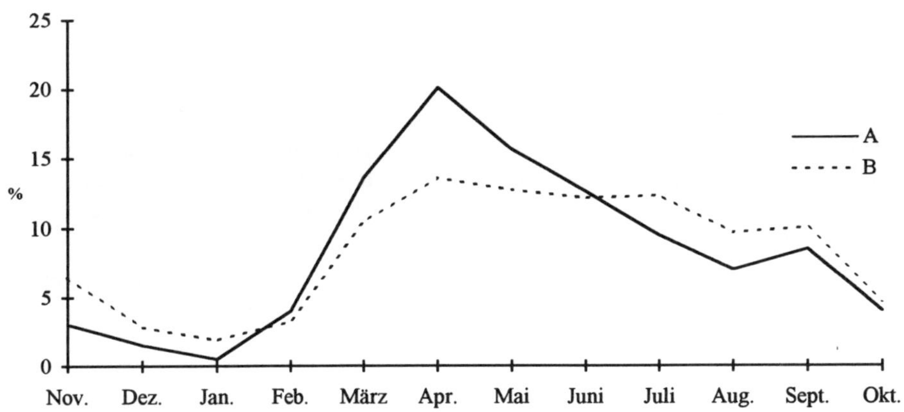

Quelle: LAS Abt. 65.2, Nr. 2468

Erläuterung zu Graphik 1 und 2:
(A) Tralau/Helms - **(B)** Mittelwert aus sieben Jahresrechnungen

Wertereihen zu den Graphiken 1 und 2 auf der vorhergehenden Seite:

zu Graphik 1

Monat	Nov.	Dez.	Jan.	Feb.	März	Apr.	Mai	Juni	Juli	Aug.	Sept.	Okt.
A (in %)	3,5	0,3	0,4	5,1	16,6	21,7	16,4	11,9	7,5	5,8	7,8	2,4
B (in %)	6,485	1,385	1,771	3,1	11,7	14,6	11,54	15,271	13,542	8,414	9,4	2,685

zu Graphik 2

Monat	Nov.	Dez.	Jan.	Feb.	März	Apr.	Mai	Juni	Juli	Aug.	Sept.	Okt.
A (in %)	3,0	1,5	0,5	4,0	13,6	20,1	15,6	12,6	9,5	7,0	8,5	4,0
B (in %)	6,471	2,828	1,885	3,228	10,457	13,557	12,714	12,142	12,228	9,685	10,071	4,657

Um die Wende von 1653 auf 1654 richteten "Clement Dahl, Schmiedt, undt sembtl. eingeseßene zur Morsehe"[820] die Bitte an ihren Landesherren, Herzog Friedrich III., er möge das kurz zuvor auf Veranlassung des Rats der Stadt Kiel durch Paul Rantzau, Amtmann des Amtes Kiel, verhängte Arbeitsverbot für Schmied Dahl, der die 1628 von seinem Vater gegründete Schmiede zu Mohrsee bereits seit ca. 1648 in eigener Regie geführt hatte, aufheben; zugleich möge er auch veranlassen, daß Dahl zum einen der vom Stadtrat konfiszierte Amboß zurückgegeben und zum anderen jener auch dazu angehalten werde, ihm "die schaden undt unkosten zuerstaten". Sicher ist, daß ihrem Ansinnen zumindest in den beiden ersten Punkten entsprochen wurde.[821] Nachweisen läßt sich diese Schmiede zudem noch 1711.[822]

Ihre Existenz innerhalb des Meilendistrikts Kiels rechtfertigten Dahl und die Mohrseer nicht nur mit einer herzoglichen Anordnung vom 10. März 1648, die denjenigen Landhandwerksbetrieben eine Bestandsgarantie gab, "die so vorhin gewesen sein", sondern auch - wie etwa 1633 bereits vor ihnen in der gleichen Angelegenheit die Suchsdorfer[823] - geradezu mustergültig mit all jenen Motiven, die die Bauern im wesentlichen zur Frequentierung des Landschmieds bewegt haben dürften.

"Wir [...] finden unß durch dieses verbot zum höchsten beschwehret", klagten sie eingangs ihrer Bittschrift erwartungsgemäß, "den wen unßeren für dero pflug oder ander arbeit den gantzen tag abgematteten pferden ein Huffeysen, oder sonsten äxten u. pflugeysen oder dergleichen mangelt, würde unß höchst nachtheilig sein, desfalß fort den weiten weg nach der Stadt zuereysen, [...] desfalß ein oder mehr tage vergeblich mit verseumniß des unßen zue warten".[824]

Weiter führten sie an, "mehren schaden zue leiden, denn die Schmiede im Kiel nehmen kein alt eysen, welches die uff den Dörffen gerne thun". Mehreres ist dazu zu sagen: Wie

820 Stadtarchiv Kiel Nr. 1642. Die nachfolgenden Informationen und Zitate zum Kampf der Mohrseer um die Dorfschmiede stammen - wenn nicht anders vermerkt - ausnahmslos aus diesem Aktenband. Zur Vorgeschichte der Schmiede zu Mohrsee vgl. HÄHNSEN, Geschichte, S. 276.

821 LAS Abt. 7, Nr. 3810. Schreiben Herzog Friedrichs III. an den Rat der Stadt Kiel.

822 HÄHNSEN, Geschichte, S. 276.

823 LAS Abt. 7, Nr. 3810.

824 Übereinstimmend argumentierten z.B. 1781 die Pogeezer und Buchholzer Bauern gegenüber der Ratzeburger Amtsstube. KELLER, Schmiede, S. 2. Ebenso ANONYMUS, Einfluß, S. 690.

weshalb der Dorfschmied gewöhnlich mit der Ausführung von Altarbeit, d.h. mit der Aufarbeitung von defekten Eisenteilen, beschäftigt war.[825] Selbst das Anfügen einer neuen Zinke an eine Mistforke oder die Befestigung einer neuen Angel an einer Sense, beides Reparaturen, die in Anbetracht der heutigen Lohnkosten undenkbar sind, waren um 1820 ganz gängige Schmiedearbeiten.[826] Erst wenn ein Teil wirklich nicht mehr repariert werden konnte, wurde Ersatz angeschafft. Neuarbeit, d.h. die Neuanfertigung, war also eher die Ausnahme im Arbeitsalltag eines Dorfschmieds.

Das wertvolle Alteisen wurde vom Bauern gesammelt, um dem Dorfschmied bei anfallenden Reparaturen oder Neuanfertigungen zur Wiederverwertung bereitgestellt oder aber auch in Zahlung gegeben werden zu können.[827] Der hochwertige Stahl der verbrauchten Sensen- und Sichtenblätter etwa wurde gewöhnlich zur "Verstahlung" der Pflugschare[828] oder im Holsteinischen auch zur Herstellung von "Schoffisern" benutzt, das sind "Eisen zum Bearbeiten der Grabenränder beim Grabenreinigen".[829] Es ist also verständlich, warum der selbständig arbeitende Schmied immer dann, wenn er sein eigenes Eisen verwandte, dieses in der Abrechnung extra vermerkte; im Anschreibebuch der Schmiede Utecht aus Bodenteich z.B. geschah das mit dem Zusatz "dazugetan".[830]

Beim Verkauf seines Betriebes in Borsfleth, Kremper Marsch, übergab Schmied Thormälen 1799 seinem Nachfolger an mobilem Rohmaterial u.a. neben 970 Pfund neuem Eisen im Wert von 161 Mk 15 ß und 17 Pfund Stahl für 6 Mk 6 ß auch 675 Pfund altes Eisen für 81 Mk.[831] Im Gegensatz dazu waren 1824 "die Landschmiede" der Frös- und Karlslundharde, Amt Hadersleben, "in dessen selten im Stande sich davon [vom Eisen und Stahl] Vorrath zu halten und in der Regel liefert der Landmann das Eisen und veraccordirt die Arbeit. Bei der Erndte und Pflug-Zeit treten dann oft Fälle ein, wo Mangel an Vorrath den Landmann unter Zurücksetzung seiner Arbeit zur Stadt zu reisen nöthigen".[832] Deutlich unterscheidet sich hier die wirtschaftliche Lage - und damit letzten Endes das Leistungsvermögen - des in den Marschen gängigen Typus des im Preiswerk arbeitenden, völlig selbständigen Schmieds, der sowohl Eigentümer der Roh- und Hilfsstoffe als auch der Produktionsstätte samt Inventar war, von der Situation des - nicht nur in weiten Bereichen Nordschleswigs - dominierenden Typs des im Lohnwerk arbeitenden Gemeindeschmieds.

Altes Eisen werden die zünftig organisierten Schmiede Kiels vermutlich deshalb nicht angenommen haben, weil ihnen dieses durch die im Artikel 40 ihrer Amtsrolle enthaltene Verpflichtung zur Verwendung von hochwertigem Material - eine der gängigen Formen

---

825 Vgl. oben, Kap. III.5.2.1.1., S. 337.
826 Vgl. Tab. 5, S. 365. - Vgl. auch VOGTHERR, Schmiede, S. 42 f. Anbringungsarbeiten werden deshalb bereits in Schmiedearbeitstaxen des 16. und 17. Jahrhunderts ebenso wie die Verfertigungen genau spezifiziert. DUNCKER, Dorfgewerbe, S. 41 f.
827 VOGTHERR, Schmiede, S. 40 und MEIER, Handwerk, S. 135 f.
828 Vgl. BENTZIEN, Haken, S. 245 f.
829 KRAMER, Volksleben, S. 166.
830 VOGTHERR, Schmiede, S. 40. Vgl. auch HÄHNSEN, Entwicklung, S. 219.
831 LORENZEN-SCHMIDT, Rechnungsbuch, S. 114.
832 LAS Abt. 65.2, Nr. 810 II.

der Qualitätskontrolle der Handwerkserzeugnisse, derer sich die Zünfte allgemein bedienten - verboten war.[833]

Doch lassen wir nun wieder die Mohrseer berichten: "Die in der Stadt wollen bahr bezahlet sein, die Dorffschmiede laßen mit sich handeln, mit ein stück landes einzuethuen oder arbeit zuverrichten, geben auch, wenn kein bahr gelt bey uns, wohl Zeit".

Die Münze durchdrang auch in den Herzogtümern zuerst in den Städten den ökonomischen Austauschprozeß.[834] Von dort aus bahnte sie sich dann seit dem 12. Jahrhundert ihren Weg aufs flache Land, freilich ohne daß die Monetarisierung der ländlichen Wirtschaft, ihre strukturelle Umstellung von Natural- und Arbeits- auf Geldleistungen, überall gleich auf Anhieb das hohe städtische Niveau erreichte. Insbesondere die täglichen Konsumgüter und Dienstleistungen traten gewöhnlich nur sehr zögerlich in die Reihe der wirtschaftlichen Werte.

Im vorliegenden Fall erschwerte also einerseits die noch bis ins 19. Jahrhundert hinein für viele bäuerliche Betriebe typische Bargeldknappheit die Inanspruchnahme des an prompte Barzahlung gewöhnten Stadtschmieds durch den Landmann. Dieser Zahlungsmodus dürfte sich für den städtischen Professionisten zudem schon allein deshalb dringend empfohlen haben, weil die Zahlungsfähigkeit bzw. -moral des Landmanns stark vom Verlauf der Ernte sowie der Agrarkonjunktur abhing und darüber hinaus die latente Gefahr für den Stadthandwerker bestand, daß er aufgrund der räumlichen Distanz zum Kunden - z.B. in dessen Todes- oder Konkursfall - nicht rechtzeitig seine Forderungen geltend machen konnte. Andererseits kam die bargeldlose Entlöhnung, sei es in Form der Abarbeitung oder des Kompensationsgeschäfts, den Möglichkeiten und Bedürfnissen vieler Bauern entgegen. Hierin liegt wahrscheinlich ein wesentlicher Grund für den Erfolg der Dorfschmiede. Waren etwa die Bereitstellung von "Schmiedeland", die Leistung von Feldbestellungsarbeiten, die jährliche Lieferung von "Schmiedekorn" oder die Versorgung der Kuh des Schmieds in den Verträgen der Gemeindeschmiede gängige Formen ihrer Entlöhnung durch die Dorfgemeinde[835] und die Zahlung von Bargeld hier die Ausnahme, so war zwar umgekehrt bei den selbständig arbeitenden Schmieden in der Stadt die Barzahlung durch die Bauern eher die Regel, doch stellten auch die oben erwähnten Entlohnungsformen durchaus nichts Ungewöhnliches dar.[836] Bis auf Tauschgeschäfte und Naturallieferungen entfielen diese übrigens für den Bauern, es sei denn, der Stadtschmied verfügte über Land in seiner Nähe.

---

833 LAS Abt. 7, Nr. 5792. "Ambts Rolle des Schmiede Ambts in der Stadt Kiel" vom 15.4.1696. Vgl. dazu auch HÄHNSEN, Geschichte, S. 41. Eine strenge Qualitätskontrolle beinhalteten bereits die Artikel 16 bis 19 der Amtsrolle des Flensburger Schmiedeamts von 1514. Vgl. dazu Camillus NYROP (udg.): Danmarks Gilde- og Lavskraaer fra Middelalderen, Bd. 2, København 1895-1904, S. 343. Allgemein zur Qualitätskontrolle der Handwerksprodukte vgl. WISSELL, Recht (Bd. 2), S. 258-270.

834 Vgl. dazu Bjørn POULSEN: Monetarisierung und regionale Differenzierung im Mittelalter und in der frühen Neuzeit. Die bäuerliche Agrargesellschaft Dänemarks aus schleswigscher Sicht, in: Jürgen Brockstedt (Hg.): Wirtschaftliche Wechsellagen in Schleswig-Holstein vom Mittelalter bis zur Gegenwart (= SWSG, 20), Neumünster 1991, S. 19-36, hier S. 19 ff.

835 HÄHNSEN, Entwicklung, S. 209 ff. Vgl. dazu auch DUNCKER, Dorfgewerbe, S. 41-59.

836 Vgl. dazu etwa das von 1851 bis 1855 beim Schmied Utecht in Bodenteich laufende Kundenkonto des Bauern Wulf aus Lüder. VOGTHERR, Schmiede, S. 42-45 sowie 47 f.

In bezug auf die Stundung von Beträgen stellt Meier knapp und präzise fest: "Der betriebswirtschaftliche Zyklus vieler ländlicher Professionistenbetriebe scheint sich mit dem landwirtschaftlichen regelrecht gedeckt zu haben. Die zeitliche Kluft zwischen Arbeitsleistung und Bezahlung kann als spezifisches Wesensmerkmal des ländlichen Professionismus überhaupt betrachtet werden".[837] Erst nach dem Verkauf der Ernte verfügten die meisten Bauern also über genügend Bargeld, um u.a. die übers Wirtschaftsjahr beim Landschmied aufgelaufenen Schulden bezahlen zu können; manchmal wollten sie eine offene Rechnung aber auch ganz einfach nicht sofort begleichen. Wie auch immer: Dem hauptsächlich von den Aufträgen der Bauern lebenden Gerätschaftshandwerkern blieb so oder so nichts anderes übrig, als sich mit der Abrechnung zu gedulden. In den Landschaften Norderdithmarschen und Eiderstedt liefen bereits zu Beginn des 18. Jahrhunderts die Schmiederechnungen auf Martini, dem Ende des landwirtschaftlichen Jahres, an dem "das Korn zu Gelde gemacht seyn muß".[838] Ein Verstreichen dieses allgemeinen Zahlungstermins wurde dort nur akzeptiert, wenn es eine Mißernte gegeben hatte. Dann konnte in Raten abbezahlt werden.[839] Auch in den Elbmarschen war die pauschale Jahresabrechnung zwischen Dorfschmied und Bauern gegen Ende des 18. Jahrhunderts Usus.[840]

Des weiteren verwiesen die Bittsteller in ihrem Schreiben gegenüber Herzog Friedrich III. auf folgendes: "Die Stadtschmiede nehmen für ein paar Huffeysen 10 schillinge, die Dorffschmiede laßens für 5 ß für ein pflugeysen uffzuestahlen wirt in der Stadt 2 Mk gefodert, die uff den Dörffen nehmen wohl 28 ß. Zue schärffen wirt in der Stadt 3 ß uffn Dorff nur 2 ß genommen".[841]

Vorweg sei bemerkt: Da für jede dieser alltäglichen Schmiedearbeiten zwischen den genannten Dorfschaften der Ämter Kiel und Kronshagen und den Schmieden eine bare Taxe vereinbart war, die den Kunden nach jeder einzelnen Verrichtung erneut auf die Rechnung gesetzt worden sein dürfte, handelte es sich bei ihnen allem Anschein nach um selbständig arbeitende und nicht um Gemeindeschmiede.[842] Darauf deutet auch hin, daß der Aufbau bzw. Erwerb der Schmiedegebäude von diesen Dorfschmieden selbst finanziert wurde.[843]

Gleich mehrere Gründe sind dafür anzuführen, daß die ländlichen Schmiede billiger arbeiten konnten als die städtischen: Zum ersten unterlagen sie als unzünftige Professionisten keinerlei Qualitätsauflagen. So konnten die Dorfschmiede z.B. problemlos das von den Bauern gelieferte Alteisen verarbeiten - beim Verkauf des fertigen Produkts durften sie ohnehin nichts auf das verwendete Material draufschlagen, ihr Verdienst lag vielmehr allein im Lohn für die geleistete Arbeit.

---

837 MEIER, Handwerk, S. 231.

838 BERICHT, Armenwesen, S. 9. - Die in LAS Abt. 65.2, Nr. 2468, enthaltenen circa 25 Schmiederechnungen aus dem Eiderstedtschen für das Wirtschaftsjahr 1818/1819 sind alle auf oder wenige Tage vor bzw. nach Martini 1819 datiert worden.

839 HÄHNSEN, Entwicklung, S. 223.

840 LORENZEN-SCHMIDT, Rechnungsbuch, S. 110 f.

841 Weitere derartige Daten aus dieser Zeit, die nicht nur die Preisdifferenz zwischen Stadt- und Landschmied, sondern auch ganz allgemein die zwischen Stadt- und Landhandwerk im Kieler Raum veranschaulichen, enthält LAS Abt. 400.5, Nr. 393, S. 203-207.

842 Zur Entlöhnung der Gemeindeschmiede vgl. HÄHNSEN, Entwicklung, S. 209-224.

843 LAS Abt. 7, Nr. 3810 und Stadtarchiv Kiel Nr. 1642.

Zum zweiten stand es dem Landschmied völlig frei, sich seine Materialien zu beschaffen, wo er es wollte. Die Stadtschmiede hingegen kauften einerseits zur wirtschaftlichen Sicherung aller Schmiedeamtsgenossen gewöhnlich gemeinsam ein, andererseits aber auch um die Produktionskosten für alle, also auch für die wirtschaftlich schwächeren Meister, gleich zu gestalten. Diese Prophylaxe gegen Wettbewerbsverzerrung war förmlich vom antikapitalistischen Geist durchströmt, gab sie doch der Arbeit den absoluten Vorzug vor dem Kapital.[844]

Die zur Einhaltung dieser Vorschrift bestimmten Kontrollmaßnahmen verhinderten allerdings auch recht effektiv, daß sich ein Stadtschmied gestohlenes, d.h. billiges, Material verschaffen konnte.[845] "Diebereien" sollte u.a. auch der Artikel 18 der Amtsrolle des Kieler Rade- und Stellmacheramtes entgegenwirken; er besagte nämlich, "daß kein Amtsmeister außer dieser Stadt Schlagbaum Rade- oder Stellmacherholz kaufen" durfte. Folglich begründeten am 8. Januar 1820 die Älterleute dieses Amtes ihre ablehnende Haltung gegen "das Gesuch des Landmeisters Freund in der Braunschweig, um Erlaubniß nach der Stadt arbeiten zu dürfen" dem Magistrat gegenüber u.a. damit, daß "derselbe wegen der auf dem Lande nicht so aufmerksamen Polizei weit leichter gestohlenes Holz aus den Herrschaftlichen Forsten wohlfeil kaufen, und daher auch wohlfeilere Arbeit in die Stadt liefern könne" als sie. Auf die Einwendung Freunds, dieses Argument gegen seine Zulassung sei "entweder injuriös oder [..] ein unpassender Scherz", konterten die Älterleute, es könne "doch kein Unpartheiischer leugnen [..], daß es ganz aus dem Leben und täglicher Erfahrung hergenommen" sei.[846] Das tat dann Niemann 1809 auch ganz und gar nicht, als er bemerkte: "Dieser [der Landstellmacher] schafft es sich nicht immer auf erlaubtem Wege und kann auch auf diesem oft nicht dazu gelangen. Auf manchem Gute sind die nahe wohnenden Rademacher in hergebracht schlimmen Rufe".[847] Und im Zürcher Unterland soll ein Böttcher im 18. Jarhundert sogar sein ganzes Leben lang niemals Holz auf legalem Wege erworben haben.[848]

Zum dritten waren die Lebenshaltungskosten auf dem flachen Lande niedriger als in der Stadt: So klagten die Älterleute des Kieler Rade- und Stellmacheramtes mit Blick auf ihren unzünftigen Konkurrenten, den Landmeister Freund, daß "derselbe in der Braunschweig, als auf dem Lande, mit seinen Gesellen und Lehrburschen weit wohlfeiler als hier in der Stadt leben könne".[849]

---

844 Vgl. u.a. FATTHAUER, Metallgewerbe, S. 73-85 und HÄHNSEN, Geschichte, S. 50-53 sowie FUHSE, Schmiede, S. 12 f. Für Berlin fand Jürgen BERGMANN: Das Berliner Handwerk in den Frühphasen der Industrialisierung (= Einzelveröffentlichungen der Historischen Kommission zu Berlin, 11), Berlin 1973, S. 275 f., bezeichnenderweise heraus, daß es in der ersten Hälfte des 19. Jahrhunderts "die Inhaber größerer Betriebe - Vorläufer eines Handwerkertyps neuer Prägung - [waren] die zu rationelleren Einkaufs- und Verkaufsmethoden übergingen und damit ein rentabilitätsorientiertes Denken über die sonst noch so starke handwerkliche Traditionsorientierung stellten".

845 Stadtarchiv Kiel Nr. 1642.

846 Stadtarchiv Kiel Nr. 753. Zum Holzdiebstahl in Schleswig-Holstein durch die Landbevölkerung vgl. oben Kap. III.1.2., S. 178.

847 NIEMANN, Forststatistik, S. 351.

848 MEIER, Handwerk, S. 134.

849 Stadtarchiv Kiel Nr. 753.

Das lag nicht zuletzt daran - und da sind wir bereits beim vierten Punkt angelangt -, daß die Landhandwerker bis weit in das vorige Jahrhundert hinein gewöhnlich einen erheblich größeren Teil ihres Lebensunterhalts aus der Landwirtschaft bezogen als ihre städtischen Kollegen. Die Bezeichnung "Ackerbürger" verdienten am ehesten noch diejenigen aus den kleinen Landstädten und Flecken, welche sich häufig von den Dörfern nur durch die größere Zahl an Einwohnern unterschieden.[850] Am 10. November 1713 urteilte etwa die lokale Obrigkeit im Amt Hütten über den Grob- und Kleinschmied Clauß Jahn aus Hummelfeldt: "hat auch gehäuerte Ländereyen", oder über den Grobschmied Frenß Kruese aus Ascheffel sogar: "hat Ländereyen von Hütten, wovon er sich ernehret".[851]

Ohne den Komplex agrarische und nicht-agrarische Betätigungen der Landhandwerker weiter behandeln zu wollen - er ist nicht Gegenstand dieser Arbeit - sei doch zumindest kurz angemerkt, daß sie sich zur Existenzsicherung - wie der gesamte unterbäuerliche Teil der Landbevölkerung - einer Vielzahl von legalen und illegalen Betätigungen in den verschiedensten Kombinationen bedienen konnten/mußten.[852] Beispielsweise vermerkte 1713 die Hüttener Amtsstube ganz allgemein über die Landhandwerker des Amtes, daß "dieselbe[n] sich auch mit ihren Professionen nicht ernehren, noch ernehren können, sondern mit Acker-Wesen, Taglohn und sonst ehrl. Mitteln sich ernehren müßen".[853]

Davon, daß Schmiede in den Herzogtümern als Nebenerwerb die Pflugmacherei betrieben, ist bereits in Kap. III.3. die Rede gewesen. 1686 beklagten sich Bürgermeister und Rat der Stadt Lütjenburg in dem schon zitierten Memorial u.a. auch deshalb über den Grob- und Hufschmied in Blekendorf, Gut Futterkamp: "Verkauft auch allerhand Hökerwaren aus Lübeck, schenkt Bier, das nicht aus der Stadt geholt wird, sondern auf dem Hof F. gebraut wird". Gegen den Schmied in Behrensdorf, adeliges Gut Waterneversdorf, brachten sie vor: "Handelt mit allerhand Hökerwaren [...] und wird berichtet, daß dieser woll eher 26 Tonnen Saltz auf ein Jahr, in diesen Vorigen aber nur 24 Tonnen verkaufft, so in der gantzen Stadt nicht geschicht. [...] Verkaufft Er auch Viell (Pfund) Lachs".[854]

All das erlaubte es den Landschmieden, wie allen anderen Landhandwerkern selbstverständlich auch, die Preise für die von ihnen ausgeführte Handwerksarbeit flexibler zu gestalten als die Stadthandwerker, die über derartige Möglichkeiten des "Neben"erwerbs im allgemeinen schon aufgrund des Zunftzwanges und deren Unvereinbarkeit mit ihrer

---

850 Exemplarisch sei hier auf die Entwicklung des Landbesitzes der Handwerker der Kleinstädte Bückeburg und Stadthagen, beide in Schaumburg-Lippe gelegen, während des 18. und beginnenden 19. Jahrhunderts verwiesen. STEINKAMP, Stadt- und Landhandwerk, S. 112-117 und 139-141. Vgl. auch HABICHT, Stadt- und Landhandwerk, S. 33-35.

851 LAS Abt. 168, Nr. 1625. Beispiele für die Arbeitsvereinigung von Landwirtschaft und ländlichem Schmiedehandwerk aus der ersten Hälfte des 19. Jahrhunderts in Schleswig-Holstein bei HÄHNSEN, Entwicklung, S. 188 f.

852 Allgemein dazu etwa KAUFHOLD, Gewerbe, S. 174 und DERS., Wandlungen, S. 173. Speziell zur Entwicklung und Bedeutung der agrarischen und nicht-agrarischen Einkommen der Landhandwerker in den Herzogtümern HÄHNSEN, Entwicklung, S. 185-197. Zum gleichen Sachverhalt im Münsterland um 1800 NÜBEL, Landhandwerk, S. 53-55.

853 LAS Abt. 168, Nr. 1625. Vgl. dazu Christian KOCK: Landhandwerker im Kreise Eckernförde während der ersten Hälfte des 18. Jahrhunderts, in: Jahrbuch der Arbeitsgemeinschaft Schwansen, Amt Hütten und Dänischwohld, 2 (1937), S. 64-85, hier 67-72.

854 Zitiert nach ENGLING, Handwerk, S. 172 und 175; entnommen aus: Stadtarchiv Lütjenburg.

Handwerksehre[855] nicht verfügten und deshalb - trotz häufiger Übersetzung ihrer Profession - dazu gezwungen waren, ein gewisses Preisniveau zu halten.

Zum fünften wurden die ländlichen Professionisten steuerlich wesentlich schwächer belastet als die städtischen.[856] So führte bereits 1706 das Kieler Schmiedeamt den Erfolg der innerhalb der Bannmeile ihrer Stadt arbeitenden Landschmiede in erster Linie darauf zurück, daß diese "solchen oneribus, wie die bürger in Städten nicht unterworffen" seien.[857] Erst 1824 wurde in den Herzogtümern per Circular[858] vom 21. Juni 1823 in Form einer vierfach gestaffelten Rekognitionsgebühr eine Art Gewerbesteuer für das Landhandwerk erlassen - ohne daß dadurch freilich die Disparität in bezug auf die Besteuerung von Stadt- und Landhandwerk spürbar gemildert worden wäre. Die Parität wurde hier über vierzig Jahre später mit der Einführung des preußischen Steuersystems hergestellt.[859]

Die Wettbewerbsfähigkeit des Stadthandwerks in Preußen litt laut Skalweit vor allem auch unter den finanziellen Belastungen, die aus der Akzise sowie den Einquartierungen von Militärs herrührten.[860]

Zu guter Letzt klagten die Moorseer: "Zum Kiel sein nur zwey schmiede welche hausleutarbeit machen, undt begehren dieselbe nicht, [...] der Dritte so sich neulich eingekaufft undt dieses streit erreget hat, kan allen Dörffern nicht gnug thun". So widersinnig das im ersten Moment klingt, so schnell läßt sich das Paradoxon auflösen, wenn man sich daran erinnert, daß der Löwenanteil der Aufträge, die die Bauern vergaben, aus wenig lukrativen Ausbesserungsarbeiten bestanden. Entgegen der Versicherung des unbekannten Befürworters einer strengeren Handhabung der Gewerbeordnung, die Stadthandwerker würden nicht "die Nase rümpfen, wenn ihnen Flickarbeit gebracht würde",[861] rissen sich die Schmiede Kiels also nicht gerade um derartige Aufträge des Landmanns. Dieses Geschäftsgebaren dürften wohl auch die Kieler Stellmacher an den Tag gelegt haben, sofern die nachfolgende Bemerkung von 1826 über die Situation in den Herzogtümern authentisch ist: "Wegen der Ausbesserung seiner alten Wagen, kann er nicht nach der Stadt fahren, und man würde sich auch dorten das Ausflicken verbitten".[862]

Aber damit noch nicht genug: Der eine Schmiedebetrieb konnte von seiner Kapazität her natürlich den vom flachen Land in die Stadt getragenen Bedarf an Schmiedearbeit nicht befriedigen.[863] Lange Wartezeiten dürften für den Landmann unausweichlich gewesen sein, zumal auch dieser Meister den Aufträgen aus der Stadt die Priorität gegeben haben

---

855 Zur Handwerksehre und Handwerksunehrlichkeit in Deutschland vgl. Rudolf WISSELL, Recht, (Bd. 1), S. 145-273.

856 Vgl. HÄHNSEN, Geschichte, S. 271.

857 LAS Abt. 7, Nr. 5792.

858 CIRCULAR, Bestimmung. Vgl. dazu HÄHNSEN, Entwicklumg, S. 90 ff.

859 Oswald HAUSER: Provinz im Königreich Preußen (= Geschichte Schleswig-Holsteins, 8.1.), Neumünster 1966, S. 33-36.

860 SKALWEIT, Dorfhandwerk, S. 56-60.

861 ANONYMUS, Gewerbszwang, S. 362.

862 ANONYMUS, Einfluß, S. 693

863 Auch die Bauern des eiderstedtschen Kirchspiels Koldenbüttel klagten 1820: "es sind in der Stadt Tönning nur drei Schmiedewerkstätten im Gange, und diese sind unmöglich hinreichend, alle Arbeiten der Landbewohner zu bestreiten". LAS Abt. 65.2, Nr. 2468.

dürfte. Darüber hatten sich jedenfalls schon rund zwanzig Jahre früher "des Ambts Kiel eingeseßene Unterthanen" in einer Petition an Herzog Friedrich III. äußerst ungehalten geäußert.[864]

Das alles macht es nur zu gut verständlich, warum die Bauern Neumühlens, Amt Kiel, laut Andreas Gerkens, der dort für seinen Sohn Heinrich 1647 eine Schmiede einrichten wollte, bisher "an weit abgelegenen Orttern in der Probstey, undt nicht in der Stadt arbeiten" ließen.[865] Ein Beleg mehr dafür, daß die Bauern nicht die Bequemlichkeit dazu bewegte, die Landschmieden zu frequentieren.

III.5.2.1.4. Die Bestandsentwicklung

Bevor wir uns nun der Bestandsentwicklung der schleswig-holsteinischen Schmiede zuwenden, sei noch vermerkt, daß deren lückenlose Dokumentation sowie Einordnung in das Handwerksgefüge der Herzogtümer, des dänischen Gesamtstaates oder gar Deutschlands weder im Erkenntnisinteresse der Arbeit liegt noch aufgrund des vorhandenen statistischen Quellenmaterials überhaupt realisierbar wäre. Beispielsweise decken die für den Untersuchungszeitraum verfügbaren Berufsstatistiken über die Herzogtümer lediglich in Fünfjahresschritten die Jahrzehnte von 1840 bis 1860 ab.[866] Es kann und soll nachfolgend also nur darum gehen, die wichtigsten Trends der Entwicklung zum Vorschein zu bringen und zu analysieren.

Die "Territorialisierung des Gewerbes" beinhaltete auch eine sich über mehrere Jahrhunderte hinziehende beträchtliche Vermehrung der Landschmiedebetriebe, die erst gegen Ende des 19. Jahrhunderts ihren Abschluß finden sollte.[867] Tabelle 6 dokumentiert diesen Sachverhalt exemplarisch anhand dreier in den schleswig-holsteinischen Hauptnaturräumen Marsch, Hohe Geest und Hügelland gelegenen Gebiete bis in die 1860er Jahre hinein.[868] Sie macht allerdings zugleich auch unmißverständlich klar, daß diese Entwick-

---

864 LAS Abt. 7, Nr. 3810.

865 Ebda.

866 KETTEMANN, Handwerk, S. 43, irrt, wenn er behauptet, man könne bereits auf der Basis der "Tabellen über die, nach der Allerhöchsten Resolution vom 24sten May 1834, in den Herzogthümern Schleswig und Holstein am 1sten Februar vorgenommenen Volkszählung. Auf Verantstaltung der RENTEKAMMER herausgegeben, Kopenhagen 1836", die Struktur des Handwerks in den Herzogtümern darstellen. Vielmehr löst erst das "Statistische[s] Tabellen-Werk. Herausgegeben von der allerhöchst ernannten COMMISSION. Erstes Heft, enthaltend eine detaillirte Darstellung der Volkszahl in den Herzogthümern Schleswig, Holstein und Lauenburg am 1sten Februar 1840. Summarische Tabellen über die Volkszahl zu derselben Zeit in dem Königreiche Dänemark, und Tabellen über die in den Herzogthümern Schleswig und Holstein Geborenen, Confirmirten, Copulirten und Verstorbenen, für die Zeit vom 1sten Februar 1835 bis 1sten Februar 1840, Kopenhagen 1842", "die industrielle und handelnde Classe in die wichtigsten Zweige dieser Nahrungsbetriebe" auf, "während in den früheren Tabellen nur die Gesammtsumme der zu jeder dieser beiden Classen gehörenden Haupt- und Nebenpersonen angegeben war". Ebda., S. V.

867 Vgl. KETTEMANN, Handwerk, S. 169, Tabelle "Entwicklung des Schmiedehandwerks in Schleswig-Holstein".

868 Einen Überblick über die Bestandsentwicklung der Landschmiedebetriebe im lauenburgischen Amt Ratzeburg während des 18. und 19. Jahrhunderts gibt KELLER, Schmiede, S. 12. Einen

lung innerhalb der Herzogtümer nicht einheitlich verlief und infolgedessen der Bestand der Landschmiedebetriebe unterschiedlich stark anstieg.

Tab. 6 : Bestandsentwicklung der Schmiedebetriebe in ausgewählten Gebieten des Herzogtums Holstein

	1673	1750	1803	1840	1860	1864	1673-1864
Kirchspiel Marne	3[a]	9[a]	10[a]	23[b1]	25[c2]	21[a1]	
Veränderung		+200%	+11%	+130%	+8,7%	-16%	+ 600%
Ø pro Jahr		+2,6%	+0,2%	+3,5%	+0,4%	- 4%	+ 3,1%

	1715	1803	1840	1860	1864	1715-1864
Ksp. Schenefeld	6[a]	12[a]	14[b1]	22[c2]	20[a1]	
Veränderung		+100%	+16,7%	+57,1%	-9,1%	+233,3%
Ø pro Jahr in		+1,1%	+0,5%	+2,9%	-2,3%	+ 1,6%

	ca. 1686	1745	1803	1840	1860	1864	ca. 1686-1864
10 adelige Güter innerh. einer Meile um Lütjenburg	12[d]	19[d]	31[d]	27[b1]		47[d1]	
Veränderung		+58,3%	+63,2%	-12,9%		+74,1%	+291,7%
Ø pro Jahr		+0,99%	+1,1%	- 0,3%		+3,1%	+ 1,6%

Quellen: [a] ASMUS/LORENZEN-SCHMIDT, Entwicklung;
[b] COMMISSION, Statistisches Tabellen-Werk (H. 1);
[c] LAS Abt. 412, Nr. 814; [d] ENGLING, Handwerk.
[1] Grob-, Klein- u. Nagelschmiede
[2] Grob-, Klein-, Nagel-, Zeug- u. Ankerschmiede

Im Endeffekt führte diese Entwicklung auch in den meisten anderen deutschen Territorien vermutlich bis spätestens zum Ende des 18. Jahrhunderts dazu, daß die ländlichen Schmiedebetriebe gegenüber den städtischen ein - wenn auch regional unterschiedlich ausgeprägtes - numerisches Übergewicht erlangten. In den vier Rentämtern München, Landshut, Straubing und Burghausen etwa, aus denen das alte Herzogtum Bayern bestand, arbeiteten 1771 1449 Hufschmiedemeister auf dem Land und nur 274 in den Städten und Märkten.[869] Im Fürstentum Lippe war ihr Verhältnis 1790 mit 89 zu 60 noch relativ ausgeglichen;[870] im I. und II. Distrikt des zum preußischen Herzogtum Magdeburg gehörenden Holzkreises waren die Landschmiede dagegen um 1800 gegenüber ihren städtischen Berufskollegen mit 103 zu 39[871] ebenso deutlich in der Überzahl, wie in

derartigen Überblick für den Meilendistrikt Kiels im 17. und frühen 18. Jahrhundert bietet HÄHNSEN, Geschichte, S. 276 f. und 286 f.

869 TYSZKA, Handwerk, S. 109.

870 HANSEN, Hauswesen, S. 336.

871 HARNISCH, Produktivkräfte, S. 132.

den preußischen Provinzen Pommern 1798 mit 980 zu 355, Paderborn 1802 mit 306 zu 87 oder Ostfriesland mit 218 zu 113.[872]

Eine derartige Bestandsentwicklung der Schmieden läßt also nur den Schluß zu, daß sich das flache Land Deutschlands ab 1800 auf diesem nicht-agrarischen Sektor weitgehend selbst versorgte. Dieser Zeitpunkt deckt sich mit dem in Kapitel III.5.2.1.3. vermuteten.[873]

Tab. 7: Die Bestandsentwicklung des Schmiedehandwerks in den Städten/Flecken und Landdistrikten der Herzogtümer Schleswig, Holstein und Lauenburg zwischen 1840(1) und 1860(2)

Herzogtum Schleswig										
	1840				+	**1860**				
	Slb.	**Hkr.**	**Be.**	**Bg.**	**Di.**	**Slb.**	**Hkr.**	**Be.**	**Bg.**	**Di.**
Städte/Flecken	250	355	605	*2.42*	*8.82*	325	478	803	*2.47*	*9.21*
Landdistrikte	911	556	1467	*1.61*	*5.23*	1162	696	1858	*1.59*	*5.75*
Summe	1161	911	2072	*1.78*	*5.94*	1487	1174	2661	*1.78*	*6.49*
Verhältnis	*3.64*	*1.56*	*2.42*			*3.57*	*1.45*	*2.31*		

Herzogtum Holstein										
	1840				+	**1860**				
	Slb.	**Hkr.**	**Be.**	**Bg.**	**Di.**	**Slb.**	**Hkr.**	**Be.**	**Bg.**	**Di.**
Städte/Flecken	461	583	1044	*2.26*	*8.32*	562	911	1473	*2.62*	*8.53*
Landdistrikte	1015	777	1792	*1.76*	*5.43*	1085	809	1894	*1.74*	*5.09*
Summe	1476	1360	2836	*1.92*	*6.23*	1647	1720	3367	*2.04*	*6.18*
Verhältnis	*2.20*	*1.33*	*1.71*			*1.93*	*1.12*	*1.28*		

Herzogtum Lauenburg										
	1840				+	**1860**				
	Slb.	**Hkr.**	**Be.**	**Bg.**	**Di.**	**Slb.**	**Hkr.**	**Be.**	**Bg.**	**Di.**
Städte/Flecken	25	35	60	*2.4*	*9.07*	28	33	61	*2.17*	*7.2*
Landdistrikte	106	105	211	*1.99*	*5.44*	104	99	203	*1.95*	*4.86*
Summe	131	140	271	*2.06*	*5.97*	132	132	264	*2*	*5.26*
Verhältnis	*4.24*	*3*	*3.51*			*3.71*	*3*	*3.32*		

872 SKALWEIT, Dorfhandwerk, S. 54 f.

873 Vgl. oben, Kap. III.5.2.1.3., S. 360.

Herzogtümer Schleswig, Holstein und Lauenburg										
	1840				+			**1860**		
	Slb.	**Hkr.**	**Be.**	**Bg.**	**Di.**	**Slb.**	**Hkr.**	**Be.**	**Bg.**	**Di.**
Städte/Flecken	736	973	1709	*2.32*	*8.51*	915	1422	2337	*2.55*	*8.71*
Landdistrikte	2032	1438	3470	*1.7*	*5.35*	2351	1604	3955	*1.68*	*5.37*
Summe	2768	2411	5179	*1.87*	*6.1*	3266	3026	6292	*1.92*	*6.26*
Verhältnis	*2.76*	*1.47*	*2.03*			*2.56*	*1.12*	*1.69*		

Quellen: COMMISSION, Statistisches Tabellen-Werk (H. 1);
STATISTISKE BUREAU, Statistisk Tabelværk (R. 3, Bd. 1).

Erläuterungen zu Tab. 7:
(1) Grob-, Klein- und Nagelschmiede; (2) Grob-, Klein-, Nagel-, Zeug- und Ankerschmiede
Selbständige (Slb.) = selbständig arbeitende Handwerker (Meister)
Hilfskräfte (Hkr.) = Gesellen, Lehrlinge, Gehilfen
Beschäftigte (Be.) = Summe Selbständige und Hilfskräfte
Betriebsgröße (Bg.) = durchschnittliche Anzahl der Beschäftigten pro Betrieb (inklusive Selbständige)
Dichte (Di.) = durchschnittliche Anzahl der Beschäftigten pro 1.000 Einwohner

Tabelle 7 enthält für 1840 und 1860 Daten über Umfang, Struktur, Verteilung sowie Dichte des Schmiedehandwerks, und zwar sowohl für jedes einzelne der drei Herzogtümer als auch für Schleswig-Holstein insgesamt. Daran ist bemerkenswert:

1. Bis 1840 war das Übergewicht der Landschmiedebetriebe in Schleswig-Holstein offensichtlich noch weiter angewachsen. Anhand des statistischen Quellenmaterials läßt sich nun erstmals sicher belegen, daß die Schmiedeprofession auch hier ein ausgesprochenes Landhandwerk geworden war, denn einem selbständigen Stadtmeister standen zu diesem Zeitpunkt 2,76 Landmeister gegenüber. Folglich bildeten die selbständigen Landschmiedemeister mit einem Anteil von 12,5% an der Gesamtzahl der selbständigen Handwerksmeister auf dem flachen Land die drittgrößte Berufsgruppe, während ihre Kollegen in den Städten und zunftberechtigten Flecken mit einem entsprechenden Anteil von 5,6% lediglich die fünftgrößte waren.[874]

2. Betrachtet man jedoch 1840 jedes Herzogtum für sich, so ergeben sich gravierende Unterschiede zwischen den einzelnen Landesteilen: entfielen z.B. im Herzogtum Schleswig auf einen selbständigen städtischen 3,64 ländliche Schmiedemeister, so waren es im Herzogtum Holstein nur 2,2. Dieser Sachverhalt ist nicht allein auf den deutlich höheren Anteil der städtischen Bevölkerung im südlichen Landesteil zurückzuführen, sondern muß auch als ein Indiz für die ungünstigere wirtschaftliche Lage des Nordens interpretiert werden, aus der letztlich die schwächere gewerbliche Durchdringung der dortigen Städte und Flecken resultierte.[875] In ihr liegt ebenfalls die geringere Besetzung der

874 KETTEMANN, Handwerk, S. 66.
875 Vgl. BROCKSTEDT, Grundzüge, S. 29 f.

selbständigen städtischen Schmieden im Schleswigschen mit "Gehülfen, [...] Gesellen, Lehrburschen oder [..] festen Arbeiter[n]",[876] den "Hilfskräften", begründet.

3. Werden nun die Zahlen der selbständigen Meister und Hilfskräfte addiert, so ergibt deren Summe die Zahl der im Schmiedehandwerk "Beschäftigten". Da die Stadt bei der Verteilung der Hilfskräfte weitaus günstiger abschnitt als das flache Land, wird das Übergewicht des letzteren in dieser Hinsicht etwas abgeschwächt: 1840 verteilten sich die Beschäftigten in Schleswig-Holstein in einem Verhältnis von 1 zu 2,03 zwischen Stadt und flachem Land; erwartungsgemäß besteht auch hier wiederum ein deutlicher Unterschied zwischen dem nördlichen (1 zu 2,42) und dem südlichen (1 zu 1,71) Landesteil.

4. Der höhere Besatz der städtischen Schmiedebetriebe mit Hilfskräften - ein Beleg für deren bessere Auftragslage - blieb natürlich nicht ohne Einfluß auf deren Betriebsgröße, die das Verhältnis von selbständigen Meistern zu Beschäftigten wiedergibt. Betrug nämlich die Betriebsgröße einer Schmiede 1840 in Schleswig-Holstein im Durchschnitt 1,87, so lag sie in den Städten und zunftberechtigten Flecken mit 2,32 Beschäftigten pro Betrieb deutlich darüber und mit 1,7 auf dem flachen Land etwas darunter. Damit befand sich das Schmiedehandwerk zwar im Trend - die ländlichen Handwerksbetriebe waren auch in den Herzogtümern generell kleiner als die städtischen, ja in einigen Branchen dominierte auf dem Land sogar der Einzelmeister -, doch war die Betriebsgröße der ländlichen Schmiedebetriebe, bedingt durch arbeitstechnische Erfordernisse - viele Arbeiten konnten schwerlich ohne Hilfskraft bewerkstelligt werden[877] - im Vergleich zu den meisten anderen Handwerkszweigen auf dem Land relativ groß.[878] Als wichtigste Ursache für die Disparität ist die Bevölkerungskonzentration in den Städten und Flecken zu nennen, die den Stadthandwerkern bessere Absatzbedingungen bot. So entfielen 1840 in den schleswig-holsteinischen Städten und Flecken 8,51 im Schmiedehandwerk Beschäftigte auf 1.000 Einwohner, während es auf dem Land nur 5,35 waren.

Bis 1860 ergaben sich im schleswig-holsteinischen Schmiedehandwerk folgende nennenswerten Wandlungen:

5. Die Zahl der im Schmiedehandwerk Schleswig-Holsteins Beschäftigten wuchs in diesen zwanzig Jahren nochmals kräftig um 1.113 (plus 21.49%) auf insgesamt 6.292 Beschäftigte an, wobei sich diejenige der städtischen um 628 (plus 36,74%) und die der ländlichen um 485 (plus 13,97%) erhöhte. Ferner stieg die Zahl der im Stadthandwerk Beschäftigten schneller an als die städtische Bevölkerung, so daß sich dort zudem ihre Dichte erhöhte, indem nun 8,71 im städtischen Schmiedehandwerk Beschäftigte auf 1.000 städtische Einwohner entfielen.

Infolgedessen geriet die Dominanz des Landschmiedehandwerks in Hinblick auf die Verteilung der Beschäftigten zwischen Stadt und flachem Land scheinbar ins Wanken, sackte doch das Verhältnis zuungunsten des letzteren von 1 zu 2,03 (1840) auf 1 zu 1,69 (1860) ab. Die obige Wertung, das gewöhnliche Schmiedehandwerk sei auch in den Herzogtümern ein typisches Landhandwerk gewesen, behält allerdings unter folgenden Aspekten

---

876 COMMISSION, Statistisches Tabellen-Werk (H. 1), S. V.
877 Vgl. dazu SCHULTZ, Landhandwerk, S. 102 f.
878 Vgl. KETTEMANN, Handwerk, S. 73, Tabelle 13.

ihre Gültigkeit: Zum einen werden in der Statistik von 1860 untrennbar mit den in den Grob- und Hufschmiedebetrieben auch diejenigen in den Klein- und Nagel- sowie Zeug- und Ankerschmiedebetrieben Beschäftigten aufgeführt; in der Statistik von 1840 werden dagegen lediglich die Beschäftigten der letzteren drei Schmiedezweige gemeinsam erfaßt, die allesamt ausgesprochene Stadthandwerke waren. Zum anderen verdankte das städtische Schmiedehandwerk insbesondere das enorme Wachstum seiner Hilfskräfte von 973 auf 1.422 (plus 46,14%) einzig und allein der dort nach 1840 verstärkt ablaufenden Frühindustrialisierung; mithin arbeiteten viele gewöhnliche Schmiede in den Städten und Flecken außerhalb ihres ureigenen Tätigkeitsgebiets, so z.B. im Maschinen- und Apparate- oder Schiffsbau.

6. Weitgehend zu wahren vermochte das ländliche Schmiedehandwerk seine Position in bezug auf die Verteilung der selbständigen Meister, mithin der Schmiedebetriebe, zwischen Stadt und Land: auf einen selbständigen Stadtmeister entfielen 1860 noch 2,56 Landmeister. An die Relation Preußens, wo 1858 6.700 Grobschmiedemeister in der Stadt und 31.566 auf dem flachen Land arbeiteten, auf eine städtische Grobschmiede also 4,71 ländliche entfielen, dürfte die Schleswig-Holsteins trotz der in der Statistik enthaltenen Fehlerquote jedoch bei weitem nicht herangereicht haben.[879] Da die Zahl der städtischen Hilfskräfte fast um die Hälfte anstieg, während sich die der selbständigen Stadtmeister lediglich um ein Viertel vergrößerte, wuchs die Betriebsgröße der Stadtschmieden spürbar um 0,23 auf 2,55 Beschäftigte pro Betrieb an. Der Unterschied zu den Landschmiedebetrieben (1,68 Beschäftigte pro Betrieb) vergrößerte sich dadurch.

7. Analysiert man nun die Entwicklung in den einzelnen Herzogtümern für sich und vergleicht sie dann miteinander, so zeigen sich wiederum gravierende Unterschiede: Zunächst einmal ist zu konstatieren, daß im Herzogtum Schleswig sowohl der Bestand der im städtischen (plus 32,72%) als auch der im ländlichen (plus 26,65%) Schmiedehandwerk Beschäftigten kräftig anstieg, während er dieses im Herzogtum Holstein lediglich in den Städten (plus 41,09%) tat; auf dem flachen Land erhöhte sich im südlichen Landesteil hingegen die Zahl der Beschäftigten nur noch um 5,69%. Folglich blieben im nördlichen Landesteil sämtliche Relationen, und auch die Betriebsgröße, zwischen Stadt und Land im Schmiedehandwerk nahezu unverändert, während sie sich im Holsteinischen spürbar zugunsten des städtischen Elements verschoben; aber auch zwischen beiden Herzogtümern erhöhten sich dadurch in sämtlichen Relationen die Abstände.

Die unterschiedliche Entwicklung des Schmiedehandwerks in den beiden großen Landesteilen läßt sich wie folgt erklären: Das verhältnismäßig starke, beinahe gleich große Wachstum des Bestandes der selbständigen Landmeister und deren Hilfskräfte im Schleswigschen hatte mehrere Ursachen. Zuvor ist anzuführen, daß die gewerberechtlich privilegierten sowie die adeligen Distrikte, die sich in der Regel durch einen höheren Bestand an Gewerbetreibenden auszeichneten, ihrem Umfang nach im nördlich der Eider gelegenen Landesteil weitaus kleiner waren als die im südlich davon befindlichen.[880] Deshalb mußte die in den beiden letzten Jahrzehnten vor der Herauslösung Schleswig-Holsteins aus dem Gesamtstaat zunehmend liberal gehandhabte Konzessionierung von Landhandwerkern, die wiederum großzügiger durch das Ministerium für das Herzogtum Schleswig

879 SCHMOLLER, Geschichte, S. 274.
880 HÄHNSEN, Entwicklung, S. 78 f. und HAUSER, Provinz, S. 28.

gepflegt wurde, vornehmlich dem Schleswiger Landhandwerk einen spürbaren Wachstumsimpuls geben.[881] Des weiteren intensivierte sich in diesen beiden Jahrzehnten die schleswigsche Landwirtschaft - und damit auch deren Nachfrage nach Schmiedearbeiten - schneller als die holsteinische, ohne allerdings deren Entwicklungsvorsprung ganz wettzumachen.[882]

Was die außerordentlich kräftige Zunahme der im städtischen Schmiedehandwerk des Herzogtums Holstein Beschäftigten anbelangt, so ist die Ursache dafür zweifelsohne im bereits beschriebenen Aufkommen von Eisengießereien sowie Betrieben des Maschinen- und Apparatebaus zu suchen - nicht von ungefähr vergrößerte sich nämlich in Holstein die Zahl der städtischen Hilfskräfte (plus 56,26%) mehr als zweieinhalbmal so stark wie diejenige der selbständigen Stadtmeister (plus 21,9%). Gewiß, auch in Schleswig kamen derartige Unternehmen - insbesondere nach dem ersten deutsch-dänischen Krieg - in den Städten und Flecken auf, doch blieb ihr Bestand immer wesentlich hinter dem Holsteins zurück. Auch an der Entwicklung des Schmiedehandwerks ist also u.a. ablesbar, daß sowohl diejenige der Bevölkerung als auch die gesamte industrielle Entwicklung im Herzogtum Holstein günstiger verlief als im Herzogtum Schleswig.[883]

Entsprechend der vorherigen enthält auch Tabelle 8 für 1840 und 1860 Daten über Umfang, Struktur, Verteilung sowie Dichte des Schmiedehandwerks, nur daß sich die Zahlen diesmal auf eine Reihe von mittleren Verwaltungseinheiten des Herzogtums Holstein beziehen. Bereits ein flüchtiger Blick darauf sowie ein Vergleich mit Tabelle 7 genügen, um festzustellen, daß die Entwicklung des Schmiedehandwerks auf dem flachen Land Holsteins selbst in Gebieten, die in ein und demselben Hauptnaturraum oder gar Naturraum liegen, nicht immer - wie es Tabelle 8 suggeriert - homogen verlief. Der Prozeß der "Territorialisierung des Gewerbes" wurde eben von einer zu großen, kaum überschau- und exakt gewichtbaren Zahl von Einflußfaktoren bestimmt, als daß man innerhalb einer Region von einem absolut identischen Entwicklungsverlauf ausgehen darf. Bei aller Notwendigkeit zu generalisieren ist es dennoch ratsam, dabei immer zu bedenken, daß ab einer gewissen Abstraktionsebene schnell der Bezug zur kleinräumigen Entwicklung verloren zu gehen droht.

881 LIND, udvikling, S. 49.
882 Ebda., S. 398.
883 Vgl. dazu BROCKSTEDT, Grundzüge, S. 41 f. .

Tab. 8: Die Bestandsentwicklung des Schmiedehandwerks in ausgewählten Verwaltungsdistrikten des Herzogtums Holstein zwischen 1840(1) und 1860(2)

	1840				+			1860		
	Slb.	**Hkr.**	**Be.**	**Bg.**	**Di.**	**Slb.**	**Hkr.**	**Be.**	**Bg.**	**Di.**
Amt Ahrensbök	24	7	31	*1.29*	*4.51*	21	4	31	*1.29*	*4.51*
Amt Bordesholm	29	31	60	*2.16*	*7*	32	18	50	*1.56*	*5.63*
Oldenburger Güterdistrikt	49	70	119	*2.42*	*5.55*	47	59	106	*2.25*	*4.63*
Herrschaft Pinneberg	72	44	116	*1.61*	*4.51*	72	58	130	*1.80*	*3.89*
Kloster Preetz	48	47	95	*1.97*	*7.76*	57	28	85	*1.49*	*6.64*
Amt Reinbek	25	19	44	*1.76*	*7.36*	26	18	44	*1.69*	*6.12*
Amt Reinfeld	18	12	30	*1.66*	*4.47*	23	17	40	*1.73*	*5.32*
Amt Segeberg	44	22	66	*1.50*	*4.97*	48	19	67	*1.39*	*4.32*
Lft. Süderdithmarschen (3)	96	81	177	*1.84*	*6.24*	115	67	182	*1.58*	*5.22*
Herzogtum Holstein	1015	777	1792	*1.76*	*5.43*	1085	809	1894	*1.74*	*5.09*

Quellen: COMMISSION, Statistisches Tabellen-Werk (H. 1); STATISTISKE BUREAU, Statistisk Tabelværk (R. 3, Bd. 1); LAS Abt. 412, Nr. 814.

Erläuterungen zu Tab. 7:
(1) Grob-, Klein- und Nagelschmiede; (2) Grob-, Klein-, Nagel-, Zeug- und Ankerschmiede;
(3) exklusive Köge
Selbständige (Slb.) = selbständig arbeitende Handwerker (Meister)
Hilfskräfte (Hkr.) = Gesellen, Lehrlinge, Gehilfen
Beschäftigte (Be.) = Summe Selbständige und Hilfskräfte
Betriebsgröße (Bg.) = durchschnittliche Anzahl der Beschäftigten pro Betrieb (inklusive Selbständige)
Dichte (Di.) = durchschnittliche Anzahl der Beschäftigten pro 1.000 Einwohner

III.5.2.2. Der Stellmacher

Der andere "klassische" Gerätschaftshandwerker neben dem Grob- und Hufschmied ist der Stellmacher. Auch seine Profession wird zur Kategorie der sogenannten landwirtschaftlichen Bedarfsgewerbe gerechnet. Folglich führt die "Constitution wegen Abstellung bürgerlicher Nahrung und Handthierung auf dem Lande" vom 2. August 1686 den Stellmacher - nächst dem Schmied - unter den auf dem flachen Land der Herzogtümer unverändert "geduldeten" Handwerkern auf.[884] Auf seine bedeutende Rolle bei der Herstellung und Instandhaltung der landwirtschaftlichen Produktionsmittel deutet zudem hin, daß viele Gutsherrschaften einen Stellmacher fest angestellt hatten[885] und sich einige Dorfgemeinschaften im Nordosten Schleswigs seine ständige Anwesenheit am Ort durch die Institution des Dorfstellmachers sicherten. Der Dorfstellmacher war seiner öffentlichrechtlichen Stellung nach ebenso ein "Beamter" der Dorfgemeinschaft wie der Dorfschmied.[886]

Älter als "Stellmacher" ist im niederdeutschen Sprachraum für diesen Professionisten allem Anschein nach die Berufsbezeichnung "Rademacher"; im oberdeutschen Sprachraum war hingegen allein "Wagner" gebräuchlich.[887] Erstmals konstituierte sich im Untersuchungsraum vermutlich in Lübeck, und zwar nach 1385, ein Rademacheramt.[888] Sicher nachweisen läßt sich die Existenz eines "rademekers" in der Hansestadt jedoch bereits seit 1317.[889]

Mit der fortschreitenden Entwicklung und raschen Verbreitung von technisch immer anspruchsvolleren Wagen- und Kutschentypen[890] entstand in den Städten das Stellmacherhandwerk. Es ist allem Anschein nach nicht in jedem Fall als bloße Weiterentwicklung des Rademacherhandwerks zu betrachten. So sieht die 1765 konfirmierte Rolle des Kieler Rade- und Stellmacheramtes, das sich vermutlich irgendwann im Verlauf des 17. Jahrhunderts konstituierte, unterschiedliche Meisterstücke für beide Handwerkszweige vor.[891] Rade- und Stellmacherämter entstanden im Untersuchungsraum beispielsweise im

---

884 Vgl. oben, Kap. III.5.2.1.3., S. 359.

885 Gutsstellmacher finden sich z.B. regelmäßig in den Gutsbeschreibungen, die SCHRÖDER in seinen Topographien der Herzogtümer liefert.

886 Vgl. Jörgen HANSEN: Die Flurverfassung der Dörfer auf der Insel Alsen im 17. und 18. Jahrhundert. Ein Beitrag zur Agrargeschichte Schleswig-Holsteins, Kiel 1914, S. 62-64 sowie Axel SØCHTING und Kai Edvard LARSEN: Haandværk og Industrie i Sønderborg Amt. En historisk Oversigt, Sønderborg 1924, S. 54. - Stellmacher als Gemeindebeamte tauchen auch im frühneuzeitlichen Tirol auf. DUNCKER, Dorfgewerbe, S. 22. - Zur Institution des Dorfschmieds vgl. oben, Kap. III.5.2.1.3., S. 359 f.

887 Vgl. etwa Otto KETTEMANN: Wagner, in: Reinhold Reith (Hg.): Lexikon des alten Handwerks. Vom Spätmittelalter bis ins 20. Jahrhundert, München 1990, S. 252-256, hier 252 und DERS., Handwerk, S. 120.

888 Vgl. HÖHLER, Anfänge, S. 153 und WEHRMANN, Zunftrollen, S. 23; S. 366-369 enthält eine Abschrift der ältesten erhaltenen Rolle des Lübecker Rademacheramtes. Sie wurde vom Rat der Hansestadt am 21. Juni 1508 als Ersatz für eine zuvor verlorengegangene konfirmiert.

889 HÖHLER, Anfänge, S. 132.

890 Vgl. Wilhelm TREUE: Achse, Rad und Wagen. Fünftausend Jahre Kultur- und Technikgeschichte, München 1965, S. 212 ff. sowie Karl Friedrich WERNET: Der Stellmacher, in: Helmut Vocke (Hg.): Geschichte der Handwerksberufe, Bd. 2, Waldshut 1960, S. 725-730.

891 HÄHNSEN, Geschichte, S. 124, 130, 234 und 418.

Kammerbereich der Flensburger Handwerkskammer, der ursprünglich das Herzogtum Schleswig sowie die alten Landkreise Rendsburg, Norder- und Süderdithmarschen umfaßte, 1699 in Schleswig, 1714 in Rendsburg (bald aufgelöst; Neugründung 1843 - allerdings ohne Prohibitivrechte), 1738 in Tönning, 1748 in Meldorf und 1837 in Flensburg (ohne Prohibitivrechte).[892] Im Herzogtum Lauenburg wurde 1736 als ersten den Möllner Rademachern per Amts- und Gildebrief die Gründung eines eigenen Amtes gewährt. 1767 erhielten auch die Ratzeburger Rade- und Stellmacher ein eigenes Amt. Zuvor "hielten" die Möllner und Ratzeburger allerdings bereits mit den Lübecker Kollegen "das Amt".[893]

Die wenigen - und zudem noch verhältnismäßig späten - Gründungen von Rade- und Stellmacherämtern lassen sich kaum allein aus der Entstehungsgeschichte beider Professionen ableiten. Diese Entwicklung ergibt sich auch aus der geringen Zahl der städtischen Rade- und Stellmacherbetriebe. So stand z.B. 1840 das Rade- und Stellmacherhandwerk in den schleswig-holsteinischen Städten und zunftberechtigten Flecken hinsichtlich der Zahl der in ihm selbständig arbeitenden Handwerker (Meister) mit 200 erst an zwanzigster Stelle, und zwar noch hinter solchen Handwerken wie der Goldschmiederei (213) und der Uhrmacherei (210).[894]

Wenn das Rade- und Stellmacherhandwerk 1840 hinsichtlich seines Anteils (3,7 %) an der Gesamtzahl der im Untersuchungsraum selbständig arbeitenden Handwerker trotzdem an achter Stelle rangierte, dann lag dies allein an der relativ hohen Zahl von 883 Rade- und Stellmachern, die in den Landdistrikten selbständig arbeiteten.[895] Darauf, daß Rademacher bereits im 17. Jahrhundert auf dem flachen Land der Herzogtümer in größerer Zahl gearbeitet haben dürften, deutet die oben genannte Constitution von 1686 hin.[896] Einen ersten exakten Überblick über den Stand der Expansion dieses Handwerks im Zuge des "Prozesses der Territorialisierung des Gewerbes" in den Landdistrikten des Untersuchungsraums bietet eine 1735 im königlichen Anteil der Herzogtümer Schleswig und Holstein bezüglich der wirtschaftlichen Verhältnisse erhobene Umfrage.[897] Und Hähnsen vermittelt zumindest in Ansätzen einen Eindruck vom weiteren Verlauf der Ausbreitung der Rademacher in den Landdistrikten der Herzogtümer im 18. und 19. Jahrhundert.[898] 1840 standen sich schließlich die 200 städtischen und 883 ländlichen Un-

---

892 Gerhard KRAACK: Die Geschichte der Handwerksämter im Kammerbereich, in: Handwerkskammer Flensburg und Gesellschaft für Flensburger Stadtgeschichte e.V. (Hgg.): Handwerkskammer Flensburg 1900 bis 1975. Ein Beitrag zur Geschichte des Handwerks in Schleswig-Holstein (= Schriften der Gesellschaft für Flensburger Stadtgeschichte e.V., 25), Flensburg 1975, S. 13-58 (Anm. S. 259-264), hier 53.

893 Irmgard KELLER: Ratzeburger Rademacher im 18. Jahrhundert. Gründung eines Rade- und Stellmacher-Amtes 1767, in: LbgH (N. F.), H. 112 (1985), S. 44-55, hier 49 und 52 ff.

894 KETTEMANN, Handwerk, S. 49 ff.

895 Ebda., S. 50 und 65.

896 Laut DUNCKER, Dorfgewerbe, S. 18, lassen sich vor dem 16. Jahrhundert in den Weistumsüberlieferungen des deutschsprachigen Raumes lediglich sieben Rademacher nachweisen, während mindestens vierzehn Textstellen auf die Produktion von "Rademacherarbeit" durch bäuerliches Hauswerk deuten.

897 Vgl. Ingwer Ernst MOMSEN: Die Berichte über die wirtschaftlichen Verhältnisse in den Städten und Ämtern der Herzogtümer Schleswig und Holstein königlichen Anteils sowie in den Grafschaften Oldenburg und Delmenhorst 1735, in: Rundbr, 2 (11/1978), S. 30-35.

898 HÄHNSEN, Entwicklung, Beilage V (nach S. 102).

ternehmen in einem Verhältnis von 1 zu 4,41 gegenüber - oder anders ausgedrückt: in diesem Jahr befanden sich 81,5 % der 1.083 schleswig-holsteinischen Rade- und Stellmacherbetriebe auf dem flachen Land. Damit erweist sich das Rade- und Stellmacherhandwerk also auch im Untersuchungsraum als ein typisches Landhandwerk.[899]

Die Produktionsstrukturen des zweiten "klassischen" Gerätschaftshandwerks glichen demnach im 19. Jahrhundert in Schleswig-Holstein zumindest in einem Punkt denen des Grob- und Hufschmiedehandwerks:[900] auch im Fall des Rade- und Stellmacherhandwerks waren es die auf dem flachen Land ansässigen Betriebe, die die Masse der bei der Herstellung bzw. Reparatur der tradierten landwirtschaftlichen Produktionsmittel anfallenden (Rade- und Stellmacher)Arbeiten ausführten.[901] Die städtischen Rade- und Stellmacherbetriebe konzentrierten sich dagegen immer stärker auf den Bau von Kutschen und Wagen für den nicht-agrarischen Bedarf.[902] So wurde in Kiel "das geringere Meisterstück des Rademachers allein [..] im 19. Jahrhundert nicht mehr ausgeführt, da kein Amtsmeister diesen Teil des Handwerks mehr allein ohne Stellmacherei betrieb".[903]

Bevor wir uns nun mit dem tradierten Tätigkeitsfeld der ländlichen Rade- und Stellmacher in den Herzogtümern während des 19. Jahrhunderts befassen, sei noch darauf hingewiesen, daß eine wirtschafts- und sozialgeschichtlich bzw. volkskundlich ausgerichtete Monographie über das Rade- und Stellmacherhandwerk für den deutschsprachigen Raum im allgemeinen, wie für Schleswig-Holstein im besonderen, ein Forschungsdesiderat ist. Dennoch reicht der Forschungsstand zumindest dazu hin, eine ungefähre Vorstellung von der Entwicklung des tradierten Tätigkeitsfeldes dieses Handwerks zu vermitteln.

III.5.2.2.1. Das tradierte Tätigkeitsfeld

Erst im Verlauf der ersten Hälfte des 19. Jahrhunderts bürgerte sich im ländlichen Raum Schleswig-Holsteins allmählich für Rademacher die Berufsbezeichnung Stellmacher ein. Wie wir nachfolgend sehen werden, verbirgt sich hinter dieser auf den ersten Blick vielleicht unbedeutend erscheinenden Änderung eine bedeutende Erweiterung des tradierten Tätigkeitsfeldes dieses "klassischen" Gerätschaftshandwerkers.

Während im Dorf außer dem Schmied gewöhnlich niemand über die zur Be- und Verarbeitung der Werkstoffe Eisen und Stahl notwendigen Kenntnisse und Fertigkeiten verfügte, verstand sich dort beinahe jeder auf die Be- und Verarbeitung des Werkstoffs

---

899 In Preußen standen 1828 den 3.244 städtischen 9.904 ländliche Stellmachermeister gegenüber (1858: 3.923 zu 15.272); SCHMOLLER, Geschichte, S. 274. In Bayern standen 1771 den 170 Wagnermeistern in den Städten und Märkten 511 auf dem flachen Lande gegenüber; TYSZKA, Handwerk, S. 109. Und in der Grafschaft Lippe arbeiteten von den insgesamt 98 Rademachermeistern lediglich 8 nicht auf dem flachen Lande; HANSEN, Hauswesen, S. 324.

900 Vgl. oben, Kap. III.5.2.1.3., S. 359 ff.

901 Zum Konkurrenzkampf zwischen städtischen und ländlichen Rade- und Stellmachern vgl. Karl HELM: Die bremischen Holzarbeiter vom 16. bis zur Mitte des 19. Jahrhunderts (= Veröffentlichungen aus dem Staatsarchiv der freien Hansestadt Bremen, 8), Bremen 1931, S. 118-121.

902 Vgl. KRAUSE, Niedergang, passim.

903 HÄHNSEN, Geschichte, S. 418.

Holz. Deshalb beschränkte sich das Tätigkeitsfeld des Rademachers auf dem flachen Land vermutlich lange Zeit auf die Herstellung der Räder für die Bauernwagen und Radvorgestelle der Stellpflüge; alle anderen hölzernen Teile der tradierten landwirtschaftlichen Produktionsmittel wurden demzufolge ursprünglich durch bäuerliches Hauswerk angefertigt. Die Berufsbezeichnung Rademacher leitet sich also vom originären Produkt dieses Professionisten ab.[904]

Seit wann sich innerhalb der Herzogtümer das Tätigkeitsfeld des Rademachers vom Rad auf weitere Bereiche des landwirtschaftlichen Produktionsmittelfundus auszudehnen begann, liegt weitgehend im dunkeln. Allerdings läßt der Verlauf des Niedergangs des bäuerlichen Hauswerks auf diesem Sektor ebenso Rückschlüsse darüber zu wie der Entwicklungsstand der gewerblichen Klüterei und der Pflugmacherei.

Erinnern wir uns: In Kapitel III.1.3. konnte zum einen nachgewiesen werden, daß im Nordosten des Herzogtums Schleswig bis in die ausgehenden 1830er Jahre hinein - mit Ausnahme der Räder und der Eisenteile - sowohl die kleineren als auch die größeren landwirtschaftlichen Produktionsmittel zumeist durch bäuerliches Hauswerk hergestellt wurden. Es ist also davon auszugehen, daß der Rademacher sein Tätigkeitsfeld dort erst seit Ausgang der 1830er Jahre spürbar auszudehnen begann. Zum anderen deutete sich in diesem Kapitel an, daß die Bauern der See- und Flußmarschen beider Herzogtümer bereits um 1800 kaum noch landwirtschaftliche Produktionsmittel selbst herstellten.[905] Kapitel III.2., das sich mit der gewerblichen Klüterei beschäftigte, bestätigte diese Vermutung dann für die holsteinischen Seemarschen, während es sie für die holsteinischen Fluß- sowie die schleswigschen Seemarschen zumindest ein Stück weit zu erhärten vermochte. Darüber hinaus konnten in diesem Kapitel auch diejenigen Dithmarscher Geestgebiete, die an die Marschen angrenzen, als Bereiche identifiziert werden, in denen die Bauern bereits im frühen 19. Jahrhundert nahezu sämtliche landwirtschaftlichen Produktionsmittel kauften.[906] Daß die in den oben genannten Gebieten von den Bauern erworbenen hölzernen Teile der landwirtschaftlichen Produktionsmittel nicht nur von Klüterern, sondern auch von Rademachern hergestellt worden sind, wird sich nachfolgend noch am Beispiel Süderdithmarschens erweisen.

Schließlich sei noch darauf hingewiesen, daß in Kapitel III.3. wiederholt Rademacher nachgewiesen werden konnten, die auch als Pflugmacher arbeiteten: So übte der Tatinger Boje Claus Ohlfs diese beiden Professionen in der Landschaft Eiderstedt seit 1792 zusammen aus, und der Inste Lorenz Bonsen tat dasselbe im Kirchspiel Ostenfeld um 1803. Darüber hinaus konnte nicht ausgeschlossen werden, daß 1773 im Amt Husum in den Kirchspielen Mildstedt, Ostenfeld und Schwesing sowie dem Flecken Schwabstedt eine Reihe von Rademachern zugleich als Pflugmacher tätig waren. Wenn dies so gewesen sein sollte, wäre damit der bereits von Kettemann anhand der Anschreibebücher der Stellmacherei Kröger in Dätgen, Amt Bordesholm, auf das letzte Drittel des 18. Jahrhunderts hypothetisch vorausdatierte Einstieg des Rademachers in den Pflugbau bewie-

---

904 Zur Genese des ländlichen Rademacherhandwerks im deutschsprachigen Raum während des Spätmittelalters vgl. DUNCKER, Dorfgewerbe, S. 20 f.

905 Vgl. oben, Kap. III.1.3., S. 183 ff.

906 Vgl. oben, Kap. III.2., insbes. S. 206 f.

sen.[907] Es darf dann sogar angenommen werden, daß der Rademacher bereits Jahrzehnte vor 1773 in den Pflugbau eingestiegen war. Allerdings sei nochmals ausdrücklich darauf hingewiesen, daß die Entwicklung in den Ämtern Husum und Bordesholm keineswegs, wie dies Kettemann tut, mit derjenigen im gesamten Untersuchungsraum gleichgesetzt werden darf. Zur Einordnung der genannten Jahreszahlen sei noch angemerkt: Für Mecklenburg meint Bentzien die Herstellung kompletter Haken und Pflüge durch den Gutsstellmacher erstmals 1774 belegen zu können. Im Fall der bäuerlichen Betriebe stammen die ersten von ihm dazu ermittelten Quellen jedoch erst aus den 1840er Jahren.[908]

Quellen, die direkt Aufschluß darüber gewähren, seit wann sich das Tätigkeitsfeld des Rademachers in den anderen Teilen Schleswig-Holsteins auszudehnen begann, fließen nur äußerst spärlich. Über das Produktionsgefüge in Süderdithmarschen kurz nach 1800 ist überliefert: "So wie der hiesige Bauer in Hinsicht jener Handarbeiten wenig indüstriös ist, eben so wenig beschäftigt er sich mit der Verfertigung der ihm nöthigen Akkergeräthschaften. Diese lässt er alle, ohne Ausnahme, entweder von den einheimischen Tischlern und Stellmachern verfertigen, oder er kauft sie auch. Selbst Schaufeln, Rechen, Wagen, Leitern und dergleichen kleine landwirthschaftliche Geräthe werden von den benachbarten fleissigern Holsteinern gekauft".[909] Der Rademacher war demnach zu Beginn des Untersuchungszeitraums in dieser Landschaft einer der beiden Handwerker, die von den Landwirten mit der Herstellung der hölzernen Teile der ihnen "nöthigen Akkergeräthschaften" beauftragt wurden. Fertige Teile - bis hin zu den kleinen landwirtschaftlichen Geräten - kauften sie dagegen auf den Märkten in den Süderdithmarscher Flecken von den gewerblichen Klüterern. Über das Produktionsgefüge in der nordfriesischen Bökingharde, die hinsichtlich ihrer naturräumlichen Gegebenheiten sowie ihrer Agrarverfassung durchaus mit Süderdithmarschen vergleichbar ist, berichteten deren Lehnsvögte 1824: "Wagenleitern; Rungen; Dracht-Ebener; Schwingen; und was sonst zur Reparierung der Wagen, Pflüge und Eggen erforderlich ist, imgleichen Heuharken und Spaden [werden] von den Rademachern verfertigt und verkauft".[910] Die in Kap. III.1.3. geäußerte Vermutung, in den schleswigschen Marschen seien um 1800 kaum noch landwirtschaftliche Produktionsmittel durch bäuerliches Hauswerk hergestellt worden, findet also auch insofern eine Bestätigung.

Als Hinweise darauf, daß sich der Einstieg des Rademachers in andere Produktionsbereiche außerhalb dieser bereits seit langem durchmonetarisierten und mit einer fortgeschrittenen gesellschaftlichen Arbeitsteilung versehenen Teile Schleswig-Holsteins später vollzog, können die zwei nachfolgenden Quellen gewertet werden. Denn offensichtlich war der Wechsel dieser Produktionsbereiche aus der Sphäre des bäuerlichen Hauswerks in diejenige des Rademachers - und anderer gewerblicher Produzentengruppen - sowohl in den Güterdistrikten als auch in dem betreffenden Teil des Amtes Gottorf im ersten Viertel des 19. Jahrhunderts noch in vollem Gange. In Süderdithmarschen und der Bökingharde war dieser Vorgang dagegen zu diesem Zeitpunkt bereits abgeschlossen.

---

907 Vgl. oben, Kap. III.3., S. 208 ff. und KETTEMANN, Handwerk, insbes. S. 84 f.
908 BENTZIEN, Haken, S. 253 f.
909 ANONYMUS, Nachrichten, S. 30.
910 LAS Abt. 65.2, Nr. 810 II.

Hierzu berichtet Niemann 1809 über die Situation in den schleswig-holsteinischen Güterdistrikten, daß derjenige Bauer, der über keine eigenen Hölzungen verfügte, sehen mußte, "woher er es nehme, oder er kauft das neue Geschirr fertig beim Rademacher".[911] Und über den Stand der Entwicklung 1824 im Verwaltungsgebiet der Gottorfer Amtsstube heißt es: "Der Landmann [macht] [...] die bei seinen Wagen, Pflügen und Eggen erforderlichen Stücke aber, so wie auch die zur Landwirthschaft nöthigen Handgeräthschaften, als Harken, Dröschklapper, Schaufeln und Spaten [...] mit seinen Dienstleuten selbst, oder er läßt [sie] bei dem Rademacher und Schmid theils machen und theils nach eigener Vorarbeit vervollkommnen".[912]

Zu Beginn des Untersuchungszeitraums war das Tätigkeitsfeld des Rademachers innerhalb Schleswig-Holsteins also höchst unterschiedlich ausgeprägt: während es sich etwa im Nordosten Schleswigs noch weitgehend auf die Radproduktion beschränkte, umfaßte es z.B. in weiten Teilen der Fluß- und Seemarschen längst sogar die kleineren landwirtschaftlichen Produktionsmittel. Daneben existierten auch alle zwischen diesen beiden Extremen liegenden Stufen der Ausdehnung des Tätigkeitsfeldes dieses Handwerkers. Bis zum Ende der 1860er Jahre haben sich die Verhältnisse dann weitgehend denen in den Fluß- und Seemarschen angeglichen.[913] Man sieht, die Bezeichnung "tradiertes" Tätigkeitsfeld ist im Fall des Stellmachers nicht ganz unproblematisch.

Kettemann hat u.a. die Entwicklung des tradierten Tätigkeitsfeldes und des Produktionsvolumens der Landstellmacherei Kröger in Dätgen, Amt Bordesholm, auf der Basis ihrer Anschreibebücher untersucht. Diese serielle Quelle deckt - wenn auch mit Lücken (1837 bis 1847 und 1869 bis 1881) - die Zeit von der Gründung des Betriebs im Spätherbst 1817 bis hin zum Jahr 1947 ab.[914] Aus Kettemanns Arbeit werden nachfolgend die wesentlichen Daten und Ergebnisse vorgestellt, wobei letztere jedoch allenfalls auf den allgemeinen Entwicklungsverlauf im Amt Bordesholm bezogen werden.

Schon im ersten Jahr nach ihrer Gründung verließen die Landstellmacherei Kröger "an größeren [landwirtschaftlichen] Geräten zwei Wagen, zwei Pflüge, fünf Eggen und fünf Schubkarren". Auch nahm der Betrieb von Anfang an Reparaturen an ihnen vor. Damit ist zweifelsfrei bewiesen, daß der Rademacher in Dätgen 1818 sowohl mit der Herstellung als auch mit der Reparatur der bäuerlichen Wagen, Pflüge, Eggen und Schubkarren befaßt war. Ob im Dorf bereits vor Kröger ein Rademacher sein Tätigkeitsfeld derart auf Kosten des bäuerlichen Hauswerks ausgedehnt hatte, konnte zwar nicht ermittelt werden, erscheint jedoch wahrscheinlich, da sich ein derartiger Prozeß nicht von heute auf morgen vollzieht.

Mehrere Fakten weisen darauf hin, daß in Dätgen der Wechsel dieser Tätigkeiten aus der Sphäre des Bauern und/oder seines Knechtes in die des Stellmachers um 1820 bereits relativ weit fortgeschritten gewesen sein muß: Die Erledigung von Reparaturarbeiten war

---

911 NIEMANN, Forststatistik, S. 350 f.

912 LAS Abt. 65.2, Nr. 810 II.

913 Vgl. dazu oben, Kap. III.1.3., S. 190 ff.

914 Sofern nicht anders vermerkt, stammen sämtliche nachfolgend präsentierten Ausführungen zur Betriebsgeschichte der Stellmacherei Kröger in Dätgen, Amt Bordesholm, aus KETTEMANN, Handwerk, S. 82 ff.

für den Stellmacher - wie für den Grob- und Hufschmied auch[915] - zumeist die Regel, die Beauftragung mit Neuanfertigungen bildete dagegen die Ausnahme. So verteilten sich in Krögers Betrieb in den Jahren von 1820 bis 1824 die Einnahmen zwischen Reparatur und Neuanfertigung beim Wagen in einem Verhältnis von 77% zu 23%. Beim Pflug betrug die Relation 74% zu 26%, bei der Schubkarre 34% zu 66% und bei der Egge 30% zu 79%. Aufschlußreich daran ist nun, daß bei Wagen und Pflug - entsprechend ihrer Größe und hohen Reparaturanfälligkeit - das Verhältnis der Einnahmen aus Reparatur und Neuanfertigung tatsächlich deutlich zugunsten ersterer ausfiel. Zum zweiten spricht für die obige These die prozentuale Verteilung der Einnahmen der Stellmacherei Kröger auf Radanfertigungen und -reparaturen einerseits und sonstige Reparaturen an großen landwirtschaftlichen Produktionsmitteln zwischen 1820 und 1824 andererseits. Während der Anteil der Einnahmen aus Radanfertigungen und -reparaturen bei Wagen (61%) bzw. Schubkarre (68%) aufgrund der starken Beanspruchung der Räder dieser Gerätetypen erwartungsgemäß hoch ausfiel, machte er nämlich beim Pflug lediglich 13% aus. Die Bauern Dätgens beauftragten den Stellmacher Kröger also nicht nur mit der Anfertigung und Reparatur von Rädern - allesamt Arbeiten, die sie nicht auszuführen vermochten -, sondern auch mit solchen, die sie und/oder ihre Knechte in der "Klüterkammer" hätten selbst ausführen können. Zum dritten spricht Kettemanns Entdeckung, daß alle großen landwirtschaftlichen Produktionsmittel, und zwar "sechs große und zwei kleine Wagen, drei Schubkarren, zwei Schlitten, drei Pflüge, vier eiserne und vier hölzerne Eggen", die laut Kaufvertrag 1840 zum Inventar einer Hufe in Dätgen gehörten, in Krögers Betrieb hergestellt worden waren, für die obige These.

Graphik 3 soll anhand Krögers Betrieb, in dem vermutlich während des gesamten Untersuchungszeitraums ein "Meister" und ein "Gehilfe" arbeiteten, ein Eindruck von der Entwicklung des Herstellungsvolumens einer Landstellmacherei im Bereich der großen landwirtschaftlichen Produktionsinstrumente zwischen 1820 und 1939 vermitteln. "Um die Tendenzen leichter ablesbar zu machen", hat Kettemann "jeweils die Summen aus 15-Jahres-Abschnitten zur Darstellung gebracht". Von Interesse ist hier für uns weniger, daß sich die Produktionszahlen dieser vier großen Gerätetypen in Krögers Betrieb im Erfassungszeitraum unterschiedlich entwickelten, sondern daß sie bis zum Ende des Untersuchungszeitraums trotz der wachsenden Zahl der Landmaschinenbauanstalten und -fabriken sowie Wagenbaumanufakturen offensichtlich nicht dramatisch einbrachen.

---

915 Vgl. insbes. oben, Kap. III.5.2.1.1., S. 337 und Tab. 5, S. 365 ff.

Graphik 3: Anzahl der in der Landstellmacherei Kröger in Dätgen, Amt/Kreis Bordesholm, zwischen 1820 und 1939 produzierten Wagen, Pflüge, Schubkarren und Eggen

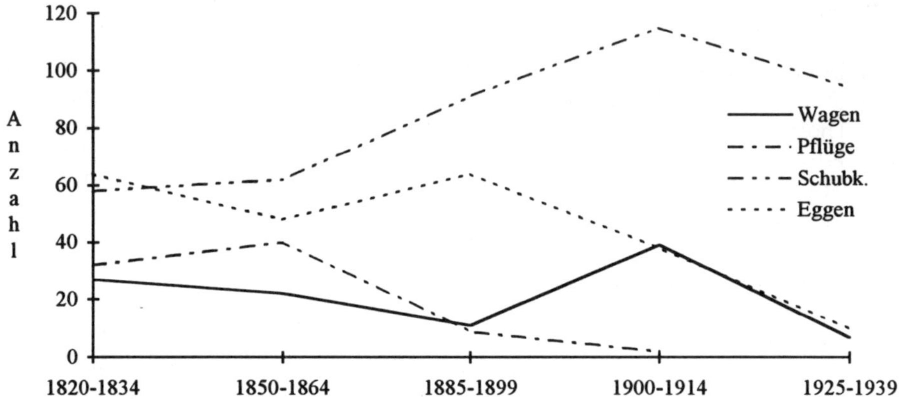

Werte zu Graphik 3 (alle Angaben nach Kettemann, Handwerk, S. 90, Grafik 2):

	1820-1834	1850-1864	1885-1899	1900-1914	1925-1939
Wagen	27	22	11	38	7
Pflüge	32	40	9	-	-
Schubkarren	58	62	91	115	94
Eggen	64	48	64	39	10

Mehrere Jahrzehnte später als die großen dürften in Dätgen die kleineren landwirtschaftlichen Gerätetypen aus der Produktionssphäre des bäuerlichen Hauswerks in diejenige des Stellmachers gewechselt sein. Darauf deutet unmißverständlich die in Graphik 4 in Fünfjahresschritten dargestellte Entwicklung der Zahl der Harken und Heukarken hin, die zwischen 1820 und 1909 in Krögers Betrieb angefertigt bzw. repariert wurden. Während die Zahl der Neuanfertigungen erst nach 1835 spürbar angestiegen sein kann, lassen sich Reparaturen sogar erst nach 1850 nachweisen. Zur Erinnerung: In der Landschaft Süderdithmarschen kauften die Landwirte um 1800 gewöhnlich sämtliche der von ihnen benötigten landwirtschaftlichen Produktionsmittel bei Professionisten. Wichtig für uns ist an der in Graphik 4 wiedergegebenen Entwicklung insbesondere die Tatsache, daß die Zahl der Neuanfertigungen über das Ende des Untersuchungszeitraums hinaus noch zwei Jahrzehnte ungebrochen weiter wuchs. Offensichtlich machten der Stellmacherei Kröger erst am Ausgang des 19. Jahrhunderts auswärtige Hersteller diesen Produktionsbereich ernsthaft streitig.

Abschließend soll noch ein Eindruck von der Entwicklung des Produktionsspektrums der Landstellmacherei Kröger vermittelt werden. Graphik 5 stellt in 15-Jahres-Abschnitten dar, wieviele verschiedene Wagen-, Pflug-, Eggen- sowie Schubkarrentypen in diesem Betrieb zwischen 1820 und 1939 hergestellt wurden. Wurde anfangs - mit Ausnahme des Pfluges - von jedem Gerät nur ein "Grundtyp" gebaut, so verdreifachte sich nach der Jahrhundertmitte binnen fünfzehn Jahren die Summe aller Wagen-, Pflug-, Eggen- sowie

Schubkarrentypen von fünf auf fünfzehn. Bis 1899 erhöhte sie sich sogar noch um vier auf insgesamt 19. Diese beachtliche Diversifizierung interpretiere ich als eine Folge der Intensivierung der Landwirtschaft, in deren Verlauf die Landwirte ihren Produktionsmittelbestand eben nicht nur mit qualitativ besseren Geräten und Maschinen aufstockten, sondern auch immer speziellere verlangten. Aus der Ausweitung des Produktionsspektrums der Stellmacherei Kröger in diesen Bereichen allerdings abzuleiten, daß "der Stellmacherei ein wesentlicher Anteil an der Modernisierung der Landwirtschaft im Gerätesektor zukommt", erscheint fragwürdig. Solange Kettemann nicht detaillierter darlegt, wie sich die neuen Typen von den "Grundtypen" unterschieden, ist zumindest für den Untersuchungszeitraum davon auszugehen, daß es sich bei ihnen in der Regel um mit gewissen Neuerungen versehene Weiterentwicklungen der tradierten "Grundtypen" handelte - und nicht um den Landesbedürfnissen angepaßte moderne Geräte ausländischen Ursprungs. Der Herstellung letzterer stand nämlich die geringe durchschnittliche fachliche Qualifikation der schleswig-holsteinischen Landstellmacher als Hemmnis entgegen.[916]

Graphik 4: Anzahl der in der Landstellmacherei Kröger in Dätgen, Amt/Kreis Bordesholm, zwischen 1820 und 1909 angefertigten und reparierten Harken und Heuharken

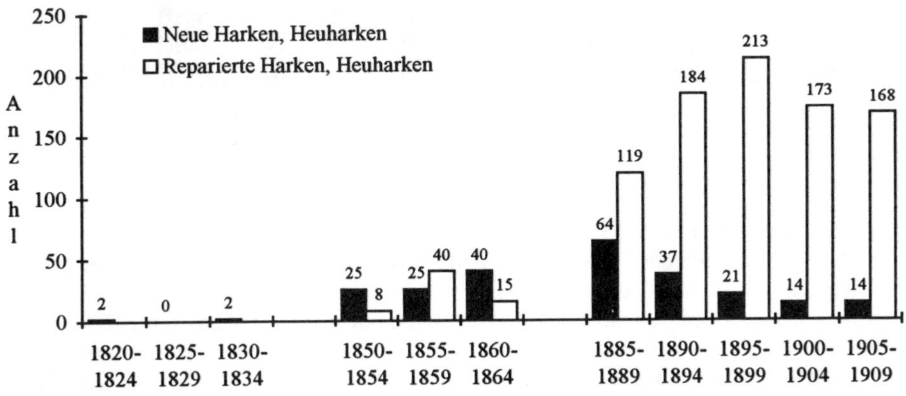

Erläuterung:
Alle Angaben nach: Kettemann, Handwerk, S. 85, Grafik 1. Fehlende Jahre gehen auf Lücken in den Anschreibebüchern zurück.

Wie bereits im Fall des ländlichen Grob- und Hufschmieds geschehen, wird nachfolgend auch für den Landstellmacher eine Liste derjenigen Arbeiten aus seinem tradierten Tätigkeitsfeld präsentiert, die er gewöhnlich 1828 im Schwansener Güterdistrikt für die landwirtschaftlichen Betriebe ausführte.[917] Geht man nun die in Tabelle 9 enthaltenen "Posten" durch, so fällt sofort auf, daß sie sich beinahe ausnahmslos auf die Herstellung und Reparatur der vier großen landwirtschaftlichen Produktionsmittel Wagen, Pflug, Egge und Schubkarre beziehen und hier wiederum viele die Radanfertigung und -reparatur be-

916 Vgl. oben, Kap. III.5.1.3., S. 289 ff.
917 Zur Einordnung der Tabelle vgl. oben, Kap. III.5.2.1.1., S. 337 f.

treffen. Vergleicht man diesen Befund mit Niemanns Bericht von 1809, so bleibt nur der Schluß, daß sich das Tätigkeitsfeld der Landstellmacher in den Jahren bis 1828 in diesem Teil der Güterdistrikte nicht verändert hatte. Die kleineren Gerätetypen wurden dort 1828 also immer noch durch bäuerliches Hauswerk hergestellt.

Graphik 5: Anzahl der in der Landstellmacherei Kröger in Dätgen, Amt/Kreis Bordesholm, zwischen 1820 und 1939 produzierten Typen von Wagen, Pflügen, Schubkarren und Eggen

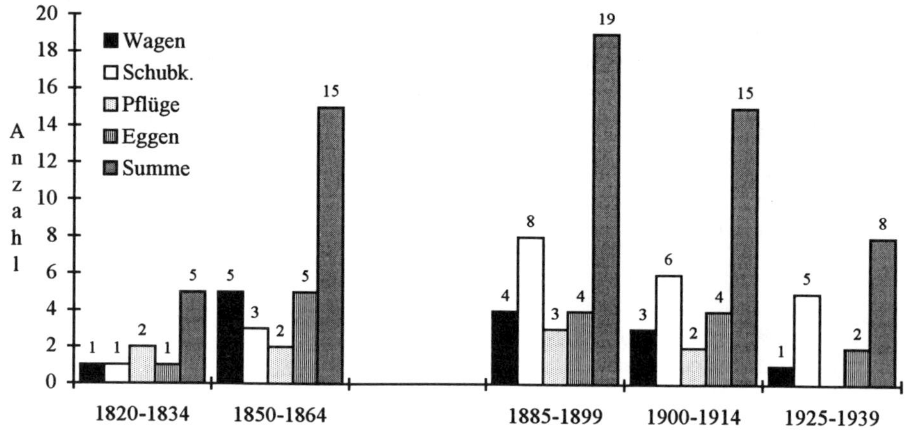

Erläuterung:
Alle Angaben nach: Kettemann, Handwerk, S. 94, Grafik 3.

Gang und gäbe war es 1828 in den Herzogtümern nicht nur im Schwansener Güterdistrikt, dem Landstellmacher das für den Auftrag benötigte Holz "ausgearbeitet" zu liefern. Hier sei nur an den oben zitierten Bericht der Gottorfer Amtsstube von 1824 erinnert. Die Landwirte sparten auf diesem Wege nicht nur die Materialkosten ein, indem sie das Holz in der Regel ihren eigenen Hölzungen entnahmen, sondern sie reduzierten dadurch auch die Lohnkosten für den beauftragten Professionisten. Dieser führte also in diesem Fall an den in Tabelle 9 aufgelisteten Geräten und Geräteteilen nur diejenigen (Spezial)Arbeiten aus, zu deren Erledigung die Bauern und/oder ihre Knechte nicht (mehr) in der Lage waren. Zu den in den beiden linken Spalten aufgelisteten Löhnen müssen demnach in all den Fällen, in denen die Bauern lediglich unbearbeitetes Holz lieferten, noch die Beträge hinzugezählt werden, die sie durch ihr bäuerliches Hauswerk hätten einsparen können. Die in den beiden rechten Spalten aufgeführten Beträge setzen sich hingegen aus den Materialkosten für das vom Stellmacher gelieferte unbearbeitete Holz sowie aus den Lohnkosten für dessen Bearbeitung zusammen. Zieht man also von den in den beiden rechten Spalten enthaltenen Beträgen die in den beiden linken Spalten aufgeführten ab, so erhält man annähernd den jeweiligen Stellmacherlohn.

Tab. 9: "Preis-Angabe der bey einer Landhaushaltung vorkommenden [...] Stellmacherarbeit, so wie solche bey Mittelpreisen gewöhnlich bezahlt" wird (1828 in Schwansen)

	"wenn man das ausgearb. Holz dazu liefert."					"wenn der Stellmacher solches dazu thut."				
	Mk	ß		Mk	ß	Mk	ß		Mk	ß
Ein vollständiger Bauwagen(a)	30		-	33		60		-	66	
Eine zweyrädrige Sturzkarre	9		-	10		21		-	24	
Ein Pflug	2	8	-	3		5		-	6	
Eine hölzerne Egge		12	-		16	3	8	-	3	12
Eine Stall-Schiebkarrre	1	12	-	1	14	3	8	-	3	12
Ein eichenes Thor		10	-		14	5		-	5	8
Ein Wagenrad	2	12	-	3		5	8	-	6	
Ein Wagenrad aufzufelgen	1		-	1	4	2	8	-	2	12
Eine einzelne Felge einzusetzen		5								9
Eine einzelne Speiche		2½								4
Eine Deichsel		12	-		16	2	4	-	2	8
Eine Stell (Achse)	1	2	-	1	4	2	8	-	2	12
Ein Paar Kinnen(b) (Arme)	1		-	1	4	3		-	3	4
Ein Langwagen		8							1	8
Ein Schemel(c)		6	-		8		12	-	1	
Ein Paar eichene Bauwagenleitern	5		-	5	8	10		-	11	
Ein Ebener(d) od. eine Vorwacht(e)		4	-		6	1		-	1	2
Vier Rungen(f)		4	-		6		10	-		12
Ein Paar Mistfleken(g)		8	-		10	4	8	-	5	
Ein Unterbrett		6	-		8	2	8	-	3	
Ein Paar Pflugräder	1		-	1	4	2	2	-	2	4

Quelle: DITTMANN, Versuch, S. 225 f.

Erläuterungen zu Tab. 9:
(a) Zusammenfassende Bezeichnung für alle im landwirtschaftlichen Betrieb gebrauchten Wagen - **(b)** "die durch das Vordergestell des Wagens führenden Holzarme, zwischen denen durch 2 Eisenbolzen die Deichsel befestigt ist" - **(c)** ein über einer Holzverkleidung auf den (Wagen)Achsen liegendes Querholz, welches u.a. die Rungen aufnimmt - **(d)** Querholz an der Deichsel - **(e)** vordere Wage, die bei einem Viergespann für die vorderen Pferde an der Deichsel vorn mittels eines Ringes über einen Eisenknopf befestigt wird - **(f)** Wagenstreben, Leiterstützen - **(g)** die losen Seitenbretter des zum Mistfahren eingerichteten Ackerwagens - **(a)-(g)** entnommen aus: MENSING, Wörterbuch (Bd. 1-5).

Während es - wie der nachfolgende Bericht belegt - in Schleswig-Holstein durchaus möglich war, dem städtischen Stellmacher das zur Ausführung eines Auftrags notwendige Material zu liefern, dürfte die Lieferung von ausgearbeitetem Holz nicht mehr mit seinem durch das Zunftrecht geprägten Berufsethos vereinbar gewesen sein. Folgt man den Ausführungen eines Anonymus von 1826, so bewogen die Landwirte aber noch andere Gründe dazu, den Landstellmacher mit den anfallenden Stellmacherarbeiten zu beauftragen.[918] Unter anderem heißt es darin: "In den Holzgegenden liefert man selbst das trockne Holz zu den Wagen; der Bauer fürchtet, daß der städtische Handwerker dies umtauscht, und ihm anderes, was nicht so gut ist, dafür giebt, daher ist er gegen sie mißtrauisch. Läßt er sie auf dem Lande unter seiner Aufsicht machen, so weiß er, daß er hierbei nichts zu fürchten hat. Wegen der Ausbesserung seiner alten Wagen, kann er nicht nach der Stadt fahren, und man würde sich auch dorten das Ausflicken verbitten, noch weniger kann er seine Pflüge, seine Karren und Schiebkarren da machen lassen".[919]

Im Verlauf dieses Kapitels sollte deutlich geworden sein, daß das tradierte Tätigkeitsfeld des Landstellmachers außerordentlich weit gefächert sein konnte. Voll-Produzent der landwirtschaftlichen Geräte, Transportmittel u.dgl. war er in der Regel ebensowenig wie der andere "klassische" Gerätschaftshandwerker, der ländliche Grob- und Hufschmied. Vielmehr waren beide gewöhnlich nur Teil-Produzenten dieser Produkte. Beim Bau von Ackerwagen und Kutschen beispielsweise stellte der Stellmacher zwar sämtliche hölzernen Teile her, doch war er dabei zumindest in der Stadt und den zunftberechtigten Flekken verpflichtet, mit einer Reihe von anderen Handwerkern zusammenzuarbeiten: "Der Schmied hatte für die Vielzahl von Beschlägen zu sorgen, Scharniere, Schlösser und Bänder und das Hemmzeug (Bremse) kamen vom Schlosser, der Sattler garnierte den Wagen (Lehnen, Sitze) und erledigte sog. schwarze Arbeit (Bekleidung der Kotflügel mit Leder, Anbringung der Dachleder und des Riemenzeugs). Für die Lackierung war schließlich der Maler zuständig".[920] Auf dem flachen Land wird der Stellmacher dagegen die Maler- (und gelegentlich auch die Sattlerarbeiten) selbst ausgeführt haben,[921] während der Grob- und Hufschmied die Arbeiten des Schlossers übernahm. Natürlich war der Pflug- und Eggenbau für beide ein wichtiges tradiertes Tätigkeitsfeld. Allein einige kleinere Geräte wie die Harke verließen die Werkstatt des Landstellmachers gebrauchsfertig ohne Zutun anderer Professionisten.

Damit endet die Darstellung der Entwicklung des tradierten Tätigkeitsfeldes des Stellmachers, der auch in Schleswig-Holstein neben dem Grob- und Hufschmied der wichtigste gewerbliche Produzent traditioneller landwirtschaftlicher Produktionsmittel war.[922] Einschränkungen, darauf weist jedenfalls das Fallbeispiel Landstellmacherei Kröger in Dätgen, Amt Bordesholm, unmißverständlich hin, hat das tradierte Tätigkeitsfeld bis 1867 durch das Aufkommen von seiten der Wagenbaumanufakturen, Landmaschinenbauanstalten und -fabriken sowie anderer Massenproduzenten anscheinend noch nicht erfahren. Wie es sich speziell in diesem Betrieb nach 1867 weiterentwickelte, ist ebensowenig Gegenstand dieser Untersuchung wie seine Weiterentwicklung in anderen Betrieben. Nur so viel: Für die Landstellmacherei Kröger geben die Graphiken 3 bis 5 hierüber Auskunft, während sich die allgemeine Entwicklung bis zum völligen Niedergang des Stellmacher-

---

918 Zum Themenkomplex Konkurrenzkampf zwischen städtischen und ländlichen Gerätschaftshandwerkern vgl. oben, Kap. III.5.2.1.3., S. 359 ff.

919 ANONYMUS, Einfluß, S. 693.

920 KETTEMANN, Wagner, S. 253. Zum Bau von Ackerwagen und Kutschen vgl. auch SIUTS, Arbeitsgeräte, S. 263-271.

921 Vgl. VIEBAHN, Statistik (T. 3), S. 646.

922 Vgl. etwa ANONYMUS, Einfluß, S. 693 und ANONYMUS, Gewerbszwang, S. 360 sowie KETTEMANN, Handwerk, S. 120 und SCHMOLLER, Geschichte, S. 262.

handwerks nach 1945 z.B. mittels der Untersuchungen von A. Voigt, Klumker, G. Wöhrle, P. Voigt, Krause, Heideloff, Piest, Siuts sowie Mende dokumentieren läßt.[923]

III.5.2.2.2. Die Produktion moderner Agrartechnik

In Anbetracht der zentralen Rolle, die der (Land)Stellmacher bei der Herstellung, Wartung und Reparatur des tradierten landwirtschaftlichen Produktionsmittelfundus gespielt hat, liegt die Vermutung nahe, daß er eine entsprechende Position bis zum Ende der 1860er Jahre auch im Bereich der modernen Agrartechnik eingenommen hat. Diese Vermutung soll nachfolgend überprüft werden.

Eingehend ist zu Beginn von Kap. III.5.2.1.2. über den ab 1797 auf Flottbek tätigen Grob- und Hufschmied Christian Wilde berichtet worden.[924] An der Produktion moderner Agrartechnik in seiner Werkstatt war laut Voght auch ein "geschickter Rademacher" beteiligt. Der Schmied Wilde hielt demnach ungebrochen an der überkommenen Zusammenarbeit mit dem anderen "klassischen" Gerätschaftshandwerker fest. Inwieweit auch andere Schmiede sowie Schlosser, Mechaniker und Maschinenbauer bis 1867 in Schleswig-Holstein noch den (Land)Stellmacher mit den bei der Herstellung moderner landwirtschaftlicher Geräte anfallenden Holzarbeiten beauftragten, kann natürlich nicht gesagt werden; es ist jedoch kein Grund dafür ersichtlich, warum sie nicht versucht haben sollten, auf diesem Sektor die alte Arbeitsteilung beizubehalten. Allerdings liegt nur ein Beleg dafür aus den Herzogtümern vor: 1853 berichtete das Itzehoer Wochenblatt über den Rademacher Pohlmann und den Schmied Mohr, beide in Voßloch bei Barmstedt wohnhaft, sie würden gemeinsam "schwedische Eggen" produzieren.[925]

Auch in den Eisengießereien und Maschinenbauanstalten scheint man die alten Produktionsstrukturen in diesem Bereich nicht durchbrochen zu haben. So kündigte z.B. Holler für den Winter 1832/33 die Aufnahme der Herstellung einer Reihe von einfachen modernen landwirtschaftlichen Produktionsmitteln auf der Carlshütte mit dem Hinweis an, dazu auch noch mehrere "Pflug- und Rademacher" einstellen zu wollen.[926]

---

923 Andreas VOIGT: Das Kleingewerbe in Karlsruhe, in: Untersuchungen über die Lage des Handwerks in Deutschland mit besonderer Rücksicht auf seine Konkurrenzfähigkeit gegenüber der Großindustrie, Bd. 3 (= Schriften des Vereins für Socialpolitik, LXIV), Leipzig 1895, S. 1-219, hier passim. Chr. Jasper KLUMKER: Die Handwerksbetriebe eines ostfriesischen Marschdorfes, in: Ebda., Bd. 7 (= Schriften des Vereins für Socialpolitik, LXVIII), Leipzig 1896, S. 573-600, hier 583 f. Georg WÖHRLE: Die Lage der Handwerker in Meßkirch. Mit besonderer Berücksichtigung der Schmiede, Wagner und Sattler, in: Ebda., Bd. 8 (= Schriften des Vereins für Socialpolitik, LXIX), Leipzig 1897, S. 1-55, hier 30 ff. Paul VOIGT: Die Lage des Handwerks in Eisleben, in: Ebda., Bd. 9 (= Schriften des Vereins für Socialpolitik, LXX), Leipzig 1897, S. 271-375, hier 319 f. KRAUSE, Niedergang. HEIDELOFF, Wandlung, passim. PIEST, Technisierung, passim. SIUTS, Arbeitsgeräte, S. 263-271. MENDE, Stellmacher, passim.

924 VOGHT, Flotbeck, S. 73. Vgl. dazu oben, Kap. III.5.2.1.2., S. 342 ff.

925 Vgl. dazu oben, Kap. II.2.1.2., S. 113 und Kap. III.5.2.1.2., S. 353.

926 HOLLER, Schreiben, S. 138.

An dieser Stelle muß jedoch nochmals ausdrücklich daran erinnert werden, daß die durchschnittliche fachliche Qualifikation der beiden "klassischen" Gerätschaftshandwerker in Kap. III.5.1.3. als nicht hinreichend eingestuft wurde, um produktionstechnisch anspruchsvollere moderne landwirtschaftliche Geräte in befriedigender Qualität herzustellen. Darüber hinaus wiesen die kaum leichter anzufertigenden modernen landwirtschaftlichen Maschinen in produktionstechnischer Hinsicht nur sehr wenige Berührungspunkte mit dem tradierten Tätigkeitsfeld des (Land)Stellmachers auf.

Zweifelsohne waren die "hauptsächlichsten Arbeitsgebiete" der (Land)Stellmacher die "Herstellung und Reparatur von Wagen, Schiebkarren, Pflügen, Eggen und Kleingeräten wie etwa Harken und Schaufeln, Melkschemeln und Holztrögen". Inwieweit jedoch Kettemanns Behauptung "Dazu kam die Fertigung von Maschinen und Geräten, etwa Kornreinigungsmaschinen und Strohschneidern"[927] zutreffend ist, wird sich letztendlich nur durch eine umfassendere Bestandsaufnahme der Stellmacherarbeiten in den Museen und privaten Sammlungen Schleswig-Holsteins ermitteln lassen, da sich mittels der verhältnismäßig geringen Zahl an schriftlichen Quellen diese These zumindest in dieser Form nicht aufrechterhalten läßt.

Was gibt nun das zeitgenössische Quellenmaterial konkret über diesen Produktionszweig der schleswig-holsteinischen (Land)Stellmacher preis?

Am 15. September 1855 berichtete ein unbekannter Korrespondent des Itzehoer Wochenblattes u.a. aus der Tonderner Marsch: "Dagegen fängt man jetzt mehrfach an, die verbesserten Häckselmaschinen in Gebrauch zu nehmen, welche ein hiesiger Stellmacher nach dem Muster einer von Kiel hierhergebrachten sehr geschickt verfertigt. Das eiserne Schwungrad derselben, mit doppeltem Eisenringe, ist größer, als bei der Kieler Maschine, und wird nebst dem Cylinder zum Festhalten des Strohes vor dem Messer und dem Triebrade zur Bewegung der beiden Walzen, die das Stroh fortschieben, in der neuen Eisengießerei zu Hoyer gegossen. Die zur Befestigung der Welle seitwärts am Kasten angebrachten Holzstücke, die Einfassung des Cylinders und die Walzen sind aus Eichen- oder Buchenholz, statt bei der Kieler Maschine nur aus Föhrenholz gearbeitet. Diese so starken und für die Stallwirthschaft größerer Höfe sehr zu empfehlenden Häckselmaschinen kommen auf etwa 75 Thaler R.M. zu stehen und sparen viele Arbeitskräfte, da man auf ihnen mit 2 Arbeitern so viel Stroh in 2 Stunden gut schneiden kann, als auf den alten Häckselladen in einem ganzen Tage. Mit einer geringen Veränderung der Maschine durch Beifügung einer Drehscheibe mit Riemen kann man auch die Arbeit von einem Pferd verrichten lassen".[928]

Anzumerken ist zu diesem Bericht das Folgende: Bei der "Kieler Maschine" könnte es sich um ein Modell aus der Eisengießerei und Maschinenfabrik Schweffel & Howaldt[929] gehandelt haben. Daran ist nichts Ungewöhnliches, weil auch in Schleswig-Holstein die Handwerksbetriebe zu dieser Zeit normalerweise nicht in der Lage waren, sich moderne Landmaschinen aus dem Ausland zu beschaffen. So blieben ihnen als eine der wenigen Bezugsquellen für diese Produkte nur die von den einheimischen Großproduzenten hergestellten Fabrikate. Ebenfalls üblich war es unter den Handwerkern, die Nachbauten

927 KETTEMANN, Handwerk, S. 120.
928 ANONYMUS, Marsch, Sp. 1991.
929 Vgl. oben, Kap. II.2.4., S. 164.

stabiler zu fertigen und sie auch mit eigenen "Verbesserungen" zu versehen. Der Beschreibung nach war das oben vorgestellte Modell eine Scheibenradhäckselmachine mit regulierbarer Schiebevorrichtung und einem Schneidemesser, die sowohl per Hand als auch mittels Pferdekraft betrieben werden konnte.

Vom Stellmacher Thomas Hinrich Jebe (1826-1906) aus Busdorf bei Schleswig und seiner in den 1860er Jahren erbauten Vachonschen "Getreidereinigungsmaschine", mit der er im Lohnbetrieb über die Dörfer zog, ist bereits ebenso berichtet worden wie vom Seestermüher Landstellmachermeister Peeck und seiner Windfege, die dem "Holsteinisch-ostfriesischen Typ" zugerechnet wird. Einer weiteren zeitgenössischen Quelle können wir zumindest entnehmen, daß 1867 in Großenaspe ein Stellmacher Hennings für fünf- bis sechshundert Taler "eine zweispännige Dreschmaschine" anfertigte. Und schließlich ergab die Sichtung der Anschreibebücher des Immenstedter Stellmachers Hansen, daß dieser am 8. Dezember 1862 für Peter Lorenzen aus Breklum "eine Kornmaschiene", d.h. eine Kornreinigungsmaschine, "verbessert" hat. Die Kosten für diese Arbeit, bei der es sich auch um eine schlichte Reparatur gehandelt haben könnte, beliefen sich für Lorenzen auf 32 ß. Ferner stellte Hansen dem Breklumer Johann Petersen am 1. April 1864 "ein[e] Hecksellade" mit 10 ß in Rechnung.[930] In diesem Fall könnte es sich tatsächlich um eine Neuanfertigung gehandelt haben.

Außerhalb der Herzogtümer konnte für den betreffenden Zeitraum nur eine gedruckte schriftliche Quelle ermittelt werden, aus der hervorgeht, daß (Land)Stellmacher Häckselladen, Wind- bzw. Siebwindfegen oder gar andere moderne landwirtschaftliche Produktionsmittel hergestellt haben. In Meßkirch, einer im Südosten Badens gelegenen Kleinstadt, fertigte "mancher Wagner [..] früher auch Futterschneidstühle"[931] an.

Wie läßt sich nun vor dem Hintergrund dieser Quellenlage die Entwicklung des Produktionsspektrums charakterisieren - und in Verbindung damit die Stellung des (Land)Stellmachers im Prozeß der Mechanisierung/Technisierung der Landwirtschaft? Mit Blick auf das tradierte Tätigkeitsfeld der (Land)Stellmacher fließen die Nachrichten über die Herstellung moderner landwirtschaftlicher Geräte durch diesen Handwerker wider Erwarten spärlich. Nur vordergründig besser sieht es in bezug auf die Produktion moderner Landmaschinen aus. Zwar ließ sich nachweisen, daß Stellmacher vor 1867 in den Herzogtümern alle wichtigen Landmaschinentypen, also Windfege, Vachonsche "Getreidereinigungsmaschine", Dreschmaschine sowie Häckselmaschine, produziert haben. Doch hätte man aufgrund der zentralen Rolle, die dieses Handwerk bei der Herstellung, Wartung und Reparatur des tradierten landwirtschaftlichen Produktionsmittelfundus gespielt hat, deutlich mehr Berichte über den Bau moderner Landmaschinen durch Stellmacher erwarten dürfen. Zudem gingen - wie im Fall der Schmiede - augenscheinlich auch von den (Land)Stellmachern keine bedeutenden Impulse zur Einführung und Verbreitung agrartechnischer Innovationen in Schleswig-Holstein aus.

Die Ursachen für die relativ geringe Beteiligung der (Land)Stellmacher an der Produktion moderner Agrartechnik in den Herzogtümern bis zum Ausgang der 1860er Jahre müssen, da keine anderen erkennbar sind, zum einen in ihrer geringen durchschnittlichen

---

930 Vgl. oben, Kap. II.2.3., S. 155 . - HJUL, Protocoll, S. 23. - SHLM Kopien der Anschreibebücher der Stellmacherei Hansen, Immenstedt (Nordfriesland).

931 WÖHRLE, Lage, S. 30.

fachlichen Qualifikation und zum anderen in der Ausrichtung ihres tradierten Tätigkeitsfeldes gesehen werden. Deshalb wandten sich Schmiede, Schlosser, Mechaniker und Maschinenbauer bei der Vergabe von entsprechenden Holzarbeiten zumeist selbst dann, wenn ihnen ein "geschickter" Stellmacher zur Verfügung stand, eher an einen Handwerker einer anderen holzverarbeitenden Profession.

So blieb das Tätigkeitfeld des (Land)Stellmachers weitgehend auf die bereits in seinem tradierten Produktionsspektrum enthaltenen Geräte und Transportmittel sowie den Werkstoff Holz beschränkt. Damit war aber der Niedergang dieses "klassischen" Gerätschaftshandwerks vorprogrammiert. Trotz des schnell ansteigenden Anteils von Eisen, Gußeisen und Stahl beim Bau von agraren Produktionsmitteln und wachsender Konkurrenz von seiten der Massenhersteller vermochte es sich allerdings vor allem infolge der Intensivierung der Landwirtschaft und des damit verbundenen Mehrbedarfs an Geräten und Maschinen, insbesondere aber aufgrund erhöhter Wartungs- und Reparaturaufträge, zunächst halbwegs zu behaupten: zwischen 1840 und 1860 konnte das Stellmacherhandwerk seinen Beschäftigtenbestand auf dem flachen Land um 245 auf 1.438 vergrößern.[932] Das entspricht einem Zuwachs von 20,5%.

Einfluß nahm der (Land)Stellmacher insofern auf den Prozeß der Mechanisierung/Technisierung der Landwirtschaft, als er für die Reparatur der modernen Agrartechnik vielfach noch unentbehrlich war. Auch ließen viele (Land)Stellmacher beim Bau der tradierten Produktionsmittel nach und nach Formelemente der neuen Geräte miteinfließen. Fraglos übertrieb v. Viebahn jedoch 1868 die Bedeutung dieses Professionisten mit seiner Behauptung "von ihm hängt großentheils die Verbesserung der Pflüge, Spaten, Hakken, Eggen, Räder, Göpel, Karren, Fuhrwerke, oft selbst die Reparatur landwirtschaftlicher Maschinen ab".[933]

III.5.2.2.3. Die Begrenzung des Betriebs der Landhandwerker am Beispiel des Verbots der Beschäftigung von Gesellen, Lehrlingen und Gehilfen für Landstellmacher

Solange das Stellmacherhandwerk auf dem flachen Land auf die Produktion von Rädern für Pflüge, Wagen und Schubkarren begrenzt blieb, stellte es für seine Betreiber in der Regel lediglich einen Neben- oder Zuerwerb dar.[934] Folglich waren die Rademacher zur Sicherung ihrer Existenz auf die Ausübung weiterer nicht-agrarischer und agrarischer Betätigungen angewiesen.[935] Welch geringen Stellenwert das Rademacherhandwerk im Einkommensgefüge vieler Landbewohner, die gewöhnlich einer der unterbäuerlichen Schichten angehörten, einnahm, belegen die nachfolgend präsentierten Angaben zur Vermögens- und Einkommenslage von Personen, die im Oktober 1711 im herzoglich-gottor-

932 STATISTISKE BUREAU, Statistisk Tabelværk (R. 3, Bd. 1).
933 VIEBAHN, Statistik (T. 3), S. 646.
934 Vgl. BENTZIEN, Haken, S. 253.
935 Vgl. oben, Kap. III.5.2.1.3., S. 379 f.

fischen Amt Hütten ansässig waren und dort das betreffende Handwerk betrieben. Erhoben wurden die Angaben von den lokalen Beamten des Amtes.

Wie über viele andere Rademacher im Amt Hütten heißt es auch über Jürgen Greve aus Osterby: "Brauchet es [sein Handwerk] wenig und ist ein Taglöhner". Typisch ist auch, daß Greve "zur Häuer" wohnte. Viele Rademacher im Amt bewohnten allerdings als Insten eigene Häuser. Das trifft z.B. auf Peter Gosche oder Hinrich Dühr zu, die beide in Owschlag ansässig waren. Andere Rademacher waren wiederum aufgrund ihres Alters und/oder ihres Gesundheitszustandes nicht mehr zur Ausübung ihrer Profession fähig. Letzteres trifft etwa auf Claus Peter aus Damendorf zu, dem zudem - wie vielen anderen seiner Kollegen auch - eine äußerst geringe fachliche Qualifikation attestiert wurde. Auffällig - jedoch gewiß nicht verwunderlich - ist aber insbesondere die Tatsache, daß die allermeisten der in der Erhebung erfaßten Landrademacher den größten Teil ihres Lebensunterhaltes aus der Landwirtschaft bezogen - sei es nun etwa als "Tagelöhner" oder als Inste.[936] In der Landschaft Stapelholm waren anscheinend in der zweiten Hälfte des 18. und zu Beginn des 19. Jahrhunderts sogar einige Stavner zugleich Rademacher;[937] sehr intensiv dürften sie ihr Handwerk folglich nicht ausgeübt haben. Indes entstammten auch die allermeisten Betreiber des Rademacherhandwerks auf dem flachen Land einer der landarmen oder landlosen unterbäuerlichen Schichten.[938]

Mit der oben beschriebenen Ausdehnung des tradierten Tätigkeitsfeldes vom Rad auf andere Teile der landwirtschaftlichen Geräte und Transportmittel entwickelte sich das Stellmacherhandwerk auf dem flachen Land zu einer Profession, die mehr als nur einen Neben- oder Zuerwerb bilden konnte. Als ein sicheres Indiz für die Steigerung sowohl des Auftragsvolumens vieler Landstellmachereien als auch ihres Umsatzes und Gewinns ist der Anstieg der beschäftigten Gesellen, Lehrlinge und Gehilfen zu werten.[939]

Ein verläßlicher Indikator für die vermehrte Beschäftigung von Gesellen, Lehrlingen und Gehilfen durch selbständig arbeitende Landhandwerker ist in Schleswig-Holstein die Reaktion von Kanzlei, Regierung und Statthalter auf diese Entwicklung. Denn im Untersuchungsraum war den Landhandwerkern - wie z.B. auch denen in Mecklenburg-Schwerin, weiten Teilen Preußens oder im Zürcher Unterland - aufgrund der bereits mehrfach im Verlauf der Untersuchung dargelegten zünftig ausgerichteten gewerbepolitischen Ordnungsprinzipien die Beschäftigung von Gesellen, Lehrlingen und Gehilfen verboten. Am 13. Juli 1759 verfügte beispielsweise der König - unter Hinweis auf die "ergangenen Verordnungen" - in einem "Rescript an den Herrn Statthalter, daß den unzünftigen Handwerkern auf dem Lande nicht das Recht zusteht, Lehrjungen und Gesellen zu halten".[940] Ausgelöst worden war diese Verfügung durch eine Beschwerde des Schusteramtes in Tondern gegen die Haltung von Gesellen und Lehrlingen durch die Landschuster des

936 LAS Abt. 168, Nr. 1625.

937 VOGEDING, Stapelholm, S. 132.

938 HÄHNSEN, Entwicklung, S. 187-195. Vgl. auch SCHULTZ, Landhandwerk, S. 60-67.

939 SCHULTZ, Landhandwerk, S. 103 f. Bernhard van OTERENDORP: Das Handwerk im Wirtschaftsleben Ostfrieslands von der Mitte des 18. Jahrhunderts bis zum Jahre 1866, Diss. Kiel 1923 (maschinenschriftlich vervielfältigt), S. 21-23. MEIER, Handwerk, S. 72 f.

940 RESCRIPT an den Herrn Statthalter, daß den unzünftigen Handwerkern auf dem Lande nicht das Recht zusteht, Lehrjungen und Gesellen zu halten, in: Syst. Slg, Bd. 6, Kiel 1833, S. 171, Nr. 20 (13.07.1759).

Amtes Tondern. Bereits zehn Jahre zuvor war für den herzoglich-gottorfischen Anteil der Herzogtümer ein Patent erlassen worden, demzufolge "es unzünftigen Landhandwerkern nicht erlaubt [sei], ohne specielle Concession weder Gesellen noch Lehrjungen zu halten". Weiter hieß es darin: "Und wenn einige dieser Handwerker in den Landdistricten in ihren Concessionen verstattet worden, sich eines Gehülfen zu bedienen, sind darunter weder Gesellen noch Lehrjungen, sondern bloß solche Handlanger zu verstehen, ohne deren Zuziehung und Beihülfe verschiedene Arten von Handwerken, als die der Schmiede und Zimmerleute, nicht füglich betrieben werden können".[941]

Übereinstimmend verbaten das Patent und das Reskript den Handwerksbetrieben auf dem flachen Land generell die Beschäftigung von Gesellen und Lehrlingen. Sie sollte den zünftigen Meistern in den Städten und zunftberechtigten Flecken bis zum Ausscheiden der Herzogtümer aus dem dänischen Gesamtstaat vorbehalten bleiben. Ausgenommen von diesem Verbot blieben etwa die Handwerker der Landschaft Fehmarn und auch diejenigen "auf den Herzogl. Augustenburgischen Gütern auf Alsen". Ersteren wurde 1756 durch den König u.a. jenes Privileg bestätigt, demzufolge "ein jeder unter ihnen einen Gesellen und einen Jungen halten"[942] durfte. Letztere erhielten 1791 per königlichem Reskript die Erlaubnis zum "Gesellenhalten" - sofern sie "keinen Verdienst außer dem Herzogl. Augustenburgischen District auf Alsen"[943] suchten.

Erlaubt wurde in einem Patent von 1749 jedoch zumindest den Landschmieden und -zimmereien die Anstellung eines "Gehülfen", und zwar mit der Begründung, ohne die "Zuziehung und Beihülfe" dieser unzünftigen "Handlanger" könnten diese Handwerke "nicht füglich betrieben werden".[944] In einem Zirkular vom 25. November 1826 stellte es die Schleswig-Holstein-Lauenburgische Kanzlei schließlich sogar allen konzessionierten Landhandwerkern frei, sich "der Hülfe ihrer Frauen und Kinder [...] bei ihrem Betriebe [zu] bedienen". Die Interessen des städtischen Handwerks wahrend, machte sie allerdings für den Fall, daß "die Söhne das Gewerbe [ihres Vaters] zunftmäßig erlernt haben" sollten, deren Beschäftigung im väterlichen Betrieb von einer "landesherrlichen Erlaubniß" abhängig.[945] Bereits drei Jahre später erweiterte die Kanzlei erneut den Kreis derjenigen konzessionierten Landhandwerker, die einen "Gehülfen" beschäftigen durften: Neben den Landschmieden und den -zimmereien wurde nun auch den Landschlachtereien "in ihren Concessionen stets die Haltung eines Gehülfen gestattet". Den übrigen Landhandwerkern wurde sie "nur unter ganz besonderen Umständen und namentlich in dem Falle gestattet [...], wenn sie Krankheits- oder Alters halber nicht mehr im Stande sind, ihr Handwerk selbst gehörig zu betreiben, und sie in Krankheitsfällen dieß durch einen ärztlichen Attest darthun".[946]

---

941 KANZELEISCHREIBEN, Gesellen, S. 171.

942 CONFIRMATION der den Landhandwerkern auf der Insel Fehmern ertheilten Privilegien, in: Syst. Slg, Bd. 6, Kiel 1833, S. 218, Nr. 5 (28.05.1756).

943 RESCRIPT wegen des Gesellenhaltens auf den Herzogl. Augustenburgischen Gütern auf Alsen, in: Syst. Slg, Bd. 6, Kiel 1833, S. 232, Nr. 19 (05.01.1791).

944 KANZELEISCHREIBEN, Gesellen, S. 171 f.

945 CIRCULAR, betr. verschiedene, die Landhandwerker angehende Bestimmungen, in: Syst. Slg, Bd. 6, Kiel 1833, S. 164-167, Nr. 18 (25.11.1826), hier 167.

946 KANZELEISCHREIBEN, Gehülfen, S. 173.

Einen gewissen Abschluß erfuhr die Entwicklung des Gewerberechts in diesem Punkt dann am 17. Juli 1830 mit dem "Kanzeleischreiben, daß den auf dem Lande concessionirten Rademachern die Haltung eines nicht zünftigen Gehülfen zu gestatten ist".[947] Obgleich ihr Verlauf vielleicht auf den ersten Blick etwas verworren erscheinen mag, ergibt sich bei eingehenderer Betrachtung doch ein klares Bild: Abgesehen von ganz wenigen Ausnahmen blieb die "Dreiteilung der Zunftverfassung"[948] in Meister, Geselle und Lehrling dem städtischen Handwerk vorbehalten. Dagegen wurde im Zuge der Liberalisierung der gesamten Gewerbeordnung der Kreis der Landhandwerker, die einen Gehilfen beschäftigen durften, nach und nach ausgedehnt - ohne daß dem Landhandwerk letztendlich die Beschäftigung von Gehilfen generell freigestellt worden wäre. Dieses "Privileg" besaßen vor 1830 nur die ländlichen Grob- und Hufschmiede, Zimmerer und Schlachter sowie von diesem Jahr an bis zum Ende des Untersuchungszeitraums zusätzlich noch der Landstellmacher. Erlaubt war allen Landmeistern jedoch die Zuhilfenahme ihrer Familienangehörigen - sofern die Söhne das Handwerk nicht zünftig erlernt hatten.

Bemerkenswerterweise verlief die Entwicklung in Dänemark gemäß Henningsen genau umgekehrt, erbrachte jedoch im Endeffekt in diesem Punkt ähnliche gewerberechtliche Bedingungen für die Landhandwerker: Ursprünglich war es ihnen im Königreich anscheinend freigestellt, Gesellen und Lehrlinge zu beschäftigen. So hielten die Schmiede und Rademacher in einigen Ämtern Gesellen und die Schuhmacher und Tischler ganz allgemein Lehrlinge. Gewöhnlich behalfen sich die meisten Landhandwerker jedoch mit ungelernten Kräften oder zogen ihre Kunden zur Hilfe heran. Seit dem 20. November 1822 war nun die Beschäftigung von maximal einem Gesellen und einem Lehrling generell genehmigungspflichtig. Die Erlaubnis dazu erhielt ein Landmeister allerdings nur noch dann, wenn die Interessen seiner zünftigen Kollegen dadurch nicht geschädigt wurden. Ausgenommen von dieser Regelung blieben lediglich diejenigen Landmeister, die bereits zuvor Gesellen und Lehrlinge angestellt hatten. Nur noch den ländlichen Grob- und Hufschmieden, Rademachern, Webern und den Zimmerern war fortan die Anstellung eines Gehilfen erlaubt. Dafür war es allen Landhandwerkern - ohne Einschränkungen - freigestellt, Familienangehörige im Betrieb zu beschäftigen.[949] Erst durch die Einführung der Gewerbefreiheit im Jahre 1857 bot das dänische Gewerberecht - wie schon zuvor in einigen anderen Bereichen - auch hinsichtlich der Gesellen-, Lehrlings- und Gehilfenbeschäftigung den Landhandwerksbetrieben des Königreichs bis 1867 mehr Spielraum als denen der Herzogtümer.

Nun weist Hähnsen für Schleswig-Holstein nach, daß sich das Landhandwerk über das im Gewerberecht verankerte Verbot der Gesellen- und Lehrlingsbeschäftigung bzw. über die dort hinsichtlich der Gehilfenbeschäftigung festgeschriebenen Beschränkungen vielfach hinwegsetzte.[950] Wie bereits weiter oben bemerkt, läßt die Entwicklung des Gewerberechts in diesen Punkten trotzdem, wenngleich auch nur indirekt, Rückschlüsse auf den Bestandsverlauf zu: Die Verbote und Beschränkungen sind ein sicheres Indiz für das An-

---

947 KANZELEISCHREIBEN, daß den auf dem Lande concessionirten Rademachern die Haltung eines nicht zünftigen Gehülfen zu gestatten ist, in: Syst. Slg, Bd. 6, Kiel 1833, S. 173 f., Nr. 23 (17.07.1830).

948 HÄHNSEN, Entwicklung, S. 92.

949 HENNINGSEN, Studier, insbes. S. 111 und 120 f.

950 HÄHNSEN, Entwicklung, insbes. S. 54, 59 f. und 75 ff.

schwellen der Zahl der in Landhandwerksbetrieben beschäftigten Gesellen, Lehrlingen und Gehilfen. Zumindest eine vage Vorstellung davon, wie groß der Bestand der in Schleswig-Holstein von Landstellmachern angestellten unzünftigen Gehilfen unmittelbar vor der Erteilung der Erlaubnis zu deren Haltung per Kanzleischreiben vom 17. Juli 1830 gewesen sein könnte, geben die folgenden Zahlen: 1840 arbeiteten laut Statistik insgesamt 310 Gehilfen in den insgesamt 883 Landstellmachereien des Landes. 1860 hatte sich ihre Zahl um 83 auf 393 (plus 26,8%) erhöht. Damit beschäftigte nicht einmal jeder zweite der 1.045 Landstellmachermeister im Lande eine ungelernte Hilfskraft.[951] Ein Bestand von 200 bis 250 Gehilfen um 1830 ist also durchaus denkbar.

Selbstverständlich lassen sich anhand derjenigen Kanzleischreiben, Zirkulare, Reskripte u.dgl., die die Gesellen- und Lehrlings- sowie Gehilfenbeschäftigung des Landhandwerks regelten, auch Rückschlüsse auf den Verlauf der Auflösung der alten zünftigen Gewerbeordnung gewinnen. Ferner läßt ihre Entstehungsgeschichte vielfach Rückschlüsse darauf zu, welche der beteiligten Regierungs- und Verwaltungsbeamten Gegner und welche Befürworter der "alten Ordnung" waren. Besonders leicht ist eine solche Differenzierung anhand der im Vorfeld der Herausgabe des Kanzleischreibens vom 17. Juli 1830 geführten Diskussion vorzunehmen.[952] Da nämlich keine zwingenden produktionstechnischen Gründe dafür vorlagen, den Landstellmachern die Anstellung eines ungelernten Gehilfen zu erlauben, war die Lockerung der Gewerbeordnung in diesem Bereich fraglos in erster Linie eine politische Entscheidung, die den Betroffenen handfeste ökonomische Vorteile bescherte.

Ausgelöst wurde das Kanzleischreiben am 16. Februar 1829 durch "das Gesuch des Rademachers Johann Conrad Feldmann zu Süllfeld, Guts Borstel, um Allerhöchste Concession zur Haltung eines Gesellen".[953] Bevor die Schleswig-Holstein-Lauenburgische Kanzlei das Gesuch entschied, holte sie die Gutachten der Statthalterschaft sowie des Schleswigschen und des Holstein-lauenburgischen Obergerichts ein.[954] Der Statthalter Landgraf Carl von Hessen forderte nun seinerseits von der Pinneberger Landdrostei und dem Haderslebener Amtshaus sowie den Magistraten Flensburgs und Rendsburgs Stellungnahmen an.

Wie nicht anders zu erwarten, sprachen sich der Landdrost und der Amtmann dafür aus, "den Rademachern auf dem Lande die Haltung von Gehülfen allgemein" zu gestatten. Überraschenderweise votierte auch der Rendsburger Magistrat dafür, während der Flensburger erwartungsgemäß "die Zulassung von Gehülfen bey den Landrademachern im allgemeinen für überflüssig und den Stadtrademachern nachtheilig" hielt. Der Argumentation des Flensburger Magistrats folgend, sprachen sich auch der Statthalter sowie das Obergericht für die Herzogtümer Holstein und Lauenburg dagegen aus. Anders entschied nun wiederum das Schleswigsche Obergericht die Frage. Mit folgender Begründung setzte es sich dafür ein, den Landstellmachern die Gehilfenbeschäftigung freizustellen: "Das Interesse des Landmannes ist gewiß ein eben so wichtiges, wenn nicht noch nach der Art

951 COMMISSION, Statistisches Tabellen-Werk (H. 1) und STATISTISKE BUREAU, Statistisk Tabelværk (R. 3, Bd. 1).

952 Die nachfolgenden Zitate zur Entstehungsgeschichte des Kanzleischreibens vom 17. Juli 1830 stammen ausnahmslos aus LAS Abt. 65.2, Nr. 808 II.

953 Vgl. dazu oben, Kap. III.5.1.3., S. 295 f.

954 Vgl. oben, Kap. III.5.1.4.1., S. 305 ff.

und Weise des in den Herzogthümern hauptsächlich herrschenden Nahrungsbetriebes, ein wichtigeres, als das des Städters und es erfordert daher schon eine billige Rücksicht auf die Erleichterung der dem Landmann obliegenden Arbeiten, daß man ihm die Mittel, durch welche er dieselben zur Ausführung bringt, nicht gleichsam vorenthalte, indem man ihn zwingt, die Befriedigung seiner Bedürfniße auf fernerem Wege zu suchen".

Ob es nun lediglich Zufall ist, daß das Schleswigsche Obergericht anscheinend genauso wie später das Ministerium für das Herzogtum Schleswig die Liberalisierung der zünftigen Gewerbeordnung befürwortete und förderte, wohingegen sie vom Holstein-lauenburgischen Obergericht und dem Ministerium für die Herzogtümer Holstein und Lauenburg abgelehnt wurde, muß späteren Untersuchungen vorbehalten bleiben.[955] Offenkundig scheint indes die Position des Statthalters in dieser Angelegenheit: Er hing noch ganz den Prinzipien der "alten Ordnung" an - und handelte auch dementsprechend.[956]

III.5.2.3. Der Tischler

1840 waren in den Herzogtümern offiziell 4.718 Personen im Tischlerhandwerk beschäftigt. Damit belegte dieses Handwerk hinsichtlich der Beschäftigtenzahl unter allen Handwerken hinter der Grob- und Hufschmiederei (5.179) und - mit beträchtlichem Vorsprung - vor der Zimmerei (2.755) den fünften Platz.[957] Zwar waren in diesem Jahr in den Städten und Flecken (2.467) und auf dem flachen Land (2.251) annähernd gleich viele Personen im Tischlerhandwerk tätig, doch weist die Dichte der Beschäftigten, d.h. die Zahl der in diesem Handwerk pro 1.000 Einwohnern arbeitenden Personen, darauf hin, daß es zu diesem Zeitpunkt eher ein städtisches Handwerk war. Während nämlich in den Städten und Flecken 12,3 von 1.000 Einwohnern im Tischlerhandwerk tätig waren, belief sich dieser Wert auf dem flachen Land lediglich auf 3,5.[958]

Weitgehend vernachlässigt werden nachfolgend die 1.054 städtischen Tischlereien, die 1840 1.413 Hilfskräfte, d.h. wohl in erster Linie zünftige Gesellen und Lehrlinge, beschäftigten. Denn auch im Fall des Tischlers wird sich die anhand der "klassischen" Gerätschaftshandwerker aufgestellte These, daß die Landwirte gewöhnlich die auf dem flachen Land ansässigen Betriebe mit der Herstellung landwirtschaftlicher Produktionsmittel beauftragten, weiter erhärten.[959]

---

955 Zur Entwicklung der Verwaltung in Schleswig-Holstein zwischen 1800 und 1863 vgl. Wolfgang STEINIGER: Schleswig-Holstein 1806-1892, in: Kurt G. A. Jeserich et al. (Hgg.): Deutsche Verwaltungsgeschichte, Bd. 2, Stuttgart 1983, S. 762-784, hier 771-780. Ferner vgl. Klaus FRIEDLAND und Kurt JÜRGENSEN (Bearb.): Schleswig-Holstein (= Grundriß zur deutschen Verwaltungsgeschichte 1815-1945, Reihe A: Preußen, Bd. 9), Marburg 1977, S. 46 ff.

956 Vgl. oben, etwa Kap. III.5.1.4.1., S. 305 f.

957 COMMISSION, Statistisches Tabellen-Werk (H. 1). Die Plätze 1 bis 3 belegten drei Bekleidungshandwerke, und zwar das Schuhmacherhandwerk mit 8.959 Beschäftigten, gefolgt vom Schneiderhandwerk (6.259 Beschäftigte) sowie der Weberei (6.189 Beschäftigte).

958 KETTEMANN, Handwerk, S. 114.

959 Vgl. insbes. oben, Kap. III.5.2.1.3., S. 359 ff.

So gut wie nichts ist bisher über die Herstellung landwirtschaftlicher Produktionsmittel durch die ländlichen Tischlereien bekannt. Das hat mehrere Ursachen. Zunächst einmal wurde von der Forschung bis vor wenigen Jahrzehnten in der Regel Zunft- statt Handwerksgeschichte geschrieben. Da das Landhandwerk im deutschsprachigen Raum gewöhnlich unzünftig war, beschränken sich die Untersuchungen über das Tischlerhandwerk folglich auf die städtischen Betriebe. Bestes Beispiel hierfür ist das ansonsten überzeugende Werk "Die Geschichte des Deutschen Tischlerhandwerks" von Hellwag,[960] welches sich - im Gegensatz zu den meisten anderen[961] - auch ausführlich mit dem Produktionsprozeß und den Produkten befaßt. So enthält es u.a. eine umfassende Liste der von - städtischen - Tischlern gefertigten Gegenstände.[962] Sicher sind viele davon auch von Landtischlern angefertigt worden. Ausführlicher befassen sich zwar eine Reihe von zumeist kunsthistorischen und volkskundlichen Untersuchungen mit dieser Materie, doch konzentrieren sie sich fachbedingt sowohl im Fall der städtischen als auch der ländlichen Tischler auf besondere Bau- und Möbeltischlerarbeiten.[963]

Zweierlei sollte zu guter Letzt dazu noch bedacht werden: Zum einen begannen (Land) Tischler aller Wahrscheinlichkeit nach auch in Schleswig-Holstein erst in der zweiten Hälfte des 18. Jahrhunderts, die Herstellung von landwirtschaftlichen Produktionsmitteln in ihr Tätigkeitsfeld aufzunehmen. In Hellwags oben erwähnter Liste finden sich jedoch z.B. nur sehr wenige Tischlererzeugnisse, die nach 1750 hergestellt wurden. Auf der anderen Seite schied dieser Produktionszweig bereits im Verlauf der zweiten Hälfte des 19. Jahrhunderts wieder aus der Produktionspalette der meisten (Land)Tischler aus.

Zum anderen werden sich schätzungsweise nicht mehr als zehn Prozent der (Land) Tischler in Schleswig-Holstein mit der Anfertigung landwirtschaftlicher Produktionsmittel befaßt haben. Bei 1.611 Landtischlereien im Jahre 1840[964] wären das immerhin 160 Betriebe gewesen. Unmöglich ist es natürlich, auch nur vage abzuschätzen, welchen Anteil dieser Fertigungszweig am Produktionsvolumen dieser Betriebe einnahm. Ganz auf die Herstellung von Landmaschinen spezialisiert haben werden sich vielleicht dreißig oder vierzig von ihnen. Für den Rest dürfte sie eines von vielen kleineren Standbeinen neben der Bau- und Möbeltischlerei sowie Sargmacherei[965] gewesen sein. Ein Blick auf die Anschreibebücher von Landtischlern zeigt nämlich, daß diese Professionisten auf dem

---

960 Fritz HELLWAG: Die Geschichte des Deutschen Tischlerhandwerks. Vom 12. bis zum 20. Jahrhundert, Berlin 1924.

961 Vgl. etwa Ernst JENDREYCZYK: Das Amt der Tischler zu Heide, Leipzig 1908. Max FEHRING: Sitte und Brauch der Tischler. Unter besonderer Berücksichtigung hamburgischer Quellen, Hamburg 1929. Wilhelm RUST: Das Tischlerhandwerk der Stadt Flensburg. Ein Gang durch vier Jahrhunderte bis zum Jahre 1866 (= Schriften der Gesellschaft für Flensburger Stadtgeschichte, 5), Flensburg 1940. Friedrich KLEYSER: Geschichte des Kieler Tischlergewerbes (bis 1864), in: MKStG, 56 (1965), H. 3, S. 153-164.

962 HELLWAG, Geschichte, S. 89-100.

963 Vgl. etwa KRATZ, Möbel und Ulrich BAUCHE: Landtischler, Tischlerwerk und Intarsienkunst in den Vierlanden unter der beiderstädtischen Herrschaft Lübecks und Hamburgs bis 1867 (= Volkskundliche Studien, 3), Hamburg 1965.

964 COMMISSION, Statistisches Tabellen-Werk (H. 1).

965 Vgl. ANONYMUS, Einfluß, S. 696 f.

flachen Land häufig Universalhandwerker waren, die nicht nur in den eigenen, sondern gelegentlich auch in den Arbeitsbereichen anderer Holzhandwerker tätig waren.[966]

III.5.2.3.1. Das tradierte Tätigkeitsfeld

Obwohl die Ausübung des Tischlerhandwerks in den Landdistrikten erst seit der Einführung des Konzessionssystems 1805 offiziell erlaubt war,[967] bestritten selbstverständlich bereits zuvor viele Landbewohner der Herzogtümer mit dieser Profession einen mehr oder weniger großen Teil ihres Lebensunterhalts. So arbeiteten z.B. bereits am Ende des 17. Jahrhunderts "Dischler" und "Schnittger"[968] auf einigen der in der Bannmeile Lütjenburgs gelegenen adeligen Gütern.[969] Im 18. Jahrhundert traten Landtischler dann in Schleswig-Holstein immer zahlreicher auf.[970] Im darauffolgenden Jahrhundert hielt dieser Trend offensichtlich an, denn - wie bereits vermerkt - im Verlauf des Untersuchungszeitraums wurde das Tischlerhandwerk schließlich zu einer der beschäftigungsstärksten Professionen auf dem flachen Land. Dabei verlief die Bestandsentwicklung innerhalb des Untersuchungsraums unterschiedlich.[971] Inwieweit sich die Landtischler tatsächlich selbst in den holsteinischen See- und Flußmarschen erst nach 1800 von den Landzimmerern abzugrenzen vermochten, die bis dahin laut Schlee "maßgebend auch für die Gestaltung der Stuben und Möbel"[972] gewesen sein sollen, kann hier zwar nicht entschieden werden, doch würde dieser Entwicklungsverlauf erklären, warum sich (Land)Tischler auch mit dem Bau von landwirtschaftlichen Produktionsmitteln befaßten: Aufgrund der überaus starken Konkurrenz auf ihrem angestammten Betätigungsfeld von seiten der Zimmerer wären sie dazu gezwungen gewesen, sich anderweitig Tischlerarbeit zu beschaffen.[973] In Nordschleswig wäre dann natürlich umgekehrt das auf dem Feld der Möbeltischlerei noch stark ausgeprägte bäuerliche Hauswerk für dieses Verhalten der Landtischler ausschlaggebend gewesen.[974]

---

966 Vgl. SIUTS, Arbeitsgeräte, S. 260-262 und REININGHAUS, Gewerbe, S. 39.

967 Vgl. oben, Kap. III.2., S. 199.

968 Zur Entstehung und Entwicklung des Tischlerhandwerks und der Bezeichnung dieser Profession vgl. z.B. JENDREYCZYK, Amt, S. 4 ff. sowie KLEYSER, Geschichte, S. 37 ff.

969 ENGLING, Handwerk, S. 172 ff. - In anderen deutschen Territorien lassen sich Tischler auf dem flachen Land bereits um die Wende vom 16. zum 17. Jahrhundert nachweisen. Vgl. DUNCKER, Dorfgewerbe, S. 31 f. und HELLWAG, Geschichte, S. 416 ff.

970 Vgl. etwa HÄHNSEN, Entwicklung, S. 38 und Beilage V, ENGLING, Handwerk, passim und ASMUS/LORENZEN-SCHMIDT, Entwicklung, S. 55 (Tab. 6), S. 57 (Tab. 8), S. 60 (Tab. 9) und S. 67 (Tab. 14).

971 Vgl. insbes. HÄHNSEN, Entwicklung, passim.

972 Ernst SCHLEE: Zur Volkskunst der holsteinischen Elbmarschen, in: StJb, 4 (1960), S. 7-20, hier 8. Vgl. auch BAUCHE, Landtischler, S. 62.

973 Als ein Indiz für die späte Abgrenzung der Landtischler von den Landzimmerern kann auch gewertet werden, daß der Landmann laut ANONYMUS, Einfluß, S. 697, in den Herzogtümern der 1820er Jahre unter ersteren "leicht" für "Tagelohn" jemanden fand, der berufsfremde Arbeiten, wie das Anstreichen von Wagen, Türen oder einem Zimmer, ausführte. Vgl. dazu auch KETTEMANN, Handwerk, S. 114.

974 Vgl. HÄHNSEN, Entwicklung, S. 137 f.

Tab. 10: "Preis-Angabe der bey einer Landhaushaltung vorkommenden" Tischlerarbeit, "so wie solche bey Mittelpreisen gewöhnlich bezahlt" wird (1828 in Schwansen)

	Mk		Mk	ß
Für eine Staubmühle, zum Kornreinmachen, mit den dazu gehörigen Sieben u. Beschlag	54	-	60	
Für einen Weher, worauf das Korn nochmals, jedoch ohne Siebe, von den schwachen Körnern gereinigt wird	27	-	30	
Für eine große Mecklenburger Häcksellade ohne Beschlag	9	-	9	8

Quelle: DITTMANN, Versuch, S. 233.

Darüber, welche landwirtschaftlichen Produktionsmittel die schleswig-holsteinischen (Land)Tischler in den ersten Jahrzehnten des 19. Jahrhunderts vornehmlich herstellten, gibt Tab. 10 Auskunft. Sowohl die "große Mecklenburger Häcksellade" als auch die "Staubmühle" und der "Weher" sind erst spät in den Untersuchungsraum eingeführt worden: erstere zu Beginn des 19. und die beiden Kornfegentypen im letzten Viertel des 18. Jahrhunderts.[975] Demnach machte das zu dieser Zeit auf dem flachen Land der Herzogtümer ungebrochen expandierende Tischlerhandwerk keinem anderen mit dem Bau landwirtschaftlicher Produktionsmittel befaßten Handwerk das Arbeitsgebiet streitig, sondern wich auf diesem Sektor auf neue Erzeugnisse aus. Es fehlt hingegen jeder Hinweis darüber, wer die bereits seit Jahrhunderten in Schleswig-Holstein für das Häckselschneiden eingesetzte einfache Häcksellade ohne Wipprute herstellte. So taucht sie z.B. weder in der Tab. 4, noch in den Tabellen 9 und 10 auf. Da Dittmann in diesen Tabellen bis auf die Häcksellade ohne Wipprute alle größeren landwirtschaftlichen Produktionsmittel aufführt, erscheint es ausgeschlossen, daß er schlichtweg vergessen haben könnte, diese dem Tätigkeitsfeld eines der Landhandwerker zuzuordnen. Möglicherweise wurde die einfache Häcksellade ohne Wipprute noch bis ins 19. Jahrhundert hinein vielfach durch bäuerliches Hauswerk oder durch professionelle Klüterei angefertigt.

Problematisch ist es nicht nur aufgrund des Zeitpunkts, an dem der (Land)Tischler in den Herzogtümern die Herstellung von "großer Mecklenburger Häcksellade" sowie "Weher" und "Staubmühle" aufnahm, diese als sein "tradiertes Tätigkeitsfeld" zu definieren. Im Fall ersterer kann man sich vielleicht noch mit der Argumentation behelfen, daß es sich bei ihr zweifelsohne um ein tradiertes landwirtschaftliches Produktionsmittel handelt, das sein modernes Gegenstück in der Häckselmaschine besitzt, dessen Herstellung der (Land)Tischler wiederum im Verlauf der zweiten Hälfte des Untersuchungszeitraums aufnahm. Weitaus schwieriger sieht es dagegen bei den beiden wahrscheinlich beinahe zeitgleich in Schleswig-Holstein eingeführten Kornfegentypen aus. Denn sowohl bei der Windfege als auch bei ihrer Weiterentwicklung, der Siebwindfege, handelt es sich um nicht-tradierte landwirtschaftliche Produktionsmittel, die erst seit dem letzten Viertel des

975 Zur Verbreitung von Häckselladen in den Herzogtümern vgl. oben, Kap. II.1.4., S. 82 ff. und Kap. II.2.4., S. 160; zur Verbreitung von Kornfegen in den Herzogtümern vgl. oben, Kap. II.1.3., S. 80 ff. und Kap. II.2.3., S. 151 ff.

18. und dann noch während des ganzen 19. Jahrhunderts von Landtischlern produziert wurden. Sich etwa damit zu behelfen, Windfege und Siebwindfege in das Kapitel "tradiertes Tätigkeitsfeld" der (Land)Tischler einzuordnen und die jüngeren Kornreinigungs- und -sortiermaschinen, die in aller Regel ausländischen Ursprungs waren, im Kapitel "Produktion moderner Agrartechnik" abzuhandeln, kommt allein schon deshalb nicht in Frage, weil viele der letzteren nach dem gleichen Funktionsprinzip wie die ersteren arbeiteten. Da also Windfege und Siebwindfege im Fall des (Land)Tischlers ganz offensichtlich in beide Kapitel passen würden, ist eine willkürliche Zuordnung notwendig: wenn sie dem Kapitel "Produktion moderner Agrartechnik" zugeschlagen werden, dann vor allem deshalb, weil es sich bei ihnen um moderne landwirtschaftliche Produktionsmittel handelt und sich zudem vor 1800 nicht allzuviele (Land)Tischler in den Herzogtümern mit ihrer Anfertigung beschäftigt haben dürften.

Der Bericht "Landwirthschaftliche Nachrichten aus Dithmarschen" eines Unbekannten von 1802 deutet allerdings darauf hin, daß der (Land)Tischler zumindest in der Landschaft Süderdithmarschen an tradierten landwirtschaftlichen Produktionsmitteln mehr als nur die "große Mecklenburger Häcksellade" herstellte. "Der hiesige Bauer", so bemerkt der Anonymus nämlich, lasse alle "ihm nöthigen Akkergeräthschaften [...] ohne Ausnahme, entweder von den einheimischen Tischlern und Stellmachern verfertigen, oder er kauft sie auch".[976]

An Bedeutung gewinnt dieser Holzhandwerker im Gefüge der Professionisten, die tradierte landwirtschaftliche Produktionsmittel herstellten, wenn man bedenkt, daß sich seine Tätigkeit wahrscheinlich nicht auf deren Bau beschränkte. Reparaturarbeiten dürfte er nach 1800 insbesondere dort ausgeführt haben, wo ein geschickter Stellmacher fehlte. Für Westfalen dokumentiert Siuts gleich mehrere Landtischlereien mit einem derartigen Tätigkeitsfeld. Dasjenige eines 1777 in Bergkamen/Oberaden gegründeten Betriebes sei hier beispielhaft herausgegriffen: Noch zwischen 1906 und 1911 führte dieser Familienbetrieb, der über drei Arbeitsbänke und maximal drei Arbeitskräfte verfügte, für vier Stammkunden nicht nur die einschlägigen Tischlerarbeiten aus, sondern erledigte auch "die Neuherstellung von Waagen für den Wagen und Pflug, Bindebäume und Leitern". Des weiteren reparierte er auch "Sportwagen, Erdkarren, Schubkarren und Wagenteile (Schemel, Rungen, Deichselstangen, Speichen, Ernteleiter)" sowie Pflugteile, Kornfegen, Harken- und Hackenstiele.[977]

III.5.2.3.2. Die Produktion moderner Agrartechnik

Die Produzenten der ersten in der schleswig-holsteinischen Landwirtschaft eingesetzten modernen Land"maschinen", der Windfege und der Siebwindfege,[978] waren vornehmlich auf handwerklichem und mechanischem Gebiet versierte (Land)Tischler - und nicht die

---

976 ANONYMUS, Nachrichten, S. 30.

977 SIUTS, Arbeitsgeräte, S. 258 und 260.

978 Zur Einführung und Verbreitung von Wind- und Siebwindfege in Schleswig-Holstein vgl. oben, Kap. II.1.3., S. 80 ff. und Kap. II.2.3., S. 151 ff.

von Meiners für Mitteleuropa als deren "Urproduzenten" identifizierten Mühlenbauer. Zudem war in den Herzogtümern der (Land)Tischler - und nicht, wie Meiners allgemein für Mitteleuropa behauptet, der (Land)Stellmacher - unter den holzverarbeitenden ländlichen Handwerkern während des Untersuchungszeitraums der wichtigste Kornfegenhersteller. Des weiteren ergaben die Kapitel II.1.3. und II.2.3., daß die Belege für die Herstellung von Kornfegen durch schleswig-holsteinische (Land)Tischler nicht über das Jahr 1775 zurückreichen und sich ihr Gebrauch im Untersuchungsraum erstmals 1779 nachweisen läßt. Im Verlauf des 19. Jahrhunderts entwickelte diese professionelle Produzentengruppe dann aus den allochthonen "Urmodellen" u.a. den in den Herzogtümern weit verbreiteten "Holsteinisch-ostfriesischen Windfegentyp" und schließlich sogar einen "Schleswig-Holsteinischen Siebwindfegentyp". Nachfolgend soll nun zunächst näher auf mehrere der bereits genannten (Land)Tischler, die die Kornfegenproduktion vor 1800 aufgenommen haben, eingegangen werden, bevor die Untersuchung dann auf die Aktivitäten weiterer (Land)Tischler, die im 19. Jahrhundert moderne Agrartechnik produzierten, ausgedehnt wird.

Erinnern wir uns: Den ersten Bericht über die Anfertigung einer Kornfege in Schleswig-Holstein verdanken wir Gmelins Werk "Abhandlung [...]" von 1779. Ihm zufolge hatte sich der Bergedorfer Tischler Dürland zu diesem Zeitpunkt "schon seit einigen Jahren" durch zwei verbesserte Versionen des vom Franzosen Duhamel um 1750 konstruierten "Wind-Siebs", und zwar durch "ein kleines einfacheres, ohne ein eisernes Stirn-Rad und Getriebe, für 2 1/2 Louis d'or; und ein großes, mit einem eisernen Stirn-Rade und Getriebe, für 3 1/2 Louis d'or [...] einen guten Ruf erworben".[979] Über welch großes Geschick Dürland nach Ansicht seiner Zeitgenossen verfügte, deutet auch Gmelins Hinweis an, dieser habe "auch ein Systema Copernicanum nach einer Beschreibung, ohne ein vor sich habendes Modell, gemacht".

Bei aller Kritik, die Gmelin fachkundig und detailliert an der Konstruktion der größeren der beiden Kornfegen Dürlands übte, sah er jedoch durchaus auch deren "Nutzen" gegenüber anderen Kornfegen: "Derselbe [ist] viel größer, als man ihn von andern Sieben haben kann; da sie nicht allein das gesunde Getraide von den Saamen des Unkrauts absondert; sondern auch das wurmichte und dumpfige Korn von dem Unrathe oder übeln Geruche größtentheils reiniget und abkühlet, daß es sich länger halten oder zum Brauen und zu der Futterung des Viehes ohne Nachtheil gebraucht werden könne. Zudem lassen sich alle Arten Getraide hiedurch viel besser und leichter reinigen, und die Arbeit ist nicht so langweilig und kostbar als mit andern Sieben: denn 2 fleißige Arbeitsleute können damit weit mehr als 2 Last oder 5 Wispel in einem Tage rein machen. Und da das Korn dadurch abgekühlet und ausgetrocknet wird; so hat man nicht nöthig zur Sommerzeit das gereinigte Korn so oft umstechen zu lassen [...]. Es ist also diese Maschine bey Kornmagazinen, wo viel Getraide aufbewahret wird, weit nützlicher, als alle andere Windkasten oder sogenannte Ventilatores".

---

979 Sämtliche nachfolgenden Zitate und Informationen über den Bergedorfer Tischler Dürland und seine beiden Siebwindfegen stammen aus GMELIN, Abhandlung, S. 387-408 und KRÜNITZ, Korn-Fege, S. 189-203, der den Bericht Gmelins nahezu vollständig - und zwar passagenweise wortwörtlich - übernommen hat. Hier findet sich auch eine Art Bauanleitung für die größere der beiden Kornfegen. - Vgl. Abb. 33, S. 503.

Obgleich in dem Bericht nicht erwähnt wird, an wen Dürland seine größere Maschine verkauft hat, enthält er doch zumindest einige Hinweise darauf, welchen Kundenkreis Gmelin in erster Linie im Sinn hatte. Die Landwirte sind es offensichtlich nicht gewesen. Denn nur sein Hinweis, dank dieser Siebwindfege könne das "wurmichte und dumpfige Korn" auch zur "Futterung des Viehes ohne Nachtheil gebraucht werden", läßt erkennen, daß er auch in den landwirtschaftlichen Betrieben potentielle Käufer von ihr sah. Das entspricht der geringen Verbreitung dieser Maschine zum damaligen Zeitpunkt in den meisten Agrarlandschaften des deutschsprachigen Raumes. Anders hingegen die Situation in den Kornspeichern: Da sie bereits vielfach "Windkästen oder sogenannte Ventilatores", d.h. Windfegen, benutzten, richtete Gmelin seine Einsatzempfehlung für die Dürlandsche Siebwindfege ganz offensichtlich in erster Linie an sie.[980]

An wen sollten sich nun Gmelin zufolge die Eigner von Kornspeichern, Mühlen oder landwirtschaftlichen Betrieben wenden, wenn sie die größere der beiden Siebwindfegen kaufen wollten, aber außerhalb von Dürlands Arbeitsgebiet lebten? Gmelin bot den Interessenten zwei Bezugsmöglichkeiten an: Zunächst einmal war er der Ansicht, daß seine Konstruktionsbeschreibung und -zeichnungen exakt genug waren, um einen "geschickten Mechanikus oder Tischler" mit ihrer Anfertigung zu beauftragen. Stand kein derartiger Professionist "in der Nähe" zur Verfügung, so konnten Interessenten "bey dem Verleger der Lübeckschen Anzeigen erfahren", wo sie einen "wegen der größern und mehr genau gemachten Siebe um 1 1/2 Louis d'or" teureren Nachbau der Dürlandschen Siebwindfege erhalten konnten. Allem Anschein nach gab es also in oder um Lübeck herum zumindest einen weiteren Handwerker, der über die Fertigkeiten und das Wissen Dürlands verfügte.

Der zweite der drei in Kap. II.1.3. aufgeführten Tischler, die in Schleswig-Holstein bereits kurz vor oder doch zumindest um 1800 Kornfegen produzierten, ist Claus Butenop. Es deutet alles darauf hin, daß die vermutlich wichtigste Quelle über ihn und seine Familie, die in der Hauspostille (Predigtbuch) der Butenops niedergeschriebene Familienchronik, 1914 beim Brand des Wohnhauses des Klüverschen Hofes in Niederreihe, Gemeinde Hohenfelde (Kreis Steinburg), vernichtet worden ist.[981] Rückschlüsse über ihren Wert lassen sich aus Bielenbergs heimatkundlicher Arbeit über das Kirchspiel Süderau, Kremper Marsch (Kreis Steinburg), ziehen: Im Kapitel über die Gemeinde Süderau gibt Bie-

980 Zur Einführung und Verbreitung der Kornfege in Mitteleuropa vgl. MEINERS, Kornfege, insbes. S. 152 ff.

981 Zur Geschichte des Klüverschen Hofes vgl. GRAVERT, Bauernhöfe, S. 592. - Während BIELENBERG, Süderau, S. 60, 1903 bemerkte, auf dem betreffenden Hof "liegt noch eine Hauspostille mit einer Familienchronik der Butenop's", hieß es 1929 - also 15 Jahre nach dem Brand des Wohnhauses des Klüverschen Hofes - bei GRAVERT, Bauernhöfe, S. 592, "auf diesem Hof befand sich die Postille des Tischlers Claus Butenop". Wäre die Hauspostille nicht verbrannt, hätte es Gravert sicherlich nicht versäumt, diese für sein Werk "Bauernhöfe" aufschlußreiche Quelle bei Ludwig Klüver einzusehen. Darauf, daß sich Ludwig Klüver, der seinen Hof in der Niederreihe, Gemeinde Hohenfelde (Kreis Steinburg), laut GRAVERT, Bauernhöfe, S. 493 und 592, 1920 verkaufte und sich auf einer 1916 in Steinburg, Gemeinde Süderau (Kreis Steinburg), erworbenen kleinen Landstelle niederließ, nach dem Brand von 1914 nicht mehr im Besitz der Hauspostille befand, lassen auch die Nachforschungen bei einem Nachbarn, der 1960 von den Erben des 1955 verstorbenen Ludwig Klüver den größten Teil der kleinen Landstelle nebst Gebäude in Steinburg kaufte (vgl. Hellmut AUGUSTIN: Die Bauernhöfe zwischen Elbe, Stör und Krückau mit den Familien ihrer Besitzer (Johannes Gravert 1929). Ergänzungsband I/II, Glückstadt 1976, S. 274), vermuten.

lenberg nämlich auch Daten und Geschehnisse wieder, die er der Familienchronik der Butenops entnommen hat. Indes drängt sich bei dessen Lektüre der Eindruck auf, daß er der Familienchronik nur einige wenige ihm bemerkenswert erscheinende Informationen entnommen hat. Angereichert hat Bielenberg den Abschnitt über die Butenops anscheinend durch mündliche Mitteilungen von Bewohnern der Kremper und der Kollmar Marsch - ohne allerdings im Text darauf zu verweisen, von wem er sie eingeholt hat.[982] Einer seiner Informanten dürfte Ludwig Klüver (1872-1955)[983] gewesen sein, auf dessen Hof in Niederreihe, Gemeinde Hohenfelde (Kreis Steinburg), sich die Familienchronik, deren Verfasser unbekannt ist, bis zu ihrer vermutlichen Vernichtung befunden hat. An die Hauspostille und sein Wissen um die Butenops dürfte Ludwig Klüver gelangt sein, weil die beiden Familien miteinander verwandt waren: und zwar war Lütje Klüver (1801-1876), der Großvater Ludwig Klüvers väterlicherseits, mit einer Tochter von Christine Käckenhof, geb. Butenop (1770-1835), verheiratet.[984]

Sollte diese Christine eine Schwester von Claus Butenop gewesen sein, so ließe sich - in Verbindung mit weiteren Anhaltspunkten - sein Geburtsdatum enger eingrenzen. Bielenberg berichtet, der (Land)Tischler Claus Butenop habe "am Ende des 18. Jahrhunderts [..] auf dem Gewese der jetzigen Oldeschen Schänkwirtschaft"[985] (Kollmarhörn (?)), Gemeinde Neuendorf b. E. (Kreis Steinburg[986]) gewohnt. Da zudem seine erste uns bekannte Arbeit, "ein kunstvoll geschnitztes Paneel, welches sich bis zum Jahre 1902 in der Wohnstube des Herrn Amtsvorstehers Augustin in Borsfleth befand" und danach in einem Hamburger Museum ausgestellt wurde, auf das Jahr 1796 datiert ist,[987] kann man davon ausgehen, daß er sich auch erst um diese Zeit als selbständiger Landtischler niedergelassen hat. Darauf deutet auch das Geburtsjahr seines ersten Sohnes hin: Johann Butenop erblickte 1801 das Licht der Welt. Als zünftiger Geselle hätte er nämlich nicht heiraten können. Daran, daß er das Tischlerhandwerk zünftig erlernt hat, kann aufgrund seiner überdurchschnittlichen fachlichen Qualifikation kein Zweifel bestehen. So wird er beispielsweise von Bielenberg als "ein tüchtiger Mann in seinem Fach" oder als "Tausendkünstler" charakterisiert.[988] Tatsächlich war Claus Butenop sowohl als Tischler und Siebwindfegenproduzent als auch als Pflugmacher und Produzent von (Flachs)Brechmaschinen tätig; des weiteren betrieb er eine Ölmühle.[989] Welche Anteile die einzelnen Erwerbszweige im Laufe der Zeit an seinem Einkommen hatten, und wie lange er sie überhaupt betrieb, kann wiederum nicht gesagt werden. Allein die Siebwindfegenproduktion betrieb er nachweislich über mehr als drei Jahrzehnte. Aber wenden wir uns nun wieder der Berechnung seines Geburtsdatums zu. Autodidaktisch oder über eine Anstellung als Gehilfe bei einem Landtischler kann er eine derartige fachliche Qualifikation wohl kaum

---

982 Vgl. BIELENBERG, Süderau, S. 59-61.
983 GRAVERT, Bauernhöfe, S. 592 und 493 sowie AUGUSTIN, Bauernhöfe, S. 274.
984 GRAVERT, Bauernhöfe, S. 592.
985 Vgl. BIELENBERG, Süderau, S. 59.
986 GRAVERT, Bauernhöfe, S. 293.
987 BIELENBERG, Süderau, S. 60.
988 Ebda., S. 59.
989 Ebda., S. 60, LAS Abt. 406.10, Nr. 43 und ANONYMUS: Wie läßt sich der Hanf- und Flachsbau auf eine vortheilhafte Weise in unsere Ackerwirthschaften, und die Verbreitung dieser Industriegewächse in unsere Haushaltungsordnung aufnehmen? Nebst einer Nachricht von einer neu erfundenen Brachmaschine, in: SHLPB, 15 (1826), S. 24-46, hier 44-46.

erworben haben. Berücksichtigt man nun auch noch eine mehrjährige Wanderschaft als Tischlergeselle, so könnte Claus Butenop um 1775 geboren worden sein. Bedenkt man, daß seine potentielle Schwester Christine 1770 auf die Welt kam, so gewinnt diese Berechnung an Wahrscheinlichkeit.

Gestorben ist Claus Butenop 1839 in Hohenfelde, einem Kirchdorf am Geestrand zur Kremper Marsch, als "Kostgänger" auf dem von Gravert als Nummer 1066 geführten Hof.[990]

Von besonderem Interesse ist der (Land)Tischler Claus Butenop für uns nicht nur, weil er laut Bielenberg "die ersten Kornstaubmühlen"[991] gebaut hat, sondern auch, weil er maßgeblich zu deren schneller Verbreitung im Untersuchungsraum beigetragen hat.[992] Im Itzehoer Wochenblatt von 1829 berichtete er in einer Verkaufsanzeige, seit "bald dreizig Jahren [...] gegen tausend Stück derselben [...] verfertigt und verkauft zu haben".[993] Folglich müßte er die Produktion von Siebwindfegen um 1800 aufgenommen haben, also wenige Jahre nach Gründung seines Betriebes in Kollmarhörn. Nicht klären läßt sich leider, wann und wo er das Know-how dazu erworben hat. Eine Aneignung während der Wanderschaft scheint genauso möglich, wie etwa umgekehrt dessen Vermittlung durch einen auf der Wanderschaft befindlichen auswärtigen Gesellen. Die Annahme von Arbeit bei unzünftigen Landmeistern war den Gesellen zwar verboten, doch haben sie sich nicht immer daran gehalten.

Zur schnellen Verbreitung der Siebwindfege in den Herzogtümern dürfte Claus Butenop auch dadurch beigetragen haben, daß er seine beiden Söhne Johann (1801-18??) und Klaus (nach 1801-18??) in deren Produktion unterwies. Bielenberg bemerkt dazu lediglich: "Beide bauten Staubmühlen und preßten Öl". Mit Bedacht ließ er jedoch zuvor den älteren das Tischlerhandwerk und den jüngeren das Grob- und Hufschmiedehandwerk erlernen:[994] auf diese Weise erwarben die beiden Söhne nämlich nicht nur fundierte fachliche Kenntnisse und Fertigkeiten, sondern waren - nachdem Klaus eine Konzession als Landschmied hatte - auch in der Lage, die eisernen Teile der Siebwindfege selbst zu bauen, ohne dabei gegen die im Konzessionssystem festgelegten gewerberechtlichen Bestimmungen zu verstoßen.[995] Wie lange Johann und Klaus in ihrer Heimat Siebwindfegen hergestellt haben, kann nicht genau gesagt werden, da sie der Familienchronik zufolge irgendwann vor 1844 nach Rußland auswanderten. Dort gründeten sie "in Moskau eine Maschinenfabrik mit ca. 300 Arbeitern, bauten anfänglich hauptsächlich Staubmühlen, später auch Feuerspritzen und gelangten zu großem Wohlstand. Sie heirateten beide Töchter eines adeligen Gutsbesitzers und haben mehrfach mit ihrer Familie Steinburg besucht".[996]

Über Claus Butenops Siebwindfegenproduktion haben wir bereits erfahren, daß er sie laut eigener Angabe 1829 seit "bald dreizig Jahren" betrieben hatte und dabei "gegen tau-

---

990 LAS Abt. 406.10, Nr. 43 und GRAVERT, Bauernhöfe, S. 583 f.
991 BIELENBERG, Süderau, S. 59 f.
992 Zur Einführung und Verbreitung der Wind- und Siebwindfege im Untersuchungsraum vgl. Kap. II.1.3., S. 80 ff. und Kap. II.2.3., S. 151 ff.
993 Zitiert nach LÜHNING, Dreh, S. 59.
994 BIELENBERG, Süderau, S. 60.
995 Vgl. dazu oben, Kap. III.5.1.4.3., S. 322 ff.
996 BIELENBERG, Süderau, S. 60 f.

send Stück derselben [...] verfertigt und verkauft" hatte. Vier Jahre später gab er in derselben Zeitung in einer Verkaufsanzeige mit der Überschrift "Empfehlung verbesserter wohlfeiler Kornstaubmühlen" diesbezüglich u.a. bekannt: "Seit einer Reihe von Jahren beschäftigte ich mich vorzugsweise mit Anfertigung von Kornstaubmühlen, welche, nachdem man sich von der Güte und Brauchbarkeit derselben überzeugt hatte, auch guten Abgang fanden. Diese Staubmühlen, welche damals mit 60 Thaler und 200 CtM bezahlt wurden, suchte man später zu wohlfeilern Preisen zu erhalten, woraus nothwendig eine geringere Brauchbarkeit derselben hervorgehen mußte. Jetzt ist es mir gelungen, durch eine besondere eigenthümliche Einrichtung dieser Maschine, die Güte und Brauchbarkeit derselben in dem Grade zu erhöhen, daß, wie Sachkundige versichern, nichts zu wünschen übrig bleibt". Die Sachkundigen - es handelte sich um die Hofbesitzer Jürgen Dohrn aus Steinburg, Kirchspiel Süderau und Jacob Schröder aus Grevenkop, Kirchspiel Krempe[997] sowie den Müller Johann Kruse aus dem Kirchspiel Hohenfelde - bemerkten u.a., daß "ihnen nie eine Maschine der Art vorgekommen sey, welche das geleistet habe, was vorstehende zu leisten im Stande sind, so daß das darauf rein gemachte Korn nicht allein von den gewöhnlichen fremdartigen Theilen, sondern auch von der Trespe geschieden wird".[998]

Liest man in der Anzeige ein wenig zwischen den Zeilen, so ergibt sich vor dem Hintergrund der Kapitel II.1.3. und II.2.3. folgendes: Als einer der ersten - wenn nicht gar als der erste Siebwindfegenproduzent in den Elbmarschen überhaupt - setzte Claus Butenop nach einer Anlaufphase, während derer sich die Landwirte von der "Güte und Brauchbarkeit" der ihnen bis dahin unbekannten Landmaschine überzeugten, zum Preis von 60 Thaler beträchtliche Stückzahlen von Siebwindfegen ab. Infolgedessen beschäftigtete sich der gelernte Tischler Butenop über mehrere Jahrzehnte hinweg "vorzugsweise" mit deren Anfertigung. Die Nachfrage nach Butenops Siebwindfege ließ vermutlich in den 1820er Jahren infolge zweier Trends nach: Zum einen bauten einige der ihm auf diesem lukrativen Markt mittlerweile erwachsenen Konkurrenten mit Erfolg billigere Versionen von seinem Modell. Ein Teil der Landwirte nahm also offensichtlich für einen Preisvorteil eine "geringere Brauchbarkeit" dieser Maschine in Kauf. Zum anderen wurden nun von verschiedenen Seiten in Schleswig-Holstein Siebwindfegen angeboten, die leistungsfähiger als Butenops Modell waren. Um der letzteren Konkurrenz begegnen zu können, entwickelte Butenop bis 1833 ein neues Modell. Einheimische "Sachkundige" attestierten diesem ein ihnen bisher nicht bekanntes Leistungsniveau, wobei sie vor allem die Fähigkeit, den Samen der Trespe - es handelt sich hierbei um eine Grasgattung - von den Getreidekörnern zu trennen, hervorhoben. Auf der Sitzung des "Landwirthschaftlichen Vereins am Schleswig-Holsteinischen Canal" vom 3. Oktober 1838 wurde auf die Frage des Vereinsmitgliedes Mylord, "welche Staubmühle die beste seyn mögte, um das Korn gleich rein zu machen, ohne dasselbe zu werfen", bemerkt, "daß bei Belurop [= Butenop] in Steinburg sehr gute Staubmühlen verfertigt würden, welche 40 Rthlr. kosteten".[999] Setzt man voraus, daß es sich bei den 1833 und 1838 genannten Siebwindfegen um ein

997 Zu Jürgen Dohrn und Jacob Schröder vgl. auch GRAVERT, Bauernhöfe, S. 450 und 491.

998 Claus BUTENOP: Empfehlung verbesserter wohlfeiler Kornstaubmühlen, in: Itzehoer Wochenblatt, 17 (1833), Nr. 38 (20.09.1833), Sp. 945.

999 EXTRACT aus dem Protocolle des landwirthschaftlichen Vereins am Schleswig-Holsteinischen Canal vom 3ten October 1838, in: LHH, 9 (1838), 2, S. 18-20, hier 20.

und dasselbe Modell handelt, so weist die Empfehlung eines Mitgliedes des "Landwirthschaftlichen Vereins am Schleswig-Holsteinischen Canal" erstens auf die für schleswig-holsteinische Verhältnisse hohe Qualität dieser Maschine hin, und zweitens deutet sie Butenops hohen Bekanntheitsgrad im Untersuchungsraum an.

Unklar bleibt, welcher Art die Geschäftsbeziehungen von Claus Butenop zur Carlshütte in Büdelsdorf waren. In den Briefkopiebüchern der Eisengießerei und Maschinenbauanstalt finden sich zwei Geschäftsbriefe, die Kontakte des Unternehmens zu Butenop belegen. Der erste datiert auf den 18. August 1834 und kündigt die Lieferung einer "große[n] Staubmühle" zum Preis von 23 Mk 8 ß an, wobei für das Holz 15 Mk, die zwei großen gußeisernen Räder 4 Mk 12 ß und für die schmiedeeisernen Teile 3 Mk 12 ß in Rechnung gestellt wurden. Der zweite ist vom 5. September 1839. In ihm fordert die Carlshütte den Vertreter ihrer Itzehoer Niederlage auf, bei den Erben des kurz zuvor verstorbenen "Pflug- und Staubmühlenmachers Butenop" Forderungen geltend zu machen.[1000]

Der letzte uns bekannte Tischler, der bereits vor 1800 Kornfegen herstellte, war in Reinfeld ansässig. Die "Staubmühlen" dieses "geschickten" Professionisten kosteten "völlig eingerichtet, 12 bis 16 Rthlr.".[1001]

Auch in den ersten Jahrzehnten nach 1800 scheinen sich Tischler auf dem Sektor der landwirtschaftlichen Produktionsmittel zunächst weitgehend auf die Herstellung von Kornreinigungsmaschinen beschränkt zu haben. In Kap. II.2.3. ist bereits darauf hingewiesen worden, daß die Carlshütte seit den frühen 1830er Jahren auch an Handwerker in Guß- und/oder Schmiedeeisen gearbeitete Teile der Kornfege, wie z.B. Zahnräder oder Getriebewellen, verkauft hat.[1002] Einer dieser Professionisten war der Tischlermeister Th. Thomsen aus Scholderup (Kirchspiel Tolk) in Angeln. Ihm teilte das Unternehmen im November 1833 u.a. mit: "Sie können [...] auch ein drittes Rad zu Ihren Staubmühlen, so wie eine Welle u jede beliebige andere Einrichtung hier gegossen erhalten, welche Sachen Ihnen bei der Anfertigung von Staubmühlen sowohl wegen ihrer Dauer als des billigen Preises, wozu wir Ihnen selbige liefern, von großem Nutzen sein werden".[1003] Ein anderer von ihnen war der Tischlermeister Chr. Lafrenz aus Niendorf auf Fehmarn. Ihn ließ die Geschäftsleitung auf seine Anfrage vom 12. Juli 1837 hin am 19. desselben Monats wissen, "daß der Preis von den gewöhnlichen gangbaren Staubmühlenrädern, wovon das große Rad etwa 12" Dchm., das kl. Rad 2" Dchm. hält, p Pfund 5 ß ist. Beide Räder wiegen etwa gut 6 Pfund. Zuweilen werden auch diese Räder mit dem anderweitigen dazu gehörenden Staubmühlen Beschlage geliefert. Dann ist der Preis im ganzen für obige 2 Räder 3 Mk 12 ß; ferner für 1 Kurbel zum Drehen, für 2 Centrumstücke, für 4 Büchsen zusammen 4 Mk 4 ß. Größere Staubmühlenräder, wovon 1 großes u ein kleines Rad zusammen ca. 20 Pfund wiegen, kosten 4 ß p Pfund".[1004]

Auf Christian Hinrich Kühl ist bereits mehrfach im Verlauf der Arbeit hingewiesen worden.[1005] In diesem Kapitel interessieren uns ausschließlich seine Aktivitäten als (Land)

1000 LAS Abt. 406.10, Nr. 38 und 43.
1001 PETERSEN, Nahrungszustand, S. 21.
1002 Vgl. oben, Kap. II.2.3., S. 155 f.
1003 LAS Abt. 406.10, Nr. 37.
1004 LAS Abt. 406.10, Nr. 41.
1005 Vgl. oben Kap. II.2.4., S. 165, Kap. III.5.1.4.3., S. 323 und Kap. III.5.1.4.4., S. 332.

Tischler, also die Zeit vor der Gründung seiner kleinen Landmaschinenfabrik in Gettorf, adeliges Gut Groß-Königsförde (Dänischwohlder Güterdistrikt), zu Beginn der 1850er Jahre. Unmittelbar nachdem er 1827 im Alter von 22 Jahren die väterliche Tischlerwerkstatt in Bovenau, adeliges Gut Osterrade, übernommen hatte, "verfertigte" er "außer der gewöhnlichen Tischlerarbeit [...] mehrfach Flachsschwingmaschinen und Kornreinigungsmaschinen". Daneben gab ihm auch "das Pumpenbohren [...] viele Beschäftigung". Ab 1832 befaßte er sich dann auch mit der Entwicklung einer Häckselmaschine.[1006] In Kap. II.2.4. ist bereits auf deren Leistungsvermögen und Preis sowie die Herkunft ihrer gußeisernen Teile um 1845 eingegangen worden. Aufschluß über die Qualität und das Preisniveau von Kühls Landmaschinen gewährt zudem eine von Wilhelm Hirschfeld, adeliges Gut Groß-Nordsee, auf der Sitzung des "Landwirthschaftlichen Vereins am Schleswig-Holsteinischen Canal" vom 20. März 1838 ausgesprochene Empfehlung; darin heißt es u.a.: "Verschiedene Geräthe des Tischlers Kühl zu Bovenau, als Staubmühlen, Braach- und Schwingmaschinen, Pumpen u.s.w." seien "wohlfeil und gut verfertigt", weshalb "er das Publicum auf selbige aufmerksam machen" wolle.[1007]

Ausführlich ist auch bereits über den in der ersten Hälfte der 1840er Jahre im Kirchspiel Seester als Landtischler und Ende der 1860er Jahre in Seesteraudeich als Stellmacher tätigen Martin Stockfleth berichtet worden, der laut eigener Angabe in der ersten Hälfte der 1840er Jahre "viele Bestellungen" sowohl auf die Neuanfertigung von "Kornhandmühlen, Sicht- Staub- Hechsel- Brach- und Schwing-Maschinen etc." als auch auf deren Reparatur erhielt. Zur Ausführung dieser Arbeiten bediente er sich zuweilen gleich "mehrerer Professionisten" und stellte am Ende der 1860er Jahre zumindest mechanisierte Bohnensiebe her.[1008]

Fraglos steht die Ausdehnung des Tätigkeitsfeldes der (Land)Tischler auf andere moderne agrare Produktionsmittel in engem Zusammenhang mit der Trendwende im Prozeß der Mechanisierung/Technisierung der Landwirtschaft zu Beginn der 1850er Jahre.[1009] Nichtsdestoweniger beschränkten sich die meisten (Land)Tischler unverändert auf den Bau von Kornreinigungsmaschinen; daneben fertigten einige von ihnen auch hin und wieder Häckselmaschinen an. Stellvertretend für sie sei hier erstens der Landtischler Detlev Kröger aus Nortorf, Amt Rendsburg, vorgestellt, der im Mai 1857 ein Patent für eine von ihm "erfundene" Häckselmaschine erhielt;[1010] zweitens der Bredstedter Tischler und Glaser J. F. Bahnsen, der laut "Adreßbuch der Herzogthümer" von 1860 und 1863 auch "Korn- und Häckselmaschinen"[1011] anfertigte; drittens der Tischlermeister Lorenzen aus Weddeln bei Quisdorf (ehemaliger Landkreis Eutin), der sich um 1900 "auf den Bau von Rummeln und Windfegern umgestellt" hatte und "die Landwirte in weitem Umkreis"[1012] belieferte. Und viertens - und letztens - sei noch der Tischler Löck aus Flarupholz in An-

---

1006 RAK Ministeriet for Hertugdömmet Slesvig, II. Departement B, Nr. 396.
1007 EXTRACT aus dem Protocolle des landwirthschaftlichen Vereins am Schleswig-Holsteinischen Canal, vom 20sten März 1838, in: LHH, 9 (1838), 3, S. 8-11, hier 11.
1008 Vgl. oben, Kap. III.5.1.4.1., S. 306 ff.
1009 Vgl. oben, Kap. II.2., S. 89 ff.
1010 RAK Ministeriet for Hertugdömmet Slesvig, II. Departement B, Nr. 393 und LAS Abt. 80, Nr. 1131 I.
1011 PETERSEN, Adreßbuch (1860), S. 14 und DIES., Adreßbuch (1863), S. 20.
1012 STOPPEL, Kornernte, S. 109.

geln genannt, von dem das Schleswig-Holsteinische Landesmuseum zwei Siebwindfegen besitzt.[1013]

Von größerem Interesse für uns als Kröger, Bahnsen und Lorenzen sind natürlich diejenigen Tischler, die nach der Jahrhundertmitte ihr Tätigkeitsfeld auf andere moderne Landmaschinen ausdehnten. Einer von ihnen war der konzessionierte (Land)Tischler Friedrich Petersen aus dem Dorf Steinfeld, Schlies- und Füsing-Harde (Angeln), der im Mai 1860 beim Ministerium für das Herzogtum Schleswig "um Ertheilung einer, das Herzogthum Schleswig, eventualiter die südliche Hälfte desselben umfassenden Concession zum Mühlenbau, so wie zur Anfertigung landwirthschaftlicher Maschienen, als Roßmühlen, Butter- Dresch- und Hedselmaschienen s.w.d.a., mit Gehülfen" nachsuchte.[1014] Hinsichtlich des zweiten Teils seines Gesuchs dehnte das Ministerium seine Konzession dahingehend aus, daß er von da ab im Amt Gottorf "landwirthschaftliche Maschinen mit oder ohne Gesellen und Gehülfen anfertigen, auch solche Maschinen an Alle und Jede in beliebiger Quantität verkaufen und absetzen" konnte. Unterstützt wurde sein Gesuch in vollem Umfang von den Beamten der unteren Verwaltungsebenen, d.h. denen "der Königlichen Schlies- und Füsing-Hardesvogtei" sowie des "Königlichen Gottorffer Amthauses in Schleswig". Bei ihren Stellungnahmen folgten sie wohl nicht zuletzt deshalb ganz Petersens Argumentationslinie, weil dieser seinem Gesuch vierzehn Atteste seiner Kundschaft beigefügt hatte, die erwartungsgemäß allesamt sehr positiv ausfielen. Ungeachtet der Motive ihrer Entstehung, die ja zu einer kritischen Betrachtung zwingt, geben diese jedoch u.a. einige wertvolle Information zum Tätigkeitsfeld und den Auftraggebern Petersens. Zudem hat die Beamten auch der Hinweis des "Ortsofficialen" überzeugt, "die Verleihung der erbetenen Concession" sei "ganz als im Interesse der Müller und Landwirthe begründet anzusehen".

Petersen gab in seinem Gesuch vom Mai 1860 u.a. an: "Seitdem sich bei den kleineren Landbesitzern das Bedürfnis eingestellt hat, sich mit den auf größeren Höfen erprobten und für gut befundenen landwirthschaftlichen Maschienen bekannt zu machen und für ihren Betrieb einzuführen, ist, und namentlich in den letzten Jahren, eine starke Nachfrage auf dem Lande nach solchen Maschienen gewesen und sind diejenigen, die sich auf die Anfertigung derselben verstehen, mit Aufträgen überhäuft". Er, Petersen, habe "die auf diesem Gebiethe gemachten Erfindungen verfolgt und solche theils practisch ausgeführt, theils aber auch in dieser Branche eigene, auf die Verbesserung solcher Maschinen gerichtete Erfindungen gemacht, so daß [die von ihm] angefertigten Maschinen nicht allein für gut und zweckentsprechend, sondern sogar als sehr rühmenswerth anerkannt" seien. Er habe sich mittlerweile "hauptsächlich auch auf die Betreibung dieser Profession gelegt und weit und breit im Herzogthum Schleswig und über dessen Grenzen hinaus in diese Branche einschlagende Arbeiten ausgeführt".

Ein H. C. Hansen aus Kleinbrodersby führte beispielsweise in seinem "Zeugniß für den Maschinen Meister Fried. Petersen in Steinfeld" an, Petersen habe ihm "eine Dresch eine Häxel und eine Schwing Maschine [verfertigt und angelegt], und ist der Öconomi der Landwirthschaft sehr zu empfehlen, und deshalb wäre es höchst wünschenswerth, wenn

---

1013 SHLM Inv.-Nr. 1970/439 und Inv.-Nr. 1971/1063.

1014 Zu Petersen vgl. oben, Kap. III.5.1.4.3., S. 326 f. - Sämtliche Ausführungen über Petersen basieren auf RAK Ministeriet for Hertugdömmet Slesvig, II. Departement B, Nr. 396.

[er] [...] einen weit größer Becirk auf die Tischler Provession bekommen möchte, indem diese Arbeit immer häufig und eng mit der Maschienen Arbeit verbunden ist, und es häufig der Fal ist, dahin wo er seine Kundschaft hat, keine Tischler sind, die Er bei seiner Kunst nicht gebrauchen kann". Der letzte Satzabschnitt ist sicherlich dahingehend zu verstehen, daß die fachliche Qualifikation der allermeisten (Land)Tischler in Angeln nicht hinreichte, um die oben genannten Landmaschinen anzufertigen.[1015] Wohl deshalb sprach der Sandmann P. Schmidt aus Rüde in seinem Attest vom "in Angeln bekannte[n] Maschienen-Bauer Friedrich Petersen".

Hinweise zur Person Petersens und darauf, seit wann er sich z.B. mit dem Bau landwirtschaftlicher Maschinen beschäftigte, lassen sich aus den Konzessionierungsakten kaum entnehmen. Ihnen zufolge war er im Februar 1856 Junggeselle und anscheinend mindestens seit 1846 selbständig, da er in diesem Jahr für den Landmann P. H. Ottsen in Schaalby "eine neue Buttermühle" anfertigte.

Am 9. Juli 1856 erhielt Peter Göttsch aus Schönberg vom "Königl. Kommissariat für das Kloster Preetz und die umliegenden Güter" eine "Concession zur Betreibung des Tischler- und Zimmerhandwerks mit einem unzünftigen Gehülfen in der klösterlichen Preetzer Probstei".[1016] Laut eigenen Angaben hatte er ein paar Jahre zuvor als Tischlergeselle "von seinem jetzt verstorbenen Bruder eine Kathenstelle gekauft" und wünschte nun, "da die wenigen bei seiner Kathe befindlichen Ländereien ihm weder hinlänglich Beschäftigung" gaben, "noch auch deren Ertrag hinreichend" war um ihn und seine Familie zu ernähren, "das erlernte Handwerk ausüben zu dürfen". Da sich zur damaligen Zeit viele Handwerksgesellen zwecks Gründung einer Familie auf dem flachen Land niederließen und zur Existenzsicherung sowohl eine kleine Landstelle bewirtschafteten als auch ihr zünftig erlerntes Handwerk ausübten, ist an diesem Teil der Geschichte des (Land) Tischlers Peter Göttsch nichts weiter von Interesse für uns. Spürbar an Bedeutung gewinnt sie erst in dem Moment, da man erfährt, daß sich Peter Göttsch "weniger [..] mit eigentlichen Tischlerarbeiten, als mit der Verfertigung solcher Gegenstände [..] beschäftigen [wollte], welche bei dem Landmanne theils zur Bearbeitung des Bodens, theils zu anderen landwirthschaftlichen Zwecken immer häufiger in Anwendung gebracht" wurden, "wozu er eine nicht gewöhnliche Geschicklichkeit besitzen" sollte. Gemäß der Klostervogtei zu Schönberg waren in der Probstei unter den "vorhandenen Tischlern und Zimmerleuten [..] verhältnißmäßig nur wenige, welche sich auf die Herstellung solcher Gegenstände" verstanden und ihrer Meinung nach konnte "daher in diesem Erwerbszweig noch eine nicht geringe Anzahl von Handwerkern nicht allein Beschäftigung und Erwerb finden, sondern" diese seien "auch noch erforderlich, um den stets vermehrten Anforderungen der Landwirthe zu entsprechen".

Die Gründe, die zur Befürwortung seines Gesuchs führten, sind die gleichen wie im Fall des Steinfelder (Land)Tischlers Petersen: Erstens besaß Göttsch eine weit über dem Durchschnitt liegende fachliche Qualifikation hinsichtlich der Anfertigung von Produkten, die ohnehin "nur wenige" unter den "vorhandenen Tischlern und Zimmerleuten" her-

---

1015 Zur durchschnittlichen fachlichen Qualifikation des schleswig-holsteinischen Landhandwerks vgl. oben, Kap. III.5.1.3., S. 289 ff.

1016 Sofern nicht anders vermerkt, sind sämtliche nachfolgend präsentierten Informationen über Peter Göttsch, Schönberg, dem Faszikel Klosterarchiv Preetz Abt. G XII B, Nr. 3 b4, entnommen.

stellen konnten. Und zweitens waren diese für die optimale Entwicklung der Landwirtschaft unentbehrlich. Darüber hinaus trugen die Beamten der unteren Verwaltungsebene mit dem Hinweis, "in diesem Erwerbszweig [könne] noch eine nicht geringe Anzahl von Handwerkern [...] Beschäftigung und Erwerb finden", auch sozialpolitische Gründe vor.[1017]

Welche landwirtschaftlichen Produktionsmittel stellte Peter Göttsch nun konkret her und seit wann beschäftigte er sich überhaupt mit dieser Tätigkeit? Da die "Klostervogtei zu Schönberg" in ihrem Bericht an die "Klösterliche Obrigkeit zu Preetz" davon sprach, er solle bei deren Herstellung "eine nicht gewöhnliche Geschicklichkeit besitzen", muß sich Peter Göttsch bereits vor der Antragstellung, also vor dem 5. April 1856, mit ihr befaßt haben. Diese Vermutung wird durch einen im Juli 1855 im "Landwirthschaftlichen Wochenblatt" erschienenen Bericht über die erste in der Probstei abgehaltene "Thierschau" bestätigt. Danach stellte Peter Göttsch auf dieser am 31. Mai 1855 in Schönberg abgehaltenen Veranstaltung eine Häckselmaschine aus, "welche sich durch solide und accurate Arbeit"[1018] auszeichnete. Peter Göttsch hat demnach bereits in den zwei oder drei Jahren, während derer er die kleine Katenstelle bewirtschaftete, ohne Konzession landwirtschaftliche Maschinen produziert. Ob er sich das dazu notwendige Know-how selbst angeeignet hat oder ob es ihm von einem Dritten vermittelt worden ist, kann nicht gesagt werden. Während seiner Lehr- und Gesellenzeit wird er sich in Anbetracht des tradierten Tätigkeitsfeldes der Stadttischler wohl nicht mit dem Bau von landwirtschaftlichen Produktionsmitteln befaßt haben. Vielleicht hat er ja im Anschluß daran eine Zeitlang in der Kieler Maschinenfabrik und Eisengießerei von Schweffel & Howaldt gearbeitet, die mit ihrem Standort Kiel nicht weit von Peter Göttsch' vermutlichem Heimatort Schönberg lag.[1019]

Laut "Adreßbuch der Herzogthümer" von 1860 und 1863, in dem er als "Tischler und Maschinenbauer" geführt wird, befaßte er sich neben der Produktion von Häckselmaschinen auch mit der Herstellung von Dresch-, Mäh-, Kornreinigungs- und Sämaschinen.[1020] Beeindruckend ist nicht nur die Anzahl der Landmaschinenarten, die Peter Göttsch anscheinend baute, sondern auch die Tatsache, daß er Mähmaschinen anfertigte: denn an ihre Herstellung wagte sich in den Herzogtümern - abgesehen von einigen Eisengießereien und Maschinenfabriken - nur noch ein Handwerkerteam.[1021] Diese Landmaschine ist auch die einzige von ihm, über die wir etwas Näheres wissen. 1857 nahmen die Mitglieder eines Probsteier landwirtschaftlichen Vereins wieder von ihrem Vorhaben Abstand, auf Vereinskosten "eine Mac-Cormic'sche Mähmaschine aus Amerika" kommen zu lassen, weil Peter Göttsch zu dieser Zeit "mit der Anfertigung des gewünschten Gegenstandes begonnen" hatte. Bei den ersten Tests im Sommer 1858 litt diese Maschine noch "an einigen leicht zu erkennenden Mängeln". Wenngleich auch nach deren Behebung erneute Versuche 1859 "noch nicht den Erwartungen ganz" entsprachen, so war

1017 Vgl. hierzu oben, Kap. III.5.1.2., S. 285 f.

1018 ANONYMUS, Thierschau, S. 222.

1019 Zur Überprüfung dieser Hypothesen bedarf es noch der Durchsicht der Volkszählungslisten einiger Städte und Flecken im Nordosten Holsteins aus den frühen 1850er Jahren sowie auch einer Sichtung der Kirchenbücher Schönbergs.

1020 PETERSEN, Adreßbuch (1860), S. 99 und DIES., Adreßbuch (1863), S. 102.

1021 Vgl. oben, Kap. II.2.2.2., S. 129 ff. und unten, Kap. III.5.2.8., S. 454.

diese verbesserte Version seiner Mähmaschine der vorherigen bezüglich der Leistungskraft bereits "weit" überlegen. Zu ihrer Inbetriebnahme waren zwei Pferde und an Arbeitskräften ein "Knabe", der die Maschine lenkte sowie ein "Mann", der von der Plattform aus das gemähte Getreide abharkte, notwendig. Sie konnten in einer Stunde 3/4-1 Tonne (240 Quadratruthen) mähen. Da diese Mähmaschine bei den mit ihr im Sommer 1859 angestellten Versuchen noch "oft" zerbrach, kamen zwei Vereinsmitglieder zu folgender Prognose bezüglich ihrer Zukunftschancen: "Aus Obigem geht nun hervor, daß Unterzeichnete zu der Ueberzeugung gekommen sind, daß die Einrichtung der Maschine eine dem Zweck entsprechende ist, die einzelnen Theile aber, wenn auch in der Idee richtig, doch an Mängeln leiden, welche in der Arbeit, oder, wie einige glaubten, im Material liegen - und daher hoffen, nach Beseitigung solcher leicht abzustellenden Mängel auf von Gräben freien Aeckern dann eine Arbeit vorzeigen zu können, mit welcher unser bisheriges Mähen mit der Sense die Concurrenz nicht zu bestehen vermag".[1022]

Es wird anhand dieses Fallbeispiels wieder einmal deutlich, warum sich so wenige industrielle - und noch weniger nicht-industrielle - Produzenten an den (Nach)Bau von Mähmaschinen wagten: Zum einen bedurfte es dafür aufgrund der verhältnismäßig komplizierten Konstruktion dieser Landmaschine eines hohen fachlichen Wissens und Könnens. Zum anderen verlangte ihr (Nach)Bau auch nicht gerade unerhebliche finanzielle Mittel. Selbst in den Fällen, wo es sich bei einer Mähmaschine lediglich um einen Nachbau handelte, der vielleicht noch hier und da gegenüber dem Original mit vermeintlichen Verbesserungen versehen war, bedurfte es gewöhnlich einiger Entwicklungsarbeit, bis sie voll funktionstüchtig war. Peter Göttsch muß folglich mit dem Bau der oben genannten Landmaschinen zumindest so viel verdient haben, daß noch genügend Geld für die Entwicklung einer Mähmaschine übrig blieb.

Woher bekam nun der Holzhandwerker Peter Göttsch die guß- und schmiedeeisernen Teile für seine Maschinen? Zumindest die letzteren könnte er von dem im Landmaschinenbau talentierten Schlossergesellen Claus Hinrich Göttsch aus Schönberg, vielleicht ein Bruder von ihm, erhalten haben.[1023] Erstere dürfte er von einer der einheimischen Eisengießereien bezogen haben.

Über den Tischlergesellen Hans Hinrich Ernst Clasen aus Probsteierhagen ist bereits in Kap. III.5.1.4.3. berichtet worden.[1024] Wir erinnern uns: Nachdem ihm im November 1856 im Alter von 26 Jahren auf "eine von ihm erfundene Häckselmaschine mit aufrechtstehenden Walzen" ein fünfjähriges Patent verliehen worden war,[1025] baute er in den nachfolgenden Monaten nach eigenen Angaben nicht nur "zahlreiche" Modelle von ihr, sondern wurde auch von "überall" mit der "Anfertigung landwirthschaftlicher Maschienen der verschiedensten Art" beauftragt. Da er keine Konzession als Landtischler besaß und sogar die beim Bau seiner Häckselmaschine anfallenden Schmiedearbeiten selbst ausführte, erregte er schnell die Aufmerksamkeit der "Klösterlichen Obrigkeit zu Preetz", die ihm dann auch Ende April 1857 die Fortsetzung seines Tuns verbot. Nachdem ihm

---

1022 H. GÖTTSCH und J. SINDT: Versuche mit der Mac-Cormic'schen Mähmaschine, in: LWB, 9 (1859), Nr. 36 (03.09.1859), S. 283 f.

1023 Vgl. unten, Kap. III.5.2.4., S. 434 f.

1024 Vgl. oben, Kap. III.5.1.4.3., S. 323 f.

1025 Klosterarchiv Preetz Abt. G XII B, Nr. 3 b4. Vgl. auch LAS Abt. 80, Nr. 1131 I.

schließlich das Ministerium für die Herzogtümer Holstein und Lauenburg im August 1857 weder die "Concession zur fabrikmäßigen Anfertigung landwirthschaftlicher Maschienen", noch auch die Erlaubnis zur "fabrikmäßigen" Herstellung der von ihm erfundenen Häckselmaschine erteilt hatte, ließ er sich schließlich wenig später in Laboe als konzessionierter Landtischler nieder.[1026]

Im "Adreßbuch der Herzogthümer" von 1860 und 1863 ist Clasens Betrieb wie folgt verzeichnet: "H. H. E. Clasen, Maschinenbau landwirthschaftlicher Geräthe neuester und zweckmäßigster Art, in Laboe".[1027] Der Bau von Landmaschinen stand demnach für Clasen ganz im Vordergrund, während die Tischlerei in der Anzeige überhaupt nicht erwähnt wird. Nach seinen Erfahrungen in Probsteierhagen dürfte Clasen die eisernen Teile seiner Maschinen wohl kaum im eigenen Betrieb angefertigt haben. Von seiner Häckselmaschine ist bereits die Rede gewesen. Auf der Kieler "Landesthierschau" des "Landwirthschaftlichen Generalvereins des Herzogthums Holstein" erhielt sie im Sommer 1856 den dritten Preis unter den ausgestellten landwirtschaftlichen Geräten und Maschinen. Wörtlich heißt es in dem Ausstellungsbericht: "Die Häckselmaschinen waren von alten bekannten Constructionen. Nur eine Maschine mit Schwungrad, von Clasen in Probsteier Hagen, welche die Triebwalzen in vertikaler Stellung hatte, war darin neu, und hat ein bequemeres Einlegen und gleichmäßigeres Vorziehen und Pressen des Strohs zur Folge".[1028] Im Juni des nächsten Jahres erhielt er auf der vom "Wagrischen landwirthschaftlichen Verein" organisierten "Plöner Thierschau" für diese Maschine eine Prämie in Höhe von 15 Thalern R.M.[1029]

Die nächste Nachricht über eine seiner Maschinen stammt aus dem Jahre 1862. Im Bericht über die "Landesthierschau" von 1862, die am 15. und 16. Juli in Itzehoe abgehalten wurde, heißt es u.a.: "Eine kleine, sehr preiswürdige Schrotmühle vom Maschinenbauer Clasen in Laboe fand die verdiente Anerkennung".[1030] Diese Schrotmühle wird es vermutlich auch gewesen sein, die er im Juli 1863 zum Preis von 60 Thalern auf der "Internationalen landwirthschaftlichen Ausstellung" in Hamburg präsentierte.[1031]

Clasen nutzte also ganz konsequent landwirtschaftliche Ausstellungen, um seine Produkte einem breiteren Publikum vorzustellen und scheute in diesem Rahmen sogar den internationalen Vergleich nicht. Zumindest auf regionaler Ebene schnitt er dabei gegenüber der Konkurrenz offensichtlich gut ab. Aber auch ansonsten hob sich Clasen mit seinen geschäftlichen Aktivitäten von einem gewöhnlichen Landtischler deutlich ab. 1862 kaufte er sich für seinen Laboer Betrieb eine Dampfmaschine, und da diese beim Bau landwirtschaftlicher Maschinen nicht voll ausgenutzt werden konnte, betrieb er damit ab März 1863 auch noch eine "Flachsbereitungsfabrik". In Anbetracht dessen dürfte das im Frühjahr 1861 der Klostervogtei zu Schönberg zu Ohren gekommene Gerücht, Clasens "Geschäft [gehe] nicht mehr so gut [..], als im Anfang", nicht zutreffend gewesen sein. Denn bei stark rückläufigen Umsätzen hätte er wohl kaum eine derartige Investition tätigen können. Auf eine anhaltend positive Entwicklung seiner unternehmerischen Tätigkeit

1026 LAS Abt. 80, Nr. 1119 II.
1027 PETERSEN, Adreßbuch (1860), S. 100 und DIES., Adreßbuch (1863), S. 103.
1028 ANONYMUS, Rückblick, S. 5.
1029 LAS Abt. 80, Nr. 1139.
1030 ANONYMUS, Ausstellung, S. 207.
1031 CATALOG, Pferde, S. 3.

deutet auch die Gründung einer kleinen (Land)Maschinenfabrik und Eisengießerei in Schönberg im Jahre 1866 hin.[1032] Dort ließ Clasen zumindest Tretgöpel, "4, 3, 2 und 1 Pferdekraft Dreschmaschinen, mit und ohne Schüttelwerk" sowie Drillmaschinen anfertigen.[1033] Ob er die zuletzt genannten Landmaschinen bereits in seiner Laboer Werkstatt produziert hat, kann nicht gesagt werden.

Zum Schluß soll noch Hinrich Einfeldt aus Warnau genannt werden, der, nachdem ihm am 6. Januar 1860 zum wiederholten Mal sein Gesuch "um Ertheilung einer Concession zur Betreibung des Tischlerhandwerks eventl. zur Verfertigung landwirthschaftlicher Maschinen im Klösterlichen Walddistricte, eventl. in Warnau" abschlägig beschieden wurde, am 15. Mai 1860 eine Konzession als Tischler "in dem zum Kloster Preetz gehörigen Theile des Kirchspiels Barkau" erhielt.[1034]

Läßt man den Inhalt dieses Kapitels nochmals kurz Revue passieren, so dürfte man doch überrascht sein, welch bedeutende Rolle die (Land)Tischler in Schleswig-Holstein bis 1867 unter den nicht-industriellen Produzenten von modernen landwirtschaftlichen Maschinen gespielt haben. Für Preußen und das Staatsgebiet der ehemaligen DDR weist Müller hingegen nicht einen (Land)Tischler nach, der sich mit deren Herstellung befaßte. Diese Diskrepanz kann man wohl nur damit erklären, daß er in diese Richtung nicht sorgfältig genug recherchiert hat.[1035] In den Bau landwirtschaftlicher Geräte sind die schleswig-holsteinischen (Land)Tischler dagegen nicht eingestiegen. Er blieb auch nach 1800 fest in der Hand der (Land)Schmiede und (Land)Stellmacher.

III.5.2.4. Der Schlosser

Von einem der beiden wahrscheinlich ältesten Zweige der Schmiedeprofession, dem Grob- und Hufschmiedehandwerk,[1036] spaltete sich im Verlauf des Hochmittelalters u.a. das Kleinschmiedehandwerk ab. Im Gegensatz etwa zum Scherenschmied, dem Scheiden- oder dem Spangenmacher, die z.B. in Köln gemeinsam mit dem Kleinschmied im 12. Jahrhundert im Rahmen der fortschreitenden städtischen Arbeitsteilung aus dem Grob- und Hufschmiedehandwerk hervorgingen, hat sich der Kleinschmied aus dem damals noch sehr weitläufigen Tätigkeitsfeld des Grob- und Hufschmieds jedoch nicht ein einzelnes Produkt herausgegriffen und sich auf dessen Herstellung spezialisiert, sondern gleich auf die einer Reihe von kleineren und feineren Werkstücken.

Folgte man Flaig, so wäre der Kleinschmied "das wichtigste Glied in der Kette der Arbeitsteilung" im Schmiedehandwerk, da sich aus ihm "das später so bedeutende Schlos-

---

1032 Klosterarchiv Preetz Abt. G XII B, Nr. 3 b5.

1033 ANONYMUS: Excursion nach der Probstei, in: LWB, 18 (1868), Nr. 29 (18.07.1868), S. 229-231, hier 230 und Verkaufsanzeige der "Dreschmaschinen-Fabrik von E. Clasen in Schönberg" in LWB, 20 (1870), Nr. 32 (06.08.1870), S. 310.

1034 Klosterarchiv Preetz Abt. G XII B, Nr. 3 a4b.

1035 MÜLLER, Anfänge, S. 170-175.

1036 Vgl. oben, Kap. III.5.2.1., S. 334 f.

sergewerbe, das dann in der Folgezeit zum Träger der Schmiedekunst"[1037] geworden sei, entwickelt habe. Tatsächlich standen die Bezeichnungen Kleinschmied und Schlosser bis zum Aussterben der ersteren im 19. Jahrhundert gewöhnlich für ein und denselben Beruf: denn letztere war von Anfang an viel zu eng gefaßt, da sie sich lediglich auf ein Produkt dieses Professionisten bezog. Wernet bemerkt dazu treffend: "Der Kleinschmied verlor im Laufe der Jahrhunderte den treffenden Namen, Hersteller von Kleineisenwaren zu sein, zugunsten der viel engeren Bezeichnung 'Hersteller von Schlössern und Schlüsseln', weil diese Erfindung eine zeitlang derart in den Vordergrund des Interesses trat, daß die gewerblich uninteressierte Öffentlichkeit alle anderen Kleinschmiedeerzeugnisse nicht mehr beachtete".[1038] Eines der allerersten, wenn nicht gar das erste Produktionszentrum von Schlüssel und Schloß im deutschsprachigen Raum überhaupt, war wohl kaum zufällig das wirtschaftlich über Jahrhunderte von der Metallverarbeitung und dem Kleineisenwarenexport stark geprägte Nürnberg.[1039] Ein "Schlosser" läßt sich für die Reichsstadt bereits um 1330 nachweisen, ohne daß sich daraus freilich automatisch die Existenz eines selbständigen Schlosserhandwerks zu diesem Zeitpunkt ableiten ließe. Das dazu notwendige eigene, d.h. ausschließliche Arbeitsgebiet besaßen sie nämlich noch nicht.[1040] In Lübeck durften die Grob- und Hufschmiedemeister, wie die Meister aller anderen dem Schmiedeamt Lübecks angehörenden Schmiedeprofessionen übrigens auch, gemäß der Schmiederolle von 1400 ebenfalls jede Schmiedearbeit einschließlich typischer Kleinschmiedearbeiten ausführen.[1041] Wenngleich diese Regelung in Bremen noch bis zur Aufhebung der Zunftverfassung Gültigkeit besaß, bestand zwischen Grob- und Hufschmieden sowie Schlossern sicherlich allein schon aus arbeitstechnischen Gründen bereits seit längerem eine weitgehende Abgrenzung ihrer Tätigkeitsfelder. In den Fällen, wo Grob- und Hufschmiede sowie Schlosser in einer gemeinsamen Zunft blieben, wie z.B. in Berlin,[1042] wurde jedoch in aller Regel eine mehr oder weniger detaillierte Trennung ihrer Arbeitsgebiete vorgenommen. In den Städten und Flecken der Herzogtümer Schleswig und Holstein, in denen die handwerkliche Eisenverarbeitung ja niemals eine bedeutendere Rolle gespielt hat, gehörten der Schmiedezunft - so weit vorhanden - zumeist auch noch die Meister von numerisch unbedeutenden eisenverarbeitenden Handwerken wie der Büchsen-, Messer-, Uhren- und Windenmacherei oder der Nagelschmiederei an. Das trifft z.B. auf Flensburg, Haderslev, Husum, Itzehoe, Kiel, Lütjenburg, Oldesloe, Plön, Rendsburg und Sønderborg zu.[1043] Allein für Itzehoe konnte ein selbständiges

---

1037 FLAIG, Schmiedehandwerk, S. 46.

1038 Karl Friedrich WERNET: Der Schlosser, in: Helmut Vocke (Hg.): Geschichte der Handwerksberufe, Bd. 2, Waldshut 1960, S. 617-623, hier 617 f. - Zur Geschichte des Schlossers vgl. auch BERLEPSCH, Chronik, S. 157-197 und Albert BARTELMESS: Schlosser, in: Reinhold Reith (Hg.): Lexikon des alten Handwerks: vom Spätmittelalter bis ins 20. Jahrhundert, München 1990, S. 202-207.

1039 Vgl. STAHLSCHMIDT, Gewerbe, passim.

1040 BERLEPSCH, Chronik, S. 160 f.

1041 WEHRMANN, Zunftrollen, S. 434.

1042 BARTELMESS, Schlosser, S. 203.

1043 KRAACK, Geschichte, S. 47. - Thomas Otto ACHELIS: Haderslev i gamle Dage 1627-1800, Haderslev 1929, S. 137. - Christian Ulrich BECCAU: Versuch einer urkundlichen Darstellung der Geschichte Husums bis zur Ertheilung des Stadtrechtes, Schleswig 1854, S. 205. - Rudolf IRMISCH: Geschichte der Stadt Itzehoe, Itzehoe 1960, S. 222. - HÄHNSEN, Geschichte, S. 49. - KOLZ, Verfassung, S. 98 f. - BANGERT, Geschichte, S. 289. - Irmtraut ENGLING: Plön als herzogliche Residenzstadt, in: Stadt Plön (Hg.): 1000 Jahre Plön. 750 Jahre Lübisches Stadtrecht,

Schlosseramt, welches bezeichnenderweise erst 1836 errichtet worden ist, nachgewiesen werden.[1044] Erstmals in Erscheinung tritt eine selbständige Schlosserzunft im deutschsprachigen Raum allerdings schon knapp dreihundert Jahre früher: 1545 findet eine solche im thüringischen Schmalkalden, welches später zu einem Zentrum der Schloßproduktion wurde, Erwähnung.[1045] Da eine Schlosserzunft bei ihrer Gründung häufig nur wenige Mitglieder umfaßte, nahm sie anfänglich auch Angehörige anderer eisenverarbeitender Handwerke, wie etwa den oben genannten, in ihre Korporation auf; das war z.B. in Norddeutschland u.a. in Hamburg, Lüneburg und Wismar so.[1046]

Da der Schlosser nicht zur Kategorie der sogenannten landwirtschaftlichen Bedarfsgewerbe gerechnet wird, taucht er z.B. nicht in der "Constitution wegen Abstellung bürgerlicher Nahrung und Handthierung auf dem Lande" vom 2. August 1686 unter denjenigen Handwerkern auf, die unverändert auf dem flachen Land "geduldet" blieben.[1047] Aber selbst knappe anderthalb Jahrhunderte später wurde der Schlosser von dem schon mehrfach zitierten Anonymus, der vehement für eine Erhöhung sowohl der dortigen Handwerksberufe als auch der Zahl der ihr angehörenden Mitglieder eintrat, nicht zu den Professionen gezählt, die seiner Meinung nach mehr oder weniger unentbehrlich für den "Landbetrieb" oder die bäuerlichen "Haushaltungen" waren.[1048] Nicht ganz fünfzig Jahre später sah die Sache jedoch schon deutlich anders aus: In seinem Werk "Zur Geschichte der deutschen Kleingewerbe im 19. Jahrhundert" von 1870 meinte Schmoller in Hinblick auf die "Bau- und Wohnungsbedürfnisse" des flachen Landes, "das größere Dorf" könne den Schlosser "schwer entbehren".[1049] Und am Ende des 19. Jahrhunderts kam man in einer vom "Verein für Socialpolitik" initiierten wirtschaftswissenschaftlichen Untersuchung über das Handwerk bezüglich der Stellung des Schlossers im ländlichen Professionistengefüge schließlich zu der Ansicht: "Giebt es in den Dörfern auch zumeist einen Schmied, so kann man doch bei größeren Bauten und der Reparatur mancher landwirtschaftlicher Geräte und Maschinen des Schlossers nicht entraten".[1050] Der Bedeutungszuwachs des Schlossers im Verlauf des Untersuchungszeitraums auf dem flachen Land ging demnach insbesondere auf Kosten des dortigen traditionellen Verarbeiters von Eisen und Stahl, des Grob- und Hufschmiedes.

Der mit dieser Entwicklung einhergehende Anstieg des Bestandes der Schlosser auf dem flachen Land der Herzogtümer läßt sich allerdings nicht in Zahlen fassen. In den Statistiken werden sie nämlich gemeinsam mit den Grob- und Hufschmieden sowie den Nagel-,

---

Plön 1986, S. 47-122, hier 104 f. - KRAACK, Geschichte, S. 47. - Johanne SKOVGAARD: Tiden indtil 1667, in: Holger Hjelholt (Hg.): Sønderborgs bys historie, Bd. 1, Sønderborg 1960, S. 9-94, hier 76.

1044 IRMISCH, Geschichte, S. 222.

1045 BERLEPSCH, Chronik, S. 161.

1046 BARTELMESS, Schlosser, S. 202 f.

1047 Vgl. CONSTITUTION, Abstellung, S. 135.

1048 Vgl. ANONYMUS, Einfluß, passim.

1049 SCHMOLLER, Geschichte, S. 263.

1050 F. GRIEGER: Das Schlosserhandwerk in Neisse, in: Untersuchungen über die Lage des Handwerks in Deutschland mit besonderer Rücksicht auf seine Konkurrenzfähigkeit gegenüber der Großindustrie, Bd. 9 (= Schriften des Vereins für Socialpolitik, LXX), Leipzig 1897, S. 455-480, hier 462.

Zeug- und Ankerschmieden aufgeführt.[1051] Die Zahl von 1.195 im Jahre 1882 in der preußischen Provinz Schleswig-Holstein im Schlosserhandwerk beschäftigten Arbeitskräften, die sich aus 500 selbständigen Schlossermeistern und 695 bei ihnen beschäftigten Hilfskräften zusammensetzt, läßt aber auch deshalb keine Rückschlüsse auf den Bestand von vor 1867 zu, weil sie nicht zwischen städtischen und ländlichen Schlossern differenziert.[1052]

Unstrittig war der Schlosser ursprünglich eher städtischer denn ländlicher Professionist.[1053] Gegen Ende der frühen Neuzeit befanden sich beispielsweise in den 34 Städten und 78 Märkten des alten Herzogtums Bayern zusammen 179 (111/68) Schlosser. Ihnen standen 35 Landmeister gegenüber.[1054] Nur scheinbar anders sah es 1828 in Preußen aus: hier befanden sich die 7.258 städtischen gegenüber den 7.810 ländlichen Schlossermeistern sogar in der Minderheit. Bedenkt man jedoch, daß sich das Königreich aus wirtschaftlich sehr unterschiedlich strukturierten Regionen zusammensetzte und unter den gewerblich stärker durchdrungenen Gebieten einige Zentren der Eisenverarbeitung waren, so relativiert sich das relative Verhältnis von 48% zu 52% bereits ein Stück weit. Ferner muß die Bevölkerungsverteilung berücksichtigt werden: In Preußen, wie in Bayern auch, lebte zu diesem Zeitpunkt die Masse der Bevölkerung unverändert auf dem flachen Land. Welchen Einfluß Industrialisierungs- und Verstädterungsprozeß auf die räumliche Verteilung einzelner Handwerke ausübten, zeigen die Zahlen von 1858: Innerhalb von dreißig Jahren stieg der relative Anteil der städtischen Schlosser in Preußen auf 74%. Den 16.379 Stadtmeistern (plus 226%) standen nun nur noch 5.838 Landmeister (minus 25%) gegenüber.[1055] Ihr Rückgang ist auf die Verlagerung der eisenverarbeitenden Betriebe vom flachen Land in die Städte zurückzuführen - und nicht auf einen Rückgang der Nachfrage nach Schlosserarbeit von seiten der Landbevölkerung.

Ob sich daraus automatisch ein im Vergleich zu den Grob- und Hufschmieden, den Stellmachern sowie den Tischlern größerer Anteil der städtischen Meister an der Produktion von modernen landwirtschaftlichen Geräten und Maschinen in den Herzogtümern bis 1867 ergibt, wird sich nachfolgend noch zeigen. Landmeister soll es in Schleswig-Holstein "etwa vom 16. Jahrhundert an [...] in großbäuerlichen Landschaften"[1056] gegeben haben. Im ostholsteinischen Dorf Rathlau, welches zum adeligen Gut Kletkamp gehörte, läßt sich z.B. gegen Ende des 17. Jahrhunderts ein Schlosser nachweisen. 1737 arbeiteten in einigen Kirchspielen der Wilster und der Kremper Marsch insgesamt sechs Schlosser und im Dorf Gettorf, und zwar in dem zum adeligen Gut Groß-Königsförde gehörigen Teil, leitete seit 1739 der "Kleinschmieds-Gesell" Johann Johnsen die Schlosserei seiner späteren Frau.[1057] Gelegentlich läßt sich auch die - naheliegende - Kombination des Grob- und Hufschmiedehandwerks mit der Schlosserei nachweisen: Beispiels-

---

1051 Vgl. oben, Kap. III.5.2.1.4., S. 381 ff.

1052 KETTEMANN, Handwerk, S. 174, Tabelle "Entwicklung des Schlosserhandwerks in Schleswig-Holstein".

1053 Vgl. etwa KUNTZ, Hufschmied, S. 113.

1054 TYSZKA, Handwerk, S. 110.

1055 SCHMOLLER, Geschichte, S. 274.

1056 SCHLEE, Schmiedehandwerk, S. 8.

1057 ENGLING, Handwerk, S. 174. - HÄHNSEN, Entwicklung, S. 38. - KOCK, Landhandwerker, S. 82. - Vgl. auch HÄHNSEN, Entwicklung, Beilage V.

weise war 1711 im Amt Hütten in Hummelfeld ein Claus Jahn und in Bünsdorf ein Johann Ploen als "Grob- und Kleinschmid" tätig.[1058]

Darauf, daß sich der Schlosser zu Beginn des Untersuchungszeitraums weitgehend auf dem flachen Land Schleswig-Holsteins etabliert hatte, weist die im Rahmen der Einführung des Konzessionssystems seit 1823 von einer Reihe von Handwerken eingeforderte jährliche "Recognition" hin. Sie war tatsächlich nichts anderes als eine Steuer.[1059]

III.5.2.4.1. Das tradierte Tätigkeitsfeld

Rückschlüsse auf den Umfang des Tätigkeitsfeldes der Schlosser läßt die vorgeschriebene Antwort eines wandernden Schlossergesellen beim Empfang in einer fremden Stadt durch den ältesten Gesellen des örtlichen Schlosseramtes, den "Ortengesellen", zu. Auf dessen Frage "Mit Gunst, Fremder, Schlosser?" erwiderte der Wanderer nämlich "Fremder. Stück davon".[1060] Der Geselle bezeichnete sich also "nicht als fertigen Fachmann, als 'Ganzes', sondern im Hinblick auf das umfassende Arbeitsgebiet des Schlossers, das keiner ganz mit allen in dem Beruf liegenden Möglichkeiten beherrschen kann, bescheiden als 'Stück davon' ".[1061]

Auskunft darüber, welche Arbeiten nun genau in das Tätigkeitsfeld eines Schlossers fielen, geben wiederum die Amtsrollen. In derjenigen Lütjenburgs waren als Meisterstück für den "klein Schmidt oder Schlosser [...] ein paar Stiegel-Bügel, ein paar Sporen, ein Span Hacken" vorgesehen und um im Kieler Amt das Meisterrecht zu erwerben, durfte der Bewerber u.a. "zur Herstellung eines Stubenschlosses mit zwei Riegeln, einer schießenden Falle und eingereifter Decke, und eines Schrankschlosses, das er nach freier Wahl mit drei oder fünf Riegeln versehen durfte, die alle ihren besonderen Gang haben mußten", nicht länger als 16 Stunden benötigen.[1062] Vorbehalten blieb den Schlossern in Lütjenburg an Schmiedearbeit laut Amtsrolle "Haus Arbeit, also Fensterbeschlag und Türenbeschlag, wie auch pflügeln auf dem Hause, Giebeln, Kasten, Laden und Ladenbeschlag, Kesselseele, Ammer und Grabenseele, wie auch Krücksnage, an Careten Beschlag [...] der Roest und die Bocke"; ferner durften nur sie "Rösten, Heber, Zangen, Schaufelbeschlag, Pferdehelm und Schlösser darzu, und was die Riemer [..] an Kleinschmiedearbeit" verarbeiteten sowie auch "Sarken beschlag" anfertigen.[1063] In Kiel wurde das Tätigkeitsfeld der Schlosser zu dem der Schmiede in Reaktion auf Streitigkeiten, die sich hauptsächlich auf dem Gebiet des Haus-, Schiffs- und Schiffsbrückenbaus zwischen ihnen ergeben hatten, vom Rat in der Rolle des Schmiedeamtes 1696 u.a. wie folgt abgegrenzt: Während es danach beiden Professionen unverändert offen stand, etwa die Hausanker anzufertigen, sollten den Schlossern hier "nur besondere Arten feinerer Hausarbeiten",

---

1058 KOCK, S. 68 f.
1059 CIRCULAR, Bestimmung, S. 161. - Vgl. dazu auch HÄHNSEN, Entwicklung, S. 97.
1060 BERLEPSCH, Chronik, S. 169.
1061 WERNET, Schlosser, S. 618.
1062 KOLZ, Verfassung, S. 98 und HÄHNSEN, Geschichte, S. 235.
1063 KOLZ, Verfassung, S. 99.

wie es ihnen "von altersher zustand", vorbehalten bleiben. Beim Schiffsbau war es nur ihnen erlaubt, "die feineren Arbeiten an Schlössern und Hängen, Ringen durch die Stückpforten, Rohrringen, Kajüten, Schappen, Bänken und Scheiben, Türbeschlag, Stückladen, Eselshöft und was zum Tauwerk gehörte",[1064] herzustellen. Eine weitere Möglichkeit der Abgrenzung der Arbeitsgebiete von verwandten Handwerkszweigen war die Beschränkung der zu benutzenden Werkzeuge. In Kiel durfte beispielsweise kein Grob- und Hufschmied, im Gegensatz zu den Schlossern, in seiner Werkstätte Schneideeisen und Gesenke oder Schraubstöcke benutzen.[1065] In Jena ist ersteren vom Rat der Stadt lediglich die Hornfeile oder Raspel zugebilligt worden, während alle anderen Feilen letzteren vorbehalten blieben. In Riga entschied die städtische Obrigkeit 1691, daß in das Arbeitsgebiet der Grob- und Hufschmiede nur "grobe schwarze Arbeit" fallen sollte, bei der keine Feilen zur Anwendung kamen und die nach dem Gewicht gearbeitet wurde, wie das z.B. beim "Carossen-, Schlitten- und Glockenbeschlag" der Fall war.[1066]

Als "hauptsächliche Werkzeuge" des Schlossers werden "Amboß, Gesenke, Hammer, Schraubstock, Meißel, Zange, Feile und Bohrer" genannt. "Als Hilfsmittel für schwierig zu formende Gegenstände wurden Stempel, Punzen und Grabstichel gebraucht. Auch Meßinstrumente wie Winkel, Zirkel, Schablone und Zollstock wurden benötigt".[1067] Damit fertigten die Schlosser neben den bereits genannten Gegenständen u.a. auch Öfen, Wasserpumpen, Gitter, Treppengeländer, Kaminabdeckungen, Bratpfannen, Kaffeemühlen, kunstvolle Beschläge für Türen, Truhen und Kassetten sowie eine unübersehbare Zahl von Kleineisenprodukten an, wozu sie natürlich eine Reihe von Techniken beherrschen mußten.[1068]

Landwirtschaftliche Produktionsmittel befanden sich jedoch kaum im tradierten Tätigkeitsfeld des Schlossers: In Kiel etwa durfte er - "mit Ausnahme der Beschläge an Fättgen und Bänken" - keine Schmiedearbeiten an alten oder neuen Wagen ausführen.[1069] Aber auch die Herstellung, Wartung und Reparatur der Eisen- und Stahlteile der anderen tradierten Geräte dürften ihm hier, wie nahezu in allen anderen Städten und Flecken des Untersuchungsraums auch, verboten gewesen sein. Abgesehen davon wäre wohl kaum ein Landwirt auf die Idee gekommen, einen Schlosser mit diesen Arbeiten zu beauftragen. Sie waren - und blieben noch eine ganze Zeit lang - die Domäne des Grob- und Hufschmieds.

Darüber, welche Gegenstände der schleswig-holsteinische Schlosser in den ersten Jahrzehnten des 19. Jahrhunderts speziell für den Landwirt herstellte, gibt Tab. 11 Auskunft. Es handelt sich ausschließlich um solche für die Milchwirtschaft. Tradierte landwirtschaftliche Produktionsmittel im engeren Sinne sind also nicht dabei. Dafür nahmen Schlosser in den Herzogtümern nach dem derzeitigen Kenntnisstand jedoch spätestens in den 1830er Jahren die Anfertigung von - modernen - landwirtschaftlichen Produktionsmitteln auf. Gleichzeitig begann das tradierte Tätigkeitsfeld des Schlossers allerdings in-

---

1064 HÄHNSEN, Geschichte, S. 311 f.

1065 Ebda., S. 312. Der Grob- und Hufschmied durfte also - im Gegensatz zum Schlosser - keine Gewinde schneiden.

1066 WERNET, Schlosser, S. 617.

1067 BARTELMESS, Schlosser, S. 205.

1068 Vgl. ebda., S. 204.

1069 HÄHNSEN, Geschichte, S. 312.

folge der ihm nun durch die Eisengießereien und (Klein)Eisenwarenindustrie entstehenden Konkurrenz zusammenzuschrumpfen. Am "Ende des 19. Jh.s hatte das Schlosserhandwerk seine Produktionsfunktion [auf diesen Sektoren bereits] weitgehend verloren".[1070] Die Älterleute der Eutiner "Schmiede- und Schlösserzunft" beispielsweise wandten sich im Juli 1860 in einem Schreiben an den Großherzog u.a. mit folgendem Argument gegen die Zulassung eines weiteren Meisters in ihrer Stadt: "Durch die Eisengießereien und Fabriken, welche in den letzten Jahren immer mehr aufgekommen sind, ist das Handwerk der Schmiede und Schlösser ganz bedeutend geschmälert".[1071] Als Ausgleich dafür, daß ihm sein tradiertes Tätigkeitsfeld verloren ging bzw. daß ihm hier bestenfalls noch eine Reparaturfunktion für gewisse (Klein)Eisenwaren blieb, sollten sich dem Schlosser jedoch gemeinsam mit dem Bau von modernen landwirtschaftlichen Produktionsmitteln nach und nach eine Vielzahl von neuen Tätigkeitsfeldern eröffnen.

Tab. 11: "Preis-Angabe der bey einer Landhaushaltung vorkommenden [...] Schlösserarbeit, so wie solche bey Mittelpreisen gewöhnlich bezahlt" wird (1828 in Schwansen)

	Mk	ß		Mk	ß
Ein Paar Milcheimer zu beschlagen mit Griff und einem eisernen Krösenbande(a)	2	8	-	2	10
Dieselben, ohne Krösenband	1	2	-	1	4
Eine Rahmstande von circa 2 Fuß-Bodendurchmesser mit 4 eisernen Bändern zu beschlagen	7		-	8	
Ein Butterfaß von 3 ½ Fuß Bodendurchmesser mit 4 eisernen Bändern zu beschlagen	21		-	24	
Eine Käsebalge von 4 Fuß 2 Zoll Bodendurchmesser mit 3 eis. Bändern zu beschlagen	14		-	16	
Für 2 eiserne Bänder auf einen Käsekopf(b)		10	-		12
Beschlag einer Milchtracht, sammt Ketten	2	8	-	2	12
Ein Trankküben von 4 Fuß Bodendurchmesser mit 3 (nicht abgefeilten) eisernen Bändern zu beschlagen	12		-	14	

Quelle: DITTMANN, Versuch, S. 232 f.

Erläuterungen zu Tab. 11:
(a) Eisernes Band um den Milcheimer in Höhe der "Krös", der "inwendigen Kerbe im Faß, wo der Boden eingelassen wird" - **(b)** "Form zur Aufnahme der Käsemasse, aus einem Stück bestehendes hölzernes Gefäß, oben und unten mit starkem Band umgeben, an der Seite und im Boden mit Löchern versehen, aus denen der Molken [..] abfließen kann". - **(a)** und **(b)** entnommen aus: MENSING, Wörterbuch (Bd. 3).

1070 BARTELMESS, Schlosser, S. 207.

1071 Niedersächsisches Staatsarchiv in Oldenburg, Bestand 30-16, Nr. 18-159. Vgl. auch GRIEGER, Schlosserhandwerk, S. 459-464 und Karl RINKE: Das Metallgewerbe in Jena, in: Untersuchungen über die Lage des Handwerks in Deutschland mit besonderer Rücksicht auf seine Konkurrenzfähigkeit gegenüber der Großindustrie, Bd. 9 (= Schriften des Vereins für Socialpolitik, LXX), Leipzig 1897, S. 69-82, hier 69 f.

III.5.2.4.2. Die Produktion moderner Agrartechnik

Obwohl die größeren Unternehmen mit zunehmender Verbreitung von Maschinen etc. in vielen Produktionsbereichen den kleingewerblichen Schlossern vielfach die für den Apparate- und Maschinenbau besonders geeigneten Schlossergesellen abwarben,[1072] konnten sich viele Schlosserbetriebe ihre Konkurrenzfähigkeit vorübergehend durch eine zunehmende Spezialisierung erhalten. Sie wandten sich der Anfertigung von Produkten zu, deren industrielle Herstellung (noch) nicht möglich war, da sie zum einen ein hohes handwerkliches, mechanisches bzw. künstlerisches Talent erforderte und da zum anderen einige Produkte nur in geringen Stückzahlen oder als Einzelstücke angefertigt wurden. Dieser Prozeß zog eine Aufgliederung des Schlosserhandwerks insbesondere in die Sparten Bau-, Kunst-, Maschinen-, Stahlbau-, Konstruktions-, Geräte-, Geldschrank-, Draht- und Rolladenschlosserei[1073] nach sich. Voll behaupten konnten sich von ihnen letztendlich jedoch nur die Bau- und die Kunstschlosserei.[1074]

Der Bau moderner Landmaschinen wurde von schleswig-holsteinischen Schlossern bereits zu einer Zeit aufgenommen, als es noch keine Handvoll inländischer Eisengießereien und/oder Apparate- und Maschinenbauanstalten gab.

Mitte Januar 1834 berichtete der Redakteur des Kieler Correspondenzblattes ausführlich über die Aktivitäten des Eckernförder "Kleinschmidts" Daniels, der "sich nicht bloß für die kleine Stadt aus[zeichnet], in welcher er wohnt, sondern er würde sich in jeder größern auszeichnen durch sein Talent, wie durch seinen Eifer Vollkommneres zu leisten. Am rühmlichsten bekannt sind seine Feuerspritzen, die, abweichend von der frühern Art der Einrichtung construirt, besonders zweckdienlich, dauerhaft und mit großer Kraft versehen sind". Daniels, so kann man dem Artikel weiter entnehmen, hatte 1827 für das erste Modell dieser Art ein zehnjähriges Patent für Schleswig und Holstein erhalten, welches später auf weitere an ihr angebrachte Verbesserungen ausgedehnt worden war. Bis 1834 waren 24 nach dem patentierten Funktionsprinzip arbeitende Feuerspritzen verkauft worden, wobei ihre Käufer zu diesem Zeitpunkt sogar zwischen drei verschieden großen und leistungsfähigen Versionen zum Preis von 225 bis 60 Thaler Ct. wählen konnten. Des weiteren fertigte Daniels u.a. "mancherlei Chirurgische Instrumente u.d.g.m. welchen zum Theil, eine von der gewöhnlichen abweichende Einrichtung gegeben ist und die von geschickten Chirurgen wie von Leidenden sehr gepriesen werden".

Wie im Fall beinahe aller in dieser Studie vorgestellten Handwerker, die im Untersuchungsraum in den Herzogtümern moderne landwirtschaftliche Geräte und Maschinen produzierten, gibt auch der detailreiche Bericht über Daniels keinerlei Hinweise darauf, welche Handwerkszeuge, Apparate und Maschinen eingesetzt wurden. Für einen verhältnismäßig hohen Standard des Produktionsmittelniveaus in Daniels Betrieb spricht indes die Tatsache, daß er sämtliche anfallende "Metallarbeit [...], es sey Guß- oder Schmiedearbeit",[1075] selbst anfertigte. Für das Preußen der 1830er bis 1850er Jahre kann Müller unter den moderne landwirtschaftliche Geräte und Maschinen produzierenden Schlosse-

---

1072 WERNET, Schlosser, S. 623.
1073 Ebda.
1074 Vgl. BARTELMESS, Schlosser, S. 207.
1075 ANONYMUS: O. T., in: Kieler Correspondenzblatt, 1834, Nr. 5/6 (18.01.1834), S. 24 f.

reien ebenfalls einen solchen Standard nachweisen.[1076] Dies deutet darauf hin, daß gerade Schlosser aufgrund ihrer Ausbildung noch am ehesten unter den zahlenmäßig bedeutenderen Handwerkern in der Lage - und auch Willens - gewesen sind, frühzeitig Drehbänke, Hobel- und Bohrmaschinen u.dgl.m. in ihren Werkstätten einzusetzen.

Die nächste Nachricht über den Schlosser Daniels findet sich erst fünf Jahre später. Dem "Mercantilischen Adressbuch der Herzogthümer" von 1838 entnimmt man unter Eckernförde u.a. die Eintragung: "C. H. Daniels verfertigt Feuersprützen, Quetsch-, Säemaschinen u.s.w., Nicolaistr.".[1077] In den Adreßbüchern der Jahre 1845 und 1853 ist übrigens vermerkt, daß er "Sprützen und landwirthschaftliche Maschinen"[1078] herstelle. Zumindest über seine Sämaschinen liegen zwei kürzere Mitteilungen vor: Ein Landwirt berichtete auf der Versammlung der "Eckernförder Section des Landwirthschaftlichen Vereins am Schleswig-Holsteinischen Canal" vom 29. Mai 1839, er habe sich von Daniels, "der Sprützen und andere dergleichen Maschinen" verfertige, "eine Säemaschine zum Rapps- und Kleesäen machen lassen, wofür er 15 Rthlr. Ct. bezahlt habe; auf die Tonne Land wäre durch diese Maschine nur 1 1/2 Kannen Rappsaat, welche eben und dick genug stehe, in diesem Jahre gesäet. Korn damit zu säen würde nicht thunlich seyn, vielleicht Erbsen, doch habe er darüber keine Erfahrungen".[1079] Drei Jahre später stellte Daniels auf einer Versammlung desselben Vereins "eine Feuersprütze à 140 Rthlr. und zwei Säemaschinen - eigener Construction - auf, nämlich eine à 40 Rthlr. für jede Kornart und eine à 20 Rthlr. für Rapps und Kleesaat, von denen besonders die erstere vielen Beifall fand und mehrere Bestellungen veranlaßte".[1080] Der Schlosser Daniels kopierte demnach nicht, sondern war durchaus in der Lage, Karrensämaschinen und Breitsämaschinen selbst zu konstruieren. Sie fanden zumindest unter den Gutseigentümern und -pächtern in der Umgebung Eckernfördes positive Aufnahme und auch einen gewissen Absatz. Da Daniels im Adreßbuch von 1857 und den folgenden Ausgaben nicht mehr aufgeführt ist, kann davon ausgegangen werden, daß er seine Tätigkeit irgendwann zwischen 1854 und 1856 eingestellt hat.

Verstärkt scheinen Schlosser die Produktion von modernen landwirtschaftlichen Geräten und Maschinen in den Herzogtümern erst in den 1850er Jahren, also zu Beginn der ersten Periode der Mechanisierung/Technisierung der Landwirtschaft,[1081] aufgenommen zu haben. Von dem Landschlosser Hans Stoltenberg aus Schönberg in der Probstei ist nicht mehr bekannt, als daß sein "Gesuch [...] um Verleihung einer Concession zur Verfertigung landwirthschaftlicher und anderer Geräthe" im Oktober und Dezember 1855 vom Ministerium für die Herzogtümer Holstein und Lauenburg abschlägig beschieden wurde.[1082] Mehr Informationen liegen über den im selben Ort wie Stoltenberg wohnenden und tätigen Claus Hinrich Göttsch vor, vermutlich ein Bruder des Landtischlers und

---

1076 Vgl. MÜLLER, Anfänge, S. 172 f.
1077 PETERSEN, Adreßbuch (1838), S. 130.
1078 J. A. PETERSEN: Mercantilisches Adreßbuch der Herzogthümer Schleswig, Holstein und Lauenburg, Flensburg 1845, S. 124 und J. A. und Heinrich PETERSEN: Adreßbuch der Herzogthümer Schleswig, Holstein, Lauenburg, Rendsburg 1853, S. 151.
1079 PROTOCOLL-EXTRACTE, Auszug, S. 19 f.
1080 PROTOCOLL-EXTRACT, Canal, S. 28.
1081 Vgl. oben, Kap. II.2., S. 89 ff.
1082 Klosterarchiv Preetz Abt. G XII B, Nr. 3 b4.

-zimmerers Peter Göttsch.[1083] Da Claus Hinrich 1856 in den seine Konzessionierung zum Landschlosser[1084] betreffenden Akten als "Schlössergeselle" bezeichnet wird, muß er das Schlosserhandwerk zünftig erlernt haben. Während seiner Lehrlings- und Gesellenzeit dürfte er sich schwerlich mit dem Bau von Landmaschinen u.dgl.m. befaßt haben, so daß - wie im Fall von Peter Göttsch - eine anschließende Anstellung bei einer der inländischen Eisengießereien und Maschinenbauanstalten, die sich mit diesem Produktionssektor befaßte, vermutet werden kann. In einem seiner Anträge auf Zulassung als Landschlosser gab Claus Hinrich Göttsch im Oktober 1855 an, er wolle die gewünschte Konzession "zur Verfertigung landwirthschaftlicher Maschienen"[1085] nutzen. Tatsächlich stellte Claus Hinrich - genauso wie Peter Göttsch und der Landschmied Arp - bereits auf der ersten in der Probstei abgehaltenen "Thierschau" - sie fand am 31. Mai 1855 in Schönberg statt - eine Häckselmaschine aus, die sich wie diejenigen der beiden anderen "durch solide und accurate Arbeit auszeichnete" und ebenfalls "eine anerkennende Belohnung"[1086] erhielt. Auch der Schlosser Göttsch hatte also seinen Beruf auf dem flachen Land aufgenommen, ohne im Besitz der dazu notwendigen Konzession zu sein. Auf der "Schönberger Thierschau" des darauffolgenden Jahres bekam er übrigens für eine "Häckselmaschine mit losen Walzen" ebenfalls eine Prämie.[1087] Daß er mehr als bloß Häckselmaschinen zu bauen verstand, belegt das Adreßbuch der Herzogtümer von 1860 und 1863: Unter Schönberg ist er dort als "Schlosser und Maschinenbauer" eingetragen, der "Dresch-, Rübenschneide-, Häcksel-, Kornreinigung-, Säemaschinen" etc. herstellte.[1088] Wie so viele andere Schlosser, die sich auf den Maschinenbau spezialisierten, legte sich auch Claus Hinrich Göttsch die Berufsbezeichnung "Maschinenbauer" zu.[1089] Hierin dokumentiert sich deutlich eine Hebung seines Selbstwertgefühls. Aufgrund der Übereinstimmungen seines Produktionsprogramms mit demjenigen von Peter Göttsch, der sich ja ebenfalls "Maschinenbauer" nannte, scheint es im übrigen wahrscheinlich, daß beide eng zusammenarbeiteten - wobei sich der Holz- und der Metallhandwerker hinsichtlich der gewerberechtlichen Bestimmungen ideal ergänzten.[1090]

Am 30. Dezember 1858 erhielt der Neumünsteraner Schlossermeister H. Götze zumindest für das Herzogtum Holstein ein Patent "auf die Anfertigung von Luftbuttermaschinen nach der von ihm angegebenen Construction".[1091] Darüber hinaus stellte er Häckselmaschinen her.[1092]

Mit dem Bau von Häckselmaschinen beschäftigte sich auch der Schlosser Petersen aus Garding. Das geht aus einer Notiz im "Friedrichstädter Intelligenzblatt" hervor, derzufolge er auf einer 1860 in der Landschaft Eiderstedt abgehaltenen "Thierschau" eine Prä-

---

1083 Zu Peter Göttsch vgl. oben, Kap. III.5.1.4.3., S. 325.

1084 Zur Konzessionierung von Claus Hinrich Göttsch vgl. oben, Kap. III.5.1.4.3., S. 325 und 327.

1085 Klosterarchiv Preetz Abt. G XII B, Nr. 3 b4.

1086 ANONYMUS, Thierschau, S. 222.

1087 ANONYMUS: Schönberger Thierschau, in: LWB, 6 (1856), Nr. 22 (31.05.1856), S. 172-174, hier 173.

1088 PETERSEN, Adreßbuch (1860), S. 99 und DIES., Adreßbuch (1863), S. 102.

1089 Vgl. hierzu das Adreßbuch der Herzogtümer ab der Ausgabe des Jahres 1857.

1090 Vgl. hierzu oben, Kap. III.5.1.4.3., S. 322 ff.

1091 LAS Abt. 80, Nr. 1131 I. - Zur Entwicklung von Buttermaschinen in Holstein im 19. Jahrhundert vgl. LÜHNING, Sonst, S. 171 f.

1092 PETERSEN, Adreßbuch (1860), S. 127 und DIES., Adreßbuch (1863), S. 134.

mie in Höhe von 5 Thalern für eine "Verbesserung an der Häckselmaschine"[1093] erhalten hatte.

Am 10. August 1836 wurde Friedrich Dürr als achtes der zwölf Kinder des Landwirts Carl Dürr in Großenaspe, Amt Neumünster, geboren. Entgegen dem Wunsch seines Vaters übernahm er nicht den elterlichen Hof, sondern erlernte auf eigenes Bestreben hin das Schlosserhandwerk, "dem seine besondere Liebe galt".[1094] Nach Absolvierung der Lehre begab er sich im Juli 1856 auf die Wanderschaft, die ihn über Deutschland hinaus nach Österreich und in die Schweiz sowie auch nach Frankreich führte. Vermutlich in enger Anlehnung an Friedrich Dürrs Tagebuch heißt es diesbezüglich bei Petruck dazu: "In diesen Jahren der Wanderschaft lernte er Land und Leute kennen, aber auch das selbständige Handeln und die eigene Initiative zu ergreifen. Sehr viele Betriebe und Arbeitsweisen lernte er kennen, was ihm bestimmt bei der Gründung seines eigenen Betriebes zugute kam". Wahrscheinlich machte er sich erst einige Jahre nach seiner Rückkehr selbständig. Es kann davon ausgegangen werden, daß Friedrich Dürr bis zum Erwerb einer Konzession als Landschlosser für seinen Heimatort Großenaspe im Jahre 1862 als Schlossergeselle gearbeitet hat. Unmittelbar nach seiner Heirat im Mai desselben Jahres "baute er ein kleines ebenerdiges Wohnhaus und zugleich eine Werkstatt, die aus nur einem kleinen Raum bestand". Seine "Hauptarbeit" bestand in der Produktion von Schlössern und Geldschränken. Daneben stellte er aber auch "Dresch- und Häckselmaschinen, Göpel und Dezimalwaagen" sowie Grabkreuze und -gitter her; ab 1870 baute er auch Sparherde. Während er für all diese Produkte "das dazu gehörende Eisen fertig" machte, führte ein Tischler namens Hansen die Holzarbeiten daran aus. 1883 wählte Friedrich Dürr den Freitod. Die Schlosserei wurde jedoch von seinem 1862 geborenen Sohn Carl Dürr übernommen, der seine Lehrzeit sowohl im väterlichen Betrieb als auch in Kiel bei Howaldt durchlaufen hatte.

Zu guter Letzt soll noch der Kappelner Schlossermeister Stahmer vorgestellt werden. Auf der Sitzung der Kappelner Sektion des "Landwirthschaftlichen Vereins an der Schlei" vom 4. November 1865 wurde über seine "jetzt vielfach verwendeten Drillmaschinen [...], construirt nach der Sacc'schen einreihigen Drillmaschine", berichtet. Ein Vereinsmitglied war mit der 50 Mk teuren Maschine "sehr zufrieden", und von Außenstehenden wurde berichtet, sie hätten ihre "volle Zufriedenheit" über deren Leistung geäußert. Letztere wurde im Erfahrungsbericht eines Mitgliedes wie folgt beschrieben: "durchschnittlich am Tage von 10 Stunden 1 Tonne Land oder 1 Schipp pr. Stunde in 6 1/2 bis 8 Zoll entfernten Reihen; - Samen bedarf man von Weizen pr. Tonne Land gegen 1/2 Tonne, dgl. Roggen 1/2 Tonne, Gerste reichlich 3 Schipp, Hafer gegen 6 Schipp. Das gedrillte Getreide hatte in früheren, wie auch in diesem Jahre an Korn- und Strohertrag sich ganz wesentlich vortheilhaft ausgezeichnet". Auf den Vorschlag des Vizedirektors anstelle der Stahmerschen "eine Garret'sche Drill- Hack- und Dungstreumaschine" anzuschaffen, reagierte die Mehrheit der Mitglieder ablehnend und zog es vor, "vorerst"

1093 FRIEDRICHSTÄDTER INTELLIGENZBLATT, Nr. 37 (12.09.1860).

1094 Sämtliche Informationen über Friedrich Dürr und seine Schlosserei sind PETRUCK, Schlosserei, S. 379-381, entnommen. Petruck stützt sich wiederum auf dessen Tagebuch. Laut Auskunft der Erbin (Lita Dürr, 24641 Sievershütten-Hüttblek) von Friedrich Dürrs Urenkel, Karl Dürr, befand es sich 1992 nicht in dessen Nachlaß.

unverändert die erstere zu gebrauchen.[1095] Der größere Teil derjenigen Landwirte, die ja um die Mitte der 1860er Jahre hinsichtlich des Gebrauchs der Drillmaschine unter ihren Standesgenossen eine verschwindende Minderheit bildeten, zog also die ihnen bekannte Maschine - und zwar Stahmers Nachbau einer einreihigen Drillmaschine der Landmaschinenfabrik R. Sack aus Leipzig-Plagwitz - einer von ihnen noch nicht erprobten Maschine vor. In Anbetracht der Tatsache, daß die Drillkultur für die meisten von ihnen noch völliges Neuland war und sie über eine bewährte Maschine verfügten, ist ihr ablehnendes Verhalten in diesem Fall durchaus verständlich. Im Januar 1867 empfahl der Verein übrigens auf die Frage des "Schleswig-Holsteinischen landwirthschaftlichen Vereins" hin, "Welche Maschinen und Ackergeräthe haben sich in neuester Zeit in den Herzogthümern als erprobt und empfehlenswert besonders für kleinere Grundbesitzer erwiesen?", neben einer "6reihigen Drillmaschine von Garrit für ein Pferd" auch Stahmers Maschine.[1096]

Fassen wir zusammen: Im Gegensatz zum Grob- und Hufschmiede-, Stellmacher- und Tischlerhandwerk scheinen im schleswig-holsteinischen Schlosserhandwerk bis 1867 mehr städtische als ländliche Betriebe moderne landwirtschaftliche Geräte und Maschinen hergestellt zu haben. Jedenfalls waren vier der sieben in diesem Kapitel vorgestellten Schlosser in einem Flecken oder einer Stadt ansässige Meister. Von den drei identifizierten Landschlossern hatten immerhin zwei mit Sicherheit vor ihrer Niederlassung auf dem flachen Land sowohl eine zünftige Lehre absolviert als auch eine gewisse Zeit als Geselle gearbeitet; auch auf den dritten dürfte dies zutreffen. Zweierlei läßt sich daraus ablesen: Zum einen spiegeln diese Zahlen die Tatsache wider, daß das Schlosserhandwerk im Untersuchungszeitraum auch in den Herzogtümern unverändert ein städtisches Handwerk war. Zum anderen ist aber auch eine Abwanderung von qualifizierten und motivierten Schlossergesellen auf das flache Land unübersehbar. Nachdem sie sich die Grundlagen dieser anspruchsvollen Profession im Rahmen einer Lehrzeit angeeignet und im Anschluß daran anspruchsvollere Techniken und Fertigkeiten während der Gesellenzeit erworben hatten - die sie wahrscheinlich auch in Kontakt mit Maschinenbauanstalten brachte -, ließen sie sich dort mit der Absicht nieder, moderne landwirtschaftliche Produktionsmittel herzustellen. Es ist kein Zufall, daß sie dies annähernd zeitgleich mit den meisten der oben vorgestellten städtischen Meister taten: Die 1850er und 1860er Jahre markieren den Beginn der ersten Phase der Mechanisierung/Technisierung der Landwirtschaft, die durch einen sprunghaften Anstieg der Nachfrage nach diesen Waren gekennzeichnet ist.

1095 H. C. TRAULSEN: Protocoll des landw. Zweigvereins an der Schlei zu Cappeln, am 4. Novbr. 1865, in: LWB, 15 (1865), Nr. 51 (23.12.1865), S. 417-421, hier 420.

1096 DERS., Protocoll, S. 80.

III.5.2.5. Der Mühlenbauer

Neben den zahllosen Publikationen, die sich mit der Geschichte einzelner Mühlen oder der des Mühlenbestandes einer Gemeinde bzw. eines Kirchspiels befassen, ist in den letzten Jahrzehnten immerhin auch eine ganze Reihe von zumeist technik-, kultur-, wirtschaftsgeschichtlich oder volkskundlich ausgerichteten Werken erschienen, die den lokalen Rahmen überschreiten und die Geschichte der Mühlen des gesamten Untersuchungsraums bzw. größerer Teile desselben zusammenhängend darstellen.[1097] Sofern sie sich überhaupt den Erbauern ihres Untersuchungsgegenstandes zuwenden,[1098] bleibt in ihnen unerwähnt, daß sich Mühlenbauer neben dem Mühlenbau u.a. auch mit der Anfertigung von landwirtschaftlichen Maschinen befaßt haben.

Berichte über diesen Produktionszweig des Mühlenbauers finden sich nicht sehr viele: Von seiner Rolle als "Urproduzent" der Kornreinigungsmaschine in Mitteleuropa ist bereits die Rede gewesen.[1099] Aus Franken weiß Bedal zu berichten, daß der Mühlenbauer häufig hölzerne Göpel, gewöhnlich in der Säulenform, herstellte.[1100] Doch Mühlenbauer vermochten auf dem Sektor der modernen landwirtschaftlichen Produktionsmittel weit mehr als diese zum Teil eng an ihr eigentliches Tätigkeitsfeld anlehnenden Arbeiten auszuführen. Der "Mühlenbaumeister" Björnberg aus Gingst auf Rügen baute am Ende der 1820er Jahre neben Dresch-, Häcksel-, Kornreinigungs- und Futterschneidemaschinen auch diverse moderne Ackergeräte.[1101] Björnbergs Name deutet darauf hin, daß er aus Schweden stammte, wo man früh begann, aus Großbritannien importierte moderne Ackergeräte und Landmaschinen nachzubauen. Karsten, der Herausgeber der "Neuen Annalen der Mecklenburgischen Landwirthschaftlichen-Gesellschaft", meinte über ihn, er sei "ein solcher Mann, auf dessen Kunsttalent man sich mit Sicherheit verlassen" könne. Björnberg bot übrigens auch noch zehn Jahre später "allerlei landwirthschaftliche Maschinen" an.[1102]

Beeindruckend ist sowohl die Liste der von Müller ermittelten preußischen Mühlenbauer, die bereits vor 1850 auf diesem Feld tätig waren, als auch diejenige der von ihnen hergestellten verschiedenen Ackergeräte und Landmaschinen nebst den dazugehörigen Pro-

---

1097 Vgl. etwa DRUBE, Mühlen (Schleswig-Holstein), Alfred KUEHN: Die Mühlen des Kreises Rendsburg, in: JbRd, 8 (1958), S. 11-44. PÖGE, Wind- und Wassermühlen (alter Landkreis Flensburg sowie Stadt Flensburg), Johannes STÜDTJE: Mühlen in Schleswig-Holstein (= Kleine Schleswig-Holstein-Bücher, 15), 4., überarbeitete Auflage, Heide 1982, Wolfgang SCHEFFLER: Mühlenkultur in Schleswig-Holstein. Die Mühlen des Kreises Eckernförde und Nordfrieslands, Neumünster 1982, PETERSEN, Geschichte (Herzogtum Schleswig) und Uwe KARSTENS: Wind, Korn und Wasser. Von Müllern und Mühlenbauern im Kreis Plön, Großbarkau 1990.

1098 Eingehender behandelt werden die Erbauer der vorgestellten Mühlen nur von KUEHN, Mühlen, S. 42 f., PÖGE, Wind- und Wassermühlen, S. 19-27,SCHEFFLER, Mühlenkultur, S. 67 f. und KARSTENS, Wind, S. 254-263. Ernst HOOP: Mühlenbau früher und heute, in: Nis Rudolf Nissen (Hg.): Glück zu! Mühlen in Schleswig-Holstein, Heide 1981, S. 46-66, bietet - entgegen des Titels seines Aufsatzes - lediglich Informationen über den Mühlenbau ab 1930.

1099 Vgl. oben, Kap. II.2.3., S. 158.

1100 BEDAL, Göpel, S. 27.

1101 H. L. J. KARSTEN: Preis-Kourant mehrerer landwirthschaftlicher Maschinen und Ackergeräthe, die zu Gingst auf der Insel Rügen, von dem Mühlenbaumeister Herrn Björnberg verfertigt werden, in: NAMLG, 15 (1828), Hälfte 2, S. 510-512.

1102 Vgl. MÜLLER, Anfänge, S. 174 f.

duktionszahlen. Er räumt ihnen in seinem Untersuchungsraum sogar "neben" den Schlossern und Schmieden eine bedeutsame Rolle "für die Entwicklung der Landmaschinenindustrie" ein, "da sie sich schon von Berufs wegen mit Mechanik und mechanischen Problemen näher befaßten. Ihnen verdanken", so Müller weiter, "die sich entwickelnde Landmaschinenindustrie und das Ingenieurswesen zahlreiche wertvolle Anregungen und Fortschritte".[1103]

Etwas realistischer beurteilt den Mühlenbauer diesbezüglich Kettemann in seiner Dokumentation des schleswig-holsteinischen Handwerks: Zwar konstatiert auch er, daß "der Bau und die Konstruktion von Mühlen [..] in hohem Maße mechanische Kenntnisse" erfordert, doch relativiert er diese Einschätzung bereits mit dem darauffolgenden Satz: "Damit ist nicht gesagt, daß jeder Mühlenbauer genialer Mechaniker gewesen wäre, denn die Erfahrung war Garant des befriedigenden Baus einer Mühle".[1104]

Tatsächlich erwarben - und erwerben - die Mühlenbauer ihre speziellen Fertigkeiten bis heute erst im Anschluß an eine Zimmermannsausbildung. Darauf weist z.B. hin, daß das Plöner Amt der Zimmerleute 1833 im Streit mit dem örtlichen Tischleramt um die Festlegung seines Tätigkeitsfeldes u.a. den Bau von "Mühlen und dem daran befindlichen Räderwerk"[1105] zugesprochen bekam. Als nun die Älterleute des Plöner Zimmereramtes 1837 erfuhren, daß der in Hornsmühlen, Gut Hornstorf, wohnhafte "Mühlen- und Maschinenbauer" Casper Hinrich Pehmöller Arbeiten an der in der Bannmeile der Stadt gelegenen Muggesfelder Mühle ausführte, verklagten sie ihn zum Schutz ihrer "bürgerlichen Nahrung". Die Schleswig-Holsteinische Regierung auf Schloß Gottorf entschied den Streit jedoch - im Gegensatz zur Muggesfelder Gutsobrigkeit - für Pehmöller, indem sie seinem Gesuch "um Ertheilung einer Concession zum Mühlen- und Maschinenbau" mit "Gehülfen" in den Landdistrikten des Herzogtums Holstein entsprach. Das rief nun wiederum die "Aelterleute der Segeberger Zimmerzunft" auf den Plan. Sie baten 1838 die Regierung darum, ihnen eine "bestimmte Auslegung" der Konzession insbesondere darüber zukommen zu lassen, "auf welchen Theil der Mühlenbauten die Arbeit desselben sich beschränke". Hierin kommt ihr Standpunkt zum Ausdruck, daß sich Pehmöllers Befugnis "einzig und allein auf den Bau von Mühlenwerken, mithin nur die eigentliche Mechanik des Mühlenbaues" beziehe, nicht jedoch auf alle "sonstigen Zimmerarbeiten von Mühlengebäuden, Grundwerken, Befriedigungen u.s.w.". Zwar ist weder überliefert, mit welcher gewerberechtlichen Begründung die Schleswig-Holsteinische Regierung Pehmöller konzessionierte, noch ob sie überhaupt - und wenn ja, wie - auf das Schreiben der Älterleute der Zimmerer Segebergs reagierte, doch dürfte sie das Argument des Antragstellers maßgeblich beeinflußt haben, es sei "doch nichts gewisser, als daß fast kein Zimmermeister solche [Arbeiten] gehörig" verstehe, es "demnach ein wirkliches Bedürfniß für die Unterthanen [sei], daß ein der Sache kundiger Mann concessionirt werde".[1106]

Die gegen den Widerstand der Älterleute des Plöner - und auch des Segeberger - Zimmerleuteamtes 1837 von der Schleswig-Holsteinischen Regierung vorgenommene Kon-

---

1103 Ebda.

1104 KETTEMANN, Handwerk, S. 162 f.

1105 RESCRIPT an den Herrn Statthalter, betr. die den Aemtern der Tischler und Zimmerleute in Plön zukommenden Arbeiten, in: Chr. Slg, 1833, Nr. 47 (01.06.1833), Kiel 1834, S. 63 f.

1106 LAS Abt. 49.30, Nr. 102.

zessionierung des Mühlen- und Maschinenbauers Pehmöller war jedoch keineswegs präjudiziell. Denn die im Rahmen der Begutachtung von Pehmöllers Antrag von der für seinen Wohnort zuständigen Obrigkeit des adeligen Gutes Seedorf getroffene Feststellung, "der Mühlen- und Maschienenbau" sei "der Zunftberechtigung nicht zuzuschreiben", war weder vor noch nach 1837 in dieser Form zutreffend. Das wird der Fall des Altonaer "Mühlenbauers und Maschinisten" Johann Tobias Schramm nachfolgend zeigen.[1107]

Entsinnt man sich der in Kapitel III.5.1.4. dargelegten Unvereinbarkeit von (Land)Maschinenbau und zünftiger Gewerbeordnung im Untersuchungsraum, so wird verständlich, warum die Schramm am 28. Januar 1828 erteilte Erlaubnis "zur Verfertigung von Mühlenwerken und Maschinen in den Herzogthümern Schleswig, Holstein und Lauenburg", die auch die "Befugniß" beinhaltete, "zu diesem Behuf von allen in dieses Fach einschlagenden Gewerben Gehülfen zu halten", in Form eines Privilegs ausgestellt wurde. Als nun Schramm 1844 das Gesuch stellte, man möge "das ihm ertheilte Privilegium auf das Verfertigen des sogenannten Mantels oder der Bekleidung der Mühlen" erweitern, wurde er von der Schleswig-Holstein-Lauenburgischen Kanzlei abschlägig beschieden. Zu dieser Entscheidung dürfte sie insbesondere durch das Gutachten des Schleswiger Bauinspektors Meyer bewogen worden sein, demzufolge "die Verfertigung des Mantels zur gewöhnlichen Zimmerarbeit" gehörte. Den gewerberechtlichen Gegebenheiten entspricht die obige Aussage der Obrigkeit des adeligen Gutes Seedorf also nur dann, wenn sie sich in puncto Mühlenbau allein auf die Herstellung des Mühlengetriebes beschränkt. Allenfalls die Anfertigung dieses Bausegments der Mühle sollte ja auch nach der Meinung der Älterleute der Segeberger Zimmerzunft dem Mühlenbauer Pehmöller zugesprochen werden.

Fassen wir zusammen: Die obigen beiden Fälle legen erstens nahe, daß Mühlenbauer in den Herzogtümern zur Ausübung ihrer Profession eine Konzession benötigten. Das geht auch aus einem Antwortschreiben des Ministeriums für das Herzogtum Schleswig vom 22. Dezember 1853 an eines der Amtshäuser des Herzogtums hervor: Auf die Frage der untergeordneten Behörde, "ob Mühlenbauer einer Concession zur Ausübung ihres Handwerks bedürfen", antwortete das Ministerium u.a., "daß Mühlenbauer in Übereinstimmung mit dem bisher in dieser Hinsicht beobachteten Verfahren einer Concession bedürfen, und daß solche Concessionen [...] um so mehr von dem Ministerium zu ertheilen sind, als die Erlaubnis zum Betriebe des Mühlenbaues in der Regel nicht auf ein einzelnes Kirchspiel beschränkt werden kann".[1108] Zweitens lassen sie erkennen, daß die Konzession eines Mühlenbauers in den Herzogtümern gewöhnlich nur die Befugnis beinhaltete, das Mühlengetriebe, keineswegs jedoch alle hölzernen Teile einer Mühle, bauen zu dürfen; deshalb kündigte ja auch die Zimmererzunft Segebergs für den Fall, daß die Schleswig-Holsteinische Regierung Pehmöllers Konzession nicht in der von ihr gewünschten Weise beschneiden sollte, vorsorglich an, "weitere Schritte auf legalem Wege" einleiten zu wollen. Wenn dem so gewesen sein sollte, dann wird auch klar, warum so viele Mühlenbauer im Untersuchungsraum zugleich Zimmermeister oder konzessionierter Landzim-

1107 LAS Abt. 49.30, Nr. 102.

1108 SCHREIBEN, daß Mühlenbauer zum Betriebe ihres Handwerks einer Concession bedürfen, in: Chr. Slg Sl., 1853, Nr. 169 (22.12.1853), Schleswig 1855, S. 294.

merer waren:[1109] nicht nur, weil sehr viele der beim Mühlenbau anfallenden Arbeiten in ihr Tätigkeitsfeld fielen, sondern vielmehr aufgrund der gewerberechtlichen Gegebenheiten.

Durchaus glaubhaft erscheint Pehmöllers Bemerkung über die fehlende Qualifikation der allermeisten Zimmerleute für den Mühlenbau; und auf die Mehrheit derer, die sich darauf verstanden, wird Kettemanns oben zitiertes Urteil zutreffen. Die Ursache hierfür dürfte im Untersuchungsraum in erster Linie im Fehlen einer qualifizierten (Zusatz)Ausbildung zum Mühlenbauer zu suchen sein. Seine Fertigkeiten und sein Wissen hat der angehende Mühlenbauer in der Regel bei einem "Mühlenbaumeister" erworben, seltener dagegen autodidaktisch und unter Zuhilfenahme von voluminösen Mühlenbauhandbüchern.[1110] Über letzteren Weg ist beispielsweise Pehmöller zum Mühlenbauer geworden. Durch einen Berufsunfall 1821 unfähig geworden, weiterhin als Müllergeselle zu arbeiten, wählte er als neuen "Erwerbzweig" die "Mühlenbauerey", und zwar weil er "als Müllergesell mit den Einrichtungen der Mühlen aufs Genaueste bekannt geworden war, und daher hoffen durfte, hierin leicht die erforderliche Fähigkeit zu erlangen". Seine "Bemühungen", so berichtete Pehmöller weiter, "waren denn auch nicht vergebens. Ich hatte das Glück, mir nach und nach als Mühlenbauer einen gewissen vortheilhaften Ruf zu erwerben; in der ganzen Umgegend wurde ich zu Mühlenbauten gesucht, und meine Bestrebungen, die Zufriedenheit der Bauherrn zu erlangen, wurden mit dem gewünschten Erfolge gekrönt".[1111] Laut Mager, Meißner und Orf soll sich im deutschen Raum der Mühlenbauerberuf während des 18. Jahrhunderts aus dem des Müllers entwickelt haben.[1112] Für die Herzogtümer existieren jedoch nur wenige Hinweise zu diesem Entwicklungsgang.[1113]

Von den schleswig-holsteinischen Mühlenbauern, deren Bestand sich 1860 auf 48 Selbständige und 29 Hilfskräfte belief,[1114] läßt sich nur für Pehmöller und Jochen Bornholdt[1115] nachweisen, daß sie sich mit der Herstellung von modernen landwirtschaftlichen Produktionsmitteln befaßt haben. Neben mechanischen Kenntnissen verfügte Pehmöller sicher auch über eine gewisse Erfahrung im Umgang mit den Materialien (Guß)Eisen und Stahl, da diese in der ersten Hälfte des 19. Jahrhunderts mehr und mehr beim Mühlenbau Verwendung fanden. Anhand von vierzehn Zeugnissen von Kunden, die er 1837 seinem Gesuch um Erteilung einer Konzession zum Mühlen- und Maschinenbau als Qualifikationsnachweis beifügte, läßt sich ersehen, welche Arbeiten er ausführte. Auf ersterem Arbeitsgebiet reichte seine Tätigkeit vom Neubau einer Wassermühle in Helmstorf bei Lütjenburg im Auftrag des adeligen Gutes Wittenberg über den Umbau und "sonstige Mühlenarbeit" an der Holländer Windmühle in Meeschendorf (?), adeliges Gut

---

1109 Vgl. KUEHN, Mühlen, S. 42 f., PÖGE, Wind- und Wassermühlen, S. 24-27, SCHEFFLER, Mühlenkultur, S. 67 f. und KARSTENS, Wind, S. 254-256. - Natürlich ging der Beruf des Mühlenbauers auch in den Niederlanden aus dem des Zimmermanns hervor. Vgl. etwa Johannes MAGER, Günter MEISSNER und Wolfgang ORF: Die Kulturgeschichte der Mühlen, Leipzig 1988, S. 42.

1110 Vgl. PÖGE, Wind- und Wassermühlen, S. 20.

1111 LAS Abt. 49.30, Nr. 102.

1112 MAGER, MEISSNER und ORF, Kulturgeschichte, S. 42.

1113 Vgl. etwa PÖGE, Wind- und Wassermühlen, S. 24 f., PETERSEN, Geschichte, S. 90 und KARSTENS, Wind, S. 254 f.

1114 STATISTISKE BUREAU, Statistisk Tabelværk (R. 3, Bd. 1).

1115 Zu Jochen Bornholdt vgl. oben, Kap. II.2.3., S. 154 f.

Bürau, für Wulf C. W. Schwerdtfeger auf Wensin, über die Ausführung einer schwierigen Reparatur an der Perdoeler Erbpachtswassermühle irgendwann zwischen dem 9. Juni 1834 und dem 24. März 1837 im Auftrag des Müllers Abel[1116] bis hin zur Erledigung der Wartungs- und Reparaturarbeiten über einen Zeitraum von dreizehn Jahren an der Papiermühle zu Hornsmühlen. Allerdings bildete dieses Arbeitsgebiet nach Aussage Pehmöllers von 1851 niemals seinen Haupterwerb. Seit Anfang der 1840er Jahre hatte "sein Verdienst bei derartigen Arbeiten" sogar - infolge der stark angewachsenen Konkurrenz und der äußerst schwachen Auftragslage - "fast gänzlich aufgehört. [...] Immer hauptsächlich beschäftigt" während der 30 Jahre seiner Tätigkeit als Mühlen- und Maschinenbauer hatte er sich dagegen mit der "Verfertigung von Staubmühlen, Flachsbrechern und Schwing Maschinen". Neben diesen Maschinen stellte er z.B. Buttermühlen her, über die die "Inspection" des adeligen Gutes Seedorf bemerkte, sie seien "hinsichtlich ihrer Dauerhaftigkeit, Gangleichtigkeit und Schönheit" zu ihrer "Zufriedenheit" ausgeführt. Und für den Eigentümer von Grönwohld fertigte er neben einer Kornreinigungsmaschine und einer Buttermühle auch drei "Kartoffelschneide Mühlen". Bis 1850 hatte sich jedoch auch auf diesem Arbeitsgebiet die Auftragslage für Pehmöller infolge der außerordentlichen Zunahme der Konkurrenz derart verschlechtert, daß sein Verdienst nach eigener Angabe "die Einnahmen eines Tagelöhners nicht" überstieg.[1117]

Kein Unbekannter mehr für uns ist der 1806 geborene Holzarbeiter und Mühlenbauer Jochen Bornholdt, der laut Lühning der Nachfolger von Claus Butenop im Kirchdorf Hohenfelde war.[1118] Dem Volkskundler Lühning ist es im Rahmen des Aufbaus der Volkskundlichen Sammlung des Schleswig-Holsteinischen Landesmuseums zu Gottorf nach und nach gelungen, insgesamt vier von Jochen Bornholdt und seinem Sohn und Nachfolger Heinrich gebaute Siebwindfegen aufzuspüren und der Sammlung zuzuführen. Obgleich die Bornholdts sich in ihren Geschäftsanzeigen als "Fabrikant[en]" titulierten, lassen diese Maschinen Lühning zufolge "nichts von Serienproduktion verspüren. Im Gegenteil, bis in die Details hinein besitzen sie alle Merkmale einer höchst qualitätvollen handwerklichen Formgebung, die sich deutlich abhebt von den nüchternen, geradlinig-eckigen Erzeugnissen jüngerer Maschinen. Nur eins weist auf die neue Zeit hin: Die Getriebe von Bornholdts Maschinen bestehen aus Gußeisen und sind in der Carlshütte gefertigt".[1119] Also auch Butenops Nachfolger pflegte in dieser Art Geschäftskontakte zur Carlshütte.

Eine der vier erhaltenen Siebwindfegen war in der Volkskundlichen Sammlung auf der Schloßinsel Gottorf ausgestellt.[1120] Es handelt sich bei dieser in den 1860er Jahren von Sohn Heinrich (geb. 1843) gebauten Maschine um "die größte bekannte Staubmühle in Deutschland überhaupt", die bis zu ihrem Erwerb durch das Landesmuseum über 100 Jahre ihren Dienst auf einem großen Hof in Seestermühe, Seestermüher Marsch, verrich-

---

1116 Vgl. KARSTENS, Wind, S. 205.

1117 LAS Abt. 49.30, Nr. 102.

1118 LÜHNING, Dreh, S. 59. Ferner vgl. oben, Kap. II.2.3., S. 154 f.

1119 LÜHNING, Dreh, S. 59 f.

1120 Eine weitere Maschine dieses Typs von Heinrich Bornholdt befand sich bis kurz nach 1900 im "Altdeutschen Gasthof" in Kellinghusen. Vgl. Arnold LÜHNING: Der "Altdeutsche Gasthof" Harms in Kellinghusen und die Kellinghusener Zimmer im Landesmuseum, in: Nordelbingen, 59 (1990), S. 175-207, hier 185 und 204.

tet hat.[1121] Der Volkskundler Meiners beschreibt sie in seiner Dissertation über "Die Kornfege in Mitteleuropa" wie folgt: "Der große Schüttschuh und der daran ansetzende Siebkasten (mit zwei eingeschobenen Sieben) werden über ein auf der gegenüberliegenden Gehäuseseite angebrachtes Rüttelwerk (Exzentertechnik) bewegt. Auf der Antriebsseite befindet sich ein gedrechseltes Holzgelenk, durch das ein schräg eingelagertes Bodensieb in Längsrichtung bewegt wird. Die Zahnräder sind aus Gußeisen gefertigt, die Windradummantelung besteht aus Blech. Das Gerät, das vornehmlich zur Rapsreinigung benutzt wurde, stammt aus der Mitte des 19. Jhs. - Gesamtlänge 206 cm, Breite (einschl. Kurbel) 153 cm, Höhe 169 cm".[1122]

Bereits auf der "Thierschau" von 1853 wurde einer "Korn-Staubmühle von Herrn Bornholdt in Hohenfelde" ein "Ehren-Diplom" verliehen.[1123] Auffällig ist, daß Jochen Bornholdt ab der Mitte der 1850er Jahre "moderne" in- und ausländische Kornreinigungs- und -sortiermaschinen herstellte. Erinnern wir uns: schon in Kap. II.2.3. ist ausführlich auf seine leistungsstarke "Saatkornreinigungsmaschiene" von 1866 eingegangen worden.[1124] Wohl nicht zuletzt deshalb dürfte der Betrieb der Bornholdts von der "ausführenden Direction des Schleswig-Holsteinischen landwirthschaftlichen Generalvereins" 1867 zu denjenigen "kleineren Fabriken" auf dem flachen Land der Herzogtümer gezählt worden sein, die sich auf die Herstellung eines landwirtschaftlichen Produktionsmittels spezialisiert hatten und deren Erzeugnisse "in ihrer Art gute Leistungen" aufwiesen.[1125]

Ferner finden sich Spuren von Heinrich Bornholdts Wirken auf der "Thierschau für den Kreis Kiel" vom 12. Juni 1876, auf der er mit einer "Kornstaubmühle" vertreten war. Zwar heißt es im Versammlungsprotokoll des "Norderdithmarscher landwirthschaftlichen Vereins" vom 5. November 1869: "Nachdem mit verschiedenen auf der Altonaer Ausstellung gekauften Maschinen Versuche angestellt, fand deren Verkauf statt, und ward namentlich die Kornreinigungsmaschine von Bornholdt-Hohenfelde bei Crempe 5 Thaler höher bezahlt, als der vorher bekannt gemachte Einkaufspreis betragen hatte".[1126] Doch kann nicht mit Sicherheit gesagt werden, daß es sich bei ihm auch um Heinrich Bornholdt handelte. Denn auf der "Internationalen landwirthschaftlichen Ausstellung" in Hamburg (14.-20. Juli 1863) stellte ein Joachim Bornholdt aus Hohenfelde bei Krempe eine "Kornstaubmühle mit div. Sieben" zum Preis von 45 Thalern aus, die von ihm "selbst erfunden oder construirt" war.[1127] Die Vermutung, daß Joachim ebenfalls ein Sohn von Jochen Bornholdt ist, wird sich am einfachsten durch einen Blick in die Kirchenbücher oder die Volkszählungslisten überprüfen lassen.

Zwar war zu erwarten, daß die durch die technische Entwicklung in der Müllerei seit längerem ausgestorbene handwerkliche Mühlenbauerei[1128] aufgrund ihres - insbesondere im

1121 LÜHNING, Dreh, S. 59.
1122 MEINERS, Kornfege, S. 87. - Vgl. Abb. 34, S. 505 und 35, S. 506.
1123 ANONYMUS, Thierschau, S. 334.
1124 Vgl. oben, Kap. II.2.3., S. 155.
1125 ANONYMUS, Nachtrag, S. 114.
1126 VERSAMMLUNG des Norderdithmarscher landw. Vereins zu Wesselburen, den 5. November 1869, in: LWB, 20 (1870), Nr. 1 (01.01.1870), S. 6 f., hier 6.
1127 CATALOG, Pferde, S. 1 und 3.
1128 Den Niedergang einer über Jahrhunderte im Familienbesitz befindlichen handwerklichen Mühlenbauerei in Brochterbeck, Westfalen, schildert SIUTS, Arbeitsgeräte, S. 348.

Vergleich zu den zuvor behandelten Handwerken - verschwindend geringen Beschäftigtenbestandes in quantitativer Hinsicht keine bedeutendere Rolle beim Bau moderner Akkergeräte und Landmaschinen im Untersuchungsraum gespielt hat; doch war es in Anbetracht der eingangs des Kapitels von Müller präsentierten Bewertung des Mühlenbauers, die er nicht nur auf Preußen bezieht, durchaus denkbar, daß Vertreter dieses Handwerks beim Bau moderner Ackergeräte und Landmaschinen im Untersuchungsraum zumindest Impulse in qualitativer Hinsicht gesetzt haben. Diese Vermutung konnte indes im Verlauf des Kapitels nicht bestätigt werden.

III.5.2.6. Der Mechaniker

Die Mechaniker hatten mit den zuvor abgehandelten Mühlenbauern und den im nächsten Kapitel noch zu behandelnden Maschinenbauern im Untersuchungsraum mehr gemein als nur ihre Unzünftigkeit oder ihre - im Vergleich zu den anderen Professionisten - großen mechanischen Fertigkeiten; ähnlich stark ausgeprägt waren diese Fähigkeiten unter den anderen Professionisten lediglich bei den auf den Maschinenbau spezialisierten Schlossern. Im Gegensatz etwa zu den meisten Schlossern erwarben sich die Mechaniker, Maschinen- und Mühlenbauer bis um 1850 das zur Ausübung ihres Berufs notwendige Wissen und Können jedoch nicht mittels einer zünftigen Lehre. Vielmehr durchlief der eine Teil von ihnen zunächst in einem der klassischen Handwerke eine Lehre, und zwar insbesondere in der Grob- und Hufschmiederei, der Schlosserei, der Tischlerei oder der Zimmerei, ohne dabei allerdings immer einen offiziellen Abschluß zu erhalten. Erst im Anschluß an diese handwerkliche "Grundausbildung" erlangten einige von ihnen in einer nicht weiter reglementierten Schulung die Befähigung zur Ausübung des Mechanikerhandwerks, der Maschinen- oder der Mühlenbauerei. So hatte sich beispielsweise der Plöner Jochim F. H. Picker auf seiner fünfjährigen Wanderung als Stellmachergeselle "während eines längeren Arbeitsaufenthalts in Genf, Lion und Paris als Mechaniker" ausbilden lassen, bevor er sich im September 1841 um die "Ertheilung eines Privilegii oder einer Concession zur Errichtung einer Fabrikanlage als Mechanikus in Plön" bemühte.[1129] Während sich für den Landtischler und -zimmerer Peter Göttsch sowie den Landschlosser Claus Hinrich Göttsch, beide wohnhaft in Schönberg, Probstei, nur vermuten läßt, daß sie durch ihre zeitweise Arbeit in einer der inländischen Eisengießereien und Maschinenbauereien den Maschinenbau erlernt haben, ist vom Schlosser Carl Dürr aus Großenaspe überliefert, daß er einen Teil seiner Lehrzeit bei Howaldt in Kiel durchlaufen hat.[1130]

Der andere Teil der Mechaniker, Maschinen- und Mühlenbauer erwarb sein Wissen weitgehend autodidaktisch-empirisch. Vor der Aufnahme ihres Handwerks vermittelte man ihnen allenfalls einige elementare Fertigkeiten im Rahmen einer "Anlern-" und "Gehilfen-

---

1129 LAS Abt. 49.30, Nr. 102. Zu Picker vgl. auch oben, Kap. III.5.1.4.2., S. 320.

1130 Zu Peter Göttsch vgl. oben, Kap. III.5.1.4.3., S. 325 und III.5.2.3.2., S. 422 ff. - Zu Claus Hinrich Göttsch vgl. oben, Kap. III.5.1.4.3., S. 325 und Kap. III.5.2.4.2., S. 434 f. - Zu Carl Dürr vgl. oben, Kap. III.5.2.4.2., S. 436.

zeit" in einem Landhandwerksbetrieb. Neben einer klassischen handwerklichen "Grundausbildung" fehlte ihnen aber auch eine Schulung durch einen in ihrem Handwerk tätigen "Meister".[1131] Ein gutes Beispiel für diesen Typus ist der Landtischler Christian Hinrich Kühl.[1132]

Beiden Teilen gemeinsam war das erdrückende Übergewicht ihrer praktischen Fertigkeiten gegenüber ihrem theoretischen Wissen. Ihr Arbeiten läßt sich demzufolge in bezug auf die Lösung von Problemen am besten als "praxisorientiertes Tüfteln" charakterisieren; dort, wo ihnen also das vielfach tradierte Erfahrungswissen nicht weiterhalf, versuchten sie nach dem Prinzip des "trial and error" vorwärtszukommen - ohne dabei allerdings in nennenswertem Umfang Basisinnovationen hervorzubringen.[1133] Erst die nach der Jahrhundertmitte ausgebildeten Generationen von Mechanikern, Maschinen- und Mühlenbauern erfuhren nach und nach eine fundiertere theoretische Ausbildung, so daß sie in bescheidenem Maße die aus den naturwissenschaftlichen Gesetzmäßigkeiten abgeleiteten wissenschaftlichen Erkenntnisse in technische Handlungen umzusetzen vermochten.[1134]

Bei der Herstellung von Mühlen verstießen die Mühlenbauer zwar im Verlauf des Untersuchungszeitraums immer häufiger gegen die alte Grundregel ihres Handwerks, "benutze nie Eisen, wenn es auch Holz tut",[1135] doch wechselten Mechaniker und Maschinenbauer das von ihnen in vorindustrieller Zeit beim Maschinenbau vorrangig genutzte Konstruktionsmaterial Holz noch weit häufiger gegen neue Werkstoffe aus, d.h. vor allem gegen Guß- und Schmiedeeisen sowie härtbaren Stahl.[1136]

Über die Schwierigkeiten, die die zünftige Gewerbeordnung den Mechanikern, Maschinen- und Mühlenbauern insbesondere aufgrund der Unvereinbarkeit der durch sie festgeschriebenen und beim Bau moderner (Land)Maschinen bzw. Mühlen erforderlichen Form der Arbeitsorganisation bereitete, ist bereits in den Kapiteln III.5.1.4. und III.5.2.5. aus-

---

1131 Zum Ausbildungsgang eines Mechanikers vor 1850 vgl. etwa Arnold ESCH: Pietismus und Frühindustrialisierung. Die Lebenserinnerungen des Mechanicus Arnold Volkenborn (1852), in: Nachrichten der Akademie der Wissenschaften in Göttingen, I. Philologisch-historische Klasse, 1978, Nr. 3, S. 59-115, hier 69. Ferner Conrad MATSCHOSS: Franz Dinnendahl, in: Rheinisch-Westfälische Wirtschaftsbiographien, Bd. 1, Münster i. W. 1932, S. 357-372, hier 361 sowie H. STEIGER: Das Mechanikergewerbe in Müllheim, in: Untersuchungen über die Lage des Handwerks in Deutschland mit besonderer Rücksicht auf seine Konkurrenzfähigkeit gegenüber der Großindustrie, Bd. 8 (= Schriften des Vereins für Socialpolitik, LXIX), Leipzig 1897, S. 85-87, hier 85. - Zum Ausbildungsgang eines Maschinenbauers vor 1850 vgl. etwa Akos PAULINYI: Die Umwälzung der Technik in der Industriellen Revolution zwischen 1750 und 1840, in: Ders. und Ulrich Troitzsch: Mechanisierung und Maschinisierung 1600 bis 1840 (= Propyläen Technikgeschichte, 2), Frankfurt a. M. 1991, S. 269-495, hier S. 319-352 ("Vom Mühlenbauer zum Maschinenbauer") und insbesondere SCHRÖTER, Entstehung, S. 50 und öfter sowie auch Adolf WISSNER: Der Maschinenbauer, in: Helmut Vocke (Hg.): Geschichte der Handwerksberufe, Bd. 2, Waldshut 1960, S. 443-449.

1132 Zu Christian Hinrich Kühl vgl. oben, III.5.2.3.2., S. 419 f.

1133 Ulrich TROITZSCH: Technischer Wandel in Staat und Gesellschaft zwischen 1600 und 1750, in: Akos Paulinyi und Ulrich Troitzsch: Mechanisierung und Maschinisierung 1600 bis 1840 (= Propyläen Technikgeschichte, 2), Frankfurt a. M. 1991, S. 9-268, hier 252.

1134 Vgl. Akos PAULINYI: Industrielle Revolution. Vom Ursprung der modernen Technik, Reinbek 1989, S. 217 f.

1135 Zitiert nach DERS., Umwälzung, S. 324.

1136 Ebda., S. 320 f. und WISSNER, Maschinenbauer, S. 446.

führlich berichtet worden. Ebenso sei nochmals daran erinnert, daß die Mitglieder aller drei Berufe aufgrund der Unfähigkeit bzw. des Unwillens innerhalb der Regierungskollegien in Kopenhagen, zu ihren Gunsten tiefgreifende Veränderungen der alten Gewerbeordnung vorzunehmen, zur ungestörten Ausübung ihres Berufs ein Privileg benötigten. Da sie auf dessen Gewährung, Erweiterung oder Verlängerung keinen Rechtsanspruch hatten, waren sie auf das Wohlwollen der höheren Behördenstellen angewiesen. Zur Rechtsunsicherheit trat also für die Mechaniker, Maschinen- und Mühlenbauer auch noch der Zwang hinzu, alles zu vermeiden, was deren Mißfallen hätte erregen können.

Im Gegensatz jedoch zum Beruf des Mühlenbauers besaßen der des Mechanikers und des Maschinenbauers zu Beginn des Untersuchungszeitraums kein sehr hohes Prestige. Noch brachte die in technischen Dingen weitgehend unkundige Bevölkerung nämlich beide häufig mit dubiosen Projektemachern in Verbindung, wie sie besonders an den barocken Fürstenhöfen aufgetreten waren.[1137] Die Einsicht, daß es sich bei ihnen um seriöse Professionisten von überaus großer Bedeutung nicht nur in den Bereichen Technik und Wirtschaft handelte, setzte sich in der breiteren Öffentlichkeit erst mit fortschreitender Mechanisierung und Maschinisierung sowie der Erhöhung der Allgemeinbildung durch.[1138]

Gemeinsam war den Mechanikern und Maschinenbauern auch die Vielseitigkeit ihres Tätigkeitsfeldes, welche sich infolge der rasanten Entwicklung der modernen Technik im Verlauf des Untersuchungszeitraums auch noch beträchtlich vergrößerte. Dieser Prozeß spiegelt sich anschaulich in den Berichten und Eingaben wider, die Bremer Mechaniker zwischen 1758 und 1860 an den Rat der Hansestadt richteten. Unter anderem gaben sie an, "allerlei Maschinen und Mechanische Instrumente, als Luftpumpen, Teloscopia, Microscopia, artificielle Magneten, Electrisir-Maschinen, Wind-Büchsen, Künstliche Drechsel-Maschinen" (1758), "metereologische Instrumente" (1806), "Saat-Oel-Pressen" (1814), "Dampf-, Wasser- und Gasleitungen, [sowie] Gasheizapparate" herzustellen und ferner "Reparaturen an Dampfmaschinen" (1860) auszuführen.[1139] Hundert Jahre später waren im Zentralverband des Deutschen Mechanikerhandwerks die Büromaschinenmechaniker, die Feinmechaniker und Feinoptiker, die Maschinenbauer, die erzeugende Mechanik, die Kältemechaniker, die Werkzeugmacher und die Zweiradmechaniker organisatorisch zusammengeschlossen.[1140] Daneben bestanden noch weitere "Mechanikerhandwerke", wie z.B. das des Landmaschinenmechanikers, welches erst 1941 als eigenständiger Beruf anerkannt worden war.[1141]

Infolge ihrer Qualifikation und ihres vielfältigen Tätigkeitsfeldes traute man den Mechanikern auch auf dem Sektor der Agrartechnik ohne weiteres die Ausführung schwieriger Aufträge zu, d.h. die Herstellung von Ackergeräten und Landmaschinen, die die Masse

1137 Allgemein zu den barocken Projektemachern vgl. Ulrich TROITZSCH: Ansätze technologischen Denkens bei den Kameralisten des 17. und 18. Jahrhunderts (= Schriften zur Wirtschafts- und Sozialgeschichte, 4), Berlin 1966. Speziell zu denen in den Herzogtümern vgl. HAASE, Aufkommen, S. 80-87.

1138 Vgl. ESCH, Pietismus, S. 67 und TROITZSCH, Wandel, S. 252-256.

1139 FATTHAUER, Metallgewerbe, S. 116.

1140 WISSNER, Mechaniker, S. 462.

1141 Christian BEHRENDS: Die Stellung des Handwerks auf dem Markt landwirtschaftlicher Maschinen. Eine Untersuchung der Angebotsstruktur, in: Wilhelm Abel (Hg.): Landhandwerk und Landwirtschaft (= Göttinger Handwerkswirtschaftliche Studien), Göttingen 1964, S. 39-59, hier 48.

der Landhandwerker aufgrund ihrer äußerst mäßigen fachlichen Befähigung nicht anzufertigen verstand. So war Gmelin in seiner 1779 verfaßten "Abhandlung von den Arten des Unkrauts" der Ansicht, jeder geschickte Mechanikus oder Tischler könne Dürlands Siebwindfege[1142] anhand der in seinem Werk darüber gelieferten Beschreibung und Abbildungen nachbauen.[1143] Und ein "junger gebildeter Landmann aus den Friesischen Districten" vertrat 1846 in der "Beilage zum Itzehoer Wochenblatt. Landwirthschaftlichen und gemeinnützigen Inhalts" die Ansicht, verbesserte Pflüge würden sich in den Herzogtümern leichter verbreiten, "wenn ein tüchtiger Mechaniker, der zugleich practischer Landmann ist, eine gründliche und leicht verständliche Anweisung zur Verfertigung guter Pflüge ausarbeiten wollte".[1144]

So groß hier offensichtlich das Vertrauen in die Fähigkeiten der Mechaniker gewesen ist, so gering war nach dem vorliegenden Quellenmaterial jedoch deren Betätigung auf diesem Gebiet: für den Untersuchungsraum läßt sich nur ein Mechaniker nachweisen, der vor 1867 moderne Agrartechnik produziert hat.

Über den Oldenburger Mechanikus Georg Hannibal Saxesen und die von ihm im Auftrag des Senators Schultze gebaute Breitsämaschine ist bereits in zwei Kapiteln ausführlich berichtet worden.[1145] Deutlich weniger Aufmerksamkeit zog eine andere Landmaschine auf sich, die Saxesen für den Senator baute: eine einreihige Bohnendrillmaschine, von der er im März 1841 in zwei baugleichen Größen mehrere Exemplare vorrätig hatte. "Beide [Größen] waren darauf eingerichtet, 1 Tonne Bohnen auf 240 Quadratruthen einzudrillen". Während jedoch die größere Maschine zum Preis von 15 Thaler von einem Pferd gezogen werden mußte, bedurfte es zur Inbetriebnahme des kleineren und lediglich 8 Thaler teuren Apparats nur der Zugkraft eines Menschen. Anhand einer "kleinen Probe" kam ein Mitglied des "Wagrischen landwirthschaftlichen Vereins" zu dem Urteil, "daß sie die Bohnen gleichmäßig genug fallen ließen".[1146]

Im Anzeigenteil der Wochenzeitung "Wagrisch-Fehmarnsche Blätter" bot sich Saxesen bereits vor 1841 an, allerlei mechanische Arbeiten - wie z.B. die Herstellung künstlicher Gliedmaßen - sowie "feinere" Büchsenmacherarbeiten auszuführen.[1147] Belegen läßt sich des weiteren noch, daß er für den Oldenburger Buchdrucker Fränkel tätig war.[1148]

Wo sah nun der Mechaniker Saxesen, dem von allen Seiten ein hohes fachliches Können bescheinigt wurde, seinen Platz im Professionistengefüge? Um die Frage nach seinem beruflichen Selbstwertgefühl beantworten zu können, genügt es, sich eines seiner Argumente zu entsinnen, die er in seinem Gesuch vom April 1841 vortrug. Das Privileg, "accurat und gut gearbeitete Schmiede- Schloßer- und Büchsenmacherarbeit" in Oldenburg anfertigen "und sich dabey so wie auch bey den mechanischen Arbeiten, namentlich dem Maschinenbaue, der Hülfe zünftiger Gesellen aller dazu erforderlichen Gewerke und der Anwendung jeder andern Aushülfe ohne Einspruche der hiesigen Zünfte [..] bedienen" zu

1142 Zum Bergedorfer Tischler Dürland und seiner Siebwindfege vgl. oben, Kap. II.1.3., S. 81, Kap. II.2.3., S. 153 sowie Kap. III.5.2.3.2., S. 414 f.
1143 GMELIN, Abhandlung, S. 401.
1144 P., Verbesserung, Sp. 186.
1145 Vgl. oben, Kap. II.2.2.1., S. 125 und Kap. III.5.1.4.1., S. 309 ff..
1146 LAS Abt. 422.5, Nr. 1.
1147 Gemäß telefonischer Auskunft von Herrn Koglin, dem Archivar der Stadt Oldenburg i. H.
1148 LAS Abt. 65.2, Nr. 4320.

dürfen, kam ihm als Mechaniker seiner Meinung nach u.a. deshalb zu, weil "nach der Staatspraxis der Mechaniker, welcher als Künstler das Urprodukt auf einen höhern Grad von Vollendung erhebt und dabey frey arbeitet, ohne in eine Innung eingezwängt zu seyn, wesentlich von dem eigentlichen Handwerker verschieden ist, der [...] nur für die Nothwendigkeiten und Bequemlichkeiten des gewöhnlichen Lebens arbeitet". Wie wohl die allermeisten "Mechanici" seiner Generation fühlte sich also auch Saxesen nicht zu den "eigentlichen Handwerkern" gehörig; vielmehr sah er sich aufgrund seiner außerordentlichen Qualifikation, der es bedurfte, um "das Urprodukt auf einen höhern Grad von Vollendung" zu heben, als "Künstler".[1149] Viele seiner Kollegen titulierten sich daher auch mit der alten Berufsbezeichnung "Kunstmeister".[1150] Zu dieser Einschätzung dürfte auch beigetragen haben, daß Mechaniker noch um 1840 keineswegs nur in Schleswig-Holstein vielfach "Exoten" waren.[1151] Folglich sprach zu dieser Zeit die Schleswig-Holsteinische Regierung von der in beiden Herzogtümern "wenig noch ausgeübten und ausgebildeten Mechanik", zu deren Förderung sie "im Allgemeinen jede Begünstigung"[1152] gewähren wollte. Selbst wenn sie ihre Ankündigung tatsächlich verwirklicht hätte, so könnte die Wirkung dieser staatlichen Förderung mangels statistischen Materials doch nicht nachgeprüft werden. So weist etwa die Statistik für die drei Herzogtümer von 1860 unter den "Industriezweigen [...], welche sich mit der Veredelung der Produkte" beschäftigten, lediglich eine Rubrik "Maskin- (og andre mekaniske Arbeiders) Fabrikanter" auf, in der zusammen 83 Selbständige und 326 Hilfskräften verzeichnet sind.[1153] Wieviele Mechaniker eine Werkstatt betrieben, läßt sich aus ihr nicht ablesen. Indes gewinnt man bei der Durchsicht der Adreßbücher für die Herzogtümer den Eindruck, daß sich deren Zahl nach der Jahrhundertmitte im Lande allmählich erhöhte, und zwar besonders in den Städten, wobei sich hier wiederum Altona - die größte unter ihnen - hervortat. Es ist davon auszugehen, daß beispielsweise die Altonaer Mechaniker N. J. M. Petersen ("beeid. Maschinen-Taxator, Maschinenfabrikant, Gr. Freiheit 20") und Tagge ("Gas- u. Wasserleitungen, Maschinenarbeiten, Kl. Papagaienstr. 23")[1154] nicht zu Saxesens, sondern bereits zur nächsten Mechanikergeneration gehörten, deren Mitglieder sowohl eine andere Ausbildung durchlaufen als auch aufgrund der Entwicklung in Wirtschaft und Technik ein anderes berufliches Selbstwertgefühl entwickelt hatten.

1149 Auch die mit dem Turmuhrenbau befaßten "Mechaniker" empfanden und werteten ihr Handwerk bis ins 19. Jahrhundert hinein häufig noch "ganz selbstverständlich und unbefangen als 'Kunst' ". Vgl. Arnold LÜHNING: Die Turmuhren der Stadt Krempe im 19. Jahrhundert, in: Nordelbingen, 4 (1976), S. 127-169, hier u.a. 165.

1150 ESCH, Pietismus, S. 72.

1151 1856 gab es in Flensburg, der zweitgrößten Stadt der Herzogtümer, lediglich zwei Mechaniker. ADRESSBUCH der Stadt Flensburg nach amtlichen Quellen bearbeitet. Der zweiten Auflage durch einen Anhang stark vermehrte, zweite Ausgabe, Flensburg 1856, S. 55. - In Lüneburg (14.411 Einwohner) und Celle (14.139 Einwohner) gab es 1861 erst zwei Betriebe mit zwei Beschäftigten bzw. drei Betriebe mit sechs Beschäftigten. Klaus ASSMANN: Zustand und Entwicklung des städtischen Handwerks in der 1. Hälfte des 19. Jahrhunderts dargestellt am Beispiel der Städte Lüneburg, Celle, Göttingen und Duderstadt (= Göttinger handwerkswirtschaftliche Studien, 18), Göttingen 1971, S. 14 und 296 f.

1152 LAS Abt. 65.2, Nr. 4320 II.

1153 STATISTISKE BUREAU, Tabelværk, passim.

1154 PETERSEN, Adreßbuch, S. 169 und DIES., Adreßbuch (1863), S. 179.

III.5.2.7. Der Maschinenbauer

Da schon Jahrhunderte vor der Industriellen Revolution vor allem im Bergbau und Hüttenwesen "Maschinen" eingesetzt wurden, gab es auch in Deutschland schon seit langem Professionisten, die sich mit dem "Maschinenbau" befaßten.[1155] Zu den vorindustriellen Trägern des Maschinenbaus werden in der Literatur insbesondere die Mühlen-, Instrumenten- und Gerätebauer, die Uhrmacher sowie die Mechaniker und Kunstmeister gezählt.[1156] Klar spiegelt sich bereits in der 1852 von Berlepsch in seiner "Chronik der Feuerarbeiter" gemachten Bemerkung "Der jüngste, aber bedeutsamste Zweig, den der gewaltige Stammbaum der Eisenarbeiter getrieben hat, (...) ist der Maschinenbau"[1157] der grundlegende Wandel wider, den dieser im Zuge der Industriellen Revolution durchmachte. Verursacht wurde er im wesentlichen durch die folgenden Entwicklungen:[1158] Technikgeschichtlich gesehen läßt sich die Industrielle Revolution als die Übergangszeit von der Epoche der Hand-Werkzeug-Technik zur Epoche der Werkzeug-Maschinen-Technik charakterisieren. Seitdem bestimmt in den vielen Techniken der Formveränderung von Stoffen zumeist die Maschine die Relativbewegung zwischen Werkstück und Werkzeug. Allein schon die "Erfindung" von Werkzeugmaschinen, die - im Gegensatz zu der nahezu zeitgleich vollzogenen "Erfindung" von Dampf- und Textilmaschinen - in aller Regel unbeachtet von der Öffentlichkeit ablief, rechtfertigt es demnach also, für die Sparte Maschinenbau in qualitativer Hinsicht von einem Neuanfang während der Industriellen Revolution zu sprechen. Das bedeutet allerdings nicht, daß die Hand-Werkzeug-Technik beim Maschinenbau überhaupt nicht mehr zur Anwendung gekommen ist. Vielmehr war das Nebeneinander beider Techniken in vielen Herstellungsprozessen die technologische Besonderheit aller Sparten des Maschinenbaus bis weit in das 20. Jahrhundert hinein.

Die zwischen circa 1800 und 1830 in Großbritannien vollbrachte Entwicklung von Werkzeugmaschinen für das Drehen, Fräsen, Hobeln, Stoßen und Bohren war der entscheidende Schritt zur Maschinisierung der Metallbearbeitung. Nun erst konnte etwa der Bedarf des Textilmaschinenbaus an gleichförmigen, genormten Metallteilen in größeren Stückzahlen befriedigt werden. Wie bereits im Kapitel über den Mechaniker ausgeführt, wurde nämlich Metall allmählich zum bevorzugten Konstruktionsmaterial im Maschinenbau. Wie sehr es bis zur Mitte des 19. Jahrhunderts auch in Deutschland das Holz verdrängt hatte, kann anhand der auf der vorigen Seite zitierten Einschätzung des Maschinenbauers abgemessen werden. Richtig erkannte Berlepsch, daß der Maschinenbauer im "Stammbaum der Eisenarbeiter" der "bedeutsamste[.] Zweig" geworden war, der "jetzt schon seine reich mit Früchten und Laub beladenen Aeste in die Gebiete aller Handwerke hinein erstreckt, und von welchem nicht abzusehen ist, ob er in seinem gewaltigen Streben nicht über kurz oder lang noch manchen der jetzt neben ihm grünenden Zweige der Handarbeit ersticken und überwuchern wird".[1159] Tatsächlich stieg der industrielle Maschinenbau mittels der neuen technischen Basis binnen kurzem "als Produzent von Inve-

---

1155 Vgl. SCHRÖTER, Entstehung, S. 107 und PAULINYI, Umwälzung, S. 320.

1156 Vgl. etwa PAULINYI, Revolution, S. 218 oder SCHRÖTER, Entstehung, S.107.

1157 BERLEPSCH, Chronik, S. 197.

1158 Die nachfolgenden Ausführungen basieren ausnahmslos - und in einigen Passagen wortwörtlich - auf PAULINYI, Revolution, S. 28 f. sowie DERS., Umwälzung, S. 320 f.

1159 BERLEPSCH, Chronik, S. 197.

stitionsgütern zum strategisch bedeutungsvollsten Sektor für die gesamte technische und ökonomische Entwicklung"[1160] auf. Bereits 1882 zählten im Deutschen Reich zur Landmaschinenindustrie 1.622 Betriebe, die zusammen 19.097 Arbeitskräfte beschäftigten.[1161] Doch ist die fabrikmäßige Produktion landwirtschaftlicher Maschinen, bei der eine ganze Reihe von verschiedenen Berufen aus der Metallbearbeitung - und lange Zeit auch solche aus der Holzbearbeitung - in verschiedenen Abteilungen bei der Herstellung einer Maschine mitwirkten und unter denen die Maschinenschlosser die Maschinenbauer im engeren Sinne waren,[1162] nicht der Gegenstand dieser Untersuchung. Von Relevanz sind diese Betriebe für uns insofern, als sich in ihnen möglicherweise einige der in dieser Untersuchung vorgestellten Handwerker vor der Aufnahme des (Land)Maschinenbaus in dieser Sparte (weiter)qualifiziert haben. Vor allem sind im vorigen Kapitel jedoch die grundlegenden Ausbildungsschritte dargelegt worden, die ein handwerklicher Maschinenbauer der ersten Generation auch in Schleswig-Holstein durchlief. Aber nicht nur in diesem Punkt unterschieden sich handwerkliche und industrielle Maschinenbauer voneinander. Erstere stellten wahrscheinlich auch in Schleswig-Holstein in der Regel alle der vielen verschiedenen, genau ineinander passenden Maschinenteile einfacher oder komplizierter Gestalt selbst her; die Zerlegung von Fertigungsschritten sowie ihre Übertragung auf Maschinen war - und ist - eben ein wesentliches Merkmal der Fabrik. Nicht bestätigen läßt sich für den Untersuchungsraum aufgrund der äußerst dürftigen Quellenlage die auswärts regelmäßig gemachte Beobachtung, daß die Arbeitsmittel, mittels derer handwerkliche Maschinenbauer die für ihre Landmaschinen benötigten Werkstoffe formverändernd bearbeiteten, weitaus häufiger der Hand-Werkzeug-Technik zuzurechnen waren, als diejenigen der in Industriebetrieben beschäftigten.

Von der Entwicklung eines fest umrissenen Berufsprofils einschließlich eines reglementierten Ausbildungsgangs war der handwerkliche Maschinenbau während der frühindustriellen Zeit noch weit entfernt. Erst Jahrzehnte später, und zwar nachdem sich infolge der Erfindung von Explosions- und Elektromotor nicht nur für die Metallhandwerker neue Entfaltungsmöglichkeiten auftaten, entwickelte sich bevorzugt aus den Reihen der Schlosser der Spezialberuf des handwerklichen Maschinenbauers, der sich nicht nur mit der Reparatur von industriell gefertigten Maschinen befaßte, sondern darüber hinaus auch selbst Apparate und Maschinen auf Gebieten herstellte, welche für die auf Massenproduktion und Großbauserien fixierten Maschinenbaufabriken unattraktiv waren.[1163]

Wie kann nun auch ohne ein genauer definiertes Profil des Handwerks "Maschinenbauer" festgelegt werden, wer im Lande handwerklicher Maschinenbauer war und wer nicht? - zumal sich aus dem statistischen Material noch nicht einmal ersehen läßt, wieviele Maschinenbauer es in den Herzogtümern vor 1867 überhaupt gab. Eindeutig beantwortet werden könnte diese Frage zum einen selbstverständlich anhand von Konzessionen und

1160 PAULINYI, Umwälzung, S. 321.

1161 Vgl. HERRMANN, Schwerpunkte, S. 487.

1162 WISSNER, Machinenbauer, S. 446. Vgl. auch Walter BECKER: Die Entwicklung der deutschen Maschinenbauindustrie von 1850 bis 1870, in: Ders. und Alfred Schröter: Die deutsche Maschinenbauindustrie in der industriellen Revolution (= Veröffentlichungen des Instituts für Wirtschaftsgeschichte an der Hochschule für Ökonomie Berlin-Karlshorst, 2), Berlin (Ost) 1962, S. 135-285, hier 236 f. - Einen Eindruck von den verschiedenen Maschinenbauarbeiterkategorien in der Carlshütte während ihrer Frühzeit vermittelt WULF, Holler, S. 265 f.

1163 Vgl. WISSNER, Machinenbauer, S. 449.

Privilegien, die an Maschinenbauer erteilt wurden; nur leider sind davon verhältnismäßig wenige erteilt worden und noch weniger überliefert. Zum anderen natürlich auch mittels der den Produktionsprozeß betreffenden Fakten. Da uns jedoch in den allermeisten Fällen Informationen z.B. über die Ausstattung eines Betriebes, sein Produktionsspektrum und dessen Entwicklung, den Verlauf der Produktion von Maschinen - seit wann in ihm also u.a. Maschinen gebaut wurden und welchen Anteil sie an der Gesamtproduktion einnahmen - fehlen, bleibt uns in der Regel nichts anderes übrig, als denjenigen Professionisten, der sich als Maschinenbauer bezeichnete, auch als solchen zu betrachten. Problematisch wird dadurch allerdings die Einordnung all derjenigen Professionisten, die mit dem (Land)Maschinenbau befaßt waren, ohne sich deshalb gleich die Berufsbezeichnung "Maschinenbauer" zuzulegen. In den allermeisten dieser Fälle nahm dieser Produktionszweig anscheinend (noch) keine derartige Position in ihrer Warenpalette ein, daß sich dadurch ihr berufliches Selbstverständnis - und mit ihm ihre Berufsbezeichnung - hätte automatisch ändern müssen. Anders dagegen verhält es sich bei einer Reihe von im Verlauf der Untersuchung vorgestellten Handwerkern, zu denen u.a. der Landschlosser Claus Hinrich Göttsch und der Landtischler Peter Göttsch gehören:[1164] entweder entwickelte sich der Landmaschinenbau für sie im Laufe ihrer Selbständigkeit zum Schwerpunkt ihrer Arbeit bzw. sogar zu ihrem alleinigen Tätigkeitsfeld oder aber er war es bereits bei der Gründung ihres Betriebes. Beide Varianten zogen dann eine entsprechende Änderung der Berufsbezeichnung des Handwerkers nach sich. Die Einordnung dieser Gruppe handwerklicher Maschinenbauer, die z.T. sogar kleinere Landmaschinenbauanstalten gründeten, erfolgte vor allem aus zwei Gründen nicht in diesem Kapitel, sondern in dem über das jeweils von ihnen "erlernte" und ursprünglich ausgeübte Handwerk. Zunächst einmal tritt dadurch der Anteil, den jedes Handwerk an der Herstellung moderner landwirtschaftlicher Produktionsmittel hatte, deutlicher zutage. Und zweitens gilt es zu bedenken, daß wir aufgrund der Unkenntnis des Produktionsverlaufs in den Betrieben der Betreffenden nicht sicher sagen können, von welchem Zeitpunkt an wir sie als Maschinenbauer zu betrachten haben.

So wird es verständlich, warum nachfolgend fast ausschließlich handwerkliche Maschinenbauer der zweiten Generation aufgeführt werden. Daß sich insgesamt lediglich fünf nachweisen lassen, die sich vor 1867 in den Herzogtümern mit dem Bau moderner landwirtschaftlicher Produktionsmittel befaßten bzw. dieses zumindest ernsthaft planten, mag darauf zurückzuführen sein, daß die Maschinenbauerei als eigenständige Profession hier noch verhältnismäßig jung war[1165] und daß moderne Landmaschinen und Ackergeräte erst seit den 1850er Jahren größere Verbreitung in Schleswig-Holstein fanden.

Als einziger der fünf nachfolgend vorgestellten Professionisten gehörte Johann Hansen aus Winnemark, adeliges Gut Carlsburg, zur ersten Generation handwerklicher Maschinenbauer. Obwohl er sich nicht als solcher bezeichnete und auch von Dritten nicht mit dieser Berufsbezeichnung tituliert wurde, muß er doch als solcher angesehen werden. Denn die "Anfertigung von verschiedenen landwirthschaftlichen Maschinen" stellte zumindest zwischen circa 1825 und 1865 seinen Haupterwerb dar; zudem war Hansen allem Anschein nach auch nicht als Landhandwerker konzessioniert. Nachdem er Anfang

---

1164 Vgl. oben, Kap. III.5.2.4.2., S. 434 f. und Kap. III.5.2.3.2., S. 422 ff.
1165 1858 gab es in Altona erst sieben Maschinenbauer. Altonaisches ADRESSBUCH für 1858, Altona o. J., S. 99.

1855 vergeblich um "ein Privilegium auf die alleinige Anfertigung von Butter- und Häkkerlingsmaschinen in Schwansen, Angeln und Cappeln" nachgesucht hatte, wurde ihm ein Jahr später eine Konzession zum Bau von landwirtschaftlichen Maschinen erteilt,[1166] die im August 1865 noch gültig war. Zu diesem Zeitpunkt beschäftigte Hansen einen Gehilfen.[1167] Welche modernen landwirtschaftlichen Produktionsmittel er außer den von ihm angeblich selbst konstruierten Butter- und Häckselmaschinen noch anfertigte, ist ebenso unbekannt wie vieles andere.[1168]

Der zweite von den fünfen war Joh. Carl Ernst Lange, dem das Ministerium für die Herzogtümer Holstein und Lauenburg 1859 zweimal die Konzession zur Gründung einer Landmaschinenfabrik in Woldenhorn, adeliges Gut Ahrensburg, verweigerte.[1169] Ein weiterer war der Haderslebener Peter Jacobsen.[1170] Der vierte war der Wedeler H. Hagedorn, der sich erstmals 1857 im Adreßbuch der Herzogtümer nachweisen läßt und dort auch noch 1872 mit dem Vermerk "Maschinenbauer, (landwftl.)" auftaucht. Zu den von ihm hergestellten modernen landwirtschaftlichen Produktionsmitteln gehörten Göpel sowie Häcksel- und Kornreinigungsmaschinen.[1171] Der fünfte - und letzte - hieß Claus Hansen Staugaard (1837-1920). Erlernt hatte er die Maschinenbauerei bei seinem Vater, Hans Hansen Staugaard (1798-1879), der als gelernter Tischler durch seine Arbeit in einer Orgelbauerei mit der Mechanik in Kontakt gekommen war. Relativ spät, nämlich in den 1850er Jahren, stieg H. H. Staugaard in den Maschinenbau ein. Allerdings war die Produktion von Landwirtschafts- und Ziegeleimaschinen für ihn nicht so bedeutsam wie der Pumpenbau. Wann Sohn Claus die väterliche Schmiede- und Maschinenwerkstatt, die in Staugaard, Kirchspiel Düppel, lag, genau übernommen hat, läßt sich nicht ermitteln. Als der Betrieb 1874 als Antriebsquelle zusätzlich zur Windmühle noch eine Lokomobile erwarb, war er bereits in den Händen von Claus Hansen Staugaard.[1172]

III.5.2.8. Sonstige Handwerker

In den vorangegangenen Kapiteln (Kap. III.5.2.1. bis Kap. III.5.2.7.) sind die hinsichtlich ihres Anteils an der Produktion moderner landwirtschaftlicher Geräte und Maschinen wichtigsten Handwerke abgehandelt worden. Der Vollständigkeit halber werden nun im Verlauf dieses Kapitels noch die Vertreter all derjenigen Handwerke vorgestellt, die diesbezüglich im Untersuchungsraum offensichtlich eine unbedeutende Rolle gespielt haben.

1166 Zum Patentantrag und zur Konzessionierung als (Land)Maschinenbauer vgl. oben, Kap. III. 5.1.4.3., S. 326.

1167 LAS Abt. 189, Nr. 99 II.

1168 RAK Ministeriet for Hertugdömmet Slesvig, II. Dep. B, Nr. 391. - Die Häcksel- und die Buttermaschine sind in Abb. 36, S. 507 und Abb. 37, S. 508 wiedergegeben.

1169 Vgl. oben, Kap. III.5.1.4.4., S. 329 ff.

1170 Vgl. oben, Kap. III.5.1.4.1., S. 312.

1171 PETERSEN, Adreßbuch (1857), S. 166, DIES., Adreßbuch (1860), S. 184 und ADRESSBUCH, Kaufleute, S. 59.

1172 HENNINGSEN, Eisengießereien, S. 118 f.

Über den Preetzer Zimmermannsgesellen Friedrich Jasper Diekmann und die von ihm produzierten Landmaschinen ist bereits wiederholt berichtet worden.[1173] Hier nun noch einige Ergänzungen dazu: Neben der großen Scheibenradhäckselmaschine bot Diekmann, dem 1799 u.a. Fleiß und "Künstlertalent" attestiert wurden, "für kleinere Haushaltungen" auch eine "von gleicher Einrichtung für 200 Rthlr." an. Die Lade dieser kleineren Maschine war neun Fuß lang, einen Fuß hoch und neun Zoll breit und ihr Scheibenrad mit drei Messern besetzt. Für ihren Betrieb waren zwar "nur ein Arbeiter zum Drehen und einer zum Einlegen erforderlich", doch lieferte sie dafür auch lediglich "circa 8 Tonnen Häkkerling von 1/3tel Zoll Länge". Des weiteren verfertigte Diekmann noch "vorzüglich gute Staubmühlen", auf denen - nach seiner Versicherung - "zwei Arbeiter 50 Tonnen Korn in einem Tage reinigen" konnten. Schließlich hatte er "zu eigenem Gebrauche" auch eine "Grüzmühle, worauf ein Tagelöhner in einem Tage 2 Tonnen Schälgerste, oder eine Tonne Gerstengrüze, drei Leute aber in einer Stunde eine Tonne Buchwaizengrüze" erzeugen konnten, hergestellt.[1174]

Ebenfalls Zimmermann, wenn auch schon Meister, war der in Burg auf Fehmarn wohnhafte Priess. Nach dem Urteil "Sachverständiger" von 1866 arbeitete seine Kornreinigungsmaschine "sehr gut mit einer bedeutenden Zeitersparniß". Weiter heißt es darin über sie: "Das Korn, welches mit allem Schmutz, wie es nach dem Dreschen ist, in die Maschine geschaufelt wird, bedarf keiner weiteren Reinigung und was sehr viel werth ist, zwischen dem Kaff bleibt fast kein einziges Korn. Der Preis einer solchen Maschine beträgt 64 CtM". Der Bericht im Fehmarnschen Wochen-Blatt über Priess und seine Landmaschine erweckt den Eindruck, als ob sich neben Priess nur sehr wenige Professionisten auf der Insel mit diesem Produktionszweig befaßten.[1175]

Gelernter Zimmermann war auch der im wagrischen Dorf Lütjenbrode, adeliges Gut Löhrstorf, ansässige Bauernvogt und Hufenpächter Peter Mess, der sich im Dezember 1861 vergeblich um ein Patent für eine von ihm "verbesserte" Stiftendreschmaschine des Amerikaners Moffit nebst Tretgöpel bemühte.[1176] Um "die neueren Erfindungen im landwirthschaftlichen Maschinenfache näher kennzulernen" war er in den Jahren vor der Einreichung seines Patentantrages u.a. für längere Zeit in die USA zu "dortigen Landsleuten" gereist. Aber auch aus der an das Ministerium für die Herzogtümer Holstein und Lauenburg gerichteten Stellungnahme des Eigentümers von Löhrstorf, Joh. Schwerdtfeger, der als langjähriges Mitglied des "Wagrischen landwirthschaftlichen Vereins" den Antrag selbstverständlich wärmstens befürwortete, geht hervor, daß Mess weit über dem Durchschnitt stehende handwerkliche Qualitäten besaß. So äußerte sich nicht bloß Schwerdtfeger dahingehend, daß er ein "äußerst fleißiger und arbeitsamer Mann" sei, sondern auch der Heiligenhafener Zimmermeister, bei dem Mess mehrere Jahre angestellt gewesen war, lobte ihn und bezeichnete ihn als einen "thätigen, überall zu verwendenden und begabten Gesellen".[1177]

1173 Vgl. oben, Kap. II.1.3., S. 81 und Kap. II.2.4., S. 160 f.
1174 WEDEL, Nachricht, S. 5-8.
1175 ANONYMUS: Landwirthschaftliches, in: Fehmarnsches Wochen-Blatt, 11 (1866), Nr. 81 (13.10.1866).
1176 Vgl. oben, Kap. II.2.2.4., S. 146.
1177 LAS Abt. 80, Nr. 1131 II.

Noch ungewöhnlicher als der Bau einer Stiftendreschmaschine mit Tretgöpel ist für einen Handwerker wohl nicht nur in den Herzogtümern die "Entwicklung" einer Mähmaschine gewesen.[1178] Am 22. August 1863 wurde dem Kunstdrechsler Carl Schnoor gemeinsam mit dem Wollspinner M. Stoldt, beide wohnhaft in Schenefeld, Amt Rendsburg, ein zehnjähriges Patent auf die von ihnen entwickelte Mähmaschine verliehen. Laut Bericht der Kirchspielvogtei befanden sich beide "nicht in günstigen Vermögens-Umständen, da der eine ohne Grundbesitz" war und "der andere eine kleine Kathenstelle bewohnt[e] und beide ohne Vermögen ihren Unterhalt durch ihrer Hände Arbeit verdienen" mußten. Da Mähmaschinen zu diesem Zeitpunkt in den Herzogtümern nur äußerst selten im Einsatz waren und Schnoor und Stoldt zudem offensichtlich nicht über die zur Entwicklung eines funktionstüchtigen Modells dieser Landmaschine notwendigen finanziellen Mittel verfügt haben, erscheint es sehr wohl denkbar, daß die beiden die Anregung und das Geld zu diesem Projekt von einem Dritten erhalten haben. Aber solange keine neuen Quellen auftauchen, werden wohl nicht nur diese beiden Punkte im dunkeln bleiben.

Bedenkt man, daß Schnoor und Stoldt bei der Ausübung ihrer Handwerke - wie es das Rendsburger Amtshaus ausdrückte - "durch die Anwendung von Maschinen" dazu gezwungen waren, "sich mit deren Construction vertraut zu machen", so erstaunt es nicht weiter, daß sich ein Kunstdrechsler und ein Wollspinner mit der Entwicklung einer Mähmaschine befaßten. Folglich sprach das Amtshaus den beiden auch die "in der Mechanik [...] erforderlichen Kenntnisse zu [..], um einerseits eine Maschine selbst construiren, resp unter ihrer Aufsicht erbauen lassen zu können, andrerseits auch die practische Anwendung derselben leiten zu können".[1179]

1178 Zur Einführung, Verbreitung sowie Herstellung der Mähmaschine in Schleswig-Holstein vor 1867 vgl. oben, Kap. II.2.2.2., S. 127 ff.

1179 LAS Abt. 104, Nr. 310 und LAS Abt. 210, Nr. 5349.

IV. Schlußbemerkungen

Bedingt durch die Quellenlage war es nicht möglich, den Prozeß der Mechanisierung/Technisierung der schleswig-holsteinischen Landwirtschaft bis 1867 in absoluten oder relativen Zahlen zu fassen - also etwa in Form statistischen Materials.[1] Häufig konnten nur Tendenzen angedeutet werden. Allerdings ließen sich des öfteren zumindest Trends nachzeichnen. So weist beispielsweise einiges darauf hin, daß unter den bäuerlich dominierten Teilen der Herzogtümer einige der traditionell marktorientierten Produzenten hinsichtlich der Einführung moderner Agrartechnik weitaus innovationsfreudiger waren als z.B. diejenigen in den noch nahe an der Subsistenzwirtschaft lebenden Bevölkerungskreisen. Da jedoch über den Verlauf der Mechanisierung/Technisierung der Landwirtschaft in letzteren - es handelt sich vorwiegend um Geestdistrikte - verhältnismäßig wenig herausgefunden wurde, fehlt es bis auf weiteres an zusätzlichen Beweisen zur Erhärtung dieser These. Auffällig ist z.B. auch der hohe Anteil an Gutseigentümern, -pächtern und -inspektoren unter den Frühen Übernehmern landtechnischer Neuerungen. Daß daraus nicht geschlossen werden darf, alle - oder doch zumindest die meisten - landwirtschaftlichen Großbetriebe hätten hinsichtlich der Einführung moderner Ackergeräte und Landmaschinen in Schleswig-Holstein eine Führungsposition eingenommen, ist bereits vermerkt worden. Nur, wie hoch der Anteil der Frühen Übernehmer oder gar der Nachzügler unter dieser bedeutenden Gruppe der schleswig-holsteinischen Landwirte konkret war, wird sich schwerlich jemals genau fassen lassen.

Dennoch: Im Rahmen des Möglichen ist es unter weitgehender Beschränkung auf die wichtigsten Arbeitsschritte der Getreideproduktion in den Kapiteln II.1. und II.2. gelungen, den agrartechnischen Standard im Untersuchungsraum um 1800 und seine Weiterentwicklung bis 1867 mittels zahlreicher Beispiele in seinen Grundzügen plastisch darzustellen und zu charakterisieren. Immerhin konnte eine Reihe von tradierten und modernen landwirtschaftlichen Produktionsmitteln eindeutig identifiziert und zum Teil sogar detailliert beschrieben werden. Für einige konnten sogar die Daten ihrer Einführung in den Untersuchungsraum zutage gefördert werden. Aber auch zu den meisten anderen eingangs der Studie zum Themenkomplex Mechanisierung/Technisierung der schleswig-holsteinischen Agrikultur aufgestellten Fragen konnten Antworten gefunden werden. Unter anderem gelang es, einige der Kommunikationskanäle ausfindig zu machen, über die die schleswig-holsteinischen Landwirte Kenntnis von der Existenz moderner Agrartechnologie erhielten. Des weiteren war es möglich, eine ganze Reihe von Trägern sowie Wegen aufzuspüren, über die Geräte und Maschinen in den Untersuchungsraum kamen. Bemerkenswerterweise gelangten sie nicht alle direkt aus Großbritannien, sondern zum Teil via Dänemark dort hin, was aufgrund der Zugehörigkeit der Herzogtümer zum dänischen Gesamtstaat und der Aktivitäten der "Königlichen Dänischen Landhaushaltungsgesellschaft" nicht weiter verwundert. Aus Deutschland kamen erst nach der Jahrhundertmitte in nennenswertem Umfang moderne landwirtschaftliche Produktionsmittel nach Schleswig-Holstein. Nach allem, was wir bis jetzt wissen, dürfte es sich jedoch bei den allermeisten von den im Untersuchungsgebiet eingesetzten modernen Ackergeräten und Landmaschinen nicht um Importe, sondern um Nachbauten gehandelt haben.

---

1 Erstmals von amtlicher Seite statistisch erfaßt worden ist der Prozeß der Mechanisierung/Technisierung der schleswig-holsteinischen Landwirtschaft 1882 im Rahmen der ersten reichsweiten Erhebung über die Nutzung moderner Ackergeräte und Landmaschinen. Vgl. WINKEL, Anwendung, S. 21.

Auf der Basis dieser und einer ganzen Reihe weiterer Ergebnisse ließ sich der Prozeß des Transfers und der Diffusion moderner Agrartechnik in den Herzogtümern bis 1867 in ein Periodisierungsmodell einordnen. Es stimmt mit Bentziens "Schematischer Zusammenfassung" der "Landmaschinentechnik in Mecklenburg"[2] weitgehend überein und ist vermutlich auch auf andere deutsche Agrarregionen übertragbar. Ein allgemein gehaltener Vergleich der schleswig-holsteinischen Entwicklung mit der in benachbarten Regionen wie Mecklenburg oder Dänemark erscheint jedoch noch verfrüht, obwohl für beide der Prozeß der Mechanisierung/Technisierung der Landwirtschaft im Verhältnis zu allen anderen deutschen Regionen weitaus besser erforscht ist. Dafür wurde - wo immer möglich - ein Vergleich zwischen dem Verlauf der Einführung und Verbreitung einzelner Ackergeräte- und Landmaschinentypen in Schleswig-Holstein, Mecklenburg und Dänemark gezogen. Er brachte - genauso wie der Vergleich zwischen den einzelnen schleswig-holsteinischen Landschaften - zahlreiche Übereinstimmungen, aber auch einige Abweichungen zum Vorschein.

Fraglos erleichterten die hier über den Prozeß der Technisierung/Mechanisierung der schleswig-holsteinischen Landwirtschaft erlangten Kenntnisse die Beurteilung des Zustandes bzw. der Entwicklung der nicht-industriellen Produktion landwirtschaftlicher Geräte und Maschinen in Schleswig-Holstein von ca. 1800 bis 1867. Über den zweiten zentralen Themenkomplex dieser Studie konnten im Verlauf von Kapitel III. einige Erkenntnisse gewonnen werden. Erwartungsgemäß fanden sich im Ensemble der nicht-industriellen Betriebsformen das bäuerliche Hauswerk und das Handwerk. Es durfte dabei nicht unbedingt erwartet werden, daß neben den beiden "klassischen" Gerätschaftshandwerkern, d.h. dem Grob- und Hufschmied und dem Stellmacher, sowohl mit dem Bau von tradierten, als auch insbesondere mit dem Bau von modernen landwirtschaftlichen Produktionsmitteln gleich eine ganze Reihe weiterer Handwerker befaßt waren - wenn auch in stark variierender Art und Weise sowie in stark variierendem Umfang. Wenig überrascht dagegen die Existenz der Betriebsform Hausfleiß in Gestalt der Klüterei, wohingegen die Pflugmacherei, die sich nicht immer eindeutig dem Hausfleiß oder dem Handwerk zuordnen läßt, in Deutschland eine auf Schleswig-Holstein begrenzte Form des ländlichen Professionismus gewesen zu sein scheint.

Auch die Produktion landwirtschaftlicher Schneidewaren vollzog sich in den Herzogtümern anders als nach dem bisherigen Forschungsstand zu erwarten war. Zunächst einmal ist zu konstatieren, daß sich das zünftig betriebene Handwerk des Sensenschmieds, das vom Hochmittelalter an bis in das 17. Jahrhundert hinein in einigen deutschen Städten und Marktflecken beheimatet war, für die Herzogtümer nicht nachweisen ließ. Des weiteren deutet alles darauf hin, daß die ländlichen Grob- und Hufschmiede im Untersuchungsraum - wie wohl sehr wahrscheinlich in allen anderen Regionen Deutschlands auch - in der Regel lange vor 1800 die Fertigkeiten verloren haben, Sensen-, Sichten- und Sichelblätter sowie Häckselladenklingen herzustellen; dasselbe gilt sehr wahrscheinlich auch für ihre städtischen Kollegen. An ihre Stelle traten im Verlauf des 17. und 18. Jahrhunderts hochspezialisierte Sensenschmiede in mehreren protoindustriellen ländlichen Kleineisengebieten. Die schneidenden Erntegeräte waren mithin die ersten landwirtschaftlichen Produktionsmittel, die nicht vor Ort, sondern an einigen wenigen, "weit"

2 BENTZIEN, Eindringen, S. 63.

entfernten Standorten durch eine verhältnismäßig kleine Zahl von Professionisten in riesigen Quantitäten und in hoher Qualität angefertigt wurden. Ihre Distribution verlief über ein mehrschichtiges Handels- und Vertriebssystem. Diese Organisationsformen der Produktion und Distribution zeigten am Ende des Untersuchungszeitraums deutliche Auflösungserscheinungen. Neben ihnen bestanden in Schleswig-Holstein sowie in anderen Agrarregionen sehr wohl noch andere Organisationsformen, wenn auch nicht von vergleichbarer Bedeutung. Speziell für den Untersuchungsraum konnten vor allem für Nord- und Mittelschleswig ländliche Grob- und Hufschmiede nachgewiesen werden, die mittels Muskelkraft und Fausthammer sowie Schleifmühlen "Schneidezeug" über den lokalen Bedarf hinaus in größeren Stückzahlen für den regionalen Markt herstellten. Ferner konnten mehrere Produktionsstandorte im Südosten Holsteins ermittelt werden, die mit Wasserkraft betriebenen Sensenhämmern und Schleifmühlen arbeiteten und die sowohl auf den regionalen als auch auf den überregionalen Markt ausgerichtet waren. Ihre Entstehung - wie auch ihre Standorte - verdankten beide in erster Linie den naturräumlichen Gegebenheiten.

Alles in allem weist die nicht-industrielle Produktion landwirtschaftlicher Produktionsmittel im Untersuchungsraum eine weitaus größere Vielfalt auf als zu erwarten war. Beim Übergang von der vor- in die frühindustrielle Zeit waren dann in den Herzogtümern mit dem Aufkommen der Eisengießereien und Maschinenbauanstalten in diesem nicht-agrarischen Produktionsbereich für eine Zeitlang sogar fast sämtliche Stufen der Vergesellschaftung vertreten. Von da ab begann sich jedoch die Waagschale - wenn auch zunächst nur langsam und kaum merklich - stetig und unaufhaltsam zugunsten der Industriebetriebe zu heben, bis auch im Untersuchungsraum schließlich nur noch die Betriebsform Fabrik übrigblieb. Ein elementarer Unterschied zwischen ihr und den nicht-industriellen Betriebsformen soll besonders hervorgehoben werden: der Standort. Während sich die Eisengießereien und Maschinenbauanstalten auch in den Herzogtümern gewöhnlich an einem städtischen oder doch zumindest an einem stadtnahen Produktionsstandort ansiedelten, konzentrierten sich die letzteren ganz oder doch zumindest sehr stark auf dem flachen Land. Das gilt insbesondere auch für das Handwerk. In Kapitel III.5.2.1.3. konnte für die Grob- und Hufschmiede erstens nachgewiesen werden, daß es die Landschmiede waren, die im Zuge des "Prozesses der Territorialisierung des Gewerbes" spätestens seit dem ausgehenden 18. Jahrhundert die Masse der an den landwirtschaftlichen Produktionsmitteln auszuführenden Schmiedearbeiten verrichteten. Zweitens gelang es, anhand dieses Handwerkers exemplarisch auch die Motive aufzuzeigen, die die Landwirte dazu bewogen haben, die an den Ackergeräten und Landmaschinen anfallenden Arbeiten von Land- anstelle von Stadthandwerkern ausführen zu lassen. Im weiteren Verlauf von Kapitel III.5.2. wurden diese Ergebnisse dann für die Stellmacher, Tischler und Mühlenbauer voll bestätigt, während sich bei einigen der in der Studie untersuchten typischen Stadthandwerke, wie z.B. dem des Schlossers, immerhin ein nicht unbedeutender Anteil an ländlichen Professionisten nachweisen ließen, die sich in diesem Produktionsbereich betätigten. Sollte hier die im Hochmittelalter in vielen anderen Produktionsbereichen entstandene prinzipielle wirtschaftliche Arbeitsteilung zwischen Stadt und flachem Land jemals voll ausgeprägt gewesen sein, so war zu Beginn des 19. Jahrhunderts jedenfalls nicht mehr viel davon übrig. Das flache Land, so läßt sich knapp resümieren, versorgte sich bis zum Vordringen der Eisengießereien und Maschinenbauanstalten für einige Jahrzehnte weitgehend selbst mit agraren Produktionsmitteln.

Um 1800 war das Gefüge der nicht-industriellen Betriebsformen bereits im Umbruch. Verantwortlich dafür war der oben genannte "Prozeß der Territorialisierung des Gewerbes", bei dem es sich zuvörderst um eine beträchtliche Vergrößerung des Landhandwerkerbestandes handelte. Er zog wiederum eine beträchtliche Ausweitung der gewerblichen Warenproduktion auf dem flachen Land nach sich, die laut Schultz "Ausdruck einer erheblichen Vertiefung der gesellschaftlichen Arbeitsteilung zwischen Landwirtschaft und Handwerk und der beginnenden Herausbildung eines inneren Marktes"[3] war. Unter besonderer Berücksichtigung des Untersuchungsraumes sowie der nicht-industriellen Produktion landwirtschaftlicher Geräte und Maschinen wurden im Verlauf der Studie sowohl grundsätzliche Ausführungen über diese Entwicklung als auch über die Bestandsentwicklung des schleswig-holsteinischen Landhandwerks gemacht. Zudem wurde in Kapitel III.5.2.1.4. exemplarisch die Bestandsentwicklung der Grob- und Hufschmiede nachgezeichnet und analysiert. Des weiteren wurde auch die Diskrepanz in gesamtstaatlicher Zeit zwischen diesem Prozeß und der offiziellen Gewerbepolitik bzw. der geltenden Gewerbeordnung aufgedeckt.

Zurückgedrängt wurde durch den anschwellenden Bestand der ländlichen Handwerker vor allem das bäuerliche Hauswerk. In Kapitel III.1.3. konnte nachgewiesen werden, daß diese Betriebsform im Bereich der Herstellung landwirtschaftlicher Produktionsmittel um 1800 nicht mehr überall in den Herzogtümern anzutreffen war. Außerhalb des "ganzen Hauses" erfolgte zu diesem Zeitpunkt die Anfertigung der Holzteile der für den landwirtschaftlichen Produktionsprozeß benötigten Wagen, Ackergeräte etc. bis hin zu den kleineren Geräten offensichtlich bereits in weiten Teilen der See- und Flußmarschen, wohingegen etwa die Bauern im Nordosten Schleswigs bis hinunter nach Angeln sich noch fünfzig Jahre länger selbst mit kleineren Geräten versorgten. Aber auch die nicht-industriellen Betriebsformen gewerbliche Klüterei und Pflugmacherei sowie die Produktion landwirtschaftlicher Schneidewaren waren nicht überall in Schleswig-Holstein vertreten. Das konnte in den Kapiteln III.2., III.3. und III.4.1.2. klar nachgewiesen werden. Ob, und wenn ja, wie der "Prozeß der Territorialisierung des Gewerbes" Einfluß auf die Bestandsentwicklung der beiden ersteren genommen hat, konnte hingegen nicht ermittelt werden. Augenscheinlich nahmen jedoch die beiden im Untersuchungsraum traditionellen Formen der gewerblichen Herstellung landwirtschaftlicher Produktionsmittel, die Klüterei und die Pflugmacherei, im Verlauf des 19. Jahrhunderts derart ab, daß sie sich schließlich am Ende der frühindustriellen Zeit in Schleswig-Holstein nicht mehr nachweisen ließen.

Auch hinsichtlich ihrer räumlichen Verbreitung ergibt sich für die bei der Herstellung landwirtschaftlicher Produktionsmittel in den Herzogtümern vertretenen nicht-industriellen Betriebsformen also ein weitaus differenzierteres Bild als bisher zumeist wahrgenommen wurde.

Hinweise darauf, wer unter den schleswig-holsteinischen Landwirten durch die gewerblichen unter den nicht-industriellen Betriebsformen mit tradierten landwirtschaftlichen Produktionsmitteln versorgt wurde, fließen in den Quellen nur äußerst spärlich. Da nichts Gegenteiliges festgestellt wurde, wird hier davon ausgegangen, daß die mit dem Bau von Ackergeräten u.dgl. befaßten Professionisten in der Regel lediglich für die Landwirte ih-

3 SCHULTZ, Landhandwerk, S. 132.

res Dorfes und darüber hinaus bestenfalls noch für diejenigen aus ihrem Kirchspiel bzw. ihrer Harde tätig waren. Nicht zu ihrem Kundenkreis dürften in der Regel die Güter gehört haben, da diese zur Deckung des Eigenbedarfs häufig Grob- und Hufschmiede, Stellmacher bzw. Klüterer, Böttcher und Sattler fest angestellt hatten resp. sich deren Arbeitskraft durch Pachtverträge oder dgl. sicherten. Über den lokalen Rahmen hinaus produzierten in Schleswig-Holstein nur wenige Professionisten. Dazu gehörte z.B. zeitweise ein Teil der bereits oben genannten nordschleswigschen Landschmiede. Während der Kontinentalsperre führten die im Tørning Lehn ansässigen Schmieden landwirtschaftliche Schneidewaren auf die dänischen Inseln aus. Über die Grenzen des Untersuchungsraumes hinaus wurden ansonsten jedoch keine tradierten landwirtschaftlichen Produktionsmittel verkauft. Innerhalb der Agrarregion Schleswig-Holstein wurden beispielsweise in Angeln und entlang der an die Seemarschen angrenzenden Geestdistrikte durch gewerbliche Klüterei landwirtschaftliche Geräte der verschiedensten Art angefertigt, die für den Verkauf an die Landwirte in den Marschen bestimmt waren.

Eine der vier Leitfragen dieser Untersuchung ist die nach der Rolle des schleswig-holsteinischen Handwerks beim Prozeß der Mechanisierung/Technisierung der Landwirtschaft. Daran, daß Handwerker vor 1867 im Untersuchungsraum mit der Produktion moderner Agrartechnik befaßt waren, kann nach der Lektüre der Kapitel II. und III. kein Zweifel mehr bestehen. Es fragt sich nur, wie dieser Sachverhalt einzuordnen ist. In Kapitel III.5.1.3. konnte exemplarisch anhand eines der beiden "klassischen" Gerätschaftshandwerker, nämlich des ländlichen Grob- und Hufschmieds, folgende Erkenntnis gewonnen werden: Obwohl sich die durchschnittliche fachliche Qualifikation der ländlichen Gerätschaftshandwerker bis 1867 deutliche erhöhte, reichte sie bis zum Ende der 1860er Jahre noch nicht zur Produktion moderner Pflüge in akzeptabler Qualität und ausreichender Quantität (vgl. Kapitel III.5.2.2.3.) aus. Als Ursache dafür diesen Sachverhalt wurde ein ganzes Bündel von Faktoren ausfindig gemacht. Lediglich einer davon soll hier nochmals genannt werden: die zünftig ausgerichtete Gewerbeordnung. Während der städtische Handwerkernachwuchs durch die Ämter - wenn auch häufig mehr schlecht als recht - ausgebildet wurde, hielten die Regierungsbeamten die berufliche Ausbildung der Landhandwerker, die das Gros der tradierten landwirtschaftlichen Produktionsmittel herstellten, nicht für regelungs-, geschweige denn für förderungswürdig. Hierin unterschieden sich die Herzogtümer nicht von den meisten anderen (deutschen) Staaten. Eines der positiven Beispiele ist Dänemark, wo u.a. die Königliche Dänische Landhaushaltungsgesellschaft durch gezielte materielle Unterstützung und Schulung von Grob- und Hufschmieden sowie Stellmachern die Verbreitung moderner Pflugtypen maßgeblich förderte.

Der obige Befund läßt nur einen Schluß zu: Die im Verlauf der Arbeit ermittelten schleswig-holsteinischen Handwerker, die sich vor 1867 mit der Herstellung moderner landwirtschaftlicher Produktionsmittel befaßten, verfügten in der Regel über eine überdurchschnittliche fachliche Qualifikation. Ihre in Anbetracht der Quellenlage erstaunlich große Anzahl darf nicht darüber hinwegtäuschen, daß sie unter ihren Kollegen eine kleine Minderheit bildeten. So befaßte sich 1866 im lauenburgischen Amt Steinhorst unter den 22 Schmiedebetrieben lediglich einer mit dem Bau von modernen Landmaschinen. Zur Erinnerung: Allein an Landschmieden gab es in den Herzogtümern Schleswig, Holstein und Lauenburg 1860 2.351 und an Landstellmachereien 1.045. In wievielen dieser Betriebe moderne Agrartechnik hergestellt wurde, läßt sich allerdings weder in relativen noch in absoluten Zahlen fassen. Das trifft auch auf die anderen in Schleswig-Holstein untersuchten Handwerke zu.

Wenig Überraschendes ergab die Untersuchung der tradierten Tätigkeitsfelder der im Untersuchungsraum mit dem Bau von landwirtschaftlichen Geräten und Maschinen befaßten Handwerkszweige. Klar dominierten hier die "klassischen" Gerätschaftshandwerker Grob- und Hufschmiede sowie Stellmacher. Tischler und Schlosser spielten hier nur eine ganz untergeordnete Rolle.

Ganz anders sah die Rollenverteilung hingegen im Bereich der Produktion moderner Agrartechnik aus: Grob- und Hufschmiede nahmen zwar auch in diesem Produktionsbereich noch eine führende, jedoch keine dominierende Position mehr ein. Das lag vor allem daran, daß sich das Spektrum der landwirtschaftlichen Produktionsmittel mit dem Eindringen moderner Technologie in die schleswig-holsteinische Agrikultur gewaltig vergrößerte. Ein Blick auf die Kapitel über die Diffusion moderner Bodenbearbeitungsgeräte sowie die Produktion moderner Agrartechnik durch Grob- und Hufschmiede läßt zumindest die ungebrochene Dominanz dieses Handwerks im Bereich Bodenbearbeitungsgeräte erkennen. Offensichtlich beauftragten viele Landwirte ganz selbstverständlich die traditionell mit der Anfertigung von Bodenbearbeitungsgeräten befaßten und vor Ort ansässigen ländlichen Grob- und Hufschmiede auch mit der Produktion der gängigsten modernen Bodenbearbeitungsgeräte. Den Erwartungen ihrer Kundschaft wurde eine Reihe von ihnen hier aller Wahrscheinlichkeit nach nur deshalb gerecht, weil diese Geräte verhältnismäßig einfach anzufertigen waren. Anders sah es dagegen im Bereich der modernen Pflugtypen aus, auf deren Bau sich nur wenige Grob- und Hufschmiede vor 1867 in den Herzogtümern verstanden haben dürften.

Der Verlierer der Entwicklung war zweifelsohne der Stellmacher. Dafür, daß wider Erwarten nur relativ wenige Stellmacher in Schleswig-Holstein nachgewiesen werden konnte, die vor 1867 mit der Produktion moderner Agrartechnik befaßt waren, sind zum einen die geringe durchschnittliche fachliche Qualifikation der (Land)Stellmacher und zum anderen ihre starre Ausrichtung auf ihr tradiertes Tätigkeitsfeld verantwortlich zu machen. Letzteres hängt wohl in erster Linie damit zusammen, daß der Werkstoff des Stellmachers, das Holz, beim Bau von modernen Ackergeräten und Landmaschinen nicht so häufig verwendet wurde wie beim Bau von tradierten Produktionsmitteln, und zudem im ersteren Bereich die Verarbeitung von Holz stetig abnahm.

Die großen Gewinner der technischen Entwicklung auf dem Agrarsektor waren in Schleswig-Holstein vor 1867 unübersehbar Tischler und Schlosser. Zwar ließ sich kein Tischler nachweisen, der moderne landwirtschaftliche Geräte produzierte, doch befaßten sich nicht wenige Mitglieder dieses Handwerks intensiv mit dem Bau von Kornfegen und Häckselmaschinen; die bedeutende Rolle, die Tischler bei der Einführung und frühen Verbreitung ersterer spielten, ist ausführlich dargelegt worden. Es ließen sich darüber hinaus jedoch auch einige Tischler nachweisen, die noch Göpel und/oder Dreschmaschinen anfertigten. Einer von ihnen baute sogar eine Mähmaschine nach. Eine Reihe von Schlossern, die sich aufgrund des äußerst vielfältigen Tätigkeitsfeldes ihres Handwerks nicht besonders schwer mit der Erschließung neuer Produktionsbereiche taten und zudem die elementaren Techniken der Formveränderung von Eisen und Stahl beherrschten, sicherte sich einen respektablen Anteil an der handwerklichen Landmaschinenproduktion. Aus dem Schlosserhandwerk gingen in frühindustrieller Zeit nach dem Grob- und Hufschmiede- und dem Tischlerhandwerk die meisten handwerklichen Produzenten von Landmaschinen hervor. Das Spektrum der von schleswig-holsteinischen Schlossern angefertigten Landmaschinen reicht von Breitsäe- und Drillmaschinen, über Dresch-, Kornreinigungs- und Häckselmaschinen bis hin zu Göpeln und Buttermaschinen.

Den anderen im Verlauf der Studie behandelten Professionen kam im Vergleich zu den drei oben genannten bis 1867 beim Bau moderner Landtechnik nur eine ganz untergeordnete Rolle zu. Die Maschinenbauer und Mechaniker sollten hier erst in der hochindustriellen Phase an Bedeutung gewinnen. Während des Untersuchungszeitraums ging es für beide zunächst einmal lediglich darum, sich in der schleswig-holsteinischen Gewerbelandschaft einen Platz zu erobern.

Alles andere als zufällig erlebte die handwerkliche Produktion moderner landwirtschaftlicher Geräte und Maschinen im Untersuchungsraum zu Beginn der 1850er Jahre einen deutlichen Aufschwung. Dieser Sachverhalt spiegelt sich ein Stück weit auch in der Zahl der Patentanträge wider, die Handwerker in den Herzogtümern bis 1867 für landtechnische Maschinen und Geräte einreichten: Während vor 1850 kein einziger Patentantrag gestellt wurde, waren es in den darauffolgenden 17 Jahren mindestens 15 Stück.[4] Ausgelöst wurde diese Entwicklung durch die zu diesem Zeitpunkt einsetzende Wende im Prozeß der Mechanisierung/Technisierung der schleswig-holsteinischen Agrikultur: Die Jahrhundertmitte markiert den Übergang von der "vorbereitenden" zur "ersten" Periode dieses Prozesses. In keiner der beiden hat das Handwerk jedoch eine nennenswerte Rolle beim Transfer landtechnischer Innovationen nach Schleswig-Holstein gespielt. Gewöhnlich bauten die Handwerker die von Landwirten für den Eigengebrauch oder die von Eisengießereien und Maschinenbauanstalten importierten Originale lediglich nach. Denn für den direkten Zugriff auf moderne Agrartechnik fehlten den allermeisten von ihnen - im Gegensatz zu Gutseigentümern und Fabrikanten - wohl nicht bloß in Schleswig-Holstein sowohl die Informationskanäle und Kontakte ins Ausland als auch die für dessen kostspieligen Import notwendigen finanziellen Mittel. In dieses Bild paßt auch, daß sich für die Zeit vor 1850 für fast alle der in dieser Studie vorgestellten Handwerker nachweisen läßt, daß sie den Anstoß zum Bau moderner Agrartechnik von Landwirten oder landwirtschaftlich Interessierten erhielten, indem ihnen diese Innovatoren Baupläne oder sogar Originale - verbunden mit dem Auftrag zum (Nach)Bau - lieferten.

Anstöße in diese Richtung erhielten Handwerker sehr wahrscheinlich aber auch durch einheimische Eisengießereien und Maschinenbauanstalten. Im Rahmen einer dortigen Anstellung/Ausbildung erweiterten/erwarben sie nicht nur die Fähigkeiten zum Maschinenbau, sondern kamen darüber hinaus auch mit den neuen Landmaschinen in Berührung. Diese "Groß"betriebe belebten die handwerkliche Produktion von Landmaschinen zudem noch auf anderem Wege: viele Handwerker bezogen von den einheimischen Eisengießereien und Maschinenbauanstalten die (guß)eisernen Bauteile - zum Teil sogar in Form von kompletten Bausätzen - für die von ihnen (nach)gebauten Maschinen. Ohne diese Bezugsquelle hätten die allermeisten von ihnen diesen Produktionszweig schwerlich aufnehmen können, da sie selbst nicht über die zur Herstellung von gußeisernen Zahnrädern, schmiedeeisernen Getriebewellen u.dgl.m. notwendigen Produktionsmittel verfügten.

---

4 LAS Abt. 49.30, Nr. 248. LAS Abt. 80, Nr. 1131 I. RAK GKKL (1816-1834), Industri og Fabrik Kontoret (Patentsager).

Aber selbst wenn sie in deren Besitz gewesen wären, hätten sie sie dazu aus gewerberechtlichen Gründen zumeist nicht einsetzen dürfen. Daß die Gewerbeordnung der Herzogtümer der handwerklichen Produktion moderner (Land)Maschinen - vorsichtig formuliert - alles andere als förderlich war, wurde in Verlauf von Kapitel III.5.1.4. nachgewiesen. Die andere Möglichkeit für einen Handwerker in gesamtstaatlicher Zeit unter Wahrung der gewerberechtlichen Bestimmungen moderne Landmaschinen anzufertigen, war die Kooperation mit einem Meister eines anderen Handwerkszweiges; Holzhandwerker, wie z.B. Tischler, mußten sich um die Zusammenarbeit mit einem Grob- und Hufschmied oder Schlosser bemühen. Auch in diesem Fall waren sie jedoch bloß Teilproduzent der Landmaschine.

Da die Masse der Handwerksbetriebe, die sich mit dem Bau von modernen Landmaschinen befaßte, schlecht mit Produktionsmitteln ausgestattet war, über einen minimalen Personalbestand verfügte und zudem die fachliche Qualifikation von Meistern, Gesellen und Gehilfen nicht dazu hinreichte, kompliziertere Agrartechnik, wie Dreschmaschinen oder Mähmaschinen, herzustellen, beschränkte sich die handwerkliche Fertigung von modernen Landmaschinen in Schleswig-Holstein vor 1867 weitgehend auf relativ einfach anzufertigende Typen, wie z.B. Kornreinigungs- oder Häckselmaschinen. Auch stellte die weitaus größte Zahl der Handwerker selten mehr als ein oder zwei Typen her.

Nur sehr wenige der handwerklichen Landmaschinenproduzenten passen nicht in dieses Schema. Rund ein halbes Dutzend Handwerksbetriebe konnte im Verlauf der Untersuchung vorgestellt werden, deren Betreiber sich sowohl hinsichtlich ihrer fachlichen Qualifikation als auch ihrer unternehmerischen Qualitäten deutlich von den anderen handwerklichen Landmaschinenproduzenten abhoben. Es deutete sich an, daß sie aufgrund der Produktionsmittelausstattung sowie der Beschäftigtenzahl ihrer Betriebe den handwerklichen Rahmen in Richtung Fabrik verlassen hätten, wenn ihnen dazu von staatlicher Seite die Erlaubnis erteilt worden wäre. Nur im Herzogtum Schleswig wurde einem Landhandwerker unter "Umgehung" der gewerberechtlichen Bestimmungen die Erlaubnis zur Gründung einer Landmaschinenfabrik auf dem flachen Land erteilt. Im Herzogtum Holstein sind dagegen in gesamtstaatlicher Zeit alle in diese Richtung laufenden Anträge abschlägig beschieden worden.

Um die Stellung des schleswig-holsteinischen Handwerks im Prozeß der Mechanisierung/Technisierung der Landwirtschaft richtig einordnen zu können, muß allerdings auch folgendes bedacht werden: Nicht nur an den tradierten Gerätschaften und Transportmitteln, welche trotz der in Schleswig-Holstein nach 1850 schnell ansteigenden Zahl von modernen Ackergeräten und Landmaschinen noch über das Ende des Untersuchungszeitraums hinaus die Masse der im Einsatz befindlichen landwirtschaftlichen Produktionsmittel ausmachten, sondern auch an der modernen Agrartechnik führte das (Land)Handwerk Reparatur- und Wartungsarbeiten aus. Während erstere wohl nahezu ausschließlich vom (Land)Handwerk repariert und gewartet wurden, dürfte letztere - trotz aller Schwierigkeiten, die sich aus der unzureichenden durchschnittlichen fachlichen Qualifikation des (Land)Handwerks ergaben - doch zu einem großen Teil von (Land)Handwerkern repariert und gewartet worden sein. Das Verhältnis vieler (Land)Handwerker zur modernen Agrartechnik gibt meines Erachtens das folgende Zitat aus einem Bericht des Pächters des Haupthofes Hohenfelde bei Schönberg, Lüdemann, vom September 1868 über den Betrieb einer MacCormickschen Mähmaschine treffend wieder: "Kein Arbeiter,

Rademacher, Schmied oder Vogt hat die Geduld, den unwillkommenen Neuling, wenn er "aus der Reihe" ist, wieder "in die Reihe" zu bringen. Mit stiller Genugthuung wird gemeldet: "de ohl Maschin geiht nicht" oder "snitt nich aff" oder "is entwei". - Der Eigenthümer muß Anfangs etwas zäh sein, und kleine Schwierigkeiten geduldig bekämpfen".[5] Nach Anfangsschwierigkeiten dürften die meisten Landhandwerker mithin sehr wohl in der Lage gewesen sein, zumindest einfachere Reparaturen und Wartungsarbeiten an den modernen Ackergeräten und Landmaschinen auszuführen. Allein schon der Kostenfaktor verbot nämlich den Landwirten, sich in diesen Fällen an die in der Regel weiter entfernt liegenden Eisengießereien und Maschinenbauanstalten zu wenden.

Es gilt ferner zu bedenken, daß die (Land)Handwerker allem Anschein nach eine weitaus wichtigere Rolle bei der Versorgung der kleineren als der mittleren und größeren landwirtschaftlichen Betriebe mit moderner Agrartechnik gespielt haben. Obwohl die beiden letzteren Gruppen zweifelsohne diese Produkte auch von (Land)Handwerkern bezogen, dürften die gewerblichen Großbetriebe bei ihnen eine Präferenzstellung innegehabt haben. Genau umgekehrt wird es sich wahrscheinlich bei den agraren Kleinbetrieben verhalten haben. Ein derartiges Käuferverhalten hat Bentzien auch für Mecklenburg festgestellt.[6] Eine der Ursachen hierfür dürfte die enge Verbundenheit dieser Landwirte mit ihrem unmittelbaren gewerblichen Umfeld gewesen sein. Zudem kann davon ausgegangen werden, daß die (Land)Handwerker die einfacheren Landmaschinen billiger lieferten - wenn auch in der Regel in minderer Qualität und geringerer Leistungskraft.

Drittens und letztens muß auch noch bedacht werden, daß das handwerkliche Element - gemeinsam mit dem kaufmännischen - in den Herzogtümern in frühindustrieller Zeit auch bei der Neugründung von Eisengießereien und Maschinenbauanstalten, also den nicht nur im Untersuchungsraum zweifellos wichtigsten Produzenten moderner landwirtschaftlicher Geräte und Maschinen, vorherrschend war.[7]

Welchen Anteil die Betriebsform Handwerk in Schleswig-Holstein vor 1867 an der Produktion moderner landwirtschaftlicher Geräte und Maschinen nun genau hatte, wird sich aufgrund der Quellenlage zwar niemals ermitteln lassen; doch wird er sich weitaus besser einschätzen lassen, wenn auch die industrielle Produktion auf diesem Sektor näher erforscht worden ist. Laut Fabrikberichten und Statistiken wurden nämlich zum einen die allermeisten der durch schleswig-holsteinische Eisengießereien und Maschinenbauanstalten hergestellten modernen Ackergeräte und Landmaschinen im Inland abgesetzt und zum anderen wurde nur sehr wenig moderne Agrartechnik bis 1867 in den Untersuchungsraum eingeführt.

---

5 LÜDEMANN, Mähmaschine, S. 339.

6 BENTZIEN, Eindringen, S. 69-71.

7 Vgl. Peter WULF: Frühe schleswig-holsteinische Unternehmer, in: Ingwer E. Momsen (Hg.): Schleswig-Holsteins Weg in die Moderne. Zehn Jahre Arbeitskreis für Wirtschafts- und Sozialgeschichte (= SWSG, 15), Neumünster 1988, S. 15-28.

Abbildungen

Abb. 1: Der "gewöhnliche holsteinische Geestpflug" mit gußeisernem Kopf und Streichbrett sowie eiserner Achse und Büchsen am Radvorgestell (um 1853).
Quelle: LAS Abt. 406.10, Nr. 452.

Abb. 2: "Preußischer Pflug wie solcher in der Marsch gebraucht wird" (um 1853).
Quelle: LAS Abt. 406.10, Nr. 452.

Abb. 3: Waldpflug (um 1847).
Quelle: HIRSCHFELD/CARSTENS, Bericht, nach S. 365.

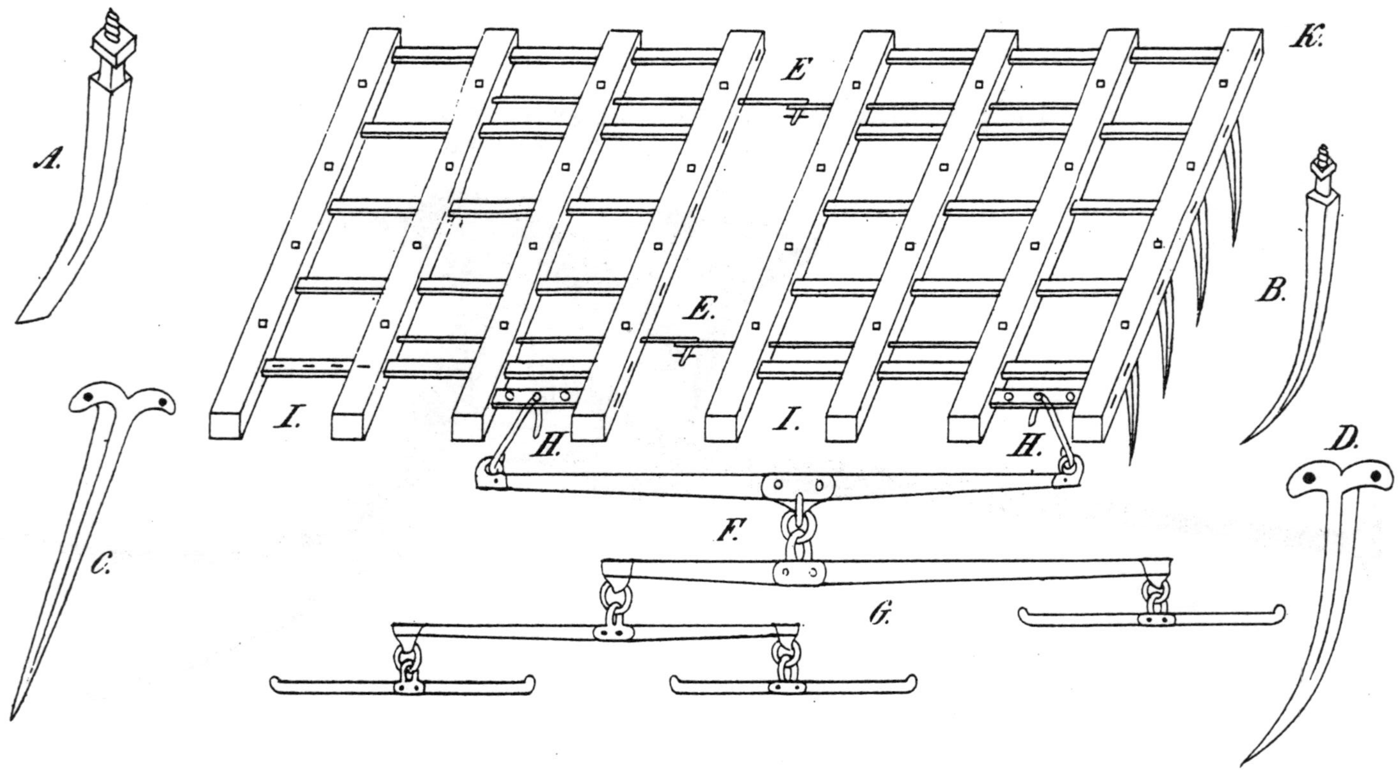

Abb. 4: Schottische Egge (um 1836). Quelle: JEBENS, Reißpflüge, Fig. 3.

Abb. 5: In Dänemark gebräuchliche schwedische Egge. Quelle: CHRISTENSEN, Redskaber, S. 470.

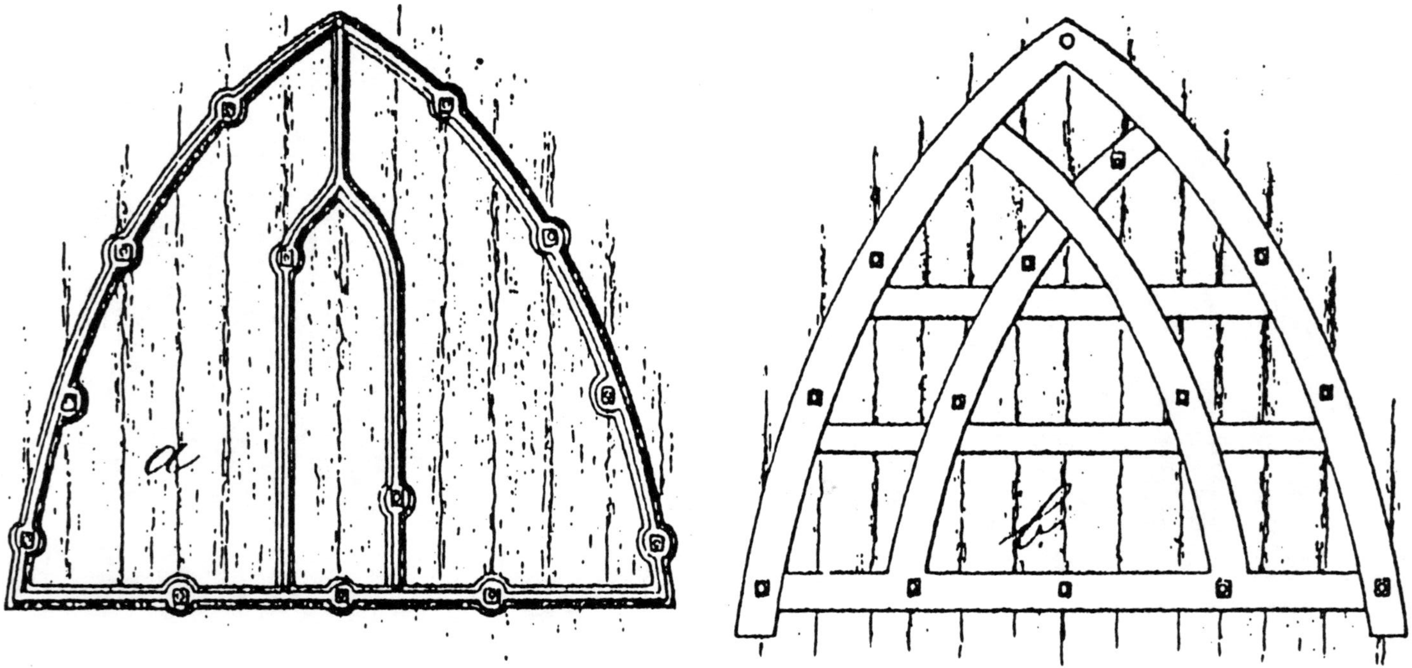

Abb. 6: Schwedische Eggen aus Gußeisen (a) bzw. Holz (b) der dänischen Landmaschinenfabrik M. P. Allerup, Odense. Quelle: BJØRN, 1830-1860, S. 160.

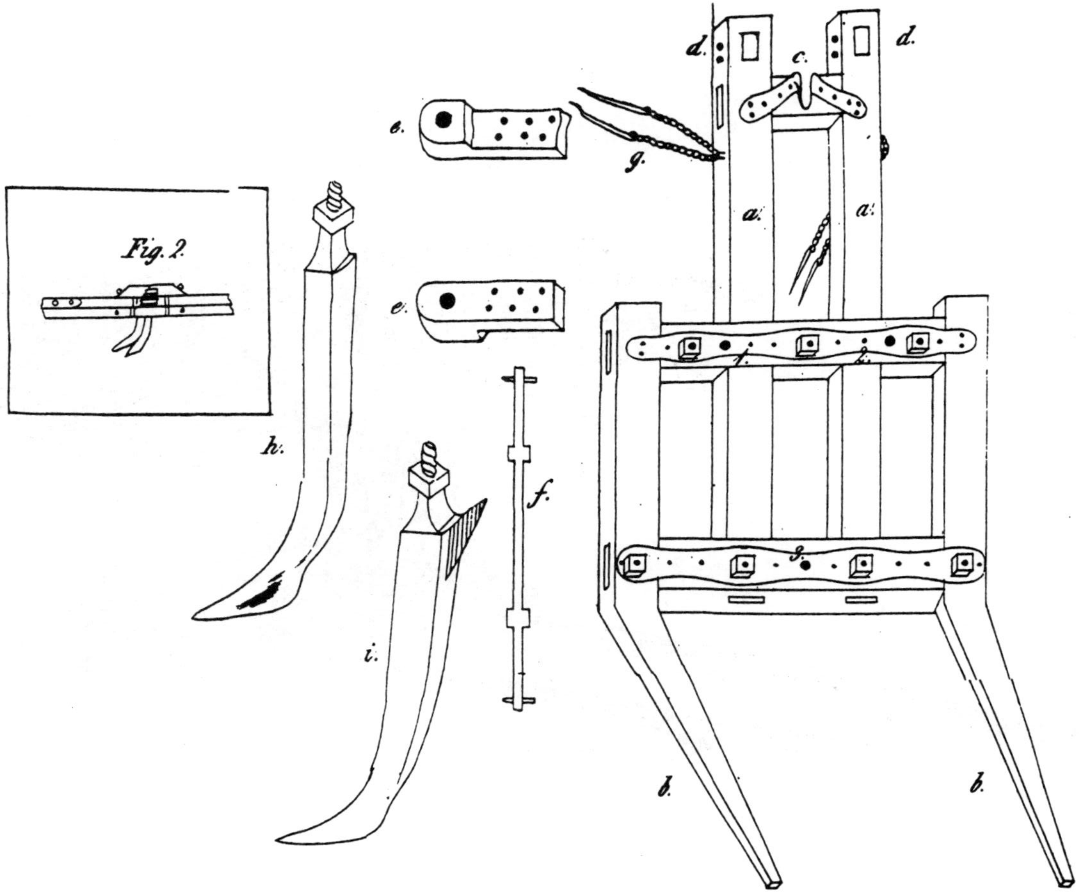

Abb. 7: Reißpflug (um 1836). Quelle: JEBENS, Reißpflüge, Fig. 1.

Abb. 8: Dreiteilige gußeiserne Ackerwalze (um 1853).
Quelle: LAS Abt. 406.10, Nr. 452.

Abb. 9: "Crosskill's Erdkloßbrecher" oder sog. Stachelwalze (um 1853).
Quelle: LAS Abt. 406.10, Nr. 452.

Abb. 10: Rauhwalze (Cambridge's Selbstreinigungswalze, um 1858).
Quelle: DITTMANN, Anweisung (3. Aufl., Bd. 2), S. 321.

Abb. 11: Breitsämaschine nach Alban (um 1858).
Quelle: DITTMANN, Anweisung (3. Aufl., Bd. 2), S. 323.

Abb. 12: Husseysche Getreidemähmaschine (um 1856). Quelle: HAMM, Geräthe, S. 851.

Abb. 13: Eiserne Pferde-Trommelharke (um 1853).
Quelle: DITTMANN, Anweisung (3. Aufl., Bd. 2), S. 322.

Abb. 14: Schlagleistendreschmaschine für Hand- und Göpelbetrieb nach Barrett, Exall & Andrews (um 1853). Quelle: LAS Abt. 406.10, Nr. 452.

Abb. 15: Transportable Schlagleistendreschmaschine mit Zylindergöpel für zwei Pferde nach Barrett, Exall & Andrews (um 1856). Quelle: HAMM, Geräthe, S. 668.

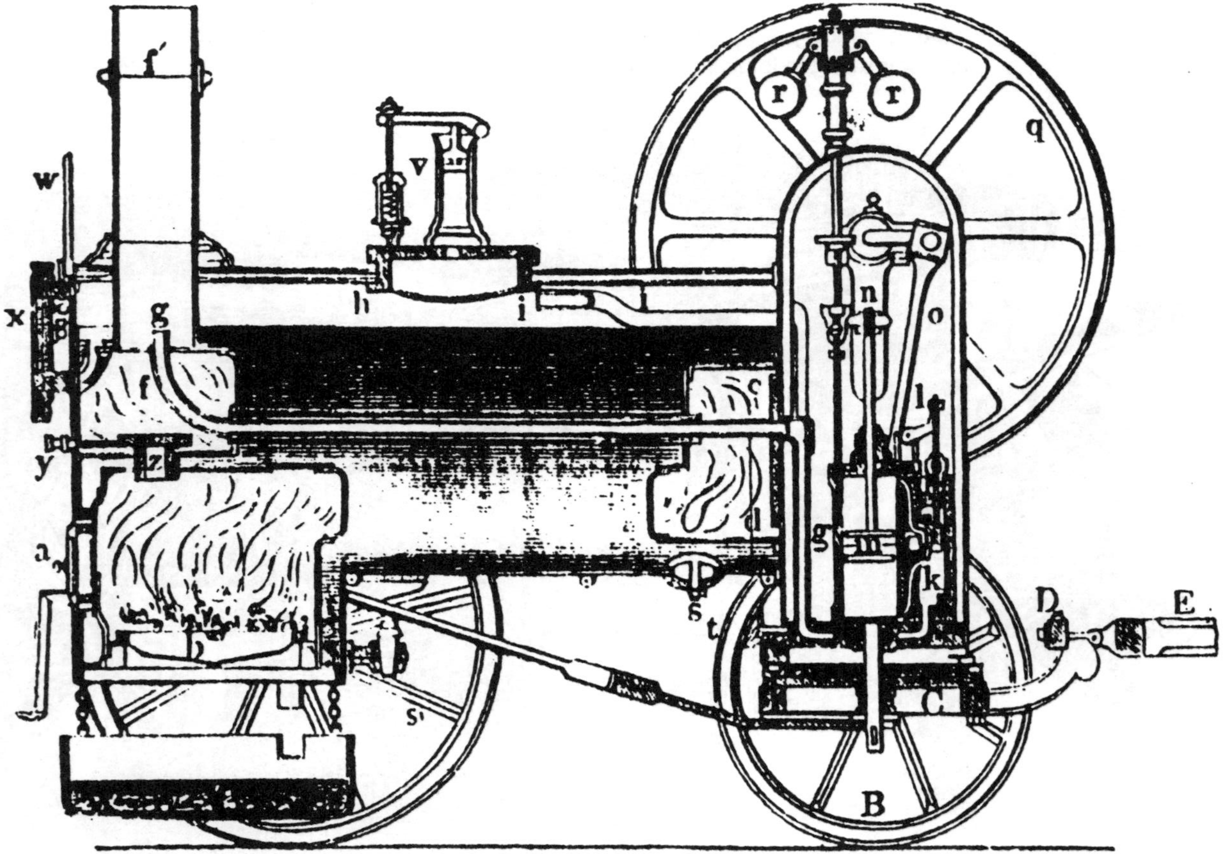

Abb. 16: Längsschnitt durch eine 8 PS starke transportable Dampfmaschine (Lokomobile) von Tuxford & Son (um 1856). Quelle: HAMM, Geräthe, S. 746.

Abb. 17: 4-8 PS starke transportable Dampfmaschine (Lokomobile) nach Tuxford & Son (um 1853). Quelle: LAS Abt. 406.10, Nr. 452.

Abb. 18: Transportable kombinierte Schlagleistendreschmaschine nebst Karrengestell und Göpel für 2 bis 4 Pferde von Garret (um 1856).
Quelle: HAMM, Geräthe, S. 667.

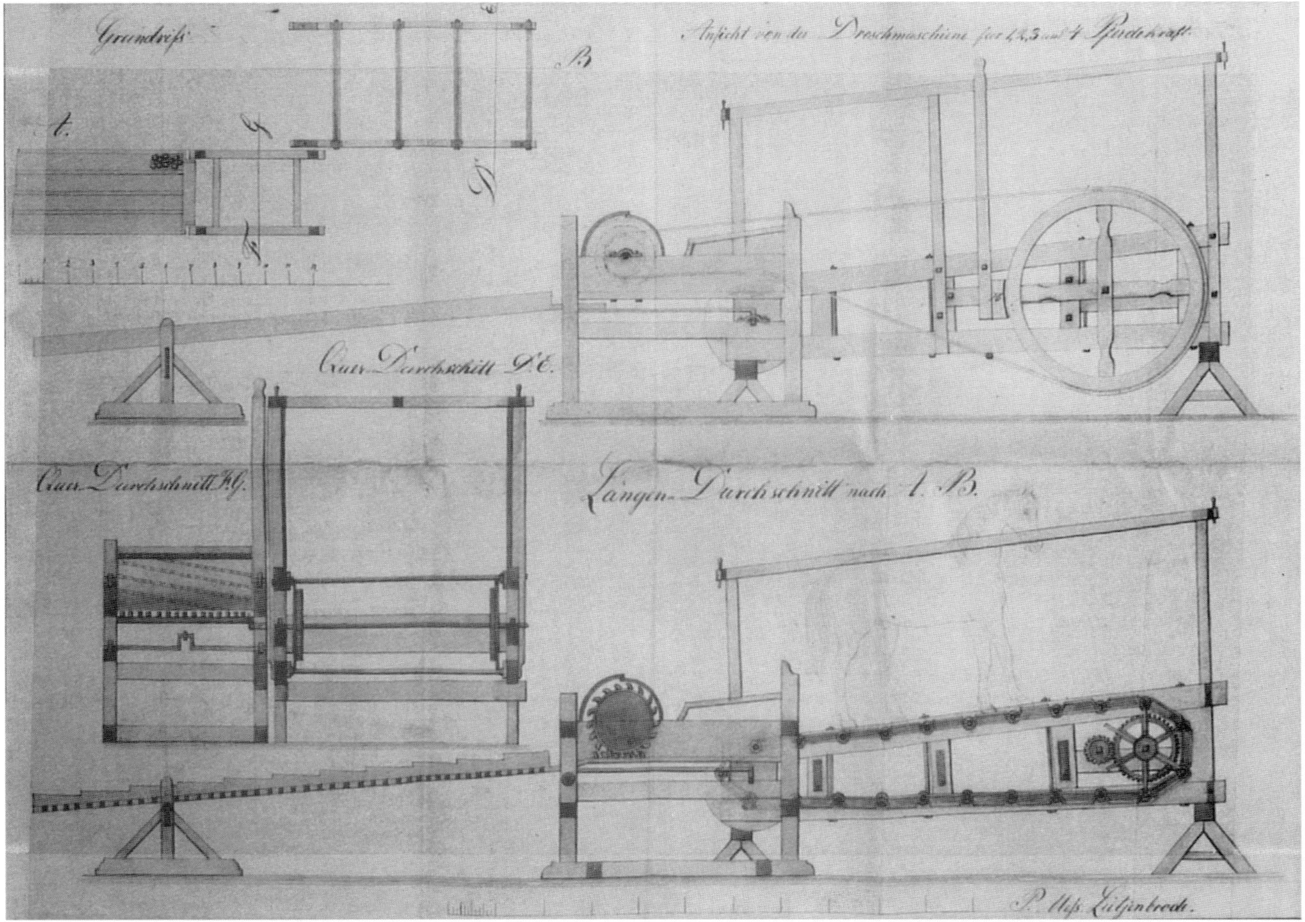

Abb. 19: Stiftendreschmaschine nebst Tretgöpel (um 1861). Quelle: LAS Abt. 80, Nr. 1131 I.

Die

Dreschmaschinen=Fabrik

von

E. Clasen in Schönberg, pr. Kiel

empfiehlt 4, 3, 2 und 1 Pferdekraft **Dreschmaschinen**, mit und ohne Schüttelwerk.

Da fortan nur Dreschmaschinen bei mir gebaut werden, so liefere, indem meine ganze Aufmerksamkeit nur diesem Artikel zuwende, fortan gute dauerhafte Maschinen zu **billigen** Preisen.

Bitte daher um gütige Aufträge.

Um damit zu räumen, stehen noch einige neue

Drillmaschinen

bei mir billig zum Verkauf. Dieselben sind von neuester und bester **Construction**, **säen alle** Getreidearten, **Rapps**, **Klee und Gras.** (**Wenn's** sein **soll**, **Korn** und **Klee**, oder Gras und **Klee zugleich**) in **Reihen** und breitwürfig.

Abb. 20: Annonce der Landmaschinenfabrik H. H. E. Clasen, Schönberg (Prbst.). Quelle: LWB, 20 (1870), Nr. 30 (23.07.1870), S. 285.

Ruston Proctor & C°.

beste transportable

Dampf-Dreschmaschinen

von 8 Pferdekraft, welchen auf der letzten Ausstellung zu Schwerin die beiden ersten silbernen Medaillen ertheilt wurden, empfehlen à 2400 Thlr. franco **Hamburg** oder **Lübeck** die Agenten für R. P. & Co.,

H. J. Walduck & Co. in **Manchester.**

Julius Goldstein in **Hamburg**, Grimm 3.

Abb. 21: Annonce von H. J. Walduck & Co. (Manchester) und Julius Goldstein (Hamburg), Agenten von Ruston Proctor & Co., für transportable Dampfdreschmaschinen. Quelle: LWB, 12 (1862), Nr. 25 (21.06.1862), S. 168.

Abb. 22: Windfege des Holsteinisch-ostfriesischen Typs; 1856 erbaut vom Landstell macher Diedrich Peeck, Seestermühe (Seestermüher Marsch). Quelle: SHLM Inv.-Nr. 1957/916 (V 1845).

Abb. 23: Scheibenradhäckselmaschine nach Richmond & Chandler (um 1853).
Quelle: LAS Abt. 406.10, Nr. 452.

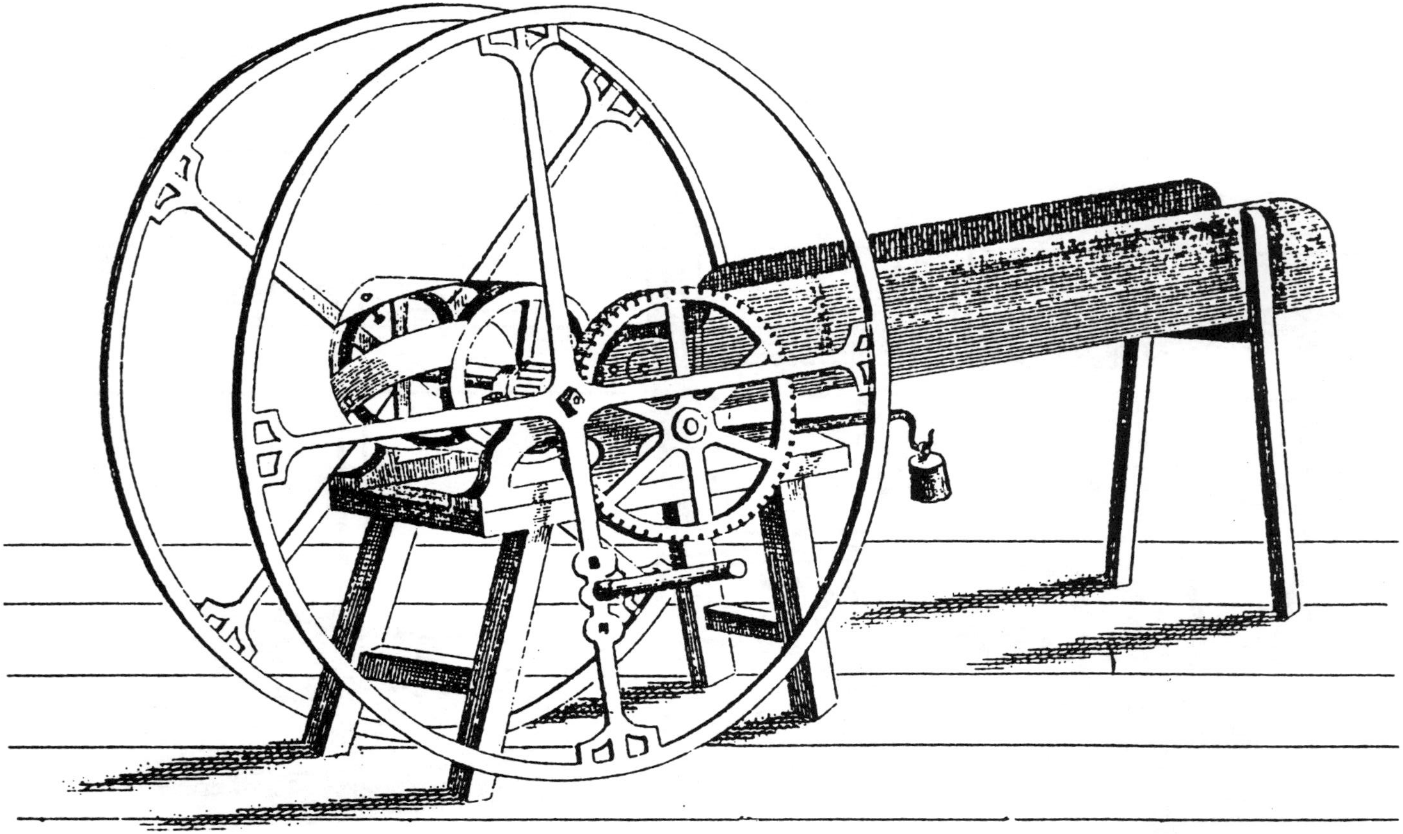

Abb. 24: Trommelhäckselmaschine (um 1853). Quelle: LAS Abt. 406.10, Nr. 452.

Wolfgang Petersen
in Hadersleben

hält sein Werk bestens empfohlen, sowohl bei Ausführung größerer technischen Unternehmungen für alle Arten

Arbeiten in Schmiedeeisen, Gußeisen und anderen Metallen,

als auch für alle in's **Maschinenfach** gehörende Artikel, als: Dampfmaschinen in allen Größen und Constructionen, darunter auch Schiffs- und locomobile Dampfmaschinen, Einrichtung von Dampfbrennereien, Block- und Bretter-Sägemaschinen, alle Arten Walzen und Pressen, Wasser- und Wärmeleitungen, Feuersprützen und Saugewerke, alle Sorten Pumpen, darunter auch Centrifugalpumpen, Farbemühlen, Krähne, engl. Drehrollen, Decimalwaagen, alle Arten eiserne Drehbänke, Loch- und Schneidemaschinen, Bohrmaschinen, Schiffsutensilien aller Art 2c.

Ferner

landwirthschaftliche Maschinen,

als: Säe-, Dresch-, Reinigungs-, Häcksel-, Quetsch- oder Schrot-, Butter- und Drainröhren-Maschinen 2c.

Auch liefere ich in beliebiger Form geschmiedetes und gegossenes **Mühlengeschirr,** darunter gegossene Achsen für Windmühlen, wie ich denn auch die vollständige

Einrichtung aller Arten Mühlen

übernehme, insonderheit für das sogen. franz. Mühlensystem zum Gewinn des feinsten und weißesten Flormehls. Beschreibung der von mir construirten Mühlenwerke, specielle Zeichnungen nebst Kostenanschlag werden gerne ertheilt.

Abb. 25: Annonce der Maschinenfabrik und Eisengießerei Wolfgang Petersen, Hadersleben. Quelle: PETERSEN, Adreßbuch (1860), Anhang.

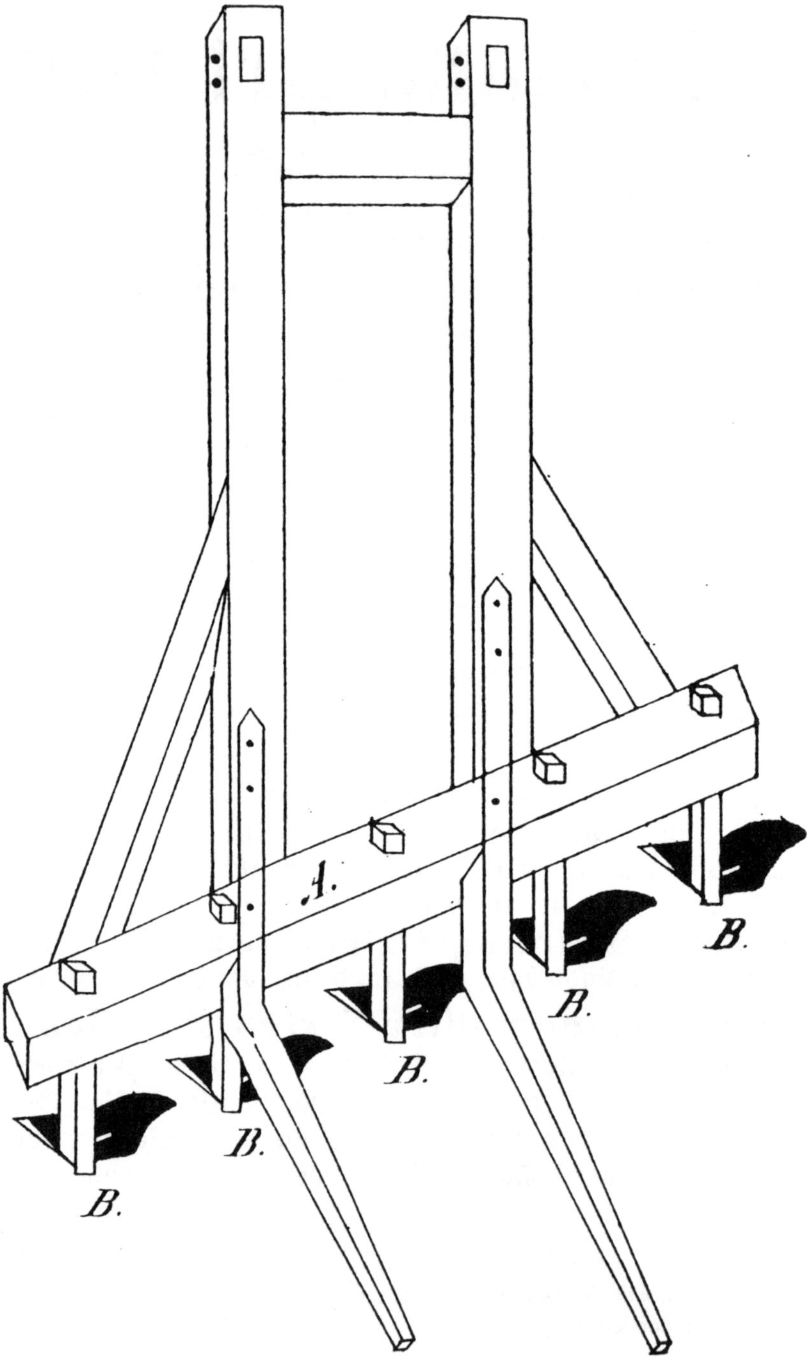

Abb. 26: Schattelpflug (Flottbeker Grubber). Quelle: JEBENS, Reißpflüge, Fig. 4.

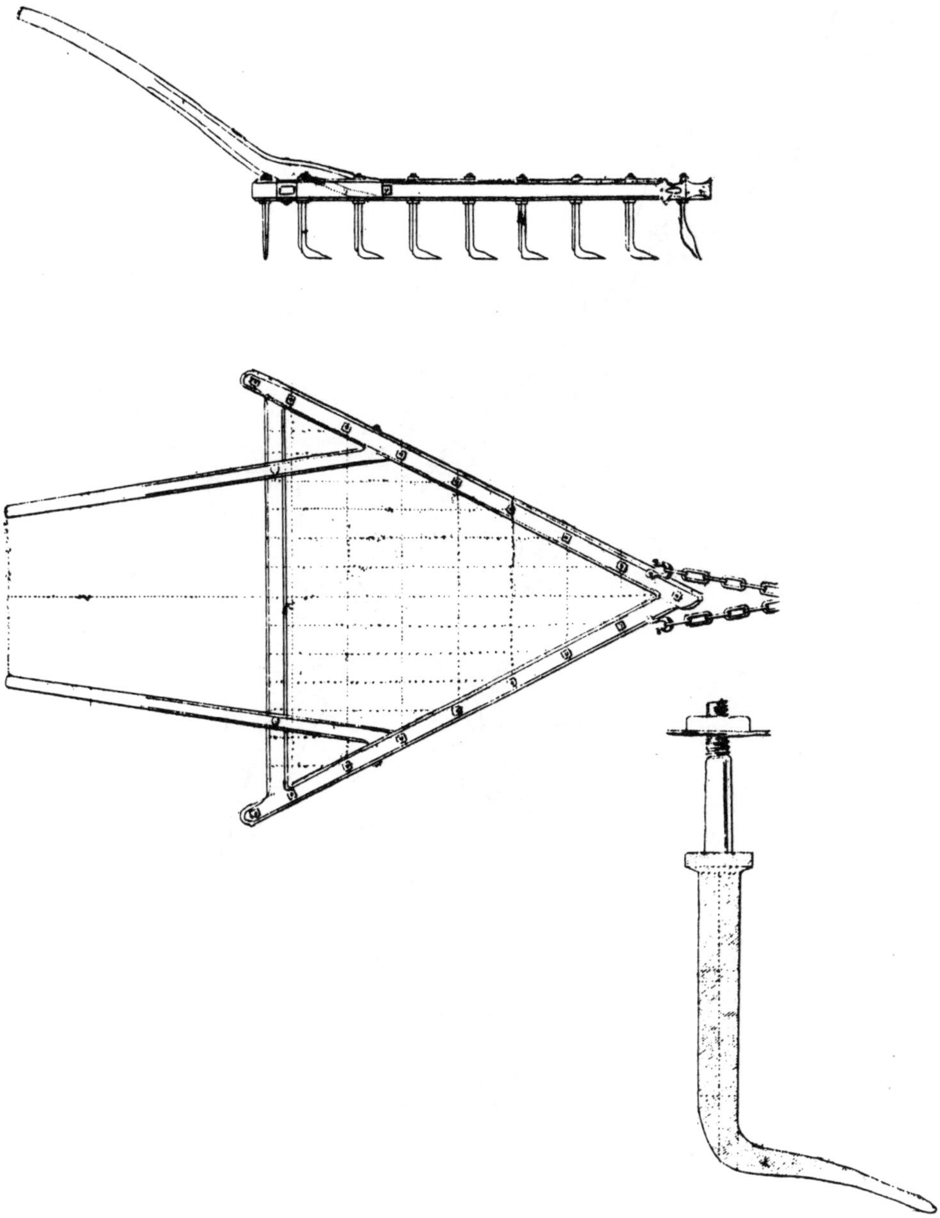

Abb. 27: Voght'scher Saatdecker (um 1831). Quelle: Caspar VOGHT: Ueber die Vortheile des flachen Eineggens der Saat. Aus einem Briefe an den verstorbenen Professor Karsten in Rostock, Hamburg 1831, Anhang.

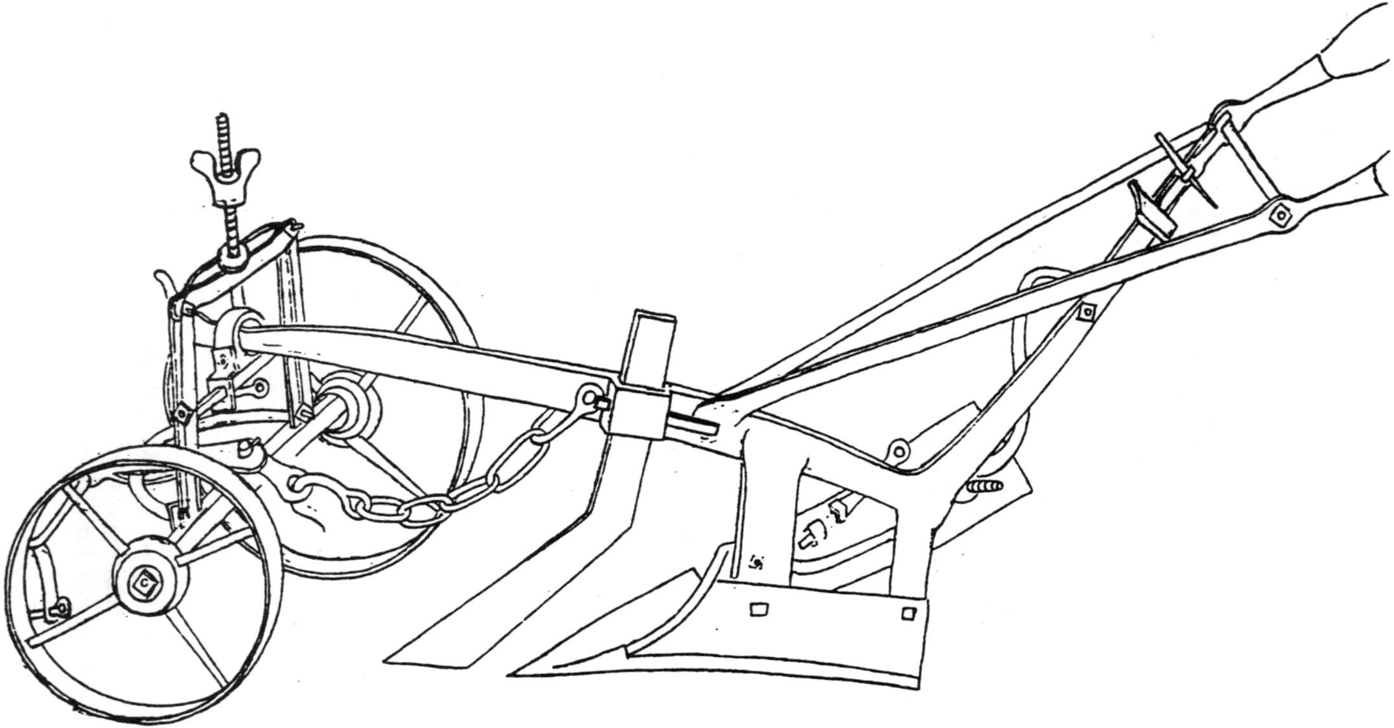

Abb. 28: Patentierter schmiedeeiserner Pflug des Landschmieds Fr. Hansen Tiedemann, Raubjerg. Quelle: RAK Ministeriet for Hertugdömmet Slesvig, II. Departement B, Nr. 390.

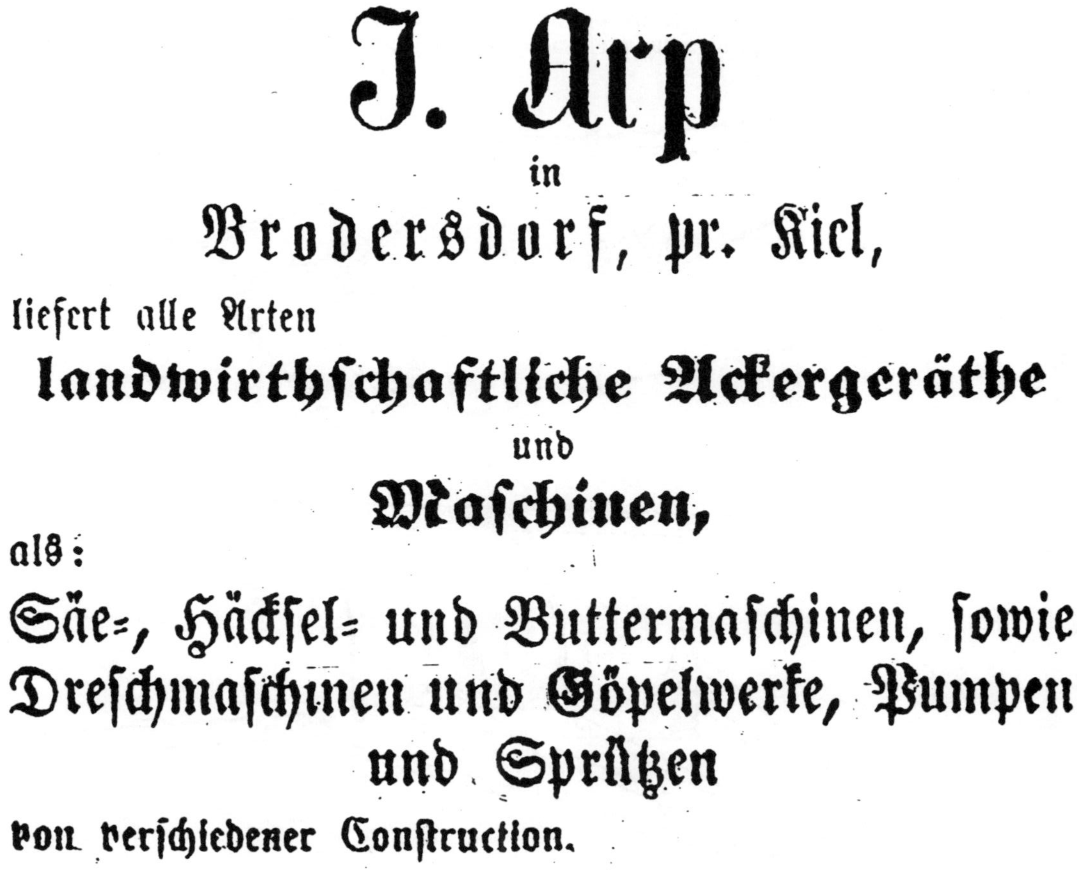

Abb. 29: Annonce des Landschmieds Jochim Arp, Brodersdorf (Prbst.).
Quelle: PETERSEN, Adreßbuch (1860), Anhang.

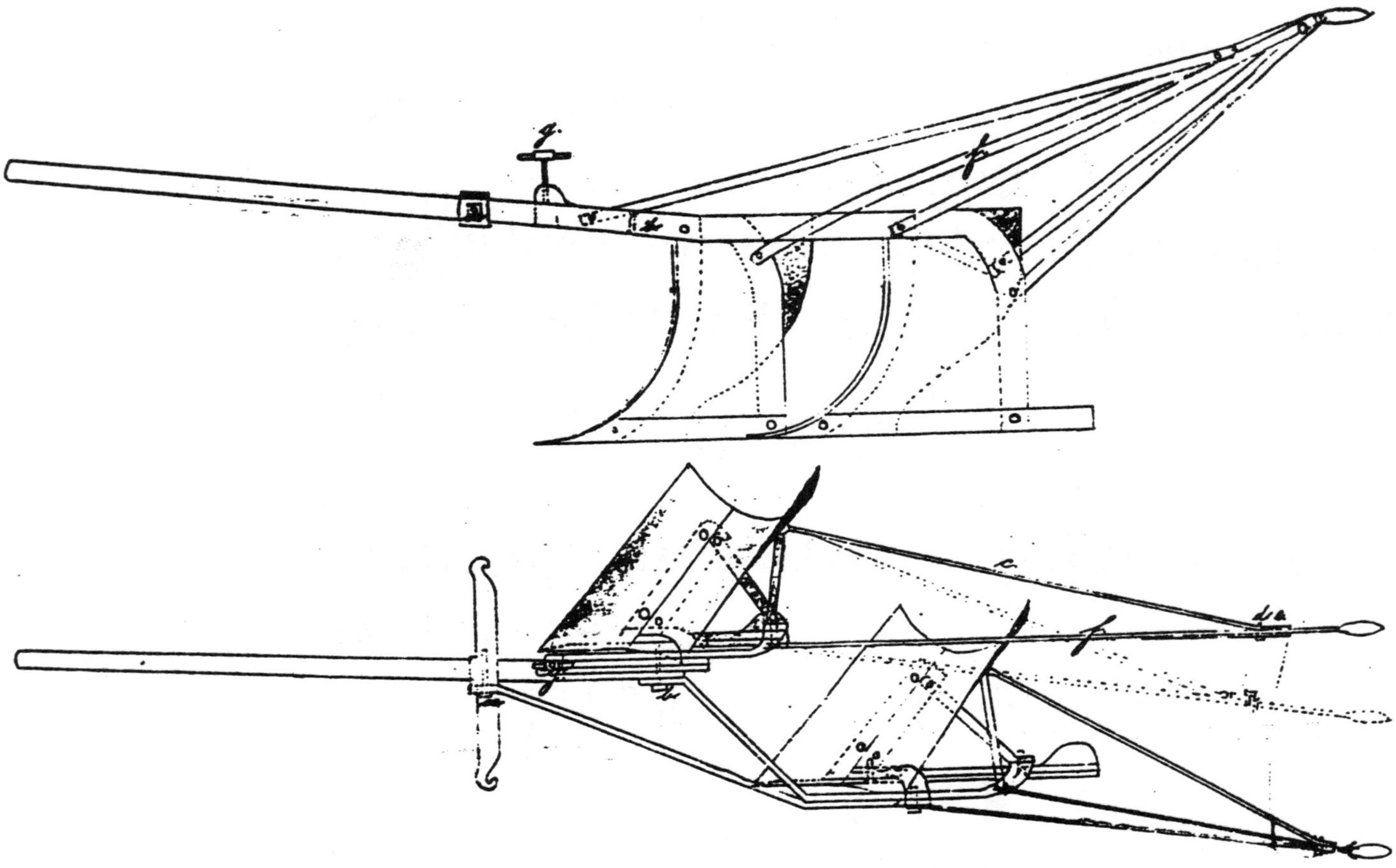

Abb. 30: 1860 patentierter Doppelpflug aus Schmiedeeisen des Landschmieds Hinrich Möller, Hodorf (Kremper Marsch). Quelle: LAS Abt. 80, Nr. 1131 II.

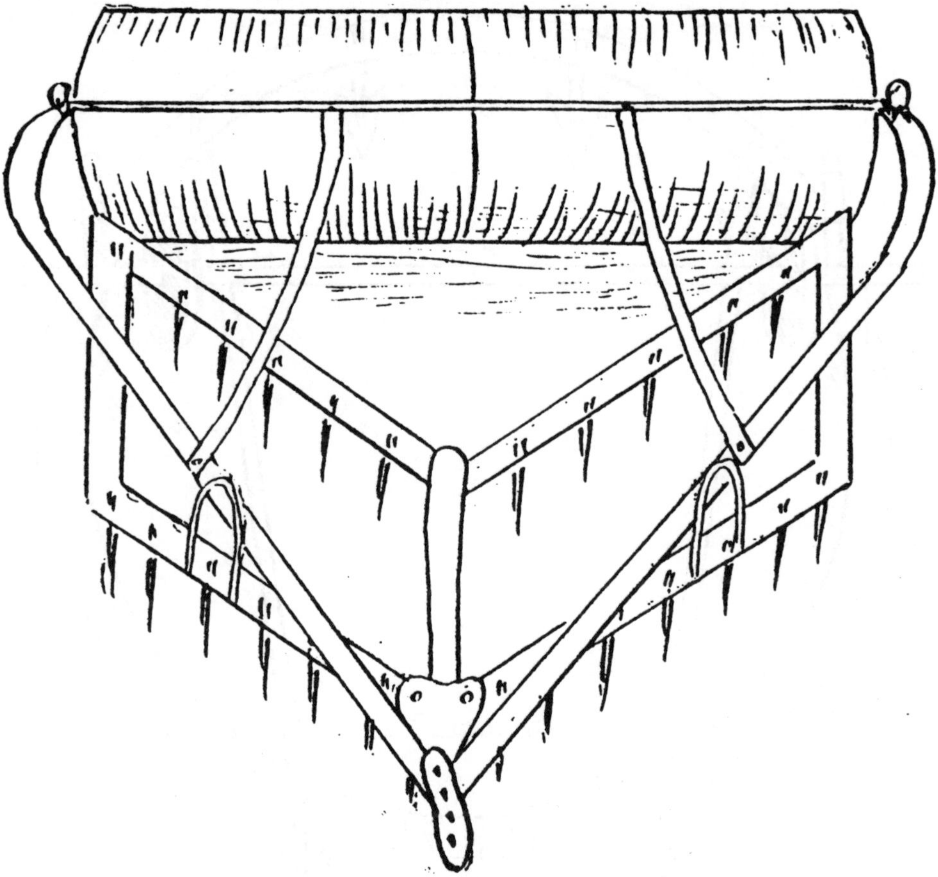

Abb. 31: 1860 patentierte Kombination aus Ackerwalze und Egge des Landschmieds Lorenz Michelsen, Bovrup (Amt Apenrade). Quelle: RAK Ministeriet for Hertugdömmet Slesvig, II. Departement B, Nr. 398.

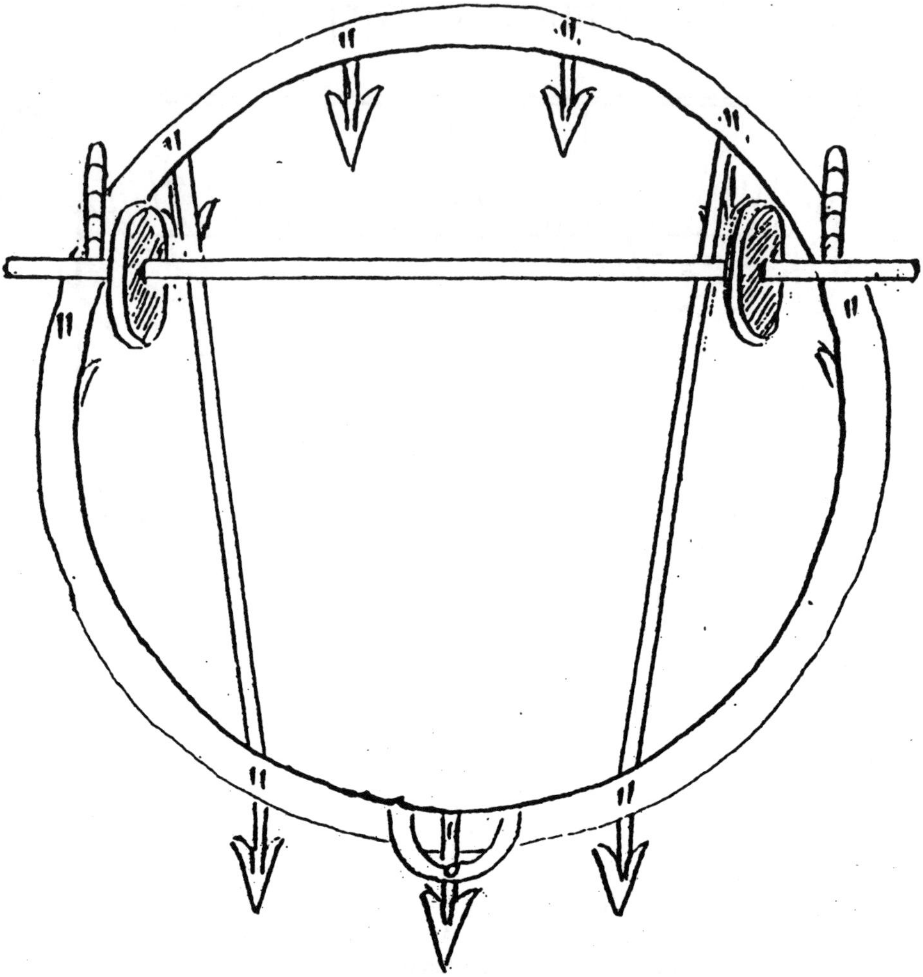

Abb. 32: 1860 patentierte Rundegge des Landschmieds Lorenz Michelsen, Bovrup (Amt Apenrade). Quelle: RAK Ministeriet for Hertugdömmet Slesvig, II. Departement B, Nr. 398.

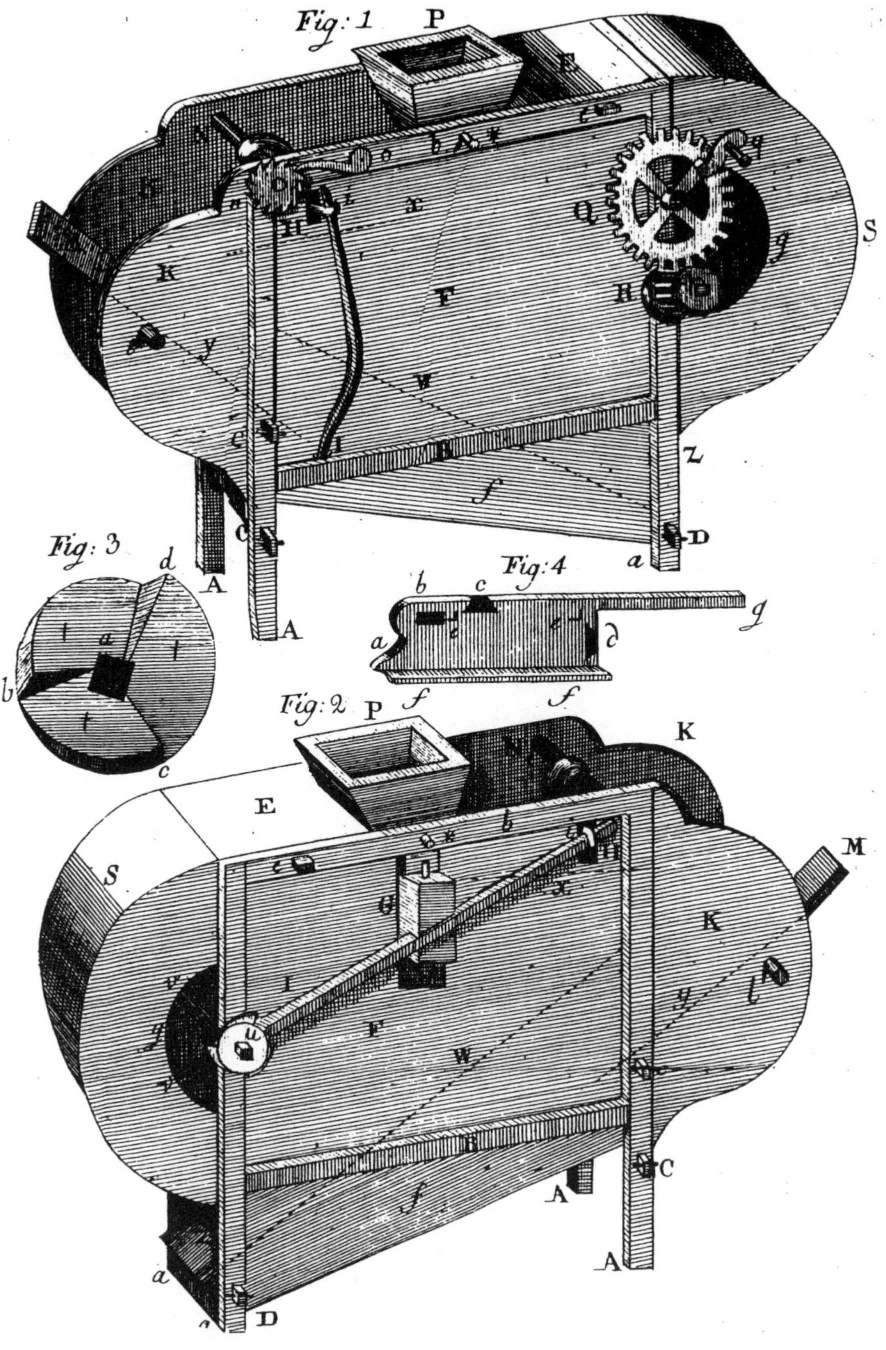

Abb. 33: Siebwindfege des Bergedorfer Tischlers Dürland aus den 1770er Jahren.
Quelle: GMELIN, Abhandlung, Anhang.

Abb. 34: In den 1860er Jahren vom Landtischler Heinrich Bornholdt, Hohenfelde, produzierte Siebwindfege des holsteinischen Typs.Quelle: SHLM Inv.-Nr. 1959/1101 (VI 1103-95).

Abb. 35: In den 1860er Jahren vom Landtischler Heinrich Bornholdt, Hohenfelde, produzierte Siebwindfege des holsteinischen Typs. Quelle: SHLM Inv.-Nr. 1959/1101 (VI 1103-97).

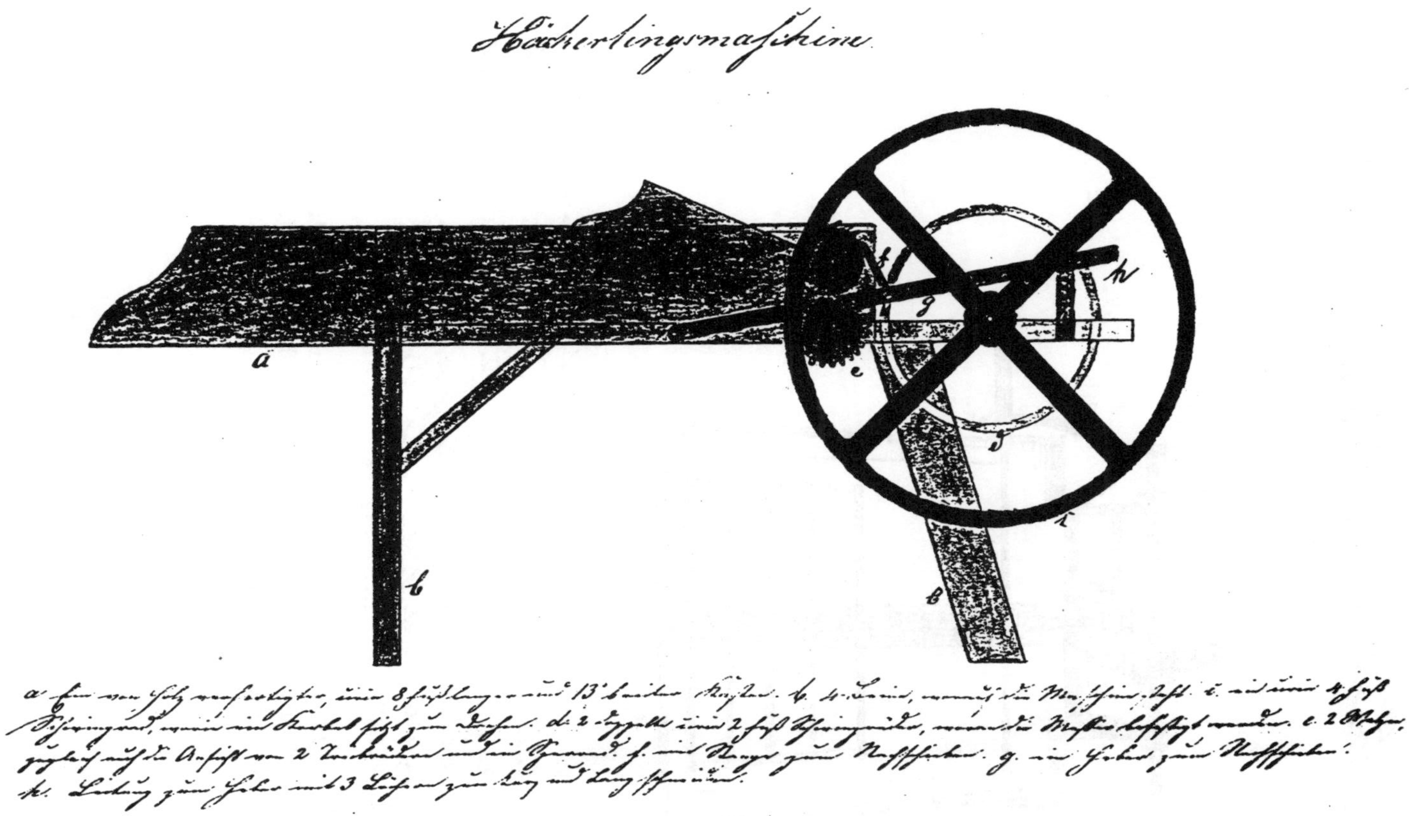

Abb. 36: Um 1855 vom Winnemarker Maschinenbauer Johann Hansen, adeliges Gut Carlsburg (Schwansen), angefertigte Buttermaschine. Quelle: RAK Ministeriet for Hertugdömmet Slesvig, II. Departement B, Nr. 391.

Buttermaschine

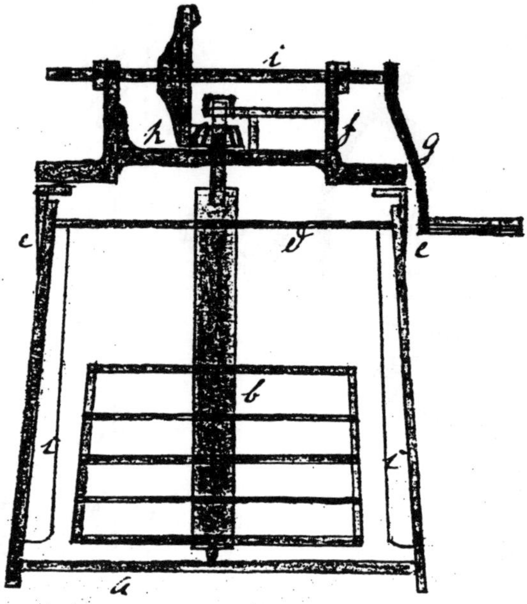

a: Ein gerade aufstehendes Butterfass. b. eine von Holz verfertigte Butterschild mit 4–5 Löchern und 2 Leisten an den Seiten. c. 4 Knöpfe im Butterfass. d: Deckel auf dem Butterfass. e. 2 eiserne Winkel, worauf das Gestell fest geschroben wird. f. das Gestell von Gusseisen. g. Kurbel zum Drehen. h beide konische Räder. i eine Welle.

Abb. 37: Um 1855 vom Winnemarker Maschinenbauer Johann Hansen, adeliges Gut Carlsburg (Schwansen), erbaute Trommelhäckselmaschine. Quelle: RAK Ministeriet for Hertugdömmet Slesvig, II. Departement B, Nr. 391.

Quellen- und Literaturverzeichnis

Ungedruckte Quellen

LAS

Abt. 7, Nrn. 3810, 5792

Abt. 8.1, Nr. 855

Abt. 8.2, Nrn. 259, 707

Abt. 30.2, Nr. 638

Abt. 49.29, Nrn. 65, 104

Abt. 49.30, Nrn. 102, 153, 157

Abt. 62.1, Nr. 38

Abt. 65.2, Nrn. 808 II, 809 II, 810 II, 811 III, 816 I, 822 I, 822 II, 2468, 2469 II, 3840, 4266, 4320 II, 4356 III

Abt. 80, Nrn. 860, 1109, 1110 II, 1111 I, 1114, 1119 II, 1120 II, 1121 II, 1122 II, 1131 I-II, 1139, 1140 II-IV

Abt. 102 (Lft. Süderdithmarschen), Nr. VI-114

Abt. 104, Nrn. 310, 331 I

Abt. 105, Nr. 713

Abt. 110.3, Nr. 137

Abt. 151.1, Nr. 41

Abt. 162, AR Schwabstedt

Abt. 163, Nr. 1672

Abt. 168, Nr. 1625

Abt. 169, Nr. 174

Abt. 189, Nr. 99 II

Abt. 210, Nrn. 2197a, 2372, 3654, 5349

Abt. 232, Nr. 1035

Abt. 234, Nrn.. 953, 961, 1020

Abt. 309, Nr. 11489

Abt. 400.5, Nrn. 393, 803

Abt. 406.10, Nrn. 34-38, 39, 41, 43-45, 47, 49, 53, 55-60, 62.2, 189, 203-204, 452, 454

Abt. 412, Nrn. 61, 77, 249, 297, 814

Abt. 415, Nrn. 5421, 5452, 5528

(Forts. LAS:)

Abt. 422.5, Nrn. 1-4, 11

RAK

GKKL, Kommercekollegiets Arkiv II.B.1, Bd. 2, S. 320 ff.

GKKL (1816-1848), Industri og Fabrik Kontoret (Industritabeller for Holsten), Nrn. 497-498

Ministeriet for Hertugdömmet Slesvig, II. Departement A, Nr. 171

Ministeriet for Hertugdömmet Slesvig, I. Departement A-B, Abt. 79.3,2, Nrn. 61 b, 231

Ministeriet for Hertugdömmet Slesvig, II. Departement B, Nrn. 389-391, 393-394, 396-398, 401 a

Niedersächsisches Staatsarchiv in Oldenburg

Bestand 30-16, Nr. 18-159.

Kreisarchiv Kreis Herzogtum Lauenburg

Regierung zu Ratzeburg, Nr. 960

Stadtarchiv Flensburg

Akte 422, Fasz. 2

Stadtarchiv Kiel

Nrn. 481-482, 753, 1642

Abt. XIX, Nr. 3274 5

Sig. 6572/2 4/0 (Nr. 13)

Stadtarchiv Mölln

Nr. 2614

Stadtarchiv Neumünster

Sig. 2948

Stadtarchiv Neustadt i. H.

Acta VIII, Nr. 16

Klosterarchiv Preetz

Abt. G XII B, Nrn. 2 aa, 3 a 4b, 3 b 3b, 3 b 4, 3 b 5

Kirchspielsarchiv Grundhof

Protocoll des Ostangler landwirthschaftlichen Vereins

Kirchspielsarchiv Husby

Protokoll des Angler landwirthschaftlichen Vereins (1851-1881) und (1881-1900)

UB Kiel, Handschriftenabteilung

Nachlaß Franz Heinrich Julius Geerz, Fasz. 37

Schleswig-Holsteinisches Landesmuseum, Schloß Gottorf

Kopien der Anschreibebücher der Stellmacherei Hansen, Immenstedt (Nordfriesland)

Foto: Inv.-Nr. 1957/916 (V 1845)

Foto: Inv.-Nr. 1959/1101 (VI 1103-95)

Foto: Inv.-Nr. 1959/1101 (VI 1103-97)

Landwirtschaftsmuseum Meldorf

Landwirthschaftlicher Verein zu Brunsbüttel, Versammlungsprotokollbuch (Bd.1)

Firmenarchiv Cl. Meifort Söhne GmbH, 25524 Itzehoe, Lindenstraße

Erinnerungen von Cl. Meifort

Gedruckte Quellen

AAGAARD, Knud: Beskrivelse over Tørning Lehn. Et Bidrag til Kundskab om Hertugdømmet Slesvig, København 1815.

ADRESSBUCH der Kaufleute, Fabrikanten und Gewerbsleute sowie der Hof- und Gutsbesitzer von Schleswig-Holstein und Lauenburg, Bd. 13. Zugleich Handelsgeographie, Produkten- und Fabrikanten-Bezugsangabe, Nürnberg 1872.

ADRESSBUCH der Stadt Flensburg nach amtlichen Quellen bearbeitet. Der zweiten Auflage durch einen Anhang stark vermehrte, zweite Ausgabe, Flensburg 1856.

ALBAN, Ernst: Einige Worte über zweckmäßige Behandlung von Maschinen, vorzüglich landwirtschaftlicher Maschinen, in: NAMLG, 16 (1829), Hälfte 2, S. 527-543.

ALBERS, Franz Heinrich: Das Amt Reinfeld im Herzogthume Holstein, Oldesloe 1852.

Altonaisches ADRESSBUCH für 1858, Altona 1858.

AMMAN, Jost: Das Ständebuch. 133 Holzschnitte mit Versen von Hans Sachs und Hartmann Schopper, hg. von Manfred Lemmer, Leipzig 1934.

AMTSBLATT der Königlichen Regierung zu Schleswig, 1876, Stück 47 (06.10.1876), Nr. 1388 (28.09.1876), S. 364 f.

ANDERSEN, A.: Beantwortung der Fragen über Landwirthschaftskunde, in: NLH, 3 (1829), S. 64-91.

ANDRESEN, Christian: Ist für das Herzogthum Schleswig ein Holz- und Torfmangel zu befürchten? und wie ist, in diesem Fall, demselben durch Holzanbau entgegen zu arbeiten? Ein Volksbuch zur Beherzigung für Geest- und Marschbewohner, Friedrichstadt 1818.

ANONYMI: Nachricht von einer in dem Herzogthum Schleswig befindlichen, Aufmerksamkeit verdienenden, Schmiede-Anstalt, in: SHLPB, 7 (1817), 2, S. 225-227.

ANONYMUS: O. T., in: PB, 8 (1794), S. 402-406.

ANONYMUS: Landwirthschaftliche Bemerkungen in der Gegend um Oldesloe gesamlet, in: SHBPK, 1 (1799), 1, S. 37-52.

ANONYMUS: Köhlerei im Amte Bordesholm, in: SHC, 1 (1799), S. 185-187.

ANONYMUS: Aus der Modellsammlung des Herrn Voght zu Flottbeck, in: Verhandlungen und Schriften der Hamburgischen Gesellschaft zur Beförderung der Künste und nützlichen Gewerbe, Bd. 6 (= Verhandlungen von den Jahren 1797, 1798, und 1799), Hamburg 1801, S. 45 f.

ANONYMUS: Landwirthschaftliche Nachrichten aus Dithmarschen, in: August Niemann (Hg.): Schleswig-Holsteinische Vaterlandskunde, Stück 2, Hamburg 1802, S. 1-35.

ANONYMUS: Vier neue Fabriken auf Christiansthal bei Hadersleben, in: August Niemann (Hg.): Schleswig-Holsteinische Vaterlandskunde, Stück 2, Hamburg 1802, S. 163-166.

ANONYMUS: Land- und hauswirthschaftliche Maschinen und Werkzeuge, welche jetzt auf Louisenlund zu sehen sind, in: August Niemann (Hg.): Schleswig-Holsteinische Vaterlandskunde, Stück 2, Hamburg 1802, S. 235.

ANONYMUS: Einiges über die Bau- und Lebensart in Jütland (Aus dem Tagebuch eines reisenden Forstmanns), in: August Niemann (Hg.): Vaterländische Waldberichte nebst Blikken in die allgemeine Wälderkunde und in die Geschichte der Litteratur der Forstwirthschaft, Stück 3, Altona 1820, S. 500-505.

ANONYMUS: Die Landwirthschaft in Angeln, insonderheit die Bauernwirthschaften in den Aemtern, wie sie sich allmählig aus ihren örtlichen Verhältnissen gebildet haben, und welche Hindernisse ihrer ferneren Vervollkommnung entgegen stehen, in: StM, 3 (1823), 1, S. 1-46.

ANONYMUS: Zeit und Geist, in: SHLPB, 13 (1824), 1, S. 159-162.

ANONYMUS: Charles, Baron von Selby, in: SHLPB, 13 (1824), 2, S. 113 f.

ANONYMUS: Wie läßt sich der Hanf- und Flachsbau auf eine vortheilhafte Weise in unsere Ackerwirthschaften, und die Verbreitung dieser Industriegewächse in unsere Haushaltungsordnung aufnehmen? Nebst einer Nachricht von einer neu erfundenen Brachmaschine, in: SHLPB, 15 (1826), S. 24-46.

ANONYMUS: Einiges über den jetzigen Zustand der Marsch in Dithmarschen. Geschrieben im Januar 1826, in: SHLPB, 15 (1826), S. 519-540.

ANONYMUS: Ueber den Einfluß des Gewerbszwanges auf das landwirthschaftliche Gewerbe, in: StM, 6 (1826), 3-4, S. 687-702.

ANONYMUS: Ueber den Gewerbszwang, in: StM, 7 (1827), S. 351-364.

ANONYMUS: Nachträgliche Zugaben zu dem Aufsatze über Industrie auf den Dörfern - in Nr. 131. - "Die Erfahrung hats gelehrt", in: Schleswig-Holstein-Lauenburgischer Gewerbefreund, 3 (1830/31), 32 (21.10.1830), Sp. 499-502.

ANONYMUS: Die Tuchfabrikation in Neumünster, in: Schleswig-Holstein-Lauenburgischer Gewerbefreund, 5 (1832), 31 (02.08.1832), Sp. 485-489.

ANONYMUS: Ueber die Ausstellung von Kunst- und Industrie-Arbeiten in Kiel, in: Kieler Correspondenzblatt, 1833, Nr. 13 (13.02.1833), S. 57-59.

ANONYMUS: Ueber die Ausstellung von Kunst- und Industriearbeiten in Kiel. (Beschluß.), in: Kieler Correspondenzblatt, 1833, Nr. 14 (16.02.1833), S. 62 f.

ANONYMUS: Der Krieg der Handwerker, in: Itzehoer Wochenblatt, 17 (1833), Nr. 25 (22.06.1833), Sp. 615-618.

ANONYMUS: O. T., in: Kieler Correspondenzblatt, 1834, Nr. 5/6 (18.01.1834), S. 24 f.

ANONYMUS: Einiges über einen Marschhof und dessen Bewirthschaftung, in: LZ, 2 (1843), 16, S. 120-124.

ANONYMUS: Amtlicher Bericht über die siebente Versammlung deutscher Land- und Forstwirthe zu Altenburg im September 1843, Altenburg 1844.

ANONYMUS: Ueber Benutzung verbesserter Ackerwerkzeuge in bäuerlichen Wirthschaften, in: LWB, 1 (1851), Nr. 4 (25.01.1851), S. 29 f.

ANONYMUS: Mähmaschine, in: LWB, 1 (1851), Nr. 26 (28.06.1851), S. 201 f.

ANONYMUS: Die Schwedische Egge, in: Itzehoer Wochenblatt, 37 (1853), Nr. 77 (24.09.1853), Sp. 1786.

ANONYMUS: Thierschau. (Schluß.), in: LWB, 3 (1853), Nr. 43 (22.10.1853), S. 333-339.

ANONYMUS: Auszug aus dem Berichte der Beurtheilungs-Committee der Industrieausstellung in Kopenhagen 1852, in: Rendsburger Wochen-Blatt, 47 (1854), Nr. 4 (14.01.1854).

ANONYMUS: O. T., in: Flensburger Zeitung, 14 (1854), Nr. 125 (31.05.1854).

ANONYMUS: Thierschau in Kiel. (Fortsetzung), in: LWB, 4 (1854), Nr. 31 (05.08. 1854), S. 231-236.

ANONYMUS: Thierschau in Kiel. (Schluß), in: LWB, 4 (1854), Nr. 32 (12.08.1854), S. 241-246.

ANONYMUS: Aus der Krempermarsch, Anfang October, in: Altonaer Wochenblatt, Nr. 83 (18.10.1854).

ANONYMUS: Schönberger Thierschau, in: LWB, 5 (1855), Nr. 28 (14.07.1855), S. 221 f.

ANONYMUS: Kieler allgemeine Landesthierschau, Producten-, Maschinen- und Geräthe-Ausstellung, in: Correspondenzblatt und Kieler Wochenblatt, 1855, Nr. 84 (20. 07.1855).

ANONYMUS: Landesthierschau zu Kiel I. und IV., in: LWB, 5 (1855), Nr. 30 (28.07.1855), S. 233-238 und Nr. 35 (01.09.1855), S. 273-275.

ANONYMUS: Aus der Tondernschen Marsch, den 15ten Septbr., in: Itzehoer Wochenblatt, 39 (1855), Nr. 76 (22.09.1855), Sp. 1990 f.

ANONYMUS: Kritik der gegenwärtigen Mähmaschinen, in: LWB, 5 (1855), Nr. 42 (20.10.1855), S. 330-332.

ANONYMUS: Zum Jahresschluß, in: LWB, 5 (1855), Nr. 52 (29.12.1855), S. 409-415.

ANONYMUS: Schönberger Thierschau, in: LWB, 6 (1856), Nr. 22 (31.05.1856), S. 172-174.

ANONYMUS: Ueber den Stand des landwirthschaftlichen Maschinenwesens im Preußischen Staate und die Mittel zu dessen Hebung, in: Annalen der Landwirthschaft in den Königlich Preußischen Staaten, 14 (1856), Bd. 28, S. 42-53.

ANONYMUS: Rückblick auf das Jahr 1856, in: LWB, 7 (1857), Nr. 1 (03.01.1857), S. 1-8.

ANONYMUS: Rückblick auf das Jahr 1857, in: LWB, 8 (1858), Nr. 1 (02.01.1858), S. 1-5.

ANONYMUS: Angel og Angelboerne. Af en dansk Angelbo, in: Fr. Knudsen (udg.): Slesvigske Provindsialefterretninger, Bd. 1, Flensborg 1860, S. 327-364.

ANONYMUS: Aus dem Verhandlungs-Protocolle des landwirthschaftlichen Vereins an der Trave. Sitzung den 13. März 1860, in: LWB, 10 (1860), Nr. 16 (21.04.1860), S. 122-125.

ANONYMUS: Die Ausstellung von Zuchtthieren, landw. Maschinen und Geräthen, so wie Gegenständen der inländischen Industrie und des ländlichen häuslichen Fleißes, abgehalten am 15. und 16. Juli in Itzehoe, in: LWB, 12 (1862), Nr. 30 (26.07. 1862), S. 205-207.

ANONYMUS: Internationale landwirthschaftliche Ausstellung V.-VII., in: Hamburger Nachrichten, Nr. 169 (20.07.1863), Nr. 171 (22.07.1863) und Nr. 172 (23.07. 1863).

ANONYMUS: Der Pflug, in: LWB, 14 (1864), Nr. 23 (04.06.1864), S. 177-179.

ANONYMUS: Ueber die Errichtung einer Centralstelle für Ackerbau und Meliorationen!, in: LWB, 14 (1864), Nr. 24 (11.06.1864), S. 185-187.

ANONYMUS: Die Mähmaschine, in: LWB, 16 (1866), Nr. 31 (04.08.1866), S. 252-255.

ANONYMUS: Landwirthschaftliches, in: Fehmarnsches Wochen-Blatt, 11 (1866), Nr. 81 (13.10.1866).

ANONYMUS: Nachtrag zum Jahresbericht der Direction des schleswig-holsteinischen landwirthschaftlichen Generalvereins pro 1866, in: LWB, 17 (1867), Nr. 13 (30.03.1867), S. 113-118.

ANONYMUS: Excursion nach der Probstei, in: LWB, 18 (1868), Nr. 29 (18.07.1868), S. 229-231.

ANONYMUS: 5. Versammlung des landw. Vereins an der Trave zu Gnissauer Heckkathen am 8. April 1868, in: LWB, 18 (1868), Nr. 31 (01.08.1868), S. 242 f.

ANONYMUS: Mähmaschinen-Concurrenz, in: LWB, 18 (1868), Nr. 32 (08.08.1868), S. 252.

ANONYMUS: Von der Trave. Ende November, in: LWB, 18 (1868), Nr. 49 (05.12.1868), S. 391 f.

ANONYMUS: Von der Trave. Ende April, in: LWB, 19 (1869), Nr. 18 (01.05.1869), S. 145 f.

ANONYMUS: Untergrundreißer, in: LWB, 19 (1869), Nr. 30 (24.07.1869), S. 240.

ANONYMUS: Landwirthschaftliche Geräthe und Maschinen, in: LWB, 19 (1869), Nr. 31 (31.07.1869), S. 245-247.

ANONYMUS: Einiges über Maschinen, in: LWB, 20 (1870), Nr. 38 (17.09.1870), S. 345 f.

ANONYMUS: Concurrenzmähen in Angeln, in: LWB, 23 (1873), Nr. 36 (05.09.1873), S. 400-402.

ANONYMUS: Ueber die Arbeit des Dampfgrubbers im nördlichen Schleswig, in: LWB, 26 (1876), Nr. 40 (06.10.1876), S. 398 f.

ANONYMUS: Die Dampf-Bodenkultur in Schleswig-Holstein I.-IV., in: Der Norddeutsche Landwirth, 1/2 (1876/77), 1, S. 143-145, 161-165 und 171-173 sowie ebda.: 2 (1877), 2, S. 3 f.

ANONYMUS: Monatsbericht für den Februar, in: LWB, 27 (1877), Nr. 10 (09.03. 1877), S. 84-91.

ANONYMUS: Monatsbericht für den Juni. (Schluß), in: LWB, 27 (1877), Nr. 29 (20. 07.1877), S. 270-273.

ANONYMUS: Monatsbericht für den Januar 1878, in: LWB, 28 (1878), Nr. 6 (08.02.1878), S. 49-52.

ANONYMUS: Landwirthschaftlicher Monatsbericht für März, in: LWB, 35 (1885), Nr. 17 (24.04.1885), S. 254 f.

ANTHON & SÖHNE: Die Geschichte eines Werkes und seiner Familie 1865-1965, Flensburg 1965.

ASMUSSEN, A.: Das alte Angler Bauernhaus und seine Bewohner; nach den Aufzeichnungen eines alten Angler Bauern, in: W. Martensen und J. Henningsen, 1844. Neu bearbeitet und bis auf die Gegenwart fortgeführt, Schleswig 1922, S. 416-433.

AUSZUG aus dem Verzeichniß der fünften Ausstellung von Kunstwerken, Modellen und Werkzeugen, 1797, in: Verhandlungen und Schriften der Hamburgischen Gesellschaft zur Beförderung der Künste und nützlichen Gewerbe, Bd. 6 (= Verhandlungen von den Jahren 1797, 1798 und 1799), Hamburg 1801, S. 40-57.

BAGGESEN, August von: Der dänische Staat, oder das Königreich Dänemark mit dessen Nebenländern und den Herzogthümern Schleswig, Holstein und Lauenburg, geographisch und statistisch dargestellt, Bd. 1, Kopenhagen 1845.

BAURMEISTER, Carl: Schleswig Holstein, in: Ständige Deputation des volkswirthschaftlichen Congresses (Hg.): Gewerbegesetzgebungen Deutscher Staaten. Für eine zweite Versammlung deutscher Volkswirthe, Bremen 1859, S. 45-54.

BECHSTEDT, Johann Kaspar: Oeconomisches Handbuch für den Landmann und Gartenliebhaber, mit besonderer Rücksicht auf die Herzogthümer Schleswig und Holstein, Altona 1802.

BECKER, E. D. H.: Bericht über die am 11. und 12. Juni stattgefundene Prüfung landwirthschaftl. Maschinen und Instrumente, in: NAMLG, 25 (1841), 1. Hälfte, S. 180-194.

DERS.: Bericht über die am 7. und 8. Juni 1843 zu Güstrow stattgefundene Ausstellung und Prüfung von Ackerwerkzeugen und landwirthschaftlichen Maschinen, sowie über ein bei dieser Gelegenheit veranstaltetes Wettpflügen, in: NAMLG, 27 (1843), 2. Hälfte, S. 592-621.

BEGTRUP, Gregers Otto Bruun: Nørre Jylland, Første Deel (= Beskrivelse over Agerdyrkningens Tilstand i Danmark, 5), København 1808.

BEKANNTMACHUNG, betr. die Niederlassung zünftiger Handwerker auf dem Lande, in: Chr. Slg, 1832, Nr. 34 (21.03.1832), Kiel 1833, S. 46.

BELLOT: Bericht über den internationalen Markt für landw. Maschinen zu Hamburg 1878. I. Maschinen und Geräthe zur Bodenbearbeitung, zur Bestellung und zur Pflege der Pflanzen, in: LWB, 28 (1878), Nr. 29 (19.07.1878), S. 278-281.

BELLSCHAU: Die Säemaschine aus der Maschinenfabrik von Schweffel & Howaldt in Kiel, in: LWB, 7 (1857), Nr. 7 (14.02.1857), S. 53.

BERETNING om flere Agerbrugets Fremskridt betingende Forhold i Kongeriget i Aaret 1853, in: Meddelelser fra det Statistiske Bureau, Samling 2, København 1855, S. 199-280.

BERICHT und dadurch veranlaßte Vorschläge und Gutachten über das Armenwesen in den Herzogthümern Schleswig und Holstein (= Schriften der Schleswig-Holsteinischen patriotischen Gesellschaft, 1), Altona 1818.

BERICHT des unterzeichneten Ausschusses über anzustrebende Verbesserungen im Gewerbewesen (Beilage zum Protokoll des Vereins am Canal in Nr. 14), in: LWB, 8 (1858), Nr. 15 (10.04.1858), S. 117-119.

Amtliche BERICHTE über die Maschinenausstellung, den Actienverein für landwirthschaftl. Maschinen und die Gewerbe-Ausstellung bei der Jubelfeier des Mecklenburgischen Patriotischen Vereins zu Güstrow im Juni 1852, Rostock 1853.

Amtlicher BERICHT über die Thierschau in Ploen am 29. Mai 1863, in: Wagrisch-Fehmarnsche Blätter, 36 (1863), Nr. 48 (16.06.1863).

BERKHOLZ: Reisebemerkungen, in: NAMLG, 22 (1838), 2, S. 660-671.

BESCHREIBUNG des Kanzeleyguts Neutolckschuby, auch Catharinenhoff genannt, o. O. 1814.

BESCHREIBUNG des in dem Herzogthum Holstein belegenen adelichen Guts Muggesfelde cum Pert. nebst den Bedingungen, wonach dieses Gut [...] am 11ten Januar 1810 [...] öffentlich verkauft werden soll, o. O. und. o. J.

BOBSIN, I. F.: Bericht über die am 18. Mai stattgefundene Prüfung landwirthschaftl. Instrumente und Maschinen, in: NAMLG, 26 (1842), 2. Hälfte, S. 668-674.

BÖRM, Johann Friedrich: Historisch-statistische Nachrichten von den Herzogl. Schleswig-Holsteinischen Fideicommiß-Gütern, in: StM, 5 (1826), 3-4, S. 384-440 und 576-666.

BONSMANN: Jahresbericht, erstattet von dem landw. Wanderlehrer Herrn Bonsmann an die Direction des Schleswig-Holsteinischen landw. Generalvereins (Fortsetzung), in: LWB, 23 (1873), Nr. 4 (25.01.1873), S. 33-39.

BRIX: Lebensweise und Sitten. Erinnerungen eines Achtzigjährigen, in: W. Martensen und J. Henningsen: Angeln. Geschichtlich und topographisch beschrieben von H. N. A. Jensen, 1844. Neu bearbeitet und bis auf die Gegenwart fortgeführt, Schleswig 1922, S. 405-416.

BUCHWALD, Friedrich von: Oeconomische und statistische Reise durch Meklenburg, Pommern, Brandenburg und Holstein, aus dem Dänischen übersetzt von Valentin August Heinze, Kopenhagen 1786.

BUHMANN, Jürgen: Ein Wort über Handels- und Erwerbfreiheit - wie, über die Schädlichkeit des, in einigen Gegenden Dithmarschens so sehr eingerissenen, Hausirens, in: SHLPB, 16 (1827), S. 254-269.

BUTENOP, Claus: Empfehlung verbesserter wohlfeiler Kornstaubmühlen, in: Itzehoer Wochenblatt, 17 (1833), Nr. 38 (20.09.1833), Sp. 945.

C., F.: Ueber Mähmaschinen, in: LWB, 22 (1872), Nr. 12 (22.03.1872), S. 152 f.

CARR, John Stanley: Rural Economy of Schlesvig, Holstein and Lauenburg, in: Journal of the Royal Agricultural Society of England (New Edition), 1 (1840), p. 371-387.

CARSTENN, J. A. W. und MAU, W.: Bericht des Herrn Carstenn zu Testorff und Herrn Mau auf Bungsberghof über das Dampfpflügen, in: LWB, 23 (1873), Nr. 42 (17.10.1873), S. 460 f.

CARSTENS, C. A.: Anlage II., in: LWB, 8 (1858), Nr. 34 (21.08.1858), S. 269.

DERS.: Ueber Mähmaschinen, in: LWB, 8 (1858), Nr. 49 (04.12.1858), S. 387 f.

DERS. und JOHANSSEN, L.: Aus dem Traveverein: Bericht über eine Mähmaschine, in: LWB, 10 (1860), Nr. 1 (07.01.1860), S. 4 f.

CATALOG der Pferde, Rindvieh, Schafe, Schweine, Federvieh, der Geräthe und Maschinen, so wie der landwirthschaftlichen Erzeugnisse jeder Art, angemeldet für die Internationale landwirthschaftliche Ausstellung, unter technischer Mitwirkung der Deutschen Ackerbau-Gesellschaft, abgehalten auf dem Heiligen Geistfelde in Hamburg, den 14. 15. 16. 17. 18. 19. und 20. Juli 1863, Hamburg 1863.

CIRCULAR, betr. die Einsendung tabellarischer Nachrichten über die in einem jeden District vorhandenen Fabriken, Manufacturen oder andere Anlagen so wie über die vorhandenen Mühlen, in: Syst. Slg, Bd. 6, Kiel 1833, S. 251-255, Nr. 5 (21.11. 1809).

CIRCULAR, betr. die Bestimmung, nach welchen die Recognitionen in den Gewerbconcessionen werden festgesetzt werden, so wie darüber, welche Angaben in den Berichtserstattungen über Gesuche um Concession zur Treibung eines Handwerks oder andern städtischen Gewerbes auf dem Lande enthalten seyn sollen, in: Syst. Slg, Bd. 6, Kiel 1833, S. 159-161, Nr. 15 (21.06.1823).

CIRCULAR, betr. verschiedene, die Landhandwerker angehende Bestimmungen, in: Syst. Slg, Bd. 6, Kiel 1833, S. 164-167, Nr. 18 (25.11.1826).

CIRCULARVERFÜGUNG daß überhaupt in den Landdistricten niemand, ohne mit einer Königl. Concession versehen zu seyn, ein Handwerk oder bürgerliches Gewerbe treiben dürfe, in: Syst. Slg, Bd. 6, Kiel 1833, S. 154, Nr. 11 (05.06.1805).

Allerhöchst ernannte COMMISSION (Hg.): Statistisches Tabellen-Werk, H. 1, enthaltend eine detaillirte Darstellung der Volkszahl in den Herzogthümern Schleswig, Holstein und Lauenburg am 1sten Februar 1840. Summarische Tabellen über die

Volkszahl zu derselben Zeit in dem Königreiche Dänemark, und Tabellen über die in den Herzogthümern Schleswig und Holstein Gebornen, Confirmirten, Copulirten und Verstorbenen, für die Zeit vom 1sten Februar 1835 bis 1sten Februar 1840, Kopenhagen 1842.

CONFIRMATION der den Landhandwerkern auf der Insel Fehmern ertheilten Privilegien, in: Syst. Slg, Bd. 6, Kiel 1833, S. 218, Nr. 5 (28.05.1756).

CONSTITUTION wegen Abstellung bürgerlicher Nahrung und Handthierung auf dem Lande, in: Syst. Slg, Bd. 6, Kiel 1833, S, 135 f., Nr. 1 (02.08.1686).

DALGAS, Carl Frederik Isaac: Ribe Amt. Beskrevet, efter Opfordring fra det Kongelige Landhuusholdningsselskab, København 1830.

DITHMARSCHER BOTE, 1878, Nr. 50 (22.06.1878).

DITMARSER UND EIDERSTEDTER BOTE: 36 (1837), Reise 26 (29.06.1837), Sp. 424; Reise 27 (06.07.1837), Sp. 439; Reise 29 (20.07.1837), Sp. 472.

DITTMANN, Georg Friedrich: Antwort auf die von der C. A. aufgestellten Fragen die Landwirthschaftskunde und den Obstbau betreffend, in: NLH, 3 (1829), S. 22-50.

DERS.: Versuch einer Darstellung der Landwirthschaft auf den Gütern in den Herzogthümern Schleswig und Holstein, Altona 1828.

DERS.: Vollständige Anweisung zur Kenntniß und zum vortheilhaften Betriebe der Schleswig-Holsteinischen Landwirthschaft, 3 Bde, Altona 1838.

DERS.: Unser vaterländischer Ackerbau seit Anfang dieses Jahrhunderts, in: Karl Leonhard Biernatzki (Hg.): Volksbuch für das Jahr 1844, mit besonderer Rücksicht auf die Herzogthümer Schleswig, Holstein und Lauenburg, Kiel 1843, S. 197-210.

DERS.: Vollständige Anweisung zur Kenntniß und zum vortheilhaften Betriebe der Schleswig-Holsteinischen Landwirthschaft, 3 Bde, 2., vermehrte und verbesserte Auflage, Altona 1845.

DERS.: Vollständige Anweisung zur Kenntniß und zum vortheilhaften Betriebe der schleswigschen und holsteinischen Landwirthschaft, 2 Bde, 3., vermehrte und verbesserte Auflage, Altona 1858.

DOMEYER: Chorographie des Kirchspiels Nortorf, in: August Niemann (Hg.): Miscellaneen historischen, statistischen und ökonomischen Inhalts zur Kunde des deutschen und angränzenden Nordens besonders der Herzogthümer Schleswig und Holstein, Bd. 2.1, Altona und Leipzig 1800, S. 119-162.

DÜHRSEN, W.: U. F. C. Manecke's Topographisch-historische Beschreibung der Städte, Aemter und adelichen Gerichte des Herzogthums Lauenburg, des Fürstenthums Ratzeburg und des Landes Hadeln. Herausgegeben und mit einem Anhange nebst Zusätzen versehen von W. Dührsen, Mölln 1884.

DUUS, Claus: Wann herrscht der Geist wahrer Industrie auf dem Lande und in den Dörfern?, in: Schleswig-Holstein-Lauenburgischer Gewerbefreund, 3 (1830/31), 27 (16.09.1830), Sp. 417-422.

DERS.: Die Halbinsel Sundewitt, topographisch-historisch beschrieben. Ein Versuch, in: NStM, 2 (1834), 1, S. 61-141.

DERS.: Topographisch-historische Darstellung der Halbinsel Sundewitt. Ein Versuch, Schleswig 1836.

DYSSEL, Johan Arndt: Forsøg til en Indenlands Reise. Forfattet i Aaret 1763, København 1774.

EGGERS, Christian Ulrich Detlev von: Beiträge zur Kenntniß von Holstein, Erste Sammlung, Kopenhagen 1804.

EISBEIN, C. J.: Die Drillcultur. Ihre Vorzüge, ihre Rentabilität und ihre volkswirthschaftliche Bedeutung. Nebst einer speciellen Anleitung zur Stellung und Behandlung des Drills und Pferdehacken, Leipzig 1863.

ENTSCHEIDUNG des Ministeriums für das Herzogthum Schleswig, betr. die Frage, ob ein Zunftmeister sich bei der Ausführung einer in den Bereich seiner Zunft einschlagenden Arbeit der Gesellen einer anderen Zunft bedienen dürfe, in: Chr. Slg Sl., 1856, Nr. 197 (18.12.1856), Schleswig 1857, S. 385 f.

ERSCH, J. S. und GRUBER, J. G. (Hgg.): Allgemeine Encyklopädie der Wissenschaften und Künste in alphabetischer Folge, Section 1, Teil 28, Leipzig 1836, S. 228 f.

EVERSMANN, Friedrich August Alexander: Die Eisen- und Stahl-Erzeugung auf Waßerwerken zwischen Lahn und Lippe und in den vorliegenden französischen Departements, Dortmund 1804.

EXTENSION des Höckerreglements von 1775, auf die vorhin großfürstlichen Districte des Herzogthums Holsteins, in: Chr. Slg, 1775, Nr. 72 (23.12.1775), Kiel 1779.

EXTRACT aus dem, in der am 11ten Juni 1835 gehaltenen Verammlung der Mitglieder des landwirthschaftlichen Vereins am Schleswig-Holsteinischen Canal, aufgenommenen Protocolle, in: LHH, 6 (1835), 2, S. 34-42.

EXTRACT aus dem Protocolle des landwirthschaftlichen Vereins am Schleswig-Holsteinischen Canal vom 3ten October 1838, in: LHH, 9 (1838), 2, S. 18-20.

EXTRACT aus dem Protocolle des landwirthschaftlichen Vereins am Schleswig-Holsteinischen Canal, vom 20ten März 1839, in: LHH, 9 (1838), 3, S. 8-11.

EXTRACT aus dem Protocolle des landwirthschaftlichen Vereins am Schleswig-Holsteinischen Canal vom 12. Juni 1840, in: LHH, 11 (1840), 1, S. 59-62.

EXTRACT aus dem Protocolle des landwirthschaftlichen Vereins am Schleswig-Holsteinischen Canal vom 23sten Juni 1841, in: LHH, 12 (1841), 1, S. 38-44.

EXTRACT aus dem Protocolle des landwirthschaftlichen Vereins am Schleswig-Holsteinischen Canal vom 27sten October 1841, in: LHH, 12 (1841), 2, S. 29-35.

FALCK, Nicolaus: Handbuch des Schleswig-Holsteinischen Privatrechts, Bd. 2, Altona 1831.

FIEDLER: Protocoll. Geschehen, Bordesholm, in der landw. Versammlung 18. März 1858, in: LWB, 8 (1858), Nr. 42 (16.10.1858), S. 329-331.

FILLY, Carl: Amtlicher Bericht über die internationale Mähemaschinen-Concurrenz, welche vom landwirthschaftlichen Provinzial-Verein für die Mark Brandenburg und Niederlausitz vom 8. bis 11. Juli 1868 bei Berlin veranstaltet worden ist, Berlin 1869.

FRIEDRICHSTÄDTER INTELLIGENZBLATT, Nr. 37 (12.09.1860).

GABCKE, Ludwig Friedrich: Grundsätze des Dorf- und Bauernrechts, Halle 1780.

GÄDE, H.: Bericht über die Resultate einer Mähmaschinen-Concurrenz, veranstaltet auf dem Hofe Wilhelminenhof bei Preetz, am 9. und 30. Juli und am 17. August 1869, in: LWB, 19 (1869), Nr. 36 (04.09.1869), S. 286-289.

GENERALVERSAMMLUNG des landwirthschaftlichen Vereins an der Stör den 11. Juni 1857 im Hause des Herrn Thewes in Kollinghusen, in: LWB, 7 (1857), Nr. 42 (17.10.1857), S. 335 f.

GEWERBEKAMMER: Jahresbericht der Gewerbekammer für die Provinz Schleswig-Holstein für das Jahr 1888, Kiel 1889.

GEWERBEKAMMER: Jahresbericht der Gewerbekammer für die Provinz Schleswig-Holstein für das Jahr 1889, Kiel 1890.

GMELIN, Johann Friedrich: Abhandlung von den Arten des Unkrauts auf den Aeckern in Schwaben und dessen Benutzung in der Haushaltung und Arzeneykunst. Nebst einer Zugabe von der Ausrottung desselben und von einigen Werkzeugen zur Reinigung des Saatkorns, Lübeck 1779.

GÖTTSCH, H.: "Häuer-Contract", in: Die Heimat, 57 (1950), S. 180 f.

GÖTTSCH, H. und SINDT, J.: Versuche mit der Mac-Cormic'schen Mähmaschine, in: LWB, 9 (1859), Nr. 36 (03.09.1859), S. 283 f.

GRIMM, Jacob: Weisthümer, T. 1, Göttingen 1840.

GÜLICH, Gustav von: Ueber den Handel und die übrigen Zweige der Industrie im Königreiche Hannover, besonders über den Zustand derselben seit dem Jahre 1826, Hannover 1831.

HACH, Friedrich August: Ueber Benutzung verbesserter Ackerwerkzeuge in bäuerlichen Wirthschaften, in: LWB, 1 (1851), Nr. 4 (25.01.1851), S. 29-31.

DERS.: Protocoll der dritten Jahresversammlung des holsteinischen landw. Vereins am Canal, gehalten zu Dorfgaarden den 25. Septbr. 1854, in: LWB, 4 (1854), Nr. 40 (07.10.1854), S. 305-307.

DERS.: O. T., in: LWB, 10 (1860), Nr. 40 (06.10.1860), S. 315.

DERS.: Mähmaschinen, in: LWB, 18 (1868), Nr. 13 (28.03.1868), S. 100-102.

DERS.: Genossenschaftswesen in der Landwirthschaft, in: LWB, 18 (1868), Nr. 14 (04.04.1868), S. 105-108.

DERS.: O. T., in: LWB, 18 (1868), Nr. 34 (22.08.1868), S. 270.

DERS.: Jahresbericht über die landwirthschaftlichen Verhältnisse Schleswig-Holsteins, erstattet im December 1868 an den Königlichen Minister für landwirthschaftliche

Angelegenheiten von Selchow, von der ausführenden Direction des Schleswig-Holsteinischen landwirthschaftlichen Generalvereins, Kiel 1869.

DERS.: Landwirthschaftliche Geräthe und Maschinen, in: LWB, 19 (1869), Nr. 31 (31.07.1869), S. 245-247.

DERS.: Ueber Prüfung von Mähmaschinen und in Spec. die Mähmaschinen-Concurrenz in Breslau, in: LWB, 22 (1872), Nr. 41 (12.10.1872), S. 502-504.

DERS.: Kiel, d. 1. Juli 1873, in: LWB, 23 (1873), Nr. 27 (04.07.1873), S. 293 f.

HAMM, Wilhelm Philipp: Die landwirthschaftlichen Maschinen und Geräthe Englands. Ein Handbuch der landwirthschaftlichen Mechanik und Maschinenkunde, mit einer Schilderung der britischen Agricultur, 2., gänzlich umgearbeitete und bedeutend vermehrte Auflage, Braunschweig 1858.

HANSSEN, Georg: Die Küstenstrecke von der Breede Aue bis zur Wid Aue. (= Statistische Forschungen über das Herzogthum Schleswig mit besonderer Rücksicht auf nationelle Eigenthümlichkeiten, Gemeindewesen, Steuerverhältnisse und den gegenwärtigen Zustand der Bauernwirthschaften, 1), Heidelberg 1832.

DERS.: Das Amt Hadersleben, in: Ders.: Statistische Forschungen über das Herzogthum Schleswig mit besonderer Rücksicht auf nationelle Eigenthümlichkeiten, Gemeindewesen, Steuerverhältnisse und den gegenwärtigen Zustand der Bauernwirthschaften, H. 2, Altona 1833.

DERS.: Statistische Mittheilungen über nordfriesische Districte, in: NStM, 3 (1835), 2, S. 439-498.

DERS.: Das Amt Bordesholm im Herzogthume Holstein. Eine statistische Monographie auf historischer Grundlage, Kiel 1842.

DERS.: Landwirthschaftliche Zustände früherer Zeiten in nordfriesischen Gegenden, in: Ders.: Agrarhistorische Abhandlungen, Bd. 2, Leipzig 1884, S. 330-499.

DERS.: Landwirthschaftliche Zustände früherer Zeiten auf der Halbinsel Sundewitt (Neu), in: Ders.: Agrarhistorische Abhandlungen, Bd. 2, Leipzig 1884, S. 500-534.

HANSSEN, Jacob und WOLF, Heinrich: Chronik des Landes Dithmarschen, Hamburg 1833.

HELD, Hermann J.: 100 Jahre Howaldt, herausgegeben vom Vorstand der Howaldtswerke A. G. Kiel-Hamburg, Hamburg 1938.

HELL, Franz: Ueber die Verbesserung des Pfluges, in: Bericht über die Verhandlungen der zweiten Generalversammlung des landwirthschaftlichen Vereins im südwestlichen Holstein (10.03.1846) zu Elmshorn; abgedruckt in: Beilage zum Itzehoer Wochenblatt. Landwirthschaftlichen und gemeinnützigen Inhalts, 1846, Nr. 11, Sp. 81-89.

HEINSIUS, Johann Samuel: Jetztlebende Kauffmannschafft in und außer Deutschland, Erster Versuch, Leipzig 1743, S. 84 ff. abgedruckt in: P. Hase: Lübecker Firmen im Jahre 1743, in: Mitteilungen des Vereins für Lübeckische Geschichte und Altertumskunde, H. 12 (1905), S. 145-161.

HIRSCHFELD, Wilhelm: Wegweiser durch die Herzogthümer Schleswig und Holstein, für die Mitglieder der XI. Versammlung deutscher Land- und Forstwirthe, Kiel 1847.

DERS. und CARSTENS, Heinrich (Red.): Amtlicher Bericht über die XI. Versammlung deutscher Land- und Forstwirthe zu Kiel, herausgegeben von dem Vorstande der Versammlung, Altona 1848.

DERS. und HACH, Friedrich August: Gutachten über Rückerstattung des Einfuhrzolls für zwei landwirthschaftliche Maschinen, in: Mittheilungen des Schleswig-Holsteinischen landwirthschaftlichen Generalvereins, Kiel 1850, S. 17-19.

DERS.: Geschichtliche Darstellung der landwirthschaftlichen Vereine und ihres Nutzens in Schleswig-Holstein, Kiel 1868.

HJUL: Protocoll der General-Versammlung des Hohenwestedter Landwirthschaftlichen Vereins am 21. Novbr. 1866, in: LWB, 17 (1867), Nr. 2 (12.01.1867), S. 22 f.

HOLLER, Marcus Hartwig: Schreiben des Herrn Agenten Holler an die verbundenen landwirthschaftl. Vereine, in: LHH, 3 (1832), 1, S. 136-142.

HOLSTEIN, Heinrich Christopher von: Vorschläge für die verbundenen landwirthschaftlichen Vereine in Schleswig-Holstein, um auf die vermehrte Production und einen größeren Reinertrag des Landbaues auf die richtige Art einzuwirken, in: LHH, 3 (1832), 1, S. 93-114.

HOLSTEIN BECK, Friedrich Herzog von: Ein dritter Brief des Herzogs Friedrich von Holstein Beck an den Staatsrat Dr. A. D. Thaer vom Jahre 1803, in: Jahrbuch der Gesellschaft für Geschichte und Literatur der Landwirtschaft, 18 (1919), S. 41-44.

IHM.: Drillmaschine, in: LWB, 19 (1869), Nr. 48 (28.11.1869), S. 384 f.

IVERSEN, Jacob: Beyträge zur Kenntniß der Schleswig-Holsteinischen Landwirthschaft und ihrer jetzigen Verhältnisse, Augustenburg 1819.

JAHRESBERICHT der ausführenden Direction des Schleswig-Holsteinischen landwirthschaftlichen Generalvereins pro 1870, in: LWB, 21 (1871), Nr. 6 (11.02.1871), S. 45-49.

JAHRESBERICHT des Schleswig-Holsteinischen landwirthschaftlichen Generalvereins für 1873, Kiel 1874.

JAHRES-BERICHT der ausführenden Direction des Schleswig-Holsteinischen landw. Generalvereins für das Jahr 1875, Kiel 1876.

JEBENS, Joachim Christoph: Versuch einer Darstellung der vorzüglichsten landwirthschaftlichen Verbesserungen, welche durch das Beispiel des Freiherrn von Voght in der Nachbarschaft von Flottbeck zu Stande gekommen; daher auch an andern Orten unfehlbar nützlich anzuwenden sind. Nebst einigen gelegentlichen Beilagen. Zum Besten der verarmten Bewohner der schleswigschen Marschen, Kiel 1831.

DERS.: Notizen über das Wettpflügen zu Tüschenbeck, am 11. November 1833. (Für die Teilnehmer gedruckt.), in: Kieler Correspondenzblatt, Nr. 5/6 (18.01.1834), S. 25 f. und Nr. 7 (22.01.1834), S. 31.

DERS.: Ueber Reißpflüge, schottische Eggen, Feldbestellung und Fruchtwechsel, in: NAMLG, 20 (1836), 2. Hälfte, S. 560-592.

DERS.: Verspätete Antwort, in: Itzehoer Wochenblatt, 22 (1838), Nr. 9 (02.03.1838), Sp. 231 f.

DERS.: Mein Schattelpflug, in: Beilage zum Itzehoer Wochenblatt. Landwirthschaftlichen und gemeinnützigen Inhalts, 1846, Nr. 18, Sp. 145-147.

JENSEN, Hans Nicolai Andreas: Angeln. Zunächst für die Angler historisch beschrieben, Flensburg 1844.

JENSEN: Protocoll der Generalversammlung des landw. Vereins an der Schlei am 25. Octbr. 1866 zu Süderbrarup, in: LWB, 17 (1867), Nr. 12 (23.03.1867), S. 107-109.

JOCHIMS, Peter: Ueber den gegenwärtigen Zustand der Landwirthschaft in Dänemark, besonders in den Herzogthümern Schleswig und Holstein, und die Mittel, sie in Aufnahme zu bringen, in: PB, 10 (1796), 1.2, S. 201-220.

DERS.: Versuch einer Beschreibung der Heu- und Kornärnte in den Herzogthümern Schleswig und Holstein. (Fortsetzung), in: 10 (1796), 2.5, S. 209-235.

DERS.: Versuch einer Beschreibung der Heu- und Kornärnte in den Herzogthümern Schleswig und Holstein. (Beschlus.), in: PB, 10 (1796), 2.6, S. 257-270.

JØRGENSEN, Bendt Søborg: Om Tørveforkullingen. Med specielt Hensyn til Danmark, København 1845.

DERS.: Den ellevte Forsamling af tydske Landmænd i Kiel i September 1847, in: Tidsskrift for Landoekonomie (Ny Række), Bd. 10 (1848), S. 21-43.

KABISCH: Verzeichniß derjenigen landwirthschaftlichen Geräte und Maschinen, welche während der zu Güstrow am 30sten und 31sten October stattgefundenen allgemeinen Bauern-Versammlung von dem patriotischen Verein und von Privatpersonen auf dem Wallplatze aufgestellt gewesen, in: NAMLG, 29 (1845), 1. Hälfte, S. 162-164.

KANZELEISCHREIBEN, betr. die Gesellen und Lehrlinge unzünftiger Landhandwerker und Erläuterungen des in den Concessionen vorkommenden Ausdrucks "Gehülfen", vom 6ten Aug. 1808, in: Syst. Slg, Bd. 6, Kiel 1833, S. 171 f., Nr. 21 (06.08.1808).

KANZELEISCHREIBEN an den Herrn Statthalter, betr. die Befugniß der Einwohner in Städten und zunftberechtigten Flecken zur Anlegung von Fabriken und Manufacturen, in: Chr. Slg, 1820, Nr. 9 (29.01.1820), S. 14 f.

KANZELEISCHREIBEN an den Herrn Statthalter, daß die Holzarbeiten u.s.w. zu den an die Städte und zunftberechtigten Flecken gebundenen Gewerben nicht zu zählen sind, in: Syst. Slg, Bd. 6, Kiel 1833, S. 191 f., Nr. 14 (08.03.1825).

KANZELEISCHREIBEN, betr. die Gehülfen der Landhandwerker, in: Syst. Slg, Bd. 6, Kiel 1833, S. 172 f., Nr. 22 (26.09.1829).

KANZELEISCHREIBEN, daß den auf dem Lande concessionirten Rademachern die Haltung eines nicht zünftigen Gehülfen zu gestatten ist, in: Syst. Slg, Bd. 6, Kiel 1833, S. 173 f., Nr. 23 (17.07.1830).

KANZELEISCHREIBEN: Auszug aus einem Kanzeleischreiben an den Magistrat in ..., betr. die Befugniß städtischer Eingesessenen, durch ihre Dienstboten Handwerksarbeiten verrichten zu lassen, in: Syst. Slg, Bd. 6, Kiel 1833, S. 5 f., Nr. 3 (20.07.1830).

KANZELEISCHREIBEN an die Rentekammer, betr. das Gewerbewesen im Kirchdorfe Schwabstedt, in: Syst. Slg, Bd. 6, Kiel 1833, S. 229-230, Nr. 17 (09.11.1830).

KANZELEYSCHREIBEN, daß das Pflugmachen nicht zu den Gewerben gehöre, derentwegen es einer Concession bedarf und wofür Recognition bezahlt wird, in: Chr. Slg, 1806/07, Nr. 46 (02.05.1807), S. 107.

KANZELEYSCHREIBEN an das Königl. Commerzcollegium, betr. die Anwendung der von Handwerkern auf dem Lande zu erlegenden Recognition auf Fabrik- und Industrieanlagen auf dem Lande, in: Chr. Slg, 1812, Nr. 23 (22.02.1812), Kiel 1814, S. 21.

KARSTEN, H. L. J.: Preis-Kourant mehrerer landwirthschaftlicher Maschinen und Akkergeräthe, die zu Gingst auf der Insel Rügen, von dem Mühlenbaumeister Herrn Björnberg verfertigt werden, in: NAMLG, 15 (1828), Hälfte 2, S. 510-512.

DERS.: Kurzer Bericht über die erste, am 19. März dieses Jahres stattgehabte, Ausstellung landwirthschaftlicher Maschinen zu Klein-Wehnendorf, in: NAMLG, 22 (1838), Hälfte 1, S. 370-381.

DERS.: Der mecklenburgische patriotische Verein. Eine historische Skizze seit seiner Stiftung im Jahre 1798, in: Landwirthschaftliche Annalen des Mecklenburgischen patriotischen Vereins, N. F., 3 (1848), 2, S. 275-334.

KAUFMANN, Wilhelm: Der wagrische landwirtschaftliche Verein und seine Mitglieder seit der Gründung zu Lensahn am 20. Juni 1828. Denkschrift zur Erinnerung an die 80jährige Jubelfeier im Jahre 1908, Eutin 1909.

KIESEWETTER, Heinrich Christian Philipp: Praktisch ökonomische Bemerkungen auf einer Reise durch Hollstein, Schleßwig, Dithmarsen und einen Theil des Bremer und Hannöverschen Landes an der Elbe, Hof 1807.

KNAPP, Friedrich: Geschichte, Statistik und Topographie der Städte Elberfeld und Barmen im Wupperthale. Mit Bezugnahme auf die Stadt Solingen und einige Städte des Kreises Lennep, Iserlohn und Barmen 1835.

KORTH, Wilhelm David: Sensenschmid, in: Oekonomisch-technologische Encyklopaedie, T. 153, Berlin 1830, S. 257.

KRÜNITZ, Johann Georg: Korn-Fege, Korn-Reinigungs-Maschine, in: Oekonomisch-technologische Encyklopädie, oder allgemeines System der Stats- Stadt- Haus- und Land-Wirthschaft, und der Kunst-Geschichte, in alphabetischer Ordnung, T. 45, Berlin 1789, S. 156-213.

KRUSE, Iven: Jahrhundertbuch der Hollerschen Carlshütte bei Rendsburg, insbesondere ein Lebensbild des Gründers M. H. Holler, Rendsburg 1927.

L.: Breitdreschmaschine von N. Duvoir, (Liancourt (Dep. de l'Oise) und Paris.), in: LWB, 8 (1858), Nr. 8 (20.02.1858), S. 57-59.

LEMPELIUS, Gerhard Wilhelm Amandus: Versuch einer Darstellung der Landwirthschaft in Eiderstedt, in: LH, 3 (1822), S. 1-25.

LENGERKE, Alexander von: Die Schleswig-Holsteinische Landwirthschaft, 2 Bde, Berlin 1826.

DERS. (Hg.): Amtlicher Bericht über die Versammlung deutscher Land- und Forstwirthe zu Doberan im September 1841, Güstrow 1842.

LENTZ, E. W.: Beantwortung der von dem Wagrischen landwirthschaftlichen Vereine aufgeworfenen Frage: wo werden in Holstein Pflüge ohne Räder, namentlich der Englische Schmalsche Pflug gemacht, wie theuer ist ein solcher Pflug und welche Vortheile hat er vor unserem gemeinen Pfluge?, in: LHH, 1 (1830), 1, S. 108-110.

DERS.: Die Säemaschine, in: LZ, 4 (1845), Nr. 10 (07.03.1845), S. 73 f.

LESSER, Wilhelm: Topographie des Herzogthums Schleswig, Bd. 1, Kiel 1853.

LEVSEN, Christian: Nachrichten über das Amt Bredstedt, abgedruckt aus den Schriften der patriotischen Gesellschaft, Altona 1821.

LIEBE-HARKORT, Caspar Friedrich Wilibald: Festschrift zum 250jährigen Geschäfts-Jubiläum der Firma Johann Caspar Harkort GmbH Harkorten bei Haspe i. Westfalen (1674-1924), Dortmund 1924.

LINDE, C. F.: Beretning om den semte danske Landmands-Forsamling, afholdt i Flensborg fra d. 29. Mai til d. 2 Juni 1854, København 1855.

LINSEN, H. (Bearb.): Statistisches Hand- und allgemeines Adreßbuch für das Herzogthum Lauenburg, mit Einschluß der Lübeck'schen, Mecklenburg-Strelitz'schen und Hamburg'schen Enclaven. Nach officiellen und authentischen Quellen, unter Mitwirkung landeskundiger Männer, Ratzeburg 1872.

LÜDEMANN: Die Mac Cormigk Mähmaschine, in: LWB, 18 (1868), Nr. 43 (24.10.1868), S. 338-340.

LÜDERS, Philipp Ernst: Kurze Anleitung, wie der Acker-Bau auf der Heide könne verbessert werden. Frag- und Antwortsweise abgefasset, Flensburg 1764.

DERS.: Bedenken über die Frage: Ob das Pflügen in dem Marschboden könne verändert und verbessert, und dadurch sowol die Mühe und Kosten erleichtert, als auch die Fruchtbarkeit gewisser und ansehnlicher gemacht werden?, Flensburg 1765.

DERS.: Abhandlungen und Bedenken über das Acker-Wesen und den Anbau verschiedener Feldfrüchte, Flensburg und Leipzig 1765.

DERS.: Der Hecken- und Weiden-Bau, Schleswig 1784.

LÜTKENS, E.: Verschiedenes mit Bezugnahme auf den in Nr. 51 d. Z. mitgetheilten Protocoll-Extract des Wagrischen Vereins, in: LZ, 3 (1844), Nr. 5 (30.01.1844), S. 33-36.

DERS., LENTZ, E. W. und HACH, Friedrich August: Bericht über die auf der Plöner Thierschau am heutigen Tage vorgezeigten und probirten zwei Säemaschinen, in: LHH, 11 (1840), 1, S. 55-59.

M., H.: O. T., in: LWB, 24 (1874), Nr. 8 (20.02.1874), S. 77 f.

MANECKE, Urban Friedrich Christoph: Topographisch-historische Beschreibung der Städte, Aemter und adelichen Gerichte des Herzogthums Lauenburg, des Fürstenthums Ratzeburg und des Landes Hadeln, in: W. Dührsen: U. F. C. Manecke's Topographisch-historische Beschreibung der Städte, Aemter und adelichen Gerichte des Herzogthums Lauenburg, Fürstenthums Ratzeburg und des Landes Hadeln. Herausgegeben und mit einem Anhange nebst Zusätzen versehen von W. Dührsen, Mölln 1884, S. 1-283.

MARTENS, J. D.: Ueber den Unterschied der Holsteinischen und Mecklenburgischen Landwirthschaft (Fortsetzung), in: NPB, 6 (1816), 3, S. 245-257.

MEYER, Johann Lorenz: Vortrag in der halbjährigen öffentlichen Versammlung, am 15ten November 1798, in: Verhandlungen und Schriften der Hamburgischen Gesellschaft zur Beförderung der Künste und nützlichen Gewerbe, Bd. 6 (= Verhandlungen von den Jahren 1797, 1798, und 1799), Hamburg 1801, S. 84-114.

MIELCK, Eduard: Die Natur des Holzdiebstahls und die daraus abgeleiteten Mittel zu seiner Beseitigung. Ein Wort zunächst für die Herzogthümer Schleswig und Holstein, in: Hermann Biernatzki (Hg.): Schleswig-Holstein-Lauenburgische Landesberichte, 1 (1846), 4, S. 233-245.

MÖLLER, Johann Christoph: Ueber Bildungsmethoden in Volksschulen, mit besonderer Rücksicht auf Weckung und Belebung eines industriösen Sinnes bei der Volksjugend, in: SHLPB, 12 (1823), 3, S. 1-31.

NIEMANN, August: Forststatistik der dänischen Staaten, mit drei statistischen Tafeln, Altona 1809.

NIENBURG, Fr. Joh.: Beantwortung der Fragen, in: NLH, 3 (1829), S. 105-116.

NISSEN, Arend Friedrich: Oekonomische Beschreibung des Amtes Cismar, in: SHLPB, 1 (1811), 1, S. 18-53.

NISSEN, Iwar: Haderslev Amt. En statistisk-topographisk Fremstilling, Haderslev 1840.

OLDEKOP, Henning: Denkschrift in Veranlassung der 75jährigen Jubelfeier zu Eckernförde am 20. Oktober 1903 des Schleswig-Holsteinischen landwirtschaftlichen Vereins am Kanal, Kiel 1903.

DERS.: Topographie des Herzogtums Schleswig, Kiel 1906.

OLUFSEN, C.: Beiträge zu einer Übersicht der National-Industrie in Dänemark, übersetzt und mit Anmerkungen versehen von Theodor Gliemann, Altona 1820.

OTTE, Friedrich Wilhelm: Oekonomisch-statistische Beschreibung der Insel Fehmern, Schleswig 1796.

DERS.: Etwas über die ökonomischen Werkzeuge auf Louisenlund, in: August Niemann (Hg.): Schleswig-Holsteinische Vaterlandskunde, Stück 3, Hamburg 1803, S. 1-16.

P.: Ueber Verbesserung des Pfluges, in: Beilage zum Itzehoer Wochenblatt. Landwirthschaftlichen und gemeinnützigen Inhalts, 1846, Nr. 23, Sp. 185 f.

PATENT wegen Aufhebung des Höckerreglements vom 6ten Jun. 1755 und Erlassung eines neuen Höckerreglements, für die Herzogthümer Schleswig und Holstein, in: Chr. Slg, 1826, Nr. 112 (14.11.1826), Kiel 1827, S. 189-191.

PATJE, Christian Ludwig Albrecht: Kurzer Abriß des Fabriken-, Gewerbe- und Handlungs-Zustandes in den Chur-Braunschweig-Lüneburgischen Landen, Göttingen 1796.

PETERSEN: O. T., in: LWB, 17 (1867), Nr. 1 (05.01.1867), S. 7 f.

PETERSEN, Georg Peter: Nahrungszustand und Gewerbsamkeit im Amte Reinfeld, T. 1, in: SHBPK, 5 (1799), S. 1-38.

DERS.: Rantzaufeld und seine Cultur, in: SHLPB, 9 (1820), 5, S. 486-507 und 10 (1821), 1, S. 17-48.

PETERSEN, J. A.: Mercantilisches Adressbuch der Herzogthümer Schleswig, Holstein und Lauenburg, Rendsburg 1838.

DERS.: Mercantilisches Adreßbuch der Herzogthümer Schleswig, Holstein und Lauenburg, Flensburg 1845.

DERS. und PETERSEN, Heinrich: Adreßbuch der Herzogthümer Schleswig, Holstein und Lauenburg, Rendsburg 1853.

DIES.: Adreßbuch der Herzogthümer Schleswig, Holstein, Lauenburg, zum Gebrauch am Comptoir und auf Reisen, Rendsburg 1860.

DIES.: Adreßbuch der Herzogthümer Schleswig, Holstein, Lauenburg, zum Gebrauch am Comptoir und auf Reisen, Rendsburg 1863.

POGGE: Thierschau und Pferderennen zu Güstrow. 1839, in: NAMLG, 24 (1840), 1. Hälfte, S. 43-79.

DERS.: Thierschau und Pferderennen zu Güstrow 1840, in: NAMLG, 25 (1841), 1. Hälfte, S. 125-179.

POSSELT, Andreas August: Ueber die rechtlichen und communalen Verhältnisse der klösterlich Preetzer Probstei, in: Nicolaus Falck (Hg.): Archiv für Geschichte, Statistik, Kunde der Verwaltung und Landesrechte der Herzogthümer Schleswig, Holstein und Lauenburg, 1 (1842), S. 51-78.

PROTOCOLL des Wagrischen landwirthschaftlichen Vereins. Lensahn, den 20sten November 1839, in: LHH, 10 (1839), 3, S. 37.

PROTOCOLL der Dänischenhagener Abtheilung des landwirthschaftlichen Vereins am Schleswig-Holsteinischen Canal vom 20sten Februar 1842, in: LHH, 13 (1842), 1, S. 60-67.

PROTOCOLL. Geschehen in der zweiten Wanderversammlung holsteinischer Land- und Forstwirthe zu Neumünster, den 16. Juni 1858, in: LWB, 8 (1858), Nr. 34 (21.08.1858), S. 265-269.

PROTOCOLL der vierten ordentlichen Jahres-Versammlung des Vereins für Landwirthschaft und Gewerbe in Preetz vom 7. December 1859, in: LWB, 10 (1860), Nr. 10 (03.03.1860), S. 68-70.

PROTOCOLL der 2ten ordentlichen Jahresversammlung des Vereins für Landwirthschaft und Gewerbe in Preetz, den 9. Juli 1862, Nr. 50 (13.12.1862), S. 349-352.

PROTOCOLL-EXTRACT des landwirthschaftlichen Vereins am Schleswig-Holsteinischen Canal vom 10ten März 1842, in: LHH, 13 (1842), H. 1, S. 27-29.

PROTOCOLL-EXTRACTE der Abtheilungen des landwirthschaftlichen Vereins am Schleswig-Holsteinischen Canal. A. Auszug aus dem Protocoll der landwirthschaftlichen Sections-Versammlung in Eckernförde, den 29ten Mai 1839, in: LHH, 10 (1839), 1, S. 17-20.

PROTOCOLL-EXTRACTE der Abtheilungen des landwirthschaftlichen Vereins am Schleswig-Holsteinischen Canal, in: LHH, 12 (1841), 2, S. 13-28.

PROTOKOLL des landw. Vereins der Aemter Bordesholm, Kiel und Kronshagen vom 17. Juni 1852, in: LWB, 2 (1852), Nr. 26 (03.07.1852), S. 201-205.

RAVE, Robert: Das Leben auf einem Bauernhof in der Kollmar-Marsch um die Jahrhundertwende, Moorhusen 1966.

RAWERT, Ole Jørgen: Binæringer paa Landet i Danmark, in: Tidsskrift for Landoekonomie (Ny Række), Bd. 11 (1849), S. 1-69.

DERS.: Kongeriget Danmarks industrielle Forhold fra de ældste Tider indtil Begyndelsen af 1848, København 1850.

REGIERUNGSSCHREIBEN, betr. die Befugniß der Landbewohner zur eigenen Verfertigung von Schmiedearbeiten für ihren Bedarf, in: Chr. Slg, 1836, Nr. 25 (17.03.1836), Kiel 1837, S. 47.

RENARD, Louis von: Der Holsteinische Landbau. Ein Handbuch für angehende Oeconomen, sowohl belehrend für das Oertliche und Herkömmliche des Landes, als in bezug auf die Fortschritte der Kunst und deren Anwendung in Zukunft; nebst einer Anleitung zur landwirthschaftlichen Buchführung, Hamburg 1838.

RENTEKAMMER (Hg.): Tabellen über die, nach der Allerhöchsten Resolution vom 24sten May 1834, in den Herzogthümern Schleswig und Holstein am 1sten Februar vorgenommenen Volkszählung, Kopenhagen 1836.

RESCRIPT wegen des Gesellenhaltens auf den Herzogl. Augustenburgischen Gütern auf Alsen, in: Syst. Slg, Bd. 6, Kiel 1833, S. 232, Nr. 19 (05.01.1791).

RESCRIPT an den Statthalter, betr. die Abstellung des bürgerlichen Gewerbes auf dem Lande, in: Syst. Slg, Bd. 6, Kiel 1833, S. 155-157, Nr. 13 (07.09.1819).

RESCRIPT an den Herrn Statthalter, betr. die den Aemtern der Tischler und Zimmerleute in Plön zukommenden Arbeiten, in: Chr. Slg, 1833, Nr. 47 (01.06.1833), Kiel 1834, S. 63 f.

REVENTLOW-FARVE, Ernst Graf von und WARNSTEDT, Hans Adolph von: Festschrift für die Mitglieder der eilften Versammlung Deutscher Land- und Forstwirthe. Beiträge zur land- und forstwirthschaftlichen Statistik der Herzogthümer Schleswig und Holstein, Altona 1847.

RIXEN, Claus: Sollte nicht jede Dorfschule eine praktische Schule der Landwirthschaft, und jeder Dorfschullehrer Lehrer der Landwirthschaft sein?, T. 2, in: PB, 9 (1795), 1, S. 1-19 und 2, S. 148-169.

DERS.: Erwerbschulen als Bildungsanstalten, in: Zeitschrift für das Volksschulwesen, 3 (1829/30), 1, S. 57-68.

ROSACKER, P.: Protocoll der vierten ordentlichen Jahresversammlung des Bordesholmer landwirthschaftlichen Vereins am 18. December 1866, in: LWB, 17 (1867), Nr. 8 (23.02.1867), S. 72-74.

RUNKEL: Internationale landwirthschaftliche Ausstellung in Hamburg, in: Hamburgischer Correspondent, Nr. 165 (15.07.1863), Nr. 166 (16.07.1863), Nr. 167 (17.07.1863), Nr. 169 (20.07.1863), Nr. 171 (22.07.1863) und Nr. 173 (24.07.1863).

S.: Aus Schwansen, vom 11. Sept., in: Altonaer Mercur, 1854, Nr. 216 (14.09.1854).

Chronologische SAMMLUNG der in den Jahren 1748-1847 ergangenen (Königlichen) Verordnungen und Verfügungen für die Herzogthümer Schleswig und Holstein, (die Herrschaft Pinneberg, Grafschaft Ranzau und Stadt Altona,) Kiel 1791-1849.

Chronologische SAMMLUNG der im Jahre 1853, 1856 ergangenen Verordnungen, Verfügungen etc. für das Herzogthum Schleswig, Schleswig 1855, 1857.

Systematische SAMMLUNG der für die Herzogthümer Schleswig und Holstein erlassenen, annoch gültigen, Königlichen, Fürstlichen, Großfürstlichen und gemeinschaftlichen Verordnungen und Verfügungen, Bd. 1-9, Kiel 1827-1841.

SCH.: Landwirthschaftliches Maschinenwesen, in: LWB, 9 (1859), Nr. 52 (24.12.1859), S. 409 f.

SCH.: John Fowler's Dampfpflug zum ersten Mal in Holstein, in: Der Norddeutsche Landwirth, 3 (1878), 3, S. 240-242.

SCHACHT, F.: Ueber landwirtschaftlich-soziale Zustände in den Holsteiner Marschen, in: Schleswig-Holsteinische Jahrbücher. Zeitschrift für die wirtschaftliche Kultur, die sozialen Bestrebungen und das öffentliche Leben der Gegenwart, Bd. 1 (1884), S. 173-213.

SCHLESWIG-HOLSTEINISCHES INTELLIGENZBLATT für Industrie, Landwirthschaft und Handlung, 1803, Stück 2 (26.03.1803), S. 217.

SCHMOLLER, Gustav: Zur Geschichte der deutschen Kleingewerbe im 19. Jahrhundert. Statistische und nationalökonomische Untersuchungen, Halle 1870.

SCHRADER, Friedrich Wilhelm: Practische Anweisung in der holsteinischen Landwirthschaft für Anfänger dieser Wirthschafts-Methode - vorzüglich für Beamte, die Landwirthschaft treiben müssen, ohne dieselbe practisch erlernt zu haben, Altona 1827.

SCHREIBEN, daß Mühlenbauer zum Betriebe ihres Handwerks einer Concession bedürfen, in: Chr. Slg Sl., 1853, Nr. 169 (22.12.1853), S. 294.

SCHRÖDER, Hobe: Ueber die Marschwirthschaft. Antworten auf die vorstehenden Fragen, in: NLH, 3 (1829), S. 116-128.

SCHRÖDER, Johannes von: Topographie des Herzogthums Schleswig, T. 2, Schleswig 1837.

DERS.: Topographie des Herzogthums Holstein, des Fürstenthums Lübeck und der freien und Hanse-Städte Hamburg und Lübeck, Bd. 1, Oldenburg in Holstein 1841.

DERS.: Topographie des Herzogthums Schleswig, 2., neu bearbeitete Auflage, Oldenburg in Holstein 1854.

DERS. und BIERNATZKI, Hermann: Topographie der Herzogthümer Holstein und Lauenburg, des Fürstenthums Lübeck und des Gebiets der freien und Hanse-Städte Hamburg und Lübeck, 2., neu bearbeitete und vermehrte Auflage, Bd. 1, Oldenburg in Holstein 1855.

SCHULTZE, Johann Andreas: Einige Bemerkungen, betr. den Smalschen Pflug, in: LHH, 1 (1830), 1, S. 111-115.

DERS.: Einige Bemerkungen über Säemaschinen in Bezug auf eine in der Versammlung des wagrischen landwirthschaftlichen Vereins am 20sten März 1840 zur Ansicht gestellte Säemaschine, in: LHH, 11 (1840), 1, S. 23-29.

DERS.: Der bestmöglichste Pflug, in: Mittheilungen des Schleswig-Holsteinischen Generalvereins, Kiel 1850, S. 98-102.

DERS.: Beschreibung einer sehr vervollkommneten Säemaschine und deren richtiger Gebrauch, Oldenburg 1862.

SCHUMACHER, Christian Wilhelm Gottlieb: Das gerechte Verhältniß der Viehzucht zum Ackerbau, aus der Mecklenburgischen Wirthschaftsverfassung abgeleitet, Berlin 1774.

SÖNKSEN, Andreas Peter: Geographie der Herzogthümer Schleswig-Holstein. Mit besonderer Berücksichtigung der innern Verhältnisse, Schleswig 1865.

STAMP, D.: Beantwortung der Fragen von D. Stamp in Neustadt, veranlaßt durch Herrn Pastor Olfsen daselbst, nebst Bemerkungen desselben, in: NLH, 3 (1829), S. 128-131.

STATISTIK des Handels, der Schifffahrt und der Industrie der Herzogthümer Schleswig und Holstein, nebst Bemerkungen, Berechnungen und Vorschlägen über dahin gehörende Nachrichten ausgearbeitet von einigen Männern vom Fache, Schleswig 1835.

STATISTISCHES BUREAU (Hg.): Statistisches Tabellenwerk, 3. R., 1. Bd., über die Volksmenge im Königreich Dänemark, im Herzogthum Schleswig, im Herzogthum Holstein und im Herzogthum Lauenburg, nach Alter, Geschlecht, unverheirathetem oder verheirathetem Stand, sowie nach Nahrungszweigen und Stellung, den 1sten Februar 1860, Kopenhagen 1863.

STATISTISCHES LANDESAMT Schleswig-Holstein (Hg.): Beiträge zur historischen Statistik Schleswig-Holsteins, Kiel 1967.

STATISTISKE BUREAU (udg.): Statistisk Tabelværk, R. 3, Bd. 1, indeholdende Tabeller over Folkemængden i Kongeriget Danmark, Hertugdömmet Slesvig, Hertugdömmet Holsteen og Hertugdömmet Lauenborg, efter Alder, Kjön og ægteskabelig Stilling samt efter Næringsvei og Stilling, den 1ste Februar 1860, København 1863.

STATTHALTER-RESCRIPT, enthaltend eine Auslegung der Constitution vom 2ten August 1686, in: Chr. Slg, 1834, Nr. 4 (11.01.1834), Kiel 1835, S. 3 f.

STATTHALTER-VERFÜGUNG an den Landvogt in Süderdithmarschen, betr. die Gewerbefreiheit in dieser Landschaft (Eine Verfügung gleichen Inhalts wegen der Gewerbefreiheit in der Landschaft Norderdithmarschen ist unter demselben Datum an den dortigen Landvogt erlassen), in: Syst. Slg, Bd. 6, Kiel 1833, S. 234, Nr. 22 (28.08.1824).

THAER, Albrecht Daniel: Landwirthschaftliche Bemerkungen auf einer Reise durch Holstein und Meklenburg, in: ANL, 1 (1799), 1, S. 102-168.

DERS.: Fortsetzung der landwirthschaftlichen Bemerkungen auf einer Reise durch Holstein und Meklenburg, in: ANL, 1 (1799), 3, S. 150-215.

DERS.: Fortsetzung der landwirthschaftlichen Bemerkungen auf einer Reise durch Holstein und Meklenburg, in: ANL, 2 (1800), 1, S. 1-63.

DERS.: Beschreibung der nutzbarsten neuen Ackergeräthe, H. 1, Hannover 1803.

THÜNEN, Johann Heinrich von: Bericht über die am 23. und 24. Mai stattgefundene Prüfung landwirthschaftl. Maschinen und Instrumente, in: NAMLG, 23 (1839), S. 687-698.

DERS.: Reflexionen, veranlaßt durch die am 23. und 24. Mai 1839 zu Güstrow stattgefundene Prüfung landwirthschaftl. Maschinen und Instrumente, in: NAMLG, 23 (1839), S. 699-711.

TIEDEMANN: Die "Petition des Vorstehercollegiums des Kirchspiels Heide, betreffend die Verfügung einer geschärften Controle über die Aufrechterhaltung der Hausierverordnung", unterstützender Vortrag, in: Holsteinische Stände-Zeitung, Nr. 23 (12.11.1844), Sp. 360-366.

TRAP, Jens Peter: Statistik-topographisk Beskrivelse af Hertugdømmet Slesvig, 2 Bde, København 1864.

TRAULSEN, H. C.: Protocoll des landw. Zweigvereins an der Schlei zu Cappeln, am 4. Novbr. 1865, in: LWB, 15 (1865), Nr. 51 (23.12.1865), S. 417-421.

DERS.: Protocoll der Versammlung des landwirthschaftlichen Vereins an der Schlei zu Cappeln am 19. Januar 1867, in: LWB, 17 (1867), Nr. 9 (02.03.1867), S. 80 f.

Gemeinschaftliche VERORDNUNG wegen Abstellung der bürgerlichen Nahrung auf dem Lande, in: Syst. Slg, Bd. 6, Kiel 1833, S. 137 f., Nr. 2 (08.04.1711).

VERORDNUNG wider das im Schwange gehende bürgerliche Gewerbe auf dem Lande, in: Syst. Slg, Bd. 6, Kiel 1833, S. 146-152, Nr. 9 (20.10.1773).

VERORDNUNG, betr. das Hausiren außerhalb der Jahrmärkte, in: Chr. Slg, 1837, Nr. 167 (24.10.1837), Kiel 1838, S. 257-267.

57. VERSAMMLUNG der Angler landw. Vereins zu Lutzhöft, den 21. Mai 1869, in: LWB, 19 (1869), Nr. 43 (23.10.1869), S. 345 f.

VERSAMMLUNG des Norderdithmarscher landw. Vereins zu Wesselburen, den 5. November 1869, in: LWB, 20 (1870), Nr. 1 (01.01.1870), S. 6 f.

64. VERSAMMLUNG des mittelholsteinischen landw. Vereins zu Neumünster, den 25. Juni 1870, in: LWB, 20 (1870), Nr. 33 (13.08.1870), S. 308 f.

19. VERSAMMLUNG des Norderdithmarscher landw. Vereins in Heide den 7. März 1871, in: LWB, 21 (1871), Nr. 12 (25.03.1871), S. 102-104.

71. VERSAMMLUNG des Norderdithmarscher landw. Vereins in Heide, am 21. Nov. 1871, in: LWB, 21 (1871), Nr. 48 (02.12.1871), S. 441 f.

VIEBAHN, Georg von (Hg.): Statistik des zollvereinten und nördlichen Deutschlands. Unter Benutzung amtlicher Aufnahmen, T. 1 und 3, Berlin 1858 und 1868.

VÖLCKERS, Andr.: Protocoll der 3ten ordentlichen Jahresversammlung des Vereins für Landwirthschaft und Gewerbe in Preetz am 22. October 1862, in: LWB, 12 (1862), Nr. 14 (04.04.1862), S. 93-95.

VOGHT, Caspar: Neue englische Ackergeräthe des Herrn Voght in Flottbeck, in: Verhandlungen und Schriften der Hamburgischen Gesellschaft zur Beförderung der Künste und nützlichen Gewerbe, Bd. 6 (= Verhandlungen von den Jahren 1797, 1798, und 1799), Hamburg 1801, S. 47-56.

DERS.: Flotbeck und dessen diesjährige Bestellung mit Hinsicht auf die durch dieselbe beabsichtigten Erfahrungen: ein Wegweiser für die landwirthschaftlichen Besucher desselben, in: LH, 6 (1822), S. 1-80.

DERS.: Ueber die Vortheile des flachen Eineggens der Saat, in: NAMLG, 16 (1829), 1. Hälfte, S. 145-167.

DERS.: Ueber die Vortheile des flachen Eineggens der Saat. Aus einem Briefe an den verstorbenen Professor Karsten in Rostock, Hamburg 1831.

VOLCKMAR, Carl Friedrich: Versuch einer Beschreibung von Eiderstädt. In Briefen an einen Freund im Holsteinischen, Garding und Hamburg 1795.

W.: Die Mähmaschine, in: Dithmarscher Bote 1873, Nr. 62 (02.08.1873).

W.: Aus dem Hohenwestedter Vereins-Bezirk, in: LWB, 24 (1874), Nr. 1 (02.01.1874), S. 7 f.

WEDEL, Georg Wolfgang Ulrich: Nachricht von Friedrich Jasper Diekmanns, Zimmergesellen in Preetz, vortheilhafter Häkkerlingsmühle, in: SHC, 1 (1799), S. 4-8 (= Beilage in SHBPK, 1 (1799)).

WEGENER, Friedr.: Protocoll des landw. Vereins zu Wandsbeck, in: LWB, 17 (1867), Nr. 13 (30.03.1867), S. 120 f.

WILMSEN, A.: Protocoll der am 4. Juni d. J. zu Flemhude abgehaltenen "landwirthschaftlichen Versammlung am Canal", in: LWB, 8 (1858), Nr. 26 (26.06.1858), S. 204-207.

WOLF, Heinrich: Dithmarsische Nachrichten. Erste Lieferung: Oekonomische Bemerkungen auf einer Reise nach dem neuen Kronprinzenkoege, in: PB, 5 (1791), 2.6, S. 274-319.

DERS.: Dithmarsische Nachrichten, zweite Lieferung. Oekonomischer Bericht von dem Kirchspiele Weslingbuhren. Nachricht von dem Kuhdensee. Wünsche für die Baumzucht und Waldkultur in Dithmarschen, in: PB, 6 (1792), 1.2, S. 169-202.

DERS.: Ueber das Gewerbe und Verkehr im Flekken Heide in Norderdithmarschen, in: PB, 6 (1792), 2.1, S. 37-53.

DERS.: Auch ein Wort über Indüstrieschulen mit besonderer Rücksicht auf Dithmarschen, in: PB, 6 (1792), 2.5, S. 157-173.

WOLCKENHAAX: Zum Drillmaschinen-Mahnwort des Herrn Behr, in. LWB, 65 (1915), Nr. 16 (16.04.1915), S. 305.

Z.: Betrachtungen über die Dreschmaschinen, in: LWB, 5 (1855), Nr. 51 (22.12.1855), S. 407 f.

ZEITLINGER, Karl: Denkschrift über die Fälschung der österreichischen Sensenmarken in Deutschland, Linz 1888.

ZICKERMANN, O. (Hg.): Amtlicher Bericht über die 22. Versammlung deutscher Land- und Forstwirthe zu Schwerin in Mecklenburg vom 11. bis 18. September 1861, Schwerin 1862.

Literatur

ABEL, Wilhelm: Agrarkrisen und Agrarkonjunktur. Eine Geschichte der Land- und Ernährungswirtschaft Mitteleuropas seit dem hohen Mittelalter, 3., neubearbeitete und erweiterte Auflage, Hamburg und Berlin 1978.

ACHELIS, Thomas Otto: Haderslev i gamle Dage 1627-1800, Haderslev 1929.

ACHILLES, Walter: Vermögensverhältnisse braunschweigischer Bauernhöfe im 17. und 18. Jahrhundert (= Quellen und Forschungen zur Agrargeschichte, XIII), Stuttgart 1965.

AHLF, Heinrich Detlef: Das schleswig-holsteinische Stadthandwerk in seiner Entwicklung zur Gewerbefreiheit, Rechts- und Staatswissenschaftliche Diss. Kiel 1926 (maschinenschriftlich vervielfältigt).

AHRENS, Gerhard: Caspar Voght und sein Mustergut Flottbek. Englische Landwirtschaft in Deutschland am Ende des 18. Jahrhunderts (= Beiträge zur Geschichte Hamburgs, 1), Hamburg 1969.

AHRENS, Rudolf: Die deutsche Landmaschinenindustrie, ihre Entwicklung und ihre heutige Lage (= Greifswalder Staatswissenschaftliche Abhandlungen, 25), Staatswissenschaftliche Diss., Greifswald 1926.

ALBRECHT, Ulrike: Das Gewerbe Flensburgs von 1770 bis 1870. Eine wirtschaftsgeschichtliche Untersuchung auf der Grundlage von Fabrikberichten (= SWSG, 24), Neumünster 1993.

ANDACHT, Wilhelm: Die schleswig-holsteinische Industrieschule (= QuFGSH, 24), Neumünster 1939.

ARMANSPERG, Max Graf von: Das Berchtesgadener Holzhandwerk als Hausindustrie, in: Die deutsche Hausindustrie, Bd. 3 (= Schriften des Vereins für Socialpolitik, XLI), Leipzig 1889, S. 1-34.

ARNIM, Volkmar von: Krisen und Konjunkturen der Landwirtschaft in Schleswig-Holstein vom 16. bis zum 18. Jahrhundert (= QuFGSH, 35), Neumünster 1957.

ARNOLD, Adolf: Agrargeographie, Paderborn 1985.

ASBECK, Margarete: Die Sensenindustrie an der Enneperstraße (wirtschaftsgeschichtlich dargestellt), Rechts- und Staatswissenschaftliche Diss. Hamburg 1922 (maschinenschriftlich vervielfältigt).

ASMUS, Hinrich: Das Hausiergewerbe im westlichen Eiderstedt, in: Untersuchungen über die Lage des Hausiergewerbes in Deutschland, Bd. 1 (= Schriften des Vereins für Socialpolitik, LXXVII), Leipzig 1898, S. 69-82.

ASMUS, Walter: Die verkehrs- und wirtschaftsräumliche Entwicklung Schleswig-Holsteins 1840-1914. Ein Beitrag zur Industrialisierung agrarischer Räume, in: Ingwer E. Momsen (Hg.): Schleswig-Holsteins Weg in die Moderne. Zehn Jahre Arbeitskreis für Wirtschafts- und Sozialgeschichte Schleswig-Holsteins (= SWSG, 15), Neumünster 1988, S. 43-63.

DERS.: Probleme der Verkehrsstruktur und Verkehrsentwicklung in Schleswig-Holstein und ihr Einfluß auf die gewerbliche Entwicklung 1800-1867, in: Jürgen Brockstedt (Hg.): Gewerbliche Entwicklung in Schleswig-Holstein, anderen norddeutschen Ländern und Dänemark von der Mitte des 18. Jahrhunderts bis zum Übergang ins Kaiserreich (= SWSG, 17), Neumünster 1989, S. 183-206.

DERS. und LORENZEN-SCHMIDT, Klaus-Joachim: Zur Entwicklung des Landhandwerks in Schleswig-Holstein im 18. und 19. Jahrhundert, in: Jürgen Brockstedt (Hg.): Gewerbliche Entwicklung in Schleswig-Holstein, anderen norddeutschen Ländern und Dänemark von der Mitte des 18. Jahrhunderts bis zum Übergang ins Kaiserreich (= SWSG, 17), Neumünster 1989, S. 45-72.

ASMUSSEN, A.: Das alte Angler Bauernhaus und seine Bewohner; nach den Aufzeichnungen eines alten Angler Bauern, in: W. Martensen und J. Henningsen, 1844. Neu bearbeitet und bis auf die Gegenwart fortgeführt, Schleswig 1922, S. 416-433.

ASSMANN, Klaus: Zustand und Entwicklung des städtischen Handwerks in der 1. Hälfte des 19. Jahrhunderts dargestellt am Beispiel der Städte Lüneburg, Celle, Göttingen und Duderstadt (= Göttinger handwerkswirtschaftliche Studien, 18), Göttingen 1971.

AUGUSTIN, Hellmut: Die Bauernhöfe zwischen Elbe, Stör und Krückau mit den Familien ihrer Besitzer (Johannes Gravert 1929). Ergänzungsband I/II, Glückstadt 1976.

BAALK, Arthur M.: Die Stormarner Kupfermühlen, in: Die Heimat, 44 (1934), S. 81-88.

BANGERT, Friedrich: Geschichte der Stadt und des Kirchspiels Oldesloe, Bad Oldesloe 1925.

BARTELMESS, Albert: Schlosser, in: Reinhold Reith (Hg.): Lexikon des alten Handwerks: vom Spätmittelalter bis ins 20. Jahrhundert, München 1990, S. 202-207.

BARTH., Ernst: Der Einsatz von Landmaschinen im Erzgebirge und Vogtland am Ende des 19. und in der ersten Hälfte des 20. Jahrhunderts. Eine Studie zur Geschichte der Produktivkräfte im Erzgebirge und im Vogtland, in: Jahrbuch für Regionalgeschichte, 5 (1975), S. 173-190.

BAUCHE, Ulrich: Landtischler, Tischlerwerk und Intarsienkunst in den Vierlanden unter der beiderstädtischen Herrschaft Lübecks und Hamburgs bis 1867 (= Volkskundliche Studien, 3), Hamburg 1965.

BAUER, Leonhard und MATIS, Herbert: Geburt der Neuzeit. Vom Feudalsystem zur Marktgesellschaft, München 1988.

BAUMEIER, Stefan: Historische Handwerksbetriebe. Die Töpferei Hehemann, die Wassermühle Heller und die Schmiede Pollmann, in: Ders. und Kurt Dröge (Hgg.): Beiträge zur Volkskunde und Hausforschung, 1 (= Schriften des Westfälischen

Freilichtmuseums Detmold - Landesmuseum für Volkskunde, Beiträge 1), Detmold 1986, S. 9-44.

BECCAU, Christian Ulrich: Versuch einer urkundlichen Darstellung der Geschichte Husums bis zur Ertheilung des Stadtrechtes, Schleswig 1854.

BECK, Ludwig: Die Geschichte des Eisens in technischer und kulturgeschichtlicher Beziehung, Abt. 2-4, Braunschweig 1893-1895, 1897, 1899.

BECKER, Walter: Die Entwicklung der deutschen Maschinenbauindustrie von 1850 bis 1870, in: Ders. und Alfred Schröter: Die deutsche Maschinenbauindustrie in der industriellen Revolution (= Veröffentlichungen des Instituts für Wirtschaftsgeschichte an der Hochschule für Ökonomie Berlin-Karlshorst, 2), Berlin (Ost) 1962, S. 135-285.

BEDAL, Konrad (Hg.): Göpel und Dreschmaschine. Zur Mechanisierung der bäuerlichen Arbeit in Franken (= Schriften und Kataloge des Fränkischen Freilandmuseums, 2), München und Bad Windsheim 1981.

BEHREND, Harald: Die Aufhebung der Feldgemeinschaften. Die große Agrarreform im Herzogtum Schleswig unter Mitwirkung der Schleswig-Holsteinischen Landkommission 1768-1823 (= QuFGSH, 46), Neumünster 1964.

BEHRENDS, Christian: Die Stellung des Handwerks auf dem Markt landwirtschaftlicher Maschinen. Eine Untersuchung der Angebotsstruktur, in: Wilhelm Abel (Hg.): Landhandwerk und Landwirtschaft (= Göttinger handwerkswirtschaftliche Studien), Göttingen 1964, S. 39-59.

BELOW, Georg von: Zünfte, in: Ludwig Elster (Hg.): Wörterbuch der Volkswirtschaft, 3., völlig umgearbeitete Auflage, Bd. 2, Jena 1911, S. 1484-1495.

DERS.: Die Motive der Zunftbildung im deutschen Mittelalter, in: HZ, 109 (1912), S. 23-48.

DERS.: Probleme der Wirtschaftsgeschichte. Eine Einführung in das Studium der Wirtschaftsgeschichte, Tübingen 1920.

DERS.: Die mittelalterliche Stadtwirtschaft, in: Ders.: Vom Mittelalter zur Neuzeit. Bilder aus der deutschen Verfassungs- und Wirtschaftsgeschichte (= Wissenschaft und Bildung, 189), Leipzig 1924, S. 71-82.

BENTZIEN, Ulrich: Das Eindringen der Technik in die Lebenswelt der mecklenburgischen Landbevölkerung. Eine volkskundliche Untersuchung, Phil. Diss. Berlin (Ost) 1961.

DERS.: Landmaschinentechnik in Mecklenburg (1800 bis 1959), in: Jahrbuch für Wirtschaftsgeschichte, 6 (1965), 3, S. 54-81.

DERS.: Haken und Pflug. Eine volkskundliche Untersuchung zur Geschichte der Produktionsinstrumente im Gebiet zwischen unterer Elbe und Oder (= Deutsche Akademie der Wissenschaft. Veröffentlichungen des Instituts für Deutsche Volkskunde, 50), Berlin (Ost) 1969.

DERS.: Fortschritte und Fortschrittsträger der deutschen Landwirtschaft im Spätfeudalismus, in: Jahrbuch für Volkskunde und Kulturgeschichte N. F., 6 (1978), S. 125-165.

DERS.: Bauernarbeit im Feudalismus. Landwirtschaftliche Arbeitsgeräte und -verfahren in Deutschland von der Mitte des ersten Jahrtausends u. Z. bis um 1800 (= Veröffentlichungen zur Volkskunde und Kulturgeschichte, 67), Berlin (Ost) 1980.

DERS.: Landbevölkerung und agrartechnischer Fortschritt in Mecklenburg vom Ende des 18. bis zum Anfang des 20. Jahrhunderts. Eine volkskundliche Untersuchung (= Studien zur Geschichte, 1), Berlin (Ost) 1983.

BERGMANN, Jürgen: Das Berliner Handwerk in den Frühphasen der Industrialisierung (= Einzelveröffentlichungen der Historischen Kommission zu Berlin, 11), Berlin 1973.

BERLEPSCH, Hermann Alexander von (Bearb.): Chronik der Feuerarbeiter. Namentlich der Huf-, Waffen-, Klingen- und Messerschmiede, der Schlosser und Maschinenbauer. Mit besonderer Rücksicht der im Mittelalter bestandenen, nunmehr aber eingegangenen Gewerke der Plattner, Harnischmacher, Hauben- und Helmschmiede, Salwirthe und Bogner (= Chronik der Gewerke, 7), St. Gallen 1852.

BERNHEIM, Heinrich: Die Hausindustrien des südlichen Schwarzwaldes, in: Hausindustrie und Heimarbeit in Deutschland und Österreich, Bd. 1 (= Schriften des Vereins für Socialpolitik, LXXXIV), Leipzig 1899, S. 357-440.

BERTHOLD, Rudolf: Die Entstehung der deutschen Landmaschinen- und Düngemittelindustrie zwischen 1850 und 1870, in: Karl Lärmer (Hg.): Studien zur Geschichte der Produktivkräfte. Deutschland zur Zeit der Industriellen Revolution (= Forschungen zur Wirtschaftsgeschichte, 15), Berlin (Ost) 1979, S. 245-266.

DERS.: Entwicklungstendenzen der spätfeudalen Getreidewirtschaft in Deutschland, in: Bäuerliche Wirtschaft und landwirtschaftliche Produktion in Deutschland und Estland (= Sonderband des Jahrbuchs für Wirtschaftsgeschichte, 1981), S. 7-134.

DERS.: Die Mechanisierung der deutschen Landwirtschaft von 1870 bis 1914 (1. Periode der Mechanisierung), in: Harald Winkel und Klaus Herrmann (Hgg.): Die Entwicklung der Landtechnik im 19. und 20. Jahrhundert, Ostfildern 1984, S. 49-58.

BEUTIN, Ludwig: Geschichte der Südwestfälischen Industrie- und Handelskammer zu Hagen und ihrer Wirtschaftslandschaft, Hagen 1956.

BEYER, Hans: Friedrich Wilhelm Otte. Landinspektor, Revolutionsfreund, Publizist, in: JbAng, 20 (1956), S. 154-173.

BIELENBERG, K.: Süderau. Ein Beitrag zur Heimatkunde, Krempe 1903.

BJØRN, Claus: 1810-1860, in: Ders. (rd.): Det danske landbrugs historie, Bd. 3 (= 1810-1914), Odense 1988, S. 9-192.

BLUNCK, Werner: Die Entwicklung der Industrie in Neumünster bis zum Anschluß Schleswig-Holsteins an den deutschen Zollverein (= QuFGSH, 13), Kiel 1921.

BOMANN, Wilhelm: Bäuerliches Hauswesen und Tagewerk im alten Niedersachsen, Weimar (4)1941.

BOYSEN, C.: Der Buttermarkt Englands und dessen Bedeutung für die Provinz Schleswig-Holstein, Kiel 1887.

BRACHMANN, Gustav: Die oberösterreichischen Sensen-Schmieden im Kampf um ihre Marken und Märkte, Wien 1964.

BRACKER, Jochen: Butterproduktion und Butterexport der Herzogtümer Schleswig und Holstein in der Endphase des dänischen Gesamtstaates, in: ZSHG, 104 (1979), S. 207-229.

BRENNER, Walter Gustav: Ernte- und Dreschtechnik der Halmfrüchte, in: Günther Franz (Hg.): Die Geschichte der Landtechnik im 20. Jahrhundert, Frankfurt a. M. 1969, S. 306-336

BROCKSTEDT, Jürgen: Gewerbeförderung in Kiel in vor- und frühindustrieller Zeit - öffentliche und private Maßnahmen, in: Die Heimat, 85 (1978), S. 57-66.

DERS.: Frühindustrialisierung in den Herzogtümern Schleswig und Holstein. Ein Überblick, in: Ders. (Hg.): Frühindustrialisierung in Schleswig-Holstein, anderen norddeutschen Ländern und Dänemark (= SWSG, 5), Neumünster 1983, S. 19-77.

DERS.: Anfänge der Industrialisierung in Agrarregionen Norddeutschlands im 19. Jahrhundert, in: Hubert Kiesewetter und Rainer Fremdling (Hgg.): Staat, Region und Industrialisierung, Ostfildern 1985, S. 163-189.

DERS.: Grundzüge der gewerblichen Entwicklung in Schleswig-Holstein 1773-1867, in: Ders. (Hg.): Gewerbliche Entwicklung in Schleswig-Holstein, anderen norddeutschen Ländern und Dänemark von der Mitte des 18. Jahrhunderts bis zum Übergang ins Kaiserreich (= SWSG, 17), Neumünster 1989, S. 13-44.

DERS.: Wandel der Landwirtschaft durch Industrialisierung im Herzogtum Oldenburg und seinen drei Teilregionen 1870-1914, in: Jürgen Bergmann et al.: Regionen im historischen Vergleich. Studien zu Deutschland im 19. und 20. Jahrhundert (= Schriften des Zentralinstituts für sozialwissenschaftliche Forschungen der Freien Universität Berlin, 55), Opladen 1989, S. 55-132.

DERS.: Konjunkturen in der Wirtschaftsentwicklung Schleswig-Holsteins 1864-1913, mit einem Überblick der Periode 1773-1864, in: Ders. (Hg.): Wirtschaftliche Wechsellagen in Schleswig-Holstein vom Mittelalter bis zur Gegenwart (= SWSG, 20), Neumünster 1991, S. 221-263.

BRUNNER, Otto: Das "ganze Haus" und die alteuropäische "Ökonomik" (1950), in: Ders.: Neue Wege der Verfassungs- und Sozialgeschichte, 3., unveränderte Auflage, Göttingen 1980, S. 103-127.

BÜCHER, Karl: Die Berufe der Stadt Frankfurt a. M. im Mittelalter (= Abhandlungen der königl. sächsischen Gesellschaft der Wissenschaften: Philologisch-historische Klasse, XXX, 3), Leipzig 1914.

DERS.: Die Entstehung der Volkswirtschaft. Vorträge und Aufsätze, Sammlung 1, Tübingen (17)1926.

DERS.: Gewerbe, in: Handwörterbuch der Staatswissenschaft, Bd. 4, 4., gänzlich umgearbeitete Auflage, Jena 1927, S. 966-999.

CALLSEN, J. J.: Das alte Angler Bauernhaus, in: Die Heimat, 13 (1903), 3, S. 56-60.

CARSTENS, Heinr.: klütern, in: Korrespondensblatt des Vereins für niederdeutsche Sprachforschung, XXX (1909), 1, S. 13.

CARSTENSEN, H. C.: Chronik des Dorfes und Kirchspiels Leck und der Karrharde, Altona 1899.

CARSTENSEN, Jan: Torf. Gewinnung, Geschichte und Bedeutung in Schleswig-Holstein, Osnabrück 1985.

CHRISTENSEN, Aksel E.: Tiden indtil c. 1730 (= Industriens historie i Danmark, I), København 1943.

CHRISTENSEN, Anton: Landbrugets Redskaber og Maskiner, in: K. Hansen (udg.): Det danske Landbrugs Historie, Bd. 4 (= Bygninger, Mejeri, Redskaber), København 1925-1933, S. 421-600.

CHRISTENSEN, Otto et al.: Det landøkonomiske Forhold, in: K. Hansen (udg.): Det danske Landbrugs Historie, Bd. 5 (= Danske Landboforholds Historie), København 1934-1945, S. 254-336.

CHRISTENSEN, Walter: Sensenschmied, Zahnzieher, Büchsenmacher. Waffen im Kriege 1848/52 aus der Ellhöfter Sensenschmiede, in: Südtondern-Tageblatt, 1956, Nr. 202 (29.08.1956).

DANBOM, David Byers: The resisted revolution. Urban America and the industrialization of agriculture, 1900-1930, Ames 1979.

DANKER-CARSTENSEN, Peter: "Industriöser Flecken" oder "Freundlicher Ort". Die Wirtschaftsstruktur Elmshorns 1835-1864, in: Stadt Elmshorn (Hg.): Beiträge zur Elmshorner Geschichte, Bd. 1, Elmshorn 1987, S. 77-93.

DENNERT, Herbert: Das Eisengewerbe im Bereich des Harzes von 1500 bis 1650, in: Hermann Kellenbenz (Hg.): Schwerpunkte der Eisengewinnung und Eisenverarbeitung in Europa 1500-1650 (= Kölner Kolloquien zur internationalen Sozial- und Wirtschaftsgeschichte, 2), Köln 1974, S. 233-240.

DETER, Gerhard: Handwerkerbildung im Zeitalter der beginnenden Gewerbefreiheit, in: Hans-Jürgen Teuteberg (Hg.): Westfalens Wirtschaft am Beginn des "Maschinenzeitalters" (= Untersuchungen zur Wirtschafts-, Sozial- und Technikgeschichte, 6), Dortmund 1988, S. 95-127.

DETLEFSEN, Nicolaus: Das ehemalige Gut Stift im Dänischen Wohld, in: JbEck, 35 (1977), S. 69-95.

DIECK, Alfred: Terminologie der Pflugteile, älteren Pflugarten und des Pflügens; ein Beitrag zur bäuerlichen Gegenstandskultur, in: ZAA, 5 (1957), S. 160-169.

DIECKMANN RASMUSSEN, Jørgen et al.: 1860-1914, in: Claus Bjørn (rd.): Det danske landbrugs historie, Bd. 3 (= 1810-1914), Odense 1988, S. 193-431.

DIEDERICHS, Urs Justus: Eisern in die neue Zeit. Die metallverarbeitende Industrie der Provinz Schleswig-Holstein um 1900 im Spiegel zeitgenössischer Text- und Bildquellen, Kiel 1984.

DIETZ, Alexander: Frankfurter Handelsgeschichte, Bd. 4 (T. 1), Frankfurt a. M. 1925.

DIETZ, Walter: Chronik der Familie Wuppermann, herausgegeben vom Familienverband der Familie Wuppermann, Bd. 1 (= Bauern, Bleicher und Kaufherren), Leverkusen-Schlebusch 1960 und Bd. 3 (= Anmerkungen, Erläuterungen und Quellen. Register), Leverkusen-Schlebusch 1967.

DINKLAGE, Karl: Technischer Fortschritt und wirtschaftlicher Aufschwung des Kärntner Eisenwesens namentlich in der frühen Neuzeit, in: Hermann Kellenbenz (Hg.): Schwerpunkte der Eisengewinnung und Eisenverarbeitung in Europa 1500-1650 (= Kölner Kolloquien zur internationalen Sozial- und Wirtschaftsgeschichte, 2), Köln 1974, S. 309-337.

DRUBE, Friedrich: Mühlen in Schleswig-Holstein, Phil. Diss. Kiel 1935.

DUNCKER, Hermann: Das mittelalterliche Dorfgewerbe (mit Ausschluß der Nahrungsmittel-Industrie) nach den Weistumsüberlieferungen, Phil. Diss. Leipzig 1903.

EMIG, Georg: Die Berufserziehung bei den Handwerkerzünften in der Landgrafschaft Hessen-Darmstadt und im Großherzogtum Hessen vom Beginn des 18. Jahrhunderts bis zur Einführung der Gewerbefreiheit 1866, Wirtschafts- und sozialwissenschaftliche Diss. Frankfurt a. M. 1967.

ENGLING, Irmtraud: Plön als herzogliche Residenzstadt, in: Stadt Plön (Hg.): 1000 Jahre Plön. 750 Jahre Lübisches Stadtrecht, Plön 1986, S. 47-122.

DIES. und ENGLING, Herbert: Altes Handwerk im Kreis Plön. Von den ersten schriftlichen Überlieferungen bis zum Jahr 1867, Neumünster 1990.

ESCH, Arnold: Pietismus und Frühindustrialisierung. Die Lebenserinnerungen des Mechanicus Arnold Volkenborn (1852), in: Nachrichten der Akademie der Wissenschaften in Göttingen, I. Philologisch-historische Klasse, 1978, Nr. 3, S. 59-115.

FATTHAUER, Hermann: Die bremischen Metallgewerbe vom 16. bis zur Mitte des 19. Jahrhunderts (= Veröffentlichungen aus dem Staatsarchiv der freien Hansestadt Bremen, 13), Bremen 1936.

FEHRING, Max: Sitte und Brauch der Tischler. Unter besonderer Berücksichtigung hamburgischer Quellen, Hamburg 1929.

FEILCHENFELDT, Konrad: Friedrich Carl Ludwig Herzog von Schleswig-Holstein-Sonderburg-Beck, in: BLSHL, 8 (1987), S. 125-129.

FILSKOW, J. P.: Bäuerliche Gewerbtätigkeit in der Jugend unserer Großeltern. Ein Kulturbild aus der Geest- und Heidegegend im Schleswigschen, in: Niedersachsen. Niederdeutsche Zeitschrift für Volkstum und Heimatschutz in Wort und Bild, 26 (1920/21), 6, S. 112-115.

FISCHER, Franz: Die blauen Sensen. Sozial- und Wirtschaftsgeschichte der Sensenschmiedezunft zu Kirchdorf-Micheldorf bis zur Mitte des 18. Jahrhunderts (= Forschungen zur Geschichte Oberösterreichs, 9), Graz und Köln 1966.

FISCHER, Gustav et al. (Bearb.): Die Entwicklung des landwirtschaftlichen Maschinenwesens in Deutschland. Festschrift zum 25jährigen Bestehen der Deutschen Landwirtschafts-Gesellschaft (= Arbeiten der DLG, 177), Berlin 1910.

DERS.: Die Entwicklungsbedingungen des landwirtschaftlichen Maschinenwesens und seine Bedeutung für die Landwirtschaft, in: Ders. et al. (Bearb.): Die Entwicklung des landwirtschaftlichen Maschinenwesens in Deutschland. Festschrift zum 25jährigen Bestehen der Deutschen Landwirtschafts-Gesellschaft (= Arbeiten der DLG, 177), Berlin 1910, S. 1-21.

DERS.: Geräte für Saat und Pflege, in: Ders. et al. (Bearb.): Die Entwicklung des landwirtschaftlichen Maschinenwesens in Deutschland. Festschrift zum 25jährigen Bestehen der Deutschen Landwirtschafts-Gesellschaft (= Arbeiten der DLG, 177), Berlin 1910, S. 72-92.

FISCHER, Wolfram: Theorie und Praxis der Gewerbeförderung, in: Karl Erich Born (Hg.): Moderne deutsche Wirtschaftsgeschichte (= Neue wissenschaftliche Bibliothek Geschichte, 12), Köln und Berlin 1966, S. 86-113.

FLAIG, Arthur: Das mittelalterliche Schmiedehandwerk Kölns - mit Ausschluß der Waffenschmiede - unter besonderer Berücksichtigung von Material, Technik und Arbeitsteilung, Phil. Diss. Freiburg i. B. 1926.

FODE, Henrik: Die gesellschaftliche Stellung des dänischen Handwerks in Grundzügen (ca. 1770-1870), in: Jürgen Brockstedt (Hg.): Gewerbliche Entwicklung in Schleswig-Holstein, anderen norddeutschen Ländern und Dänemark von der Mitte des 18. Jahrhunderts bis zum Übergang ins Kaiserreich (= SWSG, 17), Neumünster 1989, S. 207-250.

FRANZ, Günther (Hg.): Die Geschichte der Landtechnik im 20. Jahrhundert, Frankfurt a. M. 1969.

DERS. und HAUSHOFER, Heinz (Hgg.): Große Landwirte, Frankfurt a. M. 1970.

FRAUENDORFER, Sigmund von: Ideengeschichte der Agrarwirtschaft und Agrarpolitik im deutschen Sprachgebiet, Bd. 1, München 1957.

DERS.: Wilhelm Philipp Ritter von Hamm, in: NDB, 7 (1966), S. 587 f.

FRIEDLAND, Klaus und JÜRGENSEN, Kurt (Bearb.): Schleswig-Holstein (= Grundriß zur deutschen Verwaltungsgeschichte 1815-1945, Reihe A: Preußen, Bd. 9), Marburg 1977.

FRIEDRICHSEN, Johann Christian: Chronik des Kirchspiels Sörup, Süderbrarup 1907 (Reprint 1987).

FRIESZ, Edmund: Geschichte der Hammer- und Sensengewerke in Waidhofen a. d. Ybbs bis zur Mitte des 17. Jahrhunderts, in: Jahrbuch für Landeskunde von Niederösterreich N. F., 10 (1912), S. 144-180.

DERS.: Zum Ferntransporte nieder- und oberösterreichischer Sensenwaren vor der Zollordnung von 1775, in: Jahrbuch für Landeskunde von Niederösterreich N. F., 26 (1936), S. 162-168.

FRIIS, Otto: Eine alte Sensenschmiede in Linnau, in: JbSG, 10 (1962), S. 76 f.

FUHSE, Franz: Schmiede und verwandte Gewerke in der Stadt Braunschweig. Ein Beitrag zur Geschichte des Handwerks und zur Familienkunde (= Werkstücke aus Museum, Archiv und Bibliothek der Stadt Braunschweig, 5), Braunschweig 1930.

FUNCK, Hans: Flögel-Döschen, in: LbgH (N.F.), 20 (1958), S. 30-34.

GADE, Heinrich: Geschichte des Fleckens Liebenau an der Weser, in: Zeitschrift des historischen Vereins für Niedersachsen, 1863, S. 289-355.

DERS.: Historisch-geographisch-statistische Beschreibung der Grafschaften Hoya und Diepholz, Bd. 1, Nienburg 1901.

GEBHARD, Torsten: Einführung: Vom Holz zum Gerät, in: Gertrud Benker: Altes bäuerliches Holzgerät, München 1976.

GEHRMANN, Rolf: Demographischer und wirtschaftlicher Wandel im ländlichen Schleswig-Holstein des 18. und 19. Jahrhunderts, in: Ingwer E. Momsen (Hg.): Schleswig-Holsteins Weg in die Moderne. Zehn Jahre Arbeitskreis für Wirtschafts- und Sozialgeschichte Schleswig-Holsteins (= SWSG,15), Neumünster 1988, S. 91-104.

DERS.: Handelskonjunkturen in Schleswig-Holstein zur Zeit der Kontinentalsperre, 1807-1813, in: Jürgen Brockstedt (Hg.): Wirtschaftliche Wechsellagen in Schleswig-Holstein vom Mittelalter bis zur Gegenwart (= SWSG, 20), Neumünster 1991, S. 145-173.

GEISTHARDT, Fritz: Frühes Eisengewerbe an Sieg, Dill und Lahn, in: Hermann Kellenbenz (Hg.): Schwerpunkte der Eisengewinnung und Eisenverarbeitung in Europa 1500-1650 (= Kölner Kolloquien zur internationalen Sozial- und Wirtschaftsgeschichte, 2), Köln 1974, S. 188-203.

GERSTEIN, M.: Die deutsche Sensenindustrie und der Sensenhandel der Sauerländer Hausierer, Hagen i. W. 1906.

GIEDION, Siegfried: Die Herrschaft der Mechanisierung. Ein Beitrag zur anonymen Geschichte, Frankfurt a. M. 1982.

GÖKEN, Johannes: Friesoythe im Mittelalter, in: Oldenburger Jahrbuch, 36 (1932), S. 40-44.

GÖRING, Hermann: Strukturwandlungen im Huf- und Wagenschmiedehandwerk (= Göttinger handwerkswirtschaftliche Studien, 8), Göttingen 1965.

GRACE, David: The agricultural engineering industry, in: Gordon Edmund Mingay (Ed.): 1750-1850 (= The agrarian history of England and Wales, 6), Cambridge 1989, S. 520-544.

GRAVERT, Johannes: Die Bauernhöfe zwischen Elbe, Stör und Krückau mit den Familien ihrer Besitzer, Glückstadt 1929.

GREVE, Klaus: Volkszählungen und Landgewerbelisten in Schleswig-Holstein in dänischer Zeit - Quellenmaterial zur Berufsstatistik?, in: Ingwer E. Momsen (Hg.): Schleswig-Holsteins Weg in die Moderne. Zehn Jahre Arbeitskreis für Wirtschafts- und Sozialgeschichte Schleswig-Holsteins (= SWSG, 15), Neumünster 1988, S. 363-378.

GIEGER, F.: Das Schlosserhandwerk in Neisse, in: Untersuchungen über die Lage des Handwerks in Deutschland mit besonderer Rücksicht auf seine Konkurrenzfähigkeit gegenüber der Großindustrie, Bd. 9 (= Schriften des Vereins für Socialpolitik, LXX), Leipzig 1897, S. 455-480.

GRÜNEWALD, Hartmut: Privilegierte Gewerbe in den Schleswig-Holstein-Gottorpischen Fideicommiß-Gütern, in: JbOld, 35 (1991), S. 83-92.

GRÜNINGER, Karlhans Martin: Das ältere deutsche Schmiedehandwerk auf dem Lande, Freiburg i. Br. 1924.

GUINCHARD, Josef: Schweden. Historisch-statistisches Handbuch, Bd. 2 (Gewerbe), Stockholm (2)1913.

HAASE, Konrad: Industrie des Sachsenwaldes in alter Zeit, in: Lauenburgische Heimatblätter. Wöchentliche Beilage der Lauenburgischen Zeitung-Ratzeburger Anzeiger, Nr. 36 (01.09.1928).

HAASE, Nicolai: Das Aufkommen des gewerblichen Großbetriebes in Schleswig-Holstein bis zum Jahre 1845 (= QuFGSH, 11), Kiel 1925.

DERS.: Das Handwerk, in: L. C. Peters (Hg.): Nordfriesland. Heimatbuch für die Kreise Husum und Südtondern, Husum 1929, S. 300-312.

HAALCK, Peter: Die historische Entwicklung der Weidemast in Eiderstedt, Diss. Kiel 1955.

HABICHT, Bernd: Stadt- und Landhandwerk im südlichen Niedersachsen im 18. Jahrhundert. Ein wirtschaftsgeschichtlicher Beitrag unter Berücksichtigung von Bedingungen des Zugangs zum Markt (= Göttinger Beiträge zur Wirtschafts- und Sozialgeschichte, 10), Göttingen 1983.

HACH, Theodor: Eisenhammer oder Eisengießerei in Seerez bei Lübeck, in: Mittheilungen des Vereins für Lübeckische Geschichte und Alterthumskunde, 3 (1887/88), S. 197-199.

HACKEMANN, Ernst: Die Entwicklung der Landwirtschaft in Nordschleswig seit dem Ausgang des XVIII. Jahrhunderts, unter besonderer Berücksichtigung der Folgen der Grenzverschiebung, dargestellt an Hand der Betriebsaufzeichnungen des Hofes Refsoe bei Sommerstedt, Kreis Hadersleben (= Hamburger Schriften zur Wirtschafts- und Sozialpolitik, 5), Rostock 1928.

HÄHNSEN, Fritz: Geschichte der Kieler Handwerksämter. Ein Beitrag zur Schleswig-Holsteinischen Gewerbegeschichte (= MKStG, 30), Kiel 1920.

DERS.: Die Entwicklung des ländlichen Handwerks in Schleswig-Holstein (= QuFGSH, 9), Leipzig 1923.

DERS.: Die Gewerbefreiheit Dithmarschens, in: Nordelbingen, 1 (1923), S. 104-111.

HANSEN, Hans: Den Nordslesvigske Landboforening. I storm og magsvejr gennem hundrede aar, Haderslev 1946.

HANSEN, Jörgen: Die Flurverfassung der Dörfer auf der Insel Alsen im 17. und 18. Jahrhundert. Ein Beitrag zur Agrargeschichte Schleswig-Holsteins, Kiel 1914.

HANSEN, Wilhelm: Hauswesen und Tagewerk im alten Lippe. Ländliches Leben in vorindustrieller Zeit (= Schriften der volkskundlichen Kommission für Westfalen, 27), Münster 1982.

HANSSEN, Georg: Die Aufhebung der Leibeigenschaft und die Umgestaltung der gutsherrlich-bäuerlichen Verhältnisse überhaupt in den Herzogtümern Schleswig und Holstein, St. Petersburg 1861.

HARDER, Elisabeth: Seehandel zwischen Lübeck und Rußland im 18. Jahrhundert (T. 1), in: ZLGA, 41 (1961), S. 43-114.

HARNISCH, Hartmut: Produktivkräfte und Produktionsverhältnisse in der Landwirtschaft der Magdeburger Börde von der Mitte des 18. Jh. bis zum Beginn des Zukkerrübenanbaus in der Mitte der dreißiger Jahre des 19. Jahrhunderts, in: Hans-Jürgen Rach und Bernhard Weissel (Hgg.): Landwirtschaft und Kapitalismus. Zur Entwicklung der ökonomischen und sozialen Verhältnisse in der Magedeburger Börde vom Ausgang des 18. Jahrhunderts bis zum Ende des ersten Weltkrieges, Halbbd. 1 (= Veröffentlichungen zur Volkskunde und Kulturgeschichte, 66.1), Berlin (Ost) 1978, S. 67-173.

DERS.: Kapitalistische Agrarreformen und Industrielle Revolution. Agrarhistorische Untersuchungen über das ostelbische Preußen zwischen Spätfeudalismus und bürgerlich-demokratischer Revolution 1848/49 unter besonderer Berücksichtigung der Provinz Brandenburg (= Veröffentlichungen des Staatsarchivs Potsdam, 19), Weimar 1984.

HARSCHE, Edgar: Die Landwirtschaft in der Industriegesellschaft, in: Land, Agrarwirtschaft und Gesellschaft, 1 (1984), 1, S. 3-58.

HASE, Walter: Beitrag zur Geschichte der Forstverwaltung in Schleswig-Holstein, Kiel 1981.

HAUSER, Oswald: Provinz im Königreich Preußen (= Geschichte Schleswig-Holsteins, 8.1.), Neumünster 1966.

HAUSHOFER, Heinz: Die deutsche Landwirtschaft im technischen Zeitalter (= Deutsche Agrargeschichte, 5), Stuttgart 1963.

HAUSHOFER, Martin: Die Versammlungen deutscher Land- und Fortswirte (VLF) 1837-1872, Diss. Stuttgart-Hohenheim 1969 (maschinenschriftlich vervielfältigt).

HEDEMANN-HEESPEN, Paul von: Geschichte der adeligen Güter Deutsch-Nienhof und Pohlsee in Holstein, T. 2 (= 1743-1776) und T. 3 (= 1776-1905), Schleswig 1906.

DERS.: Ein Gang durch das Gewerbe unser Vergangenheit, in: ZSHG, 48 (1918), S. 1-201.

HEGGEN, Alfred: Erfindungsschutz und Industrialisierung in Preußen 1793-1877, Göttingen 1975.

HEIDELOFF, Heinz: Wandlung und Struktur der ländlichen Handwerkswirtschaft in Niedersachsen. Ein Beitrag zur Darstellung funktioneller Zusammenhänge zwischen handwerklicher und bäuerlicher Wirtschaft, unter besonderer Berücksichtigung der Betriebsverhältnisse im Schmiedehandwerk, Oldenburg i. O. 1938.

HELLWAG, Fritz: Die Geschichte des Deutschen Tischlerhandwerks. Vom 12. bis zum 20. Jahrhundert, Berlin 1924.

HELM, Karl: Die bremischen Holzarbeiter vom 16. bis zur Mitte des 19. Jahrhunderts (= Veröffentlichungen aus dem Staatsarchiv der freien Hansestadt Bremen, 8), Bremen 1931.

HEMPEL, Brigitte: Der Entwurf einer Polizeiordnung für das Herzogtum Sachsen-Lauenburg aus dem Jahre 1591 (= Rechtshistorische Reihe, II), Frankfurt a. M., Bern und Cirencester 1980.

HENNING, Friedrich-Wilhelm: Die Betriebsgrößenstruktur der mitteleuropäischen Landwirtschaft im 18. Jahrhundert und ihr Einfluß auf die ländlichen Einkommensverhältnisse, in: ZAA, 17 (1969), S. 171-193.

DERS.: Die Innovationen in der deutschen Landwirtschaft im ausgehenden 18. und im 19. Jahrhundert, in: Otto Neuloh und Walter Rüegg (Hgg.): Innovationsforschung als multidisziplinäre Aufgabe - Beiträge zur Theorie und Wirklichkeit von Innovationen im 19. Jahrhundert (= Studien zum Wandel von Gesellschaft und Bildung im Neunzehnten Jahrhundert, 14), Göttingen 1975, S. 155-168.

DERS.: Die Industrialisierung in Deutschland 1800 bis 1914 (= Wirtschafts- und Sozialgeschichte, 2), 7., ergänzte Auflage, Paderborn 1989.

DERS.: Deutsche Wirtschafts- und Sozialgeschichte im Mittelalter und in der frühen Neuzeit (= Handbuch der Wirtschafts- und Sozialgeschichte Deutschlands, 1), Paderborn 1991.

HENNINGSEN, Lars N.: Eisengießereien und Maschinenfabriken in Nordschleswig 1840-1920, in: Jürgen Brockstedt (Hg.): Frühindustrialisierung in Schleswig-Holstein, anderen norddeutschen Ländern und Dänemark (= SWSG, 5), Neumünster 1983, S. 105-133.

DERS.: Friedrich Wilhelm Otte, in: BLSHL, 9 (1991), S. 265-268.

HENNINGSEN, Sven: Studier over den økonomiske Liberalismes Gennembrud i Danmark. Landhaandværket, Phli. Diss. Gøteborg 1944.

HENSCHKE, Ekkehard: Landesherrschaft und Bergbau. Zur Wirtschafts- und Verwaltungsgeschichte des Oberharzer Bergbaugebietes im 16. und 17. Jahrhundert (= Schriften zur Wirtschafts- und Sozialgeschichte, 23), Berlin 1974.

HERRMANN, Klaus: Die Einführung von Landmaschinen in Württemberg im 19. Jahrhundert. Ein Beitrag zur Geschichte des landtechnischen Innovationstransfers, in: Scripta Mercaturae, 13 (1979), S. 133-160.

DERS.: Tendenzen der landwirtschaftlichen Mechanisierung im Deutschland der Zwischenkriegszeit, in: Harald Winkel und Klaus Herrmann (Hgg.): Die Entwicklung der Landtechnik im 19. und 20. Jahrhundert, Ostfildern 1984, S. 78-94.

DERS.: Pflügen, Säen, Ernten. Landarbeit und Landtechnik in der Geschichte, Reinbek 1985.

DERS.: Regionale Schwerpunkte in der Herstellung landwirtschaftlicher Geräte und Maschinen, in: Hans Pohl (Hg.): Gewerbe- und Industrielandschaften vom Spätmittelalter bis ins 20. Jahrhundert (= VSWG Beihefte, 78), Stuttgart 1986, S. 478-497.

DERS.: Die Veränderung landwirtschaftlicher Arbeit durch Einführung neuer Technologien im 20. Jahrhundert, in: AfS, 28 (1988), S. 203-237.

HERTEL, Hans: Bendt Søborg Jørgensen, in: DBL, 9 (1895), S. 23-25.

DERS.: Det Kgl. Danske Landhusholdningsselskabs Historie, Bd. 1 (= Selskabets Historie i Tiden fra 1769-1868), København 1920.

HIRSCHFELD, Hans-R.: Wilhelm Hirschfeld, in: BLSHL, 5 (1979), S. 131-133.

HÖHLER, Jakob: Die Anfänge des Handwerks in Lübeck, in: Archiv für Kultur-Geschichte, 1 (1903), S. 129-194.

HÖHNE, Ernst: Die Entwicklung der anhaltinischen Maschinen-Industrie. Eine wirtschaftsgeschichtliche Monographie, Rechts- und wirtschaftswissenschaftliche Diss. Rostock 1927.

HÖRANDNER, Edith: Angaben zur Einführung des "maschinellen Dreschens" auf Gutshöfen des Marchfeldes im frühen 19. Jahrhundert, in: Michael Martischnig (Hg.): Sammeln und Sichten. Beiträge zur Sachvolkskunde. Festschrift für Franz Maresch zum 75. Geburtstag, Wien 1979, S. 231-262.

HOLMBERG, Märta Åsdahl: Studien zu den niederdeutschen Handwerkerbezeichnungen des Mittelalters. Leder- und Holzhandwerker (= Lunder Germanistische Forschungen, 24), Lund und Kopenhagen 1950.

HOOP, Ernst: Mühlenbau früher und heute, in: Nis Rudolf Nissen (Hg.): Glück zu! Mühlen in Schleswig-Holstein, Heide 1981, S. 46-66.

HORNSCHUCH, Friedrich: Aufbau und Geschichte der internationalen Kesslerkreise in Deutschland (= VSWG Beihefte, 17), Stuttgart 1930.

HUBER, Peter: Von der Sense zum Mäher, in: JbSG, 9 (1961), S. 40-47.

HÜBNER, Eckhard: Caspar von Saldern, in: BLSHL, 9 (1991), S. 329-334.

HUPFAUER: Die Sämaschine und ihre Entwicklung, in: Bayrisches landwirtschaftliches Jahrbuch, 49 (1972), S. 207-217.

IRMISCH, Rudolf: Geschichte der Stadt Itzehoe, Itzehoe 1960.

JACOBEIT, Wolfgang: Arbeit und Arbeitswerkzeug, in: Jürgen Kuczynski: Geschichte des Alltags des deutschen Volkes: 1600 bis 1945, Bd. 1, Köln 1980.

JACOBS, Ed.: Das Handwerk der Stahlschmiede zu Stolberg. 1455, in: Zeitschrift des Harz-Vereins für Geschichte und Altertumskunde, 18 (1885), S. 333-337.

JENDREYCZYK, Ernst: Das Amt der Tischler zu Heide, Leipzig 1908.

JENSEN, Hans: Dansk Jordpolitik 1757-1919, 1: Udviklingen af Statsregulering og Bondebeskyttelse indtil 1810, København 1936.

DERS.: Johan Ludvig Reventlow, in: DBL, 19 (1940), S. 457-459.

JESCHKE, Jörg: Gewerberecht und Handwerkswirtschaft des Königreichs Hannover im Übergang 1815-1866. Eine Quellenstudie (= Göttinger Beiträge zur Wirtschafts- und Sozialgeschichte, 3), Göttingen 1977.

JESSEN, Jens: Die Entstehung und Entwicklung der Gutswirtschaft in Schleswig-Holstein bis zum Beginn der Agrarreformen, in: ZSHG, 51 (1922), S. 1-206.

JØRGENSEN, J. O. Bro: Tiden 1730-1820 (= Industriens historie i Danmark, II), København 1943.

JOHANNSEN, Otto: Geschichte des Eisens, Düsseldorf 1925.

JÜRGENS, Adolf: Zur schleswig-holsteinischen Handelsgeschichte des 16. und 17. Jahrhunderts (= Abhandlungen zur Verkehrs- und Seegeschichte, VIII), Berlin 1914.

JÜSTEN, Walter: Die Pflugscharindustrie an der Enneperstraße als Typ des Nebeneinanderbestehens von Klein- und Großbetrieb, Phil. Diss. Leipzig 1924 (maschinenschriftlich vervielfältigt).

KAISER, Hermann: Dampfmaschinen gegen Moore und Heide - Ödlandkultivierung zwischen Weser und Ems (= Materialien zur Volkskultur nordwestliches Niedersachsen, 8), Cloppenburg (2)1984.

KARNATH, Ernst: Hof- und Hausinventar eines Färbers in Schenefeld vor 140 Jahren, in: JbRd, 13 (1963), S. 143-146.

KARSTENS, Uwe: Wind, Korn und Wasser. Von Müllern und Mühlenbauern im Kreis Plön, Großbarkau 1990.

KAUFHOLD, Karl-Heinrich: Wandlungen in den Stadt-Land-Beziehungen des Handwerks und des Heimgewerbes in Deutschland 1750-1850, in: Gerhard Kaufmann (Hg.): Stadt-Land-Beziehungen. Verhandlungen des 19. Deutschen Volkskundekongresses in Hamburg vom 1. bis 7. Oktober 1973, Göttingen 1975, S. 171-193.

DERS.: Das Metallgewerbe der Grafschaft Mark im 18. und frühen 19. Jahrhundert (= Vortragsreihe der Gesellschaft für Westfälische Wirtschaftsgeschichte, 20), Dortmund 1976.

DERS.: Umfang und Gliederung des deutschen Handwerks um 1800, in: Wilhelm Abel (Hg.): Handwerksgeschichte in neuer Sicht (= Göttinger Beiträge zur Wirtschafts- und Sozialgeschichte, 1), Göttingen (2)1978, S. 65-120.

DERS.: Gewerbe und ländliche Nebentätigkeiten im Gebiet des heutigen Niedersachsen um 1800, in: AfS, 23 (1983), S. 163-218.

DERS.: Gewerbelandschaften in der frühen Neuzeit (1650-1800), in: Hans Pohl (Hg.): Gewerbe- und Industrielandschaften vom Spätmittelalter bis ins 20. Jahrhundert (= VSWG Beihefte, 78), Stuttgart 1986, S. 112-202.

KELLENBENZ, Hermann: Unternehmerkräfte im Hamburger Portugal- und Spanienhandel 1590-1625 (= Veröffentlichungen der Wirtschaftsgeschichtlichen Forschungsstelle e. V., 10), Hamburg 1954.

KELLER, Irmgard: Die alte Schmiede in Pogeez und ihre Grobschmiede Rabe und Dähn, in: LbgH (N. F.), H. 93 (1978), S. 1-17.

DIES.: Ratzeburger Rademacher im 18. Jahrhundert. Gründung eines Rade- und Stellmacher-Amtes 1767, in: LbgH (N. F.), H. 112 (1985), S. 44-55.

KELLER, Michael: Agrartechnik in der Wetterau 1800-1880, in: Wetterauer Geschichtsblätter, 26 (1977), S. 229-247.

KETTEMANN, Otto: Handwerk in Schleswig-Holstein. Geschichte und Dokumentation im Schleswig-Holsteinischen Landesmuseum (= Studien zur Volkskunde und Kulturgeschichte Schleswig-Holsteins, 18), Neumünster 1987.

DERS.: Landhandwerk und Modernisierung der Landwirtschaft auf dem Gerätesektor, am Beispiel einer Stellmacherei, in: Jürgen Brockstedt (Hg.): Gewerbliche Entwicklung in Schleswig-Holstein, anderen norddeutschen Ländern und Dänemark von der Mitte des 18. Jahrhunderts bis zum Übergang ins Kaiserreich (= SWSG, 17), Neumünster 1989, S. 73-93.

DERS.: Wagner, in: Reinhold Reith (Hg.): Lexikon des alten Handwerks. Vom Spätmittelalter bis ins 20. Jahrhundert, München 1990, S. 252-256.

KIESEWETTER, Hubert: Industrielle Revolution in Deutschland 1815-1914, Frankfurt a. M. 1989.

KINZE, Ida: Marner Menschenmarkt, in: Die Heimat, 49 (1939), S. 213 f.

KLEEBERG, Wilhelm: Hollandgänger und Heringsfang. Ein Stück niedersächsischer Wirtschaftsgeschichte, in: Neues Archiv für Landes- und Volkskunde von Niedersachsen, 2 (1948), S. 193-232.

KLEIN, Ernst: Die Hohenheimer Ackergerätefabrik (1819-1904), in: Zeitschrift für Württembergische Landesgeschichte, 22 (1963), S. 302-376.

DERS. (Bearb.): Die historischen Pflüge der Hohenheimer Sammlung landwirtschaftlicher Geräte und Maschinen. Ein kritischer Katalog (= Quellen und Forschungen zur Agrargeschichte, XVI), Stuttgart 1967.

KLEYSER, Friedrich: Geschichte des Kieler Tischlergewerbes (bis 1864), in: MKStG, 56 (1965), H. 3, S. 153-164.

KLUMKER, Chr. Jasper: Die Handwerksbetriebe eines ostfriesischen Marschdorfes, in: Untersuchungen über die Lage des Handwerks in Deutschland mit besonderer

Rücksicht auf seine Konkurrenzfähigkeit gegenüber der Großindustrie, Bd. 7 (= Schriften des Vereins für Socialpolitik, LXVIII), Leipzig 1896, S. 573-600.

KOCK, Christian: Volks- und Landeskunde der Landschaft Schwansen, Heidelberg 1912.

DERS.: Sense und Sichel in Schwansen, in: Die Heimat, 46 (1936), S. 362-366.

DERS.: Der Einfluß des früheren Hausierhandels auf die Sachgüter des Bauernhauses, in: Die Heimat, 47 (1937), S. 50-54.

DERS.: Landhandwerker im Kreise Eckernförde während der ersten Hälfte des 18. Jahrhunderts, in: Jahrbuch der Arbeitsgemeinschaft Schwansen, Amt Hütten und Dänischwohld, 2 (1937), S. 64-85.

KOCKA, Jürgen: Unternehmer in der deutschen Industrialisierung, Göttingen 1975.

KOLZ, Hartmut: Die Verfassung der Lütjenburger Handwerksämter um 1700, Rechts- und staatswissenschaftliche Diss. Kiel, München 1974 (maschinenschriftlich vervielfältigt).

KORN, Alfred: Der Sachsenwald. Geschichte und Erlebnis, Bielefeld und Leipzig 1923.

KRAACK, Gerhard: Die Geschichte der Handwerksämter im Kammerbereich, in: Handwerkskammer Flensburg und Gesellschaft für Flensburger Stadtgeschichte e. V. (Hgg.): Handwerkskammer Flensburg 1900 bis 1975. Ein Beitrag zur Geschichte des Handwerks in Schleswig-Holstein (= Schriften der Gesellschaft für Flensburger Stadtgeschichte e. V., 25), Flensburg 1975, S. 13-58.

KRAMER, Karl-Sigismund: Ländliches Leben im Amt Ratzeburg (1720-1760), in: KBlV, 5 (1973), S. 5-92.

DERS.: Die Steinburger Inventare von 1553 und 1606/14, in: Offa, 37 (1980), S. 352-359.

DERS.: Volksleben in Holstein (1550-1800). Eine Volkskunde aufgrund archivalischer Quellen, 2., verbesserte Auflage, Kiel 1990.

DERS. und WILKENS, Ulrich: Volksleben in einem holsteinischen Gutsbezirk. Eine Untersuchung aufgrund archivalischer Quellen (= Studien zur Volkskunde und Kulturgeschichte Schleswig-Holsteins, 4), Neumünster 1979.

KRATZ, Annette-Isabell: Altonaer Möbel des Rokoko und Klassizismus. Tischlerhandwerk und "Mobilienfabrikation" im 18. und 19. Jahrhundert, Hamburg 1988.

KRAUSE, Eginhart: Der Niedergang des Stellmacherhandwerks als Produktionsgewerbe, Bleichrode am Harz 1936.

KREUTZFELDT, Johann-Friedrich: Die Plöner Wagenfabrik, in: JbPl, 16 (1986), S. 157-171.

KRIEG, Hans: Schleswig-Holsteinische Volkskunde aus dem Anfang des 19. Jahrhunderts in Auszügen aus den Schleswig-Holsteinischen Provinzial-Berichten, T. 1 (= Landschaftliche und wirtschaftliche Grundlagen), Lübeck 1931.

KRIEGER, Johannes: Gestaltung, Größe und Standorte der Betriebe der deutschen landwirtschaftlichen Maschinen-Industrie, Staatswissenschaftliche Diss. Berlin 1922 (maschinenschriftlich vervielfältigt).

KRINS, Franz: Ein Geschäftsbuch (1821-34) des Schmiedes Friedrich W. Dornbach bei Halver, in: Der Märker, 18 (1969), S. 103-105.

DERS.: Das Eisengewerbe im Süderland 1500-1650, in: Hermann Kellenbenz (Hg.): Schwerpunkte der Eisengewinnung und Eisenverarbeitung in Europa 1500-1650 (= Kölner Kolloquien zur internationalen Sozial- und Wirtschaftsgeschichte, 2), Köln 1974, S. 172-187.

KROKER, Evelyn: Die Weltausstellungen im 19. Jahrhundert. Industrieller Leistungsnachweis, Konkurrenzverhalten und Kommunikationsverhalten unter Berücksichtigung der Montanindustrie des Ruhrgebietes zwischen 1851 und 1880, Göttingen 1975.

KUEHN, Alfred: Die Mühlen des Kreises Rendsburg, in: JbRd, 8 (1958), S. 11-44.

KÜHNE, Georg: Erntemaschine, in: Gustav Fischer et al. (Bearb.): Die Entwicklung des landwirtschaftlichen Maschinenwesens in Deutschland. Festschrift zum 25jährigen Bestehen der Deutschen Landwirtschafts-Gesellschaft (= Arbeiten der DLG, 177), Berlin 1910, S. 132-183.

KULISCHER, Josef: Das Aufkommen der landwirtschaftlichen Maschinen um die Wende des 18. und in der ersten Hälfte des 19. Jahrhunderts, in: Jahrbücher für Nationalökonomie und Statistik, Bd. 139 (1933), S. 321-368.

KUNTZ, Andreas: Der Dampfpflug - Bilder und Geschichte der Mechanisierung und Industrialisierung von Ackerbau und Landleben im 19. Jahrhundert, Marburg 1979.

DERS.: Technikgeschichte und Museologie. Beitrag einer Wissenschaftsgeschichte museumspädagogischer Probleme, Frankfurt a. M. 1981.

DERS.: Innovationen im handwerklichen Arbeitsbereich. Das Beispiel des Schmiedehandwerks, besonders auf dem Lande, in: Konrad Köstlin und Hermann Bausinger (Hgg.): Umgang mit Sachen. Zur Kulturgeschichte des Dinggebrauchs. 23. Deutscher Volkskunde-Kongreß in Regensburg vom 6.-11. Oktober 1981 (= Regensburger Schriften zur Volkskunde, 1), Regensburg 1983, S. 175-189.

DERS.: Hufschmied, in: Reinhold Reith (Hg.): Lexikon des alten Handwerks. Vom Spätmittelalter bis ins 20. Jahrhundert, München 1990, S. 113-117.

KUSKE, Bruno: Wirtschaftsgeschichte Westfalens in Leistung und Verflechtung mit den Nachbarländern bis zum 18. Jahrhundert (= Veröffentlichungen des Provinzialinstituts für westfälische Landes- und Volkskunde, R. I, 4), Münster (2)1949.

KUUSE, Jan: Mechanisation, Commercialisation and the Protectionist Movement in Swedish Agriculture, 1860-1890, in: The Scandinavian Economic History Review, 19 (1971), Nos. 1/2, S. 23-44.

LANDES, David Saul: Der entfesselte Prometheus. Technologischer Wandel und industrielle Entwicklung in Westeuropa von 1750 bis zur Gegenwart. Aus dem Englischen übersetzt von Franz Becker, Köln 1973.

LANGE, Giesela: Das ländliche Gewerbe in der Grafschaft Mark am Vorabend der Industrialisierung (= Schriften zur Rheinisch-Westfälischen Wirtschaftsgeschichte, 29), Köln 1976.

LANGE, ULRICH: Ordnung und Freiheit - Zur Diskussion über die Einführung der Gewerbefreiheit in Schleswig-Holstein in den 1830er und 1840er Jahren, in: Ingwer E. Momsen (Hg.): Schleswig-Holsteins Weg in die Moderne. Zehn Jahre Arbeitskreis für Wirtschafts- und Sozialgeschichte Schleswig-Holsteins (= SWSG, 15), Neumünster 1988, S. 29-42.

DERS.: Krämer, Höker und Hausierer. Die Anfänge des Massenkonsums in Schleswig-Holstein, in: Werner Paravicini (Hg.): Mare Balticum. Beiträge zur Geschichte des Ostseeraums in Mittelalter und Neuzeit. Festschrift zum 65. Geburtstag von Erich Hoffmann (= Kieler Historische Studien, 36), Sigmaringen 1992, S. 315-327.

DERS.: Mit Eisen, Kohle und Kattun - Kiels Aufbruch in die Moderne, in: ZSHG, 117 (1992), S. 149-161.

LANGE, Wolfgang: Der Glinder Kupferhammer. Zur Geschichte und Technik eines Kupferhammers in Stormarn, in: JbSto, 3 (1985), S. 50-61.

LAURIDSEN, P.: Friedrich Wilhelm Otte, in: DBL, 12 (1898), S. 467.

LEMBURG, Jens-Uwe: Arbeit auf der Hütte. Zur wirtschaftlichen und sozialen Entwicklung Rendsburgs 1850-1914 unter besonderer Berücksichtigung der Arbeiterschaft der Carlshütte (= SWSG, 18), Neumünster 1990.

LEMKE, Werner: Rantzaufelde als Versuchs- und Mustergut 1812-1823, in: JbOld, 7 (1963), S. 123-139.

LESER, Paul: Entwicklung und Verbreitung des Pfluges, Münster 1931.

LEXIKON des alten Handwerks: vom Spätmittelalter bis ins 20. Jahrhundert, herausgegeben von Reinhold Reith, München 1990.

LEXIKON der Schleswig-Holstein-Lauenburgischen und Eutinischen Schriftsteller, von 1796 bis 1828. Zusammengetragen von Detlev Lorenz Lübker und Hans Schröder, 2 Bde, Altona 1829 und 1830.

LEXIKON der Schleswig-Holstein-Lauenburgischen und Eutinischen Schriftsteller von 1829 bis Mitte 1866. Gesammelt und herausgegeben von Eduard Alberti, 2 Bde, Kiel 1867.

LEXIKON der Schleswig-Holstein-Lauenburgischen und Eutinischen Schriftsteller von 1866 bis Mitte 1882. Gesammelt und herausgegeben von Eduard Alberti, 2 Bde, Kiel 1885-1886.

LIND, Gunner: Byerhvervenes udvikling i hertugdømmerne Slesvig og Holsten i tiden mellem de slesvigske Krige, 3 Bde, København 1980.

LÖBERT, Horst: Buchführung einer Schmiede, in: Der Holznagel. Mitteilungsblatt für Mitglieder der Interessengemeinschaft Bauernhaus (Kreis Grafschaft Hoya) e. V., 1/1977.

LOHMEIER, Dieter: Ernst Christian Graf von Reventlow, in: BLSHL, 7 (1985), S. 218-221.

DERS.: Claus Rixen, in: BLSHL, 8 (1987), S. 298-300.

LORENZEN-SCHMIDT, Klaus-Joachim: Ein Elskoper Hofinventar aus dem Jahr 1816, in: AfA, 1 (1979), 3, S. 63-75.

DERS.: Was das Rechnungsbuch des Borsflether Schmieds Peter Thormälen aus den Jahren 1795-1799 erzählt, in: AfA, 2 (1980), 5, S. 109-115.

DERS.: Archiv der ehemaligen Schmiede in Dükermühle, in: AfA, 4 (1982), 4, S. 138-141.

DERS.: Kleines Lexikon alter schleswig-holsteinischer Gewichte, Maße und Währungseinheiten. Nach Vorarbeiten von Franz Böttger und Emil Waschinski neu bearbeitet und erweitert, Neumünster 1990.

DERS.: Die große Agrarkrise in den Herzogtümern 1819-1829, in: Jürgen Brockstedt (Hg.): Wirtschaftliche Wechsellagen in Schleswig-Holstein vom Mittelalter bis zur Gegenwart (= SWSG, 20), Neumünster 1991, S. 175-197.

LÜHNING, Arnold: Die schneidenden Erntegeräte. Technologie, Entwicklung und Verbreitung unter besonderer Berücksichtigung Nordwestdeutschlands, Phil. Diss. Göttingen 1951 (maschinenschriftlich vervielfältigt).

DERS.: Die Entwicklungsgeschichte der schneidenden Erntegeräte, in: JbSG, 9 (1961), S. 9-39.

DERS.: Handwerk, Haus und Hof. Volkstümliches Arbeitsgerät aus zwei Jahrhunderten (Ausstellungskatalog), Schleswig 1963.

DERS.: Mitteleuropa, Holstein - Rapsschnitt mit der Sichel (= Encyclopaedia Cinematographica, Film E 492 (1962)), Göttingen 1964.

DERS.: Bäuerliches Haus- und Wirtschaftsgerät in Fehmaraner Taxierungsprotokollen um 1600, in: Die Bauerngesellschaft im Ostseeraum und im Norden um 1600 (= Acta Visbyensia, II), Visby 1966, S. 247-257.

DERS.: Die volkskundliche Gerätesammlung des Schleswig-Holsteinischen Landesmuseums in Schleswig, Schloß Gottorf, Schleswig 1972.

DERS.: Inbetriebnahme einer fahrbaren Dresch-Lokomobile (Baujahr 1911) (= Encyclopaedia Cinematographica, Film E 1856 (1973)), Göttingen 1973.

DERS.: Die Turmuhren der Stadt Krempe im 19. Jahrhundert, in: Nordelbingen, 45 (1976), S. 127-169.

DERS.: Der Beitrag des Handwerks für Mechanisierung ländlicher Arbeit in Schleswig-Holstein im 19. Jahrhundert (ungedrucktes Manuskript eines 1985 vor der Stiftung Volkswagen gehaltenen Vortrages).

DERS.: "Sonst" und "Jetzt". Landwirtschaftliche Innovationen im Spiegel einer Ehrenurkunde von 1859, in: Utz Jeggle et al. (Hgg.): Volkskultur in der Moderne. Probleme und Perspektiven empirischer Kulturforschung, Hamburg 1986, S. 162-184.

DERS.: Der neue Dreh. Mechanisierung der Landarbeit, dargestellt im Schleswig-Holsteinischen Landesmuseum, in: Schleswig-Holstein Kultur-Journal, 3 (1987), S. 57-61.

DERS.: Der "Altdeutsche Gasthof" Harms in Kellinghusen und die Kellinghusener Zimmer im Landesmuseum, in: Nordelbingen, 59 (1990), S. 175-207.

LUNDGREEN, Peter: Techniker in Preußen während der frühen Industrialisierung. Ausbildung und Berufsfeld einer entstehenden sozialen Gruppe (= Einzelveröffentlichungen der Historischen Kommission zu Berlin, 16), Berlin 1975.

LUTUM, Paula: Die alte Schmiede in Heerdt (= Düsseldorfer Handwerker heute, 2), Düsseldorf 1981.

MAC LACHLAN, Anne J.: Der Übergang vom Handwerker zum Unternehmer in Mainz 1830-1860, in: Ulrich Engelhardt (Hg.): Handwerker in der Industrialisierung. Lage, Kultur und Politik vom späten 18. bis ins frühe 20. Jahrhundert (= Industrielle Welt, 37), Stuttgart 1984, S. 146-164.

MAGER, Friedrich: Entwicklungsgeschichte der Kulturlandschaft des Herzogtums Schleswig in historischer Zeit, Bd. 1 (= Entwicklungsgeschichte der Kulturlandschaft auf der Geest und im östlichen Hügelland des Herzogtums Schleswig bis zur Verkoppelungszeit; = Veröffentlichungen der Schleswig-Holsteinischen Universitätsgesellschaft, 25, I), Breslau 1930 und Bd. 2 (= Entwicklungsgeschichte der Kulturlandschaft auf der Geest und im östlichen Hügelland des Herzogtums Schleswig seit der Verkoppelungszeit; = Veröffentlichungen der Schleswig-Holsteinischen Universitätsgesellschaft, 25, II), Kiel 1937.

MAGER, Wolfgang: Protoindustrialisierung und Protoindustrie. Vom Nutzen und Nachteil zweier Konzepte, in: Geschichte und Gesellschaft, 14 (1988), S. 275-303.

MAGER, Johannes, MEISSNER, Günter und ORF, Wolfgang: Die Kulturgeschichte der Mühlen, Leipzig 1988.

MANTELS, Wilhelm: Ueber die beiden ältesten Lübeckischen Bürgermatrikeln, in: Ders.: Beiträge zur Lübisch-Hansischen Geschichte. Ausgewählte historische Arbeiten, Jena 1881, S. 55-100.

MARCUSSEN, Nis Richard: Dat Dörschen, in: ZEW, 4 (1961), S. 72-76.

MARTELL, P.: Zur Geschichte der Dreschmaschine, in: Die Technik in der Landwirtschaft, 7 (1926), S. 168-172.

MARTENSEN, W.: Veränderungen im 18. Jahrhundert, in: Ders. und J. Henningsen: Angeln. Geschichtlich und topographisch beschrieben von H. N. A. Jensen, 1844. Neu bearbeitet und bis auf die Gegenwart fortgeführt, Schleswig 1922, S. 247-270.

MATSCHOSS, Conrad: Franz Dinnendahl, in: Rheinisch-Westfälische Wirtschaftsbiographien, Bd. 1, Münster i. W. 1932, S. 357-372.

DERS.: Dr. Ernst Alban, in: Deutsches Museum. Abhandlungen und Berichte, 12 (1940), 6, S. 177-209.

MAYR, Alois: Die Wirtschaftsräume Westfalens im Überblick, in: Wilhelm Kohl (Hg.): Westfälische Geschichte, Bd. 3 (= Veröffentlichungen der Historischen Kommission für Westfalen im Provinzialinstitut für Westfälische Landes- und Volksforschung des Landschaftsverbandes Westfalen-Lippe, XLIII), Düsseldorf (1)1984, S. 1-39.

MEIER, Thomas: Handwerk, Hauswerk, Heimarbeit. Nicht-agrarische Tätigkeiten und Erwerbsformen in einem traditionellen Ackerbaugebiet des 18. Jahrhunderts (Zürcher Unterland), Phil. Diss. Zürich 1986.

MEINERS, Uwe: Die Kornfege in Mitteleuropa. Wort- und sachkundliche Studien zur Geschichte einer frühen landwirtschaftlichen Maschine (= Beiträge zur Volkskultur in Nordwestdeutschland, 28), Münster 1983.

MEISTER, Aloys: Eine Sensenschmiede bei Plettenberg nach dem 30jährigen Kriege, in: Zeitschrift für vaterländische Geschichte und Altertumskunde, 64 (1906), S. 251-253.

DERS.: Handel, Gewerbe, Industrie und Bergwesen bis zu Beginn des 19. Jahrhunderts, in: Ders. (Hg.): Die Grafschaft Mark. Festschrift zum Gedächtnis der 300jährigen Vereinigung mit Brandenburg-Preußen, Bd. 1, Dortmund 1909, S. 399-462.

MENDE, Michael: Verschwundene Stellmacher, gewandelte Schmiede. Die Handwerker des ländlichen Fahrzeugbaus zwischen expandierender Landwirtschaft und Motorisierung 1850-1960, in: Ulrich Wengenroth (Hg.): Prekäre Selbständigkeit. Zur Standortbestimmung von Handwerk, Hausindustrie und Kleingewerbe im Industrialisierungsprozeß (= Veröffentlichungen des Instituts für Europäische Geschichte, Abteilung Universalgeschichte, Beiheft 31), Stuttgart 1989, S. 93-129.

MENSING, Otto (Hg.): Schleswig-Holsteinisches Wörterbuch (Volksausgabe), Bd. 1-5, Neumünster 1927-1935.

MEYER, Gerd-Uwe: Die Dynamik der Agrarformationen - dargestellt an ausgewählten Beispielen des östlichen Hügellandes, der Geest und der Marsch Schleswig-Holsteins. Von 1950 bis zur Gegenwart (= Göttinger Geographische Abhandlungen, 75), Göttingen 1980.

MEYER, Erich: Dreschmaschinen und Pressen, in: Gustav Fischer et al. (Bearb.): Die Entwicklung des landwirtschaftlichen Maschinenwesens in Deutschland. Festschrift zum 25jährigen Bestehen der Deutschen Landwirtschafts-Gesellschaft (= Arbeiten der DLG, 177), Berlin 1910, S. 235-284.

MICHAELSEN, Hermann: Die Arbeits- und Industrieschulen Herzogs Peter, in: JbOld, 28 (1984), S. 135-165.

DERS.: Der großherzoglich-oldenburgische Güterdistrikt im Kreis Oldenburg, in: JbOld, 31 (1987), S. 36-49.

MIECK, Ilja: Preußische Gewerbepolitik in Berlin 1806-1844. Staatshilfe und Privatinitiative zwischen Merkantilismus und Liberalismus (= Veröffentlichungen der Historischen Kommission zu Berlin beim Friedrich-Meinecke-Institut der Freien Universität Berlin, 20), Berlin 1965.

MILLIES, Charlotte: Die Anfänge einer staatlichen Wirtschaftspolitik in Mecklenburg im 15./16. Jahrhundert, in: Mecklenburgische Jahrbücher, 101 (1937), S. 1-84.

MÖLLER, Hans-Kai: Altona-Ottensen: Rauchende Schlote, blauer Dunst und rote Fahnen, in: Urs J. Diederichs (Hg.): Schleswig-Holsteins Weg ins Industriezeitalter, Hamburg 1986, S. 25-40.

MOMSEN, Ingwer Ernst: Die Bevölkerung der Stadt Husum von 1769 bis 1860. Versuch einer historischen Sozialgeographie (= Schriften des Geographischen Instituts der Universität Kiel, 31), Kiel 1969.

DERS.: Die allgemeinen Volkszählungen in Schleswig-Holstein in dänischer Zeit 1769-1860 (= QuFGSH, 66), Neumünster 1974.

DERS.: Die Berichte über die wirtschaftlichen Verhältnisse in den Städten und Ämtern der Herzogtümer Schleswig und Holstein königlichen Anteils sowie in den Grafschaften Oldenburg und Delmenhorst 1735, in: Rundbr, 2 (11/1978), S. 30-35.

MÜLLER, Hans-Heinrich: Die Entwicklungstendenzen des Ackerbaues in Brandenburg vor den Reformen des 19. Jahrhunderts. Ein Beitrag zur Entwicklung der Produktivkräfte in der Landwirtschaft unter besonderer Berücksichtigung des Anteils der Bauern am landwirtschaftlichen Fortschritt, Wirtschaftswissenschaftliche Diss. Berlin (Ost) 1962 (maschinenschriftlich vervielfältigt).

DERS.: Christopher Brown - an English Farmer in Brandenburg-Prussia in the Eighteenth Century, in: The Agricultural history review, 17 (1969), S. 120-135.

DERS.: Anfänge der deutschen Landmaschinenindustrie. Beispiele aus den 30er und 50er Jahren des 19. Jh., in: Jahrbuch für Wirtschaftsgeschichte, 28 (1987), S. 169-194.

DERS.: Die Revolutionierung des Getreidedrusches, in: agrartechnik, 37 (1987), 4, S. 177-180.

DERS.: Berlin - ein frühes Zentrum landwirtschaftlicher Geräte- und Maschinenproduktion, in: agrartechnik, 37 (1987), 7, S. 291-294.

DERS.: Die Produktion landwirtschaftlicher Geräte und Maschinen in Berlin während der industriellen Revolution, in: Jahrbuch für Wirtschaftsgeschichte, 29 (1988), 1, S. 67-81.

NEUMANN, Otto und LORENZEN-SCHMIDT, Klaus-Joachim: Die "Chronik der Gegenwart" des Grevenkoper Hufners Heinrich Wieckhorst über die Jahre 1860-1911, in: AfA, 9 (1987), 2, S. 57-118.

NIELSEN, Axel: Dänische Wirtschaftsgeschichte, Jena 1933.

DERS.: Tiden 1820-1870 (= Industriens historie i Danmark, III.1: Industriens forhold i almindelighed), København 1944.

NIELSEN, Johannes Chr.: Christiansdal-Fabriker 1771-1868, in: HSÅ, 25 (1958), S. 27-36.

NISSEN, Nis Rudolf (Hg.): Menschen, Monarchen, Maschinen. Landarbeiter in Dithmarschen (= Dithmarscher Schriftenreihe zur Landeskunde), Heide i. H. 1988.

DERS.: Landwirtschaft im Wandel. Natur und Technik einst und jetzt (= Kleine Schleswig-Holstein-Bücher, 39), Heide i. H. 1989.

NÜBEL, Otto: Das Landhandwerk des Münsterlandes um die Wende des 19. Jahrhunderts, Staatswissenschaftliche Diss. Münster i. W. 1913.

NYROP, Camillus (udg.): Danmarks Gilde- og Lavskraaer fra Middelalderen, Bd. 2, København 1895-1904.

OBERSCHELP, Reinhard: Niedersachsen 1760-1820. Wirtschaft, Gesellschaft, Kultur im Land Hannover und Nachbargebieten (= Veröffentlichungen der Historischen Kommission für Niedersachsen und Bremen, XXXV), Bd. 1, Hildesheim 1982.

OELKE, Eckehard: Die regionale Entwicklung der Eisenindustrie im östlichen Harz (bis zum Jahre 1945), in: Jahrbuch für Wirtschaftsgeschichte, 15 (1974), 4, S. 319-344.

OTERENDORP, Bernhard van: Das Handwerk im Wirtschaftsleben Ostfrieslands von der Mitte des 18. Jahrhunderts bis zum Jahre 1866, Diss. Kiel 1923 (maschinenschriftlich vervielfältigt).

PAAPE, Gerhart: Industriewerke an der Süderbeste, in: Die Heimat, 47 (1937), S. 338-342.

DERS.: Kupferhämmer und Mühlenwerke in Stormarn, in: Constantin Bock von Wülfingen und Walter Frahm (Hgg.): Stormarn. Der Lebensraum zwischen Hamburg und Lübeck. Eine Landes- und Volkskunde, Hamburg 1938, S. 386-395.

PAULINYI, Akos: Die Umwälzung der Technik in der Industriellen Revolution zwischen 1750 und 1840, in: Ders. und Ulrich Troitzsch: Mechanisierung und Maschinisierung 1600 bis 1840 (= Propyläen Technikgeschichte, 2), Frankfurt a. M. 1991, S. 269-495.

DERS.: Industrielle Revolution. Vom Ursprung der modernen Technik, Reinbek 1989.

PEESCH, Reinhard: Holzgerät in seinen Urformen (= Veröffentlichungen des Instituts für Deutsche Volkskunde, 42), Berlin (Ost) 1966.

PETERS, Gustav: Geschichte von Eutin, Neumünster 1958.

DERS.: Döschen mit'n Flögel, in: Blätter für Heimatkunde. Beilage des Ostholsteiner Anzeigers, 5 (1959), 12, S. 46-48.

DERS.: Döschen mit'n Flögel II, in: Blätter für Heimatkunde. Beilage des Ostholsteiner Anzeigers, 5 (1959), 22, S. 86.

DERS.: Eine Pferde-Hungerharke. Dazu von Hungerharken überhaupt, in: JbEut, 9 (1975), S. 53-57.

PETERSEN, Hans: Geschichte der Mühlen zwischen Eider und Königsau, Neumünster 1988.

PETRUCK, Elisabeth: Die Schlosserei Dürr, in: Gemeinde Großenaspe (Hg.): Großenasper Dorfchronik, T. I, Bd. II, Großenaspe 1985, S. 378-381.

PHILIPP, Guntram: Eisengewinnung und Eisenverarbeitung im südwestdeutschen Raum von 1500 bis 1650, in: Hermann Kellenbenz (Hg.): Schwerpunkte der Eisengewinnung und Eisenverarbeitung in Europa 1500-1650 (= Kölner Kolloquien zur internationalen Sozial- und Wirtschaftsgeschichte, 2), Köln 1974, S. 204-232.

PICKL, Othmar: Die Steiermark als Gewerbe- und Industrielandschaft vom Spätmittelalter bis zur Gegenwart. Zur Entstehung moderner Industriereviere in alten Fortschrittsregionen, in: Hans Pohl (Hg.): Gewerbe- und Industrielandschaften vom Spätmittelalter bis ins 20. Jahrhundert (= VSWG Beihefte, 78), Stuttgart 1986, S. 16-38.

PIEST, Heinz: Die Technisierung der Landwirtschaft und ihre Auswirkungen auf einzelne Landhandwerke, Stuttgart 1953.

PIEZONKA, Beatrix und SCHLOTTAU, Klaus: Die Hamburger Mühlen und ihr Einfluß auf den Wirtschaftsraum der Stadt, in: Beiträge zur deutschen Volks- und Altertumskunde, 24 (1985), S. 49-91.

PLANCK, Ulrich: Die Landwirtschaft in der Industriegesellschaft und die Industrialisierung der Landwirtschaft, in: ZAA, 33 (1985), S. 56-77.

PÖGE, Gottfried: Die Wind- und Wassermühlen des Kreises und der Stadt Flensburg, Schleswig 1980.

POHL, Hans: Die Beziehungen Hamburgs zu Spanien und dem spanischen Amerika in der Zeit von 1740 bis 1806 (= VSWG Beihefte, 45), Wiesbaden 1963.

DERS.: Das Eisengewerbe in der Eifel und im Hunsrück, in: Hermann Kellenbenz (Hg.): Schwerpunkte der Eisengewinnung und Eisenverarbeitung in Europa 1500-1650 (= Kölner Kolloquien zur internationalen Sozial- und Wirtschaftsgeschichte, 2), Köln 1974, S. 147-171.

POLANYI, Karl: The great Transformation. Politische und ökonomische Ursprünge von Gesellschaften und Wirtschaftssystemen. Übersetzt von Heinrich Jelinek, Frankfurt a. M. 1978.

POREPP, Fr.: Die Stadt Neustadt i. Meckl., ihre Entstehung, Entwicklung und historische Bedeutung, Neustadt i. Meckl. 1893, S. 13-15.

POULSEN, Bjørn: Monetarisierung und regionale Differenzierung im Mittelalter und in der frühen Neuzeit. Die bäuerliche Agrargesellschaft Dänemarks aus schleswigscher Sicht, in: Jürgen Brockstedt (Hg.): Wirtschaftliche Wechsellagen in Schleswig-Holstein vom Mittelalter bis zur Gegenwart (= SWSG, 20), Neumünster 1991, S. 19-36.

PRANGE, Wolfgang: Die Anfänge der großen Agrarreformen in Schleswig-Holstein bis um 1771 (= QuFGSH, 60), Neumünster 1971.

PUCHNER, Heinrich: Bodenbearbeitungsgeräte, in: Gustav Fischer et al. (Bearb.): Die Entwicklung des landwirtschaftlichen Maschinenwesens in Deutschland. Festschrift zum 25jährigen Bestehen der Deutschen Landwirtschafts-Gesellschaft (= Arbeiten der DLG, 177), Berlin 1910, S. 22-70.

PUSCHNER, Uwe: Handwerk zwischen Tradition und Wandel. Das Münchener Handwerk an der Wende vom 18. zum 19. Jahrhundert (= Göttinger Beiträge zur Wirtschafts- und Sozialgeschichte, 13), Göttingen 1988.

QUICK, Graeme und BUCHELE, Wesley: The Grain Harvesters, St. Joseph/Michigan 1978.

QUIETZSCH, Rudolf: Zur Verbreitung und Geschichte des Dreschflegels. Auf Grund von Material aus den historischen Landschaften der DDR, in: Deutsches Jahrbuch für Volkskunde, 15 (1969), 1, S. 84-115.

RAABE, Wilhelm: Mecklenburgische Vaterlandskunde, 2. Auflage, gänzlich umgearbeitet und bis zur Gegenwart verbessert und vervollständigt von Gustav Quade, Bd. 1, Wismar 1894.

RASMUSSEN, Wayne David: The impact of technological change on American agriculture, 1862-1962, in: The Journal of Economic History, 22 (1962), S. 578-591.

REILE, Adolf: Geschichte der Sensenfabrik Neuenbürg (= Darstellungen aus der Württembergischen Geschichte, 38), Stuttgart 1953.

REIMERS, Günther: Abnutzen, flicken und wiederverwenden in der Alltagskultur auf dem Lande. Sonderausstellung 1986 (= Landwirtschaftsmuseum Lüneburger Heide. Materialien zum Museumsbesuch, 4), Suderburg 1986.

REININGHAUS, Wilfried: Zünfte, Städte und Staat in der Grafschaft Mark. Einleitung und Regesten von Texten des 14. bis 19. Jahrhunderts (= Veröffentlichungen der Historischen Kommission für Westfalen, XXII A; Geschichtliche Arbeiten zur Westfälischen Landesforschung, Wirtschafts- und sozialgeschichtliche Gruppe, 7), Münster 1989.

DERS.: Gewerbe in der frühen Neuzeit, München 1990.

REURIK, Hendrik: Rocholz und Wuppermann. Aus der Geschichte eines Rittergutes und einer Bürgerfamilie an der Ennepestraße, in: Westfalenland. Heimatbeilage zum Westfälischen Tageblatt, 1927, Nr. 11, S. 161-167.

RIEMANN, Friedrich-Karl: Ackerbau und Viehhaltung im vorindustriellen Deutschland (= Beihefte zum Jahrbuch der Albertus-Universität zu Königsberg/Pr., 3), Kitzingen a. M. 1953.

RINKE, Karl: Das Metallgewerbe in Jena, in: Untersuchungen über die Lage des Handwerks in Deutschland mit besonderer Rücksicht auf seine Konkurrenzfähigkeit gegenüber der Großindustrie, Bd. 9 (= Schriften des Vereins für Socialpolitik, LXX), Leipzig 1897, S. 69-82.

ROSENBOHM, Rolf: Schleifmühlen in Schleswig-Holstein, in: Die Heimat, 65 (1958), S. 189 f.

RUST, Wilhelm: Das Tischlerhandwerk der Stadt Flensburg. Ein Gang durch vier Jahrhunderte bis zum Jahre 1866 (= Schriften der Gesellschaft für Flensburger Stadtgeschichte, 5), Flensburg 1940.

SCHACHT, F.: Ueber landwirtschaftlich-soziale Zustände in den Holsteiner Marschen, in: Schleswig-Holsteinische Jahrbücher. Zeitschrift für die wirtschaftliche Kultur, die sozialen Bestrebungen und das öffentliche Leben der Gegenwart, Bd. 1 (1884), S. 173-213.

SCHEFFLER, Jürgen: "Dampfdöscher", "Daglöhner" und "Monarchen". Technischer Wandel, Arbeitsmarkt und Arbeiterschaft in der Landwirtschaft Schleswig-Holsteins 1870-1914, in: in Rainer Paetau und Holger Rüdel (Hgg.): Arbeiter und Arbeiterbewegung in Schleswig-Holstein im 19. und 20. Jahrhundert (= SWSG, 13), Neumünster 1987, S. 179-215.

DERS.: Landwirtschaftliche Gelegenheitsarbeiter und ländliche Gesellschaft in Dithmarschen, in: Dithmarschen, 28 (1987), 1, S. 1-6.

SCHEFFLER, Wolfgang: Mühlenkultur in Schleswig-Holstein. Die Mühlen des Kreises Eckernförde und Nordfrieslands, Neumünster 1982.

SCHLAK, Alfred: Industriegebiet an der Au, in: Fritz W. Hasenclever et al.: Aumühle im Sachsenwald, Schwarzenbek 1976, S. 65-72.

SCHLEE, Ernst: Zur Volkskunst der holsteinischen Elbmarschen, in: StJb, 4 (1960), S. 7-20.

DERS.: Altes Schmiedewerk in Schleswig-Holstein, Heide i. H. 1979.

DERS.: Zu den Notizen des Schmiedes Thormählen, Borsfleth, in: AfA, 2 (1980), 5, S. 115-119.

SCHMOLLER, Gustav: Zur Geschichte der deutschen Kleingewerbe im 19. Jahrhundert. Statistische und nationalökonomische Untersuchungen, Halle 1870.

SCHNEIDER-DAVIDS, Eduard: Aus dem Rechnungsbuch eines Schmiedes, in: Siegerland, 54 (1977), S. 48-51.

SCHØLLER, C. E. A.: Selby, Charles August, in: DBL, 15 (1901), S. 535-537.

SCHÖNBERG, Gustav: Zur wirthschaftlichen Bedeutung des deutschen Zunftwesens im Mittelalter, in: Jahrbücher für Nationalökonomie und Statistik, Bd. 9 (1867), S. 1-72 und 97-169.

SCHREMMER, Eckart: Standortausweitung der Warenproduktion im langfristigen Wirtschaftswachstum. Zur Stadt-Land-Arbeitsteilung im Gewerbe des 18. Jahrhunderts, in: VSWG, 59 (1972), S. 1-40.

DERS.: Faktoren, die den Fortschritt in der deutschen Landwirtschaft im 19. Jahrhundert bestimmen, in: ZAA, 36 (1988), S. 33-77.

SCHRÖDER, Georg: Zu Urgroßvaters und Großvaters Zeiten, in: Die Heimat, 17 (1907), S. 104-109.

SCHRÖDER-LEMBKE, Gertrud: Die Hausväterliteratur als agrargeschichtliche Quelle, in: ZAA, 1 (1953), S. 109-119.

SCHRÖTER, Alfred: Die Entstehung der deutschen Maschinenbauindustrie in der ersten Hälfte des 19. Jahrhunderts, in: Ders. und Walter Becker: Die deutsche Maschinenbauindustrie in der industriellen Revolution (= Veröffentlichungen des Instituts für Wirtschaftsgeschichte an der Hochschule für Ökonomie Berlin-Karlshorst, 2), Berlin (Ost) 1962, S. 15-133.

SCHULT, Herbert: Das Meisterwerden der Lübecker Schmiede bis zum Jahre 1866, T. I. und II., in: ZLGA, 44 (1964), S. 35-58 und 45 (1965), S. 5-40.

SCHULTE, Fritz: Die Entwicklung der gewerblichen Wirtschaft in Rheinland-Westfalen im 18. Jahrhundert. Eine wirtschaftsgeschichtliche Untersuchung (= Schriften zur Rheinisch-Westfälischen Wirtschaftsgeschichte, 1), Köln 1959.

SCHULTZ, Helga: Landhandwerk im Übergang vom Feudalismus zum Kapitalismus. Vergleichender Überblick und Fallstudie Mecklenburg-Schwerin (= Forschungen zur Wirtschaftsgeschichte, 21), Berlin (Ost) 1984.

SCHWARZE, W.: Der sauerländische Hausierhandel, in: Untersuchungen über die Lage des Hausiergewerbes in Deutschland, Bd. 1 (= Schriften des Vereins für Socialpolitik, LXXVII), Leipzig 1898, S. 193-206.

SERING, Max et al.: Erbrecht und Agrarverfassung in Schleswig-Holstein auf geschichtlicher Grundlage (= Die Vererbung des ländlichen Grundbesitzes im Königreich Preussen, VII), Berlin 1908.

SIEMENS, Magdalena: Getreidebau im Jeverland. Historische Grundlagen und technologische Entwicklung (= Schloßmuseum Jever, Museums-Materialien Nr. 2/1989), Jever 1989.

SIUTS, Hinrich: Bäuerliche und handwerkliche Arbeitsgeräte in Westfalen. Die alten Geräte der Landwirtschaft und des Landhandwerks 1890-1930 (= Schriften der volkskundlichen Kommission für Westfalen, 27), Münster 1982.

SKALWEIT, August: Das Dorfhandwerk vor Aufhebung des Städtezwangs (= Abhandlungen des Europäischen Handwerks-Instituts Frankfurt a. M., 1), Frankfurt a. M. (1942).

SKOVGAARD, Johanne: Tiden indtil 1667, in: Holger Hjelholt (Hg.): Sønderborgs bys historie, Bd. 1, Sønderborg 1960, S. 9-94.

SØCHTING, Axel und LARSEN, Kai Edvard: Haandværk og Industrie i Sønderborg Amt. En historisk Oversigt, Sønderborg 1924.

SOMBART, Werner: Der moderne Kapitalismus. Historisch-Systematische Darstellung des gesamteuropäischen Wirtschaftslebens von seinen Anfängen bis zur Gegenwart, Bd. 2.1 und 2.2, München und Leipzig (6)1924.

STADE, Ernst: Die Papiermühle an der Au im Sachsenwald, in: LbgH (N.F.), 17 (1957), S. 13-18.

STAHLSCHMIDT, Rainer: Die Geschichte des eisenverarbeitenden Gewerbes in Nürnberg von den 1. Nachrichten im 12.-13. Jahrhundert bis 1630 (= Nürnberger Werkstücke zur Stadt- und Landesgeschichte, 4), Nürnberg 1970.

STEIGER, H.: Das Mechanikergewerbe in Müllheim, in: Untersuchungen über die Lage des Handwerks in Deutschland mit besonderer Rücksicht auf seine Konkurrenzfähigkeit gegenüber der Großindustrie, Bd. 8 (= Schriften des Vereins für Socialpolitik, LXIX), Leipzig 1897, S. 85-87.

STEINBORN, Hans-Christian: Abgaben und Dienste holsteinischer Bauern im 18. Jahrhundert (= QuFGSH, 79), Neumünster 1982.

STEINIGER, Wolfgang: Schleswig-Holstein 1806-1892, in: Kurt G. A. Jeserich et al. (Hgg.): Deutsche Verwaltungsgeschichte, Bd. 2, Stuttgart 1983, S. 762-784.

STEINKAMP, Arno: Stadt- und Landhandwerk in Schaumburg-Lippe im 18. und beginnenden 19. Jahrhundert (= Schaumburger Studien, 27), Rinteln 1970.

STEWIG, Reinhard: Landeskunde von Schleswig-Holstein (= Geocolleg, 5), 2., berichtigte Auflage, Stuttgart 1982.

STOLLE, Walter: Strukturwandel der Landwirtschaft Hessens von 1890-1970 - aufgezeigt am Beispiel von Heuernte und Hausindustrie, Gesellschaftswissenschaftliche Diss. Marburg 1973 (maschinenschriftlich vervielfältigt).

STOPPEL, Hermann: Kornernte in Ostholstein, in: JbEut, 1 (1967), S. 98-111.

STÜDTJE, Johannes: Mühlen in Schleswig-Holstein (= Kleine Schleswig-Holstein-Bücher, 15), 4., überarbeitete Auflage, Heide 1982.

STÜRMER, Michael (Hg.): Herbst des Alten Handwerks. Meister, Gesellen und Obrigkeit im 18. Jahrhundert, München 1986.

SVENSSON, Bjørn: Industrieventyret i Kristiansdal, in: SøM, 47 (1971), S. 332-343.

SWANE, Jørgen: Blik Fabriken "Gothaab", in: SøÅ, Række 3, 1939, S. 44-76.

TEUTEBERG, Hans-Jürgen: Die deutsche Landwirtschaft beim Eintritt in die Phase der Hochindustrialisierung - Typische Strukturmerkmale ihrer Leistungssteigerung im Spiegel der zeitgenössischen Statistik Georg von Viebahns um 1860 (= Kölner Vorträge und Abhandlungen zur Sozial- und Wirtschaftsgeschichte, 18), Köln 1977.

THIEDE, Günther: Technischer Fortschritt als Motor der landwirtschaftlichen Entwicklung, in: Dieter Jauch und Franz Kromka (Hgg.): Agrarsoziologische Orientierungen. Ulrich Planck zum 65. Geburtstag, Stuttgart 1986, S. 43-55.

THIRSK, Joan: Economic Policy and Projects. The Development of a Consumer Society in Early Modern England, Oxford 1978.

THOMSEN, Johann Wilhelm: Vom Ende eines Zeitalters II: Erntearbeiten ohne Trecker, in: Dithmarschen, 16 (1975), 1, S. 16-23.

TROUGHTON, M. J.: Farming systems in the modern world, in: M. Pacione (Hg.): Progress in agricultural geography, London 1986, S. 93-123.

THYSSEN, Thyge: Bauer und Standesvertretung. Werden und Wirken des Bauerntums in Schleswig-Holstein seit der Agrarreform (= QuFGSH, 37), Neumünster 1958.

TIDOW, Klaus: Die Entwicklung der Neumünsteraner Industrie zwischen 1850 und 1910, in: Alfred Heggen und Klaus Tidow (Hgg.): Industriekultur in Neumünster. Das "Manchester Holsteins" im 19. Jahrhundert, Neumünster 1988, S. 43-54.

DERS.: Der technische Wandel im Textilgewerbe Neumünsters zwischen 1765 und 1875, in: Jürgen Brockstedt (Hg.): Gewerbliche Entwicklung in Schleswig-Holstein, anderen norddeutschen Ländern und Dänemark von der Mitte des 18. Jahrhunderts bis zum Übergang ins Kaiserreich (= SWSG, 17), Neumünster 1989, S. 123-164.

TRAULSEN, Hermann: Vor 100 Jahren auf Wilhelmsthal bei Eckernförde, in: JbEck, 30 (1972), S. 52-70.

TREMEL, Ferdinand: Steirische Sensen, in: Blätter für Heimatkunde, hg. vom Historischen Verein für Steiermark, 27 (1953), S. 37-56.

DERS.: Das eisenverarbeitende Gewerbe mit besonderer Berücksichtigung der Sensenschmiede (Das steirische Handwerk, X), Graz 1970.

DERS.: Das Eisenwesen in der Steiermark und in Tirol 1500-1600, in: Hermann Kellenbenz (Hg.): Schwerpunkte der Eisengewinnung und Eisenverarbeitung in Europa 1500-1650 (= Kölner Kolloquien zur internationalen Sozial- und Wirtschaftsgeschichte, 2), Köln 1974, S. 285-308.

TREUE, Wilhelm: Achse, Rad und Wagen. Fünftausend Jahre Kultur- und Technikgeschichte, München 1965.

DERS.: Gesellschaft, Wirtschaft und Technik Deutschlands im 19. Jahrhundert, in: Herbert Grundmann (Hg.): Gebhardt. Handbuch der deutschen Geschichte, Bd. 3 (= Von der Französischen Revolution bis zum Ersten Weltkrieg), 9., neu bearbeitete Auflage, Stuttgart 1970, S. 377-541.

DERS.: Wirtschaftsgeschichte der Neuzeit, Bd. 1 (= 18. und 19. Jahrhundert), 3., stark erweiterte Auflage, Stuttgart 1973.

DERS.: Die Technik in Wirtschaft und Gesellschaft 1800-1970, in: Wolfgang Zorn (Hg.): Das 19. und 20. Jahrhundert (= Handbuch der deutschen Wirtschafts- und Sozialgeschichte, 2), Stuttgart 1976, S. 51-121.

TROITZSCH, Ulrich: Ansätze technologischen Denkens bei den Kameralisten des 17. und 18. Jahrhunderts (= Schriften zur Wirtschafts- und Sozialgeschichte, 4), Berlin 1966.

DERS.: Technischer Wandel in Staat und Gesellschaft zwischen 1600 und 1750, in: Akos Paulinyi und Ulrich Troitzsch: Mechanisierung und Maschinisierung 1600 bis 1840 (= Propyläen Technikgeschichte, 2), Frankfurt a. M. 1991, S. 9-268.

TROTZIG, Dag: Slagan och andra tröskredskap. En etnologisk undersökning met utgangspunkt från svenskt material (= Nordiska Museets Handlingar, 17), Stockholm 1943.

TYSZKA, Carl von: Handwerk und Handwerker in Bayern im 18. Jahrhundert, München 1908.

ULBRICHT, Otto: Englische Landwirtschaft in Kurhannover in der zweiten Hälfte des 18. Jahrhunderts. Ansätze zu historischer Diffusionsforschung (= Schriften zur Wirtschafts- und Sozialgeschichte, 32), Berlin 1980.

DERS.: Rationalisierung und Arbeitslosigkeit in der Diskussion um die Einführung der Dreschmaschine um die Wende zum 19. Jahrhundert, in: VSWG, 68 (1981), S. 153-190.

VAAGT, Gerd: Die Anfänge einer Eisenindustrie in Flensburg, in: Jürgen Brockstedt (Hg.): Frühindustrialisierung in Schleswig-Holstein, anderen norddeutschen Ländern und Dänemark (= SWSG, 5), Neumünster 1983, S. 179-201.

DERS.: Die frühe Industrialisierung im Herzogtum Schleswig, in: Stadt Flensburg (Hg.): Flensburg 700 Jahre Stadt - eine Festschrift, Bd. 1 (= Flensburg in der Geschichte; = Schriften der Gesellschaft für Flensburger Stadtgeschichte, Nr. 36, Bd. 1), Flensburg 1984, S. 297-320.

VINDING, Povl: Johan Arndt Dyssel, in: DBL, 6 (1935), S. 164-166.

VOGEDING, Ralf: Landhandwerk und Technisierung der Landwirtschaft bis zum Beginn des 20. Jahrhunderts. Eine münsterländische Schmiede im Spiegel ihrer Anschreibebücher, in: Rheinisch-westfälische Zeitschrift für Volkskunde, 30/31 (1985/86), S. 151-165.

DERS.: Die Bedeutung neuer landwirtschaftlicher Maschinen für Bauern, Tagelöhner und Handwerker in der zweiten Hälfte des 19. Jahrhunderts. Dargestellt an Beispielen aus dem norddeutschen Raum, in: Volkskunde in Niedersachsen, 4 (1987), 2, S. 75-86.

DERS.: Die Häuser ländlicher Handwerker in Stapelholm, in: KBlV, 21 (1989), S. 121-159.

DERS.: Lohndreschbetriebe und Maschinendrusch. Eine Volkskundliche Untersuchung zur Mechanisierung einer landwirtschaftlichen Arbeit in Westfalen 1850-1970 (= Beiträge zur Volkskultur in Nordwestdeutschland, 63), Münster 1989.

VOGTHERR, Hans-Jürgen: Die Schmiede aus Bodenteich. Untersuchungen zur Geschichte des ländlichen Handwerks (= Veröffentlichungen des Landwirtschaftsmuseums Lüneburger Heide, 3), Uelzen 1979.

VOIGT, Andreas: Das Kleingewerbe in Karlsruhe, in: Untersuchungen über die Lage des Handwerks in Deutschland mit besonderer Rücksicht auf seine Konkurrenzfähigkeit gegenüber der Großindustrie, Bd. 3 (= Schriften des Vereins für Socialpolitik, LXVIII), Leipzig 1895, S. 1-219.

VOIGT, Paul: Die Lage des Handwerks in Eisleben, in: Untersuchungen über die Lage des Handwerks in Deutschland mit besonderer Rücksicht auf seine Konkurrenzfähigkeit gegenüber der Großindustrie, Bd. 9 (= Schriften des Vereins für Socialpolitik, LXX), Leipzig 1897, S. 271-375.

VOLLRATH, Peter: Landwirtschaftliches Beratungs- und Bildungswesen in Schleswig-Holstein in der Zeit von 1750 bis 1850 (= QuFGSH, 35), Neumünster 1957.

VOYE, Ernst (Bearb.): Geschichte der Industrie im Märkischen Sauerlande, Bd. 1 (Kreis Hagen), Hagen 1908, Bd. 2 (Kreis Altena), Hagen 1910, Bd. 4 (Kreis Schwelm), Hagen 1913.

DERS.: Die Industrie im südlichen Teile der Grafschaft Mark, in: Aloys Meister (Hg.): Die Grafschaft Mark. Festschrift zum Gedächtnis der 300jährigen Vereinigung mit Brandenburg-Preußen, Bd. 1, Dortmund 1909, S. 463-534.

WARNCKE, Johannes: Die Tremser Mühle. Aus der Geschichte eines Lübecker Gewerbebetriebes, in: ZLGA, 31 (1949), S. 207-222.

WASCHINSKI, Emil: Die letzte Epoche der schleswig-holsteinischen Münzpolitik 1863-1868, in: ZSHG, 64 (1936), S. 364-396.

DERS.: Währung, Preisentwicklung und Kaufkraft des Geldes in Schleswig-Holstein (= QuFGSH, 26), Neumünster 1952.

WEBER-KELLERMANN, Ingeborg: Landleben im 19. Jahrhundert, München 1987.

WEHLER, Hans-Ulrich: Deutsche Gesellschaftsgeschichte, Bd. 1 (= Vom Feudalismus des Alten Reiches bis zur Defensiven Modernisierung der Reformära 1700-1815), München (2)1989.

DERS.: Deutsche Gesellschaftsgeschichte, Bd. 2 (= Von der Reformära bis zur industriellen und politischen "Deutschen Doppelrevolution" 1815-1845/49), München 1987.

WEHRMANN, C.: Die älteren Lübeckischen Zunftrollen, Lübeck 1864.

WENGENROTH, Ulrich (Hg.): Prekäre Selbständigkeit. Zur Standortbestimmung von Handwerk, Hausindustrie und Kleingewerbe im Industrialisierungspropzeß (= Veröffentlichungen des Instituts für europäische Geschichte Mainz, Abteilung Universalgeschichte, Beiheft 31), Stuttgart 1989.

WERNET, Karl Friedrich: Der Landmaschinen-Mechaniker, in: Helmut Vocke (Hg.): Geschichte der Handwerksberufe, Bd. 2, Waldshut 1960, S. 419-423.

DERS.: Der Schlosser, in: Helmut Vocke (Hg.): Geschichte der Handwerksberufe, Bd. 2, Waldshut 1960, S. 617-623.

DERS.: Der Schmied, in: Helmut Vocke (Hg.): Geschichte der Handwerksberufe, Bd. 2, Waldshut 1960, S. 624-632.

DERS.: Der Stellmacher, in: Helmut Vocke (Hg.): Geschichte der Handwerksberufe, Bd. 2, Waldshut 1960, S. 725-730.

WIEGELMANN, Günter: Erste Ergebnisse der ADV-Umfrage zur alten bäuerlichen Arbeit. Mit 10 Karten und 16 Abbildungen, in: Rheinische Vierteljahrsblätter, 33 (1969), S. 208-262.

WIESE, Heinz: Der Rinderhandel im nordwesteuropäischen Küstengebiet vom 15. Jahrhundert bis zum Beginn des 19. Jahrhunderts (= Quellen und Forschungen zur Agrargeschichte, XIV), Stuttgart 1966.

WILKENS, Ulrich: Große und kleine Wagen, in: Konrad Köstlin und Herman Bausinger (Hgg.): Umgang mit Sachen. Zur Kulturgeschichte des Dinggebrauchs. 23. Deutscher Volkskunde-Kongreß in Regensburg vom 6.-11. Oktober 1981 (= Regensburger Schriften zur Volkskunde, 1), Regensburg 1983, S. 167-173.

WINDHORST, Hans-Wilhelm: Industrialisierungsprozesse in der Agrarwirtschaft der Bundesrepublik Deutschland und der Vereinigten Staaten, in: Ders. (Hg.): Industrialisierte Landwirtschaft und Agrarindustrie. Entwicklungen, Strukturen und Probleme (= Vechtaer Arbeiten zur Geographie und Regionalwissenschaft, 8), Vechta 1989, S. 11-32.

WINKEL, Harald: Zur Anwendung des technischen Fortschritts in der Landwirtschaft im ausgehenden 19. Jahrhundert, in: ZAA, 27 (1979), S. 19-31.

WINKEL, Wilhelm: Industrie in einem Celleschen Landesteile. Liebenauer Sensenfabrikation, in: Der Sachsenspiegel (25.5.1963). Blätter für Geschichts- und Heimatpflege. Beilage zur Celleschen Zeitung.

WISSEL, Rudolf: Des alten Handwerks Recht und Gewohnheit, 2., erweiterte und bearbeitete Ausgabe herausgegeben von Ernst Schraepler, Bd. 1 und 2, Berlin 1971 und 1974.

WISSNER, Adolf: Der Maschinenbauer, in: Helmut Vocke (Hg.): Geschichte der Handwerksberufe, Bd. 2, Waldshut 1960, S. 443-449.

WÖHRLE, Georg: Die Lage der Handwerker in Meßkirch. Mit besonderer Berücksichtigung der Schmiede, Wagner und Sattler, in: Untersuchungen über die Lage des Handwerks in Deutschland mit besonderer Rücksicht auf seine Konkurrenzfähigkeit gegenüber der Großindustrie, Bd. 8 (= Schriften des Vereins für Socialpolitik, LXIX), Leipzig 1897, S. 1-55.

WOSSIDLO, Richard und TEUCHERT, Hermann: Wossidlo-Teuchert. Mecklenburgisches Wörterbuch, 7 Bde, Neumünster/Berlin 1942-1992.

WULF, Peter: Marcus Hartwig Holler und die Anfänge der Carlshütte, in: Jürgen Brockstedt (Hg.): Frühindustrialisierung in Schleswig-Holstein, anderen norddeutschen Ländern und Dänemark (= SWSG, 5), Neumünster 1983, S. 227-275.

DERS.: Frühe schleswig-holsteinische Unternehmer, in: Ingwer E. Momsen (Hg.): Schleswig-Holsteins Weg in die Moderne. Zehn Jahre Arbeitskreis für Wirtschafts- und Sozialgeschichte Schleswig-Holsteins (= SWSG, 15), Neumünster 1989, S. 15-28.

DERS.: "Adeliges Gut und Conto Courant". Landwirtschaft und Konjunktur 1820-1832 am Beispiel des Gutes Salzau/Ostholstein, in: Jürgen Brockstedt (Hg.): Wirtschaftliche Wechsellagen in Schleswig-Holstein vom Mittelalter bis zur Gegenwart (= SWSG, 20), Neumünster 1991, S. 199-220.

ZACHARIAE, Klaus: Aus der Geschichte des Handwerks in der Stadt Oldenburg, in: Stadt Oldenburg (Hg.): 750 Jahre Stadtrecht Oldenburg in Holstein, Oldenburg i. H. 1985, S. 345-350.

ZEITLINGER, Josef: Sensen, Sensenschmiede und ihre Technik, in: Jahrbuch des Vereins für Landeskunde und Heimatpflege im Gau Oberdonau (früher Jahrbuch des Oberösterreichischen Musealvereins), 91 (1944), S. 13-178.

ZIMMERMANN, Hansjörg: Überblick über das Gewerbe in Lauenburg unter industriellen Aspekten 1800 bis 1870, in: Jürgen Brockstedt (Hg.): Frühindustrialisierung in

Schleswig-Holstein, anderen norddeutschen Ländern und Dänemark (= SWSG, 5), Neumünster 1983, S. 153-178.

DERS.: Stormarn-Lauenburg: Industrie im Agrarbezirk, in: Urs. J. Diederichs (Hg.): Schleswig-Holsteins Weg ins Industriezeitalter, Hamburg 1986, S. 141-156.

KIELER WERKSTÜCKE

Reihe A: Beiträge zur schleswig-holsteinischen und skandinavischen Geschichte

Hrsg. von Prof. Dr. Erich Hoffmann.

Band 1 Kai Fuhrmann: Die Auseinandersetzung zwischen königlicher und gottorfischer Linie in den Herzogtümern Schleswig und Holstein in der zweiten Hälfte des 17. Jahrhunderts. 1990.

Band 2 Ralph Uhlig (Hrsg.): Vertriebene Wissenschaftler der Christian-Albrechts-Universität zu Kiel (CAU) nach 1933. Zur Geschichte der CAU im Nationalsozialismus. Eine Dokumentation, bearbeitet von Uta Cornelia Schmatzler und Matthias Wieben. 1991.

Band 3 Carsten Obst: Der demokratische Neubeginn in Neumünster 1947 bis 1950 anhand der Arbeit und Entwicklung des Neumünsteraner Rates. 1992.

Band 4 Thomas Hill: Könige, Fürsten und Klöster. Studien zu den dänischen Klostergründungen des 12. Jahrhunderts. 1992.

Band 5 Rüdiger Wurr/Udo Gerigk/Uwe Törper/Alfred Sielken: Türkische Kolonie im Wandel. Ausländersozialarbeit und Ausländerpädagogik in Schleswig-Holstein (Bandhrsg.: Kai Fuhrmann und Ralph Uhlig). 1992.

Band 6 Torsten Mußdorf: Die Verdrängung jüdischen Lebens in Bad Segeberg im Zuge der Gleichschaltung 1933-1939 (Bandhrsg.: Kai Fuhrmann und Ralph Uhlig).1992.

Band 7 Thorsten Afflerbach: Der berufliche Alltag eines spätmittelalterlichen Hansekaufmanns. Betrachtungen zur Abwicklung von Handelsgeschäften. 1993.

Band 8 Ralph Uhlig: *Confidential Reports* des Britischen Verbindungsstabes zum Zonenbeirat der britischen Besatzungszone in Hamburg (1946-1948). Demokratisierung aus britischer Sicht. 1993.

Band 9 Broder Schwensen: Der Schleswig-Holsteiner-Bund 1919-1933. Ein Beitrag zur Geschichte der nationalpolitischen Verbände im deutsch-dänischen Grenzland. 1993.

Band 10 Matthias Wieben: Studenten der Christian-Albrechts-Universität im Dritten Reich. Zum Verhaltensmuster der Studenten in den ersten Herrschaftsjahren des Nationalsozialismus. 1994.

Band 11 Volker Henn/Arnved Nedkvitne (Hrsg.): Norwegen und die Hanse. Wirtschaftliche und kulturelle Aspekte im europäischen Vergleich. 1994.

Band 12 Jürgen Hartwig Ibs: Die Pest in Schleswig-Holstein von 1350 bis 1547/48. Eine sozialgeschichtliche Studie über eine wiederkehrende Katastrophe. 1994.

Band 13 Martin Höffken: Die "Kieler Erklärung" vom 26. September 1949 und die "Bonn-Kopenhagener Erklärungen" vom 29. März 1955 im Spiegel deutscher und dänischer Zeitungen. Regierungserklärungen zur rechtlichen Stellung der dänischen Minderheit in Schleswig-Holstein in der öffentlichen Diskussion. 1994.

Band 14 Erich Hoffmann/Frank Lubowitz (Hrsg.): Die Stadt im westlichen Ostseeraum. Vorträge zur Stadtgründung und Stadterweiterung im Hohen Mittelalter. Teil 1 und 2. 1995.

Band 15 Claus Ove Struck: Die Politik der Landesregierung Friedrich Wilhelm Lübke in Schleswig-Holstein (1951-1954). 1997.

Band 16 Hannes Harding: Displaced Persons (DPs) in Schleswig-Holstein 1945-1953. 1997.

Band 17 Olav Vollstedt: Maschinen für das Land. Agrartechnik und produzierendes Gewerbe Schleswig-Holsteins im Umbruch (um 1800-1867). 1997.

Reihe C: Beiträge zur europäischen Geschichte des frühen und hohen Mittelalters

Hrsg. von Prof. Dr. Hans Eberhard Mayer

Band 1 Martin Rheinheimer: Das Kreuzfahrerfürstentum Galiläa. 1990.

Band 2 Oliver Berggötz: Der Bericht des Marsilio Zorzi. Codex Querini-Stampalia IV 3 (1064). 1990.

Reihe D: Beiträge zur europäischen Geschichte des späten Mittelalters

Hrsg. von Prof. Dr. Werner Paravicini

Band 1 Holger Kruse, Werner Paravicini, Andreas Ranft (Hrsg.): Ritterorden und Adelsgesellschaften im spätmittelalterlichen Deutschland. Ein systematisches Verzeichnis. 1991.

Band 2 Werner Paravicini (Hrsg.): Hansekaufleute in Brügge. Teil 1: Die Brügger Steuerlisten 1360 - 1390, hrsg. von Klaus Krüger. 1992.

Band 3 Les Chevaliers de l'Ordre de la Toison d'or au XVe siècle. Notices bio-bibliographiques publiées sous la direction de Raphaël de Smedt. 1994.

Band 4 Werner Paravicini (Hrsg.): Der Briefwechsel Karls des Kühnen (1433-1477). Inventar. Redigiert von Sonja Dünnebeil und Holger Kruse. Bearbeitet von Susanne Baus u.a. Teil 1 und 2. 1995.

Band 5 Werner Paravicini (Hrsg.): Europäische Reiseberichte des späten Mittelalters. Eine analytische Bibliographie. Teil 1: Deutsche Reiseberichte, bearb. von Christian Halm. 1994.

Band 6 Rainer Demski: Adel und Lübeck. Studien zum Verhältnis zwischen adliger und bürgerlicher Kultur im 13. und 14. Jahrhundert. 1996.

Band 7 Anne Chevalier-de Gottal: Les Fêtes et les Arts à la Cour de Brabant à l'aube du XVe siècle. 1996.

Band 8 Stephan Selzer: Artushöfe im Ostseeraum. Ritterlich-höfische Kultur in den Städten des Preußenlandes im 14. und 15. Jahrhundert. 1996.

Reihe F: Beiträge zur osteuropäischen Geschichte

Hrsg. von Prof. Dr. Rudolf Jaworski und Prof. Dr. Peter Nitsche

Band 1 Peter Nitsche (Hrsg.), unter Mitarbeit von Ekkehard Klug: Preußen in der Provinz. Beiträge zum 1. deutsch-polnischen Historikerkolloquium im Rahmen des Kooperationsvertrages zwischen der Adam-Mickiewicz-Universität Poznań und der Christian-Albrechts-Universität zu Kiel. 1991.

Band 2 Rudolf Jaworski (Hrsg.): Nationale und internationale Aspekte der polnischen Verfassung vom 3. Mai 1791. Beiträge zum 3. deutsch-polnischen Historikerkolloquium im Rahmen des Kooperationsvertrages zwischen der Adam-Mickiewicz-Universität Poznań und der Christian-Albrechts-Universität zu Kiel, unter Mitarbeit von Eckhard Hübner. 1993.

Band 3 Peter Nitsche (Hrsg.): Die Nachfolgestaaten der Sowjetunion. Beiträge zur Geschichte, Wirtschaft und Politik. Herausgegeben unter Mitarbeit von Jan Kusber. 1994.

Band 4 Stephan Conermann, Jan Kusber (Hrsg.): Die Mongolen in Asien und Europa. 1997.

Band 5 Randolf Oberschmidt: Rußland und die schleswig-holsteinische Frage 1839-1853. 1997.